TURING 图灵数学·统计学丛书 ·02

INTRODUCTION TO PROBABILITY MODELS 11TH EDITION

应用随机过程

概率模型导论

（第11版）

[美] Sheldon M. Ross 著

龚光鲁 译

人民邮电出版社

北京

图书在版编目（CIP）数据

应用随机过程：概率模型导论：第 11 版 /（美）罗斯（Ross, S. M.）著；龚光鲁译. —北京：人民邮电出版社，2016. 3
（图灵数学·统计学丛书）
ISBN 978-7-115-40430-5
Ⅰ. ①应… Ⅱ. ①罗… ②龚… Ⅲ. ①随机过程 Ⅳ. ①O211.6
中国版本图书馆 CIP 数据核字（2015）第 222163 号

内 容 提 要

本书是一部经典的随机过程著作，叙述深入浅出、涉及面广. 主要内容有随机变量、条件期望、马尔可夫链、指数分布、泊松过程、平稳过程、更新理论及排队论等，也包括了随机过程在物理、生物、运筹、网络、遗传、经济、保险、金融及可靠性中的应用. 特别是有关随机模拟的内容，给随机系统运行的模拟计算提供了有力的工具. 本版还增加了不带左跳的随机徘徊和生灭排队模型等内容. 本书约有 700 道习题，其中带星号的习题还提供了解答.

本书可作为概率论与数理统计、计算机科学、保险学、物理学、社会科学、生命科学、管理科学与工程学等专业随机过程基础课教材.

◆ 著 [美] Sheldon M. Ross
译 龚光鲁
责任编辑 朱 巍
责任印制 杨林杰
◆ 人民邮电出版社出版发行 北京市丰台区成寿寺路 11 号
邮编 100164 电子邮件 315@ptpress.com.cn
网址 http://www.ptpress.com.cn
固安县铭成印刷有限公司印刷
◆ 开本：700×1000 1/16
印张：40.75 2016 年 3 月第 1 版
字数：822 千字 2024 年 12 月河北第 32 次印刷
著作权合同登记号 图字：01-2014-5094 号

定价：99.00 元

版 权 声 明

Elsevier (Singapore) Pte Ltd.
3 Killiney Road, #08-01 Winsland House I, Singapore 239519
Tel: (65) 6349-0200; Fax: (65) 6733-1817

Introduction to Probability Models, 11E
Sheldon M.Ross

ISBN-13: 9780124079489

This translation of *Introduction to Probability Models, 11E* by Sheldon M.Ross was undertaken by POSTS & TELECOM PRESS and is published by arrangement with Elsevier (Singapore) Pte Ltd.
Introduction to Probability Models, 11E by Sheldon M.Ross 由人民邮电出版社进行翻译，并根据人民邮电出版社与爱思唯尔（新加坡）私人有限公司的协议约定出版。

《应用随机过程：概率模型导论（第 11 版）》（龚光鲁 译）
ISBN: 9787115404305

译 者 介 绍

龚光鲁 清华大学数学科学系退休教授, 1959 年毕业于北京大学数学力学系. 毕业后留校任教至 1987 年. 其后调至清华大学应用数学系. 1990 年被评为博士生导师. 1981—1982 年在美国明尼苏达大学数学系做访问研究. 1985 年在美国 IMA、1988 年在德国 BIBOS 研究所做短期合作研究. 1990 年在美国密苏里大学数学系讲授一个学期的常微分方程和数理统计. 多次访问美国、日本、新加坡、加拿大、法国和英国. 长期从事随机过程、随机分析、随机算法和金融数学的研究与教学工作. 撰写专著与教材 6 本, 发表论文 50 余篇. 培养了博士生 3 人, 硕士生 30 余人. 主持过国家自然科学基金 6 次. 曾任中国概率论与数理统计学会常务理事.

第 11 版译者序

Sheldon M. Ross 所著的*Introduction to Probability Models*, 初版于 1972 年, 篇幅仅有 272 页, 以后在 1980 年、1985 年、1989 年、1993 年、1997 年、2000 年、2003 年、2006 年及 2010 年不断再版, 对于正文、习题、参考文献及附录都做了大量与时俱进的增删与修改, 到 2014 年的第 11 版增至 767 页, 并增加了许多新内容, 如不带左跳的随机徘徊和生灭排队模型等.

本书叙述深入浅出, 极具亲和力, 作者旁征博引, 内容涉及面广, 从概率论一瞥开始, 不仅论述了随机过程的主要论题, 也包括了随机过程在物理、生物、运筹、网络、遗传、经济、保险、金融和可靠性等多方面的应用.

译者尽量使译文忠实于原文, 对于原文中的个别印刷错误也作了修正. 如译文有不当处, 请批评指正.

龚光鲁

2015 年 7 月

前言

本教材是初等概率论与随机过程的一个引论. 特别适用于这样的人群：他们想要知道如何用概率论研究诸如工程、计算机科学、管理科学、物理和社会科学以及运筹学等领域中的种种现象.

大家普遍地感觉到, 学习概率论有两种方法. 一种是直观而不严格的方法, 其意图是培养学生对学科的直观感觉, 以使其能“从概率论角度思考”. 另一种方法试图用测度论工具严格地研究概率论. 本教材用的是第一种方法. 然而, 因为能“从概率论角度思考”对概率论的理解与应用都极为重要, 所以本教材对于那些主要对第二种方法感兴趣的学生也是有用的.

这一版更新的内容

第 11 版包含有新的课文材料、新的例子和习题. 新的例子主要有如下内容.

- 例 3.6, 给出了 t- 随机变量分布密度的推导.
- 例 3.32, 分析了发球和对打比赛, 此处对打的胜者是下一个点的发球者.
- 例 5.19, 考虑了不准超车的单车道公路.
- 例 6.22, 用逆向链来分析串联排队系统.
- 例 7.20 分析了一种系统, 其中人员和公车两者都随机地到达车站.

新的章节如下.

- 4.4 节, 有关马尔可夫链的长程比例和极限概率.
- 5.5 节, 有关随机强度函数和 Hawkes 过程.
- 6.7 节, 有关连续时间马尔可夫链的逆向链.
- 10.5 节, 分析了漂移布朗运动的最大值.

我们也尽可能地简化现存的素材. 例子包括了非时齐泊松过程在一个时间区间中发生的事件数是泊松分布的一个新证明, 引入瓦尔德方程 (定理 7.2) 和随后用于证明初等更新定理.

课程

理想状态下, 本教材可用于一年的概率模型课程. 其他可能的课程是一学期的概率论引论 (包括 1~3 章及其他章的部分内容) 或初等随机过程课程. 本教材设计得足够灵活, 以便能适用于各种可能的课程. 例如, 我曾用第 5 章与第 8 章, 佐以第 4 章与第 6 章中的少许知识, 作为基本内容开设排队论的一个引论课程.

例和习题

全书有很多例题和解答, 还有大量供学生解决的习题. 有 100 多个带 * 号的习题, 它们的解答放在正文的最后. 这些带 * 号的习题, 可以用作独立地学习与测试准备. 对于采用本书授课的教师, 我们免费提供包含所有的习题讲解教师手册.

组 织

第 1 章与第 2 章介绍概率论的基本概念. 在第 1 章中介绍了公理化框架, 而在第 2 章引入了重要的随机变量概念. 2.6.1 节简单推导了正态数据样本的样本均值与样本方差的联合分布.

第 3 章涉及条件概率和条件期望的主题. “取条件” 是概率论中关键工具之一, 是本书自始至终强调的. 在使用得当时, 取条件的方法使我们能够容易地解决乍看起来似乎很难的问题. 这章的最后一节介绍了取条件在三方面的应用: (1) 电脑列表问题, (2) 随机图, (3) 波利亚坛子模型以及它与 Bose-Einstein 统计的联系. 3.6 节介绍 k 记录值以及惊人的 Ignatov 的定理.

在第 4 章我们遇到第一个随机过程, 这是众所周知的马尔可夫链, 它被广泛地应用于研究现实世界的许多现象. 我们介绍了在遗传学与生产过程的应用, 还引入了时间可逆的概念, 并对它的用处作了阐述. 4.5.3 节基于随机游动理论介绍了一个可满足性问题的概率算法分析. 4.6 节处理马尔可夫链在其暂态上的平均停留时间. 4.9 节引入马尔可夫链蒙特卡罗方法. 在最后的一节中, 我们考虑一个最优地做出决策的模型, 这是熟知的马尔可夫决策过程.

在第 5 章中, 我们致力于研究一类称为计数过程的随机过程. 特别地, 我们研究一种称为泊松过程的计数过程, 讨论了这种过程与指数分布间的紧密联系, 讨论了泊松和非时齐泊松过程的新的衍生物. 有关贪婪算法的分析、高速公路上超车次数的最小化、奖券的收集、AIDS 病毒寻踪的例子以及复合泊松过程的材料也包含在内. 5.2.4 节给出了指数随机变量的卷积的简单推导.

第 6 章考虑连续时间的马尔可夫链, 特别强调生灭过程. 如同在离散时间的马尔可夫链的研究一样, 时间可逆性被证实是一个有用的概念. 6.7 节介绍了在计算中重要的均匀化技巧.

第 7 章是更新理论, 它涉及比泊松过程更为一般的一类计数过程. 利用更新报酬过程, 得到了极限的结论, 并将它应用于不同的领域. 7.9 节介绍了当观察一系列独立同分布的随机变量时, 直至某种模式出现的时间的分布. 在 7.9.1 节中我们将揭示, 更新理论怎样能用来推导, 直至一个特定的模式出现的时间长度的均值和方差, 以及一个有限个数的特定的模式出现的平均时间. 在 7.9.2 节中, 我们假定随机变量有相同的机会取 m 个可能值的任意一个, 并计算了直至 m 个不同值都出现时的平均时间的表达式. 在 7.9.3 节中, 我们假定随机变量是连续的, 并导出了出现 m 个连续递增值时的平均时间的表达式.

第 8 章处理排队论 (即等待线) 的理论. 在对基本价格等式和极限概率的类型做了预备性的处理后, 我们考察指数排队模型, 并说明如何分析这个模型. 我们研究的是这个模型的一个重要且众所周知的排队网络. 然后, 我们转而研究允许某些分布任意的模型. 8.6.3 节讨论涉及单条服务线的一般服务时间队列的优化问题. 8.8 节涉及单条服务线一般服务时间队列, 在此其到达源是有限个潜在的使用者.

第 9 章涉及可靠性理论. 工程师和运筹工作者可能对这一章最感兴趣. 9.6.1 节阐述了确定部件不必独立的平行系统的期望寿命一个上界的方法, 而 9.7.1 节分析串联结构的可靠性模型, 这时当中有一个同类部件失效时, 其他部件进入一种带有暂缓行为的状态.

第 10 章涉及布朗运动及其应用. 这一章讨论了期权定价理论, 介绍了套利定理及其与线性规划的对偶定理的关系. 我们说明了套利定理如何导出 Black-Sholes 期权定价公式.

第 11 章处理统计模拟, 这是对于解析方法难以处理的随机模型进行分析的有力工具. 这一章讨论了生成任意分布的随机变量的值的方法, 以及降低方差以增加模拟的有效性的方法. 11.6.4 节引入了重要抽样这个有用的模拟技术, 并且指出了在应用此方法时倾斜分布的用处.

感 谢

我们很感谢对本教材给出有益建议的众多审稿人. 在我们致力于不断改进本书的过程中, 他们的意见发挥了重大作用. 我们感激下面这些审稿人以及其他许多不知名的人士:

纽约州立大学的 Mark Brown

南加州大学的 Zhiqin Ginny Chen

南佛罗里达大学的 Tapas Das

本古里安大学的 Israel David

加州技术学院的 Jay Devore

纽约州立大学石溪分校的 Eugene Feinberg

缅因大学的 Ramesh Gupta

密歇根州立大学的 Marianne Huebner
里海大学的 Garth Isaak
威斯康星大学白水分校的 Jonathan Kane
宾州州立大学的 Amarjot Kaur
康卡迪亚大学的 Zohel Khalil
波士顿大学的 Eric Kolaczyk
加州州立大学长滩分校的 Melvin Lax
宾州大学的 Jean Lemaire
加州大学伯克利分校的 Andrew Lim
密歇根大学的 George Michailidis
巴特勒大学的 Donald Minassian
纽约州立大学石溪分校的 Joseph Mitchell
伊利诺伊大学的 Krzysztof Osfaszewski
波士顿大学的 Erol Pekoz
西拉丘兹大学的 Evgeny Poletsky
马萨诸塞大学洛厄尔分校的 James Propp
维多利亚大学的 Anthony Quas
校对员 Charles H. Roumeliotis
卡尔加里大学的 David Scollnik
西北密苏里州立大学的 Mary Shepherd
华盛顿大学西雅图分校的 Galen Shorack
维也纳科技大学的 Marcus Sommereder
爱荷华大学的 Osnat Stramer
博林格林州立大学的 Gabor Szekeley
普度大学的 Marlin Thomas
自由大学的 Henk Tijms
宾汉姆顿大学的 Zhenyuan Wang
哥伦比亚大学的 Ward Whitt
佐治亚理工大学的 Bo Xhang
维多利亚大学的 Julie Zhou

目　　录

第 1 章　概率论引论

1.1　引　　言

现实世界的现象的任何实际模型, 必须考虑到随机性的可能. 就是说, 往往我们所关注的量并不是事先可料的, 这种量所展示的内在变化必须考虑在模型之中. 为此, 通常使用的模型实质上是概率性的, 这样的模型自然而然就称为概率模型.

本书的多数章节会涉及自然现象中不同的概率模型. 显然, 为了既能掌握 "如何建立模型", 又能掌握随后对于这些模型的分析, 我们必须具有某些基本概率论的知识. 本章其余的内容和随后的两章是关于这个主题的探讨.

1.2　样本空间与事件

假设我们将完成一个试验, 其结果是预先不可料的. 然而, 尽管试验的结果并不是预先知道的, 但是, 我们可以假定所有可能结果 (outcome) 的集合是已知的. 一个试验的所有可能结果的集合称为该试验的样本空间, 记为S. 以下是一些例子.

1. 如果试验由抛掷一枚硬币所构成, 那么

$$S = \{\mathrm{H}, \mathrm{T}\}$$

此处 H 表示抛掷的结果是正面 (Head), 而 T 表示抛掷的结果是反面 (Tail).

2. 如果试验由掷一颗骰子所构成, 那么样本空间是

$$S = \{1, 2, 3, 4, 5, 6\}$$

此处的结果 i 表示骰子掷出的点数, $i = 1, 2, 3, 4, 5, 6$.

3. 如果试验由抛掷两枚硬币所构成, 那么样本空间由以下 4 个点组成

$$S = \{(\mathrm{H}, \mathrm{H}), (\mathrm{H}, \mathrm{T}), (\mathrm{T}, \mathrm{H}), (\mathrm{T}, \mathrm{T})\}$$

如果两枚硬币都出现正面, 结果就是 (H, H). 如果第一枚硬币出现正面, 且第二枚硬币出现反面, 结果就是 (H, T). 如果第一枚硬币出现反面, 且第二枚硬币出现正面, 结果就是 (T, H). 如果两枚硬币都出现反面, 结果就是 (T, T).

4. 如果试验由掷两颗骰子所构成, 那么样本空间由下列 36 个点组成

$$S = \left\{ \begin{array}{l} (1,1),(1,2),(1,3),(1,4),(1,5),(1,6) \\ (2,1),(2,2),(2,3),(2,4),(2,5),(2,6) \\ (3,1),(3,2),(3,3),(3,4),(3,5),(3,6) \\ (4,1),(4,2),(4,3),(4,4),(4,5),(4,6) \\ (5,1),(5,2),(5,3),(5,4),(5,5),(5,6) \\ (6,1),(6,2),(6,3),(6,4),(6,5),(6,6) \end{array} \right\}$$

这里, 如果第一颗骰子掷出点数 i, 且第二颗骰子掷出点数 j, 那么称结果 (i,j) 发生.

5. 如果试验由测量一辆汽车的寿命所构成, 那么样本空间由所有的非负实数构成, 即

$$S = [0, \infty)$$ [①] ■

样本空间 S 的任意子集 E 称为一个事件(event). 以下是事件的一些例子.

1′. 在上述例 1 中, 如果 $E = \{\mathrm{H}\}$, 那么 E 是掷一枚硬币出现正面这一事件. 类似地, 如果 $E = \{\mathrm{T}\}$, 那么 E 是掷一枚硬币出现反面这一事件.

2′. 在例 2 中, 如果 $E = \{1\}$, 那么 E 是骰子点数为 1 这一事件. 如果 $E = \{2,4,6\}$, 那么 E 是骰子点数为偶数这一事件.

3′. 在例 3 中, 如果 $E = \{(\mathrm{H},\mathrm{H}),(\mathrm{H},\mathrm{T})\}$, 那么 E 是第一枚硬币出现正面这一事件.

4′. 在例 4 中, 如果 $E = \{(1,6),(2,5),(3,4),(4,3),(5,2),(6,1)\}$, 那么 E 是两颗骰子点数和为 7 这一事件.

5′. 在例 5 中, 如果 $E = (2,6)$, 那么 E 是一辆汽车耐用 2 年到 6 年这一事件.■

当试验的结果在 E 中时, 我们就说事件 E 发生. 对于样本空间 S 的任意两个事件 E 和 F, 我们也可以定义新事件 $E \cup F$, $E \cup F$ 由所有在 E 中或在 F 中的结果组成. 也就是说, 如果 E 或 F 有一个发生, 事件 $E \cup F$ 就发生. 例如, 在例 1 中, 如果 $E = \{\mathrm{H}\}$ 且 $F = \{\mathrm{T}\}$, 那么 $E \cup F = \{\mathrm{H}, \mathrm{T}\}$. 也就是说, $E \cup F$ 是整个样本空间 S. 在例 2 中, 如果 $E = \{1,3,5\}$ 且 $F = \{1,2,3\}$, 那么 $E \cup F = \{1,2,3,5\}$, 因此, 如果掷骰子的结果是 1 或 2 或 3 或 5, 那么 $E \cup F$ 发生. 事件 $E \cup F$ 常常称为事件 E 与事件 F 的并(union).

对于样本空间 S 的任意两个事件 E 和 F, 我们也可以定义新事件 EF, 有时写为 $E \cap F$, 称为 E 与 F 的交(intersection). EF 由所有既在 E 中又在 F 中的结果组成. 也就是说, 只有 E 和 F 都发生, 事件 EF 才发生. 例如, 在例 2 中, 如果 $E = \{1,3,5\}$ 且 $F = \{1,2,3\}$, 那么 $EF = \{1,3\}$, 因此, 在掷骰子的结果是 1 或 3 时, EF 就发生. 在例 1 中, 如果 $E = \{H\}$ 且 $F = \{T\}$, 那么事件 EF 将不包含任何结

① 集合 (a,b) 定义为由满足 $a < x < b$ 的所有的点 x 构成. 集合 $[a,b]$ 定义为由满足 $a \leqslant x \leqslant b$ 的所有的点 x 构成. 集合 $(a,b]$ 及 $[a,b)$ 分别定义为由满足 $a < x \leqslant b$ 的所有的点 x 及满足 $a \leqslant x < b$ 的所有的点 x 构成.

果, 因此它不可能发生. 为了给这样的事件一个称谓, 我们称它为不可能事件(null event), 并记为 $\varnothing$. (即 $\varnothing$ 是指不包含任何结果的事件.) 如果 $EF=\varnothing$, 则称 E 与 F *互不相容* (mutually exclusive).

以同样的方式, 我们也定义两个以上事件的并和交. 如果 $E_1, E_2, \cdots$ 都是事件, 那么这些事件的并, 记为 $\bigcup_{n=1}^{\infty} E_n$, 定义为这样的一个事件, 它由至少包含于一个 E_n 的所有结果构成, $n=1,2,\cdots$. 类似地, 事件 E_n 的交, 记为 $\bigcap_{n=1}^{\infty} E_n$, 定义为这样的一个事件, 它由所有 E_n 中的共同结果所构成, $n=1,2,\cdots$.

最后, 对于任意事件 E, 我们定义一个新的事件 E^{c}, 称为 E 的*对立事件* (complement), 它由样本空间中不属于 E 的所有结果所构成. 也就是说, E^{c} 发生当且仅当 E 没有发生. 在例 4 中, 如果 $E=\{(1,6),(2,5),(3,4),(4,3),(5,2),(6,1)\}$, 那么 E^{c} 在两颗骰子的点数和不等于 7 时发生. 再注意, 因为试验必然会导致某些结果, 这就推出 $S^{\mathrm{c}}=\varnothing$.

1.3 定义在事件上的概率

考察一个以 S 为样本空间的试验. 对于样本空间 S 的每一个事件 E, 我们假定一个满足以下 3 个条件的数 $\mathrm{P}(E)$:

(i) $0 \leqslant \mathrm{P}(E) \leqslant 1$.

(ii) $\mathrm{P}(S)=1$.

(iii) 对于任意互不相容的事件序列 $E_1, E_2, \cdots$, 即当 $n \neq m$ 时 $E_n E_m=\varnothing$ 的事件序列, 有

$$\mathrm{P}\left(\bigcup_{n=1}^{\infty} E_n\right)=\sum_{n=1}^{\infty} \mathrm{P}(E_n)$$

我们将 $\mathrm{P}(E)$ 称为*事件 E 的概率*.

例 1.1 在掷硬币的例子中, 如果假定硬币出现正面与出现反面是等可能的, 那么有

$$\mathrm{P}(\{\mathrm{H}\})=\mathrm{P}(\{\mathrm{T}\})=\frac{1}{2}$$

另一方面, 如果我们有一枚不均匀的硬币, 它出现正面的可能是出现反面的两倍, 那么我们有

$$\mathrm{P}(\{\mathrm{H}\})=\frac{2}{3}, \ \mathrm{P}(\{\mathrm{T}\})=\frac{1}{3}$$ ■

例 1.2 在掷骰子的例子中, 如果假定 6 个数的出现都是等可能的, 那么我们有

$$\mathrm{P}(\{1\})=\mathrm{P}(\{2\})=\mathrm{P}(\{3\})=\mathrm{P}(\{4\})=\mathrm{P}(\{5\})=\mathrm{P}(\{6\})=\frac{1}{6}$$

由 (iii) 推出得到偶数的概率等于

$$P(\{2,4,6\}) = P(\{2\}) + P(\{4\}) + P(\{6\}) = \frac{1}{2}$$ ■

注 我们给概率选取一个比较形式化的定义，即定义为在一个样本空间的事件上的函数. 这显示这些概率有一个非常直观的性质. 换句话说，如果试验不断地重复，那么 (以概率 1) 事件 E 发生的次数的比率正是 $P(E)$.

因为事件 E 和 E^c 总是互不相容的，而且 $E \cup E^c = S$. 由 (ii) 和 (iii)，我们有

$$1 = P(S) = P(E \cup E^c) = P(E) + P(E^c)$$

也就是

$$P(E^c) = 1 - P(E) \tag{1.1}$$

公式 (1.1) 说明，一个事件不发生的概率是 1 减去它发生的概率.

现在来推导在 E 中或在 F 中的所有结果的概率 $P(E \cup F)$ 的公式. 为此考虑 $P(E) + P(F)$，它是 E 中所有结果的概率加上 F 中所有结果的概率. 因为所有既在 E 中又在 F 中的结果在 $P(E) + P(F)$ 中都算了两次，而在 $P(E \cup F)$ 中只算了一次，所以必定有

$$P(E) + P(F) = P(E \cup F) + P(EF)$$

或者，等价地

$$P(E \cup F) = P(E) + P(F) - P(EF) \tag{1.2}$$

注意，当 E 与 F 互不相容时 (也就是，当 $EF = \varnothing$ 时)，公式 (1.2) 说明

$$P(E \cup F) = P(E) + P(F) - P(\varnothing) = P(E) + P(F)$$

这是一个也可以由 (iii) 得到的结果. (为什么有 $P(\varnothing) = 0$?)

例 1.3 假定掷两枚硬币. 假定样本空间

$$S = \{(H, H), (H, T), (T, H), (T, T)\}$$

中的 4 个结果都是等可能的，因而每个的概率为 1/4. 设

$$E = \{(H, H), (H, T)\}, \quad F = \{(H, H), (T, H)\}$$

也就是说，E 是第一枚硬币出现正面这一事件，F 是第二枚硬币出现正面这一事件.

利用公式 (1.2) 可得到第一枚硬币出现正面或第二枚硬币出现正面的概率 $P(E \cup F)$，它由下式给出

$$P(E \cup F) = P(E) + P(F) - P(EF) = \frac{1}{2} + \frac{1}{2} - P(\{H, H\}) = 1 - \frac{1}{4} = \frac{3}{4}$$

这个概率当然能够直接算出，因为

$$P(E \cup F) = P\{(H, H), (H, T), (T, H)\} = \frac{3}{4}$$ ■

我们也可以计算事件 E 或 F 或 G 中任意一个发生的概率. 其做法如下:

$$P(E\cup F\cup G)=P((E\cup F)\cup G)$$

由 (1.2) 式, 它等于

$$P(E\cup F)+P(G)-P((E\cup F)G)$$

现在, 我们留给你来验证: 事件 $(E\cup F)G$ 与 $EG\cup FG$ 是等价的. 因此前面的项等于

$$\begin{aligned}
&P\,(E\cup F\cup G)\\
&=P(E)+P(F)-P(EF)+P(G)-P(EG\cup FG)\\
&=P(E)+P(F)-P(EF)+P(G)-P(EG)-P(FG)+P(EGFG)\\
&=P(E)+P(F)+P(G)-P(EF)-P(EG)-P(FG)+P(EFG)
\end{aligned}\tag{1.3}$$

事实上, 对于任意 n 个事件 $E_1,E_2,E_3,\cdots,E_n$, 用归纳法可以证明

$$\begin{aligned}P(E_1\cup E_2\cup\cdots\cup E_n)=&\sum_i P(E_i)-\sum_{i<j}P(E_iE_j)+\sum_{i<j<k}P(E_iE_jE_k)-\\&\sum_{i<j<k<l}P(E_iE_jE_kE_l)+\cdots+(-1)^{n+1}P(E_1E_2\cdots E_n)\end{aligned}\tag{1.4}$$

公式 (1.4) 就是*容斥恒等式*, 用文字表达, 它说明, n 个事件的并的概率等于这些事件一次取一个的概率的和减去这些事件一次取两个的概率的和, 再加上这些事件一次取三个的概率的和, 依此类推.

1.4 条件概率

假定掷两颗骰子得到的 36 个结果都是等可能地出现的, 因而每个结果的概率为 1/36. 假定我们知道第一颗骰子的点数是 4, 那么在已知这个信息时, 两颗骰子的点数和为 6 的概率是什么呢? 为了计算这个概率, 我们做如下推理: 已知第一颗骰子的点数是 4, 我们的试验至多可能出现 6 个结果, 即 $(4,1),(4,2),(4,3),(4,4),(4,5),(4,6)$. 由于这些结果中的每一个本来就是以相同的概率发生的, 它们应该仍旧有相等的概率. 这就是说, 已知第一颗骰子的点数是 4, 则出现 $(4,1),(4,2),(4,3),(4,4),(4,5),(4,6)$ 中的每一个结果的 (条件) 概率是 1/6, 而同时在样本空间中的其他 30 个点的 (条件) 概率是 0. 因此, 所求的概率是 1/6.

如果以 E 和 F 分别记骰子的点数和为 6 这一事件及第一颗骰子的点数为 4 这一事件, 那么刚才得到的概率, 就称为已知 F 发生的条件下 E 发生的条件概率, 记为 $P(E|F)$. 对于所有事件 E 和 F 成立的 $P(E|F)$ 的一般公式, 将在下文中以同样的方式推导出. 即如果事件 F 发生, 那么为了 E 发生, 实际出现的结果必须是一个

既在 E 中又在 F 中的结果, 也就是必须在 EF 中的结果. 现在, 因为已知 F 已经发生, 进而 F 就成为新的样本空间, 因此, 事件 EF 发生的概率就等于 EF 的概率相对于 F 的概率. 这就是

$$\mathrm{P}(E|F)=\frac{\mathrm{P}(EF)}{\mathrm{P}(F)} \tag{1.5}$$

注意, 公式 (1.5) 只有当 $\mathrm{P}(F)>0$ 时才是完好地定义的, 因此, 当 $\mathrm{P}(F)>0$ 时, $\mathrm{P}(E|F)$ 才有定义.

例 1.4　假定在帽子中混杂地放了写有 1 到 10 的 10 张卡片, 然后抽取了其中的一张. 如果我们被告知抽出的卡片上的数至少是 5, 那么它是 10 的条件概率是多少?

解　以 E 记抽出的卡片上的数为 10 这一事件, 而以 F 记抽出的卡片上的数至少为 5 这一事件. 所求的概率是 $\mathrm{P}(E|F)$. 现在, 由公式 (1.5)

$$\mathrm{P}(E|F)=\frac{\mathrm{P}(EF)}{\mathrm{P}(F)}$$

可是, 因为卡片上的数既是 10 又至少为 5 当且仅当它是 10, 故 $EF=E$. 因此

$$\mathrm{P}(E|F)=\frac{\frac{1}{10}}{\frac{6}{10}}=\frac{1}{6}$$ ■

例 1.5　某家庭有两个孩子. 已知两个孩子中至少有一个男孩, 问两个都是男孩的条件概率是多少? 假设给定的样本空间为 $S=\{(b,b),(b,g),(g,b),(g,g)\}$, 且所有的结果都是等可能的 (例如, (b,g) 表示老大是男孩, 老二是女孩).

解　以 B 记两个孩子都是男孩这一事件, A 记两个孩子中至少有一个男孩这一事件, 那么所求的概率由下面给出,

$$\begin{aligned}\mathrm{P}(B|A)&=\frac{\mathrm{P}(BA)}{\mathrm{P}(A)}\\&=\frac{\mathrm{P}(\{(b,b)\})}{\mathrm{P}(\{(b,b),(b,g),(g,b)\})}=\frac{\frac{1}{4}}{\frac{3}{4}}=\frac{1}{3}\end{aligned}$$ ■

例 1.6　贝芙可以修计算机课, 也可以修化学课. 如果她修计算机课, 那么她得到 A 的概率为 1/2. 如果她修化学课, 那么她得到 A 的概率为 1/3. 贝芙于是掷硬币来决定. 贝芙在化学课上得 A 的概率是多少?

解　以 C 记贝芙修化学课这一事件, 而以 A 记不管她选修什么课都得到 A 这一事件, 那么所要求的概率是 $\mathrm{P}(AC)$. 它可以用公式 (1.5) 计算如下:

$$\mathrm{P}(AC)=\mathrm{P}(C)\mathrm{P}(A|C)=\frac{1}{2}\frac{1}{3}=\frac{1}{6}$$ ■

例 1.7 假定在一个坛中有 7 个黑球, 5 个白球. 我们不放回地从中摸取两个球. 假设坛中的每个球都是等可能地被摸取, 则摸取的两个球都是黑球的概率是多少?

解 以 F 和 E 分别记摸取的第一个球是黑球这一事件和摸取的第二个球是黑球这一事件. 现在, 已知摸到的第一个球是黑球时, 还有 6 个黑球和 5 个白球留下, 所以 $\mathrm{P}(E|F)=6/11$. 因为 $\mathrm{P}(F)$ 无疑是 7/12, 我们要求的概率是

$$\mathrm{P}(EF)=\mathrm{P}(F)\mathrm{P}(E|F)=\frac{7}{12}\frac{6}{11}=\frac{7}{22} \qquad \blacksquare$$

例 1.8 假定参加聚会的三个人都将帽子扔到房间的中央. 这些帽子先被弄混了, 随后每个人在其中随机地选取一个. 问三人中没有人选到他自己的帽子的概率是多少?

解 解决此问题, 可首先计算其对立概率, 即至少有一个人选到他自己的帽子的概率. 让我们以 $E_i(i=1,2,3)$ 记第 i 个人选到他自己的帽子这一事件. 为了计算概率 $\mathrm{P}(E_1\cup E_2\cup E_3)$, 我们首先注意到

$$\begin{aligned} \mathrm{P}(E_i)&=\frac{1}{3}, \qquad i=1,2,3 \\ \mathrm{P}(E_iE_j)&=\frac{1}{6}, \qquad i\neq j \\ \mathrm{P}(E_1E_2E_3)&=\frac{1}{6} \end{aligned} \tag{1.6}$$

我们看为什么 (1.6) 是正确的, 首先考虑

$$\mathrm{P}(E_iE_j)=\mathrm{P}(E_i)\mathrm{P}(E_j|E_i)$$

现在, 第 i 个人选到他自己的帽子的概率 $\mathrm{P}(E_i)$ 显然是 1/3, 因为他是等可能地从三个帽子中任意选取的. 另一方面, 在已知第 i 个人选到他自己的帽子时, 只有剩下两个帽子可以让第 j 个人选取, 而且这两个帽子中有一个是他的, 这就推出他将以概率 1/2 选取到它. 这就是说, $\mathrm{P}(E_j|E_i)=1/2$, 因而

$$\mathrm{P}(E_iE_j)=\mathrm{P}(E_i)\mathrm{P}(E_j|E_i)=\frac{1}{3}\frac{1}{2}=\frac{1}{6}$$

为了计算 $\mathrm{P}(E_1E_2E_3)$, 我们写出

$$\mathrm{P}(E_1E_2E_3)=\mathrm{P}(E_1E_2)\mathrm{P}(E_3|E_1E_2)=\frac{1}{6}\mathrm{P}(E_3|E_1E_2)$$

然而, 在已知前两个人得到他们自己的帽子时, 第三个人肯定也得到他自己的帽子 (因为没有其他帽子可选了). 这就是说, $\mathrm{P}(E_3|E_1E_2)=1$. 所以

$$\mathrm{P}(E_1E_2E_3)=\frac{1}{6}$$

现在, 由公式 (1.4), 我们有

$$
\begin{aligned}
P(E_1 \cup E_2 \cup E_3) &= P(E_1) + P(E_2) + P(E_3) - P(E_1E_2) \\
&\quad - P(E_1E_3) - P(E_2E_3) + P(E_1E_2E_3) \\
&= 1 - \frac{1}{2} + \frac{1}{6} = \frac{2}{3}
\end{aligned}
$$

因此, 三人中没有人选到他自己的帽子的概率是 $1 - \frac{2}{3} = \frac{1}{3}$. ■

1.5 独立事件

如果

$$P(EF) = P(E)P(F)$$

那么两个事件 E 和 F 称为*独立的*(independent). 由公式 (1.5), 这蕴涵了如果

$$P(E|F) = P(E)$$

那么 E 和 F 是独立的 (它也蕴涵了 $P(F|E) = P(F)$). 这就是, 如果 F 已经发生这个事实并不影响 E 发生的概率, 那么 E 和 F 就是独立的. 也就是 E 的发生独立于 F 是否发生.

不独立的两个事件 E 和 F, 称为*相依的*(dependent).

例 1.9 假定我们扔两颗均匀的骰子. 令 E_1 表示两颗骰子的点数和等于 6 这一事件, 而 F 表示第一颗骰子的点数是 4 这一事件. 那么

$$P(E_1F) = P(\{4, 2\}) = \frac{1}{36}$$

而

$$P(E_1)P(F) = \frac{5}{36}\frac{1}{6} = \frac{5}{216}$$

因此 E_1 和 F 不是独立的. 其原因是显然的, 因为如果我们关心的是扔出点数和为 6 的可能性 (用两颗骰子), 那么当第一颗骰子停在 4 (或 1,2,3,4,5 中的任意一个数) 时, 我们会很高兴, 因为还有机会得到点数和为 6. 另一方面, 当第一颗骰子停在 6 时, 我们并不高兴, 因为已经不再有机会得到点数和为 6. 换句话说, 我们得到点数和为 6 的机会依赖于第一颗骰子的结果, 因此, E_1 和 F 不可能是独立的.

令 E_2 表示两颗骰子的点数和等于 7 这一事件. E_2 是否与 F 独立呢? 答案为是, 因为

$$P(E_2F) = P(\{4, 3\}) = \frac{1}{36}$$

而

$$P(E_2)P(F) = \frac{1}{6}\frac{1}{6} = \frac{1}{36}$$

我们留给你来直接说明为什么两颗骰子的点数和等于 7 这一事件独立于第一颗骰子的结果. ■

独立性的定义可以推广到多于两个事件的情形. 事件 $E_1, E_2, E_3, \cdots, E_n$ 称为独立的, 如果对于这些事件的每个子集 $E_{1'}, E_{2'}, \cdots, E_{r'}, r \leqslant n$, 有 $\mathrm{P}(E_{1'}E_{2'}\cdots E_{r'}) = \mathrm{P}(E_{1'})\mathrm{P}(E_{2'})\cdots\mathrm{P}(E_{r'})$.

直观地看, 事件 $E_1, E_2, \cdots, E_n$ 是独立的, 如果其中任意一些事件发生的事实并不影响其他任何事件的概率.

例 1.10 (不独立的两两独立事件) 假定从装有号码分别为 1,2,3,4 的 4 个球的瓮中抽取一个球. 设 $E = \{1,2\}, F = \{1,3\}, G = \{1,4\}$. 如果所有 4 个结果都是等可能的, 那么

$$\mathrm{P}(EF) = \mathrm{P}(E)\mathrm{P}(F) = \frac{1}{4}$$

$$\mathrm{P}(EG) = \mathrm{P}(E)\mathrm{P}(G) = \frac{1}{4}$$

$$\mathrm{P}(FG) = \mathrm{P}(F)\mathrm{P}(G) = \frac{1}{4}$$

然而

$$\frac{1}{4} = \mathrm{P}(EFG) \neq \mathrm{P}(E)\mathrm{P}(F)\mathrm{P}(G)$$

因此, 即使事件 E, F, G 是两两独立的, 它们并非是联合独立的. ■

例 1.11 有 r 个参赛人, 其中参赛人 $i(i = 1, \cdots, r)$ 在开始时有 $n_i(n_i > 0)$ 个单位 (财富). 在每一阶段参赛人中的两个被选中比赛, 赢者从输者那里得到一个单位. 任何参赛人, 当他的财富减少到 0 时就退出, 如此继续, 直至某个参赛人占有所有的 $n = \sum_{i=1}^{r} n_i$ 个单位为止, 此参赛人就是胜利者. 假定相继比赛的结果是独立的, 而且在每次比赛中两个参赛人等可能地获胜, 求参赛人 i 是胜利者的概率.

解 首先, 假定有 n 个参赛人, 每人在开始时有 1 个单位. 考虑参赛人 i. 在各阶段他以相等的可能或者赢一个单位或者输一个单位, 各阶段的结果是独立的. 此外, 他将继续参赛直到他的财富是 0 或者是 n. 因为对所有的参赛人是一样的, 这就推出每个人都有同样的机会成为胜利者. 因此, 每个参赛人以概率 $1/n$ 是胜利者. 现在, 假设 n 个参赛人分成 r 组, 其中第 i 组有 n_i 人, $i = 1, \cdots, r$. 也就是, 参赛人 $1, \cdots, n_1$ 组成第一组, 参赛人 $n_1 + 1, \cdots, n_1 + n_2$ 组成第二组, 依此类推. 那么, 胜利者在第 i 组的概率是 n_i/n. 但是, 因为第 i 组在开始时的全部财富有 n_i 个单位, $i = 1, \cdots, r$, 而每次比赛由不同组的成员参赛, 这就导致: 赢者所在的组的财富增加一个单位, 同时, 输者所在的组的财富减少一个单位, 由此容易看出胜利者出自第 i

组的概率恰好就是我们所求的概率. 进一步地, 不管在每个阶段是由怎样的参赛人的选择构成的, 我们的推理也说明了结论是正确的. ■

假定有一个试验序列, 每个试验的结果或者是 "成功" 或者是 "失败". 以 $E_i(i \geqslant 1)$ 记第 i 个试验的结果是成功这一事件. 如果对于所有的 $i_1, i_2, \cdots, i_n$,

$$\mathrm{P}(E_{i_1}E_{i_2}\cdots E_{i_n}) = \prod_{j=1}^{n}\mathrm{P}(E_{i_j})$$

我们就说这个试验序列由*独立的试验*(independent trails) 组成.

1.6 贝叶斯公式

设 E 和 F 是事件. 我们可以将 E 表示为

$$E = EF \cup EF^{\mathrm{c}}$$

因为为了使一个点在 E 中, 它必须或者既在 E 中又在 F 中, 或者只在 E 中而不在 F 中. 又因为 EF 和 EF^{c} 是互不相容的, 所以我们有

$$\begin{aligned}\mathrm{P}(E) &= \mathrm{P}(EF) + \mathrm{P}(EF^{\mathrm{c}})\\ &= \mathrm{P}(E|F)\mathrm{P}(F) + \mathrm{P}(E|F^{\mathrm{c}})\mathrm{P}(F^{\mathrm{c}})\\ &= \mathrm{P}(E|F)\mathrm{P}(F) + \mathrm{P}(E|F^{\mathrm{c}})(1-\mathrm{P}(F))\end{aligned} \tag{1.7}$$

方程 (1.7) 说明, 事件 E 的概率是已知 F 已发生时 E 的条件概率与已知 F 未发生时 E 的条件概率的加权平均, 权重为各个条件事件发生的概率.

例 1.12 考虑两个瓮. 第一个瓮中有 2 个白球, 7 个黑球, 第二个瓮中有 5 个白球, 6 个黑球. 我们抛掷一枚均匀的硬币, 由其结果是正面还是反面决定是从第一个瓮还是从第二个瓮中抽取一个球. 已知取到的球是白球, 问抛掷的结果是正面的条件概率是多少?

解 以 W 记取到的是白球这一事件, 以 H 记抛掷的硬币是正面向上这一事件. 要求的概率 $\mathrm{P}(H|W)$ 可以计算如下:

$$\begin{aligned}\mathrm{P}(H|W) &= \frac{\mathrm{P}(HW)}{\mathrm{P}(W)} = \frac{\mathrm{P}(W|H)\mathrm{P}(H)}{\mathrm{P}(W)}\\ &= \frac{\mathrm{P}(W|H)\mathrm{P}(H)}{\mathrm{P}(W|H)\mathrm{P}(H)+\mathrm{P}(W|H^{\mathrm{c}})\mathrm{P}(H^{\mathrm{c}})}\\ &= \frac{\frac{2}{9}\frac{1}{2}}{\frac{2}{9}\frac{1}{2}+\frac{5}{11}\frac{1}{2}} = \frac{22}{67}\end{aligned}$$

■

例 1.13 学生在回答多项选择题时, 或者知道答案或者猜测答案. 假定她知道答案的概率是 p, 而猜的概率是 $1-p$. 假设她猜对的概率是 $1/m$, 其中 m 是多选题可选的项数. 问在已知学生答题正确时, 她确实知道答案的概率是多少?

解 以 C 和 K 分别记学生回答正确和她确实知道答案这两个事件. 现在

$$\begin{aligned}\mathrm{P}(K|C) &= \frac{\mathrm{P}(KC)}{\mathrm{P}(C)} = \frac{\mathrm{P}(C|K)\mathrm{P}(K)}{\mathrm{P}(C|K)\mathrm{P}(K)+\mathrm{P}(C|K^{\mathrm{c}})\mathrm{P}(K^{\mathrm{c}})} \\ &= \frac{p}{p+(1/m)(1-p)} = \frac{mp}{1+(m-1)p}\end{aligned}$$

例如, 若 $m=5, p=1/2$, 那么学生对于她答得正确的题确实知道答案的概率是 $5/6$. ■

例 1.14 某实验室检测某种疾病的血液检查, 当确实有病时的有效率是 95% . 可是, 该检测也在 1% 的健康人中产生 "假阳性" 结果. (即如果一个健康人去检查, 那么检测结果为他有病的概率是 0.01.) 如果总体人群中有 0.5% 的人真有此病. 问已知某人检测结果为阳性时, 他有病的概率是多少?

解 以 D 记被检测的人有病这一事件, 而以 E 记他的检测结果是阳性这一事件. 要求的概率 $\mathrm{P}(D|E)$ 得自

$$\begin{aligned}\mathrm{P}(D|E) &= \frac{\mathrm{P}(DE)}{\mathrm{P}(E)} = \frac{\mathrm{P}(E|D)\mathrm{P}(D)}{\mathrm{P}(E|D)\mathrm{P}(D)+\mathrm{P}(E|D^{\mathrm{c}})\mathrm{P}(D^{\mathrm{c}})} \\ &= \frac{(0.95)(0.005)}{(0.95)(0.005)+(0.01)(0.995)} = \frac{95}{294} \approx 0.323\end{aligned}$$

因此, 检测结果是阳性的人中, 只有 32% 的人确实得了病. ■

方程 (1.7) 可以以如下的方式推广. 假定 $F_1, F_2, \cdots, F_n$ 是互不相容的事件, 使得 $\bigcup_{i=1}^{n} F_i = S$. 换句话说, $F_1, F_2, \cdots, F_n$ 中正好有一个事件将发生. 通过写出

$$E = \bigcup_{i=1}^{n} EF_i$$

并用事件 $EF_i(i=1,2,\cdots,n)$ 互不相容的事实, 我们得到

$$\mathrm{P}(E) = \sum_{i=1}^{n} \mathrm{P}(EF_i) = \sum_{i=1}^{n} \mathrm{P}(E|F_i)\mathrm{P}(F_i) \tag{1.8}$$

因此, 方程 (1.8) 展示了, 对于给定的有且只有一个发生的事件 $F_1, F_2, \cdots, F_n$, 我们能通过首先对 F_i 中发生的一个事件取条件计算 $\mathrm{P}(E)$. 也就是说, 它说明了 $\mathrm{P}(E)$ 等于 $\mathrm{P}(E|F_i)$ 的加权平均, 每项用被取条件的那个事件的概率加权.

假定现在 E 已经发生, 而我们关心的是确定 F_j 中哪个也发生了. 由方程 (1.8), 我们有

$$\mathrm{P}(F_j|E) = \frac{\mathrm{P}(EF_j)}{\mathrm{P}(E)} = \frac{\mathrm{P}(E|F_j)\mathrm{P}(F_j)}{\sum_{i=1}^{n} \mathrm{P}(E|F_i)\mathrm{P}(F_i)} \tag{1.9}$$

方程 (1.9) 称为贝叶斯公式 (Bayes' formula).

例 1.15 你知道某一封信等可能地在 3 个不同的文件夹的任意一个之中. 若此信实际上在文件夹 i 中 $(i=1,2,3)$ 而你经过对文件夹 i 的快速翻阅发现了你的信的概率记为 α_i(我们可以假定 $\alpha_i<1$) . 假定你查看了文件夹 1 且没有发现此信. 问信在文件夹 1 中的概率是多少?

解 以 $F_i(i=1,2,3)$ 记此信在文件夹 i 中这个事件, 而 E 是通过对文件夹 1 搜索但并未看到信这个事件. 我们要求 $\mathrm{P}(F_1|E)$. 由贝叶斯公式, 我们得到

$$\mathrm{P}(F_1|E)=\frac{\mathrm{P}(E|F_1)\mathrm{P}(F_1)}{\sum_{i=1}^{3}\mathrm{P}(E|F_i)\mathrm{P}(F_i)}=\frac{(1-\alpha_1)\frac{1}{3}}{(1-\alpha_1)\frac{1}{3}+\frac{1}{3}+\frac{1}{3}}=\frac{1-\alpha_1}{3-\alpha_1}\quad\blacksquare$$

习 题

1. 盒中有红、绿、蓝三个弹球. 考察如下试验, 从盒中取一个弹球, 然后放回去, 再从盒中取第二个弹球. 此试验的样本空间是什么? 如果在任意情形下, 盒中的每个弹球都是等可能地被抽取的, 那么样本空间的每一个点的概率是多少?

***2.** 在取第二个弹球前不放回第一个弹球时, 重做习题 1.

3. 抛掷一枚硬币直至正面接连地出现两次. 此试验的样本空间是什么? 如果硬币是均匀的, 问抛掷次数恰为 4 的概率是多少?

4. 设 E,F,G 是三个事件. 求 E,F,G 的下列事件的表达式.

(a) 只有 F 发生.

(b) E,F 都发生, 但是 G 不发生.

(c) 至少一个事件发生.

(d) 至少两个事件发生.

(e) 三个事件都发生.

(f) 三个事件都没有发生.

(g) 至多一个事件发生.

(h) 至多两个事件发生.

***5.** 一个人在拉斯维加斯使用下面的赌博方法, 他下注 1 美元于轮盘赌的红色. 如果他赢了, 他就离开. 如果他输了, 他再赌一次红色并下注 2 美元. 然后不管什么结果, 他都离开. 假定他每次下注赢的概率都是 1/2. 他回家时是赢家的概率是多少? 为什么这一赌博方法并未被每个人采用?

6. 证明 $E(F\cup G)=EF\cup EG$.

7. 证明 $(E\cup F)^{\mathrm{c}}=E^{\mathrm{c}}F^{\mathrm{c}}$.

8. 若 $\mathrm{P}(E)=0.9$ 且 $\mathrm{P}(F)=0.8$, 证明 $\mathrm{P}(EF)\geqslant 0.7$. 一般地, 证明

$$\mathrm{P}(EF)\geqslant \mathrm{P}(E)+\mathrm{P}(F)-1$$

这称为邦费罗尼不等式(Bonferroui's inequality).

***9.** 如果 E 中的每个点都在 F 中, 我们就说 $E\subset F$. 证明: 若 $E\subset F$, 则

$$\mathrm{P}(F)=\mathrm{P}(E)+\mathrm{P}(FE^{\mathrm{c}})\geqslant \mathrm{P}(E)$$

10. 证明

$$\mathrm{P}\left(\bigcup_{i=1}^{n} E_i\right) \leqslant \sum_{i=1}^{n} \mathrm{P}(E_i)$$

这称为布尔不等式(Bool's inequality).

提示： 或者用方程 (1.2) 和数学归纳法, 或者说明 $\bigcup_{i=1}^{n} E_i = \bigcup_{i=1}^{n} F_i$, 其中 $F_1 = E_1, F_i = E_i \bigcap_{j=1}^{i-1} E_j^{\mathrm{c}}$, 并且利用概率的性质 (iii).

11. 投两颗均匀的骰子, 点数和为 $i(i = 2, 3, \cdots, 12)$ 的概率各是多少?

12. 设 E 和 F 是某试验的样本空间中互不相容的事件. 假定重复做试验直至 E 和 F 有一个发生. 这个超试验的样本空间是什么样的? 证明事件 E 在事件 F 之前发生的概率是

$$\mathrm{P}(E)/[\mathrm{P}(E) + \mathrm{P}(F)]$$

提示： 原来的试验施行了 n 次, 而 E 出现在第 n 次的概率为 $\mathrm{P}(E) \times (1-p)^{n-1}, n = 1, 2, \cdots$, 其中 $p = \mathrm{P}(E) + \mathrm{P}(F)$. 将这些概率相加就得到我们要的答案.

13. 双骰子博弈的玩法如下. 玩家投两颗骰子, 如果其和是 7 或 11, 她就赢. 如果其和是 2, 3 或 12, 她就输. 如果是其他结果, 就继续玩, 直至她再次投到这个点数 (则她赢), 或者她投到 7 (则她输). 计算玩家赢的概率.

14. 投一次骰子赢的概率为 p. A 开始投, 如果他失败了, 骰子就转给 B, 她想在她投时赢. 他们反复投这颗骰子直至有一人赢. 问他们各自赢的概率是多少?

15. 推导

$$E = EF \cup EF^{\mathrm{c}}, \quad E \cup F = E \cup FE^{\mathrm{c}}$$

16. 用习题 15 证明

$$\mathrm{P}(E \cup F) = \mathrm{P}(E) + \mathrm{P}(F) - \mathrm{P}(EF)$$

***17.** 假设三个人中每人抛掷一枚硬币, 如果有一人抛掷的结果与其他人抛掷的结果不同, 游戏就结束. 不然, 他们就重新抛掷他们的硬币. 设硬币是均匀的, 那么游戏在第一轮结束的概率是多少? 如果所有的硬币都是不均匀的, 并且出现正面的概率为 1/4, 那么游戏在第一轮结束的概率是多少?

18. 假定生下的孩子是男还是女是等可能的. 如果一个家庭有两个孩子, 已知 (a) 老大是女孩, (b) 至少一个是女孩, 那么这两个孩子都是女孩的概率是多少?

***19.** 掷两颗骰子. 问至少有一个是点数 6 的概率是多少? 如果这两个面的点数不一样, 那么至少有一个是 6 的概率是多少?

20. 投了三颗骰子. 三颗骰子中恰好有两颗出现相同的点数的概率是多少?

21. 假定 5% 的男性和 0.25% 的女性是色盲. 随机地选取一个色盲的人, 这个人是男性的概率是多少? 假定有人数相等的男性与女性.

22. A 和 B 博弈直到其中一人比另一人多出 2 点以上为止. 假定 A 独立地赢每一点的概率为 p, 他们总计玩了 $2n$ 点的概率是多少? A 赢的概率是多少?

23. 对于事件 $E_1, E_2, \cdots, E_n$, 证明

$$\mathrm{P}(E_1E_2\cdots E_n) = \mathrm{P}(E_1)\mathrm{P}(E_2|E_1)\mathrm{P}(E_3|E_1E_2)\cdots\mathrm{P}(E_n|E_1\cdots E_{n-1})$$

24. 在一次选举中, 候选人 A 得到 n 张选票, 候选人 B 得到 m 张选票, 其中 $n > m$. 假设在计票中, 所有可能的 $n+m$ 张票的排列顺序都是等可能的. 以 $\mathrm{P}_{n,m}$ 记自第一张起 A 总处于领先的概率. 求

(a) $\mathrm{P}_{2,1}$,　(b) $\mathrm{P}_{3,1}$,　(c) $\mathrm{P}_{n,1}$,　(d) $\mathrm{P}_{3,2}$,　(e) $\mathrm{P}_{4,2}$,

(f) $\mathrm{P}_{n,2}$,　(g) $\mathrm{P}_{4,3}$,　(h) $\mathrm{P}_{5,3}$,　(i) $\mathrm{P}_{5,4}$,　(j) 猜测 $\mathrm{P}_{n,m}$ 的值.

***25.** 从一副 52 张扑克牌中随机选取两张, 问

(a) 它们组成一对 (就是它们有相同的数字) 的概率是多少?

(b) 已知两张花色不同, 它们组成一对的条件概率是多少?

26. 一副 52 张扑克牌 (包含所有 4 个 A) 被随机地分为 4 堆, 每堆 13 张. 定义 E_1, E_2, E_3 和 E_4 如下:

$E_1=$\{第一堆恰有一个 A\},　$E_2=$\{第二堆恰有一个 A\},

$E_3=$\{第三堆恰有一个 A\},　$E_4=$\{第四堆恰有一个 A\}.

用习题 23 的结论求在每一堆中都有一个 A 的概率 $\mathrm{P}(E_1E_2E_3E_4)$.

***27.** 假定在习题 26 中定义了事件 $E_i, i=1,2,3,4$:

$E_1=$\{有一堆中有黑桃 A\},　$E_2=$\{黑桃 A 与红心 A 在不同的堆\},

$E_3=$\{黑桃 A, 红心 A 与方块 A 都在不同的堆\},　$E_4=$\{四个 A 都在不同的堆\}.

现在, 用习题 23 求在每一堆中都有一个 A 的概率 $\mathrm{P}(E_1E_2E_3E_4)$. 将你的答案与习题 26 的结果作比较.

28. 如果 B 的发生使 A 更可能发生, 那么, A 的发生是否使 B 更可能发生?

29. 假定 $\mathrm{P}(E)=0.6$, 如果 (a) E 和 F 互不相容,　(b)$E\subset F$,　(c)$F\subset E$, 那么 $\mathrm{P}(E|F)$ 分别表示什么?

***30.** 比尔和乔治一起去射击. 他们同时射击同一个目标. 假设比尔独立地射中目标的概率是 0.7, 乔治独立地射中目标的概率是 0.4.

(a) 已知恰有一颗子弹射中目标, 求它是乔治射中的概率.

(b) 已知目标射中, 求它是乔治射中的概率.

31. 已知两个骰子的点数和是 7 时, 第一颗骰子的点数是 6 的条件概率是多少?

***32.** 假定所有 n 个参加聚会的人将他们的帽子扔在房间的中央. 然后每个人随机地取一顶帽子. 证明没有人选到自己的帽子的概率为

$$\frac{1}{2!}-\frac{1}{3!}+\frac{1}{4!}-\cdots+\frac{(-1)^n}{n!}$$

注意, 当 $n\to\infty$ 时它趋于 e^{-1}. 这是否令人惊奇?

33. 有 4 个一年级男生、6 个一年级女生、6 个二年级男生共上一门课. 为了使在随机选取一个学生时性别与班级独立, 在这班中需要出现多少二年级女生?

34. 为了在轮盘赌上能赢, 琼斯先生设计了一个赌法. 当下注时, 他下注于红色. 而且只在以前的十次转动都落在一个黑色的数上时, 他才下注. 他的理由是他赢的机会很大, 因为连续 11 次转到黑色的概率很小. 对于这个方法你有什么看法?

35. 连续地抛掷一枚均匀的硬币. 求抛掷的前四次是下列情况的概率:

(a) H, H, H, H.　　　(b) T, H, H, H.

(c) 模式 T, H, H, H 出现在模式 H, H, H, H 之前的概率.

36. 考察两个盒子. 一个盒内有一个黑弹球和一个白弹球, 另一个盒内有两个黑弹球和一个白弹球. 随机选取一个盒子, 并在此盒子中随机取一个弹球. 问取出的弹球是黑色的概率是多少?

37. 在习题 36 中, 已知取出的是白球, 问此球出自第一个盒子的概率是多少?

38. 瓮 1 中有两个白球, 一个黑球, 瓮 2 中有一个白球, 五个黑球. 从瓮 1 中随机取一个球, 放到瓮 2 中. 然后从瓮 2 中取一个球, 正好是白球. 问从瓮 1 转移到瓮 2 的球是白球的概率是多少?

39. 假定商店 A、B 和 C 各有 50 个、75 个和 100 个雇员, 其中各有 50%、60% 和 70% 为女性. 在所有的雇员中, 不管性别, 辞职的可能性是相等的. 现在一个雇员辞职了, 并且是女性. 她在商店 C 工作的概率是多少?

***40.** (a) 某赌徒在衣袋中放有一枚均匀的硬币和一枚两面都是正面的硬币. 他从中随机选取一枚, 抛掷后结果是正面. 问它是均匀的硬币的概率是多少? (b) 假定他对同一枚硬币抛掷第二次, 它又出现正面. 现在, 它是均匀的硬币的概率是多少? (c) 假定他又对同一枚硬币抛掷第三次, 它出现反面. 现在, 它是均匀的硬币的概率是多少?

41. 在某个种类的鼠中, 黑色比褐色占优势. 假定一只有黑色双亲的黑鼠有一只褐色同胞.

(a) 它是纯黑鼠的概率是多少? (相对于一个黑色基因与一个褐色基因的混种鼠.)

(b) 假设当一只黑鼠和一只褐鼠交配后的五只后代都是黑鼠时, 它是纯黑鼠的概率是多少?

42. 在盒中有三枚硬币. 一枚是双正面硬币, 另一枚是均匀的硬币, 而第三枚是出现正面的概率为 75% 的不均匀硬币. 当从这三枚硬币中随机选取一枚抛掷时, 它出现正面. 问它是双正面硬币的概率是多少?

43. 蓝眼睛基因是隐性的, 意即, 提供基因给某人的两个人必须都有蓝眼睛基因, 这个人的眼睛才会是蓝的. 约 (女) 和乔 (男) 两人都是褐色眼睛, 而他们的母亲都是蓝眼睛, 他们的褐色眼睛的女儿芙洛希望和蓝色眼睛的男人有一个蓝色眼睛的孩子. 问孩子是蓝色眼睛的概率是多少?

44. 瓮 1 中有五个白球, 七个黑球. 瓮 2 中有三个白球, 十二个黑球. 我们抛掷一枚均匀的硬币. 如果结果是正面, 就从瓮 1 中取出一个球, 而如果结果是反面, 就从瓮 2 中取出一个球. 假定选取到的是白球. 问抛掷结果是反面的条件概率是多少?

***45.** 一个瓮中有 b 个黑球, r 个红球. 从中随机选取了一个球, 但是当将它放回瓮中的时候, 又加进了 c 个与之同色的球. 现在我们再取另一个球. 证明: 已知取到的第二个球是红球时, 取到的第一个球是黑球的条件概率是 $b/(b+r+c)$.

46. 狱吏通知三个犯人, 已经随机地从中选定一人处死, 而其余两人将被释放. 犯人 A 要求狱吏私下告诉他哪一个犯人将被释放, 并声称泄露这个信息是无害的, 因为他已经知道至少一人将获得自由. 狱吏拒绝回答这个问题, 并指出如果 A 知道哪一个犯人将被释放, 那么他被处死的概率就从 1/3 上升至 1/2, 因为他将是两个犯人中的一个. 对于狱吏的论据你有什么看法?

47. 对固定的事件 B, 证明对于所有的事件 A, 全体 $\mathrm{P}(A|B)$ 满足概率的三个条件. 由此推论

$$P(A|B) = P(A|BC)P(C|B) + P(A|BC^c)P(C^c|B)$$

然后直接验证以上方程.

***48.** 在某个社区, 60% 的家庭拥有汽车, 30% 的家庭拥有房产, 而 20% 的家庭既有汽车又有房产. 随机选取一个家庭, 求此家庭或者有汽车或者有房产但不是两者都有的概率.

参考文献

文献 [2] 对概率论一些早期的发展提供了丰富多彩的介绍. 文献 [3]、[4] 和 [7] 是近代概率论的卓越的入门教材. 文献 [5] 是权威性的著作, 其建立了近代数学概率论的公理基础. 文献 [6] 是概率论及其应用的非数学的介绍, 作者拉普拉斯是 18 世纪最伟大的数学家之一.

[1] L. Breiman, "Probability, " Addison-Wesley, Reading, Massachusetts, 1968.

[2] F. N. David, " Games, Gods, and Gambling, " Hafner, New York, 1962.

[3] W. Feller, " An Introduction to Probability Theory and Its Applications, " Vol. I, John Wiley, New York, 1957.

[4] B. V. Gnedenko, " Theory of Probability, " Chelsea, New York, 1962.

[5] A. N. Kolmogorov, " Foundations of the Theory of Probability, " Chelsea, New York, 1956.

[6] Marquis de Laplace, " A Philosophical Essay on Probabilities, " 1825 (English Translation), Dover, New York, 1951.

[7] S. Ross, "A First Course in Probability," Eighth Edition, Prentice Hall, New Jersey, 2010.

第2章 随机变量

2.1 随机变量

在做试验时，常常是相对于试验结果本身而言，我们主要还是对结果的某些函数感兴趣. 例如，在掷骰子时，我们常常关心的是两颗骰子的点数和，而并不真正关心其实际结果. 就是说，我们也许关心的是其点数和为 7，而并不关心其实际结果是否是 (1,6) 或 (2,5) 或 (3,4) 或 (4,3) 或 (5,2) 或 (6,1). 我们所关注的这些量，或者更形式地说，这些定义在样本空间上的实值函数，称为*随机变量*.

因为随机变量的值是由试验的结果决定的，所以我们可以给随机变量的可能值指定概率.

例 2.1 以 X 记随机变量，它定义为两颗均匀的骰子的点数和，那么

$$
\begin{aligned}
&\mathrm{P}\{X=2\}=\mathrm{P}\{(1,1)\}=\frac{1}{36}\\
&\mathrm{P}\{X=3\}=\mathrm{P}\{(1,2),(2,1)\}=\frac{2}{36}\\
&\mathrm{P}\{X=4\}=\mathrm{P}\{(1,3),(2,2),(3,1)\}=\frac{3}{36}\\
&\mathrm{P}\{X=5\}=\mathrm{P}\{(1,4),(2,3),(3,2),(4,1)\}=\frac{4}{36}\\
&\mathrm{P}\{X=6\}=\mathrm{P}\{(1,5),(2,4),(3,3),(4,2),(5,1)\}=\frac{5}{36}\\
&\mathrm{P}\{X=7\}=\mathrm{P}\{(1,6),(2,5),(3,4),(4,3),(5,2),(6,1)\}=\frac{6}{36} \qquad (2.1)\\
&\mathrm{P}\{X=8\}=\mathrm{P}\{(2,6),(3,5),(4,4),(5,3),(6,2)\}=\frac{5}{36}\\
&\mathrm{P}\{X=9\}=\mathrm{P}\{(3,6),(4,5),(5,4),(6,3)\}=\frac{4}{36}\\
&\mathrm{P}\{X=10\}=\mathrm{P}\{(4,6),(5,5),(6,4)\}=\frac{3}{36}\\
&\mathrm{P}\{X=11\}=\mathrm{P}\{(5,6),(6,5)\}=\frac{2}{36}\\
&\mathrm{P}\{X=12\}=\mathrm{P}\{(6,6)\}=\frac{1}{36}
\end{aligned}
$$

换句话说，随机变量 X 能取从 2 到 12 的任意整数值，而且取每个值的概率由方程 (2.1) 给出. 因为随机变量 X 必须取 2 到 12 中的一个值，所以必须有

$$1=\mathrm{P}\left(\bigcup_{i=2}^{12}\{X=n\}\right)=\sum_{n=2}^{12}\mathrm{P}\{X=n\}$$

这可以用方程 (2.1) 验证. ■

例 2.2 再举一个例子, 假定我们的试验是由抛掷两枚均匀的硬币组成. 以 Y 记出现正面的次数, 那么 Y 是一个取值于 0, 1, 2 的随机变量, 分别具有概率

$$\mathrm{P}\{Y=0\}=\mathrm{P}\{(T,T)\}=\frac{1}{4}$$
$$\mathrm{P}\{Y=1\}=\mathrm{P}\{(T,H),(H,T)\}=\frac{2}{4}$$
$$\mathrm{P}\{Y=2\}=\mathrm{P}\{(H,H)\}=\frac{1}{4}$$

当然, $\mathrm{P}\{Y=0\}+\mathrm{P}\{Y=1\}+\mathrm{P}\{Y=2\}=1$. ■

例 2.3 假定我们抛掷一枚出现正面的概率为 p 的硬币直至正面首次出现. 以 N 记需要抛掷的次数, 假定相继抛掷的结果是独立的, 那么 N 是取值于 1,2,3,$\cdots$ 中的某个值的随机变量, 分别具有概率

$$\begin{aligned}
&\mathrm{P}\{N=1\}=\mathrm{P}\{H\}=p\\
&\mathrm{P}\{N=2\}=\mathrm{P}\{(T,H)\}=(1-p)p\\
&\mathrm{P}\{N=3\}=\mathrm{P}\{(T,T,H)\}=(1-p)^2p\\
&\qquad\vdots\\
&\mathrm{P}\{N=n\}=\mathrm{P}\{(\underbrace{T,T,\cdots,T}_{n-1},H)\}=(1-p)^{n-1}p,\quad n\geqslant 1
\end{aligned}$$

作为验证, 注意到

$$\mathrm{P}\left(\bigcup_{n=1}^{\infty}\{N=n\}\right)=\sum_{n=1}^{\infty}\mathrm{P}\{N=n\}=p\sum_{n=1}^{\infty}(1-p)^{n-1}=\frac{p}{1-(1-p)}=1$$ ■

例 2.4 假定我们的试验是观察电池在损耗前能用多久. 并假定我们主要并不关心电池的实际寿命, 而只是关心电池是否至少能用两年. 在这种情形下, 我们可以定义随机变量 I 为

$$I=\begin{cases}1, & \text{若电池的寿命是两年或更长}\\ 0, & \text{其他情形}\end{cases}$$

如果以 E 记电池能使用两年或更长, 那么随机变量 I 称为事件 E 的示性(indicator)随机变量. (注意 I 的取值依赖于 E 是否发生.) ■

例 2.5 假定相继地做独立试验, 其中每次试验有 m 种可能的结果, 其概率分别为 $p_1,\cdots,p_m,\sum_{i=1}^m p_i=1$. 以 X 记直至每一个结果至少出现一次所需的试验次数.

与其直接考虑 $\mathrm{P}\{X=n\}$, 我们不如首先确定 $\mathrm{P}\{X>n\}$, 这是在做 n 次试验后, 至少有一个结果还没有出现的概率. 以 A_i 记起初的 n 次试验后还没有出现结

果 i 这个事件, $i=1,\cdots,m$, 那么

$$\begin{aligned}\mathrm{P}\{X>n\}=&\mathrm{P}\left(\bigcup_{i=1}^{m}A_i\right)\\=&\sum_{i=1}^{m}\mathrm{P}(A_i)-\sum_{i<j}\mathrm{P}(A_iA_j)\\&+\sum_{i<j<k}\mathrm{P}(A_iA_jA_k)-\cdots+(-1)^{m+1}\mathrm{P}(A_1\cdots A_m)\end{aligned}$$

现在, $\mathrm{P}(A_i)$ 是起初的 n 次试验中每一次结果在非 i 的结果中的概率, 所以由独立性得

$$\mathrm{P}(A_i)=(1-p_i)^n$$

类似地, $\mathrm{P}(A_iA_j)$ 是起初的 n 次试验中每一次结果在既非 i 又非 j 的结果中的概率, 所以有

$$\mathrm{P}(A_iA_j)=(1-p_i-p_j)^n$$

鉴于所有其他的概率都类似, 我们看到

$$\begin{aligned}\mathrm{P}\{X>n\}=&\sum_{i=1}^{m}(1-p_i)^n-\sum_{i<j}(1-p_i-p_j)^n\\&+\sum_{i<j<k}(1-p_i-p_j-p_k)^n-\cdots\end{aligned}$$

因为 $\mathrm{P}\{X=n\}=\mathrm{P}\{X>n-1\}-\mathrm{P}\{X>n\}$, 利用代数恒等式 $(1-a)^{n-1}-(1-a)^n=a(1-a)^{n-1}$, 我们看到

$$\begin{aligned}\mathrm{P}\{X=n\}=&\sum_{i=1}^{m}p_i(1-p_i)^{n-1}-\sum_{i<j}(p_i+p_j)(1-p_i-p_j)^{n-1}\\&+\sum_{i<j<k}(p_i+p_j+p_k)(1-p_i-p_j-p_k)^{n-1}-\cdots\end{aligned}$$ ■

在前面所有的例子中, 我们所关心的随机变量, 或者取有限个可能的值, 或者取可数个可能的值[①]. 这样的随机变量称为*离散的*(discrete). 可是也存在取连续多个可能值的随机变量. 这称为*连续的* (continuous) 随机变量. 例如如果假定汽车的寿命取某个区间 (a,b) 中的任意值, 那么记汽车寿命的随机变量就是连续的.

随机变量 X 的*累积分布函数*(cumulative distribution function, 简称*分布函数*, cdf)$F(\cdot)$ 定义为, 对于任意实数 $b, -\infty<b<\infty$,

$$F(b)=\mathrm{P}\{X\leqslant b\}$$

① 一个集合是可数的, 如果它的元素可以与正整数一一对应.

用文字描述就是，$F(b)$ 记随机变量 X 取一个小于或者等于 b 的值的概率. 分布函数 F 具有以下性质

(i) $F(b)$ 是 b 的非减函数,

(ii) $\lim_{b\to\infty}F(b)=F(\infty)=1$,

(iii) $\lim_{b\to-\infty}F(b)=F(-\infty)=0$.

性质 (i) 是由于对于 $a<b$, 事件 $\{X\leqslant a\}$ 包含于事件 $\{X\leqslant b\}$ 中, 所以它有较小的概率. 性质 (ii) 和 (iii) 是由于 X 必须取某个有限的值.

有关 X 的所有概率问题都可以用分布函数 $F(\cdot)$ 回答. 例如, 对于所有的 $a<b$ 我们有

$$\mathrm{P}\{a<X\leqslant b\}=F(b)-F(a)$$

这是由于我们可以通过先计算 $\{X\leqslant b\}$ 的概率 (也就是 $F(b)$), 然后减去 $\{X\leqslant a\}$ 的概率 (也就是 $F(a)$) 算出 $\mathrm{P}\{a<X\leqslant b\}$.

如果我们需要 X 严格地小于 b 的概率, 可以通过

$$\mathrm{P}\{X<b\}=\lim_{h\to0^+}\mathrm{P}\{X\leqslant b-h\}=\lim_{h\to0^+}F(b-h)$$

算出这个概率, 其中 $\lim_{h\to0^+}$ 表示是在 h 递减到 0 时取极限. 注意 $\mathrm{P}\{X<b\}$ 不一定等于 $F(b)$, 因为 $F(b)$ 也包括 X 等于 b 的概率.

2.2 离散随机变量

正如上面提到的, 一个最多取可数个可能值的随机变量, 称为*离散的*. 对于一个离散随机变量 X, 我们用

$$p(a)=\mathrm{P}\{X=a\}$$

定义*概率质量函数* $p(a)$. 概率质量函数 $p(a)$ 最多在可数个 a 的值上是正的. 也就是说, 如果 X 必须是值 $x_1,x_2,\cdots$ 之一, 那么

$$\begin{aligned}&p(x_i)>0, \quad i=1,2,\cdots\\&p(x)=0, \quad \text{所有其他 } x \text{ 值}\end{aligned}$$

因为 X 必须取 x_i 值中的一个, 所以有

$$\sum_{i=1}^{\infty}p(x_i)=1$$

累积分布函数 F 可以用 $p(a)$ 表示为

$$F(a)=\sum_{\text{一切 } x_i\leqslant a}p(x_i)$$

例如, 假定 X 具有由

$$p(1)=\frac{1}{2},\quad p(2)=\frac{1}{3},\quad p(3)=\frac{1}{6}$$

给出的概率质量函数, 那么 X 的累积分布函数由

$$F(a)=\begin{cases}0, & a<1\\ \frac{1}{2}, & 1\leqslant a<2\\ \frac{5}{6}, & 2\leqslant a<3\\ 1, & 3\leqslant a\end{cases}$$

给出. 这在图 2.1 中是以图示的方式出现的.

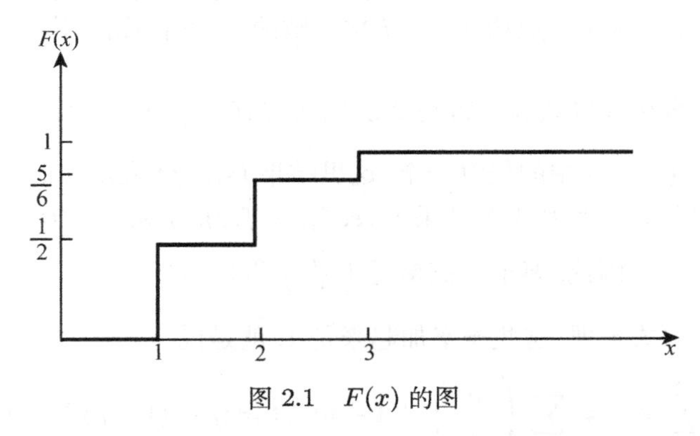

图 2.1 $F(x)$ 的图

离散随机变量通常依据概率质量函数分类. 我们现在研究一些这样的随机变量.

2.2.1 伯努利随机变量

假定一个试验, 其结果可以分为成功或者失败. 如果我们在试验的结果是成功时令 X 等于 1, 而在试验的结果是失败时令 X 等于 0, 那么 X 的概率质量函数由

$$\begin{aligned}p(0)&=\mathrm{P}\{X=0\}=1-p,\\ p(1)&=\mathrm{P}\{X=1\}=p\end{aligned}\tag{2.2}$$

给出, 其中 $p(0\leqslant p\leqslant 1)$ 是试验的结果为成功的概率.

随机变量 X 称为伯努利随机变量, 如果其概率质量函数由方程 (2.2) 给出, 且 $0<p<1$.

2.2.2 二项随机变量

假定做了 n 次独立试验, 其中每次结果为成功的概率为 p, 结果为失败的概率为 $1-p$. 如果以 X 代表出现在 n 次试验中的成功的次数, 那么 X 称为具有参数 (n,p) 的二项 (binomial) 随机变量.

参数为 (n, p) 的二项随机变量的概率质量函数由

$$p(i) = \binom{n}{i} p^i (1-p)^{n-i}, \quad i = 0, 1, \cdots, n \tag{2.3}$$

给出, 其中

$$\binom{n}{i} = \frac{n!}{(n-i)!i!}$$

等于从 n 个对象的集合中能够选出的 i 个对象的不同组的数目. 方程 (2.3) 的有效性可以这样验证: 首先注意, 由独立性假设, 一个包含 i 次 "成功" 和 $n-i$ 次 "失败" 的 n 个结果的任意一个特定序列的概率是 $p^i(1-p)^{n-i}$, 那么方程 (2.3) 得自一共有 $\binom{n}{i}$ 个包含 i 次成功和 $n-i$ 次失败的 n 个结果的不同序列. 例如, 如果 $n=3, i=2$, 那么在 3 次试验中得到 2 次成功共有 $\binom{3}{2}=3$ 种方式. 即 3 个结果 $(s,s,f),(s,f,s),(f,s,s)$ 中的任意一个, 这里结果 (s,s,f) 表示前面两次试验都是成功, 而第三次是失败. 因为 3 个结果 $(s,s,f),(s,f,s),(f,s,s)$ 中的任意一个出现的概率都是 $p^2(1-p)$, 因此, 要求的概率是 $\binom{3}{2}p^2(1-p)$.

注意, 由二项式定理, 这些概率加起来是 1, 就是说

$$\sum_{i=0}^{\infty} p(i) = \sum_{i=0}^{n} \binom{n}{i} p^i (1-p)^{n-i} = (p + (1-p))^n = 1$$

例 2.6 抛掷 4 枚均匀的硬币. 假定其结果都是独立的. 问得到 2 个正面、2 个反面的概率是多少?

解 让 X 等于出现正面 ("成功") 的数目, 那么 X 是参数为 $n=4, p=1/2$ 的二项随机变量. 因此, 由方程 (2.3)

$$\mathrm{P}\{X=2\} = \binom{4}{2}\left(\frac{1}{2}\right)^2\left(\frac{1}{2}\right)^2 = \frac{3}{8}$$ ■

例 2.7 已知某机器生产的一个产品是废品的概率为 0.1, 且与任意的其他产品独立. 在三个产品的样本中, 至多有一个废品的概率是多少?

解 假定 X 是在此样本中废品的数目, 那么 X 是参数为 (3, 0.1) 的二项随机变量. 因此, 要求的概率由

$$\mathrm{P}\{X=0\} + \mathrm{P}\{X=1\} = \binom{3}{0}(0.1)^0(0.9)^3 + \binom{3}{1}(0.1)^1(0.9)^2 = 0.972$$ ■

给出.

例 2.8 假定在飞行中, 飞机发动机失效的概率为 $1-p$, 而且各发动机独立地工作. 假定如果至少 50% 的发动机保持运行, 那么飞机就能完成一次成功的飞行. 问 p 取什么样的值, 4 个发动机的飞机比 2 个发动机的飞机更可靠?

解 因为假定每个发动机失效或者运行独立于其他的发动机的情形, 由此推出保持运行的发动机的个数是二项随机变量. 因此, 4 个发动机的飞机完成一次成功的飞行的概率是

$$\begin{aligned}&\binom{4}{2}p^2(1-p)^2+\binom{4}{3}p^3(1-p)+\binom{4}{4}p^4(1-p)^0\\=&6p^2(1-p)^2+4p^3(1-p)+p^4\end{aligned}$$

而 2 个发动机的飞机的对应概率是

$$\binom{2}{1}p(1-p)+\binom{2}{2}p^2=2p(1-p)+p^2$$

因此, 4 个发动机的飞机更安全, 如果

$$6p^2(1-p)^2+4p^3(1-p)+p^4\geqslant 2p(1-p)+p^2$$

或等价地, 如果

$$6p(1-p)^2+4p^2(1-p)+p^3\geqslant 2-p$$

它可以简化为

$$3p^3-8p^2+7p-2\geqslant 0 \quad 或 \quad (p-1)^2(3p-2)\geqslant 0$$

这等价于

$$3p-2\geqslant 0 \quad 或 \quad p\geqslant\frac{2}{3}$$

因此, 当发动机成功的概率 p 至少需要大到 2/3 时, 4 个发动机的飞机更安全, 而当此概率 p 低于 2/3 时, 2 个发动机的飞机更安全. ■

例 2.9 假定一个人的特殊特征 (例如眼睛的颜色或有左撇特征) 是以一对基因加以区分的. 假定用 d 代表显性基因, 而用 r 代表隐性基因. 从而一个有 dd 基因的人是纯显性, 有 rr 基因的人是纯隐性, 而有 rd 基因的人是混合型. 纯显性与混合型外貌相像. 孩子从父母那里各得到一个基因. 如果对于一个特殊的特征, 混合型的父母共有 4 个孩子. 问其中恰有 3 个孩子有显性基因的外貌的概率是多少?

解 如果我们假定每个孩子等可能地从父母那里遗传一个基因, 一对混合型的父母的孩子有一对基因 dd、rr 或 rd 的概率分别为 $1/4, 1/4, 1/2$. 因为一个后代有显性基因的外貌, 如果他的基因对或是 dd 或是 rd, 于是就推出这样的孩子的个数是按二项分布的, 其参数为 $(4, 3/4)$. 从而所求的概率是

$$\binom{4}{3}\left(\frac{3}{4}\right)^3\left(\frac{1}{4}\right)^1=\frac{27}{64}$$ ■

术语备注　如果 X 是参数为 (n,p) 的二项随机变量, 那么我们就说 X 有参数为 (n,p) 的二项分布.

2.2.3　几何随机变量

假定进行独立试验直到出现一个结果为成功, 其中每一个试验成功的概率都是 p. 如果我们以 X 记直到出现首次成功所需要做的试验次数, 那么称 X 为具有参数 p 的几何随机变量. 它的概率质量函数由

$$p(n)=\mathrm{P}\{X=n\}=(1-p)^{n-1}p,\quad n=1,2,\cdots \tag{2.4}$$

给出. 方程 (2.4) 得自要使 X 等于 n, 其充要条件是前 $n-1$ 次试验都是失败, 而第 n 次试验是成功. 方程 (2.4) 是由于相继的试验结果假定是独立的.

为了验证 $p(n)$ 是一个概率质量函数, 我们注意到

$$\sum_{n=1}^{\infty}p(n)=p\sum_{n=1}^{\infty}(1-p)^{n-1}=1$$

2.2.4　泊松随机变量

对于取值于 $0,1,2,\cdots$ 的随机变量 X, 如果对于某个 $\lambda>0$, 有

$$p(i)=\mathrm{P}\{X=i\}=\mathrm{e}^{-\lambda}\frac{\lambda^i}{i!},\quad i=0,1,\cdots \tag{2.5}$$

则称 X 为具有参数 λ 的泊松随机变量. 因为

$$\sum_{i=0}^{\infty}p(i)=\mathrm{e}^{-\lambda}\sum_{i=0}^{\infty}\frac{\lambda^i}{i!}=\mathrm{e}^{-\lambda}\mathrm{e}^{\lambda}=1$$

所以方程 (2.5) 定义了一个概率质量函数. 泊松随机变量在不同的数学领域有广泛的应用, 这将在第 5 章中看到.

泊松随机变量的一个重要性质是它可以用来近似二项随机变量, 如果二项参数 n 大, 而 p 小. 为了明白这点, 假定 X 是具有参数 (n,p) 的二项随机变量, 并取 $\lambda=np$, 那么

$$\begin{aligned}\mathrm{P}\{X=i\}&=\frac{n!}{(n-i)!i!}p^i(1-p)^{n-i}=\frac{n!}{(n-i)!i!}\left(\frac{\lambda}{n}\right)^i\left(1-\frac{\lambda}{n}\right)^{n-i}\\&=\frac{n(n-1)\cdots(n-i+1)}{n^i}\frac{\lambda^i}{i!}\frac{(1-\lambda/n)^n}{(1-\lambda/n)^i}\end{aligned}$$

现在, 对于大的 n 和小的 p 有

$$\left(1-\frac{\lambda}{n}\right)^n\approx\mathrm{e}^{-\lambda},\quad\frac{n(n-1)\cdots(n-i+1)}{n^i}\approx1,\quad\left(1-\frac{\lambda}{n}\right)^i\approx1$$

因此, 对于大的 n 和小的 p,

$$\mathrm{P}\{X=i\} \approx \mathrm{e}^{-\lambda} \frac{\lambda^i}{i!}$$

例 2.10 假定在书的一页上的印刷错误的个数是一个具有参数 $\lambda=1$ 的泊松随机变量. 计算在此页上至少有一个错误的概率.

解

$$\mathrm{P}\{X \geqslant 1\}=1-\mathrm{P}\{X=0\}=1-\mathrm{e}^{-1} \approx 0.632$$ ■

例 2.11 假定每天在高速路上发生的事故的数目是一个具有参数 $\lambda=3$ 的泊松随机变量. 问今天没有发生事故的概率是多少?

解

$$\mathrm{P}\{X=0\}=\mathrm{e}^{-3} \approx 0.05$$ ■

例 2.12 考察计算一克放射性物质在一秒钟内释放的 α 粒子的数目的试验. 如果我们已知平均有 3.2 个这样的 α 粒子被释放. 出现不多于两个 α 粒子的近似概率是多少?

解 如果我们将这一克放射性物质想象为是由 n 个原子组成的, 每个原子以概率 $3.2/n$ 分解并且在随后的那一秒中释放 α 粒子, 那么我们看到 α 粒子的数目非常近似于一个具有参数 $\lambda=3.2$ 的泊松随机变量. 因此, 所求的概率是

$$\mathrm{P}\{X \leqslant 2\}=\mathrm{e}^{-3.2}+3.2\mathrm{e}^{-3.2}+\frac{(3.2)^2}{2}\mathrm{e}^{-3.2} \approx 0.380$$ ■

2.3 连续随机变量

在这一节中, 我们关心的随机变量, 其可能值是不可数的. 以 X 记一个这样的随机变量. 我们说 X 是一个*连续的*随机变量, 如果存在一个定义在所有实数 $x \in(-\infty, \infty)$ 上的非负函数 $f(x)$, 使得对于任意实数集合 B 有性质

$$\mathrm{P}\{X \in B\}=\int_B f(x) \mathrm{d} x \tag{2.6}$$

函数 $f(x)$ 称为随机变量 X 的*概率密度函数*(probability density function).

换句话说, 方程 (2.6) 说明了 X 在 B 中的概率可以由概率密度函数在集合 B 上求积分得到. 因为 X 必须取某个值, $f(x)$ 必定满足

$$1=\mathrm{P}\{X \in(-\infty, \infty)\}=\int_{-\infty}^{\infty} f(x) \mathrm{d} x$$

关于 X 的所有概率陈述都能通过 $f(x)$ 回答. 例如, 设 $B=[a, b]$, 由方程 (2.6) 我们得到

$$\mathrm{P}\{a \leqslant X \leqslant b\}=\int_a^b f(x) \mathrm{d} x \tag{2.7}$$

如果我们在上面设 $a=b$, 那么

$$\mathrm{P}\{X=a\}=\int_a^a f(x)\mathrm{d}x=0$$

换句话说, 这个方程说明了连续随机变量在假定为某个特殊值时的概率为零.

累积分布函数 $F(\cdot)$ 与概率密度函数 $f(\cdot)$ 的关系表示为

$$F(a)=\mathrm{P}\{X\in(-\infty,a]\}=\int_{-\infty}^a f(x)\mathrm{d}x$$

对上式两边求微分就得到

$$\frac{\mathrm{d}}{\mathrm{d}a}F(a)=f(a)$$

就是说, 密度函数是累积分布函数的导数. 密度函数的一个更为直观的解释可以由方程 (2.7) 得到：当 ε 小时

$$\mathrm{P}\left\{a-\frac{\varepsilon}{2}\leqslant X\leqslant a+\frac{\varepsilon}{2}\right\}=\int_{a-\varepsilon/2}^{a+\varepsilon/2} f(x)\mathrm{d}x\approx\varepsilon f(a)$$

换句话说, X 包含在点 a 附近长度为 ε 的区间内的概率近似地为 $\varepsilon f(a)$. 由此, 我们明白 $f(a)$ 是随机变量在 a 附近可能性大小的量度.

有几个重要的连续随机变量常常出现在概率论中. 在这节余下的部分就致力于某些这种随机变量的学习.

2.3.1 均匀随机变量

一个随机变量称为均匀分布在区间 $(0,1)$ 上, 如果它的概率密度函数给定为

$$f(x)=\begin{cases}1, & 0<x<1\\ 0, & \text{其他}\end{cases}$$

注意上式是一个密度函数, 因为 $f(x)\geqslant 0$, 而且

$$\int_{-\infty}^{\infty} f(x)\mathrm{d}x=\int_0^1 \mathrm{d}x=1$$

因为只当 $x\in(0,1)$ 时 $f(x)>0$, 这就推出 X 必须在 $(0,1)$ 内取一个值. 又因为对于 $x\in(0,1)$, $f(x)$ 是常数, X 正好等可能地在 $(0,1)$ 中的任意一个值 “附近”. 要验证这一点, 我们应注意, 对于任意 $0<a<b<1$,

$$\mathrm{P}\{a\leqslant X\leqslant b\}=\int_a^b f(x)\mathrm{d}x=b-a$$

换句话说, X 在 $(0,1)$ 的任意特定子区间中的概率等于该子区间的长度.

一般地, 我们说 X 是一个在区间 (α,β) 上的均匀随机变量, 如果它的概率密度函数给定为

$$f(x)=\begin{cases}\dfrac{1}{\beta-\alpha}, & 若\ \alpha<x<\beta\\ 0, & 其他\end{cases} \tag{2.8}$$

例 2.13 计算均匀分布在 (α,β) 上的随机变量的累积分布函数.

解 因为 $F(a)=\displaystyle\int_{-\infty}^{a} f(x)\mathrm{d}x$, 由方程 (2.8), 我们得到

$$F(a)=\begin{cases}0, & a\leqslant\alpha\\ \dfrac{a-\alpha}{\beta-\alpha}, & \alpha<a<\beta\\ 1, & a\geqslant\beta\end{cases}$$

■

例 2.14 如果 X 均匀分布在 $(0,10)$ 上, 计算概率 (a) $X<3$, (b) $X>7$, (c) $1<X<6$.

解

$$\mathrm{P}\{X<3\}=\frac{\int_0^3 \mathrm{d}x}{10}=\frac{3}{10},$$

$$\mathrm{P}\{X>7\}=\frac{\int_7^{10} \mathrm{d}x}{10}=\frac{3}{10},$$

$$\mathrm{P}\{1<X<6\}=\frac{\int_1^6 \mathrm{d}x}{10}=\frac{1}{2}$$

■

2.3.2 指数随机变量

若一个连续随机变量的概率密度函数给定为, 对于某个 $\lambda>0$

$$f(x)=\begin{cases}\lambda\mathrm{e}^{-\lambda x}, & 若\ x\geqslant 0\\ 0, & 若\ x<0\end{cases}$$

则称其为具有参数 λ 的指数随机变量. 这类随机变量将在第 5 章中广泛地研究, 所以, 我们在这里只计算其累积分布函数 F

$$F(a)=\int_0^a \lambda\mathrm{e}^{-\lambda x}\mathrm{d}x=1-\mathrm{e}^{-\lambda a},\quad a\geqslant 0$$

注意 $F(\infty)=\displaystyle\int_0^{\infty}\lambda\mathrm{e}^{-\lambda x}\mathrm{d}x=1$, 当然, 必须如此.

2.3.3 伽马随机变量

密度函数给定为, 对于 $\lambda>0,\alpha>0$

$$f(x)=\begin{cases}\dfrac{\lambda e^{-\lambda x}(\lambda x)^{\alpha-1}}{\Gamma(\alpha)}, & 若\ x\geqslant 0\\ 0, & 若\ x<0\end{cases}$$

的连续随机变量, 称为具有参数 λ 和 α 的伽马随机变量. $\Gamma(\alpha)$ 称为伽马函数, 它定义为

$$\Gamma(\alpha)=\int_0^{\infty}e^{-x}x^{\alpha-1}dx$$

对于正整数 α, 例如 $\alpha=n$, 用归纳法容易证明

$$\Gamma(n)=(n-1)!$$

2.3.4 正态随机变量

我们说 X 是具有参数 μ 和 σ^2 的正态随机变量(或简单地说, X 是正态地分布), 如果 X 的密度由

$$f(x)=\frac{1}{\sqrt{2\pi}\sigma}e^{-(x-\mu)^2/2\sigma^2},\quad -\infty<x<\infty$$

给出. 这个密度函数是一条钟形曲线, 它关于 μ 对称 (见图 2.2).

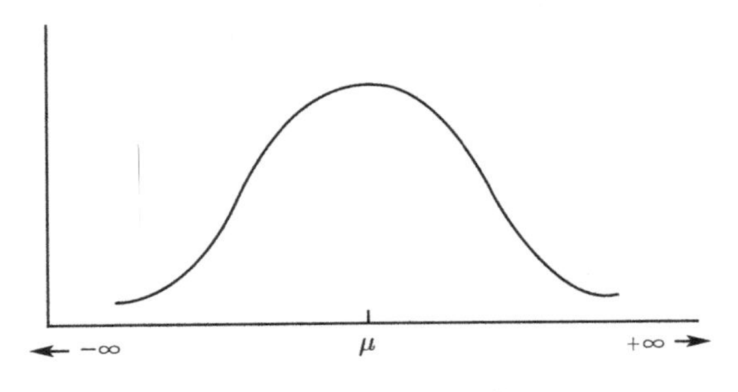

图 2.2 正态密度函数

正态随机变量的一个重要性质是, 如果 X 以参数 μ 和 σ^2 正态地分布, 那么 $Y=\alpha X+\beta$ 以参数 $\alpha\mu+\beta$ 和 $\alpha^2\sigma^2$ 正态地分布. 为了证明它, 先假定 $\alpha>0$, 并注意随机变量 Y 的累积分布函数 $F_Y(\cdot)$ ①由

$$\begin{aligned}F_Y(a)&=P\{Y\leqslant a\}=P\{\alpha X+\beta\leqslant a\}=P\left\{X\leqslant\frac{a-\beta}{\alpha}\right\}=F_X\left(\frac{a-\beta}{\alpha}\right)\\&=\int_{-\infty}^{(a-\beta)/\alpha}\frac{1}{\sqrt{2\pi}\sigma}e^{-(x-\mu)^2/2\sigma^2}dx\\&=\int_{-\infty}^{a}\frac{1}{\sqrt{2\pi}\alpha\sigma}\exp\left\{\frac{-(v-(\alpha\mu+\beta))^2}{2\alpha^2\sigma^2}\right\}dv\end{aligned}\tag{2.9}$$

① 当考虑多个随机变量时, 我们以 $F_Z(\cdot)$ 记随机变量 Z 的累积分布函数. 类似地, 我们将 Z 的密度记为 $f_Z(\cdot)$.

给出，其中最后的等式是由变量替换 $v = \alpha x + \beta$ 得到的. 因为 $F_Y(a) = \int_{-\infty}^{a} f_Y(v)\mathrm{d}v$，由等式 (2.9) 推得概率密度函数 $f_Y(\cdot)$ 由

$$f_Y(v) = \frac{1}{\sqrt{2\pi}\alpha\sigma}\exp\left\{\frac{-(v-(\alpha\mu+\beta))^2}{2(\alpha\sigma)^2}\right\}, \quad -\infty < v < \infty$$

给出. 因此，Y 是参数为 $\alpha\mu+\beta$ 和 $(\alpha\sigma)^2$ 的正态分布. 类似的结果在 $\alpha<0$ 时也是正确的.

上述结果的一个推论是，如果 X 以参数 μ 和 σ^2 正态地分布，那么 $Y = (X - \mu)/\sigma$ 以参数 0 和 1 正态地分布. 这样的随机变量 Y 称为标准正态分布或单位正态分布.

2.4 随机变量的期望

2.4.1 离散情形

如果 X 是离散随机变量，具有概率质量函数 $p(x)$，那么 X 的期望值定义为

$$\mathrm{E}[X] = \sum_{x:p(x)>0} xp(x)$$

换句话说，X 的期望值是 X 可能取的值的加权平均，每个值被 X 取此值的概率所加权. 例如，如果 X 的概率质量函数给定为

$$p(1) = \frac{1}{2} = p(2)$$

那么

$$\mathrm{E}[X] = 1\left(\frac{1}{2}\right) + 2\left(\frac{1}{2}\right) = \frac{3}{2}$$

恰是 X 能取的两个可能值 1 和 2 的一个通常的平均. 另一方面，如果

$$p(1) = \frac{1}{3}, \quad p(2) = \frac{2}{3}$$

那么

$$\mathrm{E}[X] = 1\left(\frac{1}{3}\right) + 2\left(\frac{2}{3}\right) = \frac{5}{3}$$

是两个可能值 1 和 2 的一个加权平均，其中值 2 的权是值 1 的两倍，因为 $p(2) = 2p(1)$.

例 2.15 求 $\mathrm{E}[X]$，这里 X 是掷一颗均匀的骰子的结果.

解 因为 $p(1) = p(2) = p(3) = p(4) = p(5) = p(6) = 1/6$，我们得到

$$\mathrm{E}[X] = 1\left(\frac{1}{6}\right) + 2\left(\frac{1}{6}\right) + 3\left(\frac{1}{6}\right) + 4\left(\frac{1}{6}\right) + 5\left(\frac{1}{6}\right) + 6\left(\frac{1}{6}\right) = \frac{7}{2}$$ ■

例 2.16(伯努利随机变量的期望) 当 X 是参数为 p 的伯努利随机变量时, 计算 $\mathrm{E}[X]$.

解 因为 $p(0)=1-p, p(1)=p$, 我们有$\mathrm{E}[X]=0(1-p)+1(p)=p$. 因此, 在一次试验中平均成功的次数正是成功的概率. ■

例 2.17(二项随机变量的期望) 当 X 以参数 n 和 p 二项地分布时, 计算 $\mathrm{E}[X]$.

解

$$
\begin{aligned}
\mathrm{E}[X] &= \sum_{i=0}^{n} ip(i) = \sum_{i=0}^{n} i \begin{pmatrix} n \\ i \end{pmatrix} p^i(1-p)^{n-i} = \sum_{i=1}^{n} \frac{in!}{(n-i)!i!} p^i(1-p)^{n-i} \\
&= \sum_{i=1}^{n} \frac{n!}{(n-i)!(i-1)!} p^i(1-p)^{n-i} = np \sum_{i=1}^{n} \frac{(n-1)!}{(n-i)!(i-1)!} p^{i-1}(1-p)^{n-i} \\
&= np \sum_{k=0}^{n-1} \begin{pmatrix} n-1 \\ k \end{pmatrix} p^k(1-p)^{n-1-k} = np[p+(1-p)]^{n-1} \\
&= np
\end{aligned}
$$

这里倒数第三个等式来自令 $k=i-1$. 因此, n 次独立试验的平均成功次数是 n 乘以一次试验成功的概率. ■

例 2.18(几何随机变量的期望) 计算参数为 p 的几何随机变量的期望.

解 由方程 (2.4), 我们得到

$$
\mathrm{E}[X] = \sum_{n=1}^{\infty} np(1-p)^{n-1} = p\sum_{n=1}^{\infty} nq^{n-1}
$$

其中 $q=1-p$,

$$
\mathrm{E}[X] = p\sum_{n=1}^{\infty} \frac{\mathrm{d}}{\mathrm{d}q}(q^n) = p\frac{\mathrm{d}}{\mathrm{d}q}\left(\sum_{n=1}^{\infty} q^n\right) = p\frac{\mathrm{d}}{\mathrm{d}q}\left(\frac{q}{1-q}\right) = \frac{p}{(1-q)^2} = \frac{1}{p}
$$

用文字来描述就是, 直至达到首次成功所需做的独立试验的期望数等于任意一次试验结果是成功的概率的倒数. ■

例 2.19(泊松随机变量的期望) 计算 $\mathrm{E}[X]$, 如果 X 是参数为 λ 的泊松随机变量.

解 由方程 (2.5), 我们有

$$
\begin{aligned}
\mathrm{E}[X] &= \sum_{i=0}^{\infty} \frac{i\mathrm{e}^{-\lambda}\lambda^i}{i!} = \sum_{i=1}^{\infty} \frac{\mathrm{e}^{-\lambda}\lambda^i}{(i-1)!} = \lambda\mathrm{e}^{-\lambda} \sum_{i=1}^{\infty} \frac{\lambda^{i-1}}{(i-1)!} \\
&= \lambda\mathrm{e}^{-\lambda} \sum_{k=0}^{\infty} \frac{\lambda^k}{k!} = \lambda\mathrm{e}^{-\lambda}\mathrm{e}^{\lambda} = \lambda
\end{aligned}
$$

这里我们用了恒等式 $\sum_{k=0}^{\infty} \lambda^k/k! = \mathrm{e}^{\lambda}$. ■

2.4.2 连续情形

我们也可以定义连续随机变量的期望值. 如果 X 是具有概率密度函数 $f(x)$ 的连续随机变量, 那么 X 的期望值就定义为

$$\mathrm{E}[X]=\int_{-\infty}^{\infty} x f(x) \mathrm{d} x$$

例 2.20(均匀随机变量的期望) 计算均匀分布在 (α, β) 上的随机变量的期望.

解 由方程 (2.8), 我们有

$$\mathrm{E}[X]=\int_{\alpha}^{\beta} \frac{x}{\beta-\alpha} \mathrm{d} x=\frac{\beta^{2}-\alpha^{2}}{2(\beta-\alpha)}=\frac{\beta+\alpha}{2}$$

换句话说, 在 (α, β) 上均匀分布的随机变量的期望值正是区间的中点. ■

例 2.21(指数随机变量的期望) 如果 X 是参数为 λ 的指数随机变量, 计算 $\mathrm{E}[X]$.

解

$$\mathrm{E}[X]=\int_{0}^{\infty} x \lambda \mathrm{e}^{-\lambda x} \mathrm{d} x$$

用分部积分 $(\mathrm{d} v=\lambda \mathrm{e}^{-\lambda x} \mathrm{d} x, u=x, v=-\mathrm{e}^{-\lambda x})$ 得到

$$\mathrm{E}[X]=\left.-x \mathrm{e}^{-\lambda x}\right|_{0}^{\infty}+\int_{0}^{\infty} \mathrm{e}^{-\lambda x} \mathrm{d} x=0-\left.\frac{\mathrm{e}^{-\lambda x}}{\lambda}\right|_{0}^{\infty}=\frac{1}{\lambda}$$ ■

例 2.22(正态随机变量的期望) X 是参数为 μ 和 σ^{2} 的正态随机变量, 计算 $\mathrm{E}[X]$.

解

$$\mathrm{E}[X]=\frac{1}{\sqrt{2 \pi} \sigma} \int_{-\infty}^{\infty} x \mathrm{e}^{-(x-\mu)^{2} / 2 \sigma^{2}} \mathrm{d} x$$

将 x 写为 $(x-\mu)+\mu$, 得到

$$\mathrm{E}[X]=\frac{1}{\sqrt{2 \pi} \sigma} \int_{-\infty}^{\infty}(x-\mu) \mathrm{e}^{-(x-\mu)^{2} / 2 \sigma^{2}} \mathrm{d} x+\mu \frac{1}{\sqrt{2 \pi} \sigma} \int_{-\infty}^{\infty} \mathrm{e}^{-(x-\mu)^{2} / 2 \sigma^{2}} \mathrm{d} x$$

令 $y=x-\mu$, 得到

$$\mathrm{E}[X]=\frac{1}{\sqrt{2 \pi} \sigma} \int_{-\infty}^{\infty} y \mathrm{e}^{-y^{2} / 2 \sigma^{2}} \mathrm{d} y+\mu \int_{-\infty}^{\infty} f(x) \mathrm{d} x$$

其中 $f(x)$ 是正态密度函数. 利用对称性, 第一个积分必定为 0, 所以

$$\mathrm{E}[X]=\mu \int_{-\infty}^{\infty} f(x) \mathrm{d} x=\mu$$ ■

2.4.3 随机变量的函数的期望

假定我们现在已知随机变量 X 和它的概率分布 (即在离散情形是它的概率质量函数, 或者在连续情形是它的概率密度函数). 假定我们致力于计算的不是 X 的期望值, 而是 X 的某个函数 [例如 $g(X)$] 的期望值. 我们将怎样做呢? 方法如下. 因为 $g(X)$ 本身是一个随机变量, 它必有一个概率分布, 它可以从 X 的分布的知识算出. 一旦我们有了 $g(X)$ 的分布, 我们就能从期望的定义计算 $\mathrm{E}[g(X)]$.

例 2.23 假定 X 有如下的概率质量函数

$$p(0)=0.2, \qquad p(1)=0.5, \qquad p(2)=0.3$$

计算 $\mathrm{E}[X^2]$.

解 令 $Y=X^2$, 因此, Y 是随机变量, 它分别以概率

$$\begin{aligned} p_Y(0) &= \mathrm{P}\{Y=0^2\}=0.2 \\ p_Y(1) &= \mathrm{P}\{Y=1^2\}=0.5 \\ p_Y(4) &= \mathrm{P}\{Y=2^2\}=0.3 \end{aligned}$$

取 $0^2, 1^2, 2^2$ 中的一个值. 因此,

$$\mathrm{E}[X^2]=\mathrm{E}[Y]=0(0.2)+1(0.5)+4(0.3)=1.7$$

注意

$$1.7=\mathrm{E}[X^2]\neq(\mathrm{E}[X])^2=1.21$$ ■

例 2.24 假定 X 在 $(0,1)$ 上均匀分布. 计算 $\mathrm{E}[X^3]$.

解 令 $Y=X^3$, 我们计算 Y 的分布如下, 其中 $0\leqslant a\leqslant 1$,

$$F_Y(a)=\mathrm{P}\{Y\leqslant a\}=\mathrm{P}\{X^3\leqslant a\}=\mathrm{P}\{X\leqslant a^{1/3}\}=a^{1/3}$$

其中最后的等式是由于 X 在 $(0,1)$ 上是均匀分布的. 对 $F_Y(a)$ 求微分, 我们得到 Y 的密度, 即

$$f_Y(a)=\frac{1}{3}a^{-2/3}, \qquad 0\leqslant a\leqslant 1$$

因此

$$\begin{aligned} \mathrm{E}[X^3]=\mathrm{E}[Y] &= \int_{-\infty}^{\infty} a f_Y(a)\mathrm{d}a=\int_0^1 a\frac{1}{3}a^{-2/3}\mathrm{d}a \\ &= \frac{1}{3}\int_0^1 a^{1/3}\mathrm{d}a=\frac{1}{3}\frac{3}{4}a^{4/3}\Big|_0^1=\frac{1}{4} \end{aligned}$$ ■

尽管上述的常规做法在理论上总能使我们由 X 的分布的知识计算出 X 的任意函数的期望, 但幸运的是, 我们有一个更容易的方法. 下面的命题说明了我们如何无须确定 $g(X)$ 的分布就能计算它的期望.

命题 2.1 (a) 如果 X 是离散随机变量, 有概率质量函数 $p(x)$, 那么对于任意实值函数 g

$$\mathrm{E}[g(X)] = \sum_{x:p(x)>0} g(x)p(x)$$

(b) 如果 X 是连续随机变量, 有概率密度函数 $f(x)$, 那么对于任意实值函数 g

$$\mathrm{E}[g(X)] = \int_{-\infty}^{\infty} g(x)f(x)\mathrm{d}x$$ ■

例 2.25 将命题应用于例 2.23, 就得到

$$\mathrm{E}[X^2] = 0^2(0.2) + (1^2)(0.5) + (2^2)(0.3) = 1.7$$

这当然符合例 2.23 中推导出的结果. ■

例 2.26 将命题应用于例 2.24, 就得到

$$\begin{aligned}\mathrm{E}[X^3] &= \int_0^1 x^3\mathrm{d}x \qquad (\text{由于 } f(x) = 1, 0 < x < 1)\\ &= \frac{1}{4}\end{aligned}$$ ■

命题 2.1 的一个简单的推论如下.

推论 2.2 如果 a 和 b 都是常数, 那么

$$\mathrm{E}[aX + b] = a\mathrm{E}[X] + b$$

证明 在离散情形

$$\begin{aligned}\mathrm{E}[aX + b] &= \sum_{x:p(x)>0} (ax + b)p(x)\\ &= a\sum_{x:p(x)>0} xp(x) + b\sum_{x:p(x)>0} p(x)\\ &= a\mathrm{E}[X] + b\end{aligned}$$

在连续情形

$$\begin{aligned}\mathrm{E}[aX + b] &= \int_{-\infty}^{\infty} (ax + b)f(x)\mathrm{d}x\\ &= a\int_{-\infty}^{\infty} xf(x)\mathrm{d}x + b\int_{-\infty}^{\infty} f(x)\mathrm{d}x\\ &= a\mathrm{E}[X] + b\end{aligned}$$ ■

随机变量 X 的期望值 $\mathrm{E}[X]$ 也称为均值(mean) 或 X 的一阶矩. $\mathrm{E}[X^n], n \geqslant 1$, 称为 X 的 n 阶矩. 由命题 2.1, 我们注意到

$$
\mathrm{E}[X^n] = \begin{cases} \displaystyle\sum_{x:p(x)>0} x^n p(x), & \text{若 } X \text{ 是离散的} \\ \displaystyle\int_{-\infty}^{\infty} x^n f(x)\mathrm{d}x, & \text{若 } X \text{ 是连续的} \end{cases}
$$

我们感兴趣的另一个量是随机变量的方差, 记为 $\mathrm{Var}(X)$, 它定义为

$$
\mathrm{Var}(X) = \mathrm{E}[(X - \mathrm{E}[X])^2]
$$

从而, X 的方差度量了 X 与其期望值之间的偏差平方的期望.

例 2.27(正态随机变量的方差) 设 X 是参数为 μ 和 σ^2 的正态随机变量. 求 $\mathrm{Var}(X)$.

解 回想到 $\mathrm{E}[X] = \mu$ (参见例 2.22), 我们有

$$
\begin{aligned}
\mathrm{Var}(X) &= \mathrm{E}[(X - \mu)^2] \\
&= \frac{1}{\sqrt{2\pi}\sigma} \int_{-\infty}^{\infty} (x - \mu)^2 \mathrm{e}^{-(x-\mu)^2/2\sigma^2} \mathrm{d}x
\end{aligned}
$$

用变量 $y = \dfrac{x - \mu}{\sigma}$ 替换得到

$$
\mathrm{Var}(X) = \frac{\sigma^2}{\sqrt{2\pi}} \int_{-\infty}^{\infty} y^2 \mathrm{e}^{-y^2/2} \mathrm{d}y
$$

用分部积分 $(u = y, \mathrm{d}v = y\mathrm{e}^{-y^2/2}\mathrm{d}y)$ 给出

$$
\begin{aligned}
\mathrm{Var}(X) &= \frac{\sigma^2}{\sqrt{2\pi}} \left(-y\mathrm{e}^{-y^2/2} \Big|_{-\infty}^{\infty} + \int_{-\infty}^{\infty} \mathrm{e}^{-y^2/2} \mathrm{d}y \right) \\
&= \frac{\sigma^2}{\sqrt{2\pi}} \int_{-\infty}^{\infty} \mathrm{e}^{-y^2/2} \mathrm{d}y = \sigma^2
\end{aligned}
$$

$\mathrm{Var}(X)$ 的另一个推导将在例 2.42 中给出. ■

假定 X 是连续的, 具有密度 f, 并且记 $\mathrm{E}[X] = \mu$, 那么

$$
\begin{aligned}
\mathrm{Var}(X) &= \mathrm{E}[(X - \mu)^2] = \mathrm{E}[X^2 - 2\mu X + \mu^2] \\
&= \int_{-\infty}^{\infty} (x^2 - 2\mu x + \mu^2) f(x)\mathrm{d}x \\
&= \int_{-\infty}^{\infty} x^2 f(x)\mathrm{d}x - 2\mu \int_{-\infty}^{\infty} x f(x)\mathrm{d}x + \mu^2 \int_{-\infty}^{\infty} f(x)\mathrm{d}x \\
&= \mathrm{E}[X^2] - 2\mu\mu + \mu^2 = \mathrm{E}[X^2] - \mu^2
\end{aligned}
$$

类似的证明在离散情形仍然有效, 所以我们得到一个有用的恒等式

$$
\mathrm{Var}(X) = \mathrm{E}[X^2] - (\mathrm{E}[X])^2
$$

例 2.28 如果 X 代表掷一颗均匀的骰子的结果, 求 $\mathrm{Var}(X)$.

解 如前面例 2.15 所注, $\mathrm{E}[X]=7/2$. 也有

$$\mathrm{E}[X^2]=1\left(\frac{1}{6}\right)+2^2\left(\frac{1}{6}\right)+3^2\left(\frac{1}{6}\right)+4^2\left(\frac{1}{6}\right)+5^2\left(\frac{1}{6}\right)+6^2\left(\frac{1}{6}\right)=(91)\left(\frac{1}{6}\right)$$

因此

$$\mathrm{Var}(X)=\frac{91}{6}-\left(\frac{7}{2}\right)^2=\frac{35}{12}$$

■

2.5 联合分布的随机变量

2.5.1 联合分布函数

至今我们所关注的都是单个随机变量的概率分布. 然而, 我们常常对于两个或多个随机变量的概率陈述感兴趣. 为了处理这样的概率, 对于任意两个随机变量 X 和 Y, 我们定义 X 和 Y 的*联合累积概率分布函数* (joint cumulative probability distribution function) 为

$$F(a,b)=\mathrm{P}\{X\leqslant a, Y\leqslant b\},\quad -\infty<a,b<\infty$$

X 的分布可以由 X 和 Y 的联合分布得到

$$F_X(a)=\mathrm{P}\{X\leqslant a\}=\mathrm{P}\{X\leqslant a, Y<\infty\}=F(a,\infty)$$

类似地, Y 的累积分布函数为

$$F_Y(b)=\mathrm{P}\{Y\leqslant b\}=F(\infty,b)$$

在 X 和 Y 都是离散随机变量的情形, 方便地定义 X 和 Y 的*联合概率质量函数*为

$$p(x,y)=\mathrm{P}\{X=x, Y=y\}$$

X 的概率质量函数可以由 $p(x,y)$ 给出, 为

$$p_X(x)=\sum_{y:p(x,y)>0}p(x,y)$$

类似地

$$p_Y(y)=\sum_{x:p(x,y)>0}p(x,y)$$

我们说 X 和 Y *联合地连续*(jointly continuous), 如果存在一个对于所有的实数 x 和 y 定义的函数 $f(x,y)$, 对于所有的实数集合 A 和 B 满足

$$\mathrm{P}\{X\in A, Y\in B\}=\int_B\int_A f(x,y)\mathrm{d}x\mathrm{d}y$$

函数 $f(x,y)$ 称为 X 和 Y 的*联合概率密度函数*. X 的概率密度函数可以由 $f(x,y)$ 的知识用如下的推理得到:

$$\mathrm{P}\{X \in A\} = \mathrm{P}\{X \in A, Y \in (-\infty, \infty)\} = \int_{-\infty}^{\infty} \int_A f(x,y)\mathrm{d}x\mathrm{d}y = \int_A f_X(x)\mathrm{d}x$$

其中

$$f_X(x) = \int_{-\infty}^{\infty} f(x,y)\mathrm{d}y$$

就是 X 的概率密度函数. 类似地, Y 的概率密度函数为

$$f_Y(y) = \int_{-\infty}^{\infty} f(x,y)\mathrm{d}x$$

因为对

$$F(a,b) = \mathrm{P}(X \leqslant a, Y \leqslant b) = \int_{-\infty}^{a} \int_{-\infty}^{b} f(x,y)\mathrm{d}y\mathrm{d}x$$

微分就得到

$$\frac{\mathrm{d}^2}{\mathrm{d}a\mathrm{d}b} F(a,b) = f(a,b)$$

所以, 同单变量情形一样, 微分概率分布函数就得到概率密度函数.

命题 2.1 的一个引申叙述为, 如果 X 和 Y 都是随机变量, 而 g 是一个双变量函数, 那么

$$\mathrm{E}[g(X,Y)] = \begin{cases} \displaystyle\sum_y \sum_x g(x,y)p(x,y), & \text{离散情形} \\ \displaystyle\int_{-\infty}^{\infty}\int_{-\infty}^{\infty} g(x,y)f(x,y)\mathrm{d}x\mathrm{d}y, & \text{连续情形} \end{cases}$$

例如, 如果 $g(X,Y) = X+Y$, 那么在连续情形

$$\begin{aligned} \mathrm{E}[X+Y] &= \int_{-\infty}^{\infty}\int_{-\infty}^{\infty} (x+y)f(x,y)\mathrm{d}x\mathrm{d}y \\ &= \int_{-\infty}^{\infty}\int_{-\infty}^{\infty} xf(x,y)\mathrm{d}x\mathrm{d}y + \int_{-\infty}^{\infty}\int_{-\infty}^{\infty} yf(x,y)\mathrm{d}x\mathrm{d}y \\ &= \mathrm{E}[X] + \mathrm{E}[Y] \end{aligned}$$

此处第一个积分根据命题 2.1 的引申用 $g(x,y) = x$ 赋值, 而第二个用 $g(x,y) = y$.

同样的结果在离散情形仍然有效. 结合 2.4.3 节中的推论, 对于任意常数 a 和 b, 得到

$$\mathrm{E}[aX + bY] = a\mathrm{E}[X] + b\mathrm{E}[Y] \tag{2.10}$$

对于 n 个随机变量, 也可以如 $n=2$ 一样地定义联合概率分布, 我们将它作为练习留给读者. 方程 (2.10) 所对应的结果叙述为, 若 $X_1, \cdots, X_n$ 是 n 个随机变量, 那么对于 n 个常数 $a_1, \cdots, a_n$ 有

$$\mathrm{E}[a_1X_1 + a_2X_2 + \cdots + a_nX_n] = a_1\mathrm{E}[X_1] + a_2\mathrm{E}[X_2] + \cdots + a_n\mathrm{E}[X_n] \tag{2.11}$$

例 2.29 掷三颗均匀的骰子, 计算其期望和.

解 以 X 记得到的点数和. 那么 $X = X_1 + X_2 + X_3$, X_i 代表第 i 个骰子的点数. 因而

$$\mathrm{E}[X] = \mathrm{E}[X_1] + \mathrm{E}[X_2] + \mathrm{E}[X_3] = 3\left(\frac{7}{2}\right) = \frac{21}{2}$$ ■

例 2.30 作为方程 (2.11) 应用的另一个例子, 我们用它得到具有参数为 n 和 p 的二项随机变量的期望. 回想到随机变量 X 代表 n 次试验中成功的数目, 每次试验结果是成功的概率为 p. 我们有

$$X = X_1 + X_2 + \cdots + X_n$$

其中

$$X_i = \begin{cases} 1, & \text{如果 } i \text{ 次试验成功} \\ 0, & \text{如果 } i \text{ 次试验失败} \end{cases}$$

因此, X_i 是伯努利随机变量, 有期望 $\mathrm{E}[X_i] = 1(p) + 0(1-p) = p$. 从而

$$\mathrm{E}[X] = \mathrm{E}[X_1] + \mathrm{E}[X_2] + \cdots + \mathrm{E}[X_n] = np$$

这个推导应与例 2.17 中介绍的推导做比较. ■

例 2.31 在一次聚会上, N 个人将帽子扔到房间的中央. 帽子混杂了以后, 每个人随机地取一个. 求取到自己的帽子的人的期望数.

解 以 X 记取到自己的帽子的人数. 我们最好通过 $X = X_1 + \cdots + X_N$ 计算 $\mathrm{E}[X]$, 其中

$$X_i = \begin{cases} 1, & \text{第 } i \text{ 个人取到自己的帽子} \\ 0, & \text{其他情形} \end{cases}$$

现在, 因为第 i 个人等可能地在 N 个帽子中取一个, 这就推出

$$\mathrm{P}\{X_i = 1\} = \mathrm{P}(\text{第 } i \text{ 个人取到自己的帽子}) = \frac{1}{N}$$

随之

$$\mathrm{E}[X_i] = 1\mathrm{P}\{X_i = 1\} + 0\mathrm{P}\{X_i = 0\} = \frac{1}{N}$$

因此, 由方程 (2.11) 我们得到

$$\mathrm{E}[X] = \mathrm{E}[X_1] + \cdots + \mathrm{E}[X_N] = \left(\frac{1}{N}\right)N = 1$$

因此, 无论聚会上有多少人, 平均总有一人取到自己的帽子. ■

例 2.32 假定有 25 种不同类型的奖券, 而且每次等可能地得到 25 种中的一张. 计算包含在 10 张一套中不同的类型数的期望.

解 以 X 记包含在 10 张一套中不同类型奖券的数目, 用如下表达式计算$\mathrm{E}[X]$.

$$X = X_1 + \cdots + X_{25},$$

其中

$$X_i = \begin{cases} 1, & \text{至少一张类型 } i \text{ 的奖券在 10 张一套中} \\ 0, & \text{其他情形} \end{cases}$$

现在

$$\begin{aligned} \mathrm{E}[X_i] &= \mathrm{P}\{X_i = 1\} \\ &= \mathrm{P}(\text{至少一张类型 } i \text{ 的奖券在 10 张一套中}) \\ &= 1 - \mathrm{P}(\text{没有类型 } i \text{ 的奖券在 10 张一套中}) \\ &= 1 - \left(\frac{24}{25}\right)^{10} \end{aligned}$$

这里最后的等式得自 10 张奖券的每一张(独立地)以概率 24/25 不是 i 类. 因此

$$\mathrm{E}[X] = \mathrm{E}[X_1] + \cdots + \mathrm{E}[X_{25}] = 25\left[1 - \left(\frac{24}{25}\right)^{10}\right] \approx 8.38$$ ■

2.5.2 独立随机变量

随机变量 X 和 Y 称为*独立的*, 如果对于一切 a, b

$$\mathrm{P}\{X \leqslant a, Y \leqslant b\} = \mathrm{P}\{X \leqslant a\}\mathrm{P}\{Y \leqslant b\} \tag{2.12}$$

换句话说, X 和 Y 是独立的, 如果对于一切 a, b 事件 $E_a = \{X \leqslant a\}$ 与 $F_b = \{Y \leqslant b\}$ 独立.

利用 X 和 Y 的联合分布函数 F, 我们有, X 和 Y 是独立的, 如果

$$F(a, b) = F_X(a)F_Y(b) \qquad \text{对于一切 } a, b \text{ 成立}$$

当 X 和 Y 都是离散时, 独立的条件简化为

$$p(x, y) = p_X(x)p_Y(y) \tag{2.13}$$

而如果 X 和 Y 联合地连续, 独立性简化为

$$f(x, y) = f_X(x)f_Y(y) \tag{2.14}$$

为了证明这个论述, 首先考察离散情形, 并假定联合概率质量函数 $p(x, y)$ 满足方程 (2.13). 那么

$$\begin{aligned} \mathrm{P}\{X \leqslant a, Y \leqslant b\} &= \sum_{y \leqslant b} \sum_{x \leqslant a} p(x, y) = \sum_{y \leqslant b} \sum_{x \leqslant a} p_X(x)p_Y(y) \\ &= \sum_{y \leqslant b} p_Y(y) \sum_{x \leqslant a} p_X(x) = P\{Y \leqslant b\}P\{X \leqslant a\} \end{aligned}$$

所以 X 和 Y 是独立的. 方程 (2.14) 蕴涵了连续情形的独立性可用同样的方式证明, 现将它留给读者.

关于独立性, 有如下重要结果.

命题 2.3 若 X 和 Y 是独立的, 那么对于任意函数 g 和 h

$$\mathrm{E}[g(X)h(Y)]=\mathrm{E}[g(X)]\mathrm{E}[h(Y)]$$

证明 假定 X 和 Y 联合地连续, 那么

$$\begin{aligned}\mathrm{E}[g(X)h(Y)]&=\int_{-\infty}^{\infty}\int_{-\infty}^{\infty}g(x)h(y)f(x,y)\mathrm{d}x\mathrm{d}y\\&=\int_{-\infty}^{\infty}\int_{-\infty}^{\infty}g(x)h(y)f_X(x)f_Y(y)\mathrm{d}x\mathrm{d}y\\&=\int_{-\infty}^{\infty}h(y)f_Y(y)\mathrm{d}y\int_{-\infty}^{\infty}g(x)f_X(x)\mathrm{d}x\\&=\mathrm{E}[h(Y)]\mathrm{E}[g(X)]\end{aligned}$$

在离散情形的证明类似. ■

2.5.3 协方差与随机变量和的方差

任意两个随机变量 X 与 Y 的协方差记为 $\mathrm{Cov}(X,Y)$, 定义为

$$\begin{aligned}\mathrm{Cov}(X,Y)&=\mathrm{E}[(X-\mathrm{E}[X])(Y-\mathrm{E}[Y])]\\&=\mathrm{E}[XY-Y\mathrm{E}[X]-X\mathrm{E}[Y]+\mathrm{E}[X]\mathrm{E}[Y]]\\&=\mathrm{E}[XY]-\mathrm{E}[Y]\mathrm{E}[X]-\mathrm{E}[X]\mathrm{E}[Y]+\mathrm{E}[X]\mathrm{E}[Y]\\&=\mathrm{E}[XY]-\mathrm{E}[X]\mathrm{E}[Y]\end{aligned}$$

注意, 若 X 与 Y 独立, 则由命题 2.3 推出 $\mathrm{Cov}(X,Y)=0$.

现在让我们考虑特殊情形, 其中 X 与 Y 分别是事件 A 与 B 是否发生的示性函数, 定义

$$X=\begin{cases}1, & 若\ A\ 发生\\0, & 其他情形\end{cases}\qquad Y=\begin{cases}1, & 若\ B\ 发生\\0, & 其他情形\end{cases}$$

那么

$$\mathrm{Cov}(X,Y)=\mathrm{E}[XY]-\mathrm{E}[X]\mathrm{E}[Y]$$

而且, 因为 XY 按 X 与 Y 是否都发生而等于 1 或 0, 我们看到

$$\mathrm{Cov}(X,Y)=\mathrm{P}\{X=1,Y=1\}-\mathrm{P}\{X=1\}\mathrm{P}\{Y=1\}$$

由此我们看到

$$\begin{aligned}\mathrm{Cov}(X,Y)>0&\Leftrightarrow \mathrm{P}\{X=1,Y=1\}>\mathrm{P}\{X=1\}\mathrm{P}\{Y=1\}\\&\Leftrightarrow \frac{\mathrm{P}\{X=1,Y=1\}}{P\{X=1\}}>\mathrm{P}\{Y=1\}\\&\Leftrightarrow \mathrm{P}\{Y=1|X=1\}>\mathrm{P}\{Y=1\}\end{aligned}$$

就是说, 如果结果 $X=1$ 使 $Y=1$ 更可能, 则 X 和 Y 的协方差为正 (由对称性容易看出这也蕴涵其逆向).

一般地, 可以证明 $\mathrm{Cov}(X,Y)$ 取正值是表明在 X 增加时, Y 倾向于增加, 而负值表明在 X 增加时, Y 倾向于减少.

例 2.33 X,Y 的联合密度函数是

$$f(x,y)=\frac{1}{y}\mathrm{e}^{-(y+x/y)},\quad 0<x,y<\infty$$

(a) 验证上述函数是联合密度函数.

(b) 计算 $\mathrm{Cov}(X,Y)$.

解 为了证明 $f(x,y)$ 是联合密度函数, 我们必须证明它是非负的 (这立即可得), 而且 $\int_{-\infty}^{\infty}\int_{-\infty}^{\infty}f(x,y)\mathrm{d}y\mathrm{d}x=1$. 后者的证明如下:

$$\begin{aligned}\int_{-\infty}^{\infty}\int_{-\infty}^{\infty}f(x,y)\mathrm{d}y\mathrm{d}x&=\int_{0}^{\infty}\int_{0}^{\infty}\frac{1}{y}\mathrm{e}^{-(y+x/y)}\mathrm{d}y\mathrm{d}x\\&=\int_{0}^{\infty}\mathrm{e}^{-y}\int_{0}^{\infty}\frac{1}{y}\mathrm{e}^{-x/y}\mathrm{d}x\mathrm{d}y\\&=\int_{0}^{\infty}\mathrm{e}^{-y}\mathrm{d}y=1\end{aligned}$$

为了计算 $\mathrm{Cov}(X,Y)$, 注意到 Y 的密度函数是

$$f_Y(y)=\mathrm{e}^{-y}\int_{0}^{\infty}\frac{1}{y}\mathrm{e}^{-x/y}\mathrm{d}x=\mathrm{e}^{-y}$$

因此, Y 是参数为 1 的指数随机变量, 从而 (见例 2.21)

$$\mathrm{E}[Y]=1$$

$\mathrm{E}[X]$ 和 $\mathrm{E}[XY]$ 的计算如下:

$$\mathrm{E}[X]=\int_{-\infty}^{\infty}\int_{-\infty}^{\infty}xf(x,y)\mathrm{d}y\mathrm{d}x=\int_{0}^{\infty}\mathrm{e}^{-y}\int_{0}^{\infty}\frac{x}{y}\mathrm{e}^{-x/y}\mathrm{d}x\mathrm{d}y$$

因为 $\int_{0}^{\infty}\frac{x}{y}\mathrm{e}^{-x/y}\mathrm{d}x$ 是参数为 $1/y$ 的指数随机变量的期望值, 所以它等于 y. 从而有

$$\mathrm{E}[X]=\int_{0}^{\infty}y\mathrm{e}^{-y}\mathrm{d}y=1$$

$$\begin{aligned}\mathrm{E}[XY]&=\int_{-\infty}^{\infty}\int_{-\infty}^{\infty}xyf(x,y)\mathrm{d}y\mathrm{d}x\\&=\int_{0}^{\infty}y\mathrm{e}^{-y}\int_{0}^{\infty}\frac{x}{y}\mathrm{e}^{-x/y}\mathrm{d}x\mathrm{d}y=\int_{0}^{\infty}y^2\mathrm{e}^{-y}\mathrm{d}y\end{aligned}$$

分部积分 ($\mathrm{d}v=\mathrm{e}^{-y}\mathrm{d}y, u=y^2$) 得

$$\mathrm{E}[XY]=\int_{0}^{\infty}y^2\mathrm{e}^{-y}\mathrm{d}y=-y^2\mathrm{e}^{-y}\Big|_0^{\infty}+\int_{0}^{\infty}2y\mathrm{e}^{-y}\mathrm{d}y=2\mathrm{E}[Y]=2$$

因此,

$$\mathrm{Cov}(X,Y)=\mathrm{E}[XY]-\mathrm{E}[X]\mathrm{E}[Y]=1$$ ■

以下是协方差的一些重要的性质.

协方差的性质

对于任意随机变量 X,Y,Z 和常数 c,

(1) $\mathrm{Cov}(X,X)=\mathrm{Var}(X)$, (2) $\mathrm{Cov}(X,Y)=\mathrm{Cov}(Y,X)$,

(3) $\mathrm{Cov}(cX,Y)=c\mathrm{Cov}(X,Y)$, (4) $\mathrm{Cov}(X,Y+Z)=\mathrm{Cov}(X,Y)+\mathrm{Cov}(X,Z)$.

前三个性质是显然的, 最后一个容易证明, 如下

$$\begin{aligned}\mathrm{Cov}(X,Y+Z)&=\mathrm{E}[X(Y+Z)]-\mathrm{E}[X]\mathrm{E}[Y+Z]\\&=\mathrm{E}[XY]-\mathrm{E}[X]\mathrm{E}[Y]+\mathrm{E}[XZ]-\mathrm{E}[X]\mathrm{E}[Z]\\&=\mathrm{Cov}(X,Y)+\mathrm{Cov}(X,Z)\end{aligned}$$

容易将第四个性质推广, 给出如下结果

$$\mathrm{Cov}\left(\sum_{i=1}^{n}X_i,\sum_{j=1}^{m}Y_j\right)=\sum_{i=1}^{n}\sum_{j=1}^{m}\mathrm{Cov}(X_i,Y_j) \tag{2.15}$$

可由公式 (2.15) 得到随机变量和的方差的一个有用的表达式:

$$\begin{aligned}\mathrm{Var}\left(\sum_{i=1}^{n}X_i\right)&=\mathrm{Cov}\left(\sum_{i=1}^{n}X_i,\sum_{j=1}^{n}X_j\right)=\sum_{i=1}^{n}\sum_{j=1}^{n}\mathrm{Cov}(X_i,X_j)\\&=\sum_{i=1}^{n}\mathrm{Cov}(X_i,X_i)+\sum_{i=1}^{n}\sum_{j\neq i}\mathrm{Cov}(X_i,X_j)\\&=\sum_{i=1}^{n}\mathrm{Var}(X_i)+2\sum_{i=1}^{n}\sum_{j<i}\mathrm{Cov}(X_i,X_j)\end{aligned} \tag{2.16}$$

如果 $X_i(i=1,\cdots,n)$ 是独立随机变量, 那么公式 (2.16) 化简为

$$\mathrm{Var}\left(\sum_{i=1}^{n}X_i\right)=\sum_{i=1}^{n}\mathrm{Var}(X_i)$$

定义 2.1 若 $X_1,\cdots,X_n$ 是独立同分布的, 则随机变量 $\overline{X}=\sum_{i=1}^{n}X_i/n$ 称为样本均值 (sample mean).

下面的命题说明样本均值与样本均值的偏差间的协方差是 0. 它在 2.6 节中会用到.

命题 2.4 假定 $X_1,\cdots,X_n$ 是独立同分布的, 具有期望值 μ 与方差 σ^2, 那么

(a) $\mathrm{E}[\overline{X}]=\mu$, (b) $\mathrm{Var}(\overline{X})=\sigma^2/n$, (c) $\mathrm{Cov}(\overline{X},X_i-\overline{X})=0,i=1,\cdots,n$.

证明 (a) 和 (b) 容易证明, 如下

$$\mathrm{E}[\overline{X}] = \frac{1}{n}\sum_{i=1}^{m}\mathrm{E}[X_i] = \mu,$$

$$\mathrm{Var}(\overline{X}) = \left(\frac{1}{n}\right)^2 \mathrm{Var}\left(\sum_{i=1}^{n} X_i\right) = \left(\frac{1}{n}\right)^2 \sum_{i=1}^{n}\mathrm{Var}(X_i) = \frac{\sigma^2}{n}$$

我们作如下推理以证明 (c)：

$$\begin{aligned}
\mathrm{Cov}(\overline{X}, X_i - \overline{X}) &= \mathrm{Cov}(\overline{X}, X_i) - \mathrm{Cov}(\overline{X}, \overline{X}) \\
&= \frac{1}{n}\mathrm{Cov}\left(X_i + \sum_{j\neq i} X_j, X_i\right) - \mathrm{Var}(\overline{X}) \\
&= \frac{1}{n}\mathrm{Cov}(X_i, X_i) + \frac{1}{n}\mathrm{Cov}\left(\sum_{j\neq i} X_j, X_i\right) - \frac{\sigma^2}{n} \\
&= \frac{\sigma^2}{n} - \frac{\sigma^2}{n} = 0
\end{aligned}$$

其中倒数第二个等式用到了 X_i 与 $\sum_{j\neq i} X_j$ 是独立的, 因而协方差为 0. ■

公式 (2.16) 在计算方差时常常很有用.

例 2.34(二项随机变量的方差)　计算参数为 n 和 p 的二项随机变量 X 的方差.

解　因为这样的随机变量表示在 n 次独立试验中成功的次数, 其中每次试验有相同的成功概率 p, 所以可以写出

$$X = X_1 + \cdots + X_n$$

其中 X_i 是独立的伯努利随机变量, 即

$$X_i = \begin{cases} 1, & \text{如果第 } i \text{ 次试验成功} \\ 0, & \text{其他情形} \end{cases}$$

因此, 由公式 (2.16) 我们得到

$$\mathrm{Var}(X) = \mathrm{Var}(X_1) + \cdots + \mathrm{Var}(X_n)$$

而

$$\begin{aligned}
\mathrm{Var}(X_i) &= \mathrm{E}[X_i^2] - (\mathrm{E}[X_i])^2 \\
&= \mathrm{E}[X_i] - (\mathrm{E}[X_i])^2 \qquad \text{因为 } X_i^2 = X_i \\
&= p - p^2
\end{aligned}$$

故有

$$\mathrm{Var}(X) = np(1-p).$$

■

例 2.35(从有限总体中抽样: 超几何分布)　考虑一个有 N 个人的总体, 他们中一些人赞同某个提议. 特别假定他们中的 Np 个人赞同, 而 $N - Np$ 个人反对, 这里假定 p 未知. 我们关心的是通过随机地选取并确定总体中 n 个成员的态度, 从而估计总体中赞同这个提议的人员的比率 p.

如前面描述的这种情形, 通常用被取样的总体中赞同这个提议的比率作为 p 的估计. 因此, 如果我们记

$$X_i = \begin{cases} 1, & \text{如果第 } i \text{ 个选到的人赞同} \\ 0, & \text{其他情形} \end{cases}$$

那么 p 通常的估计是 $\sum_{i=1}^{n} X_i/n$. 现在计算它的均值与方差.

$$\mathrm{E}\left[\sum_{i=1}^{n} X_i\right] = \sum_{i=1}^{n} \mathrm{E}[X_i] = np$$

其中最后一个等式是由于被选的第 i 个人等可能地为总体的 N 个人中的任意一个, 因而属于赞同者的概率为 Np/N.

$$\mathrm{Var}\left(\sum_{i=1}^{n} X_i\right) = \sum_{i=1}^{n} \mathrm{Var}(X_i) + 2\sum_{i<j} \mathrm{Cov}(X_i, X_j)$$

现在, 因为 X_i 是均值为 p 的伯努利随机变量, 由此推出

$$\mathrm{Var}(X_i) = p(1-p)$$

同样, 对 $i \neq j$

$$\begin{aligned} \mathrm{Cov}(X_i, X_j) &= \mathrm{E}[X_i X_j] - \mathrm{E}[X_i]\mathrm{E}[X_j] \\ &= \mathrm{P}\{X_i = 1, X_j = 1\} - p^2 \\ &= \mathrm{P}\{X_i = 1\}\mathrm{P}\{X_j = 1 | X_i = 1\} - p^2 \\ &= \frac{Np}{N}\frac{(Np-1)}{N-1} - p^2 \end{aligned}$$

其中最后的等式是由于, 如果被选的第 i 个人为赞同者, 那么被选的第 j 个人将与其他 $N-1$ 个人等可能地在 $Np-1$ 个赞同者之中. 因此, 我们看到

$$\begin{aligned} \mathrm{Var}\left(\sum_{i=1}^{n} X_i\right) &= np(1-p) + 2\binom{n}{2}\left[\frac{p(Np-1)}{N-1} - p^2\right] \\ &= np(1-p) - \frac{n(n-1)p(1-p)}{N-1} \end{aligned}$$

所以, 我们估计的均值和方差为

$$\mathrm{E}\left[\sum_{i=1}^{n} \frac{X_i}{n}\right] = p$$

$$\mathrm{Var}\left[\sum_{i=1}^{n} \frac{X_i}{n}\right] = \frac{p(1-p)}{n} - \frac{(n-1)p(1-p)}{n(N-1)}$$

注意, 因为估计的均值是未知参数 p, 我们希望它的方差尽量地小, (这是为什么?) 而且由前面我们知道, 作为总体大小 N 的函数, 当 N 增大时方差增大. 当 $N \to \infty$

时, 方差的极限值是 $p(1-p)/n$, 它并不令人惊讶, 因为当 N 大时每一个 X_i 将近似地是独立随机变量, 从而 $\sum_{i=1}^n X_i$ 近似地是参数为 n 和 p 的二项分布.

随机变量 $\sum_{i=1}^n X_i$ 可以设想为表示从含有 Np 个白球和 $N-Np$ 个黑球的总体中, 随机地选取 n 个球所得到的白球数. (将一个人赞同这个提议标识为白球, 而反对这个提议标识为黑球.) 这个随机变量称为*超几何的*(hypergeometric), 并且有概率质量函数

$$\mathrm{P}\left\{\sum_{i=1}^n X_i = k\right\} = \frac{\begin{pmatrix} Np \\ k \end{pmatrix}\begin{pmatrix} N-Np \\ n-k \end{pmatrix}}{\begin{pmatrix} N \\ n \end{pmatrix}}$$ ■

当随机变量 X 和 Y 独立时, 能从 X 和 Y 的分布计算出 $X+Y$ 的分布, 这一点常常很重要. 首先假定 X 和 Y 都是连续的, X 有概率密度 f, Y 有概率密度 g. 记 $X+Y$ 的累积分布函数为 $F_{X+Y}(a)$, 我们有

$$\begin{aligned}
F_{X+Y}(a) &= \mathrm{P}\{X+Y \leqslant a\} \\
&= \iint_{x+y\leqslant a} f(x)g(y)\mathrm{d}x\mathrm{d}y \\
&= \int_{-\infty}^{\infty}\int_{-\infty}^{a-y} f(x)g(y)\mathrm{d}x\mathrm{d}y \\
&= \int_{-\infty}^{\infty}\left(\int_{-\infty}^{a-y} f(x)\mathrm{d}x\right)g(y)\mathrm{d}y \\
&= \int_{-\infty}^{\infty} F_X(a-y)g(y)\mathrm{d}y
\end{aligned} \tag{2.17}$$

累积分布函数 F_{X+Y} 称为分布 F_X 和 F_Y(分别是 X 和 Y 的累积分布函数) 的卷积(convolution).

对 (2.17) 式求微分, 我们得到 $X+Y$ 的概率密度 $f_{X+Y}(a)$ 为

$$\begin{aligned}
f_{X+Y}(a) &= \frac{\mathrm{d}}{\mathrm{d}a}\int_{-\infty}^{\infty} F_X(a-y)g(y)\mathrm{d}y \\
&= \int_{-\infty}^{\infty} \frac{\mathrm{d}}{\mathrm{d}a}(F_X(a-y))g(y)\mathrm{d}y \\
&= \int_{-\infty}^{\infty} f(a-y)g(y)\mathrm{d}y
\end{aligned} \tag{2.18}$$

例 2.36(两个独立的均匀随机变量的和) 如果 X 和 Y 是独立的随机变量, 两者都均匀地分布在 (0,1) 上, 计算 $X+Y$ 的概率密度.

解 因为

$$f(a)=g(a)=\begin{cases}1, & 0<a<1\\ 0, & \text{其他}\end{cases}$$

由公式 (2.18) 得到

$$f_{X+Y}(a)=\int_0^1 f(a-y)\mathrm{d}y$$

由此导出, 对于 $0\leqslant a\leqslant 1$

$$f_{X+Y}(a)=\int_0^a \mathrm{d}y=a$$

对于 $1<a<2$, 我们得到

$$f_{X+Y}(a)=\int_{a-1}^1 \mathrm{d}y=2-a$$

因此

$$f_{X+Y}(a)=\begin{cases}a, & 0\leqslant a\leqslant 1\\ 2-a, & 1<a<2\\ 0, & \text{其他}\end{cases}$$

■

我们不继续推导在离散情形下 $X+Y$ 的分布的一般表达式, 而是考察一个例子.

例 2.37(独立泊松随机变量的和) 假定 X 和 Y 是独立的泊松随机变量, 分别具有均值 λ_1 和 λ_2. 计算 $X+Y$ 的分布.

解 因为事件 $\{X+Y=n\}$ 可以写成不交事件 $\{X=k,Y=n-k\}$ $(0\leqslant k\leqslant n)$ 的并, 所以有

$$\begin{aligned}
\mathrm{P}\{X+Y=n\}&=\sum_{k=0}^n \mathrm{P}\{X=k,Y=n-k\}\\
&=\sum_{k=0}^n \mathrm{P}\{X=k\}\mathrm{P}\{Y=n-k\}\\
&=\sum_{k=0}^n \mathrm{e}^{-\lambda_1}\frac{\lambda_1^k}{k!}\mathrm{e}^{-\lambda_2}\frac{\lambda_2^{n-k}}{(n-k)!}\\
&=\mathrm{e}^{-(\lambda_1+\lambda_2)}\sum_{k=0}^n\frac{\lambda_1^k\lambda_2^{n-k}}{k!(n-k)!}\\
&=\frac{\mathrm{e}^{-(\lambda_1+\lambda_2)}}{n!}\sum_{k=0}^n\frac{n!}{k!(n-k)!}\lambda_1^k\lambda_2^{n-k}\\
&=\frac{\mathrm{e}^{-(\lambda_1+\lambda_2)}}{n!}(\lambda_1+\lambda_2)^n
\end{aligned}$$

换句话说, $X+Y$ 有均值为 $\lambda_1+\lambda_2$ 的泊松分布. ■

当然, 独立性概念可以推广到多于两个随机变量的情况. 一般地, n 个随机变量 $X_1, X_2, \cdots, X_n$ 称为独立的, 如果对于所有的值 $a_1, a_2, \cdots, a_n$ 有

$$\mathrm{P}\{X_1 \leqslant a_1, X_2 \leqslant a_2, \cdots, X_n \leqslant a_n\} = \mathrm{P}\{X_1 \leqslant a_1\}\mathrm{P}\{X_2 \leqslant a_2\}\cdots\mathrm{P}\{X_n \leqslant a_n\}$$

例 2.38 令 $X_1, \cdots, X_n$ 是独立同分布的连续随机变量, 具有概率分布 F 和密度函数 $F' = f$. 如果以 $X_{(i)}$ 记这些随机变量中第 i 个最小的值, 那么 $X_{(1)}, X_{(2)}, \cdots, X_{(n)}$ 称为*次序统计量* (order statistics) . 为了得到 $X_{(i)}$ 的分布, 我们注意 $X_{(i)}$ 小于或等于 x 当且仅当这 n 个随机变量 $X_1, \cdots, X_n$ 至少有 i 个小于或等于 x. 因此,

$$\mathrm{P}\{X_{(i)} \leqslant x\} = \sum_{k=i}^{n} \binom{n}{k} (F(x))^k (1 - F(x))^{n-k}$$

微分可得 $X_{(i)}$ 的密度函数如下

$$\begin{aligned}
f_{X_{(i)}}(x) &= f(x)\sum_{k=i}^{n}\binom{n}{k} k(F(x))^{k-1}(1-F(x))^{n-k} \\
&\quad - f(x)\sum_{k=i}^{n}\binom{n}{k}(n-k)(F(x))^{k}(1-F(x))^{n-k-1} \\
&= f(x)\sum_{k=i}^{n}\frac{n!}{(n-k)!(k-1)!}(F(x))^{k-1}(1-F(x))^{n-k} \\
&\quad - f(x)\sum_{k=i}^{n-1}\frac{n!}{(n-k-1)!k!}(F(x))^{k}(1-F(x))^{n-k-1} \\
&= f(x)\sum_{k=i}^{n}\frac{n!}{(n-k)!(k-1)!}(F(x))^{k-1}(1-F(x))^{n-k} \\
&\quad - f(x)\sum_{j=i+1}^{n}\frac{n!}{(n-j)!(j-1)!}(F(x))^{j-1}(1-F(x))^{n-j} \\
&= \frac{n!}{(n-i)!(i-1)!} f(x)(F(x))^{i-1}(1-F(x))^{n-i}
\end{aligned}$$

上面的密度十分直观, 因为为了使 $X_{(i)}$ 等于 x, n 个值 $X_1, \cdots, X_n$ 中的 $i-1$ 个必须小于 x, $n-i$ 个必须大于 x, 而且有一个必须等于 x. 现在, 对于指定的 $i-1$ 个 X_j 的每个成员都小于 x, 指定另外的 $n-i$ 个 X_j 的每个成员都大于 x, 而余下的值等于 x 的概率密度是 $(F(x))^{i-1}(1-F(x))^{n-i}f(x)$. 于是, 由于 n 个随机变量分成这样三组的不同划分数为 $n!/[(i-1)!(n-i)!]$, 我们就得到上面的密度函数. ■

2.5.4 随机变量的函数的联合概率分布

令 X_1 和 X_2 是联合地连续的随机变量, 具有联合概率密度函数 $f(x_1, x_2)$. 有时需要得到 X_1 和 X_2 的函数的随机变量 Y_1 和 Y_2 的联合分布. 特别地, 假定对于某些函数 g_1 和 g_2, $Y_1 = g_1(X_1, X_2)$ 和 $Y_2 = g_2(X_1, X_2)$.

假定函数 g_1 和 g_2 满足下列条件：

1. 由方程 $y_1 = g_1(x_1, x_2)$ 和 $y_2 = g_2(x_1, x_2)$ 可以唯一地解出 x_1 和 x_2, 利用 y_1 和 y_2 给出 $x_1 = h_1(y_1, y_2)$ 和 $x_2 = h_2(y_1, y_2)$;

2. 函数 g_1 和 g_2 在所有的点 (x_1, x_2) 上有连续的偏导数, 而且使得下面的 2×2 行列式在所有的点 (x_1, x_2) 上有

$$\mathrm{J}(x_1, x_2) = \begin{vmatrix} \dfrac{\partial g_1}{\partial x_1} & \dfrac{\partial g_1}{\partial x_2} \\ \dfrac{\partial g_2}{\partial x_1} & \dfrac{\partial g_2}{\partial x_2} \end{vmatrix} = \frac{\partial g_1}{\partial x_1}\frac{\partial g_2}{\partial x_2} - \frac{\partial g_1}{\partial x_2}\frac{\partial g_2}{\partial x_1} \neq 0$$

在这两个条件下, 可以证明随机变量 Y_1 和 Y_2 联合地连续, 联合密度函数为

$$f_{Y_1,Y_2}(y_1, y_2) = f_{X_1,X_2}(x_1, x_2)|\mathrm{J}(x_1, x_2)|^{-1} \tag{2.19}$$

其中 $x_1 = h_1(y_1, y_2)$ 和 $x_2 = h_2(y_1, y_2)$.

方程 (2.19) 的证明可以遵循如下的路线进行：

$$\mathrm{P}\{Y_1 \leqslant y_1, Y_2 \leqslant y_2\} = \iint\limits_{\substack{(x_1,x_2): \\ g_1(x_1,x_2) \leqslant y_1 \\ g_2(x_1,x_2) \leqslant y_2}} f_{X_1,X_2}(x_1, x_2)\mathrm{d}x_1\mathrm{d}x_2 \tag{2.20}$$

联合密度函数现在可以由方程 (2.20) 对 y_1 和 y_2 求微分得到. 微分的结果等于方程 (2.19) 的右边的式子, 这是高等微积分的一个练习, 在本书中将不给出其证明.

例 2.39 若 X 和 Y 是独立的伽马随机变量, 分别具有参数 (α, λ) 和 (β, λ). 计算 $U = X + Y$ 和 $V = X/(X + Y)$ 的联合密度.

解 X 和 Y 的联合密度为

$$\begin{aligned} f_{X,Y}(x, y) &= \frac{\lambda \mathrm{e}^{-\lambda x}(\lambda x)^{\alpha-1}}{\Gamma(\alpha)} \frac{\lambda \mathrm{e}^{-\lambda y}(\lambda y)^{\beta-1}}{\Gamma(\beta)} \\ &= \frac{\lambda^{\alpha+\beta}}{\Gamma(\alpha)\Gamma(\beta)} \mathrm{e}^{-\lambda(x+y)} x^{\alpha-1} y^{\beta-1} \end{aligned}$$

现在, 如果 $g_1(x, y) = x + y$ 和 $g_2(x, y) = x/(x + y)$, 那么

$$\frac{\partial g_1}{\partial x} = \frac{\partial g_1}{\partial y} = 1, \quad \frac{\partial g_2}{\partial x} = \frac{y}{(x+y)^2}, \quad \frac{\partial g_2}{\partial y} = -\frac{x}{(x+y)^2}$$

所以

$$\mathrm{J}(x, y) = \begin{vmatrix} 1 & 1 \\ \dfrac{y}{(x+y)^2} & \dfrac{-x}{(x+y)^2} \end{vmatrix} = -\frac{1}{x+y}$$

最后, 因为方程 $u = x + y$ 和 $v = x/(x + y)$ 有解 $x = uv, y = u(1 - v)$, 所以

$$\begin{aligned} f_{U,V}(u, v) &= f_{X,Y}[uv, u(1 - v)]u \\ &= \frac{\lambda \mathrm{e}^{-\lambda u}(\lambda u)^{\alpha+\beta-1}}{\Gamma(\alpha + \beta)} \frac{v^{\alpha-1}(1 - v)^{\beta-1}\Gamma(\alpha + \beta)}{\Gamma(\alpha)\Gamma(\beta)} \end{aligned}$$

因此, $X+Y$ 和 $X/(X+Y)$ 是独立的, 而且 $X+Y$ 有参数为 $(\alpha+\beta,\lambda)$ 的伽马分布, 而 $X/(X+Y)$ 有密度函数

$$f_V(v)=\frac{\Gamma(\alpha+\beta)}{\Gamma(\alpha)\Gamma(\beta)}v^{\alpha-1}(1-v)^{\beta-1},\quad 0<v<1$$

这称为以 (α,β) 为参数的贝塔密度.

这个结果很有趣. 假定有 $n+m$ 个工作需要完成, 每个 (独立地) 需要以 λ 为强度的指数时间完成. 又假定我们有两个工人来完成这些工作. 工人 I 做工作 $1,2,\cdots,n$, 工人 II 做其余的 m 个工作. 如果我们让 X 和 Y 分别记工人 I 和工人 II 的全部工作时间, 那么用前面的结果推出 X 和 Y 分别是参数为 (n,λ) 和 (m,λ) 的独立的伽马随机变量. 于是, 上面的结果推出, 独立于所有 $n+m$ 个工作所需的工作时间 (即 $X+Y$), 由工人 I 完成的工作的时间的比例具有参数为 (n,m) 的贝塔分布. ■

当 n 个随机变量 $X_1,X_2,\cdots,X_n$ 的联合密度函数已知时, 我们想计算 $Y_1,Y_2,\cdots,Y_n$ 的联合密度函数, 其中

$$Y_1=g_1(X_1,\cdots,X_n),\quad Y_2=g_2(X_1,\cdots,X_n),\quad \cdots,\quad Y_n=g_n(X_1,\cdots,X_n)$$

方法是一样的. 即假定函数 g_i 有连续的偏导数, 而且在所有的点 $(x_1,\cdots,x_n)$ 上, 雅可比行列式 $\mathrm{J}(x_1,\cdots,x_n)\neq 0$, 其中

$$\mathrm{J}(x_1,\cdots,x_n)=\begin{vmatrix}\dfrac{\partial g_1}{\partial x_1} & \dfrac{\partial g_1}{\partial x_2} & \cdots & \dfrac{\partial g_1}{\partial x_n}\\ \dfrac{\partial g_2}{\partial x_1} & \dfrac{\partial g_2}{\partial x_2} & \cdots & \dfrac{\partial g_2}{\partial x_n}\\ \dfrac{\partial g_n}{\partial x_1} & \dfrac{\partial g_n}{\partial x_2} & \cdots & \dfrac{\partial g_n}{\partial x_n}\end{vmatrix}$$

此外, 假定方程组 $y_1=g_1(x_1,\cdots,x_n)$, $y_2=g_2(x_1,\cdots,x_n),\cdots,y_n=g_n(x_1,\cdots,x_n)$ 有唯一的解, 比如说, $x_1=h_1(y_1,\cdots,y_n),\cdots,x_n=h_n(y_1,\cdots,y_n)$. 在这些假定下, 随机变量 Y_i 的联合密度函数为

$$f_{Y_1,\cdots,Y_n}(y_1,\cdots,y_n)=f_{X_1,\cdots,X_n}(x_1,\cdots,x_n)|\mathrm{J}(x_1,\cdots,x_n)|^{-1}$$

其中 $x_i=h_i(y_1,\cdots,y_n),i=1,2,\cdots,n$.

2.6 矩母函数

随机变量 X 的*矩母函数* $\phi(t)$ 对所有值 t 定义为

$$\phi(t)=\mathrm{E}[\mathrm{e}^{tX}]=\begin{cases}\displaystyle\sum_x \mathrm{e}^{tx}p(x), & 若\ X\ 离散\\ \displaystyle\int_{-\infty}^{\infty}\mathrm{e}^{tx}f(x)\mathrm{d}x, & 若\ X\ 连续\end{cases}$$

我们称 $\phi(t)$ 为矩母函数, 因为 X 的所有的矩能由 $\phi(t)$ 相继地求微分得到. 例如,

$$\phi'(t)=\frac{\mathrm{d}}{\mathrm{d}t}\mathrm{E}[\mathrm{e}^{tX}]=\mathrm{E}\left[\frac{\mathrm{d}}{\mathrm{d}t}(\mathrm{e}^{tX})\right]=\mathrm{E}[X\mathrm{e}^{tX}]$$

因此

$$\phi'(0)=\mathrm{E}[X]$$

类似地

$$\phi''(t)=\frac{\mathrm{d}}{\mathrm{d}t}\phi'(t)=\frac{\mathrm{d}}{\mathrm{d}t}\mathrm{E}[X\mathrm{e}^{tX}]=\mathrm{E}\left[\frac{\mathrm{d}}{\mathrm{d}t}(X\mathrm{e}^{tX})\right]=\mathrm{E}[X^2\mathrm{e}^{tX}]$$

所以

$$\phi''(0)=\mathrm{E}[X^2]$$

一般地, $\phi(t)$ 的 n 阶导数在 $t=0$ 时等于 $\mathrm{E}[X^n]$, 就是说,

$$\phi^{(n)}(0)=\mathrm{E}[X^n],\quad n\geqslant 1$$

我们现在计算一些常见分布的 $\phi(t)$.

例 2.40(参数为 n 和 p 的二项分布)

$$\begin{aligned}\phi(t)=\mathrm{E}[\mathrm{e}^{t\mathrm{X}}]&=\sum_{k=0}^{n}\mathrm{e}^{tk}\begin{pmatrix}n\\k\end{pmatrix}p^k(1-p)^{n-k}\\&=\sum_{k=0}^{n}\begin{pmatrix}n\\k\end{pmatrix}(p\mathrm{e}^t)^k(1-p)^{n-k}=(p\mathrm{e}^t+1-p)^n\end{aligned}$$

因此

$$\phi'(t)=n(p\mathrm{e}^t+1-p)^{n-1}p\mathrm{e}^t$$

所以

$$\mathrm{E}[X]=\phi'(0)=np$$

这就验证了例 2.17 所得的结果. 求二阶导数, 得到

$$\phi''(t)=n(n-1)(p\mathrm{e}^t+1-p)^{n-2}(p\mathrm{e}^t)^2+n(p\mathrm{e}^t+1-p)^{n-1}p\mathrm{e}^t$$

所以

$$\mathrm{E}[X^2]=\phi''(0)=n(n-1)p^2+np$$

因此, X 的方差为

$$\mathrm{Var}(X)=\mathrm{E}[X^2]-(\mathrm{E[X]})^2=n(n-1)p^2+np-n^2p^2=np(1-p)$$ ■

例 2.41(均值为 λ 的泊松分布)

$$\phi(t)=\mathrm{E}[\mathrm{e}^{tX}]=\sum_{n=0}^{\infty}\frac{\mathrm{e}^{tn}\mathrm{e}^{-\lambda}\lambda^n}{n!}=\mathrm{e}^{-\lambda}\sum_{n=0}^{\infty}\frac{(\lambda\mathrm{e}^t)^n}{n!}=\mathrm{e}^{-\lambda}\mathrm{e}^{\lambda\mathrm{e}^t}=\exp\{\lambda(\mathrm{e}^t-1)\}$$

微分得到

$$\phi'(t) = \lambda e^t \exp\{\lambda(e^t - 1)\},$$
$$\phi''(t) = (\lambda e^t)^2 \exp\{\lambda(e^t - 1)\} + \lambda e^t \exp\{\lambda(e^t - 1)\}$$

所以

$$E[X] = \phi'(0) = \lambda,$$
$$E[X^2] = \phi''(0) = \lambda^2 + \lambda,$$
$$\mathrm{Var}(X) = E[X^2] - (E[X])^2 = \lambda$$

因此, 泊松分布的均值和方差都是 λ. ■

例 2.42(参数为 λ 的指数分布)

$$\phi(t) = E[e^{tX}] = \int_0^\infty e^{tx}\lambda e^{-\lambda x}dx = \lambda\int_0^\infty e^{-(\lambda-t)x}dx = \frac{\lambda}{\lambda - t}, \quad 对于 \quad t < \lambda$$

从上面的推导我们注意到, 对于指数分布, $\phi(t)$ 只对小于 λ 的 t 值定义. 对 $\phi(t)$ 微分得到

$$\phi'(t) = \frac{\lambda}{(\lambda - t)^2}, \quad \phi''(t) = \frac{2\lambda}{(\lambda - t)^3}$$

因此

$$E[X] = \phi'(0) = \frac{1}{\lambda}, \quad E[X^2] = \phi''(0) = \frac{2}{\lambda^2}$$

于是 X 的方差为

$$\mathrm{Var}(X) = E[X^2] - (E[X])^2 = \frac{1}{\lambda^2}$$ ■

例 2.43(参数为 μ 和 σ^2 的正态分布) 标准正态随机变量 Z 的矩母函数如下求得:

$$E[e^{tZ}] = \frac{1}{\sqrt{2\pi}}\int_{-\infty}^{\infty} e^{tx}e^{-x^2/2}dx = \frac{1}{\sqrt{2\pi}}\int_{-\infty}^{\infty} e^{-(x^2-2tx)/2}dx$$
$$= e^{t^2/2}\frac{1}{\sqrt{2\pi}}\int_{-\infty}^{\infty} e^{-(x-t)^2/2}dx = e^{t^2/2}$$

如果 Z 是标准正态分布, 那么 $X = \sigma Z + \mu$ 就是参数为 μ 和 σ^2 的正态分布, 于是

$$\phi(t) = E[e^{tX}] = E[e^{t(\sigma Z+\mu)}] = e^{t\mu}E[e^{t\sigma Z}] = \exp\left\{\frac{\sigma^2 t^2}{2} + \mu t\right\}$$

经过微分, 我们得到

$$\phi'(t) = (\mu + t\sigma^2)\exp\left\{\frac{\sigma^2 t^2}{2} + \mu t\right\},$$
$$\phi''(t) = (\mu + t\sigma^2)^2\exp\left\{\frac{\sigma^2 t^2}{2} + \mu t\right\} + \sigma^2\exp\left\{\frac{\sigma^2 t^2}{2} + \mu t\right\}$$

所以

$$E[X] = \phi'(0) = \mu, \quad E[X^2] = \phi''(0) = \mu^2 + \sigma^2$$

它蕴涵了

$$\mathrm{Var}(X) = E[X^2] - E([X])^2 = \sigma^2$$ ■

表 2.1 与表 2.2 给出了一些常见分布的矩母函数.

表 2.1

离散概率分布	概率质量函数 $p(x)$	矩母函数 $\phi(t)$	均值	方差
二项分布, 参数为 $n,p,0\leqslant p\leqslant 1$	$\binom{n}{x}p^x(1-p)^{n-x}$, $x=0,1,\cdots,n$	$(pe^t+(1-p))^n$	np	$np(1-p)$
泊松分布, 参数为 $\lambda,\lambda>0$	$e^{-\lambda}\dfrac{\lambda^x}{x!}$, $x=0,1,2,\cdots$	$\exp\{\lambda(e^t-1)\}$	λ	λ
几何分布, 参数为 $p,0\leqslant p\leqslant 1$	$p(1-p)^{x-1}$, $x=1,2,\cdots$	$\dfrac{pe^t}{1-(1-p)e^t}$	$\dfrac{1}{p}$	$\dfrac{1-p}{p^2}$

矩母函数的一个重要性质是, *独立随机变量和的矩母函数正是单个矩母函数的乘积*. 为了理解这一点, 假设 X 和 Y 是独立的, 它们分别有矩母函数 $\phi_X(t)$ 和 $\phi_Y(t)$. 那么 $X+Y$ 的矩母函数 $\phi_{X+Y}(t)$ 是

$$\phi_{X+Y}(t)=E[e^{t(X+Y)}]=E[e^{tX}e^{tY}]=E[e^{tX}]E[e^{tY}]=\phi_X(t)\phi_Y(t)$$

其中倒数第二个等式得自命题 2.3, 因为 X 和 Y 是独立的.

表 2.2

连续概率分布	概率密度函数 $f(x)$	矩母函数 $\phi(t)$	均值	方差
(a,b) 上的均匀分布	$f(x)=\begin{cases}\dfrac{1}{b-a}, & a<x<b\\ 0, & \text{其他}\end{cases}$	$\dfrac{e^{bt}-e^{at}}{(b-a)t}$	$\dfrac{a+b}{2}$	$\dfrac{(b-a)^2}{12}$
指数分布, 参数为 $\lambda,\lambda>0$	$f(x)=\begin{cases}\lambda e^{-\lambda x}, & x\geqslant 0\\ 0, & x<0\end{cases}$	$\dfrac{\lambda}{\lambda-t}$	$\dfrac{1}{\lambda}$	$\dfrac{1}{\lambda^2}$
伽马分布, 参数 $(n,\lambda),\lambda>0$	$f(x)=\begin{cases}\dfrac{\lambda e^{-\lambda x}(\lambda x)^{n-1}}{(n-1)!}, & x\geqslant 0\\ 0, & x<0\end{cases}$	$\left(\dfrac{\lambda}{\lambda-t}\right)^n$	$\dfrac{n}{\lambda}$	$\dfrac{n}{\lambda^2}$
正态分布, 参数 (μ,σ^2)	$f(x)=\dfrac{1}{\sqrt{2\pi}\sigma}\exp\left\{-\dfrac{(x-\mu)^2}{2\sigma^2}\right\}$, $-\infty<x<\infty$	$\exp\left\{\mu t+\dfrac{\sigma^2t^2}{2}\right\}$	μ	σ^2

另一个重要的性质是, *矩母函数唯一地确定了分布*. 这就是说, 在随机变量的矩母函数和分布函数之间存在一一对应.

例 2.44(独立二项随机变量的和) 如果 X 和 Y 分别是以 (n,p) 和 (m,p) 为参数的独立二项随机变量, 那么 $X+Y$ 的分布是什么?

解 $X+Y$ 的矩母函数为

$$\phi_{X+Y}(t)=\phi_X(t)\phi_Y(t)=(pe^t+1-p)^n(pe^t+1-p)^m=(pe^t+1-p)^{m+n}$$

而 $(pe^t+(1-p))^{n+m}$ 正是以 $(n+m,p)$ 为参数的二项随机变量的矩母函数. 从而它一定是 $X+Y$ 的分布. ■

例 2.45(独立泊松随机变量的和)　当 X 和 Y 分别是以 λ_1 和 λ_2 为参数的独立的泊松随机变量时, 求 $X+Y$ 的分布.

解

$$\phi_{X+Y}(t)=\phi_X(t)\phi_Y(t)=\mathrm{e}^{\lambda_1(\mathrm{e}^t-1)}\mathrm{e}^{\lambda_2(\mathrm{e}^t-1)}=\mathrm{e}^{(\lambda_1+\lambda_2)(\mathrm{e}^t-1)}$$

因此, $X+Y$ 是以均值 $\lambda_1+\lambda_2$ 泊松地分布的, 这就验证了例 2.37 的结果. ■

例 2.46(独立正态随机变量的和)　证明: 如果 X 和 Y 是分别具有参数 (μ_1,σ_1^2) 和 (μ_2,σ_2^2) 的独立正态随机变量, 那么 $X+Y$ 是正态的, 具有均值 $\mu_1+\mu_2$ 与方差 $\sigma_1^2+\sigma_2^2$.

解

$$\begin{aligned}\phi_{X+Y}(t)&=\phi_X(t)\phi_Y(t)=\exp\left\{\frac{\sigma_1^2t^2}{2}+\mu_1t\right\}\exp\left\{\frac{\sigma_2^2t^2}{2}+\mu_2t\right\}\\&=\exp\left\{\frac{(\sigma_1^2+\sigma_2^2)t^2}{2}+(\mu_1+\mu_2)t\right\}\end{aligned}$$

它是均值为 $\mu_1+\mu_2$ 且方差为 $\sigma_1^2+\sigma_2^2$ 的正态随机变量的矩母函数. 由于矩母函数唯一地确定分布, 因此得到结果. ■

例 2.47(泊松范例)　在 2.2.4 节中, 我们说明了每次试验的结果成功的概率都是 p 的 n 次独立试验中成功的次数, 当 n 大且 p 小时, 近似于参数为 $\lambda=np$ 的泊松随机变量. 这个结果可以实质性地加强. 首先, 每次试验不必都有相同的成功概率, 只要所有的成功概率都很小就行. 为了说明确实是这样, 假设所有的试验是独立的, 第 i 次试验结果是成功的概率 $p_i(i=1,\cdots,n)$ 都小. 如果第 i 次试验是成功, 令 X_i 等于 1, 如果是其他情形, 令 X_i 等于 0, 由它推出成功的总次数, 记为 X, 可以表示为

$$X=\sum_{i=1}^n X_i$$

利用 X_i 是伯努利 (或二项) 随机变量, 其矩母函数是

$$\mathrm{E}[\mathrm{e}^{tX_i}]=p_i\mathrm{e}^t+1-p_i=1+p_i(\mathrm{e}^t-1)$$

现在, 对于小的 $|x|$, 利用结果

$$\mathrm{e}^x\approx 1+x$$

因为当 p_i 小时, $p_i(\mathrm{e}^t-1)$ 也小, 随之推出

$$\mathrm{E}[\mathrm{e}^{tX_i}]=1+p_i(\mathrm{e}^t-1)\approx\exp\{p_i(\mathrm{e}^t-1)\}$$

因为独立随机变量和的矩母函数正是它们的矩母函数的乘积, 由上面的结果得到

$$\mathrm{E}[\mathrm{e}^{tX}]\approx\prod_{i=1}^n\exp\{p_i(\mathrm{e}^t-1)\}=\exp\left\{\sum_i p_i(\mathrm{e}^t-1)\right\}$$

但是上式的右方是均值为 $\sum_i p_i$ 的泊松随机变量的矩母函数, 于是论证了它近似地是 X 的分布.

对于成功的次数近似地为一个泊松分布的试验，不仅每次试验不必有相同的成功概率，甚至不需要是独立的，只要它们的依赖性是*弱的*. 例如，回想起匹配问题 (例 2.31)，n 个人从由他们每人的一个帽子组成的集合中随机地选取一个帽子. 将随机选取看成 n 次试验，我们说试验 i 成功，如果第 i 个人选得他自己的帽子，令 A_i 为试验 i 成功这个事件，由此推出

$$\mathrm{P}(A_i)=\frac{1}{n} \quad 和 \quad \mathrm{P}(A_i|A_j)=\frac{1}{(n-1)}, \quad j\neq i.$$

因此，虽然这些试验并不是独立的，但是当 n 大时，它们显示弱的依赖性. 因为这弱的依赖性和小的成功概率，所以当 n 大时，这个匹配数应该近似于一个均值为 1 的泊松分布，这在例 2.31 中得到证明.

"当每次试验成功概率都小的时候，在 n 次或者独立的或者至多是弱相依的试验中，其成功次数近似地是一个泊松随机变量"，这个陈述称为*泊松范例*(Poisson paradigm). ■

注 对于一个非负随机变量 X，常方便地定义它的**拉普拉斯变换**(Laplace transform) $g(t)(t\geqslant 0)$ 为

$$g(t)=\phi(-t)=\mathrm{E}[\mathrm{e}^{-tX}]$$

也就是说，拉普拉斯变换在 t 处的赋值正是矩母函数在 $-t$ 处的赋值. 当随机变量非负时，与矩母函数相比，处理拉普拉斯变换的优点是，如果 $X\geqslant 0$ 且 $t\geqslant 0$，那么

$$0\leqslant \mathrm{e}^{-tX}\leqslant 1$$

即拉普拉斯变换永远在 0 与 1 之间. 正如矩母函数情形一样，有同样的拉普拉斯变换的非负随机变量有同样的分布仍然是正确的. ■

我们也可以定义两个或更多的随机变量的联合矩母函数. 具体如下. 对于任意 n 个随机变量 $X_1,\cdots,X_n$，联合矩母函数 $\phi(t_1,\cdots,t_n)$ 对所有的实值 $t_1,\cdots,t_n$ 定义为

$$\phi(t_1,\cdots,t_n)=\mathrm{E}[\mathrm{e}^{(t_1X_1+\cdots+t_nX_n)}]$$

可以证明 $\phi(t_1,\cdots,t_n)$ 唯一地确定 $X_1,\cdots,X_n$ 的联合分布.

例 2.48(多元正态分布) 令 $Z_1,\cdots,Z_n$ 是 n 个独立的标准正态随机变量. 如果对于某些常数 $a_{ij}(1\leqslant i\leqslant m,1\leqslant j\leqslant n)$ 和 $\mu_i(1\leqslant i\leqslant m)$,

$$\begin{aligned}
X_1&=a_{11}Z_1+\cdots+a_{1n}Z_n+\mu_1,\\
X_2&=a_{21}Z_1+\cdots+a_{2n}Z_n+\mu_2,\\
&\vdots\\
X_i&=a_{i1}Z_1+\cdots+a_{in}Z_n+\mu_i\\
&\vdots\\
X_m&=a_{m1}Z_1+\cdots+a_{mn}Z_n+\mu_m
\end{aligned}$$

那么称随机变量 $X_1, \cdots, X_m$ 具有*多元正态分布*.

由于独立正态随机变量的和本身就是一个正态随机变量, 所以每个 X_i 是正态随机变量, 具有如下均值和方差

$$\mathrm{E}[X_i] = \mu_i, \quad \mathrm{Var}(X_i) = \sum_{j=1}^{n} a_{ij}^2$$

现在我们确定 $X_1, \cdots, X_m$ 的联合矩母函数

$$\phi(t_1, \cdots, t_m) = \mathrm{E}[\exp\{t_1 X_1 + \cdots + t_m X_m\}]$$

首先注意, 由于 $\sum_{i=1}^{m} t_i X_i$ 本身是独立正态随机变量 $Z_1, \cdots, Z_n$ 的线性组合, 它也是正态地分布的. 它的均值与方差分别是

$$\mathrm{E}\left[\sum_{i=1}^{m} t_i X_i\right] = \sum_{i=1}^{m} t_i \mu_i$$

和

$$\mathrm{Var}\Big(\sum_{i=1}^{m} t_i X_i\Big) = \mathrm{Cov}\Big(\sum_{i=1}^{m} t_i X_i, \sum_{j=1}^{m} t_j X_j\Big) = \sum_{i=1}^{m}\sum_{j=1}^{m} t_i t_j \mathrm{Cov}(X_i, X_j)$$

现在, 如果 Y 是均值 μ 和方差 σ^2 的正态随机变量, 那么

$$\mathrm{E}[\mathrm{e}^Y] = \phi_Y(t)|_{t=1} = \mathrm{e}^{\mu + \sigma^2/2}$$

从而, 我们看到

$$\phi(t_1, \cdots, t_m) = \exp\left\{\sum_{i=1}^{m} t_i \mu_i + \frac{1}{2}\sum_{i=1}^{m}\sum_{j=1}^{m} t_i t_j \mathrm{Cov}(X_i, X_j)\right\}$$

这就证明了 $X_1, \cdots, X_m$ 的联合分布由值 $\mathrm{E}[X_i]$ 与 $\mathrm{Cov}(X_i, X_j)(i, j = 1, \cdots, m)$ 完全确定. ■

正态总体的样本均值与样本方差的联合分布

假定 $X_1, \cdots, X_n$ 是独立同分布随机变量, 每个具有均值 μ 和方差 σ^2, 随机变量 S^2 定义为

$$S^2 = \sum_{i=1}^{n} \frac{(X_i - \overline{X})^2}{n-1}$$

称为这些数据的*样本方差* (sample variance). 为了计算 $\mathrm{E}[S^2]$, 我们用恒等式

$$\sum_{i=1}^{n}(X_i - \overline{X})^2 = \sum_{i=1}^{n}(X_i - \mu)^2 - n(\overline{X} - \mu)^2 \tag{2.21}$$

这可以如下证明:

$$
\begin{aligned}
\sum_{i=1}^{n}(X_i-\overline{X})^2 &= \sum_{i=1}^{n}(X_i-\mu+\mu-\overline{X})^2 \\
&= \sum_{i=1}^{n}(X_i-\mu)^2+n(\mu-\overline{X})^2+2(\mu-\overline{X})\sum_{i=1}^{n}(X_i-\mu) \\
&= \sum_{i=1}^{n}(X_i-\mu)^2+n(\mu-\overline{X})^2+2(\mu-\overline{X})(n\overline{X}-n\mu) \\
&= \sum_{i=1}^{n}(X_i-\mu)^2+n(\mu-\overline{X})^2-2n(\mu-\overline{X})^2
\end{aligned}
$$

随之得到恒等式 (2.21).

利用恒等式 (2.21) 得到

$$
\begin{aligned}
\mathrm{E}[(n-1)S^2] &= \sum_{i=1}^{n}\mathrm{E}[(X_i-\mu)^2]-n\mathrm{E}[(\overline{X}-\mu)^2] \\
&= n\sigma^2-n\mathrm{Var}(\overline{X}) \\
&= (n-1)\sigma^2 \qquad \text{由命题2.4(b)}
\end{aligned}
$$

从而, 由上式得到

$$\mathrm{E}[S^2]=\sigma^2.$$

我们现在来确定, 当 X_i 有正态分布时, 样本均值 $\overline{X}=\sum_{i=1}^{n}X_i/n$ 与样本方差 S^2 的联合分布. 首先, 我们需要卡方随机变量的概念.

定义 2.2 如果 $Z_1,\cdots,Z_n$ 是独立的标准正态随机变量, 那么随机变量 $\sum_{i=1}^{n}Z_i^2$ 称为具有 *自由度 n 的卡方随机变量*.

我们现在计算 $\sum_{i=1}^{n}Z_i^2$ 的矩母函数. 首先注意到

$$
\begin{aligned}
\mathrm{E}[\exp\{tZ_i^2\}] &= \frac{1}{\sqrt{2\pi}}\int_{-\infty}^{\infty}\mathrm{e}^{tx^2}\mathrm{e}^{-x^2/2}\mathrm{d}x \\
&= \frac{1}{\sqrt{2\pi}}\int_{-\infty}^{\infty}\mathrm{e}^{-x^2/2\sigma^2}\mathrm{d}x \qquad \text{其中}\quad \sigma^2=(1-2t)^{-1} \\
&= \sigma=(1-2t)^{-1/2}
\end{aligned}
$$

因此

$$\mathrm{E}\left[\exp\left\{t\sum_{i=1}^{n}Z_i^2\right\}\right]=\prod_{i=1}^{n}\mathrm{E}[\exp\{tZ_i^2\}]=(1-2t)^{-n/2}$$

现在, 令 $X_1,\cdots,X_n$ 为独立正态随机变量, 每个具有均值 μ 和方差 σ^2, 并且用 $\overline{X}=\sum_{i=1}^{n}X_i/n$ 和 S^2 表示它们的样本均值和样本方差. 因为独立正态随机变量的和也是正态随机变量, 这就推出 $\overline{X}$ 是具有期望值 μ 和方差 σ^2/n 的正态随机变量. 此外, 由命题 2.4

$$\mathrm{Cov}(\overline{X},X_i-\overline{X})=0,\qquad i=1,\cdots,n \tag{2.22}$$

又因为 $\overline{X}, X_1-\overline{X}, X_2-\overline{X}, \cdots, X_n-\overline{X}$ 都是独立的标准正态随机变量 $(X_i-\mu)/\sigma$ $(i=1,\cdots,n)$ 的线性组合，由此推出随机变量 $\overline{X}, X_1-\overline{X}, X_2-\overline{X}, \cdots, X_n-\overline{X}$ 的联合分布是多元正态的. 然而，如果我们令 Y 是均值为 μ 和方差为 σ^2/n 且与 $X_1, \cdots, X_n$ 独立的正态随机变量，那么随机变量 $Y, X_1-\overline{X}, X_2-\overline{X}, \cdots, X_n-\overline{X}$ 也有多元正态分布，由方程 (2.22)，它们和随机变量 $\overline{X}, X_i-\overline{X}(i=1,\cdots,n)$ 有相同的期望值和协方差. 从而，由于多元正态分布由其期望值和协方差所完全确定，所以可以得到结论，随机变量 $Y, X_1-\overline{X}, X_2-\overline{X}, \cdots, X_n-\overline{X}$ 与 $\overline{X}, X_1-\overline{X}, X_2-\overline{X}, \cdots, X_n-\overline{X}$ 有相同的联合分布. 因此，这就证明了 $\overline{X}$ 独立于偏差序列 $X_i-\overline{X}, i=1,\cdots,n$.

因为 $\overline{X}$ 与偏差序列 $X_i-\overline{X}(i=1,\cdots,n)$ 是独立的，由此推出它独立于样本方差

$$S^2=\sum_{i=1}^{n}\frac{(X_i-\overline{X})^2}{n-1}$$

为了确定 S^2 的分布，用恒等式 (2.21) 得到

$$(n-1)S^2=\sum_{i=1}^{n}(X_i-\mu)^2-n(\overline{X}-\mu)^2$$

两边除以 σ^2 得

$$\frac{(n-1)S^2}{\sigma^2}+\left(\frac{\overline{X}-\mu}{\sigma/\sqrt{n}}\right)^2=\sum_{i=1}^{n}\frac{(X_i-\mu)^2}{\sigma^2} \tag{2.23}$$

现在，$\sum_{i=1}^{n}(X_i-\mu)^2/\sigma^2$ 是 n 个独立的标准正态随机变量的平方和，所以是具有 n 个自由度的卡方随机变量，于是它有矩母函数 $(1-2t)^{-n/2}$. 又 $[(\overline{X}-\mu)/(\sigma/\sqrt{n})]^2$ 是标准正态随机变量的平方，因此它是 1 个自由度的卡方随机变量，于是它有矩母函数 $(1-2t)^{-1/2}$. 此外，我们在前面已经看到，方程 (2.23) 左边的两个随机变量是独立的. 所以，由独立随机变量和的矩母函数等于单个矩母函数的乘积，我们得到

$$\mathrm{E}[\mathrm{e}^{t(n-1)S^2/\sigma^2}](1-2t)^{-1/2}=(1-2t)^{-n/2}$$

也就是

$$\mathrm{E}[\mathrm{e}^{t(n-1)S^2/\sigma^2}]=(1-2t)^{-(n-1)/2}$$

但是，因为 $(1-2t)^{-(n-1)/2}$ 是一个具有 $n-1$ 个自由度的卡方随机变量的矩母函数，所以可以得到如下结论：由于矩母函数唯一地确定随机变量的分布，所以它是 $(n-1)S^2/\sigma^2$ 的分布.

综合起来，我们已经证明了下述命题.

命题 2.5 如果 $X_1, \cdots, X_n$ 是独立同分布的正态随机变量，具有均值 μ 和方差 σ^2，那么样本均值 $\overline{X}$ 与样本方差 S^2 是独立的. $\overline{X}$ 是正态随机变量，具有均值 μ 和方差 σ^2/n, $(n-1)S^2/\sigma^2$ 是具有 $n-1$ 个自由度的卡方随机变量.

2.7 发生事件数的分布

考虑任意事件 $A_1,\cdots,A_n$, 并且以 X 记这些事件中发生的个数. 我们要确定 X 的概率质量函数. 首先, 对于 $1\leqslant k\leqslant n$, 令

$$S_k=\sum_{i_1<\cdots<i_k}P(A_{i_1}\cdots A_{i_k})$$

等于所有 $\binom{n}{k}$ 组 k 个不同事件的交的概率的和, 同时注意, 由容斥恒等式可得

$$\mathrm{P}(X>0)=\mathrm{P}\left(\bigcup_{i=1}^{n}A_i\right)=S_1-S_2+S_3-\cdots+(-1)^{n+1}S_n$$

现在, 我们固定这 n 个事件中的 k 个 (例如 $A_{i_1},\cdots,A_{i_k}$), 而且令这 k 个事件都发生的事件为

$$A=\bigcap_{j=1}^{k}A_{i_j}$$

再令其他的 $n-k$ 个事件都不发生的事件为

$$B=\bigcap_{j\notin\{i_1,\cdots,i_k\}}A_j^{\mathrm{c}}$$

因此, AB 是恰好只有 $A_{i_1},\cdots,A_{i_k}$ 发生的事件. 因为

$$A=AB\cup AB^{\mathrm{c}}$$

所以有

$$\mathrm{P}(A)=\mathrm{P}(AB)+\mathrm{P}(AB^{\mathrm{c}})$$

或者, 等价地有

$$\mathrm{P}(AB)=\mathrm{P}(A)-\mathrm{P}(AB^{\mathrm{c}})$$

因为只有当事件 $A_j(j\notin\{i_1,\cdots,i_k\})$ 中至少有一个发生时 B^{c} 才发生, 所以

$$B^{\mathrm{c}}=\bigcup_{j\notin\{i_1,\cdots,i_k\}}A_j$$

于是

$$\mathrm{P}(AB^{\mathrm{c}})=\mathrm{P}\left(A\bigcup_{j\notin\{i_1,\cdots,i_k\}}A_j\right)=\mathrm{P}\left(\bigcup_{j\notin\{i_1,\cdots,i_k\}}AA_j\right)$$

应用容斥恒等式, 我们给出

$$\begin{aligned}\mathrm{P}(AB^{\mathrm{c}})=&\sum_{j\notin\{i_1,\cdots,i_k\}}\mathrm{P}(AA_j)-\sum_{j_1<j_2\notin\{i_1,\cdots,i_k\}}\mathrm{P}(AA_{j_1}A_{j_2})\\&+\sum_{j_1<j_2<j_3\notin\{i_1,\cdots,i_k\}}\mathrm{P}(AA_{j_1}A_{j_2}A_{j_3})-\cdots\end{aligned}$$

利用 $A=\bigcap_{j=1}^{k} A_{i_j}$ 可知, 上式表明恰好有 k 个事件 $A_{i_1},\cdots,A_{i_k}$ 发生的概率是

$$\begin{aligned}\mathrm{P}(A)-\mathrm{P}(AB^{c})=&P(A_{i_1}\ldots A_{i_k})-\sum_{j\notin\{i_1,\cdots,i_k\}}\mathrm{P}(A_{i_1}\cdots A_{i_k}A_j)\\&+\sum_{j_1<j_2\notin\{i_1,\cdots,i_k\}}\mathrm{P}(A_{i_1}\cdots A_{i_k}A_{j_1}A_{j_2})\\&-\sum_{j_1<j_2<j_3\notin\{i_1,\cdots,i_k\}}\mathrm{P}(A_{i_1}\cdots A_{i_k}A_{j_1}A_{j_2}A_{j_3})+\cdots\end{aligned}$$

在所有 k 个不同的指标的集合上对上式求和可得

$$\begin{aligned}\mathrm{P}(X=k)=&\sum_{i_1<\cdots<i_k}\mathrm{P}(A_{i_1}\cdots A_{i_k})-\sum_{i_1<\cdots<i_k}\sum_{j\notin\{i_1,\cdots,i_k\}}\mathrm{P}(A_{i_1}\cdots A_{i_k}A_j)\\&+\sum_{i_1<\cdots<i_k}\sum_{j_1<j_2\notin\{i_1,\cdots,i_k\}}\mathrm{P}(A_{i_1}\cdots A_{i_k}A_{j_1}A_{j_2})-\cdots\end{aligned}\tag{2.24}$$

首先, 注意到

$$\sum_{i_1<\cdots<i_k}\mathrm{P}(A_{i_1}\cdots A_{i_k})=S_k$$

现在, 考虑

$$\sum_{i_1<\cdots<i_k}\sum_{j\notin\{i_1,\cdots,i_k\}}\mathrm{P}(A_{i_1}\cdots A_{i_k}A_j)$$

在此多重求和中, 每组不同的 $k+1$ 个事件 $A_{m_1},\cdots,A_{m_{k+1}}$ 的交的概率会出现 $\binom{k+1}{k}$ 次. 这是因为在得到结果的相加项 $P(A_{m_1}\cdots A_{m_{k+1}})$ 中, 每组 k 个指标的选取起了 $i_1,\cdots,i_k$ 的作用, 而其余指标的选取起了 j 的作用. 因此

$$\begin{aligned}\sum_{i_1<\cdots<i_k}\sum_{j\notin\{i_1,\cdots,i_k\}}\mathrm{P}(A_{i_1}\cdots A_{i_k}A_j)&=\binom{k+1}{k}\sum_{m_1<\cdots<m_{k+1}}\mathrm{P}(A_{m_1}\cdots A_{m_{k+1}})\\&=\binom{k+1}{k}S_{k+1}\end{aligned}$$

类似地, 因为在 $\sum_{i_1<\cdots<i_k}\sum_{j_1<j_2\notin\{i_1,\cdots,i_k\}}P(A_{i_1}\cdots A_{i_k}A_{j_1}A_{j_2})$ 中每组 $k+2$ 个不同的事件 $A_{m_1},\cdots,A_{m_{k+2}}$ 的交的概率将出现 $\binom{k+2}{k}$ 次, 由此推出

$$\sum_{i_1<\cdots<i_k}\sum_{j_1<j_2\notin\{i_1,\cdots,i_k\}}\mathrm{P}(A_{i_1}\cdots A_{i_k}A_{j_1}A_{j_2})=\binom{k+2}{k}S_{k+2}$$

对 (2.24) 式中的其他多重求和重复此推理给出

$$P(X=k)=S_k-\binom{k+1}{k}S_{k+1}+\binom{k+2}{k}S_{k+2}-\cdots+(-1)^{n-k}\binom{n}{k}S_n$$

上式可以写成

$$P(X=k)=\sum_{j=k}^{n}(-1)^{k+j}\begin{pmatrix} j \\ k \end{pmatrix}S_j$$

现在我们用它证明

$$P(X\geqslant k)=\sum_{j=k}^{n}(-1)^{k+j}\begin{pmatrix} j-1 \\ k-1 \end{pmatrix}S_j$$

这个证明利用由 $k=n$ 开始的向后数学归纳法. 现在, 当 $k=n$ 时, 前面的恒等式说明

$$P(X=n)=S_n$$

是正确的. 所以假定

$$P(X\geqslant k+1)=\sum_{j=k+1}^{n}(-1)^{k+1+j}\begin{pmatrix} j-1 \\ k \end{pmatrix}S_j$$

于是

$$\begin{aligned}
P(X\geqslant k)&=P(X=k)+P(X\geqslant k+1)\\
&=\sum_{j=k}^{n}(-1)^{k+j}\begin{pmatrix} j \\ k \end{pmatrix}S_j+\sum_{j=k+1}^{n}(-1)^{k+1+j}\begin{pmatrix} j-1 \\ k \end{pmatrix}S_j\\
&=S_k+\sum_{j=k+1}^{n}(-1)^{k+j}\left[\begin{pmatrix} j \\ k \end{pmatrix}-\begin{pmatrix} j-1 \\ k \end{pmatrix}\right]S_j\\
&=S_k+\sum_{j=k+1}^{n}(-1)^{k+j}\begin{pmatrix} j-1 \\ k-1 \end{pmatrix}S_j\\
&=\sum_{j=k}^{n}(-1)^{k+j}\begin{pmatrix} j-1 \\ k-1 \end{pmatrix}S_j
\end{aligned}$$

这样就完成了证明.

2.8 极限定理

本节我们从证明一个称为马尔可夫不等式的结果入手.

命题 2.6(马尔可夫不等式) 如果 X 是只取非负值的随机变量, 那么对于任意 $a>0$

$$P\{X\geqslant a\}\leqslant\frac{E[X]}{a}$$

证明 我们在 X 是具有密度 f 的连续情形给出证明.

$$\begin{aligned}\mathrm{E}[X] &= \int_0^\infty xf(x)\mathrm{d}x = \int_0^a xf(x)\mathrm{d}x + \int_a^\infty xf(x)\mathrm{d}x \\ &\geqslant \int_a^\infty xf(x)\mathrm{d}x \geqslant \int_a^\infty af(x)\mathrm{d}x \\ &= a\int_a^\infty f(x)\mathrm{d}x = a\mathrm{P}\{X \geqslant a\}\end{aligned}$$

这就证明了结果. ■

作为推论, 我们得到如下的命题.

命题 2.7(切比雪夫不等式) 如果 X 是具有均值 μ 和方差 σ^2 的随机变量, 那么对于任意 $k>0$

$$\mathrm{P}\{|X-\mu| \geqslant k\} \leqslant \frac{\sigma^2}{k^2}$$

证明 因为 $(X-\mu)^2$ 是非负随机变量, 所以可以应用马尔可夫不等式 (取 $a=k^2$) 得到

$$\mathrm{P}\{(X-\mu)^2 \geqslant k^2\} \leqslant \frac{\mathrm{E}[(X-\mu)^2]}{k^2}$$

但是因为 $(X-\mu)^2 \geqslant k^2$ 当且仅当 $|X-\mu| \geqslant k$, 上式等价于

$$\mathrm{P}\{|X-\mu| \geqslant k\} \leqslant \frac{\mathrm{E}[(X-\mu)^2]}{k^2} = \frac{\sigma^2}{k^2}$$

证明完毕. ■

马尔可夫不等式和切比雪夫不等式的重要性在于, 在只有概率分布的均值或者均值和方差已知时, 它们使我们能推得所求概率的上界. 当然, 如果真实分布已知, 那么所求的概率可以精确地计算, 我们就不需要求助于上界.

例 2.49 假设我们知道在一个工厂每星期生产的产品数是均值为 500 的随机变量.

(a) 如何推定这个星期的产品至少有 1000 的概率?

(b) 如果这星期生产的产品的方差已知等于 100, 那么如何推定这个星期的产品在 400 与 600 之间的概率?

解 令 X 是一星期生产的产品数.

(a) 用马尔可夫不等式

$$\mathrm{P}\{X \geqslant 1000\} \leqslant \frac{\mathrm{E[X]}}{1000} = \frac{500}{1000} = \frac{1}{2}$$

(b) 用切比雪夫不等式

$$\mathrm{P}\{|X-500| \geqslant 100\} \leqslant \frac{\sigma^2}{100^2} = \frac{1}{100}$$

因此

$$\mathrm{P}\{|X-500| < 100\} \geqslant 1 - \frac{1}{100} = \frac{99}{100}$$

所以, 这个星期的产品在 400 与 600 之间的概率至少是 0.99. ■

下面的定理, 称为强大数定律(strong law of large numbers), 是概率论中最著名的结果. 它可表述为, 一列独立同分布的随机变量的平均值以概率 1 收敛到这个分布的均值.

定理 2.1(强大数定律) 假定 $X_1, X_2, \cdots$ 是一列独立同分布的随机变量, 令 $\mathrm{E}[X_i]=\mu$. 那么, 当 $n\to\infty$ 时以概率 1 有

$$\frac{X_1+X_2+\cdots+X_n}{n}\to\mu.$$

举一个上面的例子, 假设做了一系列独立的试验, 令 E 是一个固定的事件, 而以 $P(E)$ 记在每次特定的试验中 E 出现的概率. 令

$$X_i=\begin{cases}1, & \text{若在第 } i \text{ 次试验 } E \text{ 发生}\\ 0, & \text{若在第 } i \text{ 次试验 } E \text{ 未发生}\end{cases}$$

由强大数定律, 以概率 1 有

$$\frac{X_1+\cdots+X_n}{n}\to\mathrm{E}[X]=\mathrm{P}(E) \tag{2.25}$$

因为 $X_1+\cdots+X_n$ 代表事件 E 在这 n 次试验中发生的次数, 我们可以将方程 (2.25) 表述为, 事件 E 发生次数的极限比例以概率 1 是 $\mathrm{P}(E)$.

与强大数定律并驾齐驱地占有概率论中首要荣誉的结果是中心极限定理. 除了它理论上的价值和重要性以外, 它还对于计算独立随机变量的和的近似概率提供了一个比较简单的方法. 它也解释了为什么有那么多自然 "总体" 的经验频率显示为钟形 (即正态) 曲线这个显著的事实.

定理 2.2(中心极限定理) 假定 $X_1, X_2, \cdots$ 是一列独立同分布的随机变量, 每个具有均值 μ 和方差 σ^2. 那么当 $n\to\infty$ 时,

$$\frac{X_1+X_2+\cdots+X_n-n\mu}{\sigma\sqrt{n}}$$

的分布趋于标准正态分布. 也就是说, 当 $n\to\infty$ 时,

$$\mathrm{P}\left\{\frac{X_1+X_2+\cdots+X_n-n\mu}{\sigma\sqrt{n}}\leqslant a\right\}\to\frac{1}{\sqrt{2\pi}}\int_{-\infty}^{a}\mathrm{e}^{-x^2/2}\mathrm{d}x$$

注意, 如本节中的其他结果一样, 此定理对 X_i 的*任意*分布都成立, 这正是其强大有力之处.

如果 X 是参数为 n 和 p 的二项随机变量, 那么 X 与 n 个独立的且具有参数 p 的伯努利随机变量的和同分布. (回忆一下, 伯努利随机变量正是参数 $n=1$ 的二项随机变量.) 因此, 当 $n\to\infty$ 时

$$\frac{X-\mathrm{E}[X]}{\sqrt{\mathrm{Var}(X)}}=\frac{X-np}{\sqrt{np(1-p)}}$$

的分布趋近标准正态分布. 一般地, 在 n 满足 $np(1-p) \geqslant 10$ 时, 这个正态近似就十分好了.

例 2.50(二项分布的正态近似) 令 X 为抛掷一枚均匀的硬币 40 次中出现正面的次数. 求 $X=20$ 的概率. 用正态近似, 并将结果与精确解比较.

解 因为二项随机变量是离散的, 而正态随机变量是连续的, 所以所求概率的一个较好的近似为

$$\begin{aligned}
\mathrm{P}\{X=20\} &= \mathrm{P}\{19.5 < X < 20.5\} \\
&= \mathrm{P}\left\{\frac{19.5-20}{\sqrt{10}} < \frac{X-20}{\sqrt{10}} < \frac{20.5-20}{\sqrt{10}}\right\} \\
&= \mathrm{P}\left\{-0.16 < \frac{X-20}{\sqrt{10}} < 0.16\right\} \\
&\approx \Phi(0.16) - \Phi(-0.16)
\end{aligned}$$

其中 $\Phi(x)$ 是标准正态随机变量小于 x 的概率, 由

$$\Phi(x) = \frac{1}{\sqrt{2\pi}} \int_{-\infty}^{x} \mathrm{e}^{-y^2/2} \mathrm{d}y$$

给出. 由标准正态分布的对称性

$$\Phi(-0.16) = \mathrm{P}\{N(0,1) > 0.16\} = 1 - \Phi(0.16)$$

其中 $N(0,1)$ 是标准正态随机变量. 因此, 所求的概率近似地为

$$\mathrm{P}\{X=20\} \approx 2\Phi(0.16) - 1$$

用表 2.3, 我们得到

$$\mathrm{P}\{X=20\} \approx 0.1272$$

精确结果是

$$\mathrm{P}\{X=20\} = \binom{40}{20}\left(\frac{1}{2}\right)^{40}$$

可以证明它等于 0.1254. ■

表 2.3 标准正态曲线下方位于 x 的左边的面积 $\Phi(x)$

x	0.00	0.01	0.02	0.03	0.04	0.05	0.06	0.07	0.08	0.09
0.0	0.5000	0.5040	0.5080	0.5120	0.5160	0.5199	0.5239	0.5279	0.5319	0.5359
0.1	0.5398	0.5438	0.5478	0.5517	0.5557	0.5597	0.5636	0.5675	0.5714	0.5753
0.2	0.5793	0.5832	0.5871	0.5910	0.5948	0.5987	0.6026	0.6064	0.6103	0.6141
0.3	0.6179	0.6217	0.6255	0.6293	0.6331	0.6368	0.6406	0.6443	0.6480	0.6517
0.4	0.6554	0.6591	0.6628	0.6664	0.6700	0.6736	0.6772	0.6808	0.6844	0.6879

(续)

x	0.00	0.01	0.02	0.03	0.04	0.05	0.06	0.07	0.08	0.09
0.5	0.6915	0.6950	0.6985	0.7019	0.7054	0.7088	0.7123	0.7157	0.7190	0.7224
0.6	0.7257	0.7291	0.7324	0.7357	0.7389	0.7422	0.7454	0.7486	0.7517	0.7549
0.7	0.7580	0.7611	0.7642	0.7673	0.7704	0.7734	0.7764	0.7794	0.7823	0.7852
0.8	0.7881	0.7910	0.7939	0.7967	0.7995	0.8023	0.8051	0.8078	0.8106	0.8133
0.9	0.8159	0.8186	0.8212	0.8238	0.8264	0.8289	0.8315	0.8340	0.8365	0.8389
1.0	0.8413	0.8438	0.8461	0.8485	0.8508	0.8531	0.8554	0.8557	0.8599	0.8621
1.1	0.8643	0.8665	0.8686	0.8708	0.8729	0.8749	0.8770	0.8790	0.8810	0.8830
1.2	0.8849	0.8869	0.8888	0.8907	0.8925	0.8944	0.8962	0.8980	0.8997	0.9015
1.3	0.9032	0.9049	0.9066	0.9082	0.9099	0.9115	0.9131	0.9147	0.9162	0.9177
1.4	0.9192	0.9207	0.9222	0.9236	0.9251	0.9265	0.9279	0.9292	0.9306	0.9319
1.5	0.9332	0.9345	0.9357	0.9370	0.9382	0.9394	0.9406	0.9418	0.9429	0.9441
1.6	0.9452	0.9463	0.9474	0.9484	0.9495	0.9505	0.9515	0.9525	0.9535	0.9545
1.7	0.9554	0.9564	0.9573	0.9582	0.9591	0.9599	0.9608	0.9616	0.9625	0.9633
1.8	0.9641	0.9649	0.9656	0.9664	0.9671	0.9678	0.9686	0.9693	0.9699	0.9706
1.9	0.9713	0.9719	0.9726	0.9732	0.9738	0.9744	0.9750	0.9756	0.9761	0.9767
2.0	0.9772	0.9778	0.9783	0.9788	0.9793	0.9798	0.9803	0.9808	0.9812	0.9817
2.1	0.9821	0.9826	0.9830	0.9834	0.9838	0.9842	0.9846	0.9850	0.9854	0.9857
2.2	0.9861	0.9864	0.9868	0.9871	0.9875	0.9878	0.9881	0.9884	0.9887	0.9890
2.3	0.9893	0.9896	0.9898	0.9901	0.9904	0.9906	0.9909	0.9911	0.9913	0.9916
2.4	0.9918	0.9920	0.9922	0.9925	0.9927	0.9929	0.9931	0.9932	0.9934	0.9936
2.5	0.9938	0.9940	0.9941	0.9943	0.9945	0.9946	0.9948	0.9949	0.9951	0.9952
2.6	0.9953	0.9955	0.9956	0.9957	0.9959	0.9960	0.9961	0.9962	0.9963	0.9964
2.7	0.9965	0.9966	0.9967	0.9968	0.9969	0.9970	0.9971	0.9972	0.9973	0.9974
2.8	0.9974	0.9975	0.9976	0.9977	0.9977	0.9978	0.9979	0.9979	0.9980	0.9981
2.9	0.9981	0.9982	0.9982	0.9983	0.9984	0.9984	0.9985	0.9985	0.9986	0.9986
3.0	0.9987	0.9987	0.9987	0.9988	0.9988	0.9989	0.9989	0.9989	0.9990	0.9990
3.1	0.9990	0.9991	0.9991	0.9991	0.9992	0.9992	0.9992	0.9992	0.9993	0.9993
3.2	0.9993	0.9993	0.9994	0.9994	0.9994	0.9994	0.9994	0.9995	0.9995	0.9995
3.3	0.9995	0.9995	0.9995	0.9996	0.9996	0.9996	0.9996	0.9996	0.9996	0.9997
3.4	0.9997	0.9997	0.9997	0.9997	0.9997	0.9997	0.9997	0.9997	0.9997	0.9998

例 2.51 令 $X_i(i=1,\cdots,10)$ 是独立的随机变量, 每个均匀地分布在 (0,1) 上. 估计 $\mathrm{P}\left\{\sum_1^{10} X_i > 7\right\}$.

解 因为 $\mathrm{E}[X_i]=\dfrac{1}{2}, \mathrm{Var}(X_i)=\dfrac{1}{12}$, 由中心极限定理, 我们有

$$\mathrm{P}\left\{\sum_{1}^{10} X_i > 7\right\} = \mathrm{P}\left\{\frac{\sum_1^{10} X_i - 5}{\sqrt{10\times\frac{1}{12}}} > \frac{7-5}{\sqrt{10\times\frac{1}{12}}}\right\}$$

$$\approx 1-\Phi(2.19) = 0.0143$$

■

例 2.52 一种特殊型号的电池的寿命是随机变量, 具有均值 40 小时, 标准差 20 小时. 一个电池使用到失效, 就换一个新的. 假定库存这样的电池 25 个, 它们的寿命是独立的. 求能得到使用多于 1100 小时的近似概率.

解 如果我们以 X_i 记第 i 个投入使用的电池的寿命, 那么我们要求 $p = \mathrm{P}\{X_1+\cdots+X_{25}>1100\}$, 它可以近似如下:

$$\begin{aligned} p &= \mathrm{P}\left\{\frac{X_1+\cdots+X_{25}-1000}{20\sqrt{25}} > \frac{1100-1000}{20\sqrt{25}}\right\} \\ &\approx \mathrm{P}\{N(0,1)>1\} = 1-\Phi(1) \approx 0.1587 \end{aligned}$$

■

现在我们介绍中心极限定理的一个直观证明. 首先假定 X_i 有均值 0 及方差 1, 并且以 $\mathrm{E}[\mathrm{e}^{tX}]$ 记它们共同的矩母函数, 那么 $(X_1+\cdots+X_n)/\sqrt{n}$ 的矩母函数是

$$\begin{aligned} \mathrm{E}\left[\exp\left\{t\left(\frac{X_1+\cdots+X_n}{\sqrt{n}}\right)\right\}\right] &= \mathrm{E}[\mathrm{e}^{tX_1/\sqrt{n}}\mathrm{e}^{tX_2/\sqrt{n}}\cdots\mathrm{e}^{tX_n/\sqrt{n}}] \\ &= (\mathrm{E}[\mathrm{e}^{tX/\sqrt{n}}])^n \qquad \text{由独立性} \end{aligned}$$

现在, 对于很大的 n, 我们由 e^y 的泰勒级数展开得到

$$\mathrm{e}^{tX/\sqrt{n}} \approx 1+\frac{tX}{\sqrt{n}}+\frac{t^2X^2}{2n}$$

取期望得, 当 n 大时

$$\begin{aligned} \mathrm{E}[\mathrm{e}^{tX/\sqrt{n}}] &\approx 1+\frac{t\mathrm{E}[X]}{\sqrt{n}}+\frac{t^2\mathrm{E}[X^2]}{2n} \\ &= 1+\frac{t^2}{2n} \qquad \text{因为 } \mathrm{E}[X]=0, \mathrm{E}[X^2]=1 \end{aligned}$$

所以, 当 n 大时我们得到

$$\mathrm{E}\left[\exp\left\{t\left(\frac{X_1+\cdots+X_n}{\sqrt{n}}\right)\right\}\right] \approx \left(1+\frac{t^2}{2n}\right)^n$$

当 n 趋向 ∞ 时, 可以证明近似值变为精确值, 而且有

$$\lim_{n\to\infty}\mathrm{E}\left[\exp\left\{t\left(\frac{X_1+\cdots+X_n}{\sqrt{n}}\right)\right\}\right] = \mathrm{e}^{t^2/2}$$

从而 $(X_1+\cdots+X_n)/\sqrt{n}$ 的矩母函数收敛到具有均值 0 和方差 1 的 (标准) 正态随机变量的矩母函数. 用此可以证明, 随机变量 $(X_1+\cdots+X_n)/\sqrt{n}$ 的分布函数趋于标准正态分布函数 Φ.

当 X_i 有均值 μ 及方差 σ^2 时, 随机变量 $(X_i-\mu)/\sigma$ 有均值 0 及方差 1. 从而, 以上表示

$$\mathrm{P}\left\{\frac{X_1-\mu+X_2-\mu+\cdots+X_n-\mu}{\sigma\sqrt{n}} \leqslant a\right\} \to \Phi(a)$$

这就证明了中心极限定理.

2.9 随机过程

一个随机过程 $\{X(t), t \in T\}$ 是随机变量的一个集合. 这就是说, 对于每个 $t \in T$,$X(t)$ 是随机变量. 指标 t 常常解释为时间, 作为结果, 我们认定 $X(t)$ 为过程在时间 t 的状态(state). 例如, $X(t)$ 可以等于在时间 t 以前曾进入超市的顾客总数或者在时间 t 在超市中的顾客总数或者在时间 t 以前记录到的市场销售总量等.

集合 T 称为此过程的指标集(index set). 当 T 是可数集时, 随机过程称为离散时间(discrete time) 过程. 如果 T 是一个实数区间, 随机过程称为连续时间(continuous time) 过程. 例如, $\{X_n, n = 0, 1, \cdots\}$ 是一个以非负整数为指标的离散时间随机过程, 而 $\{X(t), t \geqslant 0\}$ 是一个以非负实数为指标的连续时间随机过程.

随机过程的状态空间(state space) 定义为随机变量 $X(t)$ 所有可能取的值的全体.

于是, 随机过程是一族随机变量, 它描述了某个 (物理) 过程经历的时间发展. 在本教材以后的各章中, 我们将会看到很多随机过程.

例 2.53 考察一个粒子沿圆周以 $0, 1, \cdots, m$ 标识的 $m+1$ 个顶点的一个集合移动 (参见图 2.3). 粒子每一步等可能地沿顺时针方向或沿逆时针方向移动一个位置. 也就是说, X_n 是粒子在第 n 步后的位置, 那么

$$\mathrm{P}\{X_{n+1} = i+1 | X_n = i\} = \mathrm{P}\{X_{n+1} = i-1 | X_n = i\} = \frac{1}{2}$$

其中当 $i = m$ 时 $i+1 \equiv 0$, 而当 $i = 0$ 时 $i-1 \equiv m$. 假设现在粒子在 0 出发, 而且持续地按上面的规律移动, 直至所有顶点 $1, \cdots, m$ 都访遍. 问顶点 $i(i = 1, \cdots, m)$ 是最后访问的概率是多少?

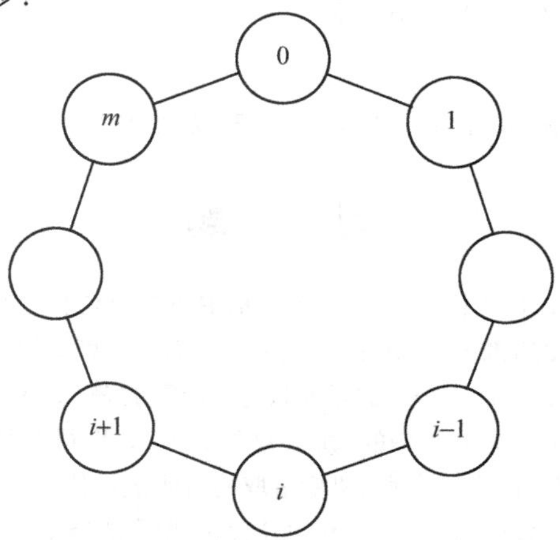

图 2.3 粒子沿圆周移动

解 令人惊讶的是，顶点 i 是最后访问的概率可以不经过计算就能确定. 为此考察粒子首次到达顶点 i 的两个相邻位置中的某一个的时间，即粒子首次到达顶点 $i-1$ 或 $i+1$ (有 $m+1\equiv 0$) 的时间. 假设它到达顶点 $i-1$ (另一种情形的推理是一样的). 由于顶点 i 与顶点 $i+1$ 都还没有访问到，由此推出，顶点 i 是最后访问到的当且仅当 $i+1$ 在 i 前访问到. 之所以这样是因为，为了在 i 前访问 $i+1$，粒子必须在逆时针方向上，在访问 i 前遍访由 $i-1$ 到 $i+1$ 的所有顶点. 但是，在访问 i 前从顶点 $i-1$ 访问 $i+1$ 的概率正是一个粒子在另一个方向进展一步前，在一个特指的方向进展 $m-1$ 步的概率. 也就是说，它等价于一个开始时持有一个单位的赌徒，在一枚均匀的硬币出现正面时赢一个单位，而出现反面时输一个单位，在他破产前的财富增加到 $m-1$ 的概率. 因此，因为上面蕴涵了顶点 i 是最后访问的顶点的概率对于所有的 i 是相同的，又因为这些概率的和必须是 1，我们得到

$$P\{i\text{ 是最后访问的顶点}\}=1/m,\quad i=1,\cdots,m. \qquad ■$$

注 用于例 2.53 的推理，同时展示了当每次赌博等可能地赢或输时，一个赌徒在增加到 1 个单位前下降到 n 个单位的概率是 $1/(n+1)$，或者等价地

$$P\{\text{赌徒在下降到 } n \text{ 个单位前增加到 1 个单位}\}=n/(n+1)$$

假设现在我们要求赌徒在下降到 n 个单位前增加到 2 个单位的概率. 取条件于他在下降到 n 个单位前是否到达 1 个单位，我们得到

$$\begin{aligned}&P\{\text{下降到}n\text{个单位前增加到 2 个单位}\}\\&=P\{\text{下降到}n\text{个单位前增加到 2 个单位}|\text{下降到}n\text{个单位前增加到 1 个单位}\}\frac{n}{n+1}\\&=P\{\text{下降到 } n+1 \text{ 个单位前增加到 1 个单位}\}\frac{n}{n+1}\\&=\frac{n+1}{n+2}\frac{n}{n+1}=\frac{n}{n+2}\end{aligned}$$

重复这个推理得到

$$P\{\text{下降到 } n \text{ 个单位前增加到 } k \text{ 个单位}\}=\frac{n}{n+k}$$

习 题

1. 一个瓮中有 5 个红球、3 个橙球、2 个蓝球. 从中随机选取了两个球. 这个试验的样本空间是什么? 以 X 记选出的橙球数，X 的可能值是什么? 计算 $P\{X=0\}$.

2. 以 X 代表抛掷一枚硬币 n 次得到的正面数与反面数的差. X 的可能值是什么?

3. 在习题 2 中，如果假定硬币是均匀的，那么对于 $n=2$，X 可能取的值的概率是什么?

***4.** 假定一颗骰子被抛掷了两次. 下列随机变量取的可能值是什么?

(i) 两次抛掷出现的极大点数. (ii) 两次抛掷出现的极小点数.

(iii) 两次抛掷的点数和. (iv) 第一次抛掷的点数减去第二次抛掷的点数.

5. 如果在习题 4 中的骰子是均匀的, 计算 (i)~(iv) 中的随机变量的概率.

6. 假定抛掷了 5 枚均匀的硬币. 以 E 表示所有的硬币都出现正面这一事件. 定义随机变量

$$I_E = \begin{cases} 1, & 若 E 发生 \\ 0, & 若 E^c 发生 \end{cases}$$

在原来的样本空间中, 哪些结果使 $I_E = 1$? $\mathrm{P}(I_E = 1)$ 是多少?

7. 假设出现正面的概率为 0.7 的一枚硬币被抛掷 3 次. 以 X 记在这 3 次中出现的正面数. 确定 X 的概率质量函数.

8. 假设 X 的分布函数为

$$F(b) = \begin{cases} 0, & b < 0 \\ \dfrac{1}{2}, & 0 \leqslant b < 1 \\ 1, & 1 \leqslant b < \infty \end{cases}$$

X 的概率质量函数是什么?

9. 如果 X 的分布函数为

$$F(b) = \begin{cases} 0, & b < 0 \\ \dfrac{1}{2}, & 0 \leqslant b < 1 \\ \dfrac{3}{5}, & 1 \leqslant b < 2 \\ \dfrac{4}{5}, & 2 \leqslant b < 3 \\ \dfrac{9}{10}, & 3 \leqslant b < 3.5 \\ 1, & b \geqslant 3.5 \end{cases}$$

计算 X 的概率质量函数.

10. 假定抛掷了 3 颗均匀的骰子. 至少出现一个 6 的概率是多少?

***11.** 一个球取自包含 3 个白球和 3 个黑球的瓮中. 在取出以后, 将它放回瓮中, 再取出另一个球. 如此无穷地继续下去. 在先取的 4 个球中, 恰有 2 个白球的概率是多少?

12. 在多选考试中, 5 个题中的每一个都设置了 3 个答案, 学生只凭猜测能得到 4 个或更多正确答案的概率是多少?

13. 某人声称具有超感知觉 (ESP). 作为测验, 将一枚均匀的硬币抛掷了 10 次, 要求他事先预报结果. 此人在 10 次中猜中 7 次. 如果他没有超感知觉, 他做得至少这样好的概率是多少? (解释为什么相关的概率用 $\mathrm{P}\{X \geqslant 7\}$, 而不是 $\mathrm{P}\{X = 7\}$?)

14. 假定 X 是参数为 6 和 1/2 的二项随机变量. 证明 $X = 3$ 是最可能的结果.

15. 假定 X 是参数为 n 和 p 的二项随机变量. 证明：当 k 从 0 到 n 时, $\mathrm{P}\{X = k\}$ 单调递增, 然后单调递减, 在下述情形达到最大值：

(a) 在 $(n+1)p$ 是整数的情形, 当 k 等于 $(n+1)p - 1$ 或者 $(n+1)p$ 时.

(b) 在 $(n+1)p$ 是非整数的情形, 当 k 满足 $(n+1)p - 1 < k < (n+1)p$ 时.

提示：考虑 $\dfrac{\mathrm{P}\{X=k\}}{\mathrm{P}\{X=k-1\}}$，并找大于或者小于 1 的 k 值.

***16.** 航空公司知道预订航班的人有 5% 最终不来搭乘航班. 因此, 他们的政策是对于一个能容纳 50 个旅客的航班售 52 张票. 问每个出现的旅客都有位置的概率是多少?

17. 假设一个试验结果为 r 个可能的结果之一, 第 i 个结果具有概率 $p_i, i=1,\cdots,r$, $\sum_{i=1}^{r} p_i = 1$. 如果进行了 n 次这样的试验, 而且此 n 次试验中的任意一个的结果都不影响其他 $n-1$ 次试验的结果, 证明：第一个结果出现 x_1 次, 第二个结果出现 x_2 次,$\cdots$, 第 r 个结果出现 x_r 次的概率是

$$\frac{n!}{x_1!x_2!\cdots x_r!}p_1^{x_1}p_2^{x_2}\cdots p_r^{x_r} \qquad \text{当 } x_1+x_2+\cdots+x_r=n$$

它称为*多项分布*(multinomial distribution).

18. 在习题 17 中, 以 X_i 记第 i 个结果出现的次数, $i=1,\cdots,r$.

(a) 对 $0 \leqslant j \leqslant n$, 利用条件概率的定义求 $\mathrm{P}(X_i=x_i, i=1,\cdots,r-1|X_r=j)$.

(b) 在给定 $X_r=j$ 时, 你对 $(X_1,\cdots,X_{r-1})$ 的条件分布能得出什么结论?

(c) 对 (b) 部分的回答给出直观的解释.

19. 在习题 17 中, 以 $X_i, i=1,\cdots,r$ 记第 i 个结果出现的次数. 问 $X_1+X_2+\cdots+X_k$ 的概率质量函数是什么?

20. 某电视机专卖店的店主断定, 进入商店的顾客有 50% 将购买普通电视机, 20% 将购买彩色电视机, 而 30% 只是浏览. 如果某日进店 5 个顾客. 问 2 个购买彩电, 1 个购买普通电视机, 2 个只是浏览的概率是多少?

21. 在习题 20 中, 店主在一天售出 3 台以上 (含 3 台) 电视机的概率是多少?

22. 连续地抛掷一枚均匀的硬币. 求在第 5 次正面首次出现的概率.

***23.** 连续地抛掷一枚正面出现概率为 p 的硬币直至出现 r 次正面. 推导需要抛掷的次数 X 是 $n(n \geqslant r)$ 的概率

$$\mathrm{P}\{X=n\} = \binom{n-1}{r-1} p^r(1-p)^{n-r}, \qquad n \geqslant r$$

它称为*负二项分布*.

提示：在前 $n-1$ 次抛掷中有多少次成功?

24. X 的概率质量函数为

$$p(k) = \binom{r+k-1}{r-1} p^r(1-p)^k, \qquad k=0,1\cdots$$

对随机变量 X 给以一个可能的解释.

提示：参见习题 23.

在习题 25 与习题 26 中, 假定两个队玩一系列游戏, A 队独立地赢的概率是 p, B 队独立地赢的概率是 $1-p$. 先赢 i 次游戏的队为胜利者.

25. 若 $i=4$. 求总共进行了 7 次游戏的概率. 证明在 $p=1/2$ 时, 此概率是最大的.

26. 当 (a) $i=2$, (b) $i=3$ 时求进行的游戏的期望数. 在这两种情形中, 证明当 $p=1/2$ 时, 这个数是最大的.

*27. 一枚均匀的硬币独立地抛掷 n 次, k 次由 A 抛掷, $n-k$ 次由 B 抛掷. 证明 A 和 B 抛掷出相同次正面的概率等于总共有 k 次正面的概率.

28. 假定我们需要生成一个等可能地取值 0 和 1 的随机变量 x, 而我们用的是一枚不均匀的硬币, 在抛掷时, 出现正面的概率为 p(未知的). 考虑如下的程式:

(1) 抛掷这枚硬币, 不管正面与反面, 以 O_1 记其结果.

(2) 再抛掷这枚硬币, 以 O_2 记其结果.

(3) 如果 O_1 与 O_2 相等, 就回到第 (1) 步.

(4) 如果 O_2 是正面, 令 $X=0$, 否则, 令 $X=1$.

(a) 证明用此过程生成的随机变量 X 等可能地取 0 和 1.

(b) 我们能否用较简单的程式, 即连续地抛掷此硬币, 直到最后两次抛掷结果不一样为止. 然后, 如果最后一次是正面, 令 $X=0$, 而如果最后一次是反面, 令 $X=1$?

29. 考虑独立地抛掷一枚硬币 n 次, 每次出现正面的概率为 p. 当一个结果与前一个不同时, 我们说发生了一次变更. 例如, 如果抛掷的结果是 H H T H T H H T, 那么总共发生了 5 次变更. 如果 $p=1/2$, 有 k 次变更的概率是多少?

30. 假定 X 有参数为 λ 的泊松分布. 证明当 i 增加时, $P\{X=i\}$ 单调递增, 然后单调递减. 当 i 是不超过 λ 的最大整数时得到其最大值.

提示: 考虑 $P\{X=i\}/P\{X=i-1\}$.

31. 在下列情形比较泊松近似与正确的二项概率.

(a) $P\{X=2\}$, 当 $n=8, p=0.1$.　(b) $P\{X=9\}$, 当 $n=10, p=0.95$.

(c) $P\{X=0\}$, 当 $n=10, p=0.1$.　(d) $P\{X=4\}$, 当 $n=9, p=0.2$.

32. 如果你在 50 种彩票中, 各购买了一张彩票, 在每种彩票中你得奖的机会是 1/100. 你得奖数 (a) 至少一张, (b) 恰好一张, (c) 至少两张的 (近似) 概率各是多少?

33. 令 X 是随机变量, 具有概率密度

$$f(x)=\begin{cases} c(1-x^2), & -1<x<1 \\ 0, & \text{其他} \end{cases}$$

(a) c 的值是多少?　(b)X 的累积分布函数是什么?

34. 令 X 的概率密度为

$$f(x)=\begin{cases} c(4x-2x^2), & 0<x<2 \\ 0, & \text{其他} \end{cases}$$

(a) c 的值是多少?　(b) $P\left\{\frac{1}{2}<X<\frac{3}{2}\right\}=?$

35. 设 X 的密度为

$$f(x)=\begin{cases} 10/x^2, & \text{对于} x>10 \\ 0, & \text{对于} x\leqslant 10 \end{cases}$$

X 的分布是什么? 求 $P(X>20)$.

36. 一个点均匀地分布在半径为 1 的圆盘中, 即密度是

$$f(x,y)=C, \qquad 0\leqslant x^2+y^2\leqslant 1$$

求它与原点的距离小于 $x(0\leqslant x\leqslant 1)$ 的概率.

37. 令 $X_1, X_2, \cdots, X_n$ 是独立随机变量, 每个都在 (0,1) 上均匀分布. 令 $M = \max(X_1, X_2, \cdots, X_n)$. 证明 M 的分布函数 $F_M(\cdot)$ 为

$$F_M(x) = x^n, \qquad 0 \leqslant x \leqslant 1$$

M 的概率密度函数是什么?

***38.** 如果 X 的密度函数等于

$$f(x) = \begin{cases} ce^{-2x}, & 0 \leqslant x < \infty \\ 0, & x < 0 \end{cases}$$

求 c. 再问 $\mathrm{P}\{X > 2\}$ 是多少?

39. 随机变量 X 有下述概率质量函数

$$p(1) = \frac{1}{2}, \qquad p(2) = \frac{1}{3}, \qquad p(24) = \frac{1}{6}$$

计算 $\mathrm{E}[X]$.

40. 假定两个队玩一系列游戏, A 队独立地赢的概率是 p, B 队独立地赢的概率是 $1-p$. 先赢 4 次游戏的队为胜利者. 求进行的游戏的期望数, 并在 $p = \frac{1}{2}$ 时求出这个数.

41. 考虑在习题 29 中任意 p 的情形. 计算变更的期望数.

42. 假定每张得到的奖券与前面已得到的独立, 并且等可能地属于 m 种不同类型中的任意一类. 求为使在每个类中至少得到一张所需得到奖券的期望数.

提示：令 X 是需要的张数. 将 X 表示成

$$X = \sum_{i=1}^{m} X_i$$

是很有用的, 其中 X_i 是几何随机变量.

43. 一个瓮中含有 $n+m$ 个球, 其中 n 个红球, m 个黑球. 它们一次一个从瓮中不放回地被抽取. 以 X 记在首次取得黑球前取出的红球个数. 我们关心的是确定 $\mathrm{E}[X]$. 为了得到这个量, 将红球用 1 到 n 的数字标记. 现在随机变量 $X_i (i = 1, \cdots, n)$ 定义为

$$X_i = \begin{cases} 1, & \text{若红球 } i \text{ 在任意黑球前取出} \\ 0, & \text{其他情形} \end{cases}$$

(a) 用 X_i 表示 X. (b) 求$\mathrm{E}[X]$.

44. 在习题 43 中, 以 Y 记在取到第一个黑球与第二个黑球间取得的红球个数.

(a) 将 Y 表示为每个只取 0 或 1 的 n 个随机变量的和. (b) 求 $\mathrm{E}[Y]$.

(c) 将 $\mathrm{E}[Y]$ 与习题 43 中得到的 $\mathrm{E}[X]$ 比较. (d) 你能否解释在 (c) 中得到的结果?

45. 总共 r 个钥匙一次一个地被放进 k 个盒子中, 每个以概率 p_i 独立地被放进盒子 i 中, $\sum_{i=1}^{k} p_i = 1$. 每次一个钥匙被放进非空的盒子, 我们就说发生一次碰撞. 求碰撞的期望数.

46. 如果 X 是一个非负整数值随机变量. 证明

(a) $$\mathrm{E}[X] = \sum_{n=1}^{\infty} \mathrm{P}\{X \geqslant n\} = \sum_{n=0}^{\infty} \mathrm{P}\{X > n\}$$

提示：定义随机变量序列 $I_n (n \geqslant 1)$ 为

$$I_n = \begin{cases} 1, & 若\ n \leqslant X \\ 0, & 若\ n > X \end{cases}$$

现在用 I_n 表示 X.

(b) 如果 X 和 Y 两者都是非负整数值随机变量, 证明

$$\mathrm{E}[XY] = \sum_{n=1}^{\infty}\sum_{m=1}^{\infty} \mathrm{P}(X \geqslant n, Y \geqslant m)$$

***47.** 考虑三个试验, 其中每个是成功或者不是. 以 X 记成功的次数. 假设 $\mathrm{E}[X] = 1.8$.

(a) $\mathrm{P}\{X = 3\}$ 的最大可能值是多少?　(b) $\mathrm{P}\{X = 3\}$ 的最小可能值是多少?

在这两种情形, 构造一个概率方案使 $\mathrm{P}\{X = 3\}$ 具有要求的值.

***48.** 如果 X 是非负随机变量, g 是可微函数且 $g(0) = 0$, 那么

$$\mathrm{E}[g(x)] = \int_0^{\infty} \mathrm{P}(X > t) g'(t) \mathrm{d}t$$

当 X 是连续随机变量时证明上述结论.

***49.** 证明 $\mathrm{E}[X^2] \geqslant (\mathrm{E}[X])^2$. 什么时候可以取等号?

50. 令 c 为常数. 证明

(i) $\mathrm{Var}(cX) = c^2\mathrm{Var}(X)$;　(ii) $\mathrm{Var}(c + X) = \mathrm{Var}(X)$.

51. 抛掷一枚出现正面的概率为 p 的硬币直至出现第 r 次正面. 以 N 记需要抛掷的次数. 计算 $\mathrm{E}[N]$.

提示: 做这道题有一个简单方法, 即以 N 记 r 个几何随机变量的总和.

52. (a) 计算习题 37 中最大随机变量的 $\mathrm{E}[X]$.　(b) 对于习题 33 中的 X, 计算 $\mathrm{E}[X]$.

(c) 对于习题 34 中的 X, 计算 $\mathrm{E}[X]$.

53. 如果 X 均匀分布在 (0, 1) 上. 计算 $\mathrm{E}[X^n]$ 和 $\mathrm{Var}(X^n)$.

54. X 和 Y 都取值为 1 或 -1. 令

$$\begin{aligned} p(1,1) &= \mathrm{P}\{X = 1, Y = 1\}, \\ p(1,-1) &= \mathrm{P}\{X = 1, Y = -1\}, \\ p(-1,1) &= \mathrm{P}\{X = -1, Y = 1\}, \\ p(-1,-1) &= \mathrm{P}\{X = -1, Y = -1\} \end{aligned}$$

假设 $\mathrm{E}[X] = \mathrm{E}[Y] = 0$. 证明

(a) $p(1,1) = p(-1,-1)$;　(b) $p(1,-1) = p(-1,1)$.

令 $p = 2p(1,1)$. 求 (c) $\mathrm{Var}(X)$;　(d) $\mathrm{Var}(Y)$;　(e) $\mathrm{Cov}(X, Y)$.

55. 假设 X 和 Y 的联合概率质量函数是

$$\mathrm{P}\{X = i, Y = j\} = \binom{j}{i} \mathrm{e}^{-2\lambda} \lambda^j / j!, \quad 0 \leqslant i \leqslant j$$

(a) 求 Y 的概率质量函数. (b) 求 X 的概率质量函数. (c) 求 $Y - X$ 的概率质量函数.

56. 有 n 种类型的奖券. 每个新得到的奖券独立地是 i 类的概率为 $p_i, i = 1, \cdots, n$. 求得自 k 个奖券的集合中不同类型数的期望和方差.

57. 假定 X 和 Y 是具有参数 (n,p) 和 (m,p) 的独立的二项随机变量. 概率角度地论述 (不需计算) $X+Y$ 是具有参数 $(n+m,p)$ 的二项随机变量.

58. 一个瓮中有 $2n$ 个球, 其中有 r 个红球, 相继地随机抽取 n 对球, 以 X 记抽取的一对球都是红色的对数, (a) 求 $\mathrm{E}[X]$, (b) 求 $\mathrm{Var}(X)$.

59. 假定 X_1、X_2、X_3 和 X_4 是独立的连续随机变量, 具有共同的分布函数 F, 并且令

$$p=\mathrm{P}\{X_1<X_2>X_3<X_4\}$$

(a) 证明对于所有连续分布函数 F, p 值不变.

(b) 通过对联合密度在合适的区域上积分求得 p.

(c) 利用 $X_1,\cdots,X_4$ 的所有 4! 个可能的次序是等可能的事实求得 p.

60. 假定 X 和 Y 是独立随机变量, 具有均值 μ_x、μ_y 和方差 σ_x^2、σ_y^2. 证明

$$\mathrm{Var}(XY)=\sigma_x^2\sigma_y^2+\mu_y^2\sigma_x^2+\mu_x^2\sigma_y^2$$

61. 假定 $X_1,X_2,\cdots$ 是一列独立同分布的连续随机变量. 如果 $X_n>\max(X_1,\cdots,X_{n-1})$, 我们说在时刻 n 出现了一个记录值. 即如果 $X_n>\max\{X_1,\cdots,X_{n-1}\}$ 则 X_n 是一个记录值. 证明

(a) $\mathrm{P}\{$在时刻 n 有一个记录值$\}=1/n$.

(b) $\mathrm{E}($在时刻 n 前的记录值的个数$)=\sum_{i=1}^n 1/i$.

(c) $\mathrm{Var}($在时刻 n 前的记录值的个数$)=\sum_{i=1}^n (i-1)/i^2$.

(d) 令 $N=\min\{n:n>1,$ 且在时刻 n 出现一个记录值$\}$. 证明 $\mathrm{E}[N]=\infty$.

提示: 对于 (b) 和 (c), 将记录值的个数表示为示性 (即伯努利) 随机变量的和.

62. 以 $a_1<a_2<\cdots<a_n$ 记一组 n 个数, 并且考虑这些数的任意排列. 我们说在排列中 a_i 与 a_j 有一个逆序, 如果 $i<j$ 而且 a_j 排在 a_i 前面. 例如排列 4, 2, 1, 5, 3 有 5 个逆序, 即 (4,2), (4,1), (4,3), (2,1), (5,3). 现在考虑 $a_1,a_2,\cdots,a_n$ 的随机排列, $n!$ 个排列中的每一个都等可能地被选, 以 N 记一个排列中的逆序的数目. 又令

$N_i=k$ 的数目: $k<i$, 在此排列中 a_i 在 a_k 前面.

注意 $N=\sum_{i=1}^n N_i$.

(a) 证明 $N_1,\cdots,N_n$ 是独立随机变量. (b) N_i 的分布是什么? (c) 计算 $\mathrm{E}[N]$ 和 $\mathrm{Var}(N)$.

63. 从有 n 个白球和 m 个黑球的瓮中, 随机选取 k 个, 其中的白球数记为 X.

(a) 计算 $\mathrm{P}\{X=i\}$.

(b) 对于 $i=1,2,\cdots,k,j=1,2,\cdots,n$, 令

$$X_i=\begin{cases}1, & \text{若第 } i \text{ 个选出的球是白的}\\ 0, & \text{其他情形}\end{cases}\qquad Y_j=\begin{cases}1, & \text{若白球 } j \text{ 被选出}\\ 0, & \text{其他情形}\end{cases}.$$

首先将 X 表示为 X_i 的函数, 然后表示为 Y_j 的函数. 用这两种方法计算 $\mathrm{E}[X]$.

***64.** 当 X 是例 2.31 中选到自己帽子的人数时, 证明 $\mathrm{Var}(X)=1$.

***65.** 连续地每天发生交通事故的次数是独立的均值为 2 的泊松随机变量.

(a) 求相邻的 5 天中有 3 天每天都发生 2 次事故的概率.

(b) 求相邻的 2 天中共有 6 次事故的概率.

(c) 如果每个事故独立地是 “大事故” 的概率为 p, 问明天没有大事故的概率是多少?

*66. 如果对于任意 $i=2,\cdots,n$, 随机变量 X_i 都独立于 $X_1,\cdots,X_{i-1}$. 证明 $X_1,\cdots,X_n$ 独立.

提示：若对任意集合 $A_1,\cdots,A_n$ 有

$$\mathrm{P}(X_j\in A_j,j=1,\cdots,n)=\prod_{j=1}^{n}\mathrm{P}(X_j\in A_j),$$

则 $X_1,\cdots,X_n$ 独立. 另一方面, 若对任意集合 $A_1,\cdots,A_i$ 有

$$\mathrm{P}(X_i\in A_i|X_j\in A_j,j=1,\cdots,i-1)=\mathrm{P}(X_i\in A_i)$$

则 X_i 独立于 $X_1,\cdots,X_{i-1}$.

67. 计算 (0, 1) 上的均匀分布的矩母函数. 通过求微商得到 $\mathrm{E}[X]$ 和 $\mathrm{Var}(X)$.

68. 令 X 和 W 分别表示某台机器工作的时间和随后的维修时间. 令 $Y=X+W$ 并且假设 X 和 Y 的联合概率密度是

$$f_{X,Y}(x,y)=\lambda^2\mathrm{e}^{-\lambda y},\quad 0<x<y<\infty$$

(a) 求 X 的密度. (b) 求 Y 的密度. (c) 求 X 和 W 的联合密度. (d) 求 W 的密度.

69. 为了确定收取合适的保险费, 保险公司有时使用如下定义的指数原则. 对于必须付的随机数量的索赔费 X, 保险公司收的保险费为

$$P=\frac{1}{a}\ln(\mathrm{E}[\mathrm{e}^{aX}])$$

其中 a 是某个特定的正常数. 当 X 是参数为 λ 的指数随机变量, 并且 $a=\alpha\lambda$ 时, 求 P, 其中 $0<\alpha<1$.

70. 计算几何分布的矩母函数.

*71. 证明独立同分布的指数随机变量的和有伽马分布.

*72. 连续的月销售量是均值 100 和方差 100 的独立正态随机变量.

(a) 求后 5 个月中至少有一个月的销售超过 115 的概率.

(b) 求后 5 个月销售总量超过 530 的概率.

*73. 考察 n 个人, 假设每个人的生日等可能地是这年的 365 天中的任意一天. 并且假设他们的生日是独立的. 令 A 表示他们中没有两人在同一天生日这一事件. 这 $\binom{n}{2}$ 对人中的每一对定义如下的一个试验：若 i 和 $j(i\neq j)$ 在同一天生日, 则我们称试验 (i,j) 是成功的. 令 $S_{i,j}$ 表示试验 (i,j) 是成功的这一事件.

(a) 求 $\mathrm{P}(S_{i,j}),i\neq j$.

(b) 在 i,j,k,r 各不相同时, 问 $S_{i,j}$ 与 $S_{k,r}$ 是否独立?

(c) 在 i,j,k 各不相同时, 问 $S_{i,j}$ 于 $S_{k,j}$ 是否独立?

(d) $S_{1,2},S_{1,3},S_{2,3}$ 独立吗?

(e) 用泊松范例近似 $\mathrm{P}(A)$.

(f) 在 $n=23$ 时, 证明上述近似导致 $\mathrm{P}(A)\approx 0.5$.

(g) 令 B 表示没有三个人在同一天生日这一事件. 近似地求 n, 使 $\mathrm{P}(B)\approx 0.5$. (简单的组合推理能用显式确定 $\mathrm{P}(A)$, 而要精确地确定 $\mathrm{P}(B)$ 却十分复杂.)

提示：对每一个三人组定义一个试验.

*74. 若 X 是参数为 λ 的泊松随机变量, 证明它的拉普拉斯变换是

$$g(u) = \mathrm{E}[\mathrm{e}^{-uX}] = \mathrm{e}^{\lambda(\mathrm{e}^{-u}-1)}$$

75. 考虑例 2.48. 利用 a_{rs} 求 $\mathrm{Cov}(X_i, X_j)$.

76. 用切比雪夫不等式证明弱大数定律, 即如果 $X_1, X_2, \cdots$ 独立同分布, 具有均值 μ 和方差 σ^2, 那么对于任意 $\varepsilon > 0$, 若 $n \to \infty$, 则

$$\mathrm{P}\left\{\left|\frac{X_1 + X_2 + \cdots + X_n}{n} - \mu\right| > \varepsilon\right\} \to 0$$

77. 如果 X 是均值为 10 和方差为 15 的随机变量, 那么 $\mathrm{P}\{5 < X < 15\}$ 是多少?

78. 如果 $X_1, \cdots, X_{10}$ 是独立的泊松随机变量, 具有均值 1.

(a) 用马尔可夫不等式给出 $\mathrm{P}\{X_1 + \cdots + X_{10} \geqslant 15\}$ 的一个界.

(b) 用中心极限定理近似 $\mathrm{P}\{X_1 + \cdots + X_{10} \geqslant 15\}$.

79. 如果 X 服从正态分布, 具有均值 1 和方差 4. 用表求出 $\mathrm{P}\{2 < X < 3\}$.

*80. 证明

$$\lim_{n\to\infty} \mathrm{e}^{-n} \sum_{k=0}^{n} \frac{n^k}{k!} = \frac{1}{2}$$

提示: 令 X_n 是均值为 n 的泊松随机变量. 用中心极限定理证明 $\mathrm{P}\{X_n \leqslant n\} \to 1/2$.

81. 假定 X 和 Y 是独立正态随机变量, 都具有均值 μ 和方差 σ^2. 证明 $X + Y$ 与 $X - Y$ 独立.

提示: 求它们的联合矩母函数.

82. 将 $X_1, \cdots, X_n$ 的联合矩母函数记为 $\phi(t_1, \cdots, t_n)$.

(a) 解释如何从 $\phi(t_1, \cdots, t_n)$ 得到 X_i 的矩母函数 $\phi_{X_i}(t_i)$.

(b) 证明 $X_1, \cdots, X_n$ 独立当且仅当 $\phi(t_1, \cdots, t_n) = \phi_{X_1}(t_1) \cdots \phi_{X_n}(t_n)$.

83. 若 $K(t) = \ln(\mathrm{E}[\mathrm{e}^{tX}])$, 证明

$$K'(0) = \mathrm{E}[X], \quad K''(0) = \mathrm{Var}(X)$$

84. 令 X 表示事件 $A_1, \cdots, A_n$ 的发生数. 用量 $S_k = \sum_{i_1 < \cdots < i_k} \mathrm{P}(A_{i_1} \cdots A_{i_k})(k = 1, \cdots, n)$ 表示 $\mathrm{E}[X]$、$\mathrm{Var}(X)$ 和 $\mathrm{E}\left[\begin{pmatrix} X \\ k \end{pmatrix}\right]$.

*85. 随机变量的标准差是它的方差的正平方根. 以 σ_X 和 σ_Y 表示随机变量 X 和 Y 的标准差, 我们定义 X 和 Y 的相关系数为

$$\mathrm{Corr}(X, Y) = \frac{\mathrm{Cov}(X, Y)}{\sigma_X \sigma_Y}$$

(a) 从不等式 $\mathrm{Var}\left(\dfrac{X}{\sigma_X} + \dfrac{Y}{\sigma_Y}\right) \geqslant 0$ 出发, 证明 $-1 \leqslant \mathrm{Corr}(X, Y)$.

(b) 证明不等式 $-1 \leqslant \mathrm{Corr}(X, Y) \leqslant 1$.

(c) 若 σ_{X+Y} 是 $X + Y$ 的标准差, 证明 $\sigma_{X+Y} \leqslant \sigma_X + \sigma_Y$.

*86. 捐赠图书馆的每本新书必须经过处理. 假设管理员处理一本书的平均时间为 10 分钟, 标准差为 3 分钟. 假设管理员每次必须处理 40 本书.

(a) 求处理这些书的时间超过 420 分钟的近似概率.

(b) 求在 240 分钟内处理至少 25 本书的近似概率.

***87.** 回忆若 X 的密度是 $f(x)=\lambda e^{-\lambda x}(\lambda x)^{\alpha-1}/\Gamma(\alpha), x>0$, 则 X 称为参数 (α,λ) 的伽马随机变量.

(a) 若 Z 是标准正态随机变量, 证明 Z^2 是参数 $(1/2,1/2)$ 的伽马随机变量.

(b) 若 $Z_1,\cdots,Z_n$ 是标准正态随机变量, 则 $\sum_{i=1}^{n} Z_i^2$ 称为具有 n 个自由度的卡方随机变量. 请你解释如何用例 2.39 说明 $\sum_{i=1}^{n} Z_i^2$ 的密度函数是

$$f(x)=\frac{e^{-x/2}x^{n/2-1}}{2^{n/2}\Gamma(n/2)},\quad x>0$$

参考文献

[1] W. Feller , "An Introduction to Probability Theory and Its Applications ," Vol. I, John Wiley, New York, 1957.

[2] M. Fisz, "Probability Theory and Mathematical Statistics," John Wiley , New York, 1963.

[3] E. Parzen, "Modern Probaility Theory and Its Applications," John Wiley, New York, 1960.

[4] S. Ross, "A First Course in Probability, " Ninth Edition, Prentice Hall, New Jersey, 2014.

第3章 条件概率与条件期望

3.1 引 言

概率论中最有用的概念就包括条件概率与条件期望. 其原因有两方面. 首先, 在实践中我们常常对于计算在部分信息已知时的概率和期望感兴趣, 这样的概率和期望就是条件概率和条件期望. 其次, 在计算需要的概率或期望时, 在某些适当的随机变量上取条件是极其有用的方法.

3.2 离散情形

回忆一下, 对于任意两个事件 E 和 F, 当 $\mathrm{P}(F)>0$ 且给定 F 时, E 的条件概率定义为

$$\mathrm{P}(E|F)=\frac{\mathrm{P}(EF)}{\mathrm{P}(F)}$$

因此, 如果 X 和 Y 都是离散随机变量, 那么对于所有使 $\mathrm{P}(Y=y)>0$ 的 y 值, 在 $Y=y$ 给定的条件下, X 的条件概率质量函数自然地定义为

$$p_{X|Y}(x\mid y)=\mathrm{P}\{X=x\mid Y=y\}=\frac{\mathrm{P}\{X=x,Y=y\}}{\mathrm{P}\{Y=y\}}=\frac{p(x,y)}{p_Y(y)}$$

类似地, 对于所有使 $\mathrm{P}(Y=y)>0$ 的 y 值, 在 $Y=y$ 给定条件下, X 的条件概率分布函数定义为

$$F_{X|Y}(x|y)=\mathrm{P}\{X\leqslant x|Y=y\}=\sum_{a\leqslant x}p_{X|Y}(a|y)$$

最后, 在 $Y=y$ 给定的条件下, X 的条件期望定义为

$$\mathrm{E}[X|Y=y]=\sum_x x\mathrm{P}\{X=x|Y=y\}=\sum_x xp_{X|Y}(x|y)$$

换句话说, 除了对事件 $Y=y$ 取条件以外, 定义恰如以前所述. 如果 X 与 Y 独立, 那么条件概率质量函数、条件分布函数和条件期望都与无条件时一样. 这是因为如果 X 与 Y 独立, 那么

$$p_{X|Y}(x|y)=\mathrm{P}\{X=x|Y=y\}=\mathrm{P}\{X=x\}$$

例 3.1 假定 X 和 Y 的联合概率质量函数 $p(x,y)$ 为

$$p(1,1)=0.5, \quad p(1,2)=0.1 \quad p(2,1)=0.1, \quad p(2,2)=0.3$$

计算在 $Y=1$ 给定的条件下 X 的条件概率质量函数.

解 我们首先注意

$$p_Y(1)=\sum_x p(x,1)=p(1,1)+p(2,1)=0.6$$

因此

$$p_{X|Y}(1|1)=\mathrm{P}\{X=1|Y=1\}=\frac{\mathrm{P}\{X=1,Y=1\}}{\mathrm{P}\{Y=1\}}=\frac{p(1,1)}{p_Y(1)}=\frac{5}{6}$$

类似地

$$p_{X|Y}(2|1)=\frac{p(2,1)}{p_Y(1)}=\frac{1}{6}$$ ■

例 3.2 假定 X_1 和 X_2 分别是具有参数 (n_1,p) 与 (n_2,p) 的独立二项随机变量, 计算在 $X_2+X_2=m$ 给定的条件下 X_1 的条件概率质量函数.

解 对于 $q=1-p$,

$$\begin{aligned}
\mathrm{P}\{X_1=k|X_1+X_2=m\}&=\frac{\mathrm{P}\{X_1=k,X_1+X_2=m\}}{\mathrm{P}\{X_1+X_2=m\}}\\
&=\frac{\mathrm{P}\{X_1=k,X_2=m-k\}}{\mathrm{P}\{X_1+X_2=m\}}\\
&=\frac{\mathrm{P}\{X_1=k\}\mathrm{P}\{X_2=m-k\}}{\mathrm{P}\{X_1+X_2=m\}}\\
&=\frac{\binom{n_1}{k}p^k q^{n_1-k}\binom{n_2}{m-k}p^{m-k}q^{n_2-m+k}}{\binom{n_1+n_2}{m}p^m q^{n_1+n_2-m}}
\end{aligned}$$

其中我们用了 X_1+X_2 是具有参数 (n_1+n_2,p) 的二项随机变量 (参见例 2.44). 于是, 在 $X_1+X_2=m$ 给定的条件下 X_1 的条件概率质量函数是

$$\mathrm{P}\{X_1=k|X_1+X_2=m\}=\frac{\binom{n_1}{k}\binom{n_2}{m-k}}{\binom{n_1+n_2}{m}} \tag{3.1}$$

方程 (3.1) 中的分布, 首次见于例 2.35 中, 名为*超几何分布*. 这是从装有 n_1 个蓝球和 n_2 个红球的瓮中, 随机选取的 m 个球的样本中的蓝球个数的分布. (直观地看为什么此条件是超几何分布, 我们考虑 n_1+n_2 次独立试验, 每次试验成功的概率为 p. 假定 X_1 表示前 n_1 次试验中成功的次数, X_2 表示最后 n_2 次试验中成功的次数. 由于所有的试验成功的概率是相同的, m 次试验的 $\binom{n_1+n_2}{m}$ 个子集中的每一个

都等可能地是成功的试验. 从而, 在前 n_1 次试验中 m 次成功试验的个数是超几何随机变量.) ■

例 3.3 假定 X 和 Y 分别是具有参数 λ_1 与 λ_2 的独立泊松随机变量. 计算在给定 $X+Y=n$ 的条件下 X 的条件期望.

解: 我们先计算在 $X+Y=n$ 给定的条件下 X 的条件概率质量函数. 我们得到

$$\begin{aligned}
\mathrm{P}\{X=k|X+Y=n\} &= \frac{\mathrm{P}\{X=k, X+Y=n\}}{\mathrm{P}\{X+Y=n\}} \\
&= \frac{\mathrm{P}\{X=k, Y=n-k\}}{\mathrm{P}\{X+Y=n\}} \\
&= \frac{\mathrm{P}\{X=k\}\mathrm{P}\{Y=n-k\}}{\mathrm{P}\{X+Y=n\}}
\end{aligned}$$

其中最后的等式由假定 X 与 Y 独立得到. 回忆起 (参见例 2.37)$X+Y$ 是具有均值 $\lambda_1+\lambda_2$ 的泊松分布, 上面的方程等于

$$\begin{aligned}
\mathrm{P}\{X=k|X+Y=n\} &= \frac{\mathrm{e}^{-\lambda_1}\lambda_1^k}{k!}\frac{\mathrm{e}^{-\lambda_2}\lambda_2^{n-k}}{(n-k)!}\left[\frac{\mathrm{e}^{-(\lambda_1+\lambda_2)}(\lambda_1+\lambda_2)^n}{n!}\right]^{-1} \\
&= \frac{n!}{(n-k)!k!}\frac{\lambda_1^k\lambda_2^{n-k}}{(\lambda_1+\lambda_2)^n} \\
&= \binom{n}{k}\left(\frac{\lambda_1}{\lambda_1+\lambda_2}\right)^k\left(\frac{\lambda_2}{\lambda_1+\lambda_2}\right)^{n-k}
\end{aligned}$$

换句话说, 在 $X+Y=n$ 给定的条件下 X 的条件分布是参数为 n 和 $\lambda_1/(\lambda_1+\lambda_2)$ 的二项分布. 因此

$$\mathrm{E}\{X|X+Y=n\} = n\frac{\lambda_1}{\lambda_1+\lambda_2}$$ ■

条件期望具有普通期望的一切性质. 诸如恒等式

$$\mathrm{E}\left[\sum_{i=1}^{n} X_i|Y=y\right] = \sum_{i=1}^{n}\mathrm{E}[X_i|Y=y]$$
$$\mathrm{E}[h(X)|Y=y] = \sum_{x} h(x)\mathrm{P}(X=x|Y=y)$$

仍然有效.

例 3.4 有 n 个部件. 对于 $i=1,\cdots,n$, 部件 i 在雨天运转的概率为 p_i, 在非雨天运转的概率为 q_i. 明天将下雨的概率为 α. 计算给定明天下雨时, 运转的部件数的条件期望.

解 令

$$X_i = \begin{cases} 1, & \text{部件 } i \text{ 明天运转} \\ 0, & \text{其他情形} \end{cases}$$

如果明天下雨, 定义 Y 为 1, 而在相反情形定义 Y 为 0, 那么, 所求的条件期望为

$$\mathrm{E}\left[\sum_{i=1}^{n} X_i|Y=1\right]=\sum_{i=1}^{n}\mathrm{E}[X_i|Y=1]=\sum_{i=1}^{n}p_i$$ ■

3.3 连续情形

如果 X 和 Y 有联合密度函数 $f(x,y)$, 那么对于所有 $f_Y(y)>0$ 的 y 值, 给定 $Y=y$ 时 X 的条件概率密度函数定义为

$$f_{X|Y}(x|y)=\frac{f(x,y)}{f_Y(y)}$$

为了给出这个定义的动机, 我们将左边乘以 $\mathrm{d}x$, 右边乘以 $(\mathrm{d}x\mathrm{d}y)/\mathrm{d}y$ 得到

$$\begin{aligned}f_{X|Y}(x|y)\mathrm{d}x&=\frac{f(x,y)\mathrm{d}x\mathrm{d}y}{f_Y(y)\mathrm{d}y}\\&\approx\frac{\mathrm{P}\{x\leqslant X\leqslant x+\mathrm{d}x,y\leqslant Y\leqslant y+\mathrm{d}y\}}{\mathrm{P}\{y\leqslant Y\leqslant y+\mathrm{d}y\}}\\&=\mathrm{P}\{x\leqslant X\leqslant x+\mathrm{d}x|y\leqslant Y\leqslant y+\mathrm{d}y\}\end{aligned}$$

换句话说, 对于小的值 $\mathrm{d}x$ 和 $\mathrm{d}y$, $f_{X|Y}(x|y)\mathrm{d}x$ 近似地是给定 Y 在 y 和 $y+\mathrm{d}y$ 之间时, X 在 x 和 $x+\mathrm{d}x$ 之间的条件概率.

对于所有 $f_Y(y)>0$ 的 y 值, 给定 $Y=y$ 时 X 的条件期望定义为

$$\mathrm{E}[X|Y=y]=\int_{-\infty}^{\infty}xf_{X|Y}(x|y)\mathrm{d}x$$

例 3.5 假定 X 和 Y 有联合密度

$$f(x,y)=\begin{cases}6xy(2-x-y), & 0<x<1,0<y<1\\0, & \text{其他}\end{cases}$$

对于 $0<y<1$, 计算给定 $Y=y$ 时 X 的条件期望.

解 我们首先计算条件密度

$$\begin{aligned}f_{X|Y}(x|y)&=\frac{f(x,y)}{f_Y(y)}=\frac{6xy(2-x-y)}{\displaystyle\int_0^1 6xy(2-x-y)\mathrm{d}x}\\&=\frac{6xy(2-x-y)}{y(4-3y)}=\frac{6x(2-x-y)}{4-3y}\end{aligned}$$

因此

$$\mathrm{E}[X|Y=y]=\int_0^1\frac{6x^2(2-x-y)\mathrm{d}x}{4-3y}=\frac{(2-y)2-\frac{6}{4}}{4-3y}=\frac{5-4y}{8-6y}$$ ■

例 3.6 (t 分布) 若 Y 和 Z 是独立的随机变量, Z 具有标准正态分布, 而 Y 是具有 n 个自由度的卡方分布, 则由

$$T = \frac{Z}{\sqrt{Y/n}} = \sqrt{n}\frac{Z}{\sqrt{Y}}$$

定义的随机变量 T 称为 n 个自由度的 t 随机变量. 为了计算它的密度函数, 我们首先推导在给定 $Y=y$ 时 T 的条件分布. 因为 Y 和 Z 是独立的, 在给定 $Y=y$ 时 T 的条件分布是 $\sqrt{n/y}Z$ 的分布, 它是均值为 0 和方差为 n/y 的正态分布. 因此在给定 $Y=y$ 时 T 的条件密度函数是

$$f_{T|Y}(t|y) = \frac{1}{\sqrt{2\pi n/y}}\mathrm{e}^{-t^2y/2n} = \frac{y^{1/2}}{\sqrt{2\pi n}}\mathrm{e}^{-t^2y/2n}, -\infty < t < \infty$$

上式结合在第 2 章习题 87 中推导的卡方密度的公式

$$f_Y(y) = \frac{\mathrm{e}^{-y/2}y^{n/2-1}}{2^{n/2}\Gamma(n/2)}, \quad y > 0$$

就得到 T 的密度函数

$$f_T(t) = \int_0^\infty f_{T,Y}(t,y)\mathrm{d}y = \int_0^\infty f_{T|Y}(t|y)f_Y(y)\mathrm{d}y.$$

记

$$K = \frac{1}{\sqrt{\pi n}2^{(n+1)/2}\Gamma(n/2)}, \quad c = \frac{t^2+n}{2n} = \frac{1}{2}\left(1+\frac{t^2}{n}\right),$$

则由上面结果可得

$$\begin{aligned}
f_T(t) &= \frac{1}{K}\int_0^\infty \mathrm{e}^{-cy}y^{(n-1)/2}\mathrm{d}y \\
&= \frac{c^{-(n+1)/2}}{K}\int_0^\infty \mathrm{e}^{-x}x^{(n-1)/2}\mathrm{d}x \quad (\text{令 } x = cy) \\
&= \frac{c^{-(n+1)/2}}{K}\Gamma\left(\frac{n+1}{2}\right) \\
&= \frac{\Gamma\left(\frac{n+1}{2}\right)}{\Gamma\left(\frac{n}{2}\right)\sqrt{n\pi}}\left(1+\frac{t^2}{n}\right)^{-(n+1)/2}, \quad -\infty < t < \infty
\end{aligned}$$

■

例 3.7　X 和 Y 的联合密度为

$$f(x,y) = \begin{cases} \frac{1}{2}y\mathrm{e}^{-xy}, & 0 < x < \infty, 0 < y < 2 \\ 0, & \text{其他} \end{cases}$$

$\mathrm{E}[\mathrm{e}^{X/2}|Y=1]$ 是多少?

解　给定 $Y=1$ 时 X 的条件密度为

$$f_{X|Y}(x|1) = \frac{f(x,1)}{f_Y(1)} = \frac{\frac{1}{2}\mathrm{e}^{-x}}{\int_0^\infty \frac{1}{2}\mathrm{e}^{-x}\mathrm{d}x} = \mathrm{e}^{-x}$$

因此, 由命题 2.1

$$\mathrm{E}[\mathrm{e}^{X/2}|Y=1]=\int_0^\infty \mathrm{e}^{x/2}f_{X|Y}(x|1)\mathrm{d}x=\int_0^\infty \mathrm{e}^{x/2}\mathrm{e}^{-x}\mathrm{d}x=2$$

例 3.8 令 X_1 和 X_2 是参数分别为 μ_1 和 μ_2 的独立指数随机变量. 求给定 $X_1+X_2=t$ 时 X_1 的条件密度.

解 我们首先以 $f(x,y)$ 记 X和Y 的联合密度, 那么 X和$X+Y$ 的联合密度就是

$$f_{X,X+Y}(x,t)=f(x,t-x)$$

由变换

$$g_1(x,y)=x,\quad g_2(x,y)=x+y$$

的雅可比行列式等于 1, 可以很容易地得到上式.

将上式用到我们的例子, 得到

$$\begin{aligned}f_{X_1|X_1+X_2}(x|t)=&\frac{f_{X_1,X_1+X_2}(x,t)}{f_{X_1+X_2}(t)}\\=&\frac{\mu_1\mathrm{e}^{-\mu_1 x}\mu_2\mathrm{e}^{-\mu_2(t-x)}}{f_{X_1+X_2}(t)},\quad 0\leqslant x\leqslant t\\=&C\mathrm{e}^{-(\mu_1-\mu_2)x},\quad 0\leqslant x\leqslant t\end{aligned}$$

其中

$$C=\frac{\mu_1\mu_2\mathrm{e}^{-\mu_2 t}}{f_{X_1+X_2}(t)}$$

现在, 如果 $\mu_1=\mu_2$, 那么

$$f_{X_1|X_1+X_2}(x|t)=C,\quad 0\leqslant x\leqslant t$$

这推出 $C=1/t$, 以及在给定 $X_1+X_2=t$ 时 X_1 为 $(0,t)$ 上的均匀分布. 另一方面, 如果 $\mu_1\neq\mu_2$, 那么我们利用

$$1=\int_0^t f_{X_1|X_1+X_2}(x|t)\mathrm{d}x=\frac{C}{\mu_1-\mu_2}(1-\mathrm{e}^{-(\mu_1-\mu_2)t})$$

得到

$$C=\frac{\mu_1-\mu_2}{1-\mathrm{e}^{-(\mu_1-\mu_2)t}}$$

于是有结果:

$$f_{X_1|X_1+X_2}(x|t)=\frac{(\mu_1-\mu_2)\mathrm{e}^{-(\mu_1-\mu_2)x}}{1-\mathrm{e}^{-(\mu_1-\mu_2)t}}$$

以上分析有一个有趣的副产品

$$f_{X_1+X_2}(t)=\frac{\mu_1\mu_2\mathrm{e}^{-\mu_2 t}}{C}=\begin{cases}\mu^2 t\mathrm{e}^{-\mu t}, & 若\ \mu_1=\mu_2=\mu\\ \dfrac{\mu_1\mu_2(\mathrm{e}^{-\mu_2 t}-\mathrm{e}^{-\mu_1 t})}{\mu_1-\mu_2}, & 若\ \mu_1\neq\mu_2\end{cases}$$

■

3.4　通过取条件计算期望

我们以 $\mathrm{E}[X|Y]$ 记随机变量 Y 的这样的函数, 它在 $Y=y$ 处的取值是 $\mathrm{E}[X|Y=y]$. 注意 $\mathrm{E}[X|Y]$ 本身是一个随机变量. 条件期望的一个极为重要的性质是: 对于所有的随机变量 X 和 Y 有

$$\mathrm{E}[X]=\mathrm{E}\Big[\mathrm{E}[X|Y]\Big] \tag{3.2}$$

如果 Y 是离散随机变量, 那么公式 (3.2) 说明

$$\mathrm{E}[X]=\sum_y \mathrm{E}[X|Y=y]\mathrm{P}\{Y=y\} \tag{3.2a}$$

如果 Y 是密度为 $f_Y(y)$ 的连续随机变量, 那么公式 (3.2) 说明

$$\mathrm{E}[X]=\int_{-\infty}^{\infty}\mathrm{E}[X|Y=y]f_Y(y)\mathrm{d}y \tag{3.2b}$$

现在我们对 X 和 Y 都是离散随机变量的情形给出公式 (3.2) 的一个证明.

X 和 Y 都是离散随机变量时公式 (3.2) 的证明

我们必须证明

$$\mathrm{E}[X]=\sum_y \mathrm{E}[X|Y=y]\mathrm{P}\{Y=y\} \tag{3.3}$$

现在, 上式的右边可以写为

$$\begin{aligned}\sum_y \mathrm{E}[X|Y=y]\mathrm{P}\{Y=y\}&=\sum_y\sum_x x\mathrm{P}\{X=x|Y=y\}\mathrm{P}\{Y=y\}\\&=\sum_y\sum_x x\frac{\mathrm{P}\{X=x,Y=y\}}{\mathrm{P}\{Y=y\}}\mathrm{P}\{Y=y\}\\&=\sum_y\sum_x x\mathrm{P}\{X=x,Y=y\}\\&=\sum_x x\sum_y \mathrm{P}\{X=x,Y=y\}\\&=\sum_x x\mathrm{P}\{X=x\}=\mathrm{E}[X]\end{aligned}$$

这就得到结果. ■

为了理解公式 (3.3), 我们做如下的解释. 公式 (3.3) 说明对于计算 $\mathrm{E}[X]$, 我们可以取在 $Y=y$ 给定时 X 的条件期望的加权平均, 每一项 $\mathrm{E}[X|Y=y]$ 用取条件的那个事件的概率加权.

以下的例子会显示出公式 (3.2) 的用途.

例 3.9　山姆准备读一章概率书或一章历史书. 如果在他读的一章概率书中的印刷

错误数有均值为 2 的泊松分布, 而在他读的一章历史书中的印刷错误数有均值为 5 的泊松分布, 那么在假定山姆选取哪一本书是等可能时, 山姆遇到的印刷错误数的期望是多少?

解 以 X 记印刷错误数, 令

$$Y = \begin{cases} 1, & \text{如果山姆选取历史书} \\ 2, & \text{如果山姆选取概率书} \end{cases}$$

那么

$$\begin{aligned} \mathrm{E}[X] &= \mathrm{E}[X|Y=1]\mathrm{P}\{Y=1\} + \mathrm{E}[X|Y=2]\mathrm{P}\{Y=2\} \\ &= 5\left(\frac{1}{2}\right) + 2\left(\frac{1}{2}\right) = \frac{7}{2} \end{aligned}$$

■

例 3.10(随机变量的随机数量和的期望) 假定工厂设备每周出现事故次数的期望为 4. 又假定在每次事故中受伤工人数是具有相同均值 2 的独立随机变量. 再假定在每次事故中受伤工人数与每周发生的事故数目相互独立. 每周受伤人数的期望是多少?

解 以 N 记事故次数, 以 X_i 记在第 i 次事故中的受伤人数, $i = 1, 2, \cdots$, 那么伤者总数可以表示为 $\sum_{i=1}^{N} X_i$. 现在

$$\mathrm{E}\left[\sum_{i=1}^{N} X_i\right] = \mathrm{E}\left[\mathrm{E}\left[\sum_{i=1}^{N} X_i | N\right]\right]$$

而

$$\begin{aligned} \mathrm{E}\left[\sum_{i=1}^{N} X_i | N=n\right] &= \mathrm{E}\left[\sum_{i=1}^{n} X_i | N=n\right] \\ &= \mathrm{E}\left[\sum_{i=1}^{n} X_i\right] \quad (\text{由 } N \text{ 和 } X_i \text{ 独立}) \\ &= n\mathrm{E}[X] \end{aligned}$$

由它导出

$$\mathrm{E}\left[\sum_{i=1}^{N} X_i | N\right] = N\mathrm{E}[X]$$

因此

$$\mathrm{E}\left[\sum_{i=1}^{N} X_i\right] = \mathrm{E}\Big[N\mathrm{E}[X]\Big] = \mathrm{E}[N]\mathrm{E}[X]$$

所以, 在我们的例子中, 在一周中受伤人数的期望为 $4 \times 2 = 8$. ■

随机变量 $\sum_{i=1}^{N} X_i$ 等于 N 个独立同分布的随机变量的和, 它称为复合随机变量. 正如例 3.10 所示, 这个复合随机变量的期望值是 $\mathrm{E}[N]\mathrm{E}[X]$. 它的方差将在例 3.19 中推得.

例 3.11(几何分布的均值) 连续抛掷一枚正面出现的概率为 p 的硬币直至出现正面为止. 问需要抛掷的次数的期望是多少?

解 以 N 记需要抛掷的次数, 而令

$$Y = \begin{cases} 1, & \text{如果第一次抛掷的结果是正面} \\ 0, & \text{如果第一次抛掷的结果是反面} \end{cases}$$

现在

$$\begin{aligned} \mathrm{E}[N] &= \mathrm{E}[N|Y=1]\mathrm{P}\{Y=1\} + \mathrm{E}[N|Y=0]\mathrm{P}\{Y=0\} \\ &= p\mathrm{E}[N|Y=1] + (1-p)\mathrm{E}[N|Y=0] \end{aligned} \tag{3.4}$$

然而

$$\mathrm{E}[N|Y=1] = 1, \quad \mathrm{E}[N|Y=0] = 1 + \mathrm{E}[N] \tag{3.5}$$

为了明白为什么式 (3.5) 是正确的, 我们考察 $\mathrm{E}[N|Y=1]$. 由于 $Y=1$, 我们知道第一次抛掷的结果是正面, 所以, 需要抛掷的次数的期望是 1. 另一方面, 如果 $Y=0$, 那么第一次抛掷的结果是反面. 然而, 由于假定相继的抛掷是独立的, 这就推出在第一次出现反面后直到正面首次出现时的附加抛掷次数的期望是 $\mathrm{E}[N]$. 因此 $\mathrm{E}[N|Y=0] = 1 + \mathrm{E}[N]$. 将式 (3.5) 代入方程 (3.4) 推出

$$\mathrm{E}[N] = p + (1-p)(1 + \mathrm{E}[N])$$

解得

$$\mathrm{E}[N] = 1/p$$

■

因为随机变量 N 是具有概率质量函数 $p(n) = p(1-p)^{n-1}$ 的几何随机变量, 它的期望可以很容易地由 $\mathrm{E}[N] = \sum_{n=1}^{\infty} np(n)$ 算出, 而无需求助于条件期望. 然而, 如果你想不用条件期望而得到我们下一个例子的解, 你将很快领会 "取条件" 这个技巧是多么有用.

例 3.12 某矿工身陷在有三个门的矿井之中. 经第一个门的通道行进两小时后, 他将到达安全地. 经第二个门的通道前进三小时后, 他将回到原地. 经第三个门的通道前进五小时后, 他还是回到原地. 假定这个矿工每次都等可能地选取任意一个门, 问直到他到达安全地所需时间的期望是多少?

解 令 X 记矿工到达安全地所需的时间, 以 Y 记他最初选取的门. 现在

$$\begin{aligned} \mathrm{E}[X] &= \mathrm{E}[X|Y=1]\mathrm{P}\{Y=1\} + \mathrm{E}[X|Y=2]\mathrm{P}\{Y=2\} + \mathrm{E}[X|Y=3]\mathrm{P}\{Y=3\} \\ &= \frac{1}{3}(\mathrm{E}[X|Y=1] + \mathrm{E}[X|Y=2] + \mathrm{E}[X|Y=3]) \end{aligned}$$

然而

$$\mathrm{E}[X|Y=1] = 2, \quad \mathrm{E}[X|Y=2] = 3 + \mathrm{E}[X], \quad \mathrm{E}[X|Y=3] = 5 + \mathrm{E}[X] \tag{3.6}$$

为了理解为什么这是正确的, 我们以 $\mathrm{E}[X|Y=2]$ 为例给出如下推理. 如果矿工选取第二个门, 那么三小时后他将回到原地. 一旦他回到了原地, 问题就和以前一样了,

而直到他到达安全地的附加时间的期望正是 $E[X]$. 因此 $E[X|Y=2]=3+E[X]$. 式 (3.6) 中其他等式的推理是相似的. 因此

$$E[X]=\frac{1}{3}(2+3+E[X]+5+E[X]) \quad 也就是 \quad E[X]=10$$ ■

例 3.13(多项随机变量的协方差) 考察 n 次独立试验, 每次的结果分别以概率 $p_1,\cdots,p_r$ 取 $1,\cdots,r$ 之一, $p_1+\cdots+p_r=1$. 若我们将出现结果 i 的试验的次数记为 N_i, 则称 $(N_1,\cdots,N_r)$ 具有*多项分布*. 对于 $i\neq j$, 我们来计算

$$\mathrm{Cov}(N_i,N_j)=E[N_iN_j]-E[N_i]E[N_j]$$

因为每次试验独立地以概率 p_i 出现结果 i, 由此推出 N_i 是参数为 (n,p_i) 的二项随机变量, 可知 $E[N_i]E[N_j]=n^2p_ip_j$. 为了计算 $E[N_iN_j]$, 我们取条件于 N_i 得到

$$\begin{aligned}E[N_iN_j]&=\sum_{k=0}^{n}E[N_iN_j|N_i=k]P\{N_i=k\}\\&=\sum_{k=0}^{n}kE[N_j|N_i=k]P\{N_i=k\}\end{aligned}$$

现在, 在给定 n 次试验中出现 k 次结果 i 时, 其他 $n-k$ 次试验独立地以概率 $P(j|非\,i)=\dfrac{p_j}{1-p_i}$ 出现结果 j, 这样就说明在给定 $N_i=k$ 时, N_j 的条件分布是参数为 $\left(n-k,\dfrac{p_j}{1-p_i}\right)$ 的二项分布. 由此可知

$$\begin{aligned}E[N_iN_j]&=\sum_{k=0}^{n}k(n-k)\frac{p_j}{1-p_i}P\{N_i=k\}\\&=\frac{p_j}{1-p_i}\left(n\sum_{k=0}^{n}kP(N_i=k)-\sum_{k=0}^{n}k^2P\{N_i=k\}\right)\\&=\frac{p_j}{1-p_i}\left(nE[N_i]-E[N_i^2]\right)\end{aligned}$$

又因为 N_i 是参数为 (n,p_i) 的二项随机变量,

$$E[N_i^2]=\mathrm{Var}(N_i)+(E[N_i])^2=np_i(1-p_i)+(np_i)^2$$

因此

$$\begin{aligned}E[N_iN_j]&=\frac{p_j}{1-p_i}\left[n^2p_i-np_i(1-p_i)-n^2p_i^2\right]\\&=\frac{np_ip_j}{1-p_i}\left[n-np_i-(1-p_i)\right]=n(n-1)p_ip_j\end{aligned}$$

由此得出结论

$$\mathrm{Cov}(N_i,N_j)=n(n-1)p_ip_j-n^2p_ip_j=-np_ip_j$$ ■

例 3.14(匹配轮数问题) 假设在例 2.31 中取到自己的帽子的人离开, 而其余人 (没有匹配到的那些人) 将他们取的帽子放到房间中央, 混杂后重新取. 假定这个过程连续进行到每个人都取到了自己的帽子为止.

(a) 假定 R_n 是开始时有 n 个人出席所需要的轮数. 求 $\mathrm{E}[R_n]$.

(b) 假定 S_n 是开始时有 $n(n \geqslant 2)$ 个人所需要的选取总次数, 求 $\mathrm{E}[S_n]$.

(c) 求此 $n(n \geqslant 2)$ 个人误取的期望数.

解　(a) 由例 2.31 推出, 不论留在那里的人有多少, 平均每轮有一次匹配. 这就使人想到 $\mathrm{E}[R_n] = n$. 这个结果是正确的, 现在给出一个归纳性的证明. 由于显然有 $\mathrm{E}[R_1] = 1$, 假定对于 $k = 1, \cdots, n-1$ 有 $\mathrm{E}[R_k] = k$. 为了计算 $\mathrm{E}[R_n]$, 我们先对第一轮中的匹配数 X_n 取条件. 它给出

$$\mathrm{E}[R_n] = \sum_{i=0}^{n} \mathrm{E}[R_n | X_n = i] \mathrm{P}\{X_n = i\}$$

现在, 给定最初一轮的全部匹配数 i, 需要的轮数将等于 1 加上余下的 $n-i$ 个人匹配他们的帽子需要的匹配轮数. 所以

$$\begin{aligned}
\mathrm{E}[R_n] &= \sum_{i=0}^{n} (1 + \mathrm{E}[R_{n-i}]) \mathrm{P}\{X_n = i\} \\
&= 1 + \mathrm{E}[R_n] \mathrm{P}\{X_n = 0\} + \sum_{i=1}^{n} \mathrm{E}[R_{n-i}] \mathrm{P}\{X_n = i\} \\
&= 1 + \mathrm{E}[R_n] \mathrm{P}\{X_n = 0\} + \sum_{i=1}^{n} (n-i) \mathrm{P}\{X_n = i\} \text{由归纳法假设} \\
&= 1 + \mathrm{E}[R_n] \mathrm{P}\{X_n = 0\} + n(1 - \mathrm{P}\{X_n = 0\}) - \mathrm{E}[X_n] \\
&= \mathrm{E}[R_n] \mathrm{P}\{X_n = 0\} + n(1 - \mathrm{P}\{X_n = 0\})
\end{aligned}$$

其中最后一个等式用了例 2.31 建立的结果 $\mathrm{E}[X_n] = 1$. 由上面的方程推出 $\mathrm{E}[R_n] = n$, 结论得证.

(b) 对于 $n \geqslant 2$, 取条件于第一轮中的匹配次数 X_n, 给出

$$\begin{aligned}
\mathrm{E}[S_n] &= \sum_{i=0}^{n} \mathrm{E}[S_n | X_n = i] \mathrm{P}\{X_n = i\} \\
&= \sum_{i=0}^{n} (n + \mathrm{E}[S_{n-i}]) \mathrm{P}\{X_n = i\} \\
&= n + \sum_{i=0}^{n} \mathrm{E}[S_{n-i}] \mathrm{P}\{X_n = i\}
\end{aligned}$$

其中 $\mathrm{E}[S_0] = 0$. 为求解上面的方程, 我们将它改写为

$$\mathrm{E}[S_n] = n + \mathrm{E}[S_{n-X_n}]$$

现在, 如果在每轮中恰有一次匹配, 那么共有 $1 + 2 + \cdots + n = n(n+1)/2$ 次选取. 于是, 我们可以试探形式为 $\mathrm{E}[S_n] = an + bn^2$ 的解. 为使该解在 $n \geqslant 2$ 时满足上面的方程, 我们需要

$$an + bn^2 = n + \mathrm{E}[a(n - X_n) + b(n - X_n)^2]$$

或者, 等价地

$$an + bn^2 = n + a(n - \mathrm{E}[X_n]) + b(n^2 - 2n\mathrm{E}[X_n] + \mathrm{E}[X_n^2])$$

现在, 用例 2.31 和第 2 章的习题 72 得到的 $\mathrm{E}[X_n] = \mathrm{Var}(X_n) = 1$, 只要有

$$an + bn^2 = n + an - a + bn^2 - 2nb + 2b$$

上面的方程就得到满足, 而当 $b = 1/2, a = 1$ 时它成立. 即

$$\mathrm{E}[S_n] = n + n^2/2$$

满足 $\mathrm{E}[S_n]$ 的递推方程.

$\mathrm{E}[S_n] = n + n^2/2, n \geqslant 2$ 的形式证明由对 n 作归纳法可得. 当 $n = 2$ 时, 它是正确的 (因为这时选取次数是轮数的两倍, 而轮数是参数为 $p = 1/2$ 的几何随机变量). 现在递推关系给出为

$$\mathrm{E}[S_n] = n + \mathrm{E}[S_n]\mathrm{P}\{X_n = 0\} + \sum_{i=1}^{n} \mathrm{E}[S_{n-i}]\mathrm{P}\{X_n = i\}$$

因此, 由假定 $\mathrm{E}[S_0] = \mathrm{E}[S_1] = 0$, $\mathrm{E}[S_k] = k + k^2/2, k = 2, \cdots, n-1$, 并且用 $\mathrm{P}(X_n = n-1) = 0$, 我们得到

$$\begin{aligned}\mathrm{E}[S_n] &= n + \mathrm{E}[S_n]\mathrm{P}\{X_n = 0\} + \sum_{i=1}^{n}[n - i + (n-i)^2/2]\mathrm{P}\{X_n = i\} \\ &= n + \mathrm{E}[S_n]\mathrm{P}\{X_n = 0\} + (n + n^2/2)(1 - \mathrm{P}\{X_n = 0\}) - (n+1)\mathrm{E}[X_n] + \mathrm{E}[X_n^2]/2\end{aligned}$$

将等式 $\mathrm{E}[X_n] = 1, \mathrm{E}[X_n^2] = 2$ 代入上面得

$$\mathrm{E}[S_n] = n + n^2/2$$

这就完成了归纳证明.

(c) 我们记第 j 个人取的帽子数为 $C_j, j = 1, \cdots, n$, 那么

$$\sum_{j=1}^{n} C_j = S_n$$

取期望, 并用每个 C_j 具有同样的均值这个事实推出如下的结果:

$$\mathrm{E}[C_j] = \mathrm{E}[S_n]/n = 1 + n/2$$

因此, 第 j 个人错取帽子的期望为

$$\mathrm{E}[C_j - 1] = n/2$$

■

例 3.15 连续地做每次成功的概率为 p 的独立试验, 直至有 k 次相继的 "成功". 问必须试验的次数的均值是多少?

解 以 N_k 记得到 k 次相继的成功必须做的试验次数, 并记 $M_k = \mathrm{E}[N_k]$. 我们将推导然后求解一个递推方程确定 M_k. 我们从写出如下等式开始

$$N_k = N_{k-1} + A_{k-1,k}$$

其中 N_{k-1} 是达到相继的 $k-1$ 次成功所必须的试验次数, 而 $A_{k-1,k}$ 是从已有的相继 $k-1$ 次成功的一列试验直至相继 k 次成功的一列试验的附加次数. 取期望后得出

$$M_k = M_{k-1} + \mathrm{E}[A_{k-1,k}]$$

为了确定 $\mathrm{E}[A_{k-1,k}]$, 以相继 $k-1$ 次成功的一列试验之后的下一次试验为条件. 若下一次试验成功, 则它正给出了一列试验中的相继 k 次成功, 其后的附加试验就无必要; 若下一次试验失败, 则我们必须在此处重新开始, 所以此后的平均附加次数将是 $\mathrm{E}[N_k]$. 于是

$$\mathrm{E}[A_{k-1,k}] = 1 \cdot p + (1 + M_k)(1-p) = 1 + (1-p)M_k$$

从而

$$M_k = M_{k-1} + 1 + (1-p)M_k$$

也就是

$$M_k = \frac{1}{p} + \frac{M_{k-1}}{p}$$

由于首次成功的时间 N_1 是参数为 p 的几何随机变量, 可得出

$$M_1 = \frac{1}{p}$$

递推地有

$$M_2 = \frac{1}{p} + \frac{1}{p^2}, \quad M_3 = \frac{1}{p} + \frac{1}{p^2} + \frac{1}{p^3}$$

一般有

$$M_k = \frac{1}{p} + \frac{1}{p^2} + \cdots + \frac{1}{p^k}.$$ ■

例 3.16(快速排序算法分析) 假设我们有 n 个不同的值 $x_1, \cdots, x_n$ 的一个集合, 我们要将它们按递增的次序排列, 即如通常所称的, 将它们排序 (sort). 完成它的一个有效的程序是快速排序算法, 递推地定义如下: 当 $n=2$ 时, 该算法比较此二值, 将它们置于合适的次序. 当 $n>2$ 时, 它开始在 n 个值中随机地选取一个, 譬如 x_i, 然后将其他的 $n-1$ 个值与 x_i 比较, 注意哪些小于 x_i, 哪些大于 x_i. 以 S_i 记小于 x_i 的元素的集合, 以 $\overline{S_i}$ 记大于 x_i 的元素的集合, 该算法对集合 S_i 和 $\overline{S_i}$ 分别排序. 所以, 最后的次序由集合 S_i 的元素的次序、x_i、集合 $\overline{S_i}$ 的元素的次序排列组成. 例如, 假定元素集合是 10, 5, 8, 2, 1, 4, 7. 我们先随机选取一个 (即这 7 个值中的每一个

被选取的概率都是 1/7). 假如值 4 被选取. 然后我们将其他 6 个值的每一个与 4 作比较得到

$$\{2,1\},4,\{10,5,8,7\}$$

现在我们将集合 $\{2,1\}$ 排序得到

$$1,2,4,\{10,5,8,7\}$$

其次, 我们在 $\{10,5,8,7\}$ 中随机选取一个, 譬如取到的是 7, 而且将其他三个值与 7 作比较得到

$$1,2,4,5,7,\{10,8\}$$

最后我们将 $\{10,8\}$ 排序, 得到

$$1,2,4,5,7,8,10$$

该算法有效性的一个量度是作比较的次数的期望. 假定我们以 M_n 记 n 个不同值的一个集合的快速排序算法的比较次数的期望. 为了得到 M_n 的一个递推式, 我们取条件于初始的取值, 得到

$$M_n=\sum_{j=1}^{n}\mathrm{E}[\text{比较次数}\mid\text{取到的是第 } j \text{ 小的值}]\frac{1}{n}$$

现在, 若初始的取值是第 j 小的值, 则较小的集合的容量是 $j-1$, 较大的集合的容量是 $n-j$. 因此, 由于对于选定的初始的取值需要作 $n-1$ 次比较, 我们得到

$$M_n=\sum_{j=1}^{n}(n-1+M_{j-1}+M_{n-j})\frac{1}{n}=n-1+\frac{2}{n}\sum_{k=1}^{n-1}M_k \quad (\text{因为 } M_0=0)$$

或者, 等价地

$$nM_n=n(n-1)+2\sum_{k=1}^{n-1}M_k$$

为了求解上式, 注意到用 $n+1$ 代替 n 我们得到

$$(n+1)M_{n+1}=(n+1)n+2\sum_{k=1}^{n}M_k$$

因此, 经过相减得到

$$(n+1)M_{n+1}-nM_n=2n+2M_n$$

也就是

$$(n+1)M_{n+1}=(n+2)M_n+2n$$

所以

$$\frac{M_{n+1}}{n+2}=\frac{2n}{(n+1)(n+2)}+\frac{M_n}{n+1}$$

将此式迭代给出

$$\begin{aligned}\frac{M_{n+1}}{n+2} &= \frac{2n}{(n+1)(n+2)} + \frac{2(n-1)}{n(n+1)} + \frac{M_{n-1}}{n} \\ &= \cdots \\ &= 2\sum_{k=0}^{n-1} \frac{n-k}{(n+1-k)(n+2-k)} \quad \text{因为 } M_1 = 0\end{aligned}$$

从而

$$M_{n+1} = 2(n+2)\sum_{k=0}^{n-1} \frac{n-k}{(n+1-k)(n+2-k)} = 2(n+2)\sum_{i=1}^{n} \frac{i}{(i+1)(i+2)}, \quad n \geqslant 1$$

利用恒等式 $i/[(i+1)(i+2)] = 2/(i+2) - 1/(i+1)$, 我们可以对较大的 n 得到如下的近似:

$$\begin{aligned}M_{n+1} &= 2(n+2)\left[\sum_{i=1}^{n} \frac{2}{i+2} - \sum_{i=1}^{n} \frac{1}{i+1}\right] \\ &\sim 2(n+2)\left[\int_3^{n+2} \frac{2}{x}\mathrm{d}x - \int_2^{n+1} \frac{1}{x}\mathrm{d}x\right] \\ &= 2(n+2)[2\ \ln(n+2) - \ln(n+1) + \ln 2 - 2\ \ln 3] \\ &= 2(n+2)\left[\ln(n+2) + \ln\frac{n+2}{n+1} + \ln 2 - 2\ \ln 3\right] \\ &\sim 2(n+2)\ln(n+2)\end{aligned}$$

■

虽然我们通常用条件期望恒等式很容易计算无条件概率, 在下一个例子中, 我们将显示有时怎样用它求得条件期望.

例 3.17　在例 2.31 的有 $n(n > 1)$ 个人的匹配问题中, 求给定第一个人没有匹配时的匹配数的条件期望.

解　以 X 记匹配数, 如果第一个人有一个匹配, 令 X_1 等于 1, 而在其他情形令它等于 0. 那么

$$\begin{aligned}\mathrm{E}[X] &= \mathrm{E}[X|X_1 = 0]\mathrm{P}\{X_1 = 0\} + \mathrm{E}[X|X_1 = 1]\mathrm{P}\{X_1 = 1\} \\ &= \mathrm{E}[X|X_1 = 0]\frac{n-1}{n} + \mathrm{E}[X|X_1 = 1]\frac{1}{n}\end{aligned}$$

但是, 由例 2.31, $\mathrm{E}[X] = 1$. 此外, 给定第一个人有一个匹配时, 匹配数的期望等于 1 加上当 $n-1$ 个人在他们自己的 $n-1$ 个帽子中选取的匹配数的期望数, 可得

$$\mathrm{E}[X|X_1 = 1] = 2$$

所以, 我们得到结果

$$\mathrm{E}[X|X_1 = 0] = \frac{n-2}{n-1}$$

■

通过取条件计算方差

条件期望也可以用以计算随机变量的方差. 特别地, 我们可以用

$$\mathrm{Var}(X)=\mathrm{E}[X^2]-(\mathrm{E}[X])^2$$

而后用取条件得到 $\mathrm{E}[X]$ 和 $\mathrm{E}[X^2]$. 我们通过确定几何随机变量的方差来阐述这个方法.

例 3.18(几何随机变量的方差) 连续地做每次成功的概率为 p 的独立试验. N 是首次成功时的试验次数. 求 $\mathrm{Var}(N)$.

解 如果首次试验成功记 $Y=1$, 否则记 $Y=0$.

$$\mathrm{Var}(N)=\mathrm{E}[N^2]-(\mathrm{E}[N])^2$$

为计算 $\mathrm{E}[N^2]$ 和 $\mathrm{E}[N]$, 我们对 Y 取条件. 例如

$$\mathrm{E}[N^2]=\mathrm{E}\Big[\mathrm{E}[N^2|Y]\Big]$$

然而

$$\mathrm{E}[N^2|Y=1]=1,\quad \mathrm{E}[N^2|Y=0]=\mathrm{E}[(1+N)^2]$$

这两个方程都是对的, 因为如果首次试验的结果是成功, 那么显然 $N=1$, 从而 $N^2=1$. 另一方面, 如果首次试验的结果是失败, 那么得到第一次成功所需的试验总次数等于 1(首次试验是失败) 加上进行额外试验所需的试验次数. 由于后面的量与 N 同分布, 我们得到 $\mathrm{E}[N^2|Y=0]=\mathrm{E}[(1+N)^2]$. 因此, 我们有

$$\begin{aligned}\mathrm{E}[N^2]&=\mathrm{E}[N^2|Y=1]\mathrm{P}\{Y=1\}+\mathrm{E}[N^2|Y=0]\mathrm{P}\{Y=0\}\\&=p+\mathrm{E}[(1+N)^2](1-p)=1+(1-p)\mathrm{E}[2N+N^2]\end{aligned}$$

如例 3.11 所示, 由于 $\mathrm{E}[N]=1/p$, 这就得到

$$\mathrm{E}[N^2]=1+\frac{2(1-p)}{p}+(1-p)\mathrm{E}[N^2]$$

也就是

$$\mathrm{E}[N^2]=\frac{2-p}{p^2}$$

所以

$$\mathrm{Var}(N)=\mathrm{E}[N^2]-(\mathrm{E}[N])^2=\frac{2-p}{p^2}-\left(\frac{1}{p}\right)^2=\frac{1-p}{p^2}$$ ■

另一个用取条件得到随机变量的方差的途径是用条件方差公式. 在给定 $Y=y$ 时 X 的条件方差定义为

$$\mathrm{Var}(X|Y=y)=\mathrm{E}\Big[(X-\mathrm{E}[X|Y=y])^2|Y=y\Big]$$

也就是, 条件方差正好与通常的方差用相同的方式定义, 不同之处是所有的概率都是在条件 $Y=y$ 下确定的. 将上式右边展开, 并且逐项地取期望, 就推出

$$\mathrm{Var}(X|Y=y)=\mathrm{E}[X^2|Y=y]-(\mathrm{E}[X|Y=y])^2$$

以 $\mathrm{Var}(X|Y)$ 记 Y 这样的函数, 它在 $Y=y$ 的值是 $\mathrm{Var}(X|Y=y)$, 我们有下面的结果.

命题 3.1(条件方差公式)

$$\mathrm{Var}(X)=\mathrm{E}[\mathrm{Var}(X|Y)]+\mathrm{Var}(\mathrm{E}[X|Y]) \tag{3.7}$$

证明

$$\begin{aligned}\mathrm{E}[\mathrm{Var}(X|Y)]&=\mathrm{E}\Big[\mathrm{E}[X^2|Y]-(\mathrm{E}[X|Y])^2\Big]\\&=\mathrm{E}\Big[\mathrm{E}[X^2|Y]\Big]-\mathrm{E}\Big[(\mathrm{E}[X|Y])^2\Big]\\&=\mathrm{E}[X^2]-\mathrm{E}\Big[(\mathrm{E}[X|Y])^2\Big]\end{aligned}$$

而且

$$\begin{aligned}\mathrm{Var}(\mathrm{E}[X|Y])&=\mathrm{E}\Big[(\mathrm{E}[X|Y])^2\Big]-\Big(\mathrm{E}\Big[\mathrm{E}[X|Y]\Big]\Big)^2\\&=\mathrm{E}\Big[(\mathrm{E}[X|Y])^2\Big]-(\mathrm{E}[X])^2\end{aligned}$$

所以

$$\mathrm{E}\Big[\mathrm{Var}(X|Y)\Big]+\mathrm{Var}(\mathrm{E}[X|Y])=\mathrm{E}[X^2]-(\mathrm{E}[X])^2$$

这就完成了证明. ■

例 3.19(复合随机变量的方差) 设 $X_1,X_2,\cdots$ 是独立同分布的随机变量, 其分布为 F, 具有均值 μ 和方差 σ^2, 假设它们与取非负整数值的随机变量 N 独立. 随机变量 $S=\sum_{i=1}^N X_i$ 称为复合随机变量, 如例 3.10 所示, 在那里确定了它的期望值. 求它的方差.

解 我们可以通过对 N 取条件得到 $\mathrm{E}[S^2]$, 然后利用条件方差公式. 首先

$$\begin{aligned}\mathrm{Var}(S|N=n)&=\mathrm{Var}\left(\sum_{i=1}^N X_i|N=n\right)\\&=\mathrm{Var}\left(\sum_{i=1}^n X_i|N=n\right)=\mathrm{Var}\left(\sum_{i=1}^n X_i\right)=n\sigma^2\end{aligned}$$

用同样的推理得

$$\mathrm{E}[S|N=n]=n\mu$$

所以

$$\mathrm{Var}(S|N)=N\sigma^2,\qquad \mathrm{E}[S|N]=N\mu$$

同时, 条件方差公式给出

$$\mathrm{Var}(S)=\mathrm{E}[N\sigma^2]+\mathrm{Var}(N\mu)=\sigma^2\mathrm{E}[N]+\mu^2\mathrm{Var}(N)$$

若 N 是泊松随机变量, 则 $S=\sum_{i=1}^N X_i$ 称为复合泊松随机变量. 因为泊松随机变量的方差等于它的均值, 这就推出对于一个 $\mathrm{E}[N]=\lambda$ 的复合泊松随机变量有

$$\text{Var}(S) = \lambda\sigma^2 + \lambda\mu^2 = \lambda\text{E}[X^2]$$

其中 X 具有分布 F. ■

例 3.20(匹配轮数问题中的方差) 考察例 3.14 的匹配轮数问题, 以 $V_n = \text{Var}(R_n)$ 记在开始有 n 人时所需的轮数的方差. 利用条件方差公式, 我们将证明

$$V_n = n, \quad n \geqslant 2$$

上式的证明利用对 n 作归纳. 首先注意当 $n = 2$ 时所需的轮数是参数为 $p = 1/2$ 的几何随机变量, 所以

$$V_2 = \frac{1-p}{p^2} = 2$$

那么, 假定归纳法假设

$$V_j = j, \quad 2 \leqslant j < n$$

现在我们考察有 n 个人的情形. 如果 X 是在第一轮中的匹配数, 对 X 取条件, 轮数 R_n 按 1 加上开始有 $n - X$ 人时所需的轮数而分布. 因此

$$\begin{aligned}\text{E}[R_n|X] =& 1 + \text{E}[R_{n-X}] \\ =& 1 + n - X \qquad \text{根据例 3.14}\end{aligned}$$

再者, 由 $V_0 = 0$

$$\text{Var}(R_n|X) = \text{Var}(R_{n-X}) = V_{n-X}$$

因此, 由条件方差公式

$$\begin{aligned}V_n =& \text{E}[\text{Var}(R_n|X)] + \text{Var}(\text{E}[R_n|X]) \\ =& \text{E}[V_{n-X}] + \text{Var}(X) \\ =& \sum_{j=0}^{n} V_{n-j}\text{P}\{X = j\} + \text{Var}(X) \\ =& V_n\text{P}\{X = 0\} + \sum_{j=1}^{n} V_{n-j}\text{P}\{X = j\} + \text{Var}(X)\end{aligned}$$

因为 $\text{P}\{X = n-1\} = 0$, 由上式及归纳法假设推出

$$\begin{aligned}V_n =& V_n\text{P}\{X = 0\} + \sum_{j=1}^{n}(n-j)\text{P}\{X = j\} + \text{Var}(X) \\ =& V_n\text{P}\{X = 0\} + n(1 - \text{P}\{X = 0\}) - \text{E}[X] + \text{Var}(X)\end{aligned}$$

因为容易证明 (参见第 2 章的例 2.31 和习题 64)$\text{E}[X] = \text{Var}(X) = 1$, 所以上式给出

$$V_n = V_n\text{P}\{X = 0\} + n(1 - \text{P}\{X = 0\})$$

这就证明了结论. ■

3.5　通过取条件计算概率

我们不仅可以通过对合适的随机变量先取条件得到期望, 而且也可用此方法计算概率. 为明白此理, 我们以 E 记一个任意事件并且定义示性随机变量 X 为

$$X=\begin{cases}1, & \text{若 } E \text{ 发生}\\ 0, & \text{若 } E \text{ 不发生}\end{cases}$$

由 X 的定义推出

$$\mathrm{E}[X]=\mathrm{P}(E)$$
$$\mathrm{E}[X|Y=y]=\mathrm{P}(E|Y=y),\qquad \text{对任意随机变量 } Y$$

所以, 由公式 (3.2a) 与 (3.2b) 我们得到

$$\mathrm{P}(E)=\begin{cases}\sum_y \mathrm{P}(E|Y=y)\mathrm{P}\{Y=y\}, & \text{若 } Y \text{ 是离散的}\\ \int_{-\infty}^{\infty}\mathrm{P}(E|Y=y)f_Y(y)\mathrm{d}y, & \text{若 } Y \text{ 是连续的}\end{cases}$$

例 3.21　假定 X 和 Y 是独立的连续随机变量, 分别具有密度 f_X 和 f_Y. 计算 $\mathrm{P}\{X<Y\}$.

解　对 Y 取条件得

$$\begin{aligned}\mathrm{P}\{X<Y\}&=\int_{-\infty}^{\infty}\mathrm{P}\{X<Y|Y=y\}f_Y(y)\mathrm{d}y\\&=\int_{-\infty}^{\infty}\mathrm{P}\{X<y|Y=y\}f_Y(y)\mathrm{d}y\\&=\int_{-\infty}^{\infty}\mathrm{P}\{X<y\}f_Y(y)\mathrm{d}y\\&=\int_{-\infty}^{\infty}F_X(y)f_Y(y)\mathrm{d}y\end{aligned}$$

其中

$$F_X(y)=\int_{-\infty}^{y}f_X(x)\mathrm{d}x$$

■

例 3.22　保险公司假定参保人每年发生事故数是均值依赖于参保人的泊松随机变量, 假定一个随机选取的参保人的泊松均值具有密度函数为

$$\mathrm{g}(\lambda)=\lambda\mathrm{e}^{-\lambda},\quad \lambda\geqslant 0$$

的伽马分布. 问一个随机选取的参保人明年恰有 n 次事故的概率是多少?

解　以 X 记一个随机选取的参保人明年发生的事故数. 以 Y 记该参保人发生事故数的泊松均值, 那么对 Y 取条件得出

$$\begin{aligned}\mathrm{P}\{X=n\}&=\int_0^{\infty}\mathrm{P}\{X=n|Y=\lambda\}\mathrm{g}(\lambda)\mathrm{d}\lambda\\&=\int_0^{\infty}\mathrm{e}^{-\lambda}\frac{\lambda^n}{n!}\lambda\mathrm{e}^{-\lambda}\mathrm{d}\lambda=\frac{1}{n!}\int_0^{\infty}\lambda^{n+1}\mathrm{e}^{-2\lambda}\mathrm{d}\lambda\end{aligned}$$

然而, 因为

$$h(\lambda)=\frac{2\mathrm{e}^{-2\lambda}(2\lambda)^{n+1}}{(n+1)!},\quad \lambda>0$$

是伽马 $(n+2,2)$ 随机变量的密度函数, 所以它的积分为 1. 因此

$$1=\int_0^{\infty}\frac{2\mathrm{e}^{-2\lambda}(2\lambda)^{n+1}}{(n+1)!}\mathrm{d}\lambda=\frac{2^{n+2}}{(n+1)!}\int_0^{\infty}\lambda^{n+1}\mathrm{e}^{-2\lambda}\mathrm{d}\lambda$$

这表明

$$\mathrm{P}\{X=n\}=\frac{n+1}{2^{n+2}}$$

■

例 3.23 假定每天参加瑜珈训练的人是均值为 λ 的泊松随机变量, 进而假定参加人是相互独立的, 其中是女性的概率为 p, 是男性的概率为 $1-p$. 求在今天恰有 n 个女性和 m 个男性参加的联合概率.

解 将今天参加的女性人数记为 N_1, 男性人数记为 N_2. 以 $N=N_1+N_2$ 记参加的总人数. 对 N 取条件给出

$$\mathrm{P}\{N_1=n,N_2=m\}=\sum_{i=0}^{\infty}\mathrm{P}\{N_1=n,N_2=m|N=i\}\mathrm{P}\{N=i\}$$

因为当 $i\neq n+m$ 时 $\mathrm{P}\{N_1=n,N_2=m|N=i\}=0$, 所以由上面的方程推出

$$\mathrm{P}\{N_1=n,N_2=m\}=\mathrm{P}\{N_1=n,N_2=m|N=n+m\}\mathrm{e}^{-\lambda}\frac{\lambda^{n+m}}{(n+m)!}$$

由 $n+m$ 人中的每一个独立地以概率 p 为女性推出, 在给定 $n+m$ 人参加时, 其中女性 n 个 (男性 m 个) 的条件概率正是在 $n+m$ 次试验中恰有 n 次成功的二项概率. 因此

$$\begin{aligned}\mathrm{P}\{N_1=n,N_2=m\}&=\binom{n+m}{n}p^n(1-p)^m\mathrm{e}^{-\lambda}\frac{\lambda^{n+m}}{(n+m)!}\\&=\frac{(n+m)!}{n!m!}p^n(1-p)^m\mathrm{e}^{-\lambda p}\mathrm{e}^{-\lambda(1-p)}\frac{\lambda^n\lambda^m}{(n+m)!}\\&=\mathrm{e}^{-\lambda p}\frac{(\lambda p)^n}{n!}\mathrm{e}^{-\lambda(1-p)}\frac{(\lambda(1-p))^m}{m!}\end{aligned}$$

因为上面的联合概率质量函数分解为两项的乘积, 其中一项只依赖于 n, 而另一项只依赖于 m, 这就推出 N_1 和 N_2 是独立的. 此外, 因为

$$\begin{aligned}\mathrm{P}\{N_1=n\}&=\sum_{m=0}^{\infty}\mathrm{P}\{N_1=n,N_2=m\}\\&=\mathrm{e}^{-\lambda p}\frac{(\lambda p)^n}{n!}\sum_{m=0}^{\infty}\mathrm{e}^{-\lambda(1-p)}\frac{(\lambda(1-p))^m}{m!}=\mathrm{e}^{-\lambda p}\frac{(\lambda p)^n}{n!}\end{aligned}$$

并且, 类似地

$$P\{N_2 = m\} = e^{-\lambda(1-p)} \frac{(\lambda(1-p))^m}{m!}$$

我们得到结论：N_1 和 N_2 是均值分别为 λp 和 $\lambda(1-p)$ 的独立泊松随机变量. 所以, 这个例子建立了一个重要的结论：当每一个泊松随机事件独立地以概率 p 被分入第一类或者以概率 $1-p$ 被分入第二类时, 那么第一类与第二类中的事件数是独立的泊松随机变量. ■

例 3.23 的结果可以推广到 N 个具有均值 λ 的泊松随机事件被分成 k 类的情况, 其中分入第 i 类的概率是 $p_i, i=1,\cdots,k$, $\sum_{i=1}^k p_i = 1$. 若 N_i 是分入第 i 类的事件数, 则 $N_1,\cdots,N_k$ 是独立的泊松随机变量, 均值分别为 $\lambda p_1,\cdots,\lambda p_k$. 这是因为对于 $n=\sum_{i=1}^k n_i$,

$$\begin{aligned} P\{N_1=n_1,\cdots,N_k=n_k\} &= P\{N_1=n_1,\cdots,N_k=n_k|N=n\}P\{N=n\} \\ &= \frac{n!}{n_1!\cdots n_k!} p_1^{n_1}\cdots p_k^{n_k} e^{-\lambda}\lambda^n/n! \\ &= \prod_{i=1}^k e^{-\lambda p_i}(\lambda p_i)^{n_i}/n_i! \end{aligned}$$

其中第二个等式用到了事实: 总共 n 个事件, 每类的事件数具有参数为 $(n,p_1,\cdots,p_k)$ 的多项分布.

例 3.24(独立的伯努利随机变量和的分布)　令 $X_1,\cdots,X_n$ 是独立的伯努利随机变量, X_i 具有参数 $p_i, i=1,\cdots,n$. 即 $P\{X_i=1\}=p_i, P\{X=0\}=q_i=1-p_i$. 假定我们要计算它们的和 $X_1+\cdots+X_n$ 的概率质量函数. 对此, 我们将以递推的方式得到 $X_1+\cdots+X_k$ 的概率质量函数, 首先取 $k=1$, 然后 $k=2$, 并继续到 $k=n$. 开始令

$$P_k(j) = P\{X_1+\cdots+X_k=j\}$$

并且注意

$$P_k(k) = \prod_{i=1}^k p_i, \qquad P_k(0) = \prod_{i=1}^k q_i$$

对于 $0<j<k$, 对 X_k 取条件得到如下递归式

$$\begin{aligned} P_k(j) &= P\{X_1+\cdots+X_k=j|X_k=1\}p_k + P\{X_1+\cdots+X_k=j|X_k=0\}q_k \\ &= P\{X_1+\cdots+X_{k-1}=j-1|X_k=1\}p_k + P\{X_1+\cdots+X_{k-1}=j|X_k=0\}q_k \\ &= P\{X_1+\cdots+X_{k-1}=j-1\}p_k + P\{X_1+\cdots+X_{k-1}=j\}q_k \\ &= p_k P_{k-1}(j-1) + q_k P_{k-1}(j) \end{aligned}$$

从 $P_1(1)=p_1, P_1(0)=q_1$ 开始, 从以上的方程可以递推地求解得到 $P_2(j), P_3(j)$ 直至 $P_n(j)$. ■

例 3.25(最佳奖问题) 假设我们可以从一系列先后宣布的 n 个不同的奖项中选取一个. 在一个奖项宣布后我们必须立刻决定是接受还是拒绝转而考虑随后的奖项. 我们只能根据该奖项与前面已经宣布的奖项的比较决定是否接受它. 就是说, 例如, 当第 5 个奖项宣布时, 我们知道它与前面已经宣布的 4 个奖是如何比较的. 假设拒绝了一个奖就失去了这次机会, 我们的目标是使得到最佳奖的概率达到极大. 假定奖项的所有 $n!$ 个次序都是等可能的, 我们该怎样做?

解 令人惊奇的是, 我们可以做得十分好. 为了明白此理, 选定一个 $k, 0 \leqslant k \leqslant n$, 同时考虑前 k 个都拒绝并接受此后第一个比前面 k 个更好的奖的策略. 将使用此策略选到最佳奖的概率记为 $P_k(\text{最佳})$. 为了计算它, 对最佳奖项的位置 X 取条件, 就给出

$$P_k(\text{最佳}) = \sum_{i=1}^{n} P_k(\text{最佳} \mid X = i)\mathrm{P}(X = i) = \frac{1}{n}\sum_{i=1}^{n} P_k(\text{最佳}|X = i)$$

现在, 如果最佳奖在前 k 个奖项之中, 那么用所考虑的策略就选不到最佳奖. 另一方面, 如果最佳奖在位置 $i, i > k$, 那么当前 k 个的最佳奖也是前 $i-1$ 个的最佳奖时, 我们就可以选到最佳奖 (因为在位置 $k+1, k+2, \cdots, i-1$ 中的奖项将都没被选取). 因此, 我们有

$$P_k(\text{最佳} \mid X = i) = 0, \quad \text{若 } i \leqslant k$$

$$P_k(\text{最佳} \mid X = i) = \mathrm{P}(\text{前 } i-1 \text{ 个中的最佳在前 } k \text{ 个之中}) = k/(i-1), \text{ 若 } i > k$$

从上式我们得到

$$P_k(\text{最佳}) = \frac{k}{n}\sum_{i=k+1}^{n}\frac{1}{i-1} \approx \frac{k}{n}\int_{k}^{n-1}\frac{1}{x}\mathrm{d}x = \frac{k}{n}\ln\left(\frac{n-1}{k}\right) \approx \frac{k}{n}\ln\left(\frac{n}{k}\right)$$

现在, 如果我们考虑函数

$$g(x) = \frac{x}{n}\ln\left(\frac{n}{x}\right)$$

那么

$$g'(x) = \frac{1}{n}\ln\left(\frac{n}{x}\right) - \frac{1}{n}$$

所以

$$g'(x) = 0 \Longrightarrow \ln(n/x) = 1 \Longrightarrow x = n/\mathrm{e}$$

这样, 因为 $P_k(\text{最佳}) \approx g(k)$, 我们看到所考虑的这类策略中的最佳策略, 就是放弃前面的 n/e 个奖项, 然后接受第一个比这些都好的一个奖. 另外, 因为 $g(n/\mathrm{e}) = 1/\mathrm{e}$, 这个策略选取到最佳奖的概率近似地为 $1/\mathrm{e} \approx 0.367\,88$.

注 多数学生对得到最佳奖的概率的大小会很惊讶, 他们以为当 n 大时这个概率接近于 0. 然而, 即使不通过计算, 稍加思考就可想到, 得到最佳奖的概率可以达到适当地大. 我们考虑放弃前一半奖项并接受第一个比这些奖项都好的一个策略. 实际选定奖项的概率是全面的最佳奖在后一半之中的概率, 其值为 1/2. 此外, 在选定

奖项时，到选取时这个奖项将是已出现的多于 $n/2$ 个奖项中最好的一个，并是最佳奖的概率至少为 1/2. 因此，放弃前面一半的奖项，然后接受第一个比这些都好的一个奖的策略，导致得到最佳奖项的概率大于 1/4. ■

例 3.26 n 个人在聚会上摘下他们的帽子. 帽子混合在一起后，每人随机地取一个. 如果一个人选取到他自己的帽子，我们就说发生了一次匹配，那么，没有匹配的概率是多少? 恰巧有 k 次匹配的概率是多少?

解 令 E 为无匹配这个事件，而为了表达清楚对 n 的依赖性，记 $P_n = \mathrm{P}(E)$. 我们先对第一个人是否取到自己的帽子取条件，记这些事件为 M 和 M^c. 那么

$$P_n = \mathrm{P}(E) = \mathrm{P}(E|M)\mathrm{P}(M) + \mathrm{P}(E|M^c)\mathrm{P}(M^c)$$

显然，$\mathrm{P}(E|M) = 0$，于是

$$P_n = \mathrm{P}(E|M^c)\frac{n-1}{n} \tag{3.8}$$

现在，$\mathrm{P}(E|M^c)$ 是 $n-1$ 个人从不含他们中某一个人的帽子的 $n-1$ 个帽子的集合中各取一个时无匹配的概率. 这可能以两种互不相容的方式发生. 或者无匹配，并且额外的一人 (指被第一个人取走帽子的那个人) 并没有取到额外的帽子 (这是第一个选取的人的帽子)；或者无匹配，并且额外的一人取到额外的帽子. 这两个事件中第一个的概率正是 P_{n-1}，这时将这个额外的帽子看成属于这个额外的人. 因为第二个事件有概率 $P_{n-2}/(n-1)$，我们有

$$\mathrm{P}(E|M^c) = P_{n-1} + \frac{1}{n-1}P_{n-2}$$

于是由方程 (3.8)，

$$P_n = \frac{n-1}{n}P_{n-1} + \frac{1}{n}P_{n-2}$$

或者等价地，

$$P_n - P_{n-1} = -\frac{1}{n}(P_{n-1} - P_{n-2}) \tag{3.9}$$

此外，因为 P_n 是 n 个人在他们自己的帽子中选取时无匹配的概率，我们有

$$P_1 = 0, \qquad P_2 = \frac{1}{2}$$

所以由方程 (3.9)，

$$P_3 - P_2 = -\frac{P_2 - P_1}{3} = -\frac{1}{3!} \quad 即 \quad P_3 = \frac{1}{2!} - \frac{1}{3!},$$

$$P_4 - P_3 = -\frac{P_3 - P_2}{4} = \frac{1}{4!} \quad 即 \quad P_4 = \frac{1}{2!} - \frac{1}{3!} + \frac{1}{4!}.$$

一般地，我们有

$$P_n = \frac{1}{2!} - \frac{1}{3!} + \frac{1}{4!} - \cdots + \frac{(-1)^n}{n!}$$

为了得到恰有 k 个匹配的概率，我们考察任意固定的一群 k 个人. 只有他们取到自己的帽子的概率是

$$\frac{1}{n}\frac{1}{n-1}\cdots\frac{1}{n-(k-1)}P_{n-k}=\frac{(n-k)!}{n!}P_{n-k}$$

其中 P_{n-k} 是其余的 $n-k$ 个人在他们自己的帽子中选取时无匹配的条件概率. 因为 k 个人的集合有 $\binom{n}{k}$ 种取法, 所求的恰有 k 个匹配的概率是

$$\frac{P_{n-k}}{k!}=\frac{\frac{1}{2!}-\frac{1}{3!}+\cdots+\frac{(-1)^{n-k}}{(n-k)!}}{k!}$$

对于大的 n, 它近似地等于 $e^{-1}/k!$.

注 递推方程 (3.9) 也可以用循环的概念得到, 我们说不同的人 $i_1,i_2,\cdots,i_k$ 构成一个循环, 如果 i_1 取到 i_2 的帽子, i_2 取到 i_3 的帽子,$\cdots\cdots$,i_{k-1} 取到 i_k 的帽子, i_k 取到 i_1 的帽子. 注意每个人是循环中的一部分, 而且在某人取到他自己的帽子时循环的容量为 $k=1$. 如前, E 为无匹配发生的事件, 对含一个特定的人的循环的长度取条件, 其中记此人为“甲”, 推出

$$P_n=\mathrm{P}(E)=\sum_{k=1}^{n}\mathrm{P}(E|C=k)\mathrm{P}(C=k) \tag{3.10}$$

此处 C 是包含“甲”的循环的长度. 我们将“甲”称为第一个人, 并且注意, 如果第一个人没有选到他的帽子, 且帽子被第一个人选到的人称为第二个人, 但他并没有选到第一个人的帽子; 帽子被第二个人选到的人称为第三个人, 他也没有选到第一个人的帽子; $\cdots\cdots$, 帽子被第 $k-1$ 个人选到的人, 他所选到的帽子恰是第一个人的帽子. 那么 $C=k$. 因此

$$\mathrm{P}(C=k)=\frac{n-1}{n}\frac{n-2}{n-1}\cdots\frac{n-k+1}{n-k+2}\frac{1}{n-k+1}=\frac{1}{n} \tag{3.11}$$

这就是说, 含有特定人的循环的长度等可能是 $1,2,\cdots,n$ 中的任意一个. 此外, 由于 $C=1$ 意味着第一个人选到他的帽子, 就推出

$$\mathrm{P}(E|C=1)=0 \tag{3.12}$$

另一方面, 如果 $C=k$, 那么在这次循环中的 k 个人选到的帽子的集合恰是这些人的帽子的集合. 因此, 条件取于 $C=k$ 上, 问题就简化为确定当 $n-k$ 个人在他们的 $n-k$ 个帽子中随机选取时没有匹配的概率. 所以, 对于 $k>1$,

$$\mathrm{P}(E|C=k)=P_{n-k} \tag{3.12a}$$

将 (3.11)、(3.12) 和 (3.12a) 代入方程 (3.10), 就给出

$$P_n=\frac{1}{n}\sum_{k=2}^{n}P_{n-k} \tag{3.13}$$

容易证明它等价于方程 (3.9). ■

例 3.27(选票问题) 在一次选举中, 候选人 A 得到了 n 张选票, 候选人 B 得到了 m 张选票, 其中 $n > m$. 假设所有不同的次序都是等可能的, 证明在计算选票时 A 总是领先的概率为 $(n-m)/(n+m)$.

解 令 $P_{n,m}$ 记所求的概率. 取条件于得到最后一张选票的候选人, 我们得到

$$\begin{aligned}P_{n,m} =& \mathrm{P}\{\text{A 总是领先} \mid \text{A 得到最后一张选票}\}\frac{n}{n+m}\\&+\mathrm{P}\{\text{A 总是领先} \mid \text{B 得到最后一张选票}\}\frac{m}{n+m}\end{aligned}$$

而在给定 A 得到最后一张选票的条件下, 我们能够看到 A 总是领先的概率正如 A 得到了 $n-1$ 张选票, B 得到了 m 张选票的情形一样. 因为当给定 B 得到最后一张选票时, 类似的结果也是正确的, 我们从上面看到

$$P_{n,m} = \frac{n}{n+m}P_{n-1,m} + \frac{m}{m+n}P_{n,m-1} \tag{3.14}$$

现在我们可以对 $n+m$ 用归纳法证明 $P_{n,m} = (n-m)/(n+m)$. 它在 $n+m=1$ 时是正确的, 即 $P_{1,0}=1$. 假设在 $n+m=k$ 时它也正确, 那么在 $n+m=k+1$ 时, 由方程 (3.14) 及归纳法假设, 我们有

$$P_{n,m} = \frac{n}{n+m}\frac{n-1-m}{n-1+m} + \frac{m}{m+n}\frac{n-m+1}{n+m-1} = \frac{n-m}{n+m}$$

从而证明了结论. ■

选票问题有一些有趣的应用. 例如, 考虑连续地抛掷一枚出现正面的概率总是 p 的硬币, 我们确定在抛掷开始后首次出现正面总数与反面总数相等时抛掷次数的概率分布. 首次相等在第 $2n$ 次抛掷发生这个事件的概率可以由先对前 $2n$ 次试验中正面出现的总数取条件得到. 这就得到

$$\begin{aligned}&\mathrm{P}\{\text{首次出现相等时的次数} = 2n\}\\&=\mathrm{P}\{\text{首次出现相等时的次数} = 2n \mid \text{在前 } 2n \text{ 次中有 } n \text{ 次是正面}\}\binom{2n}{n}p^n(1-p)^n.\end{aligned}$$

现在给定前 $2n$ 次抛掷中有 n 次是正面时, 我们可以看到出现 n 次是正面和 n 次是反面的所有不同次序都是等可能的, 因此上面的条件概率等价于: 在一次选举中每个候选人得到 n 张选票, 在计数到最后一张选票时 (此时他们得票相同), 其中一个候选人总是领先的概率. 但是, 对无论是谁得到最后一张选票取条件, 我们可以看到这正是选票问题中 $m=n-1$ 时的概率. 因此

$$\begin{aligned}\mathrm{P}\{\text{首次出现相等时的次数} = 2n\} =& P_{n,n-1}\binom{2n}{n}p^n(1-p)^n\\=&\frac{1}{2n-1}\binom{2n}{n}p^n(1-p)^n\end{aligned}$$

假定现在我们要确定在 $2n+i$ 次抛掷后首次出现正面总数比反面总数多 i 次的概率. 为了出现这种情况, 以下的两个事件必须发生:

(a) 前 $2n+i$ 次抛掷的结果是 $n+i$ 次正面, n 次反面.

(b) $n+i$ 次正面与 n 次反面的出现次序, 是使直到最后的抛掷为止, 正面的次数绝不比反面次数多 i 次的情形.

现在容易看到事件 (b) 发生当且仅当 $n+i$ 次正面与 n 次反面的出现次序是从最后一次抛掷出发, 反向进行时正面总是领先的情形. 例如, 如果有 4 个正面和 2 个反面 $(n=2, i=2)$, 那么结果 ---- TH 并不满足, 因为这会在第 6 次抛掷前使正面比反面多 2 次 (因为前 4 次的结果是正面比反面多 2 次).

现在, 在 (a) 中指定的事件的概率正是抛掷 $2n+i$ 次硬币得到 $n+i$ 次正面与 n 次反面的二项概率.

我们现在来确定在给定抛掷 $2n+i$ 次硬币得到 $n+i$ 次正面与 n 次反面时, (b) 中指定的事件的条件概率. 为此首先注意, 在给定抛掷 $2n+i$ 次硬币得到总数为 $n+i$ 次正面与 n 次反面时, 抛掷的所有可能的次序都是等可能的. 结果是, 在给定 (a) 时, (b) 的条件概率正是在 $n+i$ 次正面与 n 次反面的一个随机排序中, 当从相反的次序计数时, 正面总比反面多的概率. 由于所有相反的排序都是等可能的, 这就由选票问题推出此条件概率是 $i/(2n+i)$.

这样, 我们就证明了

$$\mathrm{P}\{a\} = \binom{2n+i}{n} p^{n+i}(1-p)^n, \qquad \mathrm{P}\{b|a\} = \frac{i}{2n+i}$$

于是

$$\mathrm{P}\{\text{在抛掷 } 2n+i \text{ 次时, 正面首次领先 } i \text{ 次}\} = \binom{2n+i}{n} p^{n+i}(1-p)^n \frac{i}{2n+i}$$

例 3.28 设 $U_1, U_2, \cdots$ 是一列独立的 $(0,1)$ 均匀随机变量, 令

$$N = \min\{n \geqslant 2 : U_n > U_{n-1}\}, \qquad M = \min\{n \geqslant 1 : U_1 + \cdots + U_n > 1\}$$

就是说, N 是第一个大于其前一个的均匀随机变量的指标, 而 M 是我们需要的和超过 1 的均匀随机变量的个数. 令人惊奇的是 N 与 M 有相同的概率分布, 而且他们的共同均值是 e!

解 容易求得 N 的分布. 由于 $U_1, U_2, \cdots$ 的所有 $n!$ 种次序都是等可能的, 我们有

$$\mathrm{P}\{N > n\} = \mathrm{P}\{U_1 > U_2 > \cdots > U_n\} = 1/n!$$

为了证明 $\mathrm{P}\{M > n\} = 1/n!$, 我们用数学归纳法. 然而, 作为归纳法假设, 我们证明更强的结论, 即对 $0 < x \leqslant 1$, $\mathrm{P}\{M(x) > n\} = x^n/n!, n \geqslant 1$, 其中

$$M(x) = \min\{n \geqslant 1 : U_1 + \cdots + U_n > x\}$$

是和超过 x 的均匀随机变量的最少个数. 为了证明 $\mathrm{P}\{M(x)>n\}=x^n/n!$, 首先注意到它对 $n=1$ 是正确的, 这是因为

$$\mathrm{P}\{M(x)>1\}=\mathrm{P}\{U_1\leqslant x\}=x$$

因此我们假设对于所有的 $0<x\leqslant 1$, $\mathrm{P}\{M(x)>n\}=x^n/n!$. 为了确定 $\mathrm{P}\{M(x)>n+1\}$, 取条件于 U_1 得到

$$\begin{aligned}\mathrm{P}\{M(x)>n+1\}&=\int_0^1\mathrm{P}\{M(x)>n+1|U_1=y\}\mathrm{d}y\\&=\int_0^x\mathrm{P}\{M(x)>n+1|U_1=y\}\mathrm{d}y\\&=\int_0^x\mathrm{P}\{M(x-y)>n\}\mathrm{d}y\\&=\int_0^x\frac{(x-y)^n}{n!}\mathrm{d}y\qquad\text{用归纳法假设}\\&=\int_0^x\frac{u^n}{n!}\mathrm{d}u\\&=\frac{x^{n+1}}{(n+1)!}\end{aligned}$$

其中上面的第三个等式来自以下事实：给定 $U_1=y$, $M(x)$ 与 1 加上总和超过 $x-y$ 的均匀随机变量的个数有相同的分布. 于是归纳法完成, 我们就证明了对 $0<x\leqslant 1, n\geqslant 1$, 有

$$\mathrm{P}\{M(x)>n\}=x^n/n!$$

令 $x=1$ 就证明了 N 与 M 有相同的概率分布. 最后, 我们有

$$\mathrm{E}[M]=\mathrm{E}[N]=\sum_{n=0}^{\infty}\mathrm{P}\{N>n\}=\sum_{n=0}^{\infty}1/n!=\mathrm{e}$$ ■

例 3.29　设 $X_1,X_2,\cdots$ 是有相同分布函数 F 及密度函数 $f=F'$ 的独立连续随机变量, 并且假设它们逐个地依次被观测. 设

$$N=\min\{n\geqslant 2: X_n\ \text{是}\ X_1,\cdots,X_n\ \text{中第二大的}\}$$

而且令

$$M=\min\{n\geqslant 2: X_n\ \text{是}\ X_1,\cdots,X_n\ \text{中第二小的}\}$$

哪一个随机变量更大, 是观测值中第二大的首个随机变量 X_N, 还是观测值中第二小的首个随机变量 X_M?

解　为了计算 X_N 的概率密度函数, 自然地取条件于 N 的取值. 所以, 我们从确定它的概率质量函数入手. 现在, 如果我们令

$$A_i=\{X_i\neq X_1,\cdots X_i\ \text{中第二大的}\},\quad i\geqslant 2$$

那么, 对于 $n \geqslant 2$,

$$\mathrm{P}\{N=n\}=\mathrm{P}(A_2A_3\cdots A_{n-1}A_n^{\mathrm{c}}).$$

由 X_i 独立同分布推出, 对于任意 $m \geqslant 1$, 知道随机变量 $X_1,\cdots,X_m$ 的大小次序并没有给出有关 m 个值的随机变量集合 $\{X_1,\cdots,X_m\}$ 的信息. 就是说, 例如, 知道 $X_1<X_2$ 并没有给出有关 $\min(X_1,X_2)$ 或 $\max(X_1,X_2)$ 的值的信息. 由此推出事件 $A_i(i \geqslant 2)$ 是独立的. 此外, 由 X_i 等可能地是 $X_1,\cdots,X_i$ 中最大, 或是第二大, ……, 或是第 i 个大, 就推出 $\mathrm{P}(A_i)=(i-1)/i, i \geqslant 2$. 所以, 我们有

$$\mathrm{P}\{N=n\}=\frac{1}{2}\frac{2}{3}\frac{3}{4}\cdots\frac{n-2}{n-1}\frac{1}{n}=\frac{1}{n(n-1)}$$

因此, 取条件于 N 就推出 X_N 的概率密度函数是

$$f_{X_N}(x)=\sum_{n=2}^{\infty}\frac{1}{n(n-1)}f_{X_N|N}(x|n)$$

现在由于随机变量 $X_1,\cdots,X_n$ 的次序独立于 $\{X_1,\cdots,X_n\}$ 的值的集合, 这就推出事件 $\{N=n\}$ 独立于 $\{X_1,\cdots,X_n\}$. 由此得到, 在给定 $N=n$ 时, X_N 的条件分布等于具有分布函数 F 的 n 个随机变量的集合中的第二大者的分布. 因此, 用例 2.38 中关于这种随机变量的密度函数的结论, 我们得到

$$\begin{aligned}
f_{X_N}(x)&=\sum_{n=2}^{\infty}\frac{1}{n(n-1)}\frac{n!}{(n-2)!1!}(F(x))^{n-2}f(x)(1-F(x))\\
&=f(x)(1-F(x))\sum_{i=0}^{\infty}(F(x))^i\\
&=f(x)
\end{aligned}$$

令人惊奇的是 X_N 与 X_1 有相同的分布 F. 而且, 如果我们现在取 $W_i=-X_i, i \geqslant 1$, 那么 W_M 是已经看到的第二大观测值的第一个 W_i 的值. 因此, 从上面就得到 W_M 与 W_1 有相同的分布. 即 $-X_M$ 与 $-X_1$ 有相同的分布, 所以 X_M 也有分布 F! 换句话说, 不论我们停止在已经出现的那些观测值中的第二大的首个随机变量, 还是停止在已经出现的那些观测值中的第二小的首个随机变量, 我们都会在得到一个有分布 F 的随机变量后结束.

然而上面的结论十分惊人, 这是一个称为*伊格纳托夫定理*(Ignatov's theorem)的一般的结果的特殊情形, 由它能推出更多的惊喜. 例如, 对 $k \geqslant 1$, 令

$$N_k=\min\{n \geqslant k: X_n=X_1,\cdots,X_n \text{ 中第 } k \text{ 大}\}$$

所以, N_2 是我们在前面记为 N 的那个, 而 X_{N_k} 是在到此为止已经出现的那些观测值中的第 k 大的首个随机变量. 由上面用的同样的方法可以证明对于所有 k, X_{N_k} 有分布函数 F (参见本章的习题 82). 另外, 可以证明对于任意 $k \geqslant 1$, 随机变量 X_{N_k}

是独立的. (在离散随机变量情形的伊格纳托夫定理的叙述与证明将在 3.6.6 节中给出.) ■

例 3.30 一个总体由 m 个家庭组成. 以 X_j 记家庭 j 中的人数, 而且假定 $X_1, \cdots, X_m$ 是独立的随机变量, 并且具有均值为 $\mu = \sum_k kp_k$ 的相同的概率质量函数

$$p_k = \mathrm{P}\{X_j = k\}, \quad \sum_{k=1}^{\infty} p_k = 1$$

假定总体的一个成员[①]被随机地选取, 即总体中的成员在被选取时是等可能的, 并且以 S_i 记选取到的个体来自人数为 i 的家庭这一事件. 我们断言

$$\text{当 } m \to \infty \text{ 时} \quad \mathrm{P}(S_i) \to \frac{ip_i}{\mu}$$

解 上述公式的直观推导是, 因为每个家庭的人数为 i 的概率是 p_i, 由此推出当 m 很大时近似地有 mp_i 个家庭的人数为 i. 于是, 总体中有 imp_i 个成员来自人数为 i 的家庭, 由此推出选取到的个体来自人数为 i 的家庭的概率近似地是 $\dfrac{imp_i}{\sum_j jmp_j} = \dfrac{ip_i}{\mu}$.

作为一个更正式的推导, 让我们以 N_i 记人数为 i 的家庭数目. 也就是

$$N_i = \text{集合}\{k : k = 1, \cdots, m : X_k = i\}\text{的元素个数}$$

那么, 对于 $\boldsymbol{X} = (X_1, \cdots, X_m)$ 取条件, 我们得到

$$\mathrm{P}(S_i|\boldsymbol{X}) = \frac{iN_i}{\sum_{k=1}^m X_k}$$

因此

$$\begin{aligned}\mathrm{P}(S_i) &= \mathrm{E}[\mathrm{P}(S_i|X)] \\ &= \mathrm{E}\left[\frac{iN_i}{\sum_{k=1}^m X_k}\right] \\ &= \mathrm{E}\left[\frac{iN_i/m}{\sum_{k=1}^m X_k/m}\right]\end{aligned}$$

因为每个家庭独立地以概率 p_i 具有人数 i, 由此用强大数定律推出, 当 $m \to \infty$ 时, 人数为 i 的家庭的比率 N_i/m 将收敛到 p_i. 还是由强大数定律, 当 $m \to \infty$ 时, $\sum_{k=1}^m X_k/m \to \mathrm{E}[X] = \mu$. 因此, 以概率 1 有

$$\text{当}m \to \infty\text{时} \quad \frac{iN_i/m}{\sum_{k=1}^m X_k/m} \to \frac{ip_i}{\mu}$$

因为随机变量 $\dfrac{iN_i}{\sum_{k=1}^m X_k}$ 收敛到 $\dfrac{ip_i}{\mu}$, 同样它的期望也收敛到 $\dfrac{ip_i}{\mu}$, 这就证明了结论.

① 指任一个家庭中的成员, 即个体. —— 译者注

(然而, 现在总将它归入 $\lim_{m\to\infty} Y_m = c$ 蕴涵 $\lim_{m\to\infty} \mathrm{E}[Y_m] = c$ 的情形, 这个蕴涵关系在 Y_m 是有界随机变量时是正确的, 而这里所有的随机变量 $\frac{iN_i}{\sum_{k=1}^{m} X_k}$ 都在 0 和 1 之间.) ■

利用取条件也可得到比直接计算更为有效的解. 这由我们下一个例子阐明.

例 3.31 考虑 n 个独立的试验, 其中每个试验的结果是分别具有概率 $p_1, \cdots, p_k$ 的结果 $1, \cdots, k$ 之一, $\sum_{i=1}^{k} p_i = 1$. 进一步假定 $n > k$, 而我们关心的是确定每个结果至少出现一次的概率. 如果我们以 A_i 记在 n 次试验的任意一次中结果 i 都没有发生这个事件, 那么我们要求的概率就是 $1 - \mathrm{P}(\bigcup_{i=1}^{k} A_i)$, 它可以用容斥定理得到:

$$\mathrm{P}\left(\bigcup_{i=1}^{k} A_i\right) = \sum_{i=1}^{k} \mathrm{P}(A_i) - \sum_{i} \sum_{j>i} \mathrm{P}(A_i A_j) + \sum_{i} \sum_{j>i} \sum_{k>j} \mathrm{P}(A_i A_j A_k) - \cdots + (-1)^{k+1} \mathrm{P}(A_1 \cdots A_k)$$

其中

$$\begin{aligned} \mathrm{P}(A_i) &= (1 - p_i)^n \\ \mathrm{P}(A_i A_j) &= (1 - p_i - p_j)^n, \qquad i < j \\ \mathrm{P}(A_i A_j A_k) &= (1 - p_i - p_j - p_k)^n, \quad i < j < k \end{aligned}$$

上面求解的困难在于计算它需要算 $2^k - 1$ 项, 其中每项是一个高至幂 n 的量. 因而当 k 大时, 上述解是计算上非有效的. 让我们看如何利用取条件来得到一个有效解.

首先注意, 如果我们取条件于 N_k (结果 k 出现时的次数), 那么当 $N_k > 0$ 时, 结果的条件概率将等于, 做 $n - N_k$ 次试验, 所有结果 $1, \cdots, k-1$ 至少发生一次的概率, 在每次试验中结果 i 发生的概率为 $p_i/(p_1 + \cdots + p_{k-1}), i = 1, \cdots, k-1$. 然后我们可以对这些项使用相似的取条件的步骤.

按照上面的想法, 对于 $m \leqslant n, r \leqslant k$, 在做 m 次独立的试验时, 将结果 $1, \cdots, r$ 中的每一个至少发生一次这个事件记为 $A_{m,r}$, 其中每次试验的结果是 $1, \cdots, r$ 之一, 分别以概率 $p_1/P_r, \cdots, P_r/P_r$ 出现, $P_r = \sum_{j=1}^{r} p_j$. 令 $\mathrm{P}(m, r) = \mathrm{P}(A_{m,r})$, 注意 $\mathrm{P}(n, k)$ 就是所求的概率. 为了得到 $\mathrm{P}(m, r)$ 的表达式, 取条件于结果 r 发生的次数. 这给出

$$\begin{aligned} \mathrm{P}(m, r) &= \sum_{j=0}^{m} \mathrm{P}\{A_{m,r} | r\text{发生 } j \text{ 次}\} \binom{m}{j} \left(\frac{p_r}{P_r}\right)^j \left(1 - \frac{p_r}{P_r}\right)^{m-j} \\ &= \sum_{j=1}^{m-r+1} \mathrm{P}(m - j, r - 1) \binom{m}{j} \left(\frac{p_r}{P_r}\right)^j \left(1 - \frac{p_r}{P_r}\right)^{m-j} \end{aligned}$$

从

$$\mathrm{P}(m, 1) = \begin{cases} 1, & \text{若 } m \geqslant 1 \\ 0, & \text{若 } m = 0 \end{cases}$$

开始, 我们可以利用上面的递推关系得到量 $\mathrm{P}(m,2), m=2,\cdots,n-(k-2)$, 然后得到量 $\mathrm{P}(m,3), m=3,\cdots,n-(k-3)$, 依此类推, 直到 $\mathrm{P}(m,k-1), m=k-1,\cdots,n-1$. 这时候我们可以利用此递推关系计算 $P(n,k)$. 不难验证所需的计算量是 k 的多项式, 在 k 大时, 这要比 2^k 小得多. ■

例 3.32(发球和对打比赛) 考虑由选手 A 和选手 B 参加的发球和对打比赛. 假定 A 发球的每一局, 选手 A 赢的概率为 p_a, 而选手 B 赢的概率为 $q_a=1-p_a$. 而假定 B 发球的每一局, 选手 A 赢的概率为 p_b, 而选手 B 赢的概率为 $q_b=1-p_b$. 假设每局赢者获得 1 个点, 且成为下一局发球人. 比赛胜负由 A 总共先获得 N 个点, 或者 B 总共先获得 M 个点决定. 在已知 A 先发时, 我们想要求最终分数的概率.

这个例子的形式可用于各种发球和对打游戏, 包括国际排球比赛和美洲壁球比赛, 两者都从原先的形式转变为给上一局对打的赢者发球权, 但是只在对打的赢者是发球人时奖励一个点. (对后一种形式的分析, 参见习题 84.)

令 F 为最终的记分, $F=(i,j)$ 意味着 A 获得总共 i 个点, 而 B 获得总共 j 个点. 显然

$$\mathrm{P}\{F=(N,0)\}=p_a^N, \quad \mathrm{P}\{F=(0,M)\}=q_a q_b^{M-1}.$$

为了确定其他最终分数的概率, 我们设想 A 和 B 的游戏即使在比赛输赢已经决定时还继续进行. 定义一个概念 "轮" 如下, A 首次发球是第一轮的开始, 而 A 每次发球是新一轮的开始. 第 i 轮中 B 赢得的点数记为 B_i. 注意, 若 A 在一轮中赢得首个点, 则在此轮中 B 赢得 0 点. 另一方面, 若 B 在一轮中赢得首个点, 则 B 将继续发球直至 A 赢一个点为止, 这说明了 B 在一轮中赢得的点数等于在这轮中 B 的发球次数. 因为在 A 赢一个点之前 B 连续发球的次数是参数为 p_b 的几何随机变量, 我们有

$$B_i=\begin{cases} 0, & \text{以概率 } p_a \\ \text{几何}(p_b), & \text{以概率 } q_a \end{cases}$$

这就是

$$\mathrm{P}\{B_i=0\}=p_a$$
$$\mathrm{P}\{B_i=k|B_i>0\}=q_b^{k-1}p_b, k>0$$

因为每次在 A 赢得一点时, 就开始了新的一轮, 由此推出 B_i 是在 A 有 $i-1$ 点直至有 i 点的期间 B 赢得的点数. 因此, $B(n)\equiv\sum_{i=1}^n B_i$ 是在 A 赢得第 n 个点的时刻 B 赢得的点数. 注意, 若 $B(N)=m$, 则最终分数将是 $(N,m), m<M$. 对 $m>0$, 我们要确定 $P\{B(n)=m\}$. 为此, 我们对 $B_1,\cdots,B_n$ 中的正值的个数取条件. 将此正值的个数记为 Y, 也就是

$$Y=i\leqslant n \text{ 中} B_i>0 \text{ 的个数}$$

我们得到

$$P\{B(n)=m\}=\sum_{r=0}^{n}P\{B(n)=m|Y=r\}P\{Y=r\}$$
$$=\sum_{r=1}^{n}P\{B(n)=m|Y=r\}P\{Y=r\}$$

其中后一个等式来自, 由于 $m>0$, 所以 $P\{B(n)=m|Y=0\}=0$. 因为 $B_1,\cdots,B_n$ 是独立的, 且每个取正值的概率为 q_a, 由此推出它们都取正值的个数 Y 是参数为 (n,q_a) 的二项随机变量. 因此

$$P\{B(n)=m\}=\sum_{r=1}^{n}P\{B(n)=m|Y=r\}\binom{n}{r}q_a^r p_a^{n-r}$$

现在, 若变量 $B_1,\cdots,B_n$ 中正值的个数为 r, 则 $B(n)$ 是 r 个参数为 p_b 的独立几何随机变量之和, 它是当每次试验以概率 p_b 成功时, 直至有 r 次成功的试验次数的负二项分布. 因此

$$P\{B(n)=m|Y=r\}=\binom{m-1}{r-1}p_b^r q_b^{m-r}$$

其中由约定可知: 若 $b>a$, 则 $\binom{a}{b}=0$. 可推导出

$$P\{B(n)=m\}=\sum_{r=1}^{n}\binom{m-1}{r-1}p_b^r q_b^{m-r}\binom{n}{r}q_a^r p_a^{n-r}$$
$$=q_b^m p_a^n\sum_{r=1}^{n}\binom{m-1}{r-1}\binom{n}{r}\left(\frac{p_b q_a}{q_b p_a}\right)^r$$

于是, 我们证明了

$$P\{F=(N,m)\}=P\{B(N)=m\}$$
$$=q_b^m p_a^N\sum_{r=1}^{N}\binom{m-1}{r-1}\binom{N}{r}\left(\frac{p_b q_a}{q_b p_a}\right)^r,\quad 0<m<M$$

为了确定最终记分为 $(n,M)(0<n<N)$ 的概率, 我们对在 A 赢得第 n 个点的时刻 B 已赢的次数取条件, 得到

$$P\{F=(n,M)\}=\sum_{m=0}^{\infty}P\{F=(n,M)|B(n)=m\}P\{B(n)=m\}$$
$$=\sum_{m=0}^{M-1}P\{F=(n,M)|B(n)=m\}P\{B(n)=m\}$$

现在, 给定在 A 赢得第 n 个点的时刻 B 赢得 $m(<M)$ 点时, 要想最终记分是 (n,M), B 必须赢得 A 发球的下一个点, 而且以后必须赢得他发球的最终的 $M-m-1$ 个点. 因此, $P\{F=(n,M)|B(n)=m\}=q_a q_b^{M-m-1}$, 由此推出

$$
\begin{aligned}
\mathrm{P}\{\mathrm{F}=(n, M)\} &= \sum_{m=0}^{M-1} q_a q_b^{M-m-1} \mathrm{P}\{B(n)=m\} \\
&= q_a q_b^{M-1} p_a^n + \sum_{m=1}^{M-1} q_a q_b^{M-m-1} \mathrm{P}\{B(n)=m\} \\
&= q_a q_b^{M-1} p_a^n \left[1+\sum_{m=1}^{M-1} \sum_{r=1}^{n} \binom{m-1}{r-1}\binom{n}{r}\left(\frac{p_a q_a}{q_b p_a}\right)^r\right], 0<n<N
\end{aligned}
$$

■

如前所述, 给定 $Y=y$ 的条件期望恰与普通的期望一样, 除了所有的概率是取条件在事件 $Y=y$ 上以外. 因此, 条件期望满足普通期望的所有的性质. 例如,

$$
\mathrm{E}[X]=\begin{cases}\displaystyle\sum_w \mathrm{E}[X|W=w]\mathrm{P}\{W=w\}, & \text{若 } W \text{ 是离散的} \\ \displaystyle\int_w \mathrm{E}[X|W=w] f_W(w)\mathrm{d}w, & \text{若 } W \text{ 是连续的}\end{cases}
$$

的对应关系是

$$
\mathrm{E}[X|Y=y]=\begin{cases}\displaystyle\sum_w \mathrm{E}[X|W=w, Y=y]\mathrm{P}\{W=w|Y=y\}, & \text{若 } W \text{ 是离散的} \\ \displaystyle\int_w \mathrm{E}[X|W=w, Y=y] f_{W|Y}(w|y)\mathrm{d}w, & \text{若 } W \text{ 是连续的}\end{cases}
$$

如果 $\mathrm{E}[X|Y, W]$ 定义为 Y 和 W 的函数, 使得当 $Y=y$ 和 $W=w$ 时, 它等于 $\mathrm{E}[X|Y=y, W=w]$, 那么上面的关系可以写成

$$
\mathrm{E}[X|Y]=\mathrm{E}\Big[\mathrm{E}[X|Y, W]|Y\Big]
$$

例 3.33 汽车保险公司将每个参保户分为 $i=1,\cdots,k$ 种类型. 假定类型 i 的参保户在相继的年份中的事故次数是均值为 λ_i 的独立泊松分布, $i=1,\cdots,k$. 一个新的参保户属于类型 i 的概率是 $p_i, \sum_{i=1}^k p_i=1$. 已知一个参保户在第一年中有 n 次事故, 问在她的第二年平均有多少事故? 在她的第二年有 m 次事故的条件概率是多少?

解 以 N_i 记参保户在第 i 年的事故次数, $i=1,2$. 取条件于她的风险类型 T 以得到 $\mathrm{E}[N_2|N_1=n]$

$$
\begin{aligned}
\mathrm{E}[N_2|N_1=n] &= \sum_{j=1}^{k} \mathrm{E}[N_2|T=j, N_1=n]\mathrm{P}\{T=j|N_1=n\} \\
&= \sum_{j=1}^{k} \mathrm{E}[N_2|T=j]\mathrm{P}\{T=j|N_1=n\}
\end{aligned}
$$

$$= \sum_{j=1}^{k} \lambda_j \mathrm{P}\{T = j | N_1 = n\}$$
$$= \frac{\sum_{j=1}^{k} \mathrm{e}^{-\lambda_j} \lambda_j^{n+1} p_j}{\sum_{j=1}^{k} \mathrm{e}^{-\lambda_j} \lambda_j^{n} p_j}$$

其中最后的等式用了

$$\mathrm{P}\{T = j | N_1 = n\} = \frac{\mathrm{P}\{T = j, N_1 = n\}}{\mathrm{P}\{N_1 = n\}}$$
$$= \frac{\mathrm{P}\{N_1 = n | T = j\}\mathrm{P}\{T = j\}}{\sum_{j=1}^{k} \mathrm{P}\{N_1 = n | T = j\}\mathrm{P}\{T = j\}}$$
$$= \frac{p_j \mathrm{e}^{-\lambda_j} \lambda_j^n / n!}{\sum_{j=1}^{k} p_j \mathrm{e}^{-\lambda_j} \lambda_j^n / n!}$$

给定她在第一年中有 n 次事故, 在她的第二年有 m 次事故的条件概率也可以通过对她的风险类型取条件得到

$$\mathrm{P}\{N_2 = m | N_1 = n\} = \sum_{j=1}^{k} \mathrm{P}\{N_2 = m | T = j, N_1 = n\}\mathrm{P}\{T = j | N_1 = n\}$$
$$= \sum_{j=1}^{k} \mathrm{e}^{-\lambda_j} \frac{\lambda_j^m}{m!} \mathrm{P}\{T = j | N_1 = n\}$$
$$= \frac{\sum_{j=1}^{k} \mathrm{e}^{-2\lambda_j} \lambda_j^{m+n} p_j}{m! \sum_{j=1}^{k} \mathrm{e}^{-\lambda_j} \lambda_j^{n} p_j}$$

另一种计算 $\mathrm{P}\{N_2 = m | N_1 = n\}$ 的方法是, 先写出

$$\mathrm{P}\{N_2 = m | N_1 = n\} = \frac{\mathrm{P}\{N_2 = m, N_1 = n\}}{\mathrm{P}\{N_1 = n\}}$$

然后通过取条件于 T 以确定分子与分母. 由此得到

$$\mathrm{P}\{N_2 = m | N_1 = n\} = \frac{\sum_{j=1}^{k} \mathrm{P}\{N_2 = m, N_1 = n | T = j\} p_j}{\sum_{j=1}^{k} \mathrm{P}\{N_1 = n | T = j\} p_j}$$
$$= \frac{\sum_{j=1}^{k} \mathrm{e}^{-\lambda_j} \frac{\lambda_j^m}{m!} \mathrm{e}^{-\lambda_j} \frac{\lambda_j^n}{n!} p_j}{\sum_{j=1}^{k} \mathrm{e}^{-\lambda_j} \frac{\lambda_j^n}{n!} p_j}$$
$$= \frac{\sum_{j=1}^{k} \mathrm{e}^{-2\lambda_j} \lambda_j^{m+n} p_j}{m! \sum_{j=1}^{k} \mathrm{e}^{-\lambda_j} \lambda_j^{n} p_j}$$

■

3.6　一 些 应 用

3.6.1　列表模型

考虑 n 个元素 $e_1, \cdots, e_n$, 它们是一个有序的列表. 在每个单位时间对于其中的一个元素 e_i 有需求的概率 P_i 独立于过去的情形. 在这个元素被需求后, 它就移至列表的第一个位置. 例如, 如果现在的次序是 e_1, e_2, e_3, e_4, 而若 e_3 被需求, 则下一个次序为 e_3, e_1, e_2, e_4.

我们关心的是在此过程经长时间运作后, 确定被需求元素的位置的期望. 然而, 在计算这个期望之前, 我们先观察这个模型的两个可能的应用. 第一个应用是我们有一摞参考书. 在每个单位时间随机选取了一本书, 然后放回到这摞书的最上面. 第二个应用是, 我们有一台计算机, 其内存中存放着被需求的元素. 元素被需求的概率可能并不知道. 如果计算机查找一个元素的时间与这个元素的位置成正比, 为了减少计算机查找各元素所花费的平均时间, 它将把这个元素放在列表的起点.

为了计算被需求元素的位置的期望, 我们从对选取的元素取条件入手. 这就得到

$$\begin{aligned}\mathrm{E}[\text{被需求的元素的位置}] &= \sum_{i=1}^{n} \mathrm{E}\ [\text{位置} \mid \text{选取到 } e_i]P_i \\ &= \sum_{i=1}^{n} \mathrm{E}[e_i \text{ 的位置} \mid \text{选取到 } e_i]P_i = \sum_{i=1}^{n} \mathrm{E}[e_i \text{ 的位置}]P_i \end{aligned} \tag{3.15}$$

其中最后的等式用了 e_i 的位置与 e_i 被选上这个事件是独立的条件, 因为不管 e_i 的位置如何它被选上的概率都是 P_i.

现在

$$e_i \text{ 的位置} = 1 + \sum_{j \neq i} I_j$$

其中

$$I_j = \begin{cases} 1, & \text{若 } e_j \text{ 在 } e_i \text{ 前面} \\ 0, & \text{其他情形} \end{cases}$$

所以

$$\mathrm{E}[e_i \text{ 的位置}] = 1 + \sum_{j \neq i} E[I_j] = 1 + \sum_{j \neq i} \mathrm{P}\{e_j \text{ 在 } e_i \text{ 前面}\} \tag{3.16}$$

为了计算 $\mathrm{P}\{e_j \text{ 在 } e_i\text{前面}\}$, 注意, 如果对它们两者的最近需求是 e_j, 那么 e_j 在 e_i 前面. 但是给定需求是 e_j 或 e_i 条件下, 需求是 e_j 的条件概率是

$$\mathrm{P}\{e_j | e_i \text{ 或 } e_j\} = \frac{P_j}{P_i + P_j}$$

从而

$$\mathrm{P}\{e_j \text{ 在 } e_i \text{ 前}\} = \frac{P_j}{P_i + P_j}$$

因此我们从式 (3.15) 与式 (3.16) 得出

$$\mathrm{E}[\text{被需求的元素的位置}] = 1 + \sum_{i=1}^{n} P_i \sum_{j \neq i} \frac{P_j}{P_i + P_j}$$

列表模型将在 4.8 节中做进一步分析, 在那里我们将假设不同的排序规则, 即将需求的元素移向列表首位的规则变为移近首位方向一个位置的规则. 我们将证明移近一个位置的规则, 比移至列表首位的规则, 需求的元素的平均位置更小.

3.6.2 随机图

一个图由称为顶点的元素集合 V 及称为弧的 V 中元素对形成的集合 A 组成. 一个图可以图示为, 对顶点画一个圈, 而在 (i,j) 是一个弧时, 在顶点 i 和 j 间画一条线. 例如, 如果 $V=\{1,2,3,4\}$, 且 $A=\{(1,2),(1,4),(2,3),(1,2),(3,3)\}$, 那么我们可以将此图表示为图 3.1. 注意, 弧并没有方向 (弧的顶点是有序对的图称为有向图). 在这个图中有连接顶点 1 与 2 的多重弧, 还有从 3 到自己的一个自结弧 (称为自结圈).

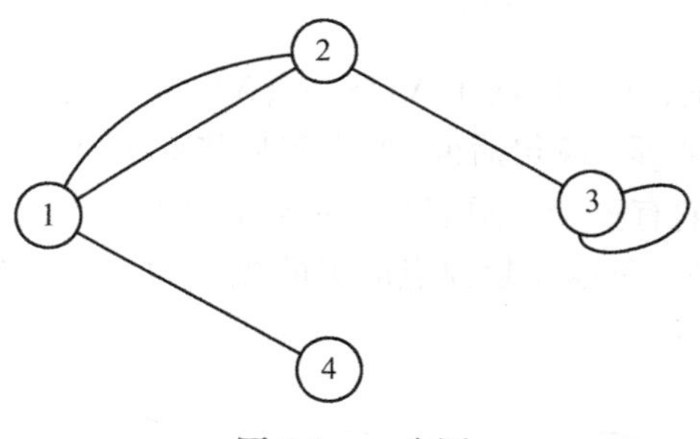

图 3.1 一个图

我们说从顶点 i 到顶点 $j(i \neq j)$ 存在一条路径, 如果存在一列顶点 $i, i_1, \cdots, i_k, j$ 使 $(i,i_1),(i_1,i_2),\cdots,(i_k,j)$ 都是弧. 如果在 $\binom{n}{2}$ 个不同对的顶点中的每一对都存在一条路径, 那么我们说此图是**连通的**. 图 3.1 是连通的, 但是图 3.2 就不是. 现在考虑如下的图, 这里 $V=\{1,2,\cdots,n\}$, 而 $A=\{(i,X(i)), i=1,2,\cdots,n\}$, 此处 $X(i)$ 是独立随机变量, 使

$$\mathrm{P}\{X(i)=j\} = \frac{1}{n}, \qquad j=1,2,\cdots,n$$

换句话说, 我们从每个顶点 i 随机地在 n 个顶点中选取一个 (包括可能是顶点 i 自己) 并在顶点 i 与选取的顶点间连一个弧. 这种图通常称为**随机图**.

我们关注的是如何确定这样得到的随机图是连通的概率. 先从某个顶点出发, 例如顶点 1, 我们沿着顶点序列 $1, X(1), X^2(1), \cdots$ 行进, 其中 $X^n(1)=X(X^{n-1}(1))$, 定义 N 为 $X^k(1)$ 不再是一个新顶点的首个 k 值. 就是说,

$$N = \text{使 } X^k(1) \in \{1, X(1), \cdots, X^{k-1}(1)\} \text{ 的第一个 } k.$$

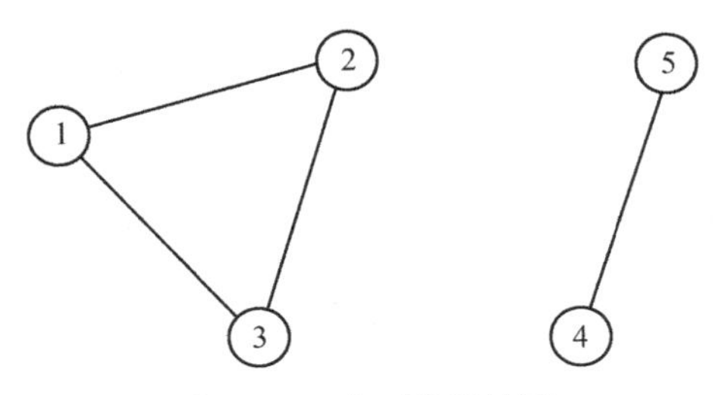

图 3.2 一个不连通的图

我们可以将它表示为图 3.3 ，其中从 $X^{N-1}(1)$ 出发的弧返回此前已经访问过的顶点.

为了得到此图为连通的概率, 我们首先取条件于 N 得到

$$P\{\text{图是连通的}\} = \sum_{k=1}^{N} P\{\text{图是连通的}|N=k\}P\{N=k\}. \tag{3.17}$$

现在, 在 $N=k$ 给定时, k 个顶点 $1, X(1), \cdots, X^{k-1}(1)$ 是彼此连通的, 而且没有从这些顶点出发的其他的弧. 换句话说, 如果我们将此 k 个顶点视为一个超顶点, 那么其情形就类似于我们有一个超顶点与 $n-k$ 个普通的顶点, 而且有从这些普通顶点出发的其他的弧, 每一条通向超顶点的弧的概率为 k/n. 这种情形的解可在引理 3.1 中取 $r=n-k$ 得到.

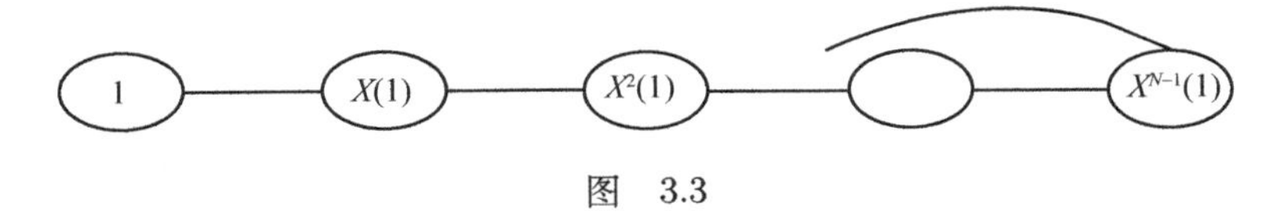

图 3.3

引理 3.1 给定由顶点 $0, 1, \cdots, r$ 和 r 条弧组成的随机图, 即 $(i, Y_i), i=1,2,\cdots,r$, 其中

$$Y_i = \begin{cases} j & \text{概率为}\dfrac{1}{r+k}, \quad j=1,\cdots,r \\ 0 & \text{概率为}\dfrac{k}{r+k} \end{cases}$$

那么

$$P\{\text{图是连通的}\} = \frac{k}{r+k}.$$

(换句话说, 上面的图有 $r+1$ 个顶点, 其中有 r 个普通顶点, 一个超顶点. 每个顶点发出一条弧, 该弧以概率 $k/(r+k)$ 通向超顶点, 而以概率 $1/(r+k)$ 通向普通的顶点. 没有弧从超顶点发出.)

证明 对 r 用归纳法证明. 对于任意 k, 在 $r=1$ 时命题正确. 假定命题对于小于 r 的值都正确. 对于现在考虑的情形, 我们首先对 $Y_j=0$ 的弧 (j,Y_j) 的个数取条件. 由此推出

$$\mathrm{P}\{连通\}=\sum_{i=0}^{r}\mathrm{P}\{连通\ |Y_j=0\ 的弧有\ i\ 个\}\binom{r}{i}\left(\frac{k}{r+k}\right)^i\left(\frac{r}{r+k}\right)^{r-i} \tag{3.18}$$

现在假定恰有 i 个弧通向超顶点 (参见图 3.4), 其余 $r-i$ 个弧不通向超顶点, 此情形类似于我们有 $r-i$ 个普通顶点和一个超顶点, 而从每个普通顶点有一个弧以概率 i/r 通向超顶点, 以概率 $1/r$ 通向每个普通顶点. 但是由归纳法假设这样产生连通图的概率是 i/r. 因此,

$$\mathrm{P}\{连通|Y_j=0\ 的弧有\ i\ 个\}=\frac{i}{r}.$$

而由公式 (3.18) 我们有

$$\mathrm{P}\{连通\}=\sum_{i=0}^{r}\frac{i}{r}\binom{r}{i}\left(\frac{k}{r+k}\right)^i\left(\frac{r}{r+k}\right)^{r-i}=\frac{1}{r}\mathrm{E}\left[二项分布\left(r,\frac{k}{r+k}\right)\right]=\frac{k}{r+k}$$

这就完成了引理的证明. ■

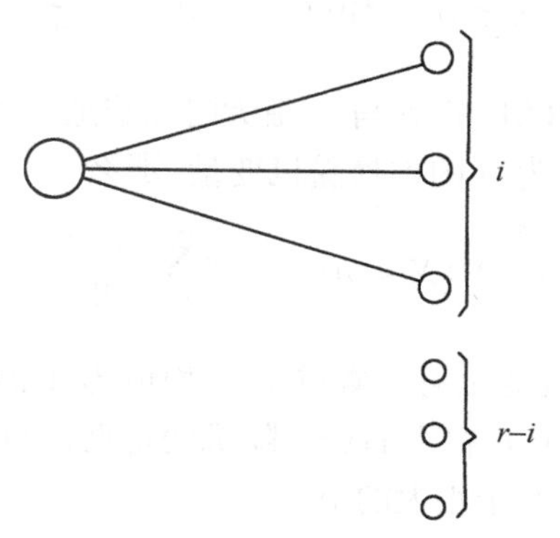

图 3.4 r 个弧中, 给定的 i 个通向超顶点的情形

因此, 正如引理 3.1 所描述的 $N=k$ 的情形那样, 当 $r=n-k$ 时, 我们看到, 对于原来的图

$$\mathrm{P}\{图是连通的|N=k\}=\frac{k}{n}$$

而由公式 (3.17) 得到

$$\mathrm{P}\{图是连通的\}=\frac{\mathrm{E}[N]}{n} \tag{3.19}$$

为了计算 $\mathrm{E}[N]$, 我们用等式

$$\mathrm{E}[N]=\sum_{i=1}^{\infty}\mathrm{P}\{N\geqslant i\}$$

它可以通过定义示性随机变量 $I_i, i\geqslant 1$:

$$I_i = \begin{cases} 1, & 若\ i \leqslant N \\ 0, & 若\ i > N \end{cases}$$

证明. 因此,

$$N = \sum_{i=1}^{\infty} I_i$$

而后有

$$\mathrm{E}[N] = \mathrm{E}\left[\sum_{i=1}^{\infty} I_i\right] = \sum_{i=1}^{\infty} \mathrm{E}[I_i] = \sum_{i=1}^{\infty} \mathrm{P}\{N \geqslant i\} \tag{3.20}$$

现在, 如果顶点 $1, X(1), \cdots, X^{i-1}(1)$ 都不相同, 事件 $\{N \geqslant i\}$ 就发生. 因此

$$\mathrm{P}\{N \geqslant i\} = \frac{(n-1)}{n}\frac{(n-2)}{n}\cdots\frac{(n-i+1)}{n} = \frac{(n-1)!}{(n-i)!n^{i-1}}$$

从而, 由公式 (3.19) 和公式 (3.20)

$$\mathrm{P}\{图是连通的\} = (n-1)!\sum_{i=1}^{n}\frac{1}{(n-i)!n^i} = \frac{(n-1)!}{n^n}\sum_{j=0}^{n-1}\frac{n^j}{j!} \quad (用\ j = n-i) \tag{3.21}$$

我们也可以用公式 (3.21) 得到当 n 很大时图连通的概率的近似表达式. 为此, 首先注意, 如果 N 是均值为 n 的泊松随机变量, 那么

$$\mathrm{P}\{X < n\} = \mathrm{e}^{-n}\sum_{j=0}^{n-1}\frac{n^j}{j!}$$

由于均值为 n 的泊松随机变量可以看成 n 个均值为 1 的独立泊松随机变量的和, 由中心极限定理推出, 对于 n 很大的这个随机变量近似地有正态分布, 它小于其均值的概率为 1/2. 这是说, 对于很大的 n

$$\mathrm{P}\{X < n\} \approx \frac{1}{2}$$

从而对于很大的 n

$$\sum_{j=0}^{n-1}\frac{n^j}{j!} \approx \frac{\mathrm{e}^n}{2}$$

因此, 对于很大的 n, 由公式 (3.21) 有

$$\mathrm{P}\{图是连通的\} \approx \frac{\mathrm{e}^n(n-1)!}{2n^n}$$

利用由斯特林给出的近似, 对于很大的 n 有

$$n! \approx n^{n+1/2}\mathrm{e}^{-n}\sqrt{2\pi}$$

于是我们看到, 对于很大的 n 有

$$\mathrm{P}\{图是连通的\} \approx \sqrt{\frac{\pi}{2(n-1)}}\mathrm{e}\left(\frac{n-1}{n}\right)^n$$

又因为

$$\lim_{n\to\infty}\left(\frac{n-1}{n}\right)^n = \lim_{n\to\infty}\left(1-\frac{1}{n}\right)^n = \mathrm{e}^{-1}$$

所以对于很大的 n 有

$$\mathrm{P}\{图是连通的\} \approx \sqrt{\frac{\pi}{2(n-1)}}$$

现在, 一个图称为由 r 个连通分量所组成, 如果它的顶点可以分为 r 个子集, 使得每个子集是连通的, 而且在不同的子集的顶点间没有弧. 例如, 在图 3.5 中的图由三个连通分量 $\{1,2,3\}$、$\{4,5\}$ 和 $\{6\}$ 组成. 以 C 记我们的随机图的连通分量的个数, 再令

$$P_n(i) = \mathrm{P}\{C=i\}$$

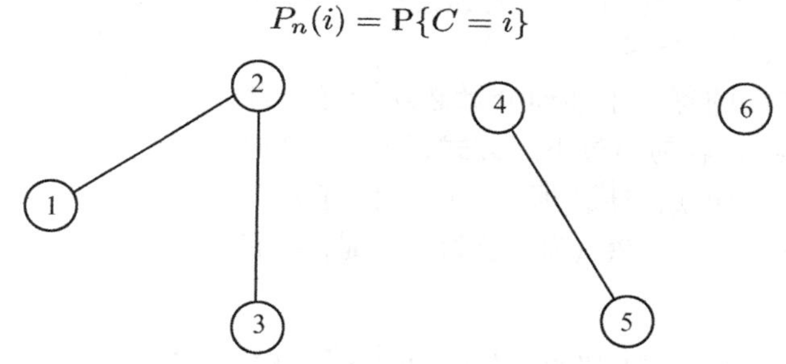

图 3.5 有三个连通分量的图

此处我们用 $P_n(i)$ 表示对于顶点数 n 的依赖性. 因为由定义, 一个连通图恰有一个分量, 从式 (3.21) 我们得到

$$P_n(1) = \mathrm{P}\{C=1\} = \frac{(n-1)!}{n^n}\sum_{j=0}^{n-1}\frac{n^j}{j!} \tag{3.22}$$

为了得到恰有两个分量的概率 $P_n(2)$, 我们先观察某个特定的顶点, 例如顶点 1. 若要使给定的 $k-1$ 个顶点 (例如顶点 $2,\cdots,k$) 与顶点 1 组成一个连通分量, 而余下的 $n-k$ 个顶点组成第二个连通分量, 就必须有

(i) 对于所有 $i=1,\cdots,k$, 有 $X(i)\in\{1,\cdots,k\}$.

(ii) 对于所有 $i=k+1,\cdots,n$, 有 $X(i)\in\{k+1,\cdots,n\}$.

(iii) 顶点 $1,\cdots,k$ 构成一个连通子图.

(iv) 顶点 $k+1,\cdots,n$ 构成一个连通子图.

上面发生的概率显然是

$$\left(\frac{k}{n}\right)^k\left(\frac{n-k}{n}\right)^{n-k}P_k(1)P_{n-k}(1)$$

而因为从顶点 2 到 n 中选取 $k-1$ 个顶点有 $\binom{n-1}{k-1}$ 种方式, 所以我们有

$$P_n(2)=\sum_{k=1}^{n-1}\binom{n-1}{k-1}\left(\frac{k}{n}\right)^k\left(\frac{n-k}{n}\right)^{n-k}P_k(1)P_{n-k}(1)$$

从而 $P_n(2)$ 可由式 (3.22) 算得. 一般地, $P_n(i)$ 由递推公式

$$P_n(i)=\sum_{k=1}^{n-i+1}\binom{n-1}{k-1}\left(\frac{k}{n}\right)^k\left(\frac{n-k}{n}\right)^{n-k}P_k(1)P_{n-k}(i-1)$$

给出.

为了计算连通分量的个数的期望 $\mathrm{E}[C]$, 首先注意我们的随机图的每个连通分量必须恰好包含一个圈 (一个圈是对于不同顶点 $i,i_1,\cdots,i_k$ 的形如 $(i,i_1),(i_1,i_2),\cdots,(i_{k-1},i_k),(i_k,i)$ 的弧的一个集合). 例如, 图 3.6 描绘了一个圈.

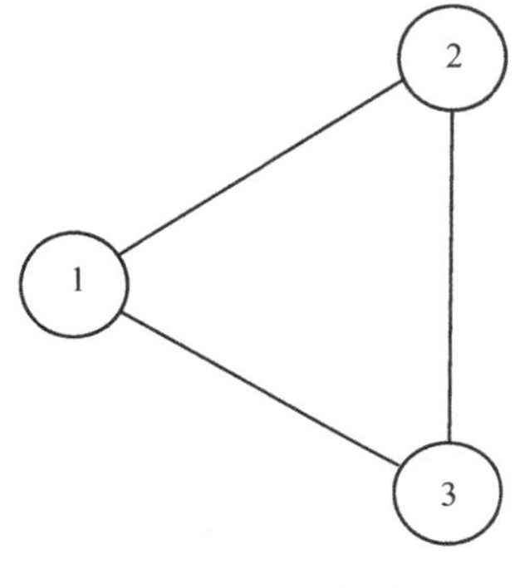

图 3.6 一个圈

我们的随机图的每一个连通分量必须恰好包含一个圈这个事实, 最容易通过下述方式证明, 注意如果连通分量由 r 个顶点组成, 那么它必须也有 r 个弧, 因此它恰好包含一个圈 (为什么?). 于是, 我们有

$$\mathrm{E}[C]=\mathrm{E}[\text{ 圈的个数}]=\mathrm{E}\left[\sum_S I(S)\right]=\sum_S \mathrm{E}[I(S)]$$

其中求和遍及所有的子集 $S\subset\{1,2,\cdots,n\}$, 而

$$I(S)=\begin{cases}1, & \text{如果 } S \text{ 中的顶点是某一个圈中的所有顶点}\\ 0, & \text{其他情形}\end{cases}$$

现在如果 S 由 k 个顶点组成, 例如 $1,\cdots,k$, 那么

$$\begin{aligned}\mathrm{E}[I(S)]&=\mathrm{P}\left\{1,X(1),\cdots,X^{k-1}(1)\text{ 都不同,且含于 }1,\cdots,k,\text{而 }X^k(1)=1\right\}\\&=\frac{k-1}{n}\frac{k-2}{n}\cdots\frac{1}{n}\frac{1}{n}=\frac{(k-1)!}{n^k}\end{aligned}$$

因此, 由于大小为 k 的子集个数为 $\binom{n}{k}$, 我们有

$$\mathrm{E}[C]=\sum_{k=1}^{n}\binom{n}{k}\frac{(k-1)!}{n^k}$$

3.6.3 均匀先验、波利亚坛子模型和博斯–爱因斯坦分布

假定作了 n 次独立试验, 其中每次的结果是成功的概率为 p. 假定我们将全部的成功次数记为 X, 那么 X 是一个二项随机变量, 使得

$$P\{X=k|p\}=\binom{n}{k}p^k(1-p)^{n-k},\qquad k=0,1,\cdots,n$$

然而, 我们现在假设尽管每次的结果是成功的概率为 p, 其值却不是预先确定的, 而是按照 (0,1) 上的均匀分布选取的. (例如, 从一个装有出现正面的概率均匀地是 p 的所有可能值的硬币的大柜中随机地选取一枚. 然后抛掷此硬币 n 次.) 在这种情形, 取条件于 p 的真实值, 我们有

$$P\{X=k\}=\int_0^1 P\{X=k|p\}f(p)\mathrm{d}p=\int_0^1\binom{n}{k}p^k(1-p)^{n-k}\mathrm{d}p$$

现在, 可以证明

$$\int_0^1 p^k(1-p)^{n-k}\mathrm{d}p=\frac{k!(n-k)!}{(n+1)!} \tag{3.23}$$

故

$$\begin{aligned}P\{X=k\}&=\binom{n}{k}\frac{k!(n-k)!}{(n+1)!}\\&=\frac{1}{n+1},\qquad k=0,1,\cdots,n\end{aligned} \tag{3.24}$$

换句话说, X 的 $n+1$ 个可能的值是等可能的.

作为上述试验的另一种描述方法, 我们计算在给定开始的 r 次试验中有 k 次成功 (且有 $r-k$ 次失败) 的条件下, 第 $r+1$ 次的结果是成功的条件概率.

$$\begin{aligned}&P\{\text{第 } r+1 \text{ 次试验结果为成功} \mid \text{在前 } r \text{ 次试验中有 } k \text{ 次成功}\}\\&=\frac{P\{\text{第 } r+1 \text{ 次试验结果为成功且在前 } r \text{ 次试验中有 } k \text{ 次成功}\}}{P(\text{前 } r \text{ 次试验中有 } k \text{ 次成功})}\\&=\frac{\int_0^1 P\{\text{第 } r+1 \text{ 次试验结果为成功且在前 } r \text{ 次试验中有 } k \text{ 次成功 } |p\}\mathrm{d}p}{1/(r+1)}\\&=(r+1)\int_0^1\binom{r}{k}p^{k+1}(1-p)^{r-k}\mathrm{d}p\\&=(r+1)\binom{r}{k}\frac{(k+1)!(r-k)!}{(r+2)!}\qquad \text{由式 (3.24)}\\&=\frac{k+1}{r+2}\end{aligned} \tag{3.25}$$

即如果前 r 次试验中有 k 次成功, 那么下一次试验是成功的概率是 $(k+1)/(r+2)$.

从式 (3.25) 推出, 另一种对试验的相继结果用随机过程的描述可以表述如下: 在一个坛子中, 开始装有一个白球和一个黑球. 在每个阶段随机地取出一个球, 然后将它放回, 同时又放进另一个同色的球. 例如, 如果取出的前 r 个球中有 k 个白

球, 那么在第 $r+1$ 次抽取时, 坛中有 $k+1$ 个白球和 $r-k+1$ 个黑球, 从而下一个取出的是白球的概率为 $(k+1)/(r+2)$. 如果我们认定取出一个白球为试验成功, 那么我们看到这就产生了原模型的另一种描述. 后面的这个坛子模型, 称为波利亚坛子模型.

注　(i) 在 $k=r$ 的特殊情形, 式 (3.25) 有时称为拉普拉斯相继规则, 这是以法国数学家皮埃尔 · 拉普拉斯命名的. 在拉普拉斯的时代, 这个规则引起了许多争论, 对于企图将它用于不同情形的人们, 其有效性是可疑的. 例如, 它被用于检验诸如命题 "如果你已经在餐厅用了两次餐, 两次都很好, 则下一次也很好的概率是 3/4" 和 "因为太阳过去已经升起 1 826 213 天, 所以明天它升起的概率是 1 826 214/1 826 215". 这类断言所引起的混乱在于, 事实上他们根本就不清楚他们所描述的情形是否能由一列均匀选取的并且具有相同的成功概率的独立试验建模.

(ii) 在试验的原来的描述中, 我们说相继的试验是独立的, 而事实上当成功概率已知时, 它们才是独立的. 可是, 当 p 视为随机变量时, 相继试验的结果就不再是独立的, 因为知道一个结果是否为成功会给我们某些有关 p 的信息, 它反过来能导出关于其他结果的信息.

上面的讨论可以推广到每次试验有两个以上结果的情形. 假设做了 n 次独立试验, 每次是以相应的概率 $p_1,\cdots,p_m$ 出现 m 个可能的结果 $1,\cdots,m$ 中的一个. 如果我们以 X_i 记在 n 次试验中类型 i 的结果出现的次数, $i=1,\cdots,m$, 那么随机向量 $X_1,\cdots,X_m$ 有多项分布

$$\mathrm{P}\{X_1=x_1,X_2=x_2,\cdots,X_m=x_m|\boldsymbol{p}\}=\frac{n!}{x_1!\cdots x_m!}{p_1}^{x_1}{p_2}^{x_2}\cdots p_m^{x_m}$$

其中 $x_1,\cdots,x_m$ 是和为 n 的任意的非负整数向量. 现在假设向量 $\boldsymbol{p}=(p_1,\cdots,p_m)$ 不是特定的, 而是按一个均匀分布选取的. 这个分布的形式为

$$f(p_1,\cdots,p_m)=\begin{cases} c, & 0\leqslant p_i\leqslant 1, i=1,\cdots,m,\sum_{i=1}^m p_i=1 \\ 0, & \text{其他}\end{cases}$$

以上的多项分布是狄利克雷分布的一个特殊情形, 而且利用该分布的积分必须是 1 的事实不难证明 $c=(m-1)!$.

向量 $\boldsymbol{X}$ 的无条件分布为

$$\mathrm{P}\{X_1=x_1,\cdots,X_m=x_m\}=\iint\cdots\int \mathrm{P}\{X_1=x_1,\cdots,X_m=x_m|p_1,\cdots,p_m\}$$

$$\times f(p_1,\cdots,p_m)\mathrm{d}p_1\cdots\mathrm{d}p_m=\frac{(m-1)!n!}{x_1!\cdots x_m!}\underset{\substack{0\leqslant p_i\leqslant 1\\ \sum_{i=1}^m p_i=1}}{\iint\cdots\int} p_1^{x_1}\cdots p_m^{x_m}\mathrm{d}p_1\cdots\,\mathrm{d}p_m$$

现在, 可以证明

$$\underset{\substack{0\leqslant p_i\leqslant 1\\ \sum_{i=1}^m p_i=1}}{\iint\cdots\int} p_1^{x_1}\cdots p_m^{x_m}\mathrm{d}p_1\cdots\ \mathrm{d}p_m=\frac{x_1!\cdots x_m!}{(\sum_{i=1}^m x_i+m-1)!} \tag{3.26}$$

然后利用 $\sum_{i=1}^m x_i=n$, 我们有

$$\mathrm{P}\{X_1=x_1,\cdots,X_m=x_m\}=\frac{n!(m-1)!}{(n+m-1)!}=\binom{n+m-1}{m-1}^{-1} \tag{3.27}$$

因此, 向量 $(X_1,\cdots,X_m)$ 的所有 $\binom{n+m-1}{m-1}$ 个可能的结果都是等可能的 ($x_1+\cdots+x_m=n$ 有 $\binom{n+m-1}{m-1}$ 个可能的非负整数解). 式 (3.27) 给出的分布有时称为**博斯–爱因斯坦分布**.

为了得到上述事实的另一种描述, 我们计算在前 n 次试验中类型 i 的结果出现的次数为 $x_i,i=1,\cdots,m,\sum_{i=1}^m x_i=n$ 的条件下, 第 $n+1$ 次结果属于类型 j 的条件概率. 它是

$$\begin{aligned}
&\mathrm{P}\{\text{第 } n+1 \text{ 次是 } j \mid \text{在前 } n \text{ 次中有 } x_i \text{ 次类型 } i, i=1,\cdots,m\}\\
&=\frac{\mathrm{P}\{\text{第 } n+1 \text{ 次是 } j \text{ 且在前 } n \text{ 次中有 } x_i \text{ 次类型 } i, i=1,\cdots,m\}}{\mathrm{P}\{\text{在前 } n \text{ 次中有 } x_i \text{ 次类型 } i, i=1,\cdots,m\}}\\
&=\frac{\dfrac{n!(m-1)!}{x_1!\cdots x_m!}\displaystyle\iint\cdots\int p_1{}^{x_1}\cdots p_j^{x_j+1}\cdots p_m^{x_m}\mathrm{d}p_1\cdots\mathrm{d}p_m}{\dbinom{n+m-1}{m-1}^{-1}}
\end{aligned}$$

其中分子是对 $\boldsymbol{p}$ 向量取条件得到的, 而分母由式 (3.27) 得到. 由式 (3.26) 我们有

$$\begin{aligned}
&\mathrm{P}\{\text{第 } n+1 \text{ 次是 } j| \text{ 在前 } n \text{ 次中有 } x_i \text{ 次类型 } i, i=1,\cdots,m\}\\
&=\frac{\dfrac{(x_j+1)n!(m-1)!}{(n+m)!}}{\dfrac{(m-1)!n!}{(n+m-1)!}}=\frac{x_j+1}{n+m}
\end{aligned} \tag{3.28}$$

利用式 (3.28), 现在我们可以对相继结果的随机过程引入一个坛子模型进行描述. 也就是说, 考察一个坛子, 在开始时含有 m 种类型的球, 每种一个. 从坛中随机地取出一个球, 然后将它放回, 同时又放进另一个同类型的球. 因此, 如果前 n 个取出的球中有类型 j 的球 x_j 个, 那么在第 $n+1$ 次抽取前, 坛子里的 $m+n$ 个球中类型 j 的球有 x_j+1 个, 从而在第 $n+1$ 次取得类型 j 的球的概率可由式 (3.28) 给出.

注 考察一种情况, n 个粒子随机地分布于 m 个可能的区域. 假定至少在试验前这些区域显示着相同的物理特征. 似乎落入每个区域的粒子数的最可能的分布是 $p_i\equiv 1/m$ 的多项分布. (这当然符合这个事实, 即每个与其他粒子独立的粒子等可能地落入 m 个区域中的任意一个.) 研究这些粒子如何分配的物理学家观察了这种

粒子的性态, 如含偶数个基本粒子的光子和原子. 然而, 当研究得到数据时, 他们惊奇地发现观察到的频率并不服从多项分布, 而更像服从博斯–爱因斯坦分布. 他们之所以惊讶是因为他们不能想象所有可能结果是等可能的粒子分布有这样一个物理模型. (例如, 如果 10 个粒子分配于两个区域中, 几乎不可能想象出两个区域各有 5 个粒子与所有 10 个粒子都在区域 1, 或所有 10 个粒子都在区域 2 都是等可能的.)

然而, 从这一节的结果, 我们能更好地理解物理学家两难的原因. 事实上, 这里出现了两个可能的假设. 首先, 物理学家收集的数据可能在实际上得自一些不同的情形, 每种情形有它自己的特征向量 $\boldsymbol{p}$, 由它给出一个在所有的 $\boldsymbol{p}$ 向量上的均匀分布. 第二种可能 (由坛子模型的解释所得) 是, 粒子一个一个地选取它们的区域, 而且一个给定的粒子落入一个区域的概率粗略地近似于落入该区域的粒子的比率. (换句话说, 目前在一个区域中的粒子给每个尚未落下的粒子提供了 "吸引" 力.)

3.6.4 模式的平均时间

设 $\boldsymbol{X} = (X_1, X_2, \cdots)$ 是一列独立同分布的离散随机变量, 使得

$$p_i = \mathrm{P}\{X_j = i\}$$

对于一个给定的子序列或一个模式 $i_1, \cdots, i_n$, 令 $T = T(i_1, \cdots, i_n)$ 记我们需要观察直至该模式出现所需的随机变量的个数. 例如, 如果要观察的子序列是 3, 5, 1, 而序列 $\boldsymbol{X} = (5, 3, 1, 3, 5, 3, 5, 1, 6, 2, \cdots)$, 那么 $T = 8$. 我们要确定 $\mathrm{E}[T]$.

首先, 我们考虑此模式是否有一个重叠, 此处我们说, 模式 $i_1, \cdots, i_n$ 有一个重叠, 如果存在某个 $k(1 \leqslant k < n)$ 使序列的最后 k 个元素与它的前 k 个元素相同. 就是说, 如果对某个 $k, 1 \leqslant k < n$,

$$(i_{n-k+1}, \cdots, i_n) = (i_1, \cdots, i_k),$$

则它有一个重叠. 例如, 模式 3, 5, 1 没有重叠, 而模式 3, 3, 3 则有重叠.

情形 1: 模式无重叠

这时我们断言, T 等于 $j + n$ 当且仅当模式不在前 j 个值出现, 而其后的 n 个值是 $i_1, \cdots, i_n$. 就是说,

$$T = j + n \Leftrightarrow \{T > j,\ (X_{j+1}, \cdots, X_{j+n}) = (i_1, \cdots, i_n)\} \tag{3.29}$$

为了验证 (3.29), 首先注意 $T = j + n$ 显然包含了 $T > j$ 与 $(X_{j+1}, \cdots, X_{j+n}) = (i_1, \cdots, i_n)$. 另一方面, 假定

$$T > j \text{ 与 } (X_{j+1}, \cdots, X_{j+n}) = (i_1, \cdots, i_n) \tag{3.30}$$

设 $k < n$. 因为 $(i_1, \cdots, i_k) \neq (i_{n-k+1}, \cdots, i_n)$, 就推出 $T \neq j + k$. 但是 (3.30) 蕴涵 $T \leqslant j + n$, 所以我们可以得到结论 $T = j + n$. 这样我们就验证了 (3.29).

利用 (3.29), 我们有

$$P\{T=j+n\}=P\{T>j,\ (X_{j+1},\cdots,X_{j+n})=(i_1,\cdots,i_n)\}$$

然而, 是否有 $T>j$ 由值 $X_1,\cdots,X_j$ 决定且独立于 $X_{j+1},\cdots,X_{j+n}$. 因此

$$\begin{aligned}P\{T=j+n\}&=P\{T>j\}P\{(X_{j+1},\cdots,X_{j+n})=(i_1,\cdots,i_n)\}\\&=P\{T>j\}p\end{aligned}$$

其中

$$p=p_{i_1}p_{i_2}\cdots p_{i_n}$$

将上式两边对 j 求和, 得到

$$1=\sum_{j=0}^{\infty}P\{T=j+n\}=p\sum_{j=0}^{\infty}P\{T>j\}=pE[T]$$

所以

$$E[T]=\frac{1}{p}$$

情形 2: 模式有重叠

对于有重叠的模式, 有一个简单的诀窍使我们能利用无重叠模式的结论得到 $E[T]$. 为了使分析更易懂, 考察一个特殊的模式, 如 $\boldsymbol{P}=(3,5,1,3,5)$. 设 x 是一个没有在模式中出现的值, 而以 T_x 记直至模式 $\boldsymbol{P}_x=(3,5,1,3,5,x)$ 出现的时间. 即 T_x 是将 x 放在原模式之末的新模式出现的时间. 因为 x 没有在原模式中出现, 这就推出此新模式没有重叠, 从而

$$E[T_x]=\frac{1}{p_xp}$$

其中 $p=\prod_{j=1}^{n}p_{i_j}=p_3^2p_5^2p_1$. 因为新模式只能出现在原模式之后, 写成

$$T_x=T+A$$

其中 T 是模式 $\boldsymbol{P}=(3,5,1,3,5)$ 出现的时间, 而 A 是在模式 $\boldsymbol{P}$ 出现后直到模式 $\boldsymbol{P}_x$ 出现的附加时间. 同样, 以 $E[T_x|i_1,\cdots,i_r]$ 记在给定前 r 个数据值为 $i_1,\cdots,i_r$ 的条件下, 在时间 r 之后直至模式 $\boldsymbol{P}_x$ 出现的期望附加时间. 对模式 (3, 5, 1, 3, 5) 出现后的下一个数据值 X 取条件, 给出

$$E[A|X=i]=\begin{cases}1+E[T_x|3,5,1], & 若\ i=1\\ 1+E[T_x|3], & 若\ i=3\\ 1, & 若\ i=x\\ 1+E[T_x], & 若\ i\neq 1,3,x\end{cases}$$

所以

$$\begin{aligned} \mathrm{E}[T_x] &= \mathrm{E}[T] + \mathrm{E}[A] \\ &= \mathrm{E}[T] + 1 + \mathrm{E}[T_x|3,5,1]p_1 + \mathrm{E}[T_x|3]p_3 + \mathrm{E}[T_x](1-p_1-p_3-p_x) \end{aligned} \tag{3.31}$$

但是由

$$\mathrm{E}[T_x] = \mathrm{E}[T(3,5,1)] + \mathrm{E}[T_x|3,5,1]$$

给出

$$\mathrm{E}[T_x|3,5,1] = \mathrm{E}[T_x] - \mathrm{E}[T(3,5,1)]$$

类似地

$$\mathrm{E}[T_x|3] = \mathrm{E}[T_x] - \mathrm{E}[T(3)]$$

代回式 (3.31) 给出

$$p_x\mathrm{E}[T_x] = \mathrm{E}[T] + 1 - p_1\mathrm{E}[T(3,5,1)] - p_3\mathrm{E}[T(3)]$$

但是, 由在没有重叠的情形的结果

$$\mathrm{E}[T(3,5,1)] = \frac{1}{p_3p_5p_1}, \qquad \mathrm{E}[T(3)] = \frac{1}{p_3}$$

由此推出结果

$$\mathrm{E}[T] = p_x\mathrm{E}[T_x] + \frac{1}{p_3p_5} = \frac{1}{p} + \frac{1}{p_3p_5}$$

作为这个方法的另一个说明, 让我们重新考察例 3.15, 它是关于寻求在独立伯努利试验中, 直至连续地出现 n 次成功的时间的期望. 就是说, 在模式为 $\boldsymbol{P} = (1,1,\cdots,1)$ 时, 我们想要求 $\mathrm{E}[T]$. 那么对 $x \neq 1$, 我们考察无重叠的模式 $\boldsymbol{P}_x = (1,1,\cdots,1,x)$, 令 T_x 是它的形成时间. 对于如前定义的 A 和 X, 我们有

$$\mathrm{E}[A|X=i] = \begin{cases} 1+\mathrm{E}[A], & \text{若 } i=1 \\ 1, & \text{若 } i=x \\ 1+\mathrm{E}[T_x], & \text{若 } i\neq 1,x \end{cases}$$

所以

$$\mathrm{E}[A] = 1 + \mathrm{E}[A]p_1 + \mathrm{E}[T_x](1-p_1-p_x)$$

也就是

$$\mathrm{E}[A] = \frac{1}{1-p_1} + \mathrm{E}[T_x]\frac{1-p_1-p_x}{1-p_1}$$

随之有

$$\mathrm{E}[T] = \mathrm{E}[T_x] - \mathrm{E}[A] = \frac{p_x\mathrm{E}[T_x]-1}{1-p_1} = \frac{(1/p_1)^n - 1}{1-p_1}$$

其中最后一个等式用了 $\mathrm{E}[T_x] = \dfrac{1}{p_1^n p_x}$.

任意一个有重叠的模式 $\boldsymbol{P} = (i_1,\cdots,i_n)$ 的平均发生时间可以由前面的方法得到. 即令 T_x 为直至无重叠模式 $\boldsymbol{P}_x = (i_1,\cdots,i_n,x)$ 出现时的时间, 然后用等式

$$\mathrm{E}[T_x] = \mathrm{E}[T] + \mathrm{E}[A]$$

将 E$[T]$ 与 E$[T_x]=1/(pp_x)$ 联系起来. 然后, 在 $\boldsymbol{P}$ 出现后, 取条件于下一个数据值, 利用形如

$$\mathrm{E}[T_x|i_1,\cdots,i_r]=\mathrm{E}[T_x]-\mathrm{E}[T(i_1,\cdots,i_r)]$$

的量得到 E$[A]$ 的一个表达式. 如果 $(i_1,\cdots,i_r)$ 无重叠, 利用无重叠的结论可以得到 E$[T(i_1,\cdots,i_r)]$. 否则, 在子模型 $(i_1,\cdots,i_r)$ 上重复这个过程.

注 即使模式 $i_1,\cdots,i_n$ 包含所有不同的数据值, 我们仍然可以应用上述方法. 例如, 在掷硬币中要观察的模式可能是：正、反、正. 在此情形, 我们应该令 x 是一个不在此模式中的数据值, 并用上面的方法 (虽然 $p_x=0$). 因为 p_x 只出现在解的最终表达式 $p_x\mathrm{E}[T_x]=p_x/(p_xp)$ 中且其值为 $1/p$, 所以就得到正确的答案. (推导同样的结果的一个严格的方法是将某一个正的 p_i 减少 ε, 并置 $p_x=\varepsilon$, 解出 E$[T]$, 而后令 ε 趋于 0.) ■

3.6.5 离散随机变量的 k 记录值

令 $X_1,X_2,\cdots$ 是独立同分布随机变量, 且它们可能取值的集合是正整数, 而以 $\mathrm{P}\{X=j\}(j\geqslant 1)$ 记它们共同的概率质量函数. 假设这些随机变量接连被观测, 如果

$$\text{恰有 } k \text{ 个 } i(i=1,\cdots,n) \text{ 值使 } X_i\geqslant X_n$$

就称 X_n 为 k 记录值, 即如果在序列的前 n 个值 (包括 X_n) 中恰有 k 个值至少与它一样大, 那么序列中的第 n 个值是一个 k 记录值. 以 $\boldsymbol{R}_k$ 记 k 记录值的排序集.

令人惊奇的结果是, 不仅 k 记录值的序列对所有的 k 有相同的分布, 而且这些序列是相互独立的. 这个结果称为伊格纳托夫定理 (Ignatov's theorem).

定理 3.1(伊格纳托夫定理) $\boldsymbol{R}_k(k\geqslant 1)$ 是独立同分布的随机向量.

证明 定义数据列 $X_1,X_2,\cdots$ 的一系列子序列为：第 $i(i\geqslant 1)$ 个子序列由至少与 i 一样大的所有数据值组成. 例如, 如果数据列是

$$2,5,1,6,9,8,3,4,1,5,7,8,2,1,3,4,2,5,6,1,\cdots$$

那么其子序列如下：

$$\begin{aligned}
\geqslant 1:&\quad 2,5,1,6,9,8,3,4,1,5,7,8,2,1,3,4,2,5,6,1,\cdots\\
\geqslant 2:&\quad 2,5,6,9,8,3,4,5,7,8,2,3,4,2,5,6,\cdots\\
\geqslant 3:&\quad 5,6,9,8,3,4,5,7,8,3,4,5,6,\cdots
\end{aligned}$$

如此等等.

以 X_j^i 记第 i 个子序列的第 j 个元素. 即 X_j^i 是至少与 i 一样大的第 j 个数据值. 一个重要的观察是 i 是一个 k 记录值当且仅当 $X_k^i=i$. 即 i 是一个 k 记录值当且仅当第 k 个至少与 i 一样大的值等于 i. (例如, 对于上面的数据, 因为第 5 个至

少与 3 一样大的值等于 3, 这就推出 3 是 5 记录值.) 如今并不难理解第二个子序列中的值是独立地按相同的质量函数

$$P\{\text{在第二个子序列中的值} = j\} = P\{X = j \mid X \geqslant 2\}, \quad j \geqslant 2$$

分布的, 而且独立于第一个子序列中等于 1 的值. 类似地, 第三个子序列中的值是独立地按相同的质量函数

$$P\{\text{在第三个子序列中的值} = j\} = P\{X = j \mid X \geqslant 3\}, \quad j \geqslant 3$$

分布的, 而且独立于第一个子序列中等于 1 的值以及第二个子序列中等于 2 的值, 如此等等. 由此推出事件 $\{X_j^i = i\}, i \geqslant 1, j \geqslant 1$ 都是独立的, 而且

$$P\{i \text{ 是一个 } k \text{ 记录值}\} = P\{X_k^i = i\} = P\{X = i \mid X \geqslant i\}$$

现在由事件 $\{X_k^i = i\}(i \geqslant 1)$ 的独立性以及 P $\{i$ 是一个 k 记录值$\}$不依赖 k 这个事实, 推出对所有的 $k \geqslant 1$, $\boldsymbol{R}_k$ 同分布. 另外, 由事件 $\{X_k^i = 1\}$ 的独立性推出, 对所有的 $k \geqslant 1$, 随机向量 $\boldsymbol{R}_k$ 也是独立的. ■

现在假定 $X_i(i \geqslant 1)$ 是独立的取有限个值的随机变量, 其概率质量函数为

$$p_i = P\{X = i\}, \qquad i = 1, \cdots, m$$

并且以

$$T = \min\{n: \text{恰有 } k \text{ 个 } i \text{ 值}, i = 1, \cdots, n, \text{使 } X_i \geqslant X_n\}$$

记首个 k 记录指标. 我们来确定其均值.

命题 3.2 令 $\lambda_i = p_i / \sum_{j=i}^m p_j, i = 1, \cdots, m$. 则有

$$E[T] = k + (k-1) \sum_{i=1}^{m-1} \lambda_i$$

证明 假定观察的随机变量 $X_1, X_2, \cdots$ 取值于 $i, i+1, \cdots, m$, 相应的概率为

$$P\{X = j\} = \frac{p_j}{p_i + \cdots + p_m}, \qquad j = i, \cdots, m$$

当观察数据具有上面的质量函数时, 以 T_i 记其首个 k 记录指标, 注意由每个数据值至少是 i 推出, 若 $X_k = i$, 则 k 记录值等于 i, 且 T_i 等于 k. 顺便有

$$E[T_i \mid X_k = i] = k$$

另一方面, 若 $X_k > i$, 则 k 记录值将超过 i, 从而所有等于 i 的数据值在搜索 k 记录值时可以不计入. 另外, 因为所有大于 i 的数据值具有概率质量函数

$$P\{X = j \mid X > i\} = \frac{p_j}{p_{i+1} + \cdots + p_m}, \qquad j = i+1, \cdots, m$$

由此推出直到一个 k 记录值出现所需观察的大于 i 的数据值的总数与 T_{i+1} 有相同的分布. 因此

$$\mathrm{E}[T_i \mid X_k > i] = \mathrm{E}[T_{i+1} + N_i | X_k > i]$$

其中 T_{i+1} 是我们得到一个 k 记录值所需要观察的大于 i 的变量的总数, 而 N_i 是此时观察到的等于 i 的值的个数. 现在, 给定了 $X_k > i$ 以及 $T_{i+1} = n(n \geqslant k)$, 就推得观察到 T_{i+1} 大于 i 的时间与独立试验序列中已知第 k 次试验结果为成功时为了得到 n 次成功所需要的试验次数有相同的分布, 其中每次试验成功的概率是 $1 - p_i/\sum_{j\geqslant i} p_j = 1 - \lambda_i$. 然后, 由于得到成功所需的试验次数是一个均值为 $1/(1-\lambda_i)$ 的几何随机变量, 所以

$$\mathrm{E}[T_i|T_{i+1}, X_k > i] = 1 + \frac{T_{i+1} - 1}{1 - \lambda_i} = \frac{T_{i+1} - \lambda_i}{1 - \lambda_i}$$

取期望得

$$\mathrm{E}[T_i \mid X_k > i] = \mathrm{E}\left[\frac{T_{i+1} - \lambda_i}{1 - \lambda_i}\middle| X_k > i\right] = \frac{\mathrm{E}[T_{i+1}] - \lambda_i}{1 - \lambda_i}$$

因此, 取条件于是否有 $X_k = i$, 得到

$$\mathrm{E}[T_i] = \mathrm{E}[T_i|X_k = i]\lambda_i + \mathrm{E}[T_i|X_k > i](1 - \lambda_i) = (k-1)\lambda_i + \mathrm{E}[T_{i+1}]$$

从 $\mathrm{E}[T_m] = k$ 开始, 我们得到

$$\mathrm{E}[T_{m-1}] = (k-1)\lambda_{m-1} + k$$

$$\mathrm{E}[T_{m-2}] = (k-1)\lambda_{m-2} + (k-1)\lambda_{m-1} + k = (k-1)\sum_{j=m-2}^{m-1} \lambda_j + k$$

$$\mathrm{E}[T_{m-3}] = (k-1)\lambda_{m-3} + (k-1)\sum_{j=m-2}^{m-1} \lambda_j + k = (k-1)\sum_{j=m-3}^{m-1} \lambda_j + k$$

一般地

$$\mathrm{E}[T_i] = (k-1)\sum_{j=i}^{m-1} \lambda_j + k$$

因为 $T = T_1$, 这就推得结果. ■

3.6.6 不带左跳的随机徘徊

设 $X_i(i \geqslant 1)$ 为独立同分布的随机变量. 令 $P_j = \mathrm{P}\{X_i = j\}$, 并假定 $\sum_{j=-1}^{\infty} P_j = 1$. 这就是说, X_i 的可能取值为 $-1, 0, 1, \cdots$. 如果我们记

$$S_0 = 0, \quad S_n = \sum_{i=1}^{n} X_i$$

那么随机变量序列 $S_n(n \geqslant 0)$ 称为*不带左跳的随机徘徊*. (之所以称不带左跳是因为从 S_{n-1} 到 S_n 至多下降 1.)

作为应用, 我们考察一个参加一系列相同赌局的赌徒, 在赌局中他每局最多输 1. 那么如果 X_i 表示该赌徒在第 i 局的所得, 那么 S_n 就表示在前 n 局后他的全部所得.

假设该赌徒参加一个不公平赌博, 其含义为 $E[X_i] < 0$, 同时令 $v = -E[X_i]$. 再令 $T_0 = 0$, 对于 $k > 0$, 以 T_{-k} 记赌徒直到输了 k 时已玩的局数, 就是说

$$T_{-k} = \min\{n : S_n = -k\}$$

必须注意 $T_{-k} < \infty$, 就是说, 此随机徘徊最终将击中 $-k$. 这是因为, 由强大数定律, $S_n/n \to E[X_i] < 0$ 导致 $S_n \to -\infty$. 我们有兴趣确定 $E[T_{-k}]$ 和 $\mathrm{Var}(T_{-k})$. (可以证明, 在 $E[X_i] < 0$ 时两者都有限.)

分析这个问题的关键点是, 注意到直至财富减少 k 时已经玩的局数可以表达为, 减少 1 时的已经玩的局数 (即 T_{-1}), 加上减少 1 后直至总减少量为 2 时的附加局数 (即 $T_{-2} - T_{-1}$), 加上减少 2 后直至总减少量为 3 时的附加局数 (即 $T_{-3} - T_{-2}$), 等等. 也就是

$$T_{-k} = T_{-1} + \sum_{j=2}^{k}(T_{-j} - T_{-(j-1)})$$

然而, 因为所玩各局的结果都是独立同分布的, 因此 $T_{-1}, T_{-2} - T_{-1}, T_{-3} - T_{-2}, \cdots, T_{-k} - T_{-(k-1)}$ 都是独立同分布的. (就是说, 在任意时刻开始, 直至赌徒的财富比这个时刻少 1 的附加的局数独立于以前发生的结果, 并且与 T_{-1} 同分布.) 因此, 这 k 个随机变量的和 T_{-k} 的均值与方差分别是

$$E[T_{-k}] = kE[T_{-1}], \quad \mathrm{Var}(T_{-k}) = k\mathrm{Var}(T_{-1})$$

我们现在通过对首局赌博的结果 X_1 取条件来计算 T_{-1} 的均值与方差. 现在, 在给定 X_1 时, T_{-1} 等于 1 加上在开始赌博后直至赌徒财富减少 $X_1 + 1$ 所需的局数. 因此, 在给定 X_1 时, T_{-1} 与 $1 + T_{-(X_1+1)}$ 同分布. 因此

$$\begin{aligned} E[T_{-1}|X_1] &= 1 + E[T_{-(X_1+1)}] = 1 + (X_1 + 1)E[T_{-1}] \\ \mathrm{Var}(T_{-1}|X_1) &= \mathrm{Var}(T_{-(X_1+1)}) = (X_1 + 1)\mathrm{Var}(T_{-1}) \end{aligned}$$

于是

$$E[T_{-1}] = E[E[T_{-1}|X_1]] = 1 + (-v + 1)E[T_{-1}]$$

从而

$$E[T_{-1}] = \frac{1}{v}$$

这说明了

$$E[T_{-k}] = \frac{k}{v} \tag{3.32}$$

类似地, 记 $\sigma^2 = \mathrm{Var}(X_1)$, 由条件方差公式可得

$$\begin{aligned} \mathrm{Var}(T_{-1}) &= E[(X_1 + 1)\mathrm{Var}(T_{-1})] + \mathrm{Var}(X_1 E[T_{-1}]) \\ &= (1 - v)\mathrm{Var}(T_{-1}) + (E[T_{-1}])^2\sigma^2 \\ &= (1 - v)\mathrm{Var}(T_{-1}) + \frac{\sigma^2}{v^2} \end{aligned}$$

这证明了

$$\operatorname{Var}(T_{-1})=\frac{\sigma^2}{v^3}$$

并且得到结论

$$\operatorname{Var}(T_{-k})=\frac{k\sigma^2}{v^3} \tag{3.33}$$

关于不带左跳的随机徘徊有很多有趣的结果. 例如有击中时间定理.

命题 3.3(击中时间定理)

$$\mathrm{P}\{T_{-k}=n\}=\frac{k}{n}\mathrm{P}\{S_n=-k\},\quad n\geqslant 1$$

证明 对 n 归纳地证明. 现在, 当 $n=1$ 时, 我们需要证明

$$\mathrm{P}\{T_{-k}=1\}=k\mathrm{P}\{S_1=-k\}$$

不管怎样, 在 $k=1$ 时上式是正确的, 这是因为

$$\mathrm{P}\{T_{-1}=1\}=\mathrm{P}\{S_1=-1\}=P_{-1}$$

而当 $k>1$ 它也正确, 这是因为

$$\mathrm{P}\{T_{-k}=1\}=0=\mathrm{P}\{S_1=-k\},\quad k>1$$

于是结论在 $n=1$ 时正确. 所以我们假定对于固定的 $n>1$ 与一切 $k>0$ 有

$$\mathrm{P}\{T_{-k}=n-1\}=\frac{k}{n-1}\mathrm{P}\{S_{n-1}=-k\} \tag{3.34}$$

现在考察 $\mathrm{P}\{T_{-k}=n\}$. 对于 X_1 取条件得

$$\mathrm{P}\{T_{-k}=n\}=\sum_{j=-1}^{\infty}\mathrm{P}\{T_{-k}=n|X_1=j\}\mathrm{P}_j$$

如果在第一局中赌徒赢得 j, 且第一局后的附加的 $n-1$ 局后他的累计损失为 $k+j$, 则在第 n 局后将会发生首次下降 k. 也就是

$$\mathrm{P}\{T_{-k}=n|X_1=j\}=\mathrm{P}\{T_{-(k+j)}=n-1\}$$

因此

$$\begin{aligned}\mathrm{P}\{T_{-k}=n\}&=\sum_{j=-1}^{\infty}\mathrm{P}\{T_{-k}=n|X_1=j\}P_j\\&=\sum_{j=-1}^{\infty}\mathrm{P}\{T_{-(k+j)}=n-1\}\mathrm{P}_j\\&=\sum_{j=-1}^{\infty}\frac{k+j}{n-1}\mathrm{P}\{S_{n-1}=-(k+j)\}\mathrm{P}_j\end{aligned}$$

其中最后的等式来自归纳法假设 (3.34) 式. 利用

$$\mathrm{P}\{S_n=-k|X_1=j\}=\mathrm{P}\{S_{n-1}=-(k+j)\}$$

由前式得

$$\begin{aligned}\mathrm{P}\{T_{-k}=n\}&=\sum_{j=-1}^{\infty}\frac{k+j}{n-1}\mathrm{P}\{S_n=-k|X_1=j\}P_j\\&=\sum_{j=-1}^{\infty}\frac{k+j}{n-1}\mathrm{P}\{S_n=-k,X_1=j\}\\&=\sum_{j=-1}^{\infty}\frac{k+j}{n-1}\mathrm{P}\{X_1=j|S_n=-k\}\mathrm{P}\{S_n=-k\}\\&=\mathrm{P}\{S_n=-k\}\left\{\frac{k}{n-1}\sum_{j=-1}^{\infty}\mathrm{P}\{X_1=j|S_n=-k\}\right.\\&\quad\left.+\frac{1}{n-1}\sum_{j=-1}^{\infty}j\mathrm{P}\{X_1=j|S_n=-k\}\right\}\\&=\mathrm{P}\{S_n=-k\}\left\{\frac{k}{n-1}+\frac{1}{n-1}\mathrm{E}[X_1|S_n=-k]\right\}\end{aligned}\tag{3.35}$$

然而

$$\begin{aligned}-k&=\mathrm{E}[S_n|S_n=-k]\\&=\mathrm{E}[X_1+\cdots+X_n|S_n=-k]\\&=\sum_{i=1}^{n}\mathrm{E}[X_i|S_n=-k]\\&=n\mathrm{E}[X_1|S_n=-k]\end{aligned}$$

其中最后的等式是因为 $X_1,\cdots,X_n$ 独立同分布从而在给定 $X_1+\cdots+X_n=-k$ 的条件下对一切 i 都有 X_i 的分布相同. 因此

$$\mathrm{E}[X_1|S_n=-k]=-\frac{k}{n}$$

将上式代入 (3.36) 式给出

$$\mathrm{P}\{T_{-k}=n\}=\mathrm{P}\{S_n=-k\}\left(\frac{k}{n-1}-\frac{1}{n-1}\frac{k}{n}\right)=\frac{k}{n}\mathrm{P}\{S_n=-k\}$$

这就完成了证明. ■

假定在 n 局后赌徒的财富下降 k. 那么这是他的财富首次下降 k 的条件概率是

$$\begin{aligned}\mathrm{P}\{T_{-k}=n|S_n=-k\}&=\frac{\mathrm{P}\{T_{-k}=n,S_n=-k\}}{\mathrm{P}\{S_n=-k\}}\\&=\frac{\mathrm{P}\{T_{-k}=n\}}{\mathrm{P}\{S_n=-k\}}=\frac{k}{n}\quad\text{(利用击中时间定理)}\end{aligned}$$

在本节余下部分，我们假定 $-v = \mathrm{E}[X] < 0$. 将我们在前面推导得到的关于 $\mathrm{E}[T_{-k}]$ 的结果与击中时间定理结合起来，就给出了以下的等式

$$\frac{k}{v} = \mathrm{E}[T_{-k}] = \sum_{n=1}^{\infty} n\mathrm{P}\{T_{-k} = n\} = \sum_{n=1}^{\infty} k\mathrm{P}\{S_n = -k\}$$

其中最后的等式利用了击中时间定理. 因此

$$\sum_{n=1}^{\infty} \mathrm{P}(S_n = -k) = \frac{1}{v}$$

令事件 $S_n = -k$ 的示性随机变量为 I_n. 也就是，令

$$I_n = \begin{cases} 1, & 若\ S_n = -k \\ 0. & 若\ S_n \neq -k \end{cases}$$

再注意

$$赌徒的财富为\ -k\ 的总次数 = \sum_{n=1}^{\infty} I_n$$

取期望后给出

$$\mathrm{E}[赌徒的财富为 - k] = \sum_{n=1}^{\infty} \mathrm{P}\{S_n = -k\} = \frac{1}{v} \tag{3.36}$$

现在，以 α 记初始时刻后随机徘徊总是负值的概率. 也就是

$$\alpha = \mathrm{P}\{对一切\ n \geqslant 1\ 有\ S_n < 0\}$$

为了确定 α，我们注意，每当赌徒的财富是 $-k$ 时，它不再击中 $-k$ 的概率是 α (因为从此刻开始后的所有累计所得都是负的①). 因此，赌徒的财富为 $-k$ 的次数是参数为 α 的几何随机变量，而由此有均值 $1/\alpha$. 因此由 (3.36) 得

$$\alpha = v.$$

我们现在来确定随机徘徊最后一次击中 $-k$ 的时刻 L_{-k}. $L_{-k} = n$ 要求 $S_n = -k$ 且 n 以后的累计所得的序列总是负的，所以

$$\mathrm{P}\{L_{-k} = n\} = \mathrm{P}\{S_n = -k\}\alpha = \mathrm{P}\{S_n = -k\}v$$

因此

① 因为假定了 $\mathrm{E}[X] = -v < 0$，从 $-k$ 出发只要到达任意状态 $i > -k$，就必然会回到 $-k$.

—— 译者注

$$
\begin{aligned}
\mathrm{E}[L_{-k}] &= \sum_{n=0}^{\infty} n\mathrm{P}\{L_{-k}=n\} \\
&= v\sum_{n=0}^{\infty} n\mathrm{P}\{S_n=-k\} \\
&= v\sum_{n=0}^{\infty} n\frac{n}{k}\mathrm{P}\{T_{-k}=n\} \quad (\text{利用击中时间定理}) \\
&= \frac{v}{k}\sum_{n=0}^{\infty} n^2\mathrm{P}\{T_{-k}=n\} \\
&= \frac{v}{k}\mathrm{E}[T_{-k}^2] \\
&= \frac{v}{k}\{\mathrm{E}^2[T_{-k}]+\mathrm{Var}(T_{-k})\} \\
&= \frac{k}{v}+\frac{\sigma^2}{v^2}
\end{aligned}
$$

3.7 复合随机变量的恒等式

令 $X_1, X_2, \cdots$ 是一列独立同分布的随机变量, 而令 $S_n=\sum_{i=1}^{n} X_i$ 是它们的前 n 项和, $n \geqslant 0$, 其中 $S_0=0$. 回想到如果 N 是一个独立于序列 $X_1, X_2, \cdots$ 的非负整数值的随机变量, 那么

$$S_N=\sum_{i=1}^{N} X_i$$

称为复合随机变量, 与 N 的分布合称为混合分布. 在本节中, 我们将首先推导含有这样的随机变量的一个恒等式. 然后我们特殊化到 X_i 是正整数值的随机变量的情形, 证明这个恒等式的一个推论, 而后用这个推论对于多种常见的混合分布得到 S_N 的概率质量函数的一个递推公式.

首先, 令 M 是一个与序列 $X_1, X_2, \cdots$ 独立的随机变量, 并且使

$$\mathrm{P}\{M=n\}=\frac{n\,\mathrm{P}\{N=n\}}{\mathrm{E}[N]}, \qquad n=1,2,\cdots$$

命题 3.4(复合随机变量恒等式) 对于任意函数 h

$$\mathrm{E}[S_N h(S_N)]=\mathrm{E}[N]\mathrm{E}[X_1 h(S_M)]$$

证明

$$
\begin{aligned}
\mathrm{E}[S_N h(S_N)] &= \mathrm{E}\left[\sum_{i=1}^{N} X_i h(S_N)\right] \\
&= \sum_{n=0}^{\infty} \mathrm{E}\left[\sum_{i=1}^{N} X_i h(S_N) | N=n\right] \mathrm{P}\{N=n\} \quad (\text{通过对 } N \text{ 取条件})
\end{aligned}
$$

$$
\begin{aligned}
&=\sum_{n=0}^{\infty} \mathrm{E}\left[\sum_{i=1}^{n} X_i h(S_n)|N=n\right] \mathrm{P}\{N=n\} \\
&=\sum_{n=0}^{\infty} \mathrm{E}\left[\sum_{i=1}^{n} X_i h(S_n)\right] \mathrm{P}\{N=n\} \text{ (由 } N \text{ 和 } X_1,\cdots,X_n \text{ 的独立性)} \\
&=\sum_{n=0}^{\infty} \sum_{i=1}^{n} \mathrm{E}[X_i h(S_n)] \mathrm{P}\{N=n\}
\end{aligned}
$$

现在, 因为 $X_1, X_2, \cdots$ 是独立同分布的, 并且 $h(S_n)=h(X_1+\cdots+X_n)$ 是 $X_1,\cdots,X_n$ 的对称函数, 由此推出对于一切 $i=1,\cdots,n$, $X_i h(S_n)$ 有相同的分布. 所以, 接着上面一串的等式有

$$
\begin{aligned}
\mathrm{E}[S_N h(S_N)] &= \sum_{n=0}^{\infty} n\mathrm{E}[X_1 h(S_n)]\mathrm{P}\{N=n\} \\
&=\mathrm{E}[N] \sum_{n=0}^{\infty} \mathrm{E}[X_1 h(S_n)]\mathrm{P}\{M=n\} \quad (M \text{ 的定义}) \\
&=\mathrm{E}[N] \sum_{n=0}^{\infty} \mathrm{E}[X_1 h(S_n)|M=n]\mathrm{P}\{M=n\} \quad (\text{由 } M \text{ 与 } X_1,\cdots,X_n \text{ 的独立性}) \\
&=\mathrm{E}[N] \sum_{n=0}^{\infty} \mathrm{E}[X_1 h(S_M)|M=n]\mathrm{P}\{M=n\} \\
&=\mathrm{E}[N]\mathrm{E}[X_1 h(S_M)]
\end{aligned}
$$

这就证明了命题. ■

现在假设 X_i 是正整数值随机变量, 并且令

$$\alpha_j = \mathrm{P}\{X_1=j\}, \qquad j>0$$

$\mathrm{P}(S_N=k)$ 的相继的值常常可以从命题 3.4 的如下的推论得到.

推论 3.5

$$
\begin{aligned}
\mathrm{P}\{S_N=0\} &=\mathrm{P}\{N=0\} \\
\mathrm{P}\{S_N=k\} &=\frac{1}{k}\mathrm{E}[N]\sum_{j=1}^{k} j\alpha_j \mathrm{P}\{S_{M-1}=k-j\}, \qquad k>0
\end{aligned}
$$

证明 对于固定的 k, 令

$$
h(x)=\begin{cases} 1, & \text{若 } x=k \\ 0, & \text{若 } x \neq k \end{cases}
$$

注意 $S_N h(S_N)$ 在 $S_N=k$ 时等于 k, 在其他情形等于 0. 所以

$$\mathrm{E}[S_N h(S_N)] = k\mathrm{P}\{S_N=k\}$$

而由复合恒等式得

$$
\begin{aligned}
kP\{S_N = k\} &= E[N]E[X_1 h(S_M)] \\
&= E[N]\sum_{j=1}^{\infty} E[X_1 h(S_M)|X_1 = j]\alpha_j \\
&= E[N]\sum_{j=1}^{\infty} jE[h(S_M)|X_1 = j]\alpha_j \\
&= E[N]\sum_{j=1}^{\infty} jP\{S_M = k|X_1 = j\}\alpha_j
\end{aligned} \tag{3.37}
$$

现在

$$
\begin{aligned}
P\{S_M = k|X_1 = j\} &= P\left\{\sum_{i=1}^{M} X_i = k \middle| X_1 = j\right\} \\
&= P\left\{j + \sum_{i=2}^{M} X_i = k \middle| X_1 = j\right\} \\
&= P\left\{j + \sum_{i=2}^{M} X_i = k\right\} \\
&= P\left\{j + \sum_{i=1}^{M-1} X_i = k\right\} \\
&= P\{S_{M-1} = k - j\}
\end{aligned}
$$

其中倒数第二个等式得自 $X_2, \cdots, X_M$ 与 $X_1, \cdots, X_{M-1}$ 有相同的联合分布, 即 $M-1$ 个独立并与 X_1 有相同分布的随机变量, 其中 $M-1$ 独立于这些随机变量. 于是推论由等式 (3.37) 得证. ■

当 $M-1$ 的分布和 N 的分布有关时, 上面的推论对计算 S_N 的概率质量函数是有用的递推公式, 这将在以下的几个小节中阐述.

3.7.1 泊松复合分布

如果 N 有均值 λ 的泊松分布, 那么

$$
\begin{aligned}
P\{M - 1 = n\} &= P\{M = n + 1\} \\
&= \frac{(n+1)P\{N = n+1\}}{E[N]} \\
&= \frac{1}{\lambda}(n+1)e^{-\lambda}\frac{\lambda^{n+1}}{(n+1)!} \\
&= e^{-\lambda}\frac{\lambda^n}{n!}
\end{aligned}
$$

因此, $M-1$ 也是均值为 λ 的泊松随机变量. 记

$$P_n = P\{S_N = n\}$$

由推论 3.5 给出的递推公式可以写成

$$P_0 = \mathrm{e}^{-\lambda}, \quad P_k = \frac{\lambda}{k}\sum_{j=1}^{k} j\alpha_j P_{k-j}, \qquad k>0$$

注 当 X_i 都恒等于 1 时, 上面的递推公式化简为关于均值为 λ 的泊松随机变量的著名恒等式

$$\mathrm{P}\{N=0\} = \mathrm{e}^{-\lambda}, \quad \mathrm{P}\{N=n\} = \frac{\lambda}{n}\mathrm{P}\{N=n-1\}, \quad n \geqslant 1$$

例 3.34 令 S 是 $\lambda = 4$ 和

$$\mathrm{P}\{X_i = i\} = 1/4, \quad i = 1,2,3,4$$

的复合泊松随机变量. 我们利用推论 3.5 给出的递推公式确定 $\mathrm{P}\{S=5\}$. 它给出

$$\begin{aligned}
P_0 &= \mathrm{e}^{-\lambda} = \mathrm{e}^{-4} \\
P_1 &= \lambda\alpha_1 P_0 = \mathrm{e}^{-4} \\
P_2 &= \frac{\lambda}{2}(\alpha_1 P_1 + 2\alpha_2 P_0) = \frac{3}{2}\mathrm{e}^{-4} \\
P_3 &= \frac{\lambda}{3}(\alpha_1 P_2 + 2\alpha_2 P_1 + 3\alpha_3 P_0) = \frac{13}{6}\mathrm{e}^{-4} \\
P_4 &= \frac{\lambda}{4}(\alpha_1 P_3 + 2\alpha_2 P_2 + 3\alpha_3 P_1 + 4\alpha_4 P_0) = \frac{73}{24}\mathrm{e}^{-4} \\
P_5 &= \frac{\lambda}{5}(\alpha_1 P_4 + 2\alpha_2 P_3 + 3\alpha_3 P_2 + 4\alpha_4 P_1 + 5\alpha_5 P_0) = \frac{501}{120}\mathrm{e}^{-4}
\end{aligned}$$

■

3.7.2 二项复合分布

假设 N 是一个参数为 r 和 p 的二项随机变量. 那么

$$\begin{aligned}
\mathrm{P}\{M-1=n\} &= \frac{(n+1)\mathrm{P}\{N=n+1\}}{\mathrm{E}[N]} \\
&= \frac{n+1}{rp}\binom{r}{n+1}p^{n+1}(1-p)^{r-n-1} \\
&= \frac{n+1}{rp}\frac{r!}{(r-1-n)!(n+1)!}p^{n+1}(1-p)^{r-1-n} \\
&= \frac{(r-1)!}{(r-1-n)!n!}p^n(1-p)^{r-1-n}
\end{aligned}$$

于是 $M-1$ 是参数为 $r-1$ 和 p 的二项随机变量.

固定 p, 令 $N(r)$ 是一个参数为 r 和 p 的二项随机变量, 再令

$$P_r(k) = \mathrm{P}\{S_{N(r)} = k\}$$

那么由推论 3.5 有

$$P_r(0)=(1-p)^r$$
$$P_r(k)=\frac{rp}{k}\sum_{j=1}^{k}j\alpha_j P_{r-1}(k-j),\qquad k>0$$

例如, 令 k 等于 1, 2, 3, 就给出

$$\begin{aligned}P_r(1)&=rp\alpha_1(1-p)^{r-1}\\P_r(2)&=\frac{rp}{2}[\alpha_1P_{r-1}(1)+2\alpha_2P_{r-1}(0)]\\&=\frac{rp}{2}[(r-1)p\alpha_1^2(1-p)^{r-2}+2\alpha_2(1-p)^{r-1}]\\P_r(3)&=\frac{rp}{3}[\alpha_1P_{r-1}(2)+2\alpha_2P_{r-1}(1)+3\alpha_3P_{r-1}(0)]\\&=\frac{\alpha_1rp}{3}\frac{(r-1)p}{2}[(r-2)p\alpha_1^2(1-p)^{r-3}+2\alpha_2(1-p)^{r-2}]\\&\quad+\frac{2\alpha_2rp}{3}(r-1)p\alpha_1(1-p)^{r-2}+\alpha_3rp(1-p)^{r-1}\end{aligned}$$

3.7.3　与负二项随机变量有关的一个复合分布

假设对于定值 $p, 0<p<1$, 复合随机变量 N 具有概率质量函数

$$\mathrm{P}\{N=n\}=\binom{n+r-1}{r-1}p^r(1-p)^n,\qquad n=0,1,\cdots$$

这样的随机变量可以想象为, 当每次试验独立地以概率 p 成功, 且已经得到了总共 r 次成功时失败的次数. (如果第 r 次成功发生在试验 $n+r$ 中将有 n 次失败. 因此, $N+r$ 是参数为 r 和 p 的负二项随机变量.) 利用负二项随机变量 $N+r$ 的均值 $\mathrm{E}[N+r]=r/p$, 我们得到 $\mathrm{E}[N]=r(1-p)/p$.

将 p 取为定值, 我们将 N 称为 NB(r) 随机变量. 随机变量 $M-1$ 具有概率质量函数

$$\begin{aligned}\mathrm{P}\{M-1=n\}&=\frac{(n+1)\mathrm{P}\{N=n+1\}}{\mathrm{E}[N]}\\&=\frac{(n+1)p}{r(1-p)}\binom{n+r}{r-1}p^r(1-p)^{n+1}\\&=\frac{(n+r)!}{r!n!}p^{r+1}(1-p)^n\\&=\binom{n+r}{r}p^{r+1}(1-p)^n\end{aligned}$$

换句话说, $M-1$ 是一个 NB($r+1$) 随机变量.

对于一个 NB(r) 随机变量 N,

$$P_r(k)=\mathrm{P}\{S_N=k\}$$

由推论 3.5 得

$$P_r(0)=p^r$$

$$P_r(k)=\frac{r(1-p)}{kp}\sum_{j=1}^{k}j\alpha_jP_{r+1}(k-j),\qquad k>0$$

于是

$$\begin{aligned}P_r(1)&=\frac{r(1-p)}{p}\alpha_1P_{r+1}(0)=rp^r(1-p)\alpha_1,\\P_r(2)&=\frac{r(1-p)}{2p}[\alpha_1P_{r+1}(1)+2\alpha_2P_{r+1}(0)]\\&=\frac{r(1-p)}{2p}[\alpha_1^2(r+1)p^{r+1}(1-p)+2\alpha_2p^{r+1}]\\P_r(3)&=\frac{r(1-p)}{3p}[\alpha_1P_{r+1}(2)+2\alpha_2P_{r+1}(1)+3\alpha_3P_{r+1}(0)]\end{aligned}$$

依此等等.

习　题

1. 若 X 和 Y 都是离散的, 证明对于所有的 y, 只要 $p_Y(y)>0$, 就有 $\sum_x p_{X|Y}(x|y)=1$.

***2.** 令 X_1 和 X_2 为具有相同参数 p 的独立几何随机变量. 请猜测 $\mathrm{P}\{X_1=i|X_1+X_2=n\}$ 的值. 再通过分析验证你的猜测.

提示: 假定连续地掷一枚正面朝上的概率为 p 的硬币. 如果第二个正面出现在第 n 次抛掷时, 那么第一个正面出现在第 $i(i=1,\cdots,n-1)$ 次抛掷的条件概率是多少?

3. X 和 Y 的联合概率质量函数 $p(x,y)$ 给定为

$$\begin{aligned}&p(1,1)=\frac{1}{9},\quad p(2,1)=\frac{1}{3},\quad p(3,1)=\frac{1}{9},\\&p(1,2)=\frac{1}{9},\quad p(2,2)=0,\quad p(3,2)=\frac{1}{18},\\&p(1,3)=0,\quad p(2,3)=\frac{1}{6},\quad p(3,3)=\frac{1}{9}\end{aligned}$$

对于 $i=1,2,3$, 计算 $\mathrm{E}[X|Y=i]$.

4. 在习题 3 中, 随机变量 X 和 Y 是否独立?

5. 一个坛子中装有 3 个白球, 6 个红球, 5 个黑球. 从这个坛子中随机地选取 6 个球. 以 X 和 Y 分别记取到的白球数和黑球数. 计算在给定 $Y=3$ 时 X 的条件概率质量函数. 再计算 $\mathrm{E}[X|Y=1]$.

***6.** 在以下的假定下重做习题 5: 当取得一个球后, 记下其颜色, 并在取下一个球之前将它放回.

7. 假定 X、Y 和 Z 的联合概率质量函数 $p(x,y,z)$ 给定为

$$\begin{aligned}&p(1,1,1)=\frac{1}{8},\quad p(2,1,1)=\frac{1}{4},\quad p(1,1,2)=\frac{1}{8},\quad p(2,1,2)=\frac{3}{16},\\&p(1,2,1)=\frac{1}{16},\quad p(2,2,1)=0,\quad p(1,2,2)=0,\quad p(2,2,2)=\frac{1}{4}\end{aligned}$$

问 $\mathrm{E}[X|Y=2]$ 是多少? $\mathrm{E}[X|Y=2,Z=1]$ 呢?

8. 相继地掷一颗均匀的骰子. 令 X 和 Y 分别记得到一个 6 和一个 5 所必需的抛掷次数. 求 (a) $\mathrm{E}[X]$,　(b) $\mathrm{E}[X|Y=1]$,　(c) $\mathrm{E}[X|Y=5]$.

9. 在离散情形证明, 若 X 和 Y 独立, 则对于一切 y 有

$$\mathrm{E}[X|Y=y]=\mathrm{E}[X].$$

10. 假定 X 和 Y 是独立的连续随机变量. 证明对于一切 y 有

$$\mathrm{E}[X|Y=y]=\mathrm{E}[X].$$

11. X 和 Y 的联合密度是

$$f(x,y)=\frac{(y^2-x^2)}{8}\mathrm{e}^{-y},\quad 0<y<\infty,\quad -y\leqslant x\leqslant y$$

证明 $\mathrm{E}[X|Y=y]=0$.

12. X 和 Y 的联合密度给定为

$$f(x,y)=\frac{\mathrm{e}^{-x/y}\mathrm{e}^{-y}}{y},\quad 0<x<\infty,\quad 0<y<\infty$$

证明 $\mathrm{E}[X|Y=y]=y$.

***13.** 设 X 是均值为 $1/\lambda$ 的指数随机变量, 即

$$f_X(x)=\lambda\mathrm{e}^{-\lambda x},\qquad 0<x<\infty$$

求 $\mathrm{E}[X|X>1]$.

14. 设 X 是 $(0,1)$ 上的均匀随机变量. 求 $\mathrm{E}[X|X<1/2]$.

15. X 和 Y 的联合密度给定为

$$f(x,y)=\frac{\mathrm{e}^{-y}}{y},\quad 0<x<y,\quad 0<y<\infty$$

计算 $\mathrm{E}[X^2|Y=y]$.

16. 随机变量 X 和 Y 称为具有二维正态分布, 如果它们的联合密度对于 $-\infty<x<\infty, -\infty<y<\infty$ 给定为

$$f(x,y)=\frac{1}{2\pi\sigma_x\sigma_y\sqrt{1-\rho^2}}\exp\left\{-\frac{1}{2(1-\rho^2)}\right.$$
$$\left.\times\left[\left(\frac{x-\mu_x}{\sigma_x}\right)^2-\frac{2\rho(x-\mu_x)(y-\mu_y)}{\sigma_x\sigma_y}+\left(\frac{y-\mu_y}{\sigma_y}\right)^2\right]\right\}$$

其中 $\sigma_x,\sigma_y,\mu_x,\mu_y,\rho$ 都是常数, 满足 $-1<\rho<1$, $\sigma_x>0,\sigma_y>0$, $-\infty<\mu_x<\infty$, $-\infty<\mu_y<\infty$.

(a) 证明 X 以均值 μ_x 和方差 σ_x^2 正态地分布, Y 以均值 μ_y 和方差 σ_y^2 正态地分布.

(b) 证明在给定 $Y=y$ 时, X 的条件密度是均值为 $\mu_x+(\rho\sigma_x/\sigma_y)(y-\mu_y)$ 方差为 $\sigma_x^2(1-\rho^2)$ 的正态分布.

ρ 称为 X 和 Y 的相关系数. 可以证明

$$\rho=\frac{\mathrm{E}[(X-\mu_x)(Y-\mu_y)]}{\sigma_x\sigma_y}=\frac{\mathrm{Cov}(X,Y)}{\sigma_x\sigma_y}$$

17. 设 Y 是参数为 (s,α) 的伽马随机变量. 它的密度是

$$f_Y(y)=C\mathrm{e}^{-\alpha y}y^{s-1},\quad y>0$$

其中 C 是一个不依赖 y 的常数. 再假设在给定 $Y=y$ 时, X 的条件分布是均值为 y 的泊松分布. 即

$$\mathrm{P}\{X=i|Y=y\}=\mathrm{e}^{-y}y^i/i!,\quad i\geqslant 0$$

证明在给定 $X=i$ 时, Y 的条件分布是参数为 $(s+i,\alpha+1)$ 的伽马分布.

18. 设 $X_1,\cdots,X_n$ 是独立随机变量, 具有关联到一个未知参数 θ 的共同的分布. 设 $T=T(\boldsymbol{X})$ 是数据 $\boldsymbol{X}=(X_1,\cdots,X_n)$ 的一个函数. 如果在 $T(\boldsymbol{X})$ 给定时, $X_1,\cdots,X_n$ 的条件分布不依赖于 θ, 则 $T(\boldsymbol{X})$ 称为 θ 的一个*充分统计量*. 在如下各种情形, 证明 $T(\boldsymbol{X})=\sum_{i=1}^n X_i$ 是 θ 的一个充分统计量.

(a) X_i 是均值为 θ 及方差为 1 的正态随机变量.

(b) X_i 的密度是 $f(x)=\theta\mathrm{e}^{-\theta x},\quad x>0$.

(c) X_i 的质量函数是 $p(x)=\theta^x(1-\theta)^{1-x},\quad x=0,1,\quad 0<\theta<1$.

(d) X_i 是均值为 θ 的泊松随机变量.

***19.** 证明: 如果 X 和 Y 联合地连续, 则

$$\mathrm{E}[X]=\int_{-\infty}^{\infty}\mathrm{E}[X|Y=y]f_Y(y)\mathrm{d}y$$

20. 某个病原体的暴露水平为 x 的人被这种病原体感染疾病的概率为 $P(x)$. 如果在总体中随机选取的一个成员的暴露水平有一个概率密度函数 f. 确定该成员暴露水平的条件概率密度, 如果给定他或她: (a) 有此病; (b) 没有此病; (c) 证明当 $P(x)$ 对 x 递增时, 在 (a) 部分的密度与在 (b) 部分的密度之比也对 x 递增.

21. 考察例 3.12, 它是关于一个矿工陷于一个矿井的例子. 以 N 记矿工在到达安全地前可选的门的总数. 再以 T_i 记第 i 次选择的行走时间, $i\geqslant 1$. 又以 X 记矿工到达安全地的时间.

(a) 给出一个联系 X 与 N 和 T_i 的恒等式.

(b) $\mathrm{E}[N]$ 是多少?

(c) $\mathrm{E}[T_N]$ 是多少?

(d) $\mathrm{E}\left[\sum_{i=1}^N T_i|N=n\right]$ 是多少?

(e) 利用上面的结果, $\mathrm{E}[X]$ 是多少?

22. 假定进行独立试验直至连续地出现 k 个相同的结果, 其中每一个等可能地是 m 个可能结果中的任意一个. 如果以 N 记试验的次数, 证明

$$\mathrm{E}[N]=\frac{m^k-1}{m-1}$$

某些人相信在展开式 $\pi=3.141\ 59\cdots$ 中相继的数字都是均匀地分布的, 即他们认为这些数字都是从等可能地是数字 0 到 9 中任意一个的分布中独立地选取的. 反对该假设的可能依据是, 从第 24 658 601 个数字开始, 有连续九个 7 的一个连贯. 这个信息与均匀分布的假设是否一致?

为了回答它, 我们注意到由上面的计算, 如果均匀假设是正确的, 那么直至出现九个相同值的一个连贯的数字个数的期望是

$$(10^9-1)/9 = 111\ 111\ 111$$

那么, 近似为 2500 万的实际值粗略地是理论均值的 22%. 但是, 可以证明在均匀假定下, N 的标准差接近于均值. 结果, 这里的观察值是 0.78 倍的标准差, 近似地小于其理论均值, 这与均匀假定十分一致的.

***23.** 连续地掷一枚出现正面的概率为 p 的硬币, 直至最近的三次抛掷中有两次是正面. 以 N 记抛掷的次数 (注意如果前两次抛掷的结果都是正面, 则 $N=2$). 求 $\mathrm{E}[N]$.

24. 连续地掷一枚出现正面的概率为 p 的硬币, 直至出现至少一个正面, 一个反面为止.

(a) 求需要抛掷的次数的期望.

(b) 求出现正面的次数的期望.

(c) 求出现反面的次数的期望.

(d) 在连续抛掷直至掷出总数为至少两个正面、一个反面的情形下, 重做 (a) 的部分.

25. 做一系列独立的试验, 每次试验都以概率 p_1, p_2, p_3 为结果 1, 2, 3 之一, 这里 $\sum_{i=1}^3 p_i = 1$.

(a) 以 N 记直到首次试验的结果恰好出现 3 次时所需的试验次数. 例如试验结果是 3, 2, 1, 2, 3, 2, 3, 则 $N=7$. 求 $\mathrm{E}[N]$.

(b) 求直到结果 1 和结果 2 都发生时所需试验的期望次数.

26. 你有两个对手与你轮番博弈. 与 A 博弈时你赢的概率是 p_A, 而与 B 博弈时你赢的概率是 p_B, 且 $p_B > p_A$. 如果你的目标是使你连赢两次所需要的博弈次数最少, 你应和 A 还是和 B 开始博弈?

提示: 以 $\mathrm{E}[N_i]$ 记你与玩家 i 开始后所需要博弈的平均次数. 推导 $\mathrm{E}[N_A]$ 的一个含有 $\mathrm{E}[N_B]$ 的表示式, 写下 $\mathrm{E}[N_B]$ 的等价表达式, 然后相减.

27. 连续地掷一枚出现正面的概率为 p 的硬币, 直至出现模式 T, T, H. (即当最近的抛掷出现正面, 而与它之前紧接的两次抛掷出现反面时, 你停止抛掷.) 令 X 为抛掷的次数. 求 $\mathrm{E}[X]$.

28. 波利亚坛子模型假设在一个坛子中最初有 r 个红球和 b 个蓝球. 每次从这个坛子中随机取出一个球, 然后将这个球以及与它同色的其他的 m 个球一起放回坛子中. 令 X_k 是前 k 次选取中抽到的红球个数.

(a) 求 $\mathrm{E}[X_1]$.

(b) 求 $\mathrm{E}[X_2]$.

(c) 求 $\mathrm{E}[X_3]$.

(d) 猜测 $\mathrm{E}[X_k]$ 的值, 然后用取条件的推理验证你的猜测.

(e) 对你的猜测给出一个直观的证明.

提示: 给这 r 个红球和 b 个蓝球标号, 使对于 $i=1,\cdots,r$ 中的每一个, 坛子中包含一个类型 i 的红球. 同样对于 $j=1,\cdots,b$ 中的每一个, 坛子中包含一个类型 j 的蓝球. 现在假设无论何时取到一个红球, 将它及与它同类型的其他的 m 个球一起放回坛子中. 同样, 无论何时取到一个蓝球, 将它及与它同类型的其他的 m 个球一起放回坛子中. 现在用对称推理确定任意给定的一次取得到红球的概率.

29. 两个玩家轮流射击一个目标, 玩家 i 每次射击中标的概率为 $p_i, i=1,2$. 在连续两次射中目标后射击结束. 以 μ_i 记玩家 i 首先射击的平均射击次数, $i=1,2$.

(a) 求 μ_1 与 μ_2.

(b) 以 h_i 记玩家 i 首先射击的平均击中目标次数, $i=1,2$. 求 h_1 与 h_2.

30. 令 $X_i(i \geqslant 0)$ 是独立同分布的随机变量, 具有概率质量函数

$$p(j)=\mathrm{P}\{X_i=j\}, \quad j=1,\cdots,m, \quad \sum_{j=1}^{m} p(j)=1$$

求 $\mathrm{E}[N]$, 其中 $N=\min\{n>0: X_n=X_0\}$.

31. 一列二进制数中的每个元素是 1 的概率为 p, 是 0 的概率为 $1-p$. 连续出现一个相同的值的一个极大子序列, 称为一个连贯. 例如, 如果结果序列是 1, 1, 0, 1, 1, 1, 0, 第一个是长度为 2 的连贯, 第二个是长度为 1 的连贯, 第三个是长度为 3 的连贯.

(a) 求第一个连贯的平均长度.

(b) 求第二个连贯的平均长度.

32. 做每次结果为成功的概率是 p 的独立试验.

(a) 求至少有 n 次成功及 m 次失败所需的平均试验次数.

提示：知道前 $n+m$ 次试验的结果有用吗?

(b) 求至少有 n 次成功或者至少有 m 次失败所需的平均试验次数.

提示：利用 (a) 部分的结果.

33. 如果以 R_i 记在时段 i 所赚的随机金额, 那么 $\sum_{i=1}^{\infty} \beta^{i-1} R_i$(其中 $0<\beta<1$) 是一个特定的常数, 称为折扣因子为 β 的总折扣报酬. 令 T 是以 $1-\beta$ 为参数的几何随机变量, 且与 R_i 独立. 证明总折扣报酬的期望等于 T 前赚的平均总报酬 (无折扣). 即证明

$$\mathrm{E}\left[\sum_{i=1}^{\infty} \beta^{i-1} R_i\right]=\mathrm{E}\left[\sum_{i=1}^{T} R_i\right]$$

34. 掷 n 颗骰子. 将它们中出现 6 点的置于一旁, 再掷余下的骰子. 如此重复直至所有的骰子都出现 6. 以 N 记需要掷的次数. (例如, 假定 $n=3$, 而开始恰有两颗骰子掷出 6. 然后掷另一颗骰子, 如果它出现 6, 则 $N=2$.) 令 $m_n=\mathrm{E}[N]$.

(a) 推导 m_n 的一个递推公式, 并用它计算 $m_i, i=2,3,4$. 并证明 $m_5 \approx 13.024$.

(b) 以 X_i 记在第 i 次抛掷时骰子的颗数. 求 $\mathrm{E}\left[\sum_{i=1}^{N} X_i\right]$.

35. 考虑 n 次多项试验, 其中每一次试验独立地以概率 p_i 出现结果 i, $\sum_{i=1}^{n} p_i=1$. 以 X_i 记出现结果 i 的次数. 求 $\mathrm{E}[X_1 | X_2>0]$.

36. 令 $p_0=\mathrm{P}\{X=0\}$ 并且假设 $0<p_0<1$. 令 $\mu=\mathrm{E}[X]$ 和 $\sigma^2=\operatorname{Var}(X)$. 求

(a) $\mathrm{E}[X | X \neq 0]$,

(b) $\operatorname{Var}(X | X \neq 0)$.

37. 一份手稿送交由打字员 A、B 和 C 组成的打字公司. 如果由 A 打字, 错误的个数是均值为 2.6 的泊松随机变量；如果由 B 打字, 错误的个数是均值为 3 的泊松随机变量；如果由 C 打字, 错误的个数是均值为 3.4 的泊松随机变量. 以 X 记打好的手稿中的错误个数. 假定每个打字员等可能地做这个工作.

(a) 求 $\mathrm{E}[X]$.

(b) 求 $\operatorname{Var}(X)$.

38. 假设 Y 在 (0, 1) 上均匀地分布, 而在给定 $Y=y$ 时, X 是 $(0, y)$ 上的均匀随机变量. 求 $\mathrm{E}[X]$ 和 $\mathrm{Var}(X)$.

39. 随机地洗一副标有数 1 到 n 的 n 张卡片, 以使 $n!$ 个可能的排列等可能出现. 每次翻开一张卡片, 直至数 1 的卡片出现. 这些朝上的卡片组成第一个循环. 现在我们 (通过看翻开的卡片) 确定在没有翻开的卡片中数字最小的一张, 并继续翻卡片直至这张卡片出现. 这个新的卡片的集合组成第二个循环. 我们再确定在余下的卡片中数字最小的一张, 而且翻卡片直到它出现, 如此等等, 直至所有的卡片都已翻开. 以 m_n 记循环个数的均值.

(a) 推导 m_n 的一个由 $m_k(k=1,2,\cdots,n-1)$ 表达的递推公式.

(b) 从 $m_0=0$ 开始, 用此递推公式求 m_1, m_2, m_3, m_4.

(c) 猜测 m_n 的一般公式.

(d) 用归纳法证明你的公式. 即证明它对 $n=1$ 成立, 然后假定它对 $1,\cdots,n-1$ 中所有的值都正确, 并证明这就推出对 n 正确.

(e) 如果一个循环结束于 i, 就令 $X_i=1$, 否则令 $X_i=0, i=1,\cdots,n$. 利用这些 X_i 表示循环数.

(f) 用 (e) 中的表示确定 m_n.

(g) 随机变量 $X_1,\cdots,X_n$ 是否独立? 给出解释.

(h) 求循环个数的方差.

40. 一个囚犯困于一间有三个门的囚室. 第一个门通向一条隧道, 经过此隧道两天后他将回到该囚室. 第二个门通向一条隧道, 经此隧道 3 天后他还将回到该囚室. 第三个门立刻通向自由.

(a) 假定囚犯总是分别以概率 0.5, 0.3, 0.2 选取门 $1, 2, 3$. 问直到他获得自由的天数的期望是多少?

(b) 假定囚犯总是等可能地在他没有用过的门之中选取. 问直到他获得自由的天数的期望是多少? (假如囚犯在开始时尝试门 1, 然后, 当他回到了囚室, 他现在就只从门 2, 3 选取.)

(c) 对于 (a) 和 (b), 求到囚犯到达自由的天数的方差.

41. 工人 $1,\cdots,n$ 目前都闲着. 假定每个工人独立地胜任某个职位的概率为 p, 而这个职位又等可能地派给他们中胜任的一个 (若无人胜任, 则此职位被拒). 求下一个职位派给工人 1 的概率.

***42.** 如果 $X_i(i=1,\cdots,n)$ 是独立的正态随机变量, 其中 X_i 有均值 μ_i 和方差 1, 则称随机变量 $\sum_{i=1}^n X_i^2$ 为非中心卡方随机变量.

(a) 如果 X 是具有均值 μ 和方差 1 的正态随机变量, 证明对于 $|t|<1/2, X^2$ 的矩母函数是

$$(1-2t)^{-1/2}\mathrm{e}^{\frac{t\mu^2}{1-2t}}$$

(b) 求非中心卡方随机变量 $\sum_{i=1}^n X_i^2$ 的矩母函数, 并证明 $\sum_{i=1}^n X_i^2$ 的分布对均值 $\mu_1,\cdots,\mu_n$ 的依赖只是通过它们的平方和. 于是我们说 $\sum_{i=1}^n X_i^2$ 是参数为 n 和 $\theta=\sum_{i=1}^n \mu_i^2$ 的非中心卡方随机变量.

(c) 如果所有的 $\mu_i=0$, 则称 $\sum_{i=1}^n X_i^2$ 是自由度为 n 的卡方随机变量. 通过微分矩母函

数来求它的期望值和方差.

(d) 令 K 是均值为 $\theta/2$ 的泊松随机变量, 假定取条件于 $K=k$ 时随机变量 W 具有自由度为 $n+2k$ 的卡方分布. 通过计算矩母函数证明 W 是参数为 n 和 θ 的非中心卡方随机变量.

(e) 求参数为 n 和 θ 的非中心卡方随机变量的期望值和方差.

***43.** 对于 $\mathrm{P}\{Y\in A\}>0$, 证明

$$\mathrm{E}[X|Y\in A]=\frac{\mathrm{E}[XI\{Y\in A\}]}{\mathrm{P}\{Y\in A\}},$$

其中 $I\{B\}$ 是事件 B 的示性变量, 如果 B 发生则等于 1, 否则等于 0.

44. 在给定的一天进入某商店的顾客数按均值为 $\lambda=10$ 泊松地分布. 一个顾客花费的钱数在 $(0,100)$ 上均匀地分布. 求商店在给定的一天收入的钱数的均值和方差.

45. 一个在实直线上行走的人试图到达原点. 然而, 期望的一步越大, 这一步结果的方差也越大. 特别地, 只要这个人在位置 x, 下一步他就移向一个均值为 0 和方差为 βx^2 的位置. 以 X_n 记此人在 n 步后的位置. 假定 $X_0=x_0$. 求

(a) $\mathrm{E}[X_n]$,

(b) $\mathrm{Var}(X_n)$.

46. (a) 证明

$$\mathrm{Cov}(X,Y)=\mathrm{Cov}(X,\mathrm{E}[Y|X])$$

(b) 假设对于常数 a 和 b,

$$\mathrm{E}[Y|X]=a+bX$$

证明

$$b=\mathrm{Cov}(X,Y)/\mathrm{Var}(X)$$

***47.** 若 $\mathrm{E}[Y|X]=1$, 证明

$$\mathrm{Var}(XY)\geqslant\mathrm{Var}(X)$$

48. 假定我们想用预测值 $Y_1,\cdots,Y_n$ 之一来预测随机变量 X 的值, 其中每个 Y_i 满足 $\mathrm{E}[Y_i|X]=X$. 证明最小化 $\mathrm{E}[(Y_i-X)^2]$ 的预测值 Y_i 是方差最小者.

提示: 用条件方差公式计算 $\mathrm{Var}(Y_i)$.

49. A 和 B 对弈一系列博弈, 每次博弈 A 赢的概率为 p. 最终的赢家是首先比另一个人多赢两次的玩家.

(a) 求 A 是最终的赢家的概率.

(b) 求玩家博弈的次数的期望.

50. 在桶中有三枚硬币. 当抛掷这些硬币时, 正面向上的概率分别为 0.3, 0.5, 0.7. 从这三枚硬币中随机选取一个, 然后抛掷它 10 次. 令 N 是在这 10 次中得到的正面数.

(a) 求 $\mathrm{P}\{N=0\}$.

(b) 求 $\mathrm{P}\{N=n\}, n=0,1,\cdots,10$.

(c) N 是否有二项分布?

(d) 如果在每次出现正面时, 你赢 1 元, 而在每次出现反面时, 你输 1 元. 这是否是公平博弈? 给出解释.

51. 假定 X 是参数为 p 的几何随机变量, 求 X 是偶数的概率.

52. 假设 X 和 Y 是分别有密度 f_X 和 f_Y 的独立随机变量, 确定 $\mathrm{P}\{X+Y<x\}$ 的一维积分表达式.

***53.** 假设 X 是均值为 λ 的泊松随机变量. 而参数 λ 本身是一个均值为 1 的指数随机变量. 证明 $\mathrm{P}\{X=n\}=\left(\frac{1}{2}\right)^{n+1}$.

***54.** 独立试验每次成功的概率为 p, 该试验进行至连续出现 k 次成功为止. 以 X 表示这系列试验成功的总次数, 并记 $P_n=\mathrm{P}\{X=n\}$.

(a) 求 P_k.

(b) 想象试验永远继续, 通过对首次失败取条件, 推导一个 $P_n, n\geqslant k$ 的递推方程.

(c) 通过求解 P_k 的递推方程验证 (a) 的答案.

(d) 在 $p=0.6, k=3$ 时, 求 P_8.

***55.** 在上面的问题中, 令 $M_k=\mathrm{E}[X]$. 对 M_k 推导一个递推方程并求解.

提示: 由 $X_k=X_{k-1}+A_{k,k-1}$ 开始, 其中 X_i 是首次达到相继 i 次成功时总的成功次数, 而 $A_{k,k-1}$ 是从已知的相继 $k-1$ 次成功的一列试验到相继 k 次成功的一列试验的附加次数.

56. 数据显示在雨天伯克利 (美国加利福尼亚州西部城市) 的交通事故数是均值为 9 的泊松随机变量, 而在晴天是均值为 3 的泊松随机变量. 以 X 记明天的交通事故数. 如果明天下雨的概率是 0.6, 求

(a) $\mathrm{E}[X]$,

(b) $\mathrm{P}\{X=0\}$,

(c) $\mathrm{Var}(X)$.

57. 在下一个雨季的暴风雨的次数是按泊松分布的, 但是其参数值在 $(0,5)$ 上均匀分布. 即 Λ 在 $(0,5)$ 上均匀分布, 而给定 $\Lambda=\lambda$ 时, 暴风雨的次数是均值为 λ 的泊松随机变量. 求在这个雨季中至少有三次暴风雨的概率.

***58.** 假设在 $Y=y$ 时, N 的条件分布是均值为 y 的泊松分布. 再假设 Y 是参数为 (r,λ) 的伽马随机变量, 其中 r 是正整数. 即假设

$$\mathrm{P}\{N=n|Y=y\}=\mathrm{e}^{-y}\frac{y^n}{n!}$$

和

$$f_Y(y)=\frac{\lambda\mathrm{e}^{-\lambda y}(\lambda y)^{r-1}}{(r-1)!},\quad y>0$$

(a) 求 $\mathrm{E}[N]$.

(b) 求 $\mathrm{Var}(N)$.

(c) 求 $\mathrm{P}\{N=n\}$.

(d) 利用 (c) 推断 N 与在每次试验的成功概率为 $p=\dfrac{\lambda}{1+\lambda}$ 的独立试验在 r 次成功前出现失败的总次数同分布.

59. 假定每张新奖券的收集都与过去独立, 收集到类型 i 奖券的概率是 p_i. 总共收集到 n 张奖券. 令 A_i 表示事件 "这 n 张奖券中至少有一张是类型 i 奖券". 对于 $i\neq j$, 通过下列方式

计算 $P(A_iA_j)$：

(a) 取条件于这 n 张中类型 i 奖券数 N_i；

(b) 取条件于首次收集到类型 i 奖券的时间 F_i；

(c) 用恒等式 $\mathrm{P}(A_i \cup A_j) = \mathrm{P}(A_i) + \mathrm{P}(A_j) - \mathrm{P}(A_iA_j)$.

***60.** 两个玩家轮流抛掷一枚正面朝上的概率为 p 的硬币. 第一个得到正面的人是赢家. 我们关注的是第一个玩家是赢家的概率, 我们称它为 $f(p)$. 在确定这个概率之前, 回答以下问题：

(a) 你认为 $f(p)$ 是 p 的单调函数吗? 如果是, 它是递增的, 还是递减的?

(b) 你认为 $\lim_{p\to 1} f(p)$ 的值是多少?

(c) 你认为 $\lim_{p\to 0} f(p)$ 的值是多少?

(d) 求 $f(p)$.

61. 假设在习题 29 中射击在中标两次时结束. 以 m_i 记玩家 i 先射时首次中标所需的平均射击数, $i = 1, 2$. 再以 P_i 记玩家 i 先射时玩家 1 首次中标的概率, $i = 1, 2$.

(a) 求 m_1 和 m_2.

(b) 求 P_1 和 P_2.

对以下的问题, 假定玩家 1 先射击.

(c) 求最后的射击由玩家 1 中标的概率.

(d) 求两次都是由玩家 1 中标的概率.

(e) 求两次都是由玩家 2 中标的概率.

(f) 求射击数的均值.

62. A、B 和 C 是势均力敌的网球手. A 与 B 先比赛一场, 赢的人就与 C 比赛. 如此继续, 赢的人总是与等候的人比赛, 直至其中一个球手在一系列比赛中连赢了两场, 就宣布该球手为最终赢家. 求 A 是最终赢家的概率.

63. 假设有 n 类奖券, 每一类新奖券的获得都独立于过去的选取, 它等可能地是 n 类中的任意一类. 假设某人继续收集直到得到全套中每一类至少有一张为止.

(a) 求在最后的收集中恰有一张类型 i 奖券的概率.

提示：取条件于在首张类型 i 奖券出现前收集到的类型数 T.

(b) 求在最后的收集中恰好出现一张的类型数的期望.

64. A 和 B 轮流地掷一对骰子, A 先开始. A 的目标是得到点数和为 6, 而 B 的目标是得到点数和为 7. 无论哪个玩家达到他的目标, 博弈就结束, 而该玩家就是赢家.

(a) 求 A 是赢家的概率.

(b) 求掷这一对骰子的次数的期望.

(c) 求掷这一对骰子的次数的方差.

65. 在一个含有 n 个球的瓮中, 红球的个数等可能地是 $0, 1, \cdots, n$ 中任意一个值的随机变量. 即

$$\mathrm{P}\{i \text{ 个红}, n-i \text{ 个非红}\} = \frac{1}{n+1}, \quad i = 0, 1, \cdots, n.$$

每一次随机地拿出一个球. 以 Y_k 记在前 k 次选取中的红球数, $k = 1, \cdots, n$.

(a) 求 $\mathrm{P}\{Y_n = j\}$, $j = 0, 1, \cdots, n$.

(b) 求 $\mathrm{P}\{Y_{n-1} = j\}$, $j = 0, 1, \cdots, n$.

(c) 你认为 $\mathrm{P}\{Y_k = j\}(j = 0, 1, \cdots, n)$ 的值是多少?

(d) 用反向归纳法验证你对于 (c) 的回答. 即在 $k = n$ 时验证你的回答是正确, 然后证明, 只要它对 k 正确, 就对 $k-1$ 也正确, $k = 1, \cdots, n$.

66. 足球队 A 的对手有两种类型：类型 1 和类型 2. 队 A 对类型 i 对手的得分进球数是均值为 λ_i 的泊松随机变量, 此处 $\lambda_1 = 2, \lambda_2 = 3$. 本周末该队有两次与他们并不熟悉的队的比赛. 假定与他们比赛的第一队为类型 1 的概率是 0.6, 而第二队与第一队的类型独立, 且为类型 1 的概率是 0.3, 确定

(a) 本周末队 A 得分的进球数的期望;

(b) 队 A 总共进 5 个球的概率.

***67.** 连续地抛掷正面朝上的概率为 p 的一枚硬币, 以 $P_j(n)$ 记在前 n 次抛掷中出现连续 j 个正面的一个连贯的概率.

(a) 论证

$$P_j(n) = P_j(n-1) + p^j(1-p)[1 - P_j(n-j-1)]$$

(b) 通过取条件于出现首个非正面, 推导将 $P_j(n)$ 与量 $P_j(n-k)(k = 1, \cdots, j)$ 联系起来的另一个方程.

68. 在一个有 2^n 个竞赛选手的网球锦标赛中, 选手配成对比赛. 输的选手出局, 余下的 2^{n-1} 个选手又配成对比赛. 这样继续 n 轮, 只有一个选手未被击败时, 他就是赢的人. 假设竞赛选手编号为 1 到 2^n, 而且只要两个选手比赛, 标号小的选手以概率 p 取胜. 再假设余下选手的配对总是随机的, 致使在该轮中所有可能的配对都是等可能的.

(a) 选手 1 赢得锦标赛的概率是多少?

(b) 选手 2 赢得锦标赛的概率是多少?

提示：假设随机配对在锦标赛前完成. 即第一轮配对是随机确定的, 2^{n-1} 个第一轮的配对是随机成对的, 每对中赢的选手进入第二轮比赛, 这 2^{n-2} 组 (每组 4 个选手) 随机成对, 每组中赢的选手进入第三轮比赛, 如此等等. 选手 i 与选手 j 称为按进度在第 k 轮中相遇, 倘使他们都赢得第 $k-1$ 轮比赛, 他们将在第 k 轮中相遇. 现在对选手 1 与选手 2 按进度相遇那一轮的序数取条件.

69. 在匹配问题中, 我们说 $(i, j)(i < j)$ 成对, 如果 i 选取 j 的帽子, 而且 j 选取 i 的帽子.

(a) 求成对个数的期望.

(b) 以 Q_n 记没有成对的概率. 推导一个用 $Q_j(j < n)$ 表示 Q_n 的递推公式.

提示：用循环概念.

(c) 用 (b) 中的递推公式求 Q_8.

70. 以 N 记匹配问题结果中循环的个数.

(a) 令 $M_n = \mathrm{E}[N]$, 推导一个用 $M_1, \cdots, M_{n-1}$ 表示 M_n 的方程.

(b) 以 C_j 记含有 j 的循环的长度. 证明

$$N = \sum_{j=1}^{n} 1/C_j$$

并用前面的结果确定 $\mathrm{E}[N]$.

(c) 求标记 $1, 2, \cdots, k$ 的人都在同一个循环中的概率.

(d) 求 $1, 2, \cdots, k$ 是一个循环的概率.

71. 用方程 (3.13) 得到方程 (3.9).

提示: 首先在方程 (3.13) 两边乘以 n. 然后写下一个由 $n-1$ 代替 n 的新方程, 并从后者中减去前者.

72. 在例 3.28 中, 证明在给定 $U_1 = y$ 时 N 的条件分布与在给定 $U_1 = 1-y$ 时 M 的条件分布相同. 再证明

$$\mathrm{E}[N|U_1 = y] = \mathrm{E}[M|U_1 = 1-y] = 1 + \mathrm{e}^y$$

***73.** 假设我们连续地掷一颗骰子直至所有掷出的点数之和超过 100. 当你停止时总和最可能是多少?

74. 有 5 个部件. 它们都独立地工作, 部件 i 工作的概率为 $p_i, i = 1, 2, 3, 4, 5$. 这些部件构成一个系统, 如图 3.7 所示.

系统称为在工作, 如果在图中左端产生的信号能到达右端, 其中它能通过一个部件仅当此部件在工作. (例如, 如果部件 1 和 4 都工作, 系统也工作.) 系统工作的概率是多少?

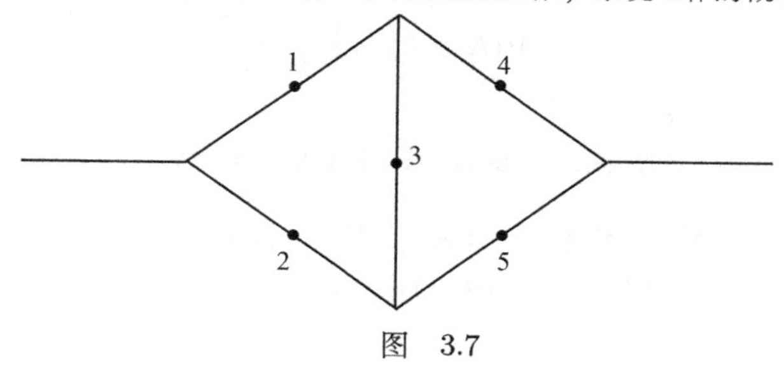

图 3.7

75. 本问题介绍例 3.27 的选票问题的另一个证明.

(a) 论证

$$P_{n,m} = 1 - \mathrm{P}\{\text{A 和 B 在某点成平局}\}.$$

(b) 解释为什么

$$\mathrm{P}\{\text{A 接受第一张选票, 而且他们最终成平局}\}$$
$$= \mathrm{P}\{\text{B 接受第一张选票, 而且他们最终成平局}\}.$$

提示: A 接受第一张选票并且他们最终成平局的任意一个结果, 对应于 B 接受第一张选票且他们最终成平局的一个结果. 解释这个对应.

(c) 论证 P{最终成平局}$= 2m/(n+m)$, 并由此得出 $P_{n,m} = (n-m)/(n+m)$.

76. 考虑一个赌徒, 每次下注他赢 1 美元的概率为 18/38, 输 1 美元的概率为 20/38 (如果下注于轮盘赌, 它们正是停在一种特定的颜色的概率). 这个赌徒在赢得总数 5 美元或赌 100 次时离开. 问他恰好赌 15 次的概率是多少?

77. 证明

(a) $\mathrm{E}[XY|Y = y] = y\mathrm{E}[X|Y = y]$

(b) $\mathrm{E}[g(X, Y)|Y = y] = \mathrm{E}[g(X, y)|Y = y]$

(c) $\mathrm{E}[XY] = \mathrm{E}[Y\mathrm{E}[X|Y]]$

78. 在选票问题 (例 3.27) 中, 计算 P{A 从没有落后}.

79. 从一个有 n 个白球和 m 个黑球的瓮中, 每次取出一个. 如果 $n > m$, 证明瓮中白球总多于黑球 (当然, 到瓮空为止) 的概率等于 $(n-m)/(n+m)$. 解释为什么这个概率等于取出的球的集合中总包含白球多于黑球的概率. (由选票问题, 后者正是 $(n-m)/(n+m)$).

80. 连续地抛掷一枚出现正面的概率为 p 的硬币 n 次. 从第一次抛掷开始, 出现的正面数总比反面数多的概率是多少?

81. 令 $X_i(i \geqslant 1)$ 是独立的 $(0,1)$ 均匀随机变量, 定义 N 为

$$N = \min\{n : X_n < X_{n-1}\}$$

其中 $X_0 = x$. 令 $f(x) = \mathrm{E}[N]$.

(a) 通过取条件于 X_1, 导出 $f(x)$ 的一个积分方程.

(b) 对 (a) 中导出的方程两边取微商.

(c) 求解 (b) 中得到的方程.

(d) 对于确定 $f(x)$ 的第二种途径, 论证

$$\mathrm{P}\{N \geqslant k\} = \frac{(1-x)^{k-1}}{(k-1)!}$$

(e) 利用 (d) 得到 $f(x)$.

82. 令 $X_1, X_2, \cdots$ 是独立的连续随机变量, 具有同样的分布函数 F 和分布密度 $f = F'$, 并且对 $k \geqslant 1$, 令

$$N_k = \min\{n \geqslant k : X_n = X_1, \cdots, X_n \text{ 中第 } k \text{ 个大的}\}$$

(a) 证明 $\mathrm{P}\{N_k = n\} = (k-1)/[n(n-1)], n \geqslant k$.

(b) 论证

$$f_{X_{N_k}}(x) = f(x)(\overline{F}(x))^{k-1} \sum_{i=0}^{\infty} \binom{i+k-2}{i} (F(x))^i$$

(c) 证明下述恒等式

$$a^{1-k} = \sum_{i=0}^{\infty} \binom{i+k-2}{i} (1-a)^i, \quad 0 < a < 1, k \geqslant 2$$

提示: 用归纳法. 当 $k=2$ 时先证明它, 而后假定它对于 k 正确. 对于 $k+1$ 时, 为证明它成立, 利用

$$\sum_{i=1}^{\infty} \binom{i+k-1}{i} (1-a)^i = \sum_{i=1}^{\infty} \binom{i+k-2}{i} (1-a)^i + \sum_{i=1}^{\infty} \binom{i+k-2}{i-1} (1-a)^i$$

其中上面用了组合恒等式

$$\binom{m}{i} = \binom{m-1}{i} + \binom{m-1}{i-1}$$

现在, 用归纳法假设给上面的方程的右边的第一项赋值.

(d) 最后得到结论 X_{N_k} 具有分布 F.

83. 一个瓮中含有 n 个球, 球 i 有重量 $w_i, i = 1, \cdots, n$. 按以下的方案从瓮中每次取出一个: 当 S 是余下的球的集合时, 下一次以概率 $w_i / \sum_{j \in S} w_j$ 取出球 $i, i \in S$. 求在取出球 $i(i = 1, \cdots, u)$ 之前, 取出的球的期望个数.

84. 假设例 3.32 的对打中, 赢家只在发球时才赢得一个点.

(a) 若目前由 A 发球, 问 A 赢得下一个点的概率是多少?

(b) 解释如何得到最终记分的概率.

85. 在列表问题中, 当 P_i 都已知时, 证明最佳排序 (在所需求的元素的位置的期望最小的意义下为最佳) 是按它们的概率递减地配置元素. 即若 $P_1 > P_2 > \cdots > P_n$, 证明 $1, 2, \cdots, n$ 就是最佳排序.

86. 当 $n = 5$ 时, 考察 3.6.2 节的随机图. 计算连通分量个数的概率分布, 并用它计算 $\mathrm{E}[C]$, 然后将你的解答与

$$\mathrm{E}[C] = \sum_{k=1}^{5} \binom{5}{k} \frac{(k-1)!}{5^k}$$

比较, 以此验证你的解答.

87. (a) 由 3.6.3 节的结果, 我们可以得到方程 $x_1 + \cdots + x_m = n$ 共有 $\binom{n+m-1}{m-1}$ 个非负整数解的结论. 直接证明此结论.

(b) 方程 $x_1 + \cdots + x_m = n$ 共有多少个正整数解?

提示: 令 $y_i = x_i - 1$.

(c) 对于博斯–爱因斯坦分布, 计算恰有 k 个 X_i 等于 0 的概率.

88. 在 3.6.3 节中我们看到, 如果 U 是一个 (0, 1) 均匀随机变量, 而且如果在条件 $U = p$ 下, X 是一个参数为 (n, p) 的二项随机变量, 那么

$$\mathrm{P}\{X = i\} = \frac{1}{n+1}, \quad i = 0, 1, \cdots, n$$

对于另一个证明此结果的方法, 令 $U, X_1, X_2, \cdots, X_n$ 是独立的 $(0, 1)$ 均匀随机变量. 定义 X 为

$$X = \#i : X_i < U^{①}$$

即若将此 $n+1$ 个变量由小到大排序, 那么 U 将在位置 $X+1$.

(a) $\mathrm{P}(X = i)$ 是多少?

(b) 解释这如何证明了 3.6.3 节的上述结论.

89. 令 $I_1, \cdots, I_n$ 是独立随机变量, 它们中的每个都等可能地取 0 或 1. 一个著名的非参数统计检验 (称为符号秩检验) 是有关于确定由

$$P_n(k) = \mathrm{P}\left\{\sum_{j=1}^{n} jI_j \leqslant k\right\}$$

定义的 $P_n(k)$. 验证如下的公式:

$$P_n(k) = \frac{1}{2}P_{n-1}(k) + \frac{1}{2}P_{n-1}(k-n)$$

90. 在每个时段出现的事故次数是一个均值为 5 的泊松随机变量. 令 $X_n (n \geqslant 1)$ 等于第 n 个时段中的事故数, 求 $\mathrm{E}[N]$, 其中

(a) $N = \min\{n : X_{n-2} = 2, X_{n-1} = 1, X_n = 0\}$,

(b) $N = \min\{n : X_{n-3} = 2, X_{n-2} = 1, X_{n-1} = 0, X_n = 2\}$.

---

① 式中 $\#i$ 表示 i 的个数.—— 编者注

91. 对于一枚出现正面的概率为 p 的硬币, 求得到模式 "正, 反, 正, 正, 反, 正, 反, 正" 所需抛掷的次数的期望.

92. 乔希在上班路上看到硬币的数目是均值为 6 的泊松随机变量. 每个硬币等可能地是 1 分、5 分、10 分或 25 分. 乔希捡起除一分币外的其他硬币.

(a) 求乔希上班途中捡起钱的总值的期望.

(b) 求乔希上班途中捡起钱的总值的方差.

(c) 求乔希上班途中捡起钱的总值恰为 25 分的概率.

***93.** 考察一系列独立试验, 每个试验的结果等可能地为 $0, 1, \cdots, m$ 中的任意一个. 第一轮开始于第一个试验, 而新的一轮于每次出现结果 0 时开始. 以 N 记直至结果 $1, \cdots, m-1$ 都出现在同一轮时的试验次数. 再以 T_j 记直至 j 个不同结果出现的试验次数, 而以 I_j 记出现的第 j 个不同结果. (所以结果 I_j 首次出现于试验 T_j.)

(a) 论证随机向量 $(I_1, \cdots, I_m)$ 与 $(T_1, \cdots, T_m)$ 是独立的.

(b) 如果结果 0 是出现的第 j 个不同结果, 则令 $X = j$, 如此定义了 X(故 $I_X = 0$). 通过取条件于 X, 导出一个用 $\mathrm{E}[T_j](j = 1, \cdots, m-1)$ 表示 $\mathrm{E}[N]$ 的方程.

(c) 确定 $\mathrm{E}[T_j], j = 1, \cdots, m-1$.

提示: 参见第 2 章习题 42.

(d) 求 $\mathrm{E}[N]$.

94. 令 N 是超几何随机变量, 具有在 w 个白球和 b 个蓝球的一个集合中选取的样本量为 r 的一个随机样本中白球的个数的分布. 即

$$\mathrm{P}\{N = n\} = \frac{\binom{w}{n}\binom{b}{r-n}}{\binom{w+b}{r}}$$

其中我们用了当 $j < 0$ 或 $j > m$ 时 $\binom{m}{j} = 0$ 的约定. 现在, 考虑一个复合随机变量 $S_N = \sum_{i=1}^{N} X_i$, 其中 X_i 是正整数值随机变量, 具有 $\alpha_j = \mathrm{P}\{X_i = j\}$.

(a) 用 3.7 节中定义的 M, 求 $M - 1$ 的分布.

(b) 抑制它对于 b 的依赖性, 令 $P_{w,r}(k) = \mathrm{P}\{S_N = k\}$, 对 $P_{w,r}(k)$ 推导一个递推方程.

(c) 用 (b) 中的递推式求 $P_{w,r}(2)$.

95. 对于 3.6.6 节不带左跳的随机徘徊, 令 $\beta = \mathrm{P}\{S_n \leqslant 0, \text{对所有的 } n\}$ 表示这个随机徘徊从不为正的概率. 当 $\mathrm{E}[X_i] < 0$ 时求 β.

96. 考虑家庭这个大总体, 假定不同家庭中孩子的数量是均值为 λ 的独立的泊松随机变量. 证明: 随机地选择一个孩子, 其兄弟姐妹的数量也是均值为 λ 的泊松随机变量.

***97.** 用条件方差公式求几何随机变量的方差.

***98.** 对复合随机变量 $S = \sum_{i=1}^{N} X_i$, 求 $\mathrm{Cov}(N, S)$.

***99.** 独立试验每次成功的概率为 p, 其在相继的 k 次成功时的试验次数记为 N.

(a) $\mathrm{P}\{N = k\}$ 是什么?

(b) 论证

$$P(N = k + r) = P(N > r - 1)qp^k, \quad r > 0$$

(c) 证明

$$1 - p^k = qp^k E[N]$$

第4章　马尔可夫链

4.1　引　　言

考虑在每个时间段有一个值的随机过程. 令 X_n 表示它在时间段 n 的值, 假设我们要对一系列相继的值 $X_0, X_1, X_2, \cdots$ 建立概率模型. 最简单的模型可能就是假设 $X_n(n=0,1,2,\cdots)$ 是独立的随机变量, 但这个假设常常是不合理的. 例如, 从某个时刻开始 X_n 代表某种股票 (例如 Google) 在未来 n 个交易日末的价格. 若假定在第 $n+1$ 个交易日末的价格与第 $n, n-1, n-2, \cdots, 0$ 日的价格独立, 这显然是不合理的. 然而, 若假定第 $n+1$ 个交易日末的价格通过第 n 日末的价格依赖于以前的盘后价格, 这可能是合理的. 也就是说, 给定以前的盘后价格 $X_n, X_{n-1}, \cdots, X_0$ 时 X_{n+1} 的条件分布只通过第 n 个交易日末的价格依赖于以前的这些盘后价格. 这种假设就定义了一个马尔可夫链, 这是本章将要研究的一种随机过程, 现在我们正式地定义它.

令 $\{X_n, n=0,1,2,\cdots\}$ 是有限个值或者可数个可能值的随机过程. 除非特别提醒, 这个随机过程的可能值的集合都将记为非负整数的集合 $\{0,1,2,\cdots\}$. 如果 $X_n=i$, 那么称该过程在时刻 t 在状态 i. 我们假设只要过程在状态 i, 就有一个固定的概率 P_{ij} 使它在下一个时刻在状态 j. 即我们假设对于一切状态 $i_0, i_1, \cdots, i_{n-1}, i, j$ 及一切 $n \geqslant 0$, 有

$$\mathrm{P}\{X_{n+1}=j|X_n=i, X_{n-1}=i_{n-1}, \cdots, X_1=i_1, X_0=i_0\}=P_{ij} \tag{4.1}$$

这样的随机过程称为马尔可夫链. 方程 (4.1) 可以解释为, 对于一个马尔可夫链, 在给定过去的状态 $X_0, X_1, \cdots, X_{n-1}$ 和现在的状态 X_n 时, 将来的状态 X_{n+1} 的条件分布独立于过去的状态, 且只依赖于现在的状态.

P_{ij} 表示过程处在状态 i 时下一次转移到状态 j 的概率. 由于概率都是非负的, 又由于过程必须转移到某个状态, 所以有

$$P_{ij} \geqslant 0, \quad i,j \geqslant 0; \quad \sum_{j=0}^{\infty} P_{ij}=1, \quad i=0,1,\cdots$$

以 $\boldsymbol{P}$ 记一步转移概率 P_{ij} 的矩阵, 所以

$$
\boldsymbol{P}=\begin{bmatrix} P_{00} & P_{01} & P_{02} & \cdots \\ P_{10} & P_{11} & P_{12} & \cdots \\ \vdots & \vdots & \vdots & \\ P_{i0} & P_{i1} & P_{i2} & \cdots \\ \vdots & \vdots & \vdots & \end{bmatrix}
$$

例 4.1(天气预报) 假设明天下雨的机会只依赖于前一天的天气条件, 即今天是否下雨, 而不依赖过去的天气条件. 再假设如果今天下雨, 那么明天下雨的概率为 α; 如果今天没有下雨, 那么明天下雨的概率为 β.

如果下雨, 我们假定过程在状态 0; 如果不下雨, 我们假定过程在状态 1. 那么, 上面的内容是一个两个状态的马尔可夫链, 其转移概率矩阵给定为

$$
\boldsymbol{P}=\begin{bmatrix} \alpha & 1-\alpha \\ \beta & 1-\beta \end{bmatrix}
$$

■

例 4.2(通信系统) 考察一个传送数字 0 和 1 的通信系统. 每个数字的传送必须经过几个阶段, 在每个阶段有一个概率 p 使进入的数字在离开时不改变. 以 X_n 记第 n 个阶段进入的数字, 则 $\{X_n, n=0,1,2,\cdots\}$ 是一个两个状态的马尔可夫链, 具有转移概率矩阵

$$
\boldsymbol{P}=\begin{bmatrix} p & 1-p \\ 1-p & p \end{bmatrix}
$$

■

例 4.3 在任意给定的一天, 加里的心情或者是快乐的 (cheerful, C), 或者是一般的 (so-so, S), 或者是忧郁的 (glum, G). 如果今天他是快乐的, 则明天他分别以概率 $0.5, 0.4, 0.1$ 是 C, S, G. 如果今天他感觉一般, 则明天他分别以概率 $0.3, 0.4, 0.3$ 为 C, S, G. 如果今天他是忧郁的, 则明天他分别以概率 $0.2, 0.3, 0.5$ 为 C, S, G.

以 X_n 记加里在第 n 天的心情, 则 $\{X_n, n\geqslant 0\}$ 是一个三个状态的马尔可夫链 (状态 $0=C$, 状态 $1=S$, 状态 $2=G$), 具有转移概率矩阵

$$
\boldsymbol{P}=\begin{bmatrix} 0.5 & 0.4 & 0.1 \\ 0.3 & 0.4 & 0.3 \\ 0.2 & 0.3 & 0.5 \end{bmatrix}
$$

■

例 4.4(将一个过程转变为马尔可夫链) 假设今天是否下雨依赖于前两天的天气条件. 特别地, 假设如果过去的两天都下雨, 那么明天下雨的概率为 0.7; 如果今天下雨, 但昨天没有下雨, 那么明天下雨的概率为 0.5; 如果昨天下雨, 但今天没有下雨, 那么明天下雨的概率为 0.4; 如果过去的两天都没有下雨, 那么明天下雨的概率为 0.2.

如果假设在时间 n 的状态只依赖于在时间 n 是否下雨, 那么上面的模型就不是一个马尔可夫链 (为什么不是). 然而, 我们可以通过假定在任意时间的状态是由这天与前一天的天气条件共同确定, 将上面的模型转变为一个马尔可夫链. 换句话说, 我们可以假定过程处在

状态 0: 如果今天和昨天都下雨.　　　　状态 1: 如果今天下雨, 但昨天没有.

状态 2: 如果昨天下雨, 但今天没有.　　　状态 3: 如果今天和昨天都没有下雨.

前面的内容就表示一个 4 个状态的马尔可夫链, 具有转移概率矩阵

$$\boldsymbol{P} = \begin{bmatrix} 0.7 & 0 & 0.3 & 0 \\ 0.5 & 0 & 0.5 & 0 \\ 0 & 0.4 & 0 & 0.6 \\ 0 & 0.2 & 0 & 0.8 \end{bmatrix}$$

你应该仔细地检查矩阵 $\boldsymbol{P}$, 以确保你真正明白了它是怎样得到的. ■

例 4.5(随机游动模型)　一个状态空间是由整数 $i = 0, \pm 1, \pm 2, \cdots$ 给出的马尔可夫链称为*随机游动*, 如果对于某个数 $0 < p < 1$,

$$P_{i,i+1} = p = 1 - P_{i,i-1}, \quad i = 0, \pm 1, \cdots$$

上面的马尔可夫链之所以称为随机游动, 是因为我们可以将它想成一个人在直线上行走, 他在每一个时间点以概率 p 向右走一步, 或者以概率 $1-p$ 向左走一步. ■

例 4.6(赌博模型)　考察一个赌徒, 在每局中赢 1 美元的概率为 p, 输 1 美元的概率为 $1-p$. 如果我们假设他在破产时或者在财富达到 N 美元时离开, 那么赌徒的财富是一个马尔可夫链, 具有转移概率

$$P_{i,i+1} = p = 1 - P_{i,i-1}, \quad i = 1, 2, \cdots, N-1, \quad P_{00} = P_{NN} = 1$$

状态 0 和 N 称为*吸收态*, 因为一旦进入此状态, 它们就不再离开. 注意上面的是一个具有吸收壁 (状态 0 和 N) 的有限状态的随机游动. ■

例 4.7　欧洲和亚洲的绝大部分汽车年保险金是由所谓好–坏系统确定的. 每个参保人被赋予一个正整数值的状态, 而年保险金是该状态的一个函数 (当然, 要根据保险的是什么类型的车及保险的水平). 参保人的状态随着参保人要求理赔的次数一年一年地变化. 因为低的状态对应于低的年保险金, 如果参保人在上一年没有理赔要求, 他的状态就将降低, 而如果参保人在上一年至少有一次理赔要求, 他的状态一般会增加. (所以, 无理赔是好的, 并且一般会导致低保险金, 而要求理赔是坏的, 一般会导致更高的保险金.)

对于给定的一个好–坏系统, 以 $s_i(k)$ 记一个在上一年处在状态 i 且在该年有 k 次理赔要求的参保人在下一年的状态. 如果我们假设一个特定的参保人年理赔要

求的次数是参数为 λ 的泊松随机变量, 那么此参保人相继的状态将构成一个马尔可夫链, 具有转移概率

$$P_{i,j} = \sum_{k:s_i(k)=j} \mathrm{e}^{-\lambda}\frac{\lambda^k}{k!}, \quad j \geqslant 0$$

然而通常有很多状态 (20 个左右并不是非典型), 下表详细说明了一个假设有 4 个状态的好–坏系统.

状态	年保险金	下一个状态			
		0 个理赔	1 个理赔	2 个理赔	3 个理赔以上
1	200	1	2	3	4
2	250	1	3	4	4
3	400	2	4	4	4
4	600	3	4	4	4

因此, 例如, 此表说明了 $s_2(0)=1; s_2(1)=3; s_2(k)=4, k\geqslant 2$. 考察年理赔次数是参数为 λ 的泊松随机变量的一个参保人. 如果这样的参保人一年中有 k 次理赔要求的概率为 a_k, 那么

$$a_k = \mathrm{e}^{-\lambda}\frac{\lambda^k}{k!}, \quad k \geqslant 0$$

对于上表说明的好–坏系统, 参保人相继的状态的转移概率矩阵是

$$\boldsymbol{P} = \begin{bmatrix} a_0 & a_1 & a_2 & 1-a_0-a_1-a_2 \\ a_0 & 0 & a_1 & 1-a_0-a_1 \\ 0 & a_0 & 0 & 1-a_0 \\ 0 & 0 & a_0 & 1-a_0 \end{bmatrix}$$ ■

4.2 C-K 方程

我们已经定义了一步转移概率 P_{ij}. 现在我们定义 n 步转移概率 P_{ij}^n 为处于状态 i 的过程将在 n 次转移后处于状态 j 的概率. 即

$$P_{ij}^n = \mathrm{P}\{X_{n+k}=j|X_k=i\}, \quad n\geqslant 0, i,j\geqslant 0$$

当然 $P_{ij}^1 = P_{ij}$. C-K 方程 (查普曼–科尔莫戈罗夫方程) 提供了计算 n 步转移概率的一个方法. 这些方程是

$$P_{ij}^{n+m} = \sum_{k=0}^{\infty} P_{ik}^n P_{kj}^m, \quad \text{对于一切} \quad n,m\geqslant 0, \text{ 一切 } i,j \tag{4.2}$$

这很容易理解, 只要注意到 $P_{ik}^n P_{kj}^m$ 表示, 通过一条第 n 次转移处于状态 k 的道路, 开始处在状态 i 的过程经过 $n+m$ 次转移至状态 j 的概率. 因此, 对所有的中间状态 k 求和就得到这个过程在 $n+m$ 次转移后处于状态 j 的概率. 正式地, 我们有

$$
\begin{aligned}
P_{ij}^{n+m} &= \mathrm{P}\{X_{n+m}=j|X_0=i\} \\
&= \sum_{k=0}^{\infty} \mathrm{P}\{X_{n+m}=j, X_n=k|X_0=i\} \\
&= \sum_{k=0}^{\infty} \mathrm{P}\{X_{n+m}=j|X_n=k, X_0=i\}\mathrm{P}\{X_n=k|X_0=i\} \\
&= \sum_{k=0}^{\infty} P_{kj}^{m} P_{ik}^{n}
\end{aligned}
$$

如果我们以 $\boldsymbol{P}^{(n)}$ 记 n 步转移概率 P_{ij}^n 的矩阵, 那么方程 (4.2) 表明

$$\boldsymbol{P}^{(n+m)} = \boldsymbol{P}^{(n)} \cdot \boldsymbol{P}^{(m)}$$

其中中间的点表示矩阵的乘法.① 因此, 特别地

$$\boldsymbol{P}^{(2)} = \boldsymbol{P}^{(1+1)} = \boldsymbol{P} \cdot \boldsymbol{P} = \boldsymbol{P}^2$$

而由归纳法

$$\boldsymbol{P}^{(n)} = \boldsymbol{P}^{(n-1+1)} = \boldsymbol{P}^{n-1} \cdot \boldsymbol{P} = \boldsymbol{P}^n$$

即 n 步转移概率矩阵可以由 $\boldsymbol{P}$ 自乘 n 次得到.

例 4.8　在例 4.1 中, 天气被认为是两个状态的马尔可夫链. 如果 $\alpha = 0.7$ 且 $\beta = 0.4$, 那么假定今天下雨, 计算第 4 天下雨的概率.

解　一步转移概率矩阵为

$$\boldsymbol{P} = \begin{bmatrix} 0.7 & 0.3 \\ 0.4 & 0.6 \end{bmatrix}$$

因此

$$\boldsymbol{P}^{(2)} = \boldsymbol{P}^2 = \begin{bmatrix} 0.7 & 0.3 \\ 0.4 & 0.6 \end{bmatrix} \begin{bmatrix} 0.7 & 0.3 \\ 0.4 & 0.6 \end{bmatrix} = \begin{bmatrix} 0.61 & 0.39 \\ 0.52 & 0.48 \end{bmatrix},$$

$$\boldsymbol{P}^{(4)} = (\boldsymbol{P}^2)^2 = \begin{bmatrix} 0.61 & 0.39 \\ 0.52 & 0.48 \end{bmatrix} \begin{bmatrix} 0.61 & 0.39 \\ 0.52 & 0.48 \end{bmatrix} = \begin{bmatrix} 0.5749 & 0.4251 \\ 0.5668 & 0.4332 \end{bmatrix}$$

而要求的概率 P_{00}^4 等于 0.5749. ■

例 4.9　考察例 4.4, 已知星期一与星期二下雨, 问星期四下雨的概率是多少?

解　两步转移概率矩阵为

① 若 $\boldsymbol{A}$ 是一个 $N \times M$ 矩阵, 其 i 行 j 列的元素是 a_{ij}, 而 $\boldsymbol{B}$ 是一个 $M \times K$ 矩阵, 其 i 行 j 列的元素是 b_{ij}, 那么 $\boldsymbol{A} \cdot \boldsymbol{B}$ 定义为一个 $N \times K$ 矩阵, 其 i 行 j 列的元素是 $\sum_{k=1}^{M} a_{ik} b_{kj}$.

$$
\boldsymbol{P}^{(2)}=\boldsymbol{P}^2=\begin{bmatrix}0.7 & 0 & 0.3 & 0\\0.5 & 0 & 0.5 & 0\\0 & 0.4 & 0 & 0.6\\0 & 0.2 & 0 & 0.8\end{bmatrix}\begin{bmatrix}0.7 & 0 & 0.3 & 0\\0.5 & 0 & 0.5 & 0\\0 & 0.4 & 0 & 0.6\\0 & 0.2 & 0 & 0.8\end{bmatrix}
$$

$$
=\begin{bmatrix}0.49 & 0.12 & 0.21 & 0.18\\0.35 & 0.20 & 0.15 & 0.30\\0.20 & 0.12 & 0.20 & 0.48\\0.10 & 0.16 & 0.10 & 0.64\end{bmatrix}
$$

由于星期四下雨等价于星期四处在状态 0 或状态 1 的过程，所求的概率由 $P_{00}^2+P_{01}^2=0.49+0.12=0.61$ 给出. ■

例 4.10 在瓮中总含有两个球. 球的颜色有红色与蓝色. 每个时期随机地取出一个球，并且放回一个新球，新球的颜色以 0.8 的概率与取的球同色，而以 0.2 的概率为相反的颜色. 如果开始时两个球都是红色，求第五次取到的球是红色的概率.

解 为了求得所要的概率，我们首先定义一个合适的马尔可夫链. 只要注意取到红球的概率是由选取时瓮中的成分所确定，就完成了这个链的定义. 所以，我们将 X_n 定义为经过 n 次抽取和随后的放回后瓮中的红球个数. 那么 $\{X_n, n\geqslant 0\}$ 是一个以 $0,1,2$ 为状态的马尔可夫链，而且转移矩阵 $\boldsymbol{P}$ 由

$$
\begin{bmatrix}0.8 & 0.2 & 0\\0.1 & 0.8 & 0.1\\0 & 0.2 & 0.8\end{bmatrix}
$$

给定. 为了理解上式，我们考虑 $P_{1,0}$. 现在，瓮中从 1 个红球变为 0 个红球，这表明已取出的球必定是红球 (它以 0.5 的概率发生)，同时必须放回一个相反颜色的球 (它以 0.2 的概率发生)，这说明

$$
P_{1,0}=(0.5)(0.2)=0.1
$$

为了确定第五次取出的球是红色的概率，我们对第四次选取并放回后瓮中的红球个数取条件. 这就得到

$$
\begin{aligned}
\mathrm{P}(\text{第五次取到的是红球}) &= \sum_{i=0}^{2}\mathrm{P}(\text{第五次取到的是红球}|X_4=i)\mathrm{P}(X_4=i|X_0=2)\\
&=(0)P_{2,0}^4+(0.5)P_{2,1}^4+(1)P_{2,2}^4\\
&=0.5P_{2,1}^4+P_{2,2}^4
\end{aligned}
$$

为了计算上式，我们计算 $\boldsymbol{P}^4$. 这样做后就得到

$$
P_{2,1}^4=0.4352,\quad P_{2,2}^4=0.4872
$$

从而给出答案 P(第五次取到的是红球)=0.7048 ■

例 4.11 假定球逐个地被分配到 8 个瓮中, 各球以相等的可能放到其中任意一个瓮中. 问在分配 9 次后, 其中恰有 3 个瓮不是空的概率是多少?

解 如果我们以 X_n 记第 n 个球被分配后非空瓮的数目, 那么 $\{X_n, n \geqslant 0\}$ 是一个以 $0,1,\cdots,8$ 为状态的马尔可夫链, 其转移概率为

$$P_{i,i} = i/8 = 1 - P_{i,i+1}, \quad i = 0,1,\cdots,8$$

所要求的概率是 $P_{0,3}^9 = P_{1,3}^8$, 其中的等号是因为 $P_{0,1} = 1$. 现在从 1 个非空的瓮开始, 如果想要确定在附加的 8 次分配后非空瓮的数目的整个概率分布, 我们需要对状态 $1,2,\cdots,8$ 考察转移概率矩阵. 然而, 由于从一个非空的瓮开始, 我们需要求在附加的 8 个球被分配后有 3 个非空的瓮的概率, 这时我们可以利用, 将所有的状态 $4,5,\cdots,8$ 合成单一的状态 4 时, 即只要四个或更多的瓮非空则状态就是 4 时, 马尔可夫链的状态的作用不会减弱这一事实[①]. 因此, 我们只需确定具有 4 个状态 $1,2,3,4$ 并且转移概率矩阵 $\boldsymbol{P}$ 由

$$\begin{bmatrix} \frac{1}{8} & \frac{7}{8} & 0 & 0 \\ 0 & \frac{2}{8} & \frac{6}{8} & 0 \\ 0 & 0 & \frac{3}{8} & \frac{5}{8} \\ 0 & 0 & 0 & 1 \end{bmatrix}$$

给定的马尔可夫链的 8 步转移概率 $P_{1,3}^8$. 将上述矩阵升至 4 次幂, 推出由

$$\begin{bmatrix} 0.0002 & 0.0256 & 0.2563 & 0.7178 \\ 0 & 0.0039 & 0.0952 & 0.9009 \\ 0 & 0 & 0.0198 & 0.9802 \\ 0 & 0 & 0 & 1 \end{bmatrix}$$

给定的 $\boldsymbol{P}^4$. 因此

$$\begin{aligned} P_{1,3}^8 = & 0.0002 \times 0.2563 + 0.0256 \times 0.0952 + 0.2563 \times 0.0198 \\ & + 0.7178 \times 0 = 0.007\ 56 \end{aligned}$$

■

考虑一个具有转移概率 P_{ij} 的马尔可夫链. 以 $\mathscr{A}$ 记一个状态的集合, 并且假定我们想求此马尔可夫链在时刻 m 前曾经进入 $\mathscr{A}$ 中任意一个状态的概率. 也就是, 对于给定的状态 $i \notin \mathscr{A}$, 我们想确定

---

① 请读者注意, 这种将数个状态合并成一个状态的方法只在类似本例的情形才正确, 事实上, 在本例中从状态 k 只能转移到 k 或 $k+1$. 对于一般的马尔可夫链在状态合并后会失去马尔可夫性. ——译者注

$$\beta = \mathrm{P}(X_k \in \mathscr{A}, \text{对于某些 } k = 1, \cdots, m | X_0 = i)$$

为了确定上述概率, 我们定义一个马尔可夫链 $\{W_n, n \geqslant 0\}$, 其状态为: 不属于 $\mathscr{A}$ 中的状态外加一个附加状态, 在我们一般的讨论中称其为状态 A(虽然在特定的例子中, 我们通常会用不同的称谓). 一旦马尔可夫链 $\{W_n\}$ 进入状态 A 就永远保持在其中.

这个新的马尔可夫链定义如下. 以 X_n 记具有转移概率 $P_{i,j}$ 的马尔可夫链在时刻 n 的状态, 定义

$$N = \min\{n : X_n \in \mathscr{A}\}$$

而且如果对一切 n 都有 $X_n \notin \mathscr{A}$, 那么令 $N = \infty$. 简言之, N 是马尔可夫链首次进入状态集 $\mathscr{A}$ 的时间. 现在定义

$$W_n = \begin{cases} X_n, & \text{若 } n < N \\ A, & \text{若 } n \geqslant N \end{cases}$$

所以, 直至原来的马尔可夫链 $\{X_n\}$ 进入 $\mathscr{A}$ 中的某个状态的时刻前, 过程 $\{W_n\}$ 的状态等于原来的马尔可夫链的状态. 而在此时刻新过程到达状态 A 并且永远保持于此. 从此描述我们推出 $\{W_n, n \geqslant 0\}$ 是一个以 $i(i \notin \mathscr{A})$ 和 A 为状态的马尔可夫链, 其转移概率 $Q_{i,j}$ 为

$$\begin{aligned} &Q_{i,j} = P_{i,j}, && \text{若 } i \notin \mathscr{A}, j \notin \mathscr{A} \\ &Q_{i,A} = \sum_{j \in \mathscr{A}} P_{i,j}, && \text{若 } i \notin \mathscr{A} \\ &Q_{A,A} = 1 && \end{aligned}$$

因为原来的马尔可夫链在时刻 m 前进入 $\mathscr{A}$ 中的状态, 当且仅当新的马尔可夫链在时刻 m 的状态是 A, 由此我们看到

$$\begin{aligned} &\mathrm{P}(X_k \in \mathscr{A}, \text{对于某些 } k = 1, \cdots, m | X_0 = i) \\ =&\mathrm{P}(W_m = A | X_0 = i) = \mathrm{P}(W_m = A | W_0 = i) = Q_{i,A}^m \end{aligned}$$

也就是, 所要的概率等于新链的一个 m 步转移概率.

例 4.12 在一系列独立抛掷一个公平硬币的试验中, 以 N 记直至出现连续 3 次正面时的抛掷次数. 求

(a) $\mathrm{P}(N \leqslant 8)$

(b) $\mathrm{P}(N = 8)$

解 (a) 为了确定 $\mathrm{P}(N \leqslant 8)$, 我们定义一个具有状态 0, 1, 2, 3 的马尔可夫链, 其中状态 $i, i < 3$ 表示目前处在相继正面的一个 i 连贯, 而且状态 3 表示一个 3 次连续正面已经出现. 于是, 转移概率矩阵是

$$\boldsymbol{P}=\begin{pmatrix}1/2 & 1/2 & 0 & 0\\ 1/2 & 0 & 1/2 & 0\\ 1/2 & 0 & 0 & 1/2\\ 0 & 0 & 0 & 1\end{pmatrix}$$

其中, 例如, 第 2 行的值得自, 注意如果我们目前在大小为 1 的连贯, 若下次抛掷出现反面则下一个状态是 0, 而若下次抛掷出现正面则下一个状态是 2. 因此 $P_{1,0}=P_{1,2}=1/2$. 因为当且仅当 $X_8=3$ 时在前 8 次抛掷中有 3 次连续正面, 达到这要求的概率是 $P_{0,3}^8$. 求 $\boldsymbol{P}$ 的平方得到 $\boldsymbol{P}^2$, 将此结果平方得到 $\boldsymbol{P}^4$, 然后取此矩阵的平方, 得出

$$\boldsymbol{P}^8=\begin{pmatrix}81/256 & 44/256 & 24/256 & 107/256\\ 68/256 & 37/256 & 20/256 & 131/256\\ 44/256 & 24/256 & 13/256 & 175/256\\ 0 & 0 & 0 & 1\end{pmatrix}$$

因此, 在前 8 次抛掷中有连续 3 次正面的概率是 $107/256\approx 0.4180$.

(b) 得到在前 8 次抛掷中得到 3 次相继正面的首个连贯的概率的一个方法是利用

$$\mathrm{P}(N=8)=\mathrm{P}(N\leqslant 8)-\mathrm{P}(N\leqslant 7)=P_{0.3}^8-P_{0.3}^7$$

另一个确定 $\mathrm{P}(N=8)$ 的方法是考虑一个状态为 0, 1, 2, 3, 4 的马尔可夫链, 其中, 如前地, 在 $i<3$ 时, i 表示我们目前处在相继正面的一个 i 连贯, 状态 3 表示首个大小为 3 的连贯刚出现, 而状态 4 表示在过去出现了大小为 3 的连贯. 就是说, 此马尔可夫链有转移概率矩阵

$$\boldsymbol{Q}=\begin{pmatrix}1/2 & 1/2 & 0 & 0 & 0\\ 1/2 & 0 & 1/2 & 0 & 0\\ 1/2 & 0 & 0 & 1/2 & 0\\ 0 & 0 & 0 & 0 & 1\\ 0 & 0 & 0 & 0 & 1\end{pmatrix}$$

如果从状态 0 开始经过 8 次转移后, 上面的马尔可夫链在状态 3, 则 N 将等于 8. 这就是说, $\mathrm{P}(N=8)=Q_{0,3}^8$. ■

对于马尔可夫链 $\{X_n, n\geqslant 0\}$, 其开始时处于状态 i, 假设我们现在想求它在时刻 m 进入状态 j 而且从没有进入 $\mathscr{A}$ 中的任何状态的概率, 其中状态 i 和 j 都不属于 $\mathscr{A}$. 即对于 $i\notin\mathscr{A}, j\notin\mathscr{A}$, 我们想求

$$\alpha=\mathrm{P}(X_m=j, X_k\notin\mathscr{A}, k=1,\cdots,m-1|X_0=i)$$

注意到事件 $X_m=j, X_k\notin\mathscr{A}, k=1,\cdots,m-1$ 等价于事件 $W_m=j$, 可以推知, 对于 $i\notin\mathscr{A}, j\notin\mathscr{A}$,

$$\begin{aligned}&\mathrm{P}(X_m=j,X_k\notin\mathscr{A},k=1,\cdots m-1|X_0=i)\\&=\mathrm{P}(W_m=j|X_0=i)=\mathrm{P}(W_m=j|W_0=i)=Q_{i,j}^m\end{aligned}$$

例 4.13 考虑一个状态为 1,2,3,4,5 的马尔可夫链, 同时假定我们要计算

$$\mathrm{P}(X_4=2,X_3\leqslant 2,X_2\leqslant 2,X_1\leqslant 2|X_0=1)$$

也就是, 我们要计算从状态 1 出发, 在时刻 4 链的状态是 2, 而且从未进入过集合 $\mathscr{A}=\{3,4,5\}$ 的概率.

为了计算此概率, 我们需要知道的仅仅是转移概率 $P_{11},P_{12},P_{21},P_{22}$. 所以, 我们假定

$$P_{11}=0.3\quad P_{12}=0.3\quad P_{21}=0.1\quad P_{22}=0.2$$

于是我们考虑下面的马尔可夫链它具有状态 1,2,3 (我们将状态 A 重取名 3) 和如下的转移概率矩阵 $\boldsymbol{Q}$:

$$\begin{bmatrix}0.3&0.3&0.4\\0.1&0.2&0.7\\0&0&1\end{bmatrix}$$

所求的概率是 Q_{12}^4. 将 $\boldsymbol{Q}$ 升至 4 次幂, 得到

$$\begin{bmatrix}0.0219&0.0285&0.9496\\0.0095&0.0124&0.9781\\0&0&1\end{bmatrix}$$

因此, 所求的概率是 $\alpha=0.0285$. ■

当 $i\notin\mathscr{A}$, $j\in\mathscr{A}$ 时, 我们可以确定概率

$$\alpha=\mathrm{P}(X_m=j,X_k\notin\mathscr{A},k=1,\cdots,m-1|X_0=i)$$

如下

$$\begin{aligned}\alpha&=\sum_{r\notin\mathscr{A}}\mathrm{P}(X_m=j,X_{m-1}=r,X_k\notin\mathscr{A},k=1,\cdots,m-2|X_0=i)\\&=\sum_{r\notin\mathscr{A}}\mathrm{P}(X_m=j|X_{m-1}=r,X_k\notin\mathscr{A},k=1,\cdots,m-2,X_0=i)\\&\quad\times\mathrm{P}(X_{m-1}=r,X_k\notin\mathscr{A},k=1,\cdots,m-2|X_0=i)\\&=\sum_{r\notin\mathscr{A}}\mathrm{P}_{r,j}\mathrm{P}(X_{m-1}=r,X_k\notin\mathscr{A},k=1,\cdots,m-2|X_0=i)\\&=\sum_{r\notin\mathscr{A}}\mathrm{P}_{r,j}Q_{i,r}^{m-1}\end{aligned}$$

再者, 当 $i\in\mathscr{A}$ 时, 我们可以确定

$$\alpha=\mathrm{P}(X_m=j,X_k\notin\mathscr{A},k=1,\cdots,m-1|X_0=i)$$

为此只需对首次转移取条件, 便得到

$$\alpha = \sum_{r \notin \mathscr{A}} \mathrm{P}(X_m = j, X_k \notin \mathscr{A}, k = 1, \cdots, m-1 | X_0 = i, X_1 = r) \mathrm{P}(X_1 = r | X_0 = i)$$
$$= \sum_{r \notin \mathscr{A}} \mathrm{P}(X_{m-1} = j, X_k \notin \mathscr{A}, k = 1, \cdots, m-2 | X_0 = r) \mathrm{P}_{i,r}$$

例如, 如果 $i \in \mathscr{A}$, $j \notin \mathscr{A}$, 那么, 上式给出

$$\mathrm{P}(X_m = j, X_k \notin \mathscr{A}, k = 1, \cdots, m-1 | X_0 = i) = \sum_{r \notin \mathscr{A}} Q_{r,j}^{m-1} \mathrm{P}_{i,r}$$

给定链在开始时处在状态 i, 到时刻 n 为止从未进入过 $\mathscr{A}$ 中的任意状态时, 我们也可以计算 X_n 的条件概率, 即对于 $i, j \notin \mathscr{A}$,

$$\mathrm{P}\{X_n = j | X_0 = i, X_k \notin \mathscr{A}, k = 1, \cdots, n\}$$
$$= \frac{\mathrm{P}\{X_n = j, X_k \notin \mathscr{A}, k = 1, \cdots, n | X_0 = i\}}{\mathrm{P}\{X_k \notin \mathscr{A}, k = 1, \cdots, n | X_0 = i\}} = \frac{Q_{i,j}^n}{\sum_{r \notin \mathscr{A}} Q_{i,r}^n}$$

注 至今, 我们所考虑的概率都是条件概率. 例如, $P_{i,j}^n$ 是给定时刻 0 的初始状态为 i 时, 在时刻 n 的状态是 j 的概率. 若需要在时刻 n 的状态的无条件分布, 则就必须指定初始状态的概率分布. 我们将它记为

$$\alpha_i \equiv \mathrm{P}\{X_0 = i\}, \quad i \geqslant 0 \left(\sum_{i=0}^{\infty} \alpha_i = 1 \right)$$

一切无条件概率都可利用对初始状态取条件来计算. 这就是,

$$\mathrm{P}\{X_n = j\} = \sum_{i=0}^{\infty} \mathrm{P}\{X_n = j | X_0 = i\} \mathrm{P}\{X_0 = i\}$$
$$= \sum_{i=0}^{\infty} P_{ij}^n \alpha_i$$

例如, 若在例 4.8 中, $\alpha_0 = 0.4, \alpha_1 = 0.6$, 则在开始保留天气记录后 4 天下雨的 (无条件) 概率是

$$\mathrm{P}\{X_4 = 0\} = 0.4 P_{00}^4 + 0.6 P_{10}^4$$
$$= (0.4)(0.5749) + (0.6)(0.5668)$$
$$= 0.5700$$

4.3 状态的分类

状态 j 称为是从状态 i 可达的, 如果对于某个 $n \geqslant 0$ 有 $P_{ij}^n > 0$. 注意这蕴涵状态 j 是从状态 i 可达的当且仅当从 i 开始的过程最终可能到达状态 j. 它之所以正确是因为如果状态 j 不是从状态 i 可达的, 那么

$$\mathrm{P}\{\text{最终进入状态 } j| \text{ 开始在状态 } i\} = \mathrm{P}\left\{\bigcup_{n=0}^{\infty}\{X_n = j\}|X_0 = i\right\}$$
$$\leqslant \sum_{n=0}^{\infty}\mathrm{P}\{X_n = j|X_0 = i\} = \sum_{n=0}^{\infty}P_{ij}^n = 0$$

互相可达的两个状态 i 和 j 称为*互通的*, 写为 $i \leftrightarrow j$.

注意任意状态都与它自己是互通的, 由定义有

$$P_{ii}^0 = \mathrm{P}\{X_0 = i|X_0 = i\} = 1$$

互通关系满足以下的三个性质：

(i) 一切 $i \geqslant 0$, 状态 i 与状态 i 互通.

(ii) 如果状态 i 与状态 j 互通, 那么状态 j 与状态 i 互通.

(iii) 如果状态 i 与状态 j 互通, 且状态 j 与状态 k 互通, 那么状态 i 与状态 k 互通.

性质 (i) 和 (ii) 即得自互通的定义. 为了证明性质 (iii), 假设 i 与 j 互通, 且 j 与 k 互通. 于是存在整数 n 和 m 使 $P_{ij}^n > 0$, $P_{jk}^m > 0$. 现在由 C-K 方程, 我们有

$$P_{ik}^{n+m} = \sum_{r=0}^{\infty}P_{ir}^nP_{rk}^m \geqslant P_{ij}^nP_{jk}^m > 0$$

因此, 状态 k 是从状态 i 可达的. 类似地, 我们可以证明状态 i 是从状态 k 可达的. 因此, 状态 i 与状态 k 互通.

两个互通的状态, 称为在同一个状态类中. (i)、(ii) 和 (iii) 的简单推论是, 两个状态类或者相同, 或者不相交. 换句话说, 互通的概念将状态空间分为许多分离的类. 马尔可夫链称为*不可约的*, 如果只有一个类, 也就是所有的状态彼此互通.

例 4.14 考虑由 0,1,2 三个状态组成的马尔可夫链, 其转移概率矩阵为

$$\boldsymbol{P} = \begin{bmatrix} \frac{1}{2} & \frac{1}{2} & 0 \\ \frac{1}{2} & \frac{1}{4} & \frac{1}{4} \\ 0 & \frac{1}{3} & \frac{2}{3} \end{bmatrix}$$

容易验证这个马尔可夫链是不可约的. 例如, 它可能从状态 0 到达状态 2, 因为

$$0 \to 1 \to 2$$

即从状态 0 到达状态 2 的一个途径是, 从状态 0 到状态 1(以概率 1/2), 然后从状态 1 到状态 2(以概率 1/4). ■

例 4.15 考虑由 0, 1, 2, 3 四个状态组成的马尔可夫链, 其转移概率矩阵为

$$
\boldsymbol{P}=\begin{bmatrix}\frac{1}{2} & \frac{1}{2} & 0 & 0\\ \frac{1}{2} & \frac{1}{2} & 0 & 0\\ \frac{1}{4} & \frac{1}{4} & \frac{1}{4} & \frac{1}{4}\\ 0 & 0 & 0 & 1\end{bmatrix}
$$

此马尔可夫链的类是 $\{0,1\}$、$\{2\}$、$\{3\}$. 注意状态 0(或 1) 是从状态 2 可达的, 但是反过来并不对. 由于状态 3 是一个吸收态, 即 $P_{33}=1$, 所以没有从它可达的其他状态. ■

对于任意状态 i, 我们以 f_i 记开始在状态 i 的过程迟早将再进入 i 的概率. 如果 $f_i=1$, 状态 i *称为常返态*; 如果 $f_i<1$, 状态 i *称为暂态*.

假设过程开始在状态 i, 且 i 是常返态. 因此过程将以概率 1 再进入 i. 然而, 由马尔可夫链的定义, 当它再进入 i 时, 该过程将又重复, 从而状态 i 最终将再度被访问. 继续重复这个推理产生如下结论: *如果状态 i 是常返态, 那么开始在状态 i 的过程将一再地进入 i(事实上是无穷多次)*.

另一方面, 假设状态 i 是暂态. 因此, 过程每次进入 i 将有一个正的概率 $1-f_i$ 不再进入这个状态. 所以, 开始在状态 i 的过程将恰好在状态 i 停留 n 个时间周期的概率等于 $f_i^{n-1}(1-f_i), n\geqslant 1$. 换句话说, *如果状态 i 是暂态, 那么开始在状态 i 的过程处于状态 i 的时间周期的个数有一个有限均值为 $1/(1-f_i)$ 的几何分布*.

从以上两段推出, *状态 i 是常返态当且仅当开始在状态 i 的过程处于状态 i 的时间周期的期望数是无穷的*. 但是, 令

$$
I_n=\begin{cases}1, & 若\ X_n=i\\ 0, & 若\ X_n\neq i\end{cases}
$$

我们有 $\sum_{n=0}^{\infty} I_n$ 表示过程处于状态 i 的时间周期的个数. 再有

$$
\mathrm{E}\left[\sum_{n=0}^{\infty} I_n | X_0=i\right]=\sum_{n=0}^{\infty}\mathrm{E}[I_n|X_0=i]=\sum_{n=0}^{\infty}\mathrm{P}\{X_n=i|X_0=i\}=\sum_{n=0}^{\infty}P_{ii}^n
$$

如此, 我们就证明了如下的命题.

命题 4.1 *状态 i 是*

$$
常返态, 如果\ \sum_{n=1}^{\infty}P_{ii}^n=\infty;
$$

$$
暂态, 如果\ \sum_{n=1}^{\infty}P_{ii}^n<\infty
$$

证明上述命题的推理更加重要, 因为它也表明了一个暂态只能被访问有限次(因之名为暂态). 由此得出在一个有限状态马尔可夫链中不可能所有的状态都是暂

态. 为了明白此理, 假设状态为 $0,1,\cdots,M$, 并假设它们都是暂态. 那么在有限时间后 (例如, 时间 T_0 后) 状态 0 不再被访, 而在有限时间后 (例如, 时间 T_1 后) 状态 1 不再被访, 在有限时间后 (例如, 时间 T_2 后) 状态 2 不再被访, 如此等等. 于是在有限时间 $T=\max\{T_0,T_1,\cdots,T_M\}$ 后无状态可访. 但是因为过程在时间 T 后必须处于某个状态, 我们产生了一个矛盾, 它说明至少一个状态必须是常返态.

命题 4.1 的另一个用处是, 它可使我们证明常返性是一个类性质.

推论 4.2 *如果状态 i 是常返态, 而状态 i 与状态 j 互通, 那么状态 j 是常返态.*

证明 为了证明它, 我们首先注意, 由于状态 i 与状态 j 互通, 存在整数 k 和 m 使 $P_{ij}^k>0, P_{ji}^m>0$. 现在, 对于任意整数 n 有

$$P_{jj}^{m+n+k}\geqslant P_{ji}^m P_{ii}^n P_{ij}^k$$

这是由于上式左边是从 j 经 $m+n+k$ 步后到 j 的概率, 而右边是从 j 经 $m+n+k$ 步后到 j 的概率, 不同的是, 它经过的路径是: 从 j 经 m 步后到 i, 然后从 i 经附加的 n 步后到 i, 然后从 i 经附加的 k 步后到 j.

将上面对 n 求和, 我们得到

$$\sum_{n=1}^{\infty} P_{jj}^{m+n+k}\geqslant P_{ji}^m P_{ij}^k\sum_{n=1}^{\infty}P_{ii}^n=\infty$$

由于 $P_{ij}^k P_{ji}^m>0$, 且由于状态 i 是常返态, $\sum_{n=1}^{\infty}P_{ii}^n$ 是无穷大. 因此由命题 4.1 推出状态 j 也是常返态. ■

注 (i) 推论 4.2 也蕴涵了暂态性是一个类性质. 因为如果状态 i 是暂态且与状态 j 互通, 那么状态 j 必须也是暂态. 因为如果 j 是常返态, 由推论 4.2, i 将是常返态, 从而不能为暂态.

(ii) 推论 4.2 及上面我们关于有限状态马尔可夫链的所有状态不能都是暂态的结论, 产生了有限不可约马尔可夫链的所有状态都是常返态的结论.

例 4.16 令由状态 0, 1, 2, 3 组成的马尔可夫链有转移概率矩阵

$$\boldsymbol{P}=\begin{bmatrix}0&0&\frac{1}{2}&\frac{1}{2}\\1&0&0&0\\0&1&0&0\\0&1&0&0\end{bmatrix}$$

确定哪些状态是暂态, 而哪些状态是常返态.

解 容易验证所有的状态是互通的, 而且这是一个有限链, 因此所有的状态必须是常返态. ■

例 4.17 考虑由状态 0, 1, 2, 3, 4 组成的马尔可夫链, 而

$$
\boldsymbol{P}=\begin{bmatrix}
\frac{1}{2} & \frac{1}{2} & 0 & 0 & 0\\
\frac{1}{2} & \frac{1}{2} & 0 & 0 & 0\\
0 & 0 & \frac{1}{2} & \frac{1}{2} & 0\\
0 & 0 & \frac{1}{2} & \frac{1}{2} & 0\\
\frac{1}{4} & \frac{1}{4} & 0 & 0 & \frac{1}{2}
\end{bmatrix}
$$

确定常返态.

解　这个链由三个类 $\{0,1\}$、$\{2,3\}$ 和 $\{4\}$ 组成. 前两个类是常返态的, 而第三个是暂态的. ■

例 4.18(随机游动)　考虑一个马尔可夫链, 其状态空间由整数 $0,\pm1,\pm2,\cdots$ 组成, 而由

$$P_{i,i+1}=p=1-P_{i,i-1},\quad i=0,\pm1,\pm2,\cdots$$

给出其转移概率, 其中 $0<p<1$. 换句话说, 过程在每次转移时, 或者向右移动一步 (以概率 p), 或者向左移动一步 (以概率 $1-p$). 对这个过程的一个形象的描述是一个醉汉沿着直线游动. 另一个描述是一个赌徒的收获, 即他每次赌博赢或输 1 美元.

因为所有的状态是互通的, 由推论 4.2 推出, 它们或者都是常返态, 或者都是暂态. 所以我们考察状态 0, 并尝试确定 $\sum_{n=1}^{\infty}P_{00}^{n}$ 是有限或是无穷大.

由于在奇数次赌博后最终不可能平局 (用赌博模型解释), 当然, 我们必须有

$$P_{00}^{2n-1}=0,\quad n=1,2,\cdots$$

另一方面, 在 $2n$ 次赌博后, 我们处于平局当且仅当如果我们赢 n 次且输 n 次. 因为每次赌博的结果是赢的概率是 p, 而是输的概率是 $1-p$, 此需求的概率是二项概率

$$P_{00}^{2n}=\binom{2n}{n}p^{n}(1-p)^{n}=\frac{(2n)!}{n!n!}(p(1-p))^{n},\quad n=1,2,3,\cdots$$

用由斯特林给出的一个近似, 它表明

$$n!\sim n^{n+1/2}\mathrm{e}^{-n}\sqrt{2\pi}\tag{4.3}$$

其中当 $\lim_{n\to\infty}a_n/b_n=1$ 时, 就说 $a_n\sim b_n$, 于是得到

$$P_{00}^{2n}\sim\frac{(4p(1-p))^{n}}{\sqrt{\pi n}}$$

如今容易验证对于正的 a_n,b_n, 如果 $a_n\sim b_n$, 那么 $\sum_n a_n<\infty$ 当且仅当 $\sum_n b_n<\infty$. 因此, $\sum_{n=1}^{\infty}P_{00}^{n}$ 收敛当且仅当

$$\sum_{n=1}^{\infty} \frac{(4p(1-p))^n}{\sqrt{\pi n}}$$

收敛. 然而, $4p(1-p) \leqslant 1$, 且等号成立当且仅当 $p = \frac{1}{2}$. 因此, $\sum_{n=1}^{\infty} P_{00}^n = \infty$ 当且仅当 $p = \frac{1}{2}$. 从而, 当 $p = \frac{1}{2}$ 时, 这个链是常返的, 而当 $p \neq \frac{1}{2}$ 时, 这个链是暂态的.

当 $p = \frac{1}{2}$ 时, 上面的过程称为*对称随机游动*. 我们同样可以考虑高于一维的对称随机游动. 例如, 在二维情形的对称随机游动过程每次转移都以概率 $\frac{1}{4}$ 向左、右、上、下每个方向之一走一步. 即状态是一对整数 (i, j), 而转移概率为

$$P_{(i,j),(i+1,j)} = P_{(i,j),(i-1,j)} = P_{(i,j),(i,j+1)} = P_{(i,j),(i,j-1)} = \frac{1}{4}$$

用与一维情形相同的方法, 我们证明此马尔可夫链也是常返的.

由这个链是不可约的推出, 如果状态 $\mathbf{0}=(0,0)$ 是常返态, 那么所有的状态都是常返态. 所以只需考察 $P_{\mathbf{00}}^{2n}$. 如果对于某个 $i, 0 \leqslant i \leqslant n$, 由 i 步向左, i 步向右, $n-i$ 步向上, $n-i$ 步向下组成 $2n$ 步, 那么在 $2n$ 步以后, 这个链将回到原来的位置. 由每一步以概率 $1/4$ 是这四种类型之一推出所求的概率是多项概率. 即

$$\begin{aligned}
P_{\mathbf{00}}^{2n} &= \sum_{i=0}^{n} \frac{(2n)!}{i!i!(n-i)!(n-i)!} \left(\frac{1}{4}\right)^{2n} \\
&= \sum_{i=0}^{n} \frac{(2n)!}{n!n!} \frac{n!}{(n-i)!i!} \frac{n!}{(n-i)!i!} \left(\frac{1}{4}\right)^{2n} \\
&= \left(\frac{1}{4}\right)^{2n} \binom{2n}{n} \sum_{i=0}^{n} \binom{n}{i} \binom{n}{n-i} \\
&= \left(\frac{1}{4}\right)^{2n} \binom{2n}{n} \binom{2n}{n}
\end{aligned} \tag{4.4}$$

其中最后的等式用了组合恒等式

$$\binom{2n}{n} = \sum_{i=0}^{n} \binom{n}{i} \binom{n}{n-i}$$

得到它只需注意两边都表示从 n 个白球和 n 个黑球的一个集合中选取大小为 n 的子集合的个数. 现在

$$\begin{aligned}
\tbinom{2n}{n} &= \frac{(2n)!}{n!n!} \\
&\sim \frac{(2n)^{2n+1/2} \mathrm{e}^{-2n} \sqrt{2\pi}}{n^{2n+1} \mathrm{e}^{-2n} (2\pi)}, \quad \text{由斯特林的近似} \\
&= \frac{4^n}{\sqrt{\pi n}}
\end{aligned}$$

因此, 由方程 (4.4) 我们看到

$$P_{00}^{2n} \sim \frac{1}{\pi n}$$

它显示了 $\sum_n P_{00}^{2n} = \infty$, 从而所有的状态都是常返态.

相当有趣的是, 尽管一维和二维对称随机游动都是常返的, 但是所有更高维的对称随机游动都是暂态的. (例如, 三维对称随机游动每次的转移是等可能地以六个方式之一移动, 即向左, 向右, 向上, 向下, 向里和向外.) ■

注 对于例 4.18 中的一维随机游动, 这里将直接论证在对称的情形建立常返性和在非对称的情形确定最终回到 0 的概率. 令

$$\beta = \mathrm{P}\{\text{最终回到 } 0\}.$$

为了确定 β, 先对初始转移取条件得到

$$\beta = \mathrm{P}\{\text{最终回到 } 0|X_1 = 1\}p + \mathrm{P}\{\text{最终回到 } 0|X_1 = -1\}(1-p). \tag{4.5}$$

现在, 以 α 记给定当前的状态是 1 的马尔可夫链最终回到状态 0 的概率. 因为不管当前的状态是什么, 马尔可夫链总是以概率 p 增加 1 或者以概率 $1-p$ 减少 1, 注意对于任意 i, α 也是当前的状态是 i 的马尔可夫链最终进入状态 $i-1$ 的概率. 为了得到 α 的一个方程, 取条件于下一次的转移, 得到

$$\begin{aligned}\alpha &= \mathrm{P}\{\text{最终回来 } |X_1 = 1, X_2 = 0\}(1-p) + \mathrm{P}\{\text{最终回来 } |X_1 = 1, X_2 = 2\}p \\ &= 1 - p + \mathrm{P}\{\text{最终回来}|X_1 = 1, X_2 = 2\}p \\ &= 1 - p + p\alpha^2\end{aligned}$$

其中最后一个等式是由注意以下情形得到的, 即为了链最终从状态 2 到状态 0, 它必须首先到状态 1, 而它最终发生的概率是 α; 而如果它最终到状态 1, 它还必须到状态 0, 而它最终发生的条件概率也是 α. 所以

$$\alpha = 1 - p + p\alpha^2$$

这个方程的两个根是 $\alpha = 1$ 和 $\alpha = (1-p)/p$. 因此, 在对称随机游动情形 $p = 1/2$, 我们可以得到 $\alpha = 1$. 由对称性, 给定当前的状态是 -1 的马尔可夫链最终回到状态 0 的概率也是 1, 证明了对称随机游动是常返的.

现在假设 $p > 1/2$. 在这种情形, 可以证明 (见本章的习题 17)$\mathrm{P}\{\text{最终回到 } 0|X_1 = -1\} = 1$. 因此, 方程 (4.5) 化简为

$$\beta = \alpha p + 1 - p$$

因为在这种情形随机游动是暂态的, 所以 $\beta < 1$, 这证明了 $\alpha \neq 1$. 所以 $\alpha = (1-p)/p$, 并有

$$\beta = 2(1-p), \quad p > 1/2$$

类似地, 当 $p<1/2$ 时, 我们可以证明 $\beta=2p$. 于是, 一般地

$$\mathrm{P}\{\text{最终回到 } 0\}=2\min(p,1-p).$$ ■

例 4.19(Aloha 协议的最终不稳定性) 考察一个通信设备, 其中在每个时间段 $n=1,2,\cdots$ 到达的信息的个数是独立同分布的. 令 $\alpha_i=\mathrm{P}(i \text{ 到达})$, 并假设 $\alpha_0+\alpha_1<1$. 每个到达的信息将在它到达的时段结束时被传送. 如果恰好有一个信息被传送, 那么这个传送成功, 而此信息离开此设备. 然而, 如果任何时间有两个或更多的信息同时被传送, 那么认为这时发生了碰撞, 而这些信息就留在系统中. 一个信息一旦卷入碰撞, 它将在一个附加的时段结束时独立于其他情况地以概率 p 被传送, 这就是所谓的 Aloha 协议 (因为它首先在夏威夷大学制定)①. 我们证明在以概率 1 传送成功的个数是有限的意义下的设备是渐近不稳定的.

首先, 我们以 X_n 记在第 n 个时段开始时设备中的信息的个数. 并且注意到 $\{X_n,n\geqslant 0\}$ 是马尔可夫链, 现在对 $k\geqslant 0$ 定义示性变量 I_k 为

$$I_k=\begin{cases}1, & \text{若链首次离开状态 } k \text{ 时直接到状态 } k-1,\\ 0, & \text{其他情形,}\end{cases}$$

而当设备永不在状态 $k(k\geqslant 0)$ 时, 令它为 0(例如, 若相继的状态为 0, 1, 3, 4, $\cdots$, 则 $I_3=0$, 因为当链首次离开状态 3 时, 它去 4; 然而, 若它们是 0, 3, 3, 2, $\cdots$, 则 $I_3=1$, 因为这时它去 2). 现在

$$\mathrm{E}\left[\sum_{k=0}^{\infty}I_k\right]=\sum_{k=0}^{\infty}\mathrm{E}[I_k]=\sum_{k=0}^{\infty}\mathrm{P}\{I_k=1\}\leqslant\sum_{k=0}^{\infty}\mathrm{P}\{I_k=1|\text{最终到达 } k\}. \tag{4.6}$$

现在, $\mathrm{P}\{I_k=1|$ 最终到达 $k\}$ 是离开状态 k 后下一个状态是 $k-1$ 的概率. 即这是给定它不回到 k 的条件下, 从 k 到 $k-1$ 的传送的条件概率, 所以

$$\mathrm{P}\{I_k=1|\text{最终到达 } k\}=\frac{P_{k,k-1}}{1-P_{k,k}}.$$

我们有

$$P_{k,k-1}=a_0kp(1-p)^{k-1},\quad P_{k,k}=a_0[1-kp(1-p)^{k-1}]+a_1(1-p)^k$$

这得自, 如果一天初有 k 个信息出现, 那么 (a) 第二天初有 $k-1$ 个信息, 如果这天没有新信息, 而且在此 k 个信息中恰有一个被传送; (b) 第二天初有 k 个信息, 如果这天是如下情形之一:

(i) 没有新信息, 而在此 k 个信息中并不是恰有一个被传送.

(ii) 恰有一个新信息 (它自动地传送), 而在另外 k 个信息中没有信息被传送.

将上面代入方程 (4.6) 得到

① aloha 是夏威夷人表示致意的问候语.—— 编者注

$$\mathrm{E}\left[\sum_{k=0}^{\infty} I_k\right] \leqslant \sum_{k=0}^{\infty} \frac{a_0 k p(1-p)^{k-1}}{1-a_0[1-kp(1-p)^{k-1}]-a_1(1-p)^k} < \infty$$

其中的收敛性得自，当 k 大时上面表达式的分母收敛到 $1-a_0$，于是和的收敛或发散决定于分子中各项的和是否收敛，而 $\sum_{k=0}^{\infty} k(1-p)^k < \infty$.

所以 $\mathrm{E}\left[\sum_{k=0}^{\infty} I_k\right] < \infty$，它蕴涵 $\sum_{k=0}^{\infty} I_k < \infty$，其概率为 1(因为如果 $\sum_{k=0}^{\infty} I_k$ 有一个正概率使它可能为 ∞，那么它的均值将是 ∞). 因此，以概率 1 有：经过相继的传送，只有有限个数的状态开始离开，即存在某个有限整数 N 使设备中 N 个或者更多的信息总不会成功传送. 由此 (以及最终将达到这种更高的状态的事实——为什么?) 推出，以概率 1 只成功传送有限个. ■

注　作为斯特林近似的一个 (有点不够严格的) 概率证明，令 $X_1, X_2, \cdots$ 是独立的泊松随机变量，每个有均值 1. 令 $S_n = \sum_{i=1}^{n} X_i$，注意 S_n 的均值和方差都是 n. 现在

$$\begin{aligned}
\mathrm{P}\{S_n = n\} &= \mathrm{P}\{n-1 < S_n \leqslant n\} \\
&= \mathrm{P}\{-1/\sqrt{n} < (S_n - n)/\sqrt{n} \leqslant 0\} \\
&\approx \int_{-1/\sqrt{n}}^{0} (2\pi)^{-1/2} \mathrm{e}^{-x^2/2} \mathrm{d}x, \text{ 当 } n \text{ 很大时，由中心极限定理} \\
&\approx (2\pi)^{-1/2}(1/\sqrt{n}) \\
&= (2\pi n)^{-1/2}
\end{aligned}$$

但是 S_n 是均值为 n 的泊松随机变量，所以

$$\mathrm{P}\{S_n = n\} = \frac{\mathrm{e}^{-n} n^n}{n!}$$

因此，对于很大的 n 有

$$\frac{\mathrm{e}^{-n} n^n}{n!} \approx (2\pi n)^{-1/2}$$

或者等价地

$$n! \approx n^{n+1/2} \mathrm{e}^{-n} \sqrt{2\pi}$$

它就是斯特林近似.

4.4　长程性质和极限概率

对于一对状态 $i \neq j$，我们将从状态 i 开始的马尔可夫链迟早到达状态 j 的概率记为 $f_{i,j}$. 就是说，

$$f_{i,j} = \mathrm{P}\{\text{对某个 } n > 0 \text{ 有 } X_n = j | X_0 = i\}.$$

于是我们有下述结果.

命题 4.3 若 i 是常返的, 且 i 和 j 互通, 则 $f_{i,j}=1$.

证明 因为 i 和 j 互通, 存在一个值 n 使 $P_{i,j}^n>0$. 令 $X_0=i$, 若 $X_n=j$, 则称之为首次机会成功. 注意首次机会成功的概率为 $P_{i,j}^n>0$. 若首次机会不成功, 则考虑 (在 n 后的) 此链下一次的进入 i. (因为状态 i 是常返的, 我们肯定链迟早重新进入状态 i.) 如果 n 时段后马尔可夫链又处在状态 j, 那么称之为第二次机会成功. 若第二次机会不成功, 则等到链再下一次进入 i. 如果 n 时段后马尔可夫链处在状态 j, 那么称之为第三次机会成功. 如此继续, 我们可以定义无限个机会, 每次都以相同的正概率 $P_{i,j}^n$ 得到成功. 因为直至首次成功出现时, 机会的次数是参数为 $P_{i,j}^n$ 的几何随机变量, 由此推出成功出现的概率迟早为 1, 从而进入状态 j 的概率迟早为 1. ■

如果状态 j 是常返的, 我们将从 j 开始的马尔可夫链返回状态 j 的期望转移次数记为 m_j. 就是说, 以

$$N_j=\min\{n>0:X_n=j\}$$

记直至马尔可夫链作一次转移到状态 j 的转移次数, 并记

$$m_j=\mathrm{E}[N_j|X_0=j]$$

定义 若 $m_j<\infty$, 则称状态 j 为正常返的, 而若 $m_j=\infty$, 则称状态 j 为零常返的.

现在假设马尔可夫链是不可约且常返的. 我们在此情况下证明此链在状态 j 停留的长程时间比例等于 $\dfrac{1}{m_j}$. 就是说, 以 π_j 记马尔可夫链在状态 j 停留的长程时间比例, 则我们有下述命题.

命题 4.4 若马尔可夫链是不可约且常返的, 则对于任意初始状态有

$$\pi_j=\frac{1}{m_j}$$

证明 假设马尔可夫链从状态 i 开始, 以 T_1 记直至进入状态 j 的转移次数; 并以 T_2 记从 T_1 直至马尔可夫链下一次进入状态 j 的附加转移次数; 然后以 T_3 记从 T_1+T_2 直至马尔可夫链再下次进入状态 j 的附加转移次数, 如此继续. 注意 T_1 是有限的, 因为命题 4.3 告诉我们转移到 j 的概率迟早为 1. 再则, 对 $n\geqslant 2$, 因为 T_n 是在第 $n-1$ 次和第 n 次进入 j 之间的转移次数, 由此从马尔可夫性质推出 $T_1,T_2,\cdots$ 是独立同分布的, 且以 m_j 为均值. 因为在时刻 $T_1+\cdots+T_n$ 第 n 次转移到状态 j,

我们得到此链处于状态 j 的长程时间比例 π_j 是

$$\begin{aligned}\pi_j &= \lim_{n\to\infty}\frac{n}{\sum_{i=1}^{n}Ti}\\ &= \lim_{n\to\infty}\frac{1}{\frac{1}{n}\sum_{i=1}^{n}T_i}\\ &= \lim_{n\to\infty}\frac{1}{\frac{T_1}{n}+\frac{T_2+\cdots+T_n}{n}}\\ &= \frac{1}{m_j}\end{aligned}$$

其中最后的等号得自, 因为 $\lim_{n\to\infty}T_1/n=0$, 并且从强大数定律推出

$$\lim_{n\to\infty}\frac{T_2+\cdots+T_n}{n}=\lim_{n\to\infty}\frac{T_2+\cdots+T_n}{n-1}\frac{n-1}{n}=m_j$$ ■

因为 $m_j<\infty$ 等价于 $\dfrac{1}{m_j}>0$, 由此推出, 当且仅当 $\pi_j>0$ 时, 状态 j 正常返. 我们现在将正常返拓展为类的性质.

命题 4.5 若 i 正常返, 且 $i\leftrightarrow j$, 则 j 正常返.

证明 假设 i 正常返, 且 $i\leftrightarrow j$. 现在取 n 使得 $P_{i,j}^n>0$. 由于 π_i 是该链处在状态 i 的长程时间比例, 且 $P_{i,j}^n$ 是在状态 i 的链经过 n 次转移后在状态 j 的长程时间比例,

$$\begin{aligned}\pi_i P_{i,j}^n &= \text{链在 } i \text{ 且在 } n \text{ 转移后在状态 } j \text{ 的长程时间比例}\\ &= \text{链在 } j \text{ 且在 } n \text{ 转移前在状态 } i \text{ 的长程时间比例}\\ &\leqslant \text{链在 } j \text{ 的长程时间比例}\end{aligned}$$

因此, $\pi_j\geqslant\pi_i P_{i,j}^n>0$, 说明 j 是正常返的. ■

注 (i) 由上面的结果推出, 零常返也是类的性质. 为此假设 i 是零常返的, 且 $i\leftrightarrow j$. 因为 i 是常返的, 且 $i\leftrightarrow j$, 我们可得结论 j 是常返的. 但是若 j 是正常返的, 则由上面的命题 i 将也是正常返的. 因为 i 不是正常返的, 所以 j 也不是正常返的.

(ii) 一个不可约的有限马尔可夫链必须是正常返的. 因为我们知道这样的链必是常返的, 因此它的一切状态不是正常返就是零常返. 如果它们都是零常返的, 那么一切的长程比例都等于 0, 这是不可能的, 因为它的状态有限. 因此, 我们可得出这样的链是正常返的结论. ■

为了确定长程比例 $\{\pi_j, j\geqslant 1\}$, 注意到, 因为 π_i 是从状态 i 转移的长程比例, 我们有

$$\pi_i P_{i,j}=\text{从状态 } i \text{ 到状态 } j \text{ 转移的长程比例}$$

将上式对 i 求和, 就得出

$$\pi_j = \sum_i \pi_i P_{i,j}$$

事实上,可以证明以下的重要定理.

定理 4.1 考虑一个不可约的马尔可夫链. 若此链是正常返的,则长程比例是方程

$$\begin{aligned} \pi_j &= \sum_i \pi_i P_{i,j}, \quad j \geqslant 1 \\ \sum_j \pi_j &= 1 \end{aligned} \tag{4.7}$$

的唯一解. 再则,若上述线性方程无解,则此马尔可夫链是暂态的或者是零常返的,而且一切 $\pi_j = 0$.

例 4.20 考察例 4.1,其中我们假定,若今天是雨天则明天下雨的概率为 α,而若今天不是雨天则明天下雨的概率为 β. 如果我们将下雨称为状态 0,而将不下雨称为状态 1,那么由定理 4.1,长程比例 π_0 和 π_1 可由下式推出

$$\begin{aligned} \pi_0 &= \alpha\pi_0 + \beta\pi_1, \\ \pi_1 &= (1-\alpha)\pi_0 + (1-\beta)\pi_1, \\ \pi_0 + \pi_1 &= 1 \end{aligned}$$

得到

$$\pi_0 = \frac{\beta}{1+\beta-\alpha}, \quad \pi_1 = \frac{1-\alpha}{1+\beta-\alpha}$$

例如,若 $\alpha = 0.7, \beta = 0.4$,则长程比例为 $\pi_0 = \dfrac{4}{7} \approx 0.571$ ■

例 4.21 考察例 4.3,其中人的情绪考虑为具有转移概率矩阵

$$\boldsymbol{P} = \begin{bmatrix} 0.5 & 0.4 & 0.1 \\ 0.3 & 0.4 & 0.3 \\ 0.2 & 0.3 & 0.5 \end{bmatrix}$$

的三个状态的马尔可夫链. 在长程中,过程处于三个状态中的每一个的时间比例是多少?

解 长程比例 $\pi_i (i = 0,1,2)$ 由解 (4.7) 式中的一系列方程得到. 这时,这些方程为

$$\begin{aligned} \pi_0 &= 0.5\pi_0 + 0.3\pi_1 + 0.2\pi_2, \\ \pi_1 &= 0.4\pi_0 + 0.4\pi_1 + 0.3\pi_2, \\ \pi_2 &= 0.1\pi_0 + 0.3\pi_1 + 0.5\pi_2, \\ \pi_0 &+ \pi_1 + \pi_2 = 1 \end{aligned}$$

求解得到

$$\pi_0 = \frac{21}{62}, \qquad \pi_1 = \frac{23}{62}, \qquad \pi_2 = \frac{18}{62}$$ ■

例 4.22(阶层迁移模型) 社会学家感兴趣的一个问题是确定高职业阶层或较低职业阶层在社会中的比例. 一个可能的数学模型是, 假定将一个家庭中相继的后代在社会职业阶层之间的转移看成像马尔可夫链那样地转移. 即一个孩子的职业只决定于他父母的职业. 假定这个模型是恰当的, 并且其转移概率矩阵由

$$\boldsymbol{P} = \begin{bmatrix} 0.45 & 0.48 & 0.07 \\ 0.05 & 0.70 & 0.25 \\ 0.01 & 0.50 & 0.49 \end{bmatrix} \tag{4.8}$$

给出. 例如, 我们假设一个中间阶层的工人的孩子分别以概率 0.05, 0.70, 0.25 获得较高阶层、中间阶层或较低阶层职业.

于是长程比例 π_i 满足

$$\begin{aligned} \pi_0 &= 0.45\pi_0 + 0.05\pi_1 + 0.01\pi_2, \\ \pi_1 &= 0.48\pi_0 + 0.70\pi_1 + 0.50\pi_2, \\ \pi_2 &= 0.07\pi_0 + 0.25\pi_1 + 0.49\pi_2, \\ \pi_0 &+ \pi_1 + \pi_2 = 1 \end{aligned}$$

因此

$$\pi_0 = 0.07, \quad \pi_1 = 0.62, \quad \pi_2 = 0.31$$

换句话说, 在阶层间的社会迁移可被描述为一个马尔可夫链, 其转移概率矩阵是由方程 (4.8) 给出的, 在长程中, 有 7% 的人在较高职业阶层, 62% 的人在中间职业阶层, 31% 的人在较低职业阶层. ■

例 4.23(在遗传学中的马尔可夫链及哈代–温伯格律) 考察一个含很多个体的总体, 每个个体有一对特殊的基因, 其中每个个体基因分为 A 型或 a 型. 假定基因对分别是 AA、aa 或 Aa 的个体的比例分别为 p_0、q_0 和 $r_0(p_0 + q_0 + r_0 = 1)$. 当两个个体交配时, 每一个个体随机地选取他的基因中的一个贡献给所产生的后代. 假定交配是随机发生的, 其中每个个体等可能地与其他任意一个个体交配, 我们想要确定下一代中基因为 AA、aa 或 Aa 的个体的比例, 记此比例为 p、q 和 r, 它们容易由下述途径得到, 即通过集中观察下一代的一个个体, 并确定其基因对的概率.

首先, 随机地选取双亲中的一个, 随后随机地选取它的一个基因, 这等价于随机地从全部基因总体中选取一个基因. 对于双亲的基因对取条件, 我们看到一个随机选取的基因为 A 型的概率是

$$\mathrm{P}\{A\} = \mathrm{P}\{A|AA\}p_0 + \mathrm{P}\{A|aa\}q_0 + \mathrm{P}\{A|Aa\}r_0 = p_0 + r_0/2$$

类似地, 它为 a 型的概率是

$$\mathrm{P}\{a\} = q_0 + r_0/2$$

因此, 在随机交配下, 一个随机选取的下一代成员为 AA 型的概率为 p, 其中

$$p = \mathrm{P}\{A\}\mathrm{P}\{A\} = (p_0 + r_0/2)^2$$

类似地，随机选取的成员为 aa 型的概率是

$$q = \mathrm{P}\{a\}\mathrm{P}\{a\} = (q_0 + r_0/2)^2$$

为 Aa 型的概率是

$$r = 2\mathrm{P}\{A\}\mathrm{P}\{a\} = 2(p_0 + r_0/2)(q_0 + r_0/2)$$

由于下一代的每个成员独立地以概率 p, q, r 为这三种基因型的一种，由此推出下一代成员是 AA、aa 或 Aa 型的百分比分别为 p、q 和 r.

如果我们考虑下一代的全体基因的资源集合，那么基因 A 的比例即 $p + \dfrac{r}{2}$ 并未从前一代改变. 这是通过论证全体基因的资源集合一代一代地没有改变，或者使用以下简单的代数运算得到的. 即

$$\begin{aligned} p + r/2 &= (p_0 + r_0/2)^2 + (p_0 + r_0/2)(q_0 + r_0/2) \\ &= (p_0 + r_0/2)[p_0 + r_0/2 + q_0 + r_0/2] \\ &= p_0 + r_0/2 \quad \text{由于 } p_0 + r_0 + q_0 = 1 \\ &= \mathrm{P}\{A\} \end{aligned} \tag{4.9}$$

因此，在基因的资源集合中，A 和 a 的比例和初始代的相同. 由此推出在随机交配下，在初始代以后，在所有相继的代中有基因对 AA、aa 或 Aa 的个体在总体中的百分比仍为 p、q 和 r. 这称为**哈代–温伯格律**.

假设现在基因对总体已经稳定在百分比 p、q、r. 我们追溯单个个体及其后裔的基因历史 (为简单起见，假定单个个体恰有一个后代). 所以，对于一个给定的个体，以 X_n 记她的第 n 代后裔的遗传状态，通过对随机选取的配偶的状态取条件，容易验证这个马尔可夫链的转移概率矩阵为

$$\begin{array}{c} \\ AA \\ aa \\ Aa \end{array} \begin{array}{c} \begin{array}{ccc} \quad AA \quad & \quad aa \quad & \quad Aa \quad \end{array} \\ \left[\begin{array}{ccc} p + \frac{r}{2} & 0 & q + \frac{r}{2} \\ 0 & q + \frac{r}{2} & p + \frac{r}{2} \\ \frac{p}{2} + \frac{r}{4} & \frac{q}{2} + \frac{r}{4} & \frac{p}{2} + \frac{q}{2} + \frac{r}{2} \end{array}\right] \end{array}$$

显然 (为什么?)，这个马尔可夫链的极限概率 (它等于这个个体的后继者在三个遗传状态中的每一个所占的比率) 正是 p、q 和 r. 为了验证它，我们必须证明它们满足方程 (4.7). 因为方程 (4.7) 中的一个方程是多余的，所以只需证明

$$\begin{aligned} &p = p\left(p + \frac{r}{2}\right) + r\left(\frac{p}{2} + \frac{r}{4}\right) = \left(p + \frac{r}{2}\right)^2, \\ &q = q\left(q + \frac{r}{2}\right) + r\left(\frac{q}{2} + \frac{r}{4}\right) = \left(q + \frac{r}{2}\right)^2, \\ &p + q + r = 1 \end{aligned}$$

但是这得自方程 (4.9), 从而得到了结论. ■

例 4.24　假设一个生产过程随着转移概率为 $P_{ij}(i,j=1,\cdots,n)$ 的不可约且正常返的马尔可夫链改变其状态, 并且假设有些状态是可接受的, 而余下的状态是不可接受的. 以 A 记可接受的状态, 而 A^{c} 是不可接受的状态. 如果生产过程称为处于 "上", 当它在一个可接受的状态; 而称为处于 "下", 当它在一个不可接受的状态. 确定

(i) 生产过程从 "上" 转变为 "下" 的速率 (即故障率);

(ii) 当过程转变为 "下" 时, 保持在 "下" 的平均时间长度;

(iii) 当过程转变为 "上" 时, 保持在 "上" 的平均时间长度.

解　以 $\pi_k(k=1,\cdots,n)$ 记长程比例. 对于 $i\in A$ 及 $j\in A^{\mathrm{c}}$, 过程从状态 i 进入状态 j 的速率为

$$\text{从状态 } i \text{ 进入状态 } j \text{ 的速率} = \pi_i P_{ij}$$

所以生产过程从可接受的状态进入状态 j 的速率为

$$\text{从 } A \text{ 进入状态 } j \text{ 的速率} = \sum_{i\in A}\pi_i P_{ij}$$

因此, 过程从可接受的状态进入不可接受的状态的速率 (即故障发生时的速率) 为

$$\text{故障发生率} = \sum_{j\in A^{\mathrm{c}}}\sum_{i\in A}\pi_i P_{ij} \tag{4.10}$$

现在以 $\overline{U}$ 和 $\overline{D}$ 分别记过程转变为 "上" 时保持在 "上" 的平均时间和过程转变为 "下" 时保持在 "下" 的平均时间. 因为平均每隔 $\overline{U}+\overline{D}$ 个时间单位有一次故障, 直接推出

$$\text{故障发生率} = \frac{1}{\overline{U}+\overline{D}}$$

所以由方程 (4.10) 得到

$$\frac{1}{\overline{U}+\overline{D}} = \sum_{j\in A^{\mathrm{c}}}\sum_{i\in A}\pi_i P_{ij} \tag{4.11}$$

为了得到联系 $\overline{U}$ 和 $\overline{D}$ 的第二个方程, 考虑过程处于 "上" 的时间百分数, 它显然等于 $\sum_{i\in A}\pi_i$. 然而, 由于过程在每 $\overline{U}+\overline{D}$ 个时间单位中平均有 $\overline{U}$ 个时间单位处于 "上", 由此又可直接推出

$$\text{“上”的时间比例} = \frac{\overline{U}}{\overline{U}+\overline{D}}$$

所以,

$$\frac{\overline{U}}{\overline{U}+\overline{D}} = \sum_{i\in A}\pi_i \tag{4.12}$$

因此由方程 (4.11) 和方程 (4.12), 我们得到

$$\overline{U}=\frac{\sum_{i\in A}\pi_i}{\sum_{j\in A^c}\sum_{i\in A}\pi_i P_{ij}},$$
$$\overline{D}=\frac{1-\sum_{i\in A}\pi_i}{\sum_{j\in A^c}\sum_{i\in A}\pi_i P_{ij}}=\frac{\sum_{i\in A^c}\pi_i}{\sum_{j\in A^c}\sum_{i\in A}\pi_i P_{ij}}$$

例如, 假设长程比例矩阵是

$$\boldsymbol{P}=\begin{bmatrix}\frac{1}{4} & \frac{1}{4} & \frac{1}{2} & 0\\ 0 & \frac{1}{4} & \frac{1}{2} & \frac{1}{4}\\ \frac{1}{4} & \frac{1}{4} & \frac{1}{4} & \frac{1}{4}\\ \frac{1}{4} & \frac{1}{4} & 0 & \frac{1}{2}\end{bmatrix}$$

其中可接受 (“上”) 状态是 1, 2 而不可接受 (“下”) 状态是 3, 4. 极限概率满足

$$\pi_1=\pi_1\frac{1}{4}+\pi_3\frac{1}{4}+\pi_4\frac{1}{4},$$
$$\pi_2=\pi_1\frac{1}{4}+\pi_2\frac{1}{4}+\pi_3\frac{1}{4}+\pi_4\frac{1}{4},$$
$$\pi_3=\pi_1\frac{1}{2}+\pi_2\frac{1}{2}+\pi_3\frac{1}{4},$$
$$\pi_1+\pi_2+\pi_3+\pi_4=1$$

求解得

$$\pi_1=\frac{3}{16},\quad \pi_2=\frac{1}{4},\quad \pi_3=\frac{14}{48},\quad \pi_4=\frac{13}{48}$$

从而

$$\text{故障率}=\pi_1(P_{13}+P_{14})+\pi_2(P_{23}+P_{24})=\frac{9}{32},$$
$$\overline{U}=\frac{14}{9},\quad \overline{D}=2$$

因此, 故障平均发生在时间的 9/32(或者 28 个百分点) 处. 它们平均持续 2 个时间单位, 然后, 在系统处于 “上” 时延续 (平均地)14/9 个时间单位. ■

长程比例 $\pi_j(j\geqslant 0)$ 常称为*平稳概率*. 原因是, 如果初始状态按概率 $\pi_j(j\geqslant 0)$ 选取, 那么在任意时间 n 处于状态 j 的概率也等于 π_j. 即若

$$\mathrm{P}\{X_0=j\}=\pi_j,\quad j\geqslant 0$$

则

$$\mathrm{P}\{X_n=j\}=\pi_j,\quad \text{对于一切 } n,j\geqslant 0$$

上面事实容易用归纳法证明, 因为如果假设它对 $n-1$ 正确, 那么

$$\begin{aligned}\mathrm{P}\{X_n=j\}&=\sum_i \mathrm{P}\{X_n=j|X_{n-1}=i\}\mathrm{P}\{X_{n-1}=i\}\\&=\sum_i P_{ij}\pi_i \quad \text{由归纳法假设}\\&=\pi_j \qquad\quad \text{由方程 (4.7)}\end{aligned}$$

例 4.25 假定在相继的日子里, 入住某个宾馆的家庭数是均值为 λ 的泊松随机变量. 再假定一个家庭在宾馆停留的天数是参数为 $p(0<p<1)$ 的几何随机变量. (于是在前一个晚上留在宾馆的一个家庭, 独立于已经在宾馆呆了多久, 将在第二天以概率 p 退房.) 再假定所有的家庭是彼此独立的. 在这些条件下容易看出, 如果以 X_n 记在第 n 天开始入住宾馆的家庭数, 那么 $\{X_n,n\geqslant 0\}$ 是马尔可夫链. 求

(a) 此马尔可夫链的转移概率;

(b) $\mathrm{E}[X_n|X_0=i]$;

(c) 此马尔可夫链的平稳概率.

解 (a) 为了求 $P_{i,j}$, 我们假定在一天开始时宾馆中有 i 个家庭. 因为这 i 个家庭将以概率 $q=1-p$ 再呆一天, 由此推出这 i 个家庭中再留一天的家庭数 R_i 是二项 (i,q) 随机变量. 所以, 以 N 记这天新入住的家庭数, 我们看到

$$P_{i,j}=\mathrm{P}(R_i+N=j)$$

对于 R_i 取条件, 并且利用 N 是均值为 λ 的泊松随机变量, 我们得到

$$\begin{aligned}P_{i,j}&=\sum_{k=0}^{i}\mathrm{P}(R_i+N=j|R_i=k)\binom{i}{k}q^kp^{i-k}\\&=\sum_{k=0}^{i}\mathrm{P}(N=j-k|R_i=k)\binom{i}{k}q^kp^{i-k}\\&=\sum_{k=0}^{\min(i,j)}\mathrm{P}(N=j-k)\binom{i}{k}q^kp^{i-k}\\&=\sum_{k=0}^{\min(i,j)}\mathrm{e}^{-\lambda}\frac{\lambda^{j-k}}{(j-k)!}\binom{i}{k}q^kp^{i-k}\end{aligned}$$

(b) 利用上面的从状态 i 到下一个状态 R_i+N 的表示, 我们有

$$\mathrm{E}[X_n|X_{n-1}=i]=\mathrm{E}[R_i+N]=iq+\lambda$$

因此

$$\mathrm{E}[X_n|X_{n-1}]=X_{n-1}q+\lambda$$

两边取期望得

$$\mathrm{E}[X_n]=\lambda+q\mathrm{E}[X_{n-1}]$$

将上式迭代给出

$$\begin{aligned}\mathrm{E}[X_n] &= \lambda + q\mathrm{E}[X_{n-1}]\\ &= \lambda + q(\lambda + q\mathrm{E}[X_{n-2}])\\ &= \lambda + q\lambda + q^2\mathrm{E}[X_{n-2}]\\ &= \lambda + q\lambda + q^2(\lambda + q\mathrm{E}[X_{n-3}])\\ &= \lambda + q\lambda + q^2\lambda + q^3\mathrm{E}[X_{n-3}]\end{aligned}$$

这说明

$$\mathrm{E}[X_n] = \lambda(1+q+q^2+\cdots+q^{n-1}) + q^2\mathrm{E}[X_0]$$

并且得到结论

$$\mathrm{E}[X_n|X_0=i] = \frac{\lambda(1-q^n)}{p} + q^n i$$

(c) 对于求平稳概率, 我们不直接采用在 (a) 中推导的复杂的转移概率. 我们将用一个事实：平稳概率分布是初始状态空间上使得下一个状态有与它相同分布的唯一一个分布. 现在假定初始状态 X_0 有均值为 α 的泊松分布. 也就是, 在宾馆中开始的家庭数是均值 α 的泊松随机变量. 以 R 记在第二天留在宾馆的家庭数. 那么, 利用例 3.23 的结果, 即如果每个事件发生的概率是 p 且发生的事件数是均值为 α 的泊松随机变量, 那么发生的这些事件的总数是按均值 αq 泊松分布的, 由此推出 R 是均值为 αq 的泊松随机变量. 此外, 这天新入住的家庭数, 记为 N, 是均值为 λ 的泊松随机变量, 而且独立于 R. 因此, 由于独立的泊松随机变量的和也是泊松随机变量, 由此推出第二天开始的家庭数 $R+N$ 是均值为 $\lambda+\alpha q$ 的泊松随机变量. 因此, 如果我们选取 α 使得

$$\alpha = \lambda + \alpha q$$

那么 X_1 的分布将与 X_0 的分布相同. 这意味着当 X_0 的初始分布是均值为 $\alpha = \lambda/p$ 的泊松随机变量时, X_1 有同样的分布, 从而这是一个平稳分布. 也就是, 平稳概率是

$$\pi_i = \mathrm{e}^{-\lambda/p}(\lambda/p)^i/i!, \quad i \geqslant 0$$

上面的模型有一个重要的推广. 即考察一个组织, 其员工分成 r 个不同的类型. 例如, 此组织可以是一个法律公司, 它的律师可以是初级律师、中级律师或合伙人. 假定一个员工目前为类型 i, 对于 $j=1,\cdots,r$, 他将在下一时期变成类型 j 的概率是 $q_{i,j}$, 或者以概率 $1-\sum_{j=1}^{r} q_{i,j}$ 离开此组织. 再者, 假定每个时期都雇用新的员工, 而且雇用的类型 $1,\cdots,r$ 的员工的数目分别是均值为 $\lambda_1,\cdots,\lambda_r$ 的独立泊松随机变量. 假如我们记 $\boldsymbol{X}_n = (X_n(1),\cdots,X_n(r))$, 其中 $X_n(i)$ 是在时期 n 的开始在组织中类型 i 的员工数目, 那么 $\boldsymbol{X}_n(n \geqslant 0)$ 是一个马尔可夫链. 为了计算其平稳概率分布, 假定我们选取初始状态使不同类型的员工是独立的泊松随机变量, 其中类型 i 的员工的平均人数为 α_i. 也就是, 假定 $X_0(1),\cdots,X_0(r)$ 是具有各自的均值 $\alpha_1,\cdots,\alpha_r$ 的

泊松随机变量. 再者, 以 $N_j(j=1,\cdots,r)$ 记在初始时期雇用的类型 j 的员工数. 现在, 固定 i, 对于 $j=1,\cdots,r$, 以 $M_i(j)$ 记 $X_0(i)$ 个类型 i 员工中在下一个时期转为类型 j 的员工数. 那么, 因为以泊松数分布的 $X_0(i)$ 个类型 i 员工将独立地以概率 $q_{i,j}(j=1,\cdots,r)$ 转成类型 j 员工, 由此由例 3.23 后面的注推出, $M_i(1),\cdots,M_i(r)$ 是独立的泊松随机变量, 且 $M_i(j)$ 具有均值 $\alpha_i q_{i,j}$. 因为由假定 $X_0(1),\cdots,X_0(r)$ 是独立的, 我们也可以得到 $M_i(j)$ $(i,j=1,\cdots,r)$ 都是独立的结论. 因为独立的泊松随机变量的和也是按泊松分布的, 由上式得到随机变量

$$X_1(j)=N_j+\sum_{i=1}^{r}M_i(j),\quad j=1,\cdots,r$$

是具有均值

$$\mathrm{E}[X_1(j)]=\lambda_j+\sum_{i=1}^{r}\alpha_i q_{i,j}$$

的泊松随机变量. 因此, 若 $\alpha_1,\cdots,\alpha_r$ 满足

$$\alpha_j=\lambda_j+\sum_{i=1}^{r}\alpha_i q_{i,j},\quad j=1,\cdots,r$$

则 X_1 将与 X_0 有相同的分布. 因此, 如果我们令 $\alpha_1^0,\cdots,\alpha_r^0$ 满足

$$\alpha_j^o=\lambda_j+\sum_{i=1}^{r}\alpha_i^o q_{i,j},\quad j=1,\cdots,r$$

那么此马尔可夫链的平稳分布是各类型的员工数分别有为均值 $\alpha_1^0,\cdots,\alpha_r^0$ 的独立泊松随机变量的分布. 也就是, 长程比例是

$$\pi_{k_1,\cdots,k_r}=\prod_{i=1}^{r}\mathrm{e}^{-\alpha_i^o}(\alpha_i^o)^{k_i}/k_i!$$

可以证明存在值 $\alpha_j^0(j=1,\cdots,r)$ 使每个员工最终以概率 1 离开此组织. 再者, 因为存在唯一的平稳分布, 所以只能有一组这样的值. ■

下面的例子揭示了, 关系 $m_i=1/\pi_i$ 说明两次访问一个状态的平均时间间隔是该链处在此状态的时间的长程比例的倒数. 用它能得到对以马尔可夫链的相继状态构成的数据, 计算直至某个指定模式出现的平均时间.

例 4.26(马尔可夫链生成的数据模型的平均次数)　考虑一个不可约的具有转移概率 $P_{i,j}$ 和平稳概率 $\pi_j(j\geqslant 0)$ 的马尔可夫链 $\{X_n,n\geqslant 0\}$. 初始处于状态 r, 我们想要确定直至模型 $i_1,\cdots,i_k$ 出现的转移次数的期望. 即

$$N(i_1,i_2,\cdots,i_k)=\min\{n\geqslant k:X_{n-k+1}=i_1,\cdots,X_n=i_k\}$$

我们想求

$$\mathrm{E}[N(i_1,i_2,\cdots,i_k)|X_0=r]$$

注意即使 $i_1=r$, 初始状态 X_0 并不考虑为模型序列中的一部分.

令 $\mu(i,i_1)$ 为给定初始状态 $i(i\geqslant 0)$ 时, 马尔可夫链进入状态 i_1 的平均转移次数. $\mu(i,i_1)$ 可以由以下一组方程所确定, 此方程可由对首次转移出状态 i 取条件得到

$$\mu(i,i_1)=1+\sum_{j\neq i_1}P_{i,j}\mu(j,i_1),\quad i\geqslant 0$$

对于马尔可夫链 $\{X_n,n\geqslant 0\}$, 结合以一个对应的马尔可夫链, 我们称之为 k 链, 它在任意时间的一个状态是原来的链的最近的 k 个状态的序列. (例如, 若 $k=3$, 而 $X_2=4,X_3=1,X_4=1$, 则在时间 4 的 k 链的状态是 (4, 1, 1).) 令 $\pi(j_1,\cdots,j_k)$ 为 k 链的平稳概率. 因为 $\pi(j_1,\cdots,j_k)$ 是原来的链在 k 个单位前的状态是 j_1 且跟着的 $k-1$ 个状态的次序为 $j_2,\cdots,j_k$ 的时间比例, 我们可以得到结论

$$\pi(j_1,\cdots,j_k)=\pi_{j_1}P_{j_1,j_2}\cdots P_{j_{k-1},j_k}$$

进而因为 k 链相继地访问状态 $i_1,i_2,\cdots,i_k$ 之间的平均转移次数等于此状态的平稳概率的倒数, 所以有

$$\mathrm{E}[\text{访问 } i_1,\cdots,i_k \text{ 之间的转移次数}]=\frac{1}{\pi(i_1,\cdots,i_k)}\tag{4.13}$$

令 $A(i_1,\cdots,i_m)$ 为在给定前 m 次转移将链带至状态 $X_1=i_1,\cdots,X_m=i_m$ 时, 直到模型出现所需的附加转移次数.

我们现在考虑此模型是否有重叠, 这里我们称模型 $i_1,\cdots,i_k$ 有一个大小为 j $(j<k)$ 的重叠, 如果它最后的 j 个元素和它最前的 j 个元素相同. 即它有一个大小为 j 的重叠, 如果

$$(i_{k-j+1},\cdots,i_k)=(i_1,\cdots,i_j),\quad j<k$$

情形 1: 模型 $i_1,\cdots,i_k$ 没有重叠. 因为没有重叠, 方程 (4.13) 引出

$$\mathrm{E}[N(i_1,i_2,\cdots,i_k)|X_0=i_k]=\frac{1}{\pi(i_1,\cdots,i_k)}$$

因为直至模型出现的时间等于直到链进入状态 i_1 的时间加上附加时间, 所以可以写成

$$\mathrm{E}[N(i_1,i_2,\cdots,i_k)|X_0=i_k]=\mu(i_k,i_1)+\mathrm{E}[A(i_1)]$$

上面的两个方程引出

$$\mathrm{E}[A(i_1)]=\frac{1}{\pi(i_1,\cdots,i_k)}-\mu(i_k,i_1)$$

利用

$$\mathrm{E}[N(i_1,i_2,\cdots,i_k)|X_0=r]=\mu(r,i_1)+\mathrm{E}[A(i_1)]$$

给出结果

$$\mathrm{E}[N(i_1,i_2,\cdots,i_k)|X_0=r]=\mu(r,i_1)+\frac{1}{\pi(i_1,\cdots,i_k)}-\mu(i_k,i_1)$$

其中

$$\pi(i_1,\cdots,i_k)=\pi_{i_1}P_{i_1,i_2}\cdots P_{i_{k-1},i_k}$$

情形 2：现在假设模型有重叠, 并设它的最大重叠的大小为 s. 在这种情形下, 两次相继地访问状态为 $i_1,\cdots,i_k$ 的 k 链之间的转移次数等于, 在给定已经有 s 次转移的结果 $X_1=i_1,\cdots,X_s=i_s$ 下, 原来的链直至模型出现的附加转移次数. 所以, 由方程 (4.13) 有

$$\mathrm{E}[A(i_1,\cdots,i_s)]=\frac{1}{\pi(i_1,\cdots,i_k)}$$

但是因为

$$N(i_1,i_2,\cdots,i_k)=N(i_1,\cdots,i_s)+A(i_1,\cdots,i_s)$$

所以有

$$\mathrm{E}[N(i_1,i_2,\cdots,i_k)|X_0=r]=\mathrm{E}[N(i_1,i_2,\cdots,i_s)|X_0=r]+\frac{1}{\pi(i_1,\cdots,i_k)}$$

现在我们可以对模型 $i_1,\cdots,i_s$ 重复同样的程式, 继续这样做直至我们得到一个无重复的模型, 然后应用情形 1 的结果.

例如, 假设所需的模型是 1, 2, 3, 1, 2, 3, 1, 2, 那么

$$\begin{aligned}\mathrm{E}[N(1,2,3,1,2,3,1,2)|X_0=r]=&\mathrm{E}[N(1,2,3,1,2)|X_0=r]\\&+\frac{1}{\pi(1,2,3,1,2,3,1,2)}\end{aligned}$$

因为模型 (1, 2, 3, 1, 2) 的最大重叠的大小是 2, 与前面相同的推理给出

$$\mathrm{E}[N(1,2,3,1,2)|X_0=r]=\mathrm{E}[N(1,2)|X_0=r]+\frac{1}{\pi(1,2,3,1,2)}$$

因为模型 (1,2) 无重叠, 所以由情形 1 得到

$$\mathrm{E}[N(1,2)|X_0=r]=\mu(r,1)+\frac{1}{\pi(1,2)}-\mu(2,1)$$

因此有

$$\begin{aligned}\mathrm{E}[N(1,2,3,1,2,3,1,2)|X_0=r]=&\mu(r,1)+\frac{1}{\pi_1P_{1,2}}-\mu(2,1)\\&+\frac{1}{\pi_1P_{1,2}^2P_{2,3}P_{3,1}}+\frac{1}{\pi_1P_{1,2}^3P_{2,3}^2P_{3,1}^2}\end{aligned}$$

如果生成的数据是一个独立同分布的随机变量序列, 且每个值等于 j 的概率为 P_j, 那么马尔可夫链有 $P_{i,j}=P_j$. 在这种情形, $\pi_j=P_j$. 此外, 因为由状态 i 到状态 j 的时间是参数为 P_j 的几何随机变量, 所以 $\mu(i,j)=1/P_j$. 于是在模型 1, 2, 3, 1, 2, 3, 1, 2 出现前需要生成的数据值的个数的期望将是

$$\frac{1}{P_1}+\frac{1}{P_1P_2}-\frac{1}{P_1}+\frac{1}{P_1^2P_2^2P_3}+\frac{1}{P_1^3P_2^3P_3^2}=\frac{1}{P_1P_2}+\frac{1}{P_1^2P_2^2P_3}+\frac{1}{P_1^3P_2^3P_3^2}$$ ■

下面的结果十分有用.

命题 4.6 令 $\{X_n, n \geqslant 1\}$ 是有平稳概率 $\pi_j(j \geqslant 0)$ 的不可约马尔可夫链, 而 r 是状态空间上的一个有界函数. 那么, 以概率 1 有

$$\lim_{N\to\infty}\frac{\sum_{n=1}^{N}r(X_n)}{N}=\sum_{j=0}^{\infty}r(j)\pi_j$$

证明 如果我们令 $a_j(N)$ 为马尔可夫链在时段 $1,\cdots,N$ 中在状态 j 度过的全部时间, 那么

$$\sum_{n=1}^{N}r(X_n)=\sum_{j=0}^{\infty}a_j(N)r(j)$$

由于 $a_j(N)/N\to\pi_j$, 将上式除以 N, 然后令 $N\to\infty$ 即得结果. ■

如果我们假设只要链在状态 j, 我们就赚取报酬 $r(j)$, 那么命题 4.6 说明我们在单位时间的平均报酬是 $\sum_j r(j)\pi_j$.

例 4.27 对于例 4.7 中特指的四个状态的好–坏汽车保险系统, 求参保人平均所付的年保险费, 如果他的年理赔要求次数是均值为 1/2 的泊松随机变量.

解 对 $a_k=\mathrm{e}^{-1/2}\dfrac{(1/2)^k}{k!}$, 我们有

$$a_0=0.6065,\quad a_1=0.3033,\quad a_2=0.0758$$

所以, 相继状态的马尔可夫链有如下的转移概率矩阵

$$\begin{bmatrix}0.6065 & 0.3033 & 0.0758 & 0.0144\\ 0.6065 & 0.0000 & 0.3033 & 0.0902\\ 0.0000 & 0.6065 & 0.0000 & 0.3935\\ 0.0000 & 0.0000 & 0.6065 & 0.3935\end{bmatrix}$$

平稳概率由

$$\begin{aligned}\pi_1&=0.6065\pi_1+0.6065\pi_2,\\ \pi_2&=0.3033\pi_1+0.6065\pi_3,\\ \pi_3&=0.0758\pi_1+0.3033\pi_2+0.6065\pi_4,\\ \pi_1&+\pi_2+\pi_3+\pi_4=1\end{aligned}$$

的解给出. 将前三个方程改写为

$$\begin{aligned}\pi_2&=\frac{1-0.6065}{0.6065}\pi_1,\\ \pi_3&=\frac{\pi_2-0.3033\pi_1}{0.6065},\\ \pi_4&=\frac{\pi_3-0.0758\pi_1-0.3033\pi_2}{0.6065}\end{aligned}$$

也就是

$$\pi_2 = 0.6488\pi_1, \quad \pi_3 = 0.5697\pi_1, \quad \pi_4 = 0.4900\pi_1$$

利用 $\sum_{i=1}^{4} \pi_i = 1$ 给出解 (保留四位小数)

$$\pi_1 = 0.3692, \quad \pi_2 = 0.2395, \quad \pi_3 = 0.2103, \quad \pi_4 = 0.1809$$

所以, 所付的平均年保险费是

$$200\pi_1 + 250\pi_2 + 400\pi_3 + 600\pi_4 = 326.375$$

■

极限概率

在例 4.8 中, 我们考察了一个具有转移概率矩阵

$$\boldsymbol{P} = \begin{bmatrix} 0.7 & 0.3 \\ 0.4 & 0.6 \end{bmatrix}$$

的两个状态的马尔可夫链, 并说明了

$$\boldsymbol{P}^{(4)} = \begin{bmatrix} 0.5749 & 0.4251 \\ 0.5668 & 0.4332 \end{bmatrix}$$

由此推出 $\boldsymbol{P}^{(8)} = \boldsymbol{P}^{(4)}\boldsymbol{P}^{(4)}$ 由 (保留三位有效数字)

$$\boldsymbol{P}^{(8)} = \begin{bmatrix} 0.571 & 0.429 \\ 0.571 & 0.429 \end{bmatrix}$$

给出. 请注意 $\boldsymbol{P}^{(8)}$ 和 $\boldsymbol{P}^{(4)}$ 差不多相等, 而且 $\boldsymbol{P}^{(8)}$ 的每一列几乎有相等的值. 事实上, 当 $n \to \infty$ 时, $P_{i,j}^n$ 看起来应收敛到不依赖 i 的某个值. 而且在例 4.20 中, 我们演示了此链的长程比例是 $\pi_0 = 4/7 \approx 0.571$, $\pi_1 = 3/7 \approx 0.429$. 于是, 这使得这些长程比例有可能也是极限概率. 虽然在上面链的情形这是事实, 但是, 长程比例是极限概率不会总是正确的. 为了看清这为什么不总是对的, 我们考察一个具有

$$P_{0,1} = P_{1,0} = 1$$

的马尔可夫链. 因为此马尔可夫链不断地在状态 0 和 1 之间变化, 它处于这些状态的长程比例是

$$\pi_0 = \pi_1 = 1/2$$

然而

$$P_{0,0}^n = \begin{cases} 1, & \text{若 } n \text{ 偶} \\ 0, & \text{若 } n \text{ 奇} \end{cases}$$

所以, 当 n 趋向无穷大时, $P_{0,0}^n$ 没有极限. 一般地, 一个只能在 $d > 1$ 的倍数步回访一个状态的链 (在上例中 $d = 2$) 称为周期的, 这时就没有极限概率. 然而, 对一个没有周期的 (这样的链, 称为非周期的) 不可约链, 极限概率总是存在, 而且不依赖初

始状态. 进而, 此链处于状态 j 的极限概率等于此链处于状态 j 的长程比例 π_j. 当极限概率存在时, 它等于长程比例可由设

$$\alpha_j = \lim_{n\to\infty} \mathrm{P}\{X_n = j\}$$

并利用

$$\mathrm{P}\{X_{n+1} = j\} = \sum_{i=0}^{\infty} \mathrm{P}\{X_{n+1} = j | X_n = i\}\mathrm{P}\{X_n = i\} = \sum_{i=0}^{\infty} P_{ij}\mathrm{P}\{X_n = i\}$$

和

$$1 = \sum_{i=0}^{\infty} \mathrm{P}\{X_n = i\}$$

看出. 令 $n \to \infty$, 上面的两个方程可推出

$$\alpha_j = \sum_{i=0}^{\infty} \alpha_i P_{ij}$$
$$1 = \sum_{i=0}^{\infty} \alpha_i$$

因此, $\{\alpha_j, j \geqslant 0\}$ 满足以 $\{\pi_j, j \geqslant 0\}$ 为唯一解的方程, 这说明了 $\alpha_j = \pi_j, j \geqslant 0$.

4.5 一些应用

4.5.1 赌徒破产问题

考察一个赌徒, 他在每次赌博中以概率 p 赢一个单位, 并以概率 $q = 1 - p$ 输一个单位. 假设各次赌博都是独立的, 赌徒在开始时有 i 个单位, 问他的财富在达到 0 以前先达到 N 的概率是多少?

如果我们以 X_n 记玩家在时间 n 的财富, 那么 $\{X_n, n \geqslant 0\}$ 是一个有转移概率

$$P_{00} = P_{NN} = 1, \quad P_{i,i+1} = p = 1 - P_{i,i-1}, \quad i = 1, 2, \cdots, N-1$$

的马尔可夫链. 此马尔可夫链有三个类, 即 $\{0\}$、$\{1, 2, \cdots, N-1\}$ 和 $\{N\}$. 第一个类、与第三个类是常返的, 而第二个类是暂态的. 因为每个暂态状态只被访问有限次, 由此推出在某个有限的时间后, 此赌徒将达到他的目标 N 或者破产.

以 $P_i (i = 0, 1, \cdots, N)$ 记赌徒在开始时有 i 个单位而且他的财富最终达到 N 的概率. 通过对初始的一次赌博的结果取条件, 我们得到

$$P_i = pP_{i+1} + qP_{i-1}, \quad i = 1, 2, \cdots, N-1$$

或者, 由于 $p + q = 1$, 等价地有

$$pP_i + qP_i = pP_{i+1} + qP_{i-1}$$

从而

$$P_{i+1}-P_i=\frac{q}{p}(P_i-P_{i-1}),\quad i=1,2,\cdots,N-1$$

因此, 由于 $P_0=0$, 我们从上一行得到

$$P_2-P_1=\frac{q}{p}(P_1-P_0)=\frac{q}{p}P_1,$$

$$P_3-P_2=\frac{q}{p}(P_2-P_1)=\left(\frac{q}{p}\right)^2P_1,$$

$$\vdots$$

$$P_i-P_{i-1}=\frac{q}{p}(P_{i-1}-P_{i-2})=\left(\frac{q}{p}\right)^{i-1}P_1,$$

$$\vdots$$

$$P_N-P_{N-1}=\left(\frac{q}{p}\right)(P_{N-1}-P_{N-2})=\left(\frac{q}{p}\right)^{N-1}P_1$$

将这些方程的前 $i-1$ 个相加, 引出

$$P_i-P_1=P_1\left[\left(\frac{q}{p}\right)+\left(\frac{q}{p}\right)^2+\cdots+\left(\frac{q}{p}\right)^{i-1}\right]$$

因此

$$P_i=\begin{cases}\dfrac{1-(q/p)^i}{1-(q/p)}P_1, & 若\ \dfrac{q}{p}\neq 1\\ iP_1, & 若\ \dfrac{q}{p}=1\end{cases}$$

现在, 利用 $P_N=1$, 我们得到

$$P_1=\begin{cases}\dfrac{1-(q/p)}{1-(q/p)^N}, & 若\ p\neq\dfrac{1}{2}\\ \dfrac{1}{N}, & 若\ p=\dfrac{1}{2}\end{cases}$$

因此

$$P_i=\begin{cases}\dfrac{1-(q/p)^i}{1-(q/p)^N}, & 若\ p\neq\dfrac{1}{2}\\ \dfrac{i}{N}, & 若\ p=\dfrac{1}{2}\end{cases}\tag{4.14}$$

注意, 当 $N\to\infty$,

$$P_i\to\begin{cases}1-\left(\dfrac{q}{p}\right)^i, & 若\ p>\dfrac{1}{2}\\ 0, & 若\ p\leqslant\dfrac{1}{2}\end{cases}$$

因此, 若 $p>1/2$, 则存在一个正概率, 赌徒的财富将无限地增长; 而若 $p\leqslant 1/2$, 则赌徒将 (概率 1) 在对阵一个无限富有的对手时破产.

例 4.28 假设麦克斯和帕蒂决定扔硬币，扔得离墙更近的人赢（得一枚硬币）. 帕蒂玩得更好，每次以概率 0.6 获胜. (a) 若帕蒂以 5 枚硬币开始，而麦克斯以 10 枚硬币开始，问帕蒂让麦克斯输光的概率是多少? (b) 若帕蒂以 10 枚硬币开始，而麦克斯以 20 枚开始，情况又如何?

解 (a) 要求的概率是从方程 (4.14) 中置 $i=5, N=15$ 和 $p=0.6$ 得到的. 因此要求的概率是

$$\frac{1-\left(\frac{2}{3}\right)^5}{1-\left(\frac{2}{3}\right)^{15}} \approx 0.87$$

(b) 要求的概率是

$$\frac{1-\left(\frac{2}{3}\right)^{10}}{1-\left(\frac{2}{3}\right)^{30}} \approx 0.98$$

■

将赌徒破产问题应用于药品检验，假设开发了治疗某种病的两种新药. 药品 i 有治愈率 $P_i, i=1,2$, 其含义为每个用药品 i 治疗的病人将以概率 P_i 被治愈. 然而，治愈率是不知道的，并且假设我们想要确定是 $P_1 > P_2$ 还是 $P_2 > P_1$. 为此考察如下的检验：成对的病人相继地接受治疗，其中的一个成员接受药品 1, 而另一个接受药品 2. 每对的结果是确定的，在一种药治愈的累计数超过另一种药治愈的累计数某个预定的固定数时，检验停止. 更为正式地，令

$$X_j = \begin{cases} 1, & \text{若在第 } j \text{ 对中, 用药品 1 的病人被治愈} \\ 0, & \text{其他情形} \end{cases}$$

$$Y_j = \begin{cases} 1, & \text{若在第 } j \text{ 对中, 用药品 2 的病人被治愈} \\ 0, & \text{其他情形} \end{cases}$$

对于一个预定的正整数 M, 检验于 N 对以后停止，此处 N 是使

$$X_1 + \cdots + X_n - (Y_1 + \cdots + Y_n) = M$$

或者

$$X_1 + \cdots + X_n - (Y_1 + \cdots + Y_n) = -M$$

的首个 n. 在前一种情形，我们断言 $P_1 > P_2$, 而在后一种情形，$P_2 > P_1$.

为了确定上面的检验是否是一个好的检验，我们希望知道导致不正确判断的概率. 即对于给定 $P_1 > P_2$ 的 P_1 和 P_2, 此检验不正确地判断为 $P_2 > P_1$ 的概率是多少? 为确定这个概率，观察在检查每一对以后，药品 1 与药品 2 的治愈累计数之差，或者以概率 $P_1(1-P_2)$ (这是药品 1 治愈而药品 2 没有治愈的概率) 增加 1, 或者以

概率 $P_2(1-P_1)$ 减少 1, 或者以概率 $P_1P_2+(1-P_1)(1-P_2)$ 保持不变. 因此, 如果我们只考虑累计数的差有改变的那些对, 那么这个差将以概率

$$p=\mathrm{P}(\text{增加 1}|\text{ 增加 1 或减少 1})=\frac{P_1(1-P_2)}{P_1(1-P_2)+(1-P_1)P_2}$$

增加 1, 而以概率

$$q=1-p=\frac{P_2(1-P_1)}{P_1(1-P_2)+(1-P_1)P_2}$$

减少 1. 因此, 这个检验断言 $P_2>P_1$ 的概率等于以概率 p 每注赢一个单位的一个赌徒在增长 M 前减少 M 的概率. 在方程 (4.14) 中置 $i=M, N=2M$ 显示了这个概率由

$$\mathrm{P}(\text{检验断定 } P_2>P_1)=1-\frac{1-(q/p)^M}{1-(q/p)^{2M}}=\frac{1}{1+(p/q)^M}$$

给出. 从而, 例如, 若 $P_1=0.6$ 和 $P_2=0.4$, 则当 M=5 时, 一个不正确判断的概率是 0.017, 而当 M=10 时减少为 0.0003.

4.5.2 算法有效性的一个模型

下面的优化问题称为一个线性规划:

$$\text{在条件 } \boldsymbol{Ax}=\boldsymbol{b},\ \boldsymbol{x}\geqslant \boldsymbol{0} \text{ 下, 最小化 } \boldsymbol{cx}.$$

其中 $\boldsymbol{A}$ 是一个固定常数的 $m\times n$ 矩阵, $\boldsymbol{c}=(c_1,\cdots,c_n)$ 和 $\boldsymbol{b}=(b_1,\cdots,b_m)$ 是固定常数的向量, 而 $\boldsymbol{x}=(x_1,\cdots,x_n)$ 是非负值的 n 维向量, 要选它使 $\boldsymbol{cx}\equiv\sum_{i=1}^n c_ix_i$ 最小. 假设 $n>m$, 可以证明总能选取到至少有 $n-m$ 分量为 0 的最优值 $\boldsymbol{x}$, 即它总可以取成可行域中的一个所谓极值点.

单纯形法解线性规划是通过从可行域的一个极值点向一个更好的 (通过目标函数 $\boldsymbol{cx}$) 极值点 (经过枢轴运算) 移动直至得到最优点. 因为这样的极值点可能有 $N\equiv\binom{n}{m}$ 个, 似乎此方法需要很多次的迭代, 但是事实上并非如此.

为此, 我们考察一个关于算法如何沿着极值点移动的简单的概率 (马尔可夫链) 模型. 特别地, 假设算法在任意时间处在第 j 个最好的极值点, 那么在下一次枢轴运算结果的极值点等可能地是 $j-1$ 个最好点中的任意一个. 在这个假定下, 我们将证明当 N 大时, 从第 N 个最好的极值点到最好的端点的时间近似于均值与方差都等于 N 的对数 (以 e 为底) 的正态分布.

考虑一个马尔可夫链, 其中 $P_{11}=1$, 而

$$P_{ij}=\frac{1}{i-1},\quad j=1,\cdots,i-1,i>1$$

并以 T_i 记从状态 i 到状态 1 需要转移的次数. 以下 $\mathrm{E}[T_i]$ 的一个递推公式可以由取条件于初始转移得到:

$$E[T_i] = 1 + \frac{1}{i-1}\sum_{j=1}^{i-1} E[T_j]$$

由 $E[T_1]=0$, 我们相继地看到

$$E[T_2] = 1, \quad E[T_3] = 1 + \frac{1}{2}, \quad E[T_4] = 1 + \frac{1}{3}\left(1 + 1 + \frac{1}{2}\right) = 1 + \frac{1}{2} + \frac{1}{3}$$

不难猜测及归纳地证明

$$E[T_i] = \sum_{j=1}^{i-1} 1/j$$

然而, 为了得到 T_N 的更为完善的描述, 我们将利用表达式

$$T_N = \sum_{j=1}^{N-1} I_j$$

其中

$$I_j = \begin{cases} 1, & \text{如果过程最终进入 } j \\ 0, & \text{其他情形} \end{cases}$$

上述表达式的重要性源于下面的命题.

命题 4.7 $I_1, \cdots, I_{N-1}$ 是独立的, 且

$$P\{I_j = 1\} = 1/j, \quad 1 \leqslant j \leqslant N-1$$

证明 对于给定的 $I_{j+1}, \cdots, I_N$, 以 $n = \min\{i : i > j, I_i = 1\}$ 记所到达过的大于状态 j 的最小标号. 于是我们知道过程进入状态 n, 而且下一个进入的状态是 $1, 2, \cdots, j$ 之一. 因此, 由于从状态 n 到达的下一个状态等可能地为较小标号的状态 $1, 2, \cdots, n-1$ 中的任意一个, 所以

$$P\{I_j = 1 | I_{j+1}, \cdots, I_N\} = \frac{1/(n-1)}{j/(n-1)} = \frac{1}{j}$$

因此, $P\{I_j = 1\} = 1/j$, 由于上面的条件概率不依赖 $I_{j+1}, \cdots, I_N$, 所以独立性成立. ■

推论 4.8 (i) $E[T_N] = \sum_{j=1}^{N-1} 1/j$.

(ii) $\operatorname{Var}(T_N) = \sum_{j=1}^{N-1} (1/j)(1 - 1/j)$.

(iii) 对于很大的 N, T_N 近似地有一个均值为 $\ln N$ 和方差为 $\ln N$ 的正态分布.

证明 (i) 和 (ii) 由命题 4.7 和表达式 $T_N = \sum_{j=1}^{N-1} I_j$ 推得. (iii) 由中心极限定理推得, 因为

$$\int_1^N \frac{dx}{x} < \sum_{j=1}^{N-1} 1/j < 1 + \int_1^{N-1} \frac{dx}{x}$$

从而

$$\ln N < \sum_{j=1}^{N-1} 1/j < 1 + \ln(N-1)$$

所以

$$\ln N \approx \sum_{j=1}^{N-1} 1/j$$ ■

回到单纯形法, 如果我们假定 n, m 和 $n-m$ 都很大, 用斯特林近似, 我们有

$$N = \binom{n}{m} \sim \frac{n^{n+1/2}}{(n-m)^{n-m+1/2} m^{m+1/2} \sqrt{2\pi}}$$

所以, 对于 $c = n/m$

$$\ln N \sim \left(mc+\frac{1}{2}\right)\ln(mc)-\left(m(c-1)+\frac{1}{2}\right)\ln(m(c-1))-\left(m+\frac{1}{2}\right)\ln m - \frac{1}{2}\ln(2\pi)$$

也就是

$$\ln N \sim m\left[c\ln\frac{c}{c-1}+\ln(c-1)\right]$$

现在, 因为 $\lim_{x\to\infty} x\ln[x/(x-1)] = 1$, 当 c 很大时就推出

$$\ln N \sim m[1+\ln(c-1)]$$

于是, 例如, 若 $n = 8000, m = 1000$, 则必要的转移次数近似地有均值和方差等于 $1000(1+\ln 7) \approx 3000$ 的正态分布. 因此, 必要的转移次数粗略地以 95% 的可能在

$$3000 \pm 2\sqrt{3000} \quad 大约是 \quad 3000 \pm 110$$

之间.

4.5.3　用随机游动分析可满足性问题的概率算法

考察一个状态为 $0, 1, \cdots, n$ 的马尔可夫链, 其

$$P_{0,1} = 1, \quad P_{i,i+1} = p, \quad P_{i,i-1} = q = 1-p, \quad 1 \leqslant i < n$$

并且假设我们想要研究这个链从状态 0 到状态 n 所花的时间. 得到达到状态 n 的平均时间的一种方法是以 m_i 记从状态 i 走到状态 n 的平均时间, $i = 0, \cdots, n-1$. 如果我们取条件于初始转移, 就得到下面的方程:

$$\begin{aligned}
m_0 &= 1 + m_1,\\
m_i &= \mathrm{E}[到达\ n\ 的时间 \mid 下一个状态是\ i+1]p\\
&\quad + \mathrm{E}[到达\ n\ 的时间 \mid 下一个状态是\ i-1]q\\
&= (1+m_{i+1})p + (1+m_{i-1})q\\
&= 1 + pm_{i+1} + qm_{i-1}, \quad i = 1, \cdots, n-1
\end{aligned}$$

尽管从上面的方程中可以解出 $m_i, i = 0, \cdots, n-1$, 但是我们并不想要它们的解, 而是想利用这个马尔可夫链的特殊结构得到一组更简单的方程. 首先, 以 N_i 记这个链先进入状态 i 直至进入状态 $i+1$ 所用的附加转移次数. 由马尔可夫性质推出这些

随机变量 $N_i(i=0,\cdots,n-1)$ 是独立的. 此外, 我们可以将这个链从状态 0 进入到状态 n 所用的时间 $N_{0,n}$ 表示为

$$N_{0,n}=\sum_{i=0}^{n-1}N_i \tag{4.15}$$

令 $\mu_i=\mathrm{E}[N_i]$, 对这个链进入状态 i 后的下一次转移取条件, 对于 $i=1,\cdots,n-1$ 有

$$\mu_i=1+\mathrm{E}[\text{到达 } i+1 \text{ 的附加转移次数} \mid \text{链到 } i-1]q$$

现在, 如果这个链下一次进入状态 $i-1$, 那么为了到达 $i+1$, 它必须先回到状态 i, 然后必须走向状态 $i+1$. 因此, 由前面可得

$$\mu_i=1+\mathrm{E}[N_{i-1}^*+N_i^*]q$$

其中 N_{i-1}^* 和 N_i^* 分别是从状态 $i-1$ 回到 i 的附加转移次数和从 i 到达 $i+1$ 的次数. 现在, 由马尔可夫性质推出这些随机变量分别与 N_{i-1} 和 N_i 有相同的分布. 此外, 它们是独立的 (虽然我们只用它计算 $N_{0,n}$ 的方差). 因此, 我们有

$$\mu_i=1+q(\mu_{i-1}+\mu_i)$$

从而

$$\mu_i=\frac{1}{p}+\frac{q}{p}\mu_{i-1},\quad i=1,\cdots,n-1$$

由 $\mu_0=1$, 并令 $\alpha=q/p$, 我们由上面的递推公式得到

$$\begin{aligned}
&\mu_1=1/p+\alpha,\\
&\mu_2=1/p+\alpha(1/p+\alpha)=1/p+\alpha/p+\alpha^2,\\
&\mu_3=1/p+\alpha(1/p+\alpha/p+\alpha^2)=1/p+\alpha/p+\alpha^2/p+\alpha^3
\end{aligned}$$

一般地, 我们有

$$\mu_i=\frac{1}{p}\sum_{j=0}^{i-1}\alpha^j+\alpha^i,\quad i=1,\cdots,n-1 \tag{4.16}$$

现在我们用方程 (4.15) 得到

$$\mathrm{E}[N_{0,n}]=1+\frac{1}{p}\sum_{i=1}^{n-1}\sum_{j=0}^{i-1}\alpha^j+\sum_{i=1}^{n-1}\alpha^i$$

当 $p=1/2$ 时有 $\alpha=1$, 从上面我们看到

$$\mathrm{E}[N_{0,n}]=1+(n-1)n+n-1=n^2$$

当 $p\neq 1/2$ 时, 我们得到

$$\begin{aligned}
\mathrm{E}[N_{0,n}] &= 1+\frac{1}{p(1-\alpha)}\sum_{i=1}^{n-1}(1-\alpha^i)+\frac{\alpha-\alpha^n}{1-\alpha}\\
&= 1+\frac{1+\alpha}{1-\alpha}\left[n-1-\frac{(\alpha-\alpha^n)}{1-\alpha}\right]+\frac{\alpha-\alpha^n}{1-\alpha}\\
&= 1+\frac{2\alpha^{n+1}-(n+1)\alpha^2+n-1}{(1-\alpha)^2}
\end{aligned}$$

其中第二个等式用了 $p=1/(1+\alpha)$. 所以, 我们看到当 $\alpha>1$ 时, 或者等价地, 当 $p<1/2$ 时, 到达 n 的转移次数的期望是对 n 指数地递增的函数. 另一方面, 当 $p=1/2$ 时, $\mathrm{E}[N_{0,n}]=n^2$, 而当 $p>1/2$ 时, 对很大的 n, $\mathrm{E}[N_{0,n}]$ 实质上对 n 是线性的.

现在我们计算 $\mathrm{Var}(N_{0,n})$. 为此, 我们再一次利用方程 (4.15) 中给出的表达式. 令 $v_i=\mathrm{Var}(N_i)$. 我们先利用条件方差公式递推地确定 v_i. 如果离开状态 i 首次转移到 $i+1$, 则令 $S_i=1$, 而如果离开状态 i 首次转移到 $i-1$, 则令 $S_i=-1, i=1,\cdots,n-1$. 于是

$$\begin{aligned}
&\text{给定 } S_i=1\text{:}\ N_i=1\\
&\text{给定 } S_i=-1\text{:}\ N_i=1+N_{i-1}^*+N_i^*
\end{aligned}$$

因此

$$\mathrm{E}[N_i|S_i=1]=1,\quad \mathrm{E}[N_i|S_i=-1]=1+\mu_{i-1}+\mu_i$$

它表明

$$\begin{aligned}
\mathrm{Var}(\mathrm{E}[N_i|S_i]) &= \mathrm{Var}(\mathrm{E}[N_i|S_i]-1)\\
&= (\mu_{i-1}+\mu_i)^2q-(\mu_{i-1}+\mu_i)^2q^2\\
&= qp(\mu_{i-1}+\mu_i)^2
\end{aligned}$$

此外, 由马尔可夫性质, 从状态 $i-1$ 回到 i 的附加转移次数 N_{i-1}^* 和从 i 到达 $i+1$ 的次数 N_i^*, 是分别与 N_{i-1} 和 N_i 有相同分布的独立随机变量, 由此我们看到

$$\mathrm{Var}(N_i|S_i=1)=0,\quad \mathrm{Var}(N_i|S_i=-1)=v_{i-1}+v_i$$

因此

$$\mathrm{E}[\mathrm{Var}(N_i|S_i)]=q(v_{i-1}+v_i)$$

由条件方差公式, 我们得到

$$v_i=pq(\mu_{i-1}+\mu_i)^2+q(v_{i-1}+v_i)$$

或等价地

$$v_i=q(\mu_{i-1}+\mu_i)^2+\alpha v_{i-1},\quad i=1,\cdots,n-1$$

由 $v_0=0$, 我们由前面的递推公式得到

$$v_1 = q(\mu_0+\mu_1)^2,$$
$$v_2 = q(\mu_1+\mu_2)^2+\alpha q(\mu_0+\mu_1)^2,$$
$$v_3 = q(\mu_2+\mu_3)^2+\alpha q(\mu_1+\mu_2)^2+\alpha^2 q(\mu_0+\mu_1)^2$$

一般地, 对于 $i>0$, 我们有

$$v_i = q\sum_{j=1}^{i}\alpha^{i-j}(\mu_{j-1}+\mu_j)^2 \tag{4.17}$$

所以我们有

$$\mathrm{Var}(N_{0,n}) = \sum_{i=0}^{n-1} v_i = q\sum_{i=1}^{n-1}\sum_{j=1}^{i}\alpha^{i-j}(\mu_{j-1}+\mu_j)^2$$

其中 μ_j 由方程 (4.16) 所给出.

我们从方程 (4.16) 和方程 (4.17) 看到, 当 $p\geqslant 1/2$ 时, 有 $\alpha\leqslant 1$, 从状态 i 到 $i+1$ 的转移次数的均值 μ_i 和方差 v_i, 对 i 的增长不会太快. 例如, 当 $p=1/2$ 时, 由方程 (4.16) 和方程 (4.17) 推出

$$\mu_i = 2i+1,\quad v_i = \frac{1}{2}\sum_{j=1}^{i}(4j)^2 = 8\sum_{j=1}^{i} j^2$$

因此, 由于 $N_{0,n}$ 是独立随机变量的和, 在 $p\geqslant 1/2$ 时它们粗略地有相似的量级, 在这种情形由中心极限定理推出, 对于很大的 n, $N_{0,n}$ 近似地有正态分布. 特别地, 当 $p=1/2$ 时, $N_{0,n}$ 近似地是均值为 n^2 和方差为

$$\mathrm{Var}(N_0,n) = 8\sum_{i=1}^{n-1}\sum_{j=1}^{i} j^2 = 8\sum_{j=1}^{n-1}\sum_{i=j}^{n-1} j^2 = 8\sum_{j=1}^{n-1}(n-j)j^2$$
$$\approx 8\int_1^{n-1}(n-x)x^2\mathrm{d}x \approx \frac{2}{3}n^4$$

的正态分布.

例 4.29(可满足性问题) 布尔变量 x 是只取**真**或**假**两个值之一的一个变量. 如果 $x_i(i\geqslant 1)$ 都是布尔变量, 那么如果 x_1 是**真**或 x_2 是**假**或 x_3 是**真**, 则如下形式的一个布尔子句

$$x_1+\overline{x}_2+x_3$$

是**真**. 即符号 “+” 的意思是 “或”, 且如果 x 是**假**, 则 $\overline{x}$ 是**真**, 反之亦然. 一个布尔公式是像这种句子的一个组合：

$$(x_1+\overline{x}_2)*(x_1+x_3)*(x_2+\overline{x}_3)*(\overline{x}_1+\overline{x}_2)*(x_1+x_2)$$

在上面的公式中, 括号中的项表示子句, 且如果所有的子句都**真**, 则公式是**真**, 而在其他情形公式都**假**. 对于一个给定的布尔公式, 可满足性问题是确定使公式结果是**真**的变量的值或确定使公式绝对不是真的变量的值. 例如, 使上面的公式是**真**的一组变量值是, 取 x_1=**真**, x_2=**假**, x_3=**假**.

考察 n 个布尔变量 $x_1,\cdots,x_n$ 的一个公式, 并假设公式中的每个子句恰好包含两个变量. 现在我们介绍一个*概率算法*, 它将求得满足公式的值或者确定不可能满足此公式的一个大的概率. 首先, 开始于一组任意设置的值, 然后, 在每一步选取一个值是**假**的子句, 而且随机地在此子句中选取一个布尔变量, 并改变它的值. 即若此变量值是**真**, 则将它的值改为**假**, 反之亦然. 若这个新设置使公式为真, 则停止, 否则继续进行同样的改变方式. 如果你重复了 $n^2\left(1+4\sqrt{\dfrac{2}{3}}\right)$ 次还没有停止, 那么宣布此公式不可能满足. 我们将论证, 如果存在一个可满足的指派, 那么这个算法将以非常近似于 1 的概率求得这个指派.

我们先假定存在一个为真值的可满足的指派, 并令 $\mathscr{A}$ 是这样的一个指派. 在这个算法的每一步的值存在某种指派. 以 Y_j 记在算法的第 j 步时, 与 $\mathscr{A}$ 中的对应值一致的 n 个变量的个数. 例如, 假设 $n=3$, 而 $\mathscr{A}$ 由设置 x_1=x_2=x_3=**真**所组成. 如果算法在第 j 步的指派是 x_1 =**真**, $x_2=x_3$ =**假**, 那么 $Y_j=1$. 现在, 在算法的每一步考察一个不可满足的子句, 于是推出这个子句的两个变量中至少有一个值与 $\mathscr{A}$ 中的对应值不一致. 结果, 当我们在此子句中随机选取一个变量时, 则至少以概率 1/2 有 $Y_{j+1}=Y_j+1$, 而至多以概率 1/2 有 $Y_{j+1}=Y_j-1$. 即独立于此算法中以前所已知的情况, 每一步设置与 $\mathscr{A}$ 中的值相一致的个数将增加或减少 1, 而增加 1 的概率至少是 1/2(若两个变量的值都与 $\mathscr{A}$ 中的值不一致, 则概率是 1). 从而, 即使过程 $Y_j(j\geqslant 0)$ 本身不是马尔可夫链 (为什么不是?), 直观上显然地, 为得到 $\mathscr{A}$ 的值所需要的算法步数的期望和方差将少于或等于在 4.5.2 节中的马尔可夫链从状态 0 到状态 n 的转移次数的期望和方差. 因此, 如果因为此算法找到了一组与 $\mathscr{A}$ 不同的可满足值而没有终止, 它将在期望时间至多为 n^2 且在标准差至多为 $n^2\sqrt{\dfrac{2}{3}}$ 的范围内终止. 此外, 由于当 n 很大时, 这个马尔可夫链从状态 0 到状态 n 的时间近似地是正态的, 我们可以相当肯定, 一个可满足的指派将在 $n^2+4n^2\sqrt{\dfrac{2}{3}}$ 步中达到. 从而, 如果算法在此步数后还没有找到可满足的指派, 那么我们可以以大概率肯定并不存在可满足的指派.

我们的分析也弄清楚了为什么我们假定在每个子句中只有两个变量. 因为如果在一个子句中有 $k(k>2)$ 个变量, 那么因为任意一个目前不可满足的子句可能只有一个不正确的设置, 一个随机选取其值改变的变量可能只以概率 $1/k$ 增加与 $\mathscr{A}$ 中相一致的值的个数, 所以我们只可能从先验马尔可夫链的结果得出结论: 得到与 $\mathscr{A}$ 中的值的平均时间是 n 的一个指数函数, 当 n 很大时, 这并不是一个有效的算法.■

4.6 在暂态停留的平均时间

现在考察一个有限状态马尔可夫链, 并假设其状态都标以一个数, 因而以 $T=\{1,2,\cdots,t\}$ 记其暂态集. 令

$$\boldsymbol{P}_T=\begin{bmatrix} P_{11} & P_{12} & \cdots & P_{1t} \\ \vdots & \vdots & \vdots & \vdots \\ P_{t1} & P_{t2} & \cdots & P_{tt} \end{bmatrix}$$

并注意由于 $\boldsymbol{P}_T$ 特指只从暂态到暂态的转移概率, 其某些行的和小于 1(否则 T 将是一个状态闭集).

对于暂态 i 和 j, 以 s_{ij} 记给定开始在状态 i 的马尔可夫链在状态 j 的平均时段数. 如果 $i=j$, 令 $\delta_{i,j}=1$, 而在其他情形, 令它为 0. 取条件于初始转移得到

$$s_{ij}=\delta_{i,j}+\sum_k P_{ik}s_{kj}=\delta_{i,j}+\sum_{k=1}^{t} P_{ik}s_{kj} \tag{4.18}$$

其中最后的等式是由于不可能从一个常返态转移到暂态, 从而当 k 是常返态时 $s_{kj}=0$.

以 $\boldsymbol{S}$ 记分量为 $s_{ij}(i,j=1,\cdots,t)$ 的矩阵. 即

$$\boldsymbol{S}=\begin{bmatrix} s_{11} & s_{12} & \cdots & s_{1t} \\ \vdots & \vdots & \vdots & \vdots \\ s_{t1} & s_{t2} & \cdots & s_{tt} \end{bmatrix}$$

方程 (4.18) 可以用矩阵记号写为

$$\boldsymbol{S}=\boldsymbol{I}+\boldsymbol{P}_T\boldsymbol{S}$$

其中 $\boldsymbol{I}$ 是 t 阶单位矩阵. 因为上面的方程等价于

$$(\boldsymbol{I}-\boldsymbol{P}_T)\boldsymbol{S}=\boldsymbol{I}$$

在两边乘以 $(\boldsymbol{I}-\boldsymbol{P}_T)^{-1}$, 我们得到

$$\boldsymbol{S}=(\boldsymbol{I}-\boldsymbol{P}_T)^{-1}$$

即 $s_{ij}(i\in T,j\in T)$ 可以由矩阵 $\boldsymbol{I}-\boldsymbol{P}_T$ 求逆得到 (这个矩阵的逆的存在性是容易证明的).

例 4.30 考察 $p=0.4$ 和 $N=7$ 的赌徒破产问题. 开始有 3 个单位 (财产), 确定

(a) 赌徒有 5 个单位的总时间的期望. (b) 赌徒有 2 个单位的总时间的期望.

解 特指 $P_{ij}(i,j\in\{1,2,3,4,5,6\})$ 的矩阵 $\boldsymbol{P}_T$ 如下:

$$
\boldsymbol{P}_T = \begin{array}{c|cccccc}
 & 1 & 2 & 3 & 4 & 5 & 6 \\
\hline
1 & 0 & 0.4 & 0 & 0 & 0 & 0 \\
2 & 0.6 & 0 & 0.4 & 0 & 0 & 0 \\
3 & 0 & 0.6 & 0 & 0.4 & 0 & 0 \\
4 & 0 & 0 & 0.6 & 0 & 0.4 & 0 \\
5 & 0 & 0 & 0 & 0.6 & 0 & 0.4 \\
6 & 0 & 0 & 0 & 0 & 0.6 & 0
\end{array}
$$

对于 $\boldsymbol{I}-\boldsymbol{P}_T$ 求逆有

$$
\boldsymbol{S} = (\boldsymbol{I}-\boldsymbol{P}_T)^{-1} = \begin{bmatrix}
1.6149 & 1.0248 & 0.6314 & 0.3691 & 0.1943 & 0.0777 \\
1.5372 & 2.5619 & 1.5784 & 0.9228 & 0.4857 & 0.1943 \\
1.4206 & 2.3677 & 2.9990 & 1.7533 & 0.9228 & 0.3691 \\
1.2458 & 2.0763 & 2.6299 & 2.9990 & 1.5784 & 0.6314 \\
0.9835 & 1.6391 & 2.0763 & 2.3677 & 2.5619 & 1.0248 \\
0.5901 & 0.9835 & 1.2458 & 1.4206 & 1.5372 & 1.6149
\end{bmatrix}
$$

因此

$$
s_{3,5} = 0.9228, \quad s_{3,2} = 2.3677
$$

■

对于 $i \in T, j \in T$, f_{ij} 等于给定初始状态为 i 的马尔可夫链最终转移到状态 j 的概率, 它可以容易地由 $\boldsymbol{P}_T$ 确定. 为了确定其关系, 我们先对是否最终进入状态 j 取条件以推导一个 s_{ij} 的表达式. 这引出

$$
\begin{aligned}
s_{ij} &= \mathrm{E}[\text{在 } j \text{ 的时间} \mid \text{开始在 } i, \text{最终转移到 } j]f_{ij} \\
&\quad + \mathrm{E}[\text{在 } j \text{ 的时间} \mid \text{开始在 } i, \text{永不转移到 } j](1-f_{ij}) \\
&= (\delta_{i,j} + s_{jj})f_{ij} + \delta_{i,j}(1-f_{ij}) \\
&= \delta_{i,j} + f_{ij}s_{jj}
\end{aligned}
$$

由于 s_{jj} 是给定从状态 i 出发最终进入 j 时停留在状态 j 的附加时段个数的期望. 求解上面的方程有

$$
f_{ij} = \frac{s_{ij} - \delta_{i,j}}{s_{jj}}
$$

例 4.31 在例 4.30 中, 赌徒最终有财富 1(单位) 的概率是多少?

解 由于 $s_{3,1} = 1.4206$ 和 $s_{1,1} = 1.6149$, 于是

$$
f_{3,1} = -\frac{s_{3,1}}{s_{1,1}} = 0.8797
$$

作为检查, 注意 $f_{3,1}$ 正是开始于 3 的赌徒在到达 7 以前到达 1 的概率. 也就是, 此赌徒的财富将在增加 4 以前减少 2 的概率, 这是开始于 2 的赌徒在到达 6 以前破产的概率. 所以

$$
f_{3,1} = -\frac{1-(0.6/0.4)^2}{1-(0.6/0.4)^6} = 0.8797
$$

它与我们早先的答案一致. ■

假设我们想要知道马尔可夫链进入某些状态集合 A 的平均时间, A 不必是常返态的集合. 我们可以通过置 A 中的所有的状态为吸收态将这个问题化简为前面的情形. 即重置 A 中的状态的转移概率, 使它满足

$$P_{i,i} = 1, \quad i \in A$$

这就将 A 中的状态变换为常返态, 并将 A 外最终可能转移到 A 内的状态变换为暂态. 于是, 可以使用前面的方法.

4.7 分支过程

这一节我们考察称为*分支过程*的一类马尔可夫链, 在生物学、社会学和工程科学中, 它有各种形式的广泛应用.

考察一个总体, 它由能产生同类型后代的个体所组成. 假设每个个体在其生命结束时, 以概率 $P_j (j \geqslant 0)$ 产生 j 个后代, 它们独立于其他个体所产生的后代的个数. 我们假设对于一切 $j \geqslant 0$ 有 $P_j < 1$. 将最初的个体数记为 X_0, 称为第零代的大小. 所有第零代的后代组成第一代, 它们的个数记为 X_1. 一般地, 以 X_n 记第 n 代的大小. 由此推出 $\{X_n, n \geqslant 0\}$ 是一个以非负整数集合为状态空间的马尔可夫链.

由于显然有 $P_{00} = 1$, 转移状态 0 是常返态. 此外, 若 $P_0 > 0$, 则其他状态都是暂态. 这是由于 $P_{i0} = P_0^i$, 它表明开始有 i 个个体时存在一个至少为 P_0^i 的正概率使最终不再有后代. 此外, 由于暂态的任意有限集 $\{1, 2, \cdots, n\}$ 只能有限次地被访问, 这就导出重要的结论: 如果 $P_0 > 0$, *总体或者灭绝, 或者趋于无穷*.

以

$$\mu = \sum_{j=0}^{\infty} j P_j$$

记单个个体的后代个数的均值. 令

$$\sigma^2 = \sum_{j=0}^{\infty} (j - \mu)^2 P_j$$

为单个个体产生的后代个数的方差.

假设 $X_0 = 1$, 即初始时有一个个体. 下面计算 $\mathrm{E}[X_n]$ 和 $\mathrm{Var}(X_n)$, 首先可以写出

$$X_n = \sum_{i=1}^{X_{n-1}} Z_i$$

其中 Z_i 表示第 $n-1$ 代的第 i 个个体的后代的个数. 取条件于 X_{n-1}, 我们得到

$$\begin{aligned}
\mathrm{E}[X_n] &= \mathrm{E}[\mathrm{E}[X_n|X_{n-1}]] \\
&= \mathrm{E}\left[\mathrm{E}\left[\sum_{i=1}^{X_{n-1}} Z_i|X_{n-1}\right]\right] \\
&= \mathrm{E}[X_{n-1}\mu] \\
&= \mu\mathrm{E}[X_{n-1}]
\end{aligned}$$

这里我们用了 $\mathrm{E}[Z_i] = \mu$. 由于 $\mathrm{E}[X_0] = 1$, 由上面导出

$$\begin{aligned}
\mathrm{E}[X_1] &= \mu, \\
\mathrm{E}[X_2] &= \mu\mathrm{E}[X_1] = \mu^2, \\
&\vdots \\
\mathrm{E}[X_n] &= \mu\mathrm{E}[X_{n-1}] = \mu^n
\end{aligned}$$

类似地, $\mathrm{Var}(X_n)$ 可以用条件方差公式

$$\mathrm{Var}(X_n) = \mathrm{E}[\mathrm{Var}(X_n|X_{n-1})] + \mathrm{Var}(\mathrm{E}[X_n|X_{n-1}])$$

得到. 现在, 给定 X_{n-1} 后, X_n 正是 X_{n-1} 个独立随机变量的和, 每个具有分布 $\{P_j, j \geqslant 0\}$. 因此,

$$\mathrm{E}[X_n|X_{n-1}] = X_{n-1}\mu, \quad \mathrm{Var}(X_n|X_{n-1}) = X_{n-1}\sigma^2$$

再由条件方差公式导出

$$\begin{aligned}
\mathrm{Var}(X_n) &= \mathrm{E}[X_{n-1}\sigma^2] + \mathrm{Var}(X_{n-1}\mu) \\
&= \sigma^2\mu^{n-1} + \mu^2\mathrm{Var}(X_{n-1}) \\
&= \sigma^2\mu^{n-1} + \mu^2(\sigma^2\mu^{n-2} + \mu^2\mathrm{Var}(X_{n-2})) \\
&= \sigma^2(\mu^{n-1} + \mu^n) + \mu^4\mathrm{Var}(X_{n-2}) \\
&= \sigma^2(\mu^{n-1} + \mu^n) + \mu^4(\sigma^2\mu^{n-3} + \mu^2\mathrm{Var}(X_{n-3})) \\
&= \sigma^2(\mu^{n-1} + \mu^n + \mu^{n+1}) + \mu^6\mathrm{Var}(X_{n-3}) \\
&= \cdots \\
&= \sigma^2(\mu^{n-1} + \mu^n + \cdots + \mu^{2n-2}) + \mu^{2n}\mathrm{Var}(X_0) \\
&= \sigma^2(\mu^{n-1} + \mu^n + \cdots + \mu^{2n-2})
\end{aligned}$$

所以

$$\mathrm{Var}(X_n) = \begin{cases} \sigma^2\mu^{n-1}\left(\dfrac{1-\mu^n}{1-\mu}\right), & 若\ \mu \neq 1 \\ n\sigma^2, & 若\ \mu = 1 \end{cases} \tag{4.19}$$

以 π_0 记总体最终灭绝的概率 (在假定 $X_0=1$ 下). 更加正式地,

$$\pi_0=\lim_{n\to\infty}\mathrm{P}\{X_n=0|X_0=1\}$$

确定 π_0 的值的问题, 首先是由高尔顿 (Galton) 在 1889 年研究家族姓氏消失时提出的.

我们首先注意如果 $\mu<1$, 则 $\pi_0=1$. 这是因为

$$\mu^n=\mathrm{E}[X_n]=\sum_{j=1}^{\infty}j\mathrm{P}\{X_n=j\}\geqslant\sum_{j=1}^{\infty}1\cdot\mathrm{P}\{X_n=j\}=\mathrm{P}\{X_n\geqslant 1\}$$

由于当 $\mu<1$ 时 $\mu^n\to 0$, 所以 $\mathrm{P}(X_n\geqslant 1)\to 0$, 因此 $\mathrm{P}(X_n=0)\to 1$.

事实上, 即使 $\mu=1$ 也可以证明 $\pi_0=1$. 而当 $\mu>1$ 时, 有 $\pi_0<1$. 一个确定 π_0 的方程可以通过取条件于初始个体的后代的个数推导如下:

$$\pi_0=\mathrm{P}\{总体灭绝\}=\sum_{j=0}^{\infty}\mathrm{P}\{总体灭绝|X_1=j\}P_j$$

现在给定 $X_1=j$, 总体最终灭绝当且仅当从第一代成员开始的 j 个家庭中的每一个都灭绝. 由于每个家庭假定为独立地行动的, 并且由于每个特定的家庭灭绝的概率正是 π_0, 这就导致

$$\mathrm{P}\{总体灭绝|X_1=j\}=\pi_0^j$$

从而 π_0 满足

$$\pi_0=\sum_{j=0}^{\infty}\pi_0^jP_j \tag{4.20}$$

事实上, 当 $\mu>1$ 时, 可以证明 π_0 是满足方程 (4. 20) 的最小正解.

例 4.32 若 $P_0=1/2, P_1=1/4, P_2=1/4$, 确定 π_0.

解 由于 $\mu=\dfrac{3}{4}\leqslant 1$, 所以 $\pi_0=1$. ■

例 4.33 若 $P_0=1/4, P_1=1/4, P_2=1/2$, 确定 π_0.

解 π_0 满足

$$\pi_0=\frac{1}{4}+\frac{1}{4}\pi_0+\frac{1}{2}\pi_0^2$$

从而

$$2\pi_0^2-3\pi_0+1=0$$

这个二次方程的最小的正解是 $\pi_0=1/2$. ■

例 4.34 在例 4.32 和例 4.33 中, 如果初始时由 n 个个体组成, 总体灭绝的概率是多少?

解 因为总体灭绝当且仅当初始代的每个成员的家庭都灭绝, 要求的概率是 π_0^n. 对例 4.32, $\pi_0^n=1$, 而对例 4.33, $\pi_0^n=(1/2)^n$. ■

4.8 时间可逆的马尔可夫链

考察一个具有转移概率 P_{ij} 和平稳概率 π_i 的平稳的遍历马尔可夫链 (即一个已经长时间运行的遍历的马尔可夫链), 假设它开始于某个时间, 我们沿时间的反向追踪其状态序列. 即从时间 n 开始, 考察状态序列 $X_n, X_{n-1}, X_{n-2}, \cdots$. 这个状态序列显示它本身是一个马尔可夫链, 其转移概率 Q_{ij} 定义为

$$
\begin{aligned}
Q_{ij} &= \mathrm{P}\{X_m = j | X_{m+1} = i\} \\
&= \frac{\mathrm{P}\{X_m = j, X_{m+1} = i\}}{P\{X_{m+1} = i\}} \\
&= \frac{\mathrm{P}\{X_m = j\}\mathrm{P}\{X_{m+1} = i | X_m = j\}}{\mathrm{P}\{X_{m+1} = i\}} \\
&= \frac{\pi_j P_{ji}}{\pi_i}
\end{aligned}
$$

为证明这个逆向的过程确实是马尔可夫链, 我们必须验证

$$
\mathrm{P}\{X_m = j | X_{m+1} = i, X_{m+2}, X_{m+3}, \cdots\} = \mathrm{P}\{X_m = j | X_{m+1} = i\}
$$

为了看清楚确实如此, 假设目前的时间是 $m+1$. 现在, 由 $X_0, X_1, X_2, \cdots$ 是马尔可夫链推出给定目前状态为 X_{m+1} 时, 将来的状态 $X_{m+2}, X_{m+3}, \cdots$ 的条件分布独立于过去状态 X_m. 然而, 独立性是一种对称的关系 (即若 A 独立于 B, 则 B 独立于 A), 从而这就表明给定 X_{m+1} 时, X_m 独立于 $X_{m+2}, X_{m+3}, \cdots$. 这正是我们必须验证的.

于是, 逆向的过程也是一个马尔可夫链, 其转移概率为

$$
Q_{ij} = \frac{\pi_j P_{ji}}{\pi_i}
$$

如果对于一切 i, j 都有 $Q_{ij} = P_{ij}$, 那么这个马尔可夫链称为*时间可逆的*. 时间可逆性的条件即 $Q_{ij} = P_{ij}$, 也可以表示为

$$
\pi_i P_{ij} = \pi_j P_{ji}, \quad 对于一切\ i, j \tag{4.21}
$$

方程 (4.21) 的条件可以陈述为, 对于一切状态 i, j, 过程从 i 到 j 的转移率 (即 $\pi_i P_{ij}$) 等于从 j 到 i 的转移率 (即 $\pi_j P_{ji}$). 值得注意的是这显然是时间可逆性的一个必要条件, 因为一个从 i 到 j 的逆向转移等于从 j 到 i 的正向转移. 就是说, 如果 $X_m = i$ 且 $X_{m-1} = j$, 那么如果我们向后看, 就观察到从 i 到 j 的一个转移, 而如果我们向前看, 就观察到从 j 到 i 的一个转移. 于是, 正向过程从 j 到 i 的转移率总等于反向过程从 i 到 j 的转移率; 如果时间是可逆的, 它必须等于正向过程从 i 到 j 的转移率.

如果我们能够找到加起来等于 1 且满足方程 (4.21) 的一列非负数, 那么就能推出这个马尔可夫链是时间可逆的, 而且这些数表示其极限概率. 之所以如此, 是由于

$$x_i P_{ij} = x_j P_{ji}, \quad 对于一切\ i,j, \sum_i x_i = 1 \tag{4.22}$$

然后对 i 求和导出

$$\sum_i x_i P_{ij} = x_j \sum_i P_{ji} = x_j, \quad \sum_i x_i = 1$$

又因为极限概率 π_i 是上述方程的唯一解, 从而推出对于所有的 i 有 $x_i = \pi_i$.

例 4.35 考察状态为 $0, 1, \cdots, M$ 和转移概率为

$$\begin{aligned}
&P_{i,i+1} = \alpha_i = 1 - P_{i,i-1}, \quad i = 1, \cdots, M-1,\\
&P_{0,1} = \alpha_0 = 1 - P_{0,0},\\
&P_{M,M} = \alpha_M = 1 - P_{M,M-1}
\end{aligned}$$

的随机游动. 不需要作任何计算就可以论证这个只能从一个状态转移到它的最相邻状态的马尔可夫链是时间可逆的. 这是因为从 i 到 $i+1$ 的转移数必须总是在从 $i+1$ 到 i 的转移数相差 1 以内. 这是由于任何两次从 i 到 $i+1$ 的转移间必须有一次从 $i+1$ 到 i 的转移 (而且相反也对), 因为从一个较高的状态再进入 i 必须经过状态 $i+1$. 因此推出从 i 到 $i+1$ 的转移率等于从 $i+1$ 到 i 的转移率, 所以此过程是时间可逆的.

我们可以很容易地通过对每个状态 $i = 0, 1, \cdots, M-1$ 将从 i 到 $i+1$ 的转移率与从 $i+1$ 到 i 的转移率取成相等以得到极限概率. 这样导出

$$\begin{aligned}
\pi_0 \alpha_0 &= \pi_1 (1 - \alpha_1),\\
\pi_1 \alpha_1 &= \pi_2 (1 - \alpha_2),\\
&\vdots\\
\pi_i \alpha_i &= \pi_{i+1} (1 - \alpha_{i+1}), \quad i = 0, 1, \cdots, M-1
\end{aligned}$$

用 π_0 作为参数求解, 导出

$$\pi_1 = \frac{\alpha_0}{1-\alpha_1}\pi_0, \quad \pi_2 = \frac{\alpha_1}{1-\alpha_2}\pi_1 = \frac{\alpha_1\alpha_0}{(1-\alpha_2)(1-\alpha_1)}\pi_0$$

而一般地

$$\pi_i = \frac{\alpha_{i-1}\cdots\alpha_0}{(1-\alpha_i)\cdots(1-\alpha_1)}\pi_0, \quad i = 1, 2, \cdots, M$$

由于 $\sum_0^M \pi_i = 1$, 我们就得到

$$\pi_0 \left[1 + \sum_{j=1}^{M} \frac{\alpha_{j-1}\cdots\alpha_0}{(1-\alpha_j)\cdots(1-\alpha_1)} \right] = 1$$

因此

$$\pi_0 = \left[1 + \sum_{j=1}^{M} \frac{\alpha_{j-1}\cdots\alpha_0}{(1-\alpha_j)\cdots(1-\alpha_1)}\right]^{-1} \tag{4.23}$$

$$\pi_i = \frac{\alpha_{i-1}\cdots\alpha_0}{(1-\alpha_i)\cdots(1-\alpha_1)}\pi_0, \quad i = 1,\cdots,M \tag{4.24}$$

例如, 如果 $\alpha_i \equiv \alpha$, 那么

$$\pi_0 = \left[1 + \sum_{j=1}^{M}\left(\frac{\alpha}{1-\alpha}\right)^j\right]^{-1} = \frac{1-\beta}{1-\beta^{M+1}}$$

而且, 一般地

$$\pi_i = \frac{\beta^i(1-\beta)}{1-\beta^{M+1}}, \quad i = 0,1,\cdots,M$$

其中

$$\beta = \frac{\alpha}{1-\alpha}$$

■

例 4.35 的另一个特例是由物理学家 P. 埃伦费斯特和 T. 埃伦费斯特提出的描述分子运动的坛子模型: 假设 M 个分子分布在两个坛子中, 在每个时间点随机地选取一个分子, 从它所在的坛子移出并放进另一个坛子中. 坛子 1 中的分子数是例 4.35 中的马尔可夫链的特殊情形, 有

$$\alpha_i = \frac{M-i}{M}, \quad i = 0,1,\cdots,M$$

因此, 利用方程 (4.23) 与方程 (4.24), 这种情形的极限概率是

$$\begin{aligned}\pi_0 &= \left[1 + \sum_{j=1}^{M} \frac{(M-j+1)\cdots(M-1)M}{j(j-1)\cdots 1}\right]^{-1} \\ &= \left[\sum_{j=0}^{M}\binom{M}{j}\right]^{-1} \\ &= \left(\frac{1}{2}\right)^M\end{aligned}$$

其中我们用了恒等式

$$1 = \left(\frac{1}{2}+\frac{1}{2}\right)^M = \sum_{j=0}^{M}\binom{M}{j}\left(\frac{1}{2}\right)^M$$

因此, 由方程 (4.24) 得到

$$\pi_i = \binom{M}{i}\left(\frac{1}{2}\right)^M, \quad i = 0,1,\cdots,M$$

因为上式正是二项概率, 这就推出, 在长程中 M 个球的每一个的位置是独立的, 而且每一个都等可能地在其中一个坛子中. 这是非常直观的, 因为如果我们只关注任意一个球, 显然它的位置独立于其他球的位置 (因为不管其他 $M-1$ 个球在哪里, 所考察的球在每一步都以概率 $1/M$ 移动), 而由对称性, 它等可能地在其中一个坛子中.

例 4.36　考察任意一个连通图 (定义参见 3.6 节), 对于每个弧 (i,j) 结合以一个数 w_{ij}. 一个这种图的例子由图 4.1 给出. 现在考察一个以如下方式从顶点移动到顶点的质点: 如果在任意时间质点停在顶点 i, 那么下一次它以概率 P_{ij} 移向顶点 j, 其中

$$P_{ij}=\frac{w_{ij}}{\sum_j w_{ij}}$$

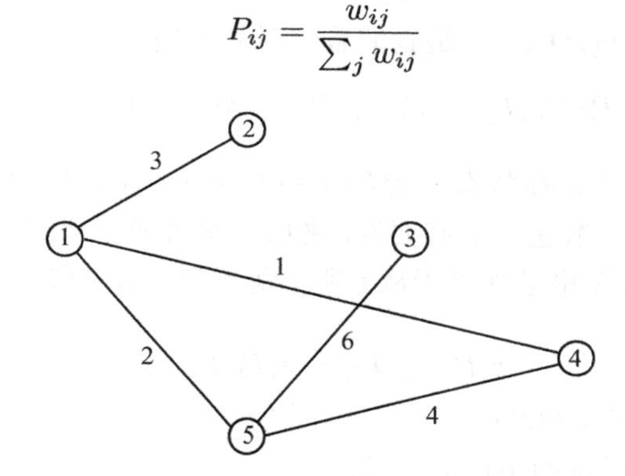

图 4.1　带权重的弧的一个连通图

而如果 (i,j) 不是一个弧, $w_{ij}=0$. 例如, 在图 4.1 中的图, $P_{12}=3/(3+1+2)=1/2$.

这时时间可逆性方程

$$\pi_i P_{ij}=\pi_j P_{ji}$$

简化为

$$\pi_i\frac{w_{ij}}{\sum_j w_{ij}}=\pi_j\frac{w_{ji}}{\sum_i w_{ji}}$$

或者, 等价地, 由于 $w_{ij}=w_{ji}$

$$\frac{\pi_i}{\sum_j w_{ij}}=\frac{\pi_j}{\sum_i w_{ji}}$$

它等价于

$$\frac{\pi_i}{\sum_j w_{ij}}=c\quad\text{或}\quad\pi_i=c\sum_j w_{ij}$$

或者, 由于 $1=\sum_i\pi_i$ 得到

$$\pi_i=\frac{\sum_j w_{ij}}{\sum_i\sum_j w_{ij}}$$

因为由这个方程给出的 π_i 满足时间可逆性方程, 这就推出过程对此极限概率是时间可逆的.

对于图 4.1 中的图, 我们有

$$\pi_1=\frac{6}{32},\quad \pi_2=\frac{3}{32},\quad \pi_3=\frac{6}{32},\quad \pi_4=\frac{5}{32},\quad \pi_5=\frac{12}{32}$$ ■

如果我们对于状态为 $0,1,\cdots,M$ 的任意一个马尔可夫链, 试图求解方程 (4.22), 通常并不存在解. 例如, 由方程 (4.22)

$$x_iP_{ij}=x_jP_{ji},\quad x_kP_{kj}=x_jP_{jk}$$

蕴涵 (若 $P_{ij}P_{jk}>0$)

$$\frac{x_i}{x_k}=\frac{P_{ji}P_{kj}}{P_{ij}P_{jk}}$$

一般地, 它不必等于 P_{ki}/P_{ik}. 于是我们看到时间可逆性的一个必要条件是

$$P_{ik}P_{kj}P_{ji}=P_{ij}P_{jk}P_{ki},\quad \text{对于一切 } i,j,k \tag{4.25}$$

它等价于如下陈述: 开始在状态 i, 路径 $i\to k\to j\to i$ 与反向路径 $i\to j\to k\to i$ 有相同的概率. 为了理解这里的必要性, 注意时间可逆性蕴涵着从 i 到 k 到 j 到 i 的一系列转移发生的速率必须等于从 i 到 j 到 k 到 i 的转移发生的速率 (为什么?), 从而必须有

$$\pi_iP_{ik}P_{kj}P_{ji}=\pi_iP_{ij}P_{jk}P_{ki}$$

它在 $\pi_i>0$ 时蕴涵方程 (4.25).

事实上, 我们可以证明下面的定理.

定理 4.2　对于只要 $P_{ji}=0$ 就有 $P_{ij}=0$ 的遍历的马尔可夫链, 它是时间可逆的当且仅当如果它开始在状态 i, 任意一个回到 i 的路径与它的反向路径有相同的概率. 即如果对于一切状态 $i,i_1,\cdots,i_k$ 有

$$P_{i,i_1}P_{i_1,i_2}\cdots P_{i_k,i}=P_{i,i_k}P_{i_k,i_{k-1}}\cdots P_{i_1,i} \tag{4.26}$$

证明　我们已经证明了必要性. 为了证明充分性, 固定状态 i 和 j, 并将方程 (4.26) 改写成

$$P_{i,i_1}P_{i_1,i_2}\cdots P_{i_k,j}P_{ji}=P_{ij}P_{j,i_k}\cdots P_{i_1,i}$$

将上式对于所有的状态 $i_1,\cdots,i_k$ 求和, 导出

$$P_{ij}^{k+1}P_{ji}=P_{ij}P_{ji}^{k+1}$$

令 $k\to\infty$ 导出

$$\pi_jP_{ji}=P_{ij}\pi_i$$

这就证明了定理. ■

例 4.37　假设给定了标号 1 到 n 的 n 个元素的集合, 将它们排列成某个有序的列表. 在每个时间单位, 有一个需求即从这些元素中取出一个, 元素 i 被需求 (独立于过去) 的概率是 P_i. 元素经过需求后放回, 但是不必在原来的位置. 事实上, 我们假

设被需求的元素向列表的首位移近一个位置. 例如, 如果现在的列表次序是 1, 3, 4, 2, 5 而元素 2 被需求, 那么新的次序变为 1, 3, 2, 4, 5. 我们想要知道被需求的元素的长程平均位置.

对于任意给定的概率向量 $\boldsymbol{P}=(P_1,\cdots,P_n)$, 上面的情形可以用有 $n!$ 个状态的马尔可夫链建模, 在任意时间的状态是这个时候的列表的次序. 我们将证明这个马尔可夫链是时间可逆的, 并用此证明当使用移近一个位置的规则时, 所需求元素的平均位置小于使用总是将需求元素移至队首的规则的情形. 当使用移近一个位置的规则时产生的马尔可夫链的时间可逆性容易地得自定理 4.2. 例如, 假设 $n=3$ 并考察从 (1,2,3) 到它自己的如下路径:

$$(1,2,3)\to(2,1,3)\to(2,3,1)\to(3,2,1)\to(3,1,2)\to(1,3,2)\to(1,2,3)$$

按向前方向的转移概率的乘积是

$$P_2P_3P_3P_1P_1P_2=P_1^2P_2^2P_3^2$$

而按反方向的转移概率的乘积是

$$P_3P_3P_2P_2P_1P_1=P_1^2P_2^2P_3^2$$

因为一般的结果得自差不多相同的方式, 此马尔可夫链是时间可逆的 (至于正式的论证, 注意如果以 f_i 记在路径上元素 i 向前移动的次数, 那么因为路径从一个固定的状态出发并回到它自己, 由此推出元素 i 也向后移动了 f_i 次. 所以, 由于元素 i 向后移动的步数就是它在反向路径向前移动的次数, 就推出对于沿此路径和其反向路径的转移概率的乘积都等于

$$\prod_i P_i^{f_i+r_i}$$

其中 r_i 等于元素 i 在第一个位置的次数, 而且路径 (或反向路径) 并不改变状态).

对于 $1,2,\cdots,n$ 的任意一个排列 $i_1,i_2,\cdots,i_n$, 以 $\pi(i_1,i_2,\cdots,i_n)$ 记在移近一个位置的规则下的极限概率. 由可逆性, 对于一切排列都有

$$P_{i_{j+1}}\pi(i_1,\cdots,i_j,i_{j+1},\cdots,i_n)=P_{i_j}\pi(i_1,\cdots,i_{j+1},i_j,\cdots,i_n) \tag{4.27}$$

现在被需求元素的平均位置可以表示为 (如在 3.6.1 节中)

$$\begin{aligned}\text{平均位置}&=\sum_i P_i\mathrm{E}\{\text{元素 } i \text{ 的位置}\}\\&=\sum_i P_i\left[1+\sum_{j\neq i}\mathrm{P}\{\text{元素 } j \text{ 在 } i \text{ 前}\}\right]\\&=1+\sum_i\sum_{j\neq i}P_i\mathrm{P}\{e_j \text{ 先于 } e_i\}\end{aligned}$$

$$
\begin{aligned}
&= 1 + \sum_{i<j}[P_i \mathrm{P}\{e_j \text{ 先于 } e_i\} + P_j \mathrm{P}\{e_i \text{ 先于 } e_j\}] \\
&= 1 + \sum_{i<j}[P_i \mathrm{P}\{e_j \text{ 先于 } e_i\} + P_j(1 - \mathrm{P}\{e_j \text{ 先于 } e_i\})] \\
&= 1 + \sum_{i<j}(P_i - P_j)\mathrm{P}\{e_j \text{ 先于 } e_i\} + \sum_{i<j} P_j
\end{aligned}
$$

因此, 为了使所需求的元素的平均位置最小 (即最前), 我们就要在 $P_j > P_i$ 时使 $\mathrm{P}\{e_j \text{ 先于 } e_i\}$ 尽量大, 而在 $P_i > P_j$ 时使它尽量小. 现在, 在移至队首的规则下, 我们在 3.6.1 节中证明了

$$
\mathrm{P}\{e_j \text{ 先于 } e_i\} = \frac{P_j}{P_j + P_i}
$$

(由于在移至队首的规则下, 元素 j 先于元素 i 当且仅当对 i 或 j 的最后需求是对 j 的需求.)

所以, 为了证明移近一个位置的规则比移至队首的规则好, 只要证明在移近一个位置的规则下, 当 $P_j > P_i$ 时有

$$
\mathrm{P}\{e_j \text{ 先于 } e_i\} > \frac{P_j}{P_j + P_i}
$$

现在考察元素 i 是先于元素 j 的任意状态, 例如, $(\cdots, i, i_1, \cdots, i_k, j, \cdots)$. 由相继的转移, 利用方程 (4.27), 我们有

$$
\pi(\cdots, i, i_1, \cdots, i_k, j, \cdots) = \left(\frac{P_i}{P_j}\right)^{k+1} \pi(\cdots, j, i_1, \cdots, i_k, i, \cdots) \tag{4.28}
$$

例如

$$
\begin{aligned}
\pi(1,2,3) &= \frac{p_2}{p_3}\pi(1,3,2) = \frac{P_2}{P_3}\frac{P_1}{P_3}\pi(3,1,2) \\
&= \frac{P_2}{P_3}\frac{P_1}{P_3}\frac{P_1}{P_2}\pi(3,2,1) = \left(\frac{P_1}{P_3}\right)^2 \pi(3,2,1)
\end{aligned}
$$

现在, 当 $P_j > P_i$ 时, 方程 (4.28) 导出

$$
\pi(\cdots, i, i_1, \cdots, i_k, j, \cdots) < \frac{P_i}{P_j}\pi(\cdots j, i_1, \cdots, i_k, i, \cdots)
$$

令 $\alpha(i,j) = \mathrm{P}\{e_i \text{ 先于 } e_j\}$, 由对 i 先于 j 的所有状态求和, 并使用上式, 我们得到

$$
\alpha(i,j) < \frac{P_i}{P_j}\alpha(j,i)
$$

由于 $\alpha(i,j) = 1 - \alpha(j,i)$, 它导出

$$
\alpha(j,i) > \frac{P_j}{P_j + P_i}
$$

因此, 所需求元素的平均位置, 在移近一个位置的规则下确实比移至队首的规则下更小. ■

即使当过程不是时间可逆的时候, 逆向链的概念也很有用. 为了说明这一点, 我们先给出下面的命题, 其证明作为习题留给读者来完成.

命题 4.9 *考察转移概率为 P_{ij} 的一个不可约的马尔可夫链. 如果我们能够找到和为 1 的正数列 $\pi_i, i \geqslant 0$, 以及一个转移概率矩阵 $\boldsymbol{Q} = [Q_{ij}]$ 使*

$$\pi_i P_{ij} = \pi_j Q_{ji} \tag{4.29}$$

那么 Q_{ij} 是逆向链的转移概率, 而 π_i 是原来的链和逆向链两者的平稳概率.

上述命题的重要性在于用反向思维, 有时我们可以猜测逆向链的本质, 然后再用一组方程 (4.29) 得到平稳概率和 Q_{ij}.

例 4.38 照亮一个房间必须有一个灯泡. 使用中的灯泡失效时, 就在第二天初换上一个新的. 如果第 n 天使用中的灯泡是它启用的第 i 天 (即它现在的寿命是 i), 就令 X_n 等于 i. 例如, 灯泡在第 $n-1$ 天失效, 那么一个新的灯泡在第 n 天初启用, 从而 $X_n = 1$. 如果我们假设每个灯泡独立地以概率 $p_i(i \geqslant 1)$ 在使用的第 i 天失效, 那么容易看到 $\{X_n, n \geqslant 1\}$ 是马尔可夫链, 其转移概率如下:

$$\begin{aligned} P_{i,1} &= \mathrm{P}\{\text{灯泡在使用的第 } i \text{ 天失效}\} \\ &= \mathrm{P}\{\text{灯泡寿命} = i | \text{ 灯泡寿命} \geqslant i\} \\ &= \frac{\mathrm{P}\{L = i\}}{\mathrm{P}\{L \geqslant i\}} \end{aligned}$$

其中 L 是表示灯泡寿命的随机变量, 满足 $\mathrm{P}\{L = i\} = p_i$. 此外,

$$P_{i,i+1} = 1 - P_{i,1}$$

现在假设这个链已经运行了很长时间 (在理论上是 ∞) 并反向地考察其状态列, 由于在向前的方向, 状态总是增加 1 直至到达灯泡失效的年龄, 容易看到逆向链总是减少 1 直至它到达 1, 而后跳至一个代表前一个灯泡的寿命 (在真实的时间) 的随机值. 因此, 逆向链看起来有转移概率

$$Q_{i,i-1} = 1, \quad i > 1; \qquad Q_{1,i} = p_i, \quad i \geqslant 1$$

为了验证它并同时确定平稳概率, 我们必须看到对于上面给出的 $Q_{i,j}$, 能否找到正数 $\{\pi_i\}$ 使

$$\pi_i P_{i,j} = \pi_j Q_{j,i}$$

首先, 令 $j = 1$, 并考察导出的方程:

$$\pi_i P_{i,1} = \pi_1 Q_{1,i}$$

这等价于

$$\pi_i \frac{\mathrm{P}\{L = i\}}{\mathrm{P}\{L \geqslant i\}} = \pi_1 \mathrm{P}\{L = i\} \quad \text{或} \quad \pi_i = \pi_1 \mathrm{P}\{L \geqslant i\}$$

对一切 i 求和导出

$$1=\sum_{i=1}^{\infty}\pi_i=\pi_1\sum_{i=1}^{\infty}\mathrm{P}\{L\geqslant i\}=\pi_1\mathrm{E}[L]$$

所以, 对于上面表示反向转移概率的 $Q_{i,j}$, 平稳概率必须是

$$\pi_i=\frac{\mathrm{P}\{L\geqslant i\}}{\mathrm{E}[L]},\quad i\geqslant 1$$

为了完成所给的反向转移概率和平稳概率的证明, 余下的一切就是证明它们满足

$$\pi_i P_{i,i+1}=\pi_{i+1}Q_{i+1,i}$$

它等价于

$$\frac{\mathrm{P}\{L\geqslant i\}}{\mathrm{E}[L]}\left(1-\frac{\mathrm{P}\{L=i\}}{\mathrm{P}\{L\geqslant i\}}\right)=\frac{\mathrm{P}\{L\geqslant i+1\}}{\mathrm{E}[L]}$$

而这是正确的, 因为 $\mathrm{P}\{L\geqslant i\}-\mathrm{P}\{L=i\}=\mathrm{P}\{L\geqslant i+1\}$. ■

4.9 马尔可夫链蒙特卡罗方法

令$\boldsymbol{X}$是一个离散的随机向量, 它的可能值的集合是 $\boldsymbol{x}_j, j\geqslant 1$. 令 $\boldsymbol{X}$ 的概率质量函数为 $\mathrm{P}\{\boldsymbol{X}=\boldsymbol{x}_j\}, j\geqslant 1$, 而且假设我们想对某些特殊的函数 h 计算

$$\theta=\mathrm{E}[h(\boldsymbol{X})]=\sum_{j=1}^{\infty}h(\boldsymbol{x}_j)\mathrm{P}\{\boldsymbol{X}=\boldsymbol{x}_j\}$$

在求函数 $h(\boldsymbol{x}_j)(j\geqslant 1)$ 的值在计算上有困难的情形, 我们常常转为用模拟近似 θ. 通常的方法, 称为*蒙特卡罗方法*, 是利用随机数生成概率质量函数为 $\mathrm{P}\{\boldsymbol{X}=\boldsymbol{x}_j\}$ $(j\geqslant 1)$ 的独立同分布部分随机向量序列 $\boldsymbol{X}_1, \boldsymbol{X}_2, \cdots, \boldsymbol{X}_n$(至于它如何得以完成, 请参见第 11 章的讨论). 由强大数定律导出

$$\lim_{n\to\infty}\sum_{i=1}^{n}\frac{h(\boldsymbol{X}_i)}{n}=\theta \tag{4.30}$$

随之我们可以取很大的 n, 用 $h(\boldsymbol{X}_i)(i=1,\cdots,n)$ 的平均值作为估计量去估计 θ.

然而, 常常很难生成具有特定的概率质量函数的随机向量, 特别地, 如果 $\boldsymbol{X}$ 是一个 (分量之间有) 相依的随机向量. 此外, 它的概率质量函数有时取 $\mathrm{P}\{\boldsymbol{X}=\boldsymbol{x}_j\}=Cb_j(j\geqslant 1)$ 的形式, 其中 b_j 是指定的, 但是必须计算 C, 而在很多应用中, 用对 b_j 求和来确定 C 在计算上并不可行. 幸而, 在这种情形存在利用模拟估计 θ 的另一种途径. 即不是生成独立的随机向量列, 而是生成一个取向量值的, 且以 $\mathrm{P}\{\boldsymbol{X}=\boldsymbol{x}_j\}$ $(j\geqslant 1)$ 为平稳概率的马尔可夫链 $\boldsymbol{X}_1, \boldsymbol{X}_2, \cdots$ 的相继状态的一个序列. 如果这可以做到, 那么由命题 4.7 推出方程 (4.30) 仍然成立, 并且启示我们可用 $\sum_{i=1}^{n}h(\boldsymbol{X}_i)/n$ 作为 θ 的一个估计.

现在我们说明如何生成一个具有任意平稳概率的马尔可夫链, 而此平稳概率可以只特定到一个常数倍数. 令 $b(j)(j=1,\cdots)$ 是其和 $B=\sum_{j=1}^{\infty} b(j)$ 为有限的正数. 下面的黑斯廷斯–梅特罗波利斯 (Hastings-Metropolis) 算法, 它可以用于生成一个时间可逆的马尔可夫链, 使其平稳概率是

$$\pi(j)=b(j)/B, \quad j=1,2,\cdots$$

首先令 $\boldsymbol{Q}$ 是任意一个取正整数值的特定的不可约马尔可夫转移概率矩阵, 以 $q(i,j)$ 表示 $\boldsymbol{Q}$ 的 i 行 j 列的元素. 现在按下述方式定义一个马尔可夫链 $\{X_n, n \geqslant 0\}$. 当 $X_n=i$ 时, 生成一个随机变量 Y 使 $\mathrm{P}\{Y=j\}=q(i,j), j=1,\cdots$. 如果 $Y=j$, 那么令 X_{n+1} 以概率 $\alpha(i,j)$ 等于 j, 而以概率 $1-\alpha(i,j)$ 等于 i. 在这些条件下, 容易看出状态序列构成一个马尔可夫链, 其转移概率 $P_{i,j}$ 为

$$P_{i,j}=q(i,j)\alpha(i,j), \quad 若\ j \neq i$$

$$P_{i,i}=q(i,i)+\sum_{k \neq i} q(i,k)(1-\alpha(i,k))$$

如果

$$\pi(i)P_{i,j}=\pi(j)P_{j,i}, \quad 对于\ j \neq i,$$

则这个马尔可夫链将是时间可逆的, 且具有平稳概率 $\pi(j)$, 它等价于

$$\pi(i)q(i,j)\alpha(i,j)=\pi(j)q(j,i)\alpha(j,i) \tag{4.31}$$

但是如果我们取 $\pi(j)=b(j)/B$, 并且令

$$\alpha(i,j)=\min\left(\frac{\pi(j)q(j,i)}{\pi(i)q(i,j)}, 1\right) \tag{4.32}$$

那么容易看出方程 (4.31) 成立. 因为若

$$\alpha(i,j)=\frac{\pi(j)q(j,i)}{\pi(i)q(i,j)}$$

则 $\alpha(j,i)=1$, 随之有方程 (4.31), 而若 $\alpha(i,j)=1$, 则

$$\alpha(j,i)=\frac{\pi(i)q(i,j)}{\pi(j)q(j,i)}$$

方程 (4.31) 也成立, 从而证明了这个马尔可夫链是时间可逆的, 且具有平稳概率 $\pi(j)$. 此外, 因为 $\pi(j)=b(j)/B$, 我们从 (4.32) 式看到

$$\alpha(i,j)=\min\left(\frac{b(j)q(j,i)}{b(i)q(i,j)}, 1\right)$$

它显示 B 的值对于确定这个马尔可夫链并不是必需的, 因为 $b(j)$ 的值已经足够了. 此外, 几乎总出现下面的情形: $\pi(j)(j \geqslant 1)$ 不仅是平稳概率, 而且也是极限概率. (事实上, 一个充分条件是, 对某个 i 有 $P_{i,i}>0$.)

例 4.39 假设对于给定的常数 a, 我们要生成 $(1,\cdots,n)$ 的所有满足 $\sum_{j=1}^{n} jx_j > a$ 的排列 $(x_1,\cdots,x_n)$ 所组成的集合在 $\mathscr{S}$ 上的均匀分布. 为了利用黑斯廷斯–梅特罗波利斯算法, 我们需要在状态空间 $\mathscr{S}$ 上定义一个不可约马尔可夫转移概率矩阵. 为了定义它, 我们首先定义 $\mathscr{S}$ 的元素的 “相邻的” 概念, 然后构造顶点集为 $\mathscr{S}$ 的一个图. 我们先在 $\mathscr{S}$ 中每对相邻的元素间置一个弧, 其中 $\mathscr{S}$ 中的任意两个排列称为相邻的, 如果其中的一个可由另一个经过两个位置的互换得到. 即 (1, 2, 3, 4) 和 (1, 2, 4, 3) 是相邻的, 而 (1, 2, 3, 4) 和 (1, 3, 4, 2) 则不是. 现在定义转移概率函数 q 如下. 状态 $\boldsymbol{s}$ 的相邻的顶点的集合定义为 $N(\boldsymbol{s})$, 而 $|N(\boldsymbol{s})|$ 等于集合 $N(\boldsymbol{s})$ 的元素个数, 令

$$q(\boldsymbol{s},\boldsymbol{t}) = \frac{1}{|N(\boldsymbol{s})|}, \quad 若\ t \in N(s).$$

就是说, 从 $\boldsymbol{s}$ 到下一个候选状态等可能地是它的任意一个相邻的顶点. 由于要求的马尔可夫链的极限概率是 $\pi(\boldsymbol{s}) = C$, 所以 $\pi(\boldsymbol{t}) = \pi(\boldsymbol{s})$, 从而有

$$\alpha(\boldsymbol{s},\boldsymbol{t}) = \min(|N(\boldsymbol{s})|/|N(\boldsymbol{t})|, 1)$$

即如果马尔可夫链的目前状态是 $\boldsymbol{s}$, 那么它的一个相邻的顶点是随机选取的, 例如 $\boldsymbol{t}$. 如果 $\boldsymbol{t}$ 是一个比 $\boldsymbol{s}$ 有较少相邻的顶点的状态 (用图论的语言说, 如果顶点 $\boldsymbol{t}$ 的度小于顶点 $\boldsymbol{s}$ 的度), 那么下一个状态就是 $\boldsymbol{t}$. 如若不然, 那么生成一个 $(0,1)$ 均匀随机变量 U, 若 $U < |N(\boldsymbol{s})|/|N(\boldsymbol{t})|$, 则下一个状态是 $\boldsymbol{t}$, 而在其他情形则下一个状态是 $\boldsymbol{s}$. 这个马尔可夫链的极限概率是 $\pi(\boldsymbol{s}) = 1/|\mathscr{S}|$, 其中 $|\mathscr{S}|$ 是 $\mathscr{S}$ 中的排列个数 (是未知的). ■

黑斯廷斯–梅特罗波利斯算法最广泛的应用版本是吉布斯抽样(Gibbs sampler). 令 $\boldsymbol{X} = (X_1,\cdots,X_n)$ 是一个离散的随机向量, 具有只特定到一个常数倍数的概率质量函数 $p(\boldsymbol{x})$, 假设我们要生成与 $\boldsymbol{X}$ 同分布的一个随机向量. 即我们要生成具有概率质量函数

$$p(\boldsymbol{x}) = Cg(\boldsymbol{x})$$

的一个随机向量, 其中 $g(\boldsymbol{x})$ 已知, 但是 C 未知. 应用吉布斯抽样时假定对于任意 i 和 $x_j, j \neq i$, 我们能够生成一个具有概率质量函数

$$\mathrm{P}\{X = x\} = \mathrm{P}\{X_i = x | X_j = x_j, j \neq i\}$$

的随机变量 X, 它通过黑斯廷斯–梅特罗波利斯算法运行在状态为 $\boldsymbol{x} = (x_1,\cdots,x_n)$ 的一个马尔可夫链上, 其转移概率由下面定义. 只要目前的状态是 $\boldsymbol{x}$, 就等可能地从 $1,\cdots,n$ 中任意选取一个作为坐标. 如果选取了坐标 i, 那么就生成了一个具有概率质量函数 $\mathrm{P}\{X = x\} = \mathrm{P}\{X_i = x_i | X_j = x_j, j \neq i\}$ 的随机变量 X. 如果 $X = x$, 那么就将状态 $\boldsymbol{y} = (x_1,\cdots,x_{i-1},x,x_{i+1},\cdots,x_n)$ 考虑为下一个候选状态. 换句话说, 对于给定的 $\boldsymbol{x}$ 和 $\boldsymbol{y}$, 吉布斯抽样用

$$q(\boldsymbol{x},\boldsymbol{y}) = \frac{1}{n}\mathrm{P}\{X_i = x | X_j = x_j, j \neq i\} = \frac{p(\boldsymbol{y})}{n\mathrm{P}\{X_j = x_j, j \neq i\}}$$

的黑斯廷斯–梅特罗波利斯算法.

因为我们需要的极限质量函数是 p, 所以由方程 (4.32) 看到接受 $\boldsymbol{y}$ 为新状态的概率是

$$\alpha(\boldsymbol{x},\boldsymbol{y})=\min\left(\frac{p(\boldsymbol{y})q(\boldsymbol{y},\boldsymbol{x})}{p(\boldsymbol{x})q(\boldsymbol{x},\boldsymbol{y})},1\right)=\min\left(\frac{p(\boldsymbol{y})p(\boldsymbol{x})}{p(\boldsymbol{x})p(\boldsymbol{y})},1\right)=1$$

因此, 当使用吉布斯抽样时, 候选状态总被接受为链的下一个状态.

例 4.40 假设我们需要生成以原点为中心且半径为 1 的圆周上均匀分布的 n 个点, 当条件事件的概率小时, 取条件于没有两个点彼此的距离在 d 以内的事件. 这可以利用吉布斯抽样, 即开始取这个圆周上具有没有两个点彼此的距离在 d 以内的性质的任意 n 个点 $\boldsymbol{x}_1, \boldsymbol{x}_2, \cdots, \boldsymbol{x}_n$, 而后等可能地在值 $1, 2, \cdots, n$ 的任意一个中生成一个值 I. 然后继续在圆周上生成一个随机的点直至得到了一个除了 $\boldsymbol{x}_I$ 以外的其他 $n-1$ 个距离不在 d 以内的点为止. 这时, 用这个点代替 $\boldsymbol{x}_I$, 并重复这样的运算. 经过大量的重复这样的算法, n 个点的集合就近似地有所要求的分布. ■

例 4.41 令 $X_i(i=1,\cdots,n)$ 是分别具有参数 λ_i 的独立指数随机变量. 令 $S=\sum_{i=1}^{n} X_i$, 假设对于大的正常数 c, 我们需要生成在条件 $S>c$ 下的随机向量 $\boldsymbol{X}=(X_1,\cdots,X_n)$. 即我们需要生成密度函数为

$$f(x_1,\cdots,x_n)=\frac{1}{\mathrm{P}\{S>c\}}\prod_{i=1}^{n}\lambda_i\mathrm{e}^{-\lambda_i x_i},\quad x_i\geqslant 0,\sum_{i=1}^{n}x_i>c$$

的随机向量的值. 这容易做到, 只要从一个满足 $x_i>0, i=1,\cdots,n, \sum_{i=1}^{n}x_i>c$ 的初始向量 $\boldsymbol{x}=(x_1,\cdots,x_n)$ 开始. 然后生成一个等可能地是 $1,\cdots,n$ 的任意一个的随机变量 I. 下一步, 生成一个指数随机变量 X, 使其在事件 $X+\sum_{j\neq I}x_j>c$ 的条件下参数为 λ_I. 最后的步骤要求在超过 $c-\sum_{j\neq I}x_j$ 的条件下生成一个指数随机变量的值, 它容易通过利用如下事实做到, 即指数变量在大于一个正常数值的条件下的条件分布与这个值加上该指数变量的分布相同. 因此, 为了得到 X, 首先生成一个参数为 λ_I 的指数随机变量 Y, 接着令

$$X=Y+\left(c-\sum_{j\neq I}x_j\right)^+$$

其中 $a^+=\max(a,0)$. 然后值 x_I 应该重新置为 X, 并开始算法的新一步迭代. ■

注 由例 4.40 与例 4.41 看出, 虽然吉布斯抽样的理论的介绍是假定了生成的随机变量的分布是离散的, 而当分布是连续时也是成立的.

4.10 马尔可夫决策过程

考察一个过程, 它在离散时间点上的观测是标号为 $1,\cdots,M$ 的 M 个可能的状态中任意一个. 在观测到过程的状态后必须选取一个动作, 而我们以 A 记所有可能的动作的集合, 并且假定它是有限集.

如果过程在时间 n 处在状态 i, 并且选取了动作 a, 则系统的下一个状态由转移概率 $P_{ij}(a)$ 确定. 如果我们以 X_n 记过程在时间 n 的状态, 以 a_n 记在时间 n 选取的动作, 那么上面就等价于

$$\mathrm{P}\{X_{n+1}=j|X_0,a_0,X_1,a_1,\cdots,X_n=i,a_n=a\}=P_{ij}(a)$$

于是, 转移概率只是目前的状态和随后的动作的函数.

将选取动作的一个规则称为一个策略. 我们局限于下述形式的策略, 即在任意时间他们指定的动作只依赖于当时过程的状态 (而不依赖于过程以前的任何状态和动作). 然而, 我们容许一个策略是"随机化"的, 即可以按概率分布选取动作. 换句话说, 一个策略 β 是一个数的集合 $\beta=\{\beta_i(a),a\in A,i=1,\cdots,M\}$, 即如果过程在状态 i, 则以概率 $\beta_i(a)$ 选取动作 a. 当然, 我们需要假定

$$0\leqslant\beta_i(a)\leqslant1,\quad 对于一切\ i,a$$

$$\sum_a\beta_i(a)=1,\quad 对于一切\ i.$$

在任意给定的策略 β 下, 状态序列 $\{X_n,n=0,1,\cdots\}$ 构成一个马尔可夫链, 其转移概率 $P_{ij}(\beta)$ 给定为

$$\begin{aligned}P_{ij}(\beta)&=P_\beta\{X_{n+1}=j|X_n=i\}^{①}\\&=\sum_aP_{ij}(a)\beta_i(a)\end{aligned}$$

其中最后的等式是由取条件于状态 i 时所选取的动作得到的. 我们假设对于每一个选取的策略 β 所确定的马尔可夫链 $\{X_n,n=0,1,\cdots\}$ 是遍历的.

对于一个策略 β, 以 π_{ia} 记在使用了策略 β 时, 过程在状态 i 并且选取动作 a 时的极限 (或稳态) 概率. 即

$$\pi_{ia}=\lim_{n\to\infty}P_{\boldsymbol\beta}\{X_n=i,a_n=a\}$$

向量 $\boldsymbol\pi=(\pi_{ia})$ 必须满足

(i) 对于一切 i,a, $\pi_{ia}\geqslant0$.

(ii) $\sum_i\sum_a\pi_{ia}=1$.

(iii) 对于一切 j, $\sum_a\pi_{ja}=\sum_i\sum_a\pi_{ia}P_{ij}(a)$. (4.33)

方程 (i) 和 (ii) 是显然的, 而方程 (iii) 与方程 (4.7) 相似, 这是因为左边是在状态 j 的稳态概率, 而右边是由取条件于前一步的状态与选取的动作算得的同一个概率.

于是对于任意一个策略 β, 存在一个满足 (i)~(iii) 的向量 $\boldsymbol\pi=(\pi_{ia})$, π_{ia} 等于使用策略 β 时过程在状态 i 并且选取动作 a 时的稳态概率. 此外, 反过来也是正确

① 我们用符号 P_β 表示概率是在用策略 β 的条件下取的.

的. 即对于满足 (i)~(iii) 的任意向量 $\boldsymbol{\pi}=(\pi_{ia})$, 存在策略 β, 如果使用了策略 β, 那么过程在状态 i 并且选取动作 a 时的稳态概率等于 π_{ia}. 为了验证最后的这个说法, 假设 $\boldsymbol{\pi}=(\pi_{ia})$ 是满足 (i)~(iii) 的向量. 然后令策略 $\beta=\{\beta_i(a)\}$ 为

$$\beta_i(a)=\mathrm{P}\{\text{策略 }\beta\text{ 选取 }a|\text{ 状态为 }i\}=\frac{\pi_{ia}}{\sum_a \pi_{ia}}$$

现在以 P_{ia} 记在使用策略 β 下, 过程在状态 i 并且选取动作 a 时的极限概率. 我们需要证明 $P_{ia}=\pi_{ia}$. 对此, 首先注意 $\{P_{ia}, i=1,\cdots,M, a\in A\}$ 是二维马尔可夫链 $\{(X_n,a_n), n\geqslant 0\}$ 的极限概率. 因此, 由基本定理 4.1, 它们是方程

(i′) $P_{ia}\geqslant 0$,

(ii′) $\sum_i\sum_a P_{ia}=1$,

(iii′) $P_{ja}=\sum_i\sum_{a'} P_{ia'}P_{ij}(a')\beta_j(a)$

的唯一解, 其中 (iii′) 是因为

$$\mathrm{P}\{X_{n+1}=j, a_{n+1}=a|X_n=i, a_n=a'\}=P_{ij}(a')\beta_j(a)$$

由于

$$\beta_j(a)=\frac{\pi_{ja}}{\sum_a \pi_{ja}}$$

我们看到 (P_{ia}) 是

$$P_{ia}\geqslant 0,\quad \sum_i\sum_a P_{ia}=1,\quad P_{ja}=\sum_i\sum_{a'}P_{ia'}P_{ij}(a')\frac{\pi_{ja}}{\sum_a \pi_{ja}}$$

的唯一解. 因此, 为了证明 $P_{ia}=\pi_{ia}$, 我们需要证明

$$\pi_{ia}\geqslant 0,\quad \sum_i\sum_a \pi_{ia}=1,\quad \pi_{ja}=\sum_i\sum_{a'}\pi_{ia'}P_{ij}(a')\frac{\pi_{ja}}{\sum_a \pi_{ja}}$$

这里前面的两个方程得自方程 (4.33) 的 (i) 和 (ii), 而第三个方程等价于

$$\sum_a \pi_{ja}=\sum_i\sum_{a'}\pi_{ia'}P_{ij}(a')$$

它得自方程 (4.33) 的条件 (iii).

于是我们已经证明了向量 $\boldsymbol{\pi}=(\pi_{ia})$ 满足方程 (4.33) 的 (i)~(iii) 当且仅当存在策略 β, 在使用策略 β 下, π_{ia} 等于过程在状态 i 并且选取动作 a 时的稳态概率. 事实上, 这里的策略 β 定义为 $\beta_i(a)=\pi_{ia}/\sum_a \pi_{ia}$.

上面的事实在确定最佳策略时是十分重要的. 例如, 假设只要在状态 i 并且选取动作 a 就赚得某个报酬 $R(i,a)$. 由于 $R(X_i,a_i)$ 表示在时间 i 赚得的报酬, 在策略 β 下单位时间的平均报酬的期望可以表示为

$$\beta\text{ 下平均报酬的期望}=\lim_{n\to\infty}\mathrm{E}_\beta\left[\frac{\sum_{i=1}^n R(X_i,a_i)}{n}\right].$$

现在，如果以 π_{ia} 记在状态 i 并且选取动作 a 时的稳态概率，这就推出在时间 n 的报酬的期望的极限等于

$$\lim_{n\to\infty} \mathrm{E}[R(X_n, a_n)] = \sum_i \sum_a \pi_{ia} R(i, a)$$

由它导出

$$\beta \text{ 下平均报酬的期望} = \sum_i \sum_a \pi_{ia} R(i, a).$$

因此，确定最大化平均报酬的期望的策略问题就是求

$$\begin{aligned} \underset{\pi=(\pi_{ia})}{\text{最大化}} \sum_i \sum_a \pi_{ia} R(i, a), \quad & \text{对于一切 } i, a \text{ 服从 } \pi_{ia} \geqslant 0 \\ \sum_i \sum_a \pi_{ia} &= 1 \\ \sum_a \pi_{ja} = \sum_i \sum_a \pi_{ia} P_{ij}(a), & \quad \text{对于一切 } j \end{aligned} \tag{4.34}$$

然而，以上的求最大值问题是著名的线性规划的一个特殊情形，并且可以用称为单纯形法[①] 的标准的线性规划算法求解. 如果 $\boldsymbol{\pi}^* = (\pi_{ia}^*)$ 是上面的最大值，那么最佳策略就由 β^* 给出，其中

$$\beta_i^*(a) = \frac{\pi_{ia}^*}{\sum_a \pi_{ia}^*}$$

注 (i) 可以证明存在一个 π^* 使方程 (4.34) 取得最大值，并且具有如下性质：对于每个 i, π_{ia}^* 除了一个 a 值以外全是 0，这就导出最佳策略是非随机的. 即当在状态 i 时，指定的动作是 i 的确定性函数.

(ii) 当在可允许的策略类上加约束时，线性规划的表示形式也常常有效. 例如，假设存在一个过程处在某个状态 (比如，在状态 1) 的时间的比例的约束. 特别地，假设我们只容许考虑使过程在状态 1 少于 $100\alpha\%$ 的时间的策略. 为了确定约制于这个要求的最佳策略，我们对线性规划问题加以附加的约束

$$\sum_a \pi_{1a} \leqslant \alpha$$

因为 $\sum_a \pi_{1a}$ 表示过程处在状态 1 的时间的比例.

4.11 隐马尔可夫链

令 $\{X_n, n = 1, 2, \cdots\}$ 是一个转移概率为 $P_{i,j}$ 和初始状态概率为 $p_i = \mathrm{P}\{X_1 = i\}$ $(i \geqslant 0)$ 的马尔可夫链. 假设有一个信号的有限集 $\mathscr{S}$ 使马尔可夫链在每次进入一个状态时发射一个在 $\mathscr{S}$ 中的信号. 此外，假设当马尔可夫链进入状态 j 时，独立于以

① 它称为线性规划，因为目标函数 $\sum_i \sum_a R(i, a)\pi_{ia}$ 和约束都是 π_{ia} 的线性函数. 对于单纯形法的直观分析，参见 4.5.2 节.

前马尔可夫链的状态和信号, 以概率 $p(s|j)$ 发射信号 s, $\sum_{s\in\mathscr{S}} p(s|j)=1$. 即如果以 S_n 表示第 n 个发射的信号, 那么

$$\mathrm{P}\{S_1=s|X_1=j\}=p(s|j), \quad \mathrm{P}\{S_n=s|X_1,S_1,\cdots,X_{n-1},S_{n-1},X_n=j\}=p(s|j)$$

上述类型的模型, 其中信号的序列 $S_1,S_2,\cdots$ 被观测到, 而潜在的马尔可夫链的状态序列 $X_1,X_2,\cdots$ 是观测不到的, 这称为一个**隐马尔可夫链模型**.

例 4.42 考虑一个生产过程, 在每个时段它或者处在一个好的状态 (状态 1), 或者处在一个差的状态 (状态 2). 如果在一个时段过程处在状态 1, 独立于过去, 在下一个时段将以概率 0.9 处在状态 1, 而将以概率 0.1 处在状态 2. 一旦过程处在状态 2, 它将永远处在状态 2. 假设每个时段生产一个产品, 当过程处在状态 1 时, 每个生产的产品以概率 0.99 达到可接受的质量, 而当过程处在状态 2 时, 生产的产品以概率 0.96 达到可接受的质量.

如果每个产品的状况 (或者可接受, 或者不可接受) 相继地被观测到, 而过程的状态不能观测到, 那么上面的是一个隐马尔可夫链模型. 信号是生产的产品的状况, 依赖于产品是可接受或是不可接受, 分别具有值 a 或 u. 信号的概率是

$$p(u|1)=0.01, \quad p(a|1)=0.99,$$
$$p(u|2)=0.04, \quad p(a|2)=0.96$$

而潜在的马尔可夫链的转移概率是

$$P_{1,1}=0.9=1-P_{1,2}, \quad P_{2,2}=1$$

■

虽然 $\{S_n, n\geqslant 1\}$ 不是一个马尔可夫链, 应该注意到, 取条件于当前的状态 X_n, 将来的信号和状态的序列 $S_n,X_{n+1},S_{n+1},\cdots$ 独立于过去的信号和状态的序列 $X_1,S_1,\cdots X_{n-1},S_{n-1}$.

令 $\boldsymbol{S}^n=(S_1,\cdots,S_n)$ 为前 n 个信号的随机向量. 对于一个固定的信号序列 $s_1,\cdots,s_n$, 令 $\boldsymbol{s}_k=(s_1,\cdots,s_k), k\leqslant n$. 首先, 我们确定给定 $\boldsymbol{S}^n=\boldsymbol{s}_n$ 时马尔可夫链在时间 n 所处状态的条件概率. 为了得到这个概率, 令

$$F_n(j)=\mathrm{P}\{\boldsymbol{S}^n=\boldsymbol{s}_n, X_n=j\}$$

并且注意

$$\mathrm{P}\{X_n=j|\boldsymbol{S}^n=\boldsymbol{s}_n\}=\frac{\mathrm{P}\{\boldsymbol{S}^n=\boldsymbol{s}_n,X_n=j\}}{\mathrm{P}\{\boldsymbol{S}^n=\boldsymbol{s}_n\}}=\frac{F_n(j)}{\sum_i F_n(i)}$$

现在

$$\begin{aligned}F_n(j)&=\mathrm{P}\{\boldsymbol{S}^{n-1}=\boldsymbol{s}_{n-1},S_n=s_n,X_n=j\}\\&=\sum_i \mathrm{P}\{\boldsymbol{S}^{n-1}=\boldsymbol{s}_{n-1},X_{n-1}=i,X_n=j,S_n=s_n\}\\&=\sum_i F_{n-1}(i)\mathrm{P}\{X_n=j,S_n=s_n|\boldsymbol{S}^{n-1}=\boldsymbol{s}_{n-1},X_{n-1}=i\}\end{aligned}$$

$$
\begin{aligned}
&= \sum_i F_{n-1}(i)\mathrm{P}\{X_n = j, S_n = s_n | X_{n-1} = i\} \\
&= \sum_i F_{n-1}(i) P_{i,j} p(s_n|j) \\
&= p(s_n|j) \sum_i F_{n-1}(i) P_{i,j} \qquad (4.35)
\end{aligned}
$$

此处在上面用了

$$
\begin{aligned}
&\mathrm{P}\{X_n = j, S_n = s_n | X_{n-1} = i\} \\
&= \mathrm{P}\{X_n = j | X_{n-1} = i\} \times \mathrm{P}\{S_n = s_n | X_n = j, X_{n-1} = i\} \\
&= P_{i,j} \mathrm{P}\{S_n = s_n | X_n = j\} \\
&= P_{i,j} p(s_n|j)
\end{aligned}
$$

首先, 令

$$F_1(i) = \mathrm{P}\{X_1 = i, S_1 = s_1\} = p_i p(s_1|i)$$

我们可以利用方程 (4.35) 递推地确定函数 $F_2(i), F_3(i), \cdots, F_n(i)$.

例 4.43 假设在例 4.42 中 $\mathrm{P}\{X_1 = 1\} = 0.8$. 给定生产的前 3 个产品的相继条件是 a, u, a,

(i) 当生产了第 3 个产品时, 过程在好的状态的概率是多少?

(ii) X_4 是 1 的概率是多少?

(iii) 生产的下一个产品是可接受的概率是多少?

解 用 $\boldsymbol{s}_3 = (a, u, a)$, 我们得到

$$
\begin{aligned}
&F_1(1) = (0.8)(0.99) = 0.792, \\
&F_1(2) = (0.2)(0.96) = 0.192 \\
&F_2(1) = 0.01[0.792(0.9) + 0.192(0)] = 0.007\,128, \\
&F_2(2) = 0.04[0.792(0.1) + 0.192(1)] = 0.010\,848 \\
&F_3(1) = 0.99[(0.007\,128)(0.9)] \approx 0.006\,351, \\
&F_3(2) = 0.96[(0.007\,128)(0.1) + 0.010\,848] \approx 0.011\,098
\end{aligned}
$$

所以 (i) 的答案是

$$\mathrm{P}\{X_3 = 1|\boldsymbol{s}_3\} \approx \frac{0.006\,351}{0.006\,351 + 0.011\,098} \approx 0.364$$

为了计算 $\mathrm{P}\{X_4 = 1|\boldsymbol{s}_3\}$, 取条件于 X_3 得到

$$
\begin{aligned}
\mathrm{P}\{X_4 = 1|\boldsymbol{s}_3\} &= \mathrm{P}\{X_4 = 1|X_3 = 1, \boldsymbol{s}_3\}\mathrm{P}\{X_3 = 1|\boldsymbol{s}_3\} \\
&\quad + \mathrm{P}\{X_4 = 1|X_3 = 2, \boldsymbol{s}_3\}\mathrm{P}\{X_3 = 2|\boldsymbol{s}_3\} \\
&= \mathrm{P}\{X_4 = 1|X_3 = 1, \boldsymbol{s}_3\}(0.364) + \mathrm{P}\{X_4 = 1|X_3 = 2, \boldsymbol{s}_3\}(0.636) \\
&= 0.364 P_{1,1} + 0.636 P_{2,1} \\
&= 0.3276
\end{aligned}
$$

为了计算 $\mathrm{P}\{S_4=a|\boldsymbol{s}_3\}$, 取条件于 X_4 得到

$$\begin{aligned}\mathrm{P}\{S_4=a|\boldsymbol{s}_3\}&=\mathrm{P}\{S_4=a|X_4=1,\boldsymbol{s}_3\}\mathrm{P}\{X_4=1|\boldsymbol{s}_3\}\\&\quad+\mathrm{P}\{S_4=a|X_4=2,\boldsymbol{s}_3\}\mathrm{P}\{X_4=2|\boldsymbol{s}_3\}\\&=\mathrm{P}\{S_4=a|X_4=1\}(0.3276)+\mathrm{P}\{S_4=a|X_4=2\}(1-0.3276)\\&=(0.99)(0.3276)+(0.96)(0.6724)\\&=0.9698\end{aligned}$$

■

要计算 $\mathrm{P}\{\boldsymbol{S}^n=\boldsymbol{s}_n\}$, 我们利用恒等式 $\mathrm{P}\{\boldsymbol{S}^n=\boldsymbol{s}_n\}=\sum_i F_n(i)$ 及递推公式 (4.35). 如果马尔可夫链有 N 个状态, 需要计算 nN 个 $F_n(i)$, 每一个运算需要在 N 项上求和. 这可与基于取条件在马尔可夫链前 n 个状态以得到 $\mathrm{P}\{\boldsymbol{S}^n=\boldsymbol{s}_n\}$ 的如下的计算比较

$$\begin{aligned}\mathrm{P}\{\boldsymbol{S}^n=\boldsymbol{s}_n\}&=\sum_{i_1,\cdots,i_n}\mathrm{P}\{\boldsymbol{S}^n=\boldsymbol{s}_n|X_1=i_1,\cdots,X_n=i_n\}\mathrm{P}\{X_1=i_1,\cdots,X_n=i_n\}\\&=\sum_{i_1,\cdots,i_n}p(s_1|i_1)\cdots p(s_n|i_n)p_{i_1}P_{i_1,i_2}P_{i_2,i_3}\cdots P_{i_{n-1},i_n}\end{aligned}$$

用上述恒等式计算 $\mathrm{P}\{\boldsymbol{S}^n=\boldsymbol{s}_n\}$ 就要在 N^n 项上求和, 而每一项是 $2n$ 个值的乘积, 这与上面的方法无法比拟.

用递推地确定函数 $F_n(i)$ 计算 $\mathrm{P}\{\boldsymbol{S}^n=\boldsymbol{s}_n\}$ 是熟知的*向前方法*. 也有*向后方法*, 它基于量 $B_k(i)$, 其定义是

$$B_k(i)=\mathrm{P}\{S_{k+1}=s_{k+1},\cdots,S_n=s_n|X_k=i\}$$

对于 $B_k(i)$ 的递推公式可以通过取条件于 X_{k+1} 得到

$$\begin{aligned}B_k(i)&=\sum_j\mathrm{P}\{S_{k+1}=s_{k+1},\cdots,S_n=s_n|X_k=i,X_{k+1}=j\}\mathrm{P}\{X_{k+1}=j|X_k=i\}\\&=\sum_j\mathrm{P}\{S_{k+1}=s_{k+1},\cdots,S_n=s_n|X_{k+1}=j\}P_{i,j}\\&=\sum_j\mathrm{P}\{S_{k+1}=s_{k+1}|X_{k+1}=j\}\\&\quad\times\mathrm{P}\{S_{k+2}=s_{k+2},\cdots,S_n=s_n|S_{k+1}=s_{k+1},X_{k+1}=j\}P_{i,j}\\&=\sum_j p(s_{k+1}|j)\mathrm{P}\{S_{k+2}=s_{k+2},\cdots,S_n=s_n|X_{k+1}=j\}P_{i,j}\\&=\sum_j p(s_{k+1}|j)B_{k+1}(j)P_{i,j}\end{aligned}\tag{4.36}$$

首先有

$$B_{n-1}(i)=\mathrm{P}\{S_n=s_n|X_{n-1}=i\}=\sum_j P_{i,j}p(s_n|j)$$

于是我们可以利用方程 (4.36) 确定 $B_{n-2}(i)$, 然后 $B_{n-3}(i),\cdots,B_1(i)$. 再通过

$$\begin{aligned}\mathrm{P}\{\boldsymbol{S}^n=\boldsymbol{s}_n\}&=\sum_i \mathrm{P}\{S_1=s_1,\cdots,S_n=s_n|X_1=i\}p_i\\&=\sum_i \mathrm{P}\{S_1=s_1|X_1=i\}\mathrm{P}\{S_2=s_2,\cdots,S_n=s_n|S_1=s_1,X_1=i\}p_i\\&=\sum_i p(s_1|i)\mathrm{P}\{S_2=s_2,\cdots,S_n=s_n|X_1=i\}p_i\\&=\sum_i p(s_1|i)B_1(i)p_i\end{aligned}$$

得到 $\mathrm{P}\{\boldsymbol{S}^n=\boldsymbol{s}_n\}$.

另一个得到 $\mathrm{P}\{\boldsymbol{S}^n=\boldsymbol{s}_n\}$ 的方法是将向前方法与向后方法结合起来. 假设对于某个 k, 我们已经计算了函数 $F_k(j)$ 和 $B_k(j)$. 因为

$$\begin{aligned}\mathrm{P}\{\boldsymbol{S}^n=\boldsymbol{s}_n,X_k=j\}&=\mathrm{P}\{\boldsymbol{S}^k=\boldsymbol{s}_k,X_k=j\}\\&\quad\times\mathrm{P}\{S_{k+1}=s_{k+1},\cdots,S_n=s_n|\boldsymbol{S}^k=\boldsymbol{s}_k,X_k=j\}\\&=\mathrm{P}\{\boldsymbol{S}^k=\boldsymbol{s}_k,X_k=j\}\mathrm{P}\{S_{k+1}=s_{k+1},\cdots,S_n=s_n|X_k=j\}\\&=F_k(j)B_k(j)\end{aligned}$$

所以

$$\mathrm{P}\{\boldsymbol{S}^n=\boldsymbol{s}_n\}=\sum_j F_k(j)B_k(j)$$

利用上面的恒等式确定 $\mathrm{P}\{\boldsymbol{S}^n=\boldsymbol{s}_n\}$ 的好处是, 我们可以同时计算从 F_1 起始的向前函数序列和从 B_{n-1} 起始的向后函数序列. 这种平行计算可以在对于某个 k 已经算得 F_k 与 B_k 时停止.

预测状态

假设前 n 个观测信号是 $\boldsymbol{s}_n=(s_1,\cdots,s_n)$, 在给定这些数据时我们要预测马尔可夫链的前 n 个状态. 最佳预测依赖于我们想完成什么. 若我们的目标是使正确预测的状态数的期望最大, 则对于每一个 $k\leqslant n$, 我们需要计算 $\mathrm{P}\{X_k=j|\boldsymbol{S}^n=\boldsymbol{s}_n\}$, 然后取最大化这个量的值 j 为 X_k 的预测. (即对给定信号序列, 我们取 X_k 的条件质量函数的峰值作为 X_k 的预测.) 为此, 我们必须首先计算条件质量函数, 其做法如下. 对于 $k\leqslant n$,

$$\mathrm{P}\{X_k=j|\boldsymbol{S}^n=\boldsymbol{s}_n\}=\frac{\mathrm{P}\{\boldsymbol{S}^n=\boldsymbol{s}_n,X_k=j\}}{\mathrm{P}\{\boldsymbol{S}^n=\boldsymbol{s}_n\}}=\frac{F_k(j)B_k(j)}{\sum_j F_k(j)B_k(j)}$$

于是, 给定 $\boldsymbol{S}^n=\boldsymbol{s}_n$ 时 X_k 的最佳预测是使 $F_k(j)B_k(j)$ 最大的值 j.

预测问题的一个不同的引申源于我们将状态序列看成一个简单的统一体. 在这种情形, 我们的目标是在给定信号序列时, 选取条件概率最大的状态序列. 例如, 在信号处理中, $X_1,\cdots,X_n$ 是必须输送的真实信号, $S_1,\cdots,S_n$ 将是接收到的信号, 所以目标将是在整体中预测这个真实的信号.

令 $\boldsymbol{X}_k=(X_1,\cdots,X_k)$ 是前 k 个状态的向量, 要求的问题是寻找状态序列 $i_1,\cdots,i_n$ 使 $\mathrm{P}\{\boldsymbol{X}_n=(i_1,\cdots,i_n)|\boldsymbol{S}^n=\boldsymbol{s}_n\}$ 达到最大. 因为

$$\mathrm{P}\{\boldsymbol{X}_n=(i_1,\cdots,i_n)|\boldsymbol{S}^n=\boldsymbol{s}_n\}=\frac{\mathrm{P}\{\boldsymbol{X}_n=(i_1,\cdots,i_n),\boldsymbol{S}^n=\boldsymbol{s}_n\}}{\mathrm{P}\{\boldsymbol{S}^n=\boldsymbol{s}_s\}}$$

它等价于寻找状态序列 $i_1,\cdots,i_n$ 使 $\mathrm{P}\{\boldsymbol{X}_n=(i_1,\cdots,i_n),\boldsymbol{S}^n=\boldsymbol{s}_n\}$ 达到最大.

为求解上面的问题, 对于 $k\leqslant n$, 令

$$V_k(j)=\max_{i_1,\cdots,i_{k-1}}\mathrm{P}\{\boldsymbol{X}_{k-1}=(i_1,\cdots,i_{k-1}),X_k=j,\boldsymbol{S}^k=\boldsymbol{s}_k\}$$

为了递推地解 $V_k(j)$, 利用

$$\begin{aligned}
V_k(j)&=\max_i\max_{i_1,\cdots,i_{k-2}}\mathrm{P}\{\boldsymbol{X}_{k-2}=(i_1,\cdots,i_{k-2}),X_{k-1}=i,X_k=j,\boldsymbol{S}^k=\boldsymbol{s}_k\}\\
&=\max_i\max_{i_1,\cdots,i_{k-2}}\mathrm{P}\{\boldsymbol{X}_{k-2}=(i_1,\cdots,i_{k-2}),X_{k-1}=i,\boldsymbol{S}^{k-1}=\boldsymbol{s}_{k-1},X_k=j,S_k=s_k\}\\
&=\max_i\max_{i_1,\cdots,i_{k-2}}\mathrm{P}\{\boldsymbol{X}_{k-2}=(i_1,\cdots,i_{k-2}),X_{k-1}=i,\boldsymbol{S}^{k-1}=\boldsymbol{s}_{k-1}\}\\
&\quad\times\mathrm{P}\{X_k=j,S_k=s_k|\boldsymbol{X}_{k-2}=(i_1,\cdots,i_{k-2}),X_{k-1}=i,\boldsymbol{S}^{k-1}=\boldsymbol{s}_{k-1}\}\\
&=\max_i\max_{i_1,\cdots,i_{k-2}}\mathrm{P}\{\boldsymbol{X}_{k-2}=(i_1,\cdots,i_{k-2}),X_{k-1}=i,\boldsymbol{S}^{k-1}=\boldsymbol{s}_{k-1}\}\\
&\quad\times\mathrm{P}\{X_k=j,S_k=s_k|X_{k-1}=i\}\\
&=\max_i\mathrm{P}\{X_k=j,S_k=s_k|X_{k-1}=i\}\\
&\quad\times\max_{i_1,\cdots,i_{k-2}}\mathrm{P}\{\boldsymbol{X}_{k-2}=(i_1,\cdots,i_{k-2}),X_{k-1}=i,\boldsymbol{S}^{k-1}=\boldsymbol{s}_{k-1}\}\\
&=\max_i P_{i,j}p(s_k|j)V_{k-1}(i)\\
&=p(s_k|j)\max_i P_{i,j}V_{k-1}(i)
\end{aligned}\tag{4.37}$$

从

$$V_1(j)=\mathrm{P}\{X_1=j,S_1=s_1\}=p_jp(s_1|j)$$

开始, 我们现在用递推恒等式 (4.37) 对每个 j 确定 $V_2(j)$, 然后对每个 j 确定 $V_3(j)$, 如此连续, 直至对每个 j 确定 $V_n(j)$.

为了得到状态的最大化序列, 我们从相反的方向进行. 令 j_n 是使 $V_n(j)$ 最大的 j(或者如果有多于一个这样的值中的任意一个). 于是 j_n 是最大化状态序列中的最后的状态. 同样, 对于 $k<n$, 令 $i_k(j)$ 是使 $P_{i,j}V_k(i)$ 最大的 i. 那么

$$\begin{aligned}
&\max_{i_1,\cdots,i_n} \mathrm{P}\{\boldsymbol{X}_n=(i_1,\cdots,i_n),\boldsymbol{S}^n=\boldsymbol{s}_n\}\\
&=\max_j V_n(j)\\
&=V_n(j_n)\\
&=\max_{i_1,\cdots,i_{n-1}} \mathrm{P}\{\boldsymbol{X}_n=(i_1,\cdots,i_{n-1},j_n),\boldsymbol{S}^n=\boldsymbol{s}_n\}\\
&=p(s_n|j_n)\max_i P_{i,j_n}V_{n-1}(i)\\
&=p(s_n|j_n)P_{i_{n-1}(j_n),j_n}V_{n-1}(i_{n-1}(j_n))
\end{aligned}$$

于是, $i_{n-1}(j_n)$ 是最大化状态序列中的最后状态的前一个状态. 继续这种方式, 最大化状态序列中的最后状态的前两个状态是 $i_{n-2}(i_{n-1}(j_n))$, 如此等等.

给定了规定的信号序列, 上面寻找最可能的状态序列的方法称为维特比 (Viterbi) 算法.

习 题

*1. 3 个白球和 3 个黑球分布在两个坛子中, 每个含有 3 个球. 如果第一个坛子中有 i 个白球, 我们就称此系统处在状态 $i, i=0,1,2,3$. 每次我们从每个坛子中取出一个球, 并将从第一个坛子取出的球放到第二个坛子中, 从第二个坛子取出的球放到第一个坛子中. 以 X_n 记第 n 步后系统的状态. 解释为什么 $\{X_n, n\geqslant 0\}$ 是马尔可夫链, 并计算它的转移概率矩阵.

2. 假设今天是否下雨依赖于前三天的天气条件. 说明怎样用一个马尔可夫链分析这个系统. 必须有多少个状态?

3. 在习题 2 中, 假设如果过去的三天已经下雨, 则今天下雨的概率是 0.8; 如果过去的三天无一天下雨, 则今天下雨的概率是 0.2; 而在其他情形今天的天气以概率 0.6 与昨天的天气相同. 确定这个马尔可夫链的转移概率矩阵 $\boldsymbol{P}$.

*4. 考虑一个取值 0、1 或 2 的过程 $\{X_n, n\geqslant 0\}$. 假设

$$\begin{aligned}
&\mathrm{P}\{X_{n+1}=j|X_n=i,X_{n-1}=i_{n-1},\cdots,X_0=i_0\}\\
&=\begin{cases} P_{ij}^{\mathrm{I}}, & n\text{ 是偶数}\\ P_{ij}^{\mathrm{II}}, & n\text{ 是奇数}\end{cases}
\end{aligned}$$

其中 $\sum_{j=0}^{2} P_{ij}^{I}=\sum_{j=0}^{2} P_{ij}^{\mathrm{II}}=1, i=0,1,2$. $\{X_n, n\geqslant 0\}$ 是马尔可夫链吗? 如果不是, 那么说明怎样扩大状态空间, 我们可以将它转变为马尔可夫链.

5. 一个状态为 0、1 或 2 的马尔可夫链 $\{X_n, n\geqslant 0\}$, 它的转移概率矩阵是

$$\begin{bmatrix} \frac{1}{2} & \frac{1}{3} & \frac{1}{6}\\ 0 & \frac{1}{3} & \frac{2}{3}\\ \frac{1}{2} & 0 & \frac{1}{2} \end{bmatrix}$$

如果 $\mathrm{P}\{X_0=0\}=\mathrm{P}\{X_0=1\}=\frac{1}{4}$, 求 $\mathrm{E}[X_3]$.

6. 令两个状态的马尔可夫链的转移概率矩阵如例 4.2 中给出的

$$\boldsymbol{P}=\begin{bmatrix} p & 1-p \\ 1-p & p \end{bmatrix}$$

用数学归纳法证明

$$\boldsymbol{P}^{(n)}=\begin{bmatrix} \frac{1}{2}+\frac{1}{2}(2p-1)^n & \frac{1}{2}-\frac{1}{2}(2p-1)^n \\ \frac{1}{2}-\frac{1}{2}(2p-1)^n & \frac{1}{2}+\frac{1}{2}(2p-1)^n \end{bmatrix}$$

7. 在例 4.4 中假设昨天和前天都没有下雨. 问明天下雨的概率是多少?

8. 假设硬币 1 以概率 0.7 出现正面, 而硬币 2 以概率 0.6 出现正面. 如果今天抛掷的硬币出现正面, 那么明天我们选取硬币 1 抛掷, 而如果今天抛掷的硬币反面朝上, 那么明天我们选取硬币 2 抛掷. 如果开始时等可能地抛掷硬币 1 或硬币 2. 那么, 在开始抛掷后的第三天抛掷的是硬币 1 的概率是多少? 假设星期一抛掷的硬币正面朝上. 问同一周的星期五抛掷的硬币也是正面朝上的概率是多少?

***9.** 在一个有偏硬币一系列独立抛掷中, 每次出现正面的概率是 0.6. 问在前 10 次抛掷中出现连续 3 次正面的概率是多少?

10. 在例 4.3 中, 加里现在处在快乐的心情, 问在以后三天中的任意一天他没有处在忧郁心情的概率是多少?

11. 在例 4.3 中, 4 天前加里处在忧郁的心情, 给定他在一个星期没有觉得快乐, 问今天他处在忧郁心情的概率是多少?

12. 对于一个具有转移概率 $P_{i,j}$ 的马尔可夫链 $\{X_n, n \geqslant 0\}$, 考虑给定这个链开始于时间 0 处在状态 i 并且在时间 n 前没有到过状态 r 时 $X_n = m$ 的条件概率. 其中 r 是一个不等于 i 或 m 的特定状态. 我们想要知道是否这个条件概率等于状态空间不包含状态 r 且转移概率为

$$Q_{i,j}=\frac{P_{i,j}}{1-P_{i,r}} \quad i,j \neq r$$

的一个马尔可夫链的 n 步转移概率. 或者证明等式

$$\mathrm{P}\{X_n = m | X_0 = i, X_k \neq r, k=1,\cdots,n\} = Q_{i,m}^n$$

或者构造一个反例.

13. 令 $\boldsymbol{P}$ 是一个马尔可夫链的转移概率矩阵. 论证如果对于某个正整数 r, $\boldsymbol{P}^r$ 全是正分量, 那么对于 $n \geqslant r$, $\boldsymbol{P}^n$ 全是正分量.

14. 指定如下马尔可夫链的类, 确定它们是否都是暂态或常返态.

$$\boldsymbol{P}_1=\begin{bmatrix} 0 & \frac{1}{2} & \frac{1}{2} \\ \frac{1}{2} & 0 & \frac{1}{2} \\ \frac{1}{2} & \frac{1}{2} & 0 \end{bmatrix}, \quad \boldsymbol{P}_2=\begin{bmatrix} 0 & 0 & 0 & 1 \\ 0 & 0 & 0 & 1 \\ \frac{1}{2} & \frac{1}{2} & 0 & 0 \\ 0 & 0 & 1 & 0 \end{bmatrix},$$

$$P_3 = \begin{bmatrix} \frac{1}{2} & 0 & \frac{1}{2} & 0 & 0 \\ \frac{1}{4} & \frac{1}{2} & \frac{1}{4} & 0 & 0 \\ \frac{1}{2} & 0 & \frac{1}{2} & 0 & 0 \\ 0 & 0 & 0 & \frac{1}{2} & \frac{1}{2} \\ 0 & 0 & 0 & \frac{1}{2} & \frac{1}{2} \end{bmatrix}, \qquad P_4 = \begin{bmatrix} \frac{1}{4} & \frac{3}{4} & 0 & 0 & 0 \\ \frac{1}{2} & \frac{1}{2} & 0 & 0 & 0 \\ 0 & 0 & 1 & 0 & 0 \\ 0 & 0 & \frac{1}{3} & \frac{2}{3} & 0 \\ 1 & 0 & 0 & 0 & 0 \end{bmatrix}$$

15. 证明如果马尔可夫链的状态个数是 M, 而状态 j 可以由状态 i 到达, 那么它可以在 M 步以内到达.

***16.** 证明若状态 i 是常返态, 且状态 i 不与状态 j 互通, 则 $P_{ij}=0$. 它说明一旦过程进入一个常返的状态类, 它绝不会离开这个类. 因为这个原因, 一个常返类常指一个闭的类.

17. 对于例 4.18 中的随机游动, 用强大数定律给出在 $p \neq \frac{1}{2}$ 时马尔可夫链是暂态的另一个证明.

提示: 注意在时间 n 的状态可以写为 $\sum_{i=1}^{n} Y_i$, 其中 Y_i 是独立的且 $\mathrm{P}\{Y_i=1\}=p=1-\mathrm{P}\{Y_i=-1\}$. 论证若 $p>1/2$, 则由强大数定律, 当 $n\to\infty$ 时, $\sum_{i=1}^{n} Y_i \to \infty$, 因此初始状态 0 只能被访问有限多次, 从而必须是暂态. 类似的推理在 $p<\frac{1}{2}$ 时也成立.

18. 硬币 1 正面朝上的概率是 0.6, 而硬币 2 正面朝上的概率是 0.5. 一枚硬币连续地抛掷直至反面朝上, 此时将这个硬币搁置一旁, 我们开始抛掷另一枚.

(a) 用硬币 1 抛掷的比例是多少?

(b) 如果我们从抛掷硬币 1 开始, 问第 5 次抛掷的是硬币 2 的概率是多少?

19. 对于例 4.4, 计算下雨天数的比例.

20. 一个转移概率矩阵 $\boldsymbol{P}$ 称为双随机的, 如果每一列的和是 1, 即对于一切 j,

$$\sum_i P_{ij}=1$$

如果这样的链是不可约和非周期的, 并且由 $M+1$ 个状态 $0,1,\cdots,M$ 组成, 证明长程比例是

$$\pi_j=\frac{1}{M+1}, \quad j=0,1,\cdots,M$$

***21.** 一个 DNA 核酸是 4 个值中的任意一个, 在一个特殊位置的核酸突变的标准模型是一个马尔可夫链模型, 它假设对于某个 $0<\alpha<\frac{1}{3}$, 核酸从时段到时段以概率 $1-3\alpha$ 不变, 而如果变化了, 则等可能地变化为其他 3 种核酸中的任意一个.

(a) 证明 $P_{1,1}^{n}=\frac{1}{4}+\frac{3}{4}(1-4\alpha)^n$.

(b) 这个链在每个状态的时间的长程比例是多少?

22. 令 Y_n 是独立地掷一颗均匀的骰子 n 次的和. 求

$$\lim_{n\to\infty} \mathrm{P}\{Y_n \text{ 是 } 13 \text{ 的倍数}\}.$$

提示: 定义一个合适的马尔可夫链, 并应用习题 20 的结果.

23. 在好天气的年份中，暴风的次数是均值为 1 的泊松随机变量；在坏天气的年份中，暴风的次数是均值为 3 的泊松随机变量．假定任何一年的天气条件仅仅通过其前一年的天气条件而依赖于过去的年份．假设一个好天气年份后，好天气年份和坏天气年份等可能地出现；而一个坏天气年份后，坏天气年份出现的可能性是好天气年份的 2 倍．假设去年 (称为年 0) 是好天气年份．

(a) 求在接下来的两年 (即年 1 和年 2) 中暴风总次数的期望值．

(b) 求年 3 没有暴风的概率．

(c) 求每年暴风的长程平均次数．

24. 考察红、白、蓝三个坛子．红色的坛子含有 1 个红球、4 个蓝球，白色的坛子含有 3 个白球、2 个红球、2 个蓝球，蓝色的坛子含有 4 个白球、3 个红球、2 个蓝球．开始时随机地从红色的坛子中任取一个球，然后放回这个坛子．在随后的每一步，从颜色与前一个取得的球相同的坛子中随机取出一个球，然后放回这个坛子．在长程中，取得红球的概率是多少？取得白球的概率是多少？取得蓝球的概率是多少？

25. 某人每天早晨都长跑，他等可能地从前门或者从后门离开房子．离开时，他选一双跑鞋 (或者赤脚跑，如果在他离开的门没有鞋)．回来时，他等可能地进入前门或者后门，并脱下跑鞋．如果他总计有 k 双跑鞋，问他赤脚跑的时间的比例是多少？

26. 考虑用如下方法洗一副 n 张的纸牌．开始时纸牌初始次序任意，在 $1, 2, \cdots, n$ 中随机地选一个数使得每一个都等可能地被选到．如果选取的是 i，那么我们将位置 i 的那张纸牌放到这副牌的最上面，即位置 1．然后我们重复地执行同样的操作．证明在极限下，这副牌被完全洗透，即最终的次序等可能地是 $n!$ 个可能次序之一．

***27.** N 个总体中的任一个个体在每个时段可能积极也可能消极．如果一个个体在某时段积极，那么与所有其他个体独立，他在下一个时段也积极的概率是 α．类似地，如果一个个体在某时段消极，那么与所有其他个体独立，他在下一个时段也消积的概率是 β．令 X_n 表示在时段 n 积极的个体数．

(a) 证明 $\{X_n, n \geqslant 0\}$ 是马尔可夫链．

(b) 求 $\mathrm{E}[X_n | X_0 = i]$．

(c) 推导转移概率的表达式．

(d) 求恰有 j 个个体积极的长程时间比例．

对 (d) 的提示：首先考虑 $N = 1$ 的情形．

28. 如果一个队赢得比赛，那么下次比赛他们赢的概率是 0.8；如果一个队输掉比赛，那么下次比赛他们赢的概率是 0.3．他们赢得比赛有聚餐的概率是 0.7；而输掉比赛有聚餐的概率是 0.2．求有聚餐的比赛次数的比例．

29. 一个组织有 N 个雇员，其中 N 是一个很大的数．每个雇员在三个可能的分级工作中工作，并按转移概率为

$$\begin{bmatrix} 0.7 & 0.2 & 0.1 \\ 0.2 & 0.6 & 0.2 \\ 0.1 & 0.4 & 0.5 \end{bmatrix}$$

的马尔可夫链 (独立地) 改变其分级．问在每个分级中的雇员的百分比是多少？

30. 在公路上, 每 4 辆货车中有 3 辆后面跟着一辆轿车, 而每 5 辆轿车中只有一辆后面跟着一辆货车. 行驶在公路上的车辆中货车的比例是多少?

31. 某个小镇从来没有连续两天的晴天. 每天天气被分类为晴、多云 (但是干燥的)、雨天. 若一天是晴天, 则第二天等可能地是多云或雨天. 若一天是多云或者雨天, 则第二天有二分之一的机会是同样的天气, 而如果天气改变, 那么它等可能地是其他两种中的一种. 晴天的长程比例是多少? 多云的长程比例是多少?

***32.** 在一天中两个开关或者开或者关. 在第 n 天, 每个开关独立地处于开的概率是

$$[1+\text{ 第 } n-1 \text{ 天是开的开关数}]/4.$$

例如, 如果在第 $n-1$ 天两个开关都是开的, 那么在第 n 天, 每个开关独立地处于开的概率是 3/4. 问两个开关都是开的天数的比例是多少? 两个开关都是关的天数的比例是多少?

33. 某教授不断考她的学生. 她进行三类考试, 并将她班的成绩评分为优秀或者差. 以 p_i 记这个班在类型 i 的考试中得到优秀的概率, 并假设 $p_1=0.3, p_2=0.6$ 和 $p_3=0.9$. 如果这个班的一次考试得到优秀, 那么下一次考试等可能地是这 3 种类型之一, 而如果这个班的一次考试得到差, 那么下一次考试总是类型 1 的考试. 问考试类型 $i(i=1,2,3)$ 的比例的是多少?

34. 一个跳蚤在一个三角形的顶点上按如下方式移动. 当它在顶点 i 时, 以概率 p_i 移向顺时针方向的相邻顶点, 而以概率 $q_i=1-p_i$ 移向逆时针方向的相邻顶点, $i=1,2,3$.

(a) 求跳蚤在每一个顶点的时间的比例.

(b) 在跳蚤做了一次逆时针方向的移动后紧跟连续 5 次顺时针方向的移动有多频繁?

35. 考察具有状态 0,1,2,3,4 的一个马尔可夫链. 假设 $P_{0,4}=1$, 并且假设, 当这个链在状态 $i(i>0)$ 时, 下一个状态等可能地是 $0,1,\cdots,i-1$ 中的任意一个. 求这个马尔可夫链的极限概率.

36. 一个过程每天按一个两状态的马尔可夫链改变其状态. 若过程一天在状态 i, 则其后的一天以概率 $P_{i,j}$ 处在状态 j, 其中

$$P_{0,0}=0.4, \quad P_{0,1}=0.6, \quad P_{1,0}=0.2, \quad P_{1,1}=0.8$$

每天送出一个信息. 如果在那天马尔可夫链的状态是 i, 那么送出的信息是好信息的概率是 p_i, 是坏信息的概率是 $q_i=1-p_i$, $i=0,1$.

(a) 若星期一过程在状态 0, 那么星期二送出一个好信息的概率是多少?

(b) 若星期一过程在状态 0, 那么星期五送出一个好信息的概率是多少?

(c) 在长程中信息是好的比例是多少?

(d) 如果在第 n 天送出一个好信息, 则令 $Y_n=1$, 而在其他情形令 Y_n 等于 2. 问 $\{Y_n, n\geqslant 1\}$ 是马尔可夫链吗? 如果是, 给出它的转移概率矩阵. 如果不是, 简明地解释为什么不是.

37. 证明具有转移概率 $P_{i,j}$ 的马尔可夫链的平稳概率, 对于某个特定的正整数 k, 此平稳概率也是由

$$Q_{i,j}=P_{i,j}^k$$

给定的转移概率为 $Q_{i,j}$ 的马尔可夫链的平稳概率.

***38.** 卡帕每天玩一次或两次游戏. 她在相继的日子中玩游戏的次数是一个以

$$P_{1,1}=0.2,\quad P_{1,2}=0.8,\quad P_{2,1}=0.4,\quad P_{2,2}=0.6$$

为转移概率的马尔可夫链. 假设每次卡帕赢的概率为 p, 而且她在星期一玩两次游戏.

(a) 她在星期二玩的游戏都赢的概率是多少?

(b) 她在星期三平均玩多少次游戏?

(c) 卡帕赢得所有游戏的天数的长程比例是多少?

***39.** 考虑在例 4.18 中的一维对称随机游动, 已证明了该例是常返的.

(a) 论证对一切 i 有 $\pi_i=\pi_0$.

(b) 证明 $\sum_i \pi_i \neq 1$.

(c) 求证马尔可夫链是零常返的, 而且因此 $\pi_i=0$.

***40.** 粒子在圆周的 12 个点上移动. 每次等可能地沿顺时针或逆时针方向移动一步. 求粒子回到出发点时的平均步数.

***41.** 考虑一个以非负整数为状态的马尔可夫链, 假设其转移概率满足 $P_{i,j}=0, j\leqslant i$. 假定 $X_0=0$, 且设马尔可夫链迟早进入状态 j 的概率为 e_j(注意因为 $X_0=0$, 所以 $e_0=1$). 论证对 $j>0$ 有

$$e_j=\sum_{i=0}^{j-1} e_i P_{i,j}$$

又若 $P_{i,i+k}=\dfrac{1}{3}$, $k=1,2,3$, 对于 $i=1,\cdots,10$, 求 e_i.

42. 令 A 是一个状态的集合, 而令 A^c 是其余状态的集合.

(a) $\sum_{i\in A}\sum_{j\in A^c}\pi_i P_{ij}$ 表示什么?

(b) $\sum_{i\in A^c}\sum_{j\in A}\pi_i P_{ij}$ 表示什么?

(c) 解释恒等式

$$\sum_{i\in A}\sum_{j\in A^c}\pi_i P_{ij}=\sum_{i\in A^c}\sum_{j\in A}\pi_i P_{ij}$$

43. 每天有 n 个可能的元素之一被需求, 第 i 个元素被需求的概率为 $P_i, i\geqslant 1, \sum_1^n P_i=1$. 这些元素总是排成有序的列表, 并规定如下: 所选的元素被移至列表的最上面, 而其他所有元素的相对位置都保持不变. 定义在任意时间的状态为该时刻的列表排序, 并注意有 $n!$ 个可能的状态.

(a) 论证上面的是马尔可夫链.

(b) 对于任意状态 $i_1,\cdots,i_n$(这是 $1,2,\cdots,n$ 的一个排列), 以 $\pi(i_1,\cdots,i_n)$ 记其极限概率. 为了状态是 $i_1,\cdots,i_n$, 最后的需求必须是 i_1, 非 i_1 的最后需求是 i_2, 非 i_1 且非 i_2 的最后需求是 i_3, 如此等等. 因此, 直观表示为

$$\pi(i_1,\cdots,i_n)=P_{i_1}\frac{P_{i_2}}{1-P_{i_1}}\frac{P_{i_3}}{1-P_{i_1}-P_{i_2}}\cdots\frac{P_{i_{n-1}}}{1-P_{i_1}-\cdots-P_{i_{n-2}}}$$

当 $n=3$ 时验证上式确实是极限概率.

44. 假设一个总体在其任意一代由定值 m 个基因组成. 每个基因是两个可能的基因型之一. 如果任意一代 (在它的 m 个中) 恰有 i 个基因是 1 型, 那么下一代以概率

$$\binom{m}{j}\left(\frac{i}{m}\right)^j\left(\frac{m-i}{m}\right)^{m-j}, \quad j=0,1,\cdots,m$$

有 j 个 1 型 (和 $m-j$ 个 2 型) 基因. 以 X_n 记第 n 代的 1 型基因个数, 并假定 $X_0=i$.

(a) 求 $\mathrm{E}[X_n]$.

(b) 最终所有的基因都是 1 型的概率是多少?

45. 考察一个不可约的具有状态 $0,1,\cdots,N$ 的有限马尔可夫链.

(a) 从状态 i 开始, 过程最终访问状态 j 的概率是什么? 给以解释.

(b) 令 $x_i=\mathrm{P}\{$在访问状态 0 之前访问状态 $N|$ 开始在 $i\}$. 计算 x_i 满足的一组线性方程, $i=0,1,\cdots,N$.

(c) 如果对于 $i=1,\cdots,N-1$ 有 $\sum_j jP_{ij}=i$, 证明 $x_i=i/N$ 是 (b) 中方程的一个解.

46. 某人有 r 把雨伞用在往返于家和办公室之间. 如果在一天的开始 (结束) 他在家 (在办公室) 而且正在下雨, 那么, 当有雨伞时, 他取一把雨伞去办公室 (回家). 如果不下雨, 他绝不拿雨伞. 假定独立于过去, 在一天的开始 (结束) 下雨的概率是 p.

(i) 定义一个有 $r+1$ 个状态的马尔可夫链以帮助我们确定这个人被淋湿的次数的比例. (注: 如果正在下雨, 而所有雨伞都在其他地方, 则他被淋湿.)

(ii) 证明极限概率为

$$\pi_i=\begin{cases}\dfrac{q}{r+q}, & 若\ i=0\\ \dfrac{1}{r+q}, & 若\ i=1,\cdots,r\end{cases} \qquad 其中\ q=1-p$$

(iii) 这个人淋湿的次数的比例是多少?

(iv) 当 $r=3$ 时, p 取什么值时使他被淋湿的次数的比例最大?

***47.** 以 $\{X_n,n\geqslant 0\}$ 记具有极限概率 π_i 的一个遍历的马尔可夫链. 以 $Y_n=(X_{n-1},X_n)$ 定义过程 $\{Y_n,n\geqslant 1\}$. 即 Y_n 追踪原来链的最后的两个状态. $\{Y_n,n\geqslant 1\}$ 是否是一个马尔可夫链? 如果是, 确定它的转移概率, 并求

$$\lim_{n\to\infty}\mathrm{P}\{Y_n=(i,j)\}$$

48. 考察一个处于稳定状态的马尔可夫链. 如果

$$X_{m-k-1}\neq 0, \quad X_{m-k}=X_{m-k+1}=\cdots=X_{m-1}=0, \quad X_m\neq 0$$

就说在时刻 m 以 k 个长度连续的零结束. 证明这个事件的概率是 $\pi_0(P_{0,0})^{k-1}(1-P_{0,0})^2$, 其中 π_0 是在状态 0 的极限概率.

49. 以 $\boldsymbol{P}^{(1)}$ 和 $\boldsymbol{P}^{(2)}$ 记具有同样的状态空间的遍历马尔可夫链的转移概率矩阵, 以 π^1 和 π^2 记这两个链的平稳 (极限) 概率向量. 考察一个如下定义的过程:

(i) $X_0=1$. 然后抛掷一枚硬币, 若正面朝上, 则余下的状态 $X_1,\cdots$ 都得自转移概率矩阵 $\boldsymbol{P}^{(1)}$, 而若是反面, 则得自 $\boldsymbol{P}^{(2)}$. $\{X_n,n\geqslant 0\}$ 是否构成一个马尔可夫链? 如果 $p=\mathrm{P}$(硬币正面朝上), 则 $\lim_{n\to\infty}\mathrm{P}\{X_n=i\}$ 是多少?

(ii) $X_0=1$. 每次抛掷硬币, 若正面朝上, 则下一个状态按 $\boldsymbol{P}^{(1)}$ 被选取, 而若是反面朝上, 则按 $\boldsymbol{P}^{(2)}$ 被选取. 在此情形, 相继的状态是否构成一个马尔可夫链? 如果是, 确定其转移概率. 用一个反例说明其极限概率与 (i) 中的不同.

50. 在习题 8 中, 若今天抛掷出现正面, 问直至模型"反、反、正、反、正、反、反"出现所需的附加抛掷次数的期望是多少?

51. 在例 4.3 中, 加里今天心情快乐. 求直至他连续 3 天是忧郁的天数的期望.

52. 一个出租汽车司机服务于城市的两个地段. 从 A 地段上车的乘客的目的地以概率 0.6 在 A 地段, 或以概率 0.4 在 B 地段. 从 B 地段上车的乘客的目的地以概率 0.3 在 A 地段, 或以概率 0.7 在 B 地段. 这个司机一次全在 A 地段的平均获利是 6, 一次全在 B 地段的平均获利是 8, 而一次涉及两个地段的平均获利是 12. 求这个出租汽车司机每次的平均获利.

53. 在例 4.27 中, 如果对于三分之一的顾客有 $\lambda = 1/4$, 而对于三分之二的顾客有 $\lambda = 1/2$, 求保险公司从每个参保人收到的平均保费.

54. 考察埃伦费斯特坛子模型, 其中 M 个分子分布于两个坛子中, 在每个时间点, 随机地取出一个分子, 然后将它移出它的坛子, 并放到另一个坛子中. 以 X_n 记在第 n 次转移后在坛子 1 中的分子个数, 并令 $\mu_n = \mathrm{E}[X_n]$. 证明

(a) $\mu_{n+1} = 1 + (1 - 2/M)\mu_n$.

(b) 用 (a) 证明

$$\mu_n = \frac{M}{2} + \left(\frac{M-2}{M}\right)^n \left(\mathrm{E}[X_0] - \frac{M}{2}\right)$$

55. 考察一个总体, 其中的个体有两个基因, 它们可以为型 A 或型 a. 假设在外观上型 A 是显性的, 且型 a 是隐性的 (即个体只在他的基因对是 aa 时, 才有隐性的外观特征). 假设这个总体已经达到稳定, 而个体有基因对 AA, Aa, aa 的百分数分别为 p, q, r. 个体称为显性的或隐性的, 依赖于它所显示的外观. 以 S_{11} 记两个显性的父母的子代是隐性的概率, 而以 S_{10} 记一个显性一个隐性的父母的子代是隐性的概率. 计算 S_{11} 和 S_{10}, 证明 $S_{11} = S_{10}^2$. (S_{10} 和 S_{11} 在遗传学的文献中是众所周知的斯奈德比.)

56. 假设赌徒在每局赌博中, 或者以概率 p 赢得 1, 或者以概率 $1-p$ 输了 1. 赌徒不断地下注直到他赢得 n 或输了 m. 问赌徒以赢家离开的概率是多少?

57. 一个质点在位于圆周上的 $n+1$ 个顶点间以如下方式移动: 每次以概率 p 按顺时针方向移动一步, 或者以概率 $q = 1-p$ 按逆时针方向移动一步. 从一个特殊的状态 0 出发, 令 T 是它首次回到状态 0 的时间. 求在 T 以前一切状态都已访问遍的概率.

提示: 取条件于初始转移, 然后利用赌徒破产问题的结论.

58. 在 4.5.1 节的赌徒破产问题中, 假设赌徒现在的财富是 i, 并假设赌徒的财富最终将达到 N(在达到 0 以前). 给定这个信息, 证明他在下一次赌博中赢的概率是

$$\begin{cases} \dfrac{p[1-(q/p)^{i+1}]}{1-(q/p)^i}, & 若\ p \neq \dfrac{1}{2} \\ \dfrac{i+1}{2i}, & 若\ p = \dfrac{1}{2} \end{cases}$$

提示: 我们要求的概率是

$$\begin{aligned} &\mathrm{P}\{X_{n+1} = i+1 | X_n = i, \lim_{m\to\infty} X_m = N\} \\ &= \frac{\mathrm{P}\{X_{n+1} = i+1, \lim_{m\to\infty} X_m = N | X_n = i\}}{\mathrm{P}\{\lim_{m\to\infty} X_m = N | X_n = i\}} \end{aligned}$$

59. 对于 4.5.1 节的赌徒破产模型, 已知赌徒开始时有财富 $i(i=0,1\cdots,N)$, 以 M_i 记直到赌徒破产或者达到财富 N 所必须赌博的平均次数, 证明 M_i 满足

$$M_0=M_N=0;\quad M_i=1+pM_{i+1}+qM_{i-1},\quad i=1,\cdots,N-1$$

解以上方程组得到

$$M_i=\begin{cases} i(N-i), & 若P=\dfrac{1}{2} \\ \dfrac{i}{q-P}-\dfrac{N}{q-P}\dfrac{1-(q/p)^i}{1-(q/p)^N}, & 若P\neq\dfrac{1}{2}\end{cases}$$

***60.** 如下的以 1, 2, 3, 4 为状态的马尔可夫链转移概率矩阵

$$\boldsymbol{P}=\begin{pmatrix} 0.4 & 0.3 & 0.2 & 0.1 \\ 0.2 & 0.2 & 0.2 & 0.4 \\ 0.25 & 0.25 & 0.5 & 0 \\ 0.2 & 0.1 & 0.4 & 0.3 \end{pmatrix}$$

若 $X_0=1$

(a) 求到达状态 4 之前到达状态 3 的概率.

(b) 求直至到达状态 3 或状态 4 的平均转移次数.

61. 假设在赌徒破产问题中赢得一局的概率依赖于赌徒当前的财富. 特别地, 假设 α_i 是当赌徒的财富为 i 时, 他赢得一局的概率. 给定赌徒的初始财富是 i, 以 $P(i)$ 记赌徒的财富在达到 0 以前达到 N 的概率.

(a) 推导一个联系 $P(i)$ 与 $P(i-1)$ 和 $P(i+1)$ 的公式.

(b) 用与赌徒破产问题同样的方法, 求解 (a) 中关于 $P(i)$ 的方程.

(c) 假设开始有 i 个球在坛子 1 中, 而有 $N-i$ 个球在坛子 2 中, 并假设每次在 N 个球中随机地选取一个, 并放到另一个坛子中. 求第一个坛子比第二个坛子先变空的概率.

***62.** 重新考察习题 57 中的质点. 质点回到出发位置的步数的期望是多少? 在质点回到出发位置前所有其他的位置都已访问的概率是多少?

63. 状态为 1, 2, 3, 4 的马尔可夫链的转移概率矩阵为以下指定的 $\boldsymbol{P}$

$$\boldsymbol{P}=\begin{bmatrix} 0.4 & 0.2 & 0.1 & 0.3 \\ 0.1 & 0.5 & 0.2 & 0.2 \\ 0.3 & 0.4 & 0.2 & 0.1 \\ 0 & 0 & 0 & 1 \end{bmatrix}$$

对 $i=1,2,3$, 求 f_{i3} 和 s_{i3}.

64. 考虑一个 $\mu<1$ 的分支过程. 证明: 如果 $X_0=1$, 那么总体中最终存在的个体数的期望为 $1/(1-\mu)$. 如果 $X_0=n$, 那么该期望是什么?

65. 在 $X_0=1$ 和 $\mu>1$ 的分支过程中, 证明 π_0 是满足方程 (4.20) 的最小正数.

提示: 令 π 是 $\pi=\sum_{j=0}^{\infty}\pi^jP_j$ 的任意一个解. 用数学归纳法证明对于一切 n 有 $\pi\geqslant \mathrm{P}\{X_n=0\}$, 并且令 $n\to\infty$. 再用归纳法论证

$$\mathrm{P}\{X_n=0\}=\sum_{j=0}^{\infty}(\mathrm{P}\{X_{n-1}=0\})^j P_j$$

66. 对于分支过程计算 π_0, 当

(a) $P_0=\frac{1}{4}, P_2=\frac{3}{4}$;

(b) $P_0=\frac{1}{4}, P_1=\frac{1}{2}, P_2=\frac{1}{4}$;

(c) $P_0=\frac{1}{6}, P_1=\frac{1}{2}, P_3=\frac{1}{3}$.

67. 一个坛子总含有 N 个球, 有些是白球, 有些是黑球. 每次抛掷一枚以概率 $p(0<p<1)$ 出现正面的硬币. 若出现正面, 则从坛子中随机地取一个球并用一个白球来替换; 若出现反面, 则从坛子中随机地取一个球并用一个黑球来替换. 以 X_n 记在第 n 次后坛子中的白球个数.

(a) $\{X_n, n\geqslant 0\}$ 是否为马尔可夫链? 若是, 解释为什么.

(b) 它的类是什么? 周期是什么? 是暂态还是常返态?

(c) 计算转移概率 P_{ij}.

(d) 令 $N=2$. 求在每个状态的时间比例.

(e) 基于你对 (d) 的回答和你的直觉, 猜测在一般情形的极限概率的答案.

(f) 通过证明满足方程 (4.7) 或用例 4.35 的结果, 证明你在 (e) 中的猜测.

(g) 若 $p=1$, 当初始有 i 个白球和 $N-i$ 个黑球时, 直到坛子中只有白球的平均时间是多少?

***68.** (a) 通过证明逆向马尔可夫链的极限概率和正向概率满足方程

$$\pi_j=\sum_i \pi_i Q_{ij}$$

来证明这两个概率是相同的.

(b) 对于 (a) 的结果给以直观解释.

69. M 个球最初分布于 m 个坛子中. 每次从任意一个坛子中随机地选取一个球, 再将它随机地放进其他的 $m-1$ 个坛子中的一个. 考察一个马尔可夫链, 在任意时间它的状态是一个向量 $(n_1,\cdots,n_m)$, 其中 n_i 记在第 i 个坛子中的球的个数. 猜测这个马尔可夫链的极限概率, 然后验证你的猜测, 同时证明这个马尔可夫链是时间可逆的.

70. 总共 m 个白球和 m 个黑球分布在两个坛子中, 每个坛子中有 m 个球. 每次从每一个坛子中随机地取一个球, 并将这两个取出的球交换. 以 X_n 记经过 n 次交换后坛子 1 中的黑球个数.

(a) 给出马尔可夫链 $\{X_n, n\geqslant 0\}$ 的转移概率.

(b) 不用任何计算, 你认为这个链的极限概率是什么?

(c) 求长程概率, 并且证明平稳链是时间可逆的.

71. 从定理 4.2 推出, 对于一个时间可逆的马尔可夫链, 对于一切 i,j,k 有

$$P_{ij}P_{jk}P_{ki}=P_{ik}P_{kj}P_{ji},$$

它推出如果状态空间有限而对于一切 i,j 有 $P_{ij}>0$, 那么上面的也是对于时间可逆性的充

分条件. (即在这种情形, 我们只需对从只有两个中间状态的 i 到 i 的路径检验方程 (4.26).) 证明这一点.

提示：固定 i 并证明 $\pi_j = cP_{ij}/P_{ji}$ 满足方程

$$\pi_j P_{jk} = \pi_k P_{kj}$$

其中选取 c 使得 $\sum_j \pi_j = 1$.

72. 对于一个时间可逆的马尔可夫链, 论证它从 i 到 j 到 k 这个转移出现的比率必须等于它从 k 到 j 到 i 的转移出现的比率.

73. 证明习题 31 的马尔可夫链是时间可逆的.

74. 一组 n 个处理器排列在一个有序列表上. 当有任务时, 在线的第一个处理器试图完成它, 如果不成功, 则在线的下一个进行尝试; 如果也不成功, 则在线的再下一个进行尝试, 如此等等. 当任务成功地被处理或者在所有的处理都不成功以后, 这个任务就离开这个系统. 这时我们允许将处理器重新排序, 并且出现一个新的任务. 假设我们使用移近一位的重排规则, 即通过与它前一个交换位置, 将成功的处理器向首个位置移近一位. 如果所有的处理器都不成功 (或在第一个位置的处理器是成功的), 那么排序保持不变. 假设每次处理器 i 尝试一个任务, 独立于其他情形, 它成功的概率是 p_i.

(a) 定义一个合适的马尔可夫链以分析这个模型.

(b) 证明这个马尔可夫链是时间可逆的.

(c) 求长程概率.

75. 一个马尔可夫链称为一个*树过程*, 如果

(i) 当 $P_{ij} > 0$ 时有 $P_{ji} > 0$.

(ii) 对于每对状态 $(i, j), i \neq j$, 存在唯一的一列不同状态 $i = i_0, i_1, \cdots, i_{n-1}, i_n = j$ 使

$$P_{i_k, i_{k+1}} > 0, \quad k = 0, 1, \cdots, n-1$$

就是说, 一个马尔可夫链是一个树过程, 如果对于每一对不同状态 i, j, 过程有从 i 到 j 的唯一的道路, 无需重新进入一个状态 (从而这条道路是从 j 到 i 的唯一的路径的逆向路径). 论证一个遍历的树过程是时间可逆的.

76. 在一个国际象棋的棋盘上, 计算从棋盘的四个角出发的一个骑士 (马) 回到它的初始位置的步数的期望, 如果我们假定每次等可能地取任意一个合理的移动 (在棋盘上没有其他棋子).

提示：利用例 4.36.

77. 在一个马尔可夫决策问题中, 不同于单位时间的平均回报的期望的另一个常用的准则是折扣回报的期望. 在这个准则中, 我们选取一个数 $\alpha, 0 < \alpha < 1$, 并且试图选取一个策略使 $\mathrm{E}[\sum_{i=0}^{\infty} \alpha^i R(X_i, a_i)]$ 取得最大 (即在时间 n 的报酬以等级 α^n 打折). 假设初始状态按概率 b_i 选取. 即

$$\mathrm{P}\{X_0 = i\} = b_i, \quad i = 1, \cdots, n$$

对于给定的一个策略 β, 以 y_{ja} 记过程在状态 j 并且选取动作 a 时的折扣时间的期望. 即

$$y_{ja} = \mathrm{E}_\beta \left[\sum_{n=0}^{\infty} \alpha^n I_{\{X_n = j, a_n = a\}} \right]$$

其中对于任意事件 A, 示性变量 I_A 定义为

$$I_A = \begin{cases} 1, & \text{若 } A \text{ 发生} \\ 0, & \text{其他} \end{cases}$$

(a) 证明

$$\sum_a y_{ja} = \mathrm{E}\left[\sum_{n=0}^{\infty} \alpha^n I_{\{X_n=j\}}\right]$$

或者, 换句话说 $\sum_a y_{ja}$ 是在 β 下在状态 j 的折扣时间的期望.

(b) 证明

$$\sum_j \sum_a y_{ja} = \frac{1}{1-\alpha}, \quad \sum_a y_{ja} = b_j + \alpha \sum_i \sum_a y_{ia} P_{ij}(a)$$

提示: 对于第二个方程, 用恒等式

$$I_{\{X_{n+1}=j\}} = \sum_i \sum_a I_{\{X_n=i, a_n=a\}} I_{\{X_{n+1}=j\}}$$

对上式取期望得到

$$\mathrm{E}[I_{\{X_{n+1}=j\}}] = \sum_i \sum_a \mathrm{E}[I_{\{X_n=i, a_n=a\}}] P_{ij}(a)$$

(c) 令 $\{y_{ja}\}$ 是满足

$$\sum_j \sum_a y_{ja} = \frac{1}{1-\alpha}, \quad \sum_a y_{ja} = b_j + \alpha \sum_i \sum_a y_{ia} P_{ij}(a) \tag{4.38}$$

的一组数. 论证 y_{ja} 可以解释为, 当初始状态按概率 b_j 选取, 而使用由

$$\beta_i(a) = \frac{y_{ia}}{\sum_a y_{ia}}$$

给出的策略 β 时, 过程在状态 j 并且选取动作 a 的折扣时间的期望.

提示: 在使用策略 β 时推导一组平均折扣时间的方程, 并且证明它们等价于方程 (4.38).

(d) 论证对于折扣回报期望准则的一个最佳策略, 可以首先求解线性规划

$$\begin{aligned} \text{在条件} \quad & \sum_j \sum_a y_{ja} = \frac{1}{1-\alpha}, \\ & \sum_a y_{ja} = b_j + \alpha \sum_i \sum_a y_{ia} P_{ij}(a), \\ & y_{ja} \geqslant 0, \qquad \text{对于一切 } j, a \\ \text{下最大化} \quad & \sum_j \sum_a y_{ja} R(j, a) \end{aligned}$$

然后定义策略 β^* 为

$$\beta_i^*(a) = \frac{y_{ia}^*}{\sum_a y_{ia}^*}$$

其中 y_{ja}^* 是线性规划的解.

78. 对于习题 5 中的马尔可夫链, 假设 $p(s|j)$ 是当潜在的马尔可夫链的状态是 $j(j=0,1,2)$ 时发射信号 s 的概率.

(a) 发射的信号是 s 的比例是多少?

(b) 发射的信号是 s 的次数中潜在状态是 0 的比例是多少?

79. 在例 4.43 中, 前 4 个生产的产品都是可接受的概率是多少?

参考文献

[1] K. L. Chung, "Markov Chains with Stationary Transition Probabilities," Springer, Berlin, 1960.

[2] S. Karlin and H. Taylor, "A First Course in Stochastic Processes," Second Edition, Academic Press, New York, 1975.

[3] J. G. Kemeny and J. L. Snell, "Finite Markov Chains," Van Nostrand Reinhold, Princeton, New Jersey, 1960.

[4] S. M. Ross, "Stochastic Processes," Second Edition, John Wiley, New York, 1996.

[5] S. Ross and E. Pekoz, "A Second Course in Probability," Probabilitybookstore. com, 2006.

第 5 章　指数分布与泊松过程

5.1　引　　言

对于现实世界中的现象, 在建立一个数学模型时总需要做某些简化的假定, 使其在数学上容易处理. 另一方面, 我们又不能作太多的简化假定, 因为这样我们从数学模型得到的结论将不能应用到现实世界的情形. 因此, 我们必须做足够的简化假定以使我们能做数学处理, 但不是过多假定致使数学模型不再像现实世界的现象. 常做的一个简化假设是假定某些随机变量是服从指数分布的. 这样做的原因是指数分布不仅处理起来相对容易, 而且它常常是实际分布的一个良好的近似.

容易用于分析的指数分布的性质是它不随时间而改变. 即如果一个部件的寿命服从指数分布, 那么已经用了 10 个 (或者任意) 小时的一个部件在它失效前的那段时间里与新的部件一样好. 这将在 5.2 节中形式地给出定义, 在那里将证明指数分布是具有这个性质的唯一分布.

在 5.3 节中我们将研究计数过程, 并且强调一类称为泊松过程的计数过程. 在有关这个过程的其他事实中, 我们将揭示它与指数分布的紧密联系.

5.2　指 数 分 布

5.2.1　定义

一个连续随机变量 X 称为具有参数为 $\lambda(\lambda > 0)$ 的指数分布, 如果它的概率密度函数为

$$f(x) = \begin{cases} \lambda \mathrm{e}^{-\lambda x}, & x \geqslant 0 \\ 0, & x < 0 \end{cases}$$

或者, 等价地说, 它的 cdf (累积分布函数) 为

$$F(x) = \int_{-\infty}^{x} f(y)\mathrm{d}y = \begin{cases} 1 - \mathrm{e}^{-\lambda x}, & x \geqslant 0 \\ 0, & x < 0 \end{cases}$$

指数分布的均值 $\mathrm{E}[X]$ 为

$$\mathrm{E}[X] = \int_{-\infty}^{\infty} x f(x)\mathrm{d}x = \int_{0}^{\infty} \lambda x \mathrm{e}^{-\lambda x}\mathrm{d}x$$

用分部积分 $(u = x, \mathrm{d}v = \lambda \mathrm{e}^{-\lambda x}\mathrm{d}x)$ 导出

$$E[X] = -xe^{-\lambda x}\Big|_0^{\infty} + \int_0^{\infty} e^{-\lambda x}dx = \frac{1}{\lambda}$$

指数分布的矩母函数 $\phi(t)$ 为

$$\phi(t) = E[e^{tX}] = \int_0^{\infty} e^{tx}\lambda e^{-\lambda x}dx = \frac{\lambda}{\lambda - t}, \quad t < \lambda \tag{5.1}$$

现在可以通过对方程 (5.1) 求微商来得到 X 的一切矩. 例如

$$E[X^2] = \frac{d^2}{dt^2}\phi(t)\Big|_{t=0} = \frac{2\lambda}{(\lambda - t)^3}\Big|_{t=0} = \frac{2}{\lambda^2}$$

随之有

$$\mathrm{Var}(X) = E[X^2] - (E[X])^2 = \frac{2}{\lambda^2} - \frac{1}{\lambda^2} = \frac{1}{\lambda^2}$$

例 5.1 (指数随机变量和平均折扣回报) 假设我们自始至终连续地以随机地变化的速率接受报酬. 以 $R(x)$ 记在时刻 x 正在接受报酬的随机速率. 对于一个称为折扣率的值 $\alpha \geqslant 0$, 量

$$R = \int_0^{\infty} e^{-\alpha x}R(x)dx$$

表示总折扣报酬. (在某些应用中, α 称为连续复合利率, 而 R 是无穷报酬流的折现值.) 而

$$E[R] = E\left[\int_0^{\infty} e^{-\alpha x}R(x)dx\right] = \int_0^{\infty} e^{-\alpha x}E[R(x)]dx$$

是平均总折扣报酬, 我们将证明它也等于在以 α 为速率的指数分布的随机时间里所得的平均总报酬.

令 T 是一个以 α 为速率的指数随机变量, 它独立于所有的随机变量 $R(x)$. 我们要论证

$$\int_0^{\infty} e^{-\alpha x}E[R(x)]dx = E\left[\int_0^{T} R(x)dx\right]$$

为了证明它, 对于每个 $x \geqslant 0$, 定义随机变量 $I(x)$ 为

$$I(x) = \begin{cases} 1, & 若\ x \leqslant T \\ 0, & 若\ x > T \end{cases}$$

并注意

$$\int_0^{T} R(x)dx = \int_0^{\infty} R(x)I(x)dx$$

于是

$$
\begin{aligned}
\mathrm{E}\left[\int_0^T R(x)\mathrm{d}x\right] &= \mathrm{E}\left[\int_0^\infty R(x)I(x)\mathrm{d}x\right] \\
&= \int_0^\infty \mathrm{E}[R(x)I(x)]\mathrm{d}x \\
&= \int_0^\infty \mathrm{E}[R(x)]\mathrm{E}[I(x)]\mathrm{d}x \quad \text{由独立性} \\
&= \int_0^\infty \mathrm{E}[R(x)]\mathrm{P}\{T \geqslant x\}\mathrm{d}x \\
&= \int_0^\infty \mathrm{e}^{-\alpha x}\mathrm{E}[R(x)]\mathrm{d}x
\end{aligned}
$$

所以, 平均总折扣报酬等于在速率等于这个折扣因子时的指数分布的随机时间里所得的平均总 (无折扣的) 报酬. ■

5.2.2 指数分布的性质

一个随机变量 X 称为*无记忆的*, 如果对于一切 $s, t \geqslant 0$ 有

$$\mathrm{P}\{X > s+t | X > t\} = \mathrm{P}\{X > s\} \tag{5.2}$$

如果我们将 X 想象为某个仪器的寿命, 那么方程 (5.2) 说明了, 给定存活了 t 小时的仪器, 至少存活 $s+t$ 小时的条件概率等于它至少存活 s 小时的初始的概率. 换句话说, 如果仪器在时间 t 是存活的, 那么它余留的存活时间的分布等于原来寿命的分布. 即这个仪器并不记住它已经使用过的时间 t.

方程 (5.2) 中的条件等价于

$$\frac{\mathrm{P}\{X > s+t, X > t\}}{\mathrm{P}\{\mathrm{X} > \mathrm{t}\}} = \mathrm{P}\{X > s\}$$

或等价地

$$\mathrm{P}\{X > s+t\} = \mathrm{P}\{X > s\}\mathrm{P}\{X > t\} \tag{5.3}$$

由于当 X 是指数分布时方程 (5.3) 成立 (因为 $\mathrm{e}^{-\lambda(s+t)} = \mathrm{e}^{-\lambda s}\mathrm{e}^{-\lambda t}$), 由此推出指数分布的随机变量是无记忆的.

例 5.2 假设在银行的时间以均值为 10 分钟指数地分布, 即 $\lambda = 1/10$. 问一个顾客在此银行用时超过 15 分钟的概率是多少? 假定一个顾客 10 分钟后仍在银行中, 她在银行用时超过 15 分钟的概率是多少?

解 如果 X 表示顾客在这个银行的时间, 那么第一个概率是

$$\mathrm{P}\{X > 15\} = \mathrm{e}^{-15\lambda} = \mathrm{e}^{-3/2} \approx 0.223$$

第二个问题需要求一个已经在银行用时 10 分钟的顾客至少再用时 5 分钟的概率. 然而, 由于指数分布没有 "记忆" 这个顾客已经在银行 10 分钟了, 因此这必须等于一个进入的顾客在银行中至少 5 分钟的概率. 即要求的概率是

$$P\{X > 5\} = e^{-5\lambda} = e^{-1/2} \approx 0.607$$ ■

例 5.3 考察一个由两个办事员经营的邮局. 假设当史密斯先生进入邮局的时候, 他发现琼斯先生正接受一个办事员的服务, 而布朗先生正接受另一个办事员的服务. 再假设史密斯先生被告知, 只要琼斯先生或布朗先生中的一个离开, 他的服务就可以立刻开始. 如果一个办事员用在一个顾客上的时间是以均值为 $1/\lambda$ 指数地分布的, 那么在这 3 个顾客中, 史密斯先生是最后一个离开邮局的概率是多少?

解 答案用下面的推理得到: 考虑史密斯先生首先发现一个办事员有空的时间. 在此时琼斯先生或布朗先生中的一个刚离开, 而另一个仍在接受服务. 然而, 由指数分布缺乏记忆的性质推出, 另一个人 (琼斯先生或布朗先生) 再花费在邮局内的时间仍旧是以均值为 $1/\lambda$ 指数地分布的. 即这正与他在这时刚开始接受服务相同. 因此, 由对称性, 他在史密斯先生前结束的概率必须等于 1/2. ■

例 5.4 在一次汽车事故中损失的金额数量是均值为 1000 的指数随机变量, 其中保险公司只赔付超出 (可扣除的金额) 400 的金额. 求保险公司赔付事故金额的期望值和标准差.

解 如果 X 是由一次事故导致的损失的金额数量, 那么保险公司赔付的金额是 $(X-400)^+$(其中 a^+ 定义为: 如果 $a>0$ 则等于 a, 如果 $a \leqslant 0$ 则等于 0. 虽然从第一个原则我们可以肯定地确定 $(X-400)^+$ 的期望值和方差, 但是取条件于 X 是否超过 400 将更为简便. 所以, 令

$$I = \begin{cases} 1, & 若\ X > 400 \\ 0, & 若\ X \leqslant 400 \end{cases}$$

令 $Y=(X-400)^+$ 是赔付的金额. 由指数分布缺乏记忆的性质推出, 如果损害的金额超过 400, 那么它超出 400 的金额也是均值为 1000 的指数随机变量. 所以

$$\begin{aligned} &E[Y|I=1] = 1000, \qquad && E[Y|I=0]=0 \\ &\mathrm{Var}(Y|I=1) = 1000^2, \qquad && \mathrm{Var}(Y|I=0)=0 \end{aligned}$$

可以将它们简写成

$$E[Y|I] = 10^3 I, \quad \mathrm{Var}(Y|I) = 10^6 I$$

因为 I 是一个以概率 $e^{-0.4}$ 等于 1 的伯努利随机变量, 所以

$$E[Y] = E[E[Y|I]] = 10^3 E[I] = 10^3 e^{-0.4} \approx 670.32$$

而由条件方差公式

$$\mathrm{Var}(Y) = E[\mathrm{Var}(Y|I)] + \mathrm{Var}(E[Y|I]) = 10^6 e^{-0.4} + 10^6 e^{-0.4}(1-e^{-0.4})$$

其中最后的等式用了参数为 p 的伯努利随机变量的方差为 $p(1-p)$. 随之有

$$\sqrt{\mathrm{Var}(Y)} \approx 944.09$$ ■

指数分布是无记忆的, 而且它是唯一具有这种性质的分布. 为了看出这一点, 假设 X 是无记忆的, 并令 $\overline{F}(x)=\mathrm{P}\{X>x\}$. 那么由方程 (5.3) 推出

$$\overline{F}(s+t)=\overline{F}(s)\overline{F}(t)$$

即 $\overline{F}(x)$ 满足函数方程

$$g(s+t)=g(s)g(t)$$

然而, 这个函数方程的右连续的解只有

$$g(x)=\mathrm{e}^{-\lambda x}①$$

而由于一个分布函数总是右连续的, 所以必须有

$$\overline{F}(x)=\mathrm{e}^{-\lambda x} \quad \text{或} \quad F(x)=\mathrm{P}\{X\leqslant x\}=1-\mathrm{e}^{-\lambda x}$$

这就证明了 X 是指数分布的.

例 5.5 为了使某种商品能够满足下个月的销量需求, 商店必须决定这种商品的定购量, 这里假设需求有速率为 λ 的指数分布. 如果商店以每磅 c 英镑的价格买进这种商品, 而以每磅 $s(s>c)$ 英镑的价格卖出, 应该定购多少商品才能使商店的期望利润最大? 假定月底剩下的存货毫无价值, 而且商店不能满足所有的需求也不会受处罚.

解 令 X 等于需求量. 如果商品定购量是 t, 那么利润 P 为

$$P=s\min(X,t)-ct$$

记

$$\min(X,t)=X-(X-t)^{+}$$

对是否成立 $X>t$ 取条件并且利用指数分布的无记忆性可得

$$\begin{aligned}\mathrm{E}[(X-t)^{+}]&=\mathrm{E}[(X-t)^{+}|X>t]\mathrm{P}(X>t)+\mathrm{E}[(X-t)^{+}|X\leqslant t]\mathrm{P}(X\leqslant t)\\&=E[(X-t)^{+}|X>t]\mathrm{e}^{-\lambda t}\\&=\frac{1}{\lambda}\mathrm{e}^{-\lambda t}\end{aligned}$$

其中最后一个等式用指数随机变量的无记忆性推断, 在 X 超过 t 的条件下, 超出量是速率为 λ 的指数随机变量. 因此,

$$\mathrm{E}[\min(X,t)]=\frac{1}{\lambda}-\frac{1}{\lambda}\mathrm{e}^{-\lambda t}$$

---

① 证明如下: 若 $g(s+t)=g(s)g(t)$, 则

$$g\left(\frac{2}{n}\right)=g\left(\frac{1}{n}+\frac{1}{n}\right)=g^{2}\left(\frac{1}{n}\right)$$

而重复这样做得到 $g(m/n)=g^{m}(1/n)$. 此外

$$g(1)=g\left(\frac{1}{n}+\frac{1}{n}+\cdots+\frac{1}{n}\right)=g^{n}\left(\frac{1}{n}\right) \quad \text{从而} \quad g\left(\frac{1}{n}\right)=(g(1))^{\frac{1}{n}}.$$

因此 $g(m/n)=(g(1))^{m/n}$, 由于 g 是右连续的, 这就推出 $g(x)=(g(1))^{x}$, 由于 $g(1)=(g(1/2))^{2}\geqslant 0$, 所以 $g(x)=\mathrm{e}^{-\lambda x}$, 其中 $\lambda=-\ln(g(1))$.

于是

$$\mathrm{E}[P]=\frac{s}{\lambda}-\frac{s}{\lambda}\mathrm{e}^{-\lambda t}-ct$$

微分后可得当 $s\mathrm{e}^{-\lambda t}-c=0$, 即 $t=\frac{1}{\lambda}\ln(s/c)$ 时利润最大. 现在假设所有没卖出的存货能以每磅 $r(r<\min(s,c))$ 英镑的价格退回, 而且不能满足的需求量处以每磅 p 英镑的罚款. 在这种情况下, 用前面得到的 $\mathrm{E}[P]$ 的表达式, 可得

$$\mathrm{E}[P]=\frac{s}{\lambda}-\frac{s}{\lambda}\mathrm{e}^{-\lambda t}-ct+r\mathrm{E}[(t-X)^{+}]-p\mathrm{E}[(X-t)^{+}]$$

利用

$$\min(X,t)=t-(t-X)^{+}$$

可得

$$\mathrm{E}[(t-X)^{+}]=t-\mathrm{E}[\min(X,t)]=t-\frac{1}{\lambda}+\frac{1}{\lambda}\mathrm{e}^{-\lambda t}$$

因此,

$$\begin{aligned}\mathrm{E}[P]&=\frac{s}{\lambda}-\frac{s}{\lambda}\mathrm{e}^{-\lambda t}-ct+rt-\frac{r}{\lambda}+\frac{r}{\lambda}\mathrm{e}^{-\lambda t}-\frac{p}{\lambda}\mathrm{e}^{-\lambda t}\\&=\frac{s-r}{\lambda}+\frac{r-s-p}{\lambda}\mathrm{e}^{-\lambda t}-(c-r)t\end{aligned}$$

微分后可得最佳定购量是

$$t=\frac{1}{\lambda}\ln\left(\frac{s+p-r}{c-r}\right)$$

值得注意的是, 最佳定购量关于 s,p 和 r 递增, 而关于 λ 和 c 递减. (这些单调性质直观吗?) ■

无记忆性质可由指数分布的失败率函数 (也称风险率函数) 得到进一步阐述.

考察一个具有分布函数 F 和密度 f 的连续的正随机变量 X. 失败(或风险)率函数 $r(t)$ 定义为

$$r(t)=\frac{f(t)}{1-F(t)}\tag{5.4}$$

为了解释 $r(t)$, 假设某个具有寿命 X 的部件已经存活了 t 小时, 并且我们要求它在一个附加时间 $\mathrm{d}t$ 内不存活的概率. 即考虑 $\mathrm{P}\{X\in(t,t+\mathrm{d}t)|X>t\}$. 现在

$$\begin{aligned}\mathrm{P}\{X\in(t,t+\mathrm{d}t)|X>t\}&=\frac{\mathrm{P}\{X\in(t,t+\mathrm{d}t),X>t\}}{\mathrm{P}\{X>t\}}\\&=\frac{\mathrm{P}\{X\in(t,t+\mathrm{d}t)\}}{\mathrm{P}\{X>t\}}\approx\frac{f(t)\mathrm{d}t}{1-F(t)}=r(t)\mathrm{d}t\end{aligned}$$

即 $r(t)$ 表示一个年龄为 t 年的部件损坏的条件概率密度.

现在假设寿命分布是指数的. 那么, 由无记忆性推出, 对于一个年龄为 t 年的部件, 其剩余寿命的分布与新的部件一样. 因此 $r(t)$ 必须是常数. 这是由于

$$r(t)=\frac{f(t)}{1-F(t)}=\frac{\lambda \mathrm{e}^{-\lambda t}}{\mathrm{e}^{-\lambda t}}=\lambda$$

于是, 指数分布的失败率函数是常数. 参数 λ 常常指分布的*速率*(注意速率是均值的倒数, 而且反过来也对).

失败率函数 $r(t)$ 唯一地确定了分布 F. 为了证明它, 我们注意到由方程 (5.4) 有

$$r(t)=\frac{\frac{\mathrm{d}}{\mathrm{d}t}F(t)}{1-F(t)}$$

两边求积分, 推出

$$\ln(1-F(t))=-\int_0^t r(t)\mathrm{d}t+k$$

因此

$$1-F(t)=\mathrm{e}^k\exp\left\{-\int_0^t r(t)\mathrm{d}t\right\}$$

取 $t=0$ 得 $k=0$, 从而

$$F(t)=1-\exp\left\{-\int_0^t r(t)\mathrm{d}t\right\}$$

上面的等式也可以用来证明只有指数随机变量是无记忆的, 因为若 X 是无记忆的, 则它的失败率函数必须是常数. 但是若 $r(t)=c$, 则由上面的方程

$$1-F(t)=\mathrm{e}^{-ct}$$

显示出随机变量是指数的.

例 5.6 令 $X_1,\cdots,X_n$ 是分别以 $\lambda_1,\cdots,\lambda_n$ 为速率的独立指数随机变量, 其中 $\lambda_i\neq\lambda_j, i\neq j$. 令 T 独立于这些随机变量, 并且假设

$$\sum_{j=1}^n P_j=1,\quad 其中\ P_j=\mathrm{P}\{T=j\}.$$

随机变量 X_T 称为*超指数随机变量*. 为了弄清楚这样的一个随机变量是怎样产生的, 我们想象在一个罐中装有 n 种不同类型的电池, 类型 j 的电池维持一个速率为 λ_j 的指数分布的时间, $j=1,\cdots,n$. 再假设每种类型 $j(j=1,\cdots n)$ 的电池在罐中的比例是 P_j. 如果等可能地从罐中任意取一个电池即随机地选用一个电池, 那么选取到的电池的寿命就有上面特定的超指数分布.

为了得到 $X=X_T$ 的分布函数 F, 取条件于 T. 这推出

$$1-F(t)=\mathrm{P}\{X>t\}=\sum_{i=1}^n\mathrm{P}\{X>t|T=i\}\mathrm{P}\{T=i\}=\sum_{i=1}^n P_i\mathrm{e}^{-\lambda_i t}$$

对上式求微商推出 X 的密度函数 f 为

$$f(t)=\sum_{i=1}^{n}\lambda_i P_i \mathrm{e}^{-\lambda_i t}$$

因此, 一个超指数随机变量的失败率函数是

$$r(t)=\frac{\sum_{j=1}^{n}P_j\lambda_j \mathrm{e}^{-\lambda_j t}}{\sum_{i=1}^{n}P_i\mathrm{e}^{-\lambda_i t}}$$

注意到

$$\mathrm{P}\{T=j|X>t\}=\frac{\mathrm{P}\{X>t|T=j\}\mathrm{P}\{T=j\}}{\mathrm{P}\{X>t\}}=\frac{P_j\mathrm{e}^{-\lambda_j t}}{\sum_{i=1}^{n}P_i\mathrm{e}^{-\lambda_i t}}$$

我们看到失败率函数 $r(t)$ 可以写成

$$r(t)=\sum_{j=1}^{n}\lambda_j\mathrm{P}\{T=j|X>t\}$$

如果对于一切 $i>1$ 有 $\lambda_1<\lambda_i$, 那么

$$\begin{aligned}\mathrm{P}\{T=1|X>t\}&=\frac{P_1\mathrm{e}^{-\lambda_1 t}}{P_1\mathrm{e}^{-\lambda_1 t}+\sum_{i=2}^{n}P_i\mathrm{e}^{-\lambda_i t}}\\&=\frac{P_1}{P_1+\sum_{i=2}^{n}P_i\mathrm{e}^{-(\lambda_i-\lambda_1)t}}\to 1,\quad \text{当 } t\to\infty \text{ 时}\end{aligned}$$

类似地, 当 $i\neq 1$ 时, $\mathrm{P}\{T=i|X>t\}\to 0$, 于是证明了

$$\lim_{t\to\infty}r(t)=\min_i\lambda_i$$

即作为一个随机选取的电池的寿命, 它的失败率趋近于具有最小失败率的指数型失败率, 这是很直观的, 因为电池维持越久, 它就越可能是最小失败率的电池类型. ■

5.2.3 指数分布的进一步性质

令 $X_1,\cdots,X_n$ 是具有均值 $1/\lambda$ 的独立同分布的指数随机变量. 由例 2.39 的结果得到 $X_1+\cdots+X_n$ 具有参数为 n 和 λ 的伽马分布. 我们用数学归纳法给出这个结果的第二种验证. 因为在 $n=1$ 时无需证明, 我们先假定 $X_1+\cdots+X_{n-1}$ 具有密度

$$f_{X_1+\cdots+X_{n-1}}(t)=\lambda\mathrm{e}^{-\lambda t}\frac{(\lambda t)^{n-2}}{(n-2)!}$$

因此

$$\begin{aligned}f_{X_1+\cdots+X_{n-1}+X_n}(t)&=\int_0^{\infty}f_{X_n}(t-s)f_{X_1+\cdots+X_{n-1}}(s)\mathrm{d}s\\&=\int_0^{t}\lambda\mathrm{e}^{-\lambda(t-s)}\lambda\mathrm{e}^{-\lambda s}\frac{(\lambda s)^{n-2}}{(n-2)!}\mathrm{d}s\\&=\lambda\mathrm{e}^{-\lambda t}\frac{(\lambda t)^{n-1}}{(n-1)!}\end{aligned}$$

这就证明了结果.

另一个有用的计算是确定一个指数随机变量小于另一个的概率. 即假设 X_1 和 X_2 是分别具有均值 $1/\lambda_1$ 和 $1/\lambda_2$ 的独立指数随机变量. 问 $\mathrm{P}\{X_1 < X_2\}$ 是多少? 这个概率容易通过对 X_1 取条件算得:

$$\begin{aligned}\mathrm{P}\{X_1 < X_2\} &= \int_0^\infty \mathrm{P}\{X_1 < X_2 | X_1 = x\}\lambda_1 \mathrm{e}^{-\lambda_1 x}\mathrm{d}x \\ &= \int_0^\infty \mathrm{P}\{x < X_2\}\lambda_1 \mathrm{e}^{-\lambda_1 x}\mathrm{d}x \\ &= \int_0^\infty \mathrm{e}^{-\lambda_2 x}\lambda_1 \mathrm{e}^{-\lambda_1 x}\mathrm{d}x \\ &= \int_0^\infty \lambda_1 \mathrm{e}^{-(\lambda_1+\lambda_2)x}\mathrm{d}x \\ &= \frac{\lambda_1}{\lambda_1+\lambda_2} \end{aligned} \tag{5.5}$$

假设 $X_1, X_2, \cdots, X_n$ 是独立的指数随机变量, X_i 具有速率 $\mu_i, i = 1, \cdots, n$. 结果显现为, 取 X_i 的最小值是速率为 μ_i 的和的指数随机变量. 其证明如下:

$$\begin{aligned}\mathrm{P}\{\min(X_1,\cdots,X_n) > x\} &= \mathrm{P}\{\text{对于每个 } i(i=1,\cdots,n), X_i > x\} \\ &= \prod_{i=1}^n \mathrm{P}\{X_i > x\} \quad (\text{由独立性}) \\ &= \prod_{i=1}^n \mathrm{e}^{-\mu_i x} \\ &= \exp\left\{-\left(\sum_{i=1}^n \mu_i\right)x\right\} \end{aligned} \tag{5.6}$$

例 5.7(分析分配问题的贪婪算法) 将 n 个工作分配给 n 个人, 每人分配一个工作. 对于给定的 n^2 个值 $C(i,j)(i,j=1,\cdots,n)$, 当工作 j 分配给第 i 个人时将付出一个价格 $C(i,j)$. 经典的分配问题是确定这样的一组分配, 使付出的 n 个价格的和最小.

与试图确定最佳分配相比较, 我们更愿意考察求解这个问题的两个直观算法. 第一个算法如下: 分配给第 1 个人最小价格的工作. 即给第 1 个人分配工作 j_1, 其中 $C(1,j_1) = \min_j(C(1,j))$. 现在不考虑这个工作, 分配给第 2 个人最小价格的工作. 即给第 2 个人分配工作 j_2, 其中 $C(2,j_2) = \min_{j\neq j_1}(C(2,j))$. 继续这样的程序直到所有 n 个人都分配了工作为止. 因为这个程序总是对所考虑的人选取最佳的工作, 我们称它为贪婪算法 A.

第二个算法称为贪婪算法 B, 它是第一个贪婪算法的较为 “全局” 的版本. 它考虑所有的 n^2 个价格值, 并选取使 $C(i,j)$ 最小的一对 (i_1, j_1). 然后给第 i_1 个人分配工作 j_1. 然后排除涉及第 i_1 个人或工作 j_1 的所有价格值 (故而有 $(n-1)^2$ 个值保留), 并且继续同样的方式进行. 即每次在未分配的人和工作中间选取价格最小的人与工作.

假定 $C(i,j)$ 构成一组 n^2 个独立的指数随机变量, 每个有速率 1. 问两个算法中的哪一个产生较小的期望总价格?

解 假设用第一个贪婪算法 A. 以 C_i 记与第 i 个人相结合的价格, $i=1,\cdots,n$. 现在 C_1 是 n 个有速率 1 的独立指数随机变量的最小值. 所以, 由方程 (5.6), 它是具有速率 n 的指数随机变量. 类似地, C_2 是 $n-1$ 个有速率 1 的独立指数随机变量的最小值. 所以, 由方程 (5.6), 它是具有速率 $n-1$ 的指数随机变量. 同理 C_i 是具有速率 $n-i+1$ 的指数随机变量, $i=1,\cdots,n$. 于是贪婪算法 A 的期望总价格是

$$\mathrm{E}_A[\text{总价格}] = \mathrm{E}[C_1+\cdots+C_n] = \sum_{i=1}^{n} 1/i$$

现在分析贪婪算法 B. 令 C_i 是这个算法分配的第 i 个人与工作的价格. 因为 C_1 是所有 n^2 个 $C(i,j)$ 值的最小值, 由方程 (5.6) 推出它是具有速率 n^2 的指数随机变量. 现在由指数随机变量的无记忆性推出, 其他 $C(i,j)$ 超出 C_1 的量是具有速率 1 的指数随机变量. 于是 C_2 等于 C_1 加上 $(n-1)^2$ 个速率为 1 的独立指数随机变量的最小值. 类似地, C_3 等于 C_2 加上 $(n-2)^2$ 个速率为 1 的独立指数随机变量的最小值, 如此等等. 所以, 我们看到

$$\begin{aligned}
\mathrm{E}[C_1] &= 1/n^2, \\
\mathrm{E}[C_2] &= \mathrm{E}[C_1] + 1/(n-1)^2, \\
\mathrm{E}[C_3] &= \mathrm{E}[C_2] + 1/(n-2)^2, \\
&\vdots \\
\mathrm{E}[C_j] &= \mathrm{E}[C_{j-1}] + 1/(n-j+1)^2, \\
&\vdots \\
\mathrm{E}[C_n] &= \mathrm{E}[C_{n-1}] + 1
\end{aligned}$$

所以

$$\begin{aligned}
\mathrm{E}[C_1] &= 1/n^2, \\
\mathrm{E}[C_2] &= 1/n^2 + 1/(n-1)^2, \\
\mathrm{E}[C_3] &= 1/n^2 + 1/(n-1)^2 + 1/(n-2)^2, \\
&\vdots \\
\mathrm{E}[C_n] &= 1/n^2 + 1/(n-1)^2 + 1/(n-2)^2 + \cdots + 1
\end{aligned}$$

所有的 $\mathrm{E}[C_i]$ 加起来导出

$$\mathrm{E}_B[\text{总价格}] = \frac{n}{n^2} + \frac{(n-1)}{(n-1)^2} + \frac{(n-2)}{(n-2)^2} + \cdots + 1 = \sum_{i=1}^{n} \frac{1}{i}$$

于是两个贪婪算法的期望价格是相同的. ■

令 $X_1, \cdots, X_n$ 是分别具有速率 $\lambda_1, \cdots, \lambda_n$ 的独立指数随机变量. 推广方程 (5.5) 便得到一个有用的结论, 即 X_i 以概率 $\lambda_i / \sum_{j=1}^{n} \lambda_j$ 是它们中最小的一个. 其证明如下：

$$\mathrm{P}\{X_i = \min_j X_j\} = \mathrm{P}\{X_i < \min_{j \neq i} X_j\} = \frac{\lambda_i}{\sum_{j=1}^{n} \lambda_j}$$

其中最后的等式用了方程 (5.5) 以及 $\min_{j \neq i} X_j$ 是速率为 $\sum_{j \neq i} \lambda_j$ 的指数随机变量这个事实.

另一个重要的事实是 $\min_i X_i$ 与 X_i 的大小次序是独立的. 为了弄清楚为什么这是对的, 在给定最小值大于 t 的条件下, 考察 $X_{i_1} < X_{i_2} \cdots < X_{i_n}$ 的条件概率. 因为 $\min_i X_i > t$ 的意思是所有的 X_i 都大于 t, 由指数随机变量的无记忆性推出, 它们超出 t 的剩余寿命仍然是具有原来速率的独立指数随机变量. 随之有

$$\begin{aligned} \mathrm{P}\{X_{i_1} < \cdots < X_{i_n} | \min_i X_i > t\} &= \mathrm{P}\{X_{i_1} - t < \cdots < X_{i_n} - t | \min_i X_i > t\} \\ &= \mathrm{P}\{X_{i_1} < \cdots < X_{i_n}\} \end{aligned}$$

就是说, 我们已证明了下述命题.

命题 5.1 若 $X_1, \cdots, X_n$ 是独立指数随机变量, 各有速率 $\lambda_1, \cdots, \lambda_n$, 则 $\min X_i$ 是速率为 $\sum_{i=1}^{n} \lambda_i$ 的指数变量, 进而 $\min\limits_i X_i$ 与变量 $X_1, \cdots, X_n$ 的次序独立.

例 5.8 假设你到达邮局时, 邮局仅有的两个办事员都在忙, 而且没有人在排队等待. 只要哪个办事员有空, 你都进入服务. 如果办事员 i 的服务时间是速率为 $\lambda_i (i = 1, 2)$ 的指数分布, 求 $\mathrm{E}[T]$, 其中 T 是你待在邮局的时间.

解 以 R_i 记顾客在办事员 i 那里的剩余服务时间, $i = 1, 2$, 并且注意, 由指数随机变量的无记忆性, R_1 和 R_2 是独立的随机变量, 具有各自的速率 λ_1 和 λ_2. 取条件于 R_1 和 R_2 中较小的一个推出

$$\begin{aligned} \mathrm{E}[T] &= \mathrm{E}[T | R_1 < R_2] \mathrm{P}\{R_1 < R_2\} + \mathrm{E}[T | R_2 \leqslant R_1] \mathrm{P}\{R_2 \leqslant R_1\} \\ &= \mathrm{E}[T | R_1 < R_2] \frac{\lambda_1}{\lambda_1 + \lambda_2} + \mathrm{E}[T | R_2 \leqslant R_1] \frac{\lambda_2}{\lambda_1 + \lambda_2} \end{aligned}$$

现在, 以 S 记你的服务时间

$$\begin{aligned} \mathrm{E}[T | R_1 < R_2] &= \mathrm{E}[R_1 + S | R_1 < R_2] \\ &= \mathrm{E}[R_1 | R_1 < R_2] + \mathrm{E}[S | R_1 < R_2] \\ &= \mathrm{E}[R_1 | R_1 < R_2] + \frac{1}{\lambda_1} \\ &= \frac{1}{\lambda_1 + \lambda_2} + \frac{1}{\lambda_1} \end{aligned}$$

最后的等式用了取条件于 $R_1 < R_2$, 随机变量 R_1 是 R_1 和 R_2 中最小的, 从而它是速率为 $\lambda_1 + \lambda_2$ 的指数随机变量. 同时取条件于 $R_1 < R_2$, 你是由办事员 1 服务的.

因为我们可以用类似的方式推出

$$\mathrm{E}[T|R_2 \leqslant R_1] = \frac{1}{\lambda_1 + \lambda_2} + \frac{1}{\lambda_2}$$

我们得到结果

$$\mathrm{E}[T] = \frac{3}{\lambda_1 + \lambda_2}$$

另一个得到 $\mathrm{E}[T]$ 的途经是将 T 写成一个和, 取期望, 并在需要时取条件. 这个方法导出

$$\mathrm{E}[T] = \mathrm{E}[\min(R_1, R_2) + S] = \mathrm{E}[\min(R_1, R_2)] + \mathrm{E}[S] = \frac{1}{\lambda_1 + \lambda_2} + \mathrm{E}[S]$$

为了计算 $\mathrm{E}[S]$, 我们取条件于 R_1 和 R_2 中小的那个

$$\mathrm{E}[S] = \mathrm{E}[S|R_1 < R_2]\frac{\lambda_1}{\lambda_1 + \lambda_2} + \mathrm{E}[S|R_2 \leqslant R_1]\frac{\lambda_2}{\lambda_1 + \lambda_2} = \frac{2}{\lambda_1 + \lambda_2}$$ ■

例 5.9　在身体中有 n 个细胞, 其中细胞 $1, \cdots, k$ 是目标细胞. 每个细胞有一个权重, w_i 是细胞 i 的权重, $i = 1, \cdots, n$. 每次按一个随机的次序毁灭一个细胞, 设当前存活的细胞的集合是 S, 那么独立于已经被毁灭而不在 S 中的细胞的次序, 下一次被杀的细胞是 i 的概率为 $w_i / \sum_{j \in s} w_j, i \in S$. 换句话说, 给定存活的细胞下次被杀的概率是其权重除以仍旧存活的细胞的权重的和. 以 A 记当所有的细胞 $1, \cdots, k$ 都被杀时仍旧存活的细胞总数. 求 $\mathrm{E}[A]$.

解　虽然直接用组合推理求解这个问题相当地困难, 但是可以通过将细胞被杀的次序与一个独立指数随机变量排序联系起来, 从而得到一个精巧的解. 为此, 令 $X_1, \cdots, X_n$ 是独立的指数随机变量, X_i 具有速率 $w_i, i = 1, \cdots, n$. 注意 X_i 将以概率 $w_i / \sum_j w_j$ 为其中的最小者. 此外, 给定 X_i 最小时, X_r 是第 2 小者的概率为 $w_r / \sum_{j \neq i} w_j$. 再者, 在给定 X_i 和 X_r 分别是其中第 1 与第 2 最小时, $X_s (s \neq i, r)$ 是第 3 小者的概率是 $w_s / \sum_{j \neq i, r} w_j$, 依次类推. 因此, 如果我们令 I_j 是 $X_1, \cdots, X_n$ 中第 j 小者的下标 (即 $X_{I_1} < X_{I_2} < \cdots < X_{I_n}$), 那么细胞被杀的次序与 $I_1, \cdots, I_n$ 同分布. 所以, 我们假设细胞被杀的次序由 $X_1, \cdots, X_n$ 的次序确定 (等价地, 我们可以假设一切细胞最终将被杀, 而第 i 个细胞在时间 X_i 被杀, $i = 1, \cdots, n$).

如果当所有的细胞 $1, \cdots, k$ 都被杀时细胞 j 仍旧存活, 我们令 $A_j = 1$, 而在其他情形令它为 0, 那么

$$A = \sum_{j=k+1}^{n} A_j$$

因为如果 X_j 大于 $X_1, \cdots, X_k$ 的所有值, 当所有的细胞 $1, \cdots, k$ 都被杀时细胞 j 仍旧存活, 我们看到, 对于 $j > k$

$$
\begin{aligned}
\mathrm{E}[A_j] &= \mathrm{P}\{A_j = 1\} \\
&= \mathrm{P}\{X_j > \max_{i=1,\cdots,k} X_i\} \\
&= \int_0^{\infty} \mathrm{P}\{X_j > \max_{i=1,\cdots,k} X_i | X_j = x\} w_j \mathrm{e}^{-w_j x} \mathrm{d}x \\
&= \int_0^{\infty} \mathrm{P}\{X_i < x, \text{对于一切 } i = 1, \cdots, k\} w_j \mathrm{e}^{-w_j x} \mathrm{d}x \\
&= \int_0^{\infty} \prod_{i=1}^{k} (1 - \mathrm{e}^{-w_i x}) w_j \mathrm{e}^{-w_j x} \mathrm{d}x \\
&= \int_0^{1} \prod_{i=1}^{k} (1 - y^{w_i/w_j}) \mathrm{d}y
\end{aligned}
$$

其中最后的等式得自替换 $y = \mathrm{e}^{-w_j x}$. 于是我们得到结果

$$
\mathrm{E}[A] = \sum_{j=k+1}^{n} \int_0^1 \prod_{i=1}^{k} (1 - y^{w_i/w_j}) \mathrm{d}y = \int_0^1 \sum_{j=k+1}^{n} \prod_{i=1}^{k} (1 - y^{w_i/w_j}) \mathrm{d}y
$$
■

例 5.10 假设顾客有序地排队接受一个服务员的服务. 一旦一次服务完毕, 在队列中的下一个人就进入服务系统. 然而, 每个等待的顾客只等待一个速率为 θ 的指数分布时间. 如果在这个时间前还没有开始他的服务, 他就立刻离开系统. 各个顾客的这些指数时间是独立的. 此外, 服务时间是速率为 μ 的独立指数随机变量. 假设现在某人正在接受服务, 考察队列中第 n 个顾客.

(a) 求这个顾客最终接受服务的概率 P_n.

(b) 求在给定她最终接受服务的条件下, 她在队列中等待的总时间的条件期望 W_n.

解 考察由正在接受服务的人的剩余服务时间, 以及队列中前 n 个人的速率为 θ 的附加指数离开时间组成的 $n+1$ 个随机变量.

(a) 给定这 $n+1$ 个独立指数随机变量的最小者是队列中第 n 个人的离开时间时, 这个人接受服务的条件概率是 0. 另一方面, 给定这个人的离开时间并不是最小时, 这个人接受服务的条件概率正好像开始时他处在位置 $n-1$ 一样. 因为给定的一个离开时间是 $n+1$ 个独立指数随机变量的最小者的概率是 $\theta/(n\theta+\mu)$, 所以我们得到

$$
P_n = \frac{(n-1)\theta + \mu}{n\theta + \mu} P_{n-1}
$$

在上式中用 $n-1$ 代替 n 给出

$$
P_n = \frac{(n-1)\theta + \mu}{n\theta + \mu} \frac{(n-2)\theta + \mu}{(n-1)\theta + \mu} P_{n-2} = \frac{(n-2)\theta + \mu}{n\theta + \mu} P_{n-2}
$$

继续这种方式导出结果

$$P_n = \frac{\theta + \mu}{n\theta + \mu} P_1 = \frac{\mu}{n\theta + \mu}$$

(b) 为了确定 W_n 的一个表达式, 我们利用独立指数随机变量的最小值独立于它们的大小的排序这个事实, 并且该最小值的速率等于它们速率的和. 因为直到第 n 个人进入服务系统的时间是这 $n+1$ 个随机变量的最小值加上以后的附加时间, 由指数随机变量的无记忆性, 我们得到

$$W_n = \frac{1}{n\theta + \mu} + W_{n-1}$$

对于相继的 n 个最小值重复上面的推理可得解为

$$W_n = \sum_{i=1}^{n} \frac{1}{i\theta + \mu}$$

■

5.2.4 指数随机变量的卷积

令 $X_i(i = 1, \cdots, n)$ 是分别具有速率 $\lambda_i(i = 1, \cdots, n)$ 的独立指数随机变量, 并且假设 $\lambda_i \neq \lambda_j, i \neq j$. 随机变量 $\sum_{i=1}^{n} X_i$ 称为亚指数随机变量. 为了计算它的概率密度函数, 我们从 $n = 2$ 开始. 现在

$$\begin{aligned}
f_{X_1+X_2}(t) &= \int_0^t f_{X_1}(s) f_{X_2}(t-s) \mathrm{d}s \\
&= \int_0^t \lambda_1 \mathrm{e}^{-\lambda_1 s} \lambda_2 \mathrm{e}^{-\lambda_2 (t-s)} \mathrm{d}s \\
&= \lambda_1 \lambda_2 \mathrm{e}^{-\lambda_2 t} \int_0^t \mathrm{e}^{-(\lambda_1 - \lambda_2)s} \mathrm{d}s \\
&= \frac{\lambda_1}{\lambda_1 - \lambda_2} \lambda_2 \mathrm{e}^{-\lambda_2 t} (1 - \mathrm{e}^{-(\lambda_1 - \lambda_2)t}) \\
&= \frac{\lambda_1}{\lambda_1 - \lambda_2} \lambda_2 \mathrm{e}^{-\lambda_2 t} + \frac{\lambda_2}{\lambda_2 - \lambda_1} \lambda_1 \mathrm{e}^{-\lambda_1 t}
\end{aligned}$$

当 $n = 3$ 时, 利用上式, 一个类似的计算导出

$$f_{X_1+X_2+X_3}(t) = \sum_{i=1}^{3} \lambda_i \mathrm{e}^{-\lambda_i t} \left(\prod_{j \neq i} \frac{\lambda_j}{\lambda_j - \lambda_i} \right)$$

由它推出如下的一般结果

$$f_{X_1+\cdots+X_n}(t) = \sum_{i=1}^{n} C_{i,n} \lambda_i \mathrm{e}^{-\lambda_i t}$$

其中

$$C_{i,n}=\prod_{j\neq i}\frac{\lambda_j}{\lambda_j-\lambda_i}$$

现在我们对 n 用归纳法证明以上的公式. 因为我们已经对于 $n=2$ 建立了它, 假定它对于 n 成立, 我们考虑 $n+1$ 个具有不同的速率 $\lambda_i(i=1,\cdots,n+1)$ 的任意独立指数随机变量 X_i. 如果有必要, 可以重置标号 X_1 与 X_{n+1} 使 $\lambda_{n+1}<\lambda_1$. 现在

$$\begin{aligned}
f_{X_1+\cdots+X_{n+1}}(t)&=\int_0^t f_{X_1+\cdots+X_n}(s)\lambda_{n+1}\mathrm{e}^{-\lambda_{n+1}(t-s)}\mathrm{d}s\\
&=\sum_{i=1}^n C_{i,n}\int_0^t\lambda_i\mathrm{e}^{-\lambda_i s}\lambda_{n+1}\mathrm{e}^{-\lambda_{n+1}(t-s)}\mathrm{d}s\\
&=\sum_{i=1}^n C_{i,n}\left(\frac{\lambda_i}{\lambda_i-\lambda_{n+1}}\lambda_{n+1}\mathrm{e}^{-\lambda_{n+1}t}+\frac{\lambda_{n+1}}{\lambda_{n+1}-\lambda_i}\lambda_i\mathrm{e}^{-\lambda_i t}\right)\\
&=K_{n+1}\lambda_{n+1}\mathrm{e}^{-\lambda_{n+1}t}+\sum_{i=1}^n C_{i,n+1}\lambda_i\mathrm{e}^{-\lambda_i t}
\end{aligned}\tag{5.7}$$

其中 $K_{n+1}=\sum_{i=1}^n C_{i,n}\dfrac{\lambda_i}{\lambda_i-\lambda_{n+1}}$ 是一个不依赖 t 的常数. 但是我们也有

$$f_{X_1+\cdots+X_{n+1}}(t)=\int_0^t f_{X_2+\cdots+X_{n+1}}(s)\lambda_1\mathrm{e}^{-\lambda_1(t-s)}\mathrm{d}s$$

由此推出, 利用推导方程 (5.7) 的同样的方法, 有一个常数 K_1 使

$$f_{X_1+\cdots+X_{n+1}}(t)=K_1\lambda_1\mathrm{e}^{-\lambda_1 t}+\sum_{i=2}^{n+1}C_{i,n+1}\lambda_i\mathrm{e}^{-\lambda_i t}$$

将 $f_{X_1+\cdots+X_{n+1}}(t)$ 的两个表示式取等推出

$$K_{n+1}\lambda_{n+1}\mathrm{e}^{-\lambda_{n+1}t}+C_{1,n+1}\lambda_1\mathrm{e}^{-\lambda_1 t}=K_1\lambda_1\mathrm{e}^{-\lambda_1 t}+C_{n+1,n+1}\lambda_{n+1}\mathrm{e}^{-\lambda_{n+1}t}$$

在上面的方程两边同乘以 $\mathrm{e}^{\lambda_{n+1}t}$, 并且令 $t\to\infty$ 导出 (因为当 $t\to\infty$ 时 $\mathrm{e}^{-(\lambda_1-\lambda_{n+1})t}\to 0$)

$$K_{n+1}=C_{n+1,n+1}$$

再用方程 (5.7) 就完成了归纳法. 于是我们证明了, 若 $S=\sum_{i=1}^n X_i$, 则

$$f_S(t)=\sum_{i=1}^n C_{i,n}\lambda_i\mathrm{e}^{-\lambda_i t}\tag{5.8}$$

其中

$$C_{i,n}=\prod_{j\neq i}\frac{\lambda_j}{\lambda_j-\lambda_i}$$

对 f_S 的表达式两边从 t 到 ∞ 积分, 导出 S 的尾分布函数为

$$\mathrm{P}\{S>t\}=\sum_{i=1}^{n}C_{i,n}\mathrm{e}^{-\lambda_i t} \tag{5.9}$$

因此, 从方程 (5.8) 和方程 (5.9) 得到 S 的失败率函数 $r_S(t)$ 如下:

$$r_S(t)=\frac{\sum_{i=1}^{n}C_{i,n}\lambda_i\mathrm{e}^{-\lambda_i t}}{\sum_{i=1}^{n}C_{i,n}\mathrm{e}^{-\lambda_i t}}$$

如果我们令 $\lambda_j=\min(\lambda_1,\cdots,\lambda_n)$, 那么将 $r_S(t)$ 的分子与分母乘以 $\mathrm{e}^{\lambda_j t}$ 后导出

$$\lim_{t\to\infty}r_S(t)=\lambda_j$$

从上式我们能够得出结论, 当 t 大的时候, 一个存活到年龄 t 的亚指数分布的部件的剩余寿命近似于一个指数随机变量, 其速率等于构成亚指数的求和项中的指数随机变量的速率的最小者.

注　虽然

$$1=\int_0^{\infty}f_S(t)\mathrm{d}t=\sum_{i=1}^{n}C_{i,n}=\sum_{i=1}^{n}\prod_{j\neq i}\frac{\lambda_j}{\lambda_j-\lambda_i}$$

可是不应该将 $C_{i,n}(i=1,\cdots,n)$ 想成概率, 因为其中有些是负的. 因此, 虽然亚指数密度在形式上类似于超指数密度 (参见例 5.6), 但这两种随机变量是非常不同的.

例 5.11　令 $X_1,\cdots,X_m$ 是独立指数随机变量, 分别有速率 $\lambda_1,\cdots,\lambda_m$, 其中 $\lambda_i\neq\lambda_j, i\neq j$. 令 N 独立于这些随机变量, 并且假设 $\sum_{n=1}^{m}P_n=1$, 其中 $P_n=\mathrm{P}\{N=n\}$. 随机变量

$$Y=\sum_{j=1}^{N}X_j$$

称为考克斯随机变量. 对 N 取条件, 给出它的密度函数

$$\begin{aligned}f_Y(t)&=\sum_{n=1}^{m}f_Y(t|N=n)P_n\\&=\sum_{n=1}^{m}f_{X_1+\cdots+X_n}(t|N=n)P_n\\&=\sum_{n=1}^{m}f_{X_1+\cdots+X_n}(t)P_n\\&=\sum_{n=1}^{m}P_n\sum_{i=1}^{n}C_{i,n}\lambda_i\mathrm{e}^{-\lambda_i t}\end{aligned}$$

令

$$r(n)=\mathrm{P}\{N=n|N\geqslant n\}$$

如果我们将 N 解释为在离散时间段测量的寿命, 那么 $r(n)$ 表示一个部件将在使用它的第 n 个的时段失效的条件概率, 条件是已知它已经存活到这个时间. 于是, $r(n)$ 是失败率函数 $r(t)$ 的离散时间版本, 因此是离散时间失败 (风险) 率函数.

考克斯随机变量常常以如下的方式出现. 假设一个部件必须经过 m 个时段处理才能修复. 然而, 假设每一时段都有一个概率使该部件离开这个程序. 如果我们假设部件通过相继的时段的时间是独立的指数随机变量, 而一个刚完成 n 个时段的部件离开这个程序的概率是 (独立于它用多久时间通过这 n 个时段) $r(n)$, 那么一个部件花费在这个程序中的总时间是一个考克斯随机变量. ■

5.3 泊松过程

5.3.1 计数过程

一个随机过程 $\{N(t), t \geqslant 0\}$ 称为*计数过程*, 如果 $N(t)$ 表示到时刻 t 为止发生的事件的总数. 计数过程的一些例子如下.

(a) 如果我们令 $N(t)$ 等于正在或早于时刻 t 进入一个特定的商店的人数, 那么 $\{N(t), t \geqslant 0\}$ 是计数过程, 其中一个事件对应于一个进入商店的人. 注意如果我们令 $N(t)$ 等于在 t 时刻进入店的人数, 那么 $\{N(t), t \geqslant 0\}$不是计数过程 (为什么).

(b) 如果只要一个小孩诞生, 我们就说一个事件发生, 那么当 $N(t)$ 等于时刻 t 之前诞生的总人数时, $\{N(t), t \geqslant 0\}$ 是计数过程. ($N(t)$ 包含在时刻 t 之前已经死的人吗? 解释为什么它一定包含.)

(c) 如果 $N(t)$ 等于给定的足球队员在时刻 t 前进球的个数, 那么 $\{N(t), t \geqslant 0\}$ 是计数过程. 只要该球员进一个球, 这个过程的一个事件就发生.

从定义我们看到, 一个计数过程 $N(t)$ 必须满足:

(i) $N(t) \geqslant 0$.

(ii) $N(t)$ 取整数值.

(iii) 若 $s < t$, 则 $N(s) \leqslant N(t)$.

(iv) 对于 $s < t$, $N(t) - N(s)$ 表示在区间 $(s, t]$ 中发生的事件的个数.

如果发生在不相交的时间区间中的事件的个数是彼此独立的, 称计数过程具有*独立增量*. 例如, 这意味着发生在时刻 10 以前的事件个数 (即 $N(10)$) 必须独立于在时刻 10 与 15 之间发生的事件个数 (即 $N(15) - N(10)$).

独立增量的假定对于例 (a) 可能是合理的, 但是对于例 (b) 可能是不合理的. 其原因是, 如果在例 (b) 中 $N(t)$ 非常大, 那么在时刻 t 就可能有许多人活着, 这使我们相信在时刻 t 到 $t+s$ 之间新生的人数也很多 (即 $N(t)$ 独立于 $N(t+s) - N(t)$ 看起来并不是合理的, 所以例 (b) 中的 $\{N(t), t \geqslant 0\}$ 没有独立增量性). 在例 (c) 中的独立增量假定可以是合理的, 如果我们相信足球队员今天进球的机会不依赖他过去的表现. 如果我们相信连续取胜或低靡状态, 这个假定就不是合理的.

如果在任意时间区间中发生的事件的个数的分布只依赖于时间区间的长度, 称计数过程具有平稳增量. 换句话说, 如果在区间 $(s, s+t)$ 中的事件的个数的分布对于一切 s 都相同, 过程具有平稳增量.

平稳增量的假定只在例 (a) 中合理, 如果一天不存在人们更可能进入商店的时间. 于是, 例如, 如果存在每天的交通峰值时间 (例如说, 中午 12 点到下午 1 点之间), 那么平稳增量的假定是不合理的. 如果我们相信地球上人口基本不变 (大多数科学家并没有这个信念), 那么平稳增量的假定在例 (b) 中可以是合理的. 平稳增量的假定在例 (c) 中似乎并不是合理的, 因为大多数人会认同一件事, 足球队员在 25 至 30 的年龄段中将比他在 35 至 40 的年龄段中可能进更多的球. 然而, 在较小的时间界限中, 例如一年中, 它可能是合理的.

5.3.2　泊松过程的定义

最重要的计数过程之一是泊松过程, 作为给出它的定义的引子, 我们定义函数 $f(\cdot)$ 是 $o(h)$ 的概念.

定义 5.1　函数 $f(\cdot)$ 称为 $o(h)$, 如果

$$\lim_{h\to 0}\frac{f(h)}{h}=0$$

例 5.12

(a) 函数 $f(x)=x^2$ 是 $o(h)$, 因为

$$\lim_{h\to 0}\frac{f(h)}{h}=\lim_{h\to 0}\frac{h^2}{h}=\lim_{h\to 0}h=0$$

(b) 函数 $f(x)=x$ 不是 $o(h)$, 因为

$$\lim_{h\to 0}\frac{f(h)}{h}=\lim_{h\to 0}\frac{h}{h}=\lim_{h\to 0}1=1\neq 0$$

(c) 若 $f(\cdot)$ 是 $o(h)$ 且 $g(\cdot)$ 是 $o(h)$, 则 $f(\cdot)+g(\cdot)$ 也是 $o(h)$. 这是因为

$$\lim_{h\to 0}\frac{f(h)+g(h)}{h}=\lim_{h\to 0}\frac{f(h)}{h}+\lim_{h\to 0}\frac{g(h)}{h}=0+0=0$$

(d) 若 $f(\cdot)$ 是 $o(h)$, 则 $g(\cdot)=cf(\cdot)$ 也是 $o(h)$. 这是因为

$$\lim_{h\to 0}\frac{cf(h)}{h}=c\lim\frac{f(h)}{h}=c\cdot 0=0$$

(e) 由 (c) 和 (d) 得出, 若一列函数都是 $o(h)$, 则它们的任意有限线性组合也是 $o(h)$. ■

若要函数 $f(\cdot)$ 是 $o(h)$, 在 h 趋于 0 时 $f(h)/h$ 必须趋于 0. 但是, 如果 h 趋于 0, $f(h)/h$ 趋于 0 的唯一途经是 $f(h)$ 趋于 0 比 h 趋于 0 快. 即对于小的 h, $f(h)$ 相比 h 必须很小.

记号 $o(h)$ 的使用可以使命题更加简洁. 例如, 若 X 是密度为 f 的连续随机变量, 且其失败率函数为 $\lambda(t)$, 则近似的命题

$$P(t < X < t+h) \approx f(t)h$$
$$P(t < X < t+h|X > t) \approx \lambda(t)h$$

可准确地表达为

$$P(t < X < t+h) = f(t)h + o(h)$$
$$P(t < X < t+h|X > t) = \lambda(t)h + o(h)$$

现在我们可以给出泊松过程的定义.

定义 5.2 计数过程 $\{N(t), t \geqslant 0\}$ 称为具有速率 $\lambda(\lambda > 0)$ 的泊松过程, 如果

(i) $N(0)=0$.

(ii) $\{N(t), t\geqslant 0\}$ 过程有平稳增量和独立增量.

(iii) $P\{N(t+h) - N(t) = 1\} = \lambda h + o(h)$.

(iv) $P\{N(t+h) - N(t) \geqslant 2\} = o(h)$.

上面的过程称为泊松过程, 是因为在任意长度为 t 的区间中的事件个数按均值为 λt 的泊松分布, 这正如下述重要定理所示.

定理 5.1 *若 $\{N(t), t \geqslant 0\}$ 是速率为 $\lambda(\lambda > 0)$ 的泊松过程, 则对一切 $s > 0, t > 0$, $N(s+t) - N(s)$ 是均值为 λt 的泊松随机变量. 也就是, 在任意长度为 t 的区间中的事件个数是均值为 λt 的泊松随机变量.*

证明 我们从 $N(t)$ 的拉普拉斯变换开始. 为此固定 $u > 0$, 并且令

$$g(t) = E[\exp\{-uN(t)\}]$$

我们推导 $g(t)$ 的一个微分方程如下：

$$\begin{aligned} g(t+h) &= E[\exp\{-uN(t+h)\}] \\ &= E[\exp\{-uN(t)\}\exp\{-u(N(t+h) - N(t))\}] \\ &= E[\exp\{-uN(t)\}]E[\exp\{-u(N(t+h) - N(t))\}] \quad \text{由独立增量性} \\ &= g(t)E[\exp\{-u(N(t+h) - N(t))\}] \end{aligned} \tag{5.10}$$

现在, 由定义 5.2 中的公理 (iii) 和 (iv) 推出

$$P\{N(t+h) - N(t) = 0\} = 1 - \lambda h + o(h)$$
$$P\{N(t+h) - N(t) = 1\} = \lambda h + o(h)$$
$$P\{N(t+h) - N(t) \geqslant 2\} = o(h)$$

因此, 对于 $N(h) = 0$, $N(h) = 1$, $N(h) \geqslant 2$ 取条件, 引出

$$\begin{aligned} E[\exp\{-u[N(t+h) - N(t)]\}] &= 1 - \lambda h + o(h) + e^{-u}(\lambda h + o(h)) + o(h) \\ &= 1 - \lambda h + e^{-u}\lambda h + o(h) \end{aligned} \tag{5.11}$$

所以，由方程 (5.10) 和方程 (5.11) 我们得到

$$g(t+h) = g(t)(1+\lambda h(\mathrm{e}^{-u}-1)) + o(h)$$

由此推出

$$\frac{g(t+h)-g(t)}{h} = g(t)\lambda(\mathrm{e}^{-u}-1) + \frac{o(h)}{h}$$

令 $h \to 0$，给出

$$g'(t) = g(t)\lambda(\mathrm{e}^{-u}-1)$$

或者，等价地

$$\frac{g'(t)}{g(t)} = \lambda(\mathrm{e}^{-u}-1)$$

注意由左方是 $\ln g(t)$ 的导数，积分后推出

$$\ln(g(t)) = \lambda(\mathrm{e}^{-u}-1)t + C$$

因为 $g(0) = \mathrm{E}[\mathrm{e}^{-uN(0)}] = 1$，由此推出 $C=0$，所以 $N(t)$ 的拉普拉斯变换是

$$\mathrm{E}[\mathrm{e}^{-uN(t)}] = g(t) = \mathrm{e}^{\lambda t(\mathrm{e}^{-u}-1)}$$

然而，若 X 是均值为 λt 的泊松随机变量，则它的拉普拉斯变换是

$$\begin{aligned}\mathrm{E}[\mathrm{e}^{-uX}] &= \sum_i \mathrm{e}^{-ui}\mathrm{e}^{-\lambda t}(\lambda t)^i/i! \\ &= \mathrm{e}^{-\lambda t}\sum_i(\lambda t\mathrm{e}^{-u})^i/i! = \mathrm{e}^{-\lambda t}\mathrm{e}^{\lambda t\mathrm{e}^{-u}} = \mathrm{e}^{\lambda t(\mathrm{e}^{-u}-1)}\end{aligned}$$

因为拉普拉斯变换唯一地确定了分布，我们可以得出 $N(t)$ 是均值为 λt 的泊松随机变量的结论.

为了证明 $N(s+t)-N(s)$ 也是均值为 λt 的泊松随机变量，我们固定 s，令 $N_s(t) = N(s+t)-N(s)$，它等于当我们从时刻 s 开始计数起，首个时间单位 t 中的事件数. 现在可直接验证 $\{N_s(t), t \geqslant 0\}$ 满足速率 λt 的泊松过程的一切公理. 因此用上面的结果，可得出 $N_s(t)$ 服从均值 λt 的泊松分布. ■

注　(i) $N(t)$，或者更一般地 $N(s+t)-N(s)$，具有泊松分布的结果是二项分布的泊松近似 (参见 2.2.4 节) 的一个推论. 为了看清这点，可将区间 $[0,t]$ 分成 k 等分，其中 k 非常大 (图 5.1). 现在用定义 5.2 中的公理 (iv) 可以证明，如果 k 递增至 ∞，在 k 个子区间中的任意一个中有两个或两个以上事件的概率趋于 0. 因此，$N(t)$ (以趋于 1 的概率) 正好等于含有一个事件的子区间的个数. 然而，由平稳增量和独立增量性可知，该个数具有参数为 k 和 $p = \frac{\lambda t}{k} + o\left(\frac{t}{k}\right)$ 的二项分布. 因此，由令 k 趋向 ∞ 以及二项分布的泊松近似定理，通过利用 $o(h)$ 的定义和当 $k \to \infty$ 时 $\frac{t}{k} \to 0$，我们可得 $N(t)$ 具有均值

$$\lim_{k\to\infty} k\left[\lambda\frac{t}{k}+o\left(\frac{t}{k}\right)\right] = \lambda t + \lim_{k\to\infty}\frac{to(t/k)}{t/k}$$
$$= \lambda t$$

的泊松分布.

(ii) 因为对一切 s, $N(s+t)-N(s)$ 具有相同的分布, 由此推出泊松过程具有平稳增量.

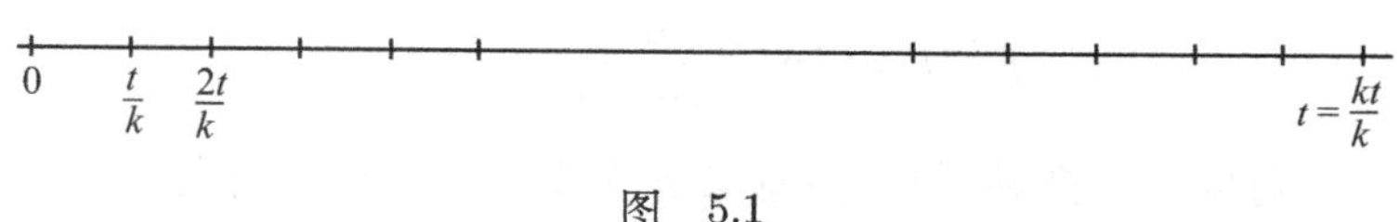

图 5.1

5.3.3 到达间隔时间与等待时间的分布

考虑一个泊松过程, 我们将第一个事件到达的时间记为 T_1. 此外, 对于 $n>1$, 以 T_n 记在第 $n-1$ 个事件与第 n 个事件之间用去的时间. 序列 $\{T_n, n=1,2,\cdots\}$ 称为到达间隔时间列. 例如, 若 $T_1=5$ 而 $T_2=10$, 则泊松过程的第一个事件发生在时刻 5, 而第二个事件发生在时刻 15.

现在我们来确定 T_n 的分布. 为此, 我们首先注意事件 $\{T_1>t\}$ 发生当且仅当泊松过程在区间 $[0,t]$ 中没有事件发生, 从而

$$\mathrm{P}\{T_1>t\}=\mathrm{P}\{N(t)=0\}=\mathrm{e}^{-\lambda t}$$

因此, T_1 具有均值为 $1/\lambda$ 的指数分布. 现在

$$\mathrm{P}\{T_2>t\}=\mathrm{E}[\mathrm{P}\{T_2>t|T_1\}]$$

然而

$$\begin{aligned}\mathrm{P}\{T_2>t|T_1=s\} &= \mathrm{P}\{(s,s+t]\text{ 中 0 个事件 }|T_1=s\}\\ &= \mathrm{P}\{(s,s+t]\text{ 中 0 个事件)}\}\\ &= \mathrm{e}^{-\lambda t}\end{aligned} \tag{5.12}$$

其中最后两个等式由独立增量性与平稳增量性得到. 所以, 从方程 (5.12) 得出结论: T_2 也是一个均值为 $1/\lambda$ 的指数随机变量, T_2 独立于 T_1. 重复同样的论证导出下面的命题.

命题 5.2 $T_n(n=1,2,\cdots)$ 是独立同分布的指数随机变量, 具有均值 $1/\lambda$.

注 这个命题并不使我们感到惊奇. 平稳增量和独立增量的假定本质上等价于断定在时间的任意点, 过程概率意义下重新开始. 即过程从任意点往后, 独立于它以往发生的一切 (由独立增量性), 而且也有与原过程相同的分布 (由平稳增量性). 换句话说, 过程没有记忆, 因而指数间隔时间是预期的.

另一个我们所关注的量是第 n 个事件到达的时间 S_n, 也称为直到第 n 个事件的等待时间. 容易看出

$$S_n = \sum_{i=1}^{n} T_i, \quad n \geqslant 1$$

因此由命题 5.2 和 2.2 节的结果推出, S_n 具有参数为 n 和 λ 的伽马分布. 即 S_n 的概率密度为

$$f_{S_n}(t) = \lambda \mathrm{e}^{-\lambda t} \frac{(\lambda t)^{n-1}}{(n-1)!}, \quad t \geqslant 0 \tag{5.13}$$

方程 (5.13) 也可以如下推导, 只要注意第 n 个事件在时刻 t 前发生当且仅当直到 t 为止发生事件的个数至少是 n, 即

$$N(t) \geqslant n \quad \Leftrightarrow \quad S_n \leqslant t$$

因此

$$F_{S_n}(t) = \mathrm{P}\{S_n \leqslant t\} = \mathrm{P}\{N(t) \geqslant n\} = \sum_{j=n}^{\infty} \mathrm{e}^{-\lambda t} \frac{(\lambda t)^j}{j!}$$

由它求微分导出

$$\begin{aligned} f_{S_n}(t) &= -\sum_{j=n}^{\infty} \lambda \mathrm{e}^{-\lambda t} \frac{(\lambda t)^j}{j!} + \sum_{j=n}^{\infty} \lambda \mathrm{e}^{-\lambda t} \frac{(\lambda t)^{j-1}}{(j-1)!} \\ &= \lambda \mathrm{e}^{-\lambda t} \frac{(\lambda t)^{n-1}}{(n-1)!} + \sum_{j=n+1}^{\infty} \lambda \mathrm{e}^{-\lambda t} \frac{(\lambda t)^{j-1}}{(j-1)!} - \sum_{j=n}^{\infty} \lambda \mathrm{e}^{-\lambda t} \frac{(\lambda t)^j}{j!} \\ &= \lambda \mathrm{e}^{-\lambda t} \frac{(\lambda t)^{n-1}}{(n-1)!} \end{aligned}$$

例 5.13　假设每天人们以速率为 $\lambda = 1$ 泊松分布移民进入某个领土.

(a) 直到第 10 个移民到达的时间的期望是多少?

(b) 第 10 个移民到达和第 11 个移民到达之间的时间超过 2 天的概率是多少?

解　(a) $\mathrm{E}[S_{10}] = 10/\lambda = 10$ 天.

(b) $\mathrm{P}\{T_{11} > 2\} = \mathrm{e}^{-2\lambda} = \mathrm{e}^{-2} \approx 0.135$. ■

命题 5.2 也给我们另一种方式定义泊松过程. 假设我们有均值为 $1/\lambda$ 的独立同分布的指数随机变量列 $\{T_n, n \geqslant 1\}$. 现在我们定义一个计数过程, 称过程的第 n 个事件在时间

$$S_n \equiv T_1 + T_2 + \cdots + T_n$$

发生. 最终的计数过程 $\{N(t), t \geqslant 0\}$①就是速率为 λ 的泊松过程.

注　另一个得到 S_n 的密度函数的途经是, 由于 S_n 是第 n 个事件的时间, 所以有

① $N(t)$ 的形式定义由 $N(t) \equiv \max\{n : S_n \leqslant t\}$ 给出, 其中 $S_0 \equiv 0$.

$$\begin{aligned}
\mathrm{P}\{t<S_n<t+h\}&=\mathrm{P}\{N(t)=n-1,\ \text{在}\ (t,t+h)\text{中有一个事件}\}+o(h)\\
&=\mathrm{P}\{N(t)=n-1\}\mathrm{P}\{\text{在}(t,t+h)\text{中有一个事件}\}+o(h)\\
&=\mathrm{e}^{-\lambda t}\frac{(\lambda t)^{n-1}}{(n-1)!}[\lambda h+o(h)]+o(h)\\
&=\lambda\mathrm{e}^{-\lambda t}\frac{(\lambda t)^{n-1}}{(n-1)!}h+o(h)
\end{aligned}$$

其中第一个等式用了在 $(t,t+h)$ 中有两个或两个以上事件的概率为 $o(h)$ 这个事实. 如果我们将上面的方程两边除以 h, 并令 $h\to 0$, 则得到

$$f_{S_n}(t)=\lambda\mathrm{e}^{-\lambda t}\frac{(\lambda t)^{n-1}}{(n-1)!}$$

5.3.4 泊松过程的进一步性质

考虑一个速率为 λ 的泊松过程 $\{N(t),t\geqslant 0\}$, 而且假设每次发生的事件分为 I 型事件和 II 型事件. 进一步假设每个事件独立于所有其他事件, 以概率 p 为 I 型事件, 以概率 $1-p$ 为 II 型事件. 例如, 假设顾客按照速率为 λ 的泊松过程到达一个商店, 并且假设每个到达的顾客以概率 1/2 为男性, 而以概率 1/2 为女性. 那么 I 型事件对应于一个男性到达, 而 II 型事件对应于一个女性到达.

以 $N_1(t)$ 和 $N_2(t)$ 分别记在 $[0,t]$ 发生的 I 型事件和 II 型事件的个数. 注意 $N(t)=N_1(t)+N_2(t)$.

命题 5.3 $\{N_1(t),t\geqslant 0\}$ 和 $\{N_2(t),t\geqslant 0\}$ 两者分别是速率为 λp 和 $\lambda(1-p)$ 的泊松过程. 此外, 这两个泊松过程是彼此独立的.

证明 通过检验它满足定义 5.2, 容易验证 $\{N_1(t),t\geqslant 0\}$ 是速率为 λp 的泊松过程:

- $N_1(0)=0$ 得自事实 $N(0)=0$.
- 容易看出 $\{N_1(t),t\geqslant 0\}$ 继承了过程 $\{N(t),t\geqslant 0\}$ 的平稳和独立增量性质. 这是因为在一个区间中的 I 型事件的个数的分布可以由取条件于这个区间中的事件个数得到, 而后一个量的分布只依赖于区间的长度, 并且与任意与它不相交的区间中发生的事件是独立的.
- $$\begin{aligned}\mathrm{P}\{N_1(h)=1\}&=\mathrm{P}\{N_1(h)=1|N(h)=1\}\mathrm{P}\{N(h)=1\}\\&\quad+\mathrm{P}\{N_1(h)=1|N(h)\geqslant 2\}\mathrm{P}\{N(h)\geqslant 2\}\\&=p(\lambda h+o(h))+o(h)=\lambda ph+o(h)\end{aligned}$$
- $\mathrm{P}\{N_1(h)\geqslant 2\}\leqslant\mathrm{P}\{N(h)\geqslant 2\}=o(h)$

于是我们看到 $\{N_1(t),t\geqslant 0\}$ 是速率为 λp 的泊松过程, 而用类似的推理可得, $\{N_2(t),t\geqslant 0\}$ 是速率为 $\lambda(1-p)$ 的泊松过程. 因为 I 型事件在从 t 到 $t+h$ 的区间中的概率独立于与 $(t,t+h)$ 没有重叠的区间中发生的所有事件, 它独立于 II 型事件何时发

生的事实, 这就证明了两个泊松过程是独立的. (对于另一个证明独立性的途经, 参见例 3.23.) ■

例 5.14　如果移民以每星期 10 人的泊松速率到达 A 地区, 若每个移民是英格兰后裔的概率是 1/12, 那么在二月份没有英格兰后裔移民到 A 地区的概率是多少?

解　由上面的命题推出, 在二月份英格兰人移民到 A 地区的人数是均值为 $4\times 10\times \dfrac{1}{12}=\dfrac{10}{3}$ 的泊松分布. 因此所需要的概率是 $\mathrm{e}^{-\frac{10}{3}}\approx 0.036$. ■

例 5.15　假设购买你想出售的部件的非负出价以速率为 λ 的泊松过程到达. 假定每次出价是具有密度函数 $f(x)$ 的随机变量的值. 一旦出价提供给你, 你必须接受或者拒绝并等待下一个出价. 假设部件卖出以前, 你以每个单位时间 c 的速率需要花费, 而你的目标是使你的期望总回报最大, 其中总回报等于收到的钱的数目减去总的花费价格. 假设你使用的策略是, 接受第一个超过某个特定值 y 的出价. (这种类型的策略称为 y 策略, 可以证明它是最优的.) y 的最优值是多少?

解　我们计算当你使用 y 策略时的期望总回报, 并且选取 y 使之最大. 以 X 记一个随机出价的值, 而以 $\overline{F}(x)=\mathrm{P}(X>x)=\int_x^{\infty}f(u)\mathrm{d}u$ 记它的尾分布函数. 因为每次出价以概率 $\overline{F}(y)$ 大于 y, 这就推出这种出价按速率为 $\lambda\overline{F}(y)$ 的泊松过程发生. 因此, 直到一次出价被接受的时间是一个速率为 $\lambda\overline{F}(y)$ 的指数随机变量. 以 $R(y)$ 记从接受首次超过 y 的出价的策略得到的总回报, 我们有

$$\begin{aligned}\mathrm{E}[R(y)]&=\mathrm{E}[\text{接受出价}]-c\mathrm{E}[\text{到接受的时间}]\\&=\mathrm{E}[X|X>y]-\frac{c}{\lambda\overline{F}(y)}\\&=\int_0^{\infty}xf_{X|X>y}(x)\mathrm{d}x-\frac{c}{\lambda\overline{F}(y)}\\&=\int_y^{\infty}x\frac{f(x)}{\overline{F}(y)}\mathrm{d}x-\frac{c}{\lambda\overline{F}(y)}\\&=\frac{\int_y^{\infty}xf(x)\mathrm{d}x-c/\lambda}{\overline{F}(y)}\end{aligned}\tag{5.14}$$

求微分导出

$$\frac{\mathrm{d}}{\mathrm{d}y}\mathrm{E}[R(y)]=0\Leftrightarrow-\overline{F}(y)yf(y)+\left(\int_y^{\infty}xf(x)\mathrm{d}x-\frac{c}{\lambda}\right)f(y)=0$$

所以, y 的最优值满足

$$y\overline{F}(y)=\int_y^{\infty}xf(x)\mathrm{d}x-\frac{c}{\lambda}\quad\text{或}\quad y\int_y^{\infty}f(x)\mathrm{d}x=\int_y^{\infty}xf(x)\mathrm{d}x-\frac{c}{\lambda}$$

或

$$\int_y^{\infty}(x-y)f(x)\mathrm{d}x=\frac{c}{\lambda}$$

不难证明存在唯一的 y 满足上述方程. 因此, 最佳策略是接受首个超过 y^* 的出价, 其中 y^* 满足下式

$$\int_{y^*}^{\infty}(x-y^*)f(x)\mathrm{d}x=c/\lambda$$

将 $y=y^*$ 代入方程 (5.14), 可得到最佳期望净回报就是

$$\begin{aligned}\mathrm{E}[R(y^*)]&=\frac{1}{\overline{F}(y^*)}\left(\int_{y^*}^{\infty}(x-y^*+y^*)f(x)\mathrm{d}x-c/\lambda\right)\\&=\frac{1}{\overline{F}(y^*)}\left(\int_{y^*}^{\infty}(x-y^*)f(x)\mathrm{d}x+y^*\int_{y^*}^{\infty}f(x)\mathrm{d}x-c/\lambda\right)\\&=\frac{1}{\overline{F}(y^*)}(c/\lambda+y^*\overline{F}(y^*)-c/\lambda)\\&=y^*\end{aligned}$$

于是最佳临界值也是最佳期望回报值. 为了弄清为什么是这样, 令 m 为最佳期望回报值, 并注意, 当拒绝一个出价时, 问题基本上就重新开始, 所以由此继续的最佳临界值也是最佳期望回报值 m. 但是, 这蕴涵了当且仅当它至少和 m 一样大, 接受的出价是最佳的, 这就说明了 m 是最佳临界值. ■

由命题 5.3 推出, 如果个体的每个泊松数分别以概率 p 和 $1-p$ 独立地分类为两个可能的组, 那么每一组的个体数是独立的泊松随机变量. 因为这个结果容易推广到分类到 r 个可能的组的任意一个的情形, 我们有下面的应用, 即一个组织中雇员流动的模型.

例 5.16 考察一个系统, 无论何时其中的个体都被分类为处于 r 个可能的状态之一, 并假定个体按转移概率为 $P_{ij}(i,j=1,\cdots,r)$ 的一个马尔可夫链改变其状态. 即若个体处于状态 i, 则下一个时间段独立于它以前的状态以概率 P_{ij} 处于状态 j. 个体在系统中的变动是彼此独立的. 假设开始时处于状态 $1,2,\cdots,r$ 的个体数分别是均值为 $\lambda_1,\lambda_2,\cdots,\lambda_r$ 的独立的泊松随机变量. 我们想要确定在某个时刻 n 处于状态 $1,2,\cdots,r$ 的个体数的联合分布.

解 对于固定的 i, 以 $N_j(i)(j=1,\cdots,r)$ 记开始处于状态 i 且在时刻 n 处于状态 j 的个体数. 开始处于状态 i 的每个个体 (泊松分布的) 彼此独立地以概率 P_{ij}^n 在时刻 n 处于状态 j, 其中 P_{ij}^n 是具有转移概率 P_{ij} 的马尔可夫链的 n 步转移概率. 因此, $N_j(i)(j=1,\cdots,r)$ 是速率为 $\lambda_i P_{ij}^n(j=1,\cdots,r)$ 的独立泊松随机变量. 因为独立泊松随机变量的和本身也是泊松随机变量, 这就推出在时刻 n 处于状态 j 的个体数 (即 $\sum_{i=1}^r N_j(i)$) 将是以 $\sum_{i=1}^r\lambda_i P_{ij}^n$ 为速率的独立泊松随机变量, $j=1,\cdots,r$. ■

例 5.17 (奖券收集问题) 有 m 种不同类型的奖券. 独立于过去得到的奖券, 某人每次以概率 $p_j\left(\sum_{i=1}^m p_j=1\right)$ 收集一张类型 j 的奖券. 以 N 记他为了每种类型至少有一张的全套收藏所需要收集的奖券的张数. 求 $\mathrm{E}[N]$.

解 如果我们以 N_j 记得到类型 j 的奖券必须收集的奖券张数, 那么我们可以将 N 表示为

$$N = \max_{1\leqslant j\leqslant m} N_j$$

然而, 即使每个 N_j 是以 p_j 为参数的几何随机变量, N 的上述表示并非那么有用, 因为随机变量 N_j 不是独立的.

然而, 我们可以将问题转化为确定独立随机变量的最大值的期望值问题. 为此, 假设奖券收集的时间是按速率为 $\lambda = 1$ 的泊松过程选取的. 如果此时得到类型 j 的奖券, 就称这个泊松过程的一个事件为类型 $j(1 \leqslant j \leqslant m)$. 现在我们以 $N_j(t)$ 记在直到时刻 t 为止收集到的类型 j 的奖券的张数, 那么由命题 5.3 推出 $\{N_j(t), t \geqslant 0\}(j = 1, \cdots, m)$ 是以 $\lambda p_j = p_j$ 为参数的独立的泊松过程. 以 X_j 记第 j 个过程的首个事件的时间, 并且令

$$X = \max_{1\leqslant j\leqslant m} X_j$$

记收集到全套收藏的时间. 因为 X_j 是分别以 p_j 为速率的独立指数随机变量, 这就推出

$$\begin{aligned}
\mathrm{P}\{X < t\} &= \mathrm{P}\{\max_{1\leqslant j\leqslant m} X_j < t\} \\
&= \mathrm{P}\{X_j < t, \text{ 对于 } j = 1, \cdots, m\} \\
&= \prod_{j=1}^{m} (1 - \mathrm{e}^{-p_j t})
\end{aligned}$$

所以

$$\mathrm{E}[X] = \int_0^\infty \mathrm{P}\{X > t\}\mathrm{d}t = \int_0^\infty \left\{1 - \prod_{j=1}^{m}(1 - \mathrm{e}^{-p_j t})\right\}\mathrm{d}t \tag{5.15}$$

余下的是将直到他有全套奖券的时间的期望 $\mathrm{E}[X]$, 与收集到的奖券的期望数 $\mathrm{E}[N]$ 联系起来, 这可以由奖券计数的泊松过程的第 i 个间隔时间 T_i 得到. 于是容易看到

$$X = \sum_{i=1}^{N} T_i$$

由于 T_i 是速率为 1 的独立指数随机变量, 而 N 是独立于 T_i 的, 所以

$$\mathrm{E}[X|N] = N\mathrm{E}[T_i] = N$$

所以

$$\mathrm{E}[X] = \mathrm{E}[N]$$

从而 $\mathrm{E}[N]$ 由方程 (5.15) 给出.

我们现在计算在全套收集中只出现一张的类型数的期望. 令 I_i 等于 1, 如果在最后的全套中只有一张奖券 i, 而在其他情形令它为 0. 于是我们需要知道

$$\mathrm{E}\left[\sum_{i=1}^{m} I_i\right] = \sum_{i=1}^{m} \mathrm{E}[I_i] = \sum_{i=1}^{m} \mathrm{P}\{I_i = 1\}$$

现在, 如果每一种类型的奖券在类型 i 奖券第二次出现前已经出现, 那么在最后的全套中将只有一张奖券 i. 于是, 以 S_i 记得到第二张类型 i 奖券的时间, 我们有

$$\mathrm{P}\{I_i = 1\} = \mathrm{P}\{X_j < S_i, \text{对于一切 } j \neq i\}.$$

利用 S_i 具有参数为 $(2, p_i)$ 的伽马分布, 推出

$$\begin{aligned}
\mathrm{P}\{I_i = 1\} &= \int_0^\infty \mathrm{P}\{X_j < S_i, \text{对于一切 } j \neq i | S_i = x\} p_i \mathrm{e}^{-p_i x} p_i x \mathrm{d}x \\
&= \int_0^\infty \mathrm{P}\{X_j < x, \text{对于一切 } j \neq i\} p_i^2 x \mathrm{e}^{-p_i x} \mathrm{d}x \\
&= \int_0^\infty \prod_{j \neq i} (1 - \mathrm{e}^{-p_j x}) p_i^2 x \mathrm{e}^{-p_i x} \mathrm{d}x
\end{aligned}$$

所以, 我们有结果

$$\begin{aligned}
\mathrm{E}\left[\sum_{i=1}^{m} I_i\right] &= \int_0^\infty \sum_{i=1}^{m} \prod_{j \neq i} (1 - \mathrm{e}^{-p_j x}) p_i^2 x \mathrm{e}^{-p_i x} \mathrm{d}x \\
&= \int_0^\infty x \prod_{j=1}^{m} (1 - \mathrm{e}^{-p_j x}) \sum_{i=1}^{m} p_i^2 \frac{\mathrm{e}^{-p_i x}}{1 - \mathrm{e}^{-p_i x}} \mathrm{d}x
\end{aligned}$$ ■

下一个我们要确定的有关泊松过程的概率计算是, 一个泊松过程中 n 个事件的发生先于另一个与之独立的泊松过程中 m 个事件的发生的概率. 更正式地, 令 $\{N_1(t), t \geqslant 0\}$ 和 $\{N_2(t), t \geqslant 0\}$ 是分别具有速率 λ_1 和 λ_2 的独立泊松过程. 再以 S_n^1 记第一个过程的第 n 个事件发生的时间, 而以 S_m^2 记第二个过程的第 m 个事件发生的时间. 我们求

$$\mathrm{P}\{S_n^1 < S_m^2\}$$

对于一般的 n 和 m, 在试图计算它之前, 先考虑 $n = m = 1$ 的特殊情形. 由于 $N_1(t)$ 过程的首个事件发生的时间 S_1^1 与 $N_2(t)$ 过程的首个事件发生的时间 S_2^1 是均值分别为 $1/\lambda_1$ 和 $1/\lambda_2$ 的指数随机变量 (由命题 5.2), 从 5.2.3 节推出

$$\mathrm{P}\{S_1^1 < S_1^2\} = \frac{\lambda_1}{\lambda_1 + \lambda_2} \tag{5.16}$$

我们现在考虑 $N_1(t)$ 过程中两个事件的发生先于 $N_2(t)$ 过程中单个事件的发生的概率, 即 $\mathrm{P}\{S_2^1 < S_1^2\}$. 计算的推理如下：为了 $N_1(t)$ 过程有两个事件先于在 $N_2(t)$ 过程中单个事件发生, 首先必须发生的初始事件是 $N_1(t)$ 过程的事件 (由方程 (5.16), 这以概率 $\lambda_1/(\lambda_1 + \lambda_2)$ 发生). 现在给定初始事件出自 $N_1(t)$ 过程, 对于 S_2^1 小于 S_1^2, 下一个必须发生的第二个事件也是 $N_1(t)$ 过程的一个事件. 然而, 在第一个事

件发生后, 两个过程都重新开始 (由泊松过程的无记忆性), 因此这个条件概率也是 $\lambda_1/(\lambda_1+\lambda_2)$. 于是需要求的概率给出为

$$P\{S_2^1 < S_1^2\} = \left(\frac{\lambda_1}{\lambda_1+\lambda_2}\right)^2$$

事实上这个推理显示了, 独立于以前发生的所有情况, 每个事件以概率 $\lambda_1/(\lambda_1+\lambda_2)$ 是 $N_1(t)$ 过程的事件, 而以概率 $\lambda_2/(\lambda_1+\lambda_2)$ 是 $N_2(t)$ 过程的事件. 换句话说, $N_1(t)$ 过程到达 n 先于 $N_2(t)$ 过程到达 m 的概率, 正是在抛掷一枚以概率 $p=\lambda_1/(\lambda_1+\lambda_2)$ 出现正面的硬币时出现 n 次正面先于 m 次反面的概率. 但是, 注意这个事件发生当且仅当前 $n+m-1$ 次抛掷中有 n 次或更多的正面, 我们得到所需要的概率为

$$P\{S_n^1 < S_m^2\} = \sum_{k=n}^{n+m-1}\binom{n+m-1}{k}\left(\frac{\lambda_1}{\lambda_1+\lambda_2}\right)^k\left(\frac{\lambda_2}{\lambda_1+\lambda_2}\right)^{n+m-1-k}$$

5.3.5　到达时间的条件分布

假设被告知直到时间 t 为止泊松过程的事件恰好发生一个, 而我们要确定这个事件发生的时间的分布. 现在, 由于泊松过程有平稳和独立增量, 在 $[0,t]$ 中每个相等长度的区间应该有相同的概率包含这个事件. 换句话说, 事件发生的时间应该均匀地分布在 $[0,t]$ 上. 这是容易检查的, 因为对于 $s \leqslant t$

$$\begin{aligned}
P\{T_1 < s|N(t)=1\} &= \frac{P\{T_1 < s, N(t)=1\}}{P\{N(t)=1\}}\\
&= \frac{P\{[0,s)\text{ 中 1 个事件}, [s,t]\text{ 中 0 个事件}\}}{P\{N(t)=1\}}\\
&= \frac{P\{[0,s)\text{ 中 1 个事件}\}P\{[s,t]\text{ 中 0 个事件}\}}{P\{N(t)=1\}}\\
&= \frac{\lambda s\mathrm{e}^{-\lambda s}\mathrm{e}^{-\lambda(t-s)}}{\lambda t\mathrm{e}^{-\lambda t}}\\
&= \frac{s}{t}
\end{aligned}$$

这个结果可以推广, 但是在此之前我们需要引进次序统计量的概念.

令 $Y_1,\cdots,Y_n$ 是 n 个随机变量. 我们说 $Y_{(1)},\cdots,Y_{(n)}$ 是对应于 $Y_1,\cdots,Y_n$ 的次序统计量, 如果 $Y_{(k)}$ 是在 $Y_1,\cdots,Y_n$ 中第 k 个最小的值. 例如, 若 $n=3$ 而 $Y_1=4, Y_2=5, Y_3=1$, 则 $Y_{(1)}=1, Y_{(2)}=4, Y_{(3)}=5$. 如果 $Y_i(i=1,\cdots,n)$ 是具有概率密度 f 的独立同分布的连续随机变量, 那么次序统计量 $Y_{(1)},\cdots,Y_{(n)}$ 的联合密度为

$$f(y_1,y_2,\cdots,y_n) = n!\prod_{i=1}^n f(y_i),\quad y_1<y_2<\cdots<y_n$$

上式的得到是由于

(i) 如果 $(Y_1,\cdots,Y_n)$ 等于 $(y_1,\cdots,y_n)$ 的 $n!$ 个排列中的任意一个, 那么 $(Y_{(1)},\cdots,Y_{(n)})$ 将等于 $(y_1,\cdots,y_n)$;

(ii) 当 $i_1,\cdots,i_n$ 是 $1,2,\cdots,n$ 的一个排列时, $(Y_1,\cdots,Y_n)$ 等于 $(y_{i_1},\cdots,y_{i_n})$ 的概率密度是 $\prod_{j=1}^n f(y_{i_j})=\prod_{j=1}^n f(y_j)$.

如果 $Y_i(i=1,\cdots,n)$ 都在 $(0,t)$ 上均匀分布, 那么从前面可得次序统计量 $Y_{(1)},\cdots,Y_{(n)}$ 的联合密度函数是

$$f(y_1,y_2,\cdots,y_n)=\frac{n!}{t^n},\quad 0<y_1<y_2<\cdots<y_n<t$$

现在我们为以下的有用定理做好了准备.

定理 5.2 给定 $N(t)=n$, n 个到达时间 $S_1,\cdots,S_n$ 与 n 个在 $(0,t)$ 上均匀分布的独立随机变量所对应的次序统计量有相同的分布.

证明 为了得到给定 $N(t)=n$ 时 $S_1,\cdots,S_n$ 的条件密度, 注意对于 $0<s_1<\cdots<s_n<t$, 事件 $\{S_1=s_1,\cdots,S_n=s_n,N(t)=n\}$ 等价于前 $n+1$ 个到达间隔时间满足 $T_1=s_1,T_2=s_2-s_1,\cdots,T_n=s_n-s_{n-1},T_{n+1}>t-s_n$ 这个事件. 因此, 利用命题 5.2, 我们有: 给定 $N(t)=n$ 时 $S_1,\cdots,S_n$ 的条件联合密度为

$$\begin{aligned}f(s_1,\cdots,s_n|n)&=\frac{f(s_1,\cdots,s_n,n)}{\mathrm{P}\{N(t)=n\}}\\&=\frac{\lambda\mathrm{e}^{-\lambda s_1}\lambda\mathrm{e}^{-\lambda(s_2-s_1)}\cdots\lambda\mathrm{e}^{-\lambda(s_n-s_{n-1})}\mathrm{e}^{-\lambda(t-s_n)}}{\mathrm{e}^{-\lambda t}(\lambda t)^n/n!}\\&=\frac{n!}{t^n},\quad 0<s_1<\cdots<s_n<t\end{aligned}$$

这就证明了结论. ■

注 上面的结论通常可以表述为, 在 $(0,t)$ 中已经发生 n 个事件的条件下, 事件发生的时间 $S_1,\cdots,S_n$(考虑为无次序的随机变量时) 是在 $(0,t)$ 上独立均匀地分布的.

定理 5.2 的应用(泊松过程的抽样) 在命题 5.3 中, 我们证明了: 如果泊松过程的每一个事件被独立地以概率 p 分类为 I 型事件, 以概率 $1-p$ 分类为 II 型事件, 那么 I 型事件和 II 型事件的计数过程是分别以 λp 和 $\lambda(1-p)$ 为速率的相互独立的泊松过程. 然而, 现在假设有 k 种可能类型的事件, 而一个事件被分类为类型 $i(i=1,\cdots,k)$ 事件的概率依赖于事件发生的时间. 特别地, 假设若一个事件在时刻 y 发生, 则独立于以前发生的任何事件, 它将以概率 $P_i(y)(i=1,\cdots,k)$ 被分类为类型 i 事件, 其中 $\sum_{i=1}^k P_i(y)=1$. 利用定理 5.2, 我们可以证明以下的有用命题.

命题 5.4 如果 $N_i(t)(i=1,\cdots,k)$ 表示到时刻 t 为止类型 i 事件发生的个数, 那么 $N_i(t)(i=1,\cdots,k)$ 是具有均值

$$\mathrm{E}[N_i(t)]=\lambda\int_0^t P_i(s)\mathrm{d}s$$

的独立泊松随机变量.

在证明这个命题前, 让我们首先阐述它的应用.

例 5.18 (无穷条服务线的排队问题)　假设顾客按速率为 λ 的泊松过程到达服务站. 到达后的顾客立刻在无穷条可能的服务线中的一条接受服务, 服务时刻假定是独立的, 具有共同的分布 G. 到时刻 t 为止完成服务的顾客数 $X(t)$ 的分布是什么? 在时刻 t 接受服务的顾客数 $Y(t)$ 的分布是什么?

为了回答上面的问题, 让我们将进入的顾客称为 I 型顾客, 如果直到时刻 t 为止他完成了服务; 而称为 II 型顾客, 如果直到时刻 t 为止他没有完成服务. 现在, 一个在时刻 $s(s \leqslant t)$ 进入的顾客, 如果他的服务时间少于 $t-s$, 那么他将是 I 型顾客. 由于服务时间的分布是 G, 其概率是 $G(t-s)$. 类似地, 一个在时刻 $s(s \leqslant t)$ 进入的顾客是 II 型顾客的概率是 $\overline{G}(t-s)=1-G(t-s)$. 因此, 由命题 5.4, 直到时刻 t 为止完成服务的顾客数 $X(t)$ 的分布是均值为

$$\mathrm{E}[X(t)]=\lambda\int_0^t G(t-s)\mathrm{d}s=\lambda\int_0^t G(y)\mathrm{d}y \tag{5.17}$$

的泊松分布. 类似地, 在时刻 t 接受服务的顾客人数 $Y(t)$ 的分布是均值为

$$\mathrm{E}[Y(t)]=\lambda\int_0^t \overline{G}(t-s)\mathrm{d}s=\lambda\int_0^t \overline{G}(y)\mathrm{d}y \tag{5.18}$$

的泊松分布. 此外 $X(t)$ 和 $Y(t)$ 是独立的.

假设现在我们想要计算 $Y(t)$ 和 $Y(t+s)$ 的联合分布, 即在时刻 t 和时刻 $t+s$ 系统中的人数的联合分布. 为了计算它, 称一个到达为

类型 1: 如果顾客在 t 前到达, 而且在 t 和 $t+s$ 之间完成服务;

类型 2: 如果顾客在 t 前到达, 而且在 $t+s$ 后完成服务;

类型 3: 如果顾客在 t 和 $t+s$ 之间到达, 而且在 $t+s$ 后完成服务;

类型 4: 其他情形.

因此一个在时刻 y 的到达是类型 i 的概率 $P_i(y)$ 为

$$P_1(y)=\begin{cases} G(t+s-y)-G(t-y), & 若\ y<t \\ 0, & 其他 \end{cases}$$

$$P_2(y)=\begin{cases} \overline{G}(t+s-y), & 若\ y<t \\ 0, & 其他 \end{cases}$$

$$P_3(y)=\begin{cases} \overline{G}(t+s-y), & 若\ t<y<t+s \\ 0, & 其他 \end{cases}$$

$$P_4(y)=1-P_1(y)-P_2(y)-P_3(y)$$

因此, 如果以 $N_i=N_i(t+s)(i=1,2,3)$ 记发生的类型 i 的事件数, 那么由命题 5.4, $N_i(i=1,2,3)$ 是分别以

$$\mathrm{E}[N_i] = \lambda \int_0^{t+s} P_i(y)\mathrm{d}y, \quad i = 1, 2, 3$$

为均值的独立泊松随机变量. 因为

$$Y(t) = N_1 + N_2, \quad Y(t+s) = N_2 + N_3$$

现在就很容易计算 $Y(t)$ 和 $Y(t+s)$ 的联合分布. 例如,

$$\begin{aligned}\mathrm{Cov}[Y(t), Y(t+s)] &= \mathrm{Cov}(N_1 + N_2, N_2 + N_3)\\ &= \mathrm{Cov}(N_2, N_2) \quad \text{由} N_1, N_2, N_3 \text{ 的独立性}\\ &= \mathrm{Var}(N_2) = \lambda \int_0^t \overline{G}(t+s-y)\mathrm{d}y = \lambda \int_0^t \overline{G}(u+s)\mathrm{d}u\end{aligned}$$

其中最后的等式是由泊松随机变量的方差等于它的均值, 并由替换 $u = t - y$ 得到的. 此外, $Y(t)$ 和 $Y(t+s)$ 的联合分布如下:

$$\begin{aligned}\mathrm{P}\{Y(t)=i, Y(t+s)=j\} &= \mathrm{P}\{N_1+N_2=i, N_2+N_3=j\}\\ &= \sum_{l=0}^{\min(i,j)} \mathrm{P}\{N_2=l, N_1=i-l, N_3=j-l\}\\ &= \sum_{l=0}^{\min(i,j)} \mathrm{P}\{N_2=l\}\mathrm{P}\{N_1=i-l\}\mathrm{P}\{N_3=j-l\}\end{aligned}$$

■

例 5.19 (不准超车的单车道公路) 考察只有彼此相距 L 的一个入口和一个出口的单车道公路 (参见图 5.2). 假定车辆按速率为 λ 的泊松过程驶入, 且每辆车的行驶速度为随机变量 V, 它满足如下的附加条件: 只要行驶的车辆遇上较慢的车辆就必须减慢到较慢行驶的车辆的速度. 以 V_i 记第 i 辆车进入公路的速度值, 假设 $V_i(i \geqslant 1)$ 是独立同分布的, 且独立于进入公路的车辆的计数过程. 假设时刻 0 在公路上没有车. 我们将确定

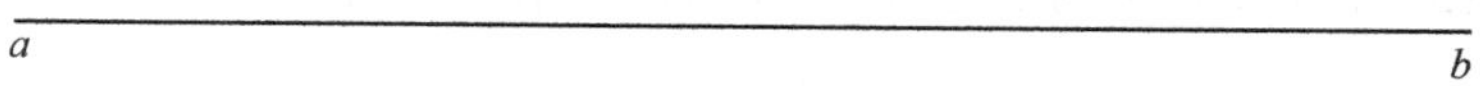

a ———————————————— b

图 5.2 车在 a 点进入, 而在 b 点离开

(a) 时刻 t 公路上的车辆数 $R(t)$ 的概率质量分布.

(b) 时刻 y 进入公路的一辆车在路上行驶时间的分布.

解 (a) 以 $T_i = L/V_i$ 记在公路上没有其他车, 第 i 辆车到达时在路上行驶的时间. 用 T_i 表示第 i 辆车的自由行驶时间, 注意 $T_1, T_2, \cdots$ 是独立的, 且具有分布函数

$$G(x) = P(T_i \leqslant x) = P(L/V_i \leqslant x) = P(V_i \geqslant L/x)$$

每当一辆车进入公路, 我们就说发生了一个事件. 再设 t 是固定值, 若 $s \leqslant t$ 且在时刻 s 进入公路的车的自由行驶时间超过 $t - s$, 则称在时刻 s 发生了一个类型 1 事

件. 换句话说, 即使在一辆车进入时, 路上没有车, 在时刻 t 还在路上的车的进入是一个类型 1 事件. 注意, 独立于 s 以前发生的一切事件, 在时刻 s 发生的事件是类型 1 的概率为

$$P(s)=\begin{cases}\overline{G}(t-s), & 若\ s\leqslant t\\ 0, & 若\ s>t\end{cases}$$

将在时刻 y 前发生的类型 1 事件数记为 $N_1(y)$, 于是对 $y\leqslant t$ 由命题 5.4 推出, $N_1(y)$ 是一个均值为

$$\mathrm{E}[N_1(y)]=\lambda\int_0^y\bar{G}(t-s)\mathrm{d}s,\quad y\leqslant t$$

的泊松随机变量. 因为当且仅当 $N_1(t)=0$ 时, 公路上在时刻 t 没有车, 由此推出

$$\mathrm{P}\{R(t)=0\}=\mathrm{P}\{N_1(t)=0\}=\mathrm{e}^{-\lambda\int_0^t\bar{G}(t-s)\mathrm{d}s}=\mathrm{e}^{-\lambda\int_0^t\bar{G}(u)\mathrm{d}u}$$

为了对 $n>0$ 确定 $\mathrm{P}\{R(t)=n\}$, 我们将对首个类型 1 事件的发生时刻 (或者在没有类型 1 事件时为 ∞) 取条件. 以 X 记首个类型 1 事件发生的时刻, 可由

$$X\leqslant y\Leftrightarrow N_1(y)>0$$

得到其分布函数为

$$F_X(y)=\mathrm{P}\{X\leqslant y\}=\mathrm{P}\{N_1(y)>0\}=1-\mathrm{e}^{-\lambda\int_0^y\bar{G}(t-s)\mathrm{d}s},\quad y\leqslant t$$

求微商, 就得出 X 的密度函数

$$f_X(y)=\lambda\bar{G}(t-y)\mathrm{e}^{-\lambda\int_0^y\bar{G}(t-s)\mathrm{d}s},\quad y\leqslant t$$

再用等式

$$\mathrm{P}\{R(t)=n\}=\int_0^t\mathrm{P}\{R(t)=n|X=y\}f_X(y)\mathrm{d}y\tag{5.19}$$

并注意如果 $X=y\leqslant t$, 那么时刻 y 进入公路的首辆车在时刻 t 还在路上, 因为在 y 和 t 之间到达的所有其他的车在时刻 t 也在路上, 由此推出条件 $X=y$ 下, 在时刻 t 在路上的车和 1 加上均值为 $\lambda(t-y)$ 的泊松随机变量有相同的分布. 所以, 对 $n>0$ 有

$$\mathrm{P}\{R(t)=n|X=y\}=\begin{cases}\mathrm{e}^{-\lambda(t-y)}\dfrac{(\lambda(t-y))^{n-1}}{(n-1)!}, & 若\ y\leqslant t\\ 0, & 若\ y=\infty\end{cases}$$

将此式代入方程 (5.19) 得出

$$\mathrm{P}\{R(t)=n\}=\int_0^t\mathrm{e}^{-\lambda(t-y)}\frac{(\lambda(t-y))^{n-1}}{(n-1)!}\lambda\bar{G}(t-y)\mathrm{e}^{-\lambda\int_0^y\bar{G}(t-s)^{\mathrm{d}s}}\mathrm{d}y$$

(b) 将在时刻 y 进入公路的车自由行驶时间记为 T, 而以 $A(y)$ 表示其实际行驶时间. 为了确定 $\mathrm{P}\{A(y)<x\}$, 我们令 $t=x+y$, 注意当且仅当 $T<x$, 且在时刻 y 前没有类型 1 事件 (利用 $t=x+y$) 时, $A(y)$ 小于 x. 这就是

$$A(y) < x \Leftrightarrow T < x, N_1(y) = 0$$

因为 T 独立于早于时刻 y 发生的事件, 由上式就推出了

$$\begin{aligned}
\mathrm{P}\{A(y) < x\} &= \mathrm{P}\{T < x\}\mathrm{P}\{N_1(y) = 0\} \\
&= G(x)\mathrm{e}^{-\lambda \int_0^y \bar{G}(y+x-s)\mathrm{d}s} \\
&= G(x)\mathrm{e}^{-\lambda \int_x^{y+x} \bar{G}(u)\mathrm{d}u}
\end{aligned}$$

■

例 5.20 (追踪 HIV 感染的人数) 一个人从感染艾滋病 HIV 病毒的时间, 到艾滋病症状的出现, 有相对长的潜伏期. 其结果是, 对于负责公众健康的部门来说, 在任意给定的时间确定总体中受到感染的人数很困难. 我们现在介绍描述这个现象的一个初级的近似模型, 用它可以得到感染人数的粗略估计.

我们假设个体按未知速率 λ 的泊松过程感染 HIV 病毒. 假设从个体感染直到出现疾病的症状的时间是有已知分布 G 的随机变量. 再假设不同的感染个体的潜伏期是独立的.

以 $N_1(t)$ 记直到时刻 t 为止显现疾病症状的人数. 同样, 以 $N_2(t)$ 记直到时刻 t 为止 HIV 为阳性, 但是还没有显现任何疾病症状的人数. 现在, 由于在时刻 s 受到病毒感染的个体以概率 $G(t-s)$ 在时刻 t 出现症状, 而以概率 $\overline{G}(t-s)$ 在时刻 t 不出现症状, 由此从命题 5.4 推出, $N_1(t)$ 与 $N_2(t)$ 是独立的泊松随机变量, 分别有均值

$$\mathrm{E}[N_1(t)] = \lambda \int_0^t G(t-s)\mathrm{d}s = \lambda \int_0^t G(y)\mathrm{d}y$$

$$\mathrm{E}[N_2(t)] = \lambda \int_0^t \overline{G}(t-s)\mathrm{d}s = \lambda \int_0^t \overline{G}(y)\mathrm{d}y$$

现在, 如果我们知道 λ, 那么我们可以通过均值 $\mathrm{E}[N_2(t)]$ 估计受到感染但是在时间 t 没有任何外部症状的人数 $N_2(t)$. 可是, 由于 λ 未知, 必须首先估计它. 我们现在知道 $N_1(t)$ 的值, 从而可以用此已知值作为其均值 $\mathrm{E}[N_1(t)]$ 的估计. 即如果直到时间 t 为止呈现症状的人数是 n_1, 那么我们可以估计

$$n_1 \approx \mathrm{E}[N_1(t)] = \lambda \int_0^t G(y)\mathrm{d}y$$

所以, 我们可以用由

$$\hat{\lambda} = n_1 \Big/ \int_0^t G(y)\mathrm{d}y$$

给出的量 $\hat{\lambda}$ 来估计 λ. 利用 λ 的这个估计, 我们可以用

$$N_2(t) \text{ 的估计} = \hat{\lambda} \int_0^t \overline{G}(y)\mathrm{d}y = \frac{n_1 \int_0^t \overline{G}(y)\mathrm{d}y}{\int_0^t G(y)\mathrm{d}y}$$

估计受到感染但是在时间 t 没有症状的人数. 例如, 假设 G 是均值为 μ 的指数分布. 那么 $\overline{G}(y)=\mathrm{e}^{-y/\mu}$, 求一次简单的积分给出

$$N_2(t)\text{ 的估计}=\frac{n_1\mu(1-\mathrm{e}^{-t/\mu})}{t-\mu(1-\mathrm{e}^{-t/\mu})}$$

如果我们假设 $t=16$ 年, $\mu=10$ 年, 而 $n_1=22$ 万, 那么受到感染但是在 16 年还没有症状的人数的估计值是

$$\text{估计}=\frac{220(1-\mathrm{e}^{-1.6})}{16-10(1-\mathrm{e}^{-1.6})}=21.896\text{ (万)}.$$

即如果我们假设上面的模型近似地正确 (而我们必须清醒地认识到不随时间改变的常数感染率的假定是这个模型的弱点), 那么若潜伏期是均值为 10 年的指数随机变量, 并且若在传染的前 16 年呈现艾滋病症状的人数为 22 万, 则我们可以近似地估计有 21.9 万人是 HIV 阳性, 虽然在 16 年没有症状. ■

命题 5.4 的证明　我们计算联合概率 $\mathrm{P}\{N_i(t)=n_i, i=1,\cdots,k\}$. 为此首先注意, 为了有 n_i 个类型 i 事件 $(i=1,\cdots,k)$, 必须总共有 $\sum_{i=1}^k n_i$ 个事件. 因此, 取条件于 $N(t)$ 导出

$$\begin{aligned}&\mathrm{P}\{N_1(t)=n_1,\cdots,N_k(t)=n_k\}\\&=\mathrm{P}\left\{N_1(t)=n_1,\cdots,N_k(t)=n_k\middle|N(t)=\sum_{i=1}^k n_i\right\}\times\mathrm{P}\left\{N(t)=\sum_{i=1}^k n_i\right\}\end{aligned}$$

现在考虑发生在区间 $[0,t]$ 中的一个任意的事件. 如果它已经在时间 s 发生, 那么它是类型 i 事件的概率将是 $P_i(s)$. 因此, 由于由定理 5.2, 这个事件将发生在某个时间, 该时间在 $[0,t]$ 均匀分布, 由此推出这个事件是类型 i 事件的概率为

$$P_i=\frac{1}{t}\int_0^t P_i(s)\mathrm{d}s$$

并独立于其他事件. 因此,

$$\mathrm{P}\left\{N_i(t)=n_i,i=1,\cdots,k\middle|N(t)=\sum_{i=1}^k n_i\right\}$$

正好等于 $n_i(i=1,\cdots,k)$ 个类型 i 的结果的多项分布, 其中 $\sum_{i=1}^k n_i$ 个独立试验中每一个的结果以概率 P_i 是 $i(i=1,\cdots,k)$. 即

$$\mathrm{P}\left\{N_1(t)=n_1,\cdots,N_k(t)=n_k\middle|N(t)=\sum_{i=1}^k n_i\right\}=\frac{\left(\sum_{i=1}^k n_i\right)!}{n_1!\cdots n_k!}P_1^{n_1}\cdots P_k^{n_k}$$

从而

$$P\{N_1(t)=n_1,\cdots,N_k(t)=n_k\}=\frac{\left(\sum_i n_i\right)!}{n_1!\cdots n_k!}P_1^{n_1}\cdots P_k^{n_k}\mathrm{e}^{-\lambda_t}\frac{(\lambda t)^{\sum_i n_i}}{\left(\sum_i n_i\right)!}$$

$$=\prod_{i=1}^{k}\mathrm{e}^{-\lambda tP_i}(\lambda tP_i)^{n_i}/n_i!$$

证明就完成了. ■

现在我们再举一些体现定理 5.2 用途的例子.

例 5.21 保险理赔按一个速率为 λ 的泊松过程分布的时间处理, 相继的理赔金额是独立的随机变量, 具有均值为 μ 的分布 G, 而且独立于到达时间. 以 S_i 和 C_i 分别记第 i 次理赔的时间和金额. 到时间 t 处理的所有理赔要求的全部折扣价值, 记为 $D(t)$, 定义为

$$D(t)=\sum_{i=1}^{N(t)}\mathrm{e}^{-\alpha S_i}C_i$$

其中 α 是折扣率, 而 $N(t)$ 是直到时间 t 为止的理赔次数. 为了确定 $D(t)$ 的期望值, 我们取条件于 $N(t)$ 以得到

$$\mathrm{E}[D(t)]=\sum_{n=0}^{\infty}\mathrm{E}[D(t)|N(t)=n]\mathrm{e}^{-\lambda t}\frac{(\lambda t)^n}{n!}$$

现在, 取条件于 $N(t)=n$, 因为理赔到达时间 $S_1,\cdots,S_n$ 与 n 个独立均匀 $(0,t)$ 随机变量 $U_1,\cdots,U_n$ 的次序值 $U_{(1)},\cdots,U_{(n)}$ 有相同的分布. 所以,

$$\mathrm{E}[D(t)|N(t)=n]=\mathrm{E}\left[\sum_{i=1}^{n}C_i\mathrm{e}^{-\alpha U_{(i)}}\right]=\sum_{i=1}^{n}\mathrm{E}[C_i\mathrm{e}^{-\alpha U_{(i)}}]=\sum_{i=1}^{n}\mathrm{E}[C_i]\mathrm{E}[\mathrm{e}^{-\alpha U_{(i)}}]$$

其中最后的等式用了理赔金额与它们的到达时间的独立性. 因为 $\mathrm{E}[C_i]=\mu$, 继续上述推理给出

$$\mathrm{E}[D(t)|N(t)=n]=\mu\sum_{i=1}^{n}\mathrm{E}[\mathrm{e}^{-\alpha U_{(i)}}]=\mu\mathrm{E}\left[\sum_{i=1}^{n}\mathrm{e}^{-\alpha U_{(i)}}\right]=\mu\mathrm{E}\left[\sum_{i=1}^{n}\mathrm{e}^{-\alpha U_i}\right]$$

最后的等式是因为 $U_{(1)},\cdots,U_{(n)}$ 是 $U_1,\cdots,U_n$ 按递增次序的值, 所以 $\sum_{i=1}^{n}\mathrm{e}^{-\alpha U_{(i)}}=\sum_{i=1}^{n}\mathrm{e}^{-\alpha U_i}$. 继续这组等式导出

$$\mathrm{E}[D(t)|N(t)=n]=n\mu\mathrm{E}[\mathrm{e}^{-\alpha U}]=n\frac{\mu}{t}\int_0^t\mathrm{e}^{-\alpha x}\mathrm{d}x=n\frac{\mu}{\alpha t}(1-\mathrm{e}^{-\alpha t})$$

所以

$$\mathrm{E}[D(t)|N(t)]=N(t)\frac{\mu}{\alpha t}(1-\mathrm{e}^{-\alpha t})$$

取期望导出结果

$$\mathrm{E}[D(t)] = \frac{\lambda\mu}{\alpha}(1 - \mathrm{e}^{-\alpha t})$$ ■

例 5.22 (一个优化例子) 假设部件按速率为 λ 的泊松过程到达一个处理车间. 在固定的时间 T, 所有的部件都被分发出系统. 问题是在 $(0,T)$ 中选取一个系统中所有部件都被分发的中间时间 t, 使所有部件的等待时间的总期望最小.

如果我们在时间 $t(0 < t < T)$ 分发, 那么所有部件等待时间的总期望是

$$\frac{\lambda t^2}{2} + \frac{\lambda(T-t)^2}{2}$$

为了理解为什么这是对的, 我们论证如下: 在 $(0,t)$ 上到达的部件数的期望是 λt, 并且每一个到达是在 $(0,t)$ 上均匀地分布的, 因此有期望等待时间 $t/2$. 于是, 在 $(0,t)$ 上到达的部件的等待时间的总期望是 $\lambda t^2/2$. 类似的推理对于在 (t,T) 上到达的部件也成立, 而随之有上面的结果. 为了使这个量达到最小, 我们对 t 求微商得到

$$\frac{\mathrm{d}}{\mathrm{d}t}\left[\lambda\frac{t^2}{2} + \lambda\frac{(T-t)^2}{2}\right] = \lambda t - \lambda(T-t)$$

而令它等于 0 显示等待时间的总期望最小的分配时间是 $t = T/2$. ■

我们用一个非常类似于定理 5.2 的结果结束这一节, 它说明给定第 n 个事件的时间 S_n, 前 $n-1$ 个事件的时间与均匀地分布在 $(0,S_n)$ 上的一组 $n-1$ 个随机变量的次序值有相同的分布.

命题 5.5 *给定 $S_n = t$, 集合 $S_1,\cdots,S_{n-1}$ 与一组 $n-1$ 个独立的 $(0,t)$ 均匀随机变量有相同的分布.*

证明 我们可以用论证定理 5.2 的方法证明上述结果, 或者可以如下论证:

$$\begin{aligned}S_1,\cdots,S_{n-1}|S_n = t &\sim S_1,\cdots,S_{n-1}|S_n = t, N(t^-) = n-1\\ &\sim S_1,\cdots,S_{n-1}|N(t^-) = n-1\end{aligned}$$

其中记号 $\sim$ 表示 "与 …… 有一样的分布", 而 t^- 差一个无穷小地小于 t. 现在结果得自定理 5.2. ■

5.3.6 软件可靠性的估计

开发出新的计算机软件包后, 常常要执行一个测试程序以消除该软件包中的缺陷与故障. 一个常见的测试方法是, 用一系列熟知的问题来试验这个软件包看它是否产生错误的结果. 在这样的测试进行了某个固定的时间后, 将所有产生的错误记下. 然后停止测试, 并且仔细地检查这个软件包以确定引起这些错误的具体故障. 然后改动这个软件包, 排除这些故障. 因为我们不能肯定在软件包中所有的故障已经被排除, 最重要的问题是估计这个修改了的软件包的错误率.

为了给上述问题建立模型, 我们假设开始时这个软件包包含 m 个故障, m 是未知数, 记为故障 1, 故障 2, $\cdots$, 故障 m. 再假设故障 i 按一个未知速率 λ_i 的泊松过

程引起错误发生, $i=1,\cdots,m$. 于是, 例如, 在任意 s 个时间单位的运行时间中由故障 i 引发的错误个数是均值为 $\lambda_i s$ 的泊松分布. 再假设由故障 $i(i=1,\cdots,m)$ 引起的泊松过程是独立的. 此外, 假设这个软件包将运行 t 个时间单位, 并且将所有产生的错误记下. 在这个时间末, 对此软件包作仔细的检查, 以确定引起错误的特定故障 (即进行调试). 排除这些故障, 而后的问题是确定这个修改了的软件包的错误率.

如果我们令

$$\psi_i(t)=\begin{cases}1, & \text{若到 } t \text{ 为止故障 } i \text{ 还没有引起错误}\\ 0, & \text{其他情形}\end{cases}$$

我们希望估计的量是最后的软件包的错误率：

$$\Lambda(t)=\sum_i \lambda_i\psi_i(t)$$

首先注意

$$\mathrm{E}[\Lambda(t)]=\sum_i \lambda_i \mathrm{E}[\psi_i(t)]=\sum_i \lambda_i \mathrm{e}^{-\lambda_i t} \tag{5.20}$$

现在发现的每一个故障将引发一定个数的错误. 我们以 $M_j(t)$ 记引发 j 个错误的故障的个数, $j\geqslant 1$. 即 $M_1(t)$ 是恰好引发一个错误的故障的个数, $M_2(t)$ 是引发两个错误的故障的个数, 如此等等, 而 $\sum_j jM_j(t)$ 等于产生的错误总数. 为了计算 $\mathrm{E}[M_1(t)]$, 我们定义示性变量 $I_i(t)(i\geqslant 1)$ 为

$$I_i(t)=\begin{cases}1, & \text{故障 } i \text{ 恰好引发一个错误}\\ 0, & \text{其他情形}\end{cases}$$

那么

$$M_1(t)=\sum_i I_i(t)$$

从而

$$\mathrm{E}[M_1(t)]=\sum_i \mathrm{E}[I_i(t)]=\sum_i \lambda_i t\mathrm{e}^{-\lambda_i t} \tag{5.21}$$

于是, 由方程 (5.20) 和方程 (5.21) 我们得到结果

$$\mathrm{E}\left[\Lambda(t)-\frac{M_1(t)}{t}\right]=0 \tag{5.22}$$

于是建议用 $M_1(t)/t$ 作为 $\Lambda(t)$ 的一个估计. 为了确定 $M_1(t)/t$ 是否构成了 $\Lambda(t)$ 的一个好的估计, 我们将看这两个量相差多少. 即我们计算

$$\begin{aligned}\mathrm{E}\left[\left(\Lambda(t)-\frac{M_1(t)}{t}\right)^2\right]&=\mathrm{Var}\left(\Lambda(t)-\frac{M_1(t)}{t}\right) \quad \text{由(5.22)}\\ &=\mathrm{Var}(\Lambda(t))-\frac{2}{t}\mathrm{Cov}(\Lambda(t),M_1(t))+\frac{1}{t^2}\mathrm{Var}(M_1(t))\end{aligned}$$

现在

$$\begin{aligned}
\mathrm{Var}(\Lambda(t)) &= \sum_i \lambda_i^2 \mathrm{Var}(\psi_i(t)) = \sum_i \lambda_i^2 \mathrm{e}^{-\lambda_i t}(1-\mathrm{e}^{-\lambda_i t}), \\
\mathrm{Var}(M_1(t)) &= \sum_i \mathrm{Var}(I_i(t)) = \sum_i \lambda_i t \mathrm{e}^{-\lambda_i t}(1-\lambda_i t \mathrm{e}^{-\lambda_i t}), \\
\mathrm{Cov}(\Lambda(t), M_1(t)) &= \mathrm{Cov}\left(\sum_i \lambda_i \psi_i(t), \sum_j I_j(t)\right) \\
&= \sum_i \sum_j \mathrm{Cov}(\lambda_i \psi_i(t), I_j(t)) \\
&= \sum_i \lambda_i \mathrm{Cov}(\psi_i(t), I_i(t)) \\
&= -\sum_i \lambda_i \mathrm{e}^{-\lambda_i t} \lambda_i t \mathrm{e}^{-\lambda_i t}
\end{aligned}$$

其中最后的等式的得到是由于当 $i \neq j$ 时, 因为 $\psi_i(t)$ 和 $I_j(t)$ 涉及不同的泊松过程, 故而是独立的, 并且 $\psi_i(t) I_j(t) = 0$. 因此我们得到

$$\mathrm{E}\left[\left(\Lambda(t) - \frac{M_1(t)}{t}\right)^2\right] = \sum_i \lambda_i^2 \mathrm{e}^{-\lambda_i t} + \frac{1}{t}\sum_i \lambda_i \mathrm{e}^{-\lambda_i t} = \frac{\mathrm{E}[M_1(t) + 2M_2(t)]}{t^2}$$

其中最后的等式得自 (5.21) 和恒等式 (我们将它留作一个习题)

$$\mathrm{E}[M_2(t)] = \frac{1}{2}\sum_i (\lambda_i t)^2 \mathrm{e}^{-\lambda_i t}$$

于是我们可以用观察值 $M_1(t) + 2M_2(t)$ 除以 t^2 来估计 $\Lambda(t)$ 和 $M_1(t)/t$ 间的平均平方差.

例 5.23　假设在 100 个单位运行时间中, 发现了 20 个故障, 其中 2 个恰好引发一个错误, 3 个恰好引发两个错误. 那么, 我们用类似于均值为 1/50, 方差为 8/10 000 的一个随机变量的值估计 $\Lambda(100)$. ■

5.4　泊松过程的推广

5.4.1　非时齐泊松过程

这一节考虑泊松过程的两种推广. 其中第一种是非时齐的, 也称为非平稳的泊松过程, 它由容许在时间 t 的到达速率是 t 的一个函数得到.

定义 5.3　计数过程 $\{N(t), t \geqslant 0\}$ 称为强度函数为 $\lambda(t)(t \geqslant 0)$ 的非时齐泊松过程, 如果

(i) $N(0)=0$.

(ii) $\{N(t),t\geqslant 0\}$ 有独立增量.

(iii) $\mathrm{P}\{N(t+h)-N(t)\geqslant 2\}=o(h)$.

(iv) $\mathrm{P}\{N(t+h)-N(t)=1\}=\lambda(t)h+o(h)$.

由

$$m(t)=\int_0^t \lambda(y)\mathrm{d}y$$

定义的函数 $m(t)$ 称为非时齐泊松过程的均值函数, 其理由表述在以下的重要定理之中.

定理 5.3 若 $\{N(t),t\geqslant 0\}$ 是强度函数为 $\lambda(t)(t\geqslant 0)$ 的非时齐泊松过程, 则 $\{N(t+s)-N(s),t\geqslant 0\}$ 是均值为 $m(t+s)-m(s)=\displaystyle\int_s^{t+s}\lambda(y)\mathrm{d}y$ 的泊松随机变量.

证明 我们先仿照平稳泊松过程的定理 5.1 证明 $N(t)$ 是均值为 $m(t)$ 的泊松随机变量. 令 $g(t)=\mathrm{E}[\mathrm{e}^{-uN(t)}]$, 沿着证明的确切步骤得到方程

$$g(t+h)=g(t)\mathrm{E}[\mathrm{e}^{-uN_t(h)}]$$

其中 $N_t(h)=N(t+h)-N(t)$. 利用 $\mathrm{P}\{N_t(h)=0\}=1-\lambda(t)h+o(h)$, 我们取条件于 $N_t(h)$ 是否是 0, 1, 或 $\geqslant 2$, 由公理 (iii) 和 (iv) 得到

$$g(t+h)=g(t)(1-\lambda(t)h+\mathrm{e}^{-u}\lambda(t)h+o(h))$$

因此

$$g(t+h)-g(t)=g(t)\lambda(t)(\mathrm{e}^{-u}-1)h+o(h)$$

除以 h 后令 $h\to 0$ 推出微分方程

$$g'(t)=g(t)\lambda(t)(\mathrm{e}^{-u}-1)$$

它可写成

$$\frac{g'(t)}{g(t)}=\lambda(t)(\mathrm{e}^{-u}-1)$$

两边从 0 到 t 求积分就得出

$$\ln(g(t))-\ln(g(0))=(\mathrm{e}^{-u}-1)\int_0^t\lambda(t)\mathrm{d}t$$

利用 $g(0)=1$ 和 $\displaystyle\int_0^t\lambda(t)\mathrm{d}t=m(t)$, 由上式得出

$$g(t)=\exp\{m(t)(\mathrm{e}^{-u}-1)\}$$

于是 $N(t)$ 的拉普拉斯变换 $\mathrm{E}[\mathrm{e}^{-uN(t)}]$ 是 $\mathrm{e}^{m(t)(\mathrm{e}^{-u}-1)}$. 因为后者是均值为 $m(t)$ 的泊松随机变量的拉普拉斯变换, 所以 $N(t)$ 是均值为 $m(t)$ 的泊松随机变量. 记 $N_s(t)=$

$N(s+t)-N(s)$，现在命题得自，注意到计数过程 $\{N_s(t),t\geqslant 0\}$ 是强度函数为 $\lambda_s(t)=\lambda(s+t),t>0$ 的非时齐的泊松过程. 因此 $N_s(t)$ 是具有均值

$$\int_0^t \lambda_s(y)\mathrm{d}y=\int_0^t \lambda(s+y)\mathrm{d}y=\int_s^{s+t} \lambda(x)\mathrm{d}x$$

的泊松随机变量. 这就证明了结论. ■

注 $N(s+t)-N(s)$ 具有均值 $\int_s^{s+t}\lambda(y)\mathrm{d}y$ 的泊松分布，这是伯努利随机变量（参见例 2.47）独立和的泊松极限的一个推论. 为了理解这点，我们将区间 $[s,s+t]$ 划分为长度 $\frac{t}{n}$ 的 n 个子区间，其中子区间 i 从 $s+(i-1)\frac{t}{n}$ 到 $s+i\frac{t}{n}$，$i=1,\cdots,n$. 令 $N_i=N\left(s+i\frac{t}{n}\right)-N\left(s+(i-1)\frac{t}{n}\right)$ 记在子区间 i 中发生的事件数，并且注意到

$$\begin{aligned}&\mathrm{P}\left\{\text{存在某个子区间中的事件数}\geqslant 2\right\}=\mathrm{P}\left(\bigcup_{i=1}^{n}\{N_i\geqslant 2\}\right)\\&\leqslant\sum_{i=1}^{n}\mathrm{P}\{N_i\geqslant 2\}=no\left(\frac{t}{n}\right)\quad\text{由公理(iii)}\end{aligned}$$

因为

$$\lim_{n\to\infty} no(t/n)=\lim_{n\to\infty} t\frac{o(t/n)}{t/n}=0$$

由此推出，当 n 趋于 ∞ 时，在 n 个子区间的任意一个中有两个或以上的概率趋于 0. 随之，以概率趋于 1 地有，$N(t)$ 等于其中有一个事件发生的子区间的个数. 因为一个事件在子区间 i 中的概率是 $\lambda\left(s+i\frac{t}{n}\right)\frac{t}{n}+o\left(\frac{t}{n}\right)$，而且在不同子区间的事件个数是独立的，由此推出，当 n 大时含有一个事件的子区间的个数近似地是一个以

$$\sum_{i=1}^{n}\lambda\left(s+i\frac{t}{n}\right)\frac{t}{n}+no(t/n)$$

为均值的泊松随机变量. 但是

$$\lim_{n\to\infty}\sum_{i=1}^{n}\lambda\left(s+i\frac{t}{n}\right)\frac{t}{n}+no(t/n)=\int_s^{s+t}\lambda(y)\mathrm{d}y$$

从而得到结果. ■

一个通常的泊松过程的时间抽样生成一个非时齐的泊松过程. 就是说，若 $\{N(t),t\geqslant 0\}$ 是一个速率为 λ 的泊松过程，并且假设在时间 t 发生的一个事件，以独立于早于 t 发生的事件的概率 $p(t)$ 计数. 以 $N_c(t)$ 记直到时间 t 为止被计数的事件个数，计数过程 $\{N_c(t),t\geqslant 0\}$ 是一个强度为 $\lambda(t)=\lambda p(t)$ 的非时齐的泊松过程. 这可由 $\{N_c(t),t\geqslant 0\}$ 满足非时齐的泊松过程的公理验证.

1. $N_c(0)=0$.

2. 在 $(s, s+t)$ 中被计数的事件的个数只依赖这个泊松过程在 $(s, s+t)$ 中发生的事件个数, 它独立于早于 s 发生的事件. 因此, 在 $(s, s+t)$ 中被计数的事件的个数独立于早于 s 的被计数的事件, 从而建立了独立增量性质.

3. 与 $N(t, t+h)$ 类似地定义, 令 $N_c(t, t+h) = N_c(t+h) - N_c(t)$

$$\mathrm{P}\{N_c(t, t+h) \geqslant 2\} \leqslant \mathrm{P}\{N(t, t+h) \geqslant 2\} = o(h)$$

4. 为了计算 $\mathrm{P}\{N_c(t, t+h) = 1\}$, 取条件于 $N(t, t+h)$

$$\begin{aligned}
&\mathrm{P}\{N_c(t, t+h) = 1\} \\
&= \mathrm{P}\{N_c(t, t+h) = 1 | N(t, t+h) = 1\}\mathrm{P}\{N(t, t+h) = 1\} \\
&\quad + \mathrm{P}\{N_c(t, t+h) = 1 | N(t, t+h) \geqslant 2\}\mathrm{P}\{N(t, t+h) \geqslant 2\} \\
&= \mathrm{P}\{N_c(t, t+h) = 1 | N(t, t+h) = 1\}\lambda h + o(h) \\
&= p(t)\lambda h + o(h)
\end{aligned}$$

非时齐的泊松过程的重要性在于我们不再需要平稳增量这个条件. 于是, 现在我们认为事件可以在某些时间比在其他时间更可能发生.

例 5.24 西伯经营了一家热狗售货亭, 上午 8 点开始营业. 从上午 8 点到上午 11 点, 基本上有一个稳定增长的顾客平均到达率, 在 8 点以每小时 5 个顾客的速率开始, 而在 11 点达到每小时 20 个顾客的最大值. 从上午 11 点到下午 1 点 (平均) 到达率基本上保持常数, 即每小时 20 个顾客. (平均) 到达率从下午 1 点直到下午 5 点关门稳定地下降, 这时的值是每小时 12 个顾客. 如果假定到达西伯售货亭的顾客数在不相交的时间段是独立的, 那么上述问题的一个好的概率模型是什么? 在星期一上午 8:30 到上午 9:30 没有顾客的概率是多少? 在这个时间段中的平均到达人数是多少?

解 上面的一个好的模型是假定到达构成一个非时齐的泊松过程, 其强度函数 $\lambda(t)$ 由

$$\lambda(t) = \begin{cases} 5 + 5t, & 0 \leqslant t \leqslant 3 \\ 20, & 3 \leqslant t \leqslant 5 \\ 20 - 2(t-5), & 5 \leqslant t \leqslant 9 \end{cases}$$

和

$$\lambda(t) = \lambda(t-9), \quad \text{对于 } t > 9$$

给出. 注意 $N(t)$ 表示在商亭开门后的前 t 个小时中到达的人数. 即我们不计下午 5 点到上午 8 点的时间. 如果由于某种原因不管商亭是否开门, 我们需要 $N(t)$ 表示前 t 个小时中到达的人数, 那么假定这个过程开始于午夜零时, 令

$$\lambda(t)=\begin{cases}0, & 0\leqslant t<8\\ 5+5(t-8), & 8\leqslant t\leqslant 11\\ 20, & 11\leqslant t\leqslant 13\\ 20-2(t-13), & 13\leqslant t\leqslant 17\\ 0, & 17<t\leqslant 24\end{cases}$$

$$\lambda(t)=\lambda(t-24),\quad \text{对于 } t>24$$

因为在上午 8:30 到上午 9:30 之间到达的人数在第一种表示中是均值为 $m(3/2)-m(1/2)$(在第二种表示中是均值为 $m(19/2)-m(17/2)$) 的泊松随机变量, 所以这个数是 0 的概率是

$$\exp\left\{-\int_{1/2}^{3/2}(5+5t)\mathrm{d}t\right\}=\mathrm{e}^{-10}\approx 0.000045$$

而平均到达人数是

$$\int_{1/2}^{3/2}(5+5t)\mathrm{d}t=10$$ ■

如果假设事件按速率为 λ 的泊松过程发生, 并且假设独立于过程以前发生的事件, 一个事件在时间 s 以概率 $P_1(s)$ 是类型 1 事件, 而以概率 $P_2(s)=1-P_1(s)$ 是类型 2 事件. 如果以 $\{N_i(t),t\geqslant 0\}$ 记直到时间 t 为止类型 i 事件发生的个数, 那么容易由定义 5.3 推出, $\{N_1(t),t\geqslant 0\}$ 和 $\{N_2(t),t\geqslant 0\}$ 是分别具有强度函数 $\lambda_i(t)=\lambda P_i(t)(i=1,2)$ 的相互独立的非时齐泊松过程 (证明仿照命题 5.3). 这个结果给了我们另一个途径来了解 (或者证明) 命题 5.3 的时间抽样的泊松过程的结果, 它说明 $N_1(t)$ 和 $N_2(t)$ 是具有均值 $\mathrm{E}[N_i(t)]=\lambda\int_0^t P_i(s)\mathrm{d}s(i=1,2)$ 的独立泊松随机变量.

例 5.25 (有无穷条服务线的泊松队列的输出过程) M/G/∞ 排队系统 (即无穷条服务线, 是具有泊松到达及一般的服务 (时间) 分布 G 的排队系统) 的输出过程是具有强度函数 $\lambda(t)=\lambda G(t)$ 的非时齐泊松过程. 为了验证这个断言, 我们首先论证离开过程具有独立增量. 我们考察不相交区间 $O_1,\cdots,O_k$, 直至结束. 现在称一个到达是类型 i 的 $(i=1,\cdots,k)$, 如果到达在区间 O_i 中离开. 由命题 5.4 推出, 在这些区间中离开的个数是彼此独立的, 这就建立了独立增量性. 现在, 假设一个到达在 t 与 $t+h$ 之间离开就被计数. 因为在时间 $s(s<t+h)$ 的一个到达被计数的概率是 $P(s)\begin{cases}G(t+h-s)-G(t-s), & \text{若 } s<t\\ G(t+h-s), & \text{若 } t<s<t+h\end{cases}$, 由此从命题 5.4 推出, 在 $(t,t+h)$ 中离开的个数是泊松随机变量, 具有均值

$$\begin{aligned}\lambda\int_0^{t+h}P(s)\mathrm{d}s&=\lambda\int_0^{t+h}G(t+h-s)\mathrm{d}s-\lambda\int_0^tG(t-s)\mathrm{d}s\\&=\lambda\int_0^{t+h}G(y)\mathrm{d}y-\lambda\int_0^tG(y)\mathrm{d}y\\&=\lambda\int_t^{t+h}G(y)\mathrm{d}y\\&=\lambda G(t)h+o(h)\end{aligned}$$

所以,

$$\mathrm{P}\{在(t,t+h)中有1个离开\}=\lambda G(t)h\mathrm{e}^{-\lambda G(t)h}+o(h)=\lambda G(t)h+o(h)$$

而且

$$\mathrm{P}\{在(t,t+h)中离开个数\geqslant 2\}=o(h)$$

这就完成了验证. ■

如果我们以 S_n 记这个非时齐的泊松过程的第 n 个事件的时间, 那么我们可以得到它的密度如下：

$$\begin{aligned}\mathrm{P}\{t<S_n<t+h\}&=\mathrm{P}\{N(t)=n-1,\ 在\ (t,t+h)\ 中有一个事件\}+o(h)\\&=\mathrm{P}\{N(t)=n-1\}\mathrm{P}\{在(t,t+h)中有一个事件\}+o(h)\\&=\mathrm{e}^{-m(t)}\frac{[m(t)]^{n-1}}{(n-1)!}[\lambda(t)h+o(h)]+o(h)\\&=\lambda(t)\mathrm{e}^{-m(t)}\frac{[m(t)]^{n-1}}{(n-1)!}h+o(h)\end{aligned}$$

它蕴涵了

$$f_{S_n}(t)=\lambda(t)\mathrm{e}^{-m(t)}\frac{[m(t)]^{n-1}}{(n-1)!}$$

其中

$$m(t)=\int_0^t\lambda(s)\mathrm{d}s$$

5.4.2 复合泊松过程

一个随机过程 $\{X(t),t\geqslant 0\}$ 称为复合泊松过程, 如果它可以表示为

$$X(t)=\sum_{i=1}^{N(t)}Y_i,\quad t\geqslant 0 \tag{5.23}$$

其中 $\{N(t),t\geqslant 0\}$ 是一个泊松过程, 而 $\{Y_i,i\geqslant 1\}$ 是独立于 $\{N(t),t\geqslant 0\}$ 的一组独立同分布的随机变量. 正如在第 3 章中所示, 随机变量 $X(t)$ 称为复合泊松随机变量.

复合泊松过程的例子

(i) 若 $Y_i \equiv 1$, 则 $X(t) = N(t)$, 从而我们得到普通的泊松过程.

(ii) 假设公共汽车按泊松过程到达一个体育赛事场地, 并且假定在每辆公共汽车中的体育爱好者人数是独立同分布的. 那么 $\{X(t), t \geqslant 0\}$ 是复合泊松过程, 其中 $X(t)$ 记直到时间 t 为止到达的体育爱好者的人数. 在方程 (5.23) 中, Y_i 表示在第 i 辆公共汽车中体育爱好者的人数.

(iii) 假设顾客按泊松过程离开某个超市. 如果第 i 个顾客花费的金额 $Y_i (i = 1, 2, \cdots)$ 是独立同分布的, 那么当 $X(t)$ 表示在时间 t 之前花费的总金额时, $\{X(t), t \geqslant 0\}$ 是复合泊松过程. ■

因为 $X(t)$ 是一个以 λt 为泊松参数的复合泊松随机变量, 由例 3.10 和例 3.19, 我们有

$$\mathrm{E}[X(t)] = \lambda t \mathrm{E}[Y_1] \tag{5.24}$$

$$\mathrm{Var}(X(t)) = \lambda t \mathrm{E}[Y_1^2] \tag{5.25}$$

例 5.26　假设家庭以每星期 $\lambda = 2$ 的泊松速率移民到一个地区. 如果每个家庭的人数是独立的, 而且分别以概率 $\frac{1}{6}, \frac{1}{3}, \frac{1}{3}, \frac{1}{6}$ 取值 $1, 2, 3, 4$, 那么在固定的 5 个星期中移民到这个地区的人数的期望值与方差是多少?

解　以 Y_i 记第 i 个家庭的人数, 我们有

$$\mathrm{E}[Y_i] = 1 \times \frac{1}{6} + 2 \times \frac{1}{3} + 3 \times \frac{1}{3} + 4 \times \frac{1}{6} = \frac{5}{2},$$

$$\mathrm{E}[Y_i^2] = 1^2 \times \frac{1}{6} + 2^2 \times \frac{1}{3} + 3^2 \times \frac{1}{3} + 4^2 \times \frac{1}{6} = \frac{43}{6}$$

因此, 以 $X(5)$ 记在 5 个星期中移民到这个地区的人数, 从方程 (5.24) 和方程 (5.25), 我们得到

$$\mathrm{E}[X(5)] = 2 \times 5 \times \frac{5}{2} = 25$$

$$\mathrm{Var}[X(5)] = 2 \times 5 \times \frac{43}{6} = \frac{215}{3}$$ ■

例 5.27 (单服务员的泊松到达队列的忙期)　考察一个单服务员的服务站, 顾客按速率为 λ 的泊松过程到达. 如果在顾客到达时服务员空着就立刻接受服务, 不然顾客就排队等待 (即他加入队列). 相继的服务时间是独立同分布的.

这样的系统将交替地处在 (系统中没有顾客时服务员闲着的) 闲期与 (系统中有顾客, 服务员忙着的) 忙期. 当一个到达者发现系统空着, 忙期就开始, 因为泊松到达的无记忆性推出每个忙期的长度有相同的分布. 以 B 记忙期的长度. 我们来计算它的均值和方差.

首先, 以 S 记忙期的首个顾客的服务时间, 并以 $N(S)$ 记在这个时间中到达的人数. 现在, 若 $N(S) = 0$, 则在首个顾客完成服务时忙期结束, 从而这时 B 等于 S.

现在假设在首个顾客的服务时间中有一个顾客到达. 那么, 在时刻 S 将有一个顾客在系统中, 她正进入服务. 因为从时间 S 后的到达流仍旧是速率为 λ 的泊松过程, 由此推出从 S 直到系统变空的附加时间与忙期同分布. 即若 $N(S)=1$, 则

$$B = S + B_1$$

其中 B_1 独立于 S, 而且与 B 同分布.

现在考虑 $N(S)=n$ 的一般情形, 这时当服务员结束他的首次服务时, 有 n 个顾客在等待. 为了确定忙期的剩余时间的分布, 要注意到其中无论哪个顾客接受服务的次序并不影响剩余时间. 因此我们假设在初始服务期间的 n 个到达者 $C_1,\cdots,C_n$ 按如下方式接受服务: C_1 首先接受服务, 但是一直到系统中只有顾客 $C_2,\cdots,C_n$ 为止 C_2 并不接受服务. 例如, 在 C_1 接受服务期间到达的任何顾客都在 C_2 前接受服务. 类似地, 一直到系统中只有 $C_3,\cdots,C_n$ 为止 C_3 并不接受服务, 等等. 在 C_i 和 C_{i+1} 开始服务之间的时间 $(i=1,\cdots,n-1)$ 和从 C_n 开始服务直到没有顾客进入系统的时间, 都是和忙期同分布的独立的随机变量.

从上面推出, 如果我们令 $B_1,B_2,\cdots$ 都是与忙期同分布的随机变量序列, 那么我们可以将 B 表示为

$$B = S + \sum_{i=1}^{N(S)} B_i$$

因此

$$\mathrm{E}[B|S] = S + \mathrm{E}\left[\sum_{i=1}^{N(S)} B_i|S\right]$$

而且

$$\mathrm{Var}(B|S) = \mathrm{Var}\left(\sum_{i=1}^{N(S)} B_i|S\right)$$

可是, 对于给定的 S, $\sum_{i=1}^{N(S)} B_i$ 是复合泊松随机变量, 于是从方程 (5.24) 和方程 (5.25) 我们得到

$$\mathrm{E}[B|S] = S + \lambda S\mathrm{E}[B] = (1+\lambda\mathrm{E}[B])S, \quad \mathrm{Var}(B|S) = \lambda S\mathrm{E}[B^2]$$

因此

$$\mathrm{E}[B] = \mathrm{E}[\mathrm{E}[B|S]] = (1+\lambda\mathrm{E}[B])\mathrm{E}[S]$$

当 $\lambda\mathrm{E}[S]<1$ 时这蕴涵

$$\mathrm{E}[B] = \frac{\mathrm{E}[S]}{1-\lambda\mathrm{E}[S]}$$

此外, 由条件方差公式

$$\begin{aligned}\mathrm{Var}(B) &= \mathrm{Var}(\mathrm{E}[B|S]) + \mathrm{E}[\mathrm{Var}(B|S)] \\ &= (1+\lambda\mathrm{E}[B])^2\mathrm{Var}(S) + \lambda\mathrm{E}[S]\mathrm{E}[B^2] \\ &= (1+\lambda\mathrm{E}[B])^2\mathrm{Var}(S) + \lambda\mathrm{E}[S](\mathrm{Var}(B) + \mathrm{E}^2[B])\end{aligned}$$

导出

$$\mathrm{Var}(B) = \frac{\mathrm{Var}(S)(1+\lambda\mathrm{E}[B])^2 + \lambda\mathrm{E}[S]\mathrm{E}^2[B]}{1-\lambda\mathrm{E}[S]}$$

再利用 $\mathrm{E}[B] = \mathrm{E}[S]/(1-\lambda\mathrm{E}[S])$, 我们得到

$$\mathrm{Var}(B) = \frac{\mathrm{Var}(S) + \lambda\mathrm{E}^3[S]}{(1-\lambda\mathrm{E}[S])^3}$$ ■

当 Y_i 的可能值的集合是有限或可数的时候, 存在复合泊松过程的一个非常精美的表达式. 为此, 我们假设存在 $\alpha_j(j \geqslant 1)$ 使

$$\mathrm{P}\{Y_i = \alpha_j\} = p_j, \quad \sum_j p_j = 1$$

现在, 当事件按泊松过程发生且每个事件产生一个随机的数量 Y 被加到累积和时, 就出现了一个复合泊松过程. 我们说事件是一个类型 j 事件, 如果它产生在加项中的数量是 $\alpha_j, j \geqslant 1$. 即如果 $Y_i = \alpha_j$, 泊松过程的第 i 个事件就是一个类型 j 事件. 如果以 $N_j(t)$ 记在时间 t 之前类型 j 事件的个数, 那么由命题 5.3 推出, 随机变量 $N_j(t)(j \geqslant 1)$ 是独立的泊松随机变量, 均值分别是

$$\mathrm{E}[N_j(t)] = \lambda p_j t$$

由于对于每个 j, 在时间 t 之前 α_j 被加到累积和上共 $N_j(t)$ 次, 由此推出在时间 t 之前的累积和可以表示为

$$X(t) = \sum_j \alpha_j N_j(t) \tag{5.26}$$

作为方程 (5.26) 的一个检验, 我们用它计算 $X(t)$ 的均值和方差. 由此导出

$$\mathrm{E}[X(t)] = \mathrm{E}\left[\sum_j \alpha_j N_j(t)\right] = \sum_j \alpha_j \mathrm{E}[N_j(t)] = \sum_j \alpha_j \lambda p_j t = \lambda t \mathrm{E}[Y_1]$$

此外,

$$\begin{aligned}\mathrm{Var}[X(t)] &= \mathrm{Var}\left[\sum_j \alpha_j N_j(t)\right] \\ &= \sum_j \alpha_j^2 \mathrm{Var}[N_j(t)] \quad \text{由 } N_j(t)(j \geqslant 1) \text{ 的独立性} \\ &= \sum_j \alpha_j^2 \lambda p_j t \\ &= \lambda t \mathrm{E}[Y_1^2]\end{aligned}$$

其中倒数第二个等式是因为泊松随机变量 $N_j(t)$ 的方差等于它的均值.

于是, 我们看到对 $X(t)$ 的均值和方差, 表达式 (5.26) 导出如前推导的相同表达式.

表达式 (5.26) 的用途之一是, 它导致结论：当 t 增至很大时, $X(t)$ 的分布趋于正态分布. 为了弄清其原因, 首先注意由中心极限定理推出, 当泊松随机变量的均值增加时, 它的分布趋于正态分布. (为什么是这样?) 所以, 当 t 增加时, 随机变量 $N_j(t)$ 趋于正态随机变量. 因为它们是独立的, 又因为独立正态随机变量的和也是正态的, 由此推出当 t 增加时 $X(t)$ 的分布也近似于正态分布.

例 5.28 在例 5.26 中, 求接下来的 50 个星期中至少有 240 人移民到该地区的近似概率.

解 由于 $\lambda=2, \mathrm{E}[Y_i]=5/2, \mathrm{E}[Y_i^2]=43/6$, 所以

$$\mathrm{E}[X(50)]=250, \quad \mathrm{Var}[X(50)]=4300/6$$

现在, 所要求的概率是

$$\begin{aligned}
\mathrm{P}\{X(50)\geqslant 240\} &= \mathrm{P}\{X(50)\geqslant 239.5\} \\
&= \mathrm{P}\left\{\frac{X(50)-250}{\sqrt{4300/6}}\geqslant\frac{239.5-250}{\sqrt{4300/6}}\right\} \\
&= 1-\Phi(-0.3922)=\Phi(0.3922)=0.6525
\end{aligned}$$

其中用了表 2.3 确定标准正态随机变量小于 0.3922 的概率 $\Phi(0.3922)$. ■

另一个有用的结果是, 如果 $\{X(t), t\geqslant 0\}$ 和 $\{Y(t), t\geqslant 0\}$ 是分别有泊松参数 λ_1 和 λ_2 与分布 F_1 和 F_2 的相互独立的复合泊松过程, 那么 $\{X(t)+Y(t), t\geqslant 0\}$ 也是复合泊松过程. 这是因为这个复合过程的事件将按速率为 $\lambda_1+\lambda_2$ 的泊松过程发生, 而每个事件独立地以概率 $\lambda_1/(\lambda_1+\lambda_2)$ 来自第一个复合泊松过程. 因此, 这个复合过程是一个泊松参数为 $\lambda_1+\lambda_2$ 且分布函数 F 由

$$F(x)=\frac{\lambda_1}{\lambda_1+\lambda_2}F_1(x)+\frac{\lambda_2}{\lambda_1+\lambda_2}F_2(x)$$

给定的复合泊松过程.

5.4.3 条件 (混合) 泊松过程

令 $\{N(t), t\geqslant 0\}$ 是一个计数过程, 其概率定义如下. 存在一个正随机变量 L, 在 $L=\lambda$ 条件下, 这个计数过程是速率为 λ 的泊松过程. 这样的计数过程称为条件 (混合) 泊松过程.

假设 L 是具有密度函数 g 的连续随机变量. 因为

$$\begin{aligned}\mathrm{P}\{N(t+s)-N(s)=n\} &= \int_0^{\infty} \mathrm{P}\{N(t+s)-N(s)=n|L=\lambda\}g(\lambda)\mathrm{d}\lambda \\ &= \int_0^{\infty} \mathrm{e}^{-\lambda t}\frac{(\lambda t)^n}{n!}g(\lambda)\mathrm{d}\lambda \end{aligned} \tag{5.27}$$

我们看到条件泊松过程有平稳增量. 然而, 因为知道在一个区间中有多少事件发生给出了有关 L 的可能值的信息, 它影响任意其他区间中的事件个数的分布, 由此推出条件泊松过程一般不具有独立增量. 因此, 一个条件泊松过程一般不是泊松过程.

例 5.29 若 g 是参数为 m 和 θ 的伽马密度

$$g(\lambda)=\theta\mathrm{e}^{-\theta\lambda}\frac{(\theta\lambda)^{m-1}}{(m-1)!}, \quad \lambda>0$$

则

$$\begin{aligned}\mathrm{P}\{N(t)=n\} &= \int_0^{\infty} \mathrm{e}^{-\lambda t}\frac{(\lambda t)^n}{n!}\theta\mathrm{e}^{-\theta\lambda}\frac{(\theta\lambda)^{m-1}}{(m-1)!}\mathrm{d}\lambda \\ &= \frac{t^n\theta^m}{n!(m-1)!}\int_0^{\infty} \mathrm{e}^{-(t+\theta)\lambda}\lambda^{n+m-1}\mathrm{d}\lambda\end{aligned}$$

乘以和除以 $\dfrac{(n+m-1)!}{(t+\theta)^{n+m}}$ 给出

$$\mathrm{P}\{N(t)=n\}=\frac{t^n\theta^m(n+m-1)!}{n!(m-1)!(t+\theta)^{n+m}}\int_0^{\infty}(t+\theta)\mathrm{e}^{-(t+\theta)\lambda}\frac{((t+\theta)\lambda)^{n+m-1}}{(n+m-1)!}\mathrm{d}\lambda$$

因为 $(t+\theta)\mathrm{e}^{-(t+\theta)\lambda}((t+\theta)\lambda)^{n+m-1}/(n+m-1)!$ 是参数为 $(n+m,t+\theta)$ 的伽马随机变量的密度函数, 它的积分是 1, 由此给出结果

$$\mathrm{P}\{N(t)=n\}=\binom{n+m-1}{n}\left(\frac{\theta}{t+\theta}\right)^m\left(\frac{t}{t+\theta}\right)^n$$

所以, 在一个长度 t 的区间中的事件个数, 它与当每次试验是成功的概率为 $\theta/(t+\theta)$ 时, 在总共获得 m 次成功之前失败发生的次数有相同的分布. ■

要计算 $N(t)$ 的均值和方差, 取条件于 L. 因为在条件 L 下, $N(t)$ 是均值为 Lt 的泊松过程, 所以

$$\mathrm{E}[N(t)|L]=Lt, \quad \mathrm{Var}(N(t)|L)=Lt$$

其中最后一个等式利用了泊松随机变量的方差等于它的均值. 因此, 由条件方差公式导出

$$\mathrm{Var}(N(t))=\mathrm{E}[Lt]+\mathrm{Var}(Lt)=t\mathrm{E}[L]+t^2\mathrm{Var}(L)$$

我们可以计算在给定 $N(t)=n$ 时 L 的条件分布

$$
\begin{aligned}
\mathrm{P}\{L \leqslant x|N(t)=n\} &= \frac{\mathrm{P}\{L \leqslant x, N(t)=n\}}{\mathrm{P}\{N(t)=n\}} \\
&= \frac{\displaystyle\int_0^{\infty} \mathrm{P}\{L \leqslant x, N(t)=n|L=\lambda\}g(\lambda)\mathrm{d}\lambda}{\mathrm{P}\{N(t)=n\}} \\
&= \frac{\displaystyle\int_0^{x} \mathrm{P}\{N(t)=n|L=\lambda\}g(\lambda)\mathrm{d}\lambda}{\mathrm{P}\{N(t)=n\}} \\
&= \frac{\displaystyle\int_0^{x} \mathrm{e}^{-\lambda t}(\lambda t)^n g(\lambda)\mathrm{d}\lambda}{\displaystyle\int_0^{\infty} \mathrm{e}^{-\lambda t}(\lambda t)^n g(\lambda)\mathrm{d}\lambda}
\end{aligned}
$$

其中最后的等式用了方程 (5.27). 换句话说, 给定 $N(t)=n$, L 的条件密度函数是

$$
f_{L|N(t)}(\lambda|n) = \frac{\mathrm{e}^{-\lambda t}\lambda^n g(\lambda)}{\displaystyle\int_0^{\infty} \mathrm{e}^{-\lambda t}\lambda^n g(\lambda)\mathrm{d}\lambda}, \quad \lambda \geqslant 0 \tag{5.28}
$$

例 5.30 保险公司认为每个参保人存在各自的事故率, 而当时间以年计量时, 具有事故率 λ 的参保人的索赔次数按速率为 λ 的泊松过程分布. 公司也认为事故率是随参保人变化的, 一个新的参保人的事故率的概率分布是 $(0,1)$ 上的均匀分布. 问在给定的一个参保人在他的前 t 年作了 n 次索赔下, 直到这个参保人下一次索赔的时间的条件分布是什么?

解 如果 T 是到下次索赔的时间, 那么我们要计算 $\mathrm{P}\{T > x|N(t)=n\}$. 取条件在给定参保人的事故率上, 用方程 (5.28),

$$
\begin{aligned}
\mathrm{P}\{T > x|N(t)=n\} &= \int_0^{\infty} \mathrm{P}\{T > x|L=\lambda, N(t)=n\} f_{L|N(t)}(\lambda|n)\mathrm{d}\lambda \\
&= \frac{\displaystyle\int_0^{1} \mathrm{e}^{-\lambda x}\mathrm{e}^{-\lambda t}\lambda^n \mathrm{d}\lambda}{\displaystyle\int_0^{1} \mathrm{e}^{-\lambda t}\lambda^n \mathrm{d}\lambda}
\end{aligned}
$$

■

在一个长度为 t 的区间中, 存在一个发生多于 n 次事故的概率的精美的公式. 我们利用恒等式

$$
\sum_{j=n+1}^{\infty} \mathrm{e}^{-\lambda t}\frac{(\lambda t)^j}{j!} = \int_0^t \lambda \mathrm{e}^{-\lambda x}\frac{(\lambda x)^n}{n!}\mathrm{d}x \tag{5.29}
$$

推导它, 这是因为它使速率为 λ 的泊松过程在时间 t 之前的事件个数大于 n 的概率与这个过程的第 $n+1$ 次事件发生的时间 (它有 $\Gamma(n+1,\lambda)$ 分布) 小于 t 的概率相等. 在方程 (5.29) 中交换 λ 和 t 导出等价的恒等式

$$\sum_{j=n+1}^{\infty} \mathrm{e}^{-\lambda t}\frac{(\lambda t)^j}{j!} = \int_0^{\lambda} t\mathrm{e}^{-tx}\frac{(tx)^n}{n!}\mathrm{d}x \tag{5.30}$$

利用方程 (5.27), 我们现在得到

$$\begin{aligned}
\mathrm{P}\{N(t) > n\} &= \sum_{j=n+1}^{\infty}\int_0^{\infty} \mathrm{e}^{-\lambda t}\frac{(\lambda t)^j}{j!}g(\lambda)\mathrm{d}\lambda \\
&= \int_0^{\infty}\sum_{j=n+1}^{\infty} \mathrm{e}^{-\lambda t}\frac{(\lambda t)^j}{j!}g(\lambda)\mathrm{d}\lambda \quad (\text{交换}) \\
&= \int_0^{\infty}\int_0^{\lambda} t\mathrm{e}^{-tx}\frac{(tx)^n}{n!}\mathrm{d}x g(\lambda)\mathrm{d}\lambda \quad (\text{用 } (5.30)) \\
&= \int_0^{\infty}\int_x^{\infty} g(\lambda)\mathrm{d}\lambda t\mathrm{e}^{-tx}\frac{(tx)^n}{n!}\mathrm{d}x \quad (\text{交换}) \\
&= \int_0^{\infty} \overline{G}(x) t\mathrm{e}^{-tx}\frac{(tx)^n}{n!}\mathrm{d}x
\end{aligned}$$

5.5 随机强度函数和霍克斯过程

不同于非时齐的泊松过程的强度函数 $\lambda(t)$ 是确定的函数, 存在计数过程 $\{N(t), t \geqslant 0\}$ 在时刻 t 强度函数的值, 记之为 $R(t)$, 它是一个随机变量, 其值依赖于直至时刻 t 的过程的历史. 就是说, 若将直至时刻 t 的过程的 "历史" 记为 $\mathscr{H}_t$, 则在时刻 t 的强度率 $R(t)$ 是一个随机变量, 其值由 $\mathscr{H}_t$ 所确定, 且使

$$\mathrm{P}\{N(t+h) - N(t) = 1|\mathscr{H}_t\} = R(t)h + o(h)$$

和

$$\mathrm{P}\{N(t+h) - N(t) \geqslant 2|\mathscr{H}_1\} = o(h)$$

*霍克斯*过程是具有随机强度函数的计数过程的例子之一. 这种计数过程假定了存在一个基本的强度值 $\lambda > 0$, 且对每个事件附以一个称为标志值的非负的随机变量, 其值独立于以前发生的一切事件, 且具有分布 F. 假定每当一个事件发生时, 随机强度函数的当前值就增加了这个事件的标志值的量, 且这个增加的量以指数速率按时间递减. 更确切地, 若到时刻 t 为止, 已发生事件的总数为 $N(t)$, 事件的发生时间 $S_1 < S_2 < \cdots < S_{N(t)}$, 记第 i 个事件的标志值为 $M_i, i = 1, \cdots, N(t)$, 则

$$R(t) = \lambda + \sum_{i=1}^{N(t)} M_i \mathrm{e}^{-\alpha(t-S_i)}$$

换句话说, *霍克斯*过程是满足如下条件的计数过程;

1. $R(0) = \lambda$;
2. 每当一个事件发生时, 过程的随机强度增加一个等于此事件的标志值的量;

3. 若在 s 和 $s+t$ 之间没有事件发生, 则 $R(s+t)=\lambda+(R(s)-\lambda)\mathrm{e}^{-\alpha t}$.

因为每当一个事件发生时强度增加, 所以称霍克斯过程为自激过程.

我们要推导霍克斯过程直至时刻 t 为止期望事件数 $\mathrm{E}[N(t)]$ 的公式. 为此, 我们需要下述引理, 这个引理对一切计数过程都是成立的.

引理 5.1 满足 $N(0)=0$ 的计数过程 $N(t)$, 其随机强度函数为 $R(t)$. 记 $m(t)=\mathrm{E}[N(t)]$, 则

$$m(t)=\int_0^t \mathrm{E}[R(s)]\mathrm{d}s.$$

证明

$$\mathrm{E}[N(t+h)|N(t),R(t)]=N(t)+R(t)h+o(h)$$

取期望后得出

$$\mathrm{E}[N(t+h)=\mathrm{E}[N(t)]+\mathrm{E}[R(t)]h+o(h)$$

这就是

$$m(t+h)=m(t)+h\mathrm{E}[R(t)]+o(h)$$

从而

$$\frac{m(t+h)-m(t)}{h}=\mathrm{E}[R(t)]+\frac{o(h)}{h}$$

令 $h\to 0$ 就得出

$$m'(t)=\mathrm{E}[R(t)]$$

现在, 将两边从 0 到 t 取积分就得出结果

$$m(t)=\int_0^t \mathrm{E}[R(s)]\mathrm{d}s$$

利用上面的公式, 我们现在可以证明下述命题. ■

命题 5.6 若在霍克斯过程中标志值的均值为 μ, 则对此过程有

$$\mathrm{E}[N(t)]=\lambda t+\frac{\lambda\mu}{(\mu-\alpha)^2}(\mathrm{e}^{(\mu-\alpha)t}-1-(\mu-\alpha)t)$$

证明 由前面的引理, 为了确定均值函数 $m(t)$, 只须确定 $\mathrm{E}[R(t)]$, 后者由首先推导然后求解一个微分方程来完成. 首先注意, 令 $M_t(h)$ 等于在 t 和 $t+h$ 之间的所有标志值之和, 则

$$R(t+h)=\lambda+(R(t)-\lambda)\mathrm{e}^{-\alpha h}+M_t(h)+o(h)$$

设 $g(t)=\mathrm{E}[R(t)]$, 并对上式取期望, 就得出

$$g(t+h)=\lambda+(g(t)-\lambda)\mathrm{e}^{-\alpha h}+\mathrm{E}[M_t(h)]+o(h)$$

利用等式 $\mathrm{e}^{-\alpha h}=1-\alpha h+o(h)$, 就证明了

$$\begin{aligned}g(t+h)&=\lambda+(g(t)-\lambda)(1-\alpha h)+\mathrm{E}[M_t(h)]+o(h)\\&=g(t)-\alpha hg(t)+\lambda\alpha h+\mathrm{E}[M_t(h)]+o(h)\end{aligned}\tag{5.31}$$

现在, 在给定 $R(t)$ 条件下, 在 t 和 $t+h$ 之间有一个事件的概率为 $R(t)h+o(h)$, 而有 2 个或更多的事件的概率为 $o(h)$. 因此, 考虑到 μ 是标志值的均值, 取条件于在 t 和 $t+h$ 之间的事件数, 有

$$\mathrm{E}[M_t(h)|R(t)] = \mu R(t)h + o(h)$$

对上式两边取期望就得出

$$\mathrm{E}[M_t(h)] = \mu g(t)h + o(h)$$

将它代回方程 (5.31), 得出

$$g(t+h) = g(t) - \alpha h g(t) + \lambda\alpha h + \mu g(t)h + o(h)$$

或者, 等价地有

$$\frac{g(t+h)-g(t)}{h} = (\mu-\alpha)g(t) + \lambda\alpha + \frac{o(h)}{h}$$

令 h 趋于 0, 就得出

$$g'(t) = (\mu-\alpha)g(t) + \lambda\alpha$$

令 $f(t) = (\mu-\alpha)g(t) + \lambda\alpha$, 上式可以写成

$$\frac{f'(t)}{\mu-\alpha} = f(t)$$

从而

$$\frac{f'(t)}{f(t)} = \mu-\alpha$$

求积分得

$$\ln(f(t)) = (\mu-\alpha)t + C$$

现在因为 $g(0) = \mathrm{E}[R(0)] = \lambda$, 所以 $f(0) = \mu\lambda$, 这表明了 $C = \ln(\mu\lambda)$, 并求出了结果

$$f(t) = \mu\lambda \mathrm{e}^{(\mu-\alpha)t}$$

再利用 $g(t) = \dfrac{f(t)-\lambda\alpha}{\mu-\alpha} = \dfrac{f(t)}{\mu-\alpha} + \lambda - \dfrac{\lambda\mu}{\mu-\alpha}$ 推出

$$g(t) = \lambda + \frac{\lambda\mu}{\mu-\alpha}(\mathrm{e}^{(\mu-\alpha)t} - 1)$$

因此, 由引理 5.1 得到

$$\begin{aligned}\mathrm{E}[N(t)] &= \lambda t + \int_0^t \frac{\lambda\mu}{\mu-\alpha}(\mathrm{e}^{(\mu-\alpha)s} - 1)\mathrm{d}s \\ &= \lambda t + \frac{\lambda\mu}{(\mu-\alpha)^2}(\mathrm{e}^{(\mu-\alpha)t} - 1 - (\mu-\alpha)t)\end{aligned}$$

这就证明了结论. ■

习 题

1. 修理一个机器所需要的时间 T 是均值为 1/2(小时) 的指数随机变量.

(a) 问修理时间超过 1/2 小时的概率是多少?

(b) 已知修理持续时间超过 12 小时, 问修理时间至少需要 $12\frac{1}{2}$ 小时的概率是多少?

2. 假设你到达一个单服务线的银行, 你发现有 5 个人在银行中, 一个人在接受服务, 其余 4 个人排队等待, 你加入到队尾. 如果服务时间都是速率为 μ 的指数时间, 问你在银行的平均停留时间是多少?

3. 令 X 是指数随机变量. 不做任何计算说出以下哪一个是正确的. 解释你的答案.

(a) $\mathrm{E}[X^2|X>1]=\mathrm{E}[(X+1)^2]$;

(b) $\mathrm{E}[X^2|X>1]=\mathrm{E}[X^2]+1$;

(c) $\mathrm{E}[X^2|X>1]=(1+\mathrm{E}[X])^2$.

4. 考察一个有 2 个雇员的邮局, A、B、C 三人同时进入, A、B 直接走向雇员, C 需要等待直至 A 或 B 离开. 问在其余 2 个人离开后, A 仍旧在邮局中的概率是多少, 假定

(a) 每个雇员的服务时间恰是 (非随机)10 分钟?

(b) 服务时间以概率 1/3 为 $i, i=1,2,3$?

(c) 服务时间是均值为 $1/\mu$ 的指数随机变量?

***5.** 若 X 是速率为 λ 的指数随机变量, 证明 $Y=[X]+1$ 是参数为 $p=1-e^{-\lambda}$ 的几何随机变量, 其中 $[X]$ 是小于或等于 X 的最大的整数.

6. 在例 5.3 中, 如果办事员 i 以指数速率 λ_i 服务, $i=1,2$, 证明

$$\mathrm{P}\{\text{史密斯不是最后一个}\}=\left(\frac{\lambda_1}{\lambda_1+\lambda_2}\right)^2+\left(\frac{\lambda_2}{\lambda_1+\lambda_2}\right)^2$$

***7.** 若 X_1 和 X_2 是独立的非负连续随机变量, 证明

$$\mathrm{P}\{X_1<X_2|\min(X_1,X_2)=t\}=\frac{r_1(t)}{r_1(t)+r_2(t)}$$

其中 $r_i(t)$ 是 X_i 的失败率函数.

***8.** 若 X 和 Y 分别是速率为 λ 和 μ 的指数随机变量. 在给定 $X<Y$ 条件下, X 的条件分布是什么?

9. 机器 1 正在工作, 机器 2 将从现在开始 t 时间后进入工作. 如果机器 i 的寿命是速率为 $\lambda_i(i=1,2)$ 的指数时间, 问机器 1 先失效的概率是多少?

***10.** 令 X 和 Y 是分别有速率 λ 和 μ 的独立指数随机变量. 令 $M=\min(X,Y)$. 求

(a) $\mathrm{E}[MX|M=X]$,

(b) $\mathrm{E}[MX|M=Y]$,

(c) $\mathrm{Cov}(X,M)$.

11. 令 $X,Y_1,\cdots,Y_n$ 是独立的指数随机变量, X 有速率 λ, 而 Y_i 有速率 μ. 令 A_j 是此 $n+1$ 个随机变量中的第 j 个最小值是 Y_i 中之一这个事件. 用恒等式

$$p=\mathrm{P}(A_1\cdots A_n)=\mathrm{P}(A_1)\mathrm{P}(A_2|A_1)\cdots\mathrm{P}(A_n|A_1\cdots A_{n-1})$$

求 $p = \mathrm{P}\{X > \max_i Y_i\}$. 当 $n = 2$ 时, 用取条件于 X 来求 p 以验证你的答案.

12. 如果 $X_i(i = 1, 2, 3)$ 是速率为 $\lambda_i(i = 1, 2, 3)$ 的独立指数随机变量, 求

(a) $\mathrm{P}\{X_1 < X_2 < X_3\}$,

(b) $\mathrm{P}\{X_1 < X_2 | \max(X_1, X_2, X_3) = X_3\}$,

(c) $\mathrm{E}[\max X_i | X_1 < X_2 < X_3]$,

(d) $\mathrm{E}[\max X_i]$.

13. 在例 5.10 中, 求直到队列中的第 n 个人离开队列的期望时间 (或者由于进入服务, 或者没有服务就离开).

***14.** 我在家等两个朋友. 等到 A 到达的时间是速率为 λ_a 是指数随机变量, 而等到 B 到达的时间是速率为 λ_b 是指数随机变量. 一旦到达, 他们在离开我家前, 分别停留速率为 μ_a 和 μ_b 的指数随机时间. 假设这 4 个随机变量都是独立的.

(a) A 在 B 前到达且在 B 后离开的概率是多少?

(b) 最后一人离开的期望时间是多少?

15. 100 个产品同时作寿命检验. 假设各个产品的寿命是独立的均值为 200 小时的指数随机变量. 当总共有 5 个失效时检验停止. 如果 T 是检验停止的时间, 求 $\mathrm{E}[T]$ 和 $\mathrm{Var}(T)$.

16. 有三个工作需要处理, 工作 $i(i = 1, 2, 3)$ 的处理时间是速率为 μ_i 的指数随机变量. 有两个可用的处理器, 于是可以立即开始处理两个工作, 当这两个工作有一个完成时才开始处理最后一个工作.

(a) 令 T_i 表示工作 i 的处理完成的时间. 如果目标是使 $\mathrm{E}[T_1 + T_2 + T_3]$ 最小, 那么当 $\mu_1 < \mu_2 < \mu_3$ 时, 哪两个工作首先被处理?

(b) 令 M(称为总完工时间) 是直到三个工作全部处理完的时间. 令 S 是只有一个处理器在工作的时间, 证明

$$2\mathrm{E}[M] = \mathrm{E}[S] + \sum_{i=1}^{3} 1/\mu_i$$

对于下面几个问题, 假设 $\mu_1 = \mu_2 = \mu, \mu_3 = \lambda$. 令 $P(\mu)$ 表示最后完成的工作是工作 1 或工作 2 的概率, 令 $P(\lambda) = 1 - P(\mu)$ 表示最后完成的工作是工作 3 的概率.

(c) 用 $P(\mu)$ 和 $P(\lambda)$ 来表达 $\mathrm{E}[S]$.

令 $P_{i,j}(\mu)$ 是当工作 i 和工作 j 首先被处理时 $P(\mu)$ 的值.

(d) 证明 $P_{1,2}(\mu) \leqslant P_{1,3}(\mu)$.

(e) 如果 $\mu > \lambda$, 证明当工作 3 是首先被处理的工作之一时, $\mathrm{E}[M]$ 最小.

(f) 如果 $\mu < \lambda$, 证明当工作 1 和工作 2 首先被处理时, $\mathrm{E}[M]$ 最小.

17. n 个城市将用通信系统连接. 在城市 i 和 j 建造连接的价格是 $C_{ij}, i \neq j$. 必须建造足够的连接以使每一对城市有一条连接的通路. 结果只需建造 $n - 1$ 个连接. 解这个问题 (著名的最小生成树问题) 的一个最小价格算法首先在所有 $\begin{pmatrix} n \\ 2 \end{pmatrix}$ 个连接中选取最廉价的一个. 然后, 在附加的每一步, 选取连通一个没有任何连接的城市到一个有连接的城市的最廉价的连接. 即如果首个连接是在城市 1 和 2 之间, 那么第二个是在 1 和 $3, \cdots, n$ 中的一个之间的

连接, 或者是在 2 和 $3, \cdots, n$ 中的一个之间的连接. 假设所有 $\binom{n}{2}$ 个连接的价格 C_{ij} 是均值为 1 的独立指数随机变量. 求上面的算法的期望价格, 如果 (a) $n=3$, (b) $n=4$.

*18. 令 X_1 和 X_2 是独立的指数随机变量, 每个具有速率 μ. 令

$$X_{(1)} = \min(X_1, X_2), \quad X_{(2)} = \max(X_1, X_2)$$

求：(a)$\mathrm{E}[X_{(1)}]$, (b)$\mathrm{Var}[X_{(1)}]$, (c)$\mathrm{E}[X_{(2)}]$, (d)$\mathrm{Var}[X_{(2)}]$.

*19. 在 A 和 B 间进行的一英里比赛中, A 跑完一英里的时间是速率为 λ_a 的指数随机变量, 独立地, B 跑完一英里的时间是速率为 λ_b 的指数随机变量. 最早完成的人将成为得胜者并接受奖金 $R\mathrm{e}^{-\alpha t}$ 元, 其中 t 是得胜的时刻, R 和 α 都是常数. 若输的人只得到 0 元. 求 A 赢得的期望额.

20. 考虑有两条服务线的系统, 顾客先接受服务线 1 服务, 再到服务线 2, 然后离开. 服务线 i 的服务时间是速率为 μ_i 的指数随机变量, $i=1,2$. 当你到达时, 你发现服务线 1 有空, 而在服务线 2 那里有两个顾客, 顾客 A 在接受服务, 顾客 B 在队中等候.

(a) 求当你到服务线 2 时, A 还在接受服务的概率 P_{A}.

(b) 求当你到服务线 2 时, B 还在接受服务的概率 P_{B}.

(c) 求 $\mathrm{E}[T]$, 其中 T 是你在系统中的时间.

提示：写出

$$T = S_1 + S_2 + W_A + W_B$$

其中 S_i 是你在服务线 i 的服务时间, W_{A} 是当 A 在接受服务时你在队中等候的时间, 而 W_{B} 是当 B 在接受服务时你在队中等候的时间.

21. 在某个系统中, 一个顾客必须先接受服务线 1 服务, 而后接受服务线 2 服务. 服务线 i 的服务时间是速率为 $\mu_i (i=1,2)$ 的指数随机变量. 到达的顾客发现服务线 1 忙着就在队列中等候. 顾客接受服务线 1 服务后, 如果服务线 2 有空, 就接受服务线 2 的服务, 否则仍待在服务线 1 处 (阻塞了其他顾客进入服务) 直到服务线 2 空. 顾客在完成服务线 2 的服务后离开系统. 假设在你到达时系统中有一个顾客, 而且这个顾客正在服务线 1 接受服务. 问你在系统中的期望总时间是多少?

22. 假设在习题 21 中, 在你到达时发现系统中有两个人, 一个正在接受服务线 1 服务, 另一个正在接受服务线 2 服务. 问你在系统中的平均总时间是多少? 记住如果服务线 1 先于服务线 2 完成服务, 那么服务线 1 的顾客仍将留在那里 (于是阻塞了你的进入) 直到服务线 2 空闲着.

*23. 一个手电筒需要用 2 个电池. 现有一组 n 个可用电池, 标为电池 1, 电池 $2, \cdots$, 电池 n. 开始装入电池 1 和电池 2. 只要一个电池失效, 立刻换上一个标以最低数而还没有用过的可用电池. 假设不同的电池的寿命是独立的指数随机变量, 每个具有速率 μ. 以 T 记一个电池失效而我们的库存正好用完的随机时间. 这时恰有一个电池 X 还没有失效.

(a) $\mathrm{P}\{X=n\}$ 是多少?

(b) $\mathrm{P}\{X=1\}$ 是多少?

(c) $\mathrm{P}\{X=i\}$ 是多少?

(d) 求 $E[T]$.

(e) T 的分布是什么?

24. 有两条服务线处理 n 件零活. 最初, 每条服务线先处理一件零活. 只要一条服务线完成了一件零活, 这件零活就离开系统, 并且这个服务线开始处理新的零活 (当仍旧有等待处理的零活时). 以 T 记直到所有的零活都处理完的时间. 如果服务线 i 处理一件零活的时间以速率 $\mu_i(i=1,2)$ 指数地分布, 求 $E[T]$ 和 $\text{Var}(T)$.

25. 顾客可以由 3 条服务线中的任意一条服务, 其中服务线 i 的服务时间以速率 $\mu_i(i=1,2,3)$ 指数地分布. 当一条服务线空闲时, 等候时间最长的顾客开始接受这条服务线服务.

(a) 如果你到达时发现所有 3 条服务线都忙, 而且无人等着, 求直到你离开系统的期望时间.

(b) 如果你到达时发现所有 3 条服务线都忙, 而且有一个人等着, 求直到你离开系统的期望时间.

26. 每个进入的顾客必须首先经服务线 1 服务, 然后经服务线 2 服务, 最后经服务线 3 服务. 由服务线 i 服务的时间是速率为 $\mu_i(i=1,2,3)$ 的指数随机变量. 假设你进入系统时, 只有一个顾客, 而且他正在接受服务线 3 服务.

(a) 求你转到服务线 2 时, 服务线 3 仍在忙的概率.

(b) 求你转到服务线 3 时, 服务线 3 仍在忙的概率.

(c) 求你在系统中的期望时间 (只要你遇到一条忙的服务线, 就必须等到当前服务结束).

(d) 如果你进入系统时发现系统中有一个顾客, 而且他正接受服务线 2 服务. 求你在系统中的期望时间.

27. 证明在例 5.7 中两个算法的总价格的分布是相同的.

28. 考虑有独立寿命的 n 个部件, 部件 i 以一个速率为 λ_i 的指数时间工作. 假设所有的部件在开始时都在使用中, 而且使用到直到失效.

(a) 求部件 1 是第二个失效的概率.

(b) 求第二个失效的期望时间.

提示: 不要用 (a) 的结果.

29. 令 X 和 Y 是分别具有速率为 λ 和 μ 的独立指数随机变量, 其中 $\lambda>\mu$. 令 $c>0$.

(a) 证明给定 $X+Y=c$ 时 X 的条件密度函数是

$$f_{X|X+Y}(x|c)=\frac{(\lambda-\mu)e^{-(\lambda-\mu)x}}{1-e^{-(\lambda-\mu)c}},\quad 0<x<c$$

(b) 用 (a) 求 $E[X|X+Y=c]$.

(c) 求 $E[Y|X+Y=c]$.

30. 某人养的狗和猫的寿命是分别是有速率 λ_d 和 λ_c 的独立的指数随机变量. 其中一只刚刚死去. 求另一只宠物的后续寿命.

31. 某医生有两个预约病人, 一个在下午 1 点, 而另一个在下午 1:30. 约定的持续时间是均值为 30 分钟的独立指数随机变量. 假设两个病人都准时到达, 求约定在 1:30 的病人在医生的办公室所花的期望时间.

32. 令 X 是 $(0,1)$ 上的均匀随机变量, 考虑一个计数过程, 其中事件在时间 $X+i(i=0,1,2,\cdots)$

发生.

(a) 这个计数过程是否有独立增量?

(b) 这个计数过程是否有平稳增量?

33. 令 X 和 Y 是分别以 λ 和 μ 为速率的独立的指数随机变量.

(a) 论证：在 $X > Y$ 的条件下, 随机变量 $\min(X, Y)$ 与 $X - Y$ 是独立的.

(b) 利用 (a) 得到结论, 对于任意正常数 c, 证明

$$\begin{aligned} \mathrm{E}[\min(X,Y)|X > Y + c] &= \mathrm{E}[\min(X,Y)|X > Y] \\ &= \mathrm{E}[\min(X,Y)] = \frac{1}{\lambda + \mu} \end{aligned}$$

(c) 给出口头解释为什么 $\min(X, Y)$ 与 $X - Y$ 是 (无条件地) 独立的.

***34.** 两个病人 A 和 B 都需要肾脏移植. 如果没有可供的肾脏, 那么 A 将在一个速率为 μ_A 的指数时间后死去, 而 B 将在一个速率为 μ_B 的指数时间后死去. 新的肾脏按一个速率为 λ 的泊松过程到达. 已经决定了第一个肾脏将给 A (如果 B 活着而 A 已死去则给 B), 而下一个给 B (如果 B 仍旧活着) .

(a) A 得到一个新的肾脏的概率是多少?

(b) B 得到一个新的肾脏的概率是多少?

(c) A 和 B 都没有得到新肾脏的概率是多少?

(d) A 和 B 都得到新肾脏的概率是多少?

***35.** 若 $\{N(t), t \geqslant 0\}$ 是速率 λ 的泊松过程, 验证 $\{N_s(t), t \geqslant 0\}$ 满足速率 λ 的泊松过程这一公理, 其中 $N_s(t) = N(s + t) - N(s)$.

***36.** 以 $S(t)$ 记一种证券在时间 t 的价格. 过程 $\{S(t), t \geqslant 0\}$ 的一个流行的模型假设价格直到一个 "冲击" 发生前保持不变, 在冲击发生时价格乘上一个随机因子. 如果我们以 $N(t)$ 记在时间 t 之前冲击的个数, 而以 X_i 记第 i 个乘积因子, 那么此模型假设了

$$S(t) = S(0) \prod_{i=1}^{N(t)} X_i$$

其中在 $N(t) = 0$ 时, $\prod_{i=1}^{N(t)} X_i = 1$. 假设 X_i 是速率为 μ 的独立指数随机变量,$\{N(t), t \geqslant 0\}$ 是速率为 λ 的泊松过程, $\{N(t), t \geqslant 0\}$ 独立于 X_i, 并且 $S(0) = s$.

(a) 求 $\mathrm{E}[S(t)]$.

(b) 求 $\mathrm{E}[S^2(t)]$.

37. 一台机器运行的时间是速率为 μ 的指数随机变量, 此后它出现故障. 修理队检查机器的时刻以速率为 λ 的泊松过程到达. 如果发现机器故障, 就立刻替换. 求机器的两次替换之间的平均时间.

38. 令 $\{M_i(t), t \geqslant 0\} (i = 1, 2, 3)$ 是速率分别为 $\lambda_i (i = 1, 2, 3)$ 的独立泊松过程, 并且设

$$N_1(t) = M_1(t) + M_2(t), \quad N_2(t) = M_2(t) + M_3(t)$$

随机过程 $\{(N_1(t), N_2(t)), t \geqslant 0\}$ 称为二维泊松过程.

(a) 求 $\mathrm{P}\{N_1(t) = n, N_2(t) = m\}$.

(b) 求 $\mathrm{Cov}(N_1(t), N_2(t))$.

39. 某种理论假设细胞分裂的错误按速率每年 2.5 个的泊松过程发生, 而人体在发生了 196 个这种错误后死亡. 假设该理论成立, 求

(a) 人的平均寿命.

(b) 人的寿命的方差.

此外, 近似地求

(c) 人在 67.2 岁前死亡的概率.

(d) 人活到 90 岁的概率.

(e) 人活到 100 岁的概率.

***40.** 证明若 $\{N_i(t), t \geqslant 0\}$ 是速率为 $\lambda_i (i=1,2)$ 的独立泊松过程, 则 $\{N(t), t \geqslant 0\}$ 是速率为 $\lambda_1+\lambda_2$ 的泊松过程, 其中 $N(t)=N_1(t)+N_2(t)$.

41. 在习题 40 中, 这个复合过程的首个事件来自 N_1 过程的概率是多少?

42. 令 $\{N(t), t \geqslant 0\}$ 是速率为 λ 的泊松过程. 以 S_n 记第 n 个事件发生的时间. 求

(a)$\mathrm{E}[S_4]$,

(b) $\mathrm{E}[S_4|N(1)=2]$,

(c) $\mathrm{E}[N(4)-N(2)|N(1)=3]$.

43. 顾客按速率为 λ 的泊松过程到达有两条服务线的服务站. 只要新的顾客到达, 在系统中的顾客就立刻离开. 新的顾客首先接受服务线 1 服务, 然后是服务线 2. 如果在服务线的服务时间是独立的速率分别为 μ_1 和 μ_2 的指数时间, 问在已进入的顾客中完成服务线 2 的服务的比例是多少?

44. 汽车按速率为 λ 的泊松过程经过街的某个位置. 一个需要在这个位置过街的妇女等着, 直到看到没有车她才在随后的 T 个时间单位通过.

(a) 求她的等待时间是 0 的概率.

(b) 求平均等待时间.

提示: 对首辆车到达的时间取条件.

45. 令 $\{N(t), t \geqslant 0\}$ 是速率为 λ 的泊松过程, 它独立于有均值 μ 和方差 σ^2 的非负随机变量 T. 求 (a)$\mathrm{Cov}(T, N(T))$, (b)$\mathrm{Var}(N(T))$.

46. 令 $\{N(t), t \geqslant 0\}$ 是速率为 λ 的泊松过程, 它独立于有均值 μ 和方差 σ^2 的独立同分布序列 $X_1, X_2, \cdots$. 求

$$\mathrm{Cov}\left(N(t), \sum_{i=1}^{N(t)} X_i\right)$$

47. 考虑有两条服务线的并行排队系统, 其中顾客按速率为 λ 的泊松过程到达, 而服务时间是速率为 μ 的指数时间. 此外, 假设到达者发现两条服务线都忙, 就不接受任何服务而立刻离开 (这称为顾客流失), 只要发现至少有一条服务线有空, 就立刻接受服务而在服务完成后离开.

(a) 如果两条服务线现在都忙, 求直到第二个顾客进入系统的平均时间.

(b) 在开始时系统是空着. 求直到两条服务线都忙的平均时间.

(c) 求相继的两个流失顾客之间的平均时间.

48. 考虑有 n 条服务线的并行排队系统, 其中顾客按速率为 λ 的泊松过程到达, 而服务时间是

速率为 μ 的指数时间. 此外, 假设到达者发现所有的服务线都忙, 就不接受任何服务而立刻离开. 如果一个到达者发现所有的服务线都忙, 求

(a) 下一个到达者发现正在忙的服务线的期望数.

(b) 下一个到达者发现所有服务线都闲着的概率.

(c) 下一个到达者发现恰有 i 条服务线有空的概率.

49. 事件按速率为 λ 的泊松过程发生. 在每个事件发生的时间, 我们必须决定继续还是停止, 使我们的对象在一个特定的时刻 T 以前在最后的一个事件发生的时间上停止, 其中 $T > 1/\lambda$. 即如果一个事件在时间 t $(0 \leqslant t \leqslant T)$ 发生, 并且我们决定停止, 那么若在 T 之前没有附加事件, 则我们赢, 否则我们都输. 若在一个事件发生时我们没有停止, 而在 T 之前又没有附加事件, 则我们输. 此外, 若在 T 之前没有事件, 则我们输. 考察在一个固定的时间 s $(0 \leqslant s \leqslant T)$ 后的首个事件发生时停止的策略.

(a) 使用这个策略时赢的概率是多少?

(b) 使得赢的概率达到最大的 s 值是多少?

(c) 证明一个人在用以上的策略, 并且按 (b) 指定的 s 值时, 他赢的概率是 1/e.

50. 火车相继到站之间的小时数均匀地分布在 $(0,1)$ 上. 乘客按速率为每小时 7 人的泊松过程到达. 假设一辆火车刚离站. 以 X 记乘下一辆火车的人数. 求 (a)$\mathrm{E}[X]$, (b)$\mathrm{Var}(X)$.

51. 如果一个人以前开车从来没有出过交通事故, 那么他在下一个 h 时间单位中有一次事故的概率是 $\beta h + o(h)$. 另一方面, 如果他在以前出过交通事故, 那么这个概率是 $\alpha h + o(h)$. 求一个人在时间 t 之前的平均事故个数.

52. 球队 1 与球队 2 进行比赛. 球队按速率分别为 λ_1 和 λ_2 的泊松过程得分. 如果在其中一个球队比另一个多 k 个得分时比赛停止, 求球队 1 赢的概率.

提示：将它与赌徒破产问题联系.

53. 某水库的蓄水水平按每天 1000 单位的常数速率耗损. 水库水源由随机发生的降雨补给. 降雨按每天 0.2 的速率的泊松过程发生. 由一次降雨加进水库的水量以概率 0.8 为 5000 单位, 而以概率 0.2 为 8000 单位. 现在的蓄水水平刚刚稍低于 5000 单位.

(a) 在 5 天后水库空的概率是多少?

(b) 在以后的 10 天中的某个时间水库空的概率是多少?

54. 通常知道一个病毒的长度 1 的线性 DNA 分子包含某个标记位置, 这个标记的确切位置是未知的. 一个定位标记位置的方法是将这些分子用化学制剂切开, 使切开的点按一个速率为 λ 的泊松过程选取. 随后就可能确定含有标记位置的片断. 例如, 以 m 记标记在直线上的位置, 那么如果以 L_1 记在 m 之前最后一个泊松事件的时间 (或 0, 如果在 $[0,m]$ 中没有泊松事件), 以 R_1 记在 m 之后首个泊松事件的时间 (或 1, 如果在中 $[m,1]$ 没有泊松事件), 那么就可以知道标记位置在 L_1 和 R_1 之间. 求

(a) $\mathrm{P}\{L_1 = 0\}$,

(b) $\mathrm{P}\{L_1 < x\}, 0 < x < m$,

(c) $\mathrm{P}\{R_1 = 1\}$,

(d) $\mathrm{P}\{R_1 > x\}, m < x < 1$.

通过在 DNA 分子的相同的拷贝上重复上面的过程, 我们能够专心注意标记位置的定位. 如

果切割程序用在分子的 n 个相同的拷贝上产生数据 $L_i, R_i (i=1,\cdots,n)$, 那么由此推出标记位置在 L 和 R 之间, 其中

$$L=\max_i L_i, \quad R=\min_i R_i$$

(e) 求 $\mathrm{E}[R-L]$, 同时证明 $\mathrm{E}[R-L]\sim 2/(n\lambda)$.

55. 考虑一个单服务线的排队系统, 其中顾客按速率为 λ 的泊松过程到达, 服务时间是速率为 μ 的指数时间, 顾客按到达的次序接受服务. 假设一个顾客到达时发现在系统中有 $n-1$ 个顾客. 以 X 记这个顾客离开时系统中的人数. 求 X 的概率质量函数.

56. 每天一个事件以概率 p 独立地发生. 以 $N(n)$ 记前 n 天发生的事件的总数, 而以 T_r 记第 r 个事件发生的那天.

(a) $N(n)$ 的分布是什么?

(b) T_1 的分布是什么?

(c) T_r 的分布是什么?

(d) 给定 $N(n)=r$, 证明发生事件的 r 天的无序集合与从 $1,2,\cdots,n$ 随机选取的 (不放回) r 个有相同的分布.

***57.** 事件按速率为每小时 $\lambda=2$ 的泊松过程发生.

(a) 在下午 8:00 到 9:00 没有事件发生的概率是多少?

(b) 从正午开始, 到第四个事件发生的期望时间是多少?

(c) 在下午 6:00 到 8:00 有两个或两个以上事件发生的概率是多少?

***58.** 在每局游戏中, 参赛人成功的概率为 p, 失败的概率为 $1-p$. 参赛人若某局成功则赢得一个随机的按参数 λ 的指数分布的收益. 失败的参赛人失去迄今为止已经积累的一切, 且不能再参加下一局游戏. 在一局成功以后, 赢家可以保留已得的一切而选择离开, 或者选择继续新一局. 假设一个新来的参赛人计划继续参赛直至其所赢超过 t 或出现失败.

(a) 如果直至其所赢超过 t, 他成功局数的 N 的分布是什么?

(b) 参赛人成功地至少赢得财富 t 的概率是多少?

(c) 在参赛人成功的条件下, 他期望赢得是多少?

(d) 参赛人的期望赢得是多少?

59. 保险公司有两种类型的理赔. 以 $N_i(t)$ 记在时间 t 之前类型 i 理赔的个数, 并且假设 $\{N_1(t), t\geqslant 0\}$ 和 $\{N_2(t), t\geqslant 0\}$ 是独立的泊松过程, 具有速率 $\lambda_1=10$ 和 $\lambda_2=1$. 类型 1 相继的理赔额是均值为 \$1000 的独立指数随机变量, 而类型 2 的理赔额是均值为 \$5000 的独立指数随机变量. 刚接到的一个 \$4000 的理赔, 问是类型 1 的概率是多少?

***60.** 顾客按速率为 λ 的泊松过程进入银行. 假设两个顾客在第一小时内到达. 下面的概率分别是多少?

(a) 两个顾客都在前 20 分钟内到达.

(b) 至少一个顾客在前 20 分钟内到达.

61. 一个系统存在随机多个缺陷, 我们假定它有均值为 c 的泊松分布. 每个缺陷独立地在一个具有分布 G 的随机时间引起系统故障. 在系统故障发生时, 假设缺陷引起的故障立刻被定位和校正.

(a) 在时间 t 之前的故障数的分布是什么?

(b) 在时间 t 留在系统中的缺陷个数的分布是什么?

(c) 在 (a) 和 (b) 中的随机变量是否相依或独立?

62. 假设在课本中的印刷错误的个数是速率为 λ 的泊松过程. 由两个校对员独立地校对这个课本. 假设错误独立地以概率 p_i 被校对员 i 发现 $(i=1,2)$. 以 X_1 记被校对员 1 发现而没有被校对员 2 发现的错误个数. 以 X_2 记被校对员 2 发现而没有被校对员 1 发现的错误个数. 以 X_3 记被两个校对员都发现的错误个数. 以 X_4 记两个校对员都没有发现的错误个数.

(a) 描述 X_1, X_2, X_3, X_4 的联合分布.

(b) 证明

$$\frac{\mathrm{E}[X_1]}{\mathrm{E}[X_3]}=\frac{1-p_2}{p_2} \quad \text{和} \quad \frac{\mathrm{E}[X_2]}{\mathrm{E}[X_3]}=\frac{1-p_1}{p_1}$$

下面假设 λ, p_1, p_2 是未知的.

(c) 用 X_i 作为 $\mathrm{E}[X_i](i=1,2,3)$ 的估计, 求 p_1, p_2 和 λ 的一个估计.

(d) 给出两个校对员都没有发现的错误个数 X_4 的一个估计.

63. 考察一个有无穷多条服务线的排队系统, 顾客按泊松过程到达, 而服务时间分布是速率为 μ 的指数分布. 以 $X(t)$ 记在时间 t 系统中的顾客数. 求

(a) $\mathrm{E}[X(t+s)|X(s)=n]$;

(b) $\mathrm{Var}(X(t+s)|X(s)=n)$;

提示: 将在时间 $t+s$ 系统中的顾客分为老顾客和新顾客.

(c) 如果目前恰有一个顾客在系统中, 求当这个顾客离开时系统变空的概率.

***64.** 假定人群按速率为 λ 的泊松过程到达公共汽车站. 公共汽车在时间 t 出发. 以 X 记在时间 t 所有上车的人的总等待时间. 我们要确定 $\mathrm{Var}(X)$. 以 $N(t)$ 记在时间 t 之前到达的人数.

(a) $\mathrm{E}[X|N(t)]$ 是多少?

(b) 论证 $\mathrm{Var}(X|N(t))=N(t)t^2/12$.

(c) $\mathrm{Var}(X)$ 是多少?

65. 每年在加州平均有 500 人通过律师考试. 一个加州律师平均从事法律 30 年. 假定这些数保持不变, 你估计加州在 2050 年加州将有多少律师?

66. 某保险公司的参保人按速率为 λ 的泊松过程分布的时间发生事故. 从事故发生直到完成一次理赔的时间有分布 G.

(a) 求恰有 n 个事故发生, 但是在时间 t 还没有报告理赔的概率.

(b) 假设每个理赔额有分布 F, 而理赔额与它报告理赔的时间独立. 求在时间 t 还没有报告理赔的所有事故的平均总理赔额.

67. 卫星按速率为 λ 的泊松过程发射上天. 每个卫星在落地前在太空停留一个随机的时间 (有分布 G). 求在时间 t 太空中没有在时间 s 前发射的卫星的概率, 其中 $s<t$.

68. 假设有随机振幅的电击发生的时间按速率为 λ 的泊松过程 $\{N(t), t\geqslant 0\}$ 分布. 假设相继的电击的振幅与其他振幅和电击到达的时间都独立, 而且振幅有一个均值为 μ 的分布 F. 再假设电击的振幅对时间按指数速率 α 递减, 即一个初始振幅 A 经过一个附加的时间 x 损耗后其值为 $A\mathrm{e}^{-\alpha x}$. 以 $A(t)$ 记在时间 t 的所有振幅的和. 即

$$A(t)=\sum_{i=1}^{N(t)} A_i \mathrm{e}^{-\alpha(t-S_i)}$$

其中 A_i 和 S_i 是初始振幅和电击 i 的到达时间.

(a) 通过取条件于 $N(t)$, 求 $\mathrm{E}[A(t)]$.

(b) 不作任何计算, 解释为什么 $A(t)$ 与例 5.21 中的 $D(t)$ 有相同的分布.

***69.** 假设在例 5.19 中, 一辆车可以不减慢速度地超越一辆较慢的车. 假设在时刻 s 驶入公路的车具有自由行驶速度 t_0. 求在路上遇见 (或者超过, 或者被超过) 的其他车总数的分布.

70. 对于按泊松到达的无穷服务线的排队系统和一般的服务时间分布 G, 求以下的概率:

(a) 第一个到达的顾客也第一个离开.

令 $S(t)$ 等于在时间 t 留在系统中的所有顾客的剩余服务时间的和.

(b) 论证 $S(t)$ 是复合泊松随机变量.

(c) 求 $\mathrm{E}[S(t)]$.

(d) 求 $\mathrm{Var}(S(t))$.

71. 以 S_n 记速率为 λ 的泊松过程 $\{N(t), t \geqslant 0\}$ 的第 n 个事件发生的时间. 证明对于任意函数 g, 随机变量 $\sum_{i=1}^{N(t)} g(S_i)$ 与复合泊松随机变量 $\sum_{i=1}^{N(t)} g(U_i)$ 有相同的分布, 其中 $U_1, U_2, \cdots$ 是独立于均值为 λt 的泊松随机变量 N 的一系列独立同分布的 $(0, t)$ 均匀随机变量. 随之得到结论

$$\mathrm{E}\left[\sum_{i=1}^{N(t)} g(S_i)\right]=\lambda \int_0^t g(x) \mathrm{d} x, \quad \mathrm{Var}\left(\sum_{i=1}^{N(t)} g(S_i)\right)=\lambda \int_0^t g^2(x) \mathrm{d} x$$

72. 一辆有轨缆车带着 n 个乘客出发. 在缆车相继的停站之间的时间是速率为 λ 的独立指数随机变量. 每站有一个乘客下车, 这不花任何时间, 也没有任何乘客上车. 在一个乘客下车后, 他走路回家. 与其他所有的一切都独立, 走路回家需要速率为 μ 的指数时间.

(a) 最后一个乘客离开缆车的时间的分布是什么?

(b) 假定最后一个乘客在时间 t 离开缆车. 问其他乘客在此刻都已回到家的概率是多少?

73. 震动按速率为 λ 的泊松过程发生, 每个震动独立地引起某个系统失效的概率为 p. 以 T 记系统失效时的时间, 并以 N 记发生的震动个数.

(a) 求给定 $N=n$ 时 T 的条件分布.

(b) 计算给定 $T=t$ 时 N 的条件分布, 并且注意它与 1 加一个均值为 $\lambda(1-p)t$ 的泊松随机变量同分布.

(c) 解释为什么不用任何计算就能得到 (b) 中的结果.

74. 在某个地点的失物件数记为 X, 它是一个均值为 λ 的泊松随机变量. 在搜查这个地点时, 每件失物将独立地在一个速率为 μ 的指数时间后被找到. 找到每件失物的报酬为 R, 而在每个单位搜查时间所用的搜查费用为 C. 假设你搜查了一个固定的时间 t, 然后停止.

(a) 求总期望回报.

(b) t 取多少使总期望回报最大

(c) 对固定时间搜查的策略是一个静态策略, 一个依赖于 t 以前已经找到的失物件数并允许在每个 t 决定是否停止的动态策略是否有利?

提示: 在 t 以前还没有找到失物的个数的分布怎样依赖在此前已经找到的失物个数?

75. 假设在顾客相继到达一个单服务线的服务站之间的时间是独立随机变量，有一个共同的分布 F. 假设在顾客到达时，他在服务线有空时立刻进入服务或者在服务线忙于服务另一个顾客时加到等待队列的末尾. 在服务线对顾客完成工作后，这个顾客离开系统，而若有顾客等候，下一个顾客就进入服务. 以 X_n 记在第 n 个顾客到达后系统中的顾客数，而以 Y_n 记在第 n 个顾客离开时留在系统中的顾客数. 顾客的服务时间是独立的随机变量（它们也与到达间隔时间独立），具有共同的分布 G.

(a) 如果 F 是速率为 λ 的指数分布，那么 $\{X_n\},\{Y_n\}$ 中有马尔可夫链吗?

(b) 如果 G 是速率为 μ 的指数分布，那么 $\{X_n\},\{Y_n\}$ 中有马尔可夫链吗?

(c) 给出 (a) 和 (b) 中的任意的马尔可夫链的转移概率.

76. 对例 5.27，求在一个忙期接受服务的顾客数的均值和方差.

77. 假设顾客以速率为 λ 的泊松过程到达一个服务系统. 这个系统有无数条服务线，因此顾客一到就开始服务. 到达者的服务时间是独立的速率为 μ 的指数随机变量，而且与到达过程独立. 当顾客的服务结束时他们就离开系统. 令 N 是第一个离开发生前到达者的人数.

(a) 求 $\mathrm{P}\{N=1\}$.

(b) 求 $\mathrm{P}\{N=2\}$.

(c) 求 $\mathrm{P}\{N=j\}$.

(d) 求第一个到达者也是第一个离开的概率.

(e) 求第一个离开的平均时间.

78. 一个商店在上午 8:00 开门. 从 8:00 到 10:00 顾客以每小时 4 人的泊松速率到达. 从 10:00 到 12:00 顾客以每小时 8 人的泊松速率到达. 从 12:00 到下午 2:00 到达率稳定地从 12:00 的每小时 8 人增加到 2:00 的每小时 10 人. 而在下午 2:00 到 5:00 到达率稳定地从 2:00 的每小时 10 人下降到 5:00 的每小时 4 人. 确定在给定的一天进入商店的顾客数的分布.

***79.** 假设事件按强度函数 $\lambda(t), t>0$ 的非时齐泊松过程发生. 再假设在时刻 s 发生的事件是类型 1 事件的概率为 $p(s), s>0$. 若 $N_1(t)$ 是直至 t 发生的类型 1 事件的个数，问 $\{N_1(t), t\geqslant 0\}$ 是什么类型的过程?

80. 以 $T_1, T_2, \cdots$ 记一个具有强度函数 $\lambda(t)$ 的非时齐泊松过程的事件到达间隔时间.

(a) T_i 是否独立?

(b) T_i 是否同分布?

(c) 求 T_1 的分布.

81. (a) 令 $\{N(t), t\geqslant 0\}$ 是一个具有均值函数 $m(t)$ 的非时齐泊松过程. 给定 $N(t)=n$，证明一组无序的到达时间与具有分布函数为

$$F(x)=\begin{cases}\dfrac{m(x)}{m(t)}, & x\leqslant t\\ 1, & x\geqslant t\end{cases}$$

的 n 个独立同分布的随机变量有相同的分布.

(b) 假设工人按一个具有均值函数 $m(t)$ 的非时齐泊松过程发生事故. 又假设每个受伤的人以一个具有分布 F 的随机的时间离开工作. 令 $X(t)$ 为在时间 t 离开工作的人数. 利用 (a) 求$\mathrm{E}[X(t)]$.

82. 令 $X_1, X_2, \cdots$ 是独立的正值连续随机变量，具有共同的密度函数 f，并且假设这个序列与一个均值为 λ 的泊松随机变量 N 独立. 定义

$$N(t) = \text{满足 } i \leqslant N, X_i \leqslant t \text{ 的 } i \text{ 的个数}.$$

证明 $\{N(t), t \geqslant 0\}$ 是一个以 $\lambda(t) = \lambda f(t)$ 为强度函数的非时齐的泊松过程.

83. 假设 $\{N_0(t), t \geqslant 0\}$ 是速率 $\lambda = 1$ 的泊松过程. 以 $\lambda(t)$ 记 t 的一个非负函数，而令

$$m(t) = \int_0^t \lambda(s)\mathrm{d}s$$

用 $N(t) = N_0(m(t))$ 定义 $N(t)$. 论证 $\{N(t), t \geqslant 0\}$ 是一个具有强度函数 $\lambda(t)(t \geqslant 0)$ 的非时齐泊松过程.

提示：利用恒等式

$$m(t+h) - m(t) = m'(t)h + o(h)$$

***84.** 令 $X_1, X_2, \cdots$ 是具有密度函数 $f(x)$ 的独立同分布的非负随机变量. 若 X_n 大于每一个它以前的值 $X_1, \cdots, X_{n-1}$，则我们称在时间 n 出现一个记录 (一个记录自动地在时间 1 出现). 如果一个记录在时间 n 出现，那么 X_n 称为一个记录值. 换句话说，一个记录值出现，只要达到了一个新高，而这个新高就称为记录值. 以 $N(t)$ 记小于或等于 t 的记录值的个数. 描述过程 $\{N(t), t \geqslant 0\}$，假定

(a) f 是一个任意的连续密度函数;

(b) $f(x) = \lambda \mathrm{e}^{-\lambda x}$.

提示：完成以下句子：如果大于 t 的首个 X_i 在 $\cdots$ 之间，则存在一个值在 t 与 $t + \mathrm{d}t$ 的记录值.

85. 某保险公司在寿险项目上按每周速率 $\lambda = 5$ 的泊松过程支付理赔件数. 如果每款保险赔付金额按均值为 \$2000 指数地分布，问在 4 周的范围中，保险公司赔付金额的均值与方差是多少?

86. 在好的年度，暴风雨按每单位时间速率 3 的泊松过程发生，而在其余年度，按每单位时间速率 5 的泊松过程发生. 假设明年是好的年度的概率为 0.3. 以 $N(t)$ 记明年的前 t 个单位时间中暴风雨的次数.

(a) 求 $\mathrm{P}\{N(t) = n\}$.

(b) $\{N(t), t \geqslant 0\}$ 是泊松过程吗?

(c) $\{N(t), t \geqslant 0\}$ 有没有平稳增量? 为什么?

(d) 它有没有独立增量? 为什么?

(e) 如果明年在 $t = 1$ 以前有 3 次暴风雨，这是一个好的年度的条件概率是多少?

87. 当 $\{X(t), t \geqslant 0\}$ 是一个复合泊松过程时，确定

$$\mathrm{Cov}(X(t), X(t+s))$$

88. 顾客按每小时 12 人的速率的泊松过程到达一个自动取款机. 每次交易取款的金额是均值 \$30 和标准差 \$50 的随机变量 (负的取款是存款). 每天用取款机 15 小时. 求全天取款小于 \$6000 的近似概率.

89. 有两个部件的系统的某些部件在受到震动后失效. 3 种类型的震动独立地按泊松过程到达. 第 1 型震动按泊松速率 λ_1 到达, 并且引起第一个部件失效. 第 2 型的那些震动按泊松速率 λ_2 到达, 并且引起第二个部件失效. 第 3 型震动按泊松速率 λ_3 到达, 并且引起两个部件都失效. 以 X_1 和 X_2 记两个部件的生存时间. 证明 X_1 和 X_2 的联合分布由

$$\mathrm{P}\{X_1 > s, X_1 > t\} = \exp\{-\lambda_1 s - \lambda_2 t - \lambda_3 \max(s,t)\}$$

给出. 这个分布就是著名的二维指数分布.

90. 在习题 89 中, 证明 X_1 和 X_2 都服从指数分布.

***91.** 令 $X_1, X_2, \cdots, X_n$ 是独立同分布的指数随机变量. 证明其中最大的大于其他的和的概率是 $n/2^{n-1}$. 即, 若

$$M = \max_j X_j$$

证明

$$\mathrm{P}\left\{M > \sum_{i=1}^{n} X_i - M\right\} = \frac{n}{2^{n-1}}$$

提示: $\mathrm{P}\{X_1 > \sum_{i=2}^{n} X_i\}$ 是多少?

92. 证明方程 (5.22).

93. 证明

(a) $\max(X_1, X_2) = X_1 + X_2 - \min(X_1, X_2)$. 而一般地,

(b) $\max(X_1, \cdots, X_n) = \sum_1^n X_i - \sum\sum_{i<j} \min(X_i, X_j)$

$$+\sum\sum\sum_{i<j<k} \min(X_i, X_j, X_k) + \cdots + (-1)^{n-1} \min(X_i, X_j, \cdots, X_n)$$

(c) 通过定义合适的随机变量 $X_i (i = 1, \cdots, n)$ 和在 (b) 中取期望, 解释如何得到著名的公式

$$\mathrm{P}\left(\bigcup_1^n A_i\right) = \sum_i \mathrm{P}(A_i) - \sum\sum_{i<j} \mathrm{P}(A_i A_j) + \cdots + (-1)^{n-1} \mathrm{P}(A_1 \cdots A_n)$$

(d) 考虑 n 个独立的泊松过程, 第 i 个具有速率 λ_i. 推导直到 n 个过程中有一个事件已经发生的平均时间的一个表达式.

94. 一个二维泊松过程是一个在平面上随机发生的事件的过程, 它使

(i) 对于面积为 A 的任何区域, 在这个区域中的事件个数具有均值为 λA 的泊松分布.

(ii) 在不相交的区域中的事件的个数是独立的.

对于这样的过程, 考察平面中的一个任意的点, 而以 X 记它到最近的事件的距离 (其中距离是以通常的欧几里得方式测量的). 证明

(a) $\mathrm{P}\{X > t\} = \mathrm{e}^{-\lambda\pi t^2}$,

(b) $\mathrm{E}[X] = \dfrac{1}{2\sqrt{\lambda}}$.

95. 令 $\{N(t), t \geqslant 0\}$ 是具有随机速率 L 的条件泊松过程.

(a) 推导 $\mathrm{E}[L|N(t)=n]$ 的表达式.

(b) 对于 $s>t$, 求 $\mathrm{E}[N(s)|N(t)=n]$.

(c) 对于 $s<t$, 求 $\mathrm{E}[N(s)|N(t)=n]$.

96. 对于条件泊松过程, 令 $m_1 = \mathrm{E}[L], m_2 = \mathrm{E}[L^2]$. 对于 $s \leqslant t$, 利用 m_1, m_2, 求 $\mathrm{Cov}(N(s), N(t))$.

97. 考虑一个条件泊松过程, 其中速率 L 像例 5.29 中那样, 具有参数为 m 和 p 的伽马密度. 给定 $N(t)=n$, 求 L 的条件密度函数.

***98.** 在例 5.21 中令 $M(t) = \mathrm{E}[D(t)]$

(a) 证明

$$M(t+h) = M(t) + \mathrm{e}^{-\alpha t}\lambda h\mu + o(h)$$

(b) 用 (a) 证明

$$M'(t) = \lambda\mu\mathrm{e}^{-\alpha t}$$

(c) 证明

$$M(t) = \frac{\lambda\mu}{\alpha}(1-\mathrm{e}^{-\alpha t})$$

***99.** 令标志值分布为 F 的霍克斯过程的首个和第二个事件之间的间隔时间为 X. 求 $P(X>t)$.

参考文献

[1] H. Cramér and M. Leadbetter, "Stationary and Related Stochastic Processes," John Wiley, New York, 1966.

[2] S. Ross, "Stochastic Processes," Second Edition, John Wiley, New York, 1996.

[3] S. Ross, "Probability Models for Computer Science," Academic Press, 2002.

第 6 章　连续时间的马尔可夫链

6.1　引　　言

本章我们考虑一类在现实世界中有广泛应用的概率模型, 这类中的成员是第 4 章的马尔可夫链的连续时间版本, 这是由给定现在的状态时, 将来与过去独立的马尔可夫性质描述的.

连续时间的马尔可夫链的例子我们已经遇到过, 就是第 5 章中的泊松过程. 因为如果我们令直到时刻 t 为止的到达总数 (即 $N(t)$) 为过程在时刻 t 的状态, 那么泊松过程是一个具有状态 $0, 1, 2, \cdots$ 的连续时间的马尔可夫链, 它总是从状态 n 进行到状态 $n+1$, 其中 $n \geqslant 0$. 这样的过程, 称为*纯生过程*, 由于当一个转移发生时, 这个系统的状态总是增加 1. 更一般地, 一个能够只从状态 n 进行到 (在一次转移中) 状态 $n-1$ 或者状态 $n+1$ 的指数模型, 称为*生灭模型*. 对于这样的模型, 从状态 n 到状态 $n+1$ 的转移被设定为生, 而从状态 n 到状态 $n-1$ 的转移是灭. 生灭模型在生物系统的研究中有广泛的应用, 而在排队等待系统的研究中, 状态表示在系统中的顾客数. 在这一章中, 这些模型将得到广泛的研究.

在 6.2 节中, 我们定义连续时间的马尔可夫链, 然后, 将它们与第 4 章中离散时间的马尔可夫链相联系. 在 6.3 节中, 我们研究生灭过程, 而在 6.4 节中, 我们推导两组微分方程 (即向前方程与向后方程), 它们描述了系统的概率规律. 在 6.5 节中, 我们要确定联系到一个时间连续的马尔可夫链的极限 (或长程) 概率. 在 6.6 节中, 我们考虑时间可逆性的论题. 我们证明一切生灭过程都是时间可逆的, 然后阐述这种观察对于排队系统的重要性. 6.7 节讨论倒逆链在 6.8 节中, 我们将说明怎样将马尔可夫链均匀化, 这项技术对于数值计算很有用.

6.2　连续时间的马尔可夫链

假设我们有一个取值于非负整数集合的连续时间的随机过程 $\{X(t), t \geqslant 0\}$. 与第 4 章中给出的离散时间的马尔可夫链的定义相似, 我们说过程 $\{X(t), t \geqslant 0\}$ 是*连续时间的马尔可夫链*, 如果对于一切 $s, t \geqslant 0$ 和非负整数 $i, j, x(u), 0 \leqslant u < s$ 有

$$\mathrm{P}\{X(t+s)=j|X(s)=i, X(u)=x(u), 0 \leqslant u < s\}=\mathrm{P}\{X(t+s)=j|X(s)=i\}$$

换句话说, 连续时间的马尔可夫链是具有马尔可夫性质的随机过程, 即给定现在 $X(s)$ 和过去 $X(u), 0 \leqslant u < s$, 将来 $X(t+s)$ 的条件分布只依赖现在并独立于过

去. 此外, 如果

$$\mathrm{P}\{X(t+s)=j|X(s)=i\}$$

独立于 s, 那么这个连续时间的马尔可夫链, 称为具有平稳的或者时齐的转移概率.

在本书中考虑的所有的马尔可夫链都假定具有平稳的转移概率.

假设一个连续时间的马尔可夫链在某个时刻进入状态 i, 例如, 在时刻 0, 并且假设在随后的 10 分钟过程不离开 i(即没有发生转移). 在随后的 5 分钟, 该过程不离开状态 i 的概率是多少? 现在, 由于过程在时刻 10 处于状态 i, 由马尔可夫性质推出, 在时间区间 $[10,15]$ 过程保持在这个状态的概率正是它在状态 i 至少保持 5 分钟的 (无条件) 概率. 即如果我们以 T_i 记在转移到一个不同的状态以前, 过程在状态 i 停留的时间, 那么

$$\mathrm{P}\{T_i>15|T_i>10\}=\mathrm{P}\{T_i>5\}$$

或者, 一般地, 由同样的推理, 对一切 $s,t\geqslant 0$,

$$\mathrm{P}\{T_i>s+t|T_i>s\}=\mathrm{P}\{T_i>t\}$$

因此, 这个随机时间 T_i 是无记忆的, 而必须是指数地分布的(参见 5.2.2 节).

事实上, 上面的事实给了我们定义连续时间的马尔可夫链的另一个途径. 即它是一个具有以下性质的随机过程：每次进入状态 i 时有

(i) 在转移到不同的状态前, 它处在这个状态的时间是均值为 $1/v_i$ 的指数随机变量；

(ii) 当过程离开状态 i 时, 以某个概率 P_{ij} 进入下一个状态 j, 当然 P_{ij} 必须满足

$$P_{ii}=0,\quad 对于一切\,i;\qquad \sum_j P_{ij}=1,\quad 对于一切\,i$$

换句话说, 连续时间的马尔可夫链是一个随机过程, 它按一个 (离散的) 马尔可夫链从状态运动到状态, 但是在进入下一个状态前, 停留在每个状态的时间是按指数分布的. 此外, 过程停留在状态 i 的时间和下一个访问的状态必须是独立的随机变量. 因为如果下一个访问的状态依赖 T_i, 那么过程已经在状态 i 停留多久的信息将影响下一个状态的预报, 而这与马尔可夫性假定矛盾.

例 6.1(一个擦鞋店)　考察具有两张工作椅 (椅子 1 和椅子 2) 的擦鞋店. 到达的顾客先去椅子 1, 鞋被清洁并擦亮. 完成后再去椅子 2, 鞋用软材料上光. 两个椅子的服务时间假定是独立的随机变量, 分别以速率 μ_1 与 μ_2 指数地分布. 假设潜在的顾客按速率 λ 的泊松过程到达, 并且潜在的顾客只在两个椅子都空时才进店.

以上的模型可以用一个连续时间的马尔可夫链来分析, 但是, 我们首先必须确定合适的状态空间. 因为潜在的顾客只在没有其他顾客时才进店, 由此推出店中总是有 0 个或者 1 个顾客. 可是, 若有 1 个顾客在店中, 则我们也需要知道他现在正

在哪张椅子上. 因此, 一个合适的状态空间可以由 0,1 和 2 三个状态组成, 其中的状态有以下解释:

状态	解释
0	店是空的
1	一个顾客在椅子 1 上
2	一个顾客在椅子 2 上

我们将它留给你作为习题验证

$$v_0 = \lambda, \quad v_1 = \mu_1, \quad v_2 = \mu_2, \quad P_{01} = P_{12} = P_{20} = 1$$

■

6.3 生灭过程

考虑一个系统, 在任意时间它的状态用这个时间在系统中的人数表示. 假设只要系统中有 n 个人, 则 (i) 新到达者以指数速率 λ_n 进入系统, 而 (ii) 人们以指数速率 μ_n 离开系统. 即只要系统中有 n 个人, 则直到下一个到达的时间是按均值为 $1/\lambda_n$ 指数地分布的, 而且独立于直到下一个离开的时间, 后者是按均值为 $1/\mu_n$ 指数地分布的. 这样的系统称为**生灭过程**. 参数 $\{\lambda_n\}_{n=0}^{\infty}$ 和 $\{\mu_n\}_{n=1}^{\infty}$ 分别称为到达 (或出生) 和离开 (或灭亡) 的速率.

于是, 生灭过程是具有状态 $\{0,1,\cdots\}$ 的连续时间的马尔可夫链, 它从状态 n 只能转移到状态 $n-1$ 或者状态 $n+1$, 生灭率和状态转移率与概率的关系是

$$\begin{aligned} v_0 &= \lambda_0, \\ v_i &= \lambda_i + \mu_i, \quad i > 0 \\ P_{01} &= 1 \\ P_{i,i+1} &= \frac{\lambda_i}{\lambda_i + \mu_i}, \quad i > 0 \\ P_{i,i-1} &= \frac{\mu_i}{\lambda_i + \mu_i}, \quad i > 0 \end{aligned}$$

这是因为若在系统中有 i 个人, 如果生发生于灭之前, 则下一个状态将是 $i+1$, 而速率为 λ_i 的指数随机变量早于一个 (独立的) 速率为 μ_i 的指数随机变量发生的概率是 $\lambda_i/(\lambda_i+\mu_i)$. 再者, 直到一个出生或一个灭亡发生的时间是速率为 $\lambda_i+\mu_i$ 的指数分布 (从而 $v_i = \lambda_i + \mu_i$).

例 6.2(泊松过程) 考虑一个生灭过程, 它有

$$\mu_n = 0, \quad 对于一切\ n \geqslant 1$$

$$\lambda_n = \lambda, \quad 对于一切\ n \geqslant 0$$

这是一个绝不发生离开的过程, 而相继的到达之间的时间是均值为 $1/\lambda$ 的指数随机变量. 因此, 这就是泊松过程. ■

一个对于一切 n 都有 $\mu_n=0$ 的生灭过程称为*纯生过程*. 另一个纯生过程由下面的例子给出.

例 6.3(有线性出生率的纯生过程)　考虑一个总体, 它的成员可以产生新的成员, 但是不会死亡. 如果每个成员都独立于其他成员行动, 而以均值为 $1/\lambda$ 的指数时间产生新成员, 那么, 如果在时刻 t 总体的大小是 $X(t)$, 那么 $\{X(t),t\geqslant 0\}$ 是 $\lambda_n=n\lambda(n\geqslant 0)$ 的纯生过程. 这是因为若总体由 n 个成员组成而每个以指数速率 λ 出生, 则出生发生的总速率是 $n\lambda$. 纯生过程通常称为*尤尔过程*, G. 尤尔曾将它应用到进化的数学理论中, 故而以他的名字命名. ■

例 6.4(移民的线性增长模型)　一个

$$\mu_n=n\mu,\quad n\geqslant 1$$
$$\lambda_n=n\lambda+\theta,\quad n\geqslant 0$$

的模型称为*移民的线性增长模型*. 这种过程自然地出现在生物繁殖和群体增长的研究中. 总体中的每个个体假定以指数速率 λ 出生. 此外, 存在一个总体的指数增加率 θ, 这是由外来的移民所引起. 因此, 有 n 个成员的系统的总的出生率是 $n\lambda+\theta$. 假定总体的每个成员的死亡以指数速率 μ 发生, 所以 $\mu_n=n\mu$.

以 $X(t)$ 记在时刻 t 总体的大小. 假设 $X(0)=i$, 并且令

$$M(t)=\mathrm{E}[X(t)]$$

我们通过推导及求解它满足的一个微分方程来确定 $M(t)$.

我们先通过取条件于 $X(t)$ 推导 $M(t+h)$ 的一个方程. 它导出

$$M(t+h)=\mathrm{E}[X(t+h)]=\mathrm{E}[\mathrm{E}[X(t+h)|X(t)]]$$

现在, 给定在时刻 t 总体的大小, 然后忽略概率为 $o(h)$ 的事件, 在时刻 $t+h$ 总体增加 1, 如果在 $(t,t+h)$ 中有一个出生或一个移民发生; 或者减少 1, 如果在这个区间有一个死亡; 或者当这两种可能性都没有出现时保持不变. 即给定 $X(t)$,

$$X(t+h)=\begin{cases}X(t)+1, & \text{以概率 } [\theta+X(t)\lambda]h+o(h)\\ X(t)-1, & \text{以概率 } X(t)\mu h+o(h)\\ X(t), & \text{以概率 } 1-[\theta+X(t)\lambda+X(t)\mu]h+o(h)\end{cases}$$

所以

$$\mathrm{E}[X(t+h)|X(t)]=X(t)+[\theta+X(t)\lambda-X(t)\mu]h+o(h)$$

取期望得

$$M(t+h)=M(t)+(\lambda-\mu)M(t)h+\theta h+o(h)$$

或者, 等价地

$$\frac{M(t+h)-M(t)}{h}=(\lambda-\mu)M(t)+\theta+\frac{o(h)}{h}$$

当 $h \to 0$ 时取极限得微分方程

$$M'(t) = (\lambda - \mu)M(t) + \theta \tag{6.1}$$

如果我们现在定义函数 $h(t)$ 为

$$h(t) = (\lambda - \mu)M(t) + \theta$$

那么

$$h'(t) = (\lambda - \mu)M'(t)$$

所以, 微分方程 (6.1) 可以写为

$$\frac{h'(t)}{\lambda - \mu} = h(t) \quad 或 \quad \frac{h'(t)}{h(t)} = \lambda - \mu$$

求积分得

$$\ln[h(t)] = (\lambda - \mu)t + c$$

从而

$$h(t) = K\mathrm{e}^{(\lambda-\mu)t}$$

将 $h(t)$ 的定义代回上式给出

$$\theta + (\lambda - \mu)M(t) = K\mathrm{e}^{(\lambda-\mu)t}$$

为了确定常数 K 的值, 注意到 $M(0) = i$, 并给上式在 $t = 0$ 赋值. 这样给出

$$\theta + (\lambda - \mu)i = K$$

代入上面 $M(t)$ 的方程, 得到 $M(t)$ 的如下的解

$$M(t) = \frac{\theta}{\lambda - \mu}[\mathrm{e}^{(\lambda-\mu)t} - 1] + i\mathrm{e}^{(\lambda-\mu)t}$$

注意我们隐性地假定了 $\lambda \neq \mu$. 如果 $\lambda = \mu$, 那么微分方程 (6.1) 简化为

$$M'(t) = \theta \tag{6.2}$$

对 (6.2) 求积分, 并且利用 $M(0) = i$, 给出解

$$M(t) = \theta t + i$$

■

例 6.5(排队系统 M/M/1) 假设顾客按速率 λ 的泊松过程到达一个单服务线的服务站. 即相继到达之间的时间是均值为 $1/\lambda$ 的独立指数随机变量. 每个顾客在到达时如果服务线有空, 就直接进入服务; 如果没有空, 那么顾客加入排队 (即在队列等待). 当服务线结束了一个顾客的服务, 这个顾客离开这个系统, 而队列中如果有人等待, 则下一个顾客进入服务. 相继的服务时间假定是均值为 $1/\mu$ 的独立指数随机变量.

以上的是通常所说的 M/M/1 排队系统. 第一个 M 表示到达间隔过程是马尔可夫的 (因为是泊松过程), 而第二个 M 表示服务时间的分布是指数的 (因此是马尔可夫的). 数字 1 表示有一个单服务线.

如果我们以 $X(t)$ 记在时刻 t 系统中的顾客数, 则 $\{X(t), t \geqslant 0\}$ 是

$$\mu_n = \mu, \quad n \geqslant 1$$
$$\lambda_n = \lambda, \quad n \geqslant 0$$

的生灭过程. ■

例 6.6(多服务线的指数排队系统) 考虑具有 s 条服务线的指数排队系统, 每条服务线以速率 μ 工作. 顾客按速率 λ 的泊松过程到达. 一个进入的顾客先在队列等待, 然后走向首条空着的服务线. 这是一个参数为

$$\mu_n = \begin{cases} n\mu, & 1 \leqslant n \leqslant s \\ s\mu, & n > s \end{cases}$$
$$\lambda_n = \lambda, \quad n \geqslant 0$$

的生灭过程. 弄清楚为什么正确的推理如下：若有 n 个顾客进入系统, 其中 $n \leqslant s$, 则 n 条服务线忙着. 因为每条服务线以速率 μ 工作, 总的离开速率将是 $n\mu$. 另一方面, 若有 n 个顾客进入系统, 其中 $n > s$, 则所有的 s 条服务线都忙着, 因此总的离开速率将是 $s\mu$. 这是大家知道的 M/M/s 排队模型. ■

现在考虑具有出生率 $\{\lambda_n\}$ 与死亡率 $\{\mu_n\}$ 的一般的生灭过程, 其中 $\mu_0 = 0$, 以 T_i 记开始处在状态 i 的过程进入状态 $i+1 (i \geqslant 0)$ 的时间. 我们从 $i = 0$ 开始递推地计算 $\mathrm{E}[T_i], i \geqslant 0$. 由于 T_0 是速率为 λ_0 的指数随机变量, 所以有

$$\mathrm{E}[T_0] = \frac{1}{\lambda_0}$$

对于 $i > 0$, 我们取条件于首次使过程到达 $i-1$ 或 $i+1$ 的转移, 即令

$$I_i = \begin{cases} 1, & \text{首次转移从 } i \text{ 到 } i+1 \\ 0, & \text{首次转移从 } i \text{ 到 } i-1 \end{cases}$$

注意

$$\mathrm{E}[T_i | I_i = 1] = \frac{1}{\lambda_i + \mu_i}, \qquad \mathrm{E}[T_i | I_i = 0] = \frac{1}{\lambda_i + \mu_i} + \mathrm{E}[T_{i-1}] + \mathrm{E}[T_i] \tag{6.3}$$

这个事实是由于独立于第一次是从生还是死出发的转移, 直到它发生转移的时间是速率为 $\lambda_i + \mu_i$ 的指数随机变量. 现在如果首次转移是一个生, 那么总体大小是 $i+1$, 所以不需要附加时间；然而, 如果它是一个死, 那么总体大小变成 $i-1$, 转移到 $i+1$ 需要的附加时间等于它回到 i 的时间 (有均值 $\mathrm{E}[T_{i-1}]$) 加上它到达 $i+1$ 的附加时间 (有均值 $\mathrm{E}[T_i]$). 因此, 由于首次转移是一个生的概率为 $\lambda_i/(\lambda_i + \mu_i)$, 我们有

$$\mathrm{E}[T_i] = \frac{1}{\lambda_i + \mu_i} + \frac{\mu_i}{\lambda_i + \mu_i}(\mathrm{E}[T_{i-1}] + \mathrm{E}[T_i])$$

或者, 等价地

$$\mathrm{E}[T_i] = \frac{1}{\lambda_i} + \frac{\mu_i}{\lambda_i}\mathrm{E}[T_{i-1}], \quad i \geqslant 1$$

从 $E[T_0]=1/\lambda_0$ 开始, 上面的关系导出相继地计算 $E[T_1],E[T_2],\cdots$ 的有效方法.

现在假设我们要确定从状态 i 到状态 $j(i<j)$ 的平均时间. 这可以由上式给出, 其中要注意这个量等于 $E[T_i]+E[T_{i+1}]+\cdots+E[T_{j-1}]$.

例 6.7 对于具有参数 $\lambda_i\equiv\lambda$ 与 $\mu_i\equiv\mu$ 的生灭过程,

$$E[T_i]=\frac{1}{\lambda}+\frac{\mu}{\lambda}E[T_{i-1}]=\frac{1}{\lambda}(1+\mu E[T_{i-1}])$$

由 $E[T_0]=1/\lambda$ 开始, 我们得到

$$\begin{aligned}E[T_1]&=\frac{1}{\lambda}\left(1+\frac{\mu}{\lambda}\right),\\ E[T_2]&=\frac{1}{\lambda}\left[1+\frac{\mu}{\lambda}+\left(\frac{\mu}{\lambda}\right)^2\right]\end{aligned}$$

一般地

$$E[T_i]=\frac{1}{\lambda}\left[1+\frac{\mu}{\lambda}+\left(\frac{\mu}{\lambda}\right)^2+\cdots+\left(\frac{\mu}{\lambda}\right)^i\right]=\frac{1-(\mu/\lambda)^{i+1}}{\lambda-\mu},\quad i\geqslant 0$$

于是从状态 $k(k<j)$ 开始, 到达状态 j 的平均时间是

$$E[\text{从 } k \text{ 到 } j \text{ 的时间}]=\sum_{i=k}^{j-1}E[T_i]=\frac{j-k}{\lambda-\mu}-\frac{(\mu/\lambda)^{k+1}}{\lambda-\mu}\frac{[1-(\mu/\lambda)^{j-k}]}{1-\mu/\lambda}$$

上面假定了 $\lambda\neq\mu$. 如果 $\lambda=\mu$, 那么

$$E[T_i]=\frac{i+1}{\lambda},\ E[\text{从 } k \text{ 到 } j \text{ 的时间}]=\frac{j(j+1)-k(k+1)}{2\lambda}.$$ ■

我们也可以利用条件方差公式计算从 0 到 $i+1$ 的时间的方差. 首先注意方程 (6.3) 可以写成

$$E[T_i|I_i]=\frac{1}{\lambda_i+\mu_i}+(1-I_i)(E[T_{i-1}]+E[T_i])$$

于是

$$\mathrm{Var}(E[T_i|I_i])=(E[T_{i-1}]+E[T_i])^2\mathrm{Var}(I_i)=(E[T_{i-1}]+E[T_i])^2\frac{\mu_i\lambda_i}{(\mu_i+\lambda_i)^2}\tag{6.4}$$

其中 $\mathrm{Var}(I_i)$ 的表达式得自 I_i 是参数为 $p=\lambda_i/(\lambda_i+\mu_i)$ 的伯努利随机变量. 此外注意, 若我们以 X_i 记直至从 i 发生转移的时间, 那么

$$\mathrm{Var}(T_i|I_i=1)=\mathrm{Var}(X_i|I_i=1)=\mathrm{Var}(X_i)=\frac{1}{(\lambda_i+\mu_i)^2}\tag{6.5}$$

其中上式用了直至转移发生的时间独立于下一个访问的状态这个事实. 此外

$$\begin{aligned}\mathrm{Var}(T_i|I_i=0)&=\mathrm{Var}(X_i+\text{回到 } i \text{ 的时间}+\text{然后到达 } i{+}1 \text{ 的时间})\\&=\mathrm{Var}(X_i)+\mathrm{Var}(T_{i-1})+\mathrm{Var}(T_i)\end{aligned}\tag{6.6}$$

其中上式用了三个随机变量是独立的事实. 我们可以将方程 (6.5) 与 (6.6) 改写为

$$\mathrm{Var}(T_i|I_i) = \mathrm{Var}(X_i) + (1 - I_i)[\mathrm{Var}(T_{i-1}) + \mathrm{Var}(T_i)]$$

所以

$$\mathrm{E}[\mathrm{Var}(T_i|I_i)] = \frac{1}{(\mu_i + \lambda_i)^2} + \frac{\mu_i}{\mu_i + \lambda_i}[\mathrm{Var}(T_{i-1}) + \mathrm{Var}(T_i)] \tag{6.7}$$

因此, 利用条件方差公式, 它说明 $\mathrm{Var}(T_i)$ 是方程 (6.7) 和 (6.4) 的和, 我们得到

$$\mathrm{Var}(T_i) = \frac{1}{(\mu_i + \lambda_i)^2} + \frac{\mu_i}{\mu_i + \lambda_i}[\mathrm{Var}(T_{i-1}) + \mathrm{Var}(T_i)] + \frac{\mu_i \lambda_i}{(\mu_i + \lambda_i)^2}(\mathrm{E}[T_{i-1}] + \mathrm{E}[T_i])^2$$

或者, 等价地

$$\mathrm{Var}(T_i) = \frac{1}{\lambda_i(\lambda_i + \mu_i)} + \frac{\mu_i}{\lambda_i} \mathrm{Var}(T_{i-1}) + \frac{\mu_i}{\mu_i + \lambda_i}(\mathrm{E}[T_{i-1}] + \mathrm{E}[T_i])^2$$

由 $\mathrm{Var}(T_0) = 1/\lambda_0^2$ 以及利用前面的递推关系得到期望的公式, 我们可以递推地计算 $\mathrm{Var}(T_i)$. 此外, 若我们需要从状态 k 出发到达状态 $j(k < j)$ 的时间的方差, 则它可以表示为从 k 到 $k+1$ 的时间加上从 $k+1$ 到 $k+2$ 的附加时间, 如此等等. 因为由马尔可夫性质这些相继的随机变量是独立的, 由此推出

$$\mathrm{Var}(\text{从 } k \text{ 到 } j \text{ 的时间}) = \sum_{i=k}^{j-1} \mathrm{Var}(T_i)$$

6.4　转移概率函数 $P_{ij}(t)$

以

$$P_{ij}(t) = \mathrm{P}\{X(t+s) = j|X(s) = i\}$$

记现在处在状态 i 的过程在时间 t 后处在状态 j 的概率. 这些量常称为连续时间马尔可夫链的**转移概率**.

在有不同的出生率的纯生过程的情形, 我们可以显式确定 $P_{ij}(t)$. 对于这样的过程, 以 X_k 记在转移到状态 $k+1(k \geqslant 1)$ 以前过程在状态 k 停留的时间. 假设过程现在处于状态 i, 令 $j > i$. 那么, 因为 X_i 是在转移到状态 $i+1$ 以前过程在状态 i 停留的时间, 而 X_{i+1} 是在转移到状态 $i+2$ 以前过程在状态 $i+1$ 停留的时间, 如此等等, 由此推出 $\sum_{k=i}^{j-1} X_k$ 是进入状态 j 所用的时间. 现在, 如果过程直到时间 t 为止还没有进入状态 j, 则它在时间 t 的状态小于 j, 而反之亦然. 即

$$X(t) < j \Leftrightarrow X_i + \cdots + X_{j-1} > t$$

所以, 对于 $i < j$, 对于纯生过程有

$$\mathrm{P}\{X(t) < j|X(0) = i\} = \mathrm{P}\left\{\sum_{k=i}^{j-1} X_k > t\right\}$$

然而, 由于 $X_i,\cdots,X_{j-1}$ 是分别以 $\lambda_i,\cdots,\lambda_{j-1}$ 为速率的独立的指数随机变量. 从上面的事实以及给出 $\sum_{k=i}^{j-1}X_k$ 的尾分布的方程 (5.9), 我们得到

$$\mathrm{P}\{X(t)<j|X(0)=i\}=\sum_{k=i}^{j-1}\mathrm{e}^{-\lambda_k t}\prod_{r\neq k,\ r=i}^{j-1}\frac{\lambda_r}{\lambda_r-\lambda_k}$$

在上式中用 $j+1$ 代替 j 给出

$$\mathrm{P}\{X(t)<j+1|X(0)=i\}=\sum_{k=i}^{j}\mathrm{e}^{-\lambda_k t}\prod_{r\neq k,\ r=i}^{j}\frac{\lambda_r}{\lambda_r-\lambda_k}$$

由于

$$\mathrm{P}\{X(t)=j|X(0)=i\}=\mathrm{P}\{X(t)<j+1|X(0)=i\}-\mathrm{P}\{X(t)<j|X(0)=i\}$$

以及因为 $P_{ii}(t)=\mathrm{P}\{X_i>t\}=\mathrm{e}^{-\lambda_i t}$, 所以我们已经证明了下面的命题.

命题 6.1 对于当 $i\neq j$ 时 $\lambda_i\neq\lambda_j$ 的纯生过程有

$$P_{ij}(t)=\sum_{k=i}^{j}\mathrm{e}^{-\lambda_k t}\prod_{r\neq k,r=i}^{j}\frac{\lambda_r}{\lambda_r-\lambda_k}-\sum_{k=i}^{j-1}\mathrm{e}^{-\lambda_k t}\prod_{r\neq k,r=i}^{j-1}\frac{\lambda_r}{\lambda_r-\lambda_k},\quad i<j$$

$$P_{ii}(t)=\mathrm{e}^{-\lambda_i t}$$

例 6.8 考虑尤尔过程, 它是一个纯生过程, 其中总体中的每个个体独立地给出出生率 λ, 从而 $\lambda_n=n\lambda, n\geqslant 1$. 令 $i=1$, 由命题 6.1 得到

$$\begin{aligned}P_{1j}(t)&=\sum_{k=1}^{j}\mathrm{e}^{-k\lambda t}\prod_{r\neq k,r=1}^{j}\frac{r}{r-k}-\sum_{k=1}^{j-1}\mathrm{e}^{-k\lambda t}\prod_{r\neq k,r=1}^{j-1}\frac{r}{r-k}\\&=\mathrm{e}^{-j\lambda t}\prod_{r=1}^{j-1}\frac{r}{r-j}+\sum_{k=1}^{j-1}\mathrm{e}^{-k\lambda t}\left(\prod_{r\neq k,r=1}^{j}\frac{r}{r-k}-\prod_{r\neq k,r=1}^{j-1}\frac{r}{r-k}\right)\\&=\mathrm{e}^{-j\lambda t}(-1)^{j-1}+\sum_{k=1}^{j-1}\mathrm{e}^{-k\lambda t}\left(\frac{j}{j-k}-1\right)\prod_{r\neq k,r=1}^{j-1}\frac{r}{r-k}\end{aligned}$$

现在

$$\frac{k}{j-k}\prod_{r\neq k,r=1}^{j-1}\frac{r}{r-k}=\frac{(j-1)!}{(1-k)(2-k)\cdots(k-1-k)(j-k)!}=(-1)^{k-1}\binom{j-1}{k-1}$$

所以

$$P_{1j}(t)=\sum_{k=1}^{j}\binom{j-1}{k-1}\mathrm{e}^{-k\lambda t}(-1)^{k-1}=\mathrm{e}^{-\lambda t}\sum_{i=0}^{j-1}\binom{j-1}{i}\mathrm{e}^{-i\lambda t}(-1)^{i}=\mathrm{e}^{-\lambda t}(1-\mathrm{e}^{-\lambda t})^{j-1}$$

于是从单个体开始, 在时间 t 总体的大小是均值为 $\mathrm{e}^{\lambda t}$ 的几何分布. 如果总体开始有 i 个个体, 那么我们可以将每个个体看成从它自己的独立的尤尔过程开始, 所以

在时间 t 总体是 i 个参数为 $\mathrm{e}^{-\lambda t}$ 的独立同分布的几何随机变量的和. 但这意味着, 对给定的 $X(0)=i$, $X(t)$ 的条件分布类似于, 抛掷一枚每次正面朝上的概率为 $\mathrm{e}^{-\lambda t}$ 的硬币, 要收集到总共有 i 个正面时所必须抛掷的次数的分布. 因此, 在时间 t 总体的大小有一个参数为 i 和 $\mathrm{e}^{-\lambda t}$ 的负二项分布, 从而

$$P_{ij}(t)=\binom{j-1}{i-1}\mathrm{e}^{-i\lambda t}(1-\mathrm{e}^{-\lambda t})^{j-i},\quad j\geqslant i\geqslant 1$$

(当然, 我们可以用命题 6.1 直接得到 $P_{ij}(t)$ 的方程, 而不只是得到 $P_{1j}(t)$. 但是, 需要用来证明最终的表达式与前面的结果等价的代数推演已在某种程度上论及.) ■

我们现在将推导一般的连续时间的马尔可夫链的转移概率 $P_{ij}(t)$ 满足的一组微分方程. 然而, 我们首先需要一个定义以及一对引理.

对于一对 i,j, 令

$$q_{ij}=v_iP_{ij}$$

由于 v_i 是过程处于状态 i 时的转移速率, 而 P_{ij} 是这个转移为到状态 j 的概率, 由此推出 q_{ij} 是过程处于状态 i 时转移到状态 j 的速率. 量 q_{ij} 称为*瞬时转移率*. 由于

$$v_i=\sum_j v_iP_{ij}=\sum_j q_{ij}$$

以及

$$P_{ij}=\frac{q_{ij}}{v_i}=\frac{q_{ij}}{\sum_j q_{ij}}$$

由此推出特定的瞬时转移率确定了连续时间的马尔可夫链的参数.

引理 6.2

(a) $\lim_{h\to 0}\dfrac{1-P_{ii}(h)}{h}=v_i$.

(b) $\lim_{h\to 0}\dfrac{P_{ij}(h)}{h}=q_{ij}$, 当 $i\neq j$ 时.

证明　首先注意, 由于直至发生一个转移的时间是指数分布的, 由此推出在时间 h 中有两次或两次以上转移的概率是 $o(h)$. 于是, 过程在时间 0 处于状态 i 而在时间 h 不在状态 i 的概率 $1-P_{ii}(h)$ 等于在时间 h 内发生一次转移的概率加上关于 h 的某个无穷小量. 于是

$$1-P_{ii}(h)=v_ih+o(h)$$

这就证明了 (a). 关于 (b) 的证明, 注意过程在时间 h 内由状态 i 转移到状态 j 的概率 $P_{ij}(h)$ 等于在这段时间中发生一个转移的概率乘以这个转移是到状态 j 的概率, 并加上关于 h 的某个无穷小量. 即

$$P_{ij}(h)=hv_iP_{ij}+o(h)$$

这就证明了 (b). ■

引理 6.3 对于一切 $s \geqslant 0, t \geqslant 0$

$$P_{ij}(t+s) = \sum_{k=0}^{\infty} P_{ik}(t) P_{kj}(s) \tag{6.8}$$

证明 为了过程在时间 $t+s$ 中从状态 i 达到状态 j, 它必须在时间 t 处于某处, 故而

$$\begin{aligned}
P_{ij}(t+s) &= \mathrm{P}\{X(t+s) = j | X(0) = i\} \\
&= \sum_{k=0}^{\infty} \mathrm{P}\{X(t+s) = j, X(t) = k | X(0) = i\} \\
&= \sum_{k=0}^{\infty} \mathrm{P}\{X(t+s) = j | X(t) = k, X(0) = i\} \cdot \mathrm{P}\{X(t) = k | X(0) = i\} \\
&= \sum_{k=0}^{\infty} \mathrm{P}\{X(t+s) = j | X(t) = k\} \cdot \mathrm{P}\{X(t) = k | X(0) = i\} \\
&= \sum_{k=0}^{\infty} P_{kj}(s) P_{ik}(t)
\end{aligned}$$

这就完成了证明. ■

(6.8) 这组方程是大家知道的 C-K 方程. 由引理 6.3, 我们得到

$$\begin{aligned}
P_{ij}(h+t) - P_{ij}(t) &= \sum_{k=0}^{\infty} P_{ik}(h) P_{kj}(t) - P_{ij}(t) \\
&= \sum_{k \neq i} P_{ik}(h) P_{kj}(t) - [1 - P_{ii}(h)] P_{ij}(t)
\end{aligned}$$

从而

$$\lim_{h \to 0} \frac{P_{ij}(t+h) - P_{ij}(t)}{h} = \lim_{h \to 0} \left\{ \sum_{k \neq i} \frac{P_{ik}(h)}{h} P_{kj}(t) - \left[\frac{1 - P_{ii}(h)}{h} \right] P_{ij}(t) \right\}$$

现在假定我们可以将上式中的极限与求和交换次序, 并且应用引理 6.2, 我们得到

$$P'_{ij}(t) = \sum_{k \neq i} q_{ik} P_{kj}(t) - v_i P_{ij}(t)$$

这个次序的交换事实上是可以验证的, 因此, 有下述定理.

定理 6.1(科尔莫戈罗夫向后方程) 对于一切状态 i, j 和时间 $t \geqslant 0$,

$$P'_{ij}(t) = \sum_{k \neq i} q_{ik} P_{kj}(t) - v_i P_{ij}(t)$$

例 6.9 对于纯生过程, 向后方程变成

$$P'_{ij}(t) = \lambda_i P_{i+1,j}(t) - \lambda_i P_{ij}(t)$$ ■

例 6.10　对于生灭过程, 向后方程变成

$$P'_{0j}(t) = \lambda_0 P_{1j}(t) - \lambda_0 P_{0j}(t),$$

$$P'_{ij}(t) = (\lambda_i + \mu_i)\left[\frac{\lambda_i}{\lambda_i + \mu_i} P_{i+1,j}(t) + \frac{\mu_i}{\lambda_i + \mu_i} P_{i-1,j}(t)\right] - (\lambda_i + \mu_i) P_{ij}(t), i > 0$$

或者, 等价地

$$P'_{0j}(t) = \lambda_0 [P_{1j}(t) - P_{0j}(t)], \tag{6.9}$$

$$P'_{ij}(t) = \lambda_i P_{i+1,j}(t) + \mu_i P_{i-1,j}(t) - (\lambda_i + \mu_i) P_{ij}(t), \quad i > 0 \quad ■$$

例 6.11(由两个状态组成的连续时间的马尔可夫链)　考察一个在失效前按均值为 $1/\lambda$ 的指数时间工作的机器, 并且假设要用均值为 $1/\mu$ 的指数时刻修复这个机器. 如果机器在时刻 0 时它在工作, 那么在时刻 $t = 10$ 时它还在工作的概率是多少?

为了回答这样一个问题, 注意这个过程是生灭过程 (以状态 0 表示机器在工作, 而以状态 1 表示机器在修理), 具有参数

$$\lambda_0 = \lambda, \quad \mu_1 = \mu, \quad \lambda_i = 0, \quad i \neq 0, \quad \mu_i = 0, \quad i \neq 1$$

我们将通过求解在例 6.10 中给出的一组微分方程来推导需求的这个概率, 即 $P_{00}(10)$. 由方程 (6.9), 我们得到

$$P'_{00}(t) = \lambda [P_{10}(t) - P_{00}(t)], \tag{6.10}$$

$$P'_{10}(t) = \mu P_{00}(t) - \mu P_{10}(t) \tag{6.11}$$

将方程 (6.10) 乘以 μ, 并将方程 (6.11) 乘以 λ, 然后将两个方程相加, 导出

$$\mu P'_{00}(t) + \lambda P'_{10}(t) = 0$$

通过求积分, 我们得到

$$\mu P_{00}(t) + \lambda P_{10}(t) = c$$

可是, 因为 $P_{00}(0) = 1$, $P_{10}(0) = 0$, 所以 $c = \mu$, 所以

$$\mu P_{00}(t) + \lambda P_{10}(t) = \mu \tag{6.12}$$

或者, 等价地

$$\lambda P_{10}(t) = \mu [1 - P_{00}(t)]$$

通过将这个结果代入方程 (6.10), 我们得到

$$P'_{00}(t) = \mu [1 - P_{00}(t)] - \lambda P_{00}(t) = \mu - (\mu + \lambda) P_{00}(t)$$

令

$$h(t) = P_{00}(t) - \frac{\mu}{\mu + \lambda}$$

我们有

$$h'(t) = \mu - (\mu + \lambda)\left[h(t) + \frac{\mu}{\mu + \lambda}\right] = -(\mu + \lambda) h(t)$$

从而

$$\frac{h'(t)}{h(t)} = -(\mu+\lambda)$$

通过两边求积分, 我们得到

$$\ln h(t) = -(\mu+\lambda)t + c \quad 或 \quad h(t) = K\mathrm{e}^{-(\mu+\lambda)t}$$

从而

$$P_{00}(t) = K\mathrm{e}^{-(\mu+\lambda)t} + \frac{\mu}{\mu+\lambda}$$

通过置 $t=0$ 并利用事实 $P_{00}(0)=1$, 最终得到

$$P_{00}(t) = \frac{\lambda}{\mu+\lambda}\mathrm{e}^{-(\mu+\lambda)t} + \frac{\mu}{\mu+\lambda}$$

从方程 (6.12), 它也蕴涵

$$P_{10}(t) = \frac{\mu}{\mu+\lambda} - \frac{\mu}{\mu+\lambda}\mathrm{e}^{-(\mu+\lambda)t}$$

因此我们所要求的概率 $P_{00}(10)$ 等于

$$P_{00}(10) = \frac{\lambda}{\mu+\lambda}\mathrm{e}^{-10(\mu+\lambda)} + \frac{\mu}{\mu+\lambda}$$ ■

也可以推导不同于向后方程的另一组微分方程. 这组方程是著名的科尔莫戈罗夫向前方程, 其推导如下. 从 C-K 方程 (引理 6.3) 我们有

$$\begin{aligned} P_{ij}(t+h) - P_{ij}(t) &= \sum_{k=0}^{\infty} P_{ik}(t)P_{kj}(h) - P_{ij}(t) \\ &= \sum_{k\neq j} P_{ik}(t)P_{kj}(h) - [1-P_{jj}(h)]P_{ij}(t) \end{aligned}$$

于是

$$\lim_{h\to0}\frac{P_{ij}(t+h)-P_{ij}(t)}{h} = \lim_{h\to0}\left\{\sum_{k\neq j}P_{ik}(t)\frac{P_{kj}(h)}{h} - \left[\frac{1-P_{jj}(h)}{h}\right]P_{ij}(t)\right\}$$

如果假定可以交换极限与求和, 从引理 6.2 就得到

$$P'_{ij}(t) = \sum_{k\neq j} q_{kj}P_{ik}(t) - v_jP_{ij}(t)$$

不幸的是, 我们并不总能验证极限与求和的次序可交换, 因此, 上式并不总是成立的. 然而, 它们在多数模型中成立, 这些模型包括生灭过程和一切有限状态模型. 这样我们有如下的定理.

定理 6.2(科尔莫戈罗夫向前方程) 在合适的正则条件下,

$$P'_{ij}(t)=\sum_{k\neq j}q_{kj}P_{ik}(t)-v_jP_{ij}(t) \tag{6.13}$$

现在我们对于纯生过程求解向前方程. 对于这种过程, 方程 (6.13) 简化为

$$P'_{ij}(t)=\lambda_{j-1}P_{i,j-1}(t)-\lambda_jP_{ij}(t)$$

然而, 注意到只要 $j<i$ 就有 $P_{ij}(t)=0$(因为没有死亡发生), 我们可以重写上述方程得到

$$P'_{ii}(t)=-\lambda_iP_{ii}(t),\quad P'_{ij}(t)=\lambda_{j-1}P_{i,j-1}(t)-\lambda_jP_{ij}(t),\quad j\geqslant i+1 \tag{6.14}$$

命题 6.4 对于纯生过程,

$$\begin{aligned}P_{ii}(t)&=\mathrm{e}^{-\lambda_it}, && i\geqslant 0\\ P_{ij}(t)&=\lambda_{j-1}\mathrm{e}^{-\lambda_jt}\int_0^t\mathrm{e}^{\lambda_js}P_{i,j-1}(s)\mathrm{d}s, && j\geqslant i+1\end{aligned}$$

证明 从方程 (6.14) 通过求积分以及利用 $P_{ii}(0)=1$, 得到 $P_{ii}(t)=\mathrm{e}^{-\lambda_it}$. 而对 $P_{ij}(t)$ 的对应结果的证明, 我们注意由方程 (6.14) 可得到

$$\mathrm{e}^{\lambda_jt}[P'_{ij}(t)+\lambda_jP_{ij}(t)]=\mathrm{e}^{\lambda_jt}\lambda_{j-1}P_{i,j-1}(t)$$

也就是

$$\frac{\mathrm{d}}{\mathrm{d}t}[\mathrm{e}^{\lambda_jt}P_{ij}(t)]=\lambda_{j-1}\mathrm{e}^{\lambda_jt}P_{i,j-1}(t)$$

因此, 由于 $P_{ij}(0)=0$, 我们得到所要的结果. ■

例 6.12(生灭过程的向前方程) 对于一般的生灭过程的向前方程 (6.13) 是

$$P'_{i0}(t)=\sum_{k\neq 0}q_{k0}P_{ik}(t)-\lambda_0P_{i0}(t)=\mu_1P_{i1}(t)-\lambda_0P_{i0}(t) \tag{6.15}$$

$$\begin{aligned}P'_{ij}(t)&=\sum_{k\neq j}q_{kj}P_{ik}(t)-(\lambda_j+\mu_j)P_{ij}(t) \qquad (6.16)\\&=\lambda_{j-1}P_{i,j-1}(t)+\mu_{j+1}P_{i,j+1}(t)-(\lambda_j+\mu_j)P_{ij}(t)\end{aligned}$$

■

6.5 极限概率

与离散时间的马尔可夫链的一个基本结果类似, 连续时间的马尔可夫链在时刻 t 处在状态 j 的概率常常收敛到一个独立于初始状态的极限值. 即如果我们记这个值为 P_j, 那么

$$P_j\equiv\lim_{t\to\infty}P_{ij}(t)$$

其中假定了极限存在而且独立于初始状态 i.

为了推导 P_j 的一组方程, 首先考虑这组向前方程:

$$P'_{ij}(t) = \sum_{k \neq j} q_{kj} P_{ik}(t) - v_j P_{ij}(t) \tag{6.17}$$

现在如果让 t 趋于 ∞, 那么假定可以交换极限和求和的次序, 则得到

$$\lim_{t \to \infty} P'_{ij}(t) = \lim_{t \to \infty} \left[\sum_{k \neq j} q_{kj} P_{ik}(t) - v_j P_{ij}(t) \right] = \sum_{k \neq j} q_{kj} P_k - v_j P_j$$

然而, 因为 $P_{ij}(t)$ 是一个有界函数 (是一个概率, 它总是在 0 和 1 之间), 所以如果 $P'_{ij}(t)$ 收敛, 那么它必须收敛到 0 (为什么). 因此, 必须有

$$0 = \sum_{k \neq j} q_{kj} P_k - v_j P_j$$

从而

$$v_j P_j = \sum_{k \neq j} q_{kj} P_k, \qquad \text{对于一切状态 } j \tag{6.18}$$

上面的一组方程与方程

$$\sum_j P_j = 1 \tag{6.19}$$

联合起来可以用来求解极限概率.

注 (i) 我们假定了极限概率 P_j 存在. 对此的一个充分条件如下:

(a) 马尔可夫链的所有状态在下述意义下互通, 即对于一切 i, j, 从状态 i 出发有一个迟早进入状态 j 的正概率;

(b) 马尔可夫链在下述意义下正常返, 即从任意状态出发, 回到这个状态的平均时间有限.

若条件 (a) 和 (b) 成立, 则极限概率存在, 而且满足方程 (6.18) 和 (6.19). 此外, P_j 也解释为这个过程在状态 j 的时间的长程比例.

(ii) 方程 (6.18) 和 (6.19) 有一个很好的解释: 在任意时间区间 $(0, t)$ 中, 转移到状态 j 的次数必须在相差 1 的范围内等于转移出状态 j 的次数 (为什么?). 因此, 在长程中, 转移到状态 j 发生的速率必须等于转移出状态 j 发生的速率. 现在, 当过程处在状态 j 时, 它以速率 v_j 离开, 而 P_j 是它处在状态 j 的时间的比例, 于是推出

$$v_j P_j = \text{过程离开状态 } j \text{ 的速率}$$

类似地, 当过程处在状态 k 时, 我们看到它以速率 q_{kj} 从状态 k 进入状态 j. 因此, P_k 作为在状态 k 的时间的比例, 我们看到从 k 到 j 的转移发生的速率是 $q_{kj} P_k$. 于是

$$\sum_{k \neq j} q_{kj} P_k = \text{过程进入状态 } j \text{ 的速率}$$

所以, 方程 (6.18) 是一个过程进入和离开状态 j 的速率相等的一个陈述. 因为它平衡 (即使之相等) 了这些速率, 方程 (6.18) 有时被当作"平衡方程".

(iii) 当极限概率 P_j 存在时, 我们说这个链是遍历的. 有时 P_j 称为平稳概率, 因为可以证明 (正如离散时间情形) 若初始状态按分布 $\{P_j\}$ 选取, 则对于一切 t, 在时刻 t 处于 j 的概率是 P_j.

现在我们确定生灭过程的极限概率. 由方程 (6.18) 或等价地, 使过程离开一个状态的速率与它进入这个状态的速率相等, 我们得到

状态	离开它的速率 = 进入它的速率
0	$\lambda_0 P_0 = \mu_1 P_1$
1	$(\lambda_1 + \mu_1) P_1 = \mu_2 P_2 + \lambda_0 P_0$
2	$(\lambda_2 + \mu_2) P_2 = \mu_3 P_3 + \lambda_1 P_1$
$n, n \geqslant 1$	$(\lambda_n + \mu_n) P_n = \mu_{n+1} P_{n+1} + \lambda_{n-1} P_{n-1}$

通过将每一个方程与它前面的方程相加, 我们得到

$$\begin{aligned}
\lambda_0 P_0 &= \mu_1 P_1, \\
\lambda_1 P_1 &= \mu_2 P_2, \\
\lambda_2 P_2 &= \mu_3 P_3, \\
&\vdots \\
\lambda_n P_n &= \mu_{n+1} P_{n+1}, \quad n \geqslant 0
\end{aligned}$$

通过 P_0 求解, 导出

$$P_1 = \frac{\lambda_0}{\mu_1} P_0,$$

$$\begin{aligned}
P_2 &= \frac{\lambda_1}{\mu_2} P_1 = \frac{\lambda_1 \lambda_0}{\mu_2 \mu_1} P_0, \\
P_3 &= \frac{\lambda_2}{\mu_3} P_2 = \frac{\lambda_2 \lambda_1 \lambda_0}{\mu_3 \mu_2 \mu_1} P_0, \\
&\vdots \\
P_n &= \frac{\lambda_{n-1}}{\mu_n} P_{n-1} = \frac{\lambda_{n-1} \lambda_{n-2} \cdots \lambda_1 \lambda_0}{\mu_n \mu_{n-1} \cdots \mu_2 \mu_1} P_0
\end{aligned}$$

利用 $\sum_{n=0}^{\infty} P_n = 1$, 我们得到

$$1 = P_0 + P_0 \sum_{n=1}^{\infty} \frac{\lambda_{n-1} \cdots \lambda_1 \lambda_0}{\mu_n \cdots \mu_2 \mu_1}$$

也就是

$$P_0 = \frac{1}{1 + \sum\limits_{n=1}^{\infty} \frac{\lambda_0 \lambda_1 \cdots \lambda_{n-1}}{\mu_1 \mu_2 \cdots \mu_n}}$$

所以

$$P_n = \frac{\lambda_0\lambda_1\cdots\lambda_{n-1}}{\mu_1\mu_2\cdots\mu_n\left(1+\sum_{n=1}^{\infty}\frac{\lambda_0\lambda_1\cdots\lambda_{n-1}}{\mu_1\mu_2\cdots\mu_n}\right)}, \quad n \geqslant 1 \tag{6.20}$$

上述方程也向我们展示了, 什么样的条件对于这些极限的存在是必须的. 即必须要有

$$\sum_{n=1}^{\infty}\frac{\lambda_0\lambda_1\cdots\lambda_{n-1}}{\mu_1\mu_2\cdots\mu_n} < \infty \tag{6.21}$$

也可以证明这个条件是充分的.

在多服务线的指数排队系统 (例 6.6) 中, 条件 (6.21) 简化为

$$\sum_{n=s+1}^{\infty}\frac{\lambda^n}{(s\mu)^n} < \infty$$

它等价于 $\lambda/(s\mu) < 1$.

对于移民的线性增长模型 (例 6.4), 条件 (6.21) 简化为

$$\sum_{n=1}^{\infty}\frac{\theta(\theta+\lambda)\cdots(\theta+(n-1)\lambda)}{n!\mu^n} < \infty$$

利用比例判别法, 为保证上式收敛, 只需

$$\lim_{n\to\infty}\frac{\theta(\theta+\lambda)\cdots(\theta+n\lambda)}{(n+1)!\mu^{n+1}}\frac{n!\mu^n}{\theta(\theta+\lambda)\cdots(\theta+(n-1)\lambda)} = \lim_{n\to\infty}\frac{\theta+n\lambda}{(n+1)\mu} = \frac{\lambda}{\mu} < 1$$

即在 $\lambda < \mu$ 时条件满足. 当 $\lambda \geqslant \mu$ 时, 容易证明条件 (6.21) 并不满足.

例 6.13(机器修理模型) 考察由 M 台机器和一个服务工组成的一个加工车间. 假设每台机器在失效前的运行时间具有均值为 $1/\lambda$ 的指数分布, 再假设服务工修理一台机器的时间具有均值为 $1/\mu$ 的指数分布. 我们要回答这些问题: (a) 不在使用的机器的平均台数是多少? (b) 每台机器在使用中的时间比例是多少?

解 如果 n 台机器不在使用, 我们就说系统处在状态 n, 那么上面的是一个具有参数

$$\mu_n = \mu \qquad\qquad n \geqslant 1$$

$$\lambda_n = \begin{cases} (M-n)\lambda, & n \leqslant M \\ 0, & n > M \end{cases}$$

的生灭过程. 这只需将失效的机器当作一个到达, 并且将修复的机器当作离开. 如果任何机器失效, 那么因为修理工的速率是 μ, 所以有 $\mu_n = \mu$. 另一方面, 如果 n 台机器不在使用, 那么由于余下的在使用的 $M-n$ 台机器中的每一台都以速率 λ 失效, 由此推出 $\lambda_n = (M-n)\lambda$. 从方程 (6.20) 我们得到 n 台机器不在使用的概率 P_n 为

$$P_0 = \frac{1}{1+\sum_{n=1}^{M}[M\lambda(M-1)\lambda\cdots(M-n+1)\lambda/\mu^n]}$$
$$\frac{1}{1+\sum_{n=1}^{M}(\lambda/\mu)^n M!/(M-n)!},$$

$$P_n = \frac{(\lambda/\mu)^n M!/(M-n)!}{1+\sum_{n=1}^{M}(\lambda/\mu)^n M!/(M-n)!}, \quad n=0,1,\cdots,M$$

因此, 不在使用的机器的平均台数为

$$\sum_{n=0}^{M} nP_n = \frac{\sum_{n=0}^{M} n(\lambda/\mu)^n M!/(M-n)!}{1+\sum_{n=1}^{M}(\lambda/\mu)^n M!/(M-n)!} \tag{6.22}$$

为了得到一台给定的机器在工作的时间的长程比例, 我们计算它在工作的等价极限概率. 为此我们取条件于不在工作的机器的台数, 得到

$$\begin{aligned} \mathrm{P}\{\text{机器在工作}\} &= \sum_{n=0}^{M} \mathrm{P}\{\text{机器在工作} \mid n \text{ 台不在工作}\} P_n \\ &= \sum_{n=0}^{M} \frac{M-n}{M}\mathrm{P}_n \quad (\text{因为若 } n \text{ 台不在工作, 则 } M-n \text{ 台在工作}) \\ &= 1-\sum_{n=0}^{M}\frac{nP_n}{M} \end{aligned}$$

其中 $\sum_{n=0}^{M} nP_n$ 由方程 (6.22) 给出. ■

例 6.14(M/M/1 排队系统) 在 M/M/1 排队系统中, $\lambda_n=\lambda, \mu_n=\mu$. 因此从方程 (6.20) 可得, 若 $\lambda/\mu<1$, 就有

$$P_n = \frac{(\lambda/\mu)^n}{1+\sum_{n=1}^{\infty}(\lambda/\mu)^n} = (\lambda/\mu)^n(1-\lambda/\mu), \quad n \geqslant 0$$

显然, 为了存在极限概率 λ 必须比 μ 小. 顾客以速率 λ 到达, 而以速率 μ 接受服务, 因此若 $\lambda>\mu$, 则以比接受服务的速率更快的速率到达, 队列的长度将趋向无穷. $\lambda=\mu$ 的情形就像 4.3 节中的对称随机游动, 它是零常返的, 因此没有极限概率. ■

例 6.15 重新考虑例 6.1 中的擦皮鞋店, 并且确定过程处在 0、1、2 中每一个状态的时间的比例. 因为这不是一个生灭过程 (由于过程可以从状态 2 直接到状态 0), 我们从极限概率的平衡方程开始.

状态	离开它的速率 = 进入它的速率
0	$\lambda P_0=\mu_2P_2$
1	$\mu_1P_1=\lambda P_0$
2	$\mu_2P_2=\mu_1P_1$

利用 P_0 求解导出

$$P_2 = \frac{\lambda}{\mu_2}P_0, \quad P_1 = \frac{\lambda}{\mu_1}P_0$$

由于 $P_0 + P_1 + P_2 = 1$, 它蕴涵

$$P_0\left[1 + \frac{\lambda}{\mu_2} + \frac{\lambda}{\mu_1}\right] = 1$$

因此

$$P_0 = \frac{\mu_1\mu_2}{\mu_1\mu_2 + \lambda(\mu_1 + \mu_2)}$$

以及

$$P_1 = \frac{\lambda\mu_2}{\mu_1\mu_2 + \lambda(\mu_1 + \mu_2)},$$
$$P_2 = \frac{\lambda\mu_1}{\mu_1\mu_2 + \lambda(\mu_1 + \mu_2)}$$

■

例 6.16 考察由 n 个部件与一个修理工组成的系统. 假设部件 i 运行了一个速率为 λ_i 的指数分布的时间后失效. 用来修理部件 i 的时间是速率为 $\mu_i(i = 1, \cdots, n)$ 的指数随机变量. 假设如果存在多于一个部件失效, 修理工总是修理最近失效的部件. 例如, 如果现在有两个部件失效, 即部件 1 和部件 2, 其中部件 1 是最近失效的, 那么修理工将修理部件 1. 然而, 若部件 3 在部件 1 完成修理前失效, 则修理工将停止修理部件 1, 而去修理部件 3(即最近失效的部件优先服务).

用一个连续时间的马尔可夫链分析上面的情形, 其状态必须代表按失效的次序失效的部件的集合. 即如果 $i_1, \cdots, i_k$ 是 k 个失效的部件 (其他的 $n-k$ 个部件在运行), 以 i_1 为最近失效的 (因此是现在正在修理的), 以 i_2 为第二个最近失效的, 如此等等, 那么这时的状态将是 $(i_1, \cdots, i_k)$. 因为对于一组固定的 k 个失效部件共有 $k!$ 种可能的排序, 而选取这样的组共有 $\binom{n}{k}$ 种, 由此推出共有

$$\sum_{k=0}^{n}\binom{n}{k}k! = \sum_{k=0}^{n}\frac{n!}{(n-k)!} = n!\sum_{i=0}^{n}\frac{1}{i!}$$

个可能的状态.

极限概率的平衡方程组如下:

$$\left(\mu_{i_1} + \sum_{\substack{i \neq i_j \\ j=1,\cdots,k}} \lambda_i\right)P(i_1, \cdots, i_k) = \sum_{\substack{i \neq i_j \\ j=1,\cdots,k}} P(i, i_1, \cdots, i_k)\mu_i + P(i_2, \cdots, i_k)\lambda_{i_1},$$

$$\sum_{i=1}^{n}\lambda_i P(\phi) = \sum_{i=1}^{n}P(i)\mu_i \tag{6.23}$$

其中 ϕ 是所有的部件都在工作的状态. 上述方程组是因为, 状态 $(i_1,\cdots,i_k)$ 的离开发生于, 当一个任意额外部件失效, 或者部件 i_1 修理完成. 此外, 状态 $(i_1,\cdots,i_k)$ 的进入发生于, 当状态是 $(i,i_1,\cdots,i_k)$ 时部件 i 修理完成, 或者当状态是 $(i_2,\cdots,i_k)$ 时部件 i_1 失效.

然而, 如果我们取

$$P(i_1,\cdots,i_k)=\frac{\lambda_{i_1}\lambda_{i_2}\cdots\lambda_{i_k}}{\mu_{i_1}\mu_{i_2}\cdots\mu_{i_k}}P(\phi) \tag{6.24}$$

那么容易看到方程 (6.23) 满足. 因此, 由唯一性这些必须是极限概率, 并应确定 $P(\phi)$ 使它们的和为 1. 即

$$\mathrm{P}(\phi)=\left[1+\sum_{i_1,\cdots,i_k}\frac{\lambda_{i_1}\cdots\lambda_{i_k}}{\mu_{i_1}\cdots\mu_{i_k}}\right]^{-1}$$

作为例子, 假设 $n=2$, 因而有 5 个状态: ϕ, 1, 2, (1,2), (2,1). 我们从上面有

$$\mathrm{P}(\phi)=\left[1+\frac{\lambda_1}{\mu_1}+\frac{\lambda_2}{\mu_2}+\frac{2\lambda_1\lambda_2}{\mu_1\mu_2}\right]^{-1},$$

$$\mathrm{P}(1)=\frac{\lambda_1}{\mu_1}\mathrm{P}(\phi),$$

$$\mathrm{P}(2)=\frac{\lambda_2}{\mu_2}\mathrm{P}(\phi),$$

$$\mathrm{P}(1,2)=\mathrm{P}(2,1)=\frac{\lambda_1\lambda_2}{\mu_1\mu_2}\mathrm{P}(\phi)$$

有趣的是, 利用方程 (6.24), 对于给定失效的部件组, 这些部件的可能排序是等可能的. ■

6.6　时间可逆性

考察一个连续时间的遍历的马尔可夫链, 我们从一个与前面不同的观点考察其极限概率 P_i. 如果我们考察访问的状态序列, 而不管在一次访问中在每个状态停留的时间, 那么这个序列构成一个以 P_{ij} 为转移概率的离散时间的马尔可夫链, 称为嵌入链. 假定这个离散时间的马尔可夫链是遍历的, 并且用 π_i 记它的极限概率. π_i 是

$$\pi_i=\sum_j \pi_j P_{ji},\qquad \text{对一切 } i$$

$$\sum_i \pi_i=1$$

的唯一解.

现在, 由于 π_i 表示过程转移到状态 i 的比例, 而因为 $1/v_i$ 是在一次访问中处在状态 i 的平均时间, 显然, 在状态 i 的时间比例 P_i 将是 π_i 的加权平均, 其中 π_i 的权重与 $1/v_i$ 成比例. 即

$$P_i = \frac{\pi_i/v_i}{\sum_j \pi_j/v_j} \tag{6.25}$$

为了验证上式, 回忆极限概率 P_i 必须满足

$$v_i P_i = \sum_{j \neq i} P_j q_{ji}, \quad \text{对一切 } i$$

或者等价地, 由于 $P_{ii} = 0$

$$v_i P_i = \sum_j P_j v_j P_{ji}, \quad \text{对一切 } i$$

因此, 对于由方程 (6.25) 给出的 P_i, 下面的等式是必要的

$$\pi_i = \sum_j \pi_j P_{ji}, \qquad \text{对一切 } i$$

这当然成立, 因为事实上这正是 π_i 的定义.

假设现在这个连续时间的马尔可夫过程已经运行了很长的时间, 而且假设它开始于某个 (很大的) 时间 T, 我们按时间的倒向进行追踪这个过程. 为了确定这个逆向过程的概率结构, 我们首先注意, 给定在某个时刻 t 处于状态 i, 已经处在这个状态的时间大于 s 的概率正是 $\mathrm{e}^{-v_i s}$. 这是由于

$$\begin{aligned} \mathrm{P}\{\text{过程在 } [t-s,t] \text{ 都在状态 } i | X(t)=i\} &= \frac{\mathrm{P}\{\text{过程在 } [t-s,t] \text{ 都在状态 } i\}}{\mathrm{P}\{X(t)=i\}} \\ &= \frac{\mathrm{P}\{X(t-s)=i\}\mathrm{e}^{-v_i s}}{\mathrm{P}\{X(t)=i\}} \\ &= \mathrm{e}^{-v_i s} \end{aligned}$$

因为对于大的 t, $\mathrm{P}\{X(t-s)=i\} = \mathrm{P}\{X(t)=i\} = P_i$.

换句话说, 按时间倒向地进行, 过程在状态 i 停留的时间也是速率为 v_i 的指数随机变量. 此外, 如在 4.8 节中所示, 逆向过程所访问的状态序列构成一个离散时间的马尔可夫链, 其转移概率 Q_{ij} 为

$$Q_{ij} = \frac{\pi_j P_{ji}}{\pi_i}$$

因此, 我们从上面看到, 这个逆向过程是一个连续时间的马尔可夫链, 与具有一步转移概率 Q_{ij} 的向前时间过程有相同的转移速率. 所以如果嵌入链是时间可逆的, 即若

$$\pi_i P_{ij} = \pi_j P_{ji}, \text{ 对一切 } i,j,$$

连续时间的马尔可夫链在时间倒向的过程与原过程有相同的概率结构的意义下, 是时间可逆的. 现在利用 $P_i = (\pi_i/v_i)/\sum_j(\pi_j/v_j)$, 我们看到上面的条件等价于

$$P_i q_{ij} = P_j q_{ji}, \qquad \text{对一切 } i,j \tag{6.26}$$

由于 P_i 是处于状态 i 的时间的比例, 而 q_{ij} 是处在状态 i 的过程到状态 j 的速率, 时间可逆性的条件是, 过程直接从状态 i 到状态 j 的速率等于它直接从状态 j 到状

态 i 的速率. 应该注意到, 这正是一个遍历的离散时间的马尔可夫链是时间可逆的所需的相同条件 (参见 4.8 节).

关于上述时间可逆性的条件的一个应用, 引出生灭过程的下述命题.

命题 6.5　*一个遍历的生灭过程是时间可逆的.*

证明　我们必须证明一个生灭过程从状态 i 到状态 $i+1$ 的速率等于从状态 $i+1$ 到状态 i 的速率. 现在, 在任意长的时间 t 内, 从 i 到 $i+1$ 的转移次数必须在相差 1 以内等于从 $i+1$ 到 i 的转移次数 (由于过程每次从 i 到 $i+1$ 的转移必须回到 i, 而这只能通过 $i+1$ 发生, 而反之亦然). 因此, 当 $t \to \infty$ 时, 这样的转移的次数趋于无穷, 由此推出从 i 到 $i+1$ 的转移速率等于从 $i+1$ 到 i 的转移速率. ■

命题 6.5 可以用来证明一个重要的结果：一个 M/M/s 排队系统的输出过程是泊松过程. 我们将它叙述为一个推论.

推论 6.6　*考察一个 M/M/s 排队系统, 其中顾客按速率为 λ 的泊松过程到达, 并且在 s 条服务线的任意一条接受服务, 每条有一个速率为 μ 的指数分布的服务时间. 如果 $\lambda < s\mu$, 那么在过程运行很长的时间以后, 顾客离开的输出过程是一个速率为 λ 的泊松过程.*

证明　以 $X(t)$ 记在时刻 t 系统中的顾客数. 由于 M/M/s 排队系统是一个生灭过程, 由命题 6.5 推出 $\{X(t), t \geqslant 0\}$ 是时间可逆的. 现在按时间向前进行, 使 $X(t)$ 增加 1 的时间点构成一个泊松过程, 因为它们正是顾客的到达时间. 因此, 由时间可逆性当我们按时间倒向进行时, 使 $X(t)$ 增加 1 的这些时间点也构成一个泊松过程. 但是后面的这些点恰是顾客离开的时间点 (参见图 6.1). 因此, 离开时间构成速率为 λ 的泊松过程. ■

例 6.17　考虑一个先来先服务的 M/M/1 排队系统, 其中到达率为 λ, 服务率为 μ, $\lambda < \mu$, 它处在稳态. 给定顾客 C 在系统中总共花了时间 t. 当 C 到达时出现的其他顾客人数的条件分布是什么?

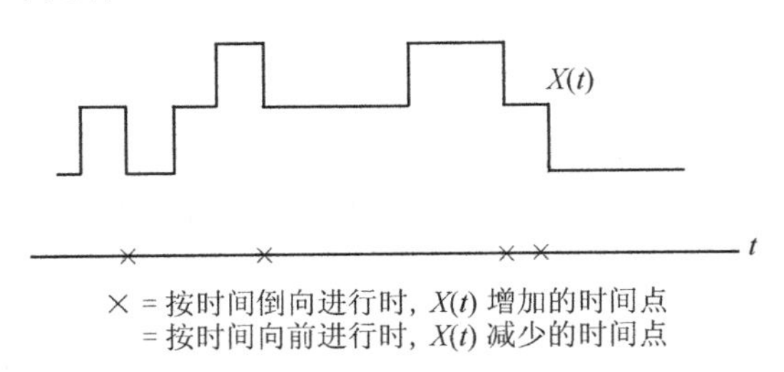

图 6.1　系统中的人数

解　假设 C 在时刻 s 到达, 并且在时刻 $t+s$ 离开. 因为系统是先来先服务的, 在 C 到达时系统中的人数等于发生在时刻 s 后而在时刻 $t+s$ 前离开的其他人数, 它等于逆过程在这个区间到达的人数. 现在, 在逆过程中, C 在时刻 $t+s$ 到达并且在时

刻 s 离开. 因为逆过程也是一个 M/M/1 排队系统, 在长度为 t 的区间中到达的人数是均值为 λt 的泊松分布. (对于一个更加直接的论据, 参见 8.3.1 节.) ■

我们已经证明了, 过程是时间可逆的当且仅当

$$P_i q_{ij} = P_j q_{ji}, \qquad \text{对一切 } i \neq j$$

仿照离散时间的马尔可夫链的结果, 如果我们能够找到满足上述条件的概率向量 $\boldsymbol{P}$, 那么马尔可夫链是时间可逆的, 而 P_i 就是长程概率. 即我们有下述命题.

命题 6.7 如果对某一组 $\{P_i\}$ 有

$$\sum_i P_i = 1, \quad P_i \geqslant 0$$

以及

$$P_i q_{ij} = P_j q_{ji}, \quad \text{对一切 } i \neq j \tag{6.27}$$

那么这个连续时间的马尔可夫链是时间可逆的, 而且 P_i 表示在状态 i 的极限概率.

证明 对于固定的 i, 在方程 (6.27) 中对所有的 j $(j \neq i)$ 求和, 我们得到

$$\sum_{j \neq i} P_i q_{ij} = \sum_{j \neq i} P_j q_{ji}$$

因为 $\sum_{j \neq i} q_{ij} = v_i$, 我们有

$$v_i P_i = \sum_{j \neq i} P_j q_{ji}$$

因此, P_i 满足平衡方程组, 从而表示极限概率. 因为方程 (6.27) 成立, 所以这个链是时间可逆的. ■

例 6.18 考察由 n 台机器和为它们服务的单台修理设备. 假设当机器 $i(i = 1, \cdots, n)$ 失效时需要速率为 μ_i 的指数地分布的工作量使它修复. 修理设备等可能地修理所有失效的部件, 即只要有 k 台机器失效, $1 \leqslant k \leqslant n$, 每台以每个单位时间速率 $1/k$ 接受修理. 最后, 假设每次机器 i 回到运行时, 它保持运行一个速率为 λ_i 的指数分布时间.

上述情形可以用一个有 2^n 个状态的连续时间的马尔可夫链来分析, 它在任意时间的状态对应于在此时间失效的机器的集合. 因此, 例如, 如果机器 $i_1, \cdots, i_k$ 都失效, 而其他机器都在运行, 这时的状态就是 $(i_1, \cdots, i_k)$. 而瞬时转移速率如下

$$q_{(i_1, \cdots, i_{k-1}), (i_1, \cdots, i_k)} = \lambda_{i_k}, \qquad q_{(i_1, \cdots, i_k), (i_1, \cdots, i_{k-1})} = \mu_{i_k}/k$$

其中 $i_1, \cdots, i_k$ 各不相同. 上述事实是由于机器 i_k 的失败率总是 λ_{i_k}, 而在有 k 个机器失效时, 机器 i_k 的修复率是 μ_{i_k}/k.

因此由方程 (6.27) 得, 时间可逆性方程是

$$\mathrm{P}(i_1, \cdots, i_k)\mu_{i_k}/k = \mathrm{P}(i_1, \cdots, i_{k-1})\lambda_{i_k}$$

从而

$$
\begin{aligned}
\mathrm{P}(i_1,\cdots,i_k) &= \frac{k\lambda_{i_k}}{\mu_{i_k}}\mathrm{P}(i_1,\cdots,i_{k-1}) \\
&= \frac{k\lambda_{i_k}}{\mu_{i_k}}\frac{(k-1)\lambda_{i_{k-1}}}{\mu_{i_{k-1}}}\mathrm{P}(i_1,\cdots,i_{k-2}) \qquad \text{进行迭代} \\
&= \\
&\vdots \\
&= k!\prod_{j=1}^{k}(\lambda_{i_j}/\mu_{i_j})\mathrm{P}(\phi)
\end{aligned}
$$

其中 ϕ 是所有机器都在工作这个状态. 因为

$$
\mathrm{P}(\phi)+\sum \mathrm{P}(i_1,\cdots,i_k)=1
$$

我们有

$$
\mathrm{P}(\phi)=\left[1+\sum_{i_1,\cdots,i_k}k!\prod_{j=1}^{k}(\lambda_{i_j}/\mu_{i_j})\right]^{-1} \tag{6.28}
$$

其中上面的求和遍及 $\{1,2,\cdots,n\}$ 的所有 2^n-1 个非空子集 $(i_1,\cdots,i_k)$. 因为对于这样选取的向前概率向量满足时间可逆方程, 由命题 6.7 推出这个链是时间可逆的, 而且

$$
\mathrm{P}(i_1,\cdots,i_k)=k!\prod_{j=1}^{k}(\lambda_{i_j}/\mu_{i_j})\mathrm{P}(\phi)
$$

其中 $P(\phi)$ 由 (6.28) 给出.

例如, 假设有两台机器. 那么, 从前面所述可得

$$
\begin{aligned}
\mathrm{P}(\phi) &= \frac{1}{1+\lambda_1/\mu_1+\lambda_2/\mu_2+2\lambda_1\lambda_2/\mu_1\mu_2}, \\
\mathrm{P}(1) &= \frac{\lambda_1/\mu_1}{1+\lambda_1/\mu_1+\lambda_2/\mu_2+2\lambda_1\lambda_2/\mu_1\mu_2}, \\
\mathrm{P}(2) &= \frac{\lambda_2/\mu_2}{1+\lambda_1/\mu_1+\lambda_2/\mu_2+2\lambda_1\lambda_2/\mu_1\mu_2},
\end{aligned}
$$

$$
\mathrm{P}(1,2)=\frac{2\lambda_1\lambda_2}{\mu_1\mu_2[1+\lambda_1/\mu_1+\lambda_2/\mu_2+2\lambda_1\lambda_2/\mu_1\mu_2]} \qquad ■
$$

考虑一个状态空间为 S 的连续时间的马尔可夫链. 我们说这个马尔可夫链截止在集合 $A\subset S$ 上, 如果对于一切 $i\in A, j\notin A$, 将 q_{ij} 改变为 0. 即不再允许从类 A 中转移出去, 而在 A 中的状态保持以前相同的速率. 一个有用的结果是, 如果这个链是时间可逆的, 那么其截止的链也是时间可逆的.

命题 6.8 一个具有极限概率 $P_j(j\in S)$ 的时间可逆的链, 其截止在集合 $A\subset S$ 而保持不可约的链也是时间可逆的, 而且具有由

$$P_j^A = \frac{P_j}{\sum_{i\in A} P_i}, \quad j \in A$$

给出的极限概率 P_j^A.

证明 由命题 6.7, 对于给定的 P_j^A, 我们需要证明

$$P_i^A q_{ij} = P_j^A q_{ji}, \quad 对\ i \in A, j \in A$$

或者, 等价地

$$P_i q_{ij} = P_j q_{ji}, \quad 对\ i \in A, j \in A$$

但是, 它成立是由于假定原来的链是时间可逆的. ■

例 6.19 考察一个 M/M/1 排队系统, 其中到达者只要发现系统中有 N 人就不再进入. 这种有限容量的系统可以看成 M/M/1 排队系统在状态集合 $A = \{0, 1, \cdots, N\}$ 上的截止. 因为在 M/M/1 排队系统中的人数是时间可逆的, 而且具有极限概率 $P_j = (\lambda/\mu)^j (1 - \lambda/\mu)$, 由命题 6.8 推出, 有限容量的模型也是时间可逆的, 而且有由

$$P_j = \frac{(\lambda/\mu)^j}{\sum_{i=0}^N (\lambda/\mu)^i}, \quad j = 0, 1, \cdots, N$$

给出的极限概率. ■

另一个有用的结果由下面的命题给出, 其证明留作习题.

命题 6.9 如果对于 $i = 1, \cdots, n$, $\{X_i(t), t \geqslant 0\}$ 都是独立的时间可逆的连续时间的马尔可夫链, 那么向量过程 $\{(X_1(t), \cdots, X_n(t)), t \geqslant 0\}$ 也是时间可逆的连续时间的马尔可夫链.

例 6.20 考察由 n 个部件组成的系统, 其中部件 $i (i = 1, \cdots, n)$ 按速率 λ_i 运行一个指数时间, 然后失效. 在它失效时, 对部件 i 的修理开始, 修理需要用一个速率为 μ_i 的指数分布时间. 部件一旦修复, 将与新的同样好. 部件运行是彼此独立的, 除了当只有一个部件工作时系统将暂时停止直至完成了一次修理, 然后以两个部件重新运行.

(a) 系统停止的时间比例是多少?

(b) 正在修理的部件的 (极限) 平均个数是多少?

解 首先考虑系统, 它没有在只有一个部件在工作时就停止的限制. 对于 $i = 1, \cdots, n$, 如果部件 i 在时刻 t 正在工作, 令 $X_i(t) = 1$, 如果失效, 则 $X_i(t) = 0$. 那么 $\{X_i(t), t \geqslant 0\} (i = 1, \cdots, n)$ 都是独立的生灭过程. 因为生灭过程是时间是可逆的, 由命题 6.9 推出, 过程 $\{(X_1(t), \cdots, X_n(t)), t \geqslant 0\}$ 也是时间可逆的. 现在, 对

$$P_i(j) = \lim_{t\to\infty} \mathrm{P}\{X_i(t) = j\}, \quad j = 0, 1$$

我们有

$$P_i(1) = \frac{\mu_i}{\mu_i + \lambda_i}, \quad P_i(0) = \frac{\lambda_i}{\mu_i + \lambda_i}$$

此外, 记

$$\mathrm{P}(j_1,\cdots,j_n)=\lim_{t\to\infty}\mathrm{P}\{X_i(t)=j_i,i=1,\cdots,n\}$$

由独立性推出

$$\mathrm{P}(j_1,\cdots,j_n)=\prod_{i=1}^{n}P_i(j_i),\quad j_i=0,1,\ i=1,\cdots,n$$

现在, 注意带有只有一个部件工作时系统就停止的约束, 等价于将上面的无约束的系统截止在除了所有的机器都失效的那个状态以外的所有的状态组成的集合上. 所以, 以 P_T 记这个截止系统的概率, 我们由命题 6.8 有

$$P_T(j_1,\cdots,j_n)=\frac{\mathrm{P}(j_1,\cdots,j_n)}{1-C},\quad \sum_{i=1}^{n}j_i>0$$

其中

$$C=\mathrm{P}(0,\cdots,0)=\prod_{j=1}^{n}\lambda_j/(\mu_j+\lambda_j)$$

因此, 令 $(\mathbf{0},1_i)=(0,\cdots,0,1,0,\cdots,0)$ 是 n 个 0 和 1 的向量, 而它的唯一的 1 是在第 i 个位置上, 我们有

$$\begin{aligned}\mathrm{P}_T(\text{系统失效})&=\sum_{i=1}^{n}P_T(\mathbf{0},1_i)\\&=\frac{1}{1-C}\sum_{i=1}^{n}\left(\frac{\mu_i}{\mu_i+\lambda_i}\right)\prod_{j\neq i}\left(\frac{\lambda_j}{\mu_j+\lambda_j}\right)\\&=\frac{C\sum_{i=1}^{n}\mu_i/\lambda_i}{1-C}\end{aligned}$$

以 R 记正在修理的部件的个数. 那么如果部件 i 正在修理, 令 I_i 等于 1, 否则令它等于 0, 对于无约束 (非截止) 系统有

$$\mathrm{E}[R]=\mathrm{E}\left[\sum_{i=1}^{n}I_i\right]=\sum_{i=1}^{n}P_i(0)=\sum_{i=1}^{n}\lambda_i/(\mu_i+\lambda_i)$$

但是, 此外还有

$$\begin{aligned}\mathrm{E}[R]=&\ \mathrm{E}[R|\text{所有的部件都在修理}]C\\&+\mathrm{E}[R|\text{不是所有的部件都在修理}](1-C)\\=&\ nC+\mathrm{E}_T[R](1-C)\end{aligned}$$

它蕴涵

$$\mathrm{E}_T[R]=\frac{\sum_{i=1}^{n}\lambda_i/(\mu_i+\lambda_i)-nC}{1-C}$$ ■

6.7 倒 逆 链

考察一个遍历的时间连续马尔可夫链, 其状态空间是 S, 具有瞬时转移速率 q_{ij} 和极限概率 $P_i, i \in S$, 同时假定此链已经运行了很长的 (在理论上无穷大) 时间. 于是由上一节的结果得出, 时间倒逆地看过程状态的进行, 也是一个时间连续的马尔可夫链, 它具有瞬时转移速率 q_{ij}^*, 满足

$$P_i q_{ij}^* = P_j q_{ji}, \quad i \neq j$$

即使是与前向链不同的情形 (就是说, 即使是在链不可逆的情形), 倒逆链也是一个十分有用的概念.

注意倒逆链在一次访问状态 i 时停留的时间总量是速率为 $v_i^* = \sum_{j \neq i} q_{ij}^*$ 的指数随机变量. 因为无论是通常地 (向前) 还是时间倒逆地观测, 过程在一次访问状态 i 时停留的时间总量是一样的, 由此推出倒逆链在一次访问状态 i 时停留时间的分布, 和前向链在一次访问停留该状态的时间分布应该是一样的. 即我们有

$$v_i^* = v_i$$

进而, 因为无论是从时间通常方向 (向前) 还是从时间倒逆方向观测, 链停留在状态 i 的时间比例应该是一样的, 直观地这两个链应该有相同的极限概率.

命题 6.10 令连续时间的马尔可夫链具有瞬时转移速率 q_{ij} 和极限概率 $P_i, i \in S$, 且令 q_{ij}^* 是倒逆链的瞬时转移速率. 那么, 对 $v_i^* = \sum_{j \neq i} q_{ij}^*$ 和 $v_i = \sum_{j \neq i} q_{ij}$ 有

$$v_i^* = v_i$$

进而, $P_i, i \in S$ 也是倒逆链的极限概率.

证明 利用 $P_i q_{ij}^* = P_j q_{ji}$, 我们有

$$\sum_{j \neq i} q_{ij}^* = \sum_{j \neq i} P_j q_{ji} / P_i = v_i P_i / P_i = v_i$$

其中用了 (由方程 (6.18)) $\sum_{j \neq i} P_j q_{ji} = v_i P_i$.

倒逆链和前向链有相同的极限概率这件事, 形式上可以由 P_j 满足倒逆链如下的平衡方程组来证明:

$$v_j^* P_j = \sum_{k \neq j} P_k q_{kj}^*, \quad j \in S$$

现在, 因为 $v_j^* = v_j$ 和 $P_k q_{kj}^* = P_j q_{jk}$, 上述方程组等价于

$$v_j P_j = \sum_{k \neq j} P_j q_{jk}, \quad j \in S$$

这就是 P_j 满足的已知的倒逆链平衡方程组. ■

倒逆链和前向链具有相同的长程比例, 故下式成立容易理解.

$$P_i q_{ij}^* = P_j q_{ji}, \quad i \neq j$$

因为 P_i 与倒逆链在状态 i 停留时间成比例, 而 q_{ij}^* 是当处在 i 时转移到状态 j 的速率, 由此推出 $P_i q_{ij}^*$ 是倒逆链从 i 转移到 j 的速率. 类似地, $P_j q_{ji}$ 是前向链从 j 转移到 i 的速率. 因为 (前向的) 马尔可夫链每次从 j 到 i 的转移可以看成某人从时间倒逆地看从 i 到 j 的转移, 这就显然有 $P_i q_{ij}^* = P_j q_{ji}$.

下述命题显示, 如果能求得 "倒逆链方程组" 的一个解, 则此解是唯一的解, 而且它就是极限概率.

命题 6.11　令 q_{ij} 表示一个不可约的连续时间的马尔可夫链的转移速率. 如果能求得值 q_{ij}^* 和一系列和为 1 的正值 P_i 使

$$P_i q_{ij}^* = P_j q_{ji}, \quad i \neq j \tag{6.29}$$

和

$$\sum_{j \neq i} q_{ij}^* = \sum_{j \neq i} q_{ij}, \quad i \in S \tag{6.30}$$

成立, 那么 q_{ij}^* 是倒逆链的转移概率, 而 P_i 是 (两个链的) 极限概率.

证明　我们证明它们满足平衡方程组 (6.18) 来说明 P_i 是极限概率. 为证明我们将方程组 (6.29) 对 $j, j \neq i$ 求和得到

$$P_i \sum_{j \neq i} q_{ij}^* = \sum_{j \neq i} P_j q_{ji}, \quad i \in S$$

现在用方程组 (6.30) 得到

$$P_i \sum_{j \neq i} q_{ij} = \sum_{j \neq i} P_j q_{ji}$$

因为 $\sum_i P_i = 1$, 可见 P_i 满足平衡方程组, 于是 P_i 是极限概率. 因为 $P_i q_{ij}^* = P_j q_{ji}$, 这也就推出 q_{ij}^* 是倒逆链的转移概率. ■

现在假设连续时间的马尔可夫链的结构可使我们对倒逆链的转移概率作一个猜测. 假定此猜测满足命题 6.11 的方程组 (6.30), 则我们可通过看是否存在概率满足方程组 (6.29) 验证其正确性. 若这样的概率存在, 则我们的猜测是正确的, 而且我们也找到了极限概率; 若这样的概率不存在, 则我们的猜测是不正确的.

例 6.21　考察一个连续时间的马尔可夫链, 其状态都是非负整数. 假设从状态 0 转移到状态 i 的概率为 α_i, $\sum_{i=1}^{\infty} \alpha_i = 1$, 而状态 i 总是转移到状态 $i-1$. 也就是, 对 $i > 0$ 此链的瞬时转移速率为

$$q_{0i} = v_0 \alpha_i$$

$$q_{i,i-1} = v_i$$

令 N 为具有从状态 0 转移到下一个状态的分布的随机变量, 即 $\mathrm{P}\{N=i\}=\alpha_i, i>0$. 再则, 在链每次进入状态 0 时, 我们就称之为开始了一个循环. 因为前向链从 0 转向 N, 然后不断地向 0 移近一步直至到达此状态, 由此推出倒逆链的状态不断地增加 1 直至到达 N, 并在这个点转向状态 0(参见图 6.2).

前向链的转移 $N\to N\text{-}1\to\cdots\to 2\to 1\to 0$
倒逆链的转移 $0\to 1\to 2\to\cdots\to N\text{-}1\to N$

图 6.2 前向和倒逆转移

现在, 若当前链处在状态 i, 则此循环的 N 的值必须至少是 i. 因此, 倒逆链的下一个状态是 0 的概率是

$$\mathrm{P}\{N=i|N\geqslant i\}=\frac{\mathrm{P}\{N=i\}}{\mathrm{P}\{N\geqslant i\}}=\frac{\alpha_i}{\mathrm{P}\{N\geqslant i\}}$$

而下一个状态是 $i+1$ 的概率是

$$1-\mathrm{P}\{N=i|N\geqslant i\}=\mathrm{P}\{N\geqslant i+1|N\geqslant i\}=\frac{\mathrm{P}\{N\geqslant i+1\}}{\mathrm{P}\{N\geqslant i\}}$$

又因为倒逆链在每次访问一个状态时和前向链停留相同的时间, 于是这显示了倒逆链的转移速率是

$$q_{i,0}^*=v_i\frac{\alpha_i}{\mathrm{P}\{N\geqslant i\}},\quad i>0$$

$$q_{i,i+1}^*=v_i\frac{\mathrm{P}\{N\geqslant i+1\}}{\mathrm{P}\{N\geqslant i\}},\quad i\geqslant 0$$

基于上述猜测, 倒逆方程组 $P_0q_{0i}=P_iq_{i0}^*$ 和 $P_iq_{i,i-1}=P_{i-1}q_{i-1,i}^*$ 变成

$$P_0v_0\alpha_i=P_iv_i\frac{\alpha_i}{\mathrm{P}\{N\geqslant i\}},\quad i\geqslant 1 \tag{6.31}$$

和

$$P_iv_i=P_{i-1}v_{i-1}\frac{\mathrm{P}\{N\geqslant i\}}{\mathrm{P}\{N\geqslant i-1\}},\quad i\geqslant 1 \tag{6.32}$$

由方程组 (6.31) 可推出

$$P_i=P_0v_0\mathrm{P}\{N\geqslant i\}/v_i,\quad i\geqslant 1$$

因为上述方程对 $i=0$ 也成立 (由于 $P\{N\geqslant 0\}=1$), 对一切 i 求和, 我们得到

$$1=\sum_i P_i=P_0v_0\sum_{i=0}^{\infty}\mathrm{P}\{N\geqslant i\}/v_i$$

于是

$$P_i=\frac{\mathrm{P}\{N\geqslant i\}/v_i}{\sum_{i=0}^{\infty}\mathrm{P}\{N\geqslant i\}/v_i},\quad i\geqslant 0$$

为了说明上面的值 P_i 也满足方程组 (6.32), 注意对 $C=1/\sum_{i=0}^{\infty}P\{N\geqslant i\}/v_i$ 有

$$\frac{v_i P_i}{\mathrm{P}\{N \geqslant i\}} = C = \frac{v_{i-1} P_{i-1}}{\mathrm{P}\{N \geqslant i-1\}}$$

它立刻说明了方程组 (6.32) 也是满足的. 因为我们选取倒逆链的转移速率在访问状态 i 时和前向链有一样多的停留时间, 并没有必要检查命题 6.11 的条件 (6.30), 并可得出平稳概率. ■

例 6.22(一个串行排队系统) 考察一个有两条服务线的排队系统, 其中顾客按速率 λ 的泊松过程到达服务线 1. 到达服务线 1 后, 在服务线 1 空闲时进入服务, 或在服务线 1 忙时加入队列. 在服务线 1 完成后, 顾客转向服务线 2, 在那里在服务线 2 空闲着时进入服务, 否则加入队列. 在服务线 2 完成后, 顾客离开系统. 在服务线 1 和 2 的服务时间, 分别为速率 μ_1 和 μ_2 的指数随机变量. 一切服务时间都是独立的, 且独立于到达过程.

上面的模型可用连续时间的马尔可夫链来分析, 其状态 (n, m) 表示当前有 n 个顾客在服务线 1, 有 m 个顾客在服务线 2. 这个链的瞬时转移速率为

$$\begin{aligned}
q_{(n-1,m),(n,m)} &= \lambda, \quad n > 0 \\
q_{(n+1,m-1),(n,m)} &= \mu_1, \quad m > 0 \\
q_{(n,m+1),(n,m)} &= \mu_2
\end{aligned}$$

为了求极限概率, 我们先从链的时间倒向考虑. 因为在实时中当顾客离开服务线 2 时, 系统中减少的总数, 向后看就是在此时刻在系统中增加的总数加上正在服务线 2 的一个顾客. 类似地, 在实时中当顾客到达服务线 1 时系统中人数将增加, 倒逆过程在此时刻将减少在服务线 1 的人数. 因为在服务线 i 停留的时间, 无论是时间向前看, 还是时间向后看都是相同的, 看来倒逆过程是两条服务线的系统, 其中顾客以速率为 $\mu_i, i = 1, 2$ 的指数服务时间在服务线 i, 先到服务线 2, 再到服务线 1, 然后离开系统. 现在倒逆过程到达服务线 2 的速率等于前向过程的离开速率, 则必须等于前向过程的到达速率 λ. (若前向过程的离开速率小于到达速率, 则排队的长度将达到无穷, 就不会有任何极限概率.) 虽然倒逆过程对于服务线 2 的到达过程还不清楚是否为泊松过程, 让我们假设它确是泊松过程, 然后利用命题 6.11 确定我们的猜测是否正确.

所以, 让我们猜测倒逆过程是一个串行排队过程, 其中顾客按速率 λ 的泊松过程到达服务线 2, 在接受服务后转向服务线 1, 并在接受服务线 1 的服务后离开系统. 此外, 在服务线 i 的服务时间是速率为 $\mu_i, i = 1, 2$ 的指数随机变量. 现在若猜测是对的, 倒逆过程的转移速率将是

$$\begin{aligned}
q^*_{(n,m),(n-1,m)} &= \mu_1, \quad n > 0 \\
q^*_{(n,m),(n+1,m-1)} &= \mu_2, \quad m > 0 \\
q^*_{(n,m),(n,m+1)} &= \lambda
\end{aligned}$$

这个具有转移速率 q^* 的链从 (n,m) 离开的速率是

$$q^*_{(n,m),(n-1,m)}+q^*_{(n,m),(n+1,m-1)}+q^*_{(n,m),(n,m+1)}=\mu_1 I\{n>0\}+\mu_2 I\{m>0\}+\lambda$$

其中 $I\{k>0\}$ 在 $k>0$ 时等于 1, 而在其他情形等于 0. 因为上式也是前向过程从状态 (n,m) 离开的速率, 命题 6.11 的条件 (6.30) 是满足的.

利用上面猜测的倒逆时间速率, 倒逆时间方程组将是

$$P_{n-1,m}\lambda=P_{n,m}\mu_1, \quad n>0 \tag{6.33}$$

$$P_{n+1,m-1}\mu_1=P_{n,m}\mu_2, \quad m>0 \tag{6.34}$$

$$P_{n,m+1}\mu_2=P_{n,m}\lambda \tag{6.35}$$

将 (6.33) 式写成 $P_{n,m}=(\lambda/\mu_1)P_{n-1,m}$, 再迭代, 推出

$$P_{n,m}=(\lambda/\mu_1)^2P_{n-2,m}=\cdots=(\lambda/\mu_1)^nP_{0,m}$$

在方程 (6.35) 中置 $n=0, m=m-1$, 得到 $P_{0,m}=(\lambda/\mu_2)P_{0,m-1}$, 由迭代推出

$$P_{0,m}=(\lambda/\mu_2)^2P_{0,m-2}=\cdots=(\lambda/\mu_2)^mP_{0,0}$$

因此, 所猜测的倒逆时间方程组引出

$$P_{n,m}=(\lambda/\mu_1)^n(\lambda/\mu_2)^mP_{0,0}$$

利用 $\sum\limits_n\sum\limits_m P_{n,m}=1$, 得到

$$P_{n,m}=(\lambda/\mu_1)^n(1-\lambda/\mu_1)(\lambda/\mu_2)^m(1-\lambda/\mu_2)$$

因为容易验证, 对上面选取的 $P_{n,m}$ 猜测的一切倒逆时间, 方程 (6.33)、方程 (6.34) 和方程 (6.35) 都满足, 由此推出它们都是极限概率. 因此, 我们证明了在此两条服务线上的稳态人数是独立的, 在服务线 i 的人数正如具有到达速率 λ, 指数服间速率 $\mu_i, i=1,2$ 的一个 M / M / 1 系统 (参见例 6.14).

6.8 均 匀 化

考虑一个连续时间的马尔可夫链, 它处在一个状态的平均时间对一切状态都相同. 即假设对一切状态 i 有 $v_i=v$. 在这种情形下, 由于在一次访问期间在每个状态所处的时间以速率 v 指数地分布, 由此推出, 如果我们以 $N(t)$ 记直至时刻 t 为止状态转移的次数, 那么 $\{N(t), t\geqslant 0\}$ 是速率为 v 的泊松过程.

为了计算转移概率 $P_{ij}(t)$, 我们可以取条件于 $N(t)$:

$$\begin{aligned}P_{ij}(t) &= \mathrm{P}\{X(t)=j|X(0)=i\}\\&=\sum_{n=0}^{\infty}\mathrm{P}\{X(t)=j|X(0)=i,N(t)=n\}\mathrm{P}\{N(t)=n|X(0)=i\}\\&=\sum_{n=0}^{\infty}\mathrm{P}\{X(t)=j|X(0)=i,N(t)=n\}\mathrm{e}^{-vt}\frac{(vt)^n}{n!}\end{aligned}$$

现在, 直至时刻 t 为止已经有 n 次转移, 这告诉我们某些关于在前 n 个被访问的状态中的每一个上所处的时间, 但是由于在每一个状态停留的时间的分布对一切状态是相同的, 由此推出, 知道了 $N(t)=n$ 并没有给我们有关哪些状态已访问的信息. 因此

$$\mathrm{P}\{X(t)=j|X(0)=i,N(t)=n\}=P_{ij}^n$$

其中 P_{ij}^n 正是具有转移概率 P_{ij} 的离散时间的马尔可夫链的 n 步转移概率. 所以当 $v_i\equiv v$ 时

$$P_{ij}(t)=\sum_{n=0}^{\infty}P_{ij}^n\mathrm{e}^{-vt}\frac{(vt)^n}{n!} \tag{6.36}$$

从计算的角度来说, 方程 (6.26) 常常很有用, 因为它使我们通过取一个部分和, 而后计算 (利用转移概率矩阵的矩阵乘法) 有关的 n 步概率 P_{ij}^n 以近似 $P_{ij}(t)$.

然而, 方程 (6.26) 的可应用性似乎十分有限, 因为它假定了 $v_i\equiv v$, 最终用允许状态到它自己的一个虚拟转移的诀窍, 使大部分马尔可夫链可以置入这个形式中. 为了看它如何运作, 考虑 v_i 都是有界的一个马尔可夫链, 而令 v 是一个任意的数, 满足

$$v_i\leqslant v,\quad 对一切\ i \tag{6.37}$$

现在, 当处在状态 i 时, 过程实际上以速率 v_i 离开. 但是这等价于假设转移以速率 v 发生, 但是只有 v_i/v 部分的转移是真实的 (从而实际转移以速率 v_i 发生), 而余下的 $1-v_i/v$ 部分是虚拟的转移, 它使过程留在状态 i. 换句话说, 任意满足条件 (6.37) 的马尔可夫链可以想象为, 一个以速率 v 的指数时间处在状态 i, 然后以概率 P_{ij}^* 转移到 j 的过程, 其中

$$P_{ij}^*=\begin{cases}1-\dfrac{v_i}{v}, & j=i\\ \dfrac{v_i}{v}P_{ij}, & j\neq i\end{cases} \tag{6.38}$$

因此, 从方程 (6.36) 得: 转移概率可以由

$$P_{ij}(t)=\sum_{n=0}^{\infty}P_{ij}^{*n}\mathrm{e}^{-vt}\frac{(vt)^n}{n!}$$

计算, 其中 P_{ij}^* 是对应于方程 (6.38) 的 n 步转移概率. 这种从每个状态出发到它自身的转移使速率均匀化的技术, 称为均匀化.

例 6.23 我们重新考察例 6.11, 它将工作的一台机器 (或者在运行, 或者不在运行) 建模为一个两个状态的连续时间的马尔可夫链, 它具有

$$P_{01} = P_{10} = 1, \qquad v_0 = \lambda, \quad v_1 = \mu$$

令 $v = \lambda + \mu$, 上面的均匀化版本是考虑一个连续时间的马尔可夫链, 它具有

$$P_{00} = \frac{\mu}{\lambda+\mu} = 1 - P_{01}, \quad P_{10} = \frac{\mu}{\lambda+\mu} = 1 - P_{11}, \quad v_i = \lambda + \mu, \quad i = 1, 2$$

因为 $P_{00} = P_{10}$, 由此推出, 无论现在的状态是什么, 转移到状态 0 的概率等于 $\mu/(\lambda+\mu)$. 因为类似的结果对于状态 1 是正确的, 由此推出 n 步转移概率为

$$P_{i0}^n = \frac{\mu}{\lambda+\mu}, \quad n \geqslant 1,\ i = 0, 1$$

$$P_{i1}^n = \frac{\lambda}{\lambda+\mu}, \quad n \geqslant 1,\ i = 0, 1$$

因此

$$\begin{aligned} P_{00}(t) &= \sum_{n=0}^{\infty} P_{00}^n \mathrm{e}^{-(\lambda+\mu)t} \frac{[(\lambda+\mu)t]^n}{n!} \\ &= \mathrm{e}^{-(\lambda+\mu)t} + \sum_{n=1}^{\infty} \left(\frac{\mu}{\lambda+\mu}\right) \mathrm{e}^{-(\lambda+\mu)t} \frac{[(\lambda+\mu)t]^n}{n!} \\ &= \mathrm{e}^{-(\lambda+\mu)t} + [1 - \mathrm{e}^{-(\lambda+\mu)t}] \frac{\mu}{\lambda+\mu} \\ &= \frac{\mu}{\lambda+\mu} + \frac{\lambda}{\lambda+\mu} \mathrm{e}^{-(\lambda+\mu)t} \end{aligned}$$

类似地

$$\begin{aligned} P_{11}(t) &= \sum_{n=0}^{\infty} P_{11}^n \mathrm{e}^{-(\lambda+\mu)t} \frac{[(\lambda+\mu)t]^n}{n!} \\ &= \mathrm{e}^{-(\lambda+\mu)t} + [1 - \mathrm{e}^{-(\lambda+\mu)t}] \frac{\lambda}{\lambda+\mu} \\ &= \frac{\lambda}{\lambda+\mu} + \frac{\mu}{\lambda+\mu} \mathrm{e}^{-(\lambda+\mu)t} \end{aligned}$$

其余的概率是

$$P_{01}(t) = 1 - P_{00}(t) = \frac{\lambda}{\lambda+\mu}[1 - \mathrm{e}^{-(\lambda+\mu)t}],$$

$$P_{10}(t) = 1 - P_{11}(t) = \frac{\mu}{\lambda+\mu}[1 - \mathrm{e}^{-(\lambda+\mu)t}]$$

■

例 6.24 考虑例 6.23 中的两状态链, 并且假设初始状态是 0. 以 $O(t)$ 记过程在区间 $(0, t)$ 中处在状态 0 的时间总量. 随机变量 $O(t)$ 常常称为占位时间. 我们现在计算它的均值.

如果令

$$I(s)=\begin{cases}1, & 若\ X(s)=0\\ 0, & 若\ X(s)=1\end{cases}$$

那么我们可以将占位时间表示为

$$O(t)=\int_0^t I(s)\mathrm{d}s$$

取期望并且利用我们可以在积分号内取期望 (因为一个积分基本上是一个和) 的事实, 得到

$$\begin{aligned}\mathrm{E}[O(t)]&=\int_0^t \mathrm{E}[I(s)]\mathrm{d}s=\int_0^t \mathrm{P}\{X(s)=0\}\mathrm{d}s\\ &=\int_0^t P_{00}(s)\mathrm{d}s=\frac{\mu}{\lambda+\mu}t+\frac{\lambda}{(\lambda+\mu)^2}\{1-\mathrm{e}^{-(\lambda+\mu)t}\}\end{aligned}$$

其中最后的等式得自对

$$P_{00}(s)=\frac{\mu}{\lambda+\mu}+\frac{\lambda}{\lambda+\mu}\mathrm{e}^{-(\lambda+\mu)s}$$

求积分 (对于 $\mathrm{E}[O(t)]$ 的另一个推导, 参见习题 45.) ■

6.9 计算转移概率

对于任意的一对状态 i 和 j, 令

$$r_{ij}=\begin{cases}q_{ij}, & 若\ i\neq j\\ -v_i, & 若\ i=j\end{cases}$$

用这个记号, 我们可以改写科尔莫戈罗夫向后方程

$$P'_{ij}(t)=\sum_{k\neq i}q_{ik}P_{kj}(t)-v_iP_{ij}(t)$$

以及向前方程

$$P'_{ij}(t)=\sum_{k\neq j}q_{kj}P_{ik}(t)-v_jP_{ij}(t)$$

为

$$\begin{aligned}P'_{ij}(t)&=\sum_k r_{ik}P_{kj}(t)\quad (向后)\\ P'_{ij}(t)&=\sum_k r_{kj}P_{ik}(t)\quad (向前)\end{aligned}$$

当我们使用矩阵记号时, 这个表示特别地清楚. 定义矩阵 $\boldsymbol{R},\boldsymbol{P}(t)$, $\boldsymbol{P}'(t)$, 令这些矩阵在 i 行 j 列的元素分别为 $r_{ij},P_{ij}(t),P'_{ij}(t)$. 因为向后方程表明矩阵 $\boldsymbol{P}'(t)$ 的在

i 行 j 列的元素可以由矩阵 $\boldsymbol{R}$ 的 i 行乘以矩阵 $\boldsymbol{P}(t)$ 的 j 列得到，它等价于矩阵方程

$$\boldsymbol{P}'(t) = \boldsymbol{R}\boldsymbol{P}(t) \tag{6.39}$$

类似地，向前方程可以写成

$$\boldsymbol{P}'(t) = \boldsymbol{P}(t)\boldsymbol{R} \tag{6.40}$$

现在，正如数量的微分方程 $f'(t) = cf(t)$(或者，等价地，$f'(t) = f(t)c$) 的解是 $f(t) = f(0)\mathrm{e}^{ct}$，可以证明矩阵微分方程 (6.39) 和 (6.40) 的解为 $\boldsymbol{P}(t) = \boldsymbol{P}(0)\mathrm{e}^{\boldsymbol{R}t}$. 由于 $\boldsymbol{P}(0) = \boldsymbol{I}$(单位矩阵)，所以

$$\boldsymbol{P}(t) = \mathrm{e}^{\boldsymbol{R}t} \tag{6.41}$$

其中矩阵 $\mathrm{e}^{\boldsymbol{R}t}$ 由

$$\mathrm{e}^{\boldsymbol{R}t} = \sum_{n=0}^{\infty} \boldsymbol{R}^n \frac{t^n}{n!} \tag{6.42}$$

定义，而 $\boldsymbol{R}^n$ 是 $\boldsymbol{R}$ (矩阵) 自乘 n 次.

用方程 (6.42) 直接计算 $\boldsymbol{P}(t)$ 效率极低，这有两个原因，首先，矩阵 $\boldsymbol{R}$ 既包含正的元素，又包含负的元素 (对角线外的元素是 q_{ij}，而第 i 个对角线元素是 $-v_i$)，当我们计算 $\boldsymbol{R}$ 的幂时，存在计算机的舍入误差问题. 第二，我们通常必须计算无穷项的和 (6.42) 的许多项以便得到好的近似. 然而，存在某种间接的途径，使我们能够利用关系 (6.41) 有效地近似矩阵 $\boldsymbol{P}(t)$. 我们现在介绍两个这样的方法.

近似方法 1 与其用 (6.42) 计算 $\mathrm{e}^{\boldsymbol{R}t}$，不如用恒等式

$$\mathrm{e}^{x} = \lim_{n\to\infty}\left(1 + \frac{x}{n}\right)^n$$

的矩阵等价式，即

$$\mathrm{e}^{\boldsymbol{R}t} = \lim_{n\to\infty}\left(\boldsymbol{I} + \boldsymbol{R}\frac{t}{n}\right)^n$$

于是，如果取 n 为 2 的幂，例如说，$n = 2^k$，那么我们可以用计算矩阵 $\boldsymbol{M} = \boldsymbol{I} + \boldsymbol{R}t/n$ 的 n 次幂近似 $\boldsymbol{P}(t)$，这可以由 k 个矩阵乘法来完成 (首先由 $\boldsymbol{M}$ 乘上它自己得到 $\boldsymbol{M}^2$，然后将它乘上它自己得到 $\boldsymbol{M}^4$，如此等等). 此外，由于只有 $\boldsymbol{R}$ 的对角线元素是负的 (而单位矩阵的对角线元素都是 1)，通过选取足够大的 n，我们可以保证矩阵 $\boldsymbol{I} + \boldsymbol{R}t/n$ 的所有元素都非负.

近似方法 2 第二个近似 $\mathrm{e}^{\boldsymbol{R}t}$ 的方法用恒等式

$$\mathrm{e}^{-\boldsymbol{R}t} = \lim_{n\to\infty}\left(\boldsymbol{I} - \boldsymbol{R}\frac{t}{n}\right)^n \approx \left(\boldsymbol{I} - \boldsymbol{R}\frac{t}{n}\right)^n \qquad \text{对大的}n$$

从而

$$\boldsymbol{P}(t) = \mathrm{e}^{\boldsymbol{R}t} \approx \left(\boldsymbol{I} - \boldsymbol{R}\frac{t}{n}\right)^{-n} = \left[\left(\boldsymbol{I} - \boldsymbol{R}\frac{t}{n}\right)^{-1}\right]^n$$

因此, 如果我们再选取 n 为 2 的一个大的幂, 例如说, $n = 2^k$, 我们可以近似 $\boldsymbol{P}(t)$, 首先通过计算矩阵 $\boldsymbol{I} - \boldsymbol{R}t/n$ 的逆, 计算这个矩阵的 n 次幂 (通过用 k 个矩阵乘法). 可以证明矩阵 $(\boldsymbol{I} - \boldsymbol{R}t/n)^{-1}$ 将只有非负元素.

注　上面的两种近似 $\boldsymbol{P}(t)$ 的计算方法都有概率解释 (参见习题 41 和习题 42).

习　　题

1. 一个有机体的总体由雄性与雌性成员组成. 在一个小的群体中, 某个特定的雄性可能与一个特定的雌性以概率 $\lambda h + o(h)$ 在任意长度为 h 的时间区间里交配. 每次交配立即等可能产生一个雄性或雌性的后代. 以 $N_1(t)$ 和 $N_2(t)$ 分别记在时刻 t 总体中的雄性与雌性的个数. 推导连续时间的马尔可夫链 $\{N_1(t),N_2(t)\}$ 的参数, 即 6.2 节中的参数 v_i, P_{ij}.

***2.** 假设一个单细胞的有机体可以处在状态 A 或状态 B. 处在状态 A 的个体将以指数速率 α 转变到状态 B, 处在状态 B 的个体将以指数速率 β 分裂为两个在状态 A 的新个体. 对这样的有机体的总体定义一个合适的连续时间马尔可夫链, 并且确定这个模型的合适的参数.

3. 考察两台由某个修理工维修的机器. 机器 i 在失效前运行了速率为 μ_i 的一个指数时间, $i = 1, 2$. 修理时间 (对任一台机器) 是速率为 μ 的指数随机变量. 我们能否将它分析为生灭过程? 如果是, 参数是什么? 如果不是, 我们应如何分析它?

***4.** 潜在顾客按速率为 λ 的泊松过程到达一个单服务线的服务站. 然而, 如果到达者发现在系统中已经有 n 个人, 那么他将以概率 α_n 进入系统. 假定一个速率为 μ 的指数服务时间, 将它建模为一个生灭过程, 并且确定出生率与死亡率.

5. 在一个总体中有 N 个个体, 它们中的一些受到某种感染, 其传播方式如下：这个总体中的两个个体之间按速率为 λ 的泊松过程接触. 每一次接触等可能地涉及在总体中的 $\binom{N}{2}$ 对个体中的任意一对. 如果一次接触涉及一个受感染的与一个没有受感染的个体, 那么没有感染者将以概率 p 变成受感染者. 一旦受到感染, 该个体始终保持受感染. 以 $X(t)$ 记总体在时刻 t 受感染成员的个数.

(a) $\{X(t), t \geqslant 0\}$ 是连续时间的马尔可夫链吗?

(b) 确定它的类型.

(c) 开始只有一个受感染的个体, 问直到所有的成员都受感染的期望时间是多少?

6. 考虑一个具有出生率 $\lambda_i = (i+1)\lambda$ $(i \geqslant 0)$ 与死亡率 $\mu_i = i\mu$ $(i \geqslant 0)$ 的生灭过程.

(a) 确定从状态 0 到状态 4 的期望时间.

(b) 确定从状态 2 到状态 5 的期望时间.

(c) 确定 (a) 和 (b) 中的方差.

***7.** 个体按速率为 λ 的泊松过程加入一个俱乐部. 每个新成员变成俱乐部会员必须通过 k 个连续的阶段. 通过每个阶段的时间是速率为 μ 的指数随机变量. 以 $N_i(t)$ 记在时刻 t 恰好已通过 i 个阶段的俱乐部成员的人数, $i = 1, \cdots, k-1$. 此外, 令 $\boldsymbol{N}(t) = (N_1(t), N_2(t), \cdots, N_{k-1}(t))$.

(a) $\{\boldsymbol{N}(t), t \geqslant 0\}$ 是连续时间的马尔可夫链吗?

(b) 如果是, 给出无穷小转移速率. 即对于任意状态 $\boldsymbol{n}=(n_1,\cdots,n_{k-1})$ 给出可能的下一个状态与它们的无穷小速率.

8. 考察两台机器, 两者都有均值为 $1/\lambda$ 的指数寿命. 有一个修理工可以以指数速率 μ 服务于机器. 建立科尔莫戈罗夫向后方程, 不需要求解.

9. 具有参数 $\lambda_n=0$ 和 $\mu_n=\mu(n>0)$ 的生灭过程, 称为纯灭过程. 求 $P_{ij}(t)$.

10. 考察两台机器. 机器 i 运行了速率为 λ_i 的指数时间后失效. 它的修理时间是速率为 μ_i 的指数时间, $i=1,2$. 机器彼此独立地运行. 定义一个联合地描述两台机器的条件的 4 个状态的马尔可夫链. 用独立性的假定计算这个马尔可夫链的转移概率, 然后验证转移概率满足向后方程与向前方程.

***11.** 考虑一个尤尔过程, 开始有一个个体, 即假设 $X(0)=1$. 以 T_i 记过程从总体大小为 i 到达大小为 $i+1$ 所用的时间.

(a) 论证 T_i $(i=1,\cdots,j)$ 是分别以 $i\lambda$ 为速率的独立指数随机变量.

(b) 以 $X_1,\cdots,X_j$ 记独立的指数随机变量, 每个具有速率 λ, 并且将 X_i 解释为部件 i 的寿命. 论证 $\max(X_1,\cdots,X_j)$ 可以解释为

$$\max(X_1,\cdots,X_j)=\varepsilon_1+\varepsilon_2+\cdots+\varepsilon_j$$

其中 $\varepsilon_1,\varepsilon_2,\cdots,\varepsilon_j$ 分别是速率为 $j\lambda,(j-1)\lambda,\cdots,\lambda$ 的独立的指数随机变量.

提示: 将 ε_i 解释为在第 $i-1$ 个和第 i 个失效之间的时间.

(c) 用 (a) 和 (b) 论证

$$\mathrm{P}\{T_1+\cdots+T_j\leqslant t\}=(1-\mathrm{e}^{-\lambda t})^j$$

(d) 利用 (c) 得到

$$P_{1j}(t)=(1-\mathrm{e}^{-\lambda t})^{j-1}-(1-\mathrm{e}^{-\lambda t})^j=\mathrm{e}^{-\lambda t}(1-\mathrm{e}^{-\lambda t})^{j-1}$$

因此, 在给定 $X(0)=1$ 时, $X(t)$ 有参数为 $p=\mathrm{e}^{-\lambda t}$ 的几何分布.

(e) 现在证明

$$P_{ij}(t)=\binom{j-1}{i-1}\mathrm{e}^{-\lambda ti}(1-\mathrm{e}^{-\lambda t})^{j-i}$$

12. 假定在一个生物总体中的每个个体以指数速率 λ 出生, 而以指数速率 μ 死亡. 此外, 由于移民, 存在一个增长的指数速率 θ. 然而, 当总体的大小是 N 或更大时, 不再允许移民.

(a) 用生灭过程建立模型.

(b) 如果 $N=3, 1=\theta=\lambda, \mu=2$, 确定移民受限制的时间比例.

13. 一个理发师经营的小理发店最多能容纳两个顾客. 潜在顾客以每小时 3 个的速率的泊松过程到达, 而相继的服务时间是均值为 1/4 小时的独立的指数随机变量. 求解下面各项.

(a) 在店中顾客的平均数.

(b) 进入店中的潜在顾客的比例.

(c) 如果该理发师工作的速率快至两倍, 他将多做多少生意?

14. 潜在的顾客以速率每小时 20 辆车的泊松过程到达一个全方位服务的单个加油泵的加油站. 然而, 顾客只在不超过两辆车在泵上时 (包括现在正试图进入的一辆) 才进入加油站. 假设服务一辆车需要的时间是均值为 5 分钟的指数随机变量.

(a) 用于汽车服务的服务员的时间的比例是多少?

(b) 流失的潜在顾客的比例是多少?

15. 一个服务中心由两条服务线组成. 每条以平均每小时 2 个服务的指数速率工作. 如果顾客以速率每小时 3 个的泊松过程到达, 假定系统的容量至多为 3 个顾客.

(a) 潜在顾客进入系统的比例是多少?

(b) 如果只有单服务线, 而他的速率快两倍 (即 $\mu=4$), (a) 的值是多少?

***16.** 下面的问题来自分子生物学. 细菌的表面有几个位置, 在那里接触到外来分子 —— 有些是可接受的, 而有些是不可接受的. 我们考虑一个特殊的位置, 假设分子按速率为 λ 的泊松过程到达该位置. 在这些分子中, 以比例 α 是可接受的. 不可接受的分子在该位置按参数为 μ_1 的指数分布停留一个时间长度, 而可接受的分子在该位置停留参数为 μ_2 的指数时间. 一个到达的分子被接触只当这个位置没有其他分子. 问这个位置被可接受的分子 (不可接受的分子) 占据的时间的百分比是多少?

17. 每次一台机器修复后, 保持运行速率为 λ 的指数分布时间. 然后失效, 并且其失效有两种类型. 若是第一类失效, 则修复它的时间是速率为 μ_1 的指数时间; 若是第二类失效, 则修复它的时间是速率为 μ_2 的指数时间. 每次失效独立于机器到失效所用的时间, 第一类失效的概率是 p, 而第二类失效的概率是 $1-p$. 由第一类失效引起机器不能运行的时间比例是多少? 由第二类失效引起机器不能运行的时间比例是多少? 机器正常运行的时间比例是多少?

18. 机器在修复后运行了速率为 λ 的指数时间, 然后失效. 失效时修理过程就开始. 修理过程经过 k 个不同的阶段相继地进行. 首先必须进行阶段 1 修理, 然后阶段 2, 如此等等. 完成这些修理的时间是独立的, 阶段 i 需用速率为 μ_i $(i=1,\cdots,k)$ 的指数时间.

(a) 机器进行阶段 i 修理的时间比例是多少?

(b) 机器运行的时间比例是多少?

***19.** 一个修理工照看机器 1 和 2. 每次修复后, 机器 i 保持正常运行一个速率为 $\lambda_i(i=1,2)$ 的指数时间. 当机器 i 失效时需要以速率为 μ_i 的指数分布的工作量完成它的修理. 在机器 1 失效时修理工总是先修理它. 例如, 若正在修理机器 2 时机器 1 突然失效, 则修理工将立刻停止修理机器 2, 而开始修理机器 1. 问机器 2 失效的时间比例是多少?

20. 有两台机器, 其中一台作备用. 一台工作的机器将运行速率为 λ 的指数时间, 然后失效. 此时, 如果另一台在可工作状态, 则立刻用来代替它, 而它则送入修理车间. 修理工作只由一个人进行, 他用速率为 μ 的指数分布时间修复一台失效的机器. 如果修理工闲着, 则新失效的机器马上进行修理. 如果修理工忙着, 则等到另一台机器修复, 此时新修复的机器进入运行, 再开始修理另一台. 开始时两台机器都在可工作条件, 求直到两台都进入修理车间的时间的

(a) 期望值.

(b) 方差.

(c) 有一台可工作的机器的长程时间比例是多少?

21. 假设在习题 20 中两台机器都不能运行时第二个修理工就应召修理新失效的机器. 假设所有的修复时间保持速率为 μ 的指数随机变量. 现在求至少有一台机器可工作的时间的比例, 将你得到的答案与习题 20 中得到的作比较.

22. 顾客按速率为 λ 的泊松过程到达一条单服务线的排队系统. 这条服务线有速率为 μ 的指数服务时间然而, 发现系统中已有 n 个顾客的到达者, 只以概率 $1/(n+1)$ 加入系统. 即这样的到达者将以概率 $n/(n+1)$ 不进入系统. 证明在系统中的顾客数的极限分布是均值为 λ/μ 的泊松分布.

23. 一个车间有 3 台机器和 2 个修理工. 机器在失效前工作的时间以均值 10 指数地分布. 如果一个修理工修复一台机器使用的时间以均值 8 指数地分布, 那么

(a) 不在使用的机器的平均台数是多少?

(b) 两个修理工都在忙的时间比例是多少?

***24.** 考察一个出租车的车站, 其中出租车与顾客分别按速率为每分钟 1 辆与每分钟 2 人的泊松过程到达. 无论有多少出租车在那里, 新来的出租车都会等待. 然而, 若顾客到来发现没有出租车就会离去. 求

(a) 在等待的出租车的平均数.

(b) 到达的顾客搭到出租车的比例.

25. 顾客按速率为 λ 的泊松过程到达由单个服务员操作的服务站, 后者以指数速率 μ_1 服务. 在服务结束后, 顾客进入以指数速率 μ_2 服务的第二个系统. 这样的系统, 称为*串行排队系统*, 或*序贯排队系统*. 假定 $\lambda < \mu_i, i = 1, 2$. 确定极限概率.

提示: 试探形如 $P_{n,m} = C\alpha^n\beta^m$ 的解, 确定 C, α, β.

26. 考虑一个处在稳态 (即在长时间后) 的遍历的 M/M/s 排队系统, 论证现在在系统中的人数独立于过去的离开时刻的序列. 即例如, 知道已经在 2、3、5 和 10 个时间单位前有顾客离开, 并不影响现在在系统中人数的分布.

27. 在 M/M/s 排队系统中, 如果你允许服务速率依赖于系统中的人数 (但是, 以保证系统为遍历的方式), 你认为输出过程是什么? 当服务速率 μ 保持不变, 但是 $\lambda > s\mu$ 时, 它又如何?

***28.** 如果 $\{X(t)\}$ 和 $\{Y(t)\}$ 是独立的连续时间的马尔可夫链, 两者都是时间可逆的. 证明 $\{X(t), Y(t)\}$ 也是一个时间可逆的马尔可夫链.

29. 考察一组 n 台机器和服务于这些机器的单个修理设备. 假设当机器 i $(i = 1, \cdots, n)$ 失效时, 修复工作量是速率 μ_i 的指数分布. 又假设等可能地修理所有失效的机器. 即当共有 k 个失效的机器时, 每个失效机器在每个单位时间以速率 $1/k$ 接受修理工作. 如果总共有 r 台在工作的机器, 包括机器 i, 那么机器 i 以瞬时速率 λ_i/r 失效.

(a) 确定合适的状态空间使上述系统能分析为连续时间的马尔可夫链.

(b) 给出瞬时转移速率 (即给出 q_{ij}).

(c) 写出时间可逆性方程.

(d) 求极限概率, 并且证明这个过程是时间可逆的.

30. 考察一个有顶点 $1, 2, \cdots, n$ 和 $\binom{n}{2}$ 条弧 $(i, j)(i \neq j, i, j = 1, \cdots, n)$ 的一个图 (适用的定义参见 3.6.2 节). 假设一个粒子沿这个图如下地移动: 事件按速率为 λ_{ij} 的独立泊松过程沿着弧 (i, j) 发生. 一个沿着弧 (i, j) 发生的事件使这个弧被激活. 如果在弧 (i, j) 被激活的时刻, 粒子在顶点 i, 那么它立刻移动到顶点 j $(i, j = 1, \cdots, n)$. 以 P_j 记粒子在顶点 j 的时间的比例. 证明 $P_j = 1/n$.

提示：利用时间可逆性.

31. 总共有 N 个顾客在 r 条服务线之间以如下方式移动：接受服务线 i 服务的顾客，以概率 $1/(r-1)$ 再去服务线 $j, j \neq i$, 如果他去的服务线空闲，则进入服务，否则他加入队列等候. 服务时间都是独立的，服务线 i 的服务时间是速率为 μ 的指数随机变量，$i = 1, \cdots, r$. 令状态在任意时间为向量 $(n_1, \cdots, n_r)$, 其中 n_i 是服务线 i 的顾客数，$i = 1, \cdots, r, \sum_i n_i = N$.

(a) 论证如果 $X(t)$ 是在时刻 t 的状态，则 $\{X(t), t \geqslant 0\}$ 是连续时间的马尔可夫链.

(b) 给出这个链的瞬时速率.

(c) 证明这个链是时间可逆的，并求它的极限概率.

32. 顾客按速率为 λ 的泊松过程到达一个有两条服务线的服务站. 顾客到达后进入一个单一的队列. 只要一条服务线空闲，队中第一个人就进入服务. 服务线 i 的服务时间是速率为 μ_i 的指数随机变量，$i = 1, 2$, 其中 $\mu_1 + \mu_2 > \lambda$. 一个到达者发现两条服务线都空闲时等可能地进入任意一条. 对于这个模型，定义一个合适的连续时间的马尔可夫链，证明它是时间可逆的，并且求它的极限概率.

***33.** 考虑两个具有参数 λ_i 和 μ_i $(i = 1, 2)$ 的 M/M/1 排队系统. 假设他们共用一个最多容纳 3 个顾客的等待厅. 即只要一个到达者发现服务线都在忙，并且有 3 个顾客在等待厅，她就离开. 求在系统中有 n 个顾客在队列 1, m 个顾客在队列 2 的极限概率.

提示：结合截止的概念利用习题 28 的结果.

34. 4 个工人共用一间有 4 个电话的办公室. 在任意时刻每个工人或者在工作，或者在打电话. 工人 i 的每段在工作的时期持续一个速率为 λ_i 的指数分布时间，而每段在打电话的时期持续一个速率为 μ_i 的指数分布时间，$i = 1, 2, 3, 4$.

(a) 所有工人都在工作的时间的比例是多少？

如果在时刻 t 工人 i 在工作，令 $X_i(t)$ 等于 1, 否则令它等于 0. 令 $\boldsymbol{X}(t) = (X_1(t), X_2(t), X_3(t), X_4(t))$.

(b) 论证 $\{\boldsymbol{X}(t), t \geqslant 0\}$ 是一个连续时间的马尔可夫链，并且给出它的无穷小速率.

(c) $\{\boldsymbol{X}(t)\}$ 是否时间可逆？为什么？

现在假设其中一个电话损坏了. 假设想用电话但是发现所有电话都在使用的一个工人开始了一个新的在工作时期.

(d) 所有工人都在工作的时间的比例是多少？

35. 考察一个具有无穷小转移速率 q_{ij} 和极限概率 $\{P_i\}$ 的时间可逆的连续时间的马尔可夫链. 以 A 记这个链的一个状态集合，并且考虑一个转移速率 q_{ij}^* 为

$$q_{ij}^* = \begin{cases} cq_{ij}, & \text{若 } i \in A, j \notin A \\ q_{ij}, & \text{其他} \end{cases}$$

的新的连续时间的马尔可夫链，其中 c 是一个任意的正常数. 证明这个链是时间可逆的，并求它的极限概率.

36. 考虑一个有 n 个部件的系统，部件 i 的工作时间是速率为 λ_i 的指数随机变量，$i = 1, \cdots, n$. 然而，失效时，部件 i 的修复速率依赖于有多少个失效的部件. 特别地，假设当总共有 k 个失效的部件时，部件 i $(i = 1, \cdots, n)$ 的瞬时修复率是 $\alpha^k \mu_i$.

(a) 解释为什么我们可以用一个连续时间的马尔可夫链分析上述模型. 定义这个链的状态

和参数.

(b) 在稳定状态, 证明这个链是时间可逆的, 并计算它的极限概率.

***37.** 一个医院接受 k 种不同类型的病人, 其中 i 类型病人按速率为 λ_i 的泊松过程到达, 假设这 k 个泊松过程是独立的. i 类型病人在医院停留速率为 μ_i 的指数分布的时间长度, $i=1,\cdots,k$. 假设每个 i 类型病人在医院需要 w_i 个单位的资源, 而且如果一个新来的病人导致所有病人的资源总数超过数量 C, 则医院就不接受这个病人. 因此, 医院在同一个时间可能有 n_1 个类型 1 病人, n_2 个类型 2 病人, $\cdots$, n_k 个类型 k 病人, 当且仅当

$$\sum_{i=1}^{k} n_i w_i \leqslant C$$

(a) 定义一个连续时间的马尔可夫链以分析上述情形.

对于 (b), (c), (d), 假定 $C=\infty$.

(b) 若 $N_i(t)$ 是时刻 t 在系统中类型 i 病人的人数, 问 $\{N_i(t), t \geqslant 0\}$ 是什么类型的过程? 它是时间可逆的吗?

(c) 对于向量过程 $\{(N_1(t),\cdots,N_k(t)), t\geqslant 0\}$, 你能说些什么呢?

(d) 问 (c) 部分的极限概率是什么?

对于余下的部分假设 $C<\infty$

(e) 求 (a) 部分的马尔可夫链的极限概率.

(f) 类型 i 病人以怎样的速率准入?

(g) 病人准入的比例是多少?

***38.** 考虑 n 条服务线的系统, 其中第 i 条服务线的服务时间是速率为 $\mu_i (i=1,\cdots,n)$ 的指数随机变量. 假设顾客按速率为 λ 的泊松过程到达, 且到达的顾客发现所有服务线都在忙, 则离开而不进入系统. 假设一个顾客到达时发现至少有一条服务线闲着, 则他随机地选取这些服务线中的一条接受服务; 即一个顾客到达时发现 k 条服务线闲着, 则等可能地选取这 k 条服务线中的任意一条.

(a) 定义一个连续时间的马尔可夫链以分析上述情形.

(b) 证明此链是时间可逆的.

(c) 求极限概率.

***39.** 假设在习题 38 中一个进入系统的顾客接受闲着的时间最短的服务线服务.

(a) 定义一些状态以用一个连续时间的马尔可夫链分析这个模型.

(b) 证明这个链是时间可逆的.

(c) 求极限概率.

***40.** 考察一个状态为 $1,\cdots,n$ 的连续时间的马尔可夫链, 在每次访问时, 以速率为 v_i 的指数时间停留在状态 i, 然后等可能地转向其余 $n-1$ 个状态中的任意一个.

(a) 这个链是时间可逆的吗?

(b) 求它在每个状态停留时间的长程比例.

41. 证明例 6.22 中的极限概率满足方程 (6.33)、方程 (6.34) 和方程 (6.35).

***42.** 解释在例 6.22 中, 为何我们可以在分析之前知道在服务线 i 有 j 个顾客的极限概率是

$(\lambda/\mu_i)^j(1-\lambda/\mu_i), i=1,2, j\geqslant 0$. (在稳态时服务线的顾客数是否独立未知.)

*43. 考察一个有 3 条服务线的串行排队系统, 顾客按速率 λ 的泊松过程到达服务线 1. 在完成服务线 1 的服务后转向服务线 2; 在完成服务线 2 的服务后转向服务线 3; 在完成服务线 3 的服务后离开系统. 假定在服务线 i 的服务时间是速率为 $\mu_i(i=1,2,3)$ 的指数随机变量. 利用猜测倒逆链来求系统的极限概率, 然后验证你的猜测.

44. 对于习题 3 中的连续时间的马尔可夫链, 介绍一个均匀化的版本.

45. 在例 6.24 中, 我们用开始在状态 0 的两状态的连续时间的马尔可夫链, 计算了直至时刻 t 为止在状态 0 的平均占位时间 $m(t)=\mathrm{E}[O(t)]$. 另一个得到这个量的途径是推导它的一个微分方程.

(a) 证明

$$m(t+h)=m(t)+P_{00}(t)h+o(h)$$

(b) 证明

$$m'(t)=\frac{\mu}{\lambda+\mu}+\frac{\lambda}{\lambda+\mu}\mathrm{e}^{-(\lambda+\mu)t}$$

(c) 求解 $m(t)$.

46. 令 $O(t)$ 是两状态的连续时间的马可尔夫链在状态 0 的占位时间. 求 $\mathrm{E}[O(t)|X(0)=1]$.

47. 考虑两状态的连续时间的马尔可夫链. 开始过程处于状态 0, 求 $\mathrm{Cov}(X(s),X(t))$.

48. 以 Y 记独立于连续时间的马尔可夫链 $\{X(t)\}$ 的一个速率为 λ 的指数随机变量, 而令

$$\overline{P}_{ij}=\mathrm{P}\{X(Y)=j|X(0)=i\}$$

(a) 证明

$$\overline{P}_{ij}=\frac{1}{v_i+\lambda}\sum_k q_{ik}\overline{P}_{kj}+\frac{\lambda}{v_i+\lambda}\delta_{ij}$$

其中当 $i=j$ 时 δ_{ij} 是 1, 当 $i\neq j$ 时 δ_{ij} 是 0.

(b) 证明上述的一组方程的解由 $\overline{\boldsymbol{P}}=(\boldsymbol{I}-\boldsymbol{R}/\lambda)^{-1}$ 给出, 其中 $\overline{\boldsymbol{P}}$ 是分量为 $\overline{P}_{ij}$ 的矩阵, $\boldsymbol{I}$ 是单位矩阵, 而 $\boldsymbol{R}$ 是在 6.9 节中指定的矩阵.

(c) 现在假设 $Y_1,\cdots,Y_n$ 是独立的速率为 λ 的指数随机变量, 它们独立于 $\{X(t)\}$. 证明

$$\mathrm{P}\{X(Y_1+\cdots+Y_n)=j|X(0)=i\}$$

等于矩阵 $\overline{\boldsymbol{P}}^n$ 在 i 行 j 列的元素.

(d) 解释上述结论与在 6.9 节中的近似方法 2 的关系.

*49. (a) 证明在 6.9 节中的近似方法 1 等价于用使 $vt=n$ 的一个值 v 使连续时间的马尔可夫链均匀化, 然后用 P_{ij}^{*n} 近似 $P_{ij}(t)$.

(b) 解释为什么上述方法将得到一个良好的近似.

提示: 均值为 n 的泊松随机变量的标准差是什么?

参考文献

[1] D. R. Cox and H. D. Miller, "The Theory of Stochastic Processes," Methuen, London, 1965.

[2] A. W. Drake, "Fundamentals of Applied Probability Theory," McGraw-Hill, New York, 1967.

[3] S. Karlin and H. Taylor, "A First Course in Stochastic Processes," Second Edition, Academic Press, New York, 1975.

[4] E. Parzen, "Stochastic Processes," Holden-Day, San Francisco, California, 1962.

[5] S. Ross, "Stochastic Processes," Second Edition, John Wiley, New York, 1996

第 7 章　更新理论及其应用

7.1　引　言

我们已经看到泊松过程是一个计数过程, 它的相继事件之间的时间是有相同指数分布的独立随机变量. 一种可能的推广是考虑一个计数过程, 其两次相继事件之间的时间是独立同分布的随机变量. 这样的计数过程, 称为*更新过程*.

令 $\{N(t), t \geqslant 0\}$ 是一个计数过程, 而以 X_n 记这个过程的第 $n-1$ 个和第 n 个事件之间的时间, $n \geqslant 1$.

定义 7.1　如果非负随机变量列 $\{X_1, X_2, \cdots\}$ 是独立同分布的, 那么计数过程 $\{N(t), t \geqslant 0\}$ 称为*更新过程*.

于是, 一个更新过程是一个计数过程, 其直到第一次事件发生的时间有某个分布 F, 第一个和第二个事件之间的时间独立于第一个事件的时间, 并且有同样的分布 F, 以此类推. 当一个事件发生时, 我们说发生了更新.

举一个更新过程的例子. 假设我们有无穷多个灯泡, 它们的寿命是独立同分布的. 再假设在某个时间我们使用一个灯泡, 而当它失效时, 就立刻换上一个新的. 在这些条件下, 用 $N(t)$ 表示直到时刻 t 为止失效的灯泡个数, 则 $\{N(t), t \geqslant 0\}$ 是一个更新过程.

对于到达间隔时间为 $X_1, X_2, \cdots$ 的一个更新过程, 令

$$S_0 = 0, \quad S_n = \sum_{i=1}^{n} X_i, \quad n \geqslant 1$$

即 $S_1 = X_1$ 是第一次更新的时间; $S_2 = X_1 + X_2$ 是第一次更新的时间加上第一次与第二次更新之间的时间, 即 S_2 是第二次更新的时间. 一般地, 用 S_n 记第 n 次更新的时间 (见图 7.1).

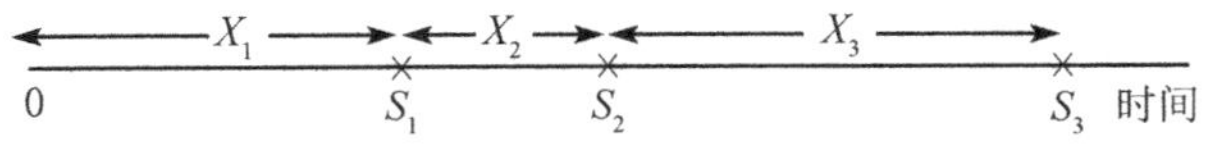

图 7.1　更新和到达间隔时间

我们将以 F 记到达间隔分布, 而为了避免平凡情形, 我们假定 $F(0) = \mathrm{P}\{X_n = 0\} < 1$. 此外, 我们令

$$\mu = \mathrm{E}[X_n], \quad n \geqslant 1$$

是相继更新之间的平均时间. 由 X_n 的非负性并且 X_n 不恒等于 0 推出 $\mu > 0$.

我们想要回答的第一个问题是, 在总量为有限的时间中, 是否可能有无穷多个事件发生. 即对于 t 的某个 (有限的) 值, $N(t)$ 能否是无穷? 为了说明这不可能发生, 首先注意到, 因为 S_n 是第 n 次更新的时间, 故 $N(t)$ 可以写成

$$N(t)=\max\{n: S_n \leqslant t\} \tag{7.1}$$

为了弄明白方程 (7.1) 为什么成立, 假设 $S_4 \leqslant t$, 但是 $S_5>t$. 因此, 第 4 次更新已经在时刻 t 之前发生, 但是第 5 次更新在 t 后面发生, 或者换句话说, 在时刻 t 之前发生的更新次数 $N(t)$ 必须等于 4. 现在, 利用强大数定律, 由此推出以概率 1 有

$$\frac{S_n}{n} \rightarrow \mu, \qquad \text{当} n \rightarrow \infty \text{时}$$

但是, 由于 $\mu>0$, 这意味着, 当 $n \rightarrow \infty$ 时 S_n 必须趋向无穷. 于是, 至多只有有限个 n, 使 S_n 小于或等于 t, 因此由方程 (7.1) 推出 $N(t)$ 必须有限.

然而, 虽然对于每个 t, $N(t)<\infty$, 下式以概率 1 成立:

$$N(\infty) \equiv \lim_{t \rightarrow \infty} N(t)=\infty$$

这是由于发生的更新总数 $N(\infty)$ 可能是有限的唯一途经, 是到达间隔之一是无穷的. 所以

$$\begin{aligned}
\mathrm{P}\{N(\infty)<\infty\} &=\mathrm{P}\{X_n=\infty, \text{对于某个 } n\} \\
&=\mathrm{P}\left\{\bigcup_{n=1}^{\infty}\{X_n=\infty\}\right\} \leqslant \sum_{n=1}^{\infty} \mathrm{P}\{X_n=\infty\}=0
\end{aligned}$$

7.2 $N(t)$ 的分布

$N(t)$ 的分布至少在理论上可以得到, 首先注意下面的重要关系：时刻 t 之前的更新个数大于或等于 n 当且仅当第 n 次更新发生在时刻 t 之前或在时刻 t. 即

$$N(t) \geqslant n \Leftrightarrow S_n \leqslant t \tag{7.2}$$

从方程 (7.2) 我们得到

$$\begin{aligned}
\mathrm{P}\{N(t)=n\} &=\mathrm{P}\{N(t) \geqslant n\}-\mathrm{P}\{N(t) \geqslant n+1\} \\
&=\mathrm{P}\{S_n \leqslant t\}-\mathrm{P}\{S_{n+1} \leqslant t\}
\end{aligned} \tag{7.3}$$

现在由于随机变量 X_i $(i \geqslant 1)$ 是独立的, 而且有共同的分布 F, 由此推出 $S_n=\sum_{i=1}^n X_i$ 与 F_n[F 和它自己的 n 次卷积 (2.5.3 节)] 同分布. 所以, 从方程 (7.3) 我们得到

$$\mathrm{P}\{N(t)=n\}=F_n(t)-F_{n+1}(t)$$

例 7.1 假设 $\mathrm{P}\{X_n=i\}=p(1-p)^{i-1}, i \geqslant 1$. 即假设到达间隔分布是几何分布. 现在 $S_1=X_1$ 可以解释为, 当每次试验以概率 p 成功时为了得到一次成功所必须的试验次数. 类似地, S_n 可以解释为达到 n 次成功所必须的试验次数, 从而遵从负二项分布

$$P\{S_n=k\}=\begin{cases}\binom{k-1}{n-1}p^n(1-p)^{k-n}, & k\geqslant n\\ 0, & k<n\end{cases}$$

于是, 由方程 (7.3) 得

$$P\{N(t)=n\}=\sum_{k=n}^{[t]}\binom{k-1}{n-1}p^n(1-p)^{k-n}-\sum_{k=n+1}^{[t]}\binom{k-1}{n}p^{n+1}(1-p)^{k-n-1}$$

等价地, 由于在每个时刻 $n=1,2,\cdots$ 一个事件以概率 p 独立地发生,

$$P\{N(t)=n\}=\binom{[t]}{n}p^n(1-p)^{[t]-n}$$ ■

$P\{N(t)=n\}$ 的另一种表达式, 可以通过对 S_n 取条件得到. 这就导致

$$P\{N(t)=n\}=\int_0^\infty P\{N(t)=n|S_n=y\}f_{S_n}(y)\mathrm{d}y$$

现在, 如果第 n 个事件发生在时刻 $y>t$, 那么在时刻 t 之前只有少于 n 个事件. 另一方面, 如果第 n 个事件发生在时刻 $y\leqslant t$, 那么只要下一个事件到达间隔超过 $t-y$, 在时刻 t 就恰有 n 个事件. 因此

$$\begin{aligned}P\{N(t)=n\}&=\int_0^t P\{X_{n+1}>t-y|S_n=y\}f_{S_n}(y)\mathrm{d}y\\&=\int_0^t\overline{F}(t-y)f_{S_n}(y)\mathrm{d}y\end{aligned}$$

其中 $\overline{F}=1-F$.

例 7.2 如果 $F(x)=1-\mathrm{e}^{\lambda x}$, 那么, S_n 作为 n 个速率为 λ 的独立指数随机变量的和, 将具有伽马 (n,λ) 分布. 因此, 由上面的等式得

$$\begin{aligned}P\{N(t)=n\}&=\int_0^t\mathrm{e}^{-\lambda(t-y)}\frac{\lambda\mathrm{e}^{-\lambda y}(\lambda y)^{n-1}}{(n-1)!}\mathrm{d}y\\&=\frac{\lambda^n\mathrm{e}^{-\lambda t}}{(n-1)!}\int_0^t y^{n-1}\mathrm{d}y\\&=\mathrm{e}^{-\lambda t}\frac{(\lambda t)^n}{n!}\end{aligned}$$ ■

利用方程 (7.2), 我们可以计算 $N(t)$ 的均值 $m(t)$,

$$m(t)=E[N(t)]=\sum_{n=1}^\infty P\{N(t)\geqslant n\}=\sum_{n=1}^\infty P\{S_n\leqslant t\}=\sum_{n=1}^\infty F_n(t)$$

其中我们用了如下事实: 如果 X 是非负整数值, 那么

$$E[X]=\sum_{k=1}^\infty kP\{X=k\}=\sum_{k=1}^\infty\sum_{n=1}^k P\{X=k\}=\sum_{n=1}^\infty\sum_{k=n}^\infty P\{X=k\}=\sum_{n=1}^\infty P\{X\geqslant n\}$$

函数 $m(t)$ 是大家知道的均值函数, 即更新函数.

可以证明均值函数 $m(t)$ 唯一地确定了更新过程. 特别地, 在到达间隔分布 F 与均值函数 $m(t)$ 之间存在一一对应.

我们不加证明地叙述另一个重要的结果是

$$m(t) < \infty, \qquad \text{对于一切} \quad t < \infty$$

注 (i) 由于 $m(t)$ 唯一地确定了到达间隔分布, 由此推出泊松过程是具有线性均值函数的唯一更新过程.

(ii) 有些读者可能想 $m(t)$ 的有限性应该直接由 $N(t)$ 以概率 1 有限的事实推出. 然而, 这种推理是不成立的. 考察如下例子: 令 Y 是随机变量, 具有如下的概率分布

$$Y = 2^n \quad \text{以概率} \left(\frac{1}{2}\right)^n, \quad n \geqslant 1.$$

现在

$$\mathrm{P}\{Y < \infty\} = \sum_{n=1}^{\infty} \mathrm{P}\{Y = 2^n\} = \sum_{n=1}^{\infty} \left(\frac{1}{2}\right)^n = 1$$

但是

$$\mathrm{E}[Y] = \sum_{n=1}^{\infty} 2^n \mathrm{P}\{Y = 2^n\} = \sum_{n=1}^{\infty} 2^n \left(\frac{1}{2}\right)^n = \infty$$

因此, 即使 Y 有限, 仍旧可能使 $\mathrm{E}[Y] = \infty$.

更新函数满足的一个积分方程, 可以通过对首次更新的时间取条件得到. 假定到达间隔分布 F 是连续的, 而且有密度函数 f, 就有

$$m(t) = \mathrm{E}[N(t)] = \int_0^{\infty} \mathrm{E}[N(t)|X_1 = x] f(x) \mathrm{d}x \tag{7.4}$$

现在假设首次更新发生的时刻 x 小于 t. 由于更新过程概率地在一次更新发生后重新开始, 利用这一事实推出, 在时刻 t 之前的更新次数将与 1 加上前 $t-x$ 时间单位中的更新次数有相同的分布. 所以

$$\mathrm{E}[N(t)|X_1 = x] = 1 + \mathrm{E}[N(t-x)], \quad \text{若 } x < t$$

显然, 因为

$$\mathrm{E}[N(t)|X_1 = x] = 0, \quad \text{当 } x > t$$

所以由方程 (7.4) 得到

$$m(t) = \int_0^t [1 + m(t-x)] f(x) \mathrm{d}x = F(t) + \int_0^t m(t-x) f(x) \mathrm{d}x \tag{7.5}$$

方程 (7.5) 称为*更新方程*, 有时可以求解它得到更新函数.

例 7.3 更新方程可能有显式解的一种情况是到达间隔分布是均匀分布, 例如在 (0,1) 上的均匀分布. 现在, 当 $t \leqslant 1$ 时, 我们在这种情形介绍一个解法. 对这样的 t 值, 更新方程变成

$$m(t) = t + \int_0^t m(t-x)\mathrm{d}x = t + \int_0^t m(y)\mathrm{d}y, \quad \text{用替换 } y = t - x$$

对上述方程求微分, 导出

$$m'(t) = 1 + m(t)$$

令 $h(t) = 1 + m(t)$, 我们得到

$$h'(t) = h(t)$$
$$\ln h(t) = t + C$$
$$h(t) = K\mathrm{e}^t$$
$$m(t) = K\mathrm{e}^t - 1$$

由于 $m(0) = 0$, 我们有 $K = 1$, 所以得到

$$m(t) = \mathrm{e}^t - 1, \quad 0 \leqslant t \leqslant 1$$

■

7.3　极限定理及其应用

上面我们已经证明了, 当 t 趋于无穷时, $N(t)$ 以概率 1 趋于无穷. 然而, 如果知道 $N(t)$ 趋于无穷的速率就更好了. 即我们更想知道有关 $\lim_{t\to\infty} N(t)/t$ 的情况.

作为确定 $N(t)$ 增长速率的前奏, 我们首先考察随机变量 $S_{N(t)}$. 这个随机变量表示什么呢? 为归纳地说明它, 我们假设, $N(t) = 3$, 那么 $S_{N(t)} = S_3$ 表示第 3 个事件发生的时间. 因为只有 3 个事件在 t 之前发生, S_3 也代表早于或等于时刻 t 的最后的事件发生的时间. 事实上 $S_{N(t)}$ 所表示的是早于或等于时刻 t 的最后的更新的时间. 类似的推理导出结论: $S_{N(t)+1}$ 表示时刻 t 后 (参见图 7.2) 的第一个更新的时间. 现在我们已经做好证明下述命题的准备.

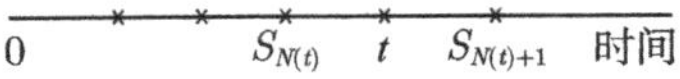

0　$S_{N(t)}$　t　$S_{N(t)+1}$　时间

图　7.2

命题 7.1　以概率 1 有

$$\frac{N(t)}{t} \to \frac{1}{\mu}, \quad \text{当 } t \to \infty \text{ 时}$$

证明　由于 $S_{N(t)}$ 是早于或等于时刻 t 的最后的更新时间, 而 $S_{N(t)+1}$ 是时刻 t 后的第一个更新时间, 所以有

$$S_{N(t)} \leqslant t < S_{N(t)+1}$$

从而

$$\frac{S_{N(t)}}{N(t)} \leqslant \frac{t}{N(t)} < \frac{S_{N(t)+1}}{N(t)} \tag{7.6}$$

然而, 由于 $S_{N(t)}/N(t)=\sum_{i=1}^{N(t)}X_i/N(t)$ 是 $N(t)$ 个独立同分布的随机变量的平均值, 由强大数定律推出当 $N(t)\to\infty$ 时, $S_{N(t)}/N(t)\to\mu$. 但是, 因为当 $t\to\infty$ 时, $N(t)\to\infty$, 所以

$$\frac{S_{N(t)}}{N(t)}\to\mu,\quad 当\ t\to\infty$$

另外, 对于

$$\frac{S_{N(t)+1}}{N(t)}=\left(\frac{S_{N(t)+1}}{N(t)+1}\right)\left(\frac{N(t)+1}{N(t)}\right)$$

由与上面相同的推理以及

$$\frac{N(t)+1}{N(t)}\to 1,\quad 当\ t\to\infty$$

我们有 $S_{N(t)+1}/(N(t)+1)\to\mu$. 因此

$$\frac{S_{N(t)+1}}{N(t)}\to\mu,\quad 当\ t\to\infty$$

由于 $t/N(t)$ 在两个随机变量之间, 当 $t\to\infty$ 时其中每一个都收敛到 μ, 所以由方程 (7.6) 就得出结论. ■

注 (i) 即使更新间隔的平均时间 μ 等于无穷时, 上面的命题也正确. 在这种情形, $1/\mu$ 为 0.

(ii) 数 $1/\mu$ 称为**更新过程的速率**.

(iii) 因为在更新间隔的平均时间是 μ, 显然, 每 μ 个时间单位发生更新的平均速率为 1. ■

例 7.4 贝弗莉有一台使用单个电池的收音机. 一旦电池失效, 贝弗莉立刻换上新电池. 如果电池的寿命 (小时) 在区间 (30,60) 上均匀分布, 那么贝弗莉以什么速率更换电池?

解 若我们以 $N(t)$ 记到时刻 t 为止失效的电池的个数, 由命题 7.1, 我们得到贝弗莉更换电池的速率为

$$\lim_{t\to\infty}\frac{N(t)}{t}=\frac{1}{\mu}=\frac{1}{45}$$

即长远来看, 贝弗莉必须每 45 小时更换一次电池. ■

例 7.5 假设在例 7.4 中, 贝弗莉手头没有任何多余的电池, 而每次失效发生时, 她必须去购买新电池. 如果她去买新电池花费的时间在 $(0,1)$ 上均匀分布, 那么贝弗莉更换电池的平均速率是什么?

解 在这种情形, 两次更换之间的平均时间由 $\mu=\mathrm{E}[U_1]+\mathrm{E}[U_2]$ 给出, 其中 U_1 在 $(30,60)$ 上均匀分布, 而 U_2 在 $(0,1)$ 上均匀分布. 因此

$$\mu=45+\frac{1}{2}=45\frac{1}{2}$$

所以长远来看, 贝弗莉以速率 2/91 放进一节新电池. 即她将在每 91 小时放进 2 个新电池. ■

例 7.6 假设潜在顾客按速率为 λ 的泊松过程来到只有一个服务窗口的银行. 然而, 假设潜在顾客只在服务窗口有空时才进入银行. 即如果在银行中已经有一个顾客, 那么后来者并不进入银行而转身回家. 如果我们假定进入银行的顾客在银行停留的时间是一个具有分布 G 的随机变量, 那么

(a) 顾客进入银行的速率是多少?

(b) 潜在的顾客确实进入银行的比例是多少?

解 要回答这些问题, 我们假设在时刻 0 恰好有一个顾客进入银行 (即我们定义过程在第一个顾客进入银行时开始). 如果以 μ_G 记平均服务时间, 那么由泊松过程的无记忆性质推出, 进入的顾客之间的间隔时间的均值是

$$\mu = \mu_G + \frac{1}{\lambda}$$

因此, 进入银行的顾客的速率将由

$$\frac{1}{\mu} = \frac{\lambda}{1 + \lambda\mu_G}$$

给出. 另一方面, 由潜在的顾客将以速率 λ 到达推出, 进入银行的顾客的比例将由

$$\frac{\lambda/(1 + \lambda\mu_G)}{\lambda} = \frac{1}{1 + \lambda\mu_G}$$

给出. 特别地, 如果 $\lambda = 2$, 而 $\mu_G = 2$, 那么 5 个顾客中只有 1 个将确实进入这个系统. ■

命题 7.1 的一个特殊应用由下例给出.

例 7.7 每个试验以概率 P_i 出现的结果是数 i, $i = 1, \cdots, n$, $\sum_{i=1}^n P_i = 1$. 观察一系列独立的试验直至同样的结果连续出现 k 次, 则这个结果被宣布为游戏的胜利者. 例如, 如果 $k = 2$, 而且一个结果的序列是 1, 2, 4, 3, 5, 2, 1, 3, 3, 那么我们在 9 个试验后停止, 而且宣布结果 3 是胜利者. 数 i $(i = 1, \cdots, n)$ 是胜利者的概率是多少? 而期望试验次数是多少?

解 我们先计算抛掷硬币直至连贯地出现 k 次正面的期望抛掷次数, 称之为 $\mathrm{E}[T]$. 这些抛掷是独立的, 而且其中的每一个出现正面的概率是 p. 通过对首次出现反面的时间取条件, 我们得到

$$\mathrm{E}[T] = \sum_{j=1}^{k} (1-p)p^{j-1}(j + \mathrm{E}[T]) + kp^k$$

求解 $\mathrm{E}[T]$ 得到

$$\mathrm{E}[T] = k + \frac{(1-p)}{p^k} \sum_{j=1}^{k} jp^{j-1}$$

经过化简, 我们得到

$$E[T]=\frac{1+p+\cdots+p^{k-1}}{p^k}=\frac{1-p^k}{p^k(1-p)} \tag{7.7}$$

现在我们回到这个例子, 并且假设一旦一次游戏的胜利者被确定, 我们立刻开始进行另一次游戏. 对于每个 i, 我们要确定结果 i 赢的速率. 现在, 在每次 i 赢时, 一切又重新开始, 于是, 由 i 赢构成一个更新. 因此, 由命题 7.1,

$$i\text{ 赢的速率}=\frac{1}{E[N_i]},$$

其中 N_i 记在结果 i 相继赢两次之间的试验 (即游戏) 次数. 因此, 从方程 (7.7) 我们看到

$$i\text{ 赢的速率}=\frac{P_i^k(1-P_i)}{1-P_i^k}. \tag{7.8}$$

因此, 由数 i 赢的游戏的长程比例由

$$i\text{ 赢的比例}=\frac{i\text{ 赢的速率}}{\sum_{j=1}^n j\text{ 赢的速率}}=\frac{\dfrac{P_i^k(1-P_i)}{1-P_i^k}}{\sum_{j=1}^n\dfrac{P_j^k(1-P_j)}{1-P_j^k}}$$

给出. 然而, 由强大数定律推出, 数 i 赢的长程比例以概率 1 等于任意一次游戏中数 i 赢的概率, 因此

$$P\{i\text{ 赢}\}=\frac{\dfrac{P_i^k(1-P_i)}{1-P_i^k}}{\sum_{j=1}^n\dfrac{P_j^k(1-P_j)}{1-P_j^k}}.$$

为了计算游戏的期望时间, 我们首先注意到

$$\text{游戏结束的速率}=\sum_{i=1}^n i\text{ 赢的速率}=\sum_{i=1}^n\frac{P_i^k(1-P_i)}{1-P_i^k} \qquad [\text{由方程}(7.8)]$$

现在, 利用当一次游戏结束时一切都从头开始, 由命题 7.1 推出, 游戏结束的速率等于游戏平均时间的倒数. 因此

$$E[\text{一个游戏的时间}]=\frac{1}{\text{游戏结束的速率}}=\frac{1}{\sum_{i=1}^n(P_i^k(1-P_i)/(1-P_i^k))} \qquad ■$$

命题 7.1 是说, 当 $t\to\infty$ 时, 到时刻 t 的平均更新率以概率 1 收敛到 $1/\mu$. 平均更新率的期望是什么? $m(t)/t$ 收敛到 $1/\mu$ 也正确吗? 这个结果是著名的基本更新定理.

定理 7.1 基本更新定理

$$\frac{m(t)}{t}\to\frac{1}{\mu},\quad \text{当 } t\to\infty \text{ 时}$$

如前，当 $\mu=\infty$ 时，$1/\mu$ 为 0.

注　乍一看，基本更新定理似乎是命题 7.1 的简单推论. 就是说，由于平均更新率以概率 1 收敛到 $1/\mu$，这不应该推出平均更新率的期望收敛到 $1/\mu$ 吗? 然而，我们必须小心，为此考察以下的例子.

例 7.8　令 U 是在 $(0,1)$ 上均匀分布的随机变量，并且定义随机变量 Y_n $(n \geqslant 1)$ 为

$$Y_n=\begin{cases}0, & \text{若 } U>\dfrac{1}{n}\\ n, & \text{若 } U\leqslant\dfrac{1}{n}\end{cases}$$

现在由于 U 以概率 1 大于 0，由此推出，对于一切充分大的 n，Y_n 将等于 0. 即对于充分大的 n 使得 $U>1/n$，Y_n 就等于 0. 因此，以概率 1 有

$$Y_n\to 0,\quad \text{当 } n\to\infty.$$

然而

$$\mathrm{E}[Y_n]=n\mathrm{P}\left\{U\leqslant\frac{1}{n}\right\}=n\frac{1}{n}=1$$

所以，即使随机变量列 Y_n 收敛到 0，Y_n 的期望值也恒是 1. ■

为了证明基本更新定理，我们要用名为瓦尔德方程的恒等式. 在叙述瓦尔德方程之前，我们需要对独立随机变量序列引进停时的概念.

定义 7.2　如果对于一切 $n=1,2,\cdots$，事件 $\{N=n\}$ 独立于 $X_{n+1},X_{n+2},\cdots$，那么非负整值随机变量 N 对独立随机变量序列 $X_1,X_2,\cdots$ 称为停时.

停时背后的想法在于，我们想象 X_i 依次被观察，首先 X_1，然后 X_2，等等，而 N 表示在停止前它们被观察的次数. 因为我们在观察 $X_1,\cdots,X_n$ 后停止这一事件只依赖这 n 个值而不依赖于将来未观察的值，它必须独立于将来的值.

例 7.9　假设 $X_1,X_2,\cdots$ 是独立同分布的随机变量列，且有

$$\mathrm{P}\{X_i=1\}=p=1-\mathrm{P}\{X_i=0\}$$

其中 $p>0$. 若我们定义

$$N=\min(n: X_1+\cdots+X_n=r)$$

则 N 是这个序列的停时. 假设依次操作一系列试验，而 $X_i=1$ 对应于第 i 试验的结果是成功，则 N 是当每次试验成功的概率是 p 时，直至共获得 r 次成功需要的独立试验次数. ■

例 7.10　假设 $X_1,X_2,\cdots$ 是独立同分布的随机变量列，且有

$$\mathrm{P}\{X_i=1\}=1/2=1-\mathrm{P}\{X_i=-1\}$$

若

$$N=\min(n: X_1+\cdots+X_n=1)$$

则 N 是这个序列的停时. N 可以看成：在每局等可能赢或输 1 元的一个赌徒在首次赢钱时停止的停时. (因为赌徒的逐次累积收益是一个对称随机游动, 在第 4 章中我们已经证明了它是常返的马尔可夫链, 由此推出 $P\{N<\infty\}=1$.) ■

现在我们来叙述瓦尔德方程.

定理 7.2(瓦尔德方程) 若 $X_1, X_2, \cdots$ 是独立同分布的随机变量列, 具有有限的期望 $\mathrm{E}[X]$, 而 N 是对此序列的停时, 使得 $\mathrm{E}[N]<\infty$, 则

$$\mathrm{E}\left[\sum_{n=1}^{N} X_n\right]=\mathrm{E}[N]\mathrm{E}[X]$$

证明 对 $n=1,2,\cdots$, 令

$$I_n=\begin{cases}1, & 若\ n \leqslant N \\ 0, & 若\ n>N\end{cases}$$

注意

$$\sum_{n=1}^{N} X_n=\sum_{n=1}^{\infty} X_n I_n$$

取期望, 得到

$$\mathrm{E}\left[\sum_{n=1}^{N} X_n\right]=\mathrm{E}\left[\sum_{n=1}^{\infty} X_n I_n\right]=\sum_{n=1}^{\infty} \mathrm{E}[X_n I_n]$$

现在, 若 $N \geqslant n$, 则 $I_n=1$, 这意味着, 若在观察到 $X_1, \cdots, X_{n-1}$ 以后我们还没有停止, 则 $I_n=1$. 但是, 这蕴涵了 I_n 的值在观察到 X_n 前已经确定, 于是 X_n 独立于 I_n. 因此

$$\mathrm{E}[X_n I_n]=\mathrm{E}[X_n]\mathrm{E}[I_n]=\mathrm{E}[X]\mathrm{E}[I_n]$$

这说明了

$$\begin{aligned}\mathrm{E}\left[\sum_{n=1}^{N} X_n\right] &=\mathrm{E}[X] \sum_{n=1}^{\infty} \mathrm{E}[I_n] \\ &=\mathrm{E}[X]\mathrm{E}\left[\sum_{n=1}^{\infty} I_n\right] \\ &=\mathrm{E}[X]\mathrm{E}[N]\end{aligned}$$

■

为将瓦尔德方程应用到更新理论, 令 $X_1, X_2, \cdots$ 表示更新过程的到达间隔时间列. 若我们每次观察一个, 且在 t 后首次更新时停止, 则我们在观察到 $X_1, \cdots, X_{N(t)+1}$ 后停止, 这说明了 $N(t)+1$ 对到达间隔时间列是停时, 注意, 当且仅当第 $n-1$ 次更新不超过时刻 t, 且第 n 次更新在时刻 t 以后, $N(t)=n-1$. 也就是

$$N(t)+1=n \Leftrightarrow N(t)=n-1 \Leftrightarrow X_1+\cdots+X_{n-1} \leqslant t, X_1+\cdots+X_n>t$$

这说明了 $N(t)+1=n$ 只取决于 $X_1, \cdots, X_n$ 的值.

我们有瓦尔德方程的以下推论.

命题 7.2 若 $X_1, X_2, \cdots$ 是更新过程的到达间隔时间列, 则

$$\mathrm{E}[X_1 + \cdots + X_{N(t)+1}] = \mathrm{E}[X]\mathrm{E}[N(t)+1]$$

这就是

$$\mathrm{E}[S_{N(t)+1}] = \mu[m(t)+1]$$

现在我们已经做好了证明基本更新定理的准备.

基本更新定理的证明 因为 $S_{N(t)+1}$ 是 t 后的首次更新时刻, 由此推出

$$S_{N(t)+1} = t + Y(t)$$

其中 $Y(t)$ 称为 t 后的*超额寿命*, 它定义为从 t 直至下一个更新之间的时间. 对上式取期望且应用命题 7.2, 推出

$$\mu(m(t)+1) = t + \mathrm{E}[Y(t)] \tag{7.9}$$

它可写成

$$\frac{m(t)}{t} = \frac{1}{\mu} + \frac{\mathrm{E}[Y(t)]}{t\mu} - \frac{1}{t}$$

因为 $Y(t) \geqslant 0$, 上式可推出 $\dfrac{m(t)}{t} \geqslant \dfrac{1}{\mu} - \dfrac{1}{t}$, 它说明了

$$\lim_{t\to\infty} \frac{m(t)}{t} \geqslant \frac{1}{\mu}$$

为了证明 $\lim_{t\to\infty} \dfrac{m(t)}{t} \leqslant \dfrac{1}{\mu}$, 我们先假设存在一个值 M 使对一切 i 有 $\mathrm{P}\{X_i < M\} = 1$. 因为这蕴涵了 $Y(t)$ 也必须小于 M, 于是我们有 $\mathrm{E}[Y(t)] < M$, 所以

$$\frac{m(t)}{t} \leqslant \frac{1}{\mu} + \frac{M}{t\mu} - \frac{1}{t}$$

由它可得

$$\lim_{t\to\infty} \frac{m(t)}{t} \leqslant \frac{1}{\mu}$$

这就完成了在更新间隔时间有界时基本更新定理的证明. 当更新间隔时间 $X_1, X_2, \cdots$ 无界时, 固定 $M > 0$, 且令 $N_M(t), t \geqslant 0$ 为具有更新间隔时间 $\min(X_i, M), i \geqslant 1$ 的更新过程. 因为对一切 i 有 $\min(X_i, M) \leqslant X_i$, 由此推出对一切 t 有 $N_M(t) \geqslant N(t)$. (就是说, 因为 $N_M(t)$ 的每个更新间隔时间不大于 $N(t)$ 对应的更新间隔时间, 直至时刻 t 它必须至少有一样多的更新.) 因此 $E[N(t)] \leqslant E[N_M(t)]$, 这说明了

$$\lim_{t\to\infty} \frac{\mathrm{E}[N(t)]}{t} \leqslant \lim_{t\to\infty} \frac{\mathrm{E}[N_M(t)]}{t} = \frac{1}{\mathrm{E}[\min(X_i, M)]}$$

其中等号来自, 因为 $N_M(t)$ 的更新间隔时间是有界的. 利用 $\lim_{M\to\infty} \mathrm{E}[\min(X_i, M)] = \mathrm{E}[X_i] = \mu$, 在上式中令 $M \to \infty$, 我们得到

$$\lim_{t\to\infty} \frac{m(t)}{t} \leqslant \frac{1}{\mu}$$

证明完毕. ■

方程 (7.9) 说明了, 如果我们能确定在时刻 t 的平均超额寿命 $\mathrm{E}[Y(t)]$, 那么我们可以算得 $m(t)$, 反之亦然.

例 7.11 考察更新过程, 它的到达间隔分布是两个指数分布的卷积, 即

$$F = F_1 * F_2, \quad 其中\ F_i(t) = 1 - \mathrm{e}^{-\mu_i t},\ i = 1, 2$$

我们由先确定 $\mathrm{E}[Y(t)]$ 来确定更新函数. 为了得到在 t 的平均超额寿命, 想象每个更新对应于使用一台新的机器, 并且假设每台机器有两个组件, 开始组件 1 在使用, 而它持续一个速率为 μ_1 的指数时间, 然后使用组件 2, 它持续一个速率为 μ_2 的指数时间. 当组件 2 失效时, 一台新的机器开始使用 (即一个更新发生). 现在考虑过程 $\{X(t), t \geqslant 0\}$, 其中 $X(t) = i$, 如果组件 i 在时间 t 在使用. 容易看出 $\{X(t), t \geqslant 0\}$ 是一个两状态的连续时间的马尔可夫链, 所以, 利用例 6.11 的结果, 它的转移概率是

$$P_{11}(t) = \frac{\mu_1}{\mu_1 + \mu_2}\mathrm{e}^{-(\mu_1+\mu_2)t} + \frac{\mu_2}{\mu_1 + \mu_2}$$

为了计算在用的机器在时刻 t 的平均剩余寿命, 我们取条件于在使用的是第一个组件还是第二个组件. 若它的第一个组件仍在使用, 则它的平均剩余寿命是 $\frac{1}{\mu_1} + \frac{1}{\mu_2}$; 而若它已经使用第二个组件, 则它的平均剩余寿命是 $\frac{1}{\mu_2}$. 因此, 以 $p(t)$ 记在时刻 t 在使用的机器用的是它的第一个组件的概率, 我们有

$$\mathrm{E}[Y(t)] = \left(\frac{1}{\mu_1} + \frac{1}{\mu_2}\right)p(t) + \frac{1 - p(t)}{\mu_2} = \frac{1}{\mu_2} + \frac{p(t)}{\mu_1}$$

但是, 由于在时刻 0 第一台机器使用它的第一个组件, 由此推出 $p(t) = P_{11}(t)$, 所以, 用上面 $P_{11}(t)$ 的表达式, 我们得到

$$\mathrm{E}[Y(t)] = \frac{1}{\mu_2} + \frac{1}{\mu_1 + \mu_2}\mathrm{e}^{-(\mu_1+\mu_2)t} + \frac{\mu_2}{\mu_1(\mu_1 + \mu_2)} \tag{7.10}$$

现在从方程 (7.9) 推出

$$m(t) + 1 = \frac{t}{\mu} + \frac{\mathrm{E}[Y(t)]}{\mu} \tag{7.11}$$

其中到达间隔时间的均值为 μ, 在这种情形由

$$\mu = \frac{1}{\mu_1} + \frac{1}{\mu_2} = \frac{\mu_1 + \mu_2}{\mu_1\mu_2}$$

给出. 将方程 (7.10) 以及上面的方程代入方程 (7.11), 经过化简, 导出

$$m(t)=\frac{\mu_1\mu_2}{\mu_1+\mu_2}t-\frac{\mu_1\mu_2}{(\mu_1+\mu_2)^2}[1-\mathrm{e}^{-(\mu_1+\mu_2)t}]$$ ■

注 利用方程 (7.11) 中的关系和由两状态的连续时间的马尔可夫链的结果, 用在例 7.11 中对于到达间隔分布

$$F(t)=pF_1(t)+(1-p)F_2(t) \quad 和 \quad F(t)=pF_1(t)+(1-p)(F_1*F_2)(t)$$

同样的方式得到更新函数, 其中 $F_i(t)=1-\mathrm{e}^{-\mu_i t}, t>0, i=1,2.$ ■

假设更新过程的间隔时间都取正整数值. 令

$$I_i=\begin{cases}1, & 在时刻\ i\ 有一次更新\\ 0, & 其他情形\end{cases}$$

注意, 到时刻 n 为止的更新次数 $N(n)$ 可表示为

$$N(n)=\sum_{i=1}^{n} I_i$$

对上式两边取期望得

$$m(n)=\mathrm{E}[N(n)]=\sum_{i=1}^{n}\mathrm{P}\{在时刻\ i\ 更新\}$$

因此由基本更新定理可得

$$\frac{\sum_{i=1}^{n}\mathrm{P}\{在时刻\ i\ 更新\}}{n}\to\frac{1}{\mathrm{E}[更新之间的时间]}$$

对于数列 $a_1,a_2,\cdots$, 可以证明

$$\lim_{n\to\infty}a_n=a\Rightarrow\lim_{n\to\infty}\frac{\sum_{i=1}^{n}a_i}{n}=a$$

于是, 如果 $\lim_{n\to\infty}\mathrm{P}\{在时刻\ n\ 更新\}$ 存在, 那么极限必定是 $\dfrac{1}{\mathrm{E}[更新之间的时间]}$.

例 7.12 令 $X_i(i\geqslant 1)$ 是独立同分布的随机变量, 并令

$$S_0=0, \quad S_n=\sum_{i=1}^{n}X_i, \quad n>0$$

过程 $\{S_n, n\geqslant 0\}$ 称为随机徘徊过程. 假设 $\mathrm{E}[X_i]<0$. 由强大数定律可得

$$\lim_{n\to\infty}\frac{S_n}{n}\to\mathrm{E}[X_i]$$

但是如果 $\dfrac{S_n}{n}$ 收敛到一个负数, 那么 S_n 必定趋向于 $-\infty$. 令 α 是初次运动后随机徘徊恒为负的概率, 即

$$\alpha=\mathrm{P}\{S_n<0, n\geqslant 1\}$$

为了确定 α, 定义一个计数过程: 如果 $S_n < \min(0, S_1, \cdots, S_{n-1})$ 就说在时刻 n 有一个事件发生. 即每次事件发生, 随机徘徊过程就降到一个新的低点. 于是, 如果在时刻 n 有一个事件发生, 若

$$X_{n+1} \geqslant 0, X_{n+1} + X_{n+2} \geqslant 0, \cdots, X_{n+1} + \cdots + X_{n+k-1} \geqslant 0, X_{n+1} + \cdots + X_{n+k} < 0$$

则下一个事件在 k 个时间单位后发生. 因为 $X_i(i \geqslant 1)$ 是独立同分布的, 所以上面的事件与 $X_1, \cdots, X_n$ 的值独立, 其发生的概率与 n 无关. 从而相继两个事件之间的时间是独立同分布的, 这就表明计数过程是一个更新过程. 于是

$$\begin{aligned}\mathrm{P}\{\text{在时刻 } n \text{ 更新}\} &= \mathrm{P}\{S_n < 0, S_n < S_1, S_n < S_2, \cdots, S_n < S_{n-1}\} \\ &= \mathrm{P}\{X_1 + \cdots + X_n < 0, X_2 + \cdots + X_n < 0, \\ &\quad X_3 + \cdots + X_n < 0, \cdots, X_n < 0\}\end{aligned}$$

因为 $X_n, X_{n-1}, \cdots, X_1$ 与 $X_1, X_2, \cdots, X_n$ 有相同的联合分布, 所以如果把 X_1 换成 X_n, 把 X_2 换成 X_{n-1}, 把 X_3 换成 X_{n-2}, 依次类推, 则上面的概率取值不变. 从而,

$$\begin{aligned}\mathrm{P}\{\text{在时刻 } n \text{ 更新}\} &= \mathrm{P}\{X_n + \cdots + X_1 < 0, X_{n-1} + \cdots \\ &\quad + X_1 < 0, X_{n-2} + \cdots + X_1 < 0, \cdots, X_1 < 0\} \\ &= \mathrm{P}\{S_n < 0, S_{n-1} < 0, S_{n-2} < 0, \cdots, S_1 < 0\}\end{aligned}$$

于是,

$$\lim_{n\to\infty} \mathrm{P}\{\text{在时刻 } n \text{ 更新}\} = \mathrm{P}\{S_n < 0, n \geqslant 1\} = \alpha$$

但是, 由基本更新定理知, 这表明

$$\alpha = \frac{1}{\mathrm{E}[T]}$$

其中 T 是更新之间的时间, 即

$$T = \min(n : S_n < 0)$$

例如, 在不带左跳的随机徘徊情形 (其中 $\sum_{j=-1}^{\infty} \mathrm{P}\{X_i = j\} = 1$), 我们在 3.6.6 节证明了, 当 $\mathrm{E}[X_i] < 0$ 时 $\mathrm{E}[T] = -1/\mathrm{E}[X_i]$, 即对于有负均值的不带左跳的随机徘徊,

$$\mathrm{P}\{S_n < 0, \text{所有 } n\} = -\mathrm{E}[X_i]$$

这就证实了在 3.6.6 节得到的一个结果. ■

一个重要的极限定理是更新过程的中心极限定理. 它叙述为, 对于大的 t, $N(t)$ 近似于均值为 t/μ 和方差为 $t\sigma^2/\mu^3$ 的正态分布, 其中 μ 和 σ^2 分别是到达间隔分布的均值和方差. 即我们有下述定理, 这里并不给出证明.

定理 7.3 (更新过程的中心极限定理)

$$\lim_{t\to\infty} \mathrm{P}\left\{\frac{N(t) - t/\mu}{\sqrt{t\sigma^2/\mu^3}} < x\right\} = \frac{1}{\sqrt{2\pi}} \int_{-\infty}^{x} \mathrm{e}^{-x^2/2} \mathrm{d}x$$

此外, 因为由更新过程的中心极限定理能够预期, 可以证明 $\dfrac{\mathrm{Var}(N(t))}{t}$ 收敛到 $\dfrac{\sigma^2}{\mu^3}$. 即可以证明

$$\lim_{t\to\infty}\frac{\mathrm{Var}(N(t))}{t}=\sigma^2/\mu^3 \tag{7.12}$$

例 7.13 两台机器持续地处理无穷个零活. 在机器 1 上处理一个零活的时间是参数为 $n=4$ 和 $\lambda=2$ 的伽马随机变量, 而在机器 2 上处理一个零活的时间在 0 和 4 之间均匀地分布. 求到时刻 $t=100$ 为止, 两个机器一起至少可以处理 90 个零活的概率的近似值.

解 如果我们以 $N_i(t)$ 记到时刻 t 为止机器 i 可以处理的零活个数, 那么 $\{N_1(t),t\geqslant 0\}$ 与 $\{N_2(t),t\geqslant 0\}$ 是独立的更新过程. 第一个更新过程的到达间隔分布是参数为 $n=4$ 和 $\lambda=2$ 的伽马随机变量, 故而有均值 2 和方差 1. 相应地, 第二个更新过程的到达间隔在 0 和 4 之间均匀分布, 故而有均值 2 和方差 16/12.

所以, $N_1(100)$ 近似地是均值为 50 和方差为 100/8 的正态随机变量, 而 $N_2(100)$ 近似地是均值为 50 和方差为 100/6 的正态随机变量. 因此, $N_1(100)+N_2(100)$ 近似地是均值为 100 和方差为 175/6 的正态随机变量. 于是以 Φ 记标准正态分布函数, 我们有

$$\begin{aligned}P\{N_1(100)+N_2(100)>89.5\}&=P\left\{\frac{N_1(100)+N_2(100)-100}{\sqrt{175/6}}>\frac{89.5-100}{\sqrt{175/6}}\right\}\\&\approx 1-\Phi\left(\frac{-10.5}{\sqrt{175/6}}\right)\approx\Phi\left(\frac{10.5}{\sqrt{175/6}}\right)\approx\Phi(1.944)\approx 0.9741\end{aligned}$$ ■

7.4 更新报酬过程

大量的概率模型是下述模型的特殊情形. 考虑到达间隔时间 X_n $(n\geqslant 1)$ 的更新过程 $\{N(t),t\geqslant 0\}$, 并且假设每次更新发生时我们接受一个报酬. 以 R_n 记在第 n 次更新时得到的报酬. 假定 $R_n(n\geqslant 1)$ 独立同分布, 然而, 我们允许 R_n 可以依赖于 (而通常是依赖于) 第 n 个更新区间的长度 X_n. 如果我们令

$$R(t)=\sum_{n=1}^{N(t)}R_n$$

那么 $R(t)$ 表示到时刻 t 为止赚到的全部报酬. 令

$$\mathrm{E}[R]=\mathrm{E}[R_n],\quad \mathrm{E}[X]=\mathrm{E}[X_n]$$

命题 7.3 如果 $\mathrm{E}[R]<\infty$ 且 $\mathrm{E}[X]<\infty$, 那么

(a) 以概率为 1, $\lim_{t\to\infty}\frac{R(t)}{t}=\frac{\mathrm{E}[R]}{\mathrm{E}[X]}$

(b) $\lim_{t\to\infty}\frac{\mathrm{E}[R(t)]}{t}=\frac{\mathrm{E}[R]}{\mathrm{E}[X]}$

证明 我们只给出 (a) 的证明. 为了证明它, 写出

$$\frac{R(t)}{t}=\frac{\sum_{n=1}^{N(t)}R_n}{t}=\left(\frac{\sum_{n=1}^{N(t)}R_n}{N(t)}\right)\left(\frac{N(t)}{t}\right)$$

由强大数定律, 我们得到

$$\frac{\sum_{n=1}^{N(t)}R_n}{N(t)}\to\mathrm{E}[R],\quad 当\ t\to\infty\ 时$$

而由命题 7.1

$$\frac{N(t)}{t}\to\frac{1}{\mathrm{E}[X]},\quad 当\ t\to\infty\ 时$$

于是得到结果. ■

注 (i) 如果每发生一次更新, 就说完成一个**循环**, 那么命题 7.3 说明单位时间的长程平均报酬, 等于在一个循环中赚到的期望报酬除以一个循环的期望长度. 在例 7.6 中, 如果我们假设相继的顾客在银行的存款数是独立的随机变量, 具有相同的分布 H, 那么累计存款率 $\lim_{t\to\infty}$(t 之前的总存款)/t 由

$$\frac{\mathrm{E}[一个循环中的存款数]}{\mathrm{E}[一个循环的时间]}=\frac{\mu_H}{\mu_G+\dfrac{1}{\lambda}}$$

给出, 其中 $\mu_G+\dfrac{1}{\lambda}$ 是循环时间的均值, 而 μ_H 是分布 H 的均值.

(ii) 虽然我们假设了报酬是在更新的时间赚到的, 当报酬是在整个循环逐步赚到时, 结果仍然成立.

例 7.14(汽车购买模型) 汽车的寿命是一个具有分布 H 和概率密度 h 的连续的随机变量. 布朗先生使用一个策略是, 一旦他的车坏了或者用了 T 年, 他就购买一辆新车. 假设一辆新车的价格为 C_1 美元, 而且只要布朗先生的车坏了就招致一个附加花费 C_2 美元. 在用过的车没有再卖的价值的假定下, 布朗先生的长程平均费用是多少?

如果每次布朗先生买一辆新车, 我们就说完成了一个循环, 那么从命题 7.3 推出 (用价格替代报酬) 他的长程平均花费等于

$$\frac{\mathrm{E}[一个循环中引起的费用]}{\mathrm{E}[一个循环的长度]}$$

现在令 X 是在一个任意的循环中布朗先生的车的寿命, 那么在这个循环中招致的费用将由

$$C_1,\quad 若\ X > T$$
$$C_1 + C_2,\quad 若\ X \leqslant T$$

表示. 所以, 在一个循环上招致的期望费用是

$$C_1\mathrm{P}\{X > T\} + (C_1 + C_2)\mathrm{P}\{X \leqslant T\} = C_1 + C_2 H(T)$$

同样, 循环的长度是

$$X,\ 若\ X \leqslant T$$
$$T,\ 若\ X > T$$

所以一个循环的期望长度是

$$\int_0^T xh(x)\mathrm{d}x + \int_T^\infty Th(x)\mathrm{d}x = \int_0^T xh(x)\mathrm{d}x + T[1 - H(T)]$$

于是, 布朗先生的长程平均费用是

$$\frac{C_1 + C_2 H(T)}{\displaystyle\int_0^T xh(x)\mathrm{d}x + T[1 - H(T)]} \tag{7.13}$$

现在假设一辆车的寿命 (以年计) 在 $(0, 10)$ 上均匀地分布, 而假设 C_1 是 3 千美元以及 C_2 是 1/2 千美元. 问 T 是什么值使布朗先生的长程平均花费最小?

若布朗先生使用值 $T(T \leqslant 10)$, 则由方程 (7.13), 他的长程平均费用等于

$$\frac{3 + \frac{1}{2}(T/10)}{\displaystyle\int_0^T (x/10)\mathrm{d}x + T(1 - T/10)} = \frac{3 + T/20}{T^2/20 + (10T - T^2)/10} = \frac{60 + T}{20T - T^2}$$

现在我们用微积分使它达到最小. 令

$$g(T) = \frac{60 + T}{20T - T^2}$$

那么

$$g'(T) = \frac{(20T - T^2) - (60 + T)(20 - 2T)}{(20T - T^2)^2}$$

令它等于 0, 得到

$$20T - T^2 = (60 + T)(20 - 2T)$$

或者, 等价地

$$T^2 + 120T - 1200 = 0$$

它导出解

$$T \approx 9.25 \quad 和 \quad T \approx -129.25$$

由于 $T \leqslant 10$, 由此推出布朗先生的最佳策略是, 一旦他的旧车用了 9.25 年就购买新车. ■

例 7.15(火车发车) 假设旅客按到达间隔时间的均值为 μ 的一个更新过程到达某火车站. 一旦有 N 个乘客等候在火车站, 就发出一辆火车. 如果火车站在有 n 个乘客等待时会招致速率为每个单位时间 nc 美元的费用, 问火车站招致的平均费用是多少?

如果发出一辆火车, 我们就说完成了一个循环, 那么上面的是一个更新报酬过程. 一个循环的期望长度是需要到达 N 个乘客的期望时间, 而由于到达间隔时间的均值为 μ, 它等于

$$\mathrm{E}[\text{一个循环的长度}] = N\mu$$

如果我们以 T_n 记在一个循环中第 n 个到达者与第 $n+1$ 个到达者之间的时间, 那么一个循环中的期望费用可以表示为

$$\mathrm{E}[\text{一个循环的费用}] = \mathrm{E}[cT_1 + 2cT_2 + \cdots + (N-1)cT_{N-1}]$$

由于 $\mathrm{E}[T_n] = \mu$, 它等于

$$c\mu\frac{N}{2}(N-1)$$

因此, 火车站招致的平均费用是

$$\frac{c\mu N(N-1)}{2N\mu} = \frac{c(N-1)}{2}$$

现在假设每开出一辆火车招致车站费用 6 个单位. 问当 $c=2, \mu=1$ 时, N 取什么值时车站的长程平均费用最少?

在这种情形, 当火车站用 N 时, 我们有单位时间的平均费用是

$$\frac{6 + c\mu N(N-1)/2}{N\mu} = N - 1 + \frac{6}{N}$$

将它当作 N 的连续函数处理, 利用微积分我们得到使它最小的 N 的值是

$$N = \sqrt{6} \approx 2.45$$

因此, N 的最佳整数值是 2 或者 3, 它们导出平均费用的值都是 4. 因此, $N=2$ 或 $N=3$ 使火车站的平均费用最少. ■

例 7.16 假设顾客按速率为 λ 的泊松过程到达一个单服务线的系统. 在到达时必须通过一个通向服务线的门. 然而, 每次有人通过的随后的 t 单位时间内门会锁住. 看到门锁住的顾客将流失并由系统招致一个费用 c. 看到一个未锁定的门的顾客将通过服务线, 如果服务线在闲着, 这个顾客就接受服务; 如果服务线在忙, 则顾客不接受服务而离开, 并招致一个费用 K. 如果一个顾客的服务时间是速率为 μ 的指数分布, 求此系统招致的单位时间的平均费用.

解 可以考虑上面为更新报酬过程, 每次一个到达的顾客发现门未锁, 就开始一个新的循环. 这是因为, 无论到达者看到服务线是否在闲着, 门在随后的 t 单位时间内都会锁定, 而服务线将忙一个速率为 μ 的指数分布时间 X(若服务线在闲着, 则 X

是进入的顾客的服务时间; 若服务线忙着, 则 X 是在服务的顾客的剩余服务时间). 由于下一个循环将开始于时间 t 后首次到达的时刻, 由此推出

$$\mathrm{E}[\text{一个循环的时间}] = t + \frac{1}{\lambda}.$$

以 C_1 记在一个循环中由于到达者看到门锁着而招致的费用. 那么, 由于在循环中前面的 t 时间单位中的每一个到达者将招致一个费用 c, 所以

$$\mathrm{E}[C_1] = \lambda tc$$

同样, 以 C_2 记在一个循环中由于一个到达者看到门开着但是服务线在忙而招致的费用. 那么, 因为如果在循环开始后服务线还在忙一个时间 t 将招致费用 K, 故而在这时间以后的下一个到达发生在循环完成前, 我们看到

$$\mathrm{E}[C_2] = K\mathrm{e}^{-\mu t}\frac{\lambda}{\lambda+\mu}$$

从而

$$\text{每单位时间的平均费用} = \frac{\lambda tc + \dfrac{\lambda K\mathrm{e}^{-\mu t}}{\lambda+\mu}}{t + \dfrac{1}{\lambda}}$$ ■

例 7.17 考虑按顺序地生产产品的制造过程, 每个产品或者是废品, 或者是可接受的. 下面的抽样方案常常用于检测并尽量多地消除废品. 开始, 每个产品都要检查, 而且一直进行到有相继的 k 个可接受的产品为止. 在这时 100% 检查结束, 不再检查所有产品, 随后的每个产品以概率 α 独立地检查. 这种部分检查持续到遇到一个废品为止, 这时 100% 检查重新建立, 而过程重新开始. 如果每个产品独立地以概率 q 为废品.

(a) 被检查的产品的比例是多少?

(b) 如果检测到的废品都拿走, 留下的废品的比例是多少?

注 在开始分析之前, 注意上述抽样方案是为产生废品的概率随时间而变化的情况设计的. 它希望将 100% 检查关联于废品率大的时间, 而将废品率小的时间关联于部分检查. 然而, 在废品率始终保持为常数的极端情形, 弄明白这个方案的原理是很重要的.

解 首先注意到可以将上述作为一个更新报酬过程, 一个新的循环开始于每次运行 100% 检查之时. 于是我们有

$$\text{被检查的产品的比例} = \frac{\mathrm{E}[\text{在一个循环中被检查的个数}]}{\mathrm{E}[\text{在一个循环中生产的个数}]}$$

以 N_k 记直到有相继的 k 个可接受的产品时被检查的产品个数. 一旦部分检查开始 (即在 N_k 个产品已经生产后), 由于每个被检查的产品以概率 q 是废品, 由此推出找到一个废品所必须检查的期望产品数是 $1/q$. 因此

$$\mathrm{E}[\text{在一个循环中被检查的个数}] = \mathrm{E}[N_k] + \frac{1}{q}$$

此外, 由于在部分检查时每个产品独立地被检查, 而以概率 αq 发现是废品, 由此推出直至一个产品被查出是废品的期望产品数是 $1/\alpha q$, 所以

$$\mathrm{E}[\text{在一个循环中产品的个数}] = \mathrm{E}[N_k] + \frac{1}{\alpha q}$$

同样, 由于 $\mathrm{E}[N_k]$ 是当每个产品以概率 $p = 1 - q$ 是可接受时需要得到一列 k 个可接受产品的期望试验 (即检查) 次数, 由此从例 3.15 推出

$$\mathrm{E}[N_k] = \frac{1}{p} + \frac{1}{p^2} + \cdots + \frac{1}{p^k} = \frac{(1/p)^k - 1}{q}$$

因此, 我们得到

$$P_{\mathrm{I}} \equiv \text{被检查产品的比例} = \frac{\left(\dfrac{1}{p}\right)^k}{\left(\dfrac{1}{p}\right)^k - 1 + \dfrac{1}{\alpha}}$$

为了回答 (b), 首先注意由每个产品以概率 q 是废品推出, 既被检查又被发现是废品的产品比例是 qP_{I}. 因此, 对于很大的 N, 在前 N 个生产的产品中, 有 (近似地) NqP_{I} 个被发现是废品而被拿走. 因为在前 N 个产品中包含 (近似地) Nq 个废品, 由此推出有 $Nq - NqP_{\mathrm{I}}$ 个废品没有发现, 因此,

$$\text{没有拿走的废品的比例} \approx \frac{Nq(1 - P_{\mathrm{I}})}{N(1 - qP_{\mathrm{I}})}$$

当 $N \to \infty$ 时, 近似变成精确, 我们有

$$\text{没有拿走的废品的比例} = \frac{q(1 - P_{\mathrm{I}})}{1 - qP_{\mathrm{I}}}. \qquad ■$$

例 7.18(更新过程的平均年龄) 考虑一个具有到达间隔分布 F 的更新过程, 而且定义 $A(t)$ 为最后一次更新到 t 的时间. 若更新表示旧的零件失效而将换上一个新的, 则 $A(t)$ 表示在使用中的零件在时刻 t 的年龄. 由于 $S_{N(t)}$ 表示早于时刻 t 或在时刻 t 的最后一次事件的时间, 所以有

$$A(t) = t - S_{N(t)}$$

我们想求年龄的平均值, 即

$$\lim_{s \to \infty} \frac{\int_0^s A(t)\mathrm{d}t}{s}$$

为了确定这个量, 我们以如下的方式运用更新报酬理论：假定在任意时间以大小等于此时更新过程的年龄的速率接受钱. 即在时刻 t 以速率 $A(t)$ 接受钱, 所以

$\int_0^s A(t)\mathrm{d}t$ 表示我们在时间 s 的全部所赚. 因为在更新发生时一切都从头开始, 由此推出

$$\frac{1}{s}\int_0^s A(t)\mathrm{d}t \to \frac{\mathrm{E}[\text{一个更新循环中的报酬}]}{\mathrm{E}[\text{一个更新循环的时间}]}$$

现在, 由于更新过程在更新循环起算的时刻 t 的年龄正是 t, 所以有

$$\text{在一个更新循环中的报酬} = \int_0^X t\mathrm{d}t = \frac{X^2}{2}$$

其中 X 是更新循环的时间. 因此, 我们有

$$\text{年龄的平均值} \equiv \lim_{s\to\infty}\frac{\int_0^s A(t)\mathrm{d}t}{s} = \frac{\mathrm{E}[X^2]}{2\mathrm{E}[X]} \tag{7.14}$$

其中 X 是具有分布函数 F 的到达间隔时间. ■

例 7.19(更新过程的平均超额寿命) 与更新过程相关的另一个量是在时刻 t 的超额寿命 $Y(t)$. $Y(t)$ 定义为等于从 t 直到下一个更新的时间, 而这表示在时刻 t 使用的产品的剩余 (或残留) 寿命. 超额寿命的平均值, 即

$$\lim_{s\to\infty}\frac{\int_0^s Y(t)\mathrm{d}t}{s}$$

也可以容易地由更新报酬理论得到. 为此假设在任意时刻 t 以速率 $Y(t)$ 获取报酬, 由更新报酬理论每单位时间我们的平均报酬由

$$\text{超额寿命的平均值} \equiv \lim_{s\to\infty}\frac{\int_0^s Y(t)\mathrm{d}t}{s} = \frac{\mathrm{E}[\text{一个更新循环中的报酬}]}{\mathrm{E}[\text{一个更新循环的时间}]}$$

给出. 现在, 以 X 记一个更新循环的长度, 我们有

$$\text{在一个循环中的报酬} = \int_0^X (X-t)\mathrm{d}t = \frac{X^2}{2}$$

于是超额寿命的平均值是

$$\text{超额寿命的平均值} = \frac{\mathrm{E}[X^2]}{2\mathrm{E}[X]}.$$

它与更新过程的年龄的平均值是一样的. ■

例 7.20 假设乘客按速率为 λ 的泊松过程到达一个公交车站. 再设公交车按分布函数为 F 的到达间隔时间的更新过程到达, 且带走所有等车的乘客. 假定乘客到达的泊松过程和公交车到达的更新过程是独立的. 求

(a) 等车的平均乘客数对所有时间的平均数.

(b) 一个乘客等待的平均时间 (对所有乘客的平均).

解 我们利用更新报酬过程来求解. 每次一辆公交车到达开始一个新的循环. 令 T 为一个循环的时间, 注意 T 的分布函数是 F. 若我们假设每个乘客单位时间付 1 元的报酬, 而任意时刻的报酬率就是那时的等待人数, 故而单位时间的平均报酬是等待公交车的平均人数. 将在一个循环中获得的报酬记为 R, 更新报酬定理给出了

$$\text{平均等待人数} = \frac{\mathrm{E}[R]}{\mathrm{E}[T]}$$

将在一个循环中到达的人数记为 N. 为了确定 $\mathrm{E}[R]$, 我们取条件于 T 和 N. 现在有

$$\mathrm{E}[R|T=t, N=n] = nt/2$$

它来自, 因为在给定直至时刻 t 有 n 人到达时, 他们到达的时间集合和 n 个独立的 $(0,t)$ 均匀随机变量有相同的分布, 所以从每个顾客平均收取 $t/2$. 因此

$$\mathrm{E}[R|T,N] = NT/2$$

取期望得出

$$\mathrm{E}[R] = \frac{1}{2}\mathrm{E}[NT]$$

为了确定 $\mathrm{E}[NT]$, 取条件于 T, 就得到

$$\mathrm{E}[NT|T] = T\mathrm{E}[N|T] = \lambda T^2$$

前式来自, 因为给定 T 直至公交车到来, 等待的人数是以均值 λT 泊松分布的. 因此, 对上式取期望, 我们得到

$$\mathrm{E}[R] = \frac{1}{2}\mathrm{E}[NT] = \lambda\mathrm{E}[T^2]/2$$

由它推出

$$\text{平均等待人数} = \frac{\lambda\mathrm{E}[T^2]}{2\mathrm{E}[T]}$$

此处 T 具有到达间隔分布 F.

为了确定乘客等待的平均时间, 注意到因为在等待公交车时每个乘客每单位时间要付 1 元, 一个乘客所付的总额是该乘客的等待时间. 因为 R 是在一个循环中的总额, 于是推出

$$R = W_1 + \cdots + W_N$$

这里 W_i 是第 i 个乘客的等待时间. 现在如果我们考虑从依次的乘客所赚得的报酬, 即 $W_1, W_2, \cdots$, 并设想报酬是在时刻 i 赚得的, 那么这些报酬的序列构成一个离散

时间的更新报酬过程, 其中一个新的循环在时刻 $N+1$ 开始. 因此, 由更新报酬过程理论以及上述恒等式, 我们可知

$$\lim_{n\to\infty}\frac{W_1+\cdots+W_n}{n}=\frac{\mathrm{E}[W_1+\cdots+W_N]}{\mathrm{E}[N]}=\frac{\mathrm{E}[R]}{\mathrm{E}[N]}$$

利用

$$\mathrm{E}[N]=\mathrm{E}[\mathrm{E}[N|T]]=\mathrm{E}[\lambda T]=\lambda\mathrm{E}[T]$$

结合上面推导的 $\mathrm{E}[R]=\lambda\mathrm{E}[T^2]/2$, 我们得到结果

$$\lim_{n\to\infty}\frac{W_1+\cdots+W_n}{n}=\frac{\mathrm{E}[T^2]}{2\mathrm{E}[T]}$$

但是 $\dfrac{\mathrm{E}[T^2]}{2\mathrm{E}[T]}$ 是到达公交车这个更新过程的超额寿命的平均, 上面的方程导致一个有趣的结果: 一个乘客的平均等待时间等于当我们对一切时间平均时直至下一辆公交车到达的平均时间. 因为乘客按泊松过程到达, 此结果是一般结果的特殊情形, 这里所说的一般结果是 PASTA 原则, 将在第 8 章中加以介绍. PASTA 原则是说, 泊松到达者所见的系统和对一切时间取平均的系统相同. (在本例中, 系统是指直至下一辆公交车的时间.) ■

7.5 再生过程

考虑一个状态空间为 $0,1,2,\cdots$ 的随机过程 $\{X(t),t\geqslant 0\}$, 它具有如下的性质: 存在一些 (随机的) 时间点使过程 (概率地) 在这些点重新开始. 即假设以概率 1 存在一个时间 T_1, 使这个过程的时间超过 T_1 的部分是从 0 出发的整个过程的概率复制品. 注意, 这个性质表明存在更多的时间 $T_2,T_3,\cdots$ 与 T_1 有同样的性质. 这样的随机过程, 称为*再生过程*.

由上面推出 $T_1,T_2,\cdots$ 构成一个更新过程的到达时间, 每当一个更新出现, 我们就说完成了一个循环.

例 (i) 一个更新过程是再生的, 而 T_1 表示首次更新的时间.

(ii) 一个常返的马尔可夫链是再生的, 而 T_1 表示首次转移回初始状态的时间.

我们想要确定一个再生过程处在状态 j 的长程时间比例. 为了得到这个量, 让我们想象, 在过程处在状态 j 时我们以每单位时间价格为 1 的速率赚取报酬, 而在其他情形价格为 0. 即若 $I(s)$ 表示在时间 s 赚到的价格, 那么

$$I(s)=\begin{cases}1, & 若\ X(s)=j\\ 0, & 若\ X(s)\neq j\end{cases}$$

而

$$t \text{ 前赚到的总报酬} = \int_0^t I(s)\mathrm{d}s$$

因为上面显然是一个更新报酬过程, 它在循环时间 T_1 重新开始, 从命题 7.3 可知

$$\text{单位时间的平均报酬} = \frac{\mathrm{E}[T_1 \text{ 前的报酬}]}{\mathrm{E}[T_1]}$$

然而, 单位时间的平均报酬正好等于过程在状态 j 的时间的比例. 即我们有如下的命题.

命题 7.4 对于一个再生过程,

$$\text{长程在状态 } j \text{ 的时间的比例} = \frac{\mathrm{E}[\text{一个循环中在状态 } j \text{ 的时间量}]}{\mathrm{E}[\text{一个循环的时间}]}$$

注 若循环时间 T_1 是一个连续的随机变量, 则利用一个称为"关键更新定理"的较高水平的定理, 可以证明上式也等于系统在时间 t 处在状态 j 的极限概率. 即如果 T_1 是连续的, 那么

$$\lim_{t\to\infty} \mathrm{P}\{X(t)=j\} = \frac{\mathrm{E}[\text{一个循环中在状态 } j \text{ 的时间量}]}{\mathrm{E}[\text{一个循环的时间}]}$$

例 7.21 考虑初始处在状态 i 的正常返的连续时间的马尔可夫链. 由马尔可夫性, 在过程每次再进入状态 i 的时刻, 它重新开始. 于是, 回到状态 i 是一次更新, 而且构成一个新的循环的开始. 由命题 7.4 推出,

$$\text{长程在状态 } j \text{ 的时间的比例} = \frac{\mathrm{E}[\text{在一个 } i-i \text{ 循环中在状态 } j \text{ 的时间量}]}{\mu_{ii}}$$

其中 μ_{ii} 表示回到状态 i 的平均时间. 如果我们取 j 为 i, 那么我们得到

$$\text{长程在状态 } i \text{ 的时间的比例} = \frac{1/v_i}{\mu_{ii}}.$$

■

例 7.22(按更新过程到达的一个排队系统) 考虑一个等待时间系统, 其中顾客按任意的一个更新过程到达, 而由具有一个任意服务时间分布的单服务线提供每次一个服务. 若我们假设在时刻 0 第一个顾客恰好到达, 则 $\{X(t), t\geqslant 0\}$ 是一个再生过程, 其中 $X(t)$ 记系统中在时刻 t 的顾客数. 这个过程在一个顾客到达并且发现服务线在闲着时再生.

■

例 7.23 虽然一个系统只需一台机器运行, 但是它有一台附加的机器作为后备. 在使用的机器运行一个具有密度函数 f 的随机时间以后失效. 如果一台机器失效而另一台在工作条件, 则后者进入使用, 同时, 刚失效的机器开始修理. 如果一台机器失效而另一台正在修理, 那么, 新失效的机器等着直到修理完成. 这时修复的机器进入使用, 同时, 新失效的机器的修理开始. 所有的修理时间有密度 g. 求 P_0、P_1、P_2, 其中 P_i 是恰有 i 台机器在工作条件的长程时间比例.

解 如果恰有 i 台机器在工作条件, $i=0,1,2$, 我们就说系统处在状态 i. 容易证明在每个进入状态 1 的时间, 系统概率地重新开始. 即每当一台机器在使用, 同时另一个开始修理, 系统重新开始. 每当系统进入状态 1, 就说一个循环开始. 如果我们以 X 记一个循环开始时使用的机器的工作时间, 而令 R 为另一台机器的修理时间, 那么循环的长度 T_c 可以表示为

$$T_{\mathrm{c}}=\max(X,R)$$

当 $X\leqslant R$ 时, 上式成立是由于, 在这种情形正使用的机器在另一台修复前失效, 所以一个新的循环开始于修理完成时. 类似地, 当 $X>R$ 时, 上式成立是因为修复先发生, 所以一个新的循环开始于使用的机器失效的时刻. 同时, 令 $T_i(i=0,1,2)$ 是在一个循环中系统处在状态 i 的时间比例. 于是, 因为在一个循环中没有机器在工作的时间是: 当这个量是正的情形为 $R-X$, 或者在其他情形为 0, 即我们有

$$T_0=(R-X)^+$$

类似地, 因为在一个循环中单个机器在工作的时间是 $\min(X,R)$, 所以有

$$T_1=\min(X,R)$$

最后, 因为在一个循环中两台机器都在工作的时间是: 当这个量是正的情形为 $X-R$, 或者在其他情形为 0, 即我们有

$$T_2=(X-R)^+$$

因此, 我们得到

$$P_0=\frac{\mathrm{E}[(R-X)^+]}{\mathrm{E}[\max(X,R)]},\quad P_1=\frac{\mathrm{E}[\min(X,R)]}{\mathrm{E}[\max(X,R)]},\quad P_2=\frac{\mathrm{E}[(X-R)^+]}{\mathrm{E}[\max(X,R)]}$$

而 $P_0+P_1+P_2=1$ 得自容易验证的恒等式

$$\max(x,r)=\min(x,r)+(x-r)^++(r-x)^+$$

上面的期望可以计算如下:

$$\begin{aligned}
\mathrm{E}[\max(X,R)]&=\int_0^\infty\int_0^\infty \max(x,r)f(x)g(r)\mathrm{d}x\mathrm{d}r\\
&=\int_0^\infty\int_0^r rf(x)g(r)\mathrm{d}x\mathrm{d}r+\int_0^\infty\int_r^\infty xf(x)g(r)\mathrm{d}x\mathrm{d}r\\
\mathrm{E}[(R-X)^+]&=\int_0^\infty\int_0^x (r-x)^+f(x)g(r)\mathrm{d}x\mathrm{d}r\\
&=\int_0^\infty\int_0^r (r-x)f(x)g(r)\mathrm{d}x\mathrm{d}r\\
\mathrm{E}[\min(X,R)]&=\int_0^\infty\int_0^\infty \min(x,r)f(x)g(r)\mathrm{d}x\mathrm{d}r\\
&=\int_0^\infty\int_0^r xf(x)g(r)\mathrm{d}x\mathrm{d}r+\int_0^\infty\int_r^\infty rf(x)g(r)\mathrm{d}x\mathrm{d}r
\end{aligned}$$

$$E[(X-R)^+] = \int_0^\infty \int_0^x (x-r)f(x)g(r)\mathrm{d}r\mathrm{d}x$$ ■

交替更新过程

再生过程的另一个例子是所谓的*交替更新过程*，它考虑一个可能处在两个状态(开或关)之一的系统. 开始它在开，而且在开保持一个时间 Z_1；然后变成关，而且它在关保持一个时间 Y_1；然后变成一段时间 Z_2 开；然后一段时间 Y_2 关；然后开，如此等等.

我们假设随机向量 $(Z_n, Y_n)(n \geqslant 1)$ 独立同分布. 即随机变量列 $\{Z_n\}$ 和随机变量列 $\{Y_n\}$ 都是独立同分布的，但是我们允许 Z_n 和 Y_n 有依赖关系. 换句话说，每次过程开始处在开，一切都重新开始，但是当它变成关时，我们允许关的时间长度依赖于前面开的时间.

以 $E[Z] = E[Z_n]$ 和 $E[Y] = E[Y_n]$ 分别记一个开和一个关的周期的平均长度.

我们关注系统处在开的长程时间比例 $P_{\text{开}}$. 如果我们令

$$X_n = Y_n + Z_n, \quad n \geqslant 1$$

那么在时刻 X_1 过程重新开始. 即过程在一个包含一个开和一个关的区间的完全的循环后重新开始. 换句话说，一个更新发生，只要完成一个循环. 所以我们从命题 7.4 得到

$$P_{\text{开}} = \frac{E[Z]}{E[Y]+E[Z]} = \frac{E[\text{开}]}{E[\text{开}]+E[\text{关}]} \tag{7.15}$$

同样，如果我们以 $P_{\text{关}}$ 记系统处在关的长程时间比例，那么

$$P_{\text{关}} = 1 - P_{\text{开}} = \frac{E[\text{关}]}{E[\text{开}]+E[\text{关}]} \tag{7.16}$$

例 7.24(一个生产过程) 交替更新过程的一个例子是一个生产过程 (或机器)，它工作一段时间 Z_1，然后停止并且必须修理 (需要时间 Y_1)，然后工作一段时间 Z_2，然后停止一段时间 Y_2，如此等等. 如果我们假设机器在修复后与新的一样好，那么这构成一个交替更新过程. 值得注意的是假设修理时间依赖于在失效前过程工作的时间数量是有意义的. ■

例 7.25 某个保险公司对参保人的收费率交替在 r_1 和 r_0 之间. 一个新的参保人开始在每单位时间的收费率为 r_1. 当一个收费率为 r_1 的参保人在最近的 s 个单位时间没有理赔，那么他的收费率变成单位时间 r_0. 收费率保持在 r_0 直到作了一次理赔，这时收费率回转到 r_1. 假设给定一个参保人永远活着，而且按速率为 λ 的泊松过程要求理赔，求

(a) 参保人以收费率 r_i 付费的时间的比例 $P_i, i = 1, 2$.

(b) 单位时间所付的长程平均金额.

解 如果当参保人按收费率 r_1 付费时, 我们说系统处在"开", 而当参保人按收费率 r_0 付费时, 说系统处在"关", 那么这个开 - 关系统是一个交替更新过程, 以每作一次理赔开始一个新的循环. 如果 X 是相继的理赔之间的时间, 那么在这个循环中处于开的时间是 s 和 X 中小的一个 (注意若 $X < s$, 则关的时间是 0). 由于 X 是速率为 λ 的指数随机变量, 由上面可得

$$\mathrm{E}[\text{循环中开的时间}] = \mathrm{E}[\min(X, s)] = \int_0^s x\lambda \mathrm{e}^{-\lambda x}\mathrm{d}x + s\mathrm{e}^{-\lambda s} = \frac{1}{\lambda}(1 - \mathrm{e}^{-\lambda s})$$

因为 $\mathrm{E}[X] = 1/\lambda$, 我们有

$$P_1 = \frac{\mathrm{E}[\text{一个循环中开的时间}]}{\mathrm{E}[X]} = 1 - \mathrm{e}^{-\lambda s}, \quad P_0 = 1 - P_1 = \mathrm{e}^{-\lambda s}$$

单位时间所付的长程平均金额是

$$r_0P_0 + r_1P_1 = r_1 - (r_1 - r_0)\mathrm{e}^{-\lambda s}$$ ■

例 7.26(更新过程的年龄) 假设我们想要确定更新过程的年龄小于某个常数 c 的时间的比例. 为此, 令一个循环对应于一个更新, 并且如果在 t 的年龄小于或等于 c, 说系统在时刻 t 处在开, 而如果在 t 的年龄大于 c, 说系统在时刻 t 处在关, 换句话说, 更新区间的前 c 个时间单位系统处在"开", 而在其余的时间处在"关". 因此, 以 X 记一个更新区间, 从方程 (7.15) 我们得到

$$\begin{aligned}\text{年龄小于 } c \text{ 的时间的比例} &= \frac{\mathrm{E}[\min(X, c)]}{\mathrm{E}[X]} \\ &= \frac{\int_0^\infty \mathrm{P}\{\min(X, c) > x\}\mathrm{d}x}{\mathrm{E}[X]} \\ &= \frac{\int_0^c \mathrm{P}\{X > x\}\mathrm{d}x}{\mathrm{E}[X]} \\ &= \frac{\int_0^c (1 - F(x))\mathrm{d}x}{\mathrm{E}[X]}\end{aligned} \tag{7.17}$$

其中 F 是 X 的分布函数, 而我们用了对于非负随机变量 Y 的恒等式

$$\mathrm{E}[Y] = \int_0^\infty \mathrm{P}\{Y > x\}\mathrm{d}x$$ ■

例 7.27(更新过程的超额时间) 我们考虑确定更新过程的超额时间小于 c 的长程时间的比例. 为了确定这个量, 让一个循环对应于一个更新区间, 并且只要更新过程的超额时间大于或等于 c, 就说系统处在开, 否则就是关. 换句话说, 只要更新发

生过程就进入开, 并且停留在 "开", 直到更新区间的最后 c 个时间单位它进入 "关" 为止. 显然这是一个交替更新过程, 所以我们从方程 (7.16) 得到

$$\text{超额时间小于 } c \text{ 的时间的长程比例} = \frac{\mathrm{E}[\text{一个循环中关的时间}]}{\mathrm{E}[\text{一个循环时间}]}.$$

如果 X 是更新区间的长度, 那么由于系统在最后的 c 时间单位处在 "关", 由此推出在这个循环中 "关" 的时间等于 $\min(X, c)$. 于是

$$\text{超额时间小于 } c \text{ 的时间的长程比例} = \frac{\mathrm{E}[\min(X,c)]}{\mathrm{E}[X]} = \frac{\int_0^c (1-F(x))\mathrm{d}x}{\mathrm{E}[X]}$$

其中最后的等式得自方程 (7.17). 于是, 从例 7.26 的结果我们看到, 超额时间小于 c 的时间的长程比例与年龄小于 c 的时间的长程比例是相等的. 理解这个等价性的一个途经是, 考虑一个已经运行了很长时间的更新过程, 然后从逆向进行观察. 在这样做时, 我们看到了一个计数过程, 其相继的事件间的时间是具有分布 F 的独立随机变量. 即当我们从逆向进行观察一个更新过程时, 我们也看到一个与原来的过程有同样概率结构的更新过程. 由于逆向过程在任意时间的超额时间 (年龄) 对应于原来的更新过程的年龄 (超额时间)(见图 7.3), 由此推出年龄和超额时间的所有长程性质必须相等. ■

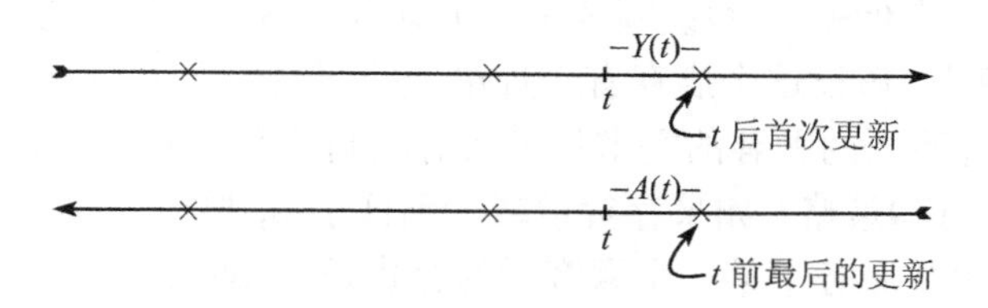

图 7.3 箭头指示时间的方向

例 7.28(M/G/∞ 排队系统的忙期) 在 5.3 节中, 分析了顾客按速率为 λ 的泊松过程到达的, 而且有一个共同的服务分布 G 的无穷条服务线的排队系统, 证明了系统中在时刻 t 的顾客数具有均值为 $\lambda\int_0^t \overline{G}(t)\mathrm{d}t$ 的泊松分布. 如果在系统中至少有一个顾客时我们说系统处于忙, 而在系统空时我们说系统处于闲, 求忙期的期望长度 $\mathrm{E}[B]$.

解 如果在系统中至少有一个顾客时我们说系统处于 "开", 而在系统空时我们说系统处于 "关", 那么我们有一个交替更新过程. 因为 $\int_0^\infty \overline{G}(t)\mathrm{d}t = \mathrm{E}[S]$, 其中 $\mathrm{E}[S]$ 是服务分布 G 的均值, 由此从 5.3 节的结果推出

$$\lim_{t\to\infty} \mathrm{P}\{\text{系统在 } t \text{ 处于 "关"}\} = \mathrm{e}^{-\lambda \mathrm{E}[S]}$$

随之, 由交替更新过程理论, 我们得到

$$\mathrm{e}^{-\lambda \mathrm{E}[S]}=\frac{\mathrm{E}[\text{在循环中“关”的时间}]}{\mathrm{E}[\text{循环时间}]}$$

但是当系统变成“关”, 它总保持在“关”直到下一个到达, 这给出

$$\mathrm{E}[\text{在循环中“关”的时间}]=\frac{1}{\lambda}$$

因为

$$\mathrm{E}[\text{在循环中“开”的时间}]=\mathrm{E}[B]$$

我们得到

$$\mathrm{e}^{-\lambda \mathrm{E}[S]}=\frac{1/\lambda}{1/\lambda+\mathrm{E}[B]}$$

$$\mathrm{E}[B]=\frac{1}{\lambda}(\mathrm{e}^{\lambda \mathrm{E}[S]}-1)$$

■

如果 μ 是平均到达间隔时间, 则由

$$F_e(x)=\int_0^x \frac{1-F(y)}{\mu}\mathrm{d}y$$

所定义的分布函数 F_e 称为 F 的*平衡分布*. 从上面推出, F_e 表示更新过程的年龄(或超额时间) 小于或等于 x 的时间的长程比例.

例 7.29(存货的一个例子) 假设顾客按一个具有到达间隔分布为 F 的更新过程来到一个指定的商店. 假设这个店存有一种单一的商品, 而每个到达的顾客需要随机数量的这种商品, 不同的顾客的需求量是具有相同分布 G 的独立随机变量. 商店使用以下的 (s,S) 订购策略：如果存货量减少到低于 s, 那么订购足够的商品使存货增加到 S. 即如果在服务了某一个顾客后的存货是 x, 那么订购的数量是

$$\begin{cases} S-x, & \text{若 } x<s \\ 0, & \text{若 } x\geqslant s \end{cases}$$

假定订购是立刻供应的.

对于一个固定的值 $y, s\leqslant y\leqslant S$, 假设我们想要确定在手的存货至少与 y 一样多的时间的长程比例. 为了确定这个量, 我们说这个系统处在“开”, 只要存货水平至少是 y, 而在其他情形处在“关”. 用这些定义, 每次当一个顾客的需求使商店开始订购并最终导致存货水平回到 S 时, 系统变为开. 由于只要发生这样的情形, 一个顾客必须刚到达过, 由此推出, 直至随后的顾客到达的时间构成具有到达间隔分布为 F 的一个更新过程. 就是说, 每次系统变回到开, 过程将重新开始. 于是, 这样定义的开和关的周期构成一个交替更新过程, 而从方程 (7.15) 我们有

$$\text{存货量}\geqslant y\text{ 的时间的长程比例}=\frac{\mathrm{E}[\text{一个循环中开的时间}]}{\mathrm{E}[\text{循环时间}]} \tag{7.18}$$

现在如果我们以 $D_1, D_2, \cdots$ 记相继顾客的需求量, 而令

$$N_x = \min(n : D_1 + \cdots + D_n > S - x) \tag{7.19}$$

那么在循环中的第 N_y 个顾客引起存货水平下降到低于 y, 而在循环中的第 N_s 个顾客结束这个循环. 结果是, 若我们以 $X_i(i \geqslant 1)$ 记顾客的到达间隔时间, 则

$$\text{一个循环中开的时间} = \sum_{i=1}^{N_y} X_i \tag{7.20}$$

$$\text{循环时间} = \sum_{i=1}^{N_s} X_i \tag{7.21}$$

假定到达间隔时间独立于相继的需求, 我们有

$$\mathrm{E}\left[\sum_{i=1}^{Ny} X_i\right] = \mathrm{E}\left[\mathrm{E}\left[\sum_{i=1}^{Ny} X_i | N_y\right]\right] = \mathrm{E}[N_y \mathrm{E}[X]] = \mathrm{E}[X]\mathrm{E}[N_y]$$

类似地

$$\mathrm{E}\left[\sum_{i=1}^{N_s} X_i\right] = \mathrm{E}[X]\mathrm{E}[N_s]$$

所以, 由方程 (7.18)、(7.20) 和 (7.21), 我们有

$$\text{存货量} \geqslant y \text{ 的时间的长程比例} = \frac{\mathrm{E}[N_y]}{\mathrm{E}[N_s]} \tag{7.22}$$

然而, 因为 $D_i(i \geqslant 1)$ 都是具有分布 G 的非负的独立同分布随机变量, 由方程 (7.19) 推出, N_x 与具有到达间隔分布 G 的更新过程在时间 $S - x$ 后首次发生的事件的指标有相同的分布. 即 $N_x - 1$ 将是这个过程在时间 $S - x$ 之前的更新次数. 因此, 我们看到

$$\mathrm{E}[N_y] = m(S - y) + 1, \quad \mathrm{E}[N_s] = m(S - s) + 1$$

其中

$$m(t) = \sum_{n=1}^{\infty} G_n(t)$$

从方程 (7.22) 我们得到

$$\text{存货量} \geqslant y \text{ 的时间的长程比例} = \frac{m(S - y) + 1}{m(S - s) + 1}, \quad s \leqslant y \leqslant S$$

例如, 如果顾客的需求量是以均值为 $1/\mu$ 指数地分布, 那么

$$\text{存货量} \geqslant y \text{ 的时间的长程比例} = \frac{\mu(S - y) + 1}{\mu(S - s) + 1}, \quad s \leqslant y \leqslant S$$

■

7.6 半马尔可夫过程

考虑一个可处在状态 1、2、3 的过程. 开始过程在状态 1, 在那里保持一个具有均值 μ_1 的随机时间, 然后它进入状态 2, 在那里保持一个具有均值 μ_2 的随机时间, 然后它进入状态 3, 在那里保持一个具有均值 μ_3 的随机时间, 然后它回到状态 1, 如此等等. 这个过程在状态 i ($i=1,2,3$) 的时间的比例是多少?

如果过程每次回到状态 1, 我们就说完成了一个循环, 而如果我们令在这个循环中停留在状态 i 的时间数量作为报酬, 那么上面的是一个更新报酬过程. 因此从命题 7.3 得到过程在状态 i 的时间的比例 P_i 为

$$P_i=\frac{\mu_i}{\mu_1+\mu_2+\mu_3},\quad i=1,2,3$$

类似地, 如果我们有可以处在 N 个状态 $1,2,\cdots,N$ 中的任意一个的过程, 它从状态 $1\to2\to3\to\cdots\to N-1\to N\to1$ 移动, 那么过程处在状态 i 的长程时间比例是

$$P_i=\frac{\mu_i}{\mu_1+\mu_2+\cdots+\mu_N},\quad i=1,2,\cdots,N$$

其中 μ_i 是过程在每次访问中停留在状态 i 的时间的期望.

现在我们将上述结果推广到以下的情况. 假设一个过程可以处在 N 个状态 $1,2,\cdots,N$ 中的任意一个, 而且在每一个状态 i 保持一个具有均值 μ_i 的随机时间, 然后以概率 P_{ij} 转移到状态 j. 这样的过程称为*半马尔可夫过程*. 注意如果过程在转移以前在每一个状态停留的时间恒等于 1, 那么这样的半马尔可夫过程正是马尔可夫链.

现在计算半马尔可夫过程的 P_i. 为此, 我们首先考虑使过程进入状态 i 的转移比例 π_i. 如果以 X_n 记在 n 次转移后的状态, 那么 $\{X_n,n\geqslant0\}$ 是一个以 $\{P_{ij},i,j=1,2,\cdots,N\}$ 为转移概率的马尔可夫链. 因此, π_i 正是这个马尔可夫链的极限 (或平稳) 概率 (4.4 节). 即 π_i 是方程组

$$\sum_{i=1}^{N}\pi_i=1,\quad \pi_i=\sum_{j=1}^{N}\pi_jP_{ji},\quad i=1,2,\cdots,N \tag{7.23}$$

的唯一非负解①. 现在由于过程只要访问状态 i, 就在 i 停留一个期望时间 μ_i, 似乎显然地 P_i 应该是 π_i 的加权平均, 其中 π_i 的权重是 μ_i, 即

$$P_i=\frac{\pi_i\mu_i}{\sum_{j=1}^{N}\pi_j\mu_j}\quad i=1,2,\cdots,N \tag{7.24}$$

其中 π_i 由方程 (7.23) 的解给出.

① 我们假定方程组 (7.23) 存在一个解, 即我们假定马尔可夫链的一切状态都是互通的.

例 7.30 考虑一台机器, 它可以处在 3 个状态之一：良好, 不错和损坏. 假设这台机器在良好时将以平均时间 μ_1 保持这种状态, 然后它分别以概率 3/4 和 1/4 转变为不错和损坏. 这台机器在不错时将以平均时间 μ_2 保持这种状态, 然后它转变为损坏. 这台机器在损坏时将进行修理, 需要用平均时间 μ_3, 在修复后它分别以概率 2/3 和 1/3 转变为良好和不错. 问这台机器在每个状态的时间的比例是多少?

解 令这些状态为 1、2、3, 由方程组 (7.23), 我们得到 π_i 满足

$$\pi_1+\pi_2+\pi_3=1,\quad \pi_1=\frac{2}{3}\pi_3,\quad \pi_2=\frac{3}{4}\pi_1+\frac{1}{3}\pi_3,\quad \pi_3=\frac{1}{4}\pi_1+\pi_2$$

其解为

$$\pi_1=\frac{4}{15},\quad \pi_2=\frac{1}{3},\quad \pi_3=\frac{2}{5}$$

因此, 从方程组 (7.24) 我们得到机器在状态 i 的时间比例 P_i 由

$$P_1=\frac{4\mu_1}{4\mu_1+5\mu_2+6\mu_3},\quad P_2=\frac{5\mu_2}{4\mu_1+5\mu_2+6\mu_3},\quad P_3=\frac{6\mu_3}{4\mu_1+5\mu_2+6\mu_3}$$

给出. 例如, 若 $\mu_1=5,\mu_2=2,\mu_3=1$, 则机器以 5/9 时间处在良好的状态, 以 5/18 时间处在不错的状态, 以 1/6 时间处在损坏的状态. ■

注 在一次访问中, 在每个状态停留的时间数量的分布是连续的时候, P_i 也表示过程在时刻 t 处在状态 i 的极限 (当 $t\to\infty$ 时) 概率.

例 7.31 考虑一个更新过程, 其到达间隔分布是离散的, 使得

$$\mathrm{P}\{X=i\}=p_i,\quad i\geqslant 1$$

其中 X 表示到达间隔随机变量. 以 $L(t)$ 记包含时间点 t 的更新区间的长度 (即如果 $N(t)$ 是到 t 为止的更新次数, 而 X_n 是第 n 次到达间隔时间, 那么 $L(t)=X_{N(t)+1}$). 如果我们将每次更新想成对应于一个灯泡的失效 (它将在下一个周期的开始换以一个新的灯泡), 那么如果在时刻 t 使用的灯泡在它的第 i 个使用周期中失效, $L(t)$ 将等于 i.

容易看出 $L(t)$ 是半马尔可夫过程. 为了确定 $L(t)=j$ 的时间比例, 注意每次转移 (即每次更新发生) 至下一个状态以概率 p_j 为 j. 即嵌入马尔可夫链的转移概率是 $P_{ij}=p_j$. 因此, 嵌入马尔可夫链的极限概率由

$$\pi_j=p_j$$

给出, 而且由于半马尔可夫链在转移发生前停留在状态 j 的时间是 j, 由此推出, 在状态 j 的时间的长程比例是

$$P_j=\frac{jp_j}{\sum_i ip_i}$$

■

7.7 检验悖论

假设一个设备 (例如电池) 被装配使用直至它损坏. 在损坏时, 立刻用一个相似的电池替代以使这个过程不中断地继续. 以 $N(t)$ 记到时刻 t 为止损坏的电池数, 则 $\{N(t), t \geqslant 0\}$ 是一个更新过程.

进一步假设电池寿命的分布 F 是未知的, 需要用以下的样本检查方案来估计. 我们固定某个 t, 并观察在时刻 t 使用的电池的总寿命. 由于 F 是所有电池的寿命分布, 似乎它也应该是这个电池的寿命分布. 然而, 这是一个检验悖论, 因为它导出在时刻 t 正在使用的电池倾向于有比普通的电池更长的寿命.

为了理解上述所谓的悖论, 我们推理如下. 在更新理论的术语中, 我们关心的是包含时间点 t 的更新区间. 即我们要求 $X_{N(t)+1} = S_{N(t)+1} - S_{N(t)}$(见图 7.2). 为了计算 $X_{N(t)+1}$ 的分布, 我们对于在时刻 t 以前 (或在时刻 t) 最后一次更新的时间取条件. 即

$$\mathrm{P}\{X_{N(t)+1} > x\} = \mathrm{E}[\mathrm{P}\{X_{N(t)+1} > x | S_{N(t)} = t - s\}]$$

这里我们回忆起 (图 7.2)$S_{N(t)}$ 是在时刻 t 以前 (或在时刻 t) 最后一次更新的时间. 由于在 $t-s$ 与 t 之间没有更新, 可推出, 如果 $s > x$, $X_{N(t)+1}$ 必须大于 x. 即

$$\mathrm{P}\{X_{N(t)+1} > x | S_{N(t)} = t - s\} = 1, \quad 若\ s > x \tag{7.25}$$

另一方面, 假设 $s \leqslant x$. 如前, 我们知道有一次更新发生在时刻 $t-s$, 而且在 $t-s$ 与 t 之间没有更新发生, 并且我们要求在附加的 $x-s$ 时间没有更新发生的概率. 就是说, 我们正是求在给定一个到达间隔时间大于 s 时, 它大于 x 的条件概率. 所以, 对于 $s \leqslant x$

$$\begin{aligned}
&\mathrm{P}\{X_{N(t)+1} > x | S_{N(t)} = t - s\} \\
&= \mathrm{P}\{到达间隔时间 > x | 到达间隔时间 > s\} \\
&= \mathrm{P}\{到达间隔时间 > x\} / \mathrm{P}\{到达间隔时间 > s\} \\
&= \frac{1 - F(x)}{1 - F(s)} \\
&\geqslant 1 - F(x)
\end{aligned} \tag{7.26}$$

因此, 从方程 (7.25) 和方程 (7.26) 我们看到, 对于一切 s

$$\mathrm{P}\{X_{N(t)+1} > x | S_{N(t)} = t - s\} \geqslant 1 - F(x)$$

对两边取期望得

$$\mathrm{P}\{X_{N(t)+1} > x\} \geqslant 1 - F(x) \tag{7.27}$$

然而, $1-F(x)$ 是普通的更新区间大于 x 的概率, 即 $1-F(x)=\mathrm{P}\{X_n>x\}$, 从而方程 (7.27) 是检验悖论的一个确切陈述, 它说明包含时间点 t 的更新区间倾向于比普通的更新区间更大.

注 为了得到所谓的检验悖论, 推理如下: 我们想象整个直线被更新区间覆盖, 其中一个包含点 t. 覆盖点 t 的区间相比于较短的区间是不是更像一个较大的区间?

当更新过程是泊松过程时, 我们可以明确地计算 $X_{N(t)+1}$ 的分布. (注意, 在一般情形, 我们不需要明显地计算 $\mathrm{P}\{X_{N(t)+1}>x\}$ 来说明它至少与 $1-F(x)$ 一样大.) 为此, 我们写出

$$X_{N(t)+1}=A(t)+Y(t)$$

其中 $A(t)$ 记从 t 之前的最后一次更新到 t 的时间, 而 $Y(t)$ 是从 t 直到下一次更新的时间 (参见图 7.4). $A(t)$ 是过程在时刻 t 的*年龄* (在我们的例子中, 它是在时刻 t 使用的电池的年龄), 而 $Y(t)$ 是过程在时刻 t 的*超额寿命* (它是从 t 直到电池损坏的附加时间). 当然, $A(t)=t-S_{N(t)}$, $Y(t)=S_{N(t)+1}-t$ 都是正确的.

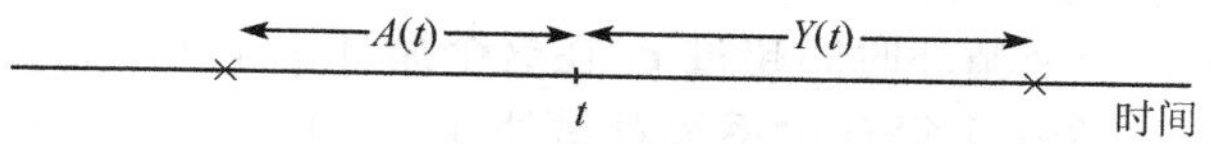

图 7.4

为了计算 $X_{N(t)+1}$ 的分布, 我们首先注意重要的事实: 对于泊松过程, $A(t)$ 和 $Y(t)$ 是独立的. 这是由于泊松过程的无记忆性质, 从 t 直到下一次更新发生的时间是指数分布的, 而且独立于以前发生的 (特别地, 包含 $A(t)$). 事实上, 这显示如果 $\{N(t),t\geqslant 0\}$ 是速率为 λ 的泊松过程, 那么

$$\mathrm{P}\{Y(t)\leqslant x\}=1-\mathrm{e}^{-\lambda x} \tag{7.28}$$

$A(t)$ 的分布可以如下地得到

$$\begin{aligned}\mathrm{P}\{A(t)>x\}&=\begin{cases}\mathrm{P}\{\text{在}[t-x,t]\text{有 0 次更新}\}, & \text{若 } x\leqslant t\\ 0, & \text{若 } x>t\end{cases}\\ &=\begin{cases}\mathrm{e}^{-\lambda x}, & \text{若 } x\leqslant t\\ 0, & \text{若 } x>t\end{cases}\end{aligned}$$

或者, 等价地

$$\mathrm{P}\{A(t)\leqslant x\}=\begin{cases}1-\mathrm{e}^{-\lambda x}, & x\leqslant t\\ 1, & x>t\end{cases} \tag{7.29}$$

因此, 由 $A(t)$ 和 $Y(t)$ 的独立性可得, $X_{N(t)+1}$ 的分布正是方程 (7.28) 的指数分布与方程 (7.29) 的分布的卷积. 注意到对于大的 t, $A(t)$ 近似地有一个指数分布. 于是, 对于很大的 t, $X_{N(t)+1}$ 有两个同分布的指数随机变量的卷积的分布, 由 5.2.3 节, 这

是参数为 $(2,\lambda)$ 的伽马分布. 特别地, 对于很大的 t, 包含点 t 的更新区间的期望长度近似地是普通更新区间的期望长度的两倍.

利用在例 7.18 和例 7.19 中得到的关于平均年龄与平均超额寿命的结果, 恒等式

$$X_{N(t)+1} = A(t) + Y(t)$$

推出包含一个特殊的点的更新区间的平均长度是

$$\lim_{s\to\infty} \frac{\int_0^s X_{N(t)+1}\mathrm{d}t}{s} = \frac{\mathrm{E}[X^2]}{\mathrm{E}[X]}$$

其中 X 具有到达间隔分布. 因为除 X 是常数外, $\mathrm{E}[X^2] > (\mathrm{E}[X])^2$, 这个平均值正如由检验悖论所预料的, 大于普通更新区间的期望值.

我们可以用一个交替更新过程推理确定 $X_{N(t)+1}$ 大于 c 的时间的长程比例. 为此, 令一个循环对应于一个更新区间, 并且如果包含 t 的更新区间的长度大于 c (即如果 $X_{N(t)+1} > c$), 说系统在时刻 t 处于开, 而在其他情形就说系统在时刻 t 处于关. 换句话说, 如果一个循环时间超过 c, 在这个循环中系统总是处在开; 如果这个循环时间不超过 c, 在这个循环中系统总是处在关, 于是, 如果 X 是循环时间, 我们有

$$\text{在循环中处在开的时间} = \begin{cases} X, & \text{若 } X > c \\ 0, & \text{若 } X \leqslant c \end{cases}$$

所以, 我们由交替更新过程理论得到

$$X_{N(t)+1} > c \text{ 的时间的长程比例} = \frac{\mathrm{E}[\text{循环中开的时间}]}{\mathrm{E}[\text{循环时间}]} = \frac{\int_c^\infty xf(x)\mathrm{d}x}{\mu}$$

其中 f 是到达间隔的密度函数.

7.8　计算更新函数

想用恒等式

$$m(t) = \sum_{n=1}^{\infty} F_n(t)$$

计算更新函数的困难在于, 确定 $F_n(t) = \mathrm{P}\{X_1 + \cdots + X_n \leqslant t\}$ 需要计算 n 维积分. 下面我们介绍一个有效的算法, 它只需要一维积分作为输入.

令 Y 是一个速率为 λ 的指数随机变量, 而且假设 Y 与更新过程 $\{N(t), t \geqslant 0\}$ 独立. 我们先确定到随机时间 Y 为止的期望更新次数 $\mathrm{E}[N(Y)]$. 为此我们先对首次更新的时间 X_1 取条件. 这就得到

$$\mathrm{E}[N(Y)]=\int_0^\infty \mathrm{E}[N(Y)|X_1=x]f(x)\mathrm{d}x \tag{7.30}$$

其中 f 是到达间隔密度. 为了确定 $\mathrm{E}[N(Y)|X_1=x]$, 我们对 Y 是否超出 x 取条件. 现在, 如果 $Y<x$, 那么因为首次更新发生在时刻 x, 就推出到时刻 Y 为止的更新次数等于 0. 另一方面, 如果我们给出了 $x<Y$, 那么到时刻 Y 为止的更新次数等于 1 (在 x 的那一个) 加上在 x 与 Y 之间的附加更新次数. 但是, 由指数随机变量的无记忆性质推出, 给定 $Y>x$, 它超过 x 的数量也是速率为 λ 的指数随机变量. 所以给定 $Y>x$, 在 x 与 Y 之间的更新次数与 $N(Y)$ 同分布. 因此

$$\mathrm{E}[N(Y)|X_1=x,Y<x]=0,$$

$$\mathrm{E}[N(Y)|X_1=x,Y>x]=1+\mathrm{E}[N(Y)]$$

所以

$$\begin{aligned}\mathrm{E}[N(Y)|X_1=x]&=\mathrm{E}[N(Y)|X_1=x,Y<x]\mathrm{P}\{Y<x|X_1=x\}\\&\quad+\mathrm{E}[N(Y)|X_1=x,Y>x]\mathrm{P}\{Y>x|X_1=x\}\\&=\mathrm{E}[N(Y)|X_1=x,Y>x]\mathrm{P}\{Y>x\}\quad \text{因为 } Y \text{ 和 } X_1 \text{ 是独立的}\\&=(1+\mathrm{E}[N(Y)])\mathrm{e}^{-\lambda x}\end{aligned}$$

将它代入方程 (7.30) 得

$$\mathrm{E}[N(Y)]=(1+\mathrm{E}[N(Y)])\int_0^\infty \mathrm{e}^{-\lambda x}f(x)\mathrm{d}x$$

因此

$$\mathrm{E}[N(Y)]=\frac{\mathrm{E}[\mathrm{e}^{-\lambda X}]}{1-\mathrm{E}[\mathrm{e}^{-\lambda X}]} \tag{7.31}$$

其中 X 有更新到达间隔分布.

如果令 $\lambda=1/t$, 那么方程 (7.31) 给出了 (不是直到 t 为止, 而是) 直到一个具有均值 t 的随机指数分布时间为止的平均更新次数的表达式. 然而, 因为这样的随机变量未必近似于它的均值 (它的方差是 t^2), 方程 (7.31) 就未必特别地近似 $m(t)$. 为了得到一个精确的近似, 假设 $Y_1,\cdots,Y_n$ 是速率为 λ 的独立指数随机变量, 而且假设它们也独立于更新过程. 对于 $r=1,\cdots,n$, 令

$$m_r=\mathrm{E}[N(Y_1+\cdots+Y_r)]$$

为了算得 m_r 的表达式, 我们也先对首次更新的时间 X_1 取条件,

$$m_r=\int_0^\infty \mathrm{E}[N(Y_1+\cdots+Y_r)|X_1=x]f(x)\mathrm{d}x \tag{7.32}$$

为确定上述条件期望, 我们现在对部分和 $\sum_{i=1}^{j}Y_i\ (j=1,\cdots,r)$ 中小于 x 的个数取条件. 如果所有的 r 个部分和都小于 x, 那么显然直到 $\sum_{i=1}^{r}Y_i$ 为止的更新次数是

0. 另一方面, 如果给定 $k(k<r)$ 个部分和都小于 x, 由指数随机变量的无记忆性质推出, 直到 $\sum_{i=1}^{r} Y_i$ 为止的更新次数将与 1 加上 $N(Y_{k+1}+\cdots+Y_r)$ 有相同的分布. 因此

$$\mathrm{E}[N(Y_1+\cdots+Y_r)|X_1=x, \sum_{i=1}^{j} Y_i \text{ 中有 } k \text{ 个小于 } x)=\begin{cases}0, & \text{若 } k=r\\ 1+m_{r-k}, & \text{若 } k<r\end{cases} \tag{7.33}$$

为确定小于 x 的部分和的个数的分布, 注意到部分和 $\sum_{i=1}^{j} Y_i\ (j=1,\cdots,r)$ 中相继的值与速率为 λ 的泊松过程的前 r 个事件的时间有相同的分布 (由于每个相继的部分和是前面的和加上一个独立的速率为 λ 的指数随机变量). 由此推出, 对于 $k<r$,

$$\mathrm{P}\left\{\text{部分和} \sum_{i=1}^{j} Y_i \text{ 中有 } k \text{ 个小于 } x|X_1=x\right\}=\frac{\mathrm{e}^{-\lambda x}(\lambda x)^k}{k!} \tag{7.34}$$

将方程 (7.33) 和方程 (7.34) 代入方程 (7.32), 我们得到

$$m_r=\int_0^{\infty}\sum_{k=0}^{r-1}(1+m_{r-k})\frac{\mathrm{e}^{-\lambda x}(\lambda x)^k}{k!}f(x)\mathrm{d}x$$

或者, 等价地,

$$m_r=\frac{\sum_{k=1}^{r-1}(1+m_{r-k})\mathrm{E}[X^k\mathrm{e}^{-\lambda X}](\lambda^k/k!)+\mathrm{E}[\mathrm{e}^{-\lambda X}]}{1-\mathrm{E}[\mathrm{e}^{-\lambda X}]} \tag{7.35}$$

如果令 $\lambda=n/t$, 那么由方程 (7.31) 先给出 m_1, 我们可以利用方程 (7.35) 递推地计算 $m_2,\cdots,m_n$. $m(t)=\mathrm{E}[N(t)]$ 的近似由 $m_n=\mathrm{E}[N(Y_1+\cdots+Y_n)]$ 给出. 由于 $Y_1+\cdots+Y_n$ 是 n 个独立的指数随机变量的和, 每一个有均值 t/n, 由此推出它是均值为 t 和方差为 $n\dfrac{t^2}{n^2}=\dfrac{t^2}{n}$ 的伽马分布. 因此, 只要选取 n 很大, $\sum_{i=1}^{n} Y_i$ 将是一个以大的概率集中在 t 附近的随机变量, 故而 $\mathrm{E}\left[N\left(\sum_{i=1}^{n} Y_i\right)\right]$ 将十分地近似于 $\mathrm{E}[N(t)]$(事实上, 如果 $m(t)$ 在 t 连续, 可以证明当 n 趋于无穷时, 这些近似式收敛到 $m(t)$).

例 7.32 表 7.1 对于具有密度 f_i 的分布 $F_i(i=1,2,3)$ 的近似值与精确值作了比较, 它们由

$$f_1(x)=x\mathrm{e}^{-x}$$

$$1-F_2(x)=0.3\mathrm{e}^{-x}+0.7\mathrm{e}^{-2x}$$

$$1-F_3(x)=0.5\mathrm{e}^{-x}+0.5\mathrm{e}^{-5x}$$

给出. ■

表 7.1 近似 $m(t)$

F_i i	t	精确值 $m(t)$	近似值 $n=1$	$n=3$	$n=10$	$n=25$	$n=50$
1	1	0.2838	0.3333	0.3040	0.2903	0.2865	0.2852
1	2	0.7546	0.8000	0.7697	0.7586	0.7561	0.7553
1	5	2.250	2.273	2.253	2.250	2.250	2.250
1	10	4.75	4.762	4.751	4.750	4.750	4.750
2	0.1	0.1733	0.1681	0.1687	0.1689	0.1690	—
2	0.3	0.5111	0.4964	0.4997	0.5010	0.5014	—
2	0.5	0.8404	0.8182	0.8245	0.8273	0.8281	0.8283
2	1	1.6400	1.6087	1.6205	1.6261	1.6277	1.6283
2	3	4.7389	4.7143	4.7294	4.7350	4.7363	4.7367
2	10	15.5089	15.5000	15.5081	15.5089	15.5089	15.5089
3	0.1	0.2819	0.2692	0.2772	0.2804	0.2813	—
3	0.3	0.7638	0.7105	0.7421	0.7567	0.7609	—
3	1	2.0890	2.0000	2.0556	2.0789	2.0850	2.0870
3	3	5.4444	5.4000	5.4375	5.4437	5.4442	5.4443

7.9 有关模式的一些应用

一个具有独立的到达间隔时间 $X_1, X_2, \cdots$ 的计数过程称为*延迟更新过程*或*广义更新过程*，如果 X_1 与同分布的随机变量 $X_2, X_3, \cdots$ 有不同的分布. 即一个延迟更新过程是首次到达间隔时间不同的分布的更新过程. 延迟更新过程常常出现在实践中, 而注意很重要的是, 所有关于到时刻 t 为止的事件个数 $N(t)$ 的极限定理仍然有效, 例如,

$$\frac{\mathrm{E}[N(t)]}{t} \to \frac{1}{\mu} \quad 和 \quad \frac{\mathrm{Var}(N(t))}{t} \to \frac{\sigma^2}{\mu^3}, \quad 当\ t \to \infty\ 时$$

仍然正确, 其中 μ 和 σ^2 是到达间隔 $X_i\ (i > 1)$ 的均值和方差.

7.9.1 离散随机变量的模式

令 $X_1, X_2, \cdots$ 是独立的, 有 $\mathrm{P}\{X_i = j\} = p(j), j \geqslant 0$, 而以 T 记模式 $x_1, \cdots, x_r$ 首次出现的时间. 如果我们说一个更新在时刻 $n\ (n \geqslant r)$ 发生, 如果 $(X_{n-r+1}, \cdots, X_n) = (x_1, \cdots, x_r)$, 那么 $\{N(n), n \geqslant 1\}$ 是一个延迟更新过程, 其中 $N(n)$ 记直到时刻 n 为止的更新次数. 由此推出

$$\frac{\mathrm{E}[N(n)]}{n} \to \frac{1}{\mu}, \quad 当\ n \to \infty\ 时 \tag{7.36}$$

$$\frac{\mathrm{Var}(N(n))}{n} \to \frac{\sigma^2}{\mu^3}, \quad \text{当 } n \to \infty \text{时} \tag{7.37}$$

其中 μ 和 σ 分别是相继的更新之间的时间的均值和标准差. 在 3.6.4 节我们已经介绍了如何计算 T 的期望值, 现在我们介绍如何利用更新理论的结果来计算 T 的均值和方差两者.

开始, 如果在时刻 i 存在一个更新则令 $I(i)$ 等于 1, 否则令它为 0, $i \geqslant r$. 同时, 令 $p = \prod_{i=1}^{r} p(x_i)$. 因为

$$\mathrm{P}\{I(i) = 1\} = \mathrm{P}\{X_{i-r+1} = i_1, \cdots, X_i = i_r\} = p$$

由此推出 $I(i)(i \geqslant r)$ 是参数为 p 的伯努利随机变量. 现在

$$N(n) = \sum_{i=r}^{n} I(i)$$

所以

$$\mathrm{E}[N(n)] = \sum_{i=r}^{n} \mathrm{E}[I(i)] = (n - r + 1)p$$

除以 n, 并且让 $n \to \infty$, 从方程 (7. 36) 给出

$$\mu = 1/p \tag{7.38}$$

即在相继出现这个模式之间的平均时间等于 $1/p$. 同样

$$\begin{aligned}
\frac{\mathrm{Var}(N(n))}{n} &= \frac{1}{n}\sum_{i=r}^{n} \mathrm{Var}(I(i)) + \frac{2}{n}\sum_{i=r}^{n-1} \sum_{n \geqslant j > i} \mathrm{Cov}(I(i), I(j)) \\
&= \frac{n-r+1}{n} p(1-p) + \frac{2}{n}\sum_{i=r}^{n-1} \sum_{i<j \leqslant \min(i+r-1, n)} \mathrm{Cov}(I(i), I(j))
\end{aligned}$$

其中最后的等式用了事实：当 $|i-j| \geqslant r$ 时, $I(i)$ 与 $I(j)$ 是独立的, 故而有零协方差. 令 $n \to \infty$, 并且用事实：$\mathrm{Cov}(I(i), I(j))$ 只通过 $|i-j|$ 依赖于 i 和 j, 给出

$$\frac{\mathrm{Var}(N(n))}{n} \to p(1-p) + 2\sum_{j=1}^{r-1} \mathrm{Cov}(I(r), I(r+j))$$

所以, 用方程 (7.37) 和方程 (7.38), 我们有

$$\sigma^2 = p^{-2}(1-p) + 2p^{-3}\sum_{j=1}^{r-1} \mathrm{Cov}(I(r), I(r+j)) \tag{7.39}$$

我们现在考虑在模式中重叠的数量. 重叠等于在一个模式中的结束部分是下一个模式的开始部分的值的个数. 如果对于所有 $k = 1, \cdots, r-1, (i_{r-k+1}, \cdots, i_r) \neq (i_1, \cdots, i_k)$, 那么重叠具有大小 0; 而如果

$$k = \max\{j < r : (i_{r-j+1}, \cdots, i_r) = (i_1, \cdots, i_j)\}$$

具 $k > 0$, 那么重叠称为具有大小 k. 例如, 模式 0, 0, 1, 1 有重叠 0, 而模式 0, 0, 1, 0, 0 有重叠 2. 我们考虑两种情形.

情形 1：模式的重叠是 0

在这种情形, $\{N(n), n \geqslant 1\}$ 是一个普通的更新过程, 而 T 与具有均值 μ 和方差 σ^2 的到达间隔时间有同样的分布. 因此, 从方程 (7.38) 可得

$$\mathrm{E}[T] = \mu = \frac{1}{p} \tag{7.40}$$

同样, 由两个模式不能在彼此距离小于 r 时出现, 推出当 $1 \leqslant j \leqslant r-1$ 时 $I(r)I(r+j) = 0$. 因此,

$$\mathrm{Cov}(I(r), I(r+j)) = -\mathrm{E}[I(r)]\mathrm{E}[I(r+j)] = -p^2, \quad 若\ 1 \leqslant j \leqslant r-1.$$

从而由方程 (7.39) 我们得到

$$\mathrm{Var}(T) = \sigma^2 = p^{-2}(1-p) - 2p^{-3}(r-1)p^2 = p^{-2} - (2r-1)p^{-1} \tag{7.41}$$

注 对于“罕见”的模式的情形, 如果模式在到某个时刻 n 为止还没有发生, 那么我们似乎没有理由相信, 形成模式余下的时间将比我们一开始乱写余下的时间少得多. 即似乎分布是近似无记忆的, 而因此是近似地指数分布的. 于是, 由于指数随机变量的方差是均值的平方, 我们期望当 μ 很大时有 $\mathrm{Var}(T) \approx \mathrm{E}^2[T]$, 而这由上面所证实, 它说明 $\mathrm{Var}(T) = \mathrm{E}^2[T] - (2r-1)\mathrm{E}[T]$.

例 7.33 假设我们想要知道抛掷一枚均匀的硬币在模式“正、正、反、正、反”出现前需要抛掷的次数. 对于这个模式, $r = 5, p = 1/32$, 而重叠为 0. 因此, 从方程 (7.40) 及方程 (7.4.1) 得到

$$\mathrm{E}[T] = 32, \quad \mathrm{Var}(T) = 32^2 - 9 \times 32 = 736,$$

以及

$$\mathrm{Var}(T)/\mathrm{E}^2[T] = 0.718\ 75$$

另一方面, 若 $p(i) = i/10, i = 1, 2, 3, 4$, 而模式是 1, 2, 1, 4, 1, 3, 2, 则 $r = 7, p = 3/625\ 000$, 而重叠为 0. 同样由方程 (7.40) 和方程 (7.41), 我们看到在此情形有

$$\mathrm{E}[T] = 208\ 333.33, \quad \mathrm{Var}(T) = 4.34 \times 10^{10},$$

$$\mathrm{Var}(T)/\mathrm{E}^2[T] = 0.999\ 94$$

■

情形 2：模式的重叠是 k

在这种情形,

$$T = T_{i_1, \cdots, i_k} + T^*$$

其中 $T_{i_1,\cdots,i_k}$ 是直到模式 $i_1,\cdots,i_k$ 出现的时间, 而 T^* 是从 $i_1,\cdots,i_k$ 得到模式 $i_1,\cdots,i_r$ 用的附加时间, 它与更新过程的到达间隔时间同分布. 因为这些随机变量都是独立的, 我们有

$$\mathrm{E}[T]=\mathrm{E}[T_{i_1,\cdots,i_k}]+\mathrm{E}[T^*] \tag{7.42}$$

$$\mathrm{Var}(T)=\mathrm{Var}(T_{i_1,\cdots,i_k})+\mathrm{Var}(T^*) \tag{7.43}$$

现在, 由方程 (7.38)

$$\mathrm{E}[T^*]=\mu=p^{-1} \tag{7.44}$$

同样, 由于没有两个更新可能在彼此距离 $r-k-1$ 内出现, 由此推出, 当 $1\leqslant j\leqslant r-k-1$ 时 $I(r)I(r+j)=0$. 所以, 由方程 (7.39) 我们有

$$\begin{aligned}\mathrm{Var}(T^*)=\sigma^2&=p^{-2}(1-p)+2p^{-3}\left(\sum_{j=r-k}^{r-1}\mathrm{E}[I(r)I(r+j)]-(r-1)p^2\right)\\&=p^{-2}-(2r-1)p^{-1}+2p^{-3}\sum_{j=r-k}^{r-1}\mathrm{E}[I(r)I(r+j)]\end{aligned} \tag{7.45}$$

在方程 (7.45) 中的量 $\mathrm{E}[I(r)I(r+j)]$ 可以通过考察特殊模式算得, 为了完成 T 的前两个矩的计算, 我们重复同样的方法计算 $T_{i_1,\cdots,i_k}$ 的均值和方差.

例 7.34　假设我们要确定抛掷一枚均匀的硬币直到模式 “正、正、反、正、正” 出现的抛掷的次数. 对于这个模式, $r=5, p=1/32$, 而重叠参数是 $k=2$. 因为

$$\mathrm{E}[I(5)I(8)]=\mathrm{P}\{h,h,t,h,h,t,h,h\}=\frac{1}{256}$$

$$\mathrm{E}[I(5)I(9)]=\mathrm{P}\{h,h,t,h,h,h,t,h,h\}=\frac{1}{512}$$

由方程 (7.44) 和方程 (7.45) 我们有

$$\mathrm{E}[T^*]=32,\quad \mathrm{Var}(T^*)=(32)^2-9(32)+2(32)^3\left(\frac{1}{256}+\frac{1}{512}\right)=1120$$

因此, 由方程 (7.42) 和方程 (7.43), 我们得到

$$\mathrm{E}[T]=\mathrm{E}[T_{h,h}]+32,\quad \mathrm{Var}(T)=\mathrm{Var}(T_{h,h})+1120$$

现在考察模式 “正、正”. 它有 $r=2, p=1/4$, 而重叠参数是 1. 由于这个模式 $\mathrm{E}[I(2)I(3)]=1/8$, 如前, 我们得到

$$\begin{aligned}&\mathrm{E}[T_{h,h}]=\mathrm{E}[T_h]+4,\\&\mathrm{Var}(T_{h,h})=\mathrm{Var}(T_h)+16-3(4)+2\left(\frac{64}{8}\right)=\mathrm{Var}(T_h)+20\end{aligned}$$

最后, 对于模式 "正", 有 $r=1, p=1/2$, 由方程 (7.40) 和方程 (7.41) 我们有

$$E[T_h]=2, \quad Var(T_h)=2$$

将所有的合起来给出

$$E[T]=38, \quad Var(T)=1142, \quad Var(T)/E^2[T]=0.790\ 86$$ ■

例 7.35 假设 $P\{X_n=i\}=p_i$, 并且考虑模式 0, 1, 2, 0, 1, 3, 0, 1. 那么 $r=8$, $p=p_0^3p_1^3p_2p_3$, 而重叠参数是 $k=2$. 由于

$$E[I(8)I(14)]=p_0^5p_1^5p_2^2p_3^2, \quad E[I(8)I(15)]=0$$

由方程 (7.42) 和方程 (7.44) 我们看到

$$E[T]=E[T_{0,1}]+p^{-1}$$

而由方程 (7.43) 和方程 (7.45) 有

$$Var(T)=Var(T_{0,1})+p^{-2}-15p^{-1}+2p^{-1}(p_0p_1)^{-1}$$

现在, 模式 0,1 的 r 和 p 的值是 $r(0,1)=2, p(0,1)=p_0p_1$, 而这个模式具有重叠 0. 因此, 由方程 (7.40) 和方程 (7.41),

$$E[T_{0,1}]=(p_0p_1)^{-1}, \quad Var(T_{0,1})=(p_0p_1)^{-2}-3(p_0p_1)^{-1}$$

例如, 若 $p_i=0.2, i=0,1,2,3$, 则

$$E[T]=25+5^8=390\ 650$$
$$Var(T)=625-75+5^{16}+35\times 5^8=1.526\times 10^{11}$$
$$Var(T)/E^2[T]=0.999\ 96$$ ■

注 可以证明 T 是一类称为**新优于旧**(NBU) 的离散随机变量, 其粗略含义是, 如果模式直到某个时刻 n 为止还没有出现, 那么到模式出现的附加时间倾向于小于在这个点整个地开始使模式出现所用的时间. 大家知道这样的随机变量满足 (见参考文献 [4] 中的命题 9.6.1)

$$Var(T)\leqslant E^2[T]-E[T]\leqslant E^2[T]$$ ■

现在假设有 s 个模式 $A(1),\cdots,A(s)$, 而我们要求直到其中一个模式出现的平均时间和首先出现的那个模式的概率质量函数. 不失一般性, 我们假定这些模式中没有一个包含于任意的其他一个之中 (即我们排除如 $A(1)=$"正、正" 和 $A(2)=$ "正、正、反" 这样的无趣情形). 为了确定这些量, 以 $T(i)$ 记直至模式 $A(i)$ 出现的时刻, $i=1,\cdots,s$, 而以 $T(i,j)$ 记从模式 $A(i)$ 出现开始直至模式 $A(j)$ 出现的附加时间, $i\neq j$. 先计算这些随机变量的期望值. 我们已经展示了如何计算 $E[T(i)]$, $i=1,\cdots,s$. 使用同样的方法计算 $E[T(i,j)]$ 时, 考虑在 $A(i)$ 的最后部分与 $A(j)$ 的

开始部分之间的任何重叠. 例如, 假设 $A(1)=0,0,1,2,0,3$, 而 $A(2)=2,0,3,2,0$. 那么

$$T(2)=T_{2,0,3}+T(1,2)$$

其中 $T_{2,0,3}$ 是得到模式 2, 0, 3 的时间, 因此,

$$\mathrm{E}[T(1,2)]=\mathrm{E}[T(2)]-\mathrm{E}[T_{2,0,3}]=(p_2^2p_0^2p_3)^{-1}+(p_0p_2)^{-1}-(p_2p_0p_3)^{-1}$$

所以, 现在假设所有的量 $\mathrm{E}[T(i)]$ 和 $\mathrm{E}[T(i,j)]$ 已经算出. 令

$$M=\min_i T(i)$$

再令

$$P(i)=\mathrm{P}\{M=T(i)\},\quad i=1,\cdots,s$$

即 $P(i)$ 是模式 $A(i)$ 为首先出现的模式的概率. 现在对于每个 j, 我们推导 $\mathrm{E}[T(j)]$ 满足的一个方程如下:

$$\mathrm{E}[T(j)]=\mathrm{E}[M]+\mathrm{E}[T(j)-M]=\mathrm{E}[M]+\sum_{i:i\neq j}\mathrm{E}[T(i,j)]P(i),\quad j=1,\cdots,s \tag{7.46}$$

其中最后的等式是通过对首先出现的那个模式取条件得到的. 但是方程 (7.46) 和方程

$$\sum_{i=1}^{s}P(i)=1$$

一起构成 $s+1$ 个未知数 $\mathrm{E}[M]$ 和 $P(i)(i=1,\cdots,s)$ 的一组 $s+1$ 个方程. 求解它们就导出所要的量.

例 7.36　假设我们连续地抛掷一枚均匀的硬币. 对于 $A(1)=$“正、反、反、正、正”和 $A(2)=$ “正、正、反、正、反”, 我们有

$$\begin{aligned}\mathrm{E}[T(1)]&=32+\mathrm{E}[T_h]=34,\\ \mathrm{E}[T(2)]&=32,\\ \mathrm{E}[T(1,2)]&=\mathrm{E}[T(2)]-\mathrm{E}[T_{h,h}]=32-(4+\mathrm{E}[T_h])=26,\\ \mathrm{E}[T(2,1)]&=\mathrm{E}[T(1)]-\mathrm{E}[T_{h,t}]=34-4=30\end{aligned}$$

因此, 我们需要求解方程组

$$34=\mathrm{E}[M]+30P(2),\qquad 32=\mathrm{E}[M]+26P(1),\qquad 1=P(1)+P(2)$$

这些方程易于求解, 并由此导出

$$P(1)=P(2)=\frac{1}{2},\quad \mathrm{E}[M]=19$$

虽然出现模式 $A(2)$ 的平均时间小于模式 $A(1)$ 的平均时间, 但是每一个都有相同机会先出现. ■

当这些模式中的任意一个都没有重叠时, 方程 (7.46) 容易求解. 在这种情形, 对于一切 $i \neq j$

$$E[T(i,j)] = E[T(j)]$$

所以方程 (7.46) 简化为

$$E[T(j)] = E[M] + (1 - P(j))E[T(j)]$$

因此

$$P(j) = E[M]/E[T(j)]$$

对上式遍及所有的 j 求和导出

$$E[M] = \frac{1}{\sum_{j=1}^{s} 1/E[T(j)]} \tag{7.47}$$

$$P(j) = \frac{1/E[T(j)]}{\sum_{j=1}^{s} 1/E[T(j)]} \tag{7.48}$$

在下一个例子中, 我们用上述结果重新分析例 7.7 的模式.

例 7.37 假设游戏的每一局的结果都与以前的各局是独立的, 玩家 i 赢的概率为 $p_i, i = 1, \cdots, s$. 还假设有一些特殊的数 $n(1), \cdots, n(s)$, 使先连续地赢得 $n(i)$ 局的玩家 i 被宣布为比赛的得胜者. 求直至有一个玩家得胜的平均局数, 并求玩家 i 得胜的概率, $i = 1, \cdots, s$.

解 对于 $i = 1, \cdots, s$, 以 $A(i)$ 记 i 的连续 $n(i)$ 个值的模式, 这个问题在于求模式 $A(i)$ 先出现的概率 $P(i)$ 以及求 $E[M]$. 因为

$$E[T(i)] = (1/p_i)^{n(i)} + (1/p_i)^{n(i)-1} + \cdots + 1/p_i = \frac{1 - p_i^{n(i)}}{p_i^{n(i)}(1 - p_i)}$$

由方程 (7.47) 和 (7.48), 我们得到

$$E[M] = \frac{1}{\sum_{j=1}^{s} [p_j^{n(j)}(1 - p_j)/(1 - p_j^{n(j)})]}$$

$$P(i) = \frac{p_i^{n(i)}(1 - p_i)/(1 - p_i^{n(i)})}{\sum_{j=1}^{s} [p_j^{n(j)}(1 - p_j)/(1 - p_j^{n(j)})]}$$ ■

7.9.2 不同值的最大连贯的期望时间

令 $X_i (i \geqslant 1)$ 是独立同分布的随机变量, 等可能地取 $1, 2, \cdots, m$ 中的任意一个值. 假设这些随机变量相继地被观测, 而以 T 记包含所有的值 $1, 2, \cdots, m$ 的 m 个相继的值的连贯首次出现的时刻. 即

$$T = \min\{n : X_{n-m+1}, \cdots, X_n \text{ 都不同}\}$$

为了计算 E$[T]$, 由首次更新出现在 T 确定一个更新过程. 从这时间开始, 而不使用 T 前的数据值, 令下一次更新出现在下一次 m 个相继的值都不同的连贯, 依此类推. 例如, 若 $m=3$, 而数据是

$$1,3,3,2,1,2,3,2,1,3,\cdots \tag{7.49}$$

则到时刻 10 为止有两次更新, 更新发生在时刻 5 和 9. 我们将 m 个不同值构成的一个更新称为*更新连贯*.

现在我们将这个更新过程转化为一个延迟更新报酬过程, 假设对于 $n \geqslant m$, 如果值 $X_{n-m+1},\cdots,X_n$ 都不相同, 就在时刻 n 赚得报酬 1. 即每次前面的 m 个数据都不相同时赚得一个报酬. 例如, 若 $m=3$, 而数据值如 (7.49) 中所示, 则一个单位的报酬分别在时刻 5、7、9 和 10 赚得. 如果我们以 R_i 记在时刻 i 所赚的报酬, 那么由命题 7.3 有

$$\lim_{n\to\infty}\frac{\mathrm{E}\left[\sum_{i=1}^{n}R_i\right]}{n}=\frac{\mathrm{E}[R]}{\mathrm{E}[T]} \tag{7.50}$$

其中 R 是在更新时刻之间所赚的报酬. 现在, 以 A_i 记一个更新连贯的前 i 个数据值的集合, 而 B_i 是紧跟这个更新连贯的前 i 个数据值的集合, 我们有

$$\begin{aligned}\mathrm{E}[R]&=1+\sum_{i=1}^{m-1}\mathrm{E}[\text{在一个更新后的时刻 } i \text{ 赚的报酬}]\\&=1+\sum_{i=1}^{m-1}\mathrm{P}\{A_i=B_i\}=1+\sum_{i=1}^{m-1}\frac{i!}{m^i}=\sum_{i=0}^{m-1}\frac{i!}{m^i}\end{aligned} \tag{7.51}$$

因此, 由于对于 $i\geqslant m$,

$$\mathrm{E}[R_i]=\mathrm{P}\{X_{i-m+1},\cdots,X_i \text{ 都不相同}\}=\frac{m!}{m^m}$$

由此, 从方程 (7.50) 推出

$$\frac{m!}{m^m}=\frac{\mathrm{E}[R]}{\mathrm{E}[T]}$$

于是, 由方程 (7.51), 我们得到

$$\mathrm{E}[T]=\frac{m^m}{m!}\sum_{i=0}^{m-1}i!/m^i$$

以上的延迟更新报酬过程的方法, 也给了我们另一个途径来计算直至一个特殊的模式出现的期望时间. 我们用以下例子来阐明.

例 7.38 计算当一枚以概率 p 出现正面, 而以概率 $q=1-p$ 出现反面的硬币被连续地抛掷时, 直到模式"正、正、正、反、正、正、正"出现的期望时间 E$[T]$.

解 定义一个更新过程, 令这个模式首次出现时为首次更新, 然后再重新开始. 同时, 只要这个模式出现, 就说赚了一个报酬. 如果 R 是在更新时刻之间所赚的报酬, 我们有

$$\begin{aligned} \mathrm{E}[R] &= 1 + \sum_{i=1}^{6} \mathrm{E}\left[\text{在一个更新后的时刻 } i \text{ 赚的报酬}\right] \\ &= 1 + 0 + 0 + 0 + p^3q + p^3qp + p^3qp^2 \end{aligned}$$

因此, 由于在时刻 i 所赚的期望报酬是 $\mathrm{E}[R_i] = p^6q$, 我们由更新报酬定理得到

$$\frac{1 + qp^3 + qp^4 + qp^5}{\mathrm{E}[T]} = qp^6$$

从而

$$\mathrm{E}[T] = q^{-1}p^{-6} + p^{-3} + p^{-2} + p^{-1}$$

■

7.9.3 连续随机变量的递增连贯

令 $X_1, X_2, \cdots$ 是独立同分布的连续随机变量列, 而以 T 记首次有一串 r 个相继的递增值出现的时间, 即

$$T = \min\{n \geqslant r : X_{n-r+1} < X_{n-r+2} < \cdots < X_n\}$$

为了计算 $\mathrm{E}[T]$, 定义一个更新过程如下. 令首次更新发生在 T. 然后, 只利用 T 以后的数据值, 当又存在 r 个相继的递增值时, 就说下一次更新发生, 并且继续如此的方式. 例如, 若 $r = 3$, 而前面的 15 个数据值为

$$12, 20, 22, 28, 43, 18, 24, 33, 60, 4, 16, 8, 12, 15, 18$$

则直至时刻 15 为止发生了 3 次更新, 即在时刻 3、8 和 14. 如果我们以 $N(n)$ 记到时刻 n 为止的更新次数, 那么由基本更新定理

$$\frac{\mathrm{E}[N(n)]}{n} \to \frac{1}{\mathrm{E}[T]}$$

为了计算 $\mathrm{E}[N(n)]$, 定义一个随机过程, 它在时刻 k 的状态记为 S_k, 它等于在时刻 k 的相继递增的值的个数. 即对于 $1 \leqslant j \leqslant k$,

$$S_k = j, \quad \text{如果 } X_{k-j} > X_{k-j+1} < \cdots < X_{k-1} < X_k$$

其中 $X_0 = \infty$. 注意更新发生在时刻 k 当且仅当, 对于某个 $i \geqslant 1$ 有 $S_k = ir$. 例如, 若 $r = 3$, 而且

$$X_5 > X_6 < X_7 < X_8 < X_9 < X_{10} < X_{11}$$

那么

$$S_6 = 1, \quad S_7 = 2, \quad S_8 = 3, \quad S_9 = 4, \quad S_{10} = 5, \quad S_{11} = 6$$

并且更新发生在时刻 8 和 11. 现在, 对于 $k > j$,

$$\begin{aligned}
\mathrm{P}\{S_k = j\} &= \mathrm{P}\{X_{k-j} > X_{k-j+1} < \cdots < X_{k-1} < X_k\} \\
&= \mathrm{P}\{X_{k-j+1} < \cdots < X_{k-1} < X_k\} \\
&\quad - \mathrm{P}\{X_{k-j} < X_{k-j+1} < \cdots < X_{k-1} < X_k\} \\
&= \frac{1}{j!} - \frac{1}{(j+1)!} \\
&= \frac{j}{(j+1)!}
\end{aligned}$$

其中倒数第二个等式是由于这些随机变量的所有的排序都是等可能的.

从上面我们看到

$$\lim_{k\to\infty} \mathrm{P}\{\text{一个更新发生在时刻 } k\} = \lim_{k\to\infty} \sum_{i=1}^{\infty} \mathrm{P}\{S_k = ir\} = \sum_{i=1}^{\infty} \frac{ir}{(ir+1)!}$$

然而

$$\mathrm{E}[N(n)] = \sum_{k=1}^{n} \mathrm{P}\{\text{一个更新发生在时刻 } k\}$$

因为我们能够证明对于任意 $a_k, k \geqslant 1$, 只要 $\lim_{k\to\infty} a_k$ 存在, 就有

$$\lim_{n\to\infty} \frac{\sum_{k=1}^{n} a_k}{n} = \lim_{k\to\infty} a_k$$

从上面用基本更新定理, 我们得到

$$\mathrm{E}[T] = \frac{1}{\sum_{i=1}^{\infty} ir/(ir+1)!}$$

7.10　保险破产问题

假设保险公司的理赔按速率为 λ 的泊松过程到达, 而相继的理赔额 $Y_1, Y_2, \cdots$ 是独立随机变量, 具有密度为 $f(x)$ 的共同分布函数 F. 再假设理赔额独立于理赔到达的时间. 于是, 如果我们令 $M(t)$ 记直到时刻 t 为止的理赔的次数, 那么 $\sum_{i=1}^{M(t)} Y_i$ 是到时刻 t 为止付出的总理赔额. 假定公司初始资本为 x, 而且以单位时间常数速率 c 收到保险金, 我们想求公司的净资金最终变成负数的概率, 即我们想求

$$R(x) = \mathrm{P}\left\{\text{对于某个 } t \geqslant 0 \text{ 有} \sum_{i=1}^{M(t)} Y_i > x + ct\right\}.$$

如果公司的资金最终变成负的, 我们说公司破产了. 于是 $R(x)$ 是初始资本为 x 的公司破产的概率.

令 $\mu=\mathrm{E}[Y_i]$ 是平均理赔额，而且令 $\rho=\lambda\mu/c$. 因为理赔以速率 λ 发生，付出的钱的长程速率为 $\lambda\mu$ (一个正式的推理是用更新报酬过程. 当一个新的理赔发生时作为一个新的循环开始，这个循环的价格是理赔额，所以长程平均价格是一个循环引起的平均价格 μ 除以平均循环时间 $1/\lambda$). 因为保险金以速率 c 收到，显然，当 $\rho>1$ 时，$R(x)=1$. 因为当 $\rho=1$ 时，可以证明 $R(x)$ 也等于 1 (想到对称随机游动的常返性)，我们假设 $\rho<1$.

为了确定 $R(x)$，我们先推导一个微分方程. 首先考虑在前 h 个单位时间会发生什么，其中 h 很小. 这时，以概率 $1-\lambda h+o(h)$ 将没有理赔，而在时间 h 公司的资金是 $x+ch$；而以概率 $\lambda h+o(h)$ 恰有一次理赔，而在时间 h 公司的资金是 $x+ch-Y_1$；又以概率 $o(h)$ 有两次或两次以上的理赔. 所以，对在前 h 个单位时间能发生的事件数取条件导出

$$R(x)=(1-\lambda h)R(x+ch)+\lambda h\ \mathrm{E}[R(x+ch-Y_1)]+o(h)$$

等价地

$$R(x+ch)-R(x)=\lambda h\ R(x+ch)-\lambda h\ \mathrm{E}[R(x+ch-Y_1)]+o(h)$$

除以 ch 得

$$\frac{R(x+ch)-R(x)}{ch}=\frac{\lambda}{c}R(x+ch)-\frac{\lambda}{c}\mathrm{E}[R(x+ch-Y_1)]+\frac{1}{c}\frac{o(h)}{h}$$

令 h 趋近于 0，导出微分方程

$$R'(x)=\frac{\lambda}{c}R(x)-\frac{\lambda}{c}\mathrm{E}[R(x-Y_1)]$$

因为当 $u<0$ 时 $R(u)=1$，上面可以写成

$$R'(x)=\frac{\lambda}{c}R(x)-\frac{\lambda}{c}\int_0^x R(x-y)f(y)\mathrm{d}y-\frac{\lambda}{c}\int_x^\infty f(y)\mathrm{d}y$$

或者，等价地

$$R'(x)=\frac{\lambda}{c}R(x)-\frac{\lambda}{c}\int_0^x R(x-y)f(y)\mathrm{d}y-\frac{\lambda}{c}\overline{F}(x) \tag{7.52}$$

其中 $\overline{F}(x)=1-F(x)$.

现在我们利用上述方程证明 $R(x)$ 也满足方程

$$R(x)=R(0)+\frac{\lambda}{c}\int_0^x R(x-y)\overline{F}(y)\mathrm{d}y-\frac{\lambda}{c}\int_0^x \overline{F}(y)\mathrm{d}y,\quad x\geqslant 0 \tag{7.53}$$

为了验证方程 (7.53)，我们对它的两边微分以导出方程 (7.52)(可以证明 (7.52) 和 (7.53) 两者都有唯一的解). 为此我们需要下述引理，其证明将在本节最后给出.

引理 7.5 *对于函数 k 以及可微函数 t 有*

$$\frac{\mathrm{d}}{\mathrm{d}x}\int_0^x t(x-y)k(y)\mathrm{d}y=t(0)k(x)+\int_0^x t'(x-y)k(y)\mathrm{d}y$$

通过用上面的引理, 对方程 (7.53) 两边求导得

$$R'(x)=\frac{\lambda}{c}\left[R(0)\overline{F}(x)+\int_0^x R'(x-y)\overline{F}(y)\mathrm{d}y-\overline{F}(x)\right] \tag{7.54}$$

通过分部积分 $[u=\overline{F}(y), \mathrm{d}v=R'(x-y)\mathrm{d}y]$ 可得

$$\begin{aligned}\int_0^x R'(x-y)\overline{F}(y)\mathrm{d}y &= -\overline{F}(y)R(x-y)|_0^x-\int_0^x R(x-y)f(y)\mathrm{d}y\\ &= -\overline{F}(x)R(0)+R(x)-\int_0^x R(x-y)f(y)\mathrm{d}y\end{aligned}$$

将这个结果代回方程 (7.54), 就给出方程 (7.52). 于是我们建立了方程 (7.53).

为了得到 $R(x)$ 的更有用的表达式, 考虑一个更新过程, 它的到达间隔时间 $X_1, X_2, \cdots$ 按 F 的平衡分布分布, 即 X_i 的密度函数是

$$f_e(x)=F_e'(x)=\frac{\overline{F}(x)}{\mu}$$

以 $N(t)$ 记直至时刻 t 为止的更新次数, 让我们对

$$q(x)=\mathrm{E}[\rho^{N(x)+1}]$$

推导一个表达式. 对 X_1 取条件, 给出

$$q(x)=\int_0^\infty \mathrm{E}[\rho^{N(x)+1}|X_1=y]\frac{\overline{F}(y)}{\mu}\mathrm{d}y$$

因为给定 $X_1=y$, 当 $y\leqslant x$ 时直至时刻 x 为止的更新次数与 $1+N(x-y)$ 同分布, 而当 $y>x$ 时恒等于 0, 我们看到

$$\mathrm{E}[\rho^{N(x)+1}|X_1=y]=\begin{cases}\rho\,\mathrm{E}[\rho^{N(x-y)+1}], & 若\ y\leqslant x\\ \rho, & 若\ y>x\end{cases}$$

所以, $q(x)$ 满足

$$\begin{aligned}q(x) &= \int_0^x \rho q(x-y)\frac{\overline{F}(y)}{\mu}\mathrm{d}y+\rho\int_x^\infty \frac{\overline{F}(y)}{\mu}\mathrm{d}y\\ &= \frac{\lambda}{c}\int_0^x q(x-y)\overline{F}(y)\mathrm{d}y+\frac{\lambda}{c}\left[\int_0^\infty \overline{F}(y)\mathrm{d}y-\int_0^x \overline{F}(y)\mathrm{d}y\right]\\ &= \frac{\lambda}{c}\int_0^x q(x-y)\overline{F}(y)\mathrm{d}y+\rho-\frac{\lambda}{c}\int_0^x \overline{F}(y)\mathrm{d}y\end{aligned}$$

因为 $q(0)=\rho$, 这恰好是 $R(x)$ 满足的同一个方程, 即方程 (7.53). 因为 (7.53) 的解是唯一的, 我们就得到如下的命题.

命题 7.6

$$R(x)=q(x)=\mathrm{E}[\rho^{N(x)+1}]$$

例 7.39 假设公司开始没有任何资本. 于是, 因为 $N(0)=0$, 我们看到公司的破产概率是 $R(0)=\rho$. ■

例 7.40 如果理赔分布 F 是均值为 μ 的指数分布, 那么 F_e 也是指数分布. 因此, $N(x)$ 是均值为 x/μ 的泊松过程, 它给出结果

$$\begin{aligned}R(x)=\mathrm{E}[\rho^{N(x)+1}]&=\sum_{n=0}^{\infty}\rho^{n+1}\mathrm{e}^{-x/\mu}(x/\mu)^n/n!\\&=\rho\mathrm{e}^{-x/\mu}\sum_{n=0}^{\infty}(\rho x/\mu)^n/n!\\&=\rho\mathrm{e}^{-x(1-\rho)/\mu}\end{aligned}$$ ■

为了得到破产概率, 令 T 独立于具有到达间隔分布 F_e 的更新过程的到达间隔时间 X_i, 而且 T 有概率质量函数

$$\mathrm{P}\{T=n\}=\rho^n(1-\rho),\quad n=0,1,\cdots$$

现在考虑前 T 个 X_i 的和超过 x 的概率 $\mathrm{P}\left\{\sum_{i=1}^{T}X_i>x\right\}$, 因为 $N(x)+1$ 是在时刻 x 后的首次更新, 所以

$$N(x)+1=\min\left\{n:\sum_{i=1}^{n}X_i>x\right\}$$

因此, 对直至 x 为止的更新次数取条件, 给出

$$\begin{aligned}\mathrm{P}\left\{\sum_{i=1}^{T}X_i>x\right\}&=\sum_{j=0}^{\infty}\mathrm{P}\left\{\sum_{i=1}^{T}X_i>x\middle|N(x)=j\right\}\mathrm{P}\{N(x)=j\}\\&=\sum_{j=0}^{\infty}\mathrm{P}\{T\geqslant j+1|N(x)=j\}\mathrm{P}\{N(x)=j\}\\&=\sum_{j=0}^{\infty}\mathrm{P}\{T\geqslant j+1\}\mathrm{P}\{N(x)=j\}\\&=\sum_{j=0}^{\infty}\rho^{j+1}\mathrm{P}\{N(x)=j\}\\&=\mathrm{E}[\rho^{N(x)+1}]\end{aligned}$$

从而, $\mathrm{P}\left\{\sum_{i=1}^{T}X_i>x\right\}$ 等于破产概率. 现在, 正如在例 7.39 中注意到的, 初始资本为 0 的公司的破产概率是 ρ. 假设公司初始资本为 x, 而且在此刻假设即使它的资金变成负的公司仍然运行. 因为公司的资金曾经下降到它的起始金额 x 以下的概率和它开始于 0 的资金曾经变成负值的概率相同, 这个概率也是 ρ. 于是只要公司的资金变得低于它以前所有的值我们说发生了一次新低, 那么曾经发生一次新低的概率是 ρ. 现在如果一次新低出现了, 那么存在另一次新低的概率, 它是使公司的资金下降到低于前一次新低的概率, 而显然这也是 ρ. 所以每次新低以概率 $1-\rho$ 是最后

的一个. 因此, 曾经发生的新低的次数与 T 有相同的分布. 此外, 如果我们记 W_i 为第 i 个新低比它前一个新低小的数量, 容易看出 $W_1, W_2, \cdots$ 是独立同分布的, 而且也独立于新低的次数. 因为公司的资金在所有时间的 (当即使它的资金变成负仍允许公司保持运行时) 最小值是 $x - \sum_{i=1}^{T} W_i$, 由此推出, 一个以初始资本 x 开始的公司的破产概率是

$$R(x) = \mathrm{P}\left\{\sum_{i=1}^{T} W_i > x\right\}$$

因为

$$R(x) = \mathrm{E}[\rho^{N(x)+1}] = \mathrm{P}\left\{\sum_{i=1}^{T} X_i > x\right\}$$

我们可以将 W_i 识别为 X_i, 即我们可以得到结论: 每次新低比它的前一次低一个随机的量, 它的分布是理赔分布的平衡分布.

注 因为相继顾客的理赔之间的时间是均值为 $1/\lambda$ 的独立的指数随机变量, 同时保险公司以常数速率 c 收到保险金, 所以在相继的理赔之间保险公司收到的保险金数额是均值为 c/λ 的独立的指数随机变量. 于是, 因为只有当理赔额增加时保险公司才会破产, 所以当在相继的理赔之间收到的保险金数额是均值为 c/λ 的独立的指数随机变量, 相继的理赔额是具有分布函数 F 的独立随机变量, 并且这两个过程独立时, 命题 7.6 中给出的破产概率 $R(x)$ 的表达式是正确的.

现在考虑顾客在任意时间购买保单的保险模型, 其中每个顾客以每单位时间常数速率 c 支付保险金, 到顾客索赔的时间是速率为 λ 的指数随机变量, 每次理赔额具有分布 F. 考虑相继的理赔之间保险公司收到的保险金数额. 特别地, 假设刚刚发生一次理赔, 令 X 是下次理赔发生前保险公司收到的保险金数额. 注意, 直至下次理赔发生, 这个数额是随时间连续增长的, 假设从最后一次理赔到目前收到保险金数额 t. 我们要计算在收到另外的金额 h 前有一次理赔的概率, 其中 h 很小. 为了确定这个概率, 假设目前公司有 k 个顾客. 因为这 k 个顾客都以速率 c 支付保险金, 所以在下次理赔发生前公司收到的保险金少于 h 当且仅当在下 $\dfrac{h}{kc}$ 个时间单位内有一次理赔. 因为这 k 个顾客都以指数速率 λ 索赔, 所以直至有一个顾客索赔的时间是速率为 $k\lambda$ 的指数随机变量. 记这个随机变量为 $E_{k\lambda}$, 那么保险金增加额小于 h 的概率是

$$\mathrm{P}\{\text{增加额} < h|k\ \text{个顾客}\} = \mathrm{P}\left\{E_{k\lambda} < \frac{h}{kc}\right\} = 1 - \mathrm{e}^{-\lambda h/c} = \frac{\lambda}{c}h + o(h)$$

于是

$$\mathrm{P}\{X < t + h|X > t\} = \frac{\lambda}{c}h + o(h)$$

这表明 X 的失败率函数恒等于 $\dfrac{\lambda}{c}$. 但是这意味着在相继的理赔之间收到的保险金

数额是均值为 $\frac{c}{\lambda}$ 的指数随机变量. 因为每次的理赔额具有分布函数 F, 所以在这个保险模型中保险公司破产的概率恰好与前面分析的传统模型中的破产概率一样. ■

现在我们给出引理 7.5 的证明.

引理 7.5 的证明

令 $G(x)=\int_0^x t(x-y)k(y)\mathrm{d}y$. 那么

$$\begin{aligned}G(x+h)-G(x)&=G(x+h)-\int_0^x t(x+h-y)k(y)\mathrm{d}y\\&\quad+\int_0^x t(x+h-y)k(y)\mathrm{d}y-G(x)\\&=\int_x^{x+h} t(x+h-y)k(y)\mathrm{d}y+\int_0^x[t(x+h-y)-t(x-y)]k(y)\mathrm{d}y\end{aligned}$$

除以 h 可得

$$\frac{G(x+h)-G(x)}{h}=\frac{1}{h}\int_x^{x+h} t(x+h-y)k(y)\mathrm{d}y+\int_0^x\frac{t(x+h-y)-t(x-y)}{h}k(y)\mathrm{d}y$$

令 $h\to 0$ 可得结果

$$G'(x)=t(0)k(x)+\int_0^x t'(x-y)k(y)\mathrm{d}y$$

■

习　题

1. 以下是否正确

(a) $N(t)<n$ 当且仅当 $S_n>t$?

(b) $N(t)\leqslant n$ 当且仅当 $S_n\geqslant t$?

(c) $N(t)>n$ 当且仅当 $S_n<t$?

2. 假设更新过程的到达间隔分布是均值为 μ 的泊松分布. 即假设

$$\mathrm{P}\{X_n=k\}=\mathrm{e}^{-\mu}\frac{\mu^k}{k!},\quad k=0,1,\cdots$$

(a) 求 S_n 的分布.

(b) 计算 $\mathrm{P}\{N(t)=n\}$.

***3.** 以 S_n 记具有到达间隔分布函数 F 的更新过程 $\{N(t),t\geqslant 0\}$ 的第 n 个事件时刻.

(a) 问 $\mathrm{P}\{N(t)=n|S_n=y\}$ 是什么?

(b) 从

$$\mathrm{P}\{N(t)=n\}=\int_0^\infty \mathrm{P}\{N(t)=n|s_n=y\}f_{s_n}(y)\mathrm{d}y$$

开始, 利用 n 个速率为 λ 的独立指数随机变量的和具有参数为 (n,λ) 的伽马分布, 当 $F(y)=1-\mathrm{e}^{-\lambda y}$ 时计算 $\mathrm{P}\{N(t)=n\}$.

4. 令 $\{N_1(t), t \geqslant 0\}$ 和 $\{N_2(t), t \geqslant 0\}$ 是独立的更新过程. 令 $N(t) = N_1(t) + N_2(t)$.

(a) $\{N(t), t \geqslant 0\}$ 的到达间隔时间是否独立?

(b) 它们是否同分布?

(c) $\{N(t), t \geqslant 0\}$ 是否是更新过程?

5. 令 $U_1, U_2, \cdots$ 是独立的 $(0,1)$ 均匀随机变量, 定义 N 为

$$N = \min\{n : U_1 + U_2 + \cdots + U_n > 1\}$$

$\mathrm{E}[N]$ 是多少?

***6.** 考虑一个具有一个 $\Gamma(r, \lambda)$ 到达间隔分布的更新过程 $\{N(t), t \geqslant 0\}$. 即到达间隔密度是

$$f(x) = \frac{\lambda \mathrm{e}^{-\lambda x}(\lambda x)^{r-1}}{(r-1)!}, \quad x > 0$$

(a) 证明

$$\mathrm{P}\{N(t) \geqslant n\} = \sum_{i=nr}^{\infty} \frac{\mathrm{e}^{-\lambda t}(\lambda t)^i}{i!}$$

(b) 证明

$$m(t) = \sum_{i=r}^{\infty} \left[\frac{i}{r}\right] \frac{\mathrm{e}^{-\lambda t}(\lambda t)^i}{i!}$$

其中 $[i/r]$ 是小于或等于 i/r 的最大整数.

提示: 利用 $\Gamma(r, \lambda)$ 分布与 r 个速率为 λ 的独立指数随机变量的和之间的关系, 用一个速率为 λ 的泊松过程定义 $N(t)$.

7. 史密斯先生一直在做短工. 他的每份工作平均可做 3 个月. 如果他在每份工作前的失业时间是均值为 2 的指数分布, 那么史密斯先生得到一个新工作的速率是什么?

***8.** 当机器失效或者已经使用了 T 年时, 就换上一台新机器. 如果相继的机器的寿命是独立的, 具有一个密度函数为 f 的共同分布 F, 证明

(a) 机器被替换的长程速率等于

$$\left[\int_0^T x f(x) \mathrm{d}x + T(1 - F(T))\right]^{-1}$$

(b) 机器失效的长程速率等于

$$\frac{F(T)}{\int_0^T x f(x) \mathrm{d}x + T[1 - F(T)]}$$

9. 一个工人连续地干一些零活. 每次完成一个零活, 就开始一个新的. 每个零活独立地需要一个具有分布 F 的随机时间完成. 然而, 独立于这些按速率为 λ 的泊松过程触电发生. 一旦触电, 这个工人就不再继续现在的工作而开始一个新的. 问零活完成的长程速率是多少?

10. 考虑一个平均到达间隔时间为 μ 的更新过程. 假设这个过程的每一个事件以概率 p 被计入. 以 $N_C(t)$ 计到时刻 $t(t > 0)$ 为止被计入的事件数.

(a) $\{N_C(t), t \geqslant 0\}$ 是更新过程吗?

(b) $\lim_{t \to \infty} \dfrac{N_C(t)}{t}$ 是多少?

11. 一个直至首次更新的时间与余下的到达间隔时间有不同的分布的更新过程，称为*延迟更新过程*或*广义更新过程*. 证明命题 7.1 对延迟更新过程仍然成立. (一般地，若直至首次更新的时间有有限均值，可以证明更新过程的所有的极限定理对延迟更新过程仍然成立.)

12. 事件按速率为 λ 的泊松过程发生. 在它前面的那个事件发生的时刻 d 以内发生的事件，称为 d 事件. 例如. 若 $d = 1$，而事件发生在时刻 $2, 2.8, 4, 6, 6.6, \cdots$，则在时刻 2.8 与 6.6 发生的事件是 d 事件.

(a) d 事件发生的速率是什么?

(b) 所有事件中 d 事件的比例是多少?

***13.** 在每局游戏中，参加人等可能地赢或输 1 元. 若你使用的策略是：若首次赢则离开，若首次输则再玩两局后离开. 以 X 记你的累计所得.

(a) 用瓦尔德方程确定 $\mathrm{E}[X]$.

(b) 计算 X 的质量分布函数，并用它求 $E[X]$.

14. 考虑赌徒破产问题，每局他赢 1 元的概率为 p，输 1 元的概率为 $1-p$. 赌徒继续玩直至他的所得为 $N-i$ 元或 $-i$ 元. (就是说，赌徒以 i 元开始，当他的财富到达 0 或 N 时离开.) 以 T 记赌徒停止前已经进行的局数. 利用瓦尔德方程，结合已知的赌徒最后所得是 $N-i$ 的概率求 $\mathrm{E}[T]$.

提示：以 X_j 记赌徒在第 $j(j \geqslant 1)$ 局的所得. $\sum_{j=1}^{T} X_j$ 的可能值是什么? $\mathrm{E}[\sum_{j=1}^{T} X_j]$ 是什么?

15. 某矿工身陷井下陋室. 室有三门，他选择门 1 经过 2 天的行进可获自由；选门 2 则经过 4 天的旅程后回到这个房间；选门 3 经过 6 天的旅程后还是回到这个房间. 假设在所有的时间他都等可能地选取 3 个门中的任意一个，而以 T 记这个矿工获得自由所用的时间.

(a) 定义一系列独立同分布的随机变量 $X_1, X_2, \cdots$ 和一个停时 N 使

$$T = \sum_{i=1}^{N} X_i$$

注　你可以想象即使在到达安全地后这个矿工还继续随机地在选取门.

(b) 用瓦尔德方程求 $\mathrm{E}[T]$.

(c) 计算 $\mathrm{E}\left[\sum_{i=1}^{N} X_i | N = n\right]$，并且注意它并不等于 $\mathrm{E}\left[\sum_{i=1}^{n} X_i\right]$.

(d) 用 (c) 作 $\mathrm{E}[T]$ 的第二个推导.

16. 一副 52 张的扑克牌进行了洗牌，而后每次一张地翻转将牌面朝上. 如果第 i 张翻转的牌是一个 A，则令 X_i 等于 1，否则令它为 0，$i = 1, \cdots, 52$. 同时，以 N 记使所有的 4 个 A 出现所需要翻转的牌的张数，即最后一个 A 就是第 N 张被翻转的牌. 方程

$$\mathrm{E}\left[\sum_{i=1}^{N} X_i\right] = \mathrm{E}[N]\mathrm{E}[X_i]$$

是否成立? 如果不成立，为什么瓦尔德方程不能用?

17. 在例 7.6 中，假设潜在的顾客按一个具有到达间隔分布 F 的更新过程来到. 直至时刻 t 为止的事件数是否构成一个更新过程 (可能有延迟)，如果一个事件对应于一个如下的顾客：

(a) 进入银行的?

(b) 离开银行的?

若 F 是指数分布, 结论又如何?

***18.** 当到达间隔分布 F 满足 $1-F(t)=p\mathrm{e}^{-\mu_1 t}+(1-p)\mathrm{e}^{-\mu_2 t}$ 时, 计算更新函数.

19. 对于到达间隔分布是 $(0,1)$ 均匀分布的更新过程, 确定从 $t=1$ 直至下一次更新的期望时间.

20. 对于一个更新报酬过程, 考虑

$$W_n=\frac{R_1+R_2+\cdots+R_n}{X_1+X_2+\cdots+X_n}$$

其中 W_n 表示在前 n 个循环中赚的平均报酬. 证明当 $n\to\infty$ 时, $W_n\to\dfrac{\mathrm{E}[R]}{\mathrm{E}[X]}$.

21. 考虑有一条单服务线的银行, 顾客按速率为 λ 的泊松过程到达. 如果顾客到达时只在服务线闲着时才进入银行, 而且顾客的服务时间有分布 G, 那么服务线忙的时间比例是多少?

***22.** J 买车的策略是：在拥有一辆新车的前 T 单位时间修复所有的故障, 在它的使用寿命达到 T 后发生首次故障时送进垃圾场且购买一辆新车. 假设新车首次故障的时间是速率 λ 的指数随机变量, 而一辆修复的故障车直至下次故障的时间是速率 μ 的指数随机变量.

(a) J 买新车的速率是多少?

(b) 假设新车的价格为 C, 而每次修复的费用为 r. J 单位时间的长程平均花费是多少?

***23.** 考虑由选手 A 和选手 B 参加的发球和对打比赛. 假定 A 开始发球的每局, 选手 A 赢的概率为 p_a, 选手 B 赢的概率为 $q_a=1-p_a$. 而假定在以 B 开始发球的每局, 选手 A 赢的概率为 p_b, 选手 B 赢的概率为 $q_b=1-p_b$. 假设每局的赢者获得 1 个点, 且成为下一局的发球者.

(a) 问在长程中, A 赢得点数的比例是多少?

(b) 如果发球协议是选手交替发球, 就是说, 发球协议是选手 A 在第一个点发球, 然后选手 B 在第二个点发球, 而后选手 A 在第三个点发球, 如此等等. 问在长程中, A 赢得点数的比例是多少?

(c) 给出 A 在赢者发球时赢得的点数比在交替发球时赢得的点数多的条件.

24. 瓦尔德方程也可以用更新报酬过程证明. 令 N 是独立同分布随机变量序列 $X_i\ (i\geqslant 1)$ 的一个停时,

(a) 令 $N_1=N$. 论证随机变量序列 $X_{N_1+1},X_{N_1+2},\cdots$ 与 $X_1,\cdots,X_N$ 独立且与原来的序列 $X_i\ (i\geqslant 1)$ 同分布.

现在将 $X_{N_1+1},X_{N_1+2},\cdots$ 作为新的序列处理, 并且正如对于原来的序列的 N_1, 也对这个序列定义一个停时 N_2 (例如, 如果 $N_1=\min\{n: X_n>0\}$, 那么 $N_2=\min\{n: X_{N_1+n}>0\}$). 类似地, 正如对于原来的序列的 N_1, 在序列 $X_{N_1+N_2+1},X_{N_1+N_2+2},\cdots$ 上定义一个停时 N_3, 如此等等.

(b) 在时段 i 赚得报酬 X_i 的报酬过程是否是更新报酬过程? 如果是, 相继循环的长度是多少?

(c) 对于单位时间的平均报酬推导一个表达式.

(d) 用强大数定律推导单位时间的平均报酬的第二个表达式.

(e) 推断瓦尔德方程.

25. 假设在例 7.15 中, 到达过程是泊松过程, 并且假设使用的策略是每个 t 时间单位发出一辆火车.

(a) 确定单位时间的平均费用.

(b) 证明在这样定义的策略下, 单位时间的最小平均费用近似地是 $c/2$ 加上在这个例子所考虑的类型中的最佳策略的单位时间的平均费用.

26. 考虑一个火车站, 乘客按速率为 λ 的泊松过程到达. 只要有 N 个乘客等候在火车站, 一辆火车就被派来. 但是这辆火车要用 K 个单位时间到达车站. 它可承载所有等候的乘客. 假设若有 n 个乘客, 车站收取单位时间速率为 nc 的费用, 求长程平均费用.

27. 一台机器包含两个独立的部件, 其中第 i 个部件运行一个速率为 λ_i 的指数时间. 只要有一个部件正常运转, 机器就能正常运行 (即当两个部件都失效时, 机器才失效). 当一台机器失效时, 一台两个部件都在工作的新机器投入使用. 只要一台机器发生失效, 就导致一个费用 K; 而且只要在使用的机器有 $i(i=1,2)$ 个在工作的部件, 就引起单位时间速率为 c_i 的运行费用. 求单位时间的长程平均费用.

28. 在例 7.17 中, 生产的废品中被发现的比例是多少?

29. 考虑一个单服务线的排队系统, 顾客按一个更新过程到达. 每个顾客带来一个随机数量的工作量, 它们独立地按分布 G 选取. 服务线每次服务一个顾客. 然而, 只要在系统中有 i 个顾客, 服务线就以每单位时间速率 i 处理工作. 例如, 一个带有工作量 8 的顾客进入服务时, 若有 3 个其他顾客等待在队列中且没有其他人到达, 这个顾客将使用 2 个单位时间接受服务. 如果另一个顾客在 1 个单位时间后到达, 此外没有其他人到达, 那么我们的顾客将一共占用 1.8 个单位时间接受服务.

以 W_i 记顾客 i 在系统中停留的时间数量. 用

$$\mathrm{E}[W]=\lim_{n\to\infty}(W_1+\cdots+W_n)/n$$

定义 $\mathrm{E}[W]$, 所以 $\mathrm{E}[W]$ 是顾客在系统中停留的时间的平均数量. 以 N 记在一个忙期中到达的顾客数.

(a) 论证

$$\mathrm{E}[W]=\mathrm{E}[W_1+\cdots+W_N]/\mathrm{E}[N]$$

以 L_i 记顾客 i 带到系统中的工作量, 所以 $L_i\ (i\geqslant 1)$ 是具有分布 G 的独立随机变量.

(b) 论证在任意时刻 t, 所有早于时刻 t 的到达者在系统中停留的时间的和, 等于到时刻 t 为止处理的工作总量.

提示: 考虑服务线处理工作的速率.

(c) 论证

$$\sum_{i=1}^{N}W_i=\sum_{i=1}^{N}L_i$$

(d) 用瓦尔德方程 (参见习题 13) 得到结论

$$\mathrm{E}[W]=\mu$$

其中 μ 是分布 G 的均值. 即顾客在系统中停留的平均时间等于他们带到系统中的平均工作量.

*30. 对于一个更新过程, 令 $A(t)$ 是在时刻 t 的年龄. 证明若 $\mu<\infty$, 则以概率 1 有

$$\frac{A(t)}{t}\to 0,\quad 当\ t\to\infty$$

31. 如果 $A(t)$ 和 $Y(t)$ 分别是具有到达间隔分布 F 的更新过程在时刻 t 的年龄和剩余寿命, 计算

$$\mathrm{P}\{Y(t)>x|A(t)=s\}$$

32. 确定 $X_{N(t)+1}<c$ 的时间的长程比例.

33. 在例 7.16 中, 求服务线在忙的时间的长程比例.

34. 一个 M/G/∞ 排队系统在固定的时刻 $T,2T,3T,\cdots$ 进行清理. 清理开始时, 所有在服务的顾客都被强迫提早离开, 而且每个顾客付费 C_1. 假设一次清理要用时间 $T/4$, 在清理期间到达的顾客将失去, 而且每个顾客损失的费用为 C_2.

(a) 求单位时间的长程平均费用.

(b) 求系统在清理的时间的长程比例.

*35. 人造卫星按速率为 λ 的泊松过程发射, 每颗人造卫星独立地进入轨道, 并运行一个分布为 F 的随机时间. 以 $X(t)$ 记在时刻 t 进入轨道的人造卫星的颗数.

(a) 确定 $\mathrm{P}\{X(t)=k\}$.

提示: 将它与 M/G/ ∞ 排队系统联系起来.

(b) 如果至少有一颗人造卫星在轨道运行, 就可以传输信息, 而我们说这个系统运行正常. 如果第一颗人造卫星在时刻 $t=0$ 进入轨道, 确定系统保持运行正常的期望时间.

提示: 当 $k=0$ 时, 利用 (a).

36. n 个滑雪者每人独立地连续向上攀登, 然后从某个特殊的斜坡向下滑. 第 i 个滑雪者用来向上攀登的时间的分布是 F_i, 而且独立于他向下滑的时间, 下滑时间具有分布 $H_i,i=1,\cdots,n$. 以 $N(t)$ 记到时刻 t 为止他们滑下斜坡的总人次. 同时, 以 $U(t)$ 记到时刻 t 为止登上山的滑雪者的人数.

(a) $\lim_{t\to\infty}\dfrac{N(t)}{t}$ 是多少?

(b) $\lim_{t\to\infty}\mathrm{E}[U(t)]$ 是多少?

(c) 如果 F_i 都是速率为 λ 的指数分布, 而 G_i 都是速率为 μ 的指数分布, $\mathrm{P}\{U(t)=k\}$ 是多少?

37. 有 3 台机器, 它们都是使一个系统工作所必需的. 机器 i 在失效前运行一个速率为 λ_i 的指数时间, $i=1,2,3$. 如果一台机器失效, 系统就中断运行, 然后开始修理失效的机器. 修复机器 1 的时间是速率为 5 的指数随机变量; 修复机器 2 的时间在 $(0,4)$ 上均匀分布; 而修复机器 3 的时间是参数为 $n=3$ 和 $\lambda=2$ 的伽马随机变量. 一旦一台机器修复, 它就同新的机器一样, 并且所有的机器都重新开始运行.

(a) 系统在工作的时间的比例是多少?

(b) 机器 1 在修理的时间的比例是多少?

(c) 机器 2 在中止情形 (即, 既不在工作也不在修理) 的时间的比例是多少?

38. 一个卡车司机行驶往返旅程, 从 A 到 B, 然后回到 A. 每次他以均匀地分布于 40 与 60 之间的一个固定的速度 (每小时英里) 从 A 行驶到 B, 每次他等可能地以 40 或 60 的一个固

定的速度从 B 行驶到 A.

(a) 他花费在到 B 的行驶时间的长程比例是多少?

(b) 他的行驶时间中花费在每小时 40 英里的行驶时间的长程比例是多少?

39. 一个系统由两台独立的机器组成, 每台机器运行一个速率为 λ 的指数时间. 只有一个修理工. 若一台机器失效而修理工正闲着, 则立刻修理这台机器; 若一台机器失效而修理工正忙着, 则这台机器必须等到另一台机器修复. 所有的修理时间是独立的, 且具有分布 G, 而一旦修复, 机器就同新的一样. 问修理工闲着的时间的比例是多少?

40. 3 个射手轮流射击一个目标. 射手 1 射击直到他未中, 然后射手 2 射击直到他未中, 然后射手 3 射击直到他未中, 而后又回到射手 1, 如此等等. 每次射手 i 以概率 $P_i(i=1,2,3)$ 击中目标, 且独立于过去. 确定每个射手的射击时间的长程比例.

41. 某台机器每次中断运行就换上一个同样类型的机器. 问该机器使用时间小于一年的百分比是多少, 如果机器的寿命分布是

(a) 在 $(0,2)$ 上的均匀分布?

(b) 均值为 1 的指数分布?

***42.** 对于一个均值为 μ 的到达间隔分布 F, 我们定义 F 的平衡分布 F_e 为

$$F_e(x)=\frac{1}{\mu}\int_0^x[1-F(y)]\mathrm{d}y$$

(a) 证明若 F 是指数分布, 则 $F=F_e$.

(b) 若对某个常数 c

$$F(x)=\begin{cases}0, & x<c\\ 1, & x\geqslant c\end{cases}$$

证明 F_e 是 $(0,c)$ 上的均匀分布. 即如果到达间隔时间恒等于常数 c, 那么平衡分布是在 $(0,c)$ 上的均匀分布.

(c) 加州伯克利市允许在加州大学一英里的范围内, 在所有没有计价器的地方停车 2 小时. 停车管理员规则地到处巡视, 每 2 小时经过同样的地点. 每遇到一辆车, 他就用粉笔作一个标记. 如果在 2 小时后回来时发现同一辆车还在那里, 那么就开一张停车罚单. 如果你在伯克利停车, 并且在 3 小时后回去, 问你收到罚单的概率是多少?

43. 考虑一个具有到达间隔分布 F 的更新过程, 使下式成立:

$$\overline{F}(x)=\frac{1}{2}\mathrm{e}^{-x}+\frac{1}{2}\mathrm{e}^{-x/2},\quad x>0$$

即到达间隔分布等可能地是均值为 1 的指数分布或是均值为 2 的指数分布.

(a) 不作任何计算, 猜测平衡分布 F_e.

(b) 验证你在 (a) 中的猜测.

***44.** 在例 7.20 中, 以 π 记等待到达的公交车的乘客数少于 x 的比例. 就是说, 以 W_i 表示第 i 个顾客的等待时间, 我们定义

$$X_i=\begin{cases}1, & 若\ W_i<x\\ 0, & 若\ W_i\geqslant x\end{cases}$$

则 $\pi=\lim_{n\to\infty}\sum_{i=1}^n X_i/n$.

(a) 令 N 等于上公交车的乘客数, 利用更新报酬过程理论证明 $\pi = \dfrac{\mathrm{E}[X_1 + \cdots + X_N]}{\mathrm{E}[N]}$.

(b) 以 T 等于两个公交车的间隔时间, 确定 $\mathrm{E}[X_1 + \cdots + X_N | T = t]$

(c) 证明 $\mathrm{E}[X_1 + \cdots + X_N] = \lambda \mathrm{E}[\min(T, x)]$.

(d) 证明

$$\pi = \frac{\int_0^x \mathrm{P}(T > t)\mathrm{d}t}{\mathrm{E}[T]} = F_e(x)$$

(e) 在按 T 分布的到达间隔小于 x 的更新过程中, $F_e(x)$ 为超额寿命的比例, 利用这点将 (d) 的结果和 PASTA 原则, 即 "泊松到达者看到的系统相同于关于时间平均的系统", 联系起来.

45. 考虑一个能处在状态 1、2 或 3 的系统. 每次系统进入状态 i 时, 它在那里保持一个均值 μ_i 的随机时间, 然后以概率 P_{ij} 转移到状态 j. 假设

$$P_{12} = 1, \quad P_{21} = P_{23} = \frac{1}{2}, \quad P_{31} = 1$$

(a) 系统转移到状态 1 的比例是多少?

(b) 如果 $\mu_1 = 1, \mu_2 = 2, \mu_3 = 3$, 那么系统处在每个状态的时间的比例是多少?

46. 考虑一个半马尔可夫过程, 在转移到不同的状态以前, 过程停留在每个状态上的时间是指数随机变量. 这是什么类型的过程?

47. 在半马尔可夫过程中, 以 t_{ij} 记给定下一个状态是 j 时过程在状态 i 停留的条件期望时间.

(a) 提出一个联系 μ_i 与 t_{ij} 的方程.

(b) 证明过程在 i 而下一次进入 j 时间的比例等于 $\dfrac{P_i P_{ij} t_{ij}}{\mu_i}$.

提示: 每次进入状态 i, 就说一个循环开始. 当过程处在 i 且前往 j 时, 想象你以每单位时间 1 的速率接受报酬. 单位时间的平均报酬是多少?

48. 某出租车往来于 3 个地点. 在地点 i 需要停一个均值为 t_i 的随机时间, $i = 1, 2, 3$. 在地点 i 上车的乘客将以概率 P_{ij} 去地点 j. 从 i 到 j 的旅行时间是以 m_{ij} 为均值的随机变量. 假设 $t_1 = 1, t_2 = 2, t_3 = 4$, $P_{12} = 1, P_{23} = 1, P_{31} = 2/3 = 1 - P_{32}, m_{12} = 10, m_{23} = 20, m_{31} = 15, m_{32} = 25$. 定义一个合适的半马尔可夫过程, 并确定

(a) 出租车司机在地点 i 等候的时间的比例.

(b) 出租车司机在从 i 到 j 的路上的时间的比例 $i, j = 1, 2, 3$.

***49.** 考虑一个有 $\Gamma(n, \lambda)$ 到达间隔分布的更新过程, 而以 $Y(t)$ 记从 t 到下一次更新发生的时间. 利用半马尔可夫过程理论证明

$$\lim_{t \to \infty} \mathrm{P}\{Y(t) < x\} = \frac{1}{n} \sum_{i=1}^{n} G_{i,\lambda}(x)$$

其中 $G_{i,\lambda}(x)$ 是 $\Gamma(i, \lambda)$ 分布函数.

50. 为了证明方程 (7.24), 定义下面的记号:

$$X_i^j \equiv \text{在第 } j \text{ 次访问状态 } i \text{ 时, 在这个状态的停留时间}$$

$$N_i(m) \equiv \text{在前 } m \text{ 次转移中访问状态 } i \text{ 的次数}$$

用这些记号写出以下的表达式:

(a) 在前 m 次转移期间过程在状态 i 的时间数量.

(b) 在前 m 次转移期间过程在状态 i 的时间的比例.

论证以概率 1 有

(c) $\sum_{j=1}^{N_i(m)} \dfrac{X_i^j}{N_i(m)} \to \mu_i$, 当 $m \to \infty$.

(d) $\dfrac{N_i(m)}{m} \to \pi_i$, 当 $m \to \infty$.

(e) 将 (a)、(b)、(c) 和 (d) 结合起来证明方程 (7.24).

51. 1984 年, 摩洛哥在试图确定游客在一次访问中停留在这个国家的时间的平均量时, 试用了两种不同的抽样方法. 一种是在游客离开这个国家时, 随机地选取询问; 另一种, 对于在旅馆中的游客, 随机地选取询问. (每个游客待在一个旅馆.) 从旅馆随机选取的 3000 个旅客的平均访问时间是 17.8, 而从 12 321 个离开的旅客中询问旅客的平均访问时间是 9.0. 你能解释这个偏差吗? 它一定有错误吗?

***52.** 在例 7.20 中, 证明若 F 是速率 μ 的指数分布, 则

$$\text{等待的平均数} = \mathrm{E}[N]$$

即当公交车按泊松过程到达时, 在车站等待的平均人数关于所有时间的平均, 等于当一辆公交车到达时等待的平均乘客数. 这看起来似乎违反直觉的, 因为一辆公交车到达时, 等待的平均乘客数至少和在该循环中任意时刻的等待乘客数一样多.

(b) 用一种检验悖论类型的想法解释为何这样的结果是可能的.

(c) 解释这样的结果如何从 PASTA 原则推出.

***53.** 一枚硬币被抛掷时正面向上的概率为 p, 连续抛掷它, 求直到出现序列 "正、反、正、反、正、反、正" 时的期望抛掷次数.

54. 令 $X_i(i \geqslant 1)$ 是独立随机变量, 具有 $p_j = \mathrm{P}\{X_i = j\}, j \geqslant 1$. 如果 $p_j = j/10, j = 1,2,3,4$, 求观察到模式 1, 2, 3, 1, 2 出现时需要的随机变量个数的期望时间和方差.

55. 一枚以概率 0.6 正面向上的硬币连续地被抛掷. 求直到出现序列 "反、正、正、反" 或者出现序列 "反、反、反" 时的期望抛掷次数, 并且求 "反、反、反" 先出现的概率.

56. 等可能地是数字 0 到 9 的任意一个随机数字, 按顺序被观测.

(a) 求直至 10 个不同值的一个连贯出现的期望时间.

(b) 求直至 5 个不同值的一个连贯出现的期望时间.

57. 令 $h(x) = \mathrm{P}\left\{\sum_{i=1}^{T} X_i > x\right\}$, 其中 $X_1, X_2, \cdots$ 是具有分布函数 F_e 的独立随机变量, 而 T 独立于 X_i, 并且有概率质量函数 $\mathrm{P}\{T=n\} = \rho^n(1-\rho), n \geqslant 0$. 证明 $h(x)$ 满足方程 (7.53).

提示: 由对是否 $T = 0$ 或 $T > 0$ 取条件开始.

参考文献

在 7.9.1 节中, 关于计算直到一个特殊的模式出现时的时间的方差的结果都是新的, 同样, 7.9.2 节的结果也是新的. 7.9.3 节的结果都来自文献 [3].

[1] D. R. Cox, "Renewal Theory," Methuen, London, 1962.

[2] W. Feller, "An Introduction to Probability Theory and Its Applications," Vol. Ⅱ, John Wiley, New York, 1966.

[3] F. Hwang and D. Trietsch, "A Simple Relation Between the Pattern Probability and the Rate of False Signals in Control Charts," *Probability in the Engineering and Informational Sciences,* **10**, 315-323, 1996.

[4] S. Ross, "Stochastic Processes," Second Edition, John Wiley, New York, 1996.

[5] H. C. Tijms, "Stochastic Models, An Algorithmic Approach," John Wiley, New York, 1994.

第8章 排队理论

8.1 引　　言

在本章, 我们研究一类顾客以某种随机方式到达一个服务设施的模型. 顾客到达之后, 站在队列中等候, 直到轮到他们接受服务. 一旦接受了服务, 通常就假定他们离开了系统. 对于这样的模型, 我们对一些量感兴趣, 诸如在系统 (或在队列) 中的顾客的平均数和一个顾客在系统 (或在队列) 中等待的平均时间.

在 8.2 节中, 我们推导一系列基本的排队恒等式, 它们在分析排队模型时是非常有用的. 我们还介绍 3 组不同的极限概率, 它们分别对应于到达者所看到的、离开者所看到的和外面的观察者所看到的.

在 8.3 节中, 我们处理概率分布都假定为指数分布的排队系统. 例如, 最简单的这类模型是假定顾客按泊松过程到达 (因此到达间隔时间都是指数分布), 而且由单个服务线每次一个地服务, 每次服务的时间长度是一个指数分布. 这些指数排队模型是连续时间马尔可夫链的特殊情形, 并且可以像第 6 章那样地分析. 然而, 以 (非常) 少的重复为代价, 我们假定你并不熟悉第 6 章中的内容, 且我们更愿意重新展开我们所需的任何材料. 特别地, 我们将重新推导 (用直观的论证) 极限概率的公式.

在 8.4 节中, 我们考虑顾客在一个服务网中随机移动的模型. 8.4.1 节的模型是一个开放系统, 允许顾客进入和离开系统, 而在 8.4.2 节中的模型在系统中顾客的集合关于时间为常量的意义下是封闭的.

在 8.5 节中, 我们研究 M/G/1 模型, 这里假定泊松到达, 允许服务分布是任意的. 为了分析这个模型, 我们首先在 8.5.1 节中引入功的概念, 然后在 8.5.2 节中利用这个概念帮助分析这个系统. 在 8.5.3 节中我们推导了一条服务线在两个闲期之间保持忙的平均时间量.

在 8.6 节中, 我们考虑 M/G/1 模型的某些变形. 特别地, 在 8.6.1 节中假设承载顾客的公共汽车按泊松过程到达, 且每辆公共汽车载有随机个数的顾客. 在 8.6.2 节中我们假设有两类不同的顾客 —— 类型 1 顾客要比类型 2 顾客优先接受服务.

在 8.6.3 节中我们介绍一个 M/G/1 优化例子. 假设只要服务线闲着, 服务线就中断, 然后假定一个价格, 决定一个最佳时间使它重返服务.

在 8.7 节中, 考虑一个具有指数服务时间, 但是顾客到达的间隔时间允许为任意分布的模型. 通过利用一个适当定义的马尔可夫链来分析这个模型. 对于这个模型, 我们也推导出一个忙期和一个闲期的平均长度.

在 8.8 节中, 我们考虑一个单服务系统, 它的到达过程来自有限个可能源的回访. 给定了一个一般的服务分布, 我们证明如何用一个马尔可夫链来分析这个系统.

在最后一节中, 我们论及多服务线系统. 我们从损失系统开始, 这里假定顾客在发现所有的服务线都忙时, 就离开, 这样系统就失去了他们. 这导致了著名的厄兰损失公式. 在这个模型中, 当到达过程是泊松过程而且具有一般的服务分布时, 在忙的服务线的个数的一个简单的公式. 然后我们讨论允许排队的多服务线系统. 然而, 除了假定指数服务时间外, 这些模型很少有明确的公式. 在本章末, 我们对于泊松到达的 k 服务线模型队列中的一个顾客的平均等待时间给出了一个近似.

8.2　预 备 知 识

这一节将推导一些恒等式, 它们在绝大多数排队模型中都是有用的.

8.2.1　价格方程

排队模型中一些重要的基本量是：

L,　系统中平均顾客数；

L_Q,　队列中平均等待顾客数；

W,　一个顾客在系统中所耗的平均时间；

W_Q,　一个顾客在队列中等待的平均时间.

关于其他重要的量与上述量之间大量重要且有用的关系, 可以利用下面的想法得到：强制进入系统的顾客为该系统付钱 (按某些规则). 于是我们有下面的基本价格恒等式：

$$\text{系统赚钱的平均速率} = \lambda_a \times \text{进入系统的顾客所付的平均金额} \tag{8.1}$$

其中 λ_a 定义为进入系统的顾客的平均到达速率. 即如果以 $N(t)$ 记截至时刻 t 到达的顾客数, 那么

$$\lambda_a = \lim_{t\to\infty} \frac{N(t)}{t}$$

现在我们介绍式 (8.1) 的一个直观证明.

式 (8.1) 的直观证明　令 T 是一个很大的固定数. 我们用两种不同的方法, 计算截止到时间 T 系统赚到的平均金额. 一方面, 这个量近似地可以由系统赚钱的平均速率乘以时间 T 的长度得到. 另一方面, 我们可以用进入系统的顾客平均支付的金额乘以到时间 T 进入系统的平均顾客数近似计算 (且后一个因子近似等于 $\lambda_a T$). 因此, 式 (8.1) 的两边同乘以 T 时近似地等于截止时间 T 系统赚到的平均金额. 于是

令 $T \to \infty$, 即得结论. ①

通过选取合适的价格规则, 很多有用的公式可以作为方程 (8.1) 的特殊情形而得到. 例如, 假设每个顾客在系统期间每单位时间付 1 美元, 则方程 (8.1) 导致所谓的利特尔

$$L = \lambda_a W \tag{8.2}$$

这是因为在这样的价格规则下, 系统赚钱的速率正好是在系统中的人数, 而一个顾客所付的钱数正好等于他在系统中的时间.

类似地, 如果我们假设每个在队列中的顾客, 每单位时间付 1 美元, 方程 (8.1) 导致

$$L_Q = \lambda_a W_Q \tag{8.3}$$

假设价格规则为每个顾客在接受服务期间, 每单位时间付 1 美元, 我们由方程 (8.1) 得到

$$\text{接受服务的顾客平均数} = \lambda_a \mathrm{E}[S] \tag{8.4}$$

其中 $\mathrm{E}[S]$ 定义为一个顾客用来接受服务的平均时间.

应该强调的是, 不管如何规定到达过程、服务线或队列的个数, 方程 (8.1)~ 方程 (8.4) 对于几乎所有的排队模型都成立. ■

8.2.2 稳态概率

以 $X(t)$ 记时刻 t 系统中的顾客数, 并且由

$$P_n = \lim_{t\to\infty} \mathrm{P}\{X(t) = n\}$$

定义 $P_n, n \geqslant 0$, 这里我们假定上面的极限存在. 换句话说, P_n 是在系统中恰有 n 个顾客的极限或长程概率. 有时它指在系统中恰有 n 个顾客的*稳态概率*. 通常也证实 P_n 等于系统恰好包含 n 个顾客的时间的 (长程) 比例. 例如, 如果 $P_0 = 0.3$, 那么在长程中系统将有 30% 的时间没有顾客. 类似地, 如果 $P_1 = 0.2$, 那么在长程中系统有 20% 的时间只有一个顾客. ②

另外两组极限概率是 $\{a_n, n \geqslant 0\}$ 和 $\{d_n, n \geqslant 0\}$, 其中

$$a_n = \text{发现系统中有 } n \text{ 个人的到达顾客的比例}$$

$$d_n = \text{看到系统中还有 } n \text{ 个人的顾客的离开者的比例}$$

也就是说, P_n 是系统中有 n 个人的时间比例; a_n 是看到 n 个人的到达者的比例; d_n 是离开系统时留下 n 个人的离开者的比例. 这些量不一定总相等, 这可由下述例子说明这一点.

① 若假定排队过程是在 7.5 节的意义下再生的, 我们可以给出一个严格的证明. 多数模型, 包含本章中所有的模型, 都满足这个条件.

② P_n 的对偶解释的有效性的一个充分条件是, 排队过程是再生的.

例 8.1　考虑一个排队模型, 其中每个顾客的服务时间都是 1, 而相继到达的两个顾客之间的间隔时间总大于 1(例如, 到达间隔时间可以是 $(1,2)$ 上的均匀分布). 因此, 当每个到达者发现系统是空的和每个离开者离开时系统是空的时候, 我们有

$$a_0 = d_0 = 1$$

然而

$$P_0 \neq 1$$

因为系统并不总是没有顾客的. ■

然而, 在上述例子中 $a_n = d_n$ 并不是偶然的. 正如在下面命题中所看到的, 到达者和离开者总是看到同样的顾客数, 这往往是正确的.

命题 8.1　*在每次到达 1 位顾客, 并且每次离开 1 人的任意系统中,*

$$\text{发现 } n \text{ 人的到达者速率} = \text{留下 } n \text{ 人的离开者速率}$$

而且

$$a_n = d_n$$

证明　只要系统中的人数从 n 增加到 $n+1$, 到达者就能看到系统中有 n 个人; 类似地, 只要系统中的人数从 $n+1$ 减少到 n, 离开者离开时系统中就留有 n 个人. 现在, 在任意时间段 T 内从 n 到 $n+1$ 的转移次数一定等于在时间 T 内从 $n+1$ 到 n 的转移次数 (任意两次从 n 到 $n+1$ 的转移之间一定有一次从 $n+1$ 到 n 的转移, 反之亦然). 因此, 从 n 到 $n+1$ 的转移速率等于从 $n+1$ 到 n 的转移速率; 或者, 等价地, 发现 n 人的到达者速率等于留下 n 人的离开者速率. 现在, 看到 n 个人的到达者的比例 a_n 可以表示为

$$a_n = \frac{\text{看到 } n \text{ 个人的到达者速率}}{\text{总到达速率}}$$

类似地,

$$d_n = \frac{\text{留下 } n \text{ 个人的离开者速率}}{\text{总离开速率}}$$

于是, 如果总的到达速率等于总的离开速率, 那么上面证明了 $a_n = d_n$. 另一方面, 如果全面的到达率超过全面的离开率, 那么队列的长度将趋于无穷, 于是 $a_n = d_n = 0$. ■

因此, 平均地, 到达者和离开者总是看到相同人数的顾客. 然而, 正如例 8.1 所描述的, 他们一般看不到 (顾客数的) 时间平均. 一个重要的例外是, 在泊松到达的情形, 他们能够看到 (顾客数的) 时间平均.

命题 8.2　*泊松到达者总能看到 (顾客数的) 时间平均. 特别地, 对于泊松到达者有*

$$P_n = a_n$$

为了理解为什么泊松到达者总能看到 (顾客数的) 时间平均, 考虑任意的一个泊松到达者. 如果我们知道他在时刻 t 到达, 那么, 在到达时他所看到状态的条件

分布与在时刻 t 系统状态的无条件分布是一样的. 因为知道在时刻 t 有一个顾客到达, 并没有给我们提供在时刻 t 以前发生了什么的任何信息 (因为泊松过程具有独立增量, 知道一个事件在时刻 t 发生并不影响发生在时刻 t 之前的分布). 因此, 一个到达者正是按极限概率看到这个系统的.

将上述情况与例 8.1 的情况作对比, 在例 8.1 中, 知道一位顾客在时刻 t 到达, 可以告诉我们很多过去的情况; 特别地, 它告诉我们在 $(t-1,t)$ 之间没有顾客到达. 于是在这种情况下, 我们不能得到在时刻 t 到达的顾客所看到的分布与在时刻 t 系统状态的分布一样的结论.

对泊松到达者能看到 (顾客数的) 时间平均的第二个理由是, 我们注意到直至时刻 T 为止系统在状态 n 的总时间 (粗略地) 是 P_nT. 因此, 鉴于不论系统的状态如何, 一个泊松到达者总按速率 λ 到达, 由此推出在 $[0,T]$ 中到达并发现系统处于状态 n 的人数 (粗略地) 是 λP_nT. 所以, 从长远来看, 到达者看到系统处于状态 n 的速率是 λP_n, 而且又因为 λ 是总到达速率, 由此推出 $\lambda P_n/\lambda = P_n$ 是到达者看到系统处于状态 n 的比例.

泊松到达者看到时间平均的结果, 称为 PASTA(Possion Arrivals See Time Average) 原则.

例 8.2 乘客按速率 λ 的泊松过程到达一个公交车站. 公交车按速率 μ 的泊松过程到达此车站, 每辆到达的车送走所有等待的乘客. 将在车站各人的平均等车时间记为 W_Q. 因为每个人的等待时间等于从他们到达时刻直至下一辆公交车到达的时刻, 所以等待时间是速率为 μ 的指数随机变量, 于是我们可知

$$W_Q = 1/\mu$$

利用 $L_Q=\lambda_a W_Q$, 就证明了在车站的平均等待人数关于一切时间的平均 L_Q 是

$$L_Q = \lambda/\mu$$

如果我们将第 i 辆车载走的人数记为 X_i, 那么对第 $i-1$ 辆和第 i 辆到达的公交车之间的时间 T_i 有

$$\mathrm{E}[X_i|T_i] = \lambda T_i$$

这个事实来自, 因为在任意时间区间中到达车站的人数是泊松分布, 其均值等于区间长度的 λ 倍. 又因为 T_i 是速率为 μ 的指数随机变量, 由上式两边取期望推出

$$\mathrm{E}[X_i] = \lambda\mathrm{E}[T_i] = \lambda/\mu$$

于是, 每辆车载走的人数等于等待一辆公交车的人的时间平均, 这是 PASTA 原则的一个例证. 就是说, 因为公交车按泊松过程到达, 由 PASTA 原则推出, 从到达的公交车看到的等待人数取平均和对时间取平均得出的等待人数是相同的. ■

8.3 指数模型

8.3.1 单条服务线的指数排队系统

假设顾客按照速率为 λ 的泊松过程到达一个单服务线的服务站. 也就是说, 相继到达者之间的时间是独立的具有均值 $1/\lambda$ 的指数分布. 在每个顾客到达时, 如果服务线闲着, 就直接进入服务, 否则顾客就加入队列. 当服务线完成一个顾客的服务, 这个顾客就离开系统, 而队列中的下一个顾客 (如果有) 进入服务. 相继的服务时间假定是独立的具有均值 $1/\mu$ 的指数分布.

上面的系统称为 M/M/1 排队系统. 两个 "M" 指的是到达间隔和服务分布两者都是指数分布的 (且因此无记忆, 或马尔可夫性) 的事实, 而 "1" 指单条服务线. 为了分析这个系统, 我们先来确定它的极限概率 P_n, 对 $n=0,1,\cdots$. 为此, 我们的思路如下. 假设我们有无穷多个房间, 标号为 0, 1, $\cdots$, 并且假设只要在系统中有 n 个顾客, 我们就指示某人进入房间 n. 也就是说, 只要在系统中有 2 个顾客, 他将进入房间 2; 而若另一人正要到达, 则他离开房间 2 进入房间 3. 类似地, 若一个服务已经结束, 则他将离开房间 2 进入房间 1(因为现在系统中只有一个顾客).

现在假设在长程中, 我们的个体以每小时 10 次的速率进入房间 1. 那么, 他必须以什么速率离开房间 1 呢? 显然, 同样也以每小时 10 次的速率离开房间 1. 因为他进入房间 1 的总次数必须等于 (或者多一次) 他离开房间 1 的总次数. 于是这种推理产生了使我们确定状态概率的一般原则. 即对每个 $n \geqslant 0$, *过程进入状态 n 的速率等于它离开状态 n 的速率*. 现在让我们确定这些速率. 首先考虑状态 0. 当在状态 0 时, 过程只能有一个到达者离开, 因为很显然当系统是空的时候不可能会有人离开. 由于到达速率是 λ, 而过程在状态 0 的时间比例是 P_0, 由此推出过程离开状态 0 的速率是 λP_0. 另一方面, 状态 0 只能由状态 1 经过一个离开达到. 也就是说, 如果在系统中只有一个顾客, 而且完成了服务, 那么系统就变成空的了. 由于服务速率是 μ, 且系统中恰有 1 个顾客的时间比例是 P_1, 由此推出过程进入状态 0 的速率是 μP_1.

因此, 由速率相等原理, 我们得到第一个方程

$$\lambda P_0 = \mu P_1$$

现在考虑状态 1. 过程可以离开这个状态, 或者通过一个到达 (它发生的速率是 λ), 或者通过一个离开 (它发生的速率是 μ), 因此过程将以速率 $\lambda+\mu$ 离开这个状态 ①.

① 如果一个事件以速率 λ 发生, 而另一个事件以速率 μ 发生, 那么, 两者中任一个事件发生的速率是 $\lambda+\mu$. 假设一个人每小时赚 2 美元, 而另一个人每小时赚 3 美元, 那么, 显然他们合起来每小时赚 5 美元.

由于过程在状态 1 的时间比例是 P_1, 所以过程离开状态 1 的速率是 $(\lambda+\mu)P_1$. 另一方面, 状态 1 可能由状态 0 经过一个到达进入, 也可能由状态 2 经过一个离开进入. 因此, 过程进入状态 1 的速率是 $\lambda P_0+\mu P_2$. 因为对于其他状态的理由是类似的, 于是我们得到下列一组方程:

状态	过程离开的速率 = 进入的速率
0	$\lambda P_0=\mu P_1$
$n, n\geqslant 1$	$(\lambda+\mu)P_n=\lambda P_{n-1}+\mu P_{n+1}$ (8.5)

方程组 (8.5) 称作*平衡方程组*, 它平衡了过程进入一个状态的速率与离开这个状态的速率.

为了求解方程组 (8.5), 我们将它们改写为

$$\begin{aligned}P_1&=\frac{\lambda}{\mu}P_0,\\ P_{n+1}&=\frac{\lambda}{\mu}P_n+\left(P_n-\frac{\lambda}{\mu}P_{n-1}\right),\quad n\geqslant 1\end{aligned}$$

按照 P_0 求解, 得到

$$\begin{aligned}P_0&=P_0,\\ P_1&=\frac{\lambda}{\mu}P_0,\\ P_2&=\frac{\lambda}{\mu}P_1+\left(P_1-\frac{\lambda}{\mu}P_0\right)=\frac{\lambda}{\mu}P_1=\left(\frac{\lambda}{\mu}\right)^2P_0,\\ P_3&=\frac{\lambda}{\mu}P_2+\left(P_2-\frac{\lambda}{\mu}P_1\right)=\frac{\lambda}{\mu}P_2=\left(\frac{\lambda}{\mu}\right)^3P_0,\\ P_4&=\frac{\lambda}{\mu}P_3+\left(P_3-\frac{\lambda}{\mu}P_2\right)=\frac{\lambda}{\mu}P_3=\left(\frac{\lambda}{\mu}\right)^4P_0,\\ P_{n+1}&=\frac{\lambda}{\mu}P_n+\left(P_n-\frac{\lambda}{\mu}P_{n-1}\right)=\frac{\lambda}{\mu}P_n=\left(\frac{\lambda}{\mu}\right)^{n+1}P_0\end{aligned}$$

为了确定 P_0, 我们利用 P_n 的和必须是 1 这个事实, 因此

$$1=\sum_{n=0}^{\infty}P_n=\sum_{n=0}^{\infty}\left(\frac{\lambda}{\mu}\right)^nP_0=\frac{P_0}{1-\lambda/\mu}$$

因此

$$\begin{aligned}P_0&=1-\frac{\lambda}{\mu},\\ P_n&=\left(\frac{\lambda}{\mu}\right)^n\left(1-\frac{\lambda}{\mu}\right),\qquad n\geqslant 1\end{aligned}\tag{8.6}$$

注意为了上面的方程有意义, λ/μ 必须小于 1. 否则 $\sum_{n=0}^{\infty}(\lambda/\mu)^n$ 将是无穷, 且所有的 P_n 将都是 0. 因此, 我们将假定 $\lambda/\mu<1$. 注意到, 直观地如果 $\lambda>\mu$ 那么将不存在极限概率. 这是因为假设 $\lambda>\mu$. 由于顾客按泊松速率 λ 到达, 由此推出到时刻 t 为止期望的总到达数是 λt. 另一方面, 到时刻 t 为止服务过的顾客的期望值是多少呢? 如果总有顾客出现, 那么服务过的顾客数将是一个速率为 μ 的泊松过程, 因为相继服务之间的时间将是具有均值 $1/\mu$ 的独立指数随机变量. 因此, 到时刻 t 为止服务过的顾客的期望不大于 μt; 所以, 在时刻 t 系统中的期望数至少是

$$\lambda t-\mu t=(\lambda-\mu)t$$

现在如果 $\lambda>\mu$, 那么, 当 t 变大时, 上面的数趋于无穷. 也就是说, 当 $\lambda/\mu>1$ 时, 队列长度无极限地增长且没有极限概率. 再注意到条件 $\lambda/\mu<1$ 等价于平均服务时间小于相继到达之间的平均时间的条件. 这是在大多数的单服务线排队系统中为了极限概率存在所必须满足的一般条件.

注　(i) 对于 M/M/1 排队系统, 在求解平衡方程组时, 作为中间步骤我们得到方程组

$$\lambda P_n=\mu P_{n+1},\qquad n\geqslant 0$$

这些方程可以由一般排队结果直接推得 (如命题 8.1 中所示) 到达者看到系统中有 n 个人的速率 (即 λP_n) 等于离开者留 n 个人在系统中的速率 (即 μP_{n+1}).

(ii) 我们也可以用排队价格恒等式证明 $P_n=(\lambda/\mu)^n(1-\lambda/\mu)$. 假设对于固定的 $n>0$, 只要系统中至少有 n 个顾客, 第 n 个最老的顾客 (年龄从顾客到达开始度量) 单位时间支付 1. 令 X 是系统中顾客的稳定态人数, 因为只要 X 至少是 n, 系统在每个单位时间就赚得 1, 由此推出

$$\text{系统赚钱的平均速率}=\mathrm{P}\{X\geqslant n\}$$

同样, 因为一个到达时看到系统中少于 $n-1$ 个人的顾客将支付 0, 而一个到达时看到系统中至少 $n-1$ 个人的顾客将在以一个速率为 μ 的指数分布时间内每单位时间支付 1, 即

$$\text{一个顾客支付的平均金额}=\frac{1}{\mu}\mathrm{P}\{X\geqslant n-1\}$$

所以, 排队价格恒等式导致

$$\mathrm{P}\{X\geqslant n\}=(\lambda/\mu)\mathrm{P}\{X\geqslant n-1\},\qquad n>0$$

迭代得出

$$\begin{aligned}\mathrm{P}\{X\geqslant n\}&=(\lambda/\mu)\mathrm{P}\{X\geqslant n-1\}=(\lambda/\mu)^2\mathrm{P}\{X\geqslant n-2\}\\&=\cdots=(\lambda/\mu)^n\mathrm{P}\{X\geqslant 0\}=(\lambda/\mu)^n\end{aligned}$$

所以

$$\mathrm{P}\{X=n\}=\mathrm{P}\{X\geqslant n\}-\mathrm{P}\{X\geqslant n+1\}=(\lambda/\mu)^n(1-\lambda/\mu)\qquad\blacksquare$$

现在我们尝试用极限概率 P_n 来表示量 L、L_Q、W 和 W_Q. 因为 P_n 是系统恰好包含 n 个顾客的长程概率, 系统中顾客的平均数显然为

$$L=\sum_{n=0}^{\infty} nP_n=\sum_{n=0}^{\infty} n\left(\frac{\lambda}{\mu}\right)^n\left(1-\frac{\lambda}{\mu}\right)=\frac{\lambda}{\mu-\lambda} \tag{8.7}$$

其中最后的等式用到了代数恒等式

$$\sum_{n=0}^{\infty} nx^n=\frac{x}{(1-x)^2}$$

现在可以借助方程 (8.2) 和方程 (8.3) 得到量 L_Q、W 和 W_Q. 也就是说, 因为 $\lambda_a=\lambda$, 我们由方程 (8.7) 得

$$\begin{aligned} W&=\frac{L}{\lambda}=\frac{1}{\mu-\lambda},\\ W_Q&=W-\mathrm{E}[S]=W-\frac{1}{\mu}=\frac{\lambda}{\mu(\mu-\lambda)},\\ L_Q&=\lambda W_Q=\frac{\lambda^2}{\mu(\mu-\lambda)} \end{aligned} \tag{8.8}$$

例 8.3 假设顾客以每 12 分钟一个的泊松速率到达, 而服务时间是速率为每 8 分钟一个服务的指数随机变量. 问 L 和 W 是多少?

解 由于 $\lambda=1/12, \mu=1/8$, 我们有

$$L=2, \qquad W=24$$

因此, 系统中顾客的平均数是 2, 而每个顾客在系统中停留的平均时间是 24 分钟.

现在假设到达率增加 20% 至 $\lambda=1/10$. 问 L 和 W 对应的改变是多少? 同样利用方程 (8.7) 和方程 (8.8), 我们得到

$$L=4, \qquad W=40$$

因此, 当到达率增加 20% 后, 系统中的顾客平均数翻一番.

为了更好理解, 将方程 (8.7) 和方程 (8.8) 写成

$$L=\frac{\lambda/\mu}{1-\lambda/\mu}, \qquad W=\frac{1/\mu}{1-\lambda/\mu}$$

从这些方程我们可以看到, 当 λ/μ 接近于 1 时, λ/μ 微小的增加将引起 L 和 W 很大的增加. ■

技术性注解 我们已经用到一个事实, 如果一个事件以指数速率 λ 发生, 而另一个事件以指数速率 μ 发生, 那么, 两者中任一个事件将以指数速率 $\lambda+\mu$ 发生. 为了正式地检验这个结论, 令 T_1 是第一个事件发生的时间, 而 T_2 是第二个事件发生的时间. 那么

$$P\{T_1 \leqslant t\} = 1 - e^{-\lambda t}, \qquad P\{T_2 \leqslant t\} = 1 - e^{-\mu t}$$

现在如果我们对直到 T_1 或 T_2 中之一的时间感兴趣，那么我们考虑 $T = \min(T_1, T_2)$. 现在

$$P\{T \leqslant t\} = 1 - P\{T > t\} = 1 - P\{\min(T_1, T_2) > t\}$$

然而 $\min(T_1, T_2) > t$ 当且仅当 T_1 和 T_2 都大于 t, 因此

$$\begin{aligned} P\{T \leqslant t\} &= 1 - P\{T_1 > t, T_2 > t\} = 1 - P\{T_1 > t\}P\{T_2 > t\} \\ &= 1 - e^{-\lambda t}e^{-\mu t} = 1 - e^{-(\lambda+\mu)t} \end{aligned}$$

于是, T 有速率为 $\lambda + \mu$ 的指数分布, 我们验证了速率的相加. ■

假设一个 M/M/1 稳定态的顾客 (即在系统已经长时间运行后到达的一个顾客) 在系统中总共待了 t 个时间单位, 让我们确定这个顾客到达时其他已出现的顾客数 N 的条件分布. 也就是说, 以 W^* 记一个顾客在系统中停留的时间. 我们求 $P\{N = n|W^* = t\}$. 现在

$$P\{N = n|W^* = t\} = \frac{f_{N,W^*}(n,t)}{f_{W^*}(t)} = \frac{P\{N = n\}f_{W^*|N}(t|n)}{f_{W^*}(t)}$$

其中 $f_{W^*|N}(t|n)$ 是给定 $N = n$ 时 W^* 的条件密度, 而 $f_{W^*}(t)$ 是 W^* 的无条件密度. 现在, 给定 $N = n$, 顾客在系统中待的时间以 $n+1$ 个具有相同速率 μ 的独立指数随机变量的和为分布, 由此导出给定 $N = n$ 时 W^* 的条件分布是具有参数 $n+1$ 和 μ 的伽马分布. 所以, 记 $C = 1/f_{W^*}(t)$,

$$\begin{aligned} P\{N = n|W^* = t\} &= CP\{N = n\}\mu e^{-\mu t}\frac{(\mu t)^n}{n!} \\ &= C(\lambda/\mu)^n(1 - \lambda/\mu)\mu e^{-\mu t}\frac{(\mu t)^n}{n!} \qquad (\text{由 PASTA 原则}) \\ &= K\frac{(\lambda t)^n}{n!} \end{aligned}$$

其中 $K = C(1 - \lambda/\mu)\mu e^{-\mu t}$ 不依赖于 n. 对 n 求和, 得到

$$1 = \sum_{n=0}^{\infty} P\{N = n|T = t\} = K\sum_{n=0}^{\infty}\frac{(\lambda t)^n}{n!} = Ke^{\lambda t}$$

于是, $K = e^{-\lambda t}$, 这表明

$$P\{N = n|W^* = t\} = e^{-\lambda t}\frac{(\lambda t)^n}{n!}$$

所以, 一个在系统中总共停留时间 t 的顾客所看到人数的条件分布是均值为 λt 的泊松分布.

此外, 作为我们分析的副产品, 我们有

$$f_{W^*}(t) = 1/C = \frac{1}{K}(1 - \lambda/\mu)\mu e^{-\mu t} = (\mu - \lambda)e^{-(\mu-\lambda)t}$$

换句话说, 一个顾客在系统中停留的时间 W^*, 是速率为 $\mu - \lambda$ 的指数随机变量. (作为检验, 注意到 $E[W^*] = 1/(\mu - \lambda)$, 它正好是方程 (8.8), 因为 $W = E[W^*]$.)

注 W^* 为什么是速率为 $\mu-\lambda$ 的指数随机变量的另一个论证如下：如果我们以 N 记一个到达者看到的在系统中的顾客数，那么这个到达者在离开前将在系统中停留 $N+1$ 个服务时间. 现在

$$\mathrm{P}\{N+1=j\}=\mathrm{P}\{N=j-1\}=(\lambda/\mu)^{j-1}(1-\lambda/\mu), \quad j \geqslant 1$$

简言之，在到达者离开前必须完成的服务次数是一个参数为 $1-\lambda/\mu$ 的几何随机变量. 所以，在每次服务完成后我们的顾客将以概率 $1-\lambda/\mu$ 离开. 于是，不管顾客已经在系统中待了多久，他在下一个 h 时间内离开的概率，是一个服务在这个区间中结束的概率 $\mu h+\mathrm{o}(h)$ 乘以 $1-\lambda/\mu$. 即顾客在下一个 h 时间单位内将以概率 $(\mu-\lambda)h+\mathrm{o}(h)$ 离开，这说明 W^* 的风险率函数是常数 $\mu-\lambda$. 但是只有指数随机变量有常数风险率，所以，我们得到结论，W^* 是速率为 $\mu-\lambda$ 的指数随机变量.

下一个例子解释了检验悖论.

例 8.4 对于一个在稳定态的 M/M/1 排队系统，下一个到达者看到系统中有 n 个人的概率是多少?

解 虽然由 PASTA 原则直观地看上去，这个概率应该正好是 $(\lambda/\mu)^n(1-\lambda/\mu)$，但我们必须小心. 因为如果 t 是当前时间，那么从 t 开始到下一个到达者为止的时间是速率为 λ 的指数分布，而且独立于从 t 前最后一次到达到 t 的时间，(当 $t\to\infty$ 时在极限意义下) 它也是速率为 λ 的指数随机变量. 于是，虽然泊松过程的相继到达之间的时间是速率为 λ 的指数随机变量，在 t 之前的上一个到达者与 t 之后的首个到达者之间的时间是两个独立指数随机变量的和. (这正是检验悖论的说明，这个悖论的产生是因为包含一个给定时间的到达者之间的间隔时间长度大于一个普通的到达间隔时间，见 7.7 节.)

以 N_a 记下一个到达者看到的人数，并且令 X 为目前在系统中的人数. 在条件 X 下，得到

$$\begin{aligned}
\mathrm{P}\{N_a=n\} &= \sum_{k=0}^{\infty}\mathrm{P}\{N_a=n|X=k\}\mathrm{P}\{X=k\} \\
&= \sum_{k=0}^{\infty}\mathrm{P}\{N_a=n|X=k\}(\lambda/\mu)^k(1-\lambda/\mu) \\
&= \sum_{k=n}^{\infty}\mathrm{P}\{N_a=n|X=k\}(\lambda/\mu)^k(1-\lambda/\mu) \\
&= \sum_{i=0}^{\infty}\mathrm{P}\{N_a=n|X=n+i\}(\lambda/\mu)^{n+i}(1-\lambda/\mu)
\end{aligned}$$

现在，对于 $n>0$，假定目前在系统中有 $n+i$ 人，如果在一个到达者之前我们有 i 次服务，下一个到达者将看到 n 人，而且是在下一个服务完成之前的一个到达. 由指数随机变量缺乏记忆性，得到

$$\mathrm{P}\{N_a=n|X=n+i\}=\left(\frac{\mu}{\lambda+\mu}\right)^i\frac{\lambda}{\lambda+\mu},\quad n>0$$

从而, 对于 $n>0$,

$$\begin{aligned}\mathrm{P}\{N_a=n\}&=\sum_{i=0}^{\infty}\left(\frac{\mu}{\lambda+\mu}\right)^i\frac{\lambda}{\lambda+\mu}\left(\frac{\lambda}{\mu}\right)^{n+i}(1-\lambda/\mu)\\&=(\lambda/\mu)^n(1-\lambda/\mu)\frac{\lambda}{\lambda+\mu}\sum_{i=0}^{\infty}\left(\frac{\lambda}{\lambda+\mu}\right)^i\\&=(\lambda/\mu)^{n+1}(1-\lambda/\mu)\end{aligned}$$

另一方面, 当目前在系统中有 i 人时, 下一个到达者看到系统空着的概率是在下一个到达前有 i 次服务的概率. 所以, $\mathrm{P}\{N_a=0|X=i\}=\left(\frac{\mu}{\lambda+\mu}\right)^i$, 由此给出

$$\begin{aligned}\mathrm{P}\{N_a=0\}&=\sum_{i=0}^{\infty}\left(\frac{\mu}{\lambda+\mu}\right)^i\left(\frac{\lambda}{\mu}\right)^i(1-\lambda/\mu)\\&=(1-\lambda/\mu)\sum_{i=0}^{\infty}\left(\frac{\lambda}{\lambda+\mu}\right)^i=(1+\lambda/\mu)(1-\lambda/\mu)\end{aligned}$$

作为检验, 注意

$$\begin{aligned}\sum_{n=0}^{\infty}\mathrm{P}\{N_a=n\}&=(1-\lambda/\mu)\left[1+\lambda/\mu+\sum_{n=1}^{\infty}(\lambda/\mu)^{n+1}\right]\\&=(1-\lambda/\mu)\sum_{i=0}^{\infty}(\lambda/\mu)^i\\&=1\end{aligned}$$

注意 $P\{N_a=0\}$ 大于 $P_0=1-\lambda/\mu$, 这表明下一个到达者看到系统空着的可能性要比一个平均的到达者的可能性更大, 这就解释了检验悖论, 即到下一位顾客与前一位到达者之间的时间间隔是两个速率为 λ 的独立指数随机变量的和. 同样, 由于检验悖论我们可以预期, $\mathrm{E}[N_a]$ 小于一个到达者看到的顾客的平均数 L, 这确实是正确的, 并可以由

$$\mathrm{E}[N_a]=\sum_{n=1}^{\infty}n(\lambda/\mu)^{n+1}(1-\lambda/\mu)=\frac{\lambda}{\mu}L<L$$

得到. ■

8.3.2　有限容量的单条服务线的指数排队系统

在前面的模型中, 我们假定在系统中同一时间的顾客数没有限制. 然而, 在现实中总存在一个有限的系统容量 N, 即任何时间在系统中的顾客数都不能超过 N. 对此, 我们的意思是, 若一个到达者发现已经有 N 个顾客出现, 则他不再进入系统.

同前面一样，我们用 P_n $(0 \leqslant n \leqslant N)$ 记系统中有 n 个顾客时的极限概率. 由速率相等原理得到以下平衡方程组

状态	过程离开的速率 = 进入的速率
0	$\lambda P_0 = \mu P_1$
$1 \leqslant n \leqslant N-1$	$(\lambda+\mu)P_n = \lambda P_{n-1} + \mu P_{n+1}$
N	$\mu P_N = \lambda P_{N-1}$

关于状态 0 的推理与前面一样. 即当处于状态 0 时，过程离开将只能通过一个到达者 (以速率 λ 发生) 达到，因此过程离开状态 0 的速率是 λP_0. 另一方面，过程进入状态 0 只能通过从状态 1 离开 1 个顾客达到，因此，过程进入状态 0 的速率是 μP_1. 对状态 $n(1 \leqslant n < N)$ 的方程与以前的一样. 而对状态 N 的方程与以前不同，因为现在离开状态 N 只能通过一个离开者达成，由于在状态 N 时一个到达者将不会进入系统；同样状态 N 只能通过一个到达者由状态 $N-1$ 进入 (因为这时不再有状态 $N+1$).

我们现在可以正如我们对于无穷容量模型做的那样求解平衡方程组，也可以通过直接应用离开者留下 $n-1$ 人的速率等于到达者看到 $n-1$ 人的速率而节省几行文字. 借助这个结果我们得到

$$\mu P_n = \lambda P_{n-1}, \qquad n = 1, \cdots, N$$

于是

$$P_n = \frac{\lambda}{\mu} P_{n-1} = \left(\frac{\lambda}{\mu}\right)^2 P_{n-2} = \cdots = \left(\frac{\lambda}{\mu}\right)^n P_0, \quad n = 1, \cdots, N$$

利用事实 $\sum_{n=0}^{N} P_n = 1$，我们得到

$$1 = P_0 \sum_{n=0}^{N} \left(\frac{\lambda}{\mu}\right)^n = P_0 \left[\frac{1-(\lambda/\mu)^{N+1}}{1-\lambda/\mu}\right]$$

从而

$$P_0 = \frac{(1-\lambda/\mu)}{1-(\lambda/\mu)^{N+1}}$$

因此由前面的方程我们得到

$$P_n = \frac{(\lambda/\mu)^n(1-\lambda/\mu)}{1-(\lambda/\mu)^{N+1}}, \qquad n = 0, 1, \cdots, N$$

注意在这种情形下没必要强加条件 $\lambda/\mu < 1$. 由定义可知队列的大小有界，所以不可能无穷地增加.

如前，L 可以用 P_n 表示为

$$L = \sum_{n=0}^{N} n P_n = \frac{(1-\lambda/\mu)}{1-(\lambda/\mu)^{N+1}} \sum_{n=0}^{N} n \left(\frac{\lambda}{\mu}\right)^n$$

做一些代数运算可得

$$L=\frac{\lambda[1+N(\lambda/\mu)^{N+1}-(N+1)(\lambda/\mu)^{N}]}{(\mu-\lambda)[1-(\lambda/\mu)^{N+1}]}$$

在推导一个顾客在系统中停留的期望时间 W 时, 对于一个顾客的含义我们必须细心一点. 特别地, 是否包括那些看到系统满员而根本就没有进入的"顾客"呢? 或者, 是否只是想得到实际进入系统的顾客在系统中停留的平均时间呢? 当然这两个问题将导向不同的回答. 在第一种情形, 我们有 $\lambda_a=\lambda$; 而在第二种情形, 因为到达者实际进入系统的比例是 $1-P_N$, 由此推出 $\lambda_a=\lambda(1-P_N)$. 一旦清楚了我们对于一个顾客的含义, W 可以由下式得到,

$$W=\frac{L}{\lambda_a}$$

例 8.5　假设提供速率为 μ 的服务每小时的花费是 $c\mu$ 美元. 同时我们对每个接受服务的顾客收取 A 美元. 如果系统的容量为 N, 使得我们的总利润达到最大的服务率 μ 是多少?

解　为了求解, 我们假设速率为 μ. 让我们确定每小时收到的金额减去每小时用去的金额, 这就是我们每小时的利润, 我们可以选取 μ 使之达到最大.

现在潜在的顾客以速率 λ 到达. 然而, 他们当中有一定的比例并不进入系统, 即那些到达时发现系统中已经有 N 个顾客的人将不再进入系统. 由于 P_N 是系统满员的时间比例, 由此推出进入的顾客以每小时 $\lambda(1-P_N)$ 的速率到达. 由于每个顾客付费 A 美元, 由此推出金额以每小时 $\lambda(1-P_N)A$ 的速率到来, 并且因为金额以每小时 $c\mu$ 的速率用去, 这样就推出每小时的总利润为

$$\begin{aligned}\text{每小时的利润}&=\lambda(1-P_N)A-c\mu\\&=\lambda A\left[1-\frac{(\lambda/\mu)^N(1-\lambda/\mu)}{1-(\lambda/\mu)^{N+1}}\right]-c\mu=\frac{\lambda A[1-(\lambda/\mu)^N]}{1-(\lambda/\mu)^{N+1}}-c\mu\end{aligned}$$

例如, 若 $N=2,\lambda=1,A=10,c=1$, 则

$$\text{每小时的利润}=\frac{10\left[1-\left(\dfrac{1}{\mu}\right)^2\right]}{1-\left(\dfrac{1}{\mu}\right)^3}-\mu=\frac{10(\mu^3-\mu)}{\mu^3-1}-\mu$$

为了使利润最大, 微分得

$$\frac{\mathrm{d}}{\mathrm{d}\mu}(\text{每小时的利润})=10\frac{(2\mu^3-3\mu^2+1)}{(\mu^3-1)^2}-1$$

使我们的利润最大化的 μ 的值, 可以将它等于 0, 通过数值地求解得到. ■

我们说一个排队系统在系统中没有顾客的闲期与在系统中至少有一个顾客的忙期之间转换. 我们将推导在忙期流失的顾客数的期望值和方差以结束本节, 其中如果一个顾客到达时系统处于饱和状态, 我们就说这个顾客流失.

令 L_n 表示在有限容量 M/M/1 队列的忙期流失的顾客数, 在这个队列中, 当到达者发现有 n 个顾客在系统中时他就不再进入系统. 为了推导 $\mathrm{E}[L_n]$ 和 $\mathrm{Var}(L_n)$ 的表达式, 假设忙期刚刚开始并取条件于下一个事件是到达还是离开. 现在有

$$I = \begin{cases} 0, & \text{若在下一个顾客到达之前服务完成} \\ 1, & \text{若在服务完成之前下一个顾客到达} \end{cases}$$

注意若 $I=0$, 则在下一个顾客到达之前忙期已经结束, 所以在那个忙期没有顾客流失. 因此

$$\mathrm{E}[L_n|I=0] = \mathrm{Var}(L_n|I=0) = 0$$

现在假设在第一个服务时间结束之前下一个到达者出现, 所以 $I=1$. 那么若 $n=1$ 则下一个到达者将流失, 如同忙期在那时刚刚重新开始一样, 于是流失顾客的条件数与 $1+L_1$ 有相同的分布. 另一方面, 若 $n>1$, 则在下一个到达者出现时将有两个顾客在系统中, 其中一个顾客在接受服务, 而 "第二个顾客" 刚刚到达. 因为在忙期流失顾客数的分布与顾客接受服务的顺序无关, 所以假设 "第二个顾客" 被搁置一边, 直至只剩他一个顾客时他才能接受服务. 那么容易看出, 直至 "第二个顾客" 开始接受服务时流失的顾客数与当系统容量是 $n-1$ 时忙期流失的顾客数有相同的分布. 此外, 在 "第二个顾客" 接受服务后开始的忙期中又流失的顾客数与当系统容量是 n 时忙期流失的顾客数有相同的分布. 于是给定 $I=1$ 时, L_n 的分布等于两个独立随机变量和的分布, 其中一个随机变量与 L_{n-1} 同分布, 表示在系统中再次只有一个顾客之前流失的顾客数, 另一个随机变量与 L_n 同分布, 表示从再次只有一个顾客时起直到忙期结束时又流失的顾客数. 于是

$$\mathrm{E}[L_n|I=1] = \begin{cases} 1+\mathrm{E}[L_1], & \text{若 } n=1 \\ \mathrm{E}[L_{n-1}]+\mathrm{E}[L_n], & \text{若 } n>1 \end{cases}$$

$$\mathrm{Var}(L_n|I=1) = \begin{cases} \mathrm{Var}(L_1), & \text{若 } n=1 \\ \mathrm{Var}(L_{n-1})+\mathrm{Var}(L_n), & \text{若 } n>1 \end{cases}$$

令

$$m_n = \mathrm{E}[L_n], \quad v_n = \mathrm{Var}(L_n)$$

则用 $m_0=1, v_0=0$, 上面的方程可以重写为

$$\mathrm{E}[L_n|I] = I(m_{n-1}+m_n) \tag{8.9}$$

$$\mathrm{Var}(L_n|I) = I(v_{n-1}+v_n) \tag{8.10}$$

利用 $\mathrm{P}\{I=1\} = \mathrm{P}\{\text{服务完成之前下一个顾客到达}\} = \dfrac{\lambda}{\lambda+\mu} = 1-\mathrm{P}\{I=0\}$, 在方程 (8.9) 两边取期望可得

$$m_n = \frac{\lambda}{\lambda+\mu}[m_n+m_{n-1}] \quad \text{或} \quad m_n = \frac{\lambda}{\mu}m_{n-1}$$

从 $m_1 = \lambda/\mu$ 开始, 可以得到结果

$$m_n = (\lambda/\mu)^n$$

我们利用条件方差公式来求 v_n. 利用方程 (8.9) 和方程 (8.10) 可得

$$\begin{aligned}
v_n &= (v_n + v_{n-1})\mathrm{E}[I] + (m_n + m_{n-1})^2\mathrm{Var}(I) \\
&= \frac{\lambda}{\lambda+\mu}(v_n + v_{n-1}) + [(\lambda/\mu)^n + (\lambda/\mu)^{n-1}]^2 \frac{\lambda}{\lambda+\mu}\frac{\mu}{\lambda+\mu} \\
&= \frac{\lambda}{\lambda+\mu}(v_n + v_{n-1}) + (\lambda/\mu)^{2n-2}\left(\frac{\lambda}{\mu}+1\right)^2 \frac{\lambda\mu}{(\lambda+\mu)^2} \\
&= \frac{\lambda}{\lambda+\mu}(v_n + v_{n-1}) + (\lambda/\mu)^{2n-1}
\end{aligned}$$

于是有

$$\mu v_n = \lambda v_{n-1} + (\lambda+\mu)(\lambda/\mu)^{2n-1}$$

令 $\rho = \lambda/\mu$, 我们有

$$v_n = \rho v_{n-1} + \rho^{2n-1} + \rho^{2n}$$

从而有

$$\begin{aligned}
v_1 &= \rho + \rho^2 \\
v_2 &= \rho^2 + 2\rho^3 + \rho^4 \\
v_3 &= \rho^3 + 2\rho^4 + 2\rho^5 + \rho^6 \\
v_4 &= \rho^4 + 2\rho^5 + 2\rho^6 + 2\rho^7 + \rho^8
\end{aligned}$$

一般地, 我们有

$$v_n = \rho^n + 2\sum_{j=n+1}^{2n-1}\rho^j + \rho^{2n}$$

8.3.3 生灭排队模型

一个到达速率与离开速率依赖于系统中的顾客数目的指数排队模型, 是我们熟知的生灭排队模型. 在系统中有 n 个顾客时, 以 λ_n 记到达速率, 以 μ_n 记离开速率. 粗略地说, 当系统中有 n 个顾客时, 直至下一个顾客到达的时间是速率为 λ_n 的指数随机变量, 而且独立于下一个速率为 μ_n 的指数离开时间. 等价地, 更形式化叙述, 只要系统中有 n 个顾客, 直至发生下一次到达或下一次离开的时间就是速率为 $\lambda_n + \mu_n$ 的指数随机变量, 而且与它发生多久独立, 它是一次概率为 $\dfrac{\lambda_n}{\lambda_n+\mu_n}$ 的到达. 现在我们给出生灭队列的一些例子.

(a) **M/M/1 排队系统**

因为到达速率总是 λ, 而且当系统不空时离开速率是 μ, 所以 M/M/1 是具有

$$\begin{aligned}
\lambda_n &= \lambda, \quad n \geqslant 0 \\
\mu_n &= \mu, \quad n \geqslant 1
\end{aligned}$$

的生灭模型.

(b) **障碍 M/M/1 排队系统**

考虑 M/M/1 系统, 但是现在假定一个顾客在到达时发现此系统已有 n 人, 他将只以概率 α_n 加入这个系统 (也就是, 以概率 $1-\alpha_n$ 受阻于加入这个系统). 那么这个系统是具有

$$\begin{aligned} \lambda_n &= \lambda\alpha_n \qquad n \geqslant 0 \\ \mu_n &= \mu, \qquad n \geqslant 1 \end{aligned}$$

的生灭模型.

含有限容量 N 的 M/M/1 是它的特殊情形, 其中

$$\alpha_n = \begin{cases} 1, & \text{若 } n < N \\ 0, & \text{若 } n \geqslant N \end{cases}$$

(c) **M/M/k 排队系统**

考虑顾客按速率为 λ 的泊松过程到达的 k 条服务线的系统. 顾客到达时如果 k 条服务线中的任意一条空闲就立刻进入服务. 如果 k 条服务线都忙碌, 那么顾客加入队列. 当一条服务线完成了服务, 被服务的顾客就离开系统, 而如果队列中有顾客, 那么等待最长的顾客就进入服务, 所有服务时间都是速率为 μ 的指数随机变量. 因为顾客总是以速率 λ 到达, 所以

$$\lambda_n = \lambda, \quad n \geqslant 0$$

现在, 当系统中有 $n \leqslant k$ 个顾客时, 每个顾客都将接受服务, 所以直到首个顾客离开的时间是 n 个速率为 μ 的独立指数随机变量的最小值, 因而是速率为 $n\mu$ 的指数随机变量. 另一方面, 如果在系统中有 $n > k$ 个顾客, 那么这 n 人中只能有 k 个接受服务, 所以此时的离开速率是 $k\mu$. 因此 M/M/k 是以

$$\lambda_n = \lambda, \quad n \geqslant 0$$

为到达速率, 同时以

$$\mu_n = \begin{cases} n\mu, & \text{若 } n \leqslant k \\ k\mu, & \text{若 } n \geqslant k \end{cases}$$

为离开速率的生灭排队模型. ■

为了分析一般的生灭排队模型, 以 P_n 记在系统中有 n 人的时间的长程比例, 那么, 或者作为由

状态	过程离开的速率 = 过程进入的速率
$n=0$	$\lambda_0 P_0 = \mu_1 P_1$
$n \geqslant 1$	$(\lambda_n + \mu_n)P_n = \lambda_{n-1}P_{n-1} + \mu_{n+1}P_{n+1}$

给出的平衡方程组的结果, 或者直接利用到达的人看到系统中有 n 人的速率等于离开的人离开时看到系统有 n 人的速率这一结果, 我们得到

$$\lambda_n P_n = \mu_{n+1} P_{n+1}, \quad n \geqslant 0$$

或者等价地

$$P_{n+1} = \frac{\lambda_n}{\mu_{n+1}} P_n, \quad n \geqslant 0$$

于是

$$\begin{aligned} P_0 &= P_0, \\ P_1 &= \frac{\lambda_0}{\mu_1} P_0, \\ P_2 &= \frac{\lambda_1}{\mu_2} P_1 = \frac{\lambda_1 \lambda_0}{\mu_2 \mu_1} P_0, \\ P_3 &= \frac{\lambda_2}{\mu_3} P_2 = \frac{\lambda_2 \lambda_1 \lambda_0}{\mu_3 \mu_2 \mu_1} P_0 \end{aligned}$$

而一般地

$$P_n = \frac{\lambda_0 \lambda_1 \cdots \lambda_{n-1}}{\mu_1 \mu_2 \cdots \mu_n} P_0, \quad n \geqslant 1$$

利用 $\sum_{n=0}^{\infty} P_n = 1$, 得到

$$1 = P_0 \left[1 + \sum_{n=1}^{\infty} \frac{\lambda_0 \lambda_1 \cdots \lambda_{n-1}}{\mu_1 \mu_2 \cdots \mu_n} \right]$$

因此有

$$P_0 = \frac{1}{1 + \sum_{n=1}^{\infty} \frac{\lambda_0 \lambda_1 \cdots \lambda_{n-1}}{\mu_1 \mu_2 \cdots \mu_n}}$$

以及

$$P_n = \frac{\frac{\lambda_0 \lambda_1 \cdots \lambda_{n-1}}{\mu_1 \mu_2 \cdots \mu_n}}{1 + \sum_{n=1}^{\infty} \frac{\lambda_0 \lambda_1 \cdots \lambda_{n-1}}{\mu_1 \mu_2 \cdots \mu_n}}, \quad n \geqslant 1$$

长程概率存在的充分必要条件是上式中的分母有限. 也就是, 我们需要有

$$\sum_{n=1}^{\infty} \frac{\lambda_0 \lambda_1 \cdots \lambda_{n-1}}{\mu_1 \mu_2 \cdots \mu_n} < \infty$$

例 8.6　对于 M/M/k 系统, 有

$$\frac{\lambda_0 \lambda_1 \cdots \lambda_{n-1}}{\mu_1 \mu_2 \cdots \mu_n} = \begin{cases} \dfrac{(\lambda/\mu)^n}{n!}, & \text{若 } n \leqslant k \\ \dfrac{\lambda^n}{\mu^n k! k^{n-k}}, & \text{若 } n > k \end{cases}$$

因此, 利用 $\dfrac{\lambda^n}{\mu^n k! k^{n-k}} = \dfrac{(\lambda/k\mu)^n k^k}{k!}$, 我们有

$$P_0 = \frac{1}{1+\sum_{n=1}^{k}(\lambda/\mu)^n/n! + \sum_{n=k+1}^{\infty}(\lambda/k\mu)^n k^k/k!},$$

$$P_n = P_0 \frac{(\lambda/\mu)^n}{n!} \qquad 若\ n \leqslant k$$

$$P_n = P_0 \frac{(\lambda/k\mu)^n k^k}{k!} \qquad 若\ n > k$$

从上式推出, 极限概率存在的条件是 $\lambda < k\mu$. 因为 $k\mu$ 是所有的服务线都忙碌时的服务速率, 上式正是当系统中有许多顾客时, 为了存在极限概率, 服务速率必须大于到达速率这一直观条件. ■

例 8.7(带有焦躁顾客的 M/M/1 排队系统) 考虑按速率 λ 的泊松过程到达的单服务线排队系统, 其服务分布是速率 μ 的指数分布, 但是现在假设每个顾客在离开系统前, 只在队列中停留速率 α 的指数时间. 假定这种焦躁的时间独立于其他的一切, 但是进入服务的顾客总接受服务直至完成. 这种系统可以用生灭率为

$$\lambda_n = \lambda, \quad n \geqslant 0$$
$$\mu_n = \mu + (n-1)\alpha, \quad n \geqslant 1$$

的生灭过程来建模.

应用上面得到的极限概率我们就能解答系统的各种问题. 例如, 假设我们要确定到达者中接受服务的比例. 我们回忆量 π_s, 它可由已接受服务顾客的平均速率 λ_s 得到, 并注意

$$\pi_s = \frac{\lambda_s}{\lambda}$$

为了验证上述方程, 以 $N_a(t)$ 和 $N_s(t)$ 分别记直至时刻 t 的到达的人数和服务的人数. 那么

$$\pi_s = \lim_{t\to\infty}\frac{N_s(t)}{N_a(t)} = \lim_{t\to\infty}\frac{N_s(t)/t}{N_a(t)/t} = \frac{\lambda_s}{\lambda}$$

因为当系统空时服务后离开速率是 0, 而当系统非空时服务后离开速率是 μ, 由此推出 $\lambda_s = \mu(1-P_0)$, 由它可得

$$\pi_s = \frac{\mu(1-P_0)}{\lambda}$$ ■

对于生灭排队系统, 为了确定一个顾客在系统中所待的平均时间 W, 我们使用基本排队恒等式 $L = \lambda_a W$. 因为 L 是系统中的顾客平均数,

$$L = \sum_{n=0}^{\infty} nP_n$$

再者, 因为当系统中有 n 人时的到达速率是 λ_n, 而系统中有 n 人的时间比例是 P_n, 我们看到顾客的平均到达速率为

$$\lambda_a = \sum_{n=0}^{\infty} \lambda_n P_n$$

因此

$$W = \frac{\sum_{n=0}^{\infty} n P_n}{\sum_{n=0}^{\infty} \lambda_n P_n}$$

现在考虑 a_n 等于看到系统中有 n 人的到达者的比例. 因为只要在系统中有 n 人, 到达的速率是 λ_n, 由此推出, 到达者看到系统中有 n 人的速率是 $\lambda_n P_n$. 因此, 在长时间 T 内近似 $\lambda_a T$ 个到达者中, 看到系统中有 n 人的到达者近似地为 $\lambda_n P_n T$. 令 T 趋向无穷给出, 看到系统中有 n 人的到达者的长程比例是

$$a_n = \frac{\lambda_n P_n}{\lambda_a}$$

现在我们考察忙期的平均长度, 此处我们说系统在系统中没有顾客的闲期与系统中至少有一个顾客的忙期之间转换. 现在, 一个闲期开始于系统为空的时候, 并且结束于下一个顾客到达的时候. 因为系统为空时的到达速率是 λ_0, 于是我们推出, 独立于以前发生的一切, 闲期的长度是速率 λ_0 的指数随机变量. 因为一个忙期开始于系统中有一个顾客的时候, 并且结束于系统为空的时候. 容易看出相继的忙期长度是独立同分布的. 对于 $j \geqslant 1$, 以 I_j 和 B_j 分别记第 j 个闲期和第 j 个忙期的长度. 现在, 在前面的 $\sum_{j=1}^{n}(I_j + B_j)$ 个时间单位中系统为空的时间是 $\sum_{j=1}^{n} I_j$. 因此系统空的时间的长程比例 P_0 可以表示为

$$\begin{aligned}
P_0 &= \text{系统为空的时间的长程比例} \\
&= \lim_{n\to\infty} \frac{I_1 + \cdots + I_n}{I_1 + \cdots + I_n + B_1 + \cdots + B_n} \\
&= \lim_{n\to\infty} \frac{(I_1 + \cdots + I_n)/n}{(I_1 + \cdots + I_n)/n + (B_1 + \cdots + B_n)/n} \\
&= \frac{\mathrm{E}[I]}{\mathrm{E}[I] + \mathrm{E}[B]} \qquad (8.11)
\end{aligned}$$

其中 I 和 B 分别表示闲期和忙期的长度, 其中最后一个等号来自强大数定律. 因此, 利用 $\mathrm{E}[I] = 1/\lambda_0$, 就得到

$$P_0 = \frac{1}{1 + \lambda_0 \mathrm{E}[B]}$$

因此

$$\mathrm{E}[B] = \frac{1 - P_0}{\lambda_0 P_0} \qquad (8.12)$$

例如, 在 M/M/1 队列中, 这导致 $\mathrm{E}[B] = \dfrac{\lambda/\mu}{\lambda(1 - \lambda/\mu)} = \dfrac{1}{\mu - \lambda}$.

另一个重要的量是在忙期中有 n 个顾客的总时间 T_n. 为了确定它的均值, 我们注意 $\mathrm{E}[T_n]$ 是相继的忙期间系统内有 n 个顾客的平均时间, 因为相继的忙期间的平均时间是 $\mathrm{E}[B]+\mathrm{E}[I]$, 这就导致

$$\begin{aligned} P_n &= \text{在系统有 } n \text{ 个顾客的长程时间比例} \\ &= \frac{\mathrm{E}[T_n]}{\mathrm{E}[I]+\mathrm{E}[B]} \\ &= \frac{\mathrm{E}[T_n]P_0}{\mathrm{E}[T]} \quad \text{来自方程 (8.11)} \end{aligned}$$

因此

$$\mathrm{E}[T_n] = \frac{P_n}{\lambda_0 P_0} = \frac{\lambda_1 \cdots \lambda_{n-1}}{\mu_1 \mu_2 \cdots \mu_n}$$

作为验证, 我们注意

$$B = \sum_{n=1}^{\infty} T_n$$

于是

$$\mathrm{E}[B] = \sum_{n=1}^{\infty} E[T_n] = \frac{1}{\lambda_0 P_0} \sum_{n=1}^{\infty} P_n = \frac{1-P_0}{\lambda_0 P_0}$$

这与 (8.12) 式是一致的.

对于 M/M/1 系统, 上式给出了 $\mathrm{E}[T_n] = \lambda^{n-1}/\mu^n$.

尽管在生灭排队模型中系统的状态正是系统中的顾客数目, 但还有其他的指数模型, 其中更为精细的状态空间是必要的. 我们考察一些例子以说明这一点.

8.3.4 擦鞋店

考虑一个设有两张工作椅的擦鞋店. 假设到达的顾客首先走向椅子 1 , 当他在椅子 1 的服务完成时. 他或者走到椅子 2, 当这个椅子是空着的时候, 或者坐在椅子 1 上面等待直到椅子 2 变成空的. 假设潜在的顾客只在椅子 1 是空着的时候才进店. (于是, 例如, 即使有顾客在椅子 2 上, 一个潜在的顾客还可能进店.)

如果我们假设潜在的顾客按速率为 λ 的泊松过程到达, 假定两个椅子的服务是独立的, 且分别具有指数速率 μ_1 与 μ_2, 那么

(a) 潜在的顾客进店的比例是多少?

(b) 在店中的顾客的平均数是多少?

(c) 进入的顾客在系统中停留的平均时间是多少?

(d) 进店顾客中阻碍者的比例 π_b 是多少? 如果一个进店顾客在完成椅子 1 的服务后还在等待椅子 2 上的顾客完成服务. 则他就是一个阻碍者.

我们必须首先决定一个合适的状态空间. 显然这个系统的状态空间必须比只提供系统中的顾客数包含更多的信息. 例如, 详细到系统中只有一个顾客是不够的, 我们还要知道他在哪张椅子上. 进一步, 如果我们只知道系统中有两个顾客也是不够的, 我们不知道, 在椅子 1 上的顾客是仍旧在接受服务, 还是正在等待椅子 2 中的人结束服务. 为了考虑到这些, 我们用由 5 个状态 $(0,0),(1,0),(0,1),(1,1)$ 和 $(b,1)$ 组成的状态空间. 这些状态有如下解释:

状态	解释
(0,0)	在系统中没有顾客
(1,0)	在系统中有一个顾客, 且他在椅子 1 上
(0,1)	在系统中有一个顾客, 且他在椅子 2 上
(1,1)	在系统中有两个顾客, 都在接受服务
(b,1)	在系统中有两个顾客, 椅子 1 上的顾客已经完成了其接受的服务且在等待椅子 2 空出来

注意当系统在状态 $(b,1)$ 时, 在椅子 1 上的人虽然不再接受服务, 但却仍然“阻碍”了潜在的顾客进入系统.

在写出平衡方程之前, 画一个转移图通常是值得的. 首先对每个状态画一个圆圈, 而后画一个箭头并标以过程从一个状态到另一个状态的速率. 这个模型的转移图如图 8.1 所示. 这个图的解释如下: 从状态 $(0,0)$ 到状态 $(1,0)$ 的箭头标以 λ 表示, 当过程处在状态 $(0,0)$ 时, 即系统空着时, 它通过一个到达者以速率 λ 到状态 $(1,0)$. 从 $(0,1)$ 到 $(1,1)$ 的箭头解释类似.

当过程处于状态 $(1,0)$ 时, 若椅子 1 上的顾客结束了服务, 他将以速度 μ_1 到状态 $(0,1)$; 因此从 $(1,0)$ 到 $(0,1)$ 的箭头标以 μ_1. 从 $(1,1)$ 到 $(b,1)$ 的箭头解释类似.

当在状态 $(b,1)$ 时, 在椅子 2 上的顾客完成了服务 (这以速率 μ_2 发生) 时, 过程将到状态 $(0,1)$, 因此从 $(b,1)$ 到 $(0,1)$ 的箭头标以 μ_2. 同样, 当在状态 $(1,1)$ 时, 过

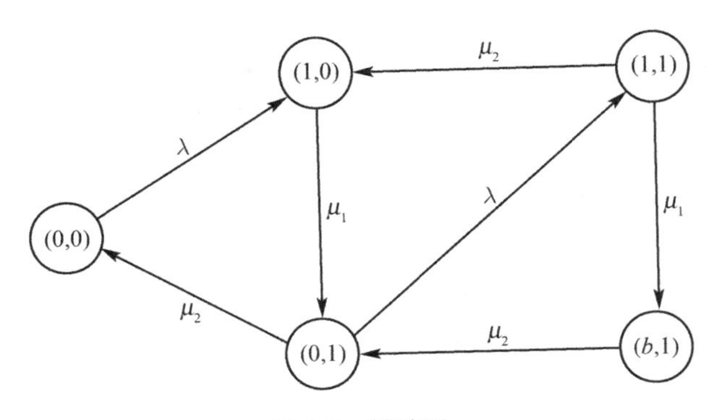

图 8.1　转移图

程将到状态 $(1,0)$, 当椅子 2 上的顾客结束了服务, 因此, 从 $(1,1)$ 到 $(1,0)$ 的箭头标以 μ_2. 最后, 如果过程在状态 $(0,1)$, 那么, 当椅子 2 上的顾客完成了他的服务时, 它将回到状态 $(0,0)$, 故而从 $(0,1)$ 到 $(0,0)$ 的箭头标以 μ_2.

因为不存在其他可能的转移, 所以这样就完成了转移图.

为了写出平衡方程, 我们将进入状态的箭头 (乘以他们的源状态的概率) 的和, 与从这个状态出去的箭头 (乘以所到的状态的概率) 的和置成相等. 这就给出

状态	过程离开的速率 = 进入的速率
(0, 0)	$\lambda P_{00} = \mu_2 P_{01}$
(1, 0)	$\mu_1 P_{10} = \lambda P_{00} + \mu_2 P_{11}$
(0, 1)	$(\lambda + \mu_2) P_{01} = \mu_1 P_{10} + \mu_2 P_{b1}$
(1, 1)	$(\mu_1 + \mu_2) P_{11} = \lambda P_{01}$
$(b, 1)$	$\mu_2 P_{b1} = \mu_1 P_{11}$

这些与方程

$$P_{00} + P_{10} + P_{01} + P_{11} + P_{b1} = 1$$

一起, 可以求解确定极限概率. 尽管求解上面的方程组比较容易, 但最终的解答非常繁琐, 因此我们并不给出显式表达式. 然而用这些极限概率很容易回答我们的问题. 首先, 由于在状态 $(0,0)$ 或 $(0,1)$ 时, 一个潜在顾客将进入系统, 由此进入系统的顾客的比例是 $P_{00} + P_{01}$. 其次, 在状态 $(0,1)$ 或 $(1,0)$ 时, 系统中有一个顾客, 当状态 $(1,1)$ 或 $(b,1)$ 时, 系统中有两个顾客, 由此在系统中的平均顾客数 L 由

$$L = P_{01} + P_{10} + 2(P_{11} + P_{b1})$$

给出. 为了推导进入的顾客在系统中停留的平均时间, 我们利用关系 $W = L/\lambda_a$. 由于一个潜在的顾客在状态 $(0,0)$ 或 $(0,1)$ 时进入系统, 所以 $\lambda_a = \lambda(P_{00} + P_{01})$, 因此

$$W = \frac{P_{01} + P_{10} + 2(P_{11} + P_{b1})}{\lambda(P_{00} + P_{01})}$$

确定进店顾客中阻碍者的比例的一种方法是, 取条件于顾客看到的状态. 因为由一个进入的顾客看到的状态, 不是 (0, 0) 就是 (0, 1), 而进入的顾客看到的状态为 (0, 0) 的概率是 $\mathrm{P}((0,1)|(0,0)$ 或 $(0,1)) = \dfrac{P_{01}}{P_{00} + P_{01}}$. 在状态 (0, 1) 时进入的顾客, 若在椅子 2 还未结束服务前完成了椅子 1 的服务, 则他是一个阻碍者, 我们可知有

$$\pi_b = \frac{P_{01}}{P_{00} + P_{01}} \frac{\mu_1}{\mu_1 + \mu_2}$$

得到进入的顾客是阻碍者的比例的另一种方法是, 以 λ_b 记顾客变成阻碍者的速率, 而后利用进入的顾客是阻碍者的比例是 λ_b/λ_a. 因为阻碍者来源于当状态是 (1, 1)

且在椅子 1 上有一个服务, 由此推出 $\lambda_b = \mu_1 P_{11}$, 所以

$$\pi_b = \frac{\mu_1 P_{11}}{\lambda(P_{00} + P_{01})}$$

而两个解的一致性来自状态 (1, 1) 的平衡方程. ■

8.3.5 具有批量服务的排队系统

在这个模型中, 我们考虑一个单服务线指数排队系统, 服务线可以同时服务两个顾客. 只要服务线完成一个服务, 然后它对后面的两个顾客同时服务. 然而, 如果只有一个顾客在队列中, 那么它就给这一个顾客服务. 我们假定, 不管它服务一个顾客还是两个顾客它的服务时间都是速率为 μ 的指数随机变量. 如通常那样, 假设顾客按指数速率 λ 到达. 这种系统的一个例子可以是在任何时候至多能载两个乘客的一个电梯, 或者一辆缆车.

看起来这个系统的状态不仅必须告诉我们有多少人在系统中, 而且也必须告诉我们是一个人还是两个人在接受服务. 然而, 我们可以更简单地解决这个问题, 不考虑系统中的顾客数, 而考虑队列中的顾客数. 所以让我们将状态定义为在队列中等待的顾客数, 而在没有人在队列中时用两个状态. 就是说, 我们有状态空间 $0', 0, 1, 2, \cdots$, 其解释为

状态	解释
$0'$	没有人在接受服务
0	系统忙, 但是没有人在等待
$n, n > 0$	有 n 个顾客在等待

转移图如图 8.2 所示, 且平衡方程组是

状态	过程离开的速率 = 进入的速率
$0'$	$\lambda P_{0'} = \mu P_0$
0	$(\lambda + \mu) P_0 = \lambda P_{0'} + \mu P_1 + \mu P_2$
$n, n \geqslant 1$	$(\lambda + \mu) P_n = \lambda P_{n-1} + \mu P_{n+2}$

现在这组方程

$$(\lambda + \mu) P_n = \lambda P_{n-1} + \mu P_{n+2}, \qquad n = 1, 2, \cdots \tag{8.13}$$

有形如 $P_n = \alpha^n P_0$ 的解. 为了说明这一点, 将前述代入方程 (8.13) 得到

$$(\lambda + \mu) \alpha^n P_0 = \lambda \alpha^{n-1} P_0 + \mu \alpha^{n+2} P_0 \quad 也就是 \quad (\lambda + \mu) \alpha = \lambda + \mu \alpha^3$$

求解 α, 得到 3 个根

$$\alpha = 1. \qquad \alpha = \frac{-1 - \sqrt{1 + 4\lambda/\mu}}{2}, \qquad \alpha = \frac{-1 + \sqrt{1 + 4\lambda/\mu}}{2}$$

因为前两个显然不可能, 所以

$$\alpha=\frac{\sqrt{1+4\lambda/\mu}-1}{2}$$

因此

$$P_n=\alpha^n P_0,$$
$$P_{0'}=\frac{\mu}{\lambda}P_0$$

其中下面的方程得自第一个平衡方程. (我们可以无视第二平衡方程, 因为这些方程中总有一个是多余的.) 为了得到 P_0, 我们推导如下:

$$P_0+P_{0'}+\sum_{n=1}^{\infty}P_n=1$$
$$P_0\left[1+\frac{\mu}{\lambda}+\sum_{n=1}^{\infty}\alpha^n\right]=1$$
$$P_0\left[\frac{1}{1-\alpha}+\frac{\mu}{\lambda}\right]=1$$
$$P_0=\frac{\lambda(1-\alpha)}{\lambda+\mu(1-\alpha)}$$

因此

$$\begin{aligned}P_n&=\frac{\alpha^n\lambda(1-\alpha)}{\lambda+\mu(1-\alpha)},\quad n\geqslant 0\\P_{0'}&=\frac{\mu(1-\alpha)}{\lambda+\mu(1-\alpha)}\end{aligned}\tag{8.14}$$

其中

$$\alpha=\frac{\sqrt{1+4\lambda/\mu}-1}{2}$$

注意为了上面生效, 我们需要 $\alpha<1$, 或者等价地 $\lambda/\mu<2$, 这是很直观的, 因为最大服务率是 2μ, 它必须大于到达率以避免系统过载.

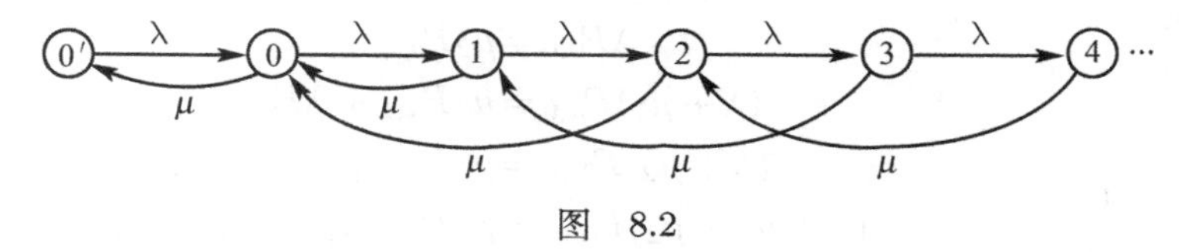

图 8.2

现在可以确定所有相关的量. 例如, 确定单独接受服务的顾客的比例, 首先注意顾客单独接受服务的速率是 $\lambda P_{0'}+\mu P_1$, 因为当系统是空闲的时候, 在下一个到达前, 一个顾客将单独接受服务, 而当队列中只有一个顾客时, 在离开时他将单独地接受服务. 因为这时顾客接受服务的速率是 λ, 由此可得

$$\text{单独接受服务的顾客的比例} = \frac{\lambda P_{0'} + \mu P_1}{\lambda} = P_{0'} + \frac{\mu}{\lambda} P_1$$

同样

$$\begin{aligned} L_Q &= \sum_{n=1}^{\infty} n P_n = \frac{\lambda(1-\alpha)}{\lambda + \mu(1-\alpha)} \sum_{n=1}^{\infty} n\alpha^n \qquad \text{由方程 (8.14)} \\ &= \frac{\lambda\alpha}{(1-\alpha)[\lambda + \mu(1-\alpha)]} \qquad \text{由代数恒等式} \sum_{n=1}^{\infty} n\alpha^n = \frac{\alpha}{(1-\alpha)^2} \end{aligned}$$

而且

$$W_Q = \frac{L_Q}{\lambda}, \qquad W = W_Q + \frac{1}{\mu}, \qquad L = \lambda W$$

8.4 排队网络

8.4.1 开放系统

考虑一个拥有两条服务线的系统, 顾客按速率为 λ 的泊松过程到达服务线 1. 在接受完服务线 1 的服务后, 他们加入服务线 2 前面的队列. 我们假设两个服务线都有无穷的等待空间. 每个服务线一次服务一个顾客且服务线 i 服务一个顾客需花费速率为 $\mu_i(i = 1, 2)$ 的指数时间. 这样的系统称为*串联系统*或*序贯系统* (见图 8.3)

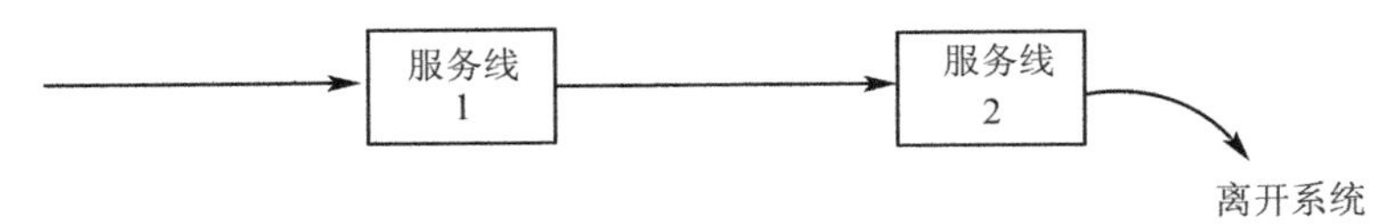

图 8.3 受制的排队系统

为了分析这个系统我们需要追踪在服务线 1 和服务线 2 中的顾客数. 所以我们将状态定义为整数对 (n, m)—— 意思是有 n 个顾客在服务线 1, 有 m 个顾客在服务线 2. 平衡方程组是

状态	过程离开的速率 = 进入的速率
$0, 0$	$\lambda P_{0,0} = \mu_2 P_{0,1}$
$n, 0; n > 0$	$(\lambda + \mu_1) P_{n,0} = \mu_2 P_{n,1} + \lambda P_{n-1,0}$
$0, m; m > 0$	$(\lambda + \mu_2) P_{0,m} = \mu_2 P_{0,m+1} + \mu_1 P_{1,m-1}$
$n, m; nm > 0$	$(\lambda + \mu_1 + \mu_2) P_{n,m} = \mu_2 P_{n,m+1} + \mu_1 P_{n+1,m-1} + \lambda P_{n-1,m}$ (8.15)

相比于直接求解这些方程 $\left(\text{联合} \sum_{n,m} P_{n,m} = 1\right)$, 我们更愿意先猜测一个解, 然后再验证它确实满足上述方程. 我们首先注意到在服务线 1 的情况正如一个 M/M/1 模型. 类似地, 在 6.6 节中已经证明 M/M/1 排队过程的离开过程是一个速率为 λ 的

泊松过程,因此服务线 2 前也是一个 M/M/1 队列. 所以在服务线 1 有 n 个顾客的概率是

$$\mathrm{P}\{n\text{ 个顾客在服务线 }1\}=\left(\frac{\lambda}{\mu_1}\right)^n\left(1-\frac{\lambda}{\mu_1}\right)$$

类似地,

$$\mathrm{P}\{m\text{ 个顾客在服务线 }2\}=\left(\frac{\lambda}{\mu_2}\right)^m\left(1-\frac{\lambda}{\mu_2}\right)$$

现在如果服务线 1 和服务线 2 的顾客数是独立的随机变量, 那么就有

$$P_{n,m}=\left(\frac{\lambda}{\mu_1}\right)^n\left(1-\frac{\lambda}{\mu_1}\right)\left(\frac{\lambda}{\mu_2}\right)^m\left(1-\frac{\lambda}{\mu_2}\right)\tag{8.16}$$

为了验证 $P_{n,m}$ 确实等于上式 (而因此服务线 1 的顾客数与服务线 2 的顾客数无关), 我们需要做的就是验证上式满足方程组 (8.15)—— 这就足够了, 因为我们知道 $P_{n,m}$ 是方程组 (8.15) 的唯一解. 现在, 如果考虑 (8.15) 的第一个方程, 我们需要证明

$$\lambda\left(1-\frac{\lambda}{\mu_1}\right)\left(1-\frac{\lambda}{\mu_2}\right)=\mu_2\left(1-\frac{\lambda}{\mu_1}\right)\left(\frac{\lambda}{\mu_2}\right)\left(1-\frac{\lambda}{\mu_2}\right)$$

这是容易验证的. 我们将它留作一个习题, 证明由 (8.16) 给出的 $P_{n,m}$ 满足 (8.15) 中所有的方程, 因此 $P_{n,m}$ 是极限概率.

从上面我们看到, 系统中顾客的平均数 L 由下式给出:

$$\begin{aligned}L&=\sum_{n,m}(n+m)P_{n,m}\\&=\sum_n n\left(\frac{\lambda}{\mu_1}\right)^n\left(1-\frac{\lambda}{\mu_1}\right)+\sum_m m\left(\frac{\lambda}{\mu_2}\right)^m\left(1-\frac{\lambda}{\mu_2}\right)\\&=\frac{\lambda}{\mu_1-\lambda}+\frac{\lambda}{\mu_2-\lambda}\end{aligned}$$

由此我们看到一个顾客在系统中平均停留的时间是

$$W=\frac{L}{\lambda}=\frac{1}{\mu_1-\lambda}+\frac{1}{\mu_2-\lambda}$$

注 (i) 这个结果 (方程组 (8.15)) 本可以由 M/M/1(参见 6.6 节) 时间可逆性的一个直接推论得到. 因为时间可逆性不仅蕴涵着服务线 1 的输出过程是泊松过程, 而且也蕴涵着 (第 6 章的习题 26) 服务线 1 中的顾客数独立于过去从服务线 1 离开的顾客数. 因为这些过去从服务线 1 离开的顾客组成了服务线 2 的到达过程, 所以随之可得两个系统中顾客数的独立性.

(ii) 由于一个泊松到达者看到时间平均, 所以在一个一前一后的排队系统中, 一个到达者 (在服务线 1) 在两条服务线中看到的顾客数是相互独立的随机变量. 然而, 应该注意到, 这并不能推出某一位顾客在两条服务线的等待时间是独立的. 作为

反例, 假设 λ 相对于 $\mu_1=\mu_2$ 非常小, 因此几乎所有的顾客在两条服务线的队列中都无需等待. 然而, 假设在服务线 1 的队列中顾客的等待时间为正, 它在服务线 2 队列的等待是正的概率至少为 1/2(为什么). 因此, 在队列中的等待时间不是独立的. 然而, 值得注意的是, 一个到达者在两个服务线停留的总时间 (就是说, 服务时间加上在队列中的等待时间) 确实是独立的随机变量.

上面的结果可以作实质性的推广. 为此考虑拥有 k 条服务线的系统. 顾客按速率为 r_i 的独立泊松过程从系统外面到达服务线 $i, i=1,\cdots,k$, 然后他们进入服务线 i 前面的队列直至轮到他们接受服务. 一旦一个顾客结束了服务线 i 的服务, 他就以概率 P_{ij} 进入服务线 j 前面的队列, $j=1,\cdots,k$. 因此, $\sum_{j=1}^{k} P_{ij} \leqslant 1$, 而且 $1-\sum_{j=1}^{k} P_{ij}$ 表示一个顾客在结束服务线 i 的服务后离开系统的概率.

如果我们以 λ_j 记顾客到服务线 j 的总到达率, 那么 λ_j 可以作为

$$\lambda_j = r_j + \sum_{i=1}^{k} \lambda_i P_{ij}, \qquad i=1,\cdots,k \tag{8.17}$$

的解得到. 方程 (8.17) 成立是由于 r_j 是由系统外面到 j 的顾客的到达率, 而 λ_i 是顾客离开服务线 i 的速率 (进去的速率一定等于出来的速率), $\lambda_i P_{ij}$ 是从服务线 i 到达服务线 j 的速率.

这表明在每个服务线的顾客数确定是独立的, 而且具有形式

$$\mathrm{P}\{n \text{ 个顾客在服务线 } j\} = \left(\frac{\lambda_j}{\mu_j}\right)^n \left(1-\frac{\lambda_j}{\mu_j}\right), \quad n \geqslant 1$$

其中 μ_j 是在服务线 j 的指数服务速率, λ_j 是方程 (8.17) 的解. 当然, 必须对一切 j 都有 $\lambda_j/\mu_j < 1$. 为了证明这一点, 首先注意它等价于断定极限概率为 $\mathrm{P}(n_1,n_2,\cdots,n_k)=\mathrm{P}\{n_j \text{ 人在服务线 } j, j=1,\cdots,k\}$,其中,

$$\mathrm{P}(n_1,n_2,\cdots,n_k) = \prod_{j=1}^{k} \left(\frac{\lambda_j}{\mu_j}\right)^{n_j} \left(1-\frac{\lambda_j}{\mu_j}\right) \tag{8.18}$$

它可以通过证明它满足模型的平衡方程组来验证.

在这个系统中的平均顾客数是

$$L = \sum_{j=1}^{n} \text{在服务线 } j \text{ 的平均数} = \sum_{j=1}^{k} \frac{\lambda_j}{\mu_j-\lambda_j}$$

一个顾客在系统中停留的平均时间可以由 $L=\lambda W$(其中 $\lambda=\sum_{j=1}^{k} r_j$) 得到. (为什么不是 $\lambda=\sum_{j=1}^{k}\lambda_j$?) 这就得到

$$W = \frac{\sum_{j=1}^{k} \lambda_j/(\mu_j-\lambda_j)}{\sum_{j=1}^{k} r_j}$$

注 方程 (8.18) 具体表达的结果相当不平凡, 它表明在服务线 i 顾客数量的分布与具有速率 λ_i 和 μ_i 的 M/M/1 系统是一样的. 不平凡之处在于, 在网络模型中结点 i 处的到达过程**不一定是**泊松过程. 因为, 如果一个顾客有可能访问一个服务线不只一次 (这种情形称为**反馈**), 到达过程将不再是泊松过程. 解释它的一个简单例子是, 假设有一个相对于从外界到达率而言有非常大的服务率的一条单服务线, 再假设一个顾客在服务完成后以概率 $p = 0.9$ 返回系统. 因此, 在一个到达的时刻之后很短的时间内就会有另一个到达者 (即反馈者) 到达的概率很大, 尽管在任意一个时间点只有非常微小的机会有一个到达者即刻出现 (因为 λ 非常小). 这时, 到达过程不是独立增量过程, 从而不可能是泊松过程.

于是, 我们看到, 当容许有反馈时, 在给定站点的顾客数的稳态概率与 M/M/1 模型相同, 即使这个模型不是 M/M/1. (假设站点中两个不同的时间点的顾客数的联合分布与 M/M/1 系统是不同的.)

例 8.8 考虑一个拥有两条服务线的系统, 顾客从系统外部以速率为 4 的泊松过程到达服务线 1, 而以速率为 5 的泊松过程到达服务线 2. 服务线 1 和服务线 2 的服务速率分别是 8 和 10. 在完成服务线 1 服务的一个顾客等可能地到服务线 2 或离开系统 (就是说 $P_{11} = 0, P_{12} = 1/2$); 然而从服务线 2 的离开者, 25% 的人去服务线 1, 其他人将离开系统 (就是说, $P_{21} = 1/4, P_{22} = 0$). 试确定极限概率 L 和 W.

解 到服务线 1 和服务线 2 的总到达率 (记成 λ_1 和 λ_2) 可以由方程 (8.17) 得到. 即我们有

$$\lambda_1 = 4 + \frac{1}{4}\lambda_2, \qquad \lambda_2 = 5 + \frac{1}{2}\lambda_1$$

它蕴涵

$$\lambda_1 = 6, \qquad \lambda_2 = 8$$

因此

$$\begin{aligned}&\mathrm{P}\{n \text{ 个顾客在服务线 } 1, m \text{ 个顾客在服务线 } 2\}\\ &= \left(\frac{3}{4}\right)^n \frac{1}{4} \left(\frac{4}{5}\right)^m \frac{1}{5}\\ &= \frac{1}{20}\left(\frac{3}{4}\right)^n \left(\frac{4}{5}\right)^m\end{aligned}$$

且

$$L = \frac{6}{8-6} + \frac{8}{10-8} = 7, \qquad W = \frac{L}{9} = \frac{7}{9}$$

■

8.4.2 封闭系统

在 8.4.1 节中描述的系统, 称为*开放系统*, 因为顾客可以进入和离开系统. 一个新的顾客决不进入, 且现有的顾客绝不离开的系统, 称为*封闭系统*.

假设有 m 个顾客在 k 条服务线之间移动, 其中在服务线 i 的服务时间是速率为 μ_i 的指数随机变量, $i = 1, \cdots, k$. 当一个顾客完成了在服务线 i 的服务后, 以概

率 P_{ij} 加入服务线 j 前面的队列, $j=1,\cdots,k$, 其中假设对于一切 $i=1,\cdots,k$ 有 $\sum_{j=1}^{k} P_{ij}=1$. 就是说, $\boldsymbol{P}=(P_{ij})$ 是一个马尔可夫转移矩阵, 我们将假定它是不可约的. 以 $\boldsymbol{\pi}=(\pi_1,\cdots,\pi_k)$ 记这个马尔可夫链的平稳概率, 即 $\boldsymbol{\pi}$ 是

$$\pi_j=\sum_{i=1}^{k}\pi_i P_{ij},\qquad \sum_{j=1}^{k}\pi_j=1 \tag{8.19}$$

的唯一正解.

如果我们记在服务线 j 的平均到达率 (或等价地, 平均服务完成率) 为 $\lambda_m(j), j=1,\cdots,k$, 那么, 类似于方程 (8.17), $\lambda_m(j)$ 满足

$$\lambda_m(j)=\sum_{i=1}^{k}\lambda_m(i)P_{ij}$$

因此, 由方程 (8.19) 我们可以得到结论

$$\lambda_m(j)=\lambda_m\pi_j,\qquad j=1,2,\cdots,k \tag{8.20}$$

其中

$$\lambda_m=\sum_{j=1}^{k}\lambda_m(j) \tag{8.21}$$

从方程 (8.21) 我们看到, λ_m 是整个系统的平均服务完成速率, 即指数系统的吞吐速率①.

如果我们以 $P_m(n_1,n_2,\cdots,n_k)$ 记极限概率

$$P_m(n_1,n_2,\cdots,n_k)=\mathrm{P}\{n_j \text{ 个顾客在服务线 } j, j=1,\cdots,k\}$$

那么, 通过验证它们满足平衡方程, 可以证明

$$P_m(n_1,n_2,\cdots,n_k)=\begin{cases} K_m\prod_{j=1}^{k}\left(\dfrac{\lambda_m(j)}{\mu_j}\right)^{n_j}, & \text{若 } \sum_{j=1}^{k}n_j=m\\ 0, & \text{其他}\end{cases}$$

但是, 由方程 (8.20) 我们得到

$$P_m(n_1,n_2,\cdots,n_k)=\begin{cases} C_m\prod_{j=1}^{k}\left(\dfrac{\pi_j}{\mu_j}\right)^{n_j}, & \text{若 } \sum_{j=1}^{k}n_j=m\\ 0, & \text{其他}\end{cases} \tag{8.22}$$

其中

① 我们正是用记号 $\lambda_m(j)$ 和 λ_m 来表明在封闭系统中对顾客数的依赖性. 它将用于我们下面的递推关系中.

$$C_m = \left[\sum_{\substack{n_1,\cdots,n_k: \\ \Sigma n_j = m}} \prod_{j=1}^{k} (\pi_j/\mu_j)^{n_j} \right]^{-1} \tag{8.23}$$

方程 (8.22) 并不像我们通常假设的那么有用, 因为为了使用它, 我们必须知道由方程 (8.23) 给出的归一化常数 C_m, 它要求对于乘积 $\prod_{j=1}^{n}(\pi_j/\mu_j)^{n_j}$ 在一切可行的向量 $(n_1, n_2, \cdots, n_k)\left(\sum_{j=1}^{k} n_j = m\right)$ 上求和. 因此, 由于一共有 $\binom{m+k-1}{m}$ 个向量, 这只在 m 和 k 取相对小的值时在计算上才可行.

我们现在介绍一个方法, 它可以使我们能够递推地确定模型中许多重要的量, 而不必先计算归一化常数. 首先考虑顾客刚离开服务线 i 并正朝服务线 j 走去, 我们确定这个顾客看到的系统的概率. 特别地, 我们确定在这个时候该顾客看到 n_l 个顾客在服务线 l 的概率, 其中 $l = 1, \cdots, k, \sum_{l=i}^{k} n_l = m - 1$. 这完成如下:

$$\begin{aligned}
&\mathrm{P}\{\text{顾客看到 } n_l \text{ 个人在服务线 } l, l = 1, \cdots, k | \text{ 顾客从服务线 } i \text{ 到服务线 } j\} \\
&= \frac{\mathrm{P}\{\text{状态为 } (n_1, \cdots, n_i + 1, \cdots, n_j, \cdots, n_k), \text{ 顾客从 } i \text{ 到 } j\}}{\mathrm{P}\{\text{顾客从 } i \text{ 到 } j\}} \\
&= \frac{\mathrm{P}_m(n_1, \cdots, n_i + 1, \cdots, n_j, \cdots, n_k)\mu_i \mathrm{P}_{ij}}{\sum_{n:\sum_{n_j} = m-1} \mathrm{P}_m(n_1, \cdots, n_i + 1, \cdots n_k)\mu_i \mathrm{P}_{ij}} \\
&= \frac{\left(\dfrac{\pi_i}{\mu_i}\right) \prod_{j=1}^{k} \left(\dfrac{\pi_j}{\mu_j}\right)^{n_j}}{K} \qquad \text{由方程 (8.22)} \\
&= C \prod_{j=1}^{k} (\pi_j/\mu_j)^{n_j}
\end{aligned}$$

其中 C 不依赖于 $n_1, n_2, \cdots, n_k$. 但是因为上式是在向量 $(n_1, n_2, \cdots, n_k)\left(\sum_{j=1}^{k} n_j = m-1\right)$ 上的一个概率密度, 因此从方程 (8.22) 推出, 它一定等于 $P_{m-1}(n_1, n_2, \cdots, n_k)$. 因此

$$\begin{aligned}
&\mathrm{P}\{\text{顾客看到 } n_l \text{ 个人在服务线 } l, l=1, \cdots, k | \text{ 顾客从服务线 } i \text{ 到服务线 } j\} \\
&= P_{m-1}(n_1, \cdots, n_k), \qquad \sum_{i=1}^{k} n_i = m - 1
\end{aligned} \tag{8.24}$$

因为 (8.24) 对于一切 i 都正确, 从而我们已经证明了如下以到达定理知名的命题.

命题 8.3(到达定理) *在有 m 个顾客的封闭系统中, 到达服务线 j 的到达者所看到的系统的分布与只有 $m-1$ 个顾客的同样的网络系统的平稳分布相同.*

用 $L_m(j)$ 与 $W_m(j)$ 分别记在网络中有 m 个顾客时在服务线 j 的平均顾客数与一个顾客在服务线 j 停留的平均时间. 对一个到达的顾客所看到的在服务线 j 的顾客的人数取条件, 推出

$$W_m(j) = \frac{1 + \mathrm{E}_m[\text{一个到达的顾客所看到的在服务线 } j \text{ 的顾客数}]}{\mu_j} \tag{8.25}$$
$$= \frac{1 + L_{m-1}(j)}{\mu_j}$$

其中最后的等式由到达定理得到. 现在当有 $m-1$ 个顾客在系统中时, 由方程 (8.20), 顾客到服务线 j 的到达率 $\lambda_{m-1}(j)$ 满足

$$\lambda_{m-1}(j) = \lambda_{m-1}\pi_j$$

现在, 以在系统中的 $m-1$ 个顾客中在服务线 j 的每人每单位时间付 1 元的价格规则, 应用基本价格恒等式 (8.1), 我们得到

$$L_{m-1}(j) = \lambda_{m-1}\pi_j W_{m-1}(j) \tag{8.26}$$

利用方程 (8.25) 导出

$$W_m(j) = \frac{1 + \lambda_{m-1}\pi_j W_{m-1}(j)}{\mu_j} \tag{8.27}$$

再利用事实 $\sum_{j=1}^{k} L_{m-1}(j) = m-1$ (为什么), 我们从方程 (8.26) 得到

$$m - 1 = \lambda_{m-1}\sum_{j=1}^{k}\pi_j W_{m-1}(j)$$

从而

$$\lambda_{m-1} = \frac{m-1}{\sum_{i=1}^{k}\pi_i W_{m-1}(i)} \tag{8.28}$$

因此, 由方程 (8.27), 我们得到递推公式

$$W_m(j) = \frac{1}{\mu_j} + \frac{(m-1)\pi_j W_{m-1}(j)}{\mu_j\sum_{i=1}^{k}\pi_i W_{m-1}(i)} \tag{8.29}$$

从平稳概率 $\pi_j, j = 1, \cdots, k$ 和 $W_1(j) = 1/\mu_j$ 开始, 我们可以用方程 (8.29) 递推地确定 $W_2(j), W_3(j), \cdots, W_m(j)$. 然后利用方程 (8.28) 确定吞吐率 λ_m, 通过方程 (8.26) 确定 $L_m(j)$. 这样的递推方法, 称为平均值分析.

例 8.9 考虑有 k 条服务线的网络, 其中的顾客以循环排列的方式移动. 即

$$P_{i,i+1} = 1, \qquad i = 1, 2, \cdots, k-1, \quad P_{k,1} = 1$$

在系统中有两个顾客时, 我们确定在服务线 j 的平均顾客数. 现在, 对于这个网络

$$\pi_i = 1/k, \quad i = 1, \cdots, k$$

又因为

$$W_1(j) = \frac{1}{\mu_j}$$

由方程 (8.29) 得到

$$W_2(j)=\frac{1}{\mu_j}+\frac{(1/k)(1/\mu_j)}{\mu_j\sum_{i=1}^k(1/k)(1/\mu_i)}=\frac{1}{\mu_j}+\frac{1}{\mu_j^2\sum_{i=1}^k 1/\mu_i}$$

因此, 由方程 (8.28),

$$\lambda_2=\frac{2}{\sum_{l=1}^k \frac{1}{k}W_2(l)}=\frac{2k}{\sum_{l=1}^k\left(\frac{1}{\mu_l}+\frac{1}{\mu_l^2\sum_{i=1}^k 1/\mu_i}\right)}$$

最后, 由方程 (8.26),

$$L_2(j)=\lambda_2\frac{1}{k}W_2(j)=\frac{2\left(\frac{1}{\mu_j}+\frac{1}{\mu_j^2\sum_{i=1}^k 1/\mu_i}\right)}{\sum\limits_{l=1}^k\left(\frac{1}{\mu_l}+\frac{1}{\mu_l^2\sum_{i=1}^k 1/\mu_i}\right)}$$ ■

认知由方程 (8.22) 表述平稳概率并巧妙地避开计算常数 C_m 的计算困难的另一个方法是利用 4.9 节的吉布斯抽样生成具有这些平稳概率的马尔可夫链. 首先注意因为总有 m 个顾客在系统中, 方程 (8.22) 可以等价地写为在服务线 $1,\cdots,k-1$ 中顾客数的联合质量函数如下:

$$\begin{aligned}P_m(n_1,\cdots,n_{k-1})&=C_m(\pi_k/\mu_k)^{m-\sum n_j}\prod_{j=1}^{k-1}(\pi_j/\mu_j)^{n_j}\\&=K\prod_{j=1}^{k-1}(a_j)^{n_j},\qquad \sum_{j=1}^{k-1}n_j\leqslant m\end{aligned}$$

其中 $a_j=\dfrac{\pi_j\mu_k}{\pi_k\mu_j}, j=1,\cdots,k-1$. 现在, 如果 $\boldsymbol{N}=(N_1,\cdots,N_{k-1})$ 有上述的联合分布, 那么

$$\begin{aligned}&\mathrm{P}\{N_i=n|N_1=n_1,\cdots,N_{i-1}=n_{i-1},N_{i+1}=n_{i+1},\cdots,N_{k-1}=n_{k-1}\}\\&=\frac{P_m(n_1,\cdots,n_{i-1},n,n_{i+1},\cdots,n_{k-1})}{\sum_r P_m(n_1,\cdots,n_{i-1},r,n_{i+1},\cdots,n_{k-1})}\\&=Ca_i^n,\qquad n\leqslant m-\sum_{j\neq i}n_j\end{aligned}$$

由上式推出, 我们可以利用吉布斯抽样法生成具有极限概率质量函数 $P_m(n_1,\cdots,n_{k-1})$ 的马尔可夫链的值如下:

(1) 令 $(n_1,\cdots,n_{k-1})$ 是满足 $\sum_{j=1}^{k-1}n_j\leqslant m$ 的任意非负整数.

(2) 生成一个在 $1,\cdots,k-1$ 中等可能地取值的随机变量 I.

(3) 如果 $I=i$, 令 $s=m-\sum_{j\neq i}n_j$, 并且生成一个具有概率质量函数为

$$\mathrm{P}\{X=n\}=Ca_i^n,\quad n=0,\cdots,s$$

的随机变量 X 的值.

(4) 令 $n_I = X$. 然后回到第 2 步.
状态向量 $\left(n_1, \cdots, n_{k-1}, m - \sum_{j=1}^{k-1} n_j\right)$ 的相继值构成一个具有极限分布 P_m 的马尔可夫链的状态序列. 我们感兴趣的一切量都能由这个序列估计得到. 例如, 这些向量的第 j 个坐标值的平均趋于在服务站 j 的平均人数, 第 j 个坐标小于 r 的向量的比例趋于在服务站 j 的人数少于 r 的极限概率, 以此类推.

另一些重要的量也可以通过模拟得到. 例如, 假设我们要估计一个顾客在每次访问中在服务线 j 停留的平均时间 W_j. 那么, 如前所记, 在服务线 j 的平均顾客数 L_j 可以估计得到. 为了估计 W_j, 我们用恒等式

$$L_j = \lambda_j W_j$$

其中 λ_j 是在服务线 j 的顾客到达率. 令 λ_j 等于服务线 j 的服务完成率, 这表明

$$\lambda_j = \mathrm{P}\{\text{服务线 } j \text{ 在忙}\}\mu_j$$

利用吉布斯抽样法模拟估计 P{服务线 j 在忙}, 就导出 W_j 的一个估计.

8.5 M/G/1 系统

8.5.1 预备知识: 功与另一个价格恒等式

对于一个任意的排队系统, 我们定义系统在任意时间 t 的功为, 在时间 t 系统中的所有顾客的剩余服务时间之和. 例如, 假设有 3 个顾客在系统中 —— 一个在服务的顾客在他需要的 5 个服务时间单位中已经用了 3 个时间单位, 且两个在队列中的顾客都有 6 个单位的服务时间. 那么, 在此时的功是 $2+6+6=14$. 以 V 记在系统中的 (时间) 平均功.

现在回忆基本价格方程 (8.1), 它说明

$$\text{系统赚钱的平均速率} = \lambda_a \times \text{顾客所付的平均金额}$$

并且考虑如下的价格规则: *每一个剩余服务时间为 y 的顾客, 不论在服务, 还是在队列中, 以单位时间价格 y 付费*. 于是系统赚钱的速率正是在系统中的功, 所以由基本恒等式可得

$$V = \lambda_a \mathrm{E}[\text{一个顾客付的金额}]$$

现在, 以 S 和 W_Q^* 分别记服务时间和一个给定的顾客在队列中等待的时间. 那么, 因为顾客在队列中以单位时间 S 的常数价格付费, 而在服务中花费时间 x 以后以价格 $S-x$ 付费, 所以有

$$\mathrm{E}[\text{一个顾客付的金额}] = \mathrm{E}\left[SW_Q^* + \int_0^S (S-x)\mathrm{d}x\right]$$

从而

$$V = \lambda_a \mathrm{E}[SW_Q^*] + \frac{\lambda_a \mathrm{E}[S^2]}{2} \tag{8.30}$$

应该注意上式是一个基本的排队恒等式 [像方程 (8.2)~(8.4)] 并且在几乎所有的模型中都成立. 此外如果一个顾客的服务时间与他在队列中的等待时间相互独立 (这是通常的情形, 但并不总是这样 ①), 那么由方程 (8.30) 有

$$V = \lambda_a \mathrm{E}[S] W_Q + \frac{\lambda_a \mathrm{E}[S^2]}{2} \tag{8.31}$$

8.5.2 在 M/G/1 中功的应用

模型 M/G/1 假定了: (i) 速率 λ 的泊松到达; (ii) 一般的服务分布; (iii) 单条服务线. 此外, 我们假设顾客按他们到达的顺序接受服务.

现在, 对于在 M/G/1 中的任意一个顾客.

$$\text{顾客的等待时间} = \text{当他到达时系统中的功} \tag{8.32}$$

这是由于只有一条服务线之故 (请想一想). 对方程 (8.32) 两边取期望可得

$$W_Q = \text{每个到达者看到的平均功}$$

但是, 由于是泊松到达, 每个到达者看到的平均功将等于系统中的时间平均功 V. 因此, 对于模型 M/G/1 有

$$W_Q = V$$

将上式与恒等式

$$V = \lambda \mathrm{E}[S] W_Q + \frac{\lambda \mathrm{E}[S^2]}{2}$$

联合起来得到所谓的波拉切克–辛钦 (Pollaczek-Khintchine) 公式

$$W_Q = \frac{\lambda \mathrm{E}[S^2]}{2(1 - \lambda \mathrm{E}[S])} \tag{8.33}$$

其中 $\mathrm{E}[S]$ 和 $\mathrm{E}[S^2]$ 是服务分布的前两个矩.

量 L、L_Q 和 W 可以从方程 (8.33) 得到,

$$\begin{aligned} L_Q &= \lambda W_Q = \frac{\lambda^2 \mathrm{E}[S^2]}{2(1 - \lambda \mathrm{E}[S])}, \\ W &= W_Q + \mathrm{E}[S] = \frac{\lambda \mathrm{E}[S^2]}{2(1 - \lambda \mathrm{E}[S])} + \mathrm{E}[S], \\ L &= \lambda W = \frac{\lambda^2 \mathrm{E}[S^2]}{2(1 - \lambda \mathrm{E}[S])} + \lambda \mathrm{E}[S] \end{aligned} \tag{8.34}$$

注 (i) 为了使上面的量是有限的, 我们需要 $\lambda \mathrm{E}[S] < 1$. 这个条件很直观, 因为从更新理论知道, 如果服务线总是忙的, 那么离开率将是 $1/\mathrm{E}[S]$(见 7.3 节), 为了保持这些有限, 它必须大于到达率 λ.

① 有一个反例, 见 8.6.2 节.

(ii) 由于 $E[S^2]=Var(S)+(E[S])^2$, 我们从方程 (8.33) 和方程 (8.34) 看到, 对于固定的平均服务时间, 当服务分布的方差增加时, L、L_Q、W 和 W_Q 全都增加.

(iii) 另一个得到 W_Q 的方法出现于习题 38 中.

8.5.3 忙期

系统在闲期 (系统中没有顾客, 因此服务线闲着) 与忙期 (系统至少有一个顾客, 因此服务线忙着) 之间交替.

我们以 I 和 B 分别记闲期的长度与忙期的长度. 因为 I 表示从一个顾客离开且系统空着直到下一个顾客到达的时间, 因此, 由泊松到达推出 I 是速率为 λ 的指数分布, 所以

$$E[I]=\frac{1}{\lambda} \tag{8.35}$$

为了确定 $E[B]$, 和 8.3.3 节中一样, 令系统为空的时间的长程比例等于 $E[I]$ 与 $E[I]+E[B]$ 的比值, 即

$$P_0=\frac{E[I]}{E[I]+E[B]} \tag{8.36}$$

为了计算 P_0, 我们从方程 (8.4) 注意到 (从基本价格方程得到, 由假设在服务中的顾客以每单位时间 1 元的价格付费)

$$\text{繁忙服务线的平均数}=\lambda E[S]$$

然而, 因为上式的左边等于 $1-P_0$ (为什么?), 所以有

$$P_0=1-\lambda E[S] \tag{8.37}$$

再由方程 (8.35)~(8.37) 得到

$$1-\lambda E[S]=\frac{1/\lambda}{1/\lambda+E[B]}$$

从而

$$E[B]=\frac{E[S]}{1-\lambda E[S]}$$

另一个重要的量, 是在一个忙期中服务过的顾客数 C. C 的均值可以由如下的事实计算得到: 平均地每 $E[C]$ 个到达者中恰有一个到达者将看到系统是空着的 (即忙期的第一个顾客), 因此,

$$a_0=\frac{1}{E[C]}$$

又因为泊松到达 $a_0=P_0=1-\lambda E[S]$, 所以我们有

$$E[C]=\frac{1}{1-\lambda E[S]}$$

8.6 M/G/1 的变形

8.6.1 有随机容量的批量到达的 M/G/1

如 M/G/1 那样假设按速率为 λ 的泊松过程到达. 但是现在每次到达的不是单个顾客, 而是随机个数的顾客. 像前面一样存在单条服务线, 它的服务时间的分布为 G.

以 $\alpha_j(j \geqslant 1)$ 记任意一批中包含 j 个顾客的概率, 以 N 表示批大小的随机变量, 所以 $\mathrm{P}\{N=j\}=\alpha_j$. 因为 $\lambda_a=\lambda\mathrm{E}[N]$, 功的基本公式 [方程 (8.31)] 变为

$$V=\lambda\mathrm{E}[N]\left[\mathrm{E}[S]W_Q+\frac{\mathrm{E}[S^2]}{2}\right] \tag{8.38}$$

为了得到联系 V 与 W_Q 的第二个方程, 考虑一个平均的顾客. 我们有

他在队列中等待的时间 = 他到达时系统中的功 + 由他所在的那批引起的等待时间

取期望, 并且利用泊松到达者看到时间平均的事实, 可得

$$W_Q=V+\mathrm{E}[\text{由他所在的那批引起的等待时间}]=V+\mathrm{E}[W_B] \tag{8.39}$$

现在, $\mathrm{E}[W_B]$ 可以通过对那批中的人数取条件来计算, 但是我们必须小心, 因为我们的平均顾客来自大小为 j 的那批的概率不是 α_j. 因为 α_j 是大小为 j 的批的比例, 如果我们随机取一个顾客, 他来自较大一批的可能性要比较小一批的可能性大. (例如, 假设 $\alpha_1=\alpha_{100}=1/2$, 那么有半数的批大小为 1, 但是顾客的 100/101 都来自大小为 100 的那批!)

为了确定平均顾客来自大小为 j 的一批的概率, 推理如下. 令 M 是一个大的数, 那么前 M 批中大小为 j 的近似有 $M\alpha_j$ 批, $j \geqslant 1$, 于是近似有 $jM\alpha_j$ 个顾客在大小为 j 的批到达. 因此, 在前 M 批中的到达者来自大小为 j 的那些批的比例近似地是 $\dfrac{jM\alpha_j}{\sum_j jM\alpha_j}$. 当 $M\to\infty$ 时这个比例变得精确, 所以我们有

$$\text{顾客来自大小为 } j \text{ 的批的比例}=\frac{j\alpha_j}{\sum_j j\alpha_j}=\frac{j\alpha_j}{\mathrm{E}[N]}$$

我们已经做好了计算由其他人在同一批引起的在队列中的平均等待时间 $\mathrm{E}[W_B]$ 的准备:

$$\mathrm{E}[W_B]=\sum_j \mathrm{E}[W_B|\text{批的大小为 } j]\frac{j\alpha_j}{\mathrm{E}[N]} \tag{8.40}$$

现在如果在他的那批中有 j 个顾客, 那么如果我们的顾客在这批的队列中是第 i 个, 他将等待他们中的 $i-1$ 个完成服务. 因为他等可能地是队中的第 1 个, 第 2 个, $\cdots$, 或第 j 个, 所以

$$\mathrm{E}[W_B|\text{批的大小为 } j] = \sum_{i=1}^{j}(i-1)\mathrm{E}[S]\frac{1}{j} = \frac{j-1}{2}\mathrm{E}[S]$$

将它代入方程 (8.40) 得到

$$\mathrm{E}[W_B] = \frac{\mathrm{E}[S]}{2\mathrm{E}[N]}\sum_{j}(j-1)j\alpha_j = \frac{\mathrm{E}[S](\mathrm{E}[N^2]-\mathrm{E}[N])}{2\mathrm{E}[N]}$$

再由方程 (8.38) 和方程 (8.39), 我们得到

$$W_Q = \frac{\mathrm{E}[S](\mathrm{E}[N^2]-\mathrm{E}[N])/(2\mathrm{E}[N]) + \lambda\mathrm{E}[N]\mathrm{E}[S^2]/2}{1-\lambda\mathrm{E}[N]\mathrm{E}[S]}$$

注 (i) 注意 W_Q 有限的条件是

$$\lambda\mathrm{E}[N] < \frac{1}{\mathrm{E}[S]}$$

这又一次说明, 到达率必须小于服务率 (当服务线忙时).

(ii) 对于固定的值 $\mathrm{E}[N]$, W_Q 关于 $\mathrm{Var}(N)$ 递增, 这再次表明“单服务线排队模型不喜欢变化”.

(iii) 其他的量 L、L_Q 和 W 可以用

$$W = W_Q + \mathrm{E}[S], \qquad L = \lambda_a W = \lambda\mathrm{E}[N]W, \qquad L_Q = \lambda\mathrm{E}[N]W_Q$$

得到.

8.6.2 优先排队模型

优先排队模型是将顾客分为类型, 然后根据他们的类型给予优先服务的排队模型. 考虑有两类顾客, 他们分别按速率为 λ_1 和 λ_2 的独立泊松过程到达, 而且分别有服务分布 G_1 和 G_2. 假设第一类型的顾客优先给予服务, 因此, 若有一个第一类型的顾客在等待, 则绝不开始对第二类型的顾客服务. 然而, 若一个第二类型的顾客在接受服务时一个第一类型的顾客到达, 则我们假定这个第二类型的顾客服务继续, 直到完成. 就是说, 一旦服务开始, 就不存在优先权.

以 W_Q^i 记一个第 i 类顾客在队列中的平均等待时间, $i=1,2$. 我们的目标是计算 W_Q^i.

首先, 注意无论使用什么优先规则, 系统在任意时刻的总功精确地相同 (只要有顾客在系统中, 服务线总是忙着). 这是因为当服务线忙时 (无论谁在接受服务), 在单位时间内功总是以速率 1 递减的, 而且总是以一个到达者的服务时间的数量为跳跃量. 因此, 系统中的功恰好和没有优先规则而是按先来先服务 (称为 FIFO) 的次序的情形一样. 然而, 在 FIFO 下, 上面的模型正是有

$$\lambda = \lambda_1 + \lambda_2, \qquad G(x) = \frac{\lambda_1}{\lambda}G_1(x) + \frac{\lambda_2}{\lambda}G_2(x) \tag{8.41}$$

的 M/G/1, 因为两个独立的泊松过程的组合本身也是泊松过程, 其速率是分量速率的和. 服务分布 G 可以由取条件于到达者来自哪个优先类而得到 —— 如方程 (8.41) 所做.

因此, 由 8.5 节的结果推出, 在优先排队系统中的平均功由

$$\begin{aligned} V &= \frac{\lambda \mathrm{E}[S^2]}{2(1-\lambda \mathrm{E}[S])} \\ &= \frac{\lambda((\lambda_1/\lambda)\mathrm{E}[S_1^2] + (\lambda_2/\lambda)\mathrm{E}[S_2^2])}{2[1-\lambda((\lambda_1/\lambda)\mathrm{E}[S_1] + (\lambda_2/\lambda)\mathrm{E}[S_2])]} \\ &= \frac{\lambda_1 \mathrm{E}[S_1^2] + \lambda_2 \mathrm{E}[S_2^2]}{2(1-\lambda_1 \mathrm{E}[S_1] - \lambda_2 \mathrm{E}[S_2])} \end{aligned} \tag{8.42}$$

给出, 其中 S_i 有分布 $G_i, i=1,2$.

我们继续探讨寻求 W_Q^i, 注意在优先模型中, 服务时间 S 和一个任意的顾客在队列中等待的时间 W_Q^* 不是独立的, 这是因为关于 S 的信息给了我们有关顾客类型的信息, 它反过来又给了我们关于 W_Q^* 的信息. 为了避开这一点, 我们将分开计算在系统中类型 1 和类型 2 的功的平均数量. 以 V^i 记类型 i 的功的平均数量, 正如 8.5.1 节中那样, 我们有

$$V^i = \lambda_i \mathrm{E}[S_i] W_Q^i + \frac{\lambda_i \mathrm{E}[S_i^2]}{2}, \qquad i=1,2 \tag{8.43}$$

如果我们定义

$$V_Q^i \equiv \lambda_i \mathrm{E}[S_i] W_Q^i, \qquad V_S^i \equiv \frac{\lambda_i \mathrm{E}[S_i^2]}{2}$$

那么我们可以将 V_Q^i 解释为队列中类型 i 的功的平均数量, 而 V_S^i 是在服务的类型 i 的功的平均数量 (为什么?).

现在我们已经做好了计算 W_Q^1 的准备. 为此, 考虑一个类型 1 的任意到达者. 那么

他的延迟 = 他到达时系统中类型 1 的功的数量
+ 他到达时在服务中的类型 2 的功的数量

取期望, 并利用泊松到达者看到时间平均的事实可得

$$W_Q^1 = V^1 + V_S^2 = \lambda_1 \mathrm{E}[S_1] W_Q^1 + \frac{\lambda_1 \mathrm{E}[S_1^2]}{2} + \frac{\lambda_2 \mathrm{E}[S_2^2]}{2} \tag{8.44}$$

所以

$$W_Q^1 = \frac{\lambda_1 \mathrm{E}[S_1^2] + \lambda_2 \mathrm{E}[S_2^2]}{2(1-\lambda_1 \mathrm{E}[S_1])} \tag{8.45}$$

为了得到 W_Q^2, 我们首先注意, 由于 $V = V^1 + V^2$, 所以由方程 (8.42) 和方程 (8.43) 有

$$\frac{\lambda_1 \mathrm{E}[S_1^2]+\lambda_2 \mathrm{E}[S_2^2]}{2(1-\lambda_1 \mathrm{E}[S_1]-\lambda_2 \mathrm{E}[S_2])}=\lambda_1 \mathrm{E}[S_1] W_Q^1+\lambda_2 \mathrm{E}[S_2] W_Q^2+\frac{\lambda_1 \mathrm{E}[S_1^2]}{2}+\frac{\lambda_2 \mathrm{E}[S_2^2]}{2}$$
$$=W_Q^1+\lambda_2 \mathrm{E}[S_2] W_Q^2 \qquad [\text{由式 } (8.44)]$$

现在, 利用方程 (8.45), 我们得到

$$\lambda_2 \mathrm{E}[S_2] W_Q^2=\frac{\lambda_1 \mathrm{E}[S_1^2]+\lambda_2 \mathrm{E}[S_2^2]}{2}\left[\frac{1}{1-\lambda_1 \mathrm{E}[S_1]-\lambda_2 \mathrm{E}[S_2]}-\frac{1}{1-\lambda_1 \mathrm{E}[S_1]}\right]$$

所以

$$W_Q^2=\frac{\lambda_1 \mathrm{E}[S_1^2]+\lambda_2 \mathrm{E}[S_2^2]}{2(1-\lambda_1 \mathrm{E}[S_1]-\lambda_2 \mathrm{E}[S_2])(1-\lambda_1 \mathrm{E}[S_1])} \tag{8.46}$$

注 (i) 注意由方程 (8.45), 使 W_Q^1 有限的条件是 $\lambda_1 \mathrm{E}[S_1]<1$, 它独立于类型 2 的参数. (这直观吗?) 由方程 (8.46), 使 W_Q^2 有限的条件, 我们需要

$$\lambda_1 \mathrm{E}[S_1]+\lambda_2 \mathrm{E}[S_2]<1$$

由于所有顾客的到达率是 $\lambda=\lambda_1+\lambda_2$, 而一个顾客的平均服务时间是 $(\lambda_1/\lambda)\mathrm{E}[S_1]+(\lambda_2/\lambda)\mathrm{E}[S_2]$, 上面的条件正是平均到达率小于平均服务率.

(ii) 如果有 n 类顾客, 我们可以用类似的方式求解 $V^j, j=1,\cdots,n$. 首先注意在系统中类型为 $1,\cdots,j$ 的顾客的总功独立于关于类型 $1,\cdots,j$ 内部的优先规则, 而只依赖于它们中的每一个给定优先于顾客类型 $j+1,\cdots,n$ 的情形. (为什么这样? 说出理由) 因此, $V^1+\cdots+V^j$ 与当类型 $1,\cdots,j$ 被考虑成单个类型 I 优先类, 并且类型 $j+1,\cdots,n$ 被考虑成单个类型 II 优先类时的情形是一样的. 现在, 由方程 (8.43) 和方程 (8.45),

$$V^{\mathrm{I}}=\frac{\lambda_{\mathrm{I}} \mathrm{E}[S_{\mathrm{I}}^2]+\lambda_{\mathrm{I}}\lambda_{\mathrm{II}} \mathrm{E}[S_{\mathrm{I}}]\mathrm{E}[S_{\mathrm{II}}^2]}{2(1-\lambda_{\mathrm{I}} \mathrm{E}[S_{\mathrm{I}}])}$$

其中

$$\lambda_{\mathrm{I}}=\lambda_1+\cdots+\lambda_j, \quad \lambda_{\mathrm{II}}=\lambda_{j+1}+\cdots+\lambda_n,$$

$$\mathrm{E}[S_{\mathrm{I}}]=\sum_{i=1}^{j}\frac{\lambda_i}{\lambda_{\mathrm{I}}}\mathrm{E}[S_i], \quad \mathrm{E}[S_{\mathrm{I}}^2]=\sum_{i=1}^{j}\frac{\lambda_i}{\lambda_{\mathrm{I}}}\mathrm{E}[S_i^2], \quad \mathrm{E}[S_{\mathrm{II}}^2]=\sum_{i=j+1}^{n}\frac{\lambda_i}{\lambda_{\mathrm{II}}}\mathrm{E}[S_i^2]$$

因此, 由 $V^{\mathrm{I}}=V^1+\cdots+V^j$, 对于每一个 $j=1,\cdots,n$, 我们有 $V^1+\cdots+V^j$ 的表达式, 它们可以用来求解 $V^1,\cdots,V^n$. 现在我们可以由方程 (8.43) 得到 W_Q^i. 全部结果 (留作习题) 是

$$W_Q^i=\frac{\lambda_1 \mathrm{E}[S_1^2]+\cdots+\lambda_n \mathrm{E}[S_n^2]}{2\prod_{j=i-1}^{i}(1-\lambda_1 \mathrm{E}[S_1]-\cdots-\lambda_j \mathrm{E}[S_j])}, \qquad i=1,\cdots,n \tag{8.47}$$

8.6.3 一个 M/G/1 优化的例子

考虑一个单服务线系统, 其中顾客按速率为 λ 的泊松过程到达, 而服务时间是独立的且具有分布 G. 令 $\rho = \lambda\mathrm{E}[S]$, 其中 S 表示服务时间随机变量, 并且假定 $\rho < 1$. 假设只要忙期结束, 服务员就离开, 直至再有 n 个顾客等待才回来. 此时服务员回来继续服务直至系统再一次变空. 如果系统的设备使得系统中每个顾客以每单位时间速率 c 的价格花费, 同时, 每次服务员回来需付一个价格 K, 问 $n(n \geqslant 1)$ 取什么值, 才能使设备引起的单位时间的长程平均价格最小, 而这最小价格又是多少?

为了回答上述问题, 我们首先确定对于只要有 n 个顾客在等待服务员就回来的策略的单位时间平均价格 $A(n)$. 为此, 在每次服务员回来时就说一个新的循环开始了. 容易看出所有的一切在一个循环开始时都概率地重新开始, 因此由更新报酬过程的理论推出, 若 $C(n)$ 是在一个循环中引起的价格, 而 $T(n)$ 是一个循环的时间, 则

$$A(n) = \frac{\mathrm{E}[C(n)]}{\mathrm{E}[T(n)]}$$

为了确定 $\mathrm{E}[C(n)]$ 和 $\mathrm{E}[T(n)]$, 考虑时间区间的长度, 例如, 在一个循环中从系统中首次有 i 个顾客开始直至以后首次只有 $i-1$ 个顾客的时间 T_i. 所以, $\sum_{i=1}^{n} T_i$ 是在一个循环中服务员在忙的时间. 加上直至 n 个顾客在系统中的附加的平均闲时, 得出

$$\mathrm{E}[T(n)] = \sum_{i=1}^{n} \mathrm{E}[T_i] + n/\lambda$$

现在, 考虑系统处于当一次服务将开始而且有 $i-1$ 个顾客在队列等待的时刻. 因为服务时间并不依赖于顾客接受服务的次序, 假设服务的次序是最后到的顾客最先接受服务, 这蕴涵着服务并不开始于目前在队列中的 $i-1$ 个, 直至这 $i-1$ 个是系统中仅有的顾客时才开始. 于是, 我们看到在系统中从 i 个顾客到 $i-1$ 个顾客所用的时间与一个 M/G/1 系统从 1 个顾客到系统空所用的时间有相同的分布; 就是说, 它的分布是 M/G/1 系统忙期长度 B 的分布. (在例 5.25 中本质地利用了相同的推理.) 因此,

$$\mathrm{E}[T_i] = \mathrm{E}[B] = \frac{\mathrm{E}[S]}{1-\rho}$$

它蕴涵了

$$\mathrm{E}[T(n)] = \frac{n\mathrm{E}[S]}{1-\lambda\mathrm{E}[S]} + \frac{n}{\lambda} = \frac{n}{\lambda(1-\rho)} \tag{8.48}$$

为了确定 $\mathrm{E}[C(n)]$, 以 C_i 记开始于队列中有 $i-1$ 个而服务刚开始且结束于这 $i-1$ 个是系统中仅有的顾客的时间长度 T_i 应付的价格. 于是 $K + \sum_{i=1}^{n} C_i$ 表示在一个循环忙时部分应付的总价格. 此外, 在一个循环的闲时部分, 将有 i 个顾客在系统中等待一个速率为 λ 的指数时间, $i = 1, \cdots, n-1$, 这导致了期望价格 $c(1 + \cdots + (n-1))/\lambda$. 因此,

$$\mathrm{E}[C(n)]=K+\sum_{i=1}^{n}\mathrm{E}[C_i]+\frac{n(n-1)c}{2\lambda} \tag{8.49}$$

为了求 $\mathrm{E}[C_i]$. 考虑长度 T_i 的区间的开始时刻, 令 W_i 为开始服务时间加上系统中直至这个区间结束并且只有 $i-1$ 个顾客在系统中为止所有到达 (并且接受服务) 的顾客花费的时间和. 于是

$$C_i=(i-1)cT_i+cW_i$$

其中第一项指由 $i-1$ 个顾客在队列中在长度 T_i 的时间区间应付的价格. 因为容易看到, W_i 与在 M/G/1 系统的一个忙期中所有到达的顾客在系统中花费的时间总和 W_b 有相同的分布, 所以得到

$$\mathrm{E}[C_i]=(i-1)c\frac{\mathrm{E}[S]}{1-\rho}+c\mathrm{E}[W_b] \tag{8.50}$$

由方程 (8.49), 得到

$$\begin{aligned}\mathrm{E}[C(n)]&=K+\frac{n(n-1)c\mathrm{E}[S]}{2(1-\rho)}+nc\mathrm{E}[W_b]+\frac{n(n-1)c}{2\lambda}\\&=K+nc\mathrm{E}[W_b]+\frac{n(n-1)c}{2\lambda}\left(\frac{\rho}{1-\rho}+1\right)\\&=K+nc\mathrm{E}[W_b]+\frac{n(n-1)c}{2\lambda(1-\rho)}\end{aligned}$$

利用上式与方程 (8.48) 联合起来, 得到

$$A(n)=\frac{K\lambda(1-\rho)}{n}+\lambda c(1-\rho)\mathrm{E}[W_b]+\frac{c(n-1)}{2} \tag{8.51}$$

为了确定 $\mathrm{E}[W_b]$, 我们利用一个顾客在 M/G/1 系统中花费的平均时间是

$$W=W_Q+\mathrm{E}[S]=\frac{\lambda\mathrm{E}[S^2]}{2(1-\rho)}+\mathrm{E}[S]$$

的结果. 然而, 如果想象在第 j ($j\geqslant 1$) 天, 我们赚取等于 M/G/1 系统的第 j 个到达者在系统中花费的总时间数量的金额, 那么, 由更新报酬过程 (因为在忙期结束时一切都概率地重新开始) 推出

$$W=\frac{\mathrm{E}[W_b]}{\mathrm{E}[N]}$$

其中 N 是 M/G/1 系统在一个忙期所服务的顾客数. 因为 $\mathrm{E}[N]=1/(1-\rho)$, 我们看到

$$(1-\rho)\mathrm{E}[W_b]=W=\frac{\lambda\mathrm{E}[S^2]}{2(1-\rho)}+\mathrm{E}[S]$$

所以, 用方程 (8.51), 我们得到

$$A(n)=\frac{K\lambda(1-\rho)}{n}+\frac{c\lambda^2\mathrm{E}[S^2]}{2(1-\rho)}+c\rho+\frac{c(n-1)}{2}$$

为了确定 n 的最佳值, 将 n 看作一个连续变量, 并且对上式求微分得到

$$A'(n)=\frac{-K\lambda(1-\rho)}{n^2}+\frac{c}{2}$$

令它等于 0, 并求解, 得到 n 的最佳值为

$$n^*=\sqrt{\frac{2K\lambda(1-\rho)}{c}}$$

而单位时间的最小平均价格是

$$A(n^*)=\sqrt{2\lambda K(1-\rho)c}+\frac{c\lambda^2\mathrm{E}[S^2]}{2(1-\rho)}+c\rho-\frac{c}{2}$$

有趣的是, 当使用下面的一个较简单的策略时, 我们能够离最小平均价格很近. 这个策略是: 只要服务员发现系统空无顾客, 她就离开, 然后在一段固定时间 t 后回来. 在她每次离开时, 我们宣称一个新的循环开始. 一个循环中忙的时间部分和闲的时间部分应付的期望价格, 都由在服务员离开的时间 t 内到达的顾客数 $N(t)$ 取条件得到. 以 $\overline{C}(t)$ 记在一个循环期间应付的价格, 我们得到

$$\begin{aligned}\mathrm{E}[\overline{C}(t)|N(t)]&=K+\sum_{i=1}^{N(t)}\mathrm{E}[C_i]+cN(t)\frac{t}{2}\\&=K+\frac{N(t)(N(t)-1)c\mathrm{E}[S]}{2(1-\rho)}+N(t)c\mathrm{E}[W_b]+cN(t)\frac{t}{2}\end{aligned}$$

第一个等式的最后一项是, 在循环中闲时的条件期望价格, 它利用了给定时间 t 内到达的人数, 到达时间是独立的且在 $(0,t)$ 上是均匀分布; 第二个等式利用了方程 (8.50). 因为 $N(t)$ 是均值为 λt 的泊松过程, 由此推出

$$\mathrm{E}[N(t)(N(t)-1)]=\mathrm{E}[N^2(t)]-\mathrm{E}[N(t)]=\lambda^2t^2.$$

对上式取期望得到

$$\begin{aligned}\mathrm{E}[\overline{C}(t)]&=K+\frac{\lambda^2t^2c\mathrm{E}[S]}{2(1-\rho)}+\lambda tc\mathrm{E}[W_b]+\frac{c\lambda t^2}{2}\\&=K+\frac{c\lambda t^2}{2(1-\rho)}+\lambda tc\mathrm{E}[W_b]\end{aligned}$$

类似地, 若 $\overline{T}(t)$ 是一个循环的时间, 则

$$\mathrm{E}[\overline{T}(t)]=\mathrm{E}[\mathrm{E}[\overline{T}(t)|N(t)]]=\mathrm{E}[t+N(t)\mathrm{E}[B]]=t+\frac{\rho t}{1-\rho}=\frac{t}{1-\rho}$$

因此, 单位时间的平均价格, 记为 $\overline{A}(t)$, 是

$$\overline{A}(t)=\frac{\mathrm{E}[\overline{C}(t)]}{\mathrm{E}[\overline{T}(t)]}=\frac{K(1-\rho)}{t}+\frac{c\lambda t}{2}+c\lambda(1-\rho)E[W_b]$$

于是, 从方程 (8.51) 我们看到

$$\overline{A}(n/\lambda) - A(n) = c/2$$

这表明允许依赖于目前在系统中的人数的回来的决策可以简化到与平均价格只差金额 $c/2$. ■

8.6.4　具有中断服务线的 M/G/1 排队系统

考虑单服务线的排队模型, 其中顾客按速率为 λ 的泊松过程到达, 而每个顾客需要服务的时间总量具有分布 G. 然而, 假设服务线在运行时以指数速率 α 中断运行. 即一条在运行的服务线能够在附加的时间 t 不中断地运行的概率是 $e^{-\alpha t}$. 当服务线中断时, 立刻送至修理厂. 修理的时间是具有分布 H 的随机变量. 假设当服务线中断发生时, 正在服务的顾客在服务线重新工作时从中断发生的那处继续接受服务. (所以, 一个顾客从运行的服务线上实际接受服务的时间总量具有分布 G.)

令顾客的 "服务时间" 包含顾客等待被修理的服务线重新工作的时间, 则上面是一个 M/G/1 排队系统.① 如果我们以 T 记一个顾客第一次进入服务线直到离开系统的总时间, 那么, T 是这个 M/G/1 排队系统的服务时间随机变量. 于是一个顾客在他第一次服务开始前在队列中等待的平均时间是

$$W_Q = \frac{\lambda \mathrm{E}[T^2]}{2(1 - \lambda \mathrm{E}[T])}$$

为了计算 $\mathrm{E}[T]$ 和 $\mathrm{E}[T^2]$, 令具有分布 G 的 S 是顾客需要的服务随机变量, 以 N 记顾客在服务时服务线中断的次数, 令 $R_1, R_2, \cdots$ 是相继用在修理设备上的时间. 那么

$$T = \sum_{i=1}^{N} R_i + S$$

取条件于 S 导致

$$\mathrm{E}[T|S=s] = \mathrm{E}\left[\sum_{i=1}^{N} R_i \middle| S=s\right] + s, \quad \mathrm{Var}(T|S=s) = \mathrm{Var}\left(\sum_{i=1}^{N} R_i \middle| S=s\right)$$

现在, 一条正在运行的服务线总是以指数速率 α 中断. 所以, 假定一个顾客需要服务 s 个单位时间, 则这个顾客接受服务的服务线中断的次数是均值为 αs 的泊松随机变量. 因此, 取条件 $S = s$, 随机变量 $\sum_{i=1}^{N} R_i$ 是具有泊松均值 αs 的复合泊松随机变量. 利用例 3.10 和例 3.19 的结果, 我们得到

$$\mathrm{E}\left[\sum_{i=1}^{N} R_i | S=s\right] = \alpha s \mathrm{E}[R], \qquad \mathrm{Var}\left(\sum_{i=1}^{N} R_i | S=s\right) = \alpha s \mathrm{E}[R^2]$$

其中 R 具有修理分布 H. 所以

① 这时的服务随机变量是下面定义的 T, 它的分布不再是 G. —— 译者注

$$E[T|S] = \alpha S\mathrm{E}[R] + S = S(1+\alpha\mathrm{E}[R]), \quad \mathrm{Var}(T|S) = \alpha S\mathrm{E}[R^2]$$

于是

$$\mathrm{E}[T] = \mathrm{E}[\mathrm{E}[T|S]] = \mathrm{E}[S](1+\alpha\mathrm{E}[R])$$

因为由条件方差公式

$$\mathrm{Var}(T) = \mathrm{E}[\mathrm{Var}(T|S)] + \mathrm{Var}(\mathrm{E}[T|S]) = \alpha\mathrm{E}[S]\mathrm{E}[R^2] + (1+\alpha\mathrm{E}[R])^2\mathrm{Var}(S)$$

所以

$$\mathrm{E}[T^2] = \mathrm{Var}(T) + (\mathrm{E}[T])^2 = \alpha\mathrm{E}[S]\mathrm{E}[R^2] + (1+\alpha\mathrm{E}[R])^2\mathrm{E}[S^2]$$

从而, 假定 $\lambda\mathrm{E}[T] = \lambda\mathrm{E}[S](1+\alpha\mathrm{E}[R]) < 1$, 得到

$$W_Q = \frac{\lambda\alpha\mathrm{E}[S]\mathrm{E}[R^2] + \lambda(1+\alpha\mathrm{E}[R])^2\mathrm{E}[S^2]}{2(1-\lambda\mathrm{E}[S](1+\alpha\mathrm{E}[R]))}$$

由上式导致

$$L_Q = \lambda W_Q, \quad W = W_Q + \mathrm{E}[T], \quad L = \lambda W$$

我们还可能对其他一些量有兴趣:

(i) P_w, 服务线工作的时间比例;

(ii) P_r, 服务线修理的时间比例;

(iii) P_I, 服务线闲着的时间比例.

这些量都可以利用排队价格恒等式得到. 例如, 如果我们假设顾客在实际接受服务时, 每单位时间支付 1, 那么

系统平均赚钱的速率 $= P_w$, 一个顾客的平均支付额 $= \mathrm{E}[S]$

所以, 由恒等式得

$$P_w = \lambda\mathrm{E}[S]$$

为了确定 P_r, 假设顾客在因服务线修理而中断服务时, 每单位时间支付 1, 那么

系统平均赚钱的速率 $= P_r$,

一个顾客的平均支付额 $= \mathrm{E}\Big[\sum_{i=1}^{N} R_i\Big] = \alpha\mathrm{E}[S]\mathrm{E}[R]$.

这就有

$$P_r = \lambda\alpha\mathrm{E}[S]\mathrm{E}[R]$$

而 P_I 可以得自

$$P_I = 1 - P_w - P_r$$

注 量 P_w 和 P_r 也可以通过先注意 $1 - P_0 = \lambda\mathrm{E}[T]$ 是服务线或者在工作或者在修理的时间比例而得到. 从而

$$P_w = \lambda\mathrm{E}[T]\frac{\mathrm{E}[S]}{\mathrm{E}[T]} = \lambda\mathrm{E}[S], \qquad P_r = \lambda\mathrm{E}[T]\frac{\mathrm{E}[T]-\mathrm{E}[S]}{\mathrm{E}[T]} = \lambda\mathrm{E}[S]\alpha\mathrm{E}[R]$$ ■

8.7　G/M/1 模型

G/M/1 模型假定相继到达之间的间隔时间有一个任意分布 G. 服务时间是速率为 μ 的指数分布, 且只有一条服务线.

分析这个模型的直接困难是系统中的顾客数没有提供样本空间的足够信息. 因为要概括到目前为止发生了什么, 我们不仅需要知道在系统中的人数, 而且还需要知道自最后一个人到达后消耗的时间 (因为 G 不是无记忆的). (为什么我们不需要关心正在接受服务的人已经接受服务的时间?) 为了避开这个问题, 我们只考虑有一个顾客到达时的这个系统, 所以, 我们将 $X_n\,(n\geqslant 1)$ 定义为

$$X_n \equiv \text{第 } n \text{ 个到达者看到系统中的人数}$$

容易看出, $\{X_n, n\geqslant 1\}$ 是一个马尔可夫链. 为了计算这个马尔可夫链的转移概率 P_{ij}, 首先注意, 只要有顾客在接受服务, 在任意长度为 t 的区间中服务的次数是均值为 μt 的泊松随机变量. 它之所以正确是因为在相继的服务之间的时间是指数随机变量, 而我们知道这使得服务的次数构成一个泊松过程. 因此,

$$P_{i,i+1-j} = \int_0^\infty \mathrm{e}^{-\mu t}\frac{(\mu t)^j}{j!}\mathrm{d}G(t), \qquad j=0,1,\cdots,i$$

这是由于如果到达者看到系统中有 i 人, 那么下一个到达者将看到 $i+1$ 减去已经接受了服务的人数, 而容易看出有 j 个已经接受了服务的概率等于上式右方的式子 (通过对相继的到达之间的时间取条件).

P_{i0} 的公式稍有不同 (它是在有分布 G 的随机时间长度中至少发生 $i+1$ 个泊松事件的概率), 可以得自

$$P_{i0} = 1 - \sum_{j=0}^{i} P_{i,i+1-j}$$

极限概率 $\pi_k, k=0,1,\cdots$ 可以得自

$$\pi_k = \sum_i \pi_i P_{ik}, \qquad k\geqslant 0,$$

$$\sum_k \pi_k = 1$$

的唯一解, 在这种情形可简化为

$$\begin{aligned}\pi_k &= \sum_{i=k-1}^{\infty}\pi_i\int_0^\infty \mathrm{e}^{-\mu t}\frac{(\mu t)^{i+1-k}}{(i+1-k)!}\mathrm{d}G(t), \qquad k\geqslant 1,\\ \sum_{k=0}^{\infty}\pi_k &= 1\end{aligned} \tag{8.52}$$

(我们没有包含方程 $\pi_0 = \sum \pi_i P_{i0}$, 因为这些方程中有一个是多余的.)

为了求解上述方程, 让我们试探形如 $\pi_k = c\beta^k$ 的解. 代入方程 (8.52) 得到

$$c\beta^k = c\sum_{i=k-1}^{\infty}\beta^i\int_0^{\infty}\mathrm{e}^{-\mu t}\frac{(\mu t)^{i+1-k}}{(i+1-k)!}\mathrm{d}G(t)$$

$$= c\int_0^{\infty}\mathrm{e}^{-\mu t}\beta^{k-1}\sum_{i=k-1}^{\infty}\frac{(\beta\mu t)^{i+1-k}}{(i+1-k)!}\mathrm{d}G(t) \tag{8.53}$$

然而

$$\sum_{i=k-1}^{\infty}\frac{(\beta\mu t)^{i+1-k}}{(i+1-k)!} = \sum_{j=0}^{\infty}\frac{(\beta\mu t)^j}{j!} = \mathrm{e}^{\beta\mu t}$$

于是方程 (8.53) 简化为

$$\beta^k = \beta^{k-1}\int_0^{\infty}\mathrm{e}^{-\mu t(1-\beta)}\mathrm{d}G(t)$$

从而

$$\beta = \int_0^{\infty}\mathrm{e}^{-\mu t(1-\beta)}\mathrm{d}G(t) \tag{8.54}$$

而常数 c 可以由 $\sum_k \pi_k = 1$ 得到, 它蕴涵

$$c\sum_{k=0}^{\infty}\beta^k = 1$$

所以

$$c = 1-\beta$$

因为 (π_k) 是方程 (8.52) 的唯一解, 而 $\pi_k = (1-\beta)\beta^k$ 满足这个方程, 由此推出

$$\pi_k = (1-\beta)\beta^k, \qquad k = 0, 1, \cdots$$

其中 β 是方程 (8.54) 的解. (可以证明如果 G 的均值大于平均服务时间 $1/\mu$, 则在 0 与 1 之间存在唯一的值 β 满足方程 (8.54).) β 的确切值通常只能由数值方法得到.

因为 π_k 是一个到达者看到 k 个顾客的极限概率, 它正是在 8.2 节中定义的 a_k. 因此

$$a_k = (1-\beta)\beta^k, \quad k \geqslant 0 \tag{8.55}$$

我们可以通过对顾客到达时系统中的人数取条件得到 W. 这就有

$$W = \sum_k \mathrm{E}[\text{系统中时间} \mid \text{到达者看到 } k \text{ 个人}](1-\beta)\beta^k$$

$$= \sum_k \frac{k+1}{\mu}(1-\beta)\beta^k \quad (\text{因为若到达者看到 } k \text{ 个人, 则它在系统中将花费 } k+1 \text{ 个服务周期})$$

$$= \frac{1}{\mu(1-\beta)} \quad \left(\text{利用} \sum_{k=0}^{\infty} kx^k = \frac{x}{(1-x)^2}\right)$$

并且

$$W_Q = W - \frac{1}{\mu} = \frac{\beta}{\mu(1-\beta)}, \quad L = \lambda W = \frac{\lambda}{\mu(1-\beta)}, \quad L_Q = \lambda W_Q = \frac{\lambda\beta}{\mu(1-\beta)} \tag{8.56}$$

其中 λ 是平均间隔时间的倒数. 即

$$\frac{1}{\lambda} = \int_0^\infty x \mathrm{d}G(x)$$

事实上, 确切地按 8.3.1 节和习题 4 中对 M/M/1 展示的同样方式, 可以证明

W^*是速率为 $\mu(1-\beta)$ 的指数随机变量

$$W_Q^* \begin{cases} \text{以概率 } 1-\beta \text{ 等于 } 0 \\ \text{以概率 } \beta \text{ 等于速率为 } \mu(1-\beta) \text{ 的指数随机变量} \end{cases}$$

其中 W^* 和 W_Q^* 分别是一个顾客待在系统中和队列中的时间 (它们的均值分别是 W 和 W_Q).

虽然 $a_k = (1-\beta)\beta^k$ 是一个到达者看到系统中有 k 个人的概率, 然而它并不等于在系统中有 k 个人的时间比例 (因为到达过程不是泊松过程). 为了得到 P_k, 我们首先注意系统中的人数从 $k-1$ 变为 k 的速率, 必须等于从 k 变为 $k-1$ 的速率 (为什么?). 于是从 $k-1$ 变为 k 的速率等于到达速率 λ 乘以到达者看到系统中有 $k-1$ 个人的比例. 就是说

$$\text{系统中人数从 } k-1 \text{ 变为 } k \text{ 的速率} = \lambda a_{k-1}$$

类似地, 系统中人数从 k 变为 $k-1$ 的速率, 等于在系统中有 k 个人的时间比例乘以 (常数) 服务速率. 就是说

$$\text{系统中人数从 } k \text{ 变为 } k-1 \text{ 的速率} = P_k\mu$$

将这些速率用等号连接, 得到

$$P_k = \frac{\lambda}{\mu} a_{k-1}, \qquad k \geqslant 1$$

所以由方程 (8.55) 得到

$$P_k = \frac{\lambda}{\mu}(1-\beta)\beta^{k-1}, \qquad k \geqslant 1$$

又因为 $P_0 = 1 - \sum_{k=1}^\infty P_k$, 导致

$$P_0 = 1 - \frac{\lambda}{\mu}$$

注 在上述分析中, 我们猜测马尔可夫链的平稳概率的解的形式 $\pi_k = c\beta^k$, 然后将它代入平稳方程 (8.52) 验证这个解. 然而, 可以直接推断马尔可夫链的平稳概率都

是这样的形式. 为此, 定义 β_i 为马尔可夫链在相继两次访问状态 i $(i \geqslant 0)$ 之间访问状态 $i+1$ 的期望次数. 现在不难看出 (请你自己推出它)

$$\beta_0 = \beta_1 = \beta_2 = \cdots = \beta$$

现在可以用更新报酬过程证明

$$\pi_{i+1} = \frac{\mathrm{E}[\text{在一个 } i \sim i \text{ 循环中访问状态 } i+1 \text{ 的次数}]}{\mathrm{E}[\text{在一个 } i \sim i \text{ 循环中的转移次数}]} = \frac{\beta_i}{1/\pi_i}$$

所以

$$\pi_{i+1} = \beta_i \pi_i = \beta \pi_i, \quad i \geqslant 0$$

因为 $\sum_{i=0}^{\infty} \pi_i = 1$, 上式蕴涵了

$$\pi_i = \beta^i (1-\beta), \qquad i \geqslant 0$$

G/M/1 的忙期与闲期

假设一个到达者正好看见系统是空的 (所以开始一个忙期) 且以 N 记在这个忙期中接受服务的顾客数. 由于 (在忙期的开始者之后的) 第 N 个到达者也将看见系统是空的, 由此推出 N 是 (8.7 节的) 马尔可夫链从状态 0 到状态 0 的转移次数. 因此, $1/\mathrm{E}[N]$ 是让马尔可夫链进入状态 0 的转移比例, 或者等价地, 是看到系统空着的到达者的比例. 所以

$$\mathrm{E}[N] = \frac{1}{a_0} = \frac{1}{1-\beta}$$

同样, 因为下一个忙期开始于第 N 个到达间隔, 由此推出循环时间 (即忙期和闲期的和) 等于直至第 N 个到达间隔的时间. 换句话说, 忙期和闲期的和可以表示为 N 个到达间隔时间的和. 于是, 若 T_i 是忙期开始后第 i 到达间隔时间, 则

$$\begin{aligned} \mathrm{E}[\text{忙期}] + \mathrm{E}[\text{闲期}] &= \mathrm{E}\left[\sum_{i=1}^{N} T_i\right] \\ &= \mathrm{E}[N]\mathrm{E}[T] \qquad \text{(由瓦尔德方程)} \\ &= \frac{1}{\lambda(1-\beta)} \end{aligned} \tag{8.57}$$

关于 E[忙期] 和 E[闲期] 之间的第二个关系, 我们可以用在 8.5.3 节中同样的推理得到结论

$$1 - P_0 = \frac{\mathrm{E}[\text{忙期}]}{\mathrm{E}[\text{闲期}] + \mathrm{E}[\text{忙期}]}$$

又因为 $P_0 = 1 - \lambda/\mu$, 将它与式 (8.57) 结合起来, 我们得到

$$\mathrm{E}[\text{忙期}] = \frac{1}{\mu(1-\beta)}, \qquad \mathrm{E}[\text{闲期}] = \frac{\mu - \lambda}{\lambda\mu(1-\beta)}$$

8.8　有限源模型

考虑由工作时间是速率为 λ 的独立指数随机变量的 m 台机器组成的一个系统. 在一台机器出现故障时, 立刻送它到只有一个修理工的一个修理站修理. 如果修理工有空, 则马上开始修理这台机器; 否则, 这台机器加入损坏机器队列. 当一台修理完毕后, 它立刻变成工作机器, 而且开始修理在损坏机器队列中的另一台机器 (当队列非空时). 相继的修理时间是独立随机变量, 具有密度函数 g 和均值

$$\mu_R = \int_0^\infty xg(x)\mathrm{d}x.$$

为了分析这个系统, 以确定一些量, 例如不能工作的机器的平均台数和一台机器不能工作的平均时间, 我们将利用指数分布的工作时间得到一个马尔可夫链. 特别地, 以 X_n 记紧随第 n 次修复发生时机器出现故障的台数, $n \geqslant 1$. 现在如果 $X_n = i > 0$, 那么当第 n 次修复刚发生时的情况是, 正要开始修理一台机器, 有 $i-1$ 台机器在等待修理, 并且有 $m-i$ 台机器在工作, 其中每一台将 (独立地) 继续工作一个速率为 λ 的指数时间. 类似地, 如果 $X_n = 0$, 那么, 有 m 台机器在工作, 其中每一台将 (独立地) 继续工作一个速率为 λ 的指数时间. 从而, 有关这个系统的更早状态任何信息, 并不影响在下一个修理完成的时刻离开工作的机器台数的概率分布; 因此, $\{X_n, n \geqslant 1\}$ 是一个马尔可夫链. 为了确定它的转移概率 $P_{i,j}$, 首先假设 $i > 0$. 取条件于下一个修理完成的时间长度 R, 并且利用 $m-i$ 个剩余工作时间的独立性, 对 $j \leqslant m-i$ 可得

$$\begin{aligned}
P_{i,i-1+j} &= \mathrm{P}\{\text{在 } R \text{ 期间有 } j \text{ 台故障}\} \\
&= \int_0^\infty \mathrm{P}\{\text{在 } R \text{ 期间有 } j \text{ 台故障} | R = r\} g(r)\mathrm{d}r \\
&= \int_0^\infty \binom{m-i}{j} (1-\mathrm{e}^{-\lambda r})^j (\mathrm{e}^{-\lambda r})^{m-i-j} g(r)\mathrm{d}r
\end{aligned}$$

如果 $i = 0$, 那么因为直到有一台机器故障下一次修理才开始, 故

$$P_{0,j} = P_{1,j}, \qquad j \leqslant m-1$$

以 π_j $(j = 0, \cdots, m-1)$ 记这个马尔可夫链的平稳概率. 即它们是

$$\pi_j = \sum_i \pi_i P_{i,j}, \qquad \sum_{j=0}^{m-1} \pi_j = 1$$

的唯一解. 所以, 在用显式确定转移概率且求解上述方程组之后, 我们就知道在修复完成而所有的机器都工作的比例 π_0 的值. 如果所有的机器都在工作, 我们说系

统处于“开”状态, 否则就说处于“关”状态 (于是, 当修理工闲时系统处于“开”, 而当修理工忙时系统处于“关”). 因为当系统回到“开”时所有的机器都在工作, 从指数随机变量缺乏记忆性推出, 系统在回到“开”时一切都概率地重新开始. 因此, 这个“开 – 关”系统是一个交替更新过程. 假设系统刚变为“开”, 于是开始了一个新的循环, 而令 $R_i\,(i \geqslant 1)$ 是从这个时刻开始的第 i 次修复的时间. 同样. 以 N 记在这个循环中“关” (忙) 的时间内修理的次数. 那么, “关”时期的长度可以表示为

$$B = \sum_{i=1}^{N} R_i$$

虽然 N 并不独立于序列 $R_1, R_2, \cdots$, 但容易检验它是这个序列的一个停时, 并且因此由瓦尔德方程 (见第 7 章习题 13), 我们有

$$\mathrm{E}[B] = \mathrm{E}[N]\mathrm{E}[R] = \mathrm{E}[N]\mu_R$$

同样, 因为一个“开”时间将持续到有一台机器出现故障为止, 而且因为独立指数随机变量的最小值是指数随机变量, 其参数是它们的参数的和, 由此推出在一个循环中的“开” (闲) 的平均时间为

$$\mathrm{E}[I] = 1/(m\lambda)$$

因此, 修理工在忙的时间的比例 P_B 满足

$$P_B = \frac{\mathrm{E}[N]\mu_R}{\mathrm{E}[N]\mu_R + 1/(m\lambda)}$$

然而, 因为平均地每 $\mathrm{E}[N]$ 个完成修理中的一个将使所有的机器工作, 由此推出

$$\pi_0 = \frac{1}{\mathrm{E}[N]}$$

从而

$$P_B = \frac{\mu_R}{\mu_R + \pi_0/(m\lambda)} \tag{8.58}$$

现在集中注意于一台机器, 记它为机器 1, 而以 $P_{1,R}$ 记机器 1 被修理的时间比例. 由于修理工忙的时间比例是 P_B, 并且因为所有的机器以相同的速率发生故障, 且有相同的修理分布, 由此推出

$$P_{1,R} = \frac{P_B}{m} = \frac{\mu_R}{m\mu_R + \pi_0/\lambda} \tag{8.59}$$

然而, 机器 1 交替地处于以下各时间周期: 在工作、在队列中等待、在修理. 以 W_i、Q_i、S_i 分别记机器 1 第 i 次工作的时间、第 i 次排队的时间、第 i 次修理的时间, $i \geqslant 1$. 那么, 机器 1 在它的前 n 个“工作 – 排队 – 修理”的循环周期中修理的时间比例是:

机器 1 在的前 n 个循环周期中修理的时间比例

$$= \frac{\sum_{i=1}^{n} S_i}{\sum_{i=1}^{n} W_i + \sum_{i=1}^{n} Q_i + \sum_{i=1}^{n} S_i} = \frac{\sum_{i=1}^{n} S_i/n}{\sum_{i=1}^{n} W_i/n + \sum_{i=1}^{n} Q_i/n + \sum_{i=1}^{n} S_i/n}$$

令 $n \to \infty$, 并且利用强大数定律得到 W_i 的平均与 S_i 的平均分别收敛到 $1/\lambda$ 和 μ_R, 由此得到

$$P_{1,R} = \frac{\mu_R}{1/\lambda + \overline{Q} + \mu_R}$$

其中 $\overline{Q}$ 是机器 1 故障时在队列中等待的平均时间. 利用方程 (8.59), 上式给出

$$\frac{\mu_R}{m\mu_R + \pi_0/\lambda} = \frac{\mu_R}{1/\lambda + \overline{Q} + \mu_R}$$

或者, 等价地, 有

$$\overline{Q} = (m-1)\mu_R - (1-\pi_0)/\lambda$$

此外, 由于所有的机器都概率地等价, 由此推出 $\overline{Q}$ 等于失效机器在队列中花费的平均时间 W_Q. 为了确定队列中机器的平均数, 我们利用基本排队恒等式

$$L_Q = \lambda_a W_Q = \lambda_a \overline{Q}$$

其中 λ_a 是机器的平均故障率. 为了确定 λ_a, 再次集中注意于机器 1, 并且假设只要机器 1 在修理我们就在每单位时间赚得 1. 于是由方程 (8.1) 的基本价格恒等式推出

$$P_{1,R} = r_1 \mu_R$$

其中 r_1 是机器 1 的平均故障率. 于是, 由方程 (8.59), 我们得到

$$r_1 = \frac{1}{m\mu_R + \pi_0/\lambda}$$

因为所有 m 台机器有相同的故障率, 上面的等式蕴涵

$$\lambda_a = m r_1 = \frac{m}{m\mu_R + \pi_0/\lambda}$$

它给出在队列中的机器平均数为

$$L_Q = \frac{m(m-1)\mu_R - m(1-\pi_0)/\lambda}{m\mu_R + \pi_0/\lambda}$$

由于在修理的机器平均数是 P_B, 上式与方程 (8.58) 合起来说明不在工作的机器的平均数是

$$L = L_Q + P_B = \frac{m^2\mu_R - m(1-\pi_0)/\lambda}{m\mu_R + \pi_0/\lambda}$$

8.9 多服务线系统

分析具有多于一条服务线的系统大体上要比单服务线系统复杂得多. 在 8.9.1 节中, 我们首先讨论不允许有排队的泊松到达, 然后在 8.9.2 节中考虑无穷容量的 M/M/k 系统. 对于这两种系统, 我们能够给出其极限概率. 在 8.9.3 节中, 我们考虑

G/M/k 模型, 这里的分析类似于 (8.7 节的) G/M/1, 我们将用 k 个量来代替由积分方程的解给出的单个量 β. 我们在 8.9.4 节中以模型 M/G/k 结束, 不幸的是, 前面 (用于 M/G/1) 的技术不再能够使我们推导得到 W_Q, 而我们满足于一个近似方法.

8.9.1 厄兰损失系统

损失系统是一种排队系统, 其中到达者看到所有的服务线都在忙时并不进入, 更确切地说, 他是系统丢失的顾客. 最简单的这种系统是 M/M/k 损失系统, 其中顾客按速率为 λ 的泊松过程到达, 如果 k 条服务线中至少有一条服务线闲着, 顾客就进入系统, 然后花费一个速率为 μ 的指数时间接受服务. 这个系统的平衡方程组是

状态	离开速率 = 进入速率
0	$\lambda P_0 = \mu P_1$
1	$(\lambda+\mu)P_1 = 2\mu P_2 + \lambda P_0$
2	$(\lambda+2\mu)P_2 = 3\mu P_3 + \lambda P_1$
$i, 0 < i < k$	$(\lambda+i\mu)P_i = (i+1)\mu P_{i+1} + \lambda P_{i-1}$
k	$k\mu P_k = \lambda P_{k-1}$

经过改写, 给出

$$\begin{aligned}\lambda P_0 &= \mu P_1,\\ \lambda P_1 &= 2\mu P_2,\\ \lambda P_2 &= 3\mu P_3,\\ &\vdots\\ \lambda P_{k-1} &= k\mu P_k\end{aligned}$$

因此

$$\begin{aligned}P_1 &= \frac{\lambda}{\mu}P_0,\\ P_2 &= \frac{\lambda}{2\mu}P_1 = \frac{(\lambda/\mu)^2}{2}P_0,\\ P_3 &= \frac{\lambda}{3\mu}P_2 = \frac{(\lambda/\mu)^3}{3!}P_0,\\ &\vdots\\ P_k &= \frac{\lambda}{k\mu}P_{k-1} = \frac{(\lambda/\mu)^k}{k!}P_0\end{aligned}$$

并且利用 $\sum_{i=0}^{k} P_i = 1$, 我们得到

$$P_i = \frac{(\lambda/\mu)^i/i!}{\sum_{j=0}^{k}(\lambda/\mu)^j/j!}, \qquad i = 0, 1, \cdots, k$$

因为 $\mathrm{E}[S] = 1/\mu$, 其中 $\mathrm{E}[S]$ 是平均服务时间, 所以上面的等式可以写成

$$P_i = \frac{(\lambda \mathrm{E}[S])^i / i!}{\sum_{j=0}^{k} (\lambda \mathrm{E}[S])^j / j!} \qquad i = 0, 1, \cdots, k \tag{8.60}$$

现在考虑服务时间是一般分布的同样系统——即考虑不允许排队的 M/G/k. 这个模型有时称为厄兰损失系统. 可以证明 (虽然这个证明具有更高水平) 方程 (8.60) (称为厄兰损失公式) 对这种更加一般的系统仍然有效.

注 易见当 $k=1$ 时方程 (8.60) 成立. 在此情形下, $L = P_1, W = \mathrm{E}[S]$, 且 $\lambda_a = \lambda P_0$. 应用 $L = \lambda_a W$ 就得出

$$P_1 = \lambda P_0 \mathrm{E}[S]$$

由于 $P_0 + P_1 = 1$, 上式蕴涵了

$$P_0 = \frac{1}{1+\lambda \mathrm{E}[S]}, \quad P_1 = \frac{\lambda \mathrm{E}[S]}{1+\lambda \mathrm{E}[S]}$$ ■

8.9.2 M/M/k 排队系统

M/M/k 无穷容量的排队系统可以用平衡方程的技巧分析. 我们留给读者去验证

$$P_i = \begin{cases} \dfrac{\dfrac{(\lambda/\mu)^i}{i!}}{\sum_{i=0}^{k-1} \dfrac{(\lambda/\mu)^i}{i!} + \dfrac{(\lambda/\mu)^k}{k!} \dfrac{k\mu}{k\mu - \lambda}}, & i \leqslant k \\ \dfrac{(\lambda/k\mu)^i k^k}{k!} P_0, & i > k \end{cases}$$

从上式我们看到, 需要加上条件 $\lambda < k\mu$.

8.9.3 G/M/k 排队系统

在这个模型中, 我们也假设有 k 条服务线, 每一条以指数速率 μ 服务. 然而, 现在我们允许相继到达的间隔时间有一个任意的分布 G. 为了保证存在一个稳定的 (或极限的) 状态分布, 我们假定条件 $1/\mu_G < k\mu$, 其中 μ_G 是分布 G 的均值 ①.

对于这个模型的分析, 类似于在 8.7 节中介绍的 $k=1$ 的情形. 即为了避免追踪从最后一个到达者开始的时间, 我们只看系统的到达时刻. 再一次, 我们定义 X_n 为第 n 个到达时刻在系统中的人数, 那么 $\{X_n, n \geqslant 0\}$ 是马尔可夫链.

为了推导这个马尔可夫链的转移概率, 注意到关系

$$X_{n+1} = X_n + 1 - Y_n, \qquad n \geqslant 0$$

其中 Y_n 表示在第 n 个和第 $n+1$ 个到达者之间的到达间隔期间离开系统的顾客数. 现在转移概率 P_{ij} 可以计算如下:

---

① 由更新理论 (命题 7.1) 推出, 顾客按速率 $1/\mu_G$ 到达, 而因为最大的服务速率是 $k\mu$, 若要极限概率存在我们显然需要 $1/\mu_G < k\mu$.

情形 1：$j > i+1$

在这种情形容易推出 $P_{ij}=0$.

情形 2：$j \leqslant i+1 \leqslant k$

在这种情形如果到达者看到系统中有 i 个人，那么，因为 $i<k$，新的到达者将立刻进入系统. 因此，下一个到达者将看到 j 个人，如果在此到达间隔期间这 $i+1$ 个服务中恰有 $i+1-j$ 已完成服务. 取条件于这个到达间隔时间的长度得出

$$\begin{aligned}P_{ij}&=\mathrm{P}\{\text{在一个到达间隔时间 } i+1 \text{ 人中有 } i+1-j \text{ 已完成服务}\}\\&=\int_0^\infty \mathrm{P}\{i+1 \text{ 人中有 } i+1-j \text{ 已完成服务} \mid \text{到达间隔时间是 } t\}\mathrm{d}G(t)\\&=\int_0^\infty \binom{i+1}{j}(i-\mathrm{e}^{-\mu t})^{i+1-j}(\mathrm{e}^{-\mu t})^j\mathrm{d}G(t)\end{aligned}$$

其中最后的等式是由于在时间段 t 中完成服务的次数具有二项分布.

情形 3：$i+1 \geqslant j \geqslant k$

在这种情形求 P_{ij} 的值，我们先注意到，当所有的服务线都忙时，离开过程是速率为 $k\mu$ 的泊松过程 (为什么?). 因此，再对这个到达间隔时间的长度取条件，就有

$$\begin{aligned}P_{ij}&=\mathrm{P}\{i+1-j \text{ 人离开}\}\\&=\int_0^\infty \mathrm{P}\{i+1-j \text{ 人在时间 } t \text{ 离开}\}\mathrm{d}G(t)\\&=\int_0^\infty \mathrm{e}^{-k\mu t}\frac{(k\mu t)^{i+1-j}}{(i+1-j)!}\mathrm{d}G(t)\end{aligned}$$

情形 4：$i+1 \geqslant k > j$

在这种情形，当所有的服务线都忙时，离开过程是泊松过程，由此推出直至系统中只有 k 个人为止的时间长度将具有参数为 $i+1-k, k\mu$ 的伽马分布 (速率为 $k\mu$ 的泊松过程直到 $i+1-k$ 个事件发生的时间是以 $i+1-k, k\mu$ 为参数的伽马分布). 首先取条件于到达间隔时间，然后取条件于对直至系统中只有 k 个人为止的时间 (称后面的随机变量为 T_k)，得到

$$\begin{aligned}P_{ij}&=\int_0^\infty \mathrm{P}\{\text{在时间 } t \text{ 内有 } i+1-j \text{ 人离开}\}\mathrm{d}G(t)\\&=\int_0^\infty\int_0^t \mathrm{P}\{\text{在时间 } t \text{ 内有 } i+1-j \text{ 人离开 } |T_k=s\}k\mu\mathrm{e}^{-k\mu s}\frac{(k\mu s)^{i-k}}{(i-k)!}\mathrm{d}s\mathrm{d}G(t)\\&=\int_0^\infty\int_0^t\binom{k}{j}(1-\mathrm{e}^{-\mu(t-s)})^{k-j}(\mathrm{e}^{-\mu(t-s)})^j k\mu\mathrm{e}^{-k\mu s}\frac{(k\mu s)^{i-k}}{(i-k)!}\mathrm{d}s\mathrm{d}G(t)\end{aligned}$$

其中最后的等式是由于在时间 s 接受服务的 k 个人中，到时间 t 为止完成服务的人数是具有参数 k 和 $1-\mathrm{e}^{-\mu(t-s)}$ 的二项分布.

现在我们可以直接代入方程 $\pi_j = \sum_i \pi_i P_{ij}$, 或者用 8.7 节结尾处在注中介绍的同样推理, 验证这个马尔可夫链的极限概率具有形式

$$\pi_{k-1+j} = c\beta^j, \qquad j = 0, 1, \cdots$$

将它代入 $\pi_j = \sum_i \pi_i P_{ij}$ 中的任意方程, 在 $j > k$ 时得到 β 由

$$\beta = \int_0^\infty \mathrm{e}^{-k\mu t(1-\beta)} \mathrm{d}G(t)$$

的解给出.

值 $\pi_0, \pi_1, \cdots, \pi_{k-2}$ 可以由递推地求解稳态方程的前 $k-1$ 个得到, 而 c 可以利用 $\sum_{i=0}^\infty \pi_i = 1$ 算得.

如果我们以 W_Q^* 记一个顾客在队列中花费的时间, 那么正如 G/M/1 同样的方式, 我们可以证明

$$W_Q^* = \begin{cases} 0, & \text{以概率} \sum_{i=0}^{k-1} \pi_i = 1 - \dfrac{c\beta}{1-\beta} \\ \mathrm{Exp}(k\mu(1-\beta)), & \text{以概率} \sum_{i=k}^{\infty} \pi_i = \dfrac{c\beta}{1-\beta} \end{cases}$$

其中 $\mathrm{Exp}(k\mu(1-\beta))$ 是一个速率为 $k\mu(1-\beta)$ 的指数随机变量.

8.9.4　M/G/k 排队系统

本节我们讨论 M/G/k 系统, 其中顾客以泊松速率 λ 到达, 且由 k 条服务线中的任意一条提供服务, 每一条服务线具有服务分布 G. 如果我们试图对 M/G/k 系统作仿照在 8.5 节中介绍的分析, 那么, 我们将从基本恒等式

$$V = \lambda \mathrm{E}[S] W_Q + \lambda \mathrm{E}[S^2]/2 \tag{8.61}$$

开始, 并且尝试推导联系 V 与 W_Q 的第二个方程.

现在如果我们考虑一个任意的到达者, 那么我们有以下的等式

$$\text{顾客到达时系统中的功} = k\times \text{顾客在队列中花费的时间} + R \tag{8.62}$$

其中 R 是在顾客到达的时刻系统中所有其他在服务的顾客的剩余服务时间之和.

得到上式是因为当到达者在队列中等候时, 功是以单位时间速率 k 产生的 (因为所有的服务线都在忙). 于是, 当他在队列等候时, 产生了一个数量为 $k\times$ (在队列的时间) 的功. 现在, 当他到达时产生了所有这样的功, 另外, 当他接受服务时仍旧在接受服务那些人的剩余功也在他到达时产生了 —— 所以我们得到了方程 (8.62). 作为一个例子, 假设共有 3 条服务线, 当顾客到达时, 它们全都在忙. 另外假设, 在系统中没有其他顾客, 而 3 个在服务的人的剩余服务时间是 3、6 和 7. 因此, 到达者看到的功是 $3+6+7=16$. 现在到达者将在队列中等待 3 个时间单位, 而当他进

入服务, 其他两个顾客的剩余服务时间是 $6-3=3$ 和 $7-3=4$, 而作为方程 (8.62) 的一个验证, 我们看到 $16=3\times 3+7$.

对方程 (8.62) 取期望, 并且利用泊松到达看到时间平均的事实, 我们得到

$$V = kW_Q + \mathrm{E}[R]$$

它与方程 (8.61) 一起, 如果能够计算 $\mathrm{E}[R]$, 就能解出 W_Q. 然而没有计算 $\mathrm{E}[R]$ 的已知方法, 事实上, 没有计算 W_Q 的已知确切公式. 在参考文献 6 中, 利用上面的方法然后再逼近 $\mathrm{E}[R]$ 以得到 W_Q:

$$W_Q \approx \frac{\lambda^k \mathrm{E}[S^2](\mathrm{E}[S])^{k-1}}{2(k-1)!(k-\lambda\mathrm{E}[S])^2\left[\sum_{n=0}^{k-1}\dfrac{(\lambda\mathrm{E}[S])^n}{n!}+\dfrac{(\lambda\mathrm{E}[S])^k}{(k-1)!(k-\lambda\mathrm{E}[S])}\right]} \tag{8.63}$$

当服务分布是伽马分布时显示, 上面的近似已经与 W_Q 非常接近. 当 G 是指数分布时, 它也是精确的.

习　题

1. 对于 M/M/1 排队系统, 计算

(a) 在一个服务周期到达顾客的期望数.

(b) 在一个服务周期没有顾客到达的概率.

提示: "取条件".

***2.** 工厂中的机器以每小时 6 台的指数速率发生故障. 设有一个修理工, 他以每小时 8 台的指数速率修复. 当机器停止工作失去生产能力时会引起每小时每台机器 10 美元的费用. 问由于机器故障而招致的平均费用率是多少?

3. 市场经理要么雇用玛丽要么雇用艾丽斯. 玛丽以每小时 20 个顾客的指数速率服务, 以每小时 3 美元的价格被雇用. 艾丽斯以每小时 30 个顾客的指数速率服务, 以每小时 C 美元的价格被雇用. 经理估计, 平均地每个顾客的时间每小时值 1 美元, 且应该将这计入模型. 如果顾客按每小时 10 个的泊松速率到达, 那么

(a) 雇用玛丽每小时的费用是多少? 雇用艾丽斯呢?

(b) 求 C, 使得雇用玛丽每小时的费用与雇用艾丽斯一样.

4. 对于 M/M/1 系统, 设某顾客在接受服务前排队等待的时间为 $x>0$.

(a) 证明这种情况下, 当该顾客到达时, 系统中的其他顾客数的分布是 $1+P$, 其中 P 是均值为 λ 的泊松随机变量.

(b) 令 W_Q^* 表示 M/M/1 系统中顾客排队等待的时间. 作为 (a) 分析的附带结果, 证明

$$\mathrm{P}\{W_Q^* \leqslant x\} = \begin{cases} 1-\dfrac{\lambda}{\mu}, & \text{若 } x=0 \\ 1-\dfrac{\lambda}{\mu}+\dfrac{\lambda}{\mu}(1-\mathrm{e}^{-(\mu-\lambda)x}), & \text{若 } x>0 \end{cases}$$

5. 从习题 4 推出, 如果在 M/M/1 模型中, W_Q^* 记一个顾客在队列中等待的时间, 那么

$$W_Q^* = \begin{cases} 0, & \text{以概率 } 1-\dfrac{\lambda}{\mu} \\ \text{Exp}(\mu-\lambda), & \text{以概率 } \dfrac{\lambda}{\mu} \end{cases}$$

其中 $\text{Exp}(\mu-\lambda)$ 是一个速率为 $\mu-\lambda$ 的指数随机变量. 利用它求 $\text{Var}(W_Q^*)$.

***6.** 证明具有到达率 λ 和服务率 2μ 的模型 M/M/1 中的 W, 小于在具有到达率 λ 和相同服务率 μ 的 2 条服务线模型 M/M/2 中的 W.

你能对此结果给出一个直观的解释吗? 该结果对 W_Q 也成立吗?

***7.** 考虑如例 8.7 中所介绍的带有焦躁顾客模型的排队系统 M/M/1. 利用极限概率 P_n $(n \geqslant 0)$ 给出你对下面问题的解答.

(a) 一个顾客在排队系统中平均停留的时间是多少?

(b) 若以 e_n 记在一个顾客到达时, 看到系统中有 n 人的概率, 求 $e_n, n \geqslant 0$.

(c) 求到达且接受服务的顾客看到排队系统中有 n 人的条件概率.

(d) 求接受服务的顾客在系统中的平均停留时间.

(e) 求在接受服务前离开的顾客在系统中的平均停留时间.

8. 一个设备按速率为 λ 的泊松过程生产产品. 然而, 只有放 k 件产品的货架空间, 所以当出现 k 件产品时就停止生产. 顾客按速率为 μ 的泊松过程来到这个工厂. 每个顾客需要 1 件产品, 而且或者带着产品立刻离开, 或者如果没有他要的产品而空手离开.

(a) 求空手离开的顾客比例.

(b) 求在货架上有一件产品的平均时间.

(c) 求在货架上产品的平均数.

9. n 个顾客在两条服务线之间移动. 在服务完成后, 结束服务的顾客进入其他服务线的队列 (或者进入服务, 如果服务线闲着). 所有的服务时间都是速率为 μ 的指数时间. 求有 j 个顾客在服务线 1 的时间的比例, $j=0,\cdots,n$.

10. m 个顾客以下述方式频繁地访问一个单服务线的服务站. 当一个顾客到达时, 如果服务线闲着, 他进入服务, 否则就加入队列. 在服务完成时该顾客离开系统, 但是在一个速率为 θ 的指数时间后回来. 所有的服务时间按速率 μ 指数地分布.

(a) 求顾客进入服务站的平均速率.

(b) 求一个顾客在每次访问中在服务站待的平均时间.

***11.** 一家人按速率 λ 的泊松过程到达出租车站点. 如这家到达时发现有另外 N 家在等出租车则不再等待. 出租车按速率 μ 的泊松过程到达, 若发现有 M 辆其他出租车在等, 则到达的出租车就不再等待. 推导下述量的表达式.

(a) 没有家庭在等的时间比例.

(b) 没有出租车在等的时间比例.

(c) 有一个家庭在等的时间比例.

(d) 有一辆出租车在等的时间比例.

(e) 登上出租车的家庭的比例.

现在假设 $N = M = \infty$, 每个家庭在寻找另外的出租车站点前等待速率为 α 的指数时间, 每辆出租车在空载离开前等待速率为 β 的指数时间. 重做本题.

***12.** 一个超市有两个收银台, 每个以速率为 μ 的指数时间运行. 到达是按速率为 λ 的泊松过程. 收银台以如下方式运行:

(i) 一个队列供两个收银台.

(ii) 一个收银台有一个固定收款员操作, 而另一个收银台由一个存货管理员操作, 只是在系统中有两个或两个以上顾客时, 他才马上开始收款. 只要管理员完成了服务, 且在系统中少于两个顾客, 他将回到存货岗位.

(a) 令 P_n 是在系统中有 n 个人的时间比例. 建立 P_n 的方程, 并且求解.

(b) 系统中的人数从 0 到 1 的速率是多少? 从 2 到 1 的速率是多少?

(c) 存货管理员在收款的时间比例是多少?

提示：当系统中只有一个人的时候, 要稍为仔细.

13. 有两个顾客在三条服务线之间移动. 一旦在服务线 i 的服务完成, 顾客就离开服务线 i, 然后到另外两条服务线中任意一条闲着的服务线. (因此, 总是有两条服务线忙.) 如果服务线 i 的服务时间是速率为 $\mu_i(i = 1, 2, 3)$ 的指数随机变量, 那么服务线 i 闲着的时间比例是多少?

14. 考虑一个有两条服务线但没有队列的排队系统. 有两种类型的顾客. 类型 1 顾客以速率为 λ_1 的泊松过程到达, 如果任意一条服务线闲着, 他就进入系统. 类型 1 顾客的服务时间是速率为 μ_1 的指数随机变量. 类型 2 顾客以速率为 λ_2 的泊松过程到达. 类型 2 顾客需要同时用两条服务线, 因此只有当两条服务线都闲时, 类型 2 到达者才会进入系统. 两条服务线服务类型 2 顾客所需的时间是速率为 μ_2 的指数随机变量. 一旦一个顾客的服务完成, 这个顾客就离开系统.

(a) 定义状态使得能分析上述模型.

(b) 给出平衡方程组.

用平衡方程组的解, 求

(c) 一个进入的顾客在系统中所待的平均时间;

(d) 被服务的类型 1 顾客的比例.

15. 考虑一个由两条服务线 A 和 B 组成的序贯服务系统. 到达的顾客只在服务线 A 闲着时才进入系统. 如果一个顾客进入了系统, 他立刻接受服务线 A 服务. 当他在 A 的服务完成时, 如果 B 闲着, 他去 B; 如果 B 忙着, 他就离开系统. 服务线 B 的服务完成时, 顾客离开系统. 假定这个 (泊松) 到达率是每小时 2 个顾客, 而 A 和 B 分别以每小时 4 个和 2 个顾客的 (指数) 速率服务.

(a) 顾客进入系统的比例是多少?

(b) 进入的顾客接受 B 服务的比例是多少?

(c) 系统中顾客的平均数是多少?

(d) 一个进入的顾客在系统中待的时间的平均数量是多少?

16. 顾客按速率为 $\lambda = 5$ 的泊松过程到达一个具有两条服务线的系统. 到达者看到服务线 1 闲着, 就开始在这个服务线接受服务. 到达者看到服务线 1 忙着, 而服务线 2 闲着, 就进入服务线 2 接受服务. 到达者看到两条服务线都忙着就离开. 一旦一个顾客接受完了任意一条服务线的服务, 他就离开系统. 服务线 i 的服务时间是速率为 μ_i 的指数分布, 其中 $\mu_1 = 4$, $\mu_2 = 2$.

(a) 一个进入的顾客在系统中待的时间的平均数量是多少?

(b) 服务线 2 在忙的时间比例是多少?

17. 顾客按每小时 2 人的速率的泊松过程到达一个具有两条服务线的系统. 到达者看到服务线 1 闲着, 就开始在此服务线接受服务. 到达者看到服务线 1 忙着, 而服务线 2 闲着, 就开始在服务线 2 接受服务. 到达者看到两条服务线都忙着就离开. 当一个顾客接受完了服务线 1 的服务, 如果服务线 2 在闲着, 她将进入服务线 2 接受服务, 如果服务线 2 忙着她就离开系统. 一个在服务线 2 完成了服务的顾客将离开系统. 服务线 1 和服务线 2 的服务时间分别是速率为每小时 4 个与 6 个的指数随机变量.

(a) 没有进入系统的顾客比例是多少?

(b) 进入的顾客在系统中待的时间的平均数量是多少?

(c) 进入的顾客接受服务线 1 服务的比例是多少?

18. 顾客以速率为 λ 的泊松过程到达一个具有三条服务线的系统. 到达者看到服务线 1 闲着, 就进入服务线 1 接受服务. 到达者看到服务线 1 忙着, 而服务线 2 闲着, 就进入服务线 2 接受服务. 到达者看到服务线 1 和服务线 2 都忙着就离开. 一个在服务线 1 或服务线 2 的服务完成的顾客, 或者进入服务线 3(若服务线 3 闲着) 或者离开系统 (若服务线 3 忙着). 在服务线 3 的服务完成后顾客离开系统. 服务线 i 的服务时间是速率为 μ_i 的指数随机变量, $i = 1, 2, 3$.

(a) 定义状态使之能分析上述系统.

(b) 给出平衡方程组.

(c) 用平衡方程组的解求进入的顾客在系统中所待的平均时间.

(d) 对于一个当系统为空时到达的顾客, 求他由服务线 3 服务的概率.

19. 经济情况在好的和坏的时期之间轮换. 在好的时期顾客按速率为 λ_1 的泊松过程到达某个单条服务线的系统, 而在坏的时期他们按速率为 λ_2 的泊松过程到达. 一个好的时期持续速率为 α_1 的指数时间, 而一个坏的时期持续速率为 α_2 的指数时间. 一个到达的顾客只在服务线闲着时进入排队系统, 一个到达的顾客看到服务线忙着就离开. 所有的服务时间都是速率为 μ 的指数随机变量.

(a) 定义状态使得可以分析这个系统.

(b) 给出一组线性方程, 使它的解将是系统在各个状态的时间的长程比例.

根据 (b) 中方程的解, 问

(c) 系统是空着的时间比例是多少?

(d) 顾客进入系统的平均速率是多少?

20. 有两种类型的顾客: 类型 1 和类型 2, 分别以速率为 λ_1 和 λ_2 的泊松过程独立地到达. 这里有两条服务线. 如果服务线 1 闲着, 那么类型 1 到达者将进入服务线 1 接受服务; 如果服务线 1 忙着而服务线 2 闲着, 那么类型 1 到达者将进入服务线 2 接受服务. 如果两条服务线都忙着, 那么类型 1 到达者将离开. 类型 2 到达者只能进入服务线 2 接受服务;

如果类型 2 顾客到达时服务线 2 闲着, 那么这个顾客将进入这条服务线接受服务. 如果类型 2 顾客到达时服务线 2 忙着, 那么这个顾客就将离开. 在服务线 i 的服务时间是速率为 $\mu_i(i=1,2)$ 的指数随机变量.

假设我们想求在系统中顾客的平均数.

(a) 定义状态.

(b) 给出平衡方程组. 不要试图求解它们.

根据长程概率, 问

(c) 系统中顾客的平均数是多少?

(d) 一个顾客在系统中待的平均时间是多少?

***21.** 假设在习题 20 中我们想求一个类型 1 顾客在服务线 2 的时间比例. 根据在习题 20 中给出的长程概率, 问

(a) 类型 1 顾客进入服务线 2 的速率是多少?

(b) 类型 2 顾客进入服务线 2 的速率是多少?

(c) 在服务线 2 的类型 1 顾客的比例是多少?

(d) 一个类型 1 顾客在在服务线 2 的平均时间是多少?

22. 顾客按速率为 λ 的泊松过程到达一个单服务线的服务站. 看到服务线闲着的所有到达者都立刻进入服务. 所有的服务时间都按速率 μ 指数地分布. 看到服务线忙着的所有到达者将离开系统, 并以速率为 θ 的指数时间闲游后回来. 当顾客闲游回来, 而服务线仍在忙着, 那么这个顾客会再次以速率为 θ 的指数时间闲游后回来. 一个看到服务线在忙, 且有 N 个其他顾客 "在闲游" 的到达者将离开, 而且不再回来. 也就是说, N 是 "在闲游" 的顾客数最大值

(a) 定义状态.

(b) 给出平衡方程组.

根据平衡方程组的解, 求

(c) 最终接受服务的顾客比例.

(d) 一个接受服务的顾客等待的平均时间.

23. 考虑顾客到达率为 λ, 而服务线的服务率为 μ 的 M/M/1 系统. 然而假设服务线在忙的长度为 h 的一个任意区间, 服务线以概率 $\alpha h+o(h)$ 损坏并致使系统关闭. 所有在系统中的顾客都离开, 而且服务线修复好之前没有另外的到达者允许进入系统. 修复的时间以速率 β 指数地分布.

(a) 定义合适的状态.

(b) 给出平衡方程组.

根据长程概率, 问

(c) 进入系统的顾客在系统中待的平均时间是多少?

(d) 进入的顾客完成服务的比例是多少?

(e) 在服务线损坏期间到达的顾客比例是多少?

***24.** 再考虑习题 23. 这次假设当服务线已损坏并在修理时, 系统中的顾客被保留其中. 另外, 假设损坏时期允许新的到达者进入系统. 问一个顾客在系统中待的平均时间是多少?

25. 按参数为 λ 的泊松过程到达的到达者加入具有指数服务率 μ_A 和 μ_B 的两条平行的服务线 A 和 B 前面的队列 (见图 8.4). 当系统空着时, 到达者以概率 α 进入服务线 A, 以概率 $1-\alpha$ 进入服务线 B. 此外队列中前面的人首先进入空着的服务线.

(a) 定义状态并建立平衡方程组. 不用求解.

(b) 根据 (a) 中的概率, 在系统中的平均人数是多少? 平均闲着的服务线是多少?

(c) 根据 (a) 中的概率, 一个任意的到达者在 A 接受服务的概率是多少?

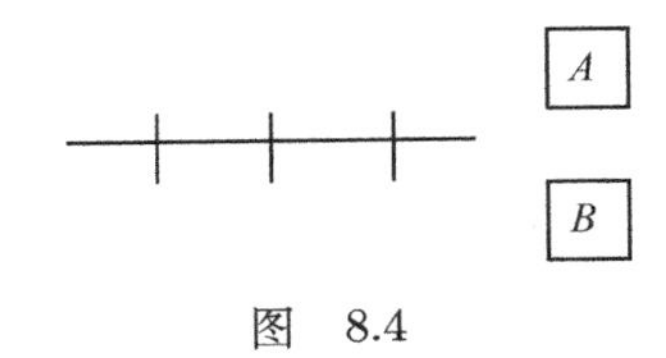

图　8.4

26. 在一个有无限等待空间的队列中, 顾客按泊松过程 (参数 λ) 到达, 且服务时间是指数分布 (参数 μ). 然而, 服务线在开始服务第一个顾客前要等待到有 K 个人出现. 然后, 每次服务一个, 直到所有的 K 个人和所有后来的到达者都接受了服务为止. 这时服务线将闲着, 直到再有 K 个新的到达者出现.

(a) 定义合适的状态空间, 画一个转移示意图, 并建立平衡方程组.

(b) 根据极限概率, 一个顾客在队列中待的平均时间是多少?

(c) λ 和 μ 必须满足的条件是什么?

27. 考虑一个单服务线的指数系统, 其中普通顾客的到达率为 λ, 服务率为 μ. 另外有一个特殊的顾客具有服务率 μ_1. 只要这个特殊的顾客到来, 她直接进入服务 (如果有其他人正在接受服务, 那么这个人将返回队列). 当这个特殊的顾客不接受服务时, 她以一个 (平均为 $1/\theta$ 的) 指数时间离开系统.

(a) 这个特殊的顾客的平均到达率是多少?

(b) 定义合适的状态, 并建立平衡方程组.

(c) 求一个普通的顾客被迫返回队列 n 次的概率.

***28.** 以 D 记在 $\lambda<\mu$ 的平稳 M/M/1 排队系统中相继离开之间的时间. 取条件于一次离开是否使系统为空, 证明 D 是速率为 λ 的指数随机变量.

提示: 取条件于一次离开是否使系统为空, 我们看到

$$D=\begin{cases}\text{指数}\ (\mu), & \text{以概率 } \lambda/\mu \\ \text{指数}(\lambda)*\text{指数}(\mu), & \text{以概率 } 1-\lambda/\mu\end{cases}$$

其中指数 $(\lambda)*$ 指数 (μ) 表示具有速率 λ 和 μ 的两个独立的指数随机变量的和. 现在用矩母函数证明 D 有所需的分布.

注意上面并没有证明离开过程是泊松过程. 要证明这个结论, 我们不仅需要证明离开间隔时间都是速率为 λ 的指数随机变量, 而且还需要证明它们是独立的.

29. 潜在顾客按速率为 λ 的泊松过程到达一个单个服务员的美发沙龙. 看到服务员闲着的潜在顾客将进入系统, 看到服务员忙着的潜在顾客将离开. 某个潜在顾客以概率 p_i 为类型 i, 其中 $p_1+p_2+p_3=1$. 类型 1 顾客由服务员洗发, 类型 2 顾客由服务员剪发, 而类型 3 顾客

由服务员先洗发然后剪发. 服务员用速率为 μ_1 的指数时间洗发, 且用速率为 μ_2 的指数时间剪发.

(a) 解释为什么这个系统可以用 4 个状态来分析.

(b) 给出一个方程组, 它的解是系统在每个状态的时间比例.

根据 (b) 中方程组的解, 求

(c) 服务员在剪发的时间的比例;

(d) 进入的顾客的平均到达率.

30. 对于一前一后的排队模型验证

$$P_{n,m} = (\lambda/\mu_1)^n(1-\lambda/\mu_1)(\lambda/\mu_2)^m(1-\lambda/\mu_2)$$

满足平衡方程组 (8.15).

31. 考虑有 3 个站的网络. 顾客分别按速率为 5、10、5 的泊松过程到达站 1、2、3. 在 3 个站的服务时间分别是速率为 10、50、100 的指数时间. 一个在站 1 完成了服务的顾客等可能地 (i) 去站 2, (ii) 去站 3, 或者 (iii) 离开系统. 一个离开站 2 服务的顾客总是去站 3. 一个离开站 3 服务的顾客等可能地或者去站 2 或者离开系统.

(a) 在系统中顾客的平均数是多少 (包含所有 3 个站) ?

(b) 一个顾客在系统中待的平均时间是多少?

32. 考虑一个由两个顾客在两条服务线之间移动的封闭排队网络, 并且假设在每次完成服务后, 顾客等可能地去每一条服务线, 即 $P_{1,2} = P_{2,1} = 1/2$. 以 μ_i 记在服务线 i 的指数服务率, $i = 1, 2$.

(a) 确定每条服务线的平均顾客数.

(b) 确定每条服务线的服务完成率.

33. 解释马尔可夫链蒙特卡罗模拟怎样用吉布斯抽样法去估计

(a) 在一次访问中, 在服务线 j 待的时间数量分布.

提示：用到达定理.

(b) 一个顾客在服务线 j 的时间比例 (即或者在服务线 j 的队列, 或者在服务线 j 服务).

34. 对于开放排队网络

(a) 叙述并证明到达定理的等价性.

(b) 对于一个顾客在队列中等待的平均时间, 推导一个表达式.

35. 顾客按速率 λ 的泊松过程到达一个单服务线站. 每个顾客有一个值. 顾客的相继值是独立的, 而且来自一个 $(0,1)$ 上的均匀分布. 一个具有值 x 的顾客的服务时间是一个均值为 $3+4x$ 和方差为 5 的随机变量.

(a) 一个顾客在系统中待的平均时间是多少?

(b) 一个有值 x 的顾客在系统中待的平均时间是多少?

***36.** 比较 M/G/1 系统先来先服务规定, 与后来先服务规定 (例如, 服务的单件是从一堆货的顶部拿时). 你觉得队列的长度、等待时间和忙期分布会不同吗? 它们的均值是多少? 如果排队系统的规定总是在等待人中随机地选取, 那么情况将怎样? 直观地哪一种规定将导致等待时间分布的最小方差?

37. 在 M/G/1 排队系统,

(a) 离开后留下功为 0 的离开者的比例是多少?

(b) 一个离开的顾客离开时系统中看到的平均功是多少?

38. 对于 M/G/1 排队系统, 以 X_n 记第 n 个离开的顾客离开时系统中留下的人数.

(a) 如果

$$X_{n+1}=\begin{cases} X_n-1+Y_n, & \text{若 } X_n\geqslant 1\\ Y_n, & \text{若 } X_n=0\end{cases}$$

Y_n 表示什么?

(b) 将上面改写为

$$X_{n+1}=X_n-1+Y_n+\delta_n \tag{8.64}$$

其中

$$\delta_n=\begin{cases} 1, & \text{若 } X_n=0\\ 0, & \text{若 } X_n\geqslant 1\end{cases}$$

取期望, 并在方程 (8.64) 中令 $n\to\infty$ 得到

$$\mathrm{E}[\delta_\infty]=1-\lambda\mathrm{E}[S]$$

(c) 将方程 (8.64) 两边取平方, 再取期望, 然后令 $n\to\infty$ 得到

$$\mathrm{E}[X_\infty]=\frac{\lambda^2\mathrm{E}[S^2]}{2(1-\lambda\mathrm{E}[S])}+\lambda\mathrm{E}[S]$$

(d) 论证一个离开者看到的平均人数 $\mathrm{E}[X_\infty]$ 等于 L.

***39.** 考虑一个 M/G/1 排队系统, 其中在忙期第一个顾客具有服务分布 G_1, 而所有其他顾客具有服务分布 G_2. 以 C 记在一个忙期中的顾客数, 并且以 S 记随机选取的一个顾客的服务时间.

论证

(a) $a_0=P_0=1-\lambda\mathrm{E}[S]$.

(b) $\mathrm{E}[S]=a_0\mathrm{E}[S_1]+(1-a_0)\mathrm{E}[S_2]$, 其中 S_i 具有分布 G_i.

(c) 用 (a) 和 (b) 证明一个忙期的期望长度 $\mathrm{E}[B]$ 由 $\mathrm{E}[B]=\dfrac{\mathrm{E}[S_1]}{1-\lambda\mathrm{E}[S_2]}$ 给出.

(d) 求 $\mathrm{E}[C]$.

40. 考虑 $\lambda\mathrm{E}[S]<1$ 的一个 M/G/1 排队系统.

(a) 假设服务线在系统中有 n 个顾客的时刻才开始服务,

(i) 论证直至在系统中只有 $n-1$ 个顾客为止的附加时间与忙期具有相同的分布.

(ii) 直至系统空为止的期望附加时间是多少?

(b) 假设在某个时刻系统中的功为 A. 我们想求直至系统空为止的期望附加时间 —— 称它为 $\mathrm{E}[T]$. 以 N 记在前 A 个单位时间期间到达的人数.

(i) 计算 $\mathrm{E}[T|N]$.

(ii) 计算 $\mathrm{E}[T]$.

41. 载有顾客的车按每小时 4 辆的速率到达一个单服务线的站. 服务时间以速率每小时 20 人指数地分布. 如果每辆车乘坐 1、2、3 个顾客的概率分别为 1/4、1/2、1/4. 计算顾客在队列中的平均延迟.

42. 在 8.6.2 节的有两个类的优先排队模型中, W_Q 是什么? 证明如果 $\mathrm{E}[S_1] < \mathrm{E}[S_2]$, 那么 W_Q 比在 "先来先服务" 规定下的小, 而如果 $\mathrm{E}[S_1] > \mathrm{E}[S_2]$, 那么 W_Q 比在 "先来先服务" 规定下的大.

43. 在两个类的优先排队模型中, 假设在队列中的每个类型 i 顾客每单位时间支付一个价格 $C_i, i = 1, 2$. 证明如果

$$\frac{\mathrm{E}[S_1]}{C_1} < \frac{\mathrm{E}[S_2]}{C_2}$$

那么类型 1 顾客必须优先于类型 2 顾客 (而如果反向则相反).

44. 考虑在 8.6.2 节的有两个类的优先排队模型, 但是现在假设如果在一个类型 1 顾客到达时, 一个类型 2 顾客正在接受服务, 则这个类型 2 顾客被暂停服务. 这称为有抢先权的情形. 假设当一个被暂停服务的类型 2 顾客回来接受服务时, 他的服务开始于他被暂停服务时留下的服务的地方.

(a) 证明在任意时刻系统中的功与无抢先权的情形一样.

(b) 推导 W_Q^1.

提示: 类型 2 顾客是如何影响类型 1 顾客的?

(c) 为什么 $V_Q^2 = \lambda_2 \mathrm{E}[S_2] W_Q^2$ 是不正确的?

(d) 论证由一个到达的类型 2 顾客所看到的功与无抢先权的情形一样, 从而

$$W_Q^2 = W_Q^2(\text{无抢先权的}) + \mathrm{E}[\text{额外时间}],$$

其中的额外时间是由他可能被暂停服务的事实所引起的.

(e) 以 N 记一个类型 2 顾客被暂停服务的次数. 为什么有

$$\mathrm{E}[\text{额外时间}|N] = \frac{N\mathrm{E}[S_1]}{1 - \lambda_1 \mathrm{E}[S_1]}.$$

提示: 当一个类型 2 的顾客被暂停时, 将直到他回来接受服务的时间与一个 "忙期" 联系起来.

(f) 以 S_2 记类型 2 的服务时间. $\mathrm{E}[N|S_2]$ 是什么?

(g) 将上面的合在一起得到

$$W_Q^2 = W_Q^2(\text{无抢先权的}) + \frac{\lambda_1 \mathrm{E}[S_1]\mathrm{E}[S_2]}{1 - \lambda_1 \mathrm{E}[S_1]}$$

***45.** 用显式 (不要通过极限概率) 计算习题 24 中一个顾客在系统中等待的平均时间.

46. 在 G/M/1 模型中, 如果 G 是速率为 λ 的指数分布, 证明 $\beta = \lambda/\mu$.

***47.** 在有 k 条服务线的厄兰损失系统, 假设 $\lambda = 1$ 和 $\mathrm{E}[S] = 4$. 若 $P_k = 0.2$, 求 L.

48. 验证 M/M/k 对 P_i 给出的公式.

49. 在厄兰损失系统中假设泊松到达率是 $\lambda = 2$, 并且假设有 3 条服务线, 每一条的服务分布是 $(0, 2)$ 上的均匀分布. 问系统失去的潜在顾客的比例是多少?

50. 在 M/M/k 系统中,

(a) 顾客必须在队列中等待的概率是多少?

(b) 确定 L 和 W.

51. 对于 G/M/k 模型, 验证给出的 W_Q^* 的分布公式.

***52.** 考虑一个系统, 其到达间隔时间有一个任意的分布 F, 而且有一条单服务线, 其服务分布为 G. 以 D_n 记第 n 个顾客在队列中等待的时间数量. 解释 S_n 和 T_n, 使

$$D_{n+1} = \begin{cases} D_n + S_n - T_n, & \text{若 } D_n + S_n - T_n \geqslant 0 \\ 0, & \text{若 } D_n + S_n - T_n < 0 \end{cases}$$

53. 考虑一个模型, 其到达间隔时间具有一个任意的分布 F, 而且有 k 条服务线, 每一条服务线具有服务分布 G. 为了使得极限概率存在, 你认为什么条件是 F 和 G 所必须的?

参考文献

[1] J. Cohen, "The Single Server Queue," North-Holland, Amsterdam, 1969.

[2] R. B. Cooper, "Introduction to Queueing Theory, " Second Edition, Macmillan, New York, 1984.

[3] D. R. Cox and W. L. Smith, "Queues," Wiley, New York, 1961.

[4] F. Kelly, "Reversibility and Stochastic Networks," Wiley, New York, 1979.

[5] L. Kleinrock, "Queueing Systems," Vol. I, Wiley, New York, 1975.

[6] S. Nozaki and S. Ross, "Approximations in Finite Capacity Multiserver Queues with Poisson Arrivals," *J. Appl. Prob.* **13**, 826–834(1978).

[7] L. Takacs, "Introduction to the Theory of Queues," Oxford University Press, London and New York, 1962.

[8] H. Tijms, "Stochastic Models: An Algorithmic Approach, " Wiley, New York,1994.

[9] P. Whittle, "Systems in Stochastic Equilibrium, " Wiley, New York, 1986.

[10] Wolff, "Stochastic Modeling and the Theory of Queues, " Prentice Hall, New Jersey, 1989.

第 9 章 可靠性理论

9.1 引　　言

可靠性理论涉及确定一个可能由许多部件组成的系统运行的概率. 我们将假设系统是否运行只由运行的部件确定. 例如, 一个*串联系统*系统运行当且仅当其所有的部件都运行, 而一个*并联系统*系统运行当且仅当至少它的一个部件运行. 在 9.2 节中, 我们探讨依赖其部件运行的系统的可能运行方式. 在 9.3 节中, 我们假设每个部件以某个已知的概率 (彼此独立地) 运行, 并展示如何得到系统运行的概率. 由于显式计算这些概率常有困难, 在 9.4 节中, 我们也给出了有用的上界和下界. 在 9.5 节中, 假设某个部件在开始时是运行的, 而在它失效前运行一个随机长的时间, 我们按时间动态地观察一个系统. 然后讨论系统的运行时间分布与部件的寿命分布之间的关系. 特别地, 如果一个部件运行的时间有一个*平均递增失效率*(increasing failure rate on the average, IFRA) 分布, 那么系统的寿命分布也有同样的性质. 在 9.6 节中, 我们考虑如何得到系统平均寿命的问题. 在最后一节, 我们分析当失效部件实行修理时的系统.

9.2 结构函数

考虑一个由 n 个部件组成的系统, 并且假设每个部件或者运行, 或者失效. 为了表示第 i 个部件是否运行, 我们定义示性变量 x_i 为

$$x_i = \begin{cases} 1, & 若第\ i\ 个部件在运行 \\ 0, & 若第\ i\ 个部件失效 \end{cases}$$

向量 $\boldsymbol{x} = (x_1, \cdots, x_n)$ 称为*状态向量*. 它表明哪个部件在运行, 哪个部件已失效.

我们进一步假设, 系统作为整体是否能运行完全由状态向量 $\boldsymbol{x}$ 决定. 特别地, 假定存在一个函数 $\phi(\boldsymbol{x})$ 使

$$\phi(\boldsymbol{x}) = \begin{cases} 1, & 如果当状态向量是\ \boldsymbol{x}\ 时系统运行 \\ 0, & 如果当状态向量是\ \boldsymbol{x}\ 时系统失效 \end{cases}$$

函数 $\phi(\boldsymbol{x})$ 称为系统的*结构函数*.

例 9.1(串联结构)　一个串联系统运行当且仅当它的所有部件都运行. 因此, 它的结构函数为

$$\phi(\boldsymbol{x})=\min(x_1,\cdots,x_n)=\prod_{i=1}^{n}x_i$$

我们将看到用一个示意图表示系统函数是很有用的. 有关串联系统的示意图如图 9.1 中所示. 其想法是, 如果一个信号开始在示意图的左端, 那么, 为了成功地到达右端, 它必须经过所有的部件; 因此, 部件必须都在运行. ■

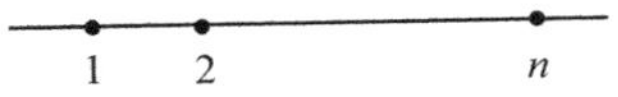

图 9.1　串联系统

例 9.2(并联结构)　一个并联系统运行当且仅当至少它的一个部件在运行. 因此, 它的结构函数为

$$\phi(\boldsymbol{x})=\max(x_1,\cdots,x_n)$$

一个并联结构可以通过图 9.2 示意说明. 这是由于开始在左端的一个信号能够成功地到达右端, 只要至少它一个的部件在运行即可. ■

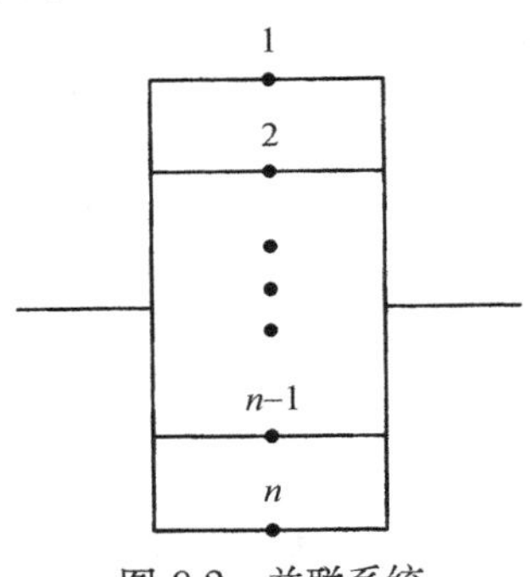

图 9.2　并联系统

例 9.3(n 中 k 结构)　串联系统与并联系统都是 n 中 k 系统的特殊情形. 这样的系统运行当且仅当它的 n 个部件中至少有 k 个部件在运行. 因为 $\sum_{i=1}^{n}x_i$ 等于在运行的部件个数, n 中 k 系统的结构函数为

$$\phi(\boldsymbol{x})=\begin{cases}1, & \text{如果}\sum\limits_{i=1}^{n}x_i\geqslant k\\ 0, & \text{如果}\sum\limits_{i=1}^{n}x_i<k\end{cases}$$

串联系统和并联系统分别是 n 中 n 系统和 n 中 1 系统.

3 中 2 系统可以由图 9.3 的示意图表达. ■

例 9.4(一个 4 个部件的系统)　考虑一个由 4 个部件组成的系统, 而且假设这个系统运行当且仅当部件 1 和 2 都在运行且部件 3 和 4 中至少有一个在运行. 它的结构函数由

$$\phi(\boldsymbol{x})=x_1x_2\max(x_3,x_4)$$

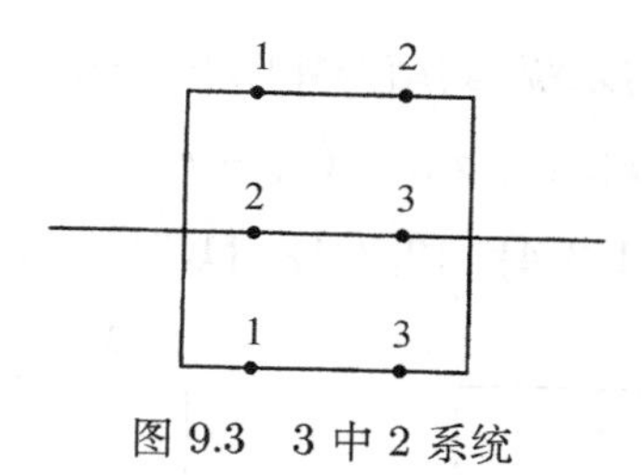

图 9.3 3 中 2 系统

给出. 用图形表示, 这个系统正如图 9.4 所示. 一个容易验证的有用恒等式是, 对于二进位变量[①] $x_i, (i = 1, \cdots, n)$ 有

$$\max(x_1, \cdots, x_n) = 1 - \prod_{i=1}^{n}(1 - x_i)$$

当 $n = 2$ 时, 有

$$\max(x_1, x_2) = 1 - (1 - x_1)(1 - x_2) = x_1 + x_2 - x_1 x_2$$

因此, 在这个例子中的结构函数可以写成

$$\phi(\boldsymbol{x}) = x_1 x_2 (x_3 + x_4 - x_3 x_4)$$

■

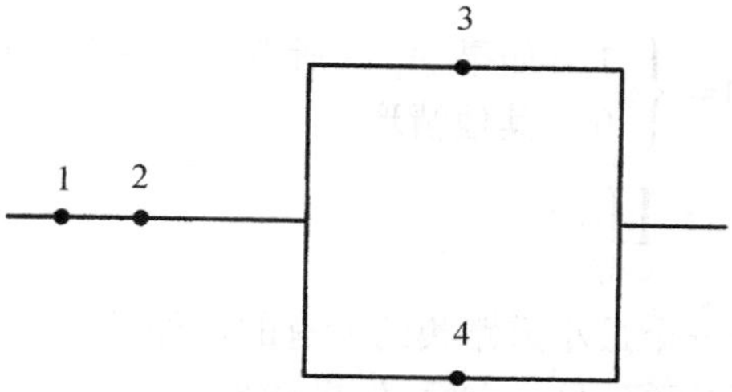

图 9.4

自然地, 假定用一个能运行的部件代替一个失效的部件绝对不会影响这个系统. 换句话说, 自然地假定结构函数 $\phi(\boldsymbol{x})$ 是 $\boldsymbol{x}$ 的增函数, 就是说, 如果 $x_i \leqslant y_i, i = 1, \cdots, n$, 那么 $\phi(\boldsymbol{x}) \leqslant \phi(\boldsymbol{y})$. 在本章中将作这样的假定, 且这样的系统称为*单调的*.

最小道路与最小切割集

在本节中, 我们展示怎样将一个任意的系统表示为, 既是并联系统的串联排列, 又是串联系统的并联排列. 我们需要下面的概念作为准备.

一个状态向量 $\boldsymbol{x}$ 称为一个*道路向量*, 如果 $\phi(\boldsymbol{x}) = 1$. 此外如果对于一切 $\boldsymbol{y} < \boldsymbol{x}$ 都有 $\phi(\boldsymbol{y}) = 0$, 那么 $\boldsymbol{x}$ 称为一个*最小道路向量*.[②] 如果 $\boldsymbol{x}$ 是一个最小道路向量, 那么集合 $A = \{i : x_i = 1\}$ 称为*最小道路集*. 换句话说, 一个最小道路集是使运行部件的最少并且保证系统运行的集合.

① 一个二进位变量是或者取 0, 或者取 1 的变量.

② 我们说 $\boldsymbol{y} < \boldsymbol{x}$, 如果 $y_i \leqslant x_i, i = 1, \cdots, n$, 而且对于某个 i 有 $y_i < x_i$.

例 9.5 考虑一个 5 部件的系统，其结构如图 9.5 所示. 它的结构函数等于

$$\phi(\boldsymbol{x}) = \max(x_1, x_2)\max(x_3x_4, x_5) = (x_1 + x_2 - x_1x_2)(x_3x_4 + x_5 - x_3x_4x_5)$$

存在 4 个最小道路集，即，$\{1,3,4\}$、$\{2,3,4\}$、$\{1,5\}$、$\{2,5\}$. ■

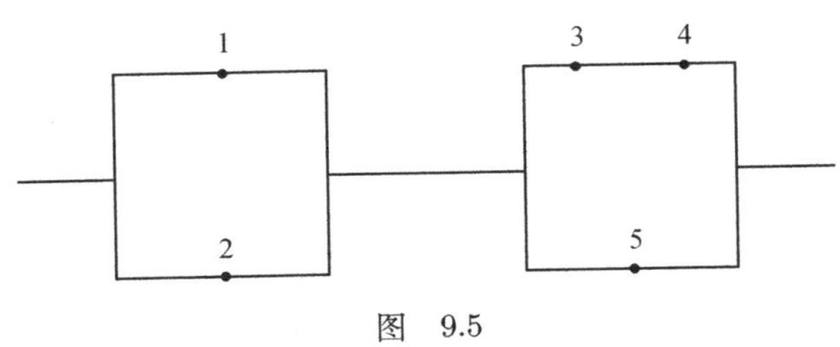

图 9.5

例 9.6 在一个 n 中 k 结构的系统中，有 $\binom{n}{k}$ 个最小道路集，即是所有恰由 k 个部件组成的集合. ■

以 $A_1, \cdots, A_s$ 记给定系统的最小道路集全体. 我们定义第 j 个最小道路集的示性函数 $\alpha_j(\boldsymbol{x})$ 为

$$\alpha_j(\boldsymbol{x}) = \begin{cases} 1, & \text{如果 } A_j \text{ 的所有的部件都在运行} \\ 0, & \text{其他情形} \end{cases}$$
$$= \prod_{i \in A_j} x_i$$

由定义推出，如果至少一个最小道路集的所有的部件都在运行，即，如果对于某个 j 有 $\alpha_j(\boldsymbol{x}) = 1$，则系统在运行. 另一方面，如果系统在运行，则在运行的部件集合必须至少包含一个最小道路集. 所以，一个系统将运行当且仅当，至少一个最小道路集的所有部件都在运行. 因此，

$$\phi(\boldsymbol{x}) = \begin{cases} 1, & \text{如果对于某个 } j \text{ 有 } \alpha_j(\boldsymbol{x}) = 1 \\ 0, & \text{如果对于一切 } j \text{ 有 } \alpha_j(\boldsymbol{x}) = 0 \end{cases}$$

或者，等价地

$$\phi(\boldsymbol{x}) = \max_j \alpha_j(\boldsymbol{x}) = \max_j \prod_{i \in A_j} x_i \tag{9.1}$$

因为 $\alpha_j(\boldsymbol{x})$ 是第 j 个最小道路集的部件串联结构函数，方程 (9.1) 就将一个任意系统表示为串联系统的并联排列.

例 9.7 考虑例 9.5 中的系统. 因为它的最小道路集是 $A_1 = \{1,3,4\}$, $A_2 = \{2,3,4\}$, $A_3 = \{1,5\}$, $A_4 = \{2,5\}$，所以由方程 (9.1) 我们有

$$\begin{aligned}\phi(\boldsymbol{x}) &= \max\{x_1x_3x_4, x_2x_3x_4, x_1x_5, x_2x_5\} \\ &= 1 - (1 - x_1x_3x_4)(1 - x_2x_3x_4)(1 - x_1x_5)(1 - x_2x_5)\end{aligned}$$

你应该验证这等于例 9.5 中给出的 $\phi(\boldsymbol{x})$ 的值 (利用事实: 由于 x_i 等于 0 或 1, 所以有 $x_i^2 = x_i$). 这个表示可以用图 9.6 表达. ■

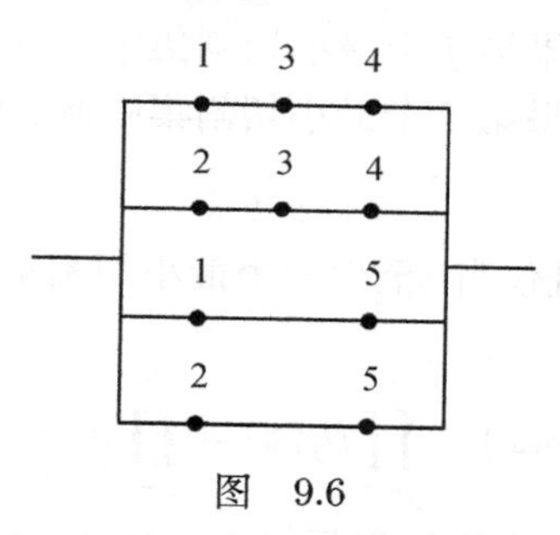

图 9.6

例 9.8 结构如图 9.7 中图形的系统, 称为**桥联系统**. 它的最小道路集是 $\{1,4\}$、$\{1,3,5\}$、$\{2,5\}$、$\{2,3,4\}$. 因此, 由方程 (9.1), 它的结构函数可以表示为

$$\begin{aligned}\phi(\boldsymbol{x}) &= \max\{x_1x_4, x_1x_3x_5, x_2x_5, x_2x_3x_4\} \\ &= 1-(1-x_1x_4)(1-x_1x_3x_5)(1-x_2x_5)(1-x_2x_3x_4)\end{aligned}$$

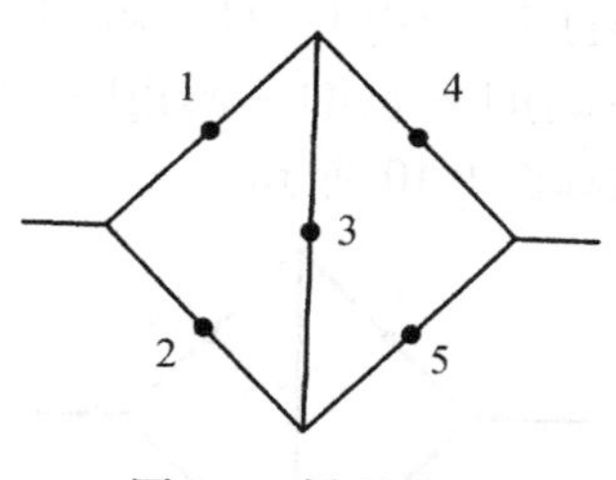

图 9.7 桥联系统

这个表示 $\phi(\boldsymbol{x})$ 的示意图如图 9.8 所示. ■

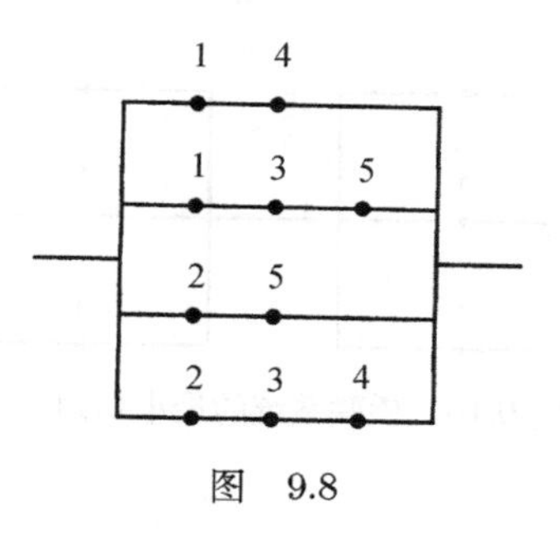

图 9.8

如果 $\phi(\boldsymbol{x}) = 0$, 状态向量 $\boldsymbol{x}$ 称为**切割向量**. 此外如果对于一切 $\boldsymbol{y} > \boldsymbol{x}$ 都有 $\phi(\boldsymbol{y}) = 1$, 则称 $\boldsymbol{x}$ 为一个**最小切割向量**. 如果 $\boldsymbol{x}$ 是一个最小切割向量, 那么称集合 $C = \{i : x_i = 0\}$ 为**最小切割集**. 换句话说, 最小切割集是使得系统失效的失效部件的最小集合.

以 $C_1, \cdots, C_k$ 记给定系统的最小切割集的全体. 我们定义第 j 个最小切割集的示性函数 $\beta_j(\boldsymbol{x})$ 为

$$\beta_j(\boldsymbol{x}) = \begin{cases} 1, & \text{如果第 } j \text{ 个最小切割集中至少一个部件在运行} \\ 0, & \text{如果第 } j \text{ 个最小切割集中所有的部年都不运行} \end{cases}$$
$$= \max_{i \in C_j} x_i$$

因为一个系统不能运行当且仅当, 至少一个最小切割集的所有部件都不运行, 由此推出

$$\phi(\boldsymbol{x}) = \prod_{j=1}^{k} \beta_j(\boldsymbol{x}) = \prod_{j=1}^{k} \max_{i \in C_j} x_i \tag{9.2}$$

由于 $\beta_j(\boldsymbol{x})$ 是第 j 个最小切割集部件的一个并联结构函数, 方程 (9.2) 就将一个任意系统表示为并联系统的串联排列.

例 9.9　图 9.9 中桥联结构的最小切割集是 $\{1,2\}$、$\{1,3,5\}$、$\{2,3,4\}$、$\{4,5\}$. 因此, 从方程 (9.2), 我们可以将 $\phi(\boldsymbol{x})$ 表示为

$$\begin{aligned} \phi(\boldsymbol{x}) &= \max(x_1, x_2) \max(x_1, x_3, x_5) \max(x_2, x_3, x_4) \max(x_4, x_5) \\ &= [1-(1-x_1)(1-x_2)][1-(1-x_1)(1-x_3)(1-x_5)] \\ &\quad \times [1-(1-x_2)(1-x_3)(1-x_4)][1-(1-x_4)(1-x_5)] \end{aligned}$$

$\phi(\boldsymbol{x})$ 的这个表示用图形表达如图 9.10 所示. ■

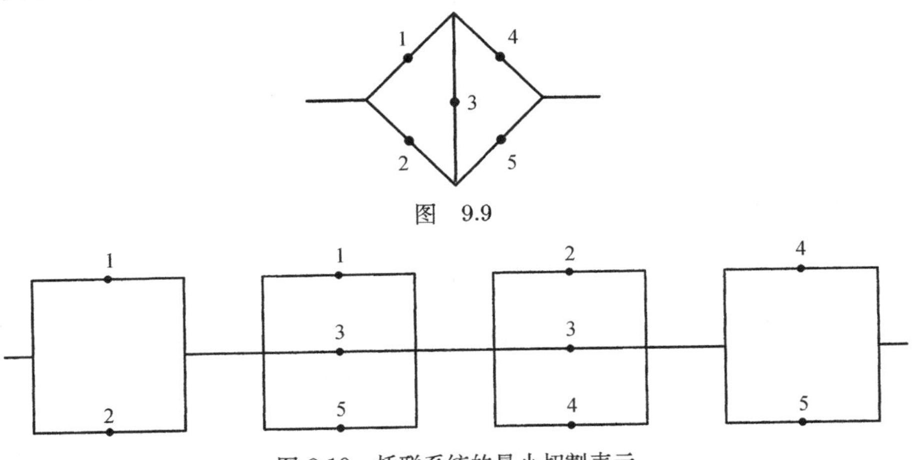

图　9.9

图 9.10　桥联系统的最小切割表示

9.3　独立部件系统的可靠性

在这一节中, 我们假设第 i 个部件的状态 X_i 是随机变量, 使得

$$P\{X_i = 1\} = p_i = 1 - P\{X_i = 0\}$$

其中值 p_i 等于第 i 个部件运行的概率，称为第 i 个部件的可靠度. 如果定义 r 为

$$r = P\{\phi(\boldsymbol{X}) = 1\}, \text{其中 } \boldsymbol{X} = (X_1, \cdots, X_n),$$

那么 r 称为系统的可靠度. 当部件，即，随机变量 $X_i(i = 1, \cdots, n)$ 相互独立时，我们可以将 r 表示为部件可靠度的一个函数. 即

$$r = r(\boldsymbol{p}), \quad \text{其中 } \boldsymbol{p} = (p_1, \cdots, p_n)$$

函数 $r(\boldsymbol{p})$ 称为系统的可靠性函数. 在本章余下的部分，我们将总假定部件之间是独立的.

例 9.10(串联系统) n 个独立部件串联系统的可靠性函数为

$$r(\boldsymbol{p}) = P\{\phi(\boldsymbol{X}) = 1\} = P\{X_i = 1, \text{ 对所有的 } i = 1, \cdots, n\} = \prod_{i=1}^{n} p_i$$ ■

例 9.11(并联系统) n 个独立部件并联系统的可靠性函数为

$$\begin{aligned} r(\boldsymbol{p}) &= P\{\phi(\boldsymbol{X}) = 1\} \\ &= P\{X_i = 1, \text{ 对某个 } i = 1, \cdots, n\} \\ &= 1 - P\{X_i = 0, \text{ 对所有的 } i = 1, \cdots, n\} \\ &= 1 - \prod_{i=1}^{n}(1 - p_i) \end{aligned}$$ ■

例 9.12(具有等概率的 n 中 k 结构系统) 考虑一个 n 中 k 的系统. 如果对于所有的 $i = 1, \cdots, n$ 有 $p_i = p$，那么可靠性函数为

$$\begin{aligned} r(p, \cdots, p) &= P\{\phi(\boldsymbol{X}) = 1\} = P\left\{\sum_{i=1}^{n} X_i \geqslant k\right\} \\ &= \sum_{i=k}^{n} \binom{n}{i} p^i (1-p)^{n-i} \end{aligned}$$ ■

例 9.13(3 中 2 系统) 一个 3 中 2 系统的可靠性函数为

$$\begin{aligned} r(\boldsymbol{p}) &= P\{\phi(\boldsymbol{X}) = 1\} \\ &= P\{\boldsymbol{X} = (1,1,1)\} + P\{\boldsymbol{X} = (1,1,0)\} \\ &\quad + P\{\boldsymbol{X} = (1,0,1)\} + P\{\boldsymbol{X} = (0,1,1)\} \\ &= p_1p_2p_3 + p_1p_2(1-p_3) + p_1(1-p_2)p_3 + (1-p_1)p_2p_3 \\ &= p_1p_2 + p_1p_3 + p_2p_3 - 2p_1p_2p_3 \end{aligned}$$ ■

例 9.14(4 中 3 系统) 一个 4 中 3 系统的可靠性函数为

$$\begin{aligned} r(\boldsymbol{p}) &= P\{\boldsymbol{X} = (1,1,1,1)\} + P\{\boldsymbol{X} = (1,1,1,0)\} + P\{\boldsymbol{X} = (1,1,0,1)\} \\ &\quad + P\{\boldsymbol{X} = (1,0,1,1)\} + P\{\boldsymbol{X} = (0,1,1,1)\} \\ &= p_1p_2p_3p_4 + p_1p_2p_3(1-p_4) + p_1p_2(1-p_3)p_4 \\ &\quad + p_1(1-p_2)p_3p_4 + (1-p_1)p_2p_3p_4 \\ &= p_1p_2p_3 + p_1p_2p_4 + p_1p_3p_4 + p_2p_3p_4 - 3p_1p_2p_3p_4 \end{aligned}$$ ■

例 9.15(5 部件系统)　考虑一个当且仅当部件 1、部件 2 和其他部件中至少一个运行时系统运行的 5 部件系统. 它的可靠性函数为

$$\begin{aligned} r(\boldsymbol{p}) &= \mathrm{P}\{X_1=1, X_2=1, \max(X_3,X_4,X_5)=1\} \\ &= \mathrm{P}\{X_1=1\}\mathrm{P}\{X_2=1\}\mathrm{P}\{\max(X_3,X_4,X_5)=1\} \\ &= p_1p_2[1-(1-p_3)(1-p_4)(1-p_5)] \end{aligned}$$

■

因为 $\phi(\boldsymbol{X})$ 是一个 0-1(即伯努利) 随机变量, 我们也可以通过对它取期望计算 $r(\boldsymbol{p})$. 即

$$r(\boldsymbol{p}) = \mathrm{P}\{\phi(\boldsymbol{X})=1\} = \mathrm{E}[\phi(\boldsymbol{X})]$$

例 9.16(4 部件系统)　一个当部件 1、部件 4 和其他部件中至少一个运行时系统运行的 4 部件系统, 其可靠性函数为

$$\phi(\boldsymbol{x}) = x_1x_4\max(x_2,x_3)$$

因此

$$\begin{aligned} r(\boldsymbol{p}) &= \mathrm{E}[\phi(\boldsymbol{X})] \\ &= \mathrm{E}[X_1X_4(1-(1-X_2)(1-X_3))] \\ &= p_1p_4[1-(1-p_2)(1-p_3)] \end{aligned}$$

■

可靠性函数 $r(\boldsymbol{p})$ 的一个重要且直观的性质, 由以下命题给出.

命题 9.1　*如果 $r(\boldsymbol{p})$ 是一个独立部件系统的可靠性函数, 则 $r(\boldsymbol{p})$ 是 $\boldsymbol{p}$ 的增函数.*

证明　取条件于 X_i, 并且利用部件的独立性, 我们得到

$$\begin{aligned} r(\boldsymbol{p}) &= \mathrm{E}[\phi(\boldsymbol{X})] \\ &= p_i\mathrm{E}[\phi(\boldsymbol{X})|X_i=1] + (1-p_i)\mathrm{E}[\phi(\boldsymbol{X})|X_i=0] \\ &= p_i\mathrm{E}[\phi(1_i,\boldsymbol{X})] + (1-p_i)\mathrm{E}[\phi(0_i,\boldsymbol{X})] \end{aligned}$$

其中

$$\begin{aligned} (1_i,\boldsymbol{X}) &= (X_1,\cdots,X_{i-1},1,X_{i+1},\cdots,X_n) \\ (0_i,\boldsymbol{X}) &= (X_1,\cdots,X_{i-1},0,X_{i+1},\cdots,X_n) \end{aligned}$$

于是

$$r(\boldsymbol{p}) = p_i\mathrm{E}[\phi(1_i,\boldsymbol{X})-\phi(0_i,\boldsymbol{X})] + \mathrm{E}[\phi(0_i,\boldsymbol{X})]$$

然而, 由于 ϕ 是增函数, 由此推出

$$\mathrm{E}[\phi(1_i,\boldsymbol{X})-\phi(0_i,\boldsymbol{X})] \geqslant 0$$

从而关于一切 i 上述量对 p_i 递增. 因此证明了结果. ■

现在我们考虑以下情形：一个含有 n 个部件的系统将由每种部件恰好有 2 个的一个库存构建. 我们应该如何利用库存使得我们得到的系统可运行概率最大? 特别地, 我们是否应该构建两个分开的系统, 这种情形得到的系统的可运行概率是

$$\begin{aligned} \mathrm{P}\{\text{两个系统中至少一个运行}\} &= 1-\mathrm{P}\{\text{两个系统都没有运行}\} \\ &= 1-[(1-r(\boldsymbol{p}))(1-r(\boldsymbol{p}'))] \end{aligned}$$

其中 $p_i(p'_i)$ 是第一个 (第二个) 系统的第 i 个部件运行的概率; 还是应该构建单个系统, 使其第 i 个部件在运行如果两个标号 i 的部件中至少一个在运行. 在后一种情形, 系统运行的概率等于

$$r[\mathbf{1}-(\mathbf{1}-\boldsymbol{p})(\mathbf{1}-\boldsymbol{p}')]$$

因为 $1-(1-p_i)(1-p'_i)$ 等于这个单系统中的第 i 个部件在运行的概率.[①] 我们现在证明在部件水平的重复比在系统水平的重复更为有效.

定理 9.1 对于任意可靠性函数 r 和向量 $\boldsymbol{p},\boldsymbol{p}'$ 有

$$r[\mathbf{1}-(\mathbf{1}-\boldsymbol{p})(\mathbf{1}-\boldsymbol{p}')]\geqslant 1-[1-r(\boldsymbol{p})][1-r(\boldsymbol{p}')]$$

证明 令 $X_1,\cdots,X_n,X'_1,\cdots,X'_n$ 是独立的 0-1 随机变量, 满足

$$p_i=\mathrm{P}\{X_i=1\},\quad p'_i=\mathrm{P}\{X'_i=1\}$$

因为 $\mathrm{P}\{\max(X_i,X'_i)=1\}=1-(1-p_i)(1-p'_i)$, 由此推出

$$r[\mathbf{1}-(\mathbf{1}-\boldsymbol{p})(\mathbf{1}-\boldsymbol{p}')]=\mathrm{E}[\phi[\max(\boldsymbol{X},\boldsymbol{X}')]]$$

然而, 由 ϕ 的单调性, 我们有 $\phi(\max(\boldsymbol{X},\boldsymbol{X}'))$ 大于或等于 $\phi(\boldsymbol{X})$ 和 $\phi(\boldsymbol{X}')$, 而因此至少与 $\max(\phi(\boldsymbol{X}'),\phi(\boldsymbol{X}'))$ 一样大. 因此从上面我们得到

$$\begin{aligned}r[\mathbf{1}-(\mathbf{1}-\boldsymbol{p})(\mathbf{1}-\boldsymbol{p}')]&\geqslant \mathrm{E}[\max(\phi(\boldsymbol{X}),\phi(\boldsymbol{X}'))]\\&=\mathrm{P}\{\max[\phi(\boldsymbol{X}),\phi(\boldsymbol{X}')]=1\}\\&=1-\mathrm{P}\{\phi(\boldsymbol{X})=0,\phi(\boldsymbol{X}')=0\}\\&=1-[1-r(\boldsymbol{p})][1-r(\boldsymbol{p}')]\end{aligned}$$

其中第一个等式来自 $\max(\phi(\boldsymbol{X}),\phi(\boldsymbol{X}'))$ 是一个 0-1 随机变量的事实, 而因此它的期望等于它等于 1 的概率. ■

作为上述定理的一个说明, 假设我们从每种部件都有两个的库存中构造一个两种不同类型部件的串联系统. 假设每个部件的可靠度是 1/2. 如果我们用库存构造两个分开的系统[②], 则确保一个系统工作的概率是

$$1-\left(\frac{3}{4}\right)^2=\frac{7}{16}$$

而如果我们构造重复部件的单个系统, 则得到一个系统工作的概率是

$$\left(\frac{3}{4}\right)^2=\frac{9}{16}$$

因此, 重复部件比重复系统导致更高的可靠度 (当然, 由定理 9.1, 它必须是这样).

---

① 注意: 如果 $\boldsymbol{x}=(x_1,\cdots,x_n)$, $\boldsymbol{y}=(y_1,\cdots,y_n)$, 那么 $\boldsymbol{xy}=(x_1y_1,\cdots,x_ny_n)$. 同样, $\max(\boldsymbol{x},\boldsymbol{y})=(\max(x_1,y_1),\cdots,\max(x_n,y_n))$ 和 $\min(\boldsymbol{x},\boldsymbol{y})=(\min(x_1,y_1),\cdots,\min(x_n,y_n))$.

② 意即重复系统的并联. —— 译者注

9.4 可靠性函数的界

考虑例 9.8 中的桥联系统, 它由图 9.11 表示. 利用最小道路表示, 我们有

$$\phi(\boldsymbol{x}) = 1 - (1 - x_1x_4)(1 - x_1x_3x_5)(1 - x_2x_5)(1 - x_2x_3x_4)$$

因此

$$r(\boldsymbol{p}) = 1 - \mathrm{E}[(1 - X_1X_4)(1 - X_1X_3X_5)(1 - X_2X_5)(1 - X_2X_3X_4)]$$

然而, 由于最小道路集有重迭 (即有公用部件), 所以随机变量 $(1 - X_1X_4)$、$(1 - X_1X_3X_5)$、$(1 - X_2X_5)$、$(1 - X_2X_3X_4)$ 并不独立, 从而它们的乘积的期望值不等于它们的期望值的乘积. 所以, 为了计算 $r(\boldsymbol{p})$, 我们必须先将这 4 个随机变量相乘, 然后再取期望值. 为此, 利用 $X_i^2 = X_i$, 我们得到

$$\begin{aligned} r(\boldsymbol{p}) = &\mathrm{E}[X_1X_4 + X_2X_5 + X_1X_3X_5 + X_2X_3X_4 - X_1X_2X_3X_4 \\ &-X_1X_2X_3X_5 - X_1X_2X_4X_5 - X_1X_3X_4X_5 - X_2X_3X_4X_5 \\ &+2X_1X_2X_3X_4X_5] \\ =& p_1p_4 + p_2p_5 + p_1p_3p_5 + p_2p_3p_4 - p_1p_2p_3p_4 - p_1p_2p_3p_5 \\ &-p_1p_2p_4p_5 - p_1p_3p_4p_5 - p_2p_3p_4p_5 + 2p_1p_2p_3p_4p_5 \end{aligned}$$

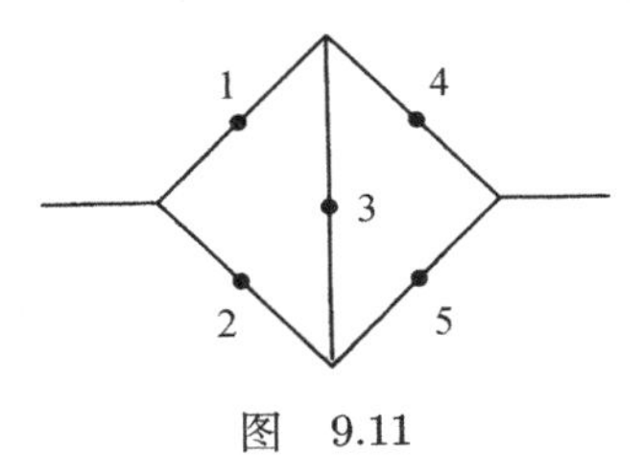

图 9.11

从上述例子可以看出, 计算 $r(\boldsymbol{p})$ 往往是很繁琐的, 所以如果我们有简单的办法得到它的界, 则是很有用的. 现在我们考虑得到界的两种方法.

9.4.1 容斥方法

下面是一个熟知的事件 $E_1, E_2, \cdots, E_n$ 的并的概率公式:

$$\mathrm{P}\left(\bigcup_{i=1}^{n} E_i\right) = \sum_{i=1}^{n}\mathrm{P}(E_i) - \sum\sum_{i<j}\mathrm{P}(E_iE_j) + \sum\sum\sum_{i<j<k}\mathrm{P}(E_iE_jE_k) - \cdots + (-1)^{n+1}\mathrm{P}(E_1E_2\cdots E_n) \tag{9.3}$$

作为上面公式的结果, 不那么熟知的是下面一组不等式:

$$\mathrm{P}\left(\bigcup_{i=1}^{n} E_i\right) \leqslant \sum_{i=1}^{n}\mathrm{P}(E_i)$$

$$\begin{aligned}
\mathrm{P}\left(\bigcup_{i=1}^{n} E_i\right) &\geqslant \sum_i \mathrm{P}(E_i) - \sum_{i<j} \mathrm{P}(E_iE_j),\\
\mathrm{P}\left(\bigcup_{i=1}^{n} E_i\right) &\leqslant \sum_i \mathrm{P}(E_i) - \sum_{i<j}\sum \mathrm{P}(E_iE_j) + \sum_{i<j<k}\sum\sum \mathrm{P}(E_iE_jE_k),\\
&\geqslant \cdots\\
&\leqslant \cdots
\end{aligned} \tag{9.4}$$

其中当我们加上 $P(\bigcup_{i=1}^{n} E_i)$ 展开式的一个附加项时总是改变不等式的方向.

公式 (9.3) 通常由对事件的个数作归纳来进行证明. 然而, 让我们介绍另一个方法, 它不仅将证明方程 (9.3), 而且也建立不等式 (9.4).

作为开始, 定义示性随机变量 $I_j(j=1,\cdots,n)$ 为

$$I_j = \begin{cases} 1, & \text{若 } E_j \text{ 发生} \\ 0, & \text{其他情形} \end{cases}$$

令

$$N = \sum_{j=1}^{n} I_j$$

然后以 N 记 $E_j(1 \leqslant j \leqslant n)$ 中发生的个数. 同样, 令

$$I = \begin{cases} 1, & \text{若 } N > 0 \\ 0, & \text{若 } N = 0 \end{cases}$$

那么, 因为

$$1 - I = (1-1)^N$$

应用二项式定理, 我们得到

$$1 - I = \sum_{i=0}^{N} \binom{n}{i} (-1)^i$$

从而

$$I = N - \binom{N}{2} + \binom{N}{3} - \cdots \pm \binom{N}{N} \tag{9.5}$$

现在利用下面的组合恒等式 (它很容易由对 i 作归纳法得到):

$$\binom{n}{i} - \binom{n}{i+1} + \cdots \pm \binom{n}{n} = \binom{n-1}{i-1} \geqslant 0,\ i \leqslant n$$

于是由上式推出

$$\binom{n}{i} - \binom{n}{i+1} + \cdots \pm \binom{N}{N} \geqslant 0 \tag{9.6}$$

从方程 (9.5) 和方程 (9.6) 我们得到

$$\begin{aligned} &I \leqslant N, && \text{在(9.6)中令 } i=2 \\ &I \geqslant N - \binom{N}{2}, && \text{在(9.6)中令 } i=3 \\ &I \leqslant N - \binom{N}{2} + \binom{N}{3}, \\ &\vdots \end{aligned} \tag{9.7}$$

如此等等. 现在由于 $N \leqslant n$, 而且只要 $i > m$ 就有 $\binom{m}{i} = 0$, 我们可以将方程 (9.5) 改写为

$$I = \sum_{i=1}^{n} \binom{N}{i} (-1)^{i+1} \tag{9.8}$$

现在等式 (9.3) 和不等式 (9.4) 可由对 (9.8) 和 (9.7) 取期望得到. 事实正是如此, 由于

$$\mathrm{E}[I] = \mathrm{P}\{N > 0\} = \mathrm{P}\{\text{至少一个 } E_j \text{ 发生}\} = \mathrm{P}\left(\bigcup_{j=1}^{n} E_j\right),$$

$$\mathrm{E}[N] = \mathrm{E}\left[\sum_{j=1}^{n} I_j\right] = \sum_{j=1}^{n} \mathrm{P}(E_j)$$

同样

$$\begin{aligned} \mathrm{E}\left[\binom{N}{2}\right] &= \mathrm{E}[E_j \text{ 发生的成对数}] \\ &= \mathrm{E}\left[\sum_{i<j}\sum I_i I_j\right] \\ &= \sum_{i<j}\sum \mathrm{P}(E_i E_j) \end{aligned}$$

并且, 一般地

$$\begin{aligned} \mathrm{E}\left[\binom{N}{i}\right] &= \mathrm{E}[E_j \text{ 中发生的大小为 } i \text{ 的集合的个数}] \\ &= \mathrm{E}\left[\sum_{j_1<j_2<\cdots<j_i}\sum I_{j1} I_{j2} \cdots I_{j_i}\right] = \sum_{j_1<j_2<\cdots<j_i}\sum \mathrm{P}(E_{j_1} E_{j_2} \cdots E_{j_i}) \end{aligned}$$

在不等式 (9.4) 中显示的界, 大家称之为容斥界. 为了用它们得到可靠性函数的界, 以 $A_1, A_2, \cdots, A_s$ 记给定结构 ϕ 的最小道路集的全体, 并且定义 $E_1, E_2, \cdots, E_s$ 为

$$E_i = \{\text{在 } A_i \text{ 中所有部件运行}\}$$

现在, 由于系统运行当且仅当, 事件 E_i 中至少一个发生, 我们有

$$r(\boldsymbol{p}) = \mathrm{P}\left(\bigcup_{i=1}^{s} E_i\right)$$

应用 (9.4) 得到 $r(\boldsymbol{p})$ 所要的界. 在和式中的项以这种方式计算得到

$$\mathrm{P}(E_i) = \prod_{l \in A_i} p_l, \qquad \mathrm{P}(E_i E_j) = \prod_{l \in A_i \cup A_j} p_l, \quad \mathrm{P}(E_i E_j E_k) = \prod_{l \in A_i \cup A_j \cup A_k} p_l$$

以及多于 3 个事件的交等等. (上面等式成立是由于例如, 为了事件 $E_i E_j$ 发生, 在 A_i 中的所有部件和在 A_j 中的所有部件都必须在运行; 或者换句话说, 在 $A_i \cup A_j$ 中的所有部件都必须在运行).

当 p_i 都很小时, 许多个事件 E_i 的交的概率应该也很小, 收敛应该相对地快.

例 9.17 考虑相同部件的桥联结构. 就是说, 对于一切 i 取 $p_i = p$. 以 $A_1 = \{1,4\}$, $A_2 = \{1,3,5\}, A_3 = \{2,5\}$ 和 $A_4 = \{2,3,4\}$ 记最小道路集, 我们有

$$\mathrm{P}(E_1) = \mathrm{P}(E_3) = p^2, \qquad \mathrm{P}(E_2) = \mathrm{P}(E_4) = p^3$$

同样, 因为在 $6 = \binom{4}{2}$ 个 A_i 和 A_j 的并中恰有 5 个集合含 4 个部件 (例外是 $A_2 \cup A_4$, 它含所有 5 个部件) 我们有

$$\begin{aligned} &\mathrm{P}(E_1E_2) = \mathrm{P}(E_1E_3) = \mathrm{P}(E_1E_4) = \mathrm{P}(E_2E_3) = \mathrm{P}(E_3E_4) = p^4, \\ &\mathrm{P}(E_2E_4) = p^5 \end{aligned}$$

因此, 前两个容斥界导致

$$2(p^2+p^3) - 5p^4 - p^5 \leqslant r(p) \leqslant 2(p^2+p^3)$$

其中 $r(\boldsymbol{p}) = r(p,p,p,p,p)$. 例如, 当 $p = 0.2$ 时, 我们有

$$0.087\,68 \leqslant r(0.2) \leqslant 0.096\,00$$

而且, 当 $p = 0.1$ 时,

$$0.021\,49 \leqslant r(0.1) \leqslant 0.022\,00$$

■

正如我们可以根据最小道路集定义事件, 这些事件的并就是系统运行这个事件, 我们也可以根据最小切割集定义事件, 它们的并就是系统失效这个事件. 以 $C_1, C_2, \cdots, C_r$ 记最小切割集, 并定义事件 $F_1, F_2, \cdots, F_r$ 为

$$F_i = \{C_i \text{ 中所有的部件都失效}\}.$$

现在, 因为系统失效当且仅当, 至少一个最小切割集中的部件都失效, 我们有

$$\begin{aligned} 1 - r(\boldsymbol{p}) &= \mathrm{P}\left(\bigcup_{i=1}^{r} F_i\right), \\ 1 - r(\boldsymbol{p}) &\leqslant \sum_i \mathrm{P}(F_i), \\ 1 - r(\boldsymbol{p}) &\geqslant \sum_i \mathrm{P}(F_i) - \sum_{i<j}\sum \mathrm{P}(F_iF_j), \\ 1 - r(\boldsymbol{p}) &\leqslant \sum_i \mathrm{P}(F_i) - \sum_{i<j}\sum \mathrm{P}(F_iF_j) + \sum_{i<j<k}\sum\sum \mathrm{P}(F_iF_jF_k), \end{aligned}$$

以此类推. 因为

$$\mathrm{P}(F_i)=\prod_{l\in C_i}(1-p_l),\quad \mathrm{P}(F_iF_j)=\prod_{l\in C_i\cup C_j}(1-p_l),\quad \mathrm{P}(F_iF_jF_k)=\prod_{l\in C_i\cup C_j\cup C_k}(1-p_l),$$

当 p_i 都大时, 收敛应该是相对地快的.

例 9.18(随机图) 我们回忆 3.6.2 节, 一个图由一个顶点集合 N 和顶点对 (称为弧) 的集合 A 组成. 对于任意两个顶点 i, j, 我们说弧的序列 $(i,i_1),(i_1,i_2),\cdots(i_k,j)$ 构成一条 $i\sim j$ 道路. 如果在所有的 $\binom{n}{2}$ 对顶点 i 和 $j(i\neq j)$ 中都有一条 $i\sim j$ 道路, 那么这个图称为*连通的*. 如果我们将一个图的顶点设想为地理位置, 而弧表示顶点之间的直接通信连接, 那么这个图是连通的, 如果任意两个顶点彼此都能连接 —— 如果不是直接的, 那么至少通过中间的顶点连接.

一个图总可以分成不重叠的连通子图, 称为*分量*. 例如, 在图 9.12 中由顶点 $N=\{1,2,3,4,5,6\}$ 和弧 $A=\{(1,2),(1,3),(2,3),(4,5)\}$ 组成的图包含 3 个分量 (一个由单个顶点组成的图也认为是连通的).

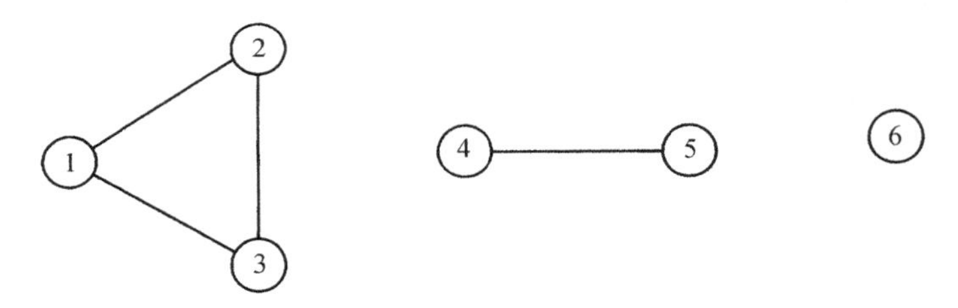

图 9.12

现在考虑有顶点 $1,2,\cdots,n$ 的随机图, 其中有从顶点 i 到顶点 j 的一条弧的概率为 P_{ij}. 假定这些弧的出现组成独立的事件. 即, 假定这 $\binom{n}{2}$ 个随机变量 $X_{ij}(i\neq j)$ 都是独立的, 其中

$$X_{ij}=\begin{cases}1, & \text{如果 } (i,j) \text{ 是弧}\\ 0, & \text{其他情形}\end{cases}$$

我们感兴趣的是这个图是连通图的概率.

我们可以将上述情形设想为有 $\binom{n}{2}$ 个部件的可靠性系统 —— 每一个部件对应于一条潜在的弧. 一个部件称为在工作, 如果对应的弧确实是网络的一条弧, 而系统称为在工作, 如果对应的图是连通的. 因为对于一个连通图增加一条弧, 不会使它不连通, 由此推出这样定义的结构是单调的.

让我们从确定最小道路集与最小切割集开始. 容易看出一个图不连通当且仅当, 弧的集合可以分成两个非空子集 X 和 X^c, 使没有弧从 X 的一个顶点连通到

X^c 的一个顶点. 例如, 如果有 6 个顶点, 且没有任何弧连接 1, 2, 3, 4 中的任意顶点到顶点 5 或顶点 6, 那么这个图显然是不连通的. 于是, 我们看到将顶点集任意划分成两个非空子集 X 和 X^c, 对应于由

$$\{(i,j) : i \in X, j \in X^c\}$$

定义的最小切割集. 因为有 $2^{n-1}-1$ 个这样的划分 (有 2^n-2 种方式选取非空真子集 X, 而划分 X,X^c 是与划分 X^c,X 相同的, 我们必须除以 2), 所以有这样个数的最小切割集.

为了确定最小道路集, 我们必须刻画弧的最小集合使最终得到一个连通图. 现在图 9.13 中的图是连通的, 但是如果从在图 9.14 中所示的环路移去任意一条弧, 它将仍保持连通性. 事实上, 不难看出最小道路集恰是这样的弧的集合, 它导致一个图连通, 但是没有任何的环路 (一个环路是顶点到它自己的一条道路). 这样弧的集合称为生成树(图 9.15). 容易验证每一个生成树恰有 $n-1$ 条弧, 而在图论的一个著名的结果 (由 Cayley 给出) 是, 恰有 n^{n-2} 个这样的最小道路集.

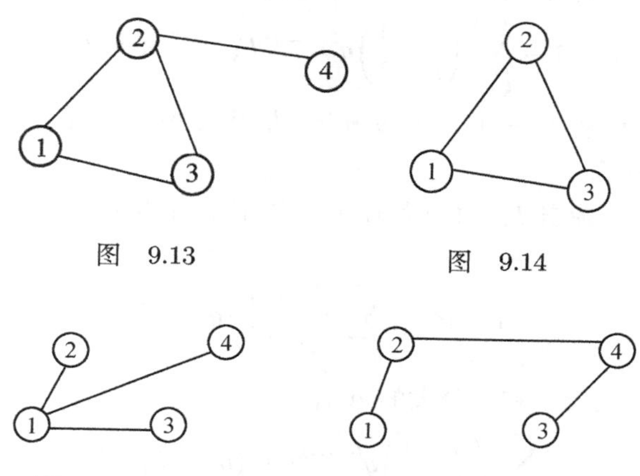

图 9.13　　图 9.14

图 9.15　当 $n=4$ 时的两个生成树 (最小道路集)

因为最小道路集和最小切割集的个数很多 (分别是 n^{n-2} 和 $2^{n-1}-1$ 个), 所以要得到有用的界而不作进一步的假定是困难的. 于是, 我们假定所有的 P_{ij} 都等于一个共同的值 p. 即假设每一条可能的弧都独立地以相同的概率 p 存在. 我们从对图的连通概率推导一个递推公式开始, 当 n 不太大时, 从计算的角度这是有用的, 而当 n 大时, 我们将给出一个渐近公式.

让我们以 P_n 记有 n 个顶点的随机图为连通的概率. 对 P_n 推导一个递推公式, 我们首先集中注意于一个单顶点 (例如说, 顶点 1) 并且意图确定顶点 1 是图一个大小为 k 的分量的一部分的概率. 现在给定其他 $k-1$ 个顶点的集合, 这些顶点与顶点 1 一起形成一个分量, 如果

(i) 没有弧将这 k 个顶点中的任意一个与其他 $n-k$ 个顶点中的任意一个连通起来;

(ii) 限制于这 k 个顶点的随机图 (和 $\binom{k}{2}$ 条潜在的弧, 每条独立地以概率 p 出现) 是连通的.

(i) 和 (ii) 都发生的概率是

$$q^{k(n-k)}P_k$$

其中 $q=1-p$. 因为共有 $\binom{n-1}{k-1}$ 种方式选取 $k-1$ 个其他的顶点 (与顶点 1 一起形成一个大小为 k 的分量), 我们看到

$$\begin{aligned}&\mathrm{P}\{\text{顶点1是大小为 } k \text{ 的分量的一部分}\}\\&=\binom{n-1}{k-1}q^{k(n-k)}P_k,\qquad k=1,2,\cdots,n\end{aligned}$$

现在由于上面的概率对 k 从范围 1 到 n 求和显然必须等于 1, 又因为这个图是连通的当且仅当, 顶点 1 是大小为 n 的一个分量的一部分, 可见

$$P_n=1-\sum_{k=1}^{n-1}\binom{n-1}{k-1}q^{k(n-k)}P_k,\qquad n=2,3,\cdots \tag{9.9}$$

当 n 不很大时, 从 $P_1=1, P_2=p$ 开始, 方程 (9.9) 可以递推地用来确定 P_n. 它特别适合于数值计算.

当 n 大时, 为了确定 P_n 的一个渐近公式, 首先注意从方程 (9.9), 由 $P_k\leqslant 1$, 我们有

$$1-P_n\leqslant\sum_{k=1}^{n-1}\binom{n-1}{k-1}q^{k(n-k)}$$

因为可以证明对于 $q<1$ 和充分大的 n 有

$$\sum_{k=1}^{n-1}\binom{n-1}{k-1}q^{k(n-k)}\leqslant(n+1)q^{n-1}$$

故而对于很大的 n, 我们有

$$1-P_n\leqslant(n+1)q^{n-1} \tag{9.10}$$

为了从另一个方向得到一个界, 我们集中注意于一种特殊类型的最小切割集 —— 即, 将一个顶点与图的其他的顶点分离的那些最小切割集. 特别地, 定义最小切割集 C_i 为

$$C_i=\{(i,j):j\neq i\}$$

并且定义 F_i 为在 C_i 中所有的弧都不在工作的事件 (从而顶点 i 孤立于其他顶点). 现在

$$1-P_n=\mathrm{P}(\text{图不是连通的})\geqslant\mathrm{P}\Big(\bigcup_i F_i\Big)$$

这是因为,如果事件 F_i 中任意一个发生,则图将不连通的. 由容斥界,我们有

$$P\left(\bigcup_i F_i\right) \geqslant \sum_i P(F_i) - \sum_{i<j}\sum P(F_iF_j)$$

因为 $P(F_i)$ 和 $P(F_iF_j)$ 正好分别是一个 $n-1$ 条弧的给定集合和一个 $2n-3$ 条弧的给定集合不在图中的概率 (为什么?),由此推出

$$P(F_i) = q^{n-1}, \quad P(F_iF_j) = q^{2n-3}, \quad i \neq j$$

所以

$$1 - P_n \geqslant nq^{n-1} - \binom{n}{2}q^{2n-3}$$

将它与方程 (9.10) 联合起来导出对于充分大的 n 有

$$nq^{n-1} - \binom{n}{2}q^{2n-3} \leqslant 1 - P_n \leqslant (n+1)q^{n-1}$$

因为当 $n \to \infty$ 时

$$\binom{n}{2}\frac{q^{2n-3}}{nq^{n-1}} \to 0$$

我们看到,对于很大的 n

$$1 - P_n \approx nq^{n-1}$$

于是,例如. 当 $n = 20$ 和 $p = \dfrac{1}{2}$ 时,随机图是连通的概率近似地为

$$P_{20} \approx 1 - 20\left(\frac{1}{2}\right)^{19} = 0.999\ 96$$

■

9.4.2 得到 $r(\boldsymbol{p})$ 的界的第二种方法

得到 $r(\boldsymbol{p})$ 的界的第二种方法基于把要求的概率表示为事件的交的概率. 为此,如前面一样以 $A_1, A_2, \cdots, A_s$ 记最小道路集,并且定义事件 $D_i(i = 1, \cdots, s)$ 为

$$D_i = \{\text{在 } A_i \text{ 中的部件至少有一个失效}\}$$

现在,因为系统失效当且仅当,在每个最小道路集中至少有一个部件失效,我们有

$$1 - r(\boldsymbol{p}) = P(D_1D_2\cdots D_s) = P(D_1)P(D_2|D_1)\cdots P(D_s|D_1D_2\cdots D_{s-1}) \tag{9.11}$$

非常直观地,A_1 的部件至少一个失效这个信息只能增加 A_2 的部件至少一个失效的概率 (或者保持概率不变,如果 A_1 和 A_2 没有重叠). 因此,直观地有

$$P(D_2|D_1) \geqslant P(D_2)$$

为了证明这个不等式,我们写出

$$P(D_2) = P(D_2|D_1)P(D_1) + P(D_2|D_1^c)(1 - P(D_1)) \tag{9.12}$$

并且注意

$$\begin{aligned}\mathrm{P}(D_2|D_1^{\mathrm{c}}) &= \mathrm{P}\{A_2 \text{ 中至少一个部件失效 } |A_1 \text{ 中所有部件都在运行}\} \\ &= 1 - \prod_{\substack{j\in A_2\\ j\notin A_1}} p_j \leqslant 1 - \prod_{j\in A_2} p_j = \mathrm{P}(D_2)\end{aligned}$$

因此, 从方程 (9.12) 我们看到

$$\mathrm{P}(D_2) \leqslant \mathrm{P}(D_2|D_1)\mathrm{P}(D_1) + \mathrm{P}(D_2)(1-\mathrm{P}(\mathrm{D}_1))$$

从而

$$\mathrm{P}(D_2|D_1) \geqslant \mathrm{P}(D_2)$$

用相同的推理, 也推出

$$\mathrm{P}(D_i|D_1\cdots D_{i-1}) \geqslant \mathrm{P}(D_i)$$

所以从方程 (9.11) 我们得到

$$1 - r(\boldsymbol{p}) \geqslant \prod_i \mathrm{P}(D_i)$$

或者, 等价地

$$r(\boldsymbol{p}) \leqslant 1 - \prod_i \left(1 - \prod_{j\in A_i} p_j\right)$$

为了得到在相反方向的一个界. 以 $C_1, C_2, \cdots, C_r$ 记最小切割集, 并且定义事件 $U_1, U_2, \cdots, U_r$ 为

$$U_i = \{C_i \text{ 中至少一个在运行}\}$$

那么, 因为系统运行当且仅当, 所有的事件 U_i 都在运行, 我们有

$$r(\boldsymbol{p}) = \mathrm{P}(U_1U_2\cdots U_r) = \mathrm{P}(U_1)\mathrm{P}(U_2|U_1)\cdots\mathrm{P}(U_r|U_1\cdots U_{r-1}) \geqslant \prod_i \mathrm{P}(U_i)$$

其中最后的不等式恰如与 D_i 的相同方式建立. 因此,

$$r(\boldsymbol{p}) \geqslant \prod_i \left[1 - \prod_{j\in C_i}(1-p_j)\right]$$

于是我们对可靠性函数有如下的界

$$\prod_i \left[1 - \prod_{j\in C_i}(1-p_j)\right] \leqslant r(\boldsymbol{p}) \leqslant 1 - \prod_i \left(1 - \prod_{j\in A_i} p_j\right) \tag{9.13}$$

自然地期望, 如果在最小道路集中没有太多的重叠, 则上界应接近于真实的 $r(\boldsymbol{p})$, 而如果在最小切割集中没有太多的重叠, 则下界也接近于真实的 $r(\boldsymbol{p})$.

例 9.19 对于 4 中 3 系统, 最小道路集是 $A_1 = \{1,2,3\}, A_2 = \{1,2,4\}$, $A_3 = \{1,3,4\}$ 和 $A_4 = \{2,3,4\}$; 而最小切割集是 $C_1 = \{1,2\}, C_2 = \{1,3\}, C_3 = \{1,4\}$, $C_4 = \{2,3\}, C_5 = \{2,4\}$ 和 $C_6 = \{3,4\}$. 因此, 由方程 (9.13) 我们有

$$\begin{aligned}&(1-q_1q_2)(1-q_1q_3)(1-q_1q_4)(1-q_2q_3)(1-q_2q_4)(1-q_3q_4)\\&\leqslant r(\boldsymbol{p}) \leqslant 1-(1-p_1p_2p_3)(1-p_1p_2p_4)(1-p_1p_3p_4)(1-p_2p_3p_4)\end{aligned}$$

其中 $q_i = 1-p_i$. 例如, 如果对于一切 i 都有 $p_i = 1/2$, 那么由上面导出

$$0.18 \leqslant r\left(\frac{1}{2},\cdots,\frac{1}{2}\right) \leqslant 0.59$$

容易计算得到这个结构的确切值是

$$r\left(\frac{1}{2},\cdots,\frac{1}{2}\right) = \frac{5}{16} = 0.31$$

■

9.5 系统寿命作为部件寿命的函数

对于一个具有分布函数 G 的随机变量, 我们定义 $\overline{G}(a) \equiv 1-G(a)$ 为此随机变量大于 a 的概率.

考虑一个系统, 其中第 i 个部件运行一个具有分布 F_i 的随机长度的时间, 而后失效. 一旦失效, 它将永远保持这种状态. 假定个体部件的寿命是独立的, 我们如何将系统寿命分布表示为系统可靠性函数 $r(\boldsymbol{p})$ 和个体部件寿命分布 $F_i(i=1,\cdots,n)$ 的函数呢?

为了回答这个问题, 我们首先注意系统运行一个时间 t 或更长的时间当且仅当它在时刻 t 还在运行. 即, 以 F 记系统寿命的分布, 我们有

$$\overline{F}(t) = \mathrm{P}\{\text{系统寿命} > t\} = \mathrm{P}\{\text{系统在时刻 } t \text{ 还在工作}\}$$

但是, 由 $r(\boldsymbol{p})$ 的定义我们有

$$\mathrm{P}\{\text{系统在时刻 } t \text{ 还在工作}\} = r(P_1(t),\cdots,P_n(t))$$

其中

$$P_i(t) = \mathrm{P}\{\text{部件 } i \text{ 在时刻 } t \text{ 还在工作}\} = \mathrm{P}\{\text{部件 } i \text{ 的寿命} > t\} = \overline{F}_i(t)$$

因此我们看到

$$\overline{F}(t) = r(\overline{F}_1(t),\cdots,\overline{F}_n(t)) \tag{9.14}$$

例 9.20 在串联系统中, $r(\boldsymbol{p}) = \prod_{i=1}^n p_i$, 于是由方程 (9.14) 可得

$$\overline{F}(t) = \prod_{i=1}^n \overline{F}_i(t)$$

当然, 这是很显然的, 因为对于串联系统, 系统寿命等于部件的最小寿命, 所以系统寿命大于 t 当且仅当所有的部件寿命都大于 t. ■

例 9.21　在并联系统中, $r(\boldsymbol{p}) = 1 - \prod_{i=1}^{n}(1-p_i)$, 从而

$$\overline{F}(t) = 1 - \prod_{i=1}^{n} F_i(t)$$

上式也容易推导, 只要注意在并联情形, 系统寿命等于部件的最大寿命. ■

对于连续分布 G, 我们定义 G 的失败率败数$\lambda(t)$ 为

$$\lambda(t) = \frac{g(t)}{\overline{G}(t)}$$

其中 $g(t) = \dfrac{\mathrm{d}G(t)}{\mathrm{d}t}$. 在 5.2.2 节中证明了, 如果 G 是一个产品的寿命, 则 $\lambda(t)$ 表示一个 t 年产品失效的概率强度. 我们称 G 是递增失败率(IFR) 分布, 如果 $\lambda(t)$ 是 t 的增函数. 类似地, 我们称 G 是递减失败率(DFR) 分布, 如果 $\lambda(t)$ 是 t 的减函数.

例 9.22(韦布尔分布)　随机变量称为具有韦布尔分布, 如果它的分布函数对于某个 $\lambda > 0$ 和 $\alpha > 0$ 为

$$G(t) = 1 - \mathrm{e}^{-(\lambda t)^{\alpha}}, \qquad t \geqslant 0$$

韦布尔分布的失败率函数等于

$$\lambda(t) = \frac{\mathrm{e}^{-(\lambda t)^{\alpha}}\alpha(\lambda t)^{\alpha-1}\lambda}{\mathrm{e}^{-(\lambda t)^{\alpha}}} = \alpha\lambda(\lambda t)^{\alpha-1}$$

于是, 韦布尔分布当 $\alpha \geqslant 1$ 时是 IFR, 而当 $0 < \alpha \leqslant 1$ 时是 DFR; 当 $\alpha = 1$ 时, $G(t) = 1 - \mathrm{e}^{-\lambda t}$ 是指数分布, 它既是 IFR, 又是 DFR. ■

例 9.23(伽马分布)　随机变量称为具有伽马分布, 如果它的密度函数对于某个 $\lambda > 0$ 和 $\alpha > 0$ 为

$$g(t) = \frac{\lambda \mathrm{e}^{-\lambda t}(\lambda t)^{\alpha-1}}{\Gamma(\alpha)}, \qquad t \geqslant 0$$

其中

$$\Gamma(\alpha) \equiv \int_0^{\infty} \mathrm{e}^{-t} t^{\alpha-1}\mathrm{d}t$$

对于伽马分布,

$$\frac{1}{\lambda(t)} = \frac{\overline{G}(t)}{g(t)} = \frac{\displaystyle\int_t^{\infty} \lambda \mathrm{e}^{-\lambda x}(\lambda x)^{\alpha-1}\mathrm{d}x}{\lambda \mathrm{e}^{-\lambda t}(\lambda t)^{\alpha-1}} = \int_t^{\infty} \mathrm{e}^{-\lambda(x-t)}\left(\frac{x}{t}\right)^{\alpha-1}\mathrm{d}x$$

用变量替换 $u = x - t$, 我们得到

$$\frac{1}{\lambda(t)} = \int_0^{\infty} \mathrm{e}^{-\lambda u}\left(1 + \frac{u}{t}\right)^{\alpha-1}\mathrm{d}u$$

因此, 当 $\alpha \geqslant 1$ 时 G 是 IFR, 当 $0 < \alpha \leqslant 1$ 时它是 DFR. ■

假设在一个单调系统的每个部件的寿命分布是 IFR. 这能否推出系统的寿命也是 IFR? 为了回答这个问题, 让我们首先假设每个部件有相同的分布, 我们记之为

G. 就是说, $F_i(t) = G(t), i = 1, \cdots, n$. 为了确定系统的寿命是否为 IFR. 我们必须计算 F 的失败率函数 $\lambda_F(t)$. 现在由定义

$$\lambda_F(t) = \frac{(\mathrm{d}/\mathrm{d}t)F(t)}{\overline{F}(t)} = \frac{(\mathrm{d}/\mathrm{d}t)[1 - r(\overline{G}(t))]}{r(\overline{G}(t))}$$

其中

$$r(\overline{G}(t)) \equiv r(\overline{G}(t), \cdots, \overline{G}(t))$$

因此,

$$\lambda_F(t) = \frac{r'(\overline{G}(t))}{r(\overline{G}(t))} G'(t) = \frac{\overline{G}(t) r'(\overline{G}(t))}{r(\overline{G}(t))} \frac{G'(t)}{\overline{G}(t)} = \lambda_G(t) \frac{p r'(p)}{r(p)} \bigg|_{p=\overline{G}(t)} \tag{9.15}$$

由于 $\overline{G}(t)$ 是 t 的减函数, 由此从方程 (9.15) 推出, 如果相干系统的每个部件有相同的 IFR 寿命分布, 而且 $pr'(p)/r(p)$ 是 p 的减函数, 那么系统的寿命将是 IFR.

例 9.24 (相同部件的 n 中 k 系统) 考虑 n 中 k 系统, 它运行当且仅当它的 k 个或更多的部件在运行. 当每个部件有相同的运行概率 p 时, 在运行部件的数目将是参数为 n 和 p 的二项分布. 因此,

$$r(p) = \sum_{i=k}^{n} \binom{n}{i} p^i (1-p)^{n-i}$$

多次用分部积分, 可以证明它等于

$$r(p) = \frac{n!}{(k-1)!(n-k)!} \int_0^p x^{k-1} (1-x)^{n-k} \mathrm{d}x$$

求微分, 我们得到

$$r'(p) = \frac{n!}{(k-1)!(n-k)!} p^{k-1} (1-p)^{n-k}$$

所以

$$\frac{pr'(p)}{r(p)} = \left[\frac{r(p)}{pr'(p)}\right]^{-1} = \left[\frac{1}{p} \int_0^p \left(\frac{x}{p}\right)^{k-1} \left(\frac{1-x}{1-p}\right)^{n-k} \mathrm{d}x\right]^{-1}$$

令 $y = x/p$ 得到

$$\frac{pr'(p)}{r(p)} = \left[\int_0^1 y^{k-1} \left(\frac{1-yp}{1-p}\right)^{n-k} \mathrm{d}y\right]^{-1}$$

由于 $(1-yp)/(1-p)$ 关于 p 递增, 由此推出 $pr'(p)/r(p)$ 是 p 的减函数. 于是, 如果一个由独立的, 具有相同的递增失败率部件组成的 n 中 k 系统, 则这个系统本身有递增失败率. ■

然而, 显示的是, 对于一个由独立的, 具有不同的递增失败率的部件组成的 n 中 k 系统, 系统寿命不一定是 IFR 分布. 考虑下面的 2 中 1 系统 (即并联系统).

例 9.25(一个不是 IFR 的并联系统) 一个由两个独立部件, 第 i 个部件有均值为 $\frac{1}{i}(i=1,2)$ 的指数分布的并联系统的寿命分布为

$$\overline{F}(t)=1-(1-\mathrm{e}^{-t})(1-\mathrm{e}^{-2t})=\mathrm{e}^{-2t}+\mathrm{e}^{-t}-\mathrm{e}^{-3t}$$

所以

$$\lambda(t)=\frac{f(t)}{\overline{F}(t)}=\frac{2\mathrm{e}^{-2t}+\mathrm{e}^{-t}-3\mathrm{e}^{-3t}}{\mathrm{e}^{-2t}+\mathrm{e}^{-t}-\mathrm{e}^{-3t}}$$

通过求微分容易推出, $\lambda'(t)$ 的符号由 $\mathrm{e}^{-5t}-\mathrm{e}^{-3t}+3\mathrm{e}^{-4t}$ 所决定, 对于较小的 t 值, 它是正值, 而对于较大的 t 值, 它是负值. 所以, $\lambda(t)$ 开初是严格递增, 而后是严格递减. 因此, F 不是 IFR. ■

注 上述例子的结果乍一看十分令人惊奇. 为了对它得到更好的感觉, 我们需要混合分布函数的概念. 分布函数 G 称为分布 G_1 和分布 G_2 的**混合**, 如果对于某个 $p, 0<p<1$,

$$G(x)=pG_1(x)+(1-p)G_2(x) \tag{9.16}$$

当我们从某个由两个不同的群体决定的总体抽样时, 将有混合发生. 例如, 假设我们由产品的一个库存, 其中 p 部分是类型 1 产品, 而 $1-p$ 部分是类型 2 产品. 假设类型 1 产品的寿命分布是 G_1, 而类型 2 产品的寿命分布是 G_2. 如果我们随机的从库存中选取一个产品, 那么它的寿命分布正如方程 (9.16) 所示.

现在考虑两个有速率分别为 λ_1 与 λ_2 的指数分布的混合, 其中 $\lambda_1<\lambda_2$. 我们有兴趣确定这个混合分布是否是 IFR. 为此, 我们注意到如果选取的产品 "存活" 到时间 t, 那么, 它的剩余分布仍旧是两个指数分布的混合. 之所以这样, 是由于它的剩余分布仍旧是速率为 λ_1 的指数分布, 如果它是类型 1 产品, 或者速率为 λ_2 的指数分布, 如果它是类型 2 产品. 然而, 它是类型 1 产品的概率不再是 (先验的) 概率 p, 但是现在是假定它已经 "存活" 到时间 t 的条件概率. 事实上, 是类型 1 的概率为

$$\mathrm{P}\{\text{类型 }1|\text{寿命}>t\}=\frac{\mathrm{P}\{\text{类型 }1, \text{寿命}>t\}}{\mathrm{P}\{\text{寿命}>t\}}=\frac{p\mathrm{e}^{-\lambda_1 t}}{p\mathrm{e}^{-\lambda_1 t}+(1-p)\mathrm{e}^{-\lambda_2 t}}$$

因为上式对于 t 递增, 由此推出, t 越大, 在用的产品越可能是类型 1 的 (较好的一个, 因为 $\lambda_1<\lambda_2$). 因此, 产品越老, 失效的可能越小, 从而混合指数分布远远不是 IFR, 事实上, 是 DFR.

现在, 让我们回到两个由速率分别为 λ_1 与 λ_2 的指数分布的并联系统. 系统的寿命可以表示为两个独立的随机变量的和, 即

$$\text{寿命}=\mathrm{Exp}(\lambda_1+\lambda_2)+\begin{cases}\text{以概率 }\dfrac{\lambda_2}{\lambda_1+\lambda_2}\text{ 为 }\mathrm{Exp}(\lambda_1)\\ \text{以概率 }\dfrac{\lambda_1}{\lambda_1+\lambda_2}\text{ 为 }\mathrm{Exp}(\lambda_2)\end{cases}$$

第一个随机变量, 其分布是速率为 $\lambda_1+\lambda_2$ 的指数分布, 代表直至部件之一失效的

时间, 而第二个 (是混合指数分布) 是直至另一个部件失效的附加时间 (为什么这两个随机变量是独立的?)

现在, 假定这个系统已经"存活"到时间 t, 当 t 大时, 两个部件还都在运行的可能性很小, 反而很可能一个部件已经失效. 因此, 对于大的 t, 剩余寿命的分布基本上是两个指数的混合 —— 所以当 t 变得更大时, 它的失效率应该递减 (正如实际发生的). ■

回忆一个具有密度 $f(t)=F'(t)$ 的分布函数 $F(t)$ 的失败率函数定义为

$$\lambda(t)=\frac{f(t)}{1-F(t)}$$

对两边取积分, 我们得到

$$\int_0^t \lambda(s)\mathrm{d}s=\int_0^t \frac{f(s)}{1-F(s)}\mathrm{d}s=-\ln \overline{F}(t)$$

因此

$$\overline{F}(t)=\mathrm{e}^{-\Lambda(t)} \tag{9.17}$$

其中

$$\Lambda(t)=\int_0^t \lambda(s)\mathrm{d}s$$

函数 $\Lambda(t)$ 称为分布 F 的风险函数 (hazard function).

定义 9.1 分布 F 称为具有平均递增失效的(IFRA), 如果对于 $t\geqslant 0$

$$\frac{\Lambda(t)}{t}=\frac{\int_0^t \lambda(s)\mathrm{d}s}{t} \tag{9.18}$$

关于 t 递增.

换句话说, 方程 (9.18) 说明直至时间 t 的平均失败率当 t 增加时递增. 不难证明若 F 是 IFR, 则 F 是 IFRA, 但是反过来不一定正确.

注意 F 是 IFRA, 如果只要 $0\leqslant s\leqslant t$ 就有 $\dfrac{\Lambda(s)}{s}\leqslant\dfrac{\Lambda(t)}{t}$, 这等价于

$$\frac{\Lambda(\alpha t)}{\alpha t}\leqslant\frac{\Lambda(t)}{t},\qquad \text{对于}\ 0\leqslant\alpha\leqslant 1\ \text{和一切}\ t\geqslant 0.$$

但是由方程 (9.17) 我们看到 $\Lambda(t)=-\ln\overline{F}(t)$, 所以上述等价于

$$-\ln\overline{F}(\alpha t)\leqslant-\alpha\ln\overline{F}(t)$$

或者等价于

$$\ln\overline{F}(\alpha t)\geqslant\ln\overline{F}^{\alpha}(t)$$

由于 $\ln x$ 是 x 的单调函数, 这说明 F 是 IFRA 当且仅当,

$$\overline{F}(\alpha t)\geqslant\overline{F}^{\alpha}(t),\qquad \text{对于}\ 0\leqslant\alpha\leqslant 1\ \text{和一切}\ t\geqslant 0. \tag{9.19}$$

对于一个向量 $\boldsymbol{p}=(p_1,\cdots,p_n)$, 定义 $\boldsymbol{p}^\alpha=(p_1^\alpha,\cdots,p_n^\alpha)$. 我们需要下面的命题.

命题 9.2　任何可靠性函数 $r(\boldsymbol{p})$ 满足

$$r(\boldsymbol{p}^\alpha)\geqslant[r(\boldsymbol{p})]^\alpha,\qquad 0\leqslant\alpha\leqslant 1$$

证明　我们对系统中的部件数 n 进行归纳证明上式. 若 $n=1$, 则 $r(p)\equiv 0, r(p)\equiv 1$ 或者 $r(p)\equiv p$. 因此在这情形命题成立.

所以假定命题 9.2 对于 $n-1$ 个部件的一切单调系统都成立, 并且考虑一个有结构函数 ϕ 的 n 个部件的系统. 取条件于第 n 个部件是否在运行, 我们得到

$$r(\boldsymbol{p}^\alpha)=p_n^\alpha r(1_n,\boldsymbol{p}^\alpha)+(1-p_n^\alpha)r(0_n,\boldsymbol{p}^\alpha)\tag{9.20}$$

现在考虑部件 1 到 $n-1$ 具有结构函数 $\phi_1(\boldsymbol{x})=\phi(1_n,\boldsymbol{x})$ 的系统. 这个系统的可靠性函数由 $r_1(\boldsymbol{p})=r(1_n,\boldsymbol{p})$ 给出；因此, 由归纳假设 (对于 $n-1$ 个部件的一切单调系统成立), 我们有

$$r(1_n,\boldsymbol{p}^\alpha)\geqslant[r(1_n,\boldsymbol{p})]^\alpha$$

类似地, 通过考虑部件 1 到 $n-1$ 和结构函数 $\phi_0(\boldsymbol{x})=\phi(0_n,\boldsymbol{x})$ 的系统, 我们得到

$$r(0_n,\boldsymbol{p}^\alpha)\geqslant[r(0_n,\boldsymbol{p})]^\alpha$$

于是, 由方程 (9.20), 我们得到

$$r(\boldsymbol{p}^\alpha)\geqslant p_n^\alpha[r(1_n,\boldsymbol{p})]^\alpha+(1-p_n^\alpha)[r(0_n,\boldsymbol{p})]^\alpha$$

利用下面的引理 [取 $\lambda=p_n$, $x=r(1_n,\boldsymbol{p}), y=r(0_n,\boldsymbol{p})$], 推出

$$r(\boldsymbol{p}^\alpha)\geqslant[p_n r(1_n,\boldsymbol{p})+(1-p_n)r(0_n,\boldsymbol{p})]^\alpha=[r(\boldsymbol{p})]^\alpha$$

这就证明了结果. ■

引理 9.3　若 $0\leqslant\alpha\leqslant 1, 0\leqslant\lambda\leqslant 1$, 则对于一切 $0\leqslant y\leqslant x$ 有

$$h(y)=\lambda^\alpha x^\alpha+(1-\lambda^\alpha)y^\alpha-(\lambda x+(1-\lambda)y)^\alpha\geqslant 0$$

证明　这个证明留作习题. ■

我们现在证明下面的重要定理

定理 9.2　对于独立部件的单调系统, 如果每个部件有 IFRA 寿命分布, 那么系统寿命分布本身也是 IFRA.

证明　系统寿命分布 F 为

$$\overline{F}(\alpha t)=r(\overline{F}_1(\alpha t),\cdots,\overline{F}_n(\alpha t))$$

因此, 由于 r 是单调函数, 而且由于每个部件的分布 $\overline{F_i}$ 是 IFRA, 我们由方程 (9.19) 得到

$$\overline{F}(\alpha t)\geqslant r(\overline{F}_1^\alpha(t),\cdots,\overline{F}_n^\alpha(t))\geqslant[r(\overline{F}_1(t),\cdots,\overline{F}_n(t))]^\alpha=\overline{F}^\alpha(t)$$

由方程 (9.19) 就证明了定理. 其中最后的不等式由命题 9.2 得到. ■

9.6 期望系统寿命

在本节中, 我们证明用可靠性函数 $r(\boldsymbol{p})$ 和部件的分布 $F_i(i=1,\cdots,n)$ 至少在理论上如何确定系统的平均寿命.

由于系统寿命是 t 或者更长当且仅当系统在时刻 t 还在运行, 我们有

$$\mathrm{P}\{系统寿命>t\}=r(\overline{\boldsymbol{F}}(t))$$

其中 $\overline{\boldsymbol{F}}(t)=(\overline{F_1}(t),\cdots,\overline{F_n}(t))$. 因此由一个熟知的公式, 即对于任意非负随机变量 X,

$$\mathrm{E}[X]=\int_0^\infty \mathrm{P}\{X>x\}\mathrm{d}x.$$

我们看到 ①

$$\mathrm{E}[系统寿命]=\int_0^\infty r(\overline{\boldsymbol{F}}(t))\mathrm{d}t \tag{9.21}$$

例 9.26(均匀分布部件的串联系统) 考虑 3 个独立部件的串联系统, 每个部件运行一个在 (0,10) 上均匀分布的时间 (以小时计). 因此, $r(\boldsymbol{p})=p_1p_2p_3$ 且

$$F_i(t)=\begin{cases} t/10, & 0\leqslant t\leqslant 10 \\ 1, & t>10\end{cases}\quad i=1,2,3$$

所以

$$r(\overline{\boldsymbol{F}}(t))=\begin{cases}\left(\dfrac{10-t}{10}\right)^3, & 0\leqslant t\leqslant 10\\ 0, & t>10\end{cases}$$

从而

$$\mathrm{E}[系统寿命]=\int_0^{10}\left(\frac{10-t}{10}\right)^3\mathrm{d}t=10\int_0^1 y^3\mathrm{d}y=\frac{5}{2}$$ ■

例 9.27(3 中 2 系统) 考虑一个独立部件的 3 中 2 系统. 其中每个部件的寿命 (以月计) 在 (0,1) 均匀分布. 正如例 9.13 所示, 这样的系统的可靠性函数为

$$r(\boldsymbol{p})=p_1p_2+p_1p_3+p_2p_3-2p_1p_2p_3$$

由于

$$F_i(t)=\begin{cases} t, & 0\leqslant t\leqslant 1\\ 1, & t>1\end{cases}$$

---

① 当 X 有密度 f 时 $\mathrm{E}[X]=\int_0^\infty \mathrm{P}\{X>x\}\mathrm{d}x$ 可以证明如下:

$$\int_0^\infty \mathrm{P}\{X>x\}\mathrm{d}x=\int_0^\infty\int_x^\infty f(y)\mathrm{d}y\mathrm{d}x=\int_0^\infty\int_0^y f(y)\mathrm{d}x\mathrm{d}y=\int_0^\infty yf(y)\mathrm{d}y=\mathrm{E}[X]$$

我们从方程 (9.21) 看到

$$\mathrm{E}[\text{系统寿命}]=\int_0^1[3(1-t)^2-2(1-t)^3]\mathrm{d}t=\int_0^1(3y^2-2y^3)\mathrm{d}y=1-\frac{1}{2}=\frac{1}{2}$$ ■

例 9.28(一个 4 部件系统) 考虑 4 部件系统, 它当部件 1 和 2 运行以及部件 3 与 4 中至少一个运行时运行. 它的结构函数由

$$\phi(\boldsymbol{x})=x_1x_2(x_3+x_4-x_3x_4)$$

给出, 而它的可靠性函数等于

$$r(\boldsymbol{p})=p_1p_2(p_3+p_4-p_3p_4)$$

当第 i 个部件的寿命在 $(0,i), i=1,2,3,4$ 上均匀分布时, 让我们计算系统寿命的均值. 现在

$$\overline{F}_1(t)=\begin{cases}1-t, & 0\leqslant t\leqslant 1\\ 0, & t>1\end{cases}$$

$$\overline{F}_2(t)=\begin{cases}1-t/2, & 0\leqslant t\leqslant 2\\ 0, & t>2\end{cases}$$

$$\overline{F}_3(t)=\begin{cases}1-t/3, & 0\leqslant t\leqslant 3\\ 0, & t>3\end{cases}$$

$$\overline{F}_4(t)=\begin{cases}1-t/4, & 0\leqslant t\leqslant 4\\ 0, & t>4\end{cases}$$

因此

$$r(\overline{\boldsymbol{F}}(t))=\begin{cases}(1-t)\left(\dfrac{2-t}{2}\right)\left[\dfrac{3-t}{3}+\dfrac{4-t}{4}-\dfrac{(3-t)(4-t)}{12}\right], & 0\leqslant t\leqslant 1\\ 0, & t>1\end{cases}$$

所以

$$\mathrm{E}[\text{系统寿命}]=\frac{1}{24}\int_0^1(1-t)(2-t)(12-t^2)\mathrm{d}t=\frac{593}{(24)(60)}\approx 0.41$$ ■

我们以得到独立同分布指数寿命部件的 n 中 k 系统的平均寿命来结束这一节. 如果 θ 是每个部件的平均寿命, 那么

$$\overline{F}_i(t)=\mathrm{e}^{-t/\theta}$$

因此, 由于对于 n 中 k 系统有

$$r(p,p,\cdots,p)=\sum_{i=k}^{n}\binom{n}{i}p^i(1-p)^{n-i}$$

从方程 (9.21) 我们得到

$$\mathrm{E}[\text{系统寿命}]=\int_0^\infty\sum_{i=k}^{n}\binom{n}{i}(\mathrm{e}^{-t/\theta})^i(1-\mathrm{e}^{-t/\theta})^{n-i}\mathrm{d}t$$

作替换

$$y = \mathrm{e}^{-t/\theta}, \qquad \mathrm{d}y = -\frac{1}{\theta}\mathrm{e}^{-t/\theta}\mathrm{d}t = -\frac{y}{\theta}\mathrm{d}t$$

导出

$$\mathrm{E}[\text{系统寿命}] = \theta\sum_{i=k}^{n}\binom{n}{i}\int_0^1 y^{i-1}(1-y)^{n-i}\mathrm{d}y$$

现在, 不难证明 ①

$$\int_0^1 y^n(1-y)^m\mathrm{d}y = \frac{m!n!}{(m+n+1)!} \tag{9.22}$$

于是我们有

$$\mathrm{E}[\text{系统寿命}] = \theta\sum_{i=k}^{n}\frac{n!}{(n-i)!i!}\frac{(i-1)!(n-i)!}{n!} = \theta\sum_{i=k}^{n}\frac{1}{i} \tag{9.23}$$

注 方程 (9.23) 可以直接利用指数分布的特性来证明. 首先注意 n 中 k 系统的寿命可以写成 $T_1+\cdots+T_{n-k+1}$, 其中 T_i 表示在第 $i-1$ 个失效与第 i 个失效之间的时间. 事实如此, 因为 $T_1+\cdots+T_{n-k+1}$ 等于第 $n-k+1$ 个部件失效的时间, 这也是在运行的部件的个数首次小于 k 的时间. 现在, 当所有 n 个部件都在运行时, 失效发生的速率是 n/θ, 即 T_1 是均值为 θ/n 的指数分布. 类似地, T_i 表示当有 $n-i+1$ 个部件在运行直到下一个失效的时间, 由此推出 T_i 是均值为 $\dfrac{\theta}{n-i+1}$ 的指数分布. 因此, 系统的平均寿命等于

$$\mathrm{E}[T_1+\cdots+T_{n-k+1}] = \theta\left[\frac{1}{n}+\cdots+\frac{1}{k}\right]$$

同样注意到, 由指数分布缺乏记忆性推出, $T_i(i=1,\cdots,n-k+1)$ 是独立的随机变量.

并联系统期望寿命的上界

考虑一个 n 部件的并联系统, 它们的寿命不一定是独立的. 系统寿命可以表示为

$$\text{系统寿命} = \max_i X_i$$

其中 X_i 是第 i 个部件的寿命, $i=1,\cdots,n$. 我们可以利用下面的不等式得到期望系统寿命的上界. 即对于任意常数 c,

---

① 令

$$C(n,m) = \int_0^1 y^n(1-y)^m\mathrm{d}y$$

分部积分导出 $C(n,m) = \dfrac{m}{n+1}C(n+1,m-1)$. 以 $C(n,0) = \dfrac{1}{n+1}$ 开始, 方程 (9.22) 由数学归纳法得到.

$$\max_i X_i \leqslant c + \sum_{i=1}^{n}(X_i - c)^+ \tag{9.24}$$

其中 x^+ 是 x 的正部, 等于 x, 如果 $x > 0$, 而等于 0, 如果 $x \leqslant 0$. 不等式 (9.24) 的有效性是立刻可以得到的, 因为若 $\max_i X_i < c$, 则左边等于 $\max_i X_i$, 而右边等于 c. 另一方面, 若 $X_{(n)} = \max_i X_i > c$, 则右边至少与 $c + (X_{(n)} - c) = X_{(n)}$ 一样大. 对不等式 (9.24) 取期望得到

$$\mathrm{E}\left[\max_i X_i\right] \leqslant c + \sum_{i=1}^{n} \mathrm{E}[(X_i - c)^+] \tag{9.25}$$

现在, $(X_i - c)^+$ 是一个非负的随机变量, 所以

$$\begin{aligned}\mathrm{E}[(X_i - c)^+] &= \int_0^\infty \mathrm{P}\{(X_i - c)^+ > x\}\mathrm{d}x \\ &= \int_0^\infty \mathrm{P}\{X_i - c > x\}\mathrm{d}x \\ &= \int_c^\infty \mathrm{P}\{X_i > y\}\mathrm{d}y\end{aligned}$$

于是, 我们得到

$$\mathrm{E}\left[\max_i X_i\right] \leqslant c + \sum_{i=1}^{n} \int_c^\infty \mathrm{P}\{X_i > y\}\mathrm{d}y \tag{9.26}$$

因为上式对于一切 c 都成立, 由此推出, 我们可以通过令 c 等于使上式右边最小的值, 以得到最好的界. 为了确定这个值, 对于上述右边求微商, 并置其结果为 0, 可以得到

$$1 - \sum_{i=1}^{n} \mathrm{P}\{X_i > c\} = 0$$

即达到最小化的值 c 是使

$$\sum_{i=1}^{n} \mathrm{P}\{X_i > c^*\} = 1$$

的值 c^*. 因为 $\sum_{i=1}^{n} \mathrm{P}\{X_i > c\}$ 是 c 的减函数, 可以很容易地逼近 c^* 的值, 之后再用于不等式 (9.26) 中. 另请注意, 超过 c^* 的 X_i 的期望个数等于 1 可用于确定 c^*(见习题 32). c 的最佳值具有的这样的性质是很有趣的, 而在某种程度上的直觉是, 当恰好有一个 X_i 超过 c 时, 不等式 (9.24) 是个等式

例 9.29　假设部件 i 的寿命是速率为 $\lambda_i(i = 1, \cdots, n)$ 的指数分布. 那么, 达到最小化的值 c 使得

$$1 = \sum_{i=1}^{n} \mathrm{P}\{X_i > c^*\} = \sum_{i=1}^{n} \mathrm{e}^{-\lambda_i c^*}$$

且系统寿命的均值的界是

$$\mathrm{E}\left[\max_i X_i\right] \leqslant c^* + \sum_{i=1}^{n} \mathrm{E}[(X_i - c^*)^+]$$

$$
\begin{aligned}
&= c^* + \sum_{i=1}^{n}(\mathrm{E}[(X_i - c^*)^+ | X_i > c^*]\mathrm{P}\{X_i > c^*\} \\
&\quad + \mathrm{E}[(X_i - c^*)^+ | X_i \leqslant c^*]\mathrm{P}\{X_i \leqslant c^*\}) \\
&= c^* + \sum_{i=1}^{n}\frac{1}{\lambda_i}\mathrm{e}^{-\lambda_i c^*}
\end{aligned}
$$

在所有的速率都相等的特殊情形, 假定 $\lambda_i = \lambda, i = 1, \cdots, n$, 那么

$$1 = n\mathrm{e}^{-\lambda c^*} \quad \text{或} \quad c^* = \frac{1}{\lambda}\ln(n)$$

且这界是

$$\mathrm{E}\left[\max_i X_i\right] \leqslant \frac{1}{\lambda}(\ln(n) + 1)$$

即, 若 $X_1, \cdots, X_n$ 是同分布的速率为 λ 的随机变量, 则上式给出了它们最大值期望值的一个界. 在这些随机变量也是独立的特殊情形, 由方程 (9.25) 给出的下面的表示式

$$\mathrm{E}\left[\max_i X_i\right] = \frac{1}{\lambda}\sum_{i=1}^{n} 1/i \approx \frac{1}{\lambda}\int_1^n \frac{1}{x}\mathrm{d}x \approx \frac{1}{\lambda}\ln(n) \qquad ■$$

它并不比上面的上界小多少.

9.7 可修复的系统

考虑具有可靠性函数 $r(\boldsymbol{p})$ 的 n 个部件的系统. 假设部件 i 运行一个速率为 λ_i 的指数时间, 然后失效; 一旦失效, 它可以用速率为 μ_i 的指数时间修复, $i = 1, \cdots, n$. 所有部件都独立地行动.

假设开始时所有的部件都在工作, 并且令

$$A(t) = \mathrm{P}\{\text{系统在时刻 } t \text{ 工作}\}$$

$A(t)$ 称为在时刻 t 的*有效度*. 由于所有部件都独立地行动, $A(t)$ 可以用可靠性函数表达如下:

$$A(t) = r(A_1(t), \cdots, A_n(t)) \tag{9.27}$$

其中

$$A_i(t) = \mathrm{P}\{\text{部件 } i \text{ 在时刻 } t \text{ 工作}\}$$

现在部件 i 的状态 (或者开, 或者关) 按一个有两个状态的马尔可夫链变化. 因此由例 6.11 的结果, 我们有

$$A_i(t) = P_{00}(t) = \frac{\mu_i}{\mu_i + \lambda_i} + \frac{\lambda_i}{\mu_i + \lambda_i}\mathrm{e}^{-(\lambda_i + \mu_i)t}$$

于是, 我们得到

$$A(t) = r\left(\frac{\boldsymbol{\mu}}{\boldsymbol{\mu}+\boldsymbol{\lambda}} + \frac{\boldsymbol{\lambda}}{\boldsymbol{\mu}+\boldsymbol{\lambda}}\mathrm{e}^{-(\boldsymbol{\lambda}+\boldsymbol{\mu})t}\right)$$

如果我们令 t 趋于 ∞, 那么我们得到其极限有效度(记为 A), 它是

$$A = \lim_{t\to\infty} A(t) = r\left(\frac{\boldsymbol{\mu}}{\boldsymbol{\lambda}+\boldsymbol{\mu}}\right)$$

注 (i) 如果部件 i 开和关的分布分别是具有均值为 $1/\lambda_i$ 和 $1/\mu_i$ 的任意连续分布, $i=1,\cdots,n$, 那么由交替更新过程的理论 (见 7.5.1 节) 得到

$$A_i(t) \to \frac{1/\lambda_i}{1/\lambda_i + 1/\mu_i} = \frac{\mu_i}{\mu_i+\lambda_i}$$

于是利用可靠性函数的连续性, 从 (9.27) 推出极限有效度是

$$A = \lim_{t\to\infty} A(t) = r\left(\frac{\boldsymbol{\mu}}{\boldsymbol{\mu}+\boldsymbol{\lambda}}\right)$$

因此, A 只依赖于开和关的分布的均值.

(ii) 可以证明 (利用在 7.5 节中介绍的再生过程理论) A 也等于系统运行时间的长程比例.

例 9.30 对于一个串联系统, $r(\boldsymbol{p}) = \prod_{i=1}^n p_i$, 所以

$$A(t) = \prod_{i=1}^n \left[\frac{\mu_i}{\mu_i+\lambda_i} + \frac{\lambda_i}{\mu_i+\lambda_i}\mathrm{e}^{-(\lambda_i+\mu_i)t}\right]$$

$$A = \prod_{i=1}^n \frac{\mu_i}{\mu_i+\lambda_i}$$ ■

例 9.31 对于一个并联系统, $r(\boldsymbol{p}) = 1-\prod_{i=1}^n(1-p_i)$, 所以

$$A(t) = 1-\prod_{i=1}^n \left[\frac{\lambda_i}{\mu_i+\lambda_i}(1-\mathrm{e}^{-(\lambda_i+\mu_i)t})\right]$$

$$A(t) = 1-\prod_{i=1}^n \frac{\lambda_i}{\mu_i+\lambda_i}$$ ■

上面的系统在运行和失效之间更替. 让我们以 U_i 和 $D_i(i \geqslant 1)$, 分别记第 i 次运行和失效的时间长度. 例如在 3 中 2 系统中, U_1 是直到两个部件失效时的时间; D_1 是直到两个部件运行时的附加时间; U_2 是直到两个部件失效时的附加时间, 如此等等. 以

$$\overline{U} = \lim_{n\to\infty}\frac{U_1+\cdots+U_n}{n}, \qquad \overline{D} = \lim_{n\to\infty}\frac{D_1+\cdots+D_n}{n}$$

分别记运行和失效的平均时间长度.①

① 用再生过程的理论可以证明, 上面的极限以概率 1 存在, 而且是常数.

为了确定 $\overline{U}$ 和 $\overline{D}$, 首先注意在前 n 个运行–失效的循环中 (即, 在时间 $\sum_{i=1}^{n}(U_i+D_i)$ 中) 系统将运行一个时间 $\sum_{i=1}^{n} U_i$. 因此, 在前 n 个运行–失效的循环中, 系统运行的时间比例是

$$\frac{U_1+\cdots+U_n}{U_1+\cdots+U_n+D_1+\cdots+D_n}=\frac{\sum_{i=1}^{n} U_i/n}{\sum_{i=1}^{n} U_i/n+\sum_{i=1}^{n} D_i/n}$$

当 $n\to\infty$ 时, 它必须趋于系统运行时间的长程比例 A. 因此,

$$\frac{\overline{U}}{\overline{U}+\overline{D}}=A=r\left(\frac{\boldsymbol{\mu}}{\boldsymbol{\lambda}+\boldsymbol{\mu}}\right) \tag{9.28}$$

然而, 为了求解 $\overline{U}$ 和 $\overline{D}$, 我们需要另一个方程. 为此考虑系统失效的速率. 因为在时间 $\sum_{i=1}^{n}(U_i+D_i)$ 中将有 n 次失效, 由此推出系统失效的速率是

$$\begin{aligned}\text{系统失效的速率}&=\lim_{n\to\infty}\frac{n}{\sum_{i=1}^{n} U_i+\sum_{i=1}^{n} D_i}\\&=\lim_{n\to\infty}\frac{n}{\sum_{i=1}^{n} U_i/n+\sum_{i=1}^{n} D_i/n}=\frac{1}{\overline{U}+\overline{D}}\end{aligned} \tag{9.29}$$

就是说, 上面导致直观的结果, 平均地在 $\overline{U}+\overline{D}$ 个单位时间有一次失效. 为了利用这一点, 我们确定部件 i 的一次失效引起系统从运行转为失效的速率. 现在, 部件 i 失效时, 如果其他部件的状态 $x_1,\cdots,x_{i-1},x_{i+1},\cdots,x_n$ 使得 $\phi(1_i,\boldsymbol{x})=1$, $\phi(0_i,\boldsymbol{x})=0$, 则系统从运行转为失效. 就是说其他部件的状态必须使得

$$\phi(1_i,\boldsymbol{x})-\phi(0_i,\boldsymbol{x})=1 \tag{9.30}$$

因为平均地部件 i 在每 $1/\lambda_i+1/\mu_i$ 个时间单位中都有一次失效, 由此推出部件 i 的失效率等于 $(1/\lambda_i+1/\mu_i)^{-1}=\lambda_i\mu_i/(\lambda_i+\mu_i)$. 此外, 其他部件的状态将以概率①

$$\begin{aligned}&\mathrm{P}\{\phi(1_i,X(\infty))-\phi(0_i,X(\infty))=1\}\\&=\mathrm{E}[\phi(1_i,X(\infty))-\phi(0_i,X(\infty))] \qquad \text{因为 } \phi(1_i,X(\infty))-\phi(0_i,X(\infty)) \text{ 是伯努利随机变量}\\&=r\left(1_i,\frac{\boldsymbol{\mu}}{\boldsymbol{\lambda}+\boldsymbol{\mu}}\right)-r\left(0_i,\frac{\boldsymbol{\mu}}{\boldsymbol{\lambda}+\boldsymbol{\mu}}\right)\end{aligned}$$

使得方程 (9.30) 成立. 因此, 将上面总起来考虑, 我们看到

$$\text{部件 } i \text{ 引起系统的失效率}=\frac{\lambda_i\mu_i}{\lambda_i+\mu_i}\left[r\left(1_i,\frac{\boldsymbol{\mu}}{\boldsymbol{\lambda}+\boldsymbol{\mu}}\right)-r\left(0_i,\frac{\boldsymbol{\mu}}{\boldsymbol{\lambda}+\boldsymbol{\mu}}\right)\right]$$

在所有的部件 i 上求和, 于是给出

$$\text{系统的失效率}=\sum_i\frac{\lambda_i\mu_i}{\lambda_i+\mu_i}\left[r\left(1_i,\frac{\boldsymbol{\mu}}{\boldsymbol{\lambda}+\boldsymbol{\mu}}\right)-r\left(0_i,\frac{\boldsymbol{\mu}}{\boldsymbol{\lambda}+\boldsymbol{\mu}}\right)\right]$$

最后, 将上式与方程 (9.29) 置为相等, 得到

① $\boldsymbol{X}(\infty)$ 理解为 $t\to\infty$ 时, 系统处的随机状态. —— 译者注

$$\frac{1}{\overline{U}+\overline{D}}=\sum_i \frac{\lambda_i\mu_i}{\lambda_i+\mu_i}\left[r\left(1_i,\frac{\boldsymbol{\mu}}{\boldsymbol{\lambda}+\boldsymbol{\mu}}\right)-r\left(0_i,\frac{\boldsymbol{\mu}}{\boldsymbol{\lambda}+\boldsymbol{\mu}}\right)\right] \tag{9.31}$$

求解方程 (9.28) 和方程 (9.31), 我们得到

$$\overline{U}=\frac{r\left(\dfrac{\boldsymbol{\mu}}{\boldsymbol{\lambda}+\boldsymbol{\mu}}\right)}{\sum\limits_{i=1}^{n}\dfrac{\lambda_i\mu_i}{\lambda_i+\mu_i}\left[r\left(1_i,\dfrac{\boldsymbol{\mu}}{\boldsymbol{\lambda}+\boldsymbol{\mu}}\right)-r\left(0_i,\dfrac{\boldsymbol{\mu}}{\boldsymbol{\lambda}+\boldsymbol{\mu}}\right)\right]}, \tag{9.32}$$

$$\overline{D}=\frac{\left[1-r\left(\dfrac{\boldsymbol{\mu}}{\boldsymbol{\lambda}+\boldsymbol{\mu}}\right)\right]\overline{U}}{r\left(\dfrac{\boldsymbol{\mu}}{\boldsymbol{\lambda}+\boldsymbol{\mu}}\right)} \tag{9.33}$$

同样, 方程 (9.31) 导出系统的失败率.

注　在建立 $\overline{U}$ 和 $\overline{D}$ 的公式时, 我们并没有利用运行和失效时间的指数假定. 而事实上, 我们的推导是有效的, 并且当 $\overline{U}$ 和 $\overline{D}$ 都完好地定义 (一个充分条件是所有的运行和失效分布都是连续的) 时, 方程 (9.32) 和方程 (9.33) 成立. 量 λ_i 和 $\mu_i(i=1,\cdots,n)$ 分别表示平均寿命和平均修理时间的倒数.

例 9.32　对于串联系统,

$$\overline{U}=\frac{\prod_i \dfrac{\mu_i}{\mu_i+\lambda_i}}{\sum_i \dfrac{\lambda_i\mu_i}{\lambda_i+\mu_i}\prod_{j\neq i}\dfrac{\mu_j}{\mu_j+\lambda_j}}=\frac{1}{\sum_i\lambda_i},$$

$$\overline{D}=\frac{1-\prod_i \dfrac{\mu_i}{\mu_i+\lambda_i}}{\prod_i \dfrac{\mu_i}{\mu_i+\lambda_i}}\times\frac{1}{\sum_i\lambda_i}$$

而对于并联系统,

$$\overline{U}=\frac{1-\prod_i \dfrac{\lambda_i}{\mu_i+\lambda_i}}{\sum_i \dfrac{\lambda_i\mu_i}{\lambda_i+\mu_i}\prod_{j\neq i}\dfrac{\lambda_j}{\mu_j+\lambda_j}}=\frac{1-\prod_i \dfrac{\lambda_i}{\mu_i+\lambda_i}}{\prod_j \dfrac{\lambda_j}{\mu_j+\lambda_j}}\times\frac{1}{\sum_i\mu_i},$$

$$\overline{D}=\frac{\prod_i \dfrac{\lambda_i}{\mu_i+\lambda_i}}{1-\prod_i \dfrac{\lambda_i}{\mu_i+\lambda_i}}\overline{U}=\frac{1}{\sum_i\mu_i}$$

上面的公式对于部件 i 分别具有平均运行和失效时间 $1/\lambda_i$ 和 $1/\mu_i(i=1,\cdots n)$ 的连续的运行和失效分布的系统都成立. ■

带有暂缓行为的串联模型

考虑由 n 个部件组成的一个串联系统, 并且假设只要一个部件失效 (而因此系统失效), 这个部件立刻开始修理, 并且其他的部件进入一个暂缓行为的状态. 即, 在

失效的部件修复后, 其他部件开始在失效发生前的相同条件下恢复运行. 如果有两个或更多的部件同时失效, 则它们中任意选取的一个作为失效部件开始修理; 其他同时失效的部件被考虑为处在一个暂缓行为的状态, 而当修理完成时, 它们就立刻进入失效时期. 我们假设 (不计任何暂缓行为的时间) 部件 i 运行的时间的分布是 F_i, 均值为 u_i, 而修理分布是 G_i, 均值为 $d_i, i=1,\cdots,n$.

为了确定系统在工作的时间长程比例, 我们作推理如下. 作为开始, 考虑系统已经运行了时间 t 的一个时间, 记为 T. 现在, 当系统处在运行时部件 i 的失效次数构成一个具有平均间隔时间 u_i 的更新过程. 所以, 由此推出

$$\text{部件 } i \text{ 在时间 } T \text{ 中的失效次数} \approx \frac{t}{u_i}$$

由于部件 i 的平均修理时间是 d_i, 从上式可推出

$$\text{在时间 } T \text{ 中部件 } i \text{ 的总修理时间} \approx \frac{td_i}{u_i}$$

所以, 在系统已经运行了时间 t 期间, 系统总的失效时间近似地是

$$t\sum_{i=1}^{n} d_i/u_i$$

因此, 系统处于运行的时间比例近似地是

$$\frac{t}{t+t\sum_{i=1}^{n} d_i/u_i}$$

因为当我们让 t 变大时, 这个近似应该变得更精确, 由此推出

$$\text{系统处于运行的时间比例} = \frac{1}{1+\sum_i d_i/u_i} \tag{9.34}$$

这也说明

$$\text{系统的失效时间比例} = 1 - \text{系统处于运行的时间比例} = \frac{\sum_i d_i/u_i}{1+\sum_i d_i/u_i}$$

而且, 在时间区间从 0 到 T, 已经投入到部件 i 的修理时间比例近似地为

$$\frac{td_i/u_i}{\sum_i td_i/u_i}$$

所以, 在长程中,

$$\text{由于部件 } i \text{ 引起的失效的时间比例} = \frac{d_i/u_i}{\sum_i d_i/u_i}$$

将上式乘以系统的失效时间比例, 得出

$$\text{部件 } i \text{ 在修理的时间比例} = \frac{d_i/u_i}{1+\sum_i d_i/u_i}$$

同样, 由于只要任何其他部件在修理, 部件 j 将处于暂缓行为状态, 我们看到

$$\text{部件 } j \text{ 处于暂缓行为状态的时间比例} = \frac{\sum_{i\neq j} d_i/u_i}{1+\sum_i d_i/u_i}$$

另一个重要的量是系统失效的长程速率. 由于当系统在运行时, 部件 i 以速率 $1/u_i$ 失效, 而当系统失效时它未必失效, 由此推出

$$\text{部件 } i \text{ 失效的速率} = \frac{\text{系统运行时间的比例}}{u_i} = \frac{1/u_i}{1+\sum_i d_i/u_i}$$

由于任何一个部件失效时系统失效, 上式导致

$$\text{系统失效的速率} = \frac{\sum_i 1/u_i}{1+\sum_i d_i/u_i} \tag{9.35}$$

如果将时间轴按系统运行与失效划分为时段, 我们可以确定运行时段的平均长度, 注意到, 如果 $U(t)$ 是在区间 $[0,t]$ 上总的运行时间, 而如果 $N(t)$ 是到 t 为止失效的次数, 那么

$$\text{一个运行时期的平均长度} = \lim_{t\to\infty}\frac{U(t)}{N(t)} = \lim_{t\to\infty}\frac{U(t)/t}{N(t)/t} = \frac{1}{\sum_i 1/u_i}$$

其中最后的等式用到了方程 (9.34) 和方程 (9.35). 用类似的方式可以证明

$$\text{一个失效时段的平均长度} = \frac{\sum_i d_i/u_i}{\sum_i 1/u_i}. \tag{9.36}$$

习 题

1. 证明对于任意结构函数 ϕ 有

$$\phi(\boldsymbol{x}) = x_i\phi(1_i,\boldsymbol{x}) + (1-x_i)\phi(0_i,\boldsymbol{x})$$

其中

$$(1_i,\boldsymbol{x}) = (x_1,\cdots,x_{i-1},1,x_{i+1},\cdots,x_n), \quad (0_i,\boldsymbol{x}) = (x_1,\cdots,x_{i-1},0,x_{i+1},\cdots,x_n).$$

2. 证明

(a) 若 $\phi(0,0,\cdots,0)=0$ 和 $\phi(1,1,\cdots,1)=1$, 则 $\min x_i \leqslant \phi(\boldsymbol{x}) \leqslant \max x_i$.

(b) $\phi(\max(\boldsymbol{x},\boldsymbol{y})) \geqslant \max(\phi(\boldsymbol{x}),\phi(\boldsymbol{y}))$

(c) $\phi(\min(\boldsymbol{x},\boldsymbol{y})) \leqslant \min(\phi(\boldsymbol{x}),\phi(\boldsymbol{y}))$

3. 对于任意结构函数 ϕ, 我们定义对偶结构函数 ϕ^{D} 为 $\phi^{\mathrm{D}}(\boldsymbol{x}) = 1-\phi(\boldsymbol{1}-\boldsymbol{x})$.

(a) 证明一个并联 (串联) 系统的对偶是一个串联 (并联) 系统.

(b) 证明对偶结构的对偶是原来的结构.

(c) n 中 k 系统的对偶是什么?

(d) 证明对偶系统的最小道路 (切割) 集是原来系统的最小切割 (道路) 集.

***4.** 写出对应于下列图 9.16~9.18 的结构函数.

5. 求对应于下列图 9.19~9.20 的最小道路集与最小切割集.

***6.** 最小道路集是 $\{1,2,4\}$, $\{1,3,5\}$ 和 $\{5,6\}$. 给出最小切割集.

7. 最小切割集是 $\{1,2,3\}$, $\{2,3,4\}$ 和 $\{3,5\}$. 问最小道路集是什么?

8. 给出图 9.21 中结构的最小道路集与最小切割集.

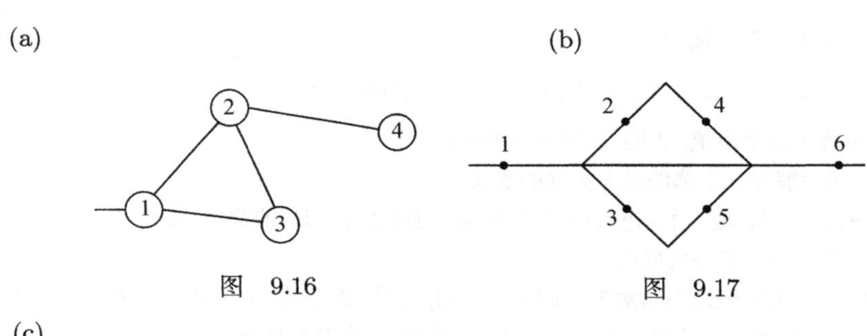

图 9.16 图 9.17

(c)

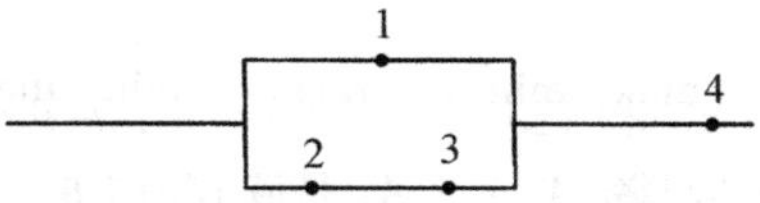

1
4
2 3

图 9.18

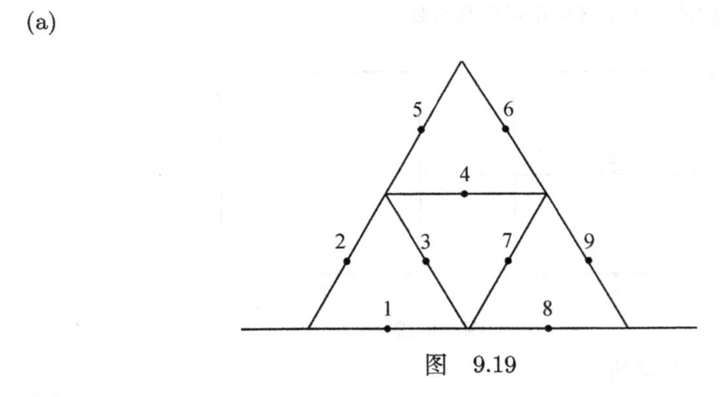

图 9.19

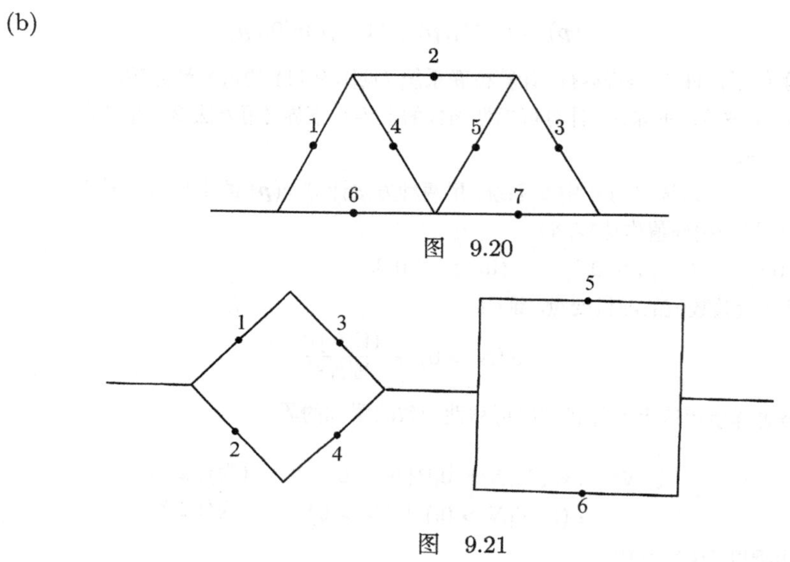

图 9.20

图 9.21

9. 如果对于某个状态向量 $\boldsymbol{x}$,

$$\phi(1_i, \boldsymbol{x}) = 1, \qquad \phi(0_i, \boldsymbol{x}) = 0$$

部件 i 称为关联于系统, 否则, 称为无关联的.

(a) 用一句话解释一个部件是无关联的含义.

(b) 令 $A_1, \cdots, A_s$ 是一个系统的最小道路集, 而以 S 记部件的集合. 证明 $S = \bigcup_{i=1}^{s} A_i$ 当且仅当所有的部件都是关联的.

(c) 以 $C_1, \cdots, C_k$ 记最小切割集. 证明 $S = \bigcup_{i=1}^{k} C_i$ 当且仅当所有的部件都是关联的.

10. 以 t_i 记第 i 个部件失效的时间; 以 $\tau_\phi(\boldsymbol{t})$ 记系统 ϕ 的失效时间作为向量 $\boldsymbol{t} = (t_1, \cdots, t_n)$ 的函数. 证明

$$\max_{1 \leqslant j \leqslant s} \min_{i \in A_j} t_i = \tau_\phi(\boldsymbol{t}) = \min_{1 \leqslant j \leqslant k} \max_{i \in C_j} t_i$$

其中 $C_1, \cdots, C_k$ 是最小切割集, $A_1, \cdots, A_s$ 是最小道路集.

11. 给出习题 8 中结构的可靠性函数.

***12.** 给出图 9.22 中结构的最小道路集和可靠性函数.

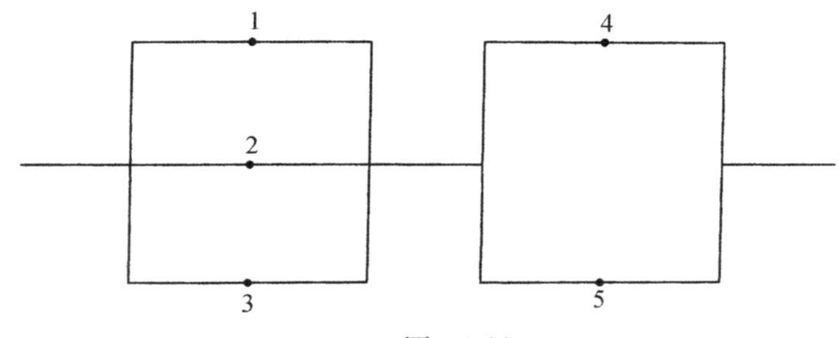

图　9.22

13. 令 $r(\boldsymbol{p})$ 为可靠性函数. 证明

$$r(\boldsymbol{p}) = p_i r(1_i, \boldsymbol{p}) + (1 - p_i) r(0_i, \boldsymbol{p})$$

14. 通过取条件于部件 3 是否运行, 计算桥联系统 (见图 9.11) 的可靠性函数.

15. 对于习题 4 中给出的系统, 计算可靠性函数的上界和下界 (用方法 2), 并且在 $p_i \equiv 1/2$ 时与精确值比较.

16. 对于 (a) 3 中 2 系统, (b) 4 中 2 系统, 用两种方法计算 $r(\boldsymbol{p})$ 的上界与下界.

(c) 将这些界与精确值作比较, 设

(i) $p_i \equiv 0.5$,　　(ii) $p_i \equiv 0.8$,　　(iii) $p_i \equiv 0.2$.

***17.** 令 N 是非负整数值的随机变量. 证明

$$\mathrm{P}\{N > 0\} \geqslant \frac{(\mathrm{E}[N])^2}{\mathrm{E}[N^2]}$$

并且解释怎样使用这个不等式导出可靠性函数的附加的界.

提示:

$$\begin{aligned} \mathrm{E}[N^2] &= \mathrm{E}[N^2 | N > 0] \mathrm{P}\{N > 0\} && (\text{为什么?}) \\ &\geqslant (\mathrm{E}[N | N > 0])^2 \mathrm{P}\{N > 0\} && (\text{为什么?}) \end{aligned}$$

现在两边乘以 $\mathrm{P}\{N > 0\}$

18. 考虑一个结构, 其最小道路集是 $\{1,2,3\}$ 和 $\{3,4,5\}$

(a) 最小切割集是什么?

(b) 如果部件的寿命都是独立的 $(0,1)$ 均匀随机变量, 确定系统寿命小于 1/2 的概率.

19. 以 $X_1, X_2, \cdots, X_n$ 记独立同分布随机变量, 并且定义次序统计量 $X_{(1)}, X_{(2)}, \cdots, X_{(n)}$ 为

$$X_{(i)} \equiv X_1, X_2, \cdots, X_n \text{ 中第 } i \text{ 个最小者.}$$

证明如果 X_j 的分布是 IFR, 那么 $X_{(i)}$ 的分布也是 IFR.

提示：将它与这一章中的某一个例子联系起来.

20. 令 F 是连续分布函数. 对于某个正数 α, 由

$$\overline{G}(t) = (\overline{F}(t))^{\alpha}$$

定义分布函数 G. 求 G 和 F 分布的失败率函数 $\lambda_G(t)$ 和 $\lambda_F(t)$ 之间的关系.

21. 考虑下述图 9.23~9.26 中 4 个结构：

(i)

图 9.23

(ii)

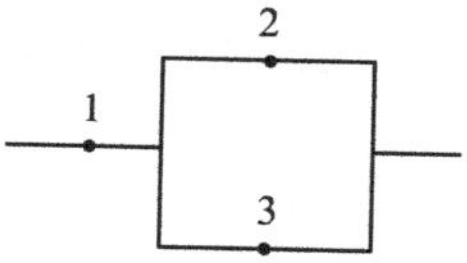

图 9.24

(iii)

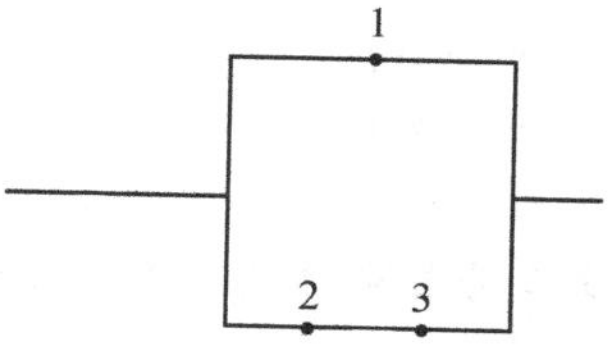

图 9.25

(iv)

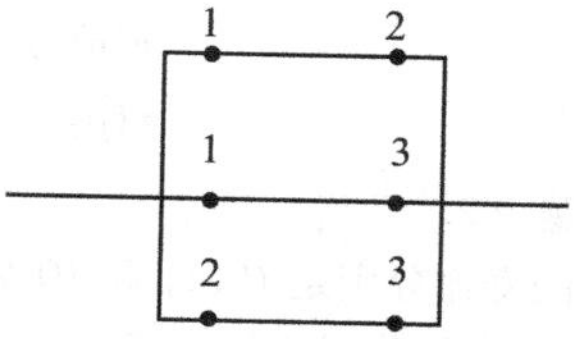

图 9.26

令 F_1, F_2 和 F_3 是对应部件的失效函数, 它们中每一个都假定是 IFR (递增失效率). 令 F 是系统的失效函数. 所有的部件都是独立的.

(a) 若 $F_1 = F_2 = F_3$, 对于哪一个结构 F 必须是 IFR ? 给出理由.

(b) 若 $F_2 = F_3$, 对于哪一个结构 F 必须是 IFR ? 给出理由.

(c) 若 $F_1 \neq F_2 \neq F_3$, 对于哪一个结构 F 必须是 IFR? 给出理由.

***22.** 以 X 记一个产品的寿命. 假设产品已经到达年龄 t. 以 X_t 记它的剩余寿命, 并且定义

$$\overline{F}_t(a) = \mathrm{P}\{X_t > a\}$$

简言之, $\overline{F}_t(a)$ 是一个 t 年的旧产品存活一个附加时间 a 的概率. 证明

(a) $\overline{F_t}(a) = \dfrac{\overline{F}(t+a)}{\overline{F}(t)}$, 其中 F 是 X 的分布函数.

(b) IFR 的另一个定义是, 说 F 是 IFR, 如果 $\overline{F_t}(a)$ 对于一切 a 对 t 递减. 证明当 F 有密度时, 这个定义等价于在正文中给出的定义.

23. 通过 (a) 和 (b) 证明如果串联系统的每一个 (独立的) 部件都有 IFR 分布, 那么系统寿命本身也是 IFR:

(a) 证明

$$\lambda_F(t) = \sum_i \lambda_i(t)$$

其中 $\lambda_F(t)$ 是系统的失败率函数; 而 $\lambda_i(t)$ 是第 i 个部件的寿命的失败率函数;

(b) 习题 22 中给出的 IFR 的定义.

24. 证明如果 F 是 IFR, 那么它也是 IFRA, 并且通过反例说明反过来是不对的.

***25.** 我们说 ζ 是分布 F 的一个 p 百分点, 如果 $F(\zeta) = p$. 证明如果 ζ 是 IFRA 分布 F 的一个 p 百分点, 则

$$\overline{F}(x) \leqslant \mathrm{e}^{-\theta x}, \qquad x \geqslant \zeta$$

$$\overline{F}(x) \geqslant \mathrm{e}^{-\theta x}, \qquad x \leqslant \zeta$$

其中

$$\theta = \frac{-\ln(1-p)}{\zeta}$$

26. 证明引理 9.3.

提示: 令 $x = y + \delta$. 注意当 $0 \leqslant \alpha \leqslant 1$ 时 $f(t) = t^\alpha$ 是凹函数并且利用对于凹函数 $f(t+h) - f(t)$ 关于 t 递减.

27. 令 $r(p) = r(p, p, \cdots, p)$. 证明若 $r(p_0) = p_0$, 则

$$r(p) \geqslant p, \qquad 对\ p \geqslant p_0$$

$$r(p) \leqslant p, \qquad 对\ p \leqslant p_0$$

提示: 用命题 9.2.

28. 当两个部件的寿命分别是 $(0,1)$ 和 $(0,2)$ 上均匀分布时, 求这两个部件的串联系统的平均寿命. 对于并联系统作同样的计算.

29. 证明当第一个部件的寿命是均值为 $1/\mu_1$ 的指数分布, 而第二个部件的寿命是均值为 $1/\mu_2$ 的指数分布时, 两个部件的并联系统的平均寿命是

$$\frac{1}{\mu_1 + \mu_2} + \frac{\mu_1}{(\mu_1 + \mu_2)\mu_2} + \frac{\mu_2}{(\mu_1 + \mu_2)\mu_1}$$

***30.** 当前两个部件的寿命是 (0,1) 上均匀分布, 而后两个部件的寿命是 (0,2) 上均匀分布时, 计算 4 中 3 系统的期望寿命.

31. 证明当每个部件的寿命的均值为 θ 的指数分布时, 一个 n 中 k 系统的寿命方差为

$$\theta^2 \sum_{i=k}^{n} \frac{1}{i^2}$$

32. 在 9.6.1 节中, 证明超过 c^* 的 X_i 的期望个数等于 1.

33. 令 X_i 是均值为 $8 + 2i$ $(i = 1, 2, 3)$ 的指数随机变量. 用 9.6.1 节的结果得到 $\mathrm{E}[\max X_i]$ 的上界, 然后与当 X_i 是独立随机变量时的精确结果作比较.

34. 对 9.7 节中的模型, 对于一个 n 中 k 结构, 计算 (i) 平均运行时间, (ii) 平均失效时间, (iii) 系统的失败率.

35. 证明组合恒等式

$$\binom{n-1}{i-1} = \binom{n}{i} - \binom{n}{i+1} + \cdots \pm \binom{n}{n}, \qquad i \leqslant n$$

(a) 对 i 用归纳法.

(b) 对 i 用倒向归纳法 —— 就是说, 先对 $i = n$ 证明它, 然后对 $i = k$ 假定它成立, 并且证明这蕴涵对于 $i = k - 1$ 它是正确的.

36. 验证方程 (9.36).

参 考 文 献

[1] R.E. Barlow and F. Proschan, "Statistical Theory of Reliability and Life Testing, " Holt, New York, 1975.

[2] H. Frank and I. Frisch, " Communication, Transmission, and Transportation Network," Addison-Wesley, Reading, Massachusetts, 1971.

[3] I.B.Gertsbakh, "Statistical Reliability Theory," Marcel Dekker, New York and Basel, 1989.

第 10 章　布朗运动与平稳过程

10.1　布 朗 运 动

本章首先讨论对称随机游动, 对称随机游动在每个单位时间等可能地向左或向右走一个单位的一步. 就是说, 这是一个具有 $P_{i,i+1} = 1/2 = P_{i,i-1} (i = 0, \pm 1, \cdots)$ 的马尔可夫链. 现在假设通过在越来越小的时间区间取越来越小的步长来加快这个过程. 如果我们现在以正确的方式趋于极限, 得到的就是布朗运动.

更确切地说, 假设每个 Δt 时间单位等概率地向左或向右移动大小为 Δx 的一步. 如果以 $X(t)$ 记在时刻 t 的位置, 那么

$$X(t) = \Delta x(X_1 + \cdots + X_{[t/\Delta t]}) \tag{10.1}$$

其中

$$X_i = \begin{cases} +1, & \text{如果长度为 } \Delta x \text{ 的第 } i \text{ 步是向右的} \\ -1, & \text{如果长度为 } \Delta x \text{ 的第 } i \text{ 步是向左的} \end{cases}$$

且 $[t/\Delta t]$ 是小于或等于 $t/\Delta t$ 的最大整数, 此处假定 X_i 是独立的, 并且

$$\mathrm{P}\{X_i = 1\} = \mathrm{P}\{X_i = -1\} = \frac{1}{2}$$

因为 $\mathrm{E}[X_i] = 0, \mathrm{Var}(X_i) = \mathrm{E}[X_i^2] = 1$, 由方程 (10.1) 看到

$$\mathrm{E}[X(t)] = 0, \qquad \mathrm{Var}(X(t)) = (\Delta x)^2 \left[\frac{t}{\Delta t}\right] \tag{10.2}$$

现在令 Δx 和 Δt 趋于 0. 然而, 我们必须以使结果的极限过程是非平凡的方式进行 (例如, 如果我们令 $\Delta x = \Delta t$, 并令 $\Delta t \to 0$, 那么, 从上面我们看到 $\mathrm{E}[X(t)]$ 和 $\mathrm{Var}(X(t))$ 两者都将趋于 0, 因此 $X(t)$ 将以概率 1 等于 0). 如果对于某个正常数 σ, 我们令 $\Delta x = \sigma\sqrt{\Delta t}$, 那么由方程 (10.2) 知, 当 $\Delta t \to 0$ 时

$$\mathrm{E}[X(t)] = 0, \qquad \mathrm{Var}(X(t)) \to \sigma^2 t$$

我们现在列出当取 $\Delta x = \sigma\sqrt{\Delta t}$, 然后令 $\Delta t \to 0$ 时, 极限过程的直观性质. 由方程 (10.1) 及中心极限定理可知以下似乎是合理的.

(i) $X(t)$ 是均值为 0, 方差为 $\sigma^2 t$ 的正态随机变量. 此外, 因为随机游动在不重叠的时间区间改变的值是独立的, 我们有

(ii) $\{X(t), t \geqslant 0\}$ 有独立增量, 即对于所有的 $t_1 < t_2 < \cdots < t_n$

$$X(t_n) - X(t_{n-1}), X(t_{n-1}) - X(t_{n-2}), \cdots, X(t_2) - X(t_1), X(t_1)$$

是独立的. 最后, 因为随机游动在任意时间区间的位置改变分布只依赖于这个区间的长度, 其表现为

(iii) $\{X(t), t \geqslant 0\}$ 有平稳增量, 因此 $X(t+s)-X(t)$ 的分布不依赖于 t. 我们现在已经做好如下正式定义的准备.

定义 10.1 如果

(i) $X(0)=0$;

(ii) $\{X(t), t \geqslant 0\}$ 有平稳独立的增量;

(iii) 对于任意 $t>0$, $X(t)$ 是均值为 0, 方差为 $\sigma^2 t$ 的正态随机变量.

那么称随机过程 $\{X(t), t \geqslant 0\}$ 为*布朗运动过程*.

布朗运动过程, 有时称为*维纳过程*, 是在应用概率论中最重要的随机过程之一. 它起源于物理中作为布朗运动的描述. 这个现象, 以发现它的英国植物学家 Robert Brown 的名字命名, 是由全部浸没在液体或气体中的微粒展示的运动. 此后, 这个过程已经有益地用于这些领域, 诸如拟合度的统计检验, 分析证券市场的价格水平和量子力学.

布朗运动现象的第一个解释由爱因斯坦在 1905 年给出. 他证明了布朗运动可以用假定浸入的粒子是连续地受周围介质中分子的冲击来解释. 然而, 潜在于布朗运动的随机过程的上述简明定义是由维纳在 1918 年开始的一系列文章中给出的.

当 $\sigma=1$, 这个过程称为*标准的布朗运动*. 因为任意布朗运动可以令 $B(t)=X(t)/\sigma$ 而转化为标准的布朗运动, 除非特别声明, 本章我们都假设 $\sigma=1$.

由随机徘徊的极限 (方程 (10.1)) 解释布朗运动可知, $X(t)$ 必须是 t 的连续函数. 为了验证其正确性, 我们必须证明以概率为 1 地有

$$\lim_{h \to 0}(X(t+h)-X(t))=0.$$

虽然此式的严格证明超出了本书的范围, 但是以下论证是可信的. 注意到随机变量 $X(t+h)-X(t)$ 的均值为 0, 方差为 h, 从而看出当 $h \to 0$ 时收敛到均值为 0, 方差为 0 的一个随机变量. 这就是说, $X(t+h)-X(t)$ 趋于 0 是合理的, 由此导出连续性.

虽然 $X(t)$ 是 t 的连续函数的概率为 1, 但是它具有处处不可微的有趣性质. 要弄明白为什么是这样, 注意 $\dfrac{X(t+h)-X(t)}{h}$ 具有均值 0, 方差 $\dfrac{1}{h}$. 因为当 $h \to 0$ 时 $\dfrac{X(t+h)-X(t)}{h}$ 的方差收敛到 ∞, 这个比值不收敛也在意料之中.

因为 $X(t)$ 是均值为 0, 方差为 t 的正态随机变量, 它的密度函数由

$$f_t(x)=\frac{1}{\sqrt{2\pi t}}\mathrm{e}^{-x^2/2t}$$

给出. 对于 $t_1<\cdots<t_n$ 为了得到 $X(t_1),X(t_2),\cdots,X(t_n)$ 的联合密度函数, 首先注意一组等式

$$\begin{aligned}X(t_1)&=x_1,\\X(t_2)&=x_2,\\&\vdots\\X(t_n)&=x_n\end{aligned}$$

它们等价于

$$\begin{aligned}X(t_1)&=x_1,\\X(t_2)-X(t_1)&=x_2-x_1,\\&\vdots\\X(t_n)-X(t_{n-1})&=x_n-x_{n-1}\end{aligned}$$

然而, 由独立增量假设推出 $X(t_1),X(t_2)-X(t_1),\cdots,X(t_n)-X(t_{n-1})$ 是独立的, 并且由平稳增量假设, $X(t_k)-X(t_{k-1})$ 是均值为 0, 方差为 t_k-t_{k-1} 的正态随机变量. 因此, $X(t_1),X(t_2),\cdots,X(t_n)$ 的联合密度函数由

$$\begin{aligned}f(x_1,x_2,\cdots,x_n)&=f_{t_1}(x_1)f_{t_2-t_1}(x_2-x_1)\cdots f_{t_n-t_{n-1}}(x_n-x_{n-1})\\&=\frac{\exp\left\{-\dfrac{1}{2}\left[\dfrac{x_1^2}{t_1}+\dfrac{(x_2-x_1)^2}{t_2-t_1}+\cdots+\dfrac{(x_n-x_{n-1})^2}{t_n-t_{n-1}}\right]\right\}}{(2\pi)^{n/2}[t_1(t_2-t_1)\cdots(t_n-t_{n-1})]^{1/2}}\end{aligned}\tag{10.3}$$

给出.

由这个方程, 原则上可以计算任意想要的概率. 例如, 假设我们要求对给定 $X(t)=B$ 时, $X(s)$ 的条件分布, 其中 $s<t$. 那么这个条件密度是

$$\begin{aligned}f_{s|t}(x|B)&=\frac{f_s(x)f_{t-s}(B-x)}{f_t(B)}\\&=K_1\exp\{-x^2/2s-(B-x)^2/2(t-s)\}\\&=K_2\exp\left\{-x^2\left(\frac{1}{2s}+\frac{1}{2(t-s)}\right)+\frac{Bx}{t-s}\right\}\\&=K_2\exp\left\{-\frac{t}{2s(t-s)}\left(x^2-2\frac{sB}{t}x\right)\right\}\\&=K_3\exp\left\{-\frac{(x-Bs/t)^2}{2s(t-s)/t}\right\}\end{aligned}$$

其中 K_1、K_2 和 K_3 不依赖 x. 因此, 从上式我们看到, 对于 $s<t$, 给定 $X(t)=B$ 时, $X(s)$ 的条件分布是正态分布, 其均值和方差由

$$\mathrm{E}[X(s)|X(t)=B]=\frac{s}{t}B,\qquad \mathrm{Var}(X(s)|X(t)=B)=\frac{s}{t}(t-s)\tag{10.4}$$

给出.

例 10.1 在有两人比赛的自行车赛中, 以 $Y(t)$ 记当 $100t\%$ 的竞赛完成时, 从内道出发的竞赛者领先的时间数量 (以秒计), 并且假设 $\{Y(t), t \geqslant 0\}$ 可以有效地用方差参数为 σ^2 的布朗运动建模.

(a) 如果在竞赛的中点, 内道的竞赛者领先 σ 秒, 问她取胜的概率是多少?

(b) 如果内道的竞赛者在竞赛中以领先 σ 秒获胜, 问她在竞赛的中点领先的概率是多少?

解

(a)
$$\begin{aligned}
&\mathrm{P}\{Y(1) > 0 | Y(1/2) = \sigma\} \\
=&\mathrm{P}\{Y(1) - Y(1/2) > -\sigma | Y(1/2) = \sigma\} \\
=&\mathrm{P}\{Y(1) - Y(1/2) > -\sigma\} \quad \text{由独立增量性} \\
=&\mathrm{P}\{Y(1/2) > -\sigma\} \quad \text{由平稳增量性} \\
=&\mathrm{P}\left\{\frac{Y(1/2)}{\sigma/\sqrt{2}} > -\sqrt{2}\right\} = \Phi(\sqrt{2}) \approx 0.9213
\end{aligned}$$

其中 $\Phi(x) = \mathrm{P}\{N(0,1) \leqslant x\}$ 是标准正态分布函数.

(b) 因为必须计算 $\mathrm{P}\{Y(1/2) > 0 | Y(1) = \sigma\}$, 让我们首先确定, 在 $s < t$ 时, 给定 $Y(t) = C$ 时 $Y(s)$ 的条件分布. 因为 $\{X(t), t \geqslant 0\}$ 是标准布朗运动, 其中 $X(t) = Y(t)/\sigma$, 我们从方程 (10.4) 得到, 给定 $X(t) = C/\sigma$ 时 $X(s)$ 的条件分布是均值为 $sC/t\sigma$ 且方差为 $s(t-s)/t$ 的正态分布. 因此, 给定 $Y(t) = C$ 时 $Y(s) = \sigma X(s)$ 的条件分布是均值为 sC/t 且方差为 $\sigma^2 s(t-s)/t$ 的正态分布. 因此,

$$\mathrm{P}\{Y(1/2) > 0 | Y(1) = \sigma\} = \mathrm{P}\{N(\sigma/2, \sigma^2/4) > 0\} = \Phi(1) \approx 0.8413$$ ■

10.2 击中时刻、最大随机变量和赌徒破产问题

以 T_a 记布朗运动首次击中 a 的时刻. 当 $a > 0$ 时, 我们通过考虑 $\mathrm{P}\{X(t) \geqslant a\}$ 并取条件于是否有 $T_a \leqslant t$ 来计算 $\mathrm{P}\{T_a \leqslant t\}$. 这给出

$$\begin{aligned}
\mathrm{P}\{X(t) \geqslant a\} = &\mathrm{P}\{X(t) \geqslant a | T_a \leqslant t\}\mathrm{P}\{T_a \leqslant t\} \\
&+ \mathrm{P}\{X(t) \geqslant a | T_a > t\}\mathrm{P}\{T_a > t\}
\end{aligned} \tag{10.5}$$

现在如果 $T_a \leqslant t$, 那么过程在 $[0, t]$ 的某个点击中 a, 并且由对称性, 它等可能地或者比 a 大或者比 a 小. 即

$$\mathrm{P}\{X(t) \geqslant a | T_a \leqslant t\} = \frac{1}{2}$$

因为方程 (10.5) 右边的第二项显然等于 0 (因为由连续性, 过程的值不可能还没有击中 a 而大于 a). 我们看到

$$\begin{aligned}P\{T_a \leqslant t\} &= 2P\{X(t) \geqslant a\} \\ &= \frac{2}{\sqrt{2\pi t}}\int_a^{\infty} e^{-x^2/2t}dx \\ &= \frac{2}{\sqrt{2\pi}}\int_{a/\sqrt{t}}^{\infty} e^{-y^2/2}dy, \quad a > 0\end{aligned} \tag{10.6}$$

对于 $a < 0$, 由对称性, T_a 的分布与 T_{-a} 的分布相同. 因此从方程 (10.6) 我们得到

$$P\{T_a \leqslant t\} = \frac{2}{\sqrt{2\pi}}\int_{|a|/\sqrt{t}}^{\infty} e^{-y^2/2}dy \tag{10.7}$$

另一个重要的随机变量是过程在 $[0,t]$ 中达到的最大值. 得到它的分布如下: 对于 $a > 0$

$$\begin{aligned}P\{\max_{0\leqslant s\leqslant t} X(s) \geqslant a\} &= P\{T_a \leqslant t\} \qquad \text{由连续性} \\ &= 2P\{X(t) \geqslant a\} \qquad \text{由 (10.6)} \\ &= \frac{2}{\sqrt{2\pi}}\int_{a/\sqrt{t}}^{\infty} e^{-y^2/2}dy\end{aligned}$$

我们现在考虑布朗运动在击中 $-B$ 前先击中 A 的概率, 其中 $A > 0, B > 0$. 为了计算它, 我们利用将布朗运动解释为对称随机游动的极限. 我们先回忆赌徒破产问题的结果 (见 4.5.1 节), 当每一步或者增加或者减少一个距离 Δx 时, 对称随机游动在减少 B 前先增加 A 的概率 (由方程 (4.14), 以 $N = (A+B)/\Delta x, \quad i = B/\Delta x$) 等于 $B\Delta x/(A+B)\Delta x = B/(A+B)$.

因此, 令 $\Delta x \to 0$, 得到

$$P\{\text{在减少 } B \text{ 前先增加 } A\} = \frac{B}{A+B}$$

10.3　布朗运动的变形

10.3.1　漂移布朗运动

我们称 $\{X(t), t \geqslant 0\}$ 是漂移系数为 μ 和方差参数为 σ^2 的布朗运动, 如果

(i) $X(0) = 0$;

(ii) $\{X(t), t \geqslant 0\}$ 有平稳独立增量;

(iii) $X(t)$ 有均值为 μt, 方差为 $\sigma^2 t$ 的正态分布.

一个等价定义是令 $\{B(t), t \geqslant 0\}$ 是标准布朗运动, 然后定义

$$X(t) = \sigma B(t) + \mu t$$

从这个表述可以得出 $X(t)$ 也是 t 的连续函数.

10.3.2 几何布朗运动

如果 $\{Y(t), t \geqslant 0\}$ 是漂移系数为 μ 和方差参数为 σ^2 的布朗运动, 那么由

$$X(t) = \mathrm{e}^{Y(t)}$$

定义的过程 $\{X(t), t \geqslant 0\}$ 称为*几何布朗运动*.

对于一个几何布朗运动过程 $\{X(t)\}$, 让我们计算, 给定过程直至时刻 s 的历史时, 过程在时刻 t 的期望值. 即, 对于 $s < t$, 考虑 $\mathrm{E}\{X(t)|X(u), 0 \leqslant u \leqslant s\}$. 现在

$$\begin{aligned}\mathrm{E}[X(t)|X(u), 0 \leqslant u \leqslant s] &= \mathrm{E}[\mathrm{e}^{Y(t)}|Y(u), 0 \leqslant u \leqslant s] \\ &= \mathrm{E}[\mathrm{e}^{Y(s)+Y(t)-Y(s)}|Y(u), 0 \leqslant u \leqslant s] \\ &= \mathrm{e}^{Y(s)}\mathrm{E}[\mathrm{e}^{Y(t)-Y(s)}|Y(u), 0 \leqslant u \leqslant s] \\ &= X(s)\mathrm{E}[\mathrm{e}^{Y(t)-Y(s)}]\end{aligned}$$

其中倒数第二个等式得自 $Y(s)$ 给定的事实, 而最后的等式得自布朗运动的独立增量性质. 现在, 一个正态随机变量 W 的矩母函数由

$$\mathrm{E}[\mathrm{e}^{aW}] = \mathrm{e}^{a\mathrm{E}[W]+a^2\mathrm{Var}(W)/2}$$

给出. 因此, 由于 $Y(t) - Y(s)$ 是均值为 $\mu(t-s)$ 和方差为 $\sigma^2(t-s)$ 的正态随机变量, 置 $a = 1$, 由此推出,

$$\mathrm{E}[\mathrm{e}^{Y(t)-Y(s)}] = \mathrm{e}^{\mu(t-s)+(t-s)\sigma^2/2}$$

于是, 我们得到

$$\mathrm{E}[X(t)|X(u), 0 \leqslant u \leqslant s] = X(s)\mathrm{e}^{(t-s)(\mu+\sigma^2/2)} \tag{10.8}$$

几何布朗运动在股票相对于时间的价格的建模中很有用, 当你感觉价格百分比变化是独立同分布时. 例如, 假设 X_n 是某个股票在时刻 n 的价格. 那么, 假设 $X_n/X_{n-1} (n \geqslant 1)$ 是独立同分布也许是合理的. 令 $Y_n = X_n/X_{n-1}$, 所以 $X_n = Y_n X_{n-1}$. 由这个等式迭代给出

$$\begin{aligned}X_n &= Y_n Y_{n-1} X_{n-2} \\ &= Y_n Y_{n-1} Y_{n-2} X_{n-3} \\ &\vdots \\ &= Y_n Y_{n-1} \cdots Y_1 X_0\end{aligned}$$

于是

$$\ln(X_n) = \sum_{i=1}^{n} \ln(Y_i) + \ln(X_0)$$

由于 $\ln Y_i (i \geqslant 1)$ 是独立同分布的, $\{\ln X_n\}$ 也将如此, 在适当地规范化之后, 近似地是具有漂移的布朗运动, 所以 $\{X_n\}$ 近似地是几何布朗运动.

10.4　股票期权的定价

10.4.1　期权定价的示例

对于在不同时期收到或者支付钱的情形, 我们必须考虑到钱的时间价值. 就是说, 在将来时刻 t 得到的钱 v, 不如立刻得到的钱 v 值钱. 原因在于, 如果我们立刻得到钱 v, 那么它可以带利息地贷出, 从而在时刻 t 比 v 更值钱. 为了考虑这些, 我们假设在时刻 t 赚得钱的数量 v 在时刻 0 的价值 (也称为现值) 是 $v\mathrm{e}^{-\alpha t}$. 量 α 常称为折现因子. 在经济学的术语中, 折现函数 $\mathrm{e}^{-\alpha t}$ 的假定, 等价于假定我们可以在单位时间赚取 $100\alpha\%$ 的连续复利率.

现在我们考虑对于在一个将来时刻以固定价格购买一种股票期权的简单定价模型.

假设一种股票每股的现值是 100 美元, 并且在一个时期后, 它的现值或者是 200 美元, 或者是 50 美元 (见图 10.1). 应该注意到在时刻 1 的价格是现值 (或时刻 0 的) 价格. 就是说, 如果折现因子是 α, 那么在时刻 1 的实际价格, 或者是 $200\mathrm{e}^{\alpha}$, 或者是 $50\mathrm{e}^{\alpha}$. 为了使记号简单, 我们假设所有给出的价格都是在时刻 0 的价格.

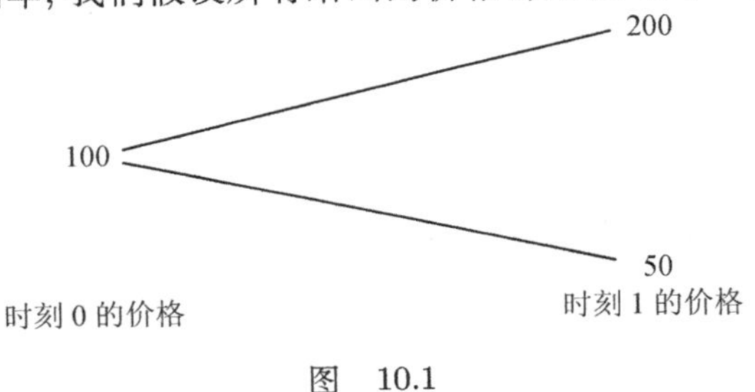

图　10.1

假设对于任意 y, 我们可以在时刻 0 以价格 cy 购买期权, 以便在时刻 1 以每股 150 美元的价格购买 y 股股票. 那么, 若你确实购买了这个期权, 而且股票升值为 200 美元, 则你将在时刻 1 行使这个期权, 且在所购买的 y 股期权单位中的每一股赚得 $200-150=50$ 美元. 另一方面, 若在时刻 1 的价格降到 50 美元, 则这个期权在时刻 1 没有价值. 此外, 你可以在时刻 0 以价格 $100x$ 购买 x 个单位的股票, 它在时刻 1 的价值, 或者是 $200x$ 美元, 或者是 $50x$ 美元.

我们假设 x 或 y 都可以为正也可以为负 (或者 0). 就是说, 你可以购进或者卖出股票或期权. 例如, 若 x 是负的则你将卖出 $-x$ 股股票, 导致你有 $-100x$ 的回报, 而你负责在时刻 1 以每股 50 美元或者 200 美元购进 $-x$ 股股票.

我们有兴趣确定期权合适的单位价格 c. 特别地, 我们将证明, 除非 $c=50/3$, 将总有一个购买的组合能得到正的获利.

为了证明这一点,假设在时刻 0 我们

$$\text{购进 } x \text{ 单位股票}, \qquad \text{购进 } y \text{ 单位期权}$$

其中 x 和 y (它们可以或者正,或者负) 待定. 在时刻 1,我们持有的价值依赖股票的价格,它由下式给出

$$\text{价值} = \begin{cases} 200x + 50y, & \text{若价格是 } 200 \\ 50x, & \text{若价格是 } 50 \end{cases}$$

上面的公式成立是因为,注意到若股票价格是 200,则 x 单位股票值 $200x$,而 y 单位的期权的价值是 $(200-150)y$. 另一方面,若股票价格是 50,则 x 单位股票值 $50x$,而 y 单位期权没有价值. 现在假设不管在时刻 1 股票的价格是什么,我们总选取 y 使上面的两个值相同. 就是说,我们选取 y 使得

$$200x + 50y = 50x \text{ 从而 } y = -3x$$

(注意 y 的符号与 x 相反,所以若 x 是正,作为结果,x 单位的股票在时刻 0 购进,则 $3x$ 单位的股票期权在同时卖出. 类似地,若 x 是负,则 $-x$ 单位的股票在时刻 0 卖出,而 $-3x$ 单位的股票期权在时刻 0 购进.)

于是,由 $y = -3x$,在时刻 1 我们持有的价值是

$$\text{价值} = 50x$$

因为原来购买 x 单位股票和 $-3x$ 单位期权的价格是

$$\text{原价格} = 100x - 3xc,$$

我们看到,在交易中我们的获利是

$$\text{获利} = 50x - (100x - 3xc) = x(3c - 50)$$

所以,若 $3c = 50$,则获利为 0;另一方面,若 $3c \neq 50$,则我们可以保证有一个正的获利 (不管在时刻 1 股票的价格是什么),只要在 $3c > 50$ 时令 x 为正,在 $3c < 50$ 时令 x 为负.

例如,如果每个期权的单位价格是 $c = 20$,那么购进 1 个单位的股票 $(x = 1)$ 且同时卖出 3 个单位的期权 $(y = -3)$ 在开始我们付出价格为 $100 - 60 = 40$. 然而,这个持有在时刻 1 的价格是 50,不管股票价格升至 200,或者降到 50. 于是,得到了一个有保证的利润 10. 类似地,如果每个期权的单位价格是 $c = 15$,那么卖出 1 个单位的股票 $(x = -1)$ 且同时购进 3 个单位的期权 $(y = 3)$ 导致一个初始获利 $100 - 45 = 55$. 另一方面,这个持有在时刻 1 的价格是 -50. 就得到一个有保证的利润 5.

一定赢的下注方案称为*套利*. 于是,正如我们已经看到的,不会导致套利的期权价格 c 只能是 $c = 50/3$.

10.4.2 套利定理

考虑一个试验, 其可能结果的集合是 $S=\{1,2,\cdots,m\}$. 假设有 n 种赌注. 如果试验的结果为 j, 而以金额 x 下注于赌注 i 时, 则赚得回报 $xr_i(j)$. 换句话说, $r_i(\cdot)$ 是每个单位下注于赌注 i 的回报函数. 在一个赌注上的下注金额允许或是正, 或是负, 或是 0.

一个下注方案是一个向量 $\boldsymbol{x}=(x_1,\cdots,x_n)$, 以 x_1 解释为在赌注 1 上的下注, x_2 为在赌注 2 上的下注, $\cdots,x_n$ 为在赌注 n 上的下注. 如果试验的结果为 j, 那么下注方案 $\boldsymbol{x}$ 的回报是

$$\text{从 } \boldsymbol{x} \text{ 的回报}=\sum_{i=1}^{n} x_i r_i(j)$$

下面的定理说明, 或者存在一个在所有可能结果的集合上的概率向量 $\boldsymbol{p}=(p_1,\cdots,p_m)$, 使得所有的赌注的期望回报是 0, 或者存在一个保证获利为正的下注方案.

定理 10.1(套利定理) 以下恰有一条是正确的:

或者

(i) 存在一个概率向量 $\boldsymbol{p}=(p_1,\cdots,p_m)$, 使得

$$\sum_{j=1}^{m} p_j r_i(j)=0, \qquad \text{对于一切 } i=1,\cdots,n$$

或者

(ii) 存在一个下注方案 $\boldsymbol{x}=(x_1,\cdots,x_n)$, 使得

$$\sum_{i=1}^{n} x_i r_i(j)>0, \qquad \text{对于一切 } j=1,\cdots,m$$

换句话说, 如果 X 是试验的结果, 那么套利定理说明, 或者存在一个概率向量 $\boldsymbol{p}=(p_1,\cdots,p_m)$, 使得

$$\mathrm{E}_{\boldsymbol{p}}[r_i(X)]=0, \qquad \text{对于一切 } i=1,\cdots,n$$

否则存在导致一定赢的一个下注方案.

注 这个定理是 (线性代数中的) 分离超平面的定理的推论, 它常用作证明线性规划对偶定理的一个技巧.

线性规划理论可以用来确定一个保证有最大回报的下注策略. 假设每个赌注的下注金额的绝对值必须小于或等于 1. 为了确定导致最大地保证赢利 (称赢利 v) 的向量 $\boldsymbol{x}$, 我们必须选取 $\boldsymbol{x}$ 和 v, 使得在服从约束条件

$$\sum_{i=1}^{n} x_i r_i(j)\geqslant v, \quad \text{对于 } j=1,\cdots,m$$

$$-1\leqslant x_i\leqslant 1, \qquad i=1,\cdots,n$$

下，使 v 最大. 这个最佳化问题是一个线性规划，且可以由标准的方法求解 (例如用单纯形方法). 套利定理导致最佳值 v 将是正的，除非存在一个概率向量 $\boldsymbol{p} = (p_1, \cdots, p_m)$，使对于一切 $i = 1, \cdots, n$ 有 $\sum_{j=1}^{m} p_j r_i(j) = 0$.

例 10.2 在某些情形，下注类型只允许是选取一种基本结果 $i, i = 1, \cdots, m$，并且打赌试验的基本结果是 i. 由这样的下注回报，常用术语引述为 "优势". 如果基本结果 i 的优势是 o_i(常常写成 "o_i 比 1") (即赔率为 o_i)，那么，若试验的基本结果是 i，则一个单位的下注将回报 o_i，而在其他情形的回报是 -1. 即

$$r_i(j) = \begin{cases} o_i, & \text{若 } j = i \\ -1, & \text{其他} \end{cases}$$

假设优势设置为 $o_1, \cdots, o_m$. 为了使得不一定准赢，就必须有一个概率向量 $\boldsymbol{p} = (p_1, \cdots, p_m)$，使得

$$0 \equiv \mathrm{E}_{\boldsymbol{p}}[r_i(X)] = o_i p_i - (1 - p_i)$$

就是说，必须有

$$p_i = \frac{1}{1 + o_i}$$

由于 p_i 的和必须为 1，这意味着没有套利的条件是

$$\sum_{i=1}^{m} (1 + o_i)^{-1} = 1$$

于是，如果设置的优势使 $\sum_i (1 + o_i)^{-1} \neq 1$，那么准赢是可能的. 例如，假设有 3 个可能的基本结果，而其优势如下

结果	优势
1	1
2	2
3	3

就是说，对于结果 1 的优势是 1 比 1，对于结果 2 的优势是 2 比 1，对于结果 3 的优势是 3 比 1. 由于

$$\frac{1}{2} + \frac{1}{3} + \frac{1}{4} > 1$$

准赢是可能的. 一种可能是下注 -1 于基本结果 1 (所以你或者赢 1，如果基本结果不是 1，或者输 1，如果基本结果是 1)，而下注 -0.7 于基本结果 2，并且下注 -0.5 于基本结果 3. 如果试验结果是 1，那么我们赢 $-1 + 0.7 + 0.5 = 0.2$；如果试验结果是 2，那么我们赢 $1 - 1.4 + 0.5 = 0.1$；如果试验结果是 3，那么我们赢 $1 + 0.7 - 1.5 = 0.2$. 因此，在所有的情形我们都赢得一个正的金额. ■

注 如果 $\sum_i(1+o_i)^{-1}\neq 1$, 那么下注方案

$$x_i=\frac{(1+o_i)^{-1}}{1-\sum_i(1+o_i)^{-1}},\qquad i=1,\cdots,n$$

将总是导致恰为 1 的获利.

例 10.3 我们重新考虑上一节期权定价的例子, 其中一股股票的初始价格是 100, 而在时刻 1 的现价或者是 200, 或者是 50. 可以在时刻 0 以每股 c 的价格购买期权, 以便在时刻 1 以现价每股 150 购进股票. 问题在于如何设置 c 使得不可能准赢.

在这节的正文中, 试验的基本结果是在时刻 1 的股票的价格. 于是, 有两种可能的结果. 也有两种不同的赌注: 购进 (或卖出) 股票和购进 (或卖出) 期权. 由套利定理, 如果有一个概率向量 $(p,1-p)$ 使两种赌注下的期望回报是 0, 则将不是准赢.

购进一个单位股票的回报是

$$\text{回报}=\begin{cases}200-100=100, & \text{若在时刻 1 的价格是 200}\\ 50-100=-50, & \text{若在时刻 1 的价格是 50}\end{cases}$$

因此, 如果 p 是在时刻 1 价格为 200 的概率, 那么

$$\mathrm{E}\,[\text{回报}]=100p-50(1-p)$$

置它等于 0 导致 $p=1/3$. 即, 使赌注 1 导致回报为 0 的唯一概率向量 $(p,1-p)$ 是 $(1/3,2/3)$.

现在, 购买一股期权的回报是

$$\text{回报}=\begin{cases}50-c, & \text{若价格是 200}\\ -c, & \text{若价格是 50}\end{cases}$$

因此, 当 $p=1/3$ 时的期望回报是

$$\mathrm{E}\,[\text{回报}]=(50-c)\frac{1}{3}-c\frac{2}{3}=\frac{50}{3}-c$$

于是, 由套利定理推出, 唯一不使准赢的 c 值是 $c=50/3$, 它验证了 10.4.1 节中的结论. ■

10.4.3 布莱克–斯科尔斯期权定价公式

假设股票现在的价格是 $X(0)=x_0$, 且以 $X(t)$ 记它在时刻 t 的价格. 假设我们有兴趣于时间区间 0 到 T 的股票. 假定折现因子是 α(等价于利率是 $100\alpha\%$ 的连续复利), 所以在时刻 t 股票价格的现值是 $\mathrm{e}^{-\alpha t}X(t)$.

我们可以将股票价格按时间的变化过程当作一种试验, 这样, 试验的结果就是函数 $X(t)(0\leqslant t\leqslant T)$ 的值. 对于任意的 $s<t$, 可用的赌注类型是, 我们可以对时刻 s 观察这个过程, 然后在时刻 t 以价格 $X(t)$ 购进 (或卖出) 这些股票. 此外, 我们假

设可以在时刻 0 购进任意 N 种不同的期权. 期权 i, 每股价格 c_i, 给我们在时刻 t_i 以每股 K_i $(i=1,\cdots,N)$ 的价格购进股票的权利.

假设我们要确定 c_i 的值, 使得不存在一个准赢的下注策略. 假定套利定理可以推广 (处理上述情形, 其中试验的基本结果是一个函数), 则推出不存在准赢策略, 当且仅当存在一个在基本结果集合上的概率测度, 使得在这个测度下所有的赌注都有期望回报 0. 令 $\mathbf{P}$ 是在基本结果集合上的一个概率测度. 首先考虑对于一个时刻 s 观察股票而后购进 (或卖出) 一股, 以在时间刻 $t(0\leqslant s<t\leqslant T)$ 卖出 (或购进) 为目的的赌注. 付于这个股票的金额现值是 $\mathrm{e}^{-\alpha s}X(s)$, 而接受到的金额现值是 $\mathrm{e}^{-\alpha t}X(t)$. 因此, 当 $\mathbf{P}$ 是在 $X(t)(0\leqslant t\leqslant T)$ 上的概率测度时, 为了这个赌注的期望回报是 0, 我们必须有

$$\mathrm{E}_{\mathbf{P}}[\mathrm{e}^{-\alpha t}X(t)|X(u),0\leqslant u\leqslant s]=\mathrm{e}^{-\alpha s}X(s) \tag{10.9}$$

现在考虑购买一个期权的赌注. 假设这个期权给我们在时刻 t 以价格 K 购买一股股票的权利. 在时刻 t, 这个期权的价值如下：

$$\text{在时刻 } t \text{ 期权的价值}=\begin{cases}X(t)-K, & \text{若 } X(t)\geqslant K\\ 0, & \text{若 } X(t)<K\end{cases}$$

即, 在时刻 t 期权的价值是 $(X(t)-K)^+$. 因此, 期权的价值现值是 $\mathrm{e}^{-\alpha t}(X(t)-K)^+$. 如果 c 是期权 (在时刻 0) 的价格, 我们看到, 为了使购买的期权有期望 (现值) 回报 0, 必须有

$$\mathrm{E}_{\mathbf{P}}[\mathrm{e}^{-\alpha t}(X(t)-K)^+]=c \tag{10.10}$$

由套利定理, 如果我们能够找到在基本结果集合上的一个概率测度 $\mathbf{P}$ 满足方程 (10.9), 那么, 若在时刻 t 以固定的价格 K 购买一个股票的期权价格 c 由方程 (10.10) 给出, 这时不可能有套利. 另一方面如果对于给定的 $c_i, i=1,\cdots,N$, 没有概率测度 $\mathbf{P}$ 满足方程 (10.9) 和等式

$$c_i=\mathrm{E}_{\mathbf{P}}[\mathrm{e}^{-\alpha t_i}(X(t_i)-K_i)^+],\quad i=1,\cdots,N$$

那么准赢是可能的.

假设

$$X(t)=x_0\mathrm{e}^{Y(t)}$$

其中 $\{Y(t),t\geqslant 0\}$ 是具有漂移系数 μ 和方差参数 σ^2 的布朗运动. 即, $\{X(t),t\geqslant 0\}$ 是一个几何布朗运动过程 (见 10.3.2 节). 由方程 (10.8), 对于 $s<t$, 我们有

$$\mathrm{E}[X(t)|X(u),0\leqslant u\leqslant s]=X(s)\mathrm{e}^{(t-s)(\mu+\sigma^2/2)}$$

因此, 如果选取 μ 和 σ^2 使得

$$\mu+\sigma^2/2=\alpha$$

那么方程 (10.9) 将满足. 即, 令 $\mathbf{P}$ 是由随机过程 $\{x_0\mathrm{e}^{Y(t)}, 0 \leqslant t \leqslant T\}$ 决定的概率测度, 其中 $\{Y(t)\}$ 是漂移系数 μ 和方差参数 σ^2 的布朗运动, 且 $\mu + \dfrac{\sigma^2}{2} = \alpha$, 则方程 (10.9) 满足.

由上面推出, 如果把在时刻 t 以固定的价格 K 购买一个股票的期权定价为

$$c = \mathrm{E}_{\mathbf{P}}[\mathrm{e}^{-\alpha t}(X(t) - K)^+]$$

那么就没有套利的可能性. 由于 $X(t) = x_0\mathrm{e}^{Y(t)}$, 其中 $Y(t)$ 是均值 μt 和方差 $\sigma^2 t$ 的正态随机变量, 我们看到

$$\begin{aligned}
c\mathrm{e}^{\alpha t} &= \int_{-\infty}^{\infty} (x_0\mathrm{e}^y - K)^+ \frac{1}{\sqrt{2\pi t\sigma^2}} \mathrm{e}^{-(y-\mu t)^2/2t\sigma^2} \mathrm{d}y \\
&= \int_{\ln(K/x_0)}^{\infty} (x_0\mathrm{e}^y - K) \frac{1}{\sqrt{2\pi t\sigma^2}} \mathrm{e}^{-(y-\mu t)^2/2t\sigma^2} \mathrm{d}y
\end{aligned}$$

作变量替换 $w = \dfrac{y - \mu t}{\sigma\sqrt{t}}$ 可得

$$c\mathrm{e}^{\alpha t} = x_0\mathrm{e}^{\mu t} \frac{1}{\sqrt{2\pi}} \int_a^{\infty} \mathrm{e}^{\sigma w\sqrt{t}} \mathrm{e}^{-w^2/2} \mathrm{d}w - K \frac{1}{\sqrt{2\pi}} \int_a^{\infty} \mathrm{e}^{-w^2/2} \mathrm{d}w \tag{10.11}$$

其中

$$a = \frac{\ln(K/x_0) - \mu t}{\sigma\sqrt{t}}$$

现在,

$$\begin{aligned}
\frac{1}{\sqrt{2\pi}} \int_a^{\infty} \mathrm{e}^{\sigma w\sqrt{t}} \mathrm{e}^{-w^2/2} \mathrm{d}w &= \mathrm{e}^{t\sigma^2/2} \frac{1}{\sqrt{2\pi}} \int_a^{\infty} \mathrm{e}^{-(w-\sigma\sqrt{t})^2/2} \mathrm{d}w \\
&= \mathrm{e}^{t\sigma^2/2} \mathrm{P}\{N(\sigma\sqrt{t}, 1) \geqslant a\} \\
&= \mathrm{e}^{t\sigma^2/2} \mathrm{P}\{N(0, 1) \geqslant a - \sigma\sqrt{t}\} \\
&= \mathrm{e}^{t\sigma^2/2} \mathrm{P}\{N(0, 1) \leqslant -(a - \sigma\sqrt{t})\} \\
&= \mathrm{e}^{t\sigma^2/2} \phi(\sigma\sqrt{t} - a)
\end{aligned}$$

其中 $N(m, v)$ 是均值 m 和方差 v 的正态随机变量, 而 ϕ 是标准正态分布函数.

于是, 我们从方程 (10.11) 看到

$$c\mathrm{e}^{\alpha t} = x_0\mathrm{e}^{\mu t + \sigma^2 t/2} \phi(\sigma\sqrt{t} - a) - K\phi(-a)$$

利用 $\mu + \sigma^2/2 = \alpha$, 并且令 $b = -a$, 我们可将它写为

$$c = x_0\phi(\sigma\sqrt{t} + b) - K\mathrm{e}^{-\alpha t}\phi(b) \tag{10.12}$$

其中

$$b = \frac{\alpha t - \sigma^2 t/2 - \ln(K/x_0)}{\sigma\sqrt{t}}$$

由方程 (10.12) 给出的期权价格公式, 依赖于股票的初始价格 x_0, 期权执行的时刻 t, 期权执行的价格 K, 折扣 (或利率) 因子 α 和值 σ^2(称为波动率). 注意对于 σ^2

的任意值, 如果期权按方程 (10.12) 中的公式定价, 则没有套利的可能性. 然而, 因为很多人相信股票的价格实际上遵循几何布朗运动 (即 $X(t)=x_0\mathrm{e}^{Y(t)}$, 其中 $Y(t)$ 是参数 μ 和 σ^2 的漂移布朗运动) 就自然地建议以取参数 σ^2 为在几何布朗运动模型假定下方差参数的估计值 (参见下面的注), 按方程 (10.12) 中的公式定价期权. 做了这些之后, 公式 (10.12) 以布莱克–斯科尔斯期权价格的估价而著名. 有趣的是这个估价并不依赖于漂移参数 μ, 而只依赖于方差参数 σ^2.

如果期权本身可以交易, 那么公式 (10.12) 可以用来设置其价格使套利没有可能性. 如果在时刻 s 股票的价格是 $X(s)=x_s$, 那么一个 (t,K) 期权的价格 (即一个在时刻 t 以价格 K 购买一个单位的股票期权) 将是在方程 (10.12) 中以 $t-s$ 取代 t, 并且以 x_s 取代 x_0.

注 如果我们在任意时间区间观察一个方差参数 σ^2 的布朗运动过程, 那么就可以在理论上得到 σ^2 的一个任意精确的估计. 假设我们观察这样一个过程 $\{Y(s)\}$ 一段时间 t. 那么, 对于固定的 t, 令 $N=[t/h]$, 并且置

$$\begin{aligned}W_1&=Y(h)-Y(0),\\W_2&=Y(2h)-Y(h),\\&\vdots\\W_N&=Y(Nh)-Y(Nh-h)\end{aligned}$$

那么, 随机变量 $W_1,\cdots,W_N$ 是独立同分布的具有方差 $h\sigma^2$ 的正态随机变量. 现在我们利用以下的事实 (见 3.6.4 节): $(N-1)S^2/(\sigma^2h)$ 具有自由度为 $N-1$ 的卡方分布, 其中 S^2 是由

$$S^2=\sum_{i=1}^{N}(W_i-\overline{W})^2/(N-1)$$

定义的样本方差. 因为 k 个自由度的卡方分布的期望值和方差分别等于 k 和 $2k$, 我们看到

$$\mathrm{E}[(N-1)S^2/(\sigma^2h)]=N-1$$

$$\mathrm{Var}((N-1)S^2/(\sigma^2h))=2(N-1)$$

由此我们得到 $\mathrm{E}[S^2/h]=\sigma^2$ 与 $\mathrm{Var}(S^2/h)=2\sigma^4/(N-1)$. 因此, 当我们让 h 变得越来越小时 (所以 $N=[t/h]$ 变得越大), σ^2 的无偏估计方差变得任意小. ■

方程 (10.12) 并不是可以定价期权使其不存在套利可能的唯一途经. 令 $\{X(t), 0\leqslant t\leqslant T\}$ 是对于 $s<t$ 满足

$$\mathrm{E}[\mathrm{e}^{-\alpha t}X(t)|X(u),0\leqslant u\leqslant s]=\mathrm{e}^{-\alpha s}X(s) \tag{10.13}$$

的任意随机过程 (即满足方程 (10.9)). 通过令在时刻 t 以价格 K 购买一股股票的期权价格 c 等于

$$c = \mathrm{E}[\mathrm{e}^{-\alpha t}(X(t)-K)^+] \tag{10.14}$$

由此推出没有套利可能性.

除了几何布朗运动外, 满足方程 (10.13) 的另一种类型的随机过程得到如下. 令 $Y_1, Y_2, \cdots$ 是具有相同均值 μ 的一系列独立随机变量, 并且假设此过程与一个速率为 λ 的泊松过程 $\{N(t), t \geqslant 0\}$ 无关. 令

$$X(t) = x_0 \prod_{i=1}^{N(t)} Y_i$$

利用恒等式

$$X(t) = x_0 \prod_{i=1}^{N(s)} Y_i \prod_{j=N(s)+1}^{N(t)} Y_j$$

以及泊松过程独立增量的假定, 我们看到, 对于 $s < t$

$$\mathrm{E}[X(t)|X(u), 0 \leqslant u \leqslant s] = X(s)\mathrm{E}\left[\prod_{j=N(s)+1}^{N(t)} Y_j\right]$$

取条件于 s 和 t 之间的事件数, 得到

$$\mathrm{E}\left[\prod_{j=N(s)+1}^{N(t)} Y_j\right] = \sum_{n=0}^{\infty} \mu^n \mathrm{e}^{-\lambda(t-s)}[\lambda(t-s)]^n/n! = \mathrm{e}^{-\lambda(t-s)(1-\mu)}$$

因此

$$\mathrm{E}[X(t)|X(u), 0 \leqslant u \leqslant s] = X(s)\mathrm{e}^{-\lambda(t-s)(1-\mu)}$$

于是, 如果我们选取 λ 和 μ 满足 $\lambda(1-\mu) = -\alpha$, 方程 (10.13) 就得以满足. 所以, 如果对于任意 λ 值, 我们让 Y_i 具有相同均值 $\mu = 1 + \alpha/\lambda$, 而后按方程 (10.14) 定价期权, 那么, 就不存在套利的可能性.

注　如果 $\{X(t), t \geqslant 0\}$ 满足方程 (10.13), 那么, 过程 $\{\mathrm{e}^{-\alpha t}X(t), t \geqslant 0\}$ 称为鞅. 于是, 当 $\{\mathrm{e}^{-\alpha t}X(t), t \geqslant 0\}$ 遵循某个鞅的概率规律时, 使得期权的期望获利为 0 的任意期权定价方法将导致不存在套利.

也就是说, 如果我们选取任意鞅过程 $\{Z(t)\}$, 且令一个 (t, K) 期权的价格 c 为

$$c = \mathrm{E}[\mathrm{e}^{-\alpha t}(\mathrm{e}^{\alpha t}Z(t) - K)^+] = \mathrm{E}[(Z(t) - K\mathrm{e}^{-\alpha t})^+]$$

那么, 不会准赢.

另外, 当我们不考虑赌注的类型, 其中在时刻 s 购买的一股股票不是在一个固定的时刻卖出, 而是在依赖于股票运动的某个随机时刻卖出, 用关于鞅的同样结果, 可以证明这样的赌注的期望回报也等于 0.

注　套利定理的一个变形是菲内蒂在 1937 年首先给出的. 菲内蒂的结果的一个更为一般的版本在参考文献 3 中给出, 套利定理是其中一个特殊情形.

10.5 漂移布朗运动的最大值

对具有漂移系数 μ 和方差参数 σ^2 的布朗运动 $\{X(y), y \geqslant 0\}$, 定义

$$M(t) = \max_{0 \leqslant y \leqslant t} X(y)$$

为过程直至时刻 t 的最大值.

我们要通过推导在给定 $X(t)$ 的值时 $M(t)$ 的条件分布, 来确定 $M(t)$ 的分布. 为此, 我们先证明, 在给定 $X(t)$ 的值时, $\{X(y), 0 \leqslant y \leqslant t\}$ 的分布不依赖于 μ. 这就是说, 给定过程在时刻 t 的值时, 它直至时刻 t 的历史的分布不依赖于 μ.

我们从一个引理开始.

引理 10.1 若 $Y_1, \cdots, Y_n$ 是均值 θ 方差 v^2 的独立同分布正态随机变量, 则在给定 $\sum_{i=1}^n Y_i = x$ 时 $Y_1, \cdots, Y_n$ 的分布不依赖 θ.

证明 因为在给定 $\sum_{i=1}^n Y_i = x$ 时 Y_n 的值由 $Y_1, \cdots, Y_{n-1}$ 确定, 故只须考虑在给定 $\sum_{i=1}^n Y_i = x$ 时 $Y_1, \cdots, Y_{n-1}$ 的条件密度. 令 $X = \sum_{i=1}^n Y_i$, 得到此条件密度如下

$$f_{Y_1, \cdots, Y_{n-1}|X}(y_1, \cdots, y_{n-1}|x) = \frac{f_{Y_1, \cdots, Y_{n-1}, X}(y_1, \cdots, y_{n-1}, x)}{f_X(x)}$$

现在因为

$$Y_1 = y_1, \cdots, Y_{n-1} = y_{n-1}, X = x \Leftrightarrow Y_1 = y_1, \cdots, Y_{n-1} = y_{n-1}, Y_n = x - \sum_{i=1}^{n-1} y_i$$

由此推出

$$\begin{aligned} f_{Y_1, \cdots, Y_{n-1}, X}(y_1, \cdots, y_{n-1}, x) &= f_{Y_1, \cdots, Y_{n-1}, Y_n}\left(y_1, \cdots, y_{n-1}, x - \sum_{i=1}^{n-1} y_i\right) \\ &= f_{Y_1}(y_1) \cdots f_{Y_{n-1}}(y_{n-1}) f_{Y_n}\left(x - \sum_{i=1}^{n-1} y_i\right) \end{aligned}$$

其中最后的等号因为 $Y_1, \cdots, Y_n$ 是独立的. 因此, 利用 $X = \sum_{i=1}^n Y_i$ 是均值 $n\theta$ 方差 nv^2 的正态随机变量, 我们得到

其中 K 不依赖 θ. 将上式中的平方展开, 且将不依赖 θ 的一切记为一个常数, 就可知

$$
\begin{aligned}
f_{Y_1,\cdots,Y_{n-1}|X}(y_1,\cdots,y_{(n-1)}|x) &= \frac{f_{Y_n}(x-\sum_{i=1}^{n-1}y_i)f_{Y_1}(y_1)\cdots f_{Y_{n-1}}(y_{n-1})}{f_X(x)} \\
&= K\frac{\mathrm{e}^{-(x-\sum_{i=1}^{n-1}y_i-\theta)^2/2v^2}\prod_{i=1}^{n-1}\mathrm{e}^{-(y_i-\theta)^2/2v^2}}{\mathrm{e}^{-(x-n\theta)^2/2nv^2}} \\
&= K\exp\left\{-\frac{1}{2v^2}\left[\left(x-\sum_{i=1}^{n-1}y_i-\theta\right)^2\right.\right. \\
&\quad \left.\left.+\sum_{i=1}^{n-1}(y_i-\theta)^2-(x-n\theta)^2/n\right]\right\}
\end{aligned}
$$

$$
\begin{aligned}
&f_{Y_1,\cdots,Y_{n-1}|X}(y_1,\cdots,y_{n-1}|x) \\
=&K'\exp\left\{-\frac{1}{2v^2}\left[-2\theta\left(x-\sum_{i=1}^{n-1}y_i\right)+\theta^2-2\theta\sum_{i=1}^{n-1}y_i+(n-1)\theta^2+2\theta x-n\theta^2\right]\right\} \\
=&K'
\end{aligned}
$$

其中 $K'=K'(v,y_1,\cdots,y_{n-1},x)$ 是一个不依赖 θ 的函数. 从而证明了结论. ■

注 假设随机变量 $Y_1,\cdots,Y_n$ 的分布依赖某个参数 θ. 再假设存在 $Y_1,\cdots,Y_n$ 的某个函数 $D(Y_1,\cdots,Y_n)$, 使得在给定 $D(Y_1,\cdots,Y_n)$ 时, $Y_1,\cdots,Y_n$ 的条件分布不依赖 θ. 在统计中将 $D(Y_1,\cdots,Y_n)$ 称为 θ 的**充分统计量**. 假如我们要用数据 $Y_1,\cdots,Y_n$ 来估计 θ 的值. 因为在给定 $D(Y_1,\cdots,Y_n)$ 的值时, $Y_1,\cdots,Y_n$ 的条件分布不依赖 θ, 由此推出, 如果已知 $D(Y_1,\cdots,Y_n)$ 的值, 由一切资料值 $Y_1,\cdots,Y_n$ 并不能得到有关 θ 的附加信息. 于是我们前面的引理证明了独立同分布正态随机变量的资料值的和是它们均值的充分统计量. (因为知道此和的值等价于知道 $\sum_{i=1}^n Y_i/n$ 的值, 后者称为**样本均值**, 统计中的通用术语是, 样本均值是正态总体均值的充分统计量.) ■

定理 10.2 设 $\{X(t),t\geqslant 0\}$ 是具有漂移系数 μ 和方差参数 σ^2 的布朗运动过程, 则在给定 $X(t)=x$ 时, 对于一切 μ, 过程 $\{X(y),0\leqslant y\leqslant t\}$ 有相同的条件分布.

证明 对于固定的 n, 令 $t_i=it/n,i=1,\cdots,n$. 为了证明定理, 我们要先证明, 在给定 $X(t)$ 的值时, $X(t_1)\cdots(t_{\rm n})$ 的条件分布不依赖 μ. 为此, 令 $Y_1=X(t_1),Y_i=X(t_i)-X(t_{i-1}),i=2,\cdots,n$, 同时注意 $Y_1,\cdots,Y_n$ 是独立同分布具有均值 $\theta=\mu t/n$ 的正态随机变量. 因为 $\sum_{i=1}^n Y_i=X(t)$, 由引理 10.1 推出, 在给定 $X(t)$ 时, $Y_1,\cdots,Y_n$ 的条件分布不依赖于 μ. 因为知道 $Y_1,\cdots,Y_n$ 等价于知道 $X(t_1)\cdots(t_{\rm n})$, 这就导出了结论. ■

现在我们推导, 在给定 $X(t)$ 的值时 $M(t)$ 的条件分布.

定理 10.3 对于 $y>x$

$$
\mathrm{P}\{M(t)\geqslant y|X(t)=x\}=\mathrm{e}^{-2y(y-x)/t\sigma^2},\ y\geqslant 0
$$

证明 因为 $X(0)=0$, 由此推出 $M(t)\geqslant 0$, 所以当 $y=0$ 时结论正确 (因为在此情形两边都等于 0). 所以我们假设 $y>0$. 因为由定理 10.2 推出 $\mathrm{P}\{M(t)\geqslant \mathrm{y}|X(t)=x\}$ 不依赖于 μ 的值, 我们可假设 $\mu=0$. 现在以 T_y 记布朗运动首达 y 值的时刻. 注意由布朗运动的连续性推出, 事件 $M(t)\geqslant \mathrm{y}$ 等价于事件 $T_y\leqslant t$, 这是因为由连续性可知, 在过程可能超过正值 y 前就必须首次经过这个值. 现在, 以 h 记一个满足 $y>x+h$ 的小正数. 那么

$$
\begin{aligned}
\mathrm{P}\{M(t)\geqslant y, x\leqslant X(t)\leqslant x+h\} &= \mathrm{P}\{T_y\leqslant t, x\leqslant X(t)\leqslant x+h\}\\
&= \mathrm{P}\{x\leqslant X(t)\leqslant x+h|T_y\leqslant t\}\mathrm{P}\{T_y\leqslant t\}
\end{aligned}
$$

现在, 在给定 $T_y\leqslant t$ 时, 若在时刻 T_y 和 t 之间过程在到达 y 后减少 $y-x-h$ 与 $y-x$ 之间的一个量, 则事件 $x\leqslant X(t)\leqslant x+h$ 就会发生. 随之就有

$$
\mathrm{P}\{x\leqslant X(t)\leqslant x+h|T_y\leqslant t\}=\mathrm{P}\{2y-x-h\leqslant X(t)\leqslant 2y-x|T_y\leqslant t\}
$$

由它可知

$$
\begin{aligned}
\mathrm{P}\{M(t)\geqslant y, x\leqslant X(t)\leqslant x+h\} =&\mathrm{P}\{2y-x-h\leqslant X(t)\leqslant 2y-x|T_y\leqslant t\}\\
&\times \mathrm{P}\{T_y\leqslant t\}\\
=&\mathrm{P}\{2y-x-h\leqslant X(t)\leqslant 2y-x, T_y\leqslant t\}\\
=&\mathrm{P}\{2y-x-h\leqslant X(t)\leqslant 2y-x\}
\end{aligned}
$$

其中最后的方程得自, 因为 $y>x+h$ 蕴涵 $2y-x-h>y$, 故而由布朗运动的连续性, 如果 $2y-x-h\leqslant X(t)$, 那么 $T_y\leqslant t$. 因此

$$
\begin{aligned}
\mathrm{P}\{M(t)\geqslant y|x\leqslant X(t)\leqslant x+h\} &= \frac{\mathrm{P}\{2y-x-h\leqslant X(t)\leqslant 2y-x\}}{\mathrm{P}\{x\leqslant X(t)\leqslant x+h\}}\\
&= \frac{f_{X(t)}(2y-x)h+o(h)}{f_{X(t)}(x)h+o(h)}\\
&= \frac{f_{X(t)}(2y-x)+o(h)\ h}{f_{X(t)}(x)+o(h)/h}
\end{aligned}
$$

其中 $f_{X(t)}$ 是 $X(t)$ 的密度函数, 它是具有均值 0 方差 σ^2 的正态随机变量的密度函数. 令上式中 $h\to 0$, 得出

$$
\begin{aligned}
\mathrm{P}\{M(t)\geqslant y|X(t)=x\} &= \frac{f_{X(t)}(2y-x)}{f_{X(t)}(x)}\\
&= \frac{\mathrm{e}^{-(2y-x)^2/2t\sigma^2}}{\mathrm{e}^{-x^2/t\sigma^2}}\\
&= \mathrm{e}^{-2y(y-x)/t\sigma^2}
\end{aligned}
$$

■

以 Z 记一个标准正态随机变量, 而以 Φ 记其分布函数, 令

$$\bar{\Phi}(x) = 1 - \Phi(x) = \mathrm{P}\{Z > x\}$$

我们现在能得出

推论 10.1

$$\mathrm{P}\{M(t) \geqslant y\} = \mathrm{e}^{2y\mu/\sigma^2}\,\bar{\Phi}\left(\frac{y+\mu t}{\sigma\sqrt{t}}\right) + \bar{\Phi}\left(\frac{y-\mu t}{\sigma\sqrt{t}}\right)$$

证明 取条件于 $X(t)$, 用定理 10.3, 得到

$$\begin{aligned}
\mathrm{P}\{M(t) \geqslant y\} &= \int_{-\infty}^{\infty} \mathrm{P}\{M(t) \geqslant y | X(t) = x\} f_{X(t)}(x)\mathrm{d}x \\
&= \int_{-\infty}^{y} \mathrm{P}\{M(t) \geqslant y | X(t) = x\} f_{X(t)}(x)\mathrm{d}x + \int_{y}^{\infty} f_{X(t)(x)\mathrm{d}x} \\
&= \int_{-\infty}^{y} \mathrm{e}^{-2y(y-x)/t\sigma^2} \frac{1}{\sqrt{2\pi t\sigma^2}} \mathrm{e}^{-(x-\mu t)^2/2t\sigma^2}\mathrm{d}x + \mathrm{P}\{X(t) > y\} \\
&= \frac{1}{\sqrt{2\pi t}\sigma} \mathrm{e}^{-2y^2/t\sigma^2} \mathrm{e}^{-\mu^2t^2/2t\sigma^2} \int_{-\infty}^{y} \exp\left\{-\frac{1}{2t\sigma^2}(x^2 - 2\mu tx \right. \\
&\quad \left. - 4yx)\right\}\mathrm{d}x + \mathrm{P}\{X(t) > y\} \\
&= \frac{1}{\sqrt{2\pi t}\sigma} \mathrm{e}^{-(4y^2+\mu^2t^2)/2t\sigma^2} \\
&\quad \times \int_{-\infty}^{y} \exp\left\{-\frac{1}{2t\sigma^2}(x^2 - 2x(\mu t + 2y))\right\}\mathrm{d}x + \mathrm{P}\{X(t) > y\}
\end{aligned}$$

现在有

$$x^2 - 2x(\mu t + 2y) = (x - (\mu t + 2y))^2 - (\mu t + 2y)^2$$

给出

$$\begin{aligned}
\mathrm{P}\{M(t) \geqslant y\} =& \mathrm{e}^{-(4y^2+\mu^2t^2-(\mu t+2y)^2)/2t\sigma^2} \frac{1}{\sqrt{2\pi t}\sigma} \int_{-\infty}^{y} \mathrm{e}^{-(x-\mu t-2y)^2/2t\sigma^2}\mathrm{d}x \\
& + \mathrm{P}\{X(t) > y\}
\end{aligned}$$

作变量替换

$$w = \frac{x - \mu t - 2y}{\sigma\sqrt{t}}, \quad \mathrm{d}x = \sigma\sqrt{t}\mathrm{d}w$$

就给出了

$$\begin{aligned}
\mathrm{P}\{M(t) \geqslant y\} &= \mathrm{e}^{2y\mu/\sigma^2} \frac{1}{\sqrt{2\pi}} \int_{-\infty}^{\frac{-\mu t - y}{\sigma\sqrt{t}}} \mathrm{e}^{-w^2/2}\mathrm{d}w + \mathrm{P}\{X(t) > y\} \\
&= \mathrm{e}^{2y\mu/\sigma^2}\,\Phi\left(\frac{-\mu t - y}{\sigma\sqrt{t}}\right) + \mathrm{P}\{X(t) > y\} \\
&= \mathrm{e}^{2y\mu/\sigma^2}\,\bar{\Phi}\left(\frac{\mu t + y}{\sigma\sqrt{t}}\right) + \bar{\Phi}\left(\frac{y - \mu t}{\sigma\sqrt{t}}\right)
\end{aligned}$$

这样就完成了证明. ■

在定理 10.3 的证明中, 我们以 T_y 记布朗运动首次等于 0 的时刻. 此外, 如前所述, 布朗运动的连续性蕴涵了, 对 $y>0$, 过程在时刻 t 前曾到过 y, 当且仅当最大过程在 t 前至少是 y. 因此, 对 $y>0$ 有

$$T_y \leqslant t \Leftrightarrow M(t) \geqslant y$$

利用引理 10.1, 得出

$$\mathrm{P}\{T_y \leqslant t\} = \mathrm{e}^{2y\mu/\sigma^2}\bar{\Phi}\left(\frac{y+\mu t}{\sigma\sqrt{t}}\right) + \bar{\Phi}\left(\frac{y-\mu t}{\sigma\sqrt{t}}\right),\ y>0$$

10.6 白 噪 声

以 $\{X(t), t \geqslant 0\}$ 记标准布朗运动, 且令 f 为在区间 $[a,b]$ 有连续导数的一个函数, 定义随机积分 $\int_a^b f(t)\mathrm{d}X(t)$ 如下:

$$\int_a^b f(t)\mathrm{d}X(t) \equiv \lim_{\substack{n\to\infty \\ \max(t_i-t_{i-1})\to 0}} \sum_{i=1}^n f(t_{i-1})[X(t_i)-X(t_{i-1})] \tag{10.15}$$

其中 $a=t_0<t_1<\cdots<t_n=b$ 是区间 $[a,b]$ 的一个划分. 利用恒等式 (分部积分公式应用于和)

$$\begin{aligned}&\sum_{i=1}^n f(t_{i-1})[X(t_i)-X(t_{i-1})]\\ &=f(b)X(b)-f(a)X(a)-\sum_{i=1}^n X(t_i)[f(t_i)-f(t_{i-1})]\end{aligned}$$

我们看到

$$\int_a^b f(t)\mathrm{d}X(t) = f(b)X(b)-f(a)X(a)-\int_a^b X(t)\mathrm{d}f(t) \tag{10.16}$$

方程 (10.16) 通常用作 $\int_a^b f(t)\mathrm{d}X(t)$ 的定义.

通过利用方程 (10.16) 的右边, 在假定期望与极限的可交换的情况下, 我们得到

$$\mathrm{E}\left[\int_a^b f(t)\mathrm{d}X(t)\right]=0$$

同样

$$\begin{aligned}\mathrm{Var}\left(\sum_{i=1}^n f(t_{i-1})[X(t_i)-X(t_{i-1})]\right) &= \sum_{i=1}^n f^2(t_{i-1})\mathrm{Var}(X(t_i)-X(t_{i-1}))\\ &=\sum_{i=1}^n f^2(t_{i-1})(t_i-t_{i-1})\end{aligned}$$

其中第一个等式来自布朗运动的独立增量性质. 因此, 我们在上式中取极限, 由方程 (10.15) 我们得到

$$\operatorname{Var}\left(\int_a^b f(t)\mathrm{d}X(t)\right)=\int_a^b f^2(t)\mathrm{d}t$$

注 上面给出了一族量 $\{\mathrm{d}X(t),0\leqslant t<\infty\}$ 的运算含义, 将它看成作用到函数 f 得到值 $\int_a^b f(t)\mathrm{d}X(t)$ 的一个算子. 这称为**白噪声变换**, 或者更为一般地, $\{\mathrm{d}X(t),0\leqslant t<\infty\}$ 称为**白噪声**, 因为它可以想象为一个时变函数 f 在白噪声的介质中传播导致 (在时间 b 的) 一个输出 $\int_a^b f(t)\mathrm{d}X(t)$.

例 10.4 考虑一个单位质量的粒子悬在一种液体中, 且假设液体有一种黏性力以与现速度成比例地阻止粒子的速度. 另外, 我们假设速度以白噪声的常数倍瞬时改变. 即如果以 $V(t)$ 记粒子在时刻 t 的速度, 假设

$$V'(t)=-\beta V(t)+\alpha X'(t)$$

其中 $\{X(t),t\geqslant 0\}$ 是标准布朗运动. 这可以写成如下的

$$\mathrm{e}^{\beta t}[V'(t)+\beta V(t)]=\alpha\mathrm{e}^{\beta t}X'(t)$$

从而

$$\frac{\mathrm{d}}{\mathrm{d}t}[\mathrm{e}^{\beta t}V(t)]=\alpha\mathrm{e}^{\beta t}X'(t)$$

因此, 积分得到

$$\mathrm{e}^{\beta t}V(t)=V(0)+\alpha\int_0^t \mathrm{e}^{\beta s}X'(s)\mathrm{d}s$$

所以

$$V(t)=V(0)\mathrm{e}^{-\beta t}+\alpha\int_0^t \mathrm{e}^{-\beta(t-s)}\mathrm{d}X(s)$$

因此, 由方程 (10.16) 得

$$V(t)=V(0)\mathrm{e}^{-\beta t}+\alpha\left[X(t)-\int_0^t X(s)\beta\mathrm{e}^{-\beta(t-s)}\mathrm{d}s\right]$$ ■

10.7 高斯过程

我们由下述定义开始.

定义 10.2 随机过程 $\{X(t),t\geqslant 0\}$ 称为高斯过程, 或者正态过程, 如果对于一切 $t_1,\cdots,t_n$, $X(t_1),\cdots,X(t_n)$ 具有多维正态分布.

如果 $\{X(t),t\geqslant 0\}$ 是布朗运动过程, 那么因为 $X(t_1),\cdots,X(t_n)$ 中的每一个都可以表示为独立的正态随机变量 $X(t_1),X(t_2)-X(t_1),X(t_3)-X(t_2),\cdots,X(t_n)-X(t_{n-1})$ 的线性组合, 由此推出布朗运动是高斯过程.

因为多维正态分布完全由它的边缘均值与协方差值确定 (见 2.6 节), 由此推出标准布朗运动也可以定义为高斯过程具有 $\mathrm{E}[X(t)]=0$, 且对于 $s \leqslant t$,

$$\begin{aligned}
\mathrm{Cov}(X(s),X(t)) &= \mathrm{Cov}(X(s),X(s)+X(t)-X(s)) \\
&= \mathrm{Cov}(X(s),X(s))+\mathrm{Cov}(X(s),X(t)-X(s)) \\
&= \mathrm{Cov}(X(s),X(s)) \qquad \text{由独立增量} \\
&= s \qquad \text{因为 Var(X(s))=s}
\end{aligned} \tag{10.17}$$

令 $\{X(t), t \geqslant 0\}$ 是一个标准布朗运动, 且考虑在 0 与 1 之间取条件于 $X(1)=0$ 的过程值. 即, 考虑条件随机过程 $\{X(t), 0 \leqslant t \leqslant 1 | X(1)=0\}$. 由于 $X(t_1), \cdots, X(t_n)$ 的条件分布是多维正态分布, 由此推出这个条件过程是一个高斯过程, 称为布朗桥(因为它在时间 0 和 1 都被系住了). 让我们计算它的协方差函数. 因为, 由方程 (10.4)

$$\mathrm{E}[X(s)|X(1)=0]=0, \qquad \text{对 } s<1$$

所以对于 $s<t<1$, 我们有

$$\begin{aligned}
\mathrm{Cov}((X(s),X(t))|X(1)=0) &= \mathrm{E}[X(s)X(t)|X(1)=0] \\
&= \mathrm{E}[\mathrm{E}[X(s)X(t)|X(t),X(1)=0]|X(1)=0] \\
&= \mathrm{E}[X(t)\mathrm{E}[X(s)|X(t)]|X(1)=0] \\
&= \mathrm{E}\left[X(t)\frac{s}{t}X(t)|X(1)=0\right] \qquad \text{由(10.4)} \\
&= \frac{s}{t}\mathrm{E}[X^2(t)|X(1)=0] \\
&= \frac{s}{t}t(1-t) \qquad \text{由(10.4)} \\
&= s(1-t)
\end{aligned}$$

于是, 布朗桥可以定义为均值为 0 和协方差函数为 $s(1-t), s \leqslant t$ 的一个高斯过程. 这导致了得到这样的过程的另一种途径.

命题 10.1 如果 $\{X(t), t \geqslant 0\}$ 是一个标准布朗运动, 那么当 $Z(t)=X(t)-tX(1)$ 时, $\{Z(t), t \geqslant 0\}$ 是一个标准布朗桥过程.

证明 因为 $\{Z(t), t \geqslant 0\}$ 显然是一个高斯过程, 我们只需要验证 $\mathrm{E}[Z(t)]=0$ 以及当 $s<t$ 时 $\mathrm{Cov}(Z(s),Z(t))=s(1-t)$. 前者是显然的, 而后者是由于

$$\begin{aligned}
\mathrm{Cov}(Z(s),Z(t)) &= \mathrm{Cov}(X(s)-sX(1),X(t)-tX(1)) \\
&= \mathrm{Cov}(X(s),X(t))-t\mathrm{Cov}(X(s),X(1)) \\
&\quad -s\mathrm{Cov}(X(1),X(t))+st\mathrm{Cov}(X(1),X(1)) \\
&= s-st-st+st \\
&= s(1-t)
\end{aligned}$$

这样就完成了证明. ■

如果 $\{X(t), t \geqslant 0\}$ 是布朗运动, 那么由

$$Z(t)=\int_0^t X(s)\mathrm{d}s \tag{10.18}$$

定义的过程 $\{Z(t), t \geqslant 0\}$ 称为*积分布朗运动*. 作为这种过程如何可能在实际中出现的一种说明, 假设我们对商品在全部时间的价格建模感兴趣. 以 $Z(t)$ 记在时间 t 的价格, 比之于假定 $\{Z(t)\}$ 是一个布朗运动 (或者假定 $\ln Z(t)$ 是一个布朗运动), 我们更愿意假定 $Z(t)$ 改变的速率遵循一个布朗运动. 例如, 我们可以假定商品的价格变动率是当前的通涨率, 想象为像布朗运动那样变化. 因此

$$\frac{\mathrm{d}}{\mathrm{d}t}Z(t)=X(t), \qquad Z(t)=Z(0)+\int_0^t X(s)\mathrm{d}s$$

由布朗运动是高斯过程这个事实推出, $\{Z(t), t \geqslant 0\}$ 也是高斯过程. 为了证明它, 首先回忆 $W_1, \cdots, W_n$ 称为具有多维正态分布, 如果它们可以表示为

$$W_i=\sum_{j=1}^m a_{ij}U_j, \qquad i=1,\cdots,n$$

其中 $U_j(j=1,\cdots,m)$ 是独立的正态随机变量. 由此推出 $W_1,\cdots,W_n$ 的任意部分和也是联合正态分布. 现在, $Z(t_1),\cdots,Z(t_n)$ 是多维正态的事实可以通过将方程 (10.18) 中的积分写为近似和的极限来证明.

因为 $\{Z(t), t \geqslant 0\}$ 是高斯过程, 由此推出它的分布由它的均值和协方差函数所描述. 现在, 当 $\{X(t), t \geqslant 0\}$ 是标准布朗运动时, 我们来计算它们.

$$\mathrm{E}[Z(t)]=\mathrm{E}\left[\int_0^t X(s)\mathrm{d}s\right]=\int_0^t \mathrm{E}[X(s)]\mathrm{d}s=0$$

对于 $s \leqslant t$

$$\begin{aligned}
\mathrm{Cov}[Z(s),Z(t)]&=\mathrm{E}[Z(s)Z(t)]=\mathrm{E}\left[\int_0^t X(y)\mathrm{d}y\int_0^s X(u)\mathrm{d}u\right]\\
&=\mathrm{E}\left[\int_0^s\int_0^t X(y)X(u)\mathrm{d}y\mathrm{d}u\right]\\
&=\int_0^s\int_0^t \mathrm{E}[X(y)X(u)]\mathrm{d}y\mathrm{d}u\\
&=\int_0^s\int_0^t \min(y,u)\mathrm{d}y\mathrm{d}u \quad \text{由(10.17)}\\
&=\int_0^s\left(\int_0^u y\mathrm{d}y+\int_u^t u\mathrm{d}y\right)\mathrm{d}u\\
&=s^2\left(\frac{t}{2}-\frac{s}{6}\right)
\end{aligned}$$

10.8 平稳和弱平稳过程

一个随机过程 $\{X(t), t \geqslant 0\}$ 称为平稳过程, 如果对于一切 $n, s, t_1, \cdots, t_n$, 随机变量 $X(t_1), \cdots, X(t_n)$ 和 $X(t_1+s), \cdots, X(t_n+s)$ 有相同的联合分布. 换句话说, 一个过程是平稳的, 如果在选取任意固定点 s 作为原点, 过程都有相同的概率规律. 平稳过程的两个例子是:

(i) 一个遍历的连续时间马尔可夫链 $\{X(t), t \geqslant 0\}$, 当

$$\mathrm{P}\{X(0)=j\}=P_j, \qquad j \geqslant 0$$

其中 $\{P_j, j \geqslant 0\}$ 是极限概率.

(ii) $\{X(t), t \geqslant 0\}$, 当 $X(t)=N(t+L)-N(t)$, $t \geqslant 0$, 其中 $L>0$ 是一个固定的常数, 而 $\{N(t), t \geqslant 0\}$ 是一个速率为 λ 的泊松过程.

这些过程中的第一个是平稳的, 因为它是一个按其极限概率选取初始状态的马尔可夫链, 因此可以看作是从时刻 ∞ 开始观察的一个遍历马尔可夫链. 因此, 这个过程在观察开始后在时刻 s 的延续, 正是此马尔可夫链在时刻 $\infty+s$ 开始的延续, 显然它对于所有的 s 有相同的分布. 第二个例子 (其中 $X(t)$ 表示泊松过程在 t 与 $t+L$ 之间事件的个数) 的平稳性得自泊松过程的平稳性和独立增量假定, 这蕴涵着一个泊松过程在任意时刻 s 的延续仍然是一个泊松过程.

例 10.5(随机电报信号过程) 以 $\{N(t), t \geqslant 0\}$ 记一个泊松过程, 且令 X_0 独立于这个过程, 并且使 $\mathrm{P}\{X_0=1\}=\mathrm{P}\{X_0=-1\}=1/2$. 定义 $X(t)=X_0(-1)^{N(t)}$, 那么 $\{X(t), t \geqslant 0\}$ 称为随机电报信号过程. 为了看到它的平稳性, 首先注意到在任意时刻 t, 无论 $N(t)$ 是什么值, 由于 X_0 等可能地或者是正 1 或者是负 1, 所以 $X(t)$ 等可能地或者是正 1 或者是负 1. 因此, 由于一个泊松过程超过任意时间的延续仍然是泊松过程, 所以 $\{X(t), t \geqslant 0\}$ 是一个平稳过程.

让我们计算随机电报信号的均值和协方差函数

$$\begin{aligned}
\mathrm{E}[X(t)] &= \mathrm{E}[X_0(-1)^{N(t)}] \\
&= \mathrm{E}[X_0]\mathrm{E}[(-1)^{N(t)}] \quad \text{由独立性} \\
&= 0 \quad \text{因为} \mathrm{E}[X_0]=0, \\
\mathrm{Cov}[X(t), X(t+s)] &= \mathrm{E}[X(t)X(t+s)] \\
&= \mathrm{E}[X_0^2(-1)^{N(t)+N(t+s)}] \\
&= \mathrm{E}[(-1)^{2N(t)}(-1)^{N(t+s)-N(t)}]
\end{aligned}$$

$$
\begin{aligned}
&= \mathrm{E}[(-1)^{N(t+s)-N(t)}] \\
&= \mathrm{E}[(-1)^{N(s)}] \\
&= \sum_{i=0}^{\infty}(-1)^i \mathrm{e}^{-\lambda s}\frac{(\lambda s)^i}{i!} \\
&= \mathrm{e}^{-2\lambda s}
\end{aligned} \tag{10.19}
$$

对于随机电报信号的一个应用, 考虑一个粒子以常数单位的速度沿直线移动, 并且假设粒子涉及的撞击以泊松速率 λ 发生. 同样假设粒子每次遭受撞击都要变为反向运动. 所以, 如果 X_0 表示粒子的初始速度, 那么它在时刻 t 的速度 (记之为 $X(t)$) 由 $X(t) = X_0(-1)^{N(t)}$ 给出, 其中 $N(t)$ 记粒子直到时刻 t 为止的撞击次数. 因此, 如果 X_0 等可能地或者是正 1 或者是负 1, 且独立于 $\{N(t), t \geqslant 0\}$, 那么 $\{X(t), t \geqslant 0\}$ 是一个随机电报信号过程. 如果现在令

$$
D(t) = \int_0^t X(s)\mathrm{d}s
$$

那么 $D(t)$ 表示粒子在时刻 t 从它在时刻 0 的位置的位移. $D(t)$ 的均值和方差如下:

$$
\begin{aligned}
\mathrm{E}[D(t)] &= \int_0^t \mathrm{E}[X(s)]\mathrm{d}s = 0, \\
\mathrm{Var}(D(t)) &= \mathrm{E}[D^2(t)] \\
&= \mathrm{E}\left[\int_0^t X(y)\mathrm{d}y \int_0^t X(u)\mathrm{d}u\right] \\
&= \int_0^t\int_0^t \mathrm{E}[X(y)X(u)]\mathrm{d}y\mathrm{d}u \\
&= 2\iint_{0<y<u<t} \mathrm{E}[X(y)X(u)]\mathrm{d}y\mathrm{d}u \\
&= 2\int_0^t\int_0^u \mathrm{e}^{-2\lambda(u-y)}\mathrm{d}y\mathrm{d}u \qquad \text{由方程 (10.19)} \\
&= \frac{1}{\lambda}\left(t - \frac{1}{2\lambda} + \frac{1}{2\lambda}\mathrm{e}^{-2\lambda t}\right)
\end{aligned}
$$

■

一个过程是平稳过程的条件是相当严格的, 所以如果 $\mathrm{E}[X(t)] = c$, 且 $\mathrm{Cov}(X(t), X(t+s))$ 不依赖 t, 我们定义一个过程 $\{X(t), t \geqslant 0\}$ 是二阶平稳或者弱平稳过程. 即如果 $X(t)$ 的前两个矩对于一切 t 都相同, 且 $X(s)$ 与 $X(t)$ 的协方差只依赖于 $|t-s|$, 则一个过程是二阶平稳的. 对于一个二阶平稳过程, 令

$$
R(s) = \mathrm{Cov}(X(t), X(t+s))
$$

因为高斯过程的有限维分布 (是多维正态) 由它们的均值和协方差确定, 由此推出一个二阶平稳的高斯过程是平稳过程.

例 10.6(奥恩斯泰因–于伦贝克过程) 令 $\{X(t), t \geqslant 0\}$ 是一个标准布朗运动, 并且对于 $\alpha > 0$ 定义

$$V(t) = \mathrm{e}^{-\alpha t/2} X(\mathrm{e}^{\alpha t})$$

则过程 $\{V(t), t \geqslant 0\}$ 称为奥恩斯泰因–于伦贝克过程. 它描述了一个浸入液体或气体中的粒子的速度模型, 而这个模型在统计力学中是很有用的. 让我们计算它的均值和协方差函数

$$\begin{aligned}
\mathrm{E}[V(t)] &= 0, \\
\mathrm{Cov}(V(t), V(t+s)) &= \mathrm{e}^{-\alpha t/2} \mathrm{e}^{-\alpha(t+s)/2} \\
\mathrm{Cov}(X(\mathrm{e}^{\alpha t}), X(\mathrm{e}^{\alpha(t+s)})) &= \mathrm{e}^{-\alpha t} \mathrm{e}^{-\alpha s/2} \mathrm{e}^{\alpha t} \qquad \text{由方程 (10.17)} \\
&= \mathrm{e}^{-\alpha s/2}
\end{aligned}$$

因此, $\{V(t), t \geqslant 0\}$ 是弱平稳过程, 且因为它显然是高斯过程 (由于布朗运动是高斯过程), 所以我们可以得到它是平稳过程的结论. 有趣的是, 注意到 (以 $\alpha = 4\lambda$) 它与随机电报信号过程有相同的均值和协方差函数, 于是说明两个十分不同的过程可能具有相同的二阶性质. (当然, 如果两个高斯过程有相同的均值和协方差函数, 那么它们同分布.) ■

正如上述例子所示, 有很多类型的二阶平稳过程不是平稳的.

例 10.7(自回归过程) 令 $Z_0, Z_1, Z_2, \cdots$ 是不相关的随机变量, 具有 $\mathrm{E}[Z_n] = 0, n \geqslant 0$, 且

$$\mathrm{Var}(Z_n) = \begin{cases} \sigma^2/(1-\lambda^2), & n = 0 \\ \sigma^2, & n \geqslant 1 \end{cases}$$

其中 $\lambda^2 < 1$. 定义

$$X_0 = Z_0, \qquad X_n = \lambda X_{n-1} + Z_n, \quad n \geqslant 1 \tag{10.20}$$

则过程 $\{X_n, n \geqslant 0\}$ 称为一阶自回归过程. 它是说, 在时刻 n 的状态 (就是 X_n) 是在时刻 $n-1$ 的状态的常数倍加上一个随机误差项 Z_n.

将方程 (10.20) 进行迭代得到

$$\begin{aligned}
X_n &= \lambda(\lambda X_{n-2} + Z_{n-1}) + Z_n \\
&= \lambda^2 X_{n-2} + \lambda Z_{n-1} + Z_n \\
&\ \ \vdots \\
&= \sum_{i=0}^{n} \lambda^{n-i} Z_i
\end{aligned}$$

所以

$$\begin{aligned}\mathrm{Cov}(X_n, X_{n+m}) &= \mathrm{Cov}\left(\sum_{i=0}^{n}\lambda^{n-i}Z_i, \sum_{i=0}^{n+m}\lambda^{n+m-i}Z_i\right)\\ &= \sum_{i=0}^{n}\lambda^{n-i}\lambda^{n+m-i}\mathrm{Cov}(Z_i, Z_i)\\ &= \sigma^2\lambda^{2n+m}\left(\frac{1}{1-\lambda^2}+\sum_{i=1}^{n}\lambda^{-2i}\right)\\ &= \frac{\sigma^2\lambda^m}{1-\lambda^2}\end{aligned}$$

其中上式用了当 $i \neq j$ 时, Z_i 与 Z_j 不相关的事实. 因为 $\mathrm{E}[X_n] = 0$, 我们看到 $\{X_n, n \geqslant 0\}$ 是弱平稳的 (对一个离散时间过程的定义, 显然与对一个连续时间过程的定义类似). ■

例 10.8 如果对于随机电报信号过程, 我们不要求 $\mathrm{P}(X_0 = 1) = \mathrm{P}(X_0 = -1) = 1/2$, 而只要求 $\mathrm{E}[X_0] = 0$, 那么过程 $\{X(t), t \geqslant 0\}$ 不一定是平稳的. (它将仍然是平稳的, 如果 X_0 有一个对称分布, 即 $-X_0$ 与 X_0 有相同的分布.) 然而, 这个过程将是弱平稳的, 这是由于

$$\begin{aligned}\mathrm{E}[X(t)] &= \mathrm{E}[X_0]\mathrm{E}[(-1)^{N(t)}] = 0,\\ \mathrm{Cov}(X(t), X(t+s)) &= \mathrm{E}[X(t)X(t+s)]\\ &= \mathrm{E}[X_0^2]\mathrm{E}[(-1)^{N(t)+N(t+s)}]\\ &= \mathrm{E}[X_0^2]\mathrm{e}^{-2\lambda s} \qquad \text{由 (10.19)}\end{aligned}$$

■

例 10.9 令 $W_0, W_1, W_2, \cdots$ 是不相关的, 且具有 $\mathrm{E}[W_n] = \mu$ 和 $\mathrm{Var}(W_n) = \sigma^2$. 对于某个正整数 k 定义

$$X_n = \frac{W_n + W_{n-1} + \cdots + W_{n-k}}{k+1}, \qquad n \geqslant k$$

过程 $\{X_n, n \geqslant k\}$ 每次都跟踪 W 的最近 $k+1$ 个值的算术平均, 称为过程的滑动平均. 利用 $W_n, n \geqslant 0$ 都是不相关的事实, 我们看到

$$\mathrm{Cov}(X_n, X_{n+m}) = \begin{cases}\dfrac{(k+1-m)\sigma^2}{(k+1)^2}, & \text{若 } 0 \leqslant m \leqslant k\\ 0, & \text{若 } m > k\end{cases}$$

因此, $\{X_n, n \geqslant k\}$ 是一个二阶平稳过程. ■

令 $\{X_n, n \geqslant 1\}$ 是一个二阶平稳过程且具有 $\mathrm{E}[X_n] = \mu$. 一个重要的问题是, 在什么情况下, $\overline{X}_n \equiv \sum_{i=1}^{n} X_i/n$ 能收敛到 μ? 下面的命题, 我们只叙述而不证明, 说明 $\mathrm{E}[(\overline{X}_n - \mu)^2] \to 0$ 当且仅当 $\sum_{i=1}^{n} R(i)/n \to 0$. 即, $\overline{X}_n$ 与 μ 之间的差的期望平方趋于 0 当且仅当, $R(i)$ 的平均值极限趋于 0.

命题 10.2 令 $\{X_n, n \geqslant 1\}$ 是一个二阶平稳过程, 具有均值 μ 和协方差函数 $R(i) = \mathrm{Cov}(X_n, X_{n+i})$, 并且令 $\overline{X}_n \equiv \sum_{i=1}^n X_i/n$. 那么 $\lim_{n\to\infty} \mathrm{E}[(\overline{X}_n - \mu)^2] = 0$ 当且仅当 $\lim_{n\to\infty} \sum_{i=1}^n R(i)/n = 0$.

10.9 弱平稳过程的调和分析

假设随机过程 $\{X(t), -\infty < t < \infty\}$ 和 $\{Y(t), -\infty < t < \infty\}$ 的联系如下:

$$Y(t) = \int_{-\infty}^{\infty} X(t-s)h(s)\mathrm{d}s \tag{10.21}$$

我们可以想象一个在时刻 t 的值是 $X(t)$ 的信号, 通过一个物理系统将它的值变形为在时刻 t 收到的由方程 (10.21) 给出的值 $Y(t)$. 过程 $\{X(t)\}$ 和 $\{Y(t)\}$ 分别称为输入过程和输出过程. 函数 h 称为*脉冲响应函数*. 如果当 $s < 0$, $h(s) = 0$, 那么 h 也称为一个加权函数, 由于方程 (10.21) 将 t 的输出表示为所有早于 t 的输入的加权积分, 以 $h(s)$ 表示给定 s 单位时间前的输入权重.

用方程 (10.21) 表示的关系式是时间不变的线性滤波器的一个特殊情形. 它称为滤波器, 这是因为我们可以想象输入过程 $\{X(t)\}$ 通过一种介质, 而后被滤波以产生输出过程 $\{Y(t)\}$. 它是线性的滤波器是因为如果输入过程 $\{X_i(t)\}$ $(i = 1, 2)$ 的结果是输出过程 $\{Y_i(t)\}(i = 1, 2)$(即如果 $Y_i(t) = \int_0^{\infty} X_i(t-s)h(s)\mathrm{d}s$), 那么对应于输入过程 $\{aX_1(t) + bX_2(t)\}$ 的输出过程正好是 $\{aY_1(t) + bY_2(t)\}$. 它称为时间不变的是由于输入过程滞后一个时间 τ(就是考虑新的输入过程 $\overline{X}(t) = X(t+\tau)$) 导致输出过程一个滞后 τ, 这是由于

$$\int_0^{\infty} \overline{X}(t-s)h(s)\mathrm{d}s = \int_0^{\infty} X(t+\tau-s)h(s)\mathrm{d}s = Y(t+\tau)$$

现在假设输入过程 $\{X(t), -\infty < t < \infty\}$ 是弱平稳过程, 且具有 $\mathrm{E}[X(t)] = 0$ 和协方差函数

$$R_X(s) = \mathrm{Cov}(X(t), X(t+s)).$$

我们要计算输出过程 $\{Y(t)\}$ 的均值和协方差函数.

假定可以交换期望与积分运算的次序 (一个充分条件是 $\int |h(s)| < \infty$[①], 且存在某个 $M < \infty$, 使得对于一切 t, 有 $\mathrm{E}[X(t)] < M$), 我们得到

$$\mathrm{E}[Y(t)] = \int \mathrm{E}[X(t-s)]h(s)\mathrm{d}s = 0$$

类似地,

① 在本节中, 所有积分的范围是从 $-\infty$ 到 $+\infty$.

$$\begin{aligned}
\mathrm{Cov}(Y(t_1),Y(t_2)) &= \mathrm{Cov}\left(\int X(t_1-s_1)h(s_1)\mathrm{d}s_1, \int X(t_2-s_2)h(s_2)\mathrm{d}s_2\right)\\
&= \iint \mathrm{Cov}(X(t_1-s_1),X(t_2-s_2))h(s_1)h(s_2)\mathrm{d}s_1\mathrm{d}s_2\\
&= \iint R_X(t_2-s_2-t_1+s_1)h(s_1)h(s_2)\mathrm{d}s_1\mathrm{d}s_2 \qquad (10.22)
\end{aligned}$$

因此, $\mathrm{Cov}(Y(t_1),Y(t_2))$ 只通过 t_2-t_1 依赖于 t_1,t_2, 于是证明了 $\{Y(t)\}$ 也是弱平稳的.

然而, 上面关于 $R_Y(t_2-t_1)=\mathrm{Cov}(Y(t_1),Y(t_2))$ 的表达式用 R_X 和 R_Y 的傅里叶变换表达更紧凑且更有用. 对于 $\mathrm{i}=\sqrt{-1}$, 以

$$\widetilde{R}_X(w)=\int \mathrm{e}^{-\mathrm{i}ws}R_X(s)\mathrm{d}s \quad 和 \quad \widetilde{R}_Y(w)=\int \mathrm{e}^{-\mathrm{i}ws}R_Y(s)\mathrm{d}s$$

分别记 R_X 和 R_Y 的傅里叶变换. 函数 $\widetilde{R}_X$ 也称为过程 $\{X(t)\}$ 的*功率谱密度*. 同样, 以

$$\widetilde{h}(w)=\int \mathrm{e}^{-\mathrm{i}ws}h(s)\mathrm{d}s$$

记函数 h 的傅里叶变换. 那么, 由方程 (10.22),

$$\begin{aligned}
\widetilde{R}_Y(w) &= \iiint \mathrm{e}^{\mathrm{i}ws}R_X(s-s_2+s_1)h(s_1)h(s_2)\mathrm{d}s_1\mathrm{d}s_2\mathrm{d}s\\
&= \iiint \mathrm{e}^{\mathrm{i}w(s-s_2+s_1)}R_X(s-s_2+s_1)\mathrm{d}s\mathrm{e}^{-\mathrm{i}ws_2}h(s_2)\mathrm{d}s_2\mathrm{e}^{\mathrm{i}ws_1}h(s_1)\mathrm{d}s_1\\
&= \widetilde{R}_X(w)\widetilde{h}(w)\widetilde{h}(-w) \qquad (10.23)
\end{aligned}$$

现在, 利用表示

$$\mathrm{e}^{\mathrm{i}x}=\cos x+\mathrm{i}\sin x, \quad \mathrm{e}^{-\mathrm{i}x}=\cos(-x)+\mathrm{i}\sin(-x)=\cos x-\mathrm{i}\sin x$$

我们得到

$$\begin{aligned}
\widetilde{h}(w)\widetilde{h}(-w) &= \left[\int h(s)\cos(ws)\mathrm{d}s-\mathrm{i}\int h(s)\sin(ws)\mathrm{d}s\right]\\
&\quad\times\left[\int h(s)\cos(ws)\mathrm{d}s+\mathrm{i}\int h(s)\sin(ws)\mathrm{d}s\right]\\
&= \left[\int h(s)\cos(ws)\mathrm{d}s\right]^2+\left[\int h(s)\sin(ws)\mathrm{d}s\right]^2\\
&= \left|\int h(s)\mathrm{e}^{-\mathrm{i}ws}\mathrm{d}s\right|^2=|\widetilde{h}(w)|^2
\end{aligned}$$

因此, 由方程 (10.23) 我们得到

$$\widetilde{R}_Y(w)=\widetilde{R}_X(w)|\widetilde{h}(w)|^2$$

简言之, 输出过程的协方差函数的傅里叶变换, 等于脉冲响应函数的傅里叶变换绝对值的平方乘以输入过程的协方差函数的傅里叶变换.

习 题

在下面的习题中, $\{B(t), t \geqslant 0\}$ 是一个标准布朗运动, 而以 T_a 记过程击中 a 所用的时间.

*1. $B(s)+B(t)$ $(s \leqslant t)$ 的分布是什么?

2. 计算在给定 $B(t_1)=A$ 且 $B(t_2)=B$ 时, $B(s)$ 的条件分布, 其中 $0<t_1<s<t_2$.

*3. 对于 $t_1<t_2<t_3$ 计算 $\mathrm{E}[B(t_1)B(t_2)B(t_3)]$.

4. 证明

$$\mathrm{P}\{T_a<\infty\}=1, \qquad \mathrm{E}[T_a]=\infty, \quad a \neq 0$$

*5. $\mathrm{P}\{T_1<T_{-1}<T_2\}$ 是多少?

6. 假设你拥有一股价格按标准布朗运动过程变化的股票. 假设你是以价格 $b+c$ 购买这支股票的, $c>0$, 且现值是 b. 你决定, 或者当价格到达 $b+c$ 时, 或者过了一个附加的时间 t 后 (要看那一个首先发生) 卖出这股股票. 问你不能复原你购进的价格的概率是多少?

7. 计算 $\mathrm{P}\left\{\max\limits_{t_1 \leqslant s \leqslant t_2} B(s)>x\right\}$ 的表达式.

8. 考虑随机游动, 它在每个 Δt 时间单位分别以概率 p 和 $1-p$, 或者增加或者减少一个数量 $\sqrt{\Delta t}$, 其中 $p=\frac{1}{2}(1+\mu\sqrt{\Delta t})$.

(a) 论证当 $\Delta t \to 0$ 时, 最终的极限过程是一个具有漂移速率 μ 的布朗运动.

(b) 用 (a) 以及赌徒破产问题的结果 (见 4.5.1 节), 计算一个具有漂移速率 μ 的布朗运动在减少到 B 之前先增加到 A 的概率, $A>0, B>0$.

9. 令 $\{X(t), t \geqslant 0\}$ 是一个具有漂移系数 μ 和方差参数 σ^2 的布朗运动. 对于 $s<t$, $X(s)$ 和 $X(t)$ 的联合密度函数是什么?

*10. 令 $\{X(t), t \geqslant 0\}$ 是一个具有漂移系数 μ 和方差参数 σ^2 的布朗运动. 给定 $X(s)=c$ 时, $X(t)$ 的条件分布是什么, 假如

(a) $s<t$?

(b) $t<s$?

11. 考虑一个过程, 其取值在每 h 个时间单位变化, 其新值等于旧值或者以概率 $p=\frac{1}{2}\left(1+\frac{\mu}{\sigma}\sqrt{h}\right)$ 乘以因子 $\mathrm{e}^{\sigma\sqrt{h}}$, 或者以概率 $1-p$ 乘以因子 $\mathrm{e}^{-\sigma\sqrt{h}}$. 当 h 趋于 0 时, 证明这个过程收敛到一个具有漂移系数 μ 和方差参数 σ^2 的几何布朗运动.

12. 一支股票现在以 50 美元一股的价格卖出. 在一个时间单位以后, 它的价格 (以现值美元计) 或者是 150 美元, 或者是 25 美元. 在时刻 1 购买 y 单位股票的期权以价格 cy 购得.

(a) 为了不是一定赢利, c 应该是多少?

(b) 如果 $c=4$, 解释你怎样可以保证一定赢利.

(c) 如果 $c=10$, 解释你怎样可以保证一定赢利.

(d) 用套利定理验证你对于 (a) 的回答.

13. 验证在例 10.2 后面注中叙述的命题.

14. 一支股票的现值是 100. 在时刻 1 的结果是, 或者是 50, 或者是 100, 又或者是 200. 在时

刻 1 购买 y 股股票的 (现值) 价值为 ky 的期权的价格是 cy.

(a) 如果 $k=120$, 证明套利发生当且仅当 $c>80/3$.

(b) 如果 $k=80$, 证明没有套利机会当且仅当 $20\leqslant c\leqslant 40$.

15. 一支股票的现值是 100. 假设这支股票价格的对数按漂移系数 $\mu=2$ 和方差参数 $\sigma^2=1$ 的布朗运动变化. 给出在时刻 10 以

(a) 每单位 100;　(b) 每单位 120;　(c) 每单位 80.

用购买这个股票的期权的布莱克–斯科尔斯价格定价. 假定连续复利率是 5%.

随机过程 $\{Y(t),t\geqslant 0\}$ 称为是*鞅*过程, 如果对于 $s<t$,

$$\mathrm{E}[Y(t)|Y(u),0\leqslant u\leqslant s]=Y(s)$$

16. 如果 $\{Y(t),t\geqslant 0\}$ 是鞅, 证明 $\mathrm{E}[Y(t)]=\mathrm{E}[Y(0)]$.

17. 证明标准布朗运动是鞅.

18. 证明当 $Y(t)=B^2(t)-t$ 时, $\{Y(t),t\geqslant 0\}$ 是鞅. $\mathrm{E}[Y(t)]$ 是多少?

提示: 先计算 $\mathrm{E}[Y(t)|B(u),0\leqslant u\leqslant s]$

***19.** 证明当 $Y(t)=\exp\{cB(t)-c^2t/2\}$ 时, $\{Y(t),t\geqslant 0\}$ 是鞅, 其中 c 是任意常数. $\mathrm{E}[Y(t)]$ 是多少?

鞅的一个重要的性质是, 如果你连续地观察这个过程, 且停止在某个时刻 T, 那么在遵从某些技术性条件时 (在考虑的问题中是成立的) 有

$$\mathrm{E}[Y(T)]=\mathrm{E}[Y(0)]$$

时刻 T 通常依赖于过程的值, 并且称为这个*鞅的停时*. 这就导致, 被停止的鞅的期望值等于固定时间的期望, 称为*鞅停止定理*.

***20.** 令

$$T=\mathrm{Min}\{t:B(t)=2-4t\}$$

即 T 是标准布朗运动首次击中直线 $2-4t$ 的时间. 用鞅停止定理求 $\mathrm{E}[T]$.

21. 令 $\{X(t),t\geqslant 0\}$ 是一个具有漂移系数 μ 和方差参数 σ^2 的布朗运动. 即,

$$X(t)=\sigma B(t)+\mu t$$

令 $\mu>0$, 且对于正常数 x 令

$$\begin{aligned}T&=\mathrm{Min}\{t:X(t)=x\}\\&=\mathrm{Min}\{t:B(t)=\frac{x-\mu t}{\sigma}\}\end{aligned}$$

即, T 是过程 $\{X(t),t\geqslant 0\}$ 首次击中 x 的时间. 用鞅停止定理证明

$$\mathrm{E}[T]=x/\mu$$

22. 令 $X(t)=\sigma B(t)+\mu t$, 对于给定的正常数 A 和 B, 以 p 记 $\{X(t),t\geqslant 0\}$ 在击中 $-B$ 之前先击中 A 的概率.

(a) 定义停时 T 为过程首次击中 A 或 $-B$ 的时间. 用这个停时和在习题 19 中定义的鞅证明

$$\mathrm{E}[\exp\{c(X(T)-\mu T)/\sigma-c^2T/2\}]=1$$

(b) 令 $c=-2\mu/\sigma$, 证明

$$\mathrm{E}[\exp\{-2\mu X(T)/\sigma\}]=1$$

(c) 利用 (b) 和 T 的定义求 p.

提示：$\exp\{-2\mu X(T)/\sigma^2\}$ 的可能值是什么?

23. 令 $X(t)=\sigma B(t)+\mu t$, 并且定义停时 T 为过程 $\{X(t), t\geqslant 0\}$ 首次击中 A 或 $-B$ 的时间, 其中 A 和 B 是给定的正常数. 用鞅停止定理和习题 22 的 (c) 求 $\mathrm{E}[T]$.

***24.** 令 $\{X(t), t\geqslant 0\}$ 是一个具有漂移系数 μ 和方差参数 σ^2 的布朗运动. 假设 $\mu>0$. 令 $x>0$, 并且 (如在习题 21 中那样) 定义停时 T 为

$$T=\mathrm{Min}\{t: X(t)=x\}$$

利用在习题 18 中定义的鞅, 结合习题 21 的结果, 证明

$$\mathrm{Var}(T)=x\sigma^2/\mu^3$$

在习题 25~27 中, $\{X(t), t\geqslant 0\}$ 是一个具有漂移系数 μ 和方差参数 σ^2 的布朗运动过程.

***25.** 假设过程在每个 Δ 时间单位, 或以概率 p 增加一个量 $\sigma\sqrt{\Delta}$, 或以概率 $1-p$ 减少一个量 $\sigma\sqrt{\Delta}$, 其中

$$p=\frac{1}{2}(1+\frac{\mu}{\sigma}\sqrt{\Delta})$$

证明当 Δ 趋于 0 时, 此过程收敛到具有漂移系数 μ 和方差参数 σ^2 的布朗运动.

***26.** 将过程首次等于 y 的时刻记为 T_y. 对 $y>0$, 证明

$$\mathrm{P}\{T_y<\infty\}=\begin{cases}1, & 若\ \mu\geqslant 0\\ \mathrm{e}^{2y\mu/\sigma^2}, & 若\ \mu<0\end{cases}$$

令 $M=\max_{0\leqslant t<\infty}X(t)$ 表示曾经到达的最大值. 解释为何上面的习题蕴涵了：当 $\mu<0$ 时 M 是速率为 $-2\mu/\sigma^2$ 的指数随机变量.

***27.** 确定 $\min_{0\leqslant y\leqslant t}X(y)$ 的分布函数.

28. 计算 (a) $\int_0^1 t\mathrm{d}B(t)$ 和 (b) $\int_0^1 t^2\mathrm{d}B(t)$ 的均值和方差.

29. 令 $Y(t)=tB(1/t), t>0$ 和 $Y(0)=0$.

(a) $Y(t)$ 的分布是什么?

(b) 计算 $\mathrm{Cov}(Y(s), Y(t))$.

(c) 论证 $\{Y(t), t\geqslant 0\}$ 是一个标准布朗运动.

***30.** 对于 $a>0$, 令 $Y(t)=B(a^2t)/a$. 论证 $\{Y(t), t\geqslant 0\}$ 是一个标准布朗运动.

31. 对于 $s<t$, 论证 $B(s)-\frac{s}{t}B(t)$ 和 $B(t)$ 是独立的.

32. 以 $\{Z(t), t\geqslant 0\}$ 记一个布朗桥过程. 证明如果

$$Y(t)=(t+1)Z(t/(t+1))$$

那么 $\{Y(t), t\geqslant 0\}$ 是一个标准布朗运动.

***33.** 令 $X(t)=N(t+1)-N(t)$, 其中 $\{N(t), t\geqslant 0\}$ 是速率为 λ 的泊松过程. 计算

$$\mathrm{Cov}(X(t), X(t+s))$$

34. 令 $\{N(t), t\geqslant 0\}$ 是速率为 λ 的泊松过程, 并且定义 $Y(t)$ 为从 t 开始到下一次泊松事件的时间.

(a) 论证 $\{Y(t), t\geqslant 0\}$ 是一个弱平稳过程.

(b) 计算 $\mathrm{Cov}(Y(t), Y(t+s))$.

35. 令 $\{X(t), -\infty < t < \infty\}$ 是一个具有协方差函数 $R_X(s) = \mathrm{Cov}(X(t), X(t+s))$ 的弱平稳过程

(a) 证明

$$\mathrm{Var}(X(t+s) - X(t)) = 2R_X(0) - 2R_X(t)$$

(b) 如果 $Y(t) = X(t+1) - X(t)$, 证明 $\{Y(t), -\infty < t < \infty\}$ 也是弱平稳过程, 具有协方差函数 $R_Y(s) = \mathrm{Cov}(Y(t), Y(t+s))$ 满足

$$R_Y(s) = 2R_X(s) - R_X(s-1) - R_X(s+1)$$

36. 令 Y_1 和 Y_2 是独立的单位正态随机变量, 并且对于某个常数 w 令

$$X(t) = Y_1 \cos wt + Y_2 \sin wt, \quad -\infty < t < \infty$$

(a) 证明 $\{X(t)\}$ 是一个弱平稳过程.

(b) 论证 $\{X(t)\}$ 是一个平稳过程.

37. 令 $\{X(t), -\infty < t < \infty\}$ 是一个弱平稳过程, 具有协方差函数 $R(s) = \mathrm{Cov}(X(t), X(t+s))$, 而以 $\widetilde{R}(w)$ 记这个过程的功率谱密度

(i) 证明 $\widetilde{R}(w) = \widetilde{R}(-w)$. 并证明

$$R(s) = \frac{1}{2\pi}\int_{-\infty}^{\infty} \widetilde{R}(w)\mathrm{e}^{\mathrm{i}ws}\mathrm{d}w$$

(ii) 用上面证明

$$\int_{-\infty}^{\infty} \widetilde{R}(w)\mathrm{d}w = 2\pi\mathrm{E}[X^2(t)]$$

参考文献

[1] M. S. Bartlett, “An Introduction to Stochastic Processes,” Cambridge University Press, London, 1954.

[2] U. Grenander and M. Rosenblatt, “Statistical Analysis of Stationary Time Series,” John Wiley, New York, 1957.

[3] D. Heath and W. Sudderth, “On a Theorem of De Finetti, Oddsmaking, and Game Theory,” *Ann. Math. Stat.* **43**, 2072–2077(1972).

[4] S. Karlin and H. Taylor, “A Second Course in Stochastic Processes,” Academic Press, Orlando, FL, 1981.

[5] L. H. Koopmans, “The Spectral Analysis of Time Series,” Academic Press, Orlando, FL, 1974.

[6] S. Ross, “Stochastic Processes,” Second Edition, John Wiley, New York, 1996.

第11章 模　拟

11.1 引　言

以 $\boldsymbol{X}=(X_1,\cdots,X_n)$ 记一个具有密度函数 $f(x_1,\cdots,x_n)$ 的随机向量, 并且假设对于某个 n 维函数 g, 我们想计算

$$\mathrm{E}[g(\boldsymbol{X})]=\iint\cdots\int g(x_1,\cdots,x_n)f(x_1,\cdots,x_n)\mathrm{d}x_1\mathrm{d}x_2\cdots\mathrm{d}x_n$$

例如, 当 X 的值代表前 $[n/2]$ 个到达间隔和服务时间①时, g 可能代表在队列中前 $[n/2]$ 个顾客的总延迟时间. 在许多情况下, 我们不可能解析地准确计算上述的多重积分, 甚至不可能在给定的精度之内用数值逼近. 剩下的一种可能就是用模拟的手段逼近 $\mathrm{E}[g(\boldsymbol{X})]$.

为了逼近 $\mathrm{E}[g(\boldsymbol{X})]$, 首先生成一个具有联合密度函数 $f(x_1,\cdots,x_n)$ 的随机向量 $\boldsymbol{X}^{(1)}=(X_1^{(1)},\cdots,X_n^{(1)})$, 然后计算 $Y^{(1)}=g(\boldsymbol{X}^{(1)})$. 再生成第二个随机向量 (与第一个独立) $\boldsymbol{X}^{(2)}$, 并计算 $Y^{(2)}=g(\boldsymbol{X}^{(2)})$. 继续这样做, 直至已经生成 r (一个固定的数) 个独立同分布的随机变量 $Y^{(i)}=g(\boldsymbol{X}^{(i)})(i=1,\cdots,r)$ 为止. 由强大数定律我们知道

$$\lim_{r\to\infty}\frac{Y^{(1)}+\cdots+Y^{(r)}}{r}=\mathrm{E}[Y^{(i)}]=\mathrm{E}[g(\boldsymbol{X})]$$

从而我们可以用生成的 Y 的平均作为 $\mathrm{E}[g(\boldsymbol{X})]$ 的一个估计. 这种估计 $\mathrm{E}[g(\boldsymbol{X})]$ 方法, 称为*蒙特卡罗模拟方法*.

显然余下的问题是如何生成 (即*模拟*) 具有特定联合密度的随机向量. 这样做的第一步是能从 $(0,1)$ 上的均匀分布生成随机变量. 一种方法是, 取 10 个标号为 $0,1,\cdots,9$ 的相同纸片, 将它们放在一个帽子中, 然后从这个帽子中有放回地连续抽取 n 个纸片. 得到的数字序列 (在前面置一个十进制小数点) 可以看成 $(0,1)$ 均匀随机变量舍入到最近的 $\left(\frac{1}{10}\right)^n$ 的值. 例如, 如果抽取到的数字序列是 3, 8, 7, 2, 1, 那么, $(0,1)$ 均匀随机变量的值是 0.387 21 (在最近的 0.000 01 范围内). $(0,1)$ 均匀随机变量值的表, 称为*随机数表*, 它已经被大量出版 (例如, 见 RAND 公司的*A Million Random Digits with* 100 000 *Normal Deviates*(New York, The Free Press, 1955)). 表 11.1 就是这样的表.

① 我们用记号 $[a]$ 表示小于或等于 a 的最大整数.

表 11.1 随机数表

04839	96423	24878	82651	66566	14778	76797	14780	13300	87074
68086	26432	46901	20848	89768	81536	86645	12659	92259	57102
39064	66432	84673	40027	32832	61362	98947	96067	64760	64584
25669	26422	44407	44048	37937	63904	45766	66134	75470	66520
64117	94305	26766	25940	39972	22209	71500	64568	91402	42416
87917	77341	42206	35126	74087	99547	81817	42607	43808	76655
62797	56170	86324	88072	76222	36086	84637	93161	76038	65855
95876	55293	18988	27354	26575	08625	40801	59920	29841	80150
29888	88604	67917	48708	18912	82271	65424	69774	33611	54262
73577	12908	30883	18317	28290	35797	05998	41688	34952	37888
27958	30134	04024	86385	29880	99730	55536	84855	29080	09250
90999	49127	20044	59931	06115	20542	18059	02008	73708	83517
18845	49618	02304	51038	20655	58727	28168	15475	56942	53389
94824	78171	84610	82834	09922	25417	44137	48413	25555	21246
35605	81263	39667	47358	56873	56307	61607	49518	89356	20103
33362	64270	01638	92477	66969	98420	04880	45585	46565	04102
88720	82765	34476	17032	87589	40836	32427	70002	70663	88863
39475	46473	23219	53416	94970	25832	69975	94884	19661	72828
06990	67245	68350	82948	11398	42878	80287	88267	47363	46634
40980	07391	58745	25774	22987	80059	39911	96189	41151	14222
83974	29992	65381	38857	50490	83765	55657	14361	31720	57375
33339	31926	14883	24413	59744	92351	97473	89286	35931	04110
31662	25388	61642	34072	81249	35648	56891	69352	48373	45578
93526	70765	10592	04542	76463	54328	02349	17247	28865	14777
20492	38391	91132	21999	59516	81652	27195	48223	46751	22923
04153	53381	79401	21438	83035	92350	36693	31238	59649	91754
05520	91962	04739	13092	97662	24822	94730	06496	35090	04822
47498	87637	99016	71060	88824	71013	18735	20286	23153	72924
23167	49323	45021	33132	12544	41035	80780	45393	44812	12515
23792	14422	15059	45799	22716	19792	09983	74353	68668	30429
85900	98275	32388	52390	16815	69298	82732	38480	73817	32523
42559	78985	05300	22164	24369	54224	35083	19687	11062	91491
14349	82674	66523	44133	00697	35552	35970	19124	63318	29686
17403	53363	44167	64486	64758	75366	76554	31601	12614	33072
23632	27889	47914	02584	37680	20801	72152	39339	34806	08930

然而, 这并不是在数字计算机上模拟 $(0,1)$ 均匀随机变量的方法. 在实践中, 人们用伪随机数来代替真正的随机数. 大多数随机数生成器由一个初值 X_0(称为种子) 开始, 然后用给定的正整数 a、c 和 m, 再令

$$X_{n+1} = (aX_n + c) \mod m, \quad n \geqslant 0$$

递推地计算值, 其中上式的含义是, 把 $aX_n + c$ 被 m 除的余数取为 X_{n+1}. 于是, 每

个 X_n 是 $0,1,\cdots,m-1$ 中的一个数, 而量 X_n/m 就取为 $(0,1)$ 均匀随机变量的近似值. 可以证明, 只要适当地选取 a、c、m, 上面给出的一个数列看起来好像就是从独立的 $(0,1)$ 均匀随机变量生成的.

在模拟一个任意分布的随机变量时, 我们以假设能够模拟 $(0,1)$ 均匀分布随机变量的值作为出发点, 术语 “随机数” 表示由这个分布模拟的独立随机变量. 在 11.2 节和 11.3 节中, 我们将介绍模拟连续随机变量的一般技术和特殊技术; 在 11.4 节中, 我们对离散随机变量作相同的讨论. 在 11.5 节中, 我们讨论模拟给定联合分布的随机变量和随机过程. 对于非时齐的泊松过程的模拟我们给予特别的重视, 事实上, 对此讨论了 3 种不同的方法. 二维泊松过程的模拟在 11.5.2 节中讨论. 在 11.6 节中, 我们讨论通过降低它们的方差, 以增加模拟估计准确性的各种方法; 在 11.7 节中, 我们考虑为了达到要求水平的准确性所需要模拟运行次数的选取问题. 但在开始讲述之前, 我们先考虑两个在组合问题中模拟的应用.

例 11.1(生成随机排列) 假设我们生成数 $1,2,\cdots,n$ 的一个排列, 就是使得所有的 $n!$ 个可能次序都是等可能的. 其算法如下, 首先通过在 $1,\cdots,n$ 中随机地选取一个数, 将这个数放在位置 n; 然后在余下的 $n-1$ 个数中随机地选取一个, 将这个数放在位置 $n-1$; 然后在余下的 $n-2$ 个数中随机地选取一个, 将这个数放在位置 $n-2$; 如此等等 (其中随机地选取一个数, 是指每一个余下的数都等可能地被选取). 然而, 我们无需精确地考虑哪一个数尚待安置, 方便而有效的方法是将这些数保持成有序的列表, 然后随机地选取数的位置, 而不是这个数本身. 就是说, 从任意的次序 $p_1,p_2,\cdots,p_n$ 开始, 我们随机地选取位置 $1,\cdots,n$ 中的一个, 而后将这个位置中的数与在位置 n 中的数对换. 现在我们随机地选取位置 $1,\cdots,n-1$ 中的一个, 而后将这个位置中的数与在位置 $n-1$ 中的数对换, 如此等等.

为了执行上面的程序, 我们必须能够生成一个等可能地从 $1,2,\cdots,k$ 中的取任意值的一个随机变量. 为此, 以 U 记一个随机数 (即 U 是在 $(0,1)$ 上均匀分布的) 且注意 kU 在 $(0,k)$ 上是均匀的, 所以

$$\mathrm{P}\{i-1<kU<i\}=\frac{1}{k},\quad i=1,\cdots,k$$

因此, 如果随机变量 $I=[kU]+1$ 将使

$$\mathrm{P}\{I=i\}=\mathrm{P}\{[kU]=i-1\}=\mathrm{P}\{i-1<kU<i\}=\frac{1}{k}.$$

现在可以将前面生成随机变量的算法写出如下:

步骤 1: 令 $p_1,p_2,\cdots,p_n$ 是 $1,2,\cdots,n$ 的一个排列 (例如, 我们可以选取 $p_j=j$, $j=1,\cdots,n$).

步骤 2: 置 $k=n$.

步骤 3: 生成一个随机数 U, 且令 $I=[kU]+1$.

步骤 4：交换 p_I 与 p_k 的值.

步骤 5：令 $k=k-1$, 并且如果 $k>1$, 则返回步骤 3.

步骤 6：$p_1,p_2,\cdots,p_n$ 就是所要求的随机排列.

例如, 假设 $n=4$, 且初始排列是 $1,2,3,4$. 如果 I 的第一个值 (它等可能地是 $1,2,3,4$) 是 $I=3$, 那么新的排列是 $1,2,4,3$. 如果 I 的下一个值是 $I=2$, 那么新的排列是 $1,4,2,3$. 如果 I 的最后一个值是 $I=2$, 那么最后的排列是 $1,4,2,3$, 这就是随机排列的值.

上述算法的一个重要性质是, 它也可以用来生成整数 $1,2,\cdots,n$ 的一个大小为 r 的随机子集. 即只要遵循算法直到位置 $n,n-1,n-r+1$ 都完成了更换. 在这些位置的元素就构成随机子集. ■

例 11.2(在很大的列表中不同条目个数的估计) 考虑有 n 个条目的一个列表, 其中 n 非常大, 假设我们有兴趣估计这个表中不同元素的个数 d. 如果将在位置 i 的元素在此列表中出现的次数记为 m_i, 那么我们可以将 d 表示为

$$d=\sum_{i=1}^{n}\frac{1}{m_i}$$

为了估计 d, 假设我们生成了等可能地是 $1,2,\cdots,n$ 之一的一个随机值 X(即我们取 $X=[nU]+1$), 而后以 $m(X)$ 记在位置 X 的元素在列表中出现的次数. 那么

$$\mathrm{E}\left[\frac{1}{m(X)}\right]=\sum_{i=1}^{n}\frac{1}{m_i}\frac{1}{n}=\frac{d}{n}$$

因此, 如果生成了 k 个这样的随机变量 $X_1,\cdots,X_k$, 那么可以用

$$d\approx\frac{n\sum\limits_{i=1}^{k}1/m(X_i)}{k}$$

估计 d.

假设现在对于列表中的每个条目都有一个从属于它的值 (第 i 个元素的值是 $v(i)$). 不同条目的值的和 (记为 v) 可以表示为

$$v=\sum_{i=1}^{n}\frac{v(i)}{m(i)}$$

现在, 如果 $X=[nU]+1$, 其中 U 是一个随机数, 那么

$$\mathrm{E}\left[\frac{v(X)}{m(X)}\right]=\sum_{i=1}^{n}\frac{v(i)}{m(i)}\frac{1}{n}=\frac{v}{n}$$

因此, 我们可以通过生成 $X_1,\cdots,X_k$ 而后用

$$v\approx\frac{n}{k}\sum_{i=1}^{k}\frac{v(X_i)}{m(X_i)}$$

估计 v.

作为上面的一个重要的应用, 以 $A_i=\{a_{i,1},\cdots,a_{i,n_i}\}, i=1,\cdots,s$ 记事件, 且假设我们有兴趣估计 $\mathrm{P}\left(\bigcup\limits_{i=1}^{s}A_i\right)$. 由于

$$\mathrm{P}\left(\bigcup_{i=1}^{s}A_i\right)=\sum_{a\in\cup A_i}\mathrm{P}(a)=\sum_{i=1}^{s}\sum_{j=1}^{n_i}\frac{\mathrm{P}(a_{i,j})}{m(a_{i,j})}$$

其中 $m(a_{i,j})$ 是点 $a_{i,j}$ 所属的事件的个数, 上面的方法可以用来估计 $\mathrm{P}\left(\bigcup_{i=1}^{s}A_i\right)$.

注意上面估计 v 的程序, 在没有值集合 $\{v_1,\cdots,v_n\}$ 的先验知识时也可以是有效的. 就是说, 我们能够确定在一个特定位置的元素的值和这个元素在列表中出现的次数就足够了. 当值的集合是先验已知时, 我们有一个更为有效的方法, 将在例 11.11 中说明. ■

11.2 模拟连续随机变量的一般方法

在本节中, 我们介绍模拟连续随机变量的 3 种方法.

11.2.1 逆变换方法

模拟一个具有连续分布的随机变量的一般方法 (称为逆变换方法) 基于下述命题.

命题 11.1 令 U 是一个 $(0,1)$ 上的均匀随机变量. 对于任意连续分布函数 F, 如果我们定义随机变量 X 为

$$X=F^{-1}(U)$$

那么随机变量 X 有分布函数 F. ($F^{-1}(u)$ 定义为使 $F(x)=u$ 的值 x.)

证明

$$F_X(a)=\mathrm{P}\{X\leqslant a\}=\mathrm{P}\{F^{-1}(U)\leqslant a\} \tag{11.1}$$

现在, 由于 $F(x)$ 是单调函数, 由此推出 $F^{-1}(U)\leqslant a$ 当且仅当 $U\leqslant F(a)$. 因此, 由方程 (11.1) 我们看到

$$F_X(a)=\mathrm{P}\{U\leqslant F(a)\}=F(a)$$

■

因此, 当 F^{-1} 可计算时, 我们可以通过模拟一个随机数 U, 然后置 $X=F^{-1}(U)$ 由一个连续分布 F 来模拟随机变量 X.

例 11.3(模拟指数随机变量) 如果 $F(x)=1-\mathrm{e}^{-x}$, 那么 $F^{-1}(u)$ 是满足

$$1-\mathrm{e}^{-x}=u \quad 或 \quad x=-\ln(1-u)$$

的值 x, 因此, 如果 U 是一个 $(0,1)$ 均匀随机变量, 那么

$$F^{-1}(U)=-\ln(1-U)$$

是指数分布, 具有均值 1. 因为 $1-U$ 也在 $(0,1)$ 上均匀分布, 由此推出 $-\ln U$ 是均值为 1 的指数随机变量, 由此推出 $-c\ln U$ 是均值为 c 的指数随机变量. ■

11.2.2　拒绝法

假设我们有办法模拟一个具有密度函数 $g(x)$ 的随机变量. 对模拟出具有密度 $f(x)$ 的连续分布函数的随机变量, 我们可以以此为基础, 通过模拟出自 g 的随机变量 Y, 然后以比例 $f(Y)/g(Y)$ 的概率接受这个模拟值.

特别地, 令 c 是一个常数, 使得

$$\frac{f(y)}{g(y)} \leqslant c \qquad \text{对于一切 } y$$

那么, 我们用下述技术模拟出具有密度 f 的连续分布函数的随机变量.

拒绝法

步骤 1: 模拟具有密度 g 的随机变量 Y, 并且模拟一个随机数 U.

步骤 2: 如果 $U \leqslant \dfrac{f(Y)}{cg(Y)}$, 那么置 $X = Y$. 否则返回步骤 1.

命题 11.2　由拒绝法生成的随机变量 X 具有密度 f.

证明　令 X 是得到的值, 而以 N 记必需重复的次数. 那么

$$\begin{aligned}
\mathrm{P}\{X \leqslant x\} &= \mathrm{P}\{Y_N \leqslant x\} \\
&= \mathrm{P}\{Y \leqslant x | U \leqslant f(Y)/cg(Y)\} \\
&= \frac{\mathrm{P}\{Y \leqslant x, U \leqslant f(Y)/cg(Y)\}}{K} \\
&= \frac{\displaystyle\int \mathrm{P}\{Y \leqslant x, U \leqslant f(Y)/cg(Y) | Y = y\} g(y)\mathrm{d}y}{K} \\
&= \frac{\displaystyle\int_{-\infty}^{x} (f(y)/cg(y)) g(y)\mathrm{d}y}{K} \\
&= \frac{\displaystyle\int_{-\infty}^{x} f(y)\mathrm{d}y}{Kc}
\end{aligned}$$

其中 $K = \mathrm{P}\{U \leqslant f(Y)/cg(Y)\}$. 令 $x \to \infty$, 表明 $K = 1/c$, 故而完成了证明. ■

注　(i) 上面的方法原先是由冯 · 诺伊曼在特殊情形下引入的, 其中 g 只在某个有限区间 (a, b) 上为正, 而 Y 则选取为在 (a, b) 上均匀的分布 (即 $Y + a + (b - a)U$).

(ii) 注意我们 "以概率 $f(Y)/cg(Y)$ 接受值 Y" 的方式是: 通过生成一个 $(0, 1)$ 上的均匀随机变量 U, 然后, 如果有 $U \leqslant f(Y)/cg(Y)$, 就接受 Y.

(iii) 因为这个方法的每一次重复将独立地以概率 $\mathrm{P}\{U \leqslant f(Y)/cg(Y)\} = 1/c$ 接受一个值, 由此推出重复的次数是均值为 c 的几何随机变量.

(iv) 实际上, 当决定是否接受时, 并没必要生成一个新的均匀随机变量, 因为只要以某些附加计算的代价, 在每一次重复时都对单个随机数作适当的修正, 就可以

应用始终. 为了看到这是怎样进行的, 注意 U 的实际值并没有用到 (只用到是否有 $U \leqslant f(Y)/cg(Y)$). 因此, 如果 Y 被拒绝, 也就是 $U > f(Y)/cg(Y)$, 我们可以利用对于给定的 Y, 随机变量

$$\frac{U - f(Y)/cg(Y)}{1 - f(Y)/cg(Y)} = \frac{cUg(Y) - f(Y)}{cg(Y) - f(Y)}$$

在 $(0,1)$ 上是均匀的这个事实. 因此, 它可以在下一次重复中用作均匀随机数. 以上面的计算为代价节省生成一个随机数, 是否是净节省, 很大程度地依赖于用来生成随机数的方法. ■

例 11.4 我们利用拒绝法生成具有密度函数

$$f(x) = 20x(1-x)^3, \quad 0 < x < 1$$

的随机变量. 因为这个随机变量 (它是参数 2,4 的贝塔分布) 集中在区间 $(0,1)$ 中, 让我们考虑对

$$g(x) = 1, \quad 0 < x < 1$$

作拒绝法. 为了确定 c 使 $f(x)/g(x) \leqslant c$, 我们用微积分确定

$$\frac{f(x)}{g(x)} = 20x(1-x)^3$$

的最大值. 对此量求导得到

$$\frac{\mathrm{d}}{\mathrm{d}x}\left[\frac{f(x)}{g(x)}\right] = 20[(1-x)^3 - 3x(1-x)^2]$$

令它等于 0, 表明最大值在 $x = 1/4$ 处达到, 于是

$$\frac{f(x)}{g(x)} \leqslant 20\left(\frac{1}{4}\right)\left(\frac{3}{4}\right)^3 = \frac{135}{64} \equiv c$$

因此

$$\frac{f(x)}{cg(x)} = \frac{256}{27}x(1-x)^3$$

这样拒绝程序的步骤如下:

步骤 1: 生成随机数 U_1 和 U_2.

步骤 2: 如果 $U_2 \leqslant \dfrac{256}{27}U_1(1-U_1)^3$, 则停止, 并且置 $X = U_1$. 否则返回第一步.

执行步骤 1 的平均次数是 $c = \dfrac{135}{64}$. ■

例 11.5(模拟正态随机变量) 为了模拟一个标准正态随机变量 Z(即均值为 0 和方差为 1 的正态随机变量), 首先注意 Z 的绝对值具有分布密度

$$f(x) = \frac{2}{\sqrt{2\pi}}\mathrm{e}^{-x^2/2}, \quad 0 < x < \infty \tag{11.2}$$

我们将通过拒绝法用

$$g(x) = \mathrm{e}^{-x}, \quad 0 < x < \infty$$

从模拟上述密度开始. 现在注意

$$\frac{f(x)}{g(x)} = \sqrt{2\mathrm{e}/\pi}\exp\{-(x-1)^2/2\} \leqslant \sqrt{2\mathrm{e}/\pi}$$

因此, 用拒绝法我们可以由方程 (11.2) 模拟如下:

(a) 生成随机数 Y 和 U, Y 是速率为 1 的指数随机变量, 且 U 在 $(0,1)$ 上均匀分布.

(b) 如果 $U \leqslant \exp\{-(Y-1)^2/2\}$, 或者等价地, 如果

$$-\ln U \geqslant (Y-1)^2/2$$

则取 $X = Y$. 否则返回步骤 (a).

一旦模拟了具有密度函数 (11.2) 的随机变量 X, 我们就可以通过令 Z 等可能地是 X, 或者 $-X$, 以生成一个标准正态随机变量.

为了改进上述方法, 首先注意, 从例 11.3 推出 $-\ln U$ 也是速率为 1 的指数随机变量. 因此, 步骤 (a) 和步骤 (b) 等价于下面的:

(a′) 生成独立的速率为 1 的指数随机变量 Y_1 和 Y_2.

(b′) 如果 $Y_2 \geqslant (Y_1-1)^2/2$, 则取 $X = Y_1$. 否则返回步骤 (a′).

现在假设我们接受步骤 (b′). 那么, 由指数随机变量缺乏记忆性质推出, Y_2 超出 $(Y_1-1)^2/2$ 的数量也是速率为 1 的指数随机变量.

因此, 概括起来, 我们有生成一个速率为 1 的指数随机变量和一个独立的标准正态随机变量的如下算法.

步骤 1: 生成一个速率为 1 的指数随机变量 Y_1.

步骤 2: 生成一个速率为 1 的指数随机变量 Y_2.

步骤 3: 如果 $Y_2 - (Y_1-1)^2/2 > 0$, 则取 $Y = Y_2 - (Y_1-1)^2/2$, 并且转向步骤 4. 否则转向步骤 1.

步骤 4: 生成一个随机数 U, 并且取

$$Z = \begin{cases} Y_1, & 若\ U \leqslant \dfrac{1}{2} \\ -Y_1, & 若\ U > \dfrac{1}{2} \end{cases}$$

上面生成的随机变量 Z 和 Y 是独立的, Z 是均值 0 和方差 1 的正态随机变量, Y 是速率为 1 的指数随机变量. (如果我们需要正态随机变量有均值 μ 和方差 σ^2, 只需取 $\sigma Z + \mu$). ■

注 (i) 由于 $c = \sqrt{2\mathrm{e}/\pi} \approx 1.32$, 因此上面的步骤 2 要求一个具有均值为 1.32 的几何分布的重复次数.

(ii) 步骤 4 最后的随机数不必另行模拟, 更可取的是从前面使用的任意一个随机数的第一位数字得到. 即, 假设我们生成一个随机数来模拟一个指数随机变量, 则我们可以剥除这个随机数的初始数字, 而只使用余下的数字 (将十进小数点向右移一步) 作为随机数. 如果这个初始数字是 0、1、2、3、4 (或者 0, 如果计算机生成二进数字), 那么, 我们取 Z 的符号为正, 而在其他情形取 Z 的符号为负.

(iii) 如果我们要生成一系列标准正态随机变量, 那么, 我们可以用在步骤 3 中得到的指数随机变量作为步骤 1 中生成下一个正态随机变量需要的指数随机变量. 因此, 平均地, 我们可以通过生成 1.64 个指数随机变量和计算 1.32 次平方, 来模拟一个单位的标准正态随机变量.

11.2.3 风险率方法

令 F 是连续的分布函数且 $\overline{F}(0)=1$. 由

$$\lambda(t)=\frac{f(t)}{\overline{F}(t)},\quad t\geqslant 0$$

可以定义 F 的风险率函数 $\lambda(t)$ (其中 $f(t)=F'(t)$ 是密度函数). $\lambda(t)$ 表示, 给定已经存活到时刻 t 的一个寿命分布为 F 的产品在时刻 t 失效的瞬时概率强度.

现在假设我们给定了一个有界函数 $\lambda(t)$, 使得 $\int_0^\infty \lambda(t)\mathrm{d}t=\infty$, 我们要求模拟一个以 $\lambda(t)$ 为风险率函数的随机变量 S.

为此取 λ 使得

$$\lambda(t)\leqslant\lambda,\quad 对于一切\ t\geqslant 0$$

为了由 $\lambda(t)(t\geqslant 0)$ 模拟, 我们将

(a) 模拟一个具有速率 λ 的泊松过程. 我们将只 "接受" 或 "计数" 某种泊松事件. 特别地, 我们将

(b) 独立于其他的一切, 以概率 $\lambda(t)/\lambda$ 计数一个在 t 发生的事件.

现在我们有以下命题.

命题 11.3 第一个被计数的事件的时间 (记为 S) 是一个随机变量, 其分布有风险率函数 $\lambda(t), t\geqslant 0$.

证明

$$\begin{aligned}
&\mathrm{P}\{t<S<t+\mathrm{d}t|S>t\}\\
&\quad=\mathrm{P}\{第一个被计数的事件在\ (t,t+\mathrm{d}t)\ 中\mid 在\ t\ 前没有事件被计数\}\\
&\quad=\mathrm{P}\{泊松事件在\ (t,t+\mathrm{d}t)\ 中, 且被计数\mid 在\ t\ 前没有事件被计数\}\\
&\quad=\mathrm{P}\{泊松事件在\ (t,t+\mathrm{d}t)\ 中, 且被计数\}\\
&\quad=[\lambda\mathrm{d}t+o(\mathrm{d}t)]\frac{\lambda(t)}{\lambda}=\lambda(t)\mathrm{d}t+o(\mathrm{d}t)
\end{aligned}$$

这就完成了证明. 注意倒数第二个等式得自泊松过程的独立增量性质. ■

因为速率为 λ 的泊松过程的到达间隔时间是速率为 λ 的指数随机变量. 因此, 从例 11.3 和上述命题推出, 下面的算法将生成一个具有风险率函数 $\lambda(t)$ $(t \geqslant 0)$ 的随机变量.

生成 $S: \lambda_S(t) = \lambda(t)$ 的风险率方法

取 λ 使得对于一切 $t \geqslant 0$ 有 $\lambda(t) \leqslant \lambda$. 生成随机变量列对 $U_i, X_i, i \geqslant 1$, 使得 X_i 是速率为 λ 的指数随机变量, 而 U_i 是 $(0,1)$ 均匀随机变量, 停止在

$$N = \min\left\{n : U_n \leqslant \lambda\left(\sum_{i=1}^{n} X_i\right) \Big/ \lambda\right\}$$

置

$$S = \sum_{i=1}^{N} X_i$$ ■

为了计算 E$[N]$, 我们需要一个以瓦尔德方程命名的结果, 它叙述为, 如果 $X_1, X_2, \cdots$ 是独立同分布的随机变量, 它们按序列地被观察直到一个随机时间 N, 那么

$$\mathrm{E}\left[\sum_{i=1}^{N} X_i\right] = \mathrm{E}[N]\mathrm{E}[X]$$

更确切地说, 令 $X_1, X_2, \cdots$ 是独立同分布的随机变量, 并且考虑下面的定义.

定义 11.1　一个整数值随机变量 N 称为对于 $X_1, X_2, \cdots$ 的一个停时, 如果对于一切 $n = 1, 2, \cdots$, 事件 $\{N = n\}$ 独立于 $X_{n+1}, X_{n+2}, \cdots$.

直观地, 我们按 X_n 的次序序列地观察, 且以 N 记在停止前的观察次数. 对于一切 $n = 1, 2, \cdots$, 如果 $N = n$, 那么, 在观察 $X_1, \cdots, X_n$ 之后, 且在观察 $X_{n+1}, X_{n+2}, \cdots$ 之前, 我们已经停止了.

例 11.6　令 $X_n (n = 1, 2, \cdots)$ 是独立的, 而且

$$\mathrm{P}\{X_n = 0\} = \mathrm{P}\{X_n = 1\} = \frac{1}{2}, \quad n = 1, 2, \cdots$$

如果我们令

$$N = \min\{n : X_1 + \cdots + X_n = 10\}$$

那么 N 是一个停时. 我们可以将 N 看成一个连续地抛掷一枚均匀硬币的试验, 而且当正面的次数达到 10 时停止的停时. ■

命题 11.4(瓦尔德方程)　如果 $X_1, X_2, \cdots$ 是具有有限期望的独立同分布的随机变量, 且如果 N 是对于 $X_1, X_2, \cdots$ 的一个停时使得 E$[N] < \infty$, 那么

$$\mathrm{E}\left[\sum_{n=1}^{N} X_n\right] = \mathrm{E}[N]\mathrm{E}[X]$$

证明　令

$$I_n = \begin{cases} 1, & 若 N \geqslant n \\ 0, & 若 N < n \end{cases}$$

我们有

$$\sum_{n=1}^{N} X_n = \sum_{n=1}^{\infty} X_n I_n$$

因此

$$\mathrm{E}\left[\sum_{n=1}^{N} X_n\right] = \mathrm{E}\left[\sum_{n=1}^{\infty} X_n I_n\right] = \sum_{n=1}^{\infty} \mathrm{E}[X_n I_n] \tag{11.3}$$

然而, $I_n = 1$ 当且仅当在我们连续地观察 $X_1, \cdots, X_{n-1}$ 之后还没有停止. 所以, I_n 由 $X_1, \cdots, X_{n-1}$ 确定, 故而独立于 X_n. 于是由方程 (11.3) 我们得到

$$\begin{aligned}\mathrm{E}\left[\sum_{n=1}^{N} X_n\right] &= \sum_{n=1}^{\infty} \mathrm{E}[X_n]\mathrm{E}[I_n] \\ &= \mathrm{E}[X] \sum_{n=1}^{\infty} \mathrm{E}[I_n] \\ &= \mathrm{E}[X]\mathrm{E}\left[\sum_{n=1}^{\infty} I_n\right] \\ &= \mathrm{E}[X]\mathrm{E}[N]\end{aligned}$$

■

回到风险率方法, 我们有

$$S = \sum_{i=1}^{N} X_i$$

因为 $N = \min\{n : U_n \leqslant \lambda(\sum_{i=1}^{n} X_i)/\lambda\}$, 由此推出事件 $N = n$ 独立于 $X_{n+1}, X_{n+2}, \cdots$. 因此, 由瓦尔德方程,

$$\mathrm{E}[S] = \mathrm{E}[N]\mathrm{E}[X_i] = \frac{\mathrm{E}[N]}{\lambda}$$

从而

$$\mathrm{E}[N] = \lambda \mathrm{E}[S]$$

其中 $\mathrm{E}[S]$ 是所要的随机变量的均值.

11.3 模拟连续随机变量的特殊方法

各种特殊的方法被设计用于模拟来自大多数通常的连续分布的随机变量. 现在我们介绍其中的一部分.

11.3.1　正态分布

以 X 和 Y 记独立的标准正态随机变量, 因此有联合密度函数

$$f(x,y)=\frac{1}{2\pi}\mathrm{e}^{-(x^2+y^2)/2},\quad -\infty<x<\infty,-\infty<y<\infty$$

现在考虑点 (X,Y) 的极坐标. 如在图 11.1 所示

$$R^2=X^2+Y^2,\qquad \Theta=\tan^{-1}Y/X$$

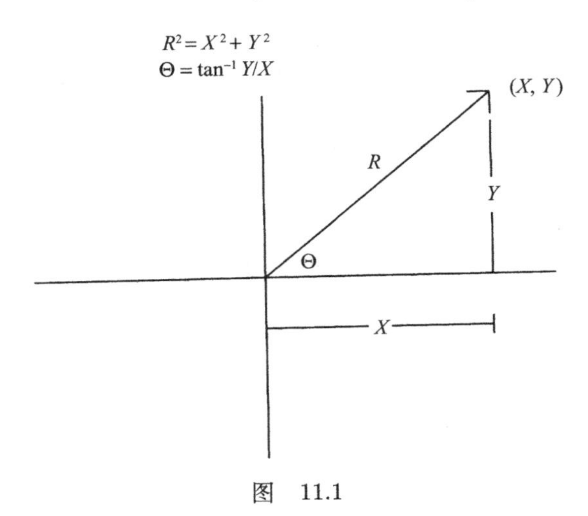

图　11.1

为了得到 R^2 和 Θ 的联合密度, 考虑变换

$$d=x^2+y^2,\quad \theta=\tan^{-1}y/x$$

这个变换的雅可比行列式是

$$J=\begin{vmatrix}\dfrac{\partial d}{\partial x} & \dfrac{\partial d}{\partial y}\\ \dfrac{\partial \theta}{\partial x} & \dfrac{\partial \theta}{\partial y}\end{vmatrix}=\begin{vmatrix}2x & 2y\\ \dfrac{1}{1+y^2/x^2}\left(\dfrac{-y}{x^2}\right) & \dfrac{1}{1+y^2/x^2}\left(\dfrac{1}{x}\right)\end{vmatrix}$$

$$=2\begin{vmatrix}x & y\\ -\dfrac{y}{x^2+y^2} & \dfrac{x}{x^2+y^2}\end{vmatrix}=2$$

因此, 由 2.5.3 节知, R^2 和 Θ 的联合密度由

$$f_{R^2,\Theta}(d,\theta)=\frac{1}{2\pi}\mathrm{e}^{-d/2}\frac{1}{2}=\frac{1}{2}\mathrm{e}^{-d/2}\frac{1}{2\pi},\quad 0<d<\infty,0<\theta<2\pi$$

给出. 于是, 我们可以得出, R^2 和 Θ 独立, 且 R^2 有速率为 $\dfrac{1}{2}$ 的指数分布和 Θ 是 $(0,2\pi)$ 上的均匀分布.

现在让我们从极坐标反向地到直角坐标. 从上面知如果我们以速率为 1/2 的指数随机变量 W (W 起 R^2 的作用) 以及独立于 W 的 $(0,2\pi)$ 上均匀随机变量 V(V 起 Θ 的作用) 开始, 那么 $X=\sqrt{W}\cos V, Y=\sqrt{W}\sin V$ 将是独立的标准正态随机变量. 因此利用例 11.3 的结果, 我们看到如果 U_1 和 U_2 是独立的 $(0,1)$ 均匀随机变量, 那么

$$
\begin{aligned}
X&=(-2\ln U_1)^{1/2}\cos(2\pi U_2),\\
Y&=(-2\ln U_1)^{1/2}\sin(2\pi U_2)
\end{aligned}
\tag{11.4}
$$

是独立的标准正态随机变量.

注 X^2+Y^2 有速率为 1/2 的指数分布这个事实非常重要, 因为由卡方分布的定义, X^2+Y^2 有 2 个自由度的卡方分布. 因此, 这两个分布是相同的.

上面生成标准正态随机变量的方法, 称为**博克斯–马勒方法**. 由于它需要计算上面的正弦值和余弦值而使它的有效性大大降低. 然而, 有一个绕过这种潜在的时耗困难的方法. 作为开始, 注意若 U 在 $(0,1)$ 上均匀分布, 则 $2U$ 在 $(0,2)$ 上均匀分布, 从而 $2U-1$ 在 $(-1,1)$ 上均匀分布. 于是, 如果我们生成随机数 U_1 和 U_2, 并且令

$$V_1=2U_1-1,\qquad V_2=2U_2-1$$

那么, (V_1,V_2) 在以 $(0,0)$ 为中心的面积为 4 的正方形上均匀分布 (见图 11.2).

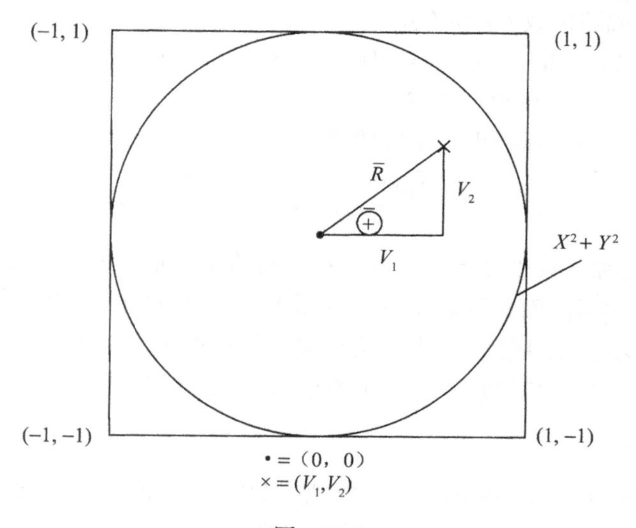

图 11.2

现在假设我们连续的生成这样的 (V_1,V_2) 对, 直到得到一对包含在以 $(0,0)$ 为中心半径为 1 的圆内, 即直到 (V_1,V_2) 使得 $V_1^2+V_2^2\leqslant 1$. 于是这样的 (V_1,V_2) 在圆内均匀分布. 如果我们以 $\overline{R},\overline{\Theta}$ 记这对的极坐标, 那么容易验证 $\overline{R}$ 与 $\overline{\Theta}$ 独立, $\overline{R}^2$ 在 $(0,1)$ 上均匀分布, 而 $\overline{\Theta}$ 在 $(0,2\pi)$ 上均匀分布.

由于

$$\sin\overline{\Theta}=V_2/\bar{R}=\frac{V_2}{\sqrt{V_1^2+V_2^2}},\quad \cos\overline{\Theta}=V_1/\bar{R}=\frac{V_1}{\sqrt{V_1^2+V_2^2}}$$

因此由方程 (11.4) 推出, 我们可以通过生成另一个随机数 U 以及令

$$X=(-2\ln U)^{1/2}V_1/\bar{R},\quad Y=(-2\ln U)^{1/2}V_2/\bar{R}$$

生成独立的标准正态随机变量 X 和 Y.

事实上, 因为 (取条件 $V_1^2+V_2^2\leqslant 1$) $\overline{R}^2$ 在 $(0,1)$ 上均匀, 且独立于 $\overline{\Theta}$, 我们可以用它代替生成一个新的随机数 U, 然后证明

$$X=(-2\ln\bar{R}^2)^{1/2}V_1/\bar{R}=\sqrt{\frac{-2\ln S}{S}}V_1.$$

$$Y=(-2\ln\bar{R}^2)^{1/2}V_2/\bar{R}=\sqrt{\frac{-2\ln S}{S}}V_2$$

是独立的标准正态随机变量, 其中

$$S=\bar{R}^2=V_1^2+V_2^2$$

总之, 我们有生成一对独立的标准正态随机变量的以下方法.

步骤 1: 生成随机数 U_1 和 U_2.

步骤 2: 令 $V_1=2U_1-1$, $V_2=2U_2-1$, $S=V_1^2+V_2^2$.

步骤 3: 若 $S>1$, 则返回步骤 1.

步骤 4: 得到独立标准正态随机变量

$$X=\sqrt{\frac{-2\ln S}{S}}V_1,\quad Y=\sqrt{\frac{-2\ln S}{S}}V_2$$

上面的方法称为*极坐标方法*. 由于在上面的正方形中的随机点落入单位圆中的概率等于 $\pi/4$ (圆的面积除以正方形的面积), 因此, 极坐标方法平均地需要重复 $4/\pi\approx 1.273$ 次步骤 1. 因此, 它生成两个独立的标准正态随机变量, 平均地需要用 2.546 个随机数, 取一次对数, 求一次平方根, 作一次除法, 作 4.546 次乘法.

11.3.2 伽马分布

为了对参数为 (n,λ) 的伽马分布模拟, 其中 n 是整数, 我们利用 n 个速率为 λ 的独立整数随机变量的和也具有这样分布的事实. 因此, 若 $U_1,\cdots,U_n$ 是独立的 $(0,1)$ 均匀随机变量, 则

$$X=-\frac{1}{\lambda}\sum_{i=1}^{n}\ln U_i=-\frac{1}{\lambda}\ln\left(\prod_{i=1}^{n}U_i\right)$$

具有所要的分布.

当 n 大时, 有其他可行的技术而并不需要那么多的随机变量. 一种可能是用拒绝法, 且将 $g(x)$ 取为具有均值 n/λ (因为这是伽马分布的均值) 的指数随机变量的密度. 可以证明对于大的 n, 拒绝算法需要的平均重复次数是 $\mathrm{e}[(n-1)/2\pi]^{1/2}$. 另外, 如果我们需要生成一系列伽马随机变量, 那么正如例 11.4 那样, 我们可以安排使得在接受时, 不仅得到一个伽马随机变量, 而且无代价地得到一个指数随机变量, 它可以用于得到下一个伽马随机变量 (见习题 8).

11.3.3 卡方分布

n 个自由度的卡方分布是 $\chi_n^2 = Z_1^2 + \cdots + Z_n^2$ 的分布, 其中 $Z_i(i=1,\cdots,n)$ 是独立的标准正态随机变量. 利用在 3.1 节最后的注中所说明的事实, 我们看到 $Z_1^2 + Z_2^2$ 有速率为 1/2 的指数分布. 因此, 当 n 是偶数时 (例如 $n=2k$) χ_{2k}^2 有参数 $(k,1/2)$ 的伽马分布. 因此, $-2\ln\left(\prod_{i=1}^k U_i\right)$ 有自由度为 $2k$ 的卡方分布. 我们可以通过模拟一个标准正态随机变量 Z, 然后加 Z^2 到前述分布来模拟一个自由度为 $2k+1$ 的卡方随机变量. 就是说,

$$\chi_{2k+1}^2 = Z^2 - 2\ln\left(\prod_{i=1}^k U_i\right)$$

其中 $Z, U_1, \cdots, U_n$ 都是独立的, Z 是标准正态随机变量, 而其他的都是 $(0,1)$ 均匀随机变量.

11.3.4 贝塔分布($\beta(n,m)$ 分布)

随机变量 X 称为具有参数 n 和 m 的 β 分布, 如果它的密度由

$$f(x) = \frac{(n+m-1)!}{(n-1)!(m-1)!}x^{n-1}(1-x)^{m-1}, \quad 0 < x < 1$$

给出. 模拟上述分布的一个方法是令 $U_1, \cdots, U_{n+m-1}$ 是独立的 $(0,1)$ 均匀随机变量, 而考虑这个集合中的第 n 最小值 —— 记之为 $U_{(n)}$. 现在 $U_{(n)}$ 将等于 x, 如果在这 $n+m-1$ 个随机变量中有

(i) $n-1$ 个小于 x;

(ii) 一个等于 x;

(iii) $m-1$ 个大于 x.

因此, 如果这 $n+m-1$ 个均匀随机变量分成为 3 个大小分别为 $n-1$、1、$m-1$ 的子集, 那么第一个集合中的每个变量都小于 x、第二个集合中的变量等于 x 而且第三个集合中的每个变量都大于 x 的概率由

$$(\mathrm{P}\{U < x\})^{n-1} f_U(x) (\mathrm{P}\{U > x\})^{m-1} = x^{n-1}(1-x)^{m-1}$$

给出. 因此, 由于共有 $(n+m-1)!/(n-1)!(m-1)!$ 种可能的分法, 所以 $U_{(n)}$ 是参数为 n 和 m 的 β 随机变量.

于是，从 β 分布模拟的一种方法是，在 $n+m-1$ 个随机数中找出第 n 小的一个. 然而，当 n 和 m 都大时，这种做法并不特别有效.

另一种方法是考虑一个速率为 1 的泊松过程，并且回忆到，给定第 $n+m$ 个事件到达的时刻 S_{n+m}，前 $n+m-1$ 个事件的时间的集合独立地在 $(0, S_{n+m})$ 上均匀分布. 因此，给定 S_{n+m}，前 $n+m-1$ 个事件的时间中的第 n 小的一个 (就是 S_n) 与 $n+m-1$ 个 $(0, S_{n+m})$ 上均匀随机变量中的第 n 小的一个具有同样的分布. 但是，从上面我们可以得出 S_n/S_{n+m} 有参数 n 和 m 的 β 分布的结论. 所以，如果 $U_1, \cdots, U_{n+m}$ 是随机数，

$$\frac{-\ln \prod\limits_{i=1}^{n} U_i}{-\ln \prod\limits_{i=1}^{m+n} U_i} \text{ 是参数为 } (n, m) \text{ 的贝塔随机变量.}$$

将上述写成

$$\frac{-\ln \prod\limits_{i=1}^{n} U_i}{-\ln \prod\limits_{i=1}^{n} U_i - \ln \prod\limits_{i=n+1}^{n+m} U_i}$$

我们看到它与 $X/(X+Y)$ 有相同的分布，其中 X 和 Y 分别是有参数 $(n, 1)$ 和 $(m, 1)$ 的伽马随机变量. 因此，当 n 和 m 都大时，我们可以通过先模拟两个伽马随机变量来模拟一个贝塔随机变量.

11.3.5 指数分布 —— 冯 · 诺伊曼算法

如我们看到的，速率为 1 的指数随机变量可以通过计算一个随机数的对数的负值来模拟. 然而，多数计算机中计算一个对数的程序包含幂级数展开，所以如果存在计算上更容易的第二种方法将是有用的. 我们现在介绍由冯 · 诺伊曼给出的方法.

作为开始，令 $U_1, U_2, \cdots$ 是独立的 $(0, 1)$ 均匀随机变量，并且定义 $N(N \geqslant 2)$ 为

$$N = \min\{n : U_1 \geqslant U_2 \geqslant \cdots \geqslant U_{n-1} < U_n\}$$

即 N 是首个比它前面大的随机数的下标. 现在我们计算 N 和 U_1 的联合分布：

$$\begin{aligned} \mathrm{P}\{N > n, U_1 \leqslant y\} &= \int_0^1 \mathrm{P}\{N > n, U_1 \leqslant y | U_1 = x\} \mathrm{d}x \\ &= \int_0^y \mathrm{P}\{N > n | U_1 = x\} \mathrm{d}x \end{aligned}$$

给定 $U_1 = x$，如果 $x \geqslant U_2 \cdots \geqslant U_n$，$N$ 将大于 n，或者等价地，如果

(a) $U_i \leqslant x, \quad i = 2, \cdots, n$

(b) $U_2 \geqslant \cdots \geqslant U_n$

N 将大于 n. 现在, (a) 以概率 x^{n-1} 发生, 并且给定 (a) 时, 因为 $U_2,\cdots,U_n$ 所有可能的 $(n-1)!$ 种排序是等可能的, 所以 (b) 以概率 $\dfrac{1}{(n-1)!}$ 发生. 因此

$$P\{N>n|U_1=x\}=\frac{x^{n-1}}{(n-1)!}$$

从而

$$P\{N>n,U_1\leqslant y\}=\int_0^y\frac{x^{n-1}}{(n-1)!}\mathrm{d}x=\frac{y^n}{n!}$$

所以

$$\begin{aligned}P\{N=n,U_1\leqslant y\}&=P\{N>n-1,U_1\leqslant y\}-P\{N>n,U_1\leqslant y\}\\&=\frac{y^{n-1}}{(n-1)!}-\frac{y^n}{n!}\end{aligned}$$

在一切偶数上求和, 我们看到

$$P\{N\text{是偶数},U_1\leqslant y\}=y-\frac{y^2}{2!}+\frac{y^3}{3!}-\frac{y^4}{4!}-\cdots=1-\mathrm{e}^{-y} \tag{11.5}$$

现在我们已经对生成速率为 1 的指数随机变量的以下算法做好了准备.

步骤 1: 生成均匀随机数 $U_1,U_2,\cdots$, 在 $N=\min\{n:U_1\geqslant\cdots\geqslant U_{n-1}<U_n\}$ 停止.

步骤 2: 如果 N 是偶数, 则接受此次运行, 并且转向步骤 3. 如果 N 是奇数, 则拒绝此次运行, 并且返回步骤 1.

步骤 3: 置 X 等于失败 (即拒绝) 的运行次数加上在成功 (即接受) 运行中的首个随机数.

为了证明 X 是速率为 1 的指数随机变量, 首先注意, 由方程 (11.5) 中取 $y=1$ 知, 一次成功的运行的概率是

$$P\{N\text{ 是偶数}\}=1-\mathrm{e}^{-1}$$

现在, 为了 X 超过 x, 前 $[x]$ 次运行必须都没有成功, 而且下一次运行必须, 或者不成功, 或者成功但是有 $U_1>x-[x]$ (其中 $[x]$ 是不超过 x 的最大整数). 因为

$$\begin{aligned}P\{N\text{ 是偶数},\ U_1>y\}&=P\{N\text{ 是偶数}\}-P\{N\text{ 是偶数},\ U_1\leqslant y\}\\&=1-\mathrm{e}^{-1}-(1-\mathrm{e}^{-y})=\mathrm{e}^{-y}-\mathrm{e}^{-1}\end{aligned}$$

我们看到

$$P\{X>x\}=\mathrm{e}^{-[x]}[\mathrm{e}^{-1}+\mathrm{e}^{-(x-[x])}-\mathrm{e}^{-1}]=\mathrm{e}^{-x}$$

这就导出结论.

以 T 记生成一个成功运行所需的试验次数. 因为每次试验以概率 $1-\mathrm{e}^{-1}$ 为成功, 由此推出 T 是均值为 $\dfrac{1}{1-\mathrm{e}^{-1}}$ 的几何随机变量. 如果我们以 N_i 记在第 i 次运

行中所用的均匀随机数的个数, $i \geqslant 1$, 那么 T(是首个使 N_i 是偶数的 i) 是这个序列的一个停时. 因此由瓦尔德方程, 这个算法需要的均匀随机数的平均个数由

$$\mathrm{E}\left[\sum_{i=1}^{T} N_i\right] = \mathrm{E}[N]\mathrm{E}[T]$$

给出. 现在

$$\begin{aligned}\mathrm{E}[N] &= \sum_{n=0}^{\infty} \mathrm{P}\{N > n\} = 1 + \sum_{n=1}^{\infty} \mathrm{P}\{U_1 \geqslant \cdots \geqslant U_n\} \\ &= 1 + \sum_{n=1}^{\infty} 1/n! = \mathrm{e}\end{aligned}$$

所以

$$\mathrm{E}\left[\sum_{i=1}^{T} N_i\right] = \frac{\mathrm{e}}{1 - \mathrm{e}^{-1}} \approx 4.3$$

因此, 从计算方面说, 这个算法非常容易施行, 需要平均约 4.3 个随机数来完成.

11.4 离散分布的模拟

所有从连续分布模拟的一般方法在离散情形都有其对应的版本. 例如, 如果我们要模拟一个具有概率质量函数

$$\mathrm{P}\{X = x_j\} = P_j, \quad j = 1, 2, \cdots, \quad \sum_j P_j = 1$$

的随机变量 X. 我们可以用逆变换技术的如下的离散版本:

为了模拟具有 $\mathrm{P}\{X = x_j\} = P_j$ 的 X

令 U 在 (0, 1) 上均匀地分布, 且令

$$X = \begin{cases} x_1, & 若\ U < P_1 \\ x_2, & 若\ P_1 < U < P_1 + P_2 \\ \vdots & \\ x_j, & 若\ \displaystyle\sum_{i=1}^{j-1} P_i < U < \sum_{i=1}^{j} P_i \\ \vdots & \end{cases}$$

因为

$$\mathrm{P}\{X = x_j\} = \mathrm{P}\left\{\sum_{i=1}^{j-1} P_i < U < \sum_{i=1}^{j} P_i\right\} = P_j$$

我们看到 X 有所要的分布.

例 11.7(几何分布) 假设我们要模拟 X, 使得

$$\mathrm{P}\{X=i\}=p(1-p)^{i-1}, \quad i \geqslant 1$$

因为

$$\sum_{i=1}^{j-1} \mathrm{P}\{X=i\}=1-\mathrm{P}\{X>j-1\}=1-(1-p)^{j-1}$$

我们可以模拟这样的随机变量, 通过生成一个随机数 U, 且令 X 等于这样的值 j 使

$$1-(1-p)^{j-1}<U<1-(1-p)^{j}$$

或者, 等价地使

$$(1-p)^{j}<1-U<(1-p)^{j-1}$$

因为 $1-U$ 与 U 有相同的分布, 于是我们可以定义 X 为

$$X=\min\{j:(1-p)^{j}<U\}=\min\left\{j: j>\frac{\ln U}{\ln(1-p)}\right\}=1+\left[\frac{\ln U}{\ln(1-p)}\right] \quad \blacksquare$$

正如在连续情形, 对于更为常用的离散分布, 已经发展了特殊的模拟技术. 现在我们给出几个例子.

例 11.8(模拟二项随机变量) 二项 (n,p) 随机变量最容易模拟, 只要回忆起它能够表示为 n 个独立的伯努利随机变量的和即可. 就是说, 若 $U_1,\cdots,U_n$ 是独立 $(0,1)$ 均匀随机变量, 则令

$$X_i=\begin{cases}1, & 若\ U_i<p \\ 0, & 其他\end{cases}$$

由此推出 $X\equiv\sum_{i=1}^{n} X_i$ 是以 n 和 p 为参数的二项随机变量.

这个程式的一个困难是需要生成 n 个随机数. 为了显示怎样减少所需随机数的个数, 首先注意到这个程式并未用到一个随机数 U 的确切值, 而只用到它是否超过 p. 利用这一点与给定 $U<p$ 时 U 的条件分布在 $(0,p)$ 上均匀, 以及给定 $U>p$ 时 U 的条件分布在 $(p,1)$ 上均匀的结果, 我们现在说明如何只用一个随机数来模拟一个二项 (n,p) 随机变量.

步骤 1: 令 $\alpha=1/p, \beta=1/(1-p)$.

步骤 2: 置 $k=0$.

步骤 3: 生成一个均匀随机数 U.

步骤 4: 若 $k=n$, 则停止. 否则重置 $k=k+1$.

步骤 5: 若 $U \leqslant p$, 则置 $X_k=1$, 并且重置 $U=\alpha U$. 若 $U>p$, 则置 $X_k=0$, 并且重置 $U=\beta(U-p)$. 返回步骤 4.

整个程式生成 $X_1, \cdots, X_n$, 而 $X \equiv \sum_{i=1}^n X_i$ 是所要的随机变量. 它通过注意是 $U_k \leqslant p$, 还是 $U_k > p$ 来工作; 在前一种情形取 U_{k+1} 等于 U_k/p, 而在后一种情形取 U_{k+1} 等于 $(U_k - p)/(1-p)$.[①] ■

例 11.9(模拟泊松随机变量)　为了模拟一个速率为 λ 的泊松随机变量, 生成 $(0,1)$ 均匀随机变量 $U_1, U_2, \cdots$, 停止在

$$N + 1 = \min\left\{n : \prod_{i=1}^n U_i < \mathrm{e}^{-\lambda}\right\}$$

随机变量 N 有所要求的分布, 这可以由注意到

$$N = \max\left\{n : \sum_{i=1}^n -\ln U_i < \lambda\right\}$$

看出. 但是 $-\ln U_i$ 是速率为 1 的指数随机变量, 从而如果我们将 $-\ln U_i (i \geqslant 1)$ 解释为一个速率为 1 的泊松过程的到达间隔时间, 我们看到 $N = N(\lambda)$ 将等于在时刻 λ 前的事件个数. 因此, N 是均值为 λ 的泊松随机变量.

当 λ 大时, 上面模拟速率为 1 的泊松过程在时刻 λ 前的事件个数 $N(\lambda)$ 时, 我们可以减少计算量, 通过首先选取一个整数 m, 并且模拟泊松过程的第 m 个事件的时间 S_m, 然后按给定 S_m 时 $N(\lambda)$ 的条件分布模拟 $N(\lambda)$. 现在给定 S_m 时 $N(\lambda)$ 的条件分布如下:

$$N(\lambda) | S_m = s \sim m + \mathrm{P}(\lambda - s), \quad \text{如果 } s < \lambda$$

$$N(\lambda) | S_m = s \sim \mathrm{B}\left(m - 1, \frac{\lambda}{s}\right), \quad \text{如果 } s > \lambda$$

其中 $\sim$ 表示 “与 $\cdots$ 有相同的分布”($\mathrm{P}(\lambda)$ 是参数为 λ 的泊松随机变量, $\mathrm{B}(n,p)$ 是参数为 n 和 p 的二项随机变量). 这是由于如果第 m 个事件在时刻 s 发生, 其中 $s < \lambda$, 那么, 直至时刻 λ 为止的事件数是 m 加上在 (s, λ) 中的事件数. 另一方面, 给定 $S_m = s$ 时前 $m-1$ 个事件发生的时间的集合与 $m-1$ 个 $(0,s)$ 均匀随机变量的集合有相同的分布 (见 5.3.5 节). 因此, 当 $\lambda < s$ 时, 直至时刻 λ 为止的事件数是具有参数 $m-1$ 和 $\dfrac{\lambda}{s}$ 的二项随机变量. 于是, 我们可以模拟 $N(\lambda)$ 如下: 通过首先模拟 S_m, 然后或者当 $S_m < \lambda$ 时模拟均值为 $\lambda - S_m$ 的泊松随机变量 $\mathrm{P}(\lambda - S_m)$, 或者当 $S_m > \lambda$ 时模拟参数为 $m-1$ 和 $\dfrac{\lambda}{S_m}$ 的二项随机变量 $\mathrm{B}((m-1, \lambda/S_m)$; 并且置

$$N(\lambda) = \begin{cases} m + \mathrm{P}(\lambda - S_m), & \text{若 } S_m < \lambda \\ \mathrm{B}(m-1, \lambda/S_m), & \text{若 } S_m > \lambda \end{cases}$$

---

① 因为计算机的舍入误差, 当 n 大时, 单个随机数不应该持续地使用.

在上面，我们发现令 m 近似于 $\frac{7}{8}\lambda$ 在计算中是有效的. 当然, 当 m 大时, S_m 可由一个计算快的模拟 $\Gamma(m,\lambda)$ 分布的方法模拟的 (见 11.3.3 节). ■

离散分布也有拒绝法和风险率方法, 我们把它留作练习. 可是, 我们有一种模拟有限离散随机变量的技术 (称之为*别名方法*), 尽管建模需要一些时间, 但是运行起来非常快.

别名方法

在下面, 量 $\boldsymbol{P}$、$\boldsymbol{P}^{(k)}$、$\boldsymbol{Q}^{(k)}(k \leqslant n-1)$ 表示在整数 $1,2,\cdots,n$ 上的概率质量函数 —— 即, 它们是非负的且和为 1 的 n 维向量. 另外, 向量 $\boldsymbol{P}^{(k)}$ 至多有 k 个非零分量, 且每一个 $\boldsymbol{Q}^{(k)}$ 至多有 2 个非零分量. 我们证明任意一个概率质量函数 $\boldsymbol{P}$ 可以表示为相同权重的 $n-1$ 个概率质量函数 $\boldsymbol{Q}$(每一个至多有 2 个非零分量) 的混合分布. 就是说, 我们证明对适当地定义的 $\boldsymbol{Q}^{(1)},\cdots,\boldsymbol{Q}^{(n-1)}$, $\boldsymbol{P}$ 可以表示为

$$\boldsymbol{P} = \frac{1}{n-1}\sum_{k=1}^{n-1}\boldsymbol{Q}^{(k)} \tag{11.6}$$

作为得到这个表达式的方法的一个介绍的前奏, 我们需要下述简单的引理, 它的证明留作一个习题.

引理 11.5 *以 $\boldsymbol{P}=\{P_i, i=1,\cdots,n\}$ 记一个概率质量函数, 则*

(a) 存在一个 $i, 1\leqslant i\leqslant n$, 使得 $P_i < 1/(n-1)$, 而且

(b) 对于这个 i, 存在一个 $j, j\neq i$, 使得 $P_i+P_j \geqslant 1/(n-1)$.

在介绍得到方程 (11.6) 的表示式之前, 让我们通过一个例子来说明它.

例 11.10 考虑具有 $P_1=7/16, P_2=1/2, P_3=1/16$ 的 3 点分布 $\boldsymbol{P}$. 我们由选取满足引理 11.5 条件的 i 和 j 开始. 因为 $P_3<1/2$ 和 $P_3+P_2>1/2$, 我们可以用 $i=3$ 和 $j=2$ 操作. 我们定义一个 2 点质量函数 $\boldsymbol{Q}^{(1)}$ 将所有的权重都给予点 3 和点 2, 而且使得 $\boldsymbol{P}$ 能够用相等的权重表示成 $\boldsymbol{Q}^{(1)}$ 与另一个 2 点质量函数 $\boldsymbol{Q}^{(2)}$ 的混合. 其次, 点 3 的所有质量都包含在 $\boldsymbol{Q}^{(1)}$ 中. 因为我们有

$$P_j = \frac{1}{2}(Q_j^{(1)}+Q_j^{(2)}), \quad j=1,2,3 \tag{11.7}$$

并且, 由上面假设 $Q_3^{(2)}$ 等于 0, 所以我们必须取

$$Q_3^{(1)} = 2P_3 = \frac{1}{8}, \quad Q_2^{(1)} = 1-Q_3^{(1)} = \frac{7}{8}, \quad Q_1^{(1)} = 0$$

为了满足方程 (11.7), 我们必须置

$$Q_3^{(2)} = 0, \quad Q_2^{(2)} = 2P_2-\frac{7}{8} = \frac{1}{8}, \quad Q_1^{(2)} = 2P_1 = \frac{7}{8}$$

因此, 在这种情形我们有所要的表示. 现在假设原来的分布是 4 点质量函数:

$$P_1=\frac{7}{16},\quad P_2=\frac{1}{4},\quad P_3=\frac{1}{8},\quad P_4=\frac{3}{16}$$

现在, $P_3<1/3$ 且 $P_3+P_1>1/3$. 因此我们的初始 2 点质量函数 ($\boldsymbol{Q}^{(1)}$) 将集中在点 3 和 1(不给点 2 和 4 以权重). 因为最后的表示将给 $\boldsymbol{Q}^{(1)}$ 权重 1/3, 而另外的 $\boldsymbol{Q}^{(j)}(j=2,3)$ 将不给值 3 以任何质量, 我们必须有

$$\frac{1}{3}Q_3^{(1)}=P_3=\frac{1}{8}$$

因此,

$$Q_3^{(1)}=\frac{3}{8},\quad Q_1^{(1)}=1-\frac{3}{8}=\frac{5}{8}$$

同样, 我们可以写出

$$\boldsymbol{P}=\frac{1}{3}\boldsymbol{Q}^{(1)}+\frac{2}{3}\boldsymbol{P}^{(3)}$$

其中为了满足上式, $\boldsymbol{P}^{(3)}$ 必须是向量

$$\begin{aligned}
\boldsymbol{P}_1^{(3)}&=\frac{3}{2}\left(P_1-\frac{1}{3}Q_1^{(1)}\right)=\frac{1}{3}\frac{1}{2},\\
\boldsymbol{P}_2^{(3)}&=\frac{3}{2}P_2=\frac{3}{8},\\
\boldsymbol{P}_3^{(3)}&=0,\\
\boldsymbol{P}_4^{(3)}&=\frac{3}{2}P_4=\frac{9}{32}
\end{aligned}$$

注意 $\boldsymbol{P}^{(3)}$ 不给值 3 以任何质量. 现在我们可以将质量函数 $\boldsymbol{P}^{(3)}$ 表示为 2 点质量函数 $\boldsymbol{Q}^{(2)}$ 和 $\boldsymbol{Q}^{(3)}$ 的相等权重的混合, 且我们结束于

$$\boldsymbol{P}=\frac{1}{3}\boldsymbol{Q}^{(1)}+\frac{2}{3}\left(\frac{1}{2}\boldsymbol{Q}^{(2)}+\frac{1}{2}\boldsymbol{Q}^{(3)}\right)=\frac{1}{3}(\boldsymbol{Q}^{(1)}+\boldsymbol{Q}^{(2)}+\boldsymbol{Q}^{(3)})$$

(我们将细节作为习题留给你). ■

上面的例子概要地列出了对于点质量函数 $\boldsymbol{P}$ 写成形如方程 (11.6) 的一般程序, 其中 $\boldsymbol{Q}^{(i)}$ 是质量函数, 它所有的质量都给出在至多 2 个点上. 作为开始, 我们选取满足引理 11.5 的 i 和 j. 我们现在定义 $\boldsymbol{Q}^{(1)}$ 集中在点 i 和 j, 且包含点 i 的所有质量, 注意到, 在方程 (11.6) 的表示中, 对于 $k=2,\cdots,n-1$ 有 $Q_i^{(k)}=0$, 它导致

$$Q_i^{(1)}=(n-1)P_i,\quad 所以\ Q_j^{(1)}=1-(n-1)P_i$$

将它写成

$$\boldsymbol{P}=\frac{1}{n-1}\boldsymbol{Q}^{(1)}+\frac{n-2}{n-1}\boldsymbol{P}^{(n-1)}\tag{11.8}$$

其中 $\boldsymbol{P}^{(n-1)}$ 表示余下的质量, 我们看到

$$\begin{aligned}
&P_i^{(n-1)}=0,\\
&P_j^{(n-1)}=\frac{n-1}{n-2}\left(P_j-\frac{1}{n-1}Q_j^{(1)}\right)=\frac{n-1}{n-2}\left(P_i+P_j-\frac{1}{n-1}\right),\\
&P_k^{(n-1)}=\frac{n-1}{n-2}P_k,\quad k\neq i\ 或\ j
\end{aligned}$$

容易验证上式确实是一个概率质量函数 —— 例如, $P_j^{(n-1)}$ 的非负性得自由 j 的选取使得 $P_i+P_j>1/(n-1)$ 的事实.

我们现在可以在 $n-1$ 点概率质量函数 $\boldsymbol{P}^{(n-1)}$ 上重复上面的程序得到

$$\boldsymbol{P}^{(n-1)}=\frac{1}{n-2}\boldsymbol{Q}^{(2)}+\frac{n-3}{n-2}\boldsymbol{P}^{(n-2)}$$

而这样由方程 (11.8), 我们有

$$\boldsymbol{P}=\frac{1}{n-1}\boldsymbol{Q}^{(1)}+\frac{1}{n-1}\boldsymbol{Q}^{(2)}+\frac{n-3}{n-1}\boldsymbol{P}^{(n-2)}$$

我们现在对 $\boldsymbol{P}^{(n-2)}$ 重复这个程序, 依此类推, 直到我们最终得到

$$\boldsymbol{P}=\frac{1}{n-1}(\boldsymbol{Q}^{(1)}+\cdots+\boldsymbol{Q}^{(n-1)})$$

用这样的方法, 可以将 $\boldsymbol{P}$ 表示为具有相等权重的 $n-1$ 个 2 点分布的混合. 我们现在能够容易地从 $\boldsymbol{P}$ 模拟：通过首先生成一个等可能地取 $1,2,\cdots,n-1$ 中的一个值的随机变量 N. 如果结果的值 N 使得 $\boldsymbol{Q}^{(N)}$ 在点 i_N 和 j_N 上设置正的权重, 那么若第二个随机数小于 $Q_{i_N}^{(N)}$, 我们可以置 X 等于 i_N, 而在其他情形, 置 X 等于 j_N. 于是随机变量 X 就有概率质量函数 $\boldsymbol{P}$. 就是说, 我们有从 $\boldsymbol{P}$ 模拟的如下的程序.

步骤 1：生成 U_1, 并且令 $N=1+[(n-1)U_1]$.

步骤 2：生成 U_2, 并且令

$$X=\begin{cases} i_N, & 若\ U_2<Q_{i_N}^{(N)} \\ j_N, & 其他 \end{cases}$$

注 (i) 上面的方法称为*别名方法*, 因为经过对 $\boldsymbol{Q}$ 的重新编号, 我们总可以安排得使对于每个 k 有 $Q_k^{(k)}>0$. (即我们可以安排得使第 k 个 2 点分布在值 k 上有正的权重). 因此, 这个程序要求模拟等可能地取 $1,2,\cdots,n-1$ 的 N, 且如果 $N=k$, 则或者接受 k 为 X 的值, 或者接受 k 的“别名”为 X 的值 (也就是, $\boldsymbol{Q}^{(k)}$ 给出正的权重的另一个值).

(ii) 实际上, 在步骤 2 中不必生成新的随机数. 因为 $N-1$ 是 $(n-1)U_1$ 的整数部分, 由此推出余下的部分 $(n-1)U_1-(N-1)$ 独立于 U_1, 而且在 $(0,1)$ 上均匀分布. 因此, 不用生成一个新的随机数 U_2, 我们可以用 $(n-1)U_1-(N-1)=(n-1)U_1-[(n-1)U_1]$.

例 11.11 让我们回到例 11.2 的问题, 其中考虑含有 n 个未必不同的项目的列表. 每个项目有一个值 (记 $v(i)$ 为在位置 i 的项目的值) 而我们有兴趣估计

$$v=\sum_{i=1}^{n}v(i)/m(i)$$

其中 $m(i)$ 是在位置 i 的项目在列表中出现的次数. 简言之, v 是在列表中的 (不同的) 项目的值的和.

为了估计 v, 注意到如果 X 是一个随机变量使

$$\mathrm{P}\{X=i\}=v(i)\Big/\sum_{j=1}^{n}v(j),\quad i=1,\cdots,n$$

那么

$$\mathrm{E}[1/m(X)]=\frac{\sum_i v(i)/m(i)}{\sum_j v(j)}=v\Big/\sum_{j=1}^{n}v(j)$$

因此, 我们可以用别名 (或者任何其他的) 方法生成与 X 同分布的随机变量 $X_1,\cdots,$ X_k, 然后用

$$v\approx\frac{1}{k}\sum_{j=1}^{n}v(j)\sum_{i=1}^{k}1/m(X_i)$$

估计 v. ■

11.5　随机过程

我们可以通过模拟一系列随机变量来模拟一个随机过程. 例如模拟到达间隔分布 F 的一个更新过程的前 t 个时间单位, 我们可以模拟具有分布 F 的随机变量 $X_1,X_2,\cdots$, 停止在

$$N=\min\{n:X_1+\cdots+X_n>t\}$$

其中 $X_i(i\geqslant 1)$ 表示更新过程的到达间隔时间, 那么上面的模拟产生至 t 为止的 $N-1$ 个事件 —— 发生在时刻 $X_1,X_1+X_2,\cdots,X_1+\cdots+X_{N-1}$ 的事件.

实际上, 存在另一种非常有效的模拟泊松过程的方法. 假设我们要模拟速率为 λ 的泊松过程的前 t 个时间单位. 为此我们可以首先模拟直至 t 为止的事件的个数 $N(t)$, 然后利用在给定 $N(t)$ 的值时 $N(t)$ 个事件的时间集合的分布正如 n 个独立的 $(0,t)$ 均匀随机变量的集合的结果. 因此, 我们从模拟一个均值为 λt 的泊松随机变量 $N(t)$ 开始 (用例 11.9 中给出的任意一种方法). 于是, 如果 $N(t)=n$, 则生成 n 个随机数的一个新的集合 (记为 $U_1,\cdots,U_n$) 且 $\{tU_1,\cdots,tU_n\}$ 将表示 n 个事件的时间, 如果我们能够在此停止, 这将比模拟指数分布的到达间隔时间更为有效. 然而, 我们通常要求事件的时间具有增加的次序, 例如, 对于 $s<t$,

$$N(s)=U_i\text{ 的个数：}tU_i\leqslant s$$

从而在计算 $N(s)(s\leqslant t)$ 时, 最好在乘 t 之前首先将 $U_1,\cdots,U_n$ 排序. 然而, 在这样做的时候, 你不应该用通常的排序算法, 如快速排序 (见例 3.14), 而更合适的是考虑被排序的元素来自 $(0,1)$ 均匀总体. 这样的 n 个 $(0,1)$ 均匀变量的一个排序算法如下：不用长度为 n 的单个列表的排序, 我们将考虑 n 个有序的 (或者相关联的) 随机

大小的列表. 将值 U 放在列表 i, 如果它的值在 $(i-1)/n$ 与 i/n 之间, 即 U 放在列表 $[nU]+1$ 中. 单个的列表就这样被排序, 而所有列表的全部连接就是要求的次序. 因为几乎所有 n 个列表都相对地小(例如, 如果 $n=1000$, 列表的大小大于 4 的平均数 (用二项分布的泊松近似) 近似等于 $1000\left(1-\frac{65}{24}\mathrm{e}^{-1}\right)\approx 4$), 单个列表的排序是很快的, 所以这个算法的运行时间与 n 成比例 (比最好的通用排序算法的 $n\ln n$ 更好).

建模中的一个极其重要的计数过程是非时齐的泊松过程, 它放宽了泊松过程的平稳增量假定. 这样允许到达率不是常数而可以随时间变化的可能性. 然而, 对于假定非时齐的泊松到达过程很少有分析研究, 其简单的原因就是这样的模型常常在数学上不易处理. (例如, 在一条单服务线假定有非时齐的泊松到达过程的指数服务时间的排队模型中, 顾客平均延迟没有已知表达式.)[①] 显然这样的模型是模拟研究的强势候选者.

11.5.1 模拟非时齐泊松过程

现在介绍模拟具有强度函数 $\lambda(t)$ $(0\leqslant t<\infty)$ 的非时齐泊松过程的三种方法.

方法 1 抽样一个泊松过程

模拟强度函数 $\lambda(t)$ 的非时齐泊松过程的前 T 个时间单位. 令 λ 使得

$$\lambda(t)\leqslant\lambda,\quad 对于所有\ t\leqslant T$$

现在, 正如在第 5 章中所展示的, 这个强度函数 $\lambda(t)$ 的非时齐泊松过程可以由速率 λ 的泊松过程的事件时间, 经过一个随机的选取生成. 就是说, 如果速率 λ 的泊松过程在时刻 t 发生的一个事件以概率 $\lambda(t)/\lambda$ 被计数, 那么被计数的事件是一个强度函数为 $\lambda(t)\,(0\leqslant t\leqslant T)$ 的非时齐泊松过程. 因此, 通过模拟一个泊松过程, 然后随机的计数这个事件, 我们可以生成所要的非时齐泊松过程. 我们于是有下面的程序:

生成独立随机变量 $X_1,U_1,X_2,U_2,\cdots$, 其中 X_i 是速率 λ 的指数随机变量, 而 U_i 是随机数, 停止在

$$N=\min\left\{n:\sum_{i=1}^{n}X_i>T\right\}.$$

现在对于 $j=1,\cdots,N-1$, 令

$$I_j=\begin{cases}1, & 若\ U_j\leqslant\lambda\left(\sum\limits_{i=1}^{j}X_i\right)/\lambda\\ 0, & 其他\end{cases}$$

① 一个假定非时齐泊松到达过程而且在数学上易于处理的排队模型是无穷服务模型.

并且令

$$J = \{j : I_j = 1\}$$

于是, 在时间集合 $\left\{\sum_{i=1}^{j} X_i : j \in J\right\}$ 发生事件的这个计数过程构成所要的过程.

上面的程序被称为*减弱算法*(因为它"削薄了"时齐泊松过程的点), 当 $\lambda(t)$ 在整个区间上接近于 λ 时, 显然在被拒绝的事件次数最少的意义下是最有效的. 于是, 一个明显的改进是将区间分割为子区间, 然后在每个子区间上用这个程序. 就是说, 确定合适的值 $k, 0 < t_1 < t_2 < \cdots < t_k < T, \lambda_1, \cdots, \lambda_{k+1}$ 使得

$$\lambda(s) \leqslant \lambda_i, \quad \text{当 } t_{i-1} \leqslant s < t_i, i = 1, \cdots, k+1 \quad (\text{其中 } t_0 = 0, t_{k+1} = T) \tag{11.9}$$

现在, 在区间 (t_{i-1}, t_i) 通过生成速率为 λ_i 的指数随机变量, 并且以概率 $\lambda(s)/\lambda_i$ 接受在时刻 $s, s \in (t_{i-1}, t_i)$ 发生的事件以模拟非时齐泊松过程. 因为指数随机变量的无记忆性质, 以及一个指数随机变量的速率可以通过乘以一个常数改变, 所以, 从一个子区间到下一个子区间并没有损失有效性. 换句话说, 如果我们在 $t \in [t_{i-1}, t_i)$, 并且生成一个速率为 λ_i 的指数随机变量 X 使得 $t + X > t_i$, 那么我们可以用 $\lambda_i[X - (t_i - t)]/\lambda_{i+1}$ 作为下一个速率为 λ_{i+1} 的指数随机变量. 于是, 当关系 (11.9) 满足时, 我们有生成前 t 个单位时间的强度函数 $\lambda(s)$ 的非时齐泊松过程的下述算法. 在此算法中, t 表示目前的时间, 且 I 是目前的区间 (即, 当 $t_{i-1} \leqslant t < t_i$ 时, $I = i$).

步骤 1: $t = 0, I = 1$.

步骤 2: 生成一个速率为 λ_i 的指数随机变量 X.

步骤 3: 如果 $t + X < t_I$, 重置 $t = t + X$, 生成一个随机数 U. 如果 $U \leqslant \lambda(t)/\lambda_I$, 那么接受事件时间 t. 返回步骤 2.

步骤 4: (在 $t + X \geqslant t_I$ 时到达的步骤) 若 $I = k + 1$, 则停止. 否则, 重置 $X = [X - (t_I - t)]\lambda_I/\lambda_{I+1}$. 重置 $t = t_I$ 和 $I = I + 1$, 转向步骤 3.

现在假设在某个子区间 (t_{i-1}, t_i) 上有 $\underline{\lambda}_i > 0$, 其中

$$\underline{\lambda}_i \equiv \inf\{\lambda(s) : t_{i-1} \leqslant s < t_i\}$$

在这种情形, 我们不应该直接用减弱算法, 而更合适的是, 在所要的区间上首先模拟速率为 $\underline{\lambda}_i$ 的泊松过程, 然后当 $s \in (t_{i-1}, t_i)$ 模拟强度函数为 $\lambda(s) - \underline{\lambda}_i$ 的非时齐泊松过程. (生成泊松过程中超出了边界的最后一个指数随机变量不必要浪费, 它可以经适当的变换后再使用.) 两个过程的叠加 (或合并) 就产生了在这个区间上所要的过程. 这样做的原因是, 对于平均事件数为 $\underline{\lambda}_i(t_i - t_{i-1})$ 的泊松分布数, 会节省必需的均匀随机变量. 例如, 考虑情形

$$\lambda(s) = 10 + s, \quad 0 < s < 1$$

以 $\lambda = 11$ 用减弱方法将生成期望数为 11 个事件, 每一个需要一个随机数以决定是否接受它. 另一方面, 生成一个速率为 10 的泊松过程, 然后合并一个速率为 $\lambda(s) = s, 0 < s < 1$ 的非时齐泊松过程, 将产生等分布的事件数, 但是需要检查决定是否接受的期望次数等于 1.

另一种模拟非时齐泊松过程更加有效的途经是利用叠加. 例如, 考虑过程

$$\lambda(t) = \begin{cases} \exp\{t^2\}, & 0 < t < 1.5 \\ \exp\{2.25\}, & 1.5 < t < 2.5 \\ \exp\{(4-t)^2\}, & 2.5 < t < 4 \end{cases}$$

在图 11.3 中给出了它的强度函数的图形. 模拟直到时刻 4 为止的这个随机过程的一个途径是, 首先在这个区间生成速率为 1 的泊松过程; 然后在这个区间生成速率为 $\mathrm{e}-1$ 的泊松过程, 并且接受在 (1, 3) 中的所有事件, 而对于不在 (1, 3) 中的时刻 t 的事件则以概率 $\dfrac{\lambda(t)-1}{\mathrm{e}-1}$ 接受; 然后在区间 (1, 3) 上生成速率为 $\mathrm{e}^{2.25}-\mathrm{e}$ 的泊松过程, 并且接受在 1.5 和 2.5 之间的所有事件, 而对于不在这个区间的时刻 t 的事件则以概率 $\dfrac{\lambda(t)-\mathrm{e}}{\mathrm{e}^{2.25}-\mathrm{e}}$ 接受. 这些过程的叠加就是所要的非时齐泊松过程. 换句话说, 我们所做的事是将 $\lambda(t)$ 分解为以下的非负部分

$$\lambda(t) = \lambda_1(t) + \lambda_2(t) + \lambda_3(t), \quad 0 < t < 4$$

其中

$$\lambda_1(t) \equiv 1,$$

$$\lambda_2(t) = \begin{cases} \lambda(t)-1, & 0 < t < 1 \\ \mathrm{e}-1, & 1 < t < 3 \\ \lambda(t)-1, & 3 < t < 4 \end{cases}$$

$$\lambda_3(t) = \begin{cases} \lambda(t)-\mathrm{e}, & 1 < t < 1.5 \\ \mathrm{e}^{2.25}-\mathrm{e} & 1.5 < t < 2.5 \\ \lambda(t)-\mathrm{e}, & 2.5 < t < 3 \\ 0, & 3 < t < 4 \end{cases}$$

其中减弱算法 (在每种情形以单个区间减弱一次) 应用于模拟组成的非齐次泊松过程.

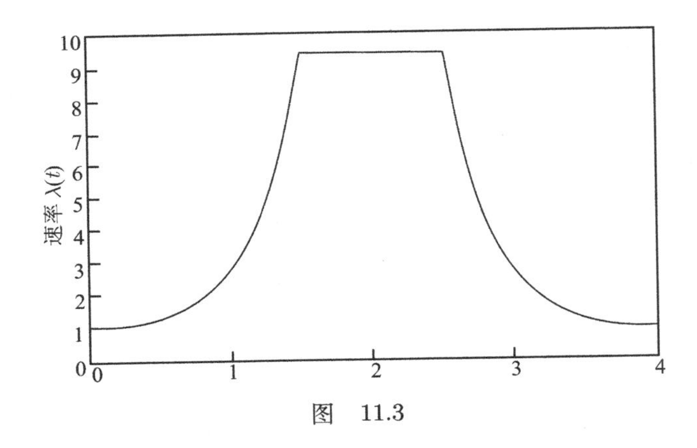

图 11.3

方法 2 到达时间的条件分布

回想一下速率为 λ 的泊松过程的结果, 给定直到时刻 T 为止的事件数时, 事件的时间集合是独立同分布的 $(0,T)$ 上均匀随机变量. 现在假设这些事件中在时刻 t 发生的每一个都以概率 $\lambda(t)/\lambda$ 计数. 因此, 在给定被计数的事件数时, 推出这些被计数的事件时间是独立的, 具有相同的分布 $F(s)$, 其中

$$\begin{aligned}F(s) &= \mathrm{P}\{\text{时间 } \leqslant s|\text{被计数}\}\\&= \frac{\mathrm{P}\{\text{时间} \leqslant s,\ \text{被计数}\}}{\mathrm{P}\{\text{被计数}\}}\\&= \frac{\displaystyle\int_0^T \mathrm{P}\{\text{时间} \leqslant s,\ \text{被计数} \mid \text{时间 } = x\}\mathrm{d}x/T}{\mathrm{P}\{\text{被计数}\}}\\&= \frac{\displaystyle\int_0^s \lambda(x)\mathrm{d}x}{\displaystyle\int_0^T \lambda(x)\mathrm{d}x}\end{aligned}$$

于是上面的推理 (有一些直观) 表明, 给定非时齐泊松过程直到时刻 T 为止的 n 个事件, 这 n 个事件的时间是独立的, 具有相同的密度函数

$$f(s) = \frac{\lambda(s)}{m(T)}, \quad 0 < s < T, \quad m(T) = \int_0^T \lambda(s)\mathrm{d}s \tag{11.10}$$

由于直至时刻 T 为止事件数 $N(T)$ 是均值为 $m(T)$ 的泊松分布, 我们模拟非时齐泊松过程可以通过首先模拟 $N(T)$, 然后由密度 (11.10) 模拟 $N(T)$ 个随机变量.

例 11.12 若 $\lambda(s) = cs$, 则可以模拟非时齐泊松过程的前 T 个时间单位, 通过首先模拟有均值 $m(T) = \int_0^T cs\mathrm{d}s = cT^2/2$ 的泊松随机变量 $N(T)$, 而后模拟具有分布

事实上, 可以重复同样的推理得到下面的命题.

命题 11.6 以 $R_0=0$,

$$\pi R_i^2-\pi R_{i-1}^2,\qquad i\geqslant 1$$

是独立的速率为 λ 的指数随机变量.

换句话说, 为了包围一个泊松点所需要穿过的面积的量, 是速率为 λ 的指数随机变量. 由于对称性, 各个泊松点的角度是独立的 $(0,2\pi)$ 上的均匀分布, 于是我们有模拟以 $\boldsymbol{O}$ 为中心 r 为半径的圆形区域中泊松过程的如下算法.

步骤 1: 生成独立的速率为 1 的指数随机变量 $X_1,X_2,\cdots$, 停止在

$$N=\min\left\{n:\frac{X_1+\cdots+X_n}{\lambda\pi}>r^2\right\}$$

步骤 2: 如果 $N=1$, 则停止, 在 $C(r)$ 中没有点. 否则, 对于 $i=1,\cdots,N-1$ 令

$$R_i=\sqrt{(X_1+\cdots+X_i)/\lambda\pi}$$

步骤 3: 生成独立的 $(0,1)$ 均匀随机变量 $U_1,\cdots,U_{N-1}$.

步骤 4: 返回在 $C(r)$ 中的 $N-1$ 个泊松点, 它们的极坐标是

$$(R_i,2\pi U_i),\quad i=1,\cdots,N-1$$

上面的算法平均地要求 $1+\lambda\pi r^2$ 个指数随机变量和同样个数的均匀随机数. 另一个模拟在 $C(r)$ 中的点的算法是, 先模拟这些点的个数 N, 然后利用给定 N 时这些点在 $C(r)$ 上均匀分布这个事实. 后面的程序要求模拟一个均值为 $\lambda\pi r^2$ 的泊松随机变量 N; 然后必须模拟 N 个在 $C(r)$ 上均匀的点, 通过由分布 $F_R(a)=a^2/r^2$(见习题 25) 模拟 R 和由 $(0,2\pi)$ 均匀分布模拟 θ, 而且必须按 R 的递增次序给这 N 个均匀值排序. 第一个程序的主要优点是它不需要排序.

上面的算法可以认为是以 $\boldsymbol{O}$ 为中心的圆的半径连续地从 0 到 r 成扇形散开. 遇到泊松点的半径被相继地模拟, 通过注意必须包围一个泊松点的附加面积总是独立于过去的速率为 λ 的指数随机变量. 这个技术可以用于模拟这个过程在非圆形区域中的事件. 例如, 考虑一个非负函数 $g(x)$, 并且假设我们有兴趣模拟在 x 从 0 到 T 的 x 轴与 g 之间的区域中 (见图 11.4) 的泊松点过程. 为此我们可以从左手端通过考虑相继的面积 $\int_0^a g(x)\mathrm{d}x$ 垂直地散开开始. 现在如果以 $X_1<X_2<\cdots$ 记泊松点在 x 轴上相继的投影, 那么, 类似于命题 11.6, 推出当 $X_0=0$ 时 $\lambda\int_{X_{i-1}}^{X_i} g(x)\mathrm{d}x,(i\geqslant 1)$ 是独立的速率为 1 的指数随机变量. 因此, 我们应该模拟独立的速率为 1 的指数随机变量 $\varepsilon_1,\varepsilon_2,\cdots$, 模拟停止于

$$N=\min\left\{n:\varepsilon_1+\cdots+\varepsilon_n>\lambda\int_0^T g(x)\mathrm{d}x\right\}$$

而且由

$$\lambda\int_0^{X_1} g(x)\mathrm{d}x=\varepsilon_1,$$
$$\lambda\int_{X_1}^{X_2} g(x)\mathrm{d}x=\varepsilon_2,$$
$$\vdots$$
$$\lambda\int_{X_{N-2}}^{X_{N-1}} g(x)\mathrm{d}x=\varepsilon_{N-1}$$

确定 $X_1,\cdots,X_{N-1}$. 如果我们现在模拟独立的均匀 $(0,1)$ 随机数 $U_1,\cdots,U_{N-1}$, 那么, 因为 x 坐标为 X_i 的泊松点在 y 轴上的投影是在 $(0,g(X_i))$ 上的均匀随机变量, 所以, 在这个区间上模拟的泊松点是 $(X_i,U_ig(X_i)),i=1,\cdots,N-1$.

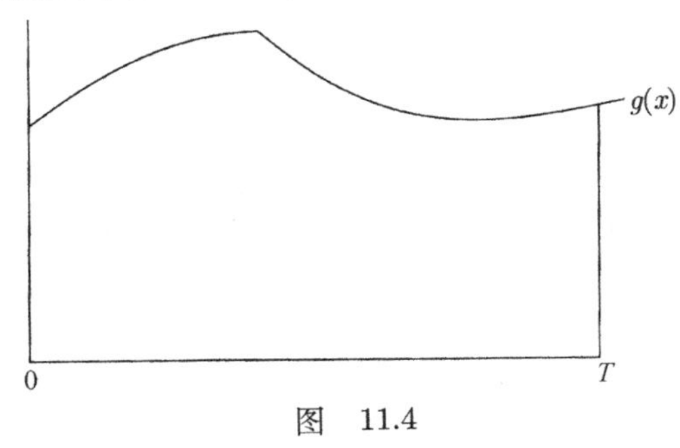

图 11.4

当然, 在函数 g 足够正则以致于使得上面的方程可以解出 X_i 时, 以上的技术最有用. 例如, 若 $g(x)=y$ (从而感兴趣的区域是矩形), 那么

$$X_i=\frac{\varepsilon_1+\cdots+\varepsilon_i}{\lambda y},\quad i=1,\cdots,N-1$$

且泊松点是

$$(X_i,yU_i),\quad i=1,\cdots,N-1$$

11.6 方差缩减技术

令 $X_1,\cdots,X_n$ 有给定的联合分布, 并且假设我们想计算

$$\theta\equiv\mathrm{E}[g(X_1\cdots,X_n)]$$

其中 g 是某个给定的函数. 经常出现的情形是我们不可能解析地计算上式, 而在这种情形, 我们可以试图利用模拟来估计 θ. 做法如下: 生成与 $X_1,\cdots,X_n$ 有相同的联合分布的 $X_1^{(1)},\cdots,X_n^{(1)}$, 并令

$$Y_1=g(X_1^{(1)},\cdots,X_n^{(1)})$$

现在, 模拟具有 $X_1,\cdots,X_n$ 的分布的随机变量的第二个集合 (它与第一个集合独立) $X_1^{(2)},\cdots,X_n^{(2)}$, 并令

$$Y_2=g(X_1^{(2)},\cdots,X_n^{(2)})$$

继续这个过程直到生成 k(某个预先确定的数) 个集合, 从而也计算了 $Y_1,\cdots,Y_k$. 现在 $Y_1,\cdots,Y_k$ 是独立同分布的随机变量, 每一个都与 $g(X_1,\cdots,X_n)$ 有相同的分布. 于是, 如果我们以 $\overline{Y}$ 记这 k 个随机变量的平均, 即

$$\overline{Y}=\sum_{i=1}^{k}Y_i/k$$

那么

$$\mathrm{E}[\overline{Y}]=\theta,\qquad \mathrm{E}[(\overline{Y}-\theta)^2]=\mathrm{Var}(\overline{Y})$$

因此, 我们可以用 $\overline{Y}$ 作为 θ 的一个估计. 因为 $\overline{Y}$ 和 θ 之间差的期望平方等于 $\overline{Y}$ 的方差, 我们希望这个量尽量地小. (在上面的情形, $\mathrm{Var}(\overline{Y})=\mathrm{Var}(Y_1)/k$, 通常它并不是预先知道的, 而必须由生成值 $Y_1,\cdots,Y_k$ 估计.) 我们现在介绍 3 种缩减我们估计的方差的一般技术.

11.6.1 对偶变量的应用

在上面的情形, 假设我们已经生成了具有均值 θ 的同分布 Y_1 和 Y_2. 现在

$$\mathrm{Var}\left(\frac{Y_1+Y_2}{2}\right)=\frac{1}{4}[\mathrm{Var}(Y_1)+\mathrm{Var}(Y_2)+2\mathrm{Cov}(Y_1,Y_2)]=\frac{\mathrm{Var}(Y_1)}{2}+\frac{\mathrm{Cov}(Y_1,Y_2)}{2}$$

因此, 如果 Y_1 和 Y_2 不是独立的而是负相关的, 那么这就很有利的 (在减小方差的意义下). 为了看出应该怎样安排, 我们假设随机变量 $X_1,\cdots,X_n$ 是独立的, 并且每一个都是通过逆变换模拟的. 即, 从 $F_i^{-1}(U_i)$ 模拟 X_i, 其中 U_i 是随机数, 且 F_i 是 X_i 的分布函数. 因此, Y_1 可以表示为

$$Y_1=g(F_1^{-1}(U_1),\cdots,F_n^{-1}(U_n))$$

现在, 由于当 U 是随机数时, $1-U$ 也在 (0, 1) 上均匀 (且与 U 负相关), 由此推出由

$$Y_2=g(F_1^{-1}(1-U_1),\cdots,F_n^{-1}(1-U_n))$$

定义的 Y_2 将与 Y_1 有相同的分布. 因此, 如果 Y_1 和 Y_2 负相关, 那么这样生成的 Y_2 将比由一个新的随机数集合生成导致一个较小的方差. (另外, 还存在计算量的节省, 因为代之以必须生成 n 个附加的随机数, 我们只需从 1 减去以前的 n 个中的每一个.) 下面的定理阐明了这个技术的关键 (称为对偶变量的应用), 它在 g 是单调函数时, 导致方差的降低.

定理 11.1 如果 $X_1,\cdots,X_n$ 是独立的, 那么对于 n 个变量的任意增函数 f 和 g 有

$$\mathrm{E}[f(\boldsymbol{X})g(\boldsymbol{X})]\geqslant \mathrm{E}[f(\boldsymbol{X})]\mathrm{E}[g(\boldsymbol{X})] \tag{11.11}$$

其中 $\boldsymbol{X}=(X_1,\cdots,X_n)$.

证明 对 n 进行归纳. 为了在 $n=1$ 时证明它, 令 f 和 g 是单变量的增函数. 那么, 对于任意 x 和 y 有

$$(f(x)-f(y))(g(x)-g(y))\geqslant 0$$

因为若 $x\geqslant y$ ($x\leqslant y$), 则两个因子都是非负 (非正) 的. 因此, 对于任意随机变量 X 和 Y 有

$$(f(X)-f(Y))(g(X)-g(Y))\geqslant 0$$

由此推出

$$\mathrm{E}[(f(X)-f(Y))(g(X)-g(Y))]\geqslant 0$$

或者, 等价地

$$\mathrm{E}[f(X)g(X)]+\mathrm{E}[f(Y)g(Y)]\geqslant \mathrm{E}[f(X)g(Y)]+\mathrm{E}[f(Y)g(X)]$$

如果我们假设 X 和 Y 是独立同分布的, 那么, 因为在这种情形

$$\begin{aligned}&\mathrm{E}[f(X)g(X)]=\mathrm{E}[f(Y)g(Y)]\\&\mathrm{E}[f(X)g(Y)]=\mathrm{E}[f(Y)g(X)]=\mathrm{E}[f(X)]\mathrm{E}[g(X)]\end{aligned}$$

所以在 $n=1$ 时我们得到结果.

假定 (11.11) 对 $n-1$ 个变量成立, 且现在假设 $X_1,\cdots,X_n$ 是独立的, 并且 f 和 g 是增函数. 那么

$$\begin{aligned}&\mathrm{E}[f(\boldsymbol{X})g(\boldsymbol{X})|X_n=x_n]\\&\quad=\mathrm{E}[f(X_1,\cdots,X_{n-1},x_n)g(X_1,\cdots,X_{n-1},x_n)|X_n=x]\\&\quad=\mathrm{E}[f(X_1,\cdots,X_{n-1},x_n)g(X_1,\cdots,X_{n-1},x_n)] \qquad \text{由独立性}\\&\quad\geqslant \mathrm{E}[f(X_1,\cdots,X_{n-1},x_n)]\mathrm{E}[g(X_1,\cdots,X_{n-1},x_n)] \qquad \text{由归纳假设}\\&\quad=\mathrm{E}[f(\boldsymbol{X})|X_n=x_n]\mathrm{E}[g(\boldsymbol{X})|X_n=x_n]\end{aligned}$$

因此

$$\mathrm{E}[f(\boldsymbol{X})g(\boldsymbol{X})|X_n]\geqslant \mathrm{E}[f(\boldsymbol{X})|X_n]\mathrm{E}[g(\boldsymbol{X})|X_n]$$

再对两边取期望, 我们有

$$\mathrm{E}[f(\boldsymbol{X})g(\boldsymbol{X})]\geqslant \mathrm{E}[\mathrm{E}[f(\boldsymbol{X})|X_n]\mathrm{E}[g(\boldsymbol{X})|X_n]]\geqslant \mathrm{E}[f(\boldsymbol{X})]\mathrm{E}[g(\boldsymbol{X})]$$

最后的等式成立是因为 $\mathrm{E}[f(\boldsymbol{X})|X_n]$ 和 $\mathrm{E}[g(\boldsymbol{X})|X_n]$ 都是 X_n 的增函数, 所以由 $n=1$ 的结果有

$$\mathrm{E}[\mathrm{E}[f(\boldsymbol{X})|X_n]\mathrm{E}[g(\boldsymbol{X})|X_n]]\geqslant \mathrm{E}[\mathrm{E}[f(\boldsymbol{X})|X_n]]\mathrm{E}[\mathrm{E}[g(\boldsymbol{X})|X_n]]=\mathrm{E}[f(\boldsymbol{X})]\mathrm{E}[g(\boldsymbol{X})]$$ ■

推论 11.7 如果 $U_1,\cdots,U_n$ 是独立的, 且 k 或者是增函数或者是减函数. 那么

$$\mathrm{Cov}(k(U_1,\cdots,U_n),k(1-U_1,\cdots,1-U_n))\leqslant 0$$

证明 假设函数 k 是递增的. 因为 $-k(1-U_1,\cdots,1-U_n)$ 关于 $U_1,\cdots,U_n$ 递增, 那么, 由定理 11.1,

$$\mathrm{Cov}(k(U_1,\cdots,U_n),-k(1-U_1,\cdots,1-U_n))\geqslant 0$$

当函数 k 递减时, 只需将 k 代为 $-k$. ■

由于 $F_i^{-1}(U_i)$ 是 U_i 的增函数 (因为 F_i 是分布函数, 是递增的), 所以只要 g 是单调函数, $g(F_1^{-1}(U_1),\cdots,F_n^{-1}(U_n))$ 也是 $U_1,\cdots,U_n$ 的单调函数. 因此, 如果 g 单调, 两次运用随机变量 $U_1,\cdots,U_n$ 的每个集合的对偶变量方法, 利用先计算 $g(F_1^{-1}(U_1),\cdots,F_n^{-1}(U_n))$ 然后计算 $g(F_1^{-1}(1-U_1),\cdots,F_n^{-1}(1-U_n))$ 就会减少估计 $\mathrm{E}[g(X_1,\cdots,X_n)]$ 的方差. 就是说, 不用生成 n 个随机数的 k 个集合, 我们应该生成 $k/2$ 个集合, 并且每个集合使用两次.

例 11.14(模拟可靠性函数) 考虑有 n 个部件的系统, 部件 i 独立于其他部件, 以概率 $p_i(i=1,\cdots,n)$ 在工作. 令

$$X_i=\begin{cases}1, & \text{若部件 } i \text{ 在工作}\\ 0, & \text{其他情形}\end{cases}$$

假设有一个单调的结构函数 ϕ 使得

$$\phi(X_1,\cdots,X_n)=\begin{cases}1, & \text{若系统在 } X_1,\cdots,X_n \text{ 下工作}\\ 0, & \text{其他情形}\end{cases}$$

我们想用模拟来估计

$$r(p_1,\cdots,p_n)\equiv\mathrm{E}[\phi(X_1,\cdots,X_n)]=\mathrm{P}\{\phi(X_1,\cdots,X_n)=1\}$$

现在通过生成均匀随机数 $U_1,\cdots,U_n$ 来模拟 X_i, 然后置

$$X_i=\begin{cases}1, & \text{若 } U_i\leqslant p_i\\ 0, & \text{其他}\end{cases}$$

因此, 我们看到

$$\phi(X_1,\cdots,X_n)=k(U_1,\cdots,U_n)$$

其中 k 是 $U_1,\cdots,U_n$ 的减函数. 于是

$$\mathrm{Cov}(k(\boldsymbol{U}),k(\boldsymbol{1}-\boldsymbol{U}))\leqslant 0$$

从而用 $U_1,\cdots,U_n$ 生成 $k(U_1,\cdots,U_n)$ 和 $k(1-U_1,\cdots,1-U_n)$ 的对偶方法, 比用随机数的一个独立集合生成第二个 k, 导致更小的方差. ■

例 11.15(模拟排队系统) 假设一个给定的排队系统, 并且以 D_i 记第 i 个到达的顾客在排队系统中的延迟, 假设我们要估计

$$\theta=\mathrm{E}[D_1+\cdots+D_n]$$

以 $X_1,\cdots,X_n$ 记前 n 个到达间隔时间, 且 $S_1,\cdots,S_n$ 记在系统中的前 n 个服务时间, 并且假设所有的这些随机变量都是独立的. 现在, 在大多数系统中 $D_1+\cdots+D_n$ 是 $X_1,\cdots,X_n,\ S_1,\cdots,S_n$ 的函数, 例如

$$D_1+\cdots+D_n=g(X_1,\cdots,X_n,S_1,\cdots,S_n)$$

同样, 通常 g 对 S_i 递增而对 $X_i(i=1,\cdots,n)$ 递减. 如果我们用逆变换方法模拟 $S_i,X_i,i=1,\cdots,n$(例如, $X_i=F_i^{-1}(1-U_i),S_i=G_i^{-1}(\overline{U}_i)$, 其中 $U_1,\cdots,U_n$, $\overline{U}_1,\cdots,\overline{U}_n$ 是独立的均匀随机数), 那么, 我们可以写成

$$D_1+\cdots+D_n=k(U_1,\cdots,U_n,\overline{U}_1,\cdots,\overline{U}_n)$$

其中 k 是其变量的增函数. 用对偶变量方法将降低估计 θ 的方差. (于是, 我们生成 $U_i,\overline{U}_i,i=1,\cdots,n$, 且对第一次运行置 $X_i=F_i^{-1}(1-U_i)$ 和 $Y_i=G_i^{-1}(\overline{U}_i)$, 而对第二次运行置 $X_i=F_i^{-1}(U_i)$ 和 $Y_i=G_i^{-1}(1-\overline{U}_i)$). 然而, 因为所有的 U_i 和 $\overline{U}_i$ 都是独立的, 这等价于在第一次运行中置 $X_i=F_i^{-1}(U_i),Y_i=G_i^{-1}(\overline{U}_i)$, 而在第二次运行中用 $1-U_i$ 代替 U_i, 用 $1-\overline{U}_i$ 代替 $\overline{U}_i$. ■

11.6.2 通过取条件缩减方差

我们由回忆条件方差公式 (见命题 3.1)

$$\mathrm{Var}(Y)=\mathrm{E}[\mathrm{Var}(Y|Z)]+\mathrm{Var}(\mathrm{E}[Y|Z]) \tag{11.12}$$

开始. 假设我们有兴趣通过模拟 $\boldsymbol{X}=(X_1,\cdots,X_n)$ 然后计算 $\boldsymbol{Y}=g(X_1,\cdots,X_n)$, 用以估计 $\mathrm{E}[g(X_1,\cdots,X_n)]$. 现在, 如果对于某个随机变量 Z, 我们能够计算 $\mathrm{E}[Y|Z]$, 然后, 因为 $\mathrm{Var}(Y|Z)\geqslant 0$, 由条件方差公式推出

$$\mathrm{Var}(\mathrm{E}[Y|Z])\leqslant \mathrm{Var}(Y)$$

由于 $\mathrm{E}[\mathrm{E}[Y|Z]]=\mathrm{E}[Y]$, 它导致对于估计 $\mathrm{E}[Y]$ 而言, $\mathrm{E}[Y|Z]$ 比 Y 更好.

在很多情况下, 有许多的 Z_i 可以用于取条件, 以得到改进的估计. 每一个这样的估计 $\mathrm{E}[Y|Z_i]$ 都有均值 $\mathrm{E}[Y]$ 且比自然估计 Y 有更小的方差. 我们现在证明, 对于任意选取的权重 $\lambda_i,\lambda_i\geqslant 0,\sum_i\lambda_i=1$, $\sum_i\lambda_i\mathrm{E}[Y|Z_i]$ 也是 Y 的一个改进.

命题 11.8 对于任意 $\lambda_i\geqslant 0,\sum_{i=1}^{\infty}\lambda_i=1$,

(a) $\mathrm{E}\left[\sum_i\lambda_i\mathrm{E}[Y|Z_i]\right]=\mathrm{E}[Y]$,

(b) $\mathrm{Var}\left(\sum_i\lambda_i\mathrm{E}[Y|Z_i]\right)\leqslant\mathrm{Var}(Y)$.

证明 (a) 的证明是直接的. 为了证明 (b), 以 N 记一个整数值随机变量, 它独立于所有被考虑的其他随机变量, 且使得

$$\mathrm{P}\{N=i\}=\lambda_i,\quad i\geqslant 1$$

两次运用条件方差公式得到

$$\mathrm{Var}(Y) \geqslant \mathrm{Var}(\mathrm{E}[Y|N, Z_N]) \geqslant \mathrm{Var}(\mathrm{E}[\mathrm{E}[Y|N, Z_N]|Z_1, \cdots]) = \mathrm{Var}\left(\sum_i \lambda_i \mathrm{E}[Y|Z_i]\right)$$

■

例 11.16 考虑一个以泊松到达的排队系统，并且假设当系统中已经有 N 个其他人时，到达者将消失. 假设我们有兴趣用模拟来估计直到 t 为止消失的顾客期望数. 自然的估计方法是模拟系统直至 t 并且确定在该次运行中消失的顾客数 L. 然而，可以通过对在 $[0,t]$ 中系统达到最大容量的总时间取条件得到一个更好的估计. 事实上，如果我们以 T 记在 $[0,t]$ 中系统中有 N 个人的时间，那么

$$\mathrm{E}[L|T] = \lambda T$$

其中 λ 是泊松到达率. 因此，比之于用在模拟运行中所有 L 的平均值，可以由模拟运行的 T 的平均值乘以 λ 得到 $\mathrm{E}[L]$ 的一个更好的估计. 如果到达过程是一个非时齐的泊松过程，那么，我们将通过追踪系统在最大容量的时间阶段，改进 L 的自然估计. 如果我们以 $I_1, \cdots, I_C$ 记在 $[0,t]$ 中系统在最大容量时的时间区间，那么

$$\mathrm{E}[L|I_1, \cdots, I_C] = \sum_{i=1}^{C} \int_{I_i} \lambda(s)\mathrm{d}s$$

其中 $\lambda(s)$ 是非时齐泊松到达过程的强度函数. 上式右端的应用，将导出 $\mathrm{E}[L]$ 的一个比自然估计 L 更好的估计.

■

例 11.17 假设我们要估计排队系统中前 n 个顾客在系统中的时间的期望和. 即，如果 W_i 是第 i 个顾客在系统中待的时间，那么我们有兴趣估计

$$\theta = \mathrm{E}\left[\sum_{i=1}^{n} W_i\right]$$

以 Y_i 记在第 i 个顾客到达时刻 "系统的状态". 可以证明① 对一大类模型，估计 $\sum_{i=1}^{n} \mathrm{E}[W_i|Y_i]$ 比 $\sum_{i=1}^{n} W_i$ 有 (同样的均值以及) 更小的方差. (应该注意到尽管 $\mathrm{E}[W_i|Y_i]$ 比 W_i 有较小的方差是直接得到的，然而，因为涉及协方差项，$\sum_{i=1}^{n} \mathrm{E}[W_i|Y_i]$ 比 $\sum_{i=1}^{n} W_i$ 有更小的方差并不是显然的.) 例如，在 G/M/1 模型中

$$\mathrm{E}[W_i|Y_i] = (N_i + 1)/\mu$$

其中 N_i 是第 i 个到达者遇到在系统中的人数，且 $1/\mu$ 是平均服务时间；上面的结果导出对于在系统中前 n 个人的期望总时间，$\sum_{i=1}^{n}(N_i + 1)/\mu$ 是比自然估计 $\sum_{i=1}^{n} W_i$ 更好的估计.

■

例 11.18(用模拟于估计更新函数) 考虑一个排队模型，其中顾客每天按一个有到达间隔分布 F 的更新过程到达. 然而，假设在某个固定的时刻 T，例如下午 5 点，不

① S. M. Ross, "Simulating Average Delay – Variance Reduction by Conditioning," *Probability in the Engineering and Informational Sciences* 2(3), (1988), pp. 309–312.

再允许新的到达, 而还在系统中的顾客继续服务. 在第二天的开始, 和以后相继的每一天, 顾客同样按更新过程到达. 假设我们有兴趣确定一个顾客在系统中的平均时间. 利用更新报酬过程理论 (以每 T 个单位时间开始一个循环), 可以证明

$$\text{一个顾客在系统中的平均时间} = \frac{\mathrm{E}[\text{在 } (0,T) \text{ 的到达者在系统中的时间和}]}{m(T)}$$

其中 $m(T)$ 是在 $(0, T)$ 中的期望更新次数.

如果我们要用模拟来估计上面的量, 一次运行将包括模拟一天, 我们观察直至时刻 T 为止的到达人数 $N(T)$, 作为模拟运行的一部分. 因为 $\mathrm{E}[N(T)] = m(T)$, $m(T)$ 的自然模拟估计是得到的 $N(T)$ 的平均 (在所有的模拟日). 然而, 对于大的 T, $\mathrm{Var}(N(T))$ 与 T 成比例 (它的渐近形式是 $T\sigma^2/\mu^3$, 其中 σ^2 是方差, 而 μ 是到达间隔分布 F 的均值), 从而对于大的 T, 我们的估计的方差很大. 一个可以考虑的改进可以利用解析公式 (见 7.3 节)

$$m(T) = \frac{T}{\mu} - 1 + \frac{\mathrm{E}[Y(T)]}{\mu} \tag{11.13}$$

得到, 其中 $Y(T)$ 记从 T 直至下一次更新为止的时间 (即, 在 T 的剩余寿命). 因为 $Y(T)$ 的方差不随 T 增长 (事实上, 当 F 的矩都有限时, 它收敛于一个有限值), 所以对于大的 T, 利用模拟来估计 $\mathrm{E}[Y(T)]$, 然后用方程 (11.13) 估计 $m(T)$, 会好得多.

然而, 利用取条件, 我们将进一步改进我们对 $m(T)$ 的估计. 为此, 以 $A(T)$ 记更新过程在时刻 T 的年龄 —— 即, 自上一次更新到 T 的时间. 那么不用 $Y(T)$ 的值, 我们考虑用 $\mathrm{E}[Y(T)|A(T)]$ 降低方差. 现在知道在 T 的年龄等于 x, 等价于知道在 $T-x$ 有一次更新, 而且下一次到达间隔时间 X 大于 x. 由于在 T 的剩余寿命等于 $X-x$(见图 11.5), 由此推出

$$\begin{aligned}
\mathrm{E}[Y(T)|A(T)=x] &= \mathrm{E}[X-x|X>x] \\
&= \int_0^{\infty} \frac{\mathrm{P}\{X-x>t\}}{\mathrm{P}\{X>x\}} \mathrm{d}t \\
&= \int_0^{\infty} \frac{1-F(t+x)}{1-F(x)} \mathrm{d}t
\end{aligned}$$

如果必要, 它可以用数值赋值.

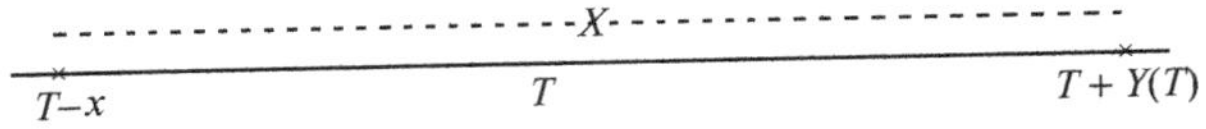

图 11.5　$A(T)=x$

作为对上面注的说明, 如果更新过程是速率为 λ 的泊松过程, $N(T)$ 的自然模拟估计将有方差 λT; 由于 $Y(T)$ 是速率为 λ 的指数随机变量, 基于 (11.13) 的估计有方

差 $\lambda^2\mathrm{Var}(Y(T))=1$. 另一方面, 由于 $Y(T)$ 独立于 $A(T)$(而且 $\mathrm{E}[Y(T)|A(T)]=1/\lambda$), 所以改进估计 $\mathrm{E}[Y(T)|A(T)]$ 的方差等于 0. 就是说, 在这种情形, 取条件于时刻 T 的年龄, 将得到精确的答案. ■

例 11.19 考虑 M/G/1 排队系统, 其中顾客按速率为 λ 的泊松过程到达一条单服务线, 具有均值为 $\mathrm{E}[S]$ 的服务分布 G. 假设在一个特殊的时刻 t_0, 服务线在首次时刻 $t \geqslant t_0$ 暂停, 这时系统是空闲的. 就是说, 如果系统中在时刻 t 的顾客数是 $X(t)$, 那么服务线在时刻

$$T=\min\{t \geqslant t_0 : X(t)=0\}$$

将暂停. 为了更有效地利用模拟来估计 $\mathrm{E}[T]$, 生成到时刻 t_0 的系统; 以 R 记在时刻 t_0 在服务中的顾客的剩余服务时间. 而令 X_Q 等于在时刻 t_0 队列中等待的顾客数. (注意 R 等于 0, 如果 $X(t_0)=0$ 且 $X_Q=(X(t_0)-1)^+$.) 现在, 记 N 为在剩余服务时间 R 中到达的顾客数, 由此推出, 如果 $N=n$ 并且 $X_Q=n_Q$, 那么从 t_0+R 到服务线可以暂停的附加时间的数量等于开始于 $n+n_Q$ 个顾客的系统到空闲为止所用时间的数量. 因为这等于 $n+n_Q$ 个忙期的和, 由 8.5.3 节推出

$$\mathrm{E}[T|R,N,X_Q]=t_0+R+(N+X_Q)\frac{\mathrm{E}[S]}{1-\lambda\mathrm{E}[S]}$$

从而

$$\begin{aligned}\mathrm{E}[T|R,X_Q]&=\mathrm{E}[\mathrm{E}[T|R,N,X_Q]|R,X_Q]\\&=t_0+R+(\mathrm{E}[N|R,X_Q]+X_Q)\frac{\mathrm{E}[S]}{1-\lambda\mathrm{E}[S]}\\&=t_0+R+(\lambda R+X_Q)\frac{\mathrm{E}[S]}{1-\lambda\mathrm{E}[S]}\end{aligned}$$

于是, 比在一次模拟运行中用生成的 T 的值作为估计, 更好的估计是在时刻 t_0 停止模拟, 并且利用估计 $t_0+(\lambda R+X_Q)\dfrac{\mathrm{E}[S]}{1-\lambda\mathrm{E}[S]}$. ■

11.6.3 控制变量

同样假设我们要用模拟来估计 $\mathrm{E}[g(\boldsymbol{X})]$, 其中 $\boldsymbol{X}=(X_1,\cdots,X_n)$. 但是现在假设对于某个 f, $f(\boldsymbol{X})$ 的期望值已知 (例如 $\mathrm{E}[f(\boldsymbol{X})]=\mu$). 那么, 对于任意常数 a, 我们也可以用

$$W=g(\boldsymbol{X})+a(f(\boldsymbol{X})-\mu)$$

作为 $\mathrm{E}[g(\boldsymbol{X})]$ 的估计. 现在,

$$\mathrm{Var}(W)=\mathrm{Var}(g(\boldsymbol{X}))+a^2\mathrm{Var}(f(\boldsymbol{X}))+2a\mathrm{Cov}(g(\boldsymbol{X}),f(\boldsymbol{X}))$$

简单的计算说明了上式当

$$a=\frac{-\mathrm{Cov}(f(\boldsymbol{X}),g(\boldsymbol{X}))}{\mathrm{Var}(f(\boldsymbol{X}))}$$

时达到最小, 而对于这个值 a,

$$\mathrm{Var}(W)=\mathrm{Var}(g(\boldsymbol{X}))-\frac{[\mathrm{Cov}(f(\boldsymbol{X}),g(\boldsymbol{X}))]^2}{\mathrm{Var}(f(\boldsymbol{X}))}$$

因为 $\mathrm{Var}(f(\boldsymbol{X}))$ 和 $\mathrm{Cov}(f(\boldsymbol{X}),g(\boldsymbol{X}))$ 通常是不知道的, 所以应该用模拟的数据来估计这些量.

将上式除以 $\mathrm{Var}(g(\boldsymbol{X}))$ 得出

$$\frac{\mathrm{Var}(W)}{\mathrm{Var}(g(\boldsymbol{X}))}=1-\mathrm{Corr}^2(f(\boldsymbol{X}),g(\boldsymbol{X}))$$

其中 $\mathrm{Corr}(X,Y)$ 是 X 和 Y 之间的相关系数. 因此, 当 $f(\boldsymbol{X})$ 和 $g(\boldsymbol{X})$ 强相关时, 使用控制变量将大大地降低模拟估计的方差.

例 11.20 考虑连续时间的马尔可夫链, 它进入状态 i 且在以概率 $P_{i,j}\ (i\geqslant 0, j\neq i)$ 转移到其他状态之前, 在该状态停留一个速率为 v_i 的指数时间. 假设只要链处于状态 i, 在单位时间以 $C(i)\geqslant 0$ 付出价格. 以 $X(t)$ 记在时刻 t 的状态, 且 α 是一个常数使 $0<\alpha<1$, 量

$$W=\int_0^\infty \mathrm{e}^{-\alpha t}C(X(t))\mathrm{d}t$$

表示总折扣价格. 对于一个给定的初始状态, 假设我们要用模拟来估计 $\mathrm{E}[W]$. 尽管因为先没有模拟连续时间的马尔可夫链无穷数量的时间 (这显然是不可能的), 似乎我们不能得到一个无偏估计, 但是我们可以利用例 5.1 的结果, 它给出了 $\mathrm{E}[W]$ 的等价表达式:

$$\mathrm{E}[W]=\mathrm{E}\left[\int_0^T C(X(t))\mathrm{d}t\right]$$

其中 T 是一个速率为 α 的独立于马尔可夫链的指数随机变量. 所以我们可以首先生成 T 的值, 然后生成马尔可夫链到 T 为止的状态, 以得到 $\int_0^T C(X(t))\mathrm{d}t$ 的无偏估计. 因为价格率都是非负的, 所以这个估计与 T 有强的正相关, 这样就得到一个有效的控制变量. ■

例 11.21(排队系统) 以 D_{n+1} 记在一个排队系统的队列中的第 $n+1$ 个顾客的延迟, 排队系统的到达间隔是独立同分布的有均值 μ_F 的分布 F, 且服务时间是独立同分布的有均值 μ_G 的分布 G. 如果 X_i 是在第 i 个到达者与第 $i+1$ 个到达者之间的时间, 且如果 S_i 是顾客 i 的服务时间, $i\geqslant 1$, 那么可以写出

$$D_{n+1}=g(X_1,\cdots,X_n,S_1,\cdots,S_n)$$

为了考虑模拟的变量 X_i, S_i 与期望的值很不相同的可能性, 令

$$f(X_1,\cdots,X_n,S_1,\cdots,S_n)=\sum_{i=1}^n(S_i-X_i)$$

因为 $\mathrm{E}[f(\boldsymbol{X},\boldsymbol{S})]=n(\mu_G-\mu_F)$, 所以可以用

$$g(\boldsymbol{X},\boldsymbol{S})+a[f(\boldsymbol{X},\boldsymbol{S})-n(\mu_G-\mu_F)]$$

作为 $\mathrm{E}[D_{n+1}]$ 的一个估计. 由于 D_{n+1} 和 f 都是 S_i-X_i 的增函数, $i=1,\cdots,n$, 所以由定理 11.1 推出 $f(\boldsymbol{X},\boldsymbol{S})$ 和 D_{n+1} 是正相关的, 所以 a 的模拟估计应该是负的.

如果我们要估计在队列中前 $N(T)$ 个到达者的延迟的期望和, 可以用 $\sum_{i=1}^{N(T)} S_i$ 作为控制变量. 事实上因为通常假定到达过程与服务时间是独立的, 所以

$$\mathrm{E}\left[\sum_{i=1}^{N(T)} S_i\right]=\mathrm{E}[S]\mathrm{E}[N(T)]$$

其中 $\mathrm{E}[N(T)]$ 或者可以用 7.8 节中建议的方法计算, 或者可以如例 11.18 那样由模拟估计. 如果到达过程是一个速率为 $\lambda(t)$ 的非时齐泊松过程, 则也可以使用控制变量, 在这种情况下,

$$\mathrm{E}[N(T)]=\int_0^T \lambda(t)\mathrm{d}t$$

■

11.6.4 重要抽样

以 $\boldsymbol{X}=(X_1,\cdots,X_n)$ 记随机变量的一个向量, 具有联合密度函数 (或者联合质量函数, 在离散情形)$f(\boldsymbol{x})=f(x_1,\cdots,x_n)$, 并且假设我们有兴趣估计

$$\theta=\mathrm{E}[h(\boldsymbol{X})]=\int h(\boldsymbol{x})f(\boldsymbol{x})\mathrm{d}\boldsymbol{x}$$

其中上式是一个 n 维积分. (如果 X_i 都是离散的, 则积分解释为一个 n 重求和).

假设直接模拟随机向量 $\boldsymbol{X}$ 使得计算 $h(\boldsymbol{X})$ 的值低效, 其可能是因为 (a) 模拟一个具有密度函数 $f(\boldsymbol{x})$ 的随机向量有困难, 或 (b) $h(\boldsymbol{X})$ 的方差大, 或 (c) 上述 (a) 和 (b) 的结合.

另一种可用来模拟估计 θ 的方法是, 注意如果 $g(\boldsymbol{x})$ 是另一个概率密度函数使得只要 $g(\boldsymbol{x})=0$ 就有 $f(\boldsymbol{x})=0$, 那么我们可以表示 θ 为

$$\theta=\int \frac{h(\boldsymbol{x})f(\boldsymbol{x})}{g(\boldsymbol{x})}g(\boldsymbol{x})\mathrm{d}\boldsymbol{x}=\mathrm{E}_g\left[\frac{h(\boldsymbol{X})f(\boldsymbol{X})}{g(\boldsymbol{X})}\right] \tag{11.14}$$

其中我们写 E_g 以强调随机向量 $\boldsymbol{X}$ 具有联合密度 $g(\boldsymbol{x})$.

由方程 (11.14) 推出, θ 可以通过相继地生成具有联合密度 $g(\boldsymbol{x})$ 的随机向量 $\boldsymbol{X}$ 的值, 然后用 $h(\boldsymbol{X})f(\boldsymbol{X})/g(\boldsymbol{X})$ 的值的平均作为估计. 如果一个分布密度 $g(\boldsymbol{x})$ 可以选取得使随机变量 $h(\boldsymbol{X})f(\boldsymbol{X})/g(\boldsymbol{X})$ 有小的方差, 那么这个方法 (称为*重要抽样*) 就能够产生 θ 的一个有效的估计.

我们试图得到为什么重要度抽样有用的一种感觉. 作为开始, 注意 $f(\boldsymbol{X})$ 和 $g(\boldsymbol{X})$ 分别表示当随机向量 $\boldsymbol{X}$ 具有联合密度 f 和 g 时得到向量 $\boldsymbol{X}$ 的可能性. 因此,

如果 $\boldsymbol{X}$ 按 g 分布，那么它通常是 $f(\boldsymbol{X})$ 相对于 $g(\boldsymbol{X})$ 小的情形，而因此当 $\boldsymbol{X}$ 按 g 模拟时，似然比 $f(\boldsymbol{X})/g(\boldsymbol{X})$ 比 1 小. 然而，容易检验它的均值是 1：

$$\mathrm{E}_g\left[\frac{f(\boldsymbol{X})}{g(\boldsymbol{X})}\right]=\int\frac{f(\boldsymbol{x})}{g(\boldsymbol{x})}g(\boldsymbol{x})\mathrm{d}\boldsymbol{x}=\int f(\boldsymbol{x})\mathrm{d}\boldsymbol{x}=1$$

于是我们看到，即使 $f(\boldsymbol{X})/g(\boldsymbol{X})$ 通常地小于 1，但它的均值是 1. 于是意味着它有时候大，所以倾向于有大的方差. 这样看来，怎样能使 $h(\boldsymbol{X})f(\boldsymbol{X})/g(\boldsymbol{X})$ 有小的方差呢？回答是，我们能安排选取一个密度 g，使得那些使 $f(\boldsymbol{x})/g(\boldsymbol{x})$ 大的值 $\boldsymbol{x}$ 恰是 $h(\boldsymbol{x})$ 极度地小的那些值，而因此比值 $h(\boldsymbol{X})f(\boldsymbol{X})/g(\boldsymbol{X})$ 总是很小. 由于这将要求 $h(\boldsymbol{x})$ 有时很小，重要抽样在估计一个小概率时似乎最有力. 因为在这种情形，函数 $h(\boldsymbol{x})$ 当 $\boldsymbol{x}$ 取值于某个集合时等于 1，而在其他情形等于 0.

我们现在考虑如何选取合适的密度 g. 我们发现所谓的倾斜密度是很有用的. 令 $M(t)=\mathrm{E}_f[\mathrm{e}^{tX}]=\int\mathrm{e}^{tx}f(x)\mathrm{d}x$ 是对应于一维密度 f 的矩母函数.

定义 11.2 密度函数

$$f_t(x)=\frac{\mathrm{e}^{tx}f(x)}{M(t)}$$

称为 f 的倾斜密度，$-\infty<t<\infty$.

具有密度 f_t 的随机变量，当 $t>0$ 时，倾向于大于有密度 f 的随机变量，而当 $t<0$ 时，倾向于小于有密度 f 的随机变量.

在某些情形，倾斜密度 f_t 具有与密度 f 同样的参数形式.

例 11.22 如果 f 是速率为 λ 的指数密度，那么

$$f_t(x)=C\mathrm{e}^{tx}\lambda\mathrm{e}^{-\lambda x}=\lambda C\mathrm{e}^{-(\lambda-t)x}$$

其中 $C=1/M(t)$ 不依赖于 x. 所以，对于 $t\leqslant\lambda$，f_t 是速率为 $\lambda-t$ 的指数分布.

如果 f 是参数为 p 的伯努利概率质量函数，那么

$$f(x)=p^x(1-p)^{1-x},\quad x=0,1$$

因此，$M(t)=\mathrm{E}_f[\mathrm{e}^{tX}]=p\mathrm{e}^t+1-p$，所以

$$f_t(x)=\frac{1}{M(t)}(p\mathrm{e}^t)^x(1-p)^{1-x}=\left(\frac{p\mathrm{e}^t}{p\mathrm{e}^t+1-p}\right)^x\left(\frac{1-p}{p\mathrm{e}^t+1-p}\right)^{1-x}\tag{11.15}$$

就是说，f_t 是参数为

$$p_t=\frac{p\mathrm{e}^t}{p\mathrm{e}^t+1-p}$$

的伯努利概率质量函数.

我们留作一个习题证明，如果 f 是参数为 μ 和 σ^2 的正态密度，那么 f_t 是参数为 $\mu+\sigma^2t$ 和 σ^2 的正态密度. ■

在某些情况下有兴趣的量是独立随机变量 $X_1,\cdots,X_n$ 的和. 在这种情形联合分布 f 是一维密度的乘积. 即

$$f(x_1,\cdots,x_n)=f_1(x_1)\cdots f_n(x_n)$$

其中 f_i 是 X_i 的密度函数. 在这种情况下, 使用一个共同选取的 t, 按它们的倾斜密度生成 X_i 常常是有用的.

例 11.23 令 $X_1,\cdots,X_n$ 为独立的随机变量, 具有各自的概率密度 (或质量) 函数 f_i, 对于 $i=1,\cdots,n$. 假设我们有兴趣于对它们的和至少与 a 一样大的概率作近似, 其中 a 要比这个和的均值大得多. 即我们对

$$\theta=\mathrm{P}\{S\geqslant a\}$$

感兴趣, 其中 $S=\sum_{i=1}^n X_i$, 并且 $a>\sum_{i=1}^n \mathrm{E}[X_i]$. 如果 $S\geqslant a$, 令 $I\{S\geqslant a\}$ 等于 1, 而在其他情形令它为 0, 我们有

$$\theta=\mathrm{E}_{\mathrm{f}}[I\{S\geqslant a\}]$$

其中 $\boldsymbol{f}=(f_1,\cdots,f_n)$. 假设现在我们按倾斜质量函数 $f_{i,t}(i=1,\cdots,n)$ 模拟 X_i, $t(t>0)$ 的值待定. θ 的重要抽样估计是

$$\widehat{\theta}=I\{S\geqslant a\}\prod\frac{f_i(X_i)}{f_{i,t}(X_i)}$$

现在,

$$\frac{f_i(X_i)}{f_{i,t}(X_i)}=M_i(t)\mathrm{e}^{-tX_i}$$

从而

$$\widehat{\theta}=I\{S\geqslant a\}M(t)\mathrm{e}^{-tS}$$

其中 $M(t)=\prod M_i(t)$ 是 S 的矩母函数. 由于 $t>0$ 以及当 $S<a$ 时 $I\{S\geqslant a\}$ 等于 0, 由此推出

$$I\{S\geqslant a\}\mathrm{e}^{-tS}\leqslant \mathrm{e}^{-ta}$$

从而

$$\widehat{\theta}\leqslant M(t)\mathrm{e}^{-ta}$$

为了使估计的这个上界尽量地小, 我们选取 $t(t>0)$ 极小化 $M(t)\mathrm{e}^{-ta}$. 为此, 我们将得到一个估计, 在每次迭代时其估计值在 0 和 $\min_t M(t)\mathrm{e}^{-ta}$ 之间. 这个极小化的 t, 记为 t^*, 可以证明它使得

$$\mathrm{E}_{t^*}[S]=\mathrm{E}_{t^*}\left[\sum_{i=1}^n X_i\right]=a$$

在上式中, 其中我们想要的期望值是在假定 X_i 的分布为 f_{i,t^*} $(i=1,\cdots,n)$ 下取的.

例如, 假设 $X_1, \cdots, X_n$ 是独立的伯努利随机变量, 对于 $i=1,\cdots,n$ 有各自的参数 p_i, 那么 $\theta = \mathrm{P}\{S \geqslant a\}$ 的重要抽样估计是

$$\widehat{\theta} = I\{S \geqslant a\}\mathrm{e}^{-tS}\prod_{i=1}^{n}(p_i\mathrm{e}^t + 1 - p_i)$$

由于 $p_{i,t}$ 是参数为 $p_i\mathrm{e}^t/(p_i\mathrm{e}^t+1-p_i)$ 的伯努利随机变量的质量函数, 由此推出

$$\mathrm{E}_t\left[\sum_{i=1}^{n} X_i\right] = \sum_{i=1}^{n}\frac{p_i\mathrm{e}^t}{p_i\mathrm{e}^t + 1 - p_i}$$

使上式等于 a 的 t 值可以用数值近似, 然后用于模拟中.

作为一个说明, 假设 $n=20, p_i=0.4$ 且 $a=16$. 那么

$$\mathrm{E}_t[S] = 20\frac{0.4\mathrm{e}^t}{0.4\mathrm{e}^t + 0.6}$$

令它等于 16, 经过一些代数运算可得

$$\mathrm{e}^{t^*} = 6$$

那么, 如果我们用参数

$$\frac{0.4\mathrm{e}^{t^*}}{0.4\mathrm{e}^{t^*} + 0.6} = 0.8$$

生成伯努利随机变量, 由于

$$M(t^*) = (0.4\mathrm{e}^{t^*} + 0.6)^{20} \quad 和 \quad \mathrm{e}^{-t^*S} = (1/6)^S$$

所以重要抽样估计是

$$\widehat{\theta} = I\{S \geqslant 16\}(1/6)^S 3^{20}$$

由上式推出

$$\widehat{\theta} \leqslant (1/6)^{16}3^{20} = 81/2^{16} = 0.001\,236$$

就是说, 每次迭代中估计的值都在 0 和 0.001 236 之间. 由于在这种情形, θ 是参数为 $(20, 0.4)$ 的二项随机变量至少是 16 的概率, 可以用显式计算得到其结果 $\theta = 0.000\,317$. 因此, 在每次迭代中, 如果参数为 0.4 的伯努利随机变量的和小于 16, 自然的模拟估计 I 取值 0, 而在其他情形取 1, 它有方差

$$\mathrm{Var}(I) = \theta(1-\theta) = 3.169 \times 10^{-4}$$

另一方面, 从事实 $0 \leqslant \widehat{\theta} \leqslant 0.001\,236$ 推出 (见习题 33)

$$\mathrm{Var}(\widehat{\theta}) \leqslant 2.9131 \times 10^{-7}$$

■

例 11.24 考虑一条单服务线排队系统, 其中相继到达的顾客之间的时间具有密度函数 f, 且服务时间有密度 g. 以 D_n 记第 n 个到达者停留在队列中等待的时间, 并且假设我们有兴趣估计 $\alpha = \mathrm{P}\{D_n \geqslant a\}$, 其中 a 比 $\mathrm{E}[D_n]$ 大得多. 比之于按 f 和

g 分别生成相继的到达间隔和服务时间, 它们更应该按倾斜密度 f_{-t} 和 g_t 生成, 其中 t 是一个待定的正数. 注意利用这些分布取代 f 和 g 将导致更小的到达间隔 (因为 $-t<0$) 和更长的服务时间. 因此, 比使用密度 f 和 g 模拟将有更大的机会出现 $D_n > a$. α 的重要抽样估计是

$$\widehat{\alpha} = I\{D_n > a\}\mathrm{e}^{t(S_n - Y_n)}[M_f(-t)M_g(t)]^n$$

其中 S_n 是前 n 个到达间隔时间之和, Y_n 是前 n 个服务时间之和, 且 M_f 和 M_g 分别是 f 和 g 的矩母函数. 使用的 t 值应该通过试验各种不同的选择来确定. ■

11.7 确定运行的次数

假设我们要模拟生成具有均值 μ 和方差 σ^2 的 r 个独立同分布的随机变量 $Y^{(1)},\cdots,Y^{(r)}$. 我们用

$$\overline{Y}_r = \frac{Y^{(1)} + \cdots + Y^{(r)}}{r}$$

作为 μ 的估计. 估计的精确度可以用它的方差

$$\mathrm{Var}(\overline{Y}_r) = \mathrm{E}[(\overline{Y}_r - \mu)^2] = \sigma^2/r$$

度量. 因此, 我们要选取必需的运行次数 r 足够大, 以使得 σ^2/r 小得可以接受. 然而, 困难在于 σ^2 事先是未知的. 为了得到它, 你应该最初模拟 k 次 (其中 $k \geqslant 30$), 然后用模拟值 $Y^{(1)},\cdots,Y^{(k)}$ 通过样本方差

$$\sum_{i=1}^{k}(Y^{(i)} - \overline{Y}_k)^2/(k-1)$$

来估计 σ^2. 基于 σ^2 的这个估计, 达到要求的精确性水平的 r 的值就可以确定, 而且可以生成一个附加的 $r-k$ 次运行.

11.8 马尔可夫链的平稳分布的生成

11.8.1 过去耦合法

考虑一个状态为 $1,\cdots,m$ 且转移概率为 $P_{i,j}$ 的不可约马尔可夫链, 并且假设我们要生成一个随机变量的值, 这个随机变量的分布是这个马尔可夫链的平稳分布. 尽管我们能够近似地生成这样的随机变量, 通过任意选取一个初始状态, 对一个固定大的时间周期个数, 模拟这个马尔可夫链, 然后选取最后的状态作为这个随机变量的值, 但是我们现在将介绍一个程序, 它生成一个随机变量, 其分布精确地是平稳分布.

如果, 在理论上, 我们生成的马尔可夫链开始于在时刻 $-\infty$ 和任意状态, 那么在时刻 0 的状态就具有平稳分布. 所以, 想象我们这样做, 并且假设由不同的人在每一个这些时间生成下一个状态. 于是, 如果在时刻 $-n$ 的状态是 $X(-n)=i$, 那么, 人 "$-n$" 将生成一个随机变量, 它以概率 $P_{i,j}(j=1,\cdots,m)$ 等于 j, 且这个生成值就是在时刻 $-(n-1)$ 的状态. 现在假设人 "-1" 要提前生成他的随机变量. 因为他不知道在时刻 -1 的状态是什么, 他就生成了一系列随机变量 $N_{-1}(i), i=1,\cdots,m$, 其中如果 $X(-1)=i$, 而 $N_{-1}(i)$ 是下一个状态, 它以概率 $P_{i,j}(j=1,\cdots,m)$ 等于 j. 如果结果是 $X(-1)=i$, 那么, 人 "-1" 将报告在时刻 0 的状态是

$$S_{-1}(i)=N_{-1}(i), \quad i=1,\cdots,m$$

(即 $S_{-1}(i)$ 是当时刻 -1 模拟的状态是 i 时在时刻 0 模拟的状态.)

现在假设人 "-2" 听到人 "-1" 提前做他的模拟, 也决定做同样的事情. 她生成了一系列随机变量 $N_{-2}(i), i=1,\cdots,m$, 其中 $N_{-2}(i)$ 以概率 $P_{i,j}(j=1,\cdots,m)$ 等于 j. 因此, 如果向她报告 $X(-2)=i$, 那么她将报告 $X(-1)=N_{-2}(i)$. 与人 "-1" 提前生成的结合起来表明, 如果 $X(-2)=i$, 则在时刻 0 的模拟状态是

$$S_{-2}(i)=S_{-1}(N_{-2}(i)), \quad i=1,\cdots,m$$

继续上面的方式, 假设人 "-3" 生成了一系列随机变量 $N_{-3}(i), i=1,\cdots,m$, 其中 $N_{-3}(i)$ 是在 $X(-3)=i$ 时下一个状态将生成的值. 因此, 如果 $X(-3)=i$, 则在时刻 0 模拟的状态是

$$S_{-3}(i)=S_{-2}(N_{-3}(i)), \quad i=1,\cdots,m$$

现在假设我们继续上面的做法, 从而得到模拟的函数

$$S_{-1}(i), S_{-2}(i), S_{-3}(i), \cdots, \quad i=1,\cdots,m$$

按时间如此地向后进行, 我们将在某个时刻, 例如 $-r$, 模拟函数 $S_{-r}(i)$ 是一个常数函数. 就是说, 存在一个状态 j, 对于一切 $i=1,\cdots,m$, 都有 $S_{-r}(i)=j$. 但是, 这就意味着无论从时刻 $-\infty$ 到 $-r$ 的模拟值是什么, 我们都能够肯定在时刻 0 的模拟值是 j. 因而 j 可以取为随机变量的模拟值, 它的分布恰是这个马尔可夫链的平稳分布.

例 11.25 考虑一个状态为 1、2、3 的马尔可夫链, 并且假设模拟产生了值

$$N_{-1}(i)=\begin{cases}3, & \text{如果 } i=1\\ 2, & \text{如果 } i=2\\ 2, & \text{如果 } i=3\end{cases}$$

且

$$N_{-2}(i)=\begin{cases}1, & \text{如果 } i=1\\3, & \text{如果 } i=2\\1, & \text{如果 } i=3\end{cases}$$

那么

$$S_{-2}(i)=\begin{cases}3, & \text{如果 } i=1\\2, & \text{如果 } i=2\\3, & \text{如果 } i=3\end{cases}$$

如果

$$N_{-3}(i)=\begin{cases}3, & \text{如果 } i=1\\1, & \text{如果 } i=2\\1, & \text{如果 } i=3\end{cases}$$

那么

$$S_{-3}(i)=\begin{cases}3, & \text{如果 } i=1\\3, & \text{如果 } i=2\\3, & \text{如果 } i=3\end{cases}$$

所以, 无论在时刻 -3 是什么状态, 在时刻 0 的状态都将是 3. ■

注 在这一节中介绍的生成分布为马尔可夫链的平稳分布的随机变量的程序, 称为过去耦合法.

11.8.2 另一种方法

考虑一个以非负整数为状态空间的马尔可夫链. 假设此链有平稳概率, 并记为 $\pi_i, i\geqslant 0$. 现在我们介绍另一种模拟具有已知分布 $\pi_i\,(i\geqslant 0)$ 的随机变量的方法, 当链满足下面的性质时, 这个方法就可以应用. 即对于某个称为 0 的状态, 存在一个正数 α, 使得对于一切状态 i 都有

$$P_{i,0}\geqslant\alpha>0$$

也就是, 不管当前的状态是什么, 下一个状态是 0 的概率至少是某个正值 α.

为了模拟有平稳概率的随机变量, 我们以显然的方式从模拟马尔可夫链开始. 即只要链的状态在 i, 就生成一个随机变量, 它等于 j 的概率是 $P_{i,j}, j\geqslant 0$, 并且将随机变量生成的值定义为下一个状态的值. 此外, 无论如何, 只要转移到状态 0, 就掷一个硬币, 其出现正面的概率依赖于来自发生转移的状态. 特别地, 如果到状态 0 的转移来自状态 i, 则让被掷的硬币以概率 $\alpha/P_{i,0}$ 出现正面. 我们将这样的硬币称为 i-硬币, $i\geqslant 0$. 如果硬币出现正面, 则我们说发生了一个事件. 因此, 马尔可夫链的每次转移以概率 α 发生一个事件, 这说明事件以速率 α 发生. 现在, 如果某个事件来自状态 i 的一个转移, 那么我们称其为 i-事件; 也就是, 如果一个事件出自一个 i-硬币的投掷, 那么该事件是 i-事件. 因为 π_i 是出自状态 i 的转移的比例, 而每个这

样的转移产生 i-事件的概率是 α, 由此推出 i-事件发生的速率为 $\alpha\pi_i$. 所以, 所有事件中 i-事件的比例是 $\alpha\pi_i/\alpha = \pi_i, i \geqslant 0$.

现在假定 $X_0 = 0$. 固定 i, 如果第 j 个发生的事件是 i-事件, 则令 I_j 等于 1, 否则令 I_j 等于 0. 因为一个事件总是从状态 0 离开此链, 由此推出 $I_j (j \geqslant 1)$ 是独立同分布的随机变量. 又因为 I_j 等于 1 的比例是 π_i, 所以

$$\begin{aligned}\pi_i &= \lim_{n\to\infty} \frac{I_1 + \cdots + I_n}{n} \\ &= \mathrm{E}[I_1] \\ &= \mathrm{P}\{I_1 = 1\}\end{aligned}$$

其中第二个等号得自强大数定律. 因此, 如果我们以

$$T = \min\{n > 0 : \text{在时刻 } n \text{ 有一个事件发生}\}$$

记首个事件发生的时间, 那么由上式推出

$$\pi_i = \mathrm{P}\{I_1 = 1\} = \mathrm{P}\{X_{T-1} = i\}$$

因为上式对于一切 i 都正确, 由此推出马尔可夫链在时刻 $T-1$ 的状态 X_{T-1} 具有平稳分布.

习 题

***1.** 假设由分布 $F_i\ (i = 1, \cdots, n)$ 模拟相对容易. 如果 n 小, 如何由

$$F(x) = \sum_{i=1}^{n} P_i F_i(x), \quad P_i \geqslant 0, \quad \sum_i P_i = 1$$

模拟? 给出由

$$F(x) = \begin{cases} \dfrac{1 - \mathrm{e}^{-2x} + 2x}{3}, & 0 < x < 1 \\ \dfrac{3 - \mathrm{e}^{-2x}}{3}, & 1 < x < \infty \end{cases}$$

模拟的一种方法.

2. 给出模拟负二项随机变量的一种方法.

***3.** 给出模拟超几何随机变量的一种方法.

4. 假设我们要模拟随机地位于以原点为中心以 r 为半径的圆中的一个点, 就是说, 我们要模拟具有联合密度函数

$$f(x, y) = \frac{1}{\pi r^2}, \quad x^2 + y^2 \leqslant r^2$$

的 X, Y.

(a) 以 $R = \sqrt{X^2 + Y^2}, \theta = \tan^{-1} Y/X$ 记极坐标. 计算 R, θ 的联合密度, 并且用它给出一个模拟方法. 另一个模拟 X, Y 的方法如下.

步骤 1：生成独立随机数 U_1, U_2，并且置 $Z_1 = 2rU_1 - r, Z_2 = 2rU_2 - r$. 那么，$Z_1, Z_2$ 在边长为 $2r$ 且包含半径为 r 的圆的正方形内均匀分布 (见图 11.6).

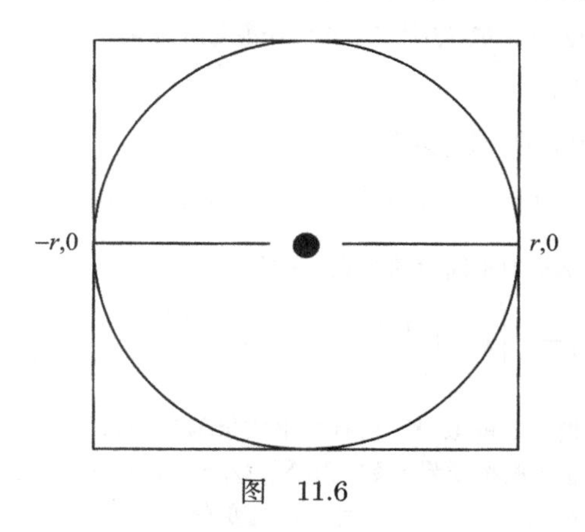

图　11.6

步骤 2：如果 (Z_1, Z_2) 落在半径为 r 的圆内 (即如果 $Z_1^2+Z_2^2 \leqslant r^2$)，则置 $(X, Y) = (Z_1, Z_2)$. 否则返回步骤 1.

(b) 证明这个方法可行，并且计算它需要的随机数个数的分布.

5. 假设由分布 $F_i (i = 1, \cdots, n)$ 模拟相对容易. 我们怎样从下面的分布模拟？

(a) $F(x) = \prod_{i=1}^n F_i(x)$;

(b) $F(x) = 1 - \prod_{i=1}^n (1 - F_i(x))$.

(c) 给出由 $F(x) = x^n \ (0 < x < 1)$ 模拟的两种方法.

***6.** 在例 11.5 中，对速率为 1 的指数随机变量利用冯 · 诺伊曼拒绝程序，我们模拟了标准正态随机变量的绝对值. 这就提出了问题，我们用不同的指数密度，即，密度 $g(x) = \lambda e^{-\lambda x}$，是否能得到一个更有效的算法. 证明拒绝方案需要的平均迭代次数在 $\lambda = 1$ 时最小.

7. 给出模拟具有密度函数

$$f(x) = 30(x^2 - 2x^3 + x^4), \quad 0 < x < 1$$

的随机变量的一个算法.

8. 考虑对 g 是速率为 λ/n 的指数密度用拒绝法模拟一个 $\Gamma(n, \lambda)$ 随机变量的技术.

(a) 证明这个算法生成一个伽马随机变量需要的平均迭代次数是 $n^n e^{1-n}/(n-1)!$

(b) 用斯特林近似证明，对于大的 n，(a) 部分的答案近似等于 $e[(n-1)/(2\pi)]^{1/2}$.

(c) 证明这个程序等价于下面的几步.

步骤 1：生成独立的速率为 1 的指数随机变量 Y_1 和 Y_2.

步骤 2：如果 $Y_1 < (n-1)[Y_2 - \ln(Y_2) - 1]$，则返回步骤 1.

步骤 3：置 $X = nY_2/\lambda$.

(d) 解释从上面的算法怎样得到一个独立的指数随机变量与一个伽马随机变量.

9. 建立从参数 $n=6, p=0.4$ 的二项随机变量模拟的别名方法.

10. 解释我们怎样能在别名方法中给 $\boldsymbol{Q}^{(k)}$ 做标号使得 k 是 $\boldsymbol{Q}^{(k)}$ 给出权重两个点之一.

提示：除了把初始 $\boldsymbol{Q}$ 标记成 $\boldsymbol{Q}^{(1)}$ 外, 我们还能怎样标记?

11. 完成例 11.10 的细节.

12. 令 $X_1, \cdots, X_k$ 是独立的, 具有分布

$$\mathrm{P}\{X_i = j\} = \frac{1}{n}, \quad j=1,\cdots,n, \quad i=1,\cdots,k$$

如果 D 是 $X_1, \cdots, X_k$ 中不同值的个数. 证明

$$\mathrm{E}[D] = n\left[1-\left(\frac{n-1}{n}\right)^k\right] \approx k - \frac{k^2}{2n}, \qquad 当\ \frac{k^2}{n}\ 小的时候$$

13. *离散拒绝法*. 假设我们要模拟 X, 它有概率质量函数 $\mathrm{P}\{X=i\}=P_i, i=1,\cdots,n$, 并且假设我们能够容易地从概率质量函数 $Q_i, \sum_i Q_i = 1, Q_i \geqslant 0$ 模拟. 令 C 使得 $P_i \leqslant CQ_i$, $i=1,\cdots,n$. 证明下面的算法生成所要的随机变量.

步骤 1：生成具有质量函数 Q 的 Y 和一个独立的随机数 U.

步骤 2：如果 $U \leqslant P_Y/CQ_Y$, 则令 $X=Y$. 否则返回步骤 1.

14. *离散风险率法*. 以 X 记一个非负整数值随机变量. 函数 $\lambda(n)=\mathrm{P}\{X=n|X\geqslant n\}(n\geqslant 0)$ 称为*离散风险率函数*.

(a) 证明 $\mathrm{P}\{X=n\}=\lambda(n)\prod_{i=0}^{n-1}(1-\lambda(i))$.

(b) 证明我们可以通过生成随机数 $U_1, U_2, \cdots$, 停止在

$$X=\min\{n: U_n \leqslant \lambda(n)\}$$

上, 以模拟 X.

(c) 用这个方法模拟几何随机变量. 直观地解释它为什么可行.

(d) 假设对于一切 n 有 $\lambda(n) \leqslant p < 1$. 考虑模拟 X 的如下算法, 并且解释它为什么可行：模拟 $X_i, U_i, i \geqslant 1$, 其中 X_i 是均值为 $1/p$ 的几何随机变量, 而 U_i 是随机数. 置 $S_k = X_1 + \cdots + X_k$, 并且令

$$X=\min\{S_k: U_k \leqslant \lambda(S_k)/p\}$$

15. 假设你刚好模拟了一个均值 μ 和方差 σ^2 的正态随机变量 X. 给出容易生成一个与它有相同均值和方差且与它负相关的第二个正态随机变量的一个途径.

***16.** 假设在坛中有 n 个重量分别为 $w_1, \cdots, w_n$ 的球. 这些球依次地用如下方式取出：在每次选取时, 坛中一个给定的球以等于它重量除以仍旧在坛中的其他球的重量之和的概率被选中. 以 $I_1, I_2, \cdots, I_n$ 记球取出的次序 —— 于是 $I_1, \cdots, I_n$ 是重量的随机排列.

(a) 给出一个模拟 $I_1, \cdots, I_n$ 的方法.

(b) 令 X_i 是速率为 w_i 的指数随机变量, $i=1,\cdots,n$. 解释 X_i 能怎样用于模拟 $I_1, \cdots, I_n$.

17. 次序统计量. 令 $X_1, \cdots, X_n$ 是出自连续的分布函数 F 的独立同分布随机变量, 并且以 $X_{(i)}$ 记 $X_1, \cdots, X_n$ 中第 i 个最小者, $i=1, \cdots, n$. 假设我们要模拟 $X_{(1)} < X_{(2)} < \cdots < X_{(n)}$. 一个方法是从 F 模拟 n 个值, 然后将这些值排序. 然而, 当 n 大时, 这个排序可能很费时间.

(a) 假设 F 的风险率函数 $\lambda(t)$ 是有界的. 证明风险率方法可以应用于生成 n 个随机变量使得没有必要排序.

现在假设 F^{-1} 容易计算.

(b) 论证可以生成 $X_{(1)}, \cdots, X_{(n)}$, 通过先模拟 $U_{(1)} < U_{(2)} < \cdots < U_{(n)}$ (n 个独立随机数的有序值) 然后置 $X_{(i)} = F^{-1}(U_{(i)})$. 解释为什么这意味着 $X_{(i)}$ 可以从 $F^{-1}(\beta_i)$ 生成, 其中 β_i 是参数为 i 和 $n+i+1$ 的贝塔随机变量.

(c) 论证通过模拟独立同分布的指数随机变量 $Y_1, \cdots, Y_{n+1}$, 然后令

$$U_{(i)} = \frac{Y_1 + \cdots + Y_i}{Y_1 + \cdots + Y_{n+1}}, \quad i = 1, \cdots, n$$

不必排序就可以生成 $U_{(1)}, \cdots, U_{(n)}$.

提示: 给定泊松过程的第 $n+1$ 个事件, 对于前 n 个事件能说什么?

(d) 证明如果 $U_{(n)} = y$, 则 $U_{(1)}, \cdots, U_{(n-1)}$ 与 $n-1$ 个 $(0, y)$ 均匀随机变量的一个集合的次序统计量有相同的联合分布.

(e) 利用部分 (d) 证明 $U_{(1)}, \cdots, U_{(n)}$ 可以由如下方式生成.

步骤 1: 生成 $U_1, \cdots, U_n$.

步骤 2: 令

$$\begin{aligned} U_{(n)} &= U_1^{1/n}, \\ U_{(n-1)} &= U_{(n)}(U_2)^{1/(n-1)}, \\ U_{(j-1)} &= U_{(j)}(U_{n-j+2})^{1/(j-1)}, j = n-1, \cdots, 2 \end{aligned}$$

18. 令 $X_1, \cdots, X_n$ 是独立指数随机变量, 每个都具有速率 1. 令

$$W_1 = X_1/n, \qquad W_i = W_{i-1} + \frac{X_i}{n-i+1}, \quad i = 2, \cdots, n$$

解释为什么 $W_1, \cdots, W_n$ 与每个具有速率 1 的 n 个指数随机变量的一个样本的次序统计量有相同的联合分布.

19. 假设我们要模拟 n(一个大的数) 个速率为 1 的独立指数随机变量 (记为 $X_1, \cdots, X_n$). 如果我们用逆变换技术, 我们要对生成的每一个指数随机变量进行一次对数计算. 一个避免的方法是, 首先模拟一个参数为 $(n, 1)$ 的伽马随机变量 S_n (例如, 用 11.3.3 节的方法). 现在将 S_n 解释为速率为 1 的泊松过程的第 n 个事件的时间, 并且使用给定 S_n 时前 $n-1$ 个事件的时间与 $n-1$ 个独立的 $(0, S_n)$ 均匀随机变量同分布的结果. 基于此, 解释为什么下面的算法模拟了 n 个独立的指数随机变量.

步骤 1: 生成一个参数为 $(n, 1)$ 的伽马随机变量 S_n.

步骤 2: 生成 $n-1$ 个随机数 $U_1, U_2, \cdots, U_{n-1}$.

步骤 3: 将 $U_i (i = 1, \cdots, n-1)$ 排序, 得到 $U_{(1)} < U_{(2)} < \cdots < U_{(n-1)}$.

步骤 4：令 $U_{(0)}=0, U_{(n)}=1$, 并且置 $X_i=S_n(U_{(i)}-U_{(i-1)}), i=1,\cdots,n.$

当按 11.5 节中描述的算法执行排序 (步骤 3), 且所有 n 个都同时需要时, 上面的步骤是模拟 n 个指数随机变量的一个有效方法. 然而, 如果内存空间有限, 且指数随机变量可以按序地使用, 一旦指数随机变量使用后就在内存中被弃, 那么, 上面的方法可能并不适合.

20. 考虑从数 $1,\cdots,n$ 中随机选取一个容量为 k 的子集的程序：固定 p 并且生成到达间隔分布是均值为 $1/p$ 的几何分布的更新过程的前 n 个单位时间, 即 P{到达间隔时间 $=k\}=p(1-p)^{k-1}, k=1,2,\cdots$. 假设事件发生在时间 $i_1<i_2<\cdots<i_m\leqslant n$. 如果 $m=k$, 则停止. $i_1,\cdots,i_m$ 是要求的集合. 如果 $m>k$, 则从 $i_1,\cdots,i_m$ 中 (用某种方法) 随机地选取一个容量为 k 的子集, 然后停止. 如果 $m<k$, 取 $i_1,\cdots,i_m$ 作为容量为 k 的子集的一部分, 然后从集合 $\{1,\cdots,n\}-\{i_1,\cdots,i_m\}$ 中 (用某种方法) 选取一个容量为 $k-m$ 的随机子集. 解释为什么这个算法起作用. 因为 $\mathrm{E}[N(n)]=np$, p 的一个合理的选取是 $p\approx k/n$. (这个方法由迪特尔给出.)

21. 考虑生成元素 $1,\cdots,n$ 的一个随机排列的如下算法. 在这个算法中, $P(i)$ 可以解释为位置 i 的元素.

步骤 1：置 $k=1$.

步骤 2：置 $P(1)=1$.

步骤 3：如果 $k=n$, 则停止. 否则令 $k=k+1$.

步骤 4：生成一个随机数 U, 并且令

$$P([kU]+1),\qquad P([kU]+1)=k.$$

返回步骤 3.

(a) 用语言解释这个算法在做什么?

(b) 证明在第 k 次迭代时 (即, 当 $P(k)$ 的值被初始设置时)$P(1),P(2),\cdots P(k)$ 是 $1,\cdots,k$ 的一个随机排列.

提示：用归纳法, 并且论证

$$\begin{aligned}&P_k\{i_1,i_2,\cdots,i_{j-1},k,i_j,\cdots,i_{k-2},i\}\\&=P_{k-1}\{i_1,i_2,\cdots,i_{j-1},i,i_j,\cdots,i_{k-2}\}\frac{1}{k}\\&=\frac{1}{k!}\qquad \text{由归纳假设}\end{aligned}$$

上面的算法可以应用于即使在开初不知道 n 的时候.

22. 验证如果我们利用风险率方法模拟一个非时齐泊松过程的事件时间, 它的强度函数是 $\lambda(t)$, 使得 $\lambda(t)\leqslant\lambda$, 那么, 我们可以应用 11.5 节的方法 1 中给出的方法.

***23.** 对于一个强度函数为 $\lambda(t)\,(t\geqslant 0)$ 的非时齐泊松过程, 其中 $\int_0^\infty\lambda(t)\mathrm{d}t=\infty$, 以 $X_1,X_2,\cdots$ 记事件发生的时间序列.

(a) 证明 $\int_0^{X_1}\lambda(t)\mathrm{d}t$ 是速率为 1 的指数随机变量.

(b) 证明 $\int_{X_{i-1}}^{X_i} \lambda(t)\mathrm{d}t\ (i \geqslant 1)$ 是独立的速率为 1 的指数随机变量, 其中 $X_0 = 0$.

简言之, 独立于过去, 直到一个事件发生为止必须经历的附加风险量是速率为 1 的指数随机变量.

24. 给出模拟具有强度函数

$$\lambda(t) = b + \frac{1}{t+a}, \quad t \geqslant 0$$

的非时齐泊松过程的有效方法.

25. 令 (X, Y) 在中心为原点半径为 r 的圆内均匀分布. 就是说, 它们的联合密度是

$$f(x, y) = \frac{1}{\pi r^2}, \quad 0 \leqslant x^2 + y^2 \leqslant r^2$$

以 $R = \sqrt{X^2 + Y^2}$ 与 $\theta = \mathrm{arcta}\ nY/X$ 记它们的极坐标. 证明 R 与 θ 独立, θ 是 $(0, 2\pi)$ 均匀随机变量, 且 $\mathrm{P}\{R < a\} = a^2/r^2, 0 < a < r$.

26. 以 R 记在二维平面中的一个区域. 证明对于二维泊松过程, 给定在 R 中存在 n 个点时, 这些点在 R 中是独立的并且在 R 中均匀分布, 即它们的密度是 $f(x, y) = c, (x, y) \in R$, 其中 c 是区域 R 的面积的倒数.

27. 令 $X_1, \cdots, X_n$ 是独立随机变量, 具有 $\mathrm{E}[X_i] = \theta, \mathrm{Var}(X_i) = \sigma_i^2, i = 1, \cdots, n$, 考虑 θ 形如 $\sum_{i=1}^n \lambda_i X_i$ 的估计, 其中 $\sum_{i=1}^n \lambda_i = 1$. 证明当

$$\lambda_i = (1/\sigma_i^2) \Bigg/ \left(\sum_{j=1}^n 1/\sigma_j^2\right), \quad i = 1, \cdots, n$$

时, $\mathrm{Var}\left(\sum_{i=1}^n \lambda_i X_i\right)$ 最小.

可能的提示: 如果你对于一般的 n 不会做, 先尝试 $n = 2$ 的情形.

下面的两个问题涉及 $\int_0^1 g(x)\mathrm{d}x = \mathrm{E}[g(U)]$ 的估计, 其中 U 是 $(0, 1)$ 均匀随机变量.

28. 随机投点法. 假设 g 在 $[0, 1]$ 上有界 (例如, 假设对于 $0 \leqslant x \leqslant 1$ 有 $0 \leqslant g(x) \leqslant b$). 令 U_1, U_2 是独立随机数, 并且令 $X = U_1, Y = bU_2$(使得点 (X, Y) 在长度 1 和高度 b 的矩形中均匀分布). 现在令

$$I = \begin{cases} 1, & 若\ Y < g(X) \\ 0, & 其他 \end{cases}$$

即如果点落在图 11.7 的阴影部分, 则接受 (X, Y).

(a) 证明 $\mathrm{E}[bI] = \int_0^1 g(x)\mathrm{d}x$.

(b) 证明 $\mathrm{Var}(bI) \geqslant \mathrm{Var}(g(U))$, 所以随机投点法比简单计算一个随机数的 g 有更大的方差.

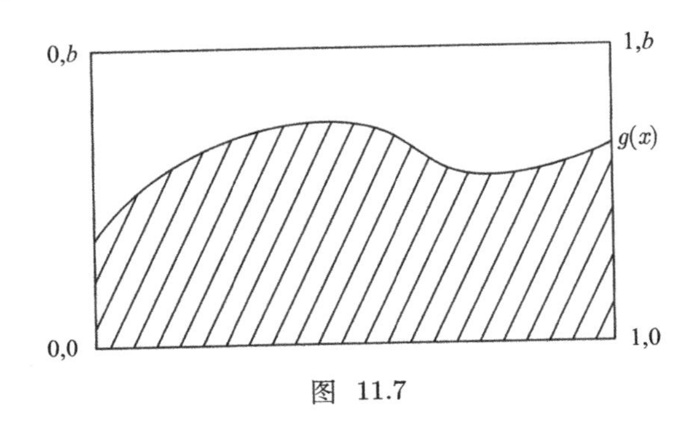

图 11.7

29. 分层抽样. 令 $U_1,\cdots,U_n$ 是独立随机数, 且令 $\overline{U_i}=(U_i+i-1)/n, i=1,\cdots,n$. 因此, $\overline{U_i}$ $(i=1,\cdots,n)$ 在 $((i-1)/n,i/n)$ 上均匀分布. $\sum_{i=1}^{n} g(\overline{U_i})/n$ 称为 $\int_0^1 g(x)\mathrm{d}x$ 的分层抽样估计.

(a) 证明 $\mathrm{E}\left[\sum\limits_{i=1}^{n} g(\overline{U_i})/n\right]=\int_0^1 g(x)\mathrm{d}x$.

(b) 证明 $\mathrm{Var}\left(\sum\limits_{i=1}^{n} g(\overline{U_i})/n\right)\leqslant \mathrm{Var}\left(\sum\limits_{i=1}^{n} g(U_i)/n\right)$.

提示: 令 U 是 (0, 1) 均匀随机变量, 并且定义 N 为, 如果 $(i-1)/n<U<i/n$, 则 $N=i$, $i=1,\cdots,n$. 现在用条件方差公式得到

$$\begin{aligned}\mathrm{Var}(g(U))&=\mathrm{E}[\mathrm{Var}(g(U)|N)]+\mathrm{Var}(\mathrm{E}[g(U)|N])\\&\geqslant \mathrm{E}[\mathrm{Var}(g(U)|N)]\\&=\sum_{i=1}^{n}\frac{\mathrm{Var}(g(U)|N=i)}{n}\\&=\sum_{i=1}^{n}\frac{\mathrm{Var}(g(\overline{U}_i))}{n}\end{aligned}$$

30. 如果 f 是均值 μ 和方差 σ^2 的正态随机变量的密度函数, 证明倾斜密度 f_t 是均值 $\mu+\sigma^2 t$ 和方差 σ^2 的正态随机变量的密度函数.

31. 考虑一个排队系统, 其中每个服务时间独立于过去, 有均值 μ. 以 W_n 和 D_n 分别记顾客 n 在系统中和在队列中停留的时间. 因此, $D_n=W_n-S_n$, 其中 S_n 是顾客 n 的服务时间. 所以

$$\mathrm{E}[D_n]=\mathrm{E}[W_n]-\mu$$

如果我们用模拟来估计 $\mathrm{E}[D_n]$, 我们应该

(a) 用模拟数据确定 D_n, 然后用它作为 $\mathrm{E}[D_n]$ 的一个估计; 还是

(b) 用模拟数据确定 W_n, 然后用这个量减去 μ 作为 $\mathrm{E}[D_n]$ 的一个估计?

如果我们要估计 $\mathrm{E}[W_n]$, 重复相应的问题.

***32.** 证明如果 X 和 Y 有相同的分布, 那么

$$\mathrm{Var}((X+Y)/2)\leqslant \mathrm{Var}(X)$$

因此得出结论用对偶变量绝不会增加方差 (虽然不一定像生成一个独立的随机数集合一样有效).

33. 如果 $0 \leqslant X \leqslant a$, 证明

(a) $\mathrm{E}[X^2] \leqslant a\mathrm{E}[X]$;

(b) $\mathrm{Var}(X) \leqslant \mathrm{E}[X](a-\mathrm{E}[X])$;

(c) $\mathrm{Var}(X) \leqslant a^2/4$.

34. 假设在例 11.19 中, 在时间 t_0 以后不允许进入新的顾客. 给出 t_0 以后直至系统空闲为止的期望附加时间一个有效的模拟估计.

35. 假设我们能够模拟独立随机变量 X 与 Y. 如果我们模拟了 $2k$ 个独立随机变量 $X_1,\cdots,X_k$ 与 $Y_1,\cdots,Y_k$, 其中 X_i 与 X 同分布, Y_j 与 Y 同分布, 那么如何用它们估计 $\mathrm{P}\{X<Y\}$?

36. 如果 U_1、U_2、U_3 是独立的均匀 (0, 1) 随机变量, 求 $\mathrm{P}\left(\prod_{i=1}^{3} U_i > 0.1\right)$.

提示: 把所要求的概率与泊松过程的一个概率联系起来.

参考文献

[1] J. Banks and J. Carson, "Discrete Event System Simulation," Prentice Hall, Englewood Cliffs, New Jersey, 1984.

[2] G. Fishman, "Principles of Discrete Event Simulation," John Wiley, New York, 1978.

[3] D. Knuth, "Semi Numerical Algorithms," Vol. 2 of *The Art of Computer Programming*, Second Edition, Addison-Wesley, Reading, Massachusetts, 1981.

[4] A. Law and W. Kelton, "Simulation Modelling and Analysis," Second Edition, McGraw-Hill, New York, 1992.

[5] J. Propp and D. Wilson, "Coupling From The Past: A user's Guide," Workshop on Microsurveys in Discrete Probability, Princeton, NJ, 1997.

[6] S. Ross, "Simulation," Fifth Edition, Academic Press, San Diego, 2013.

[7] R. Rubenstein, "Simulation and the Monte Carlo Method," John Wiley, New York, 1981.

附录　带星号习题的解

第 1 章

2. $S=\{(r,g),(r,b),(g,r),(g,b),(b,r),(b,g)\}$($r,g,b$ 分别表示红, 绿, 蓝), 其中, 例如 (r,g) 意指第一次取到的弹球是红的, 且第二次是绿的. 每个这样的基本结果的概率是 1/6.

5. 3/4. 如果他赢, 他只赢 1 美元; 如果他输, 他输 3 美元.

9. $F=E\cup FE^c$, 由于 E 和 FE^c 不交, 引出 $\mathrm{P}(F)=\mathrm{P}(E)+\mathrm{P}(FE^c)$.

17. $\mathrm{P}\{结束\}=1-\mathrm{P}\{继续\}=1-[\mathrm{P}(\mathrm{H,H,H})+\mathrm{P}(\mathrm{T,T,T})]$

均匀硬币: $\mathrm{P}\{结束\}=1-\left[\frac{1}{2}\times\frac{1}{2}\times\frac{1}{2}+\frac{1}{2}\times\frac{1}{2}\times\frac{1}{2}\right]=\frac{3}{4}$

有偏硬币: $\mathrm{P}\{结束\}=1-\left[\frac{1}{4}\times\frac{1}{4}\times\frac{1}{4}+\frac{3}{4}\times\frac{3}{4}\times\frac{3}{4}\right]=\frac{9}{16}$

19. $E=$ 事件 “至少一个是 6”

$\mathrm{P}(E)=$ 得到 E 的方式数/样本点的个数 $=\frac{11}{36}$.

$D=$ 事件 “两个面不同”

$\mathrm{P}(D)=1-\mathrm{P}(两个面相同)=1-\frac{6}{36}=\frac{5}{6}$.

$$\mathrm{P}(E|D)=\frac{\mathrm{P}(ED)}{\mathrm{P}(D)}=\frac{10/36}{5/6}=\frac{1}{3}$$

25. (a) $\mathrm{P}\{成对\}=\mathrm{P}\{第二张扑克牌与第一张同名\}=\frac{3}{51}$

(b)
$$\mathrm{P}\{成对\mid 不同花色\}=\frac{\mathrm{P}\{成对, 不同花色\}}{\mathrm{P}\{不同花色\}}=\frac{\mathrm{P}\{成对\}}{\mathrm{P}\{不同花色\}}=\frac{3/51}{39/51}=\frac{1}{13}$$

27. $\mathrm{P}(E_1)=1,\qquad \mathrm{P}(E_2|E_1)=\frac{39}{51}$

由于有 12 张牌在有黑桃 A 的那一堆中, 而有 39 张牌不在有黑桃 A 的那一堆中.

$$\mathrm{P}(E_3|E_1E_2)=\frac{26}{50}$$

由于有 24 张牌在有两个 A 的那些堆中, 而有 26 张牌不在有两个 A 的那些堆中.

$$\mathrm{P}(E_4|E_1E_2E_3)=\frac{13}{49}$$

所以

$$P\{每一堆中有一张\ A\} = \left(\frac{39}{51}\right)\left(\frac{26}{50}\right)\left(\frac{13}{49}\right)$$

30. (a) $$P\{乔治 \mid 恰有一次击中\} = \frac{P\{是乔治,不是比尔\}}{P\{恰有一次击中\}}$$

$$= \frac{P\{乔治,不是比尔\}}{P\{乔治,不是比尔\} + P\{比尔,不是乔治\}}$$

$$= \frac{(0.4)(0.3)}{(0.4)(0.3) + (0.7)(0.6)} = \frac{2}{9}$$

(b) $$P\{乔治 \mid 击中\} = \frac{P\{乔治,击中\}}{P\{击中\}} = \frac{P\{乔治\}}{P\{击中\}} = \frac{0.4}{1-(0.3)(0.6)} = \frac{20}{41}$$

32. 令 E_i = 事件“第 i 人选到自己的帽子”

$$\begin{aligned}
&P(没有人选到自己的帽子)\\
&=1 - P(E_1 \cup E_2 \cup \cdots \cup E_n)\\
&=1 - \left[\sum_{i_1} P(E_{i_1}) - \sum_{i_1<i_2} P(E_{i_1}E_{i_2}) + \cdots + (-1)^{n+1}P(E_1E_2\cdots E_n)\right]\\
&=1 - \sum_{i_1} P(E_{i_1}) + \sum_{i_1<i_2} P(E_{i_1}E_{i_2}) - \sum_{i_1<i_2<i_3} P(E_{i_1}E_{i_2}E_{i_3}) + \cdots\\
&\quad +(-1)^n P(E_1E_2\cdots E_n)
\end{aligned}$$

令 $k \in \{1, 2, \cdots, n\}$.

$$P(E_{i_1}E_{i_2}\cdots E_{i_k}) = \frac{k\ 个特定的人选到自己的帽子的方式数目}{可以排列帽子的方式总数} = \frac{(n-k)!}{n!}$$

在求和号 $\sum_{i_1<i_2<\cdots<i_k}$ 中的项数 $= n$ 个变量中选取 k 个变量的方式数目 $= \binom{n}{k} = \frac{n!}{k!(n-k)!}$. 于是

$$\sum_{i_1<\cdots<i_k} P(E_{i_1}E_{i_2}\cdots E_{i_k}) = \sum_{i_1<\cdots<i_k} \frac{(n-k)!}{n!} = \binom{n}{k}\frac{(n-k)!}{n!} = \frac{1}{k!}$$

$$\begin{aligned}
P(没有人选到自己的帽子) &= 1 - \frac{1}{1!} + \frac{1}{2!} - \frac{1}{3!} + \cdots + (-1)^n\frac{1}{n!}\\
&= \frac{1}{2!} - \frac{1}{3!} + \cdots + (-1)^n\frac{1}{n!}
\end{aligned}$$

40. (a) F = 事件“抛掷的是均匀硬币”；U = 事件“抛掷的是两面都是正面的硬币”

$$P(F|H) = \frac{P(H|F)P(F)}{P(H|F)P(F) + P(H|U)P(U)} = \frac{\frac{1}{2}\times\frac{1}{2}}{\frac{1}{2}\times\frac{1}{2} + 1\times\frac{1}{2}} = \frac{\frac{1}{4}}{\frac{3}{4}} = \frac{1}{3}$$

(b) $$P(F|HH) = \frac{P(HH|F)P(F)}{P(HH|F)P(F) + P(HH|U)P(U)} = \frac{\frac{1}{4}\times\frac{1}{2}}{\frac{1}{4}\times\frac{1}{2} + 1\times\frac{1}{2}} = \frac{\frac{1}{8}}{\frac{5}{8}} = \frac{1}{5}$$

(c) $$P(F|HHT) = \frac{P(HHT|F)P(F)}{P(HHT|F)P(F) + P(HHT|U)P(U)}$$

$$= \frac{P(HHT|F)P(F)}{P(HHT|F)P(F) + 0} = 1$$

由于均匀硬币是唯一可能出现反面的.

43. 将芙洛有蓝眼睛基因这一事件记为 B. 因约和乔两人都有一个蓝眼睛基因, 记 X 为他们的女儿的蓝眼睛基因数, 就得出

$$P(B) = P(X = 1|X < 2) = \frac{1/2}{3/4} = 2/3$$

因此, 对芙洛的女儿是蓝眼睛这一事件 C, 我们有

$$P(C) = P(CB) = P(B)P(C|B) = 1/3$$

45. 令 B_i = 事件 "第 i 次是黑球"; R_i = 事件 "第 i 次是红球"

$$P(B_1|R_2) = \frac{P(R_2|B_1)P(B_1)}{P(R_2|B_1)P(B_1) + P(R_2|R_1)P(R_1)}$$

$$= \frac{\frac{r}{b+r+c} \cdot \frac{b}{b+r}}{\frac{r}{b+r+c} \cdot \frac{b}{b+r} + \frac{r+c}{b+r+c} \cdot \frac{r}{b+r}}$$

$$= \frac{rb}{rb + (r+c)r} = \frac{b}{b+r+c}$$

48. 令 C 是事件 "随机地选取一个有车的家庭", 且令 H 是事件 "随机地选取一个有房子的家庭".

$$P(CH^c) = P(C) - P(CH) = 0.6 - 0.2 = 0.4$$

和

$$P(C^cH) = P(H) - P(CH) = 0.3 - 0.2 = 0.1$$

给出结果

$$P(CH^c) + P(C^cH) = 0.5$$

第 2 章

4. (i) 1, 2, 3, 4, 5, 6. (ii) 1, 2, 3, 4, 5, 6. (iii) 2, 3, $\cdots$,11, 12. (iv) -5, 4, $\cdots$,4, 5.

11. $\binom{4}{2}\left(\frac{1}{2}\right)^2\left(\frac{1}{2}\right)^2 = \frac{3}{8}$.

16. $1 - (0.95)^{52} - 52(0.95)^{51}(0.05)$.

18. (a)

$$P(X_i = x_i, i = 1, \cdots, r-1|X_r = j)$$

$$= \frac{P(X_i = x_i, i = 1, \cdots, r-1, X_r = j)}{P(X_i = j)}$$

$$= \frac{\frac{n!}{x_1!\cdots x_{r-1}!j!}p_1^{x_1}\cdots p_{r-1}^{x_{r-1}}p_r^j}{\frac{n!}{j!(n-j)!}p_r^j(1-p_r)^{(n-j)}}$$

$$= \frac{(b-j)!}{x_1!\cdots x_{r-1}!}\prod_{i=1}^{r-1}\left(\frac{pi}{1-p_r}\right)^{x_i}$$

(b) 在给定 $X_r = j$ 时, 关于 $(X_1, \cdots, X_{r-1})$ 的条件分布参数是 $n-j, \dfrac{p_i}{1-p_r}, i=1,\cdots,r-1.$

(c) 上面陈述的正确性在于, 因为给定 $x_r = j$, 在不出现结果 r 的 $n-j$ 个结果中, 出现结果 i 的概率是 $\dfrac{p_i}{1-p_r}, i=1,\cdots,r-1.$

23. 为了 X 等于 n, 前 $n-1$ 次抛掷中必须有 $r-1$ 次正面, 而且第 n 次落下的必须是正面. 利用独立性, 所求的概率是

$$\binom{n-1}{r-1}p^{r-1}(1-p)^{n-r}\times p$$

27. $$\begin{aligned}\mathrm{P}\{\text{正面的数目相同}\} &= \sum_i \mathrm{P}\{A=i, B=i\}\\ &=\sum_i \binom{k}{i}\left(\frac{1}{2}\right)^k\binom{n-k}{i}\left(\frac{1}{2}\right)^{n-k}\\ &=\sum_i \binom{k}{i}\binom{n-k}{i}\left(\frac{1}{2}\right)^n\\ &=\sum_i \binom{k}{k-i}\binom{n-k}{i}\left(\frac{1}{2}\right)^n=\binom{n}{k}\left(\frac{1}{2}\right)^n\end{aligned}$$

另一种推理如下:

$$\begin{aligned}&\mathrm{P}\{\#(A\text{ 正面})=\#(B\text{ 正面})\}\\ =&\mathrm{P}\{\#(A\text{ 反面})=\#(B\text{ 正面})\} \quad \text{因为硬币是均匀的}\\ =&\mathrm{P}\{k-\#(A\text{ 正面})=\#(B\text{ 正面})\}\\ =&\mathrm{P}\{\text{正面总数}=k\}\end{aligned}$$

38. $c=2,\quad \mathrm{P}\{X>2\}=\int_2^\infty 2\mathrm{e}^{-2x}\mathrm{d}x=\mathrm{e}^{-4}$

47. 如果试验 i 成功, 令 X_i 为 1, 否则令 X_i 为 0.

(a) 最大值是 0.6. 如果 $X_1=X_2=X_3$, 那么

$$1.8=\mathrm{E}[X]=3\mathrm{E}[X_1]=3\mathrm{P}\{X_1=1\}$$

所以 $\mathrm{P}\{X=3\}=\mathrm{P}\{X_1=1\}=0.6$. 这是最大值可以由马尔可夫不等式得出

$$\mathrm{P}\{X\geqslant 3\}\leqslant \mathrm{E}[X]/3=0.6$$

(b) 最小值是 0. 对此构造一个 $\mathrm{P}\{X=3\}=0$ 的概率场景, 令 U 是 (0, 1) 上的均匀随机变量, 并且定义

$$X_1=\begin{cases}1, & \text{若 } U\leqslant 0.6\\ 0, & \text{其他}\end{cases}$$

$$X_2=\begin{cases}1, & \text{若 } U\geqslant 0.4\\ 0, & \text{其他}\end{cases}$$

$$X_3=\begin{cases}1, & \text{若 } U\leqslant 0.3 \text{ 或 } U\geqslant 0.7\\ 0, & \text{其他}\end{cases}$$

容易看出

$$\mathrm{P}\{X_1=X_2=X_3=1\}=0$$

48. 如果 X 是非负随机变量, g 是可微函数且 $g(0)=0$, 那么

$$\mathrm{E}[g(X)]=\int_0^{\infty}\mathrm{P}(X>t)g'(t)\mathrm{d}t$$

令 f 是 X 的概率密度函数. 证明这个结果的一个方法是用分部积分法 $(\mathrm{d}v=g'(t)\mathrm{d}t, u=\mathrm{P}(X>t))$ 得到

$$\int_0^{\infty}\mathrm{P}(X>t)g'(t)\mathrm{d}t=-f(t)g(t)\Big|_0^{\infty}+\int_0^{\infty}g(t)f(t)\mathrm{d}t=\mathrm{E}[g(X)]$$

另一个方法是令 $I(t)$ 是事件 $X>t$ 的示性函数. 那么

$$g(X)=\int_0^{X}g'(t)\mathrm{d}t=\int_0^{\infty}I(t)g'(t)\mathrm{d}t$$

现在在等式两边取期望就得到结果.

49. $\mathrm{E}[X^2]-(\mathrm{E}[X])^2=\mathrm{Var}(X)=\mathrm{E}[(X-\mathrm{E}[X])^2]\geqslant 0$, 等号成立当 $\mathrm{Var}(X)=0$, 即 X 是常数.

64. 对于匹配问题, 令 $X=X_1+\cdots+X_N$, 其中

$$X_i=\begin{cases}1, & \text{若第 } i \text{ 人选到自己的帽子}\\ 0, & \text{其他情形}\end{cases}$$

我们得到

$$\mathrm{Var}(X)=\sum_{i=1}^{N}\mathrm{Var}(X_i)+2\sum\sum_{i<j}\mathrm{Cov}(X_i,X_j)$$

由于 $\mathrm{P}\{X_i=1\}=1/N$, 我们有

$$\mathrm{Var}(X_i)=\frac{1}{N}\left(1-\frac{1}{N}\right)=\frac{N-1}{N^2}$$

同时

$$\mathrm{Cov}(X_i,X_j)=\mathrm{E}[X_iX_j]-\mathrm{E}[X_i]\mathrm{E}[X_j]$$

现在

$$X_iX_j=\begin{cases}1, & \text{若第 } i \text{ 人和第 } j \text{ 人都选到自己的帽子}\\ 0, & \text{其他情形}\end{cases}$$

从而

$$\begin{aligned}\mathrm{E}[X_iX_j]&=\mathrm{P}\{X_i=1,X_j=1\}\\&=\mathrm{P}\{X_i=1\}P\{X_j=1|X_i=1\}=\frac{1}{N}\frac{1}{N-1}\end{aligned}$$

因此

$$\mathrm{Cov}(X_i,X_j)=\frac{1}{N(N-1)}-\left(\frac{1}{N}\right)^2=\frac{1}{N^2(N-1)}$$

且

$$\begin{aligned}\mathrm{Var}(X)&=\frac{N-1}{N}+2\binom{N}{2}\frac{1}{N^2(N-1)}\\&=\frac{N-1}{N}+\frac{1}{N}=1\end{aligned}$$

65. (a) $\binom{5}{3}p_2^3(1-p_2)^2$, 其中 $p_2=\mathrm{e}^{-2}2^2/2!=2\mathrm{e}^{-2}$

(b) $\mathrm{e}^{-4}4^6/6!$

(c) e^{-2p}

66. 将事件 $X_i \in A_i(i=1,\cdots,n)$ 记为 B_i, 我们有

$$\mathrm{P}(B_1\cdots B_n)=\mathrm{P}(B_1)\prod_{i=2}^{n}\mathrm{P}(B_i|B_1\cdots B_{i-1})=\mathrm{P}(B_1)\prod_{i=2}^{n}P(B_i)$$

71. 参见第 5 章 5.2.3 节. 另一种方法是用矩母函数. n 个参数为 λ 的独立指数随机变量和的矩母函数等于它们的矩母函数的乘积, 也就是 $[\lambda/(\lambda-t)]^n$. 而这正是参数为 n 和 λ 的伽马随机变量的矩母函数.

72. 令 $X_i(i\geqslant 1)$ 是均值 100 和方差 100 的独立正态随机变量.

(a) 因为 $P(X_i<115)=P(Z<1.5)=0.9332$, 其中 Z 为标准正态变量, 所求的概率是 $1-(0.9332)^5\approx 0.2923$.

(b) 因为 $S=X_1+\cdots+X_5$ 是均值 500 和方差 500 的独立正态随机变量.

$$\mathrm{P}(S>530)=\mathrm{P}(Z>\frac{30}{\sqrt{500}})\approx 0.0901$$

73. (a) $P(S_{i,j})=1/365$

(b) 和 (c) 是

(d) 否

(e) 成功次数近似地是均值为 $\binom{n}{2}/365$ 的泊松分布. 因此

$$\mathrm{P}(A)=\mathrm{P}(0\text{ 个成功})\approx \mathrm{e}^{-n(n-1)/730}$$

(f) $\mathrm{e}^{-23\times 22/730}\approx 0.5$

74. $\mathrm{E}[\mathrm{e}^{-uX}]=\sum_n \mathrm{e}^{-un}\mathrm{e}^{-\lambda}\lambda^n/n!=\mathrm{e}^{-\lambda}\sum_n(\lambda\mathrm{e}^{-u})^n/n!=\mathrm{e}^{\lambda(\mathrm{e}^{-u}-1)}$

80. 令 X_i 表示均值为 1 的泊松随机变量. 那么

$$\mathrm{P}\left\{\sum_1^n X_i\leqslant n\right\}=\mathrm{e}^{-n}\sum_{k=0}^{n}\frac{n^k}{k!}$$

但是对很大的 n, $\sum_1^n X_i-n$ 近似地有均值为 0 的正态分布, 所以结论成立.

85. (a) 利用 $\mathrm{Var}(W/\sigma_W)=1$, 结合和的方差公式, 得出

$$2+2\frac{\mathrm{Cov}(X,Y)}{\sigma_X\sigma_Y}\geqslant 0$$

(b) 由 $\mathrm{Var}(X/\sigma_X-Y/\sigma_Y)\geqslant 0$, 再如 (a) 部分一样进行.

(c) 两边平方导致这个不等式等价于

$$\mathrm{Var}(X+Y)\leqslant \mathrm{Var}(X)+\mathrm{Var}(Y)+2\sigma_X\sigma_Y$$

或用和的方差公式得到

$$\mathrm{Cov}(X,Y)\leqslant \sigma_X\sigma_Y$$

这正是 (b) 部分.

86. 将处理第 i 本书需要的时间记为 X_i. 对标准正态变量 Z 有

(a) $\mathrm{P}\left(\sum_{i=1}^{40} X_i > 420\right) \approx \mathrm{P}\left(Z > \frac{420-400}{\sqrt{9\times 40}}\right)$

(b) $\mathrm{P}\left(\sum_{i=1}^{25} X_i < 240\right) \approx \mathrm{P}\left(Z < \frac{240-250}{\sqrt{9\times 25}}\right) = \mathrm{P}(Z > 2/3)$

87. (a) $\mathrm{P}(Z^2 \leqslant x) = \mathrm{P}(-\sqrt{x} < Z < \sqrt{x})$

$$= F_Z(\sqrt{x}) - F_Z(-\sqrt{x})$$

求微商, 得出

$$f_{Z^2}(x) = \frac{1}{2}x^{-1/2}[f_Z(\sqrt{x}) + f_Z(-\sqrt{x})] = \frac{1}{\sqrt{2\pi}}x^{-1/2}\mathrm{e}^{-x/2}$$

(b) n 个参数为 (1/2,1/2) 的独立伽马随机变量的和是参数为 (n/2,1/2) 的伽马随机变量.

第 3 章

2. 直观地第一次正面似乎等可能地发生在试验 $1,\cdots,n-1$ 中的任意一次. 就是说, 直观地

$$\mathrm{P}\{X_1 = i|X_1+X_2=n\} = \frac{1}{n-1}, \quad i=1,\cdots,n-1$$

正式地,

$$\begin{aligned}\mathrm{P}\{X_1 = i|X_1+X_2=n\} &= \frac{\mathrm{P}\{X_1=i, X_1+X_2=n\}}{\mathrm{P}\{X_1+X_2=n\}}\\ &= \frac{\mathrm{P}\{X_1=i, X_2=n-i\}}{\mathrm{P}\{X_1+X_2=n\}}\\ &= \frac{p(1-p)^{i-1}p(1-p)^{n-i-1}}{\binom{n-1}{1}p(1-p)^{n-2}p}\\ &= \frac{1}{n-1}\end{aligned}$$

在上面例数第二个等式给分子赋值时利用了 X_1 和 X_2 的独立性, 给分母赋值时 X_1+X_2 有负二项分布.

6.

$$\begin{aligned}p_{X/Y}(1|3) &= \frac{\mathrm{P}\{X=1, Y=3\}}{\mathrm{P}\{Y=3\}}\\ &= \frac{\mathrm{P}\{1\text{ 白},\ 3\text{ 黑},\ 2\text{ 红}\}}{\mathrm{P}}\{3\text{ 黑}\}\\ &= \frac{\frac{6!}{1!3!2!}\left(\frac{3}{14}\right)^1\left(\frac{5}{14}\right)^3\left(\frac{6}{14}\right)^2}{\frac{6!}{3!3!}\left(\frac{5}{14}\right)^3\left(\frac{9}{14}\right)^3}\\ &= \frac{4}{9}\end{aligned}$$

$$p_{X|Y}(0|3) = \frac{8}{27}$$

$$p_{X|Y}(2|3) = \frac{2}{9}$$

$$p_{X|Y}(3|3) = \frac{1}{27}$$

$$\mathrm{E}[X|Y=1] = \frac{5}{3}$$

13. 给定 $X>1$ 时 X 的条件密度是

$$f_{X|X>1}(X)=\frac{f(x)}{\mathrm{P}\{X>1\}}=\frac{\lambda\mathrm{e}^{-\lambda x}}{\mathrm{e}^{-\lambda}},\quad 当\ x>1$$

用分部积分得

$$\mathrm{E}[X|X>1]=\mathrm{e}^{\lambda}\int_1^{\infty}x\lambda\mathrm{e}^{-\lambda x}\mathrm{d}x=1+1/\lambda$$

最后的结果也立刻由指数随机变量缺乏记忆的性质得到.

19.
$$\begin{aligned}\int\mathrm{E}[X|Y=y]f_Y(y)\mathrm{d}y&=\int\int xf_{X|Y}(x|y)\mathrm{d}xf_Y(y)\mathrm{d}y\\&=\int\int x\frac{f(x,y)}{f_Y(y)}\mathrm{d}xf_Y(y)\mathrm{d}y\\&=\int x\int f(x,y)\mathrm{d}y\mathrm{d}x\\&=\int xf_X(x)\mathrm{d}x\\&=\mathrm{E}[X]\end{aligned}$$

23. 以 X 记正面首次出现的时间. 我们通过取条件于 X 后的两次抛掷得到 $\mathrm{E}[N|X]$ 的一个方程. 它给出

$$\mathrm{E}[N|X]=\mathrm{E}[N|X,h,h]p^2+\mathrm{E}[N|X,h,t]pq+\mathrm{E}[N|X,t,h]pq+\mathrm{E}[N|X,t,t]q^2$$

其中 $q=1-p$. 现在

$$\mathrm{E}[N|X,h,h]=X+1,\quad \mathrm{E}[N|X,h,t]=X+1$$

$$\mathrm{E}[N|X,t,h]=X+2,\quad \mathrm{E}[N|X,t,t]=X+2+\mathrm{E}[N]$$

代回去给出

$$\mathrm{E}[N|X]=(X+1)(p^2+pq)+(X+2)pq+(X+2+\mathrm{E}[N])q^2$$

取期望, 并且用 X 是均值为 $1/p$ 的几何随机变量的事实, 我们得到

$$\mathrm{E}[N]=1+p+q+2pq+q^2/p+2q^2+q^2\mathrm{E}[N]$$

解出 $\mathrm{E}[N]$ 得

$$\mathrm{E}[N]=\frac{2+2q+q^2/p}{1-q^2}$$

41. 取条件于任意一个工人是否胜任, 然后用对称性. 就推出

$$\mathrm{P}(1)=\mathrm{P}(1|有人胜任)\mathrm{P}(有人胜任)=\frac{1}{n}[1-(1-p)^n]$$

42. (a)

$$\begin{aligned}\mathrm{E}[\mathrm{e}^{tX^2}]&=\frac{1}{\sqrt{2\pi}}\int_{-\infty}^{\infty}\mathrm{e}^{tx^2}\mathrm{e}^{-(x-\mu)^2/2}\mathrm{d}x\\&=\frac{1}{\sqrt{2\pi}}\int_{-\infty}^{\infty}\exp\{-(x^2-2\mu x+\mu^2-2tx^2)/2\}\mathrm{d}x\\&=\frac{1}{\sqrt{2\pi}}\mathrm{e}^{-\mu^2/2}\int_{-\infty}^{\infty}\exp\{-(x^2(1-2t)-2\mu x)/2\}\mathrm{d}x\end{aligned}$$

因此令 $\sigma^2 = \dfrac{1}{1-2t}$ 得

$$\mathrm{E}[\mathrm{e}^{tX^2}] = \frac{1}{\sqrt{2\pi}}\mathrm{e}^{-\mu^2/2}\int_{-\infty}^{\infty}\exp\{-(x^2-2\sigma^2\mu x)/2\sigma^2\}\mathrm{d}x$$

用

$$x^2-2\sigma^2\mu x = (x-\sigma^2\mu)^2-\mu^2\sigma^4$$

我们有

$$\begin{aligned}
\mathrm{E}[\mathrm{e}^{tX^2}] &= \mathrm{e}^{-\mu^2/2+\mu^2\sigma^2/2}\frac{1}{\sqrt{2\pi}}\int_{-\infty}^{\infty}\exp\{-(x-\sigma^2\mu)^2/2\sigma^2\}\mathrm{d}x \\
&= \mathrm{e}^{-(1-\sigma^2)\mu^2/2}\frac{1}{\sqrt{2\pi}}\int_{-\infty}^{\infty}\exp\{-y^2/2\sigma^2\}\mathrm{d}y \\
&= \sigma\mathrm{e}^{-(1-\sigma^2)\mu^2/2} \\
&= (1-2t)^{-1/2}\exp\left\{-\left(1-\frac{1}{1-2t}\right)\mu^2/2\right\} \\
&= (1-2t)^{-1/2}\mathrm{e}^{\frac{t\mu^2}{1-2t}}
\end{aligned}$$

(b)

$$\mathrm{E}\left[\exp\left\{t\sum_{i=1}^{n}X_i^2\right\}\right] = \prod_{i=1}^{n}\mathrm{E}[\mathrm{e}^{tX_i^2}] = (1-2t)^{-n/2}\exp\left\{\frac{t}{1-2t}\sum_{i=1}^{n}\mu_i^2\right\}$$

(c)

$$\begin{aligned}
&\frac{\mathrm{d}}{\mathrm{d}t}(1-2t)^{-n/2} = n(1-2t)^{-n/2-1} \\
&\frac{\mathrm{d}^2}{\mathrm{d}t^2}(1-2t)^{-n/2} = 2n(n/2+1)(1-2t)^{-n/2-2}
\end{aligned}$$

因此, 如果 χ_n^2 是自由度为 n 的卡方随机变量, 那么计算上式在 $t=0$ 的值可得

$$\mathrm{E}[\chi_n^2] = n, \qquad \mathrm{Var}(\chi_n^2) = n^2+2n-n^2 = 2n$$

(d) 取条件于 K 可得

$$\begin{aligned}
\mathrm{E}[\mathrm{e}^{tW}] &= \sum_{k=0}^{\infty}\mathrm{E}[\mathrm{e}^{tW}|K=k]\mathrm{e}^{-\theta/2}(\theta/2)^k/k! \\
&= \sum_{k=0}^{\infty}(1-2t)^{-(n+2k)/2}\mathrm{e}^{-\theta/2}(\theta/2)^k/k! \\
&= (1-2t)^{-n/2}\mathrm{e}^{-\theta/2}\sum_{k=0}^{\infty}(1-2t)^{-k}(\theta/2)^k/k! \\
&= (1-2t)^{-n/2}\mathrm{e}^{-\theta/2}\sum_{k=0}^{\infty}\left(\frac{\theta}{2(1-2t)}\right)^k\bigg/k! \\
&= (1-2t)^{-n/2}\exp\left\{-\frac{\theta}{2}+\frac{\theta}{2(1-2t)}\right\} \\
&= (1-2t)^{-n/2}\exp\left\{\frac{t\theta}{1-2t}\right\}
\end{aligned}$$

因为上式是参数为 n 和 θ 的非中心卡方随机变量的矩母函数, 而矩母函数唯一地确定了分布, 结果得证.

(e) 从前述可得

$$\mathrm{E}[W|K=k]=\mathrm{E}[\chi^2_{n+2k}]=n+2k$$
$$\mathrm{Var}(W|K=k)=\mathrm{Var}(\chi^2_{n+2k})=2n+4k$$

因此

$$\mathrm{E}[W]=\mathrm{E}[\mathrm{E}[W|K]]=\mathrm{E}[n+2K]=n+2\mathrm{E}[K]=n+\theta$$

由条件方差公式得

$$\mathrm{Var}(W)=\mathrm{E}[2n+4K]+\mathrm{Var}(n+2K)=2n+2\theta+2\theta=2n+4\theta$$

43. 对 $I=I\{Y\in A\}$ 有

$$\mathrm{E}[XI]=\mathrm{E}[XI|I=1]\mathrm{P}\{I=1\}+\mathrm{E}[XI|I=0]\mathrm{P}\{I=0\}=\mathrm{E}[X|I=1]\mathrm{P}\{I=1\}$$

47.

$$\begin{aligned}\mathrm{E}[X^2Y^2|X]&=X^2\mathrm{E}[Y^2|X]\\&\geqslant X^2(\mathrm{E}[Y|X])^2=X^2\end{aligned}$$

不等式成立是由于对于任意随机变量 $U, \mathrm{E}[U^2]\geqslant(\mathrm{E}[U])^2$, 而且当取条件于某个其他随机变量 X 时仍然正确. 取期望于上式表明

$$\mathrm{E}[(XY)^2]\geqslant\mathrm{E}[X^2]$$

因为

$$\mathrm{E}[XY]=\mathrm{E}[\mathrm{E}[XY|X]]=\mathrm{E}[X\mathrm{E}[Y|X]]=\mathrm{E}[X]$$

就得到结果.

53.

$$\begin{aligned}\mathrm{P}\{X=n\}&=\int_0^\infty \mathrm{P}\{X=n|\lambda\}\mathrm{e}^{-\lambda}\mathrm{d}\lambda\\&=\int_0^\infty \frac{\mathrm{e}^{-\lambda}\lambda^n}{n!}\mathrm{e}^{-\lambda}\mathrm{d}\lambda\\&=\int_0^\infty \mathrm{e}^{-2\lambda}\lambda^n\frac{\mathrm{d}\lambda}{n!}\\&=\int_0^\infty \mathrm{e}^{-t}t^n\frac{\mathrm{d}t}{n!}\left(\frac{1}{2}\right)^{n+1}\end{aligned}$$

因为 $\int_0^\infty \mathrm{e}^{-t}t^n\mathrm{d}t=\Gamma(n+1)=n!$, 所以就得到所需结果.

54. (a) $P_k=p^{k-1}$, 这因为, 若在首次成功后立刻跟着 $k-1$ 次连续的成功, 则 $X=k$.

(b) 若 $n<k$, 则 $P_n=0$

$$P_k=\sum_{i=1}^{k}p^{i-1}(1-p)P_{k-i+1}+p^k$$

$$P_n=\sum_{i=1}^{k}p^{i-1}(1-p)P_{n-i+1},\ n>k$$

(c) $P_k=p^0(1-p)P_k+p^k$

(d) $P_3=.6^2=.36$

$P_4=.4P_4+.24P_3\Rightarrow P_4=.144$

$P_5=.4P_5+.24P_4+.144P_3\Rightarrow P_5=.144$

$$P_6 = .4P_6 + .24P_5 + .144P_4 \Rightarrow P_6 = .64(.144)$$
$$P_7 = .4P_7 + .24P_6 + .144P_5 \Rightarrow P_7 = .4(.144)$$
$$P_8 = .4P_8 + .24P_7 + .144P_6 \Rightarrow P_8 = (1.96)(.144)(.16) = 0.0451584$$

55. 取条件于在一列试验中首次有 $k-1$ 次成功的结果, 就得出

$$M_k = M_{k-1} + p(1) + (1-p)M_k$$

因此, $M_k = 1 + \frac{1}{p}M_{k-1}$, 令 $\alpha = 1/p$, 推得

$$\begin{aligned} M_k &= 1 + \alpha(1 + \alpha M_{k-2}) \\ &= 1 + \alpha + \alpha^2 M_{k-2} \\ &= 1 + \alpha + \alpha^2 + \alpha^3 M_{k-3} \\ &= \sum_{i=0}^{k-1} \alpha^i \end{aligned}$$

58. (a) r/λ.

(b) $\mathrm{E}[\mathrm{Var}(N|Y) + \mathrm{Var}(\mathrm{E}[N|Y])] = \mathrm{E}[Y] + \mathrm{Var}(Y) = \frac{r}{\lambda} + \frac{r}{\lambda^2}$.

(c) 用 $p = \frac{\lambda}{\lambda+1}$ 可推出

$$\begin{aligned} \mathrm{P}(N=n) &= \int \mathrm{P}(N=n|Y=y) f_Y(y)\mathrm{d}y \\ &= \int \mathrm{e}^{-y}\frac{y^n}{n!}\frac{\lambda \mathrm{e}^{-\lambda y}(\lambda y)^{r-1}}{(r-1)!}\mathrm{d}y \\ &= \frac{\lambda^r}{n!(r-1)!}\int \mathrm{e}^{-(\lambda+1)y} y^{n+r-1}\mathrm{d}y \\ &= \frac{\lambda^r}{n!(r-1)!(\lambda+1)^{n+r}}\int \mathrm{e}^{-x}x^{n+r-1}\mathrm{d}x \\ &= \frac{\lambda^r(n+r-1)!}{n!(r-1)!(\lambda+1)^{n+r}} \\ &= \binom{n+r-1}{r-1} p^r(1-p)^n \end{aligned}$$

(d) 当每次试验独立地以概率 p 成功时, 在第 r 次成功前的失败次数和 $X-r$ 同分布, 其中 X 等于直至第 r 次成功的试验次数, 是负二项随机变量. 因此

$$\mathrm{P}(X-r=n) = \mathrm{P}(X=n+r) = \binom{n+r-1}{r-1} p^r(1-p)^n$$

60. (a) 直观地 $f(p)$ 对 p 递增, 因为 p 越大, 第一个玩越有利.

(b) 1.

(c) 1/2, 由于第一个玩的优势变成为 0.

(d) 取条件于首次抛掷的结果:

$$\begin{aligned} f(p) &= \mathrm{P}\{\text{第一个玩家赢} \mid \text{正面}\}p + \mathrm{P}\{\text{第一个玩家赢} \mid \text{反面}\}(1-p) \\ &= p + [1-f(p)](1-p) \end{aligned}$$

所以

$$f(p) = \frac{1}{2-p}$$

67. 证明部分 (a) 只要注意到在前 n 次抛掷中, 一个 j 次连续正面的连贯可以出现在两种相互排斥的途经. 或者在前 $n-1$ 次抛掷中存在 j 次连续正面的连贯; 或者在前 $n-j-1$ 次抛掷中没有 j 次连续正面的连贯, 第 $n-j$ 次不是正面, 并且从 $n-j+1$ 次到第 n 次都是正面.

令 A 是在前 $n(n \geqslant j)$ 次抛掷中发生一个 j 次连续正面连贯的事件. 取条件于首次出现非正面时的试验次数 X 得出

$$\begin{aligned}
\mathrm{P}_j(n) &= \sum_k \mathrm{P}(A|X=k)p^{k-1}(1-p) \\
&= \sum_{k=1}^{j} \mathrm{P}(A|X=k)p^{k-1}(1-p) + \sum_{k=j+1}^{\infty} \mathrm{P}(A|X=k)p^{k-1}(1-p) \\
&= \sum_{i=1}^{j} \mathrm{P}_j(n-k)p^{k-1}(1-p) + \sum_{k=j+1}^{\infty} p^{k-1}(1-p) \\
&= \sum_{i=1}^{j} \mathrm{P}_j(n-k)p^{k-1}(1-p) + p^j
\end{aligned}$$

73. 取条件于超过 100 之前的和的值. 在所有的情形最可能的值是 101. (例如, 如果和的值是 98. 那么最后的和可能是 101、102、103 或 104. 如果超过 100 之前的和的值是 95, 那么最后的和肯定是 101.)

93. (a) 由对称性, 对于 $(T_1, \cdots, T_m)$ 的任意值, 随机向量 $(I_1, \cdots, I_m)$ 等可能地是 $m!$ 个排列中的任意一个.

(b)

$$\begin{aligned}
\mathrm{E}[N] &= \sum_{i=1}^{m} \mathrm{E}[N|X=i]\mathrm{P}\{X=i\} \\
&= \frac{1}{m}\sum_{i=1}^{m} \mathrm{E}[N|X=i] \\
&= \frac{1}{m}\left(\sum_{i=1}^{m-1}(\mathrm{E}[T_i]+\mathrm{E}[N]) + \mathrm{E}[T_{m-1}]\right)
\end{aligned}$$

其中最后的等式用了 X 与 T_i 的独立性. 所以

$$\mathrm{E}[N] = \mathrm{E}[T_{m-1}] + \sum_{i=1}^{m-1} \mathrm{E}[T_i]$$

(c)

$$\mathrm{E}[T_i] = \sum_{j=1}^{i} \frac{m}{m+1-j}$$

(d)

$$\mathrm{E}[N] = \sum_{j=1}^{m-1} \frac{m}{m+1-j} + \sum_{i=1}^{m-1}\sum_{j=1}^{i} \frac{m}{m+1-j}$$

$$
\begin{aligned}
&=\sum_{j=1}^{m-1}\frac{m}{m+1-j}+\sum_{j=1}^{m-1}\sum_{i=j}^{m-1}\frac{m}{m+1-j}\\
&=\sum_{j=1}^{m-1}\frac{m}{m+1-j}+\sum_{j=1}^{m-1}\frac{m(m-j)}{m+1-j}\\
&=\sum_{j=1}^{m-1}\left(\frac{m}{m+1-j}+\frac{m(m-j)}{m+1-j}\right)\\
&=m(m-1)
\end{aligned}
$$

97. 令 X 是参数为 p 的几何随机变量. 为了计算 $\mathrm{Var}(X)$, 我们用条件方差公式, 取条件于第一次试验的结果. 如果第一次试验是成功, 令 $I=1$, 否则令 $I=0$. 如果 $I=1$, 那么 $X=1$. 因为常量的方差是 0, 所以

$$\mathrm{Var}(X|I=1)=0$$

另一方面, 如果 $I=0$, 那么在 $I=0$ 下 X 的条件分布与参数为 p 的几何随机变量 (为了获得成功需增加的试验次数) 加 1(第一次试验) 的无条件分布相同. 因此由

$$\mathrm{Var}(X|I=0)=\mathrm{Var}(X)$$

可得

$$\mathrm{E}[\mathrm{Var}(X|I)]=\mathrm{Var}(X|I=1)\mathrm{P}\{I=1\}+\mathrm{Var}(X|I=0)\mathrm{P}\{I=0\}=(1-p)\mathrm{Var}(X)$$

类似地,

$$\mathrm{E}[X|I=1]=1,\quad \mathrm{E}[X|I=0]=1+\mathrm{E}[X]=1+\frac{1}{p}$$

上式可以写成

$$\mathrm{E}[X|I]=1+\frac{1}{p}(1-I)$$

从而

$$\mathrm{Var}(\mathrm{E}[X|I])=\frac{1}{p^2}\mathrm{Var}(I)=\frac{1}{p^2}p(1-p)=\frac{1-p}{p}$$

由条件方差公式可得

$$\mathrm{Var}(X)=\mathrm{E}[\mathrm{Var}(X|I)]+\mathrm{Var}(\mathrm{E}[X|I])=(1-p)\mathrm{Var}(X)+\frac{1-p}{p}$$

因此

$$\mathrm{Var}(X)=\frac{1-p}{p^2}$$

98. $\mathrm{E}[NS]=\mathrm{E}[\mathrm{E}[NS|N]]=\mathrm{E}[NE[S|N]]=\mathrm{E}[N^2\mathrm{E}[X]]=\mathrm{E}[X]\mathrm{E}[N^2]$. 因此

$$\mathrm{Cov}(N,S)=\mathrm{E}[X]\mathrm{E}[N^2]-(\mathrm{E}[N])^2\mathrm{E}[X]=\mathrm{E}[X]\mathrm{Var}(N)$$

99. (a) p^k.

(b) 要使 $N=k+r$, 模式不能在前 $r-1$ 次试验中发生, 第 r 次试验必须是失败, 且第 $r+1,\cdots,r+k$ 次试验必须都是成功.

(c) $1-\mathrm{P}\{N=k\}=\sum_{r=1}^{\infty}\mathrm{P}\{N=k+r\}=\sum_{r=1}^{\infty}\mathrm{P}\{N>r-1\}qp^k=\mathrm{E}[N]qp^k$

第 4 章

1.
$$P_{01}=1,\ \ P_{10}=\frac{1}{9},\ \ P_{21}=\frac{4}{9},\ \ P_{32}=1$$
$$P_{11}=\frac{4}{9},\ \ P_{22}=\frac{4}{9},\ \ P_{12}=\frac{4}{9},\ \ P_{23}=\frac{1}{9}$$

4. 令状态空间是 $s=\{0,1,2,\bar{0},\bar{1},\bar{2}\}$, 其中状态 $i(\bar{i})$ 标志现在的值是 i, 且当天是偶 (奇) 数.

9. $P_{0,3}^{10}=0.5078$

16. 如果 P_{ij} 是 (严格地) 正的, 那么对于一切 n, P_{ji}^{n} 将是 0 (否则, i 和 j 将互通). 但是, 从 i 开始的过程有一个至少是 P_{ij} 的正概率绝不返回 i. 这与 i 的常返性矛盾. 因此 $P_{ij}=0$.

21. 转移概率是
$$P_{i,j}=\begin{cases}1-3\alpha, & 若\ j=i\\ \alpha, & 若\ j\neq i\end{cases}$$
由对称性
$$P_{ij}^{n}=\frac{1}{3}(1-P_{ii}^{n}),\quad j\neq i$$
所以, 我们用归纳法证明
$$P_{i,j}^{n}=\begin{cases}\dfrac{1}{4}+\dfrac{3}{4}(1-4\alpha)^{n}, & 若\ j=i\\ \dfrac{1}{4}-\dfrac{1}{4}(1-4\alpha)^{n}, & 若\ j\neq i\end{cases}$$
因为上式对于 $n=1$ 正确, 假定它对 n 成立. 为了完成归纳法证明, 我们需要证明
$$P_{i,j}^{n+1}=\begin{cases}\dfrac{1}{4}+\dfrac{3}{4}(1-4\alpha)^{n+1}, & 若\ j=i\\ \dfrac{1}{4}-\dfrac{1}{4}(1-4\alpha)^{n+1}, & 若\ j\neq i\end{cases}$$
现在
$$\begin{aligned}P_{i,i}^{n+1}&=P_{i,i}^{n}P_{i,i}+\sum_{j\neq i}P_{i,j}^{n}P_{j,i}\\&=\left(\frac{1}{4}+\frac{3}{4}(1-4\alpha)^{n}\right)(1-3\alpha)+3\left(\frac{1}{4}-\frac{1}{4}(1-4\alpha)^{n}\right)\alpha\\&=\frac{1}{4}+\frac{3}{4}(1-4\alpha)^{n}(1-3\alpha-\alpha)\\&=\frac{1}{4}+\frac{3}{4}(1-4\alpha)^{n+1}\end{aligned}$$
由对称性, 对于 $j\neq i$
$$P_{ij}^{n+1}=\frac{1}{3}(1-P_{ii}^{n+1})=\frac{1}{4}-\frac{1}{4}(1-4\alpha)^{n+1}$$
这就完成了归纳法.

在上式中, 令 $n\to\infty$, 或者用这个转移概率是双随机的, 或者只用对称性推理, 我们得到 $\pi_i=\dfrac{1}{4},\quad i=1,2,3,4.$

27. (a) 因为每一个个体在下一时段的状态只依赖于他当前的状态，而不依赖于更早时的状态，所以这是一个马尔可夫链.

(b) 如果 N 个个体中有 i 个目前是积极的，那么在下一时段积极的个体数是两个独立随机变量 R_i 与 B_i 之和，其中 R_i 是目前积极的 i 个个体中在下一时段依然积极的个体数，B_i 是目前消极的 $N-i$ 个个体中在下一时段变积极的个体数. 因为 R_i 是以 (i,α) 为参数的二项随机变量，B_i 是以 $(N-i,1-\beta)$ 为参数的二项随机变量，所以有

$$\mathrm{E}[X_n|X_{n-1}=i]=i\alpha+(N-i)(1-\beta)=N(1-\beta)+(\alpha+\beta-1)i$$

因此，由

$$\mathrm{E}[X_n|X_{n-1}]=N(1-\beta)+(\alpha+\beta-1)X_{n-1}$$

可得

$$\mathrm{E}[X_n]=N(1-\beta)+(\alpha+\beta-1)\mathrm{E}[X_{n-1}]$$

令 $a=N(1-\beta),b=\alpha+\beta-1$，由上式可得

$$\begin{aligned}\mathrm{E}[X_n]&=a+b\mathrm{E}[X_{n-1}]\\&=a+b(a+b\mathrm{E}[X_{n-2}])\\&=a+ba+b^2\mathrm{E}[X_{n-2}]\\&=a+ba+b^2a+b^3\mathrm{E}[X_{n-3}]\end{aligned}$$

继续这样就得到

$$\mathrm{E}[X_n]=a(1+b+\cdots+b^{n-1})+b^n\mathrm{E}[X_0]$$

因此

$$\mathrm{E}[X_n|X_0=i]=a(1+b+\cdots+b^{n-1})+b^ni$$

注意到，

$$\lim_{n\to\infty}\mathrm{E}[X_n]=\frac{a}{1-b}=N\frac{1-\beta}{2-\alpha-\beta}$$

(c) R_i 和 B_i 如前述定义，那么

$$\begin{aligned}P_{i,j}&=\mathrm{P}(R_i+B_i=j)\\&=\sum_k\mathrm{P}(R_i+B_i=j|R_i=k)\binom{i}{k}\alpha^i(1-\alpha)^{i-k}\\&=\sum_k\binom{N-i}{j-k}(1-\beta)^{j-k}\beta^{N-i-j+k}\binom{i}{k}\alpha^i(1-\alpha)^{i-k}\end{aligned}$$

其中若 $r<0$ 或 $r>m$，则 $\dbinom{m}{r}=0$.

(d) 假设 $N=1$. 用 1 代表积极，用 0 代表消极，极限概率满足

$$\begin{aligned}\pi_0&=\pi_0\beta+\pi_1(1-\alpha)\\\pi_1&=\pi_0(1-\beta)+\pi_1\alpha\\\pi_0+\pi_1&=1\end{aligned}$$

求解可得

$$\pi_1 = \frac{1-\beta}{2-\alpha-\beta}, \quad \pi_0 = \frac{1-\alpha}{2-\alpha-\beta}$$

现在考虑 N 个总体的情形. 因为在稳定状态每个个体将以概率 π_1 为积极, 又因为每一个个体的状态改变与其他成员是独立的, 所以稳定状态下积极的个体数有参数为 (N,π_1) 的二项分布. 因此恰有 j 个个体积极的长程时间比例是

$$\pi_j(N) = \binom{N}{j}\left(\frac{1-\beta}{2-\alpha-\beta}\right)^j\left(\frac{1-\alpha}{2-\alpha-\beta}\right)^{N-j}$$

注意到稳定状态下积极的期望个体数是 $\dfrac{N(1-\alpha)}{2-\alpha-\beta}$, 与 (b) 中一致.

32. 这是以开的开关个数为状态的 3 状态马尔可夫链. 长程比例的方程组是

$$\pi_0 = \frac{9}{16}\pi_0 + \frac{1}{4}\pi_1 + \frac{1}{16}\pi_2, \quad \pi_1 = \frac{3}{8}\pi_0 + \frac{1}{2}\pi_1 + \frac{3}{8}\pi_2, \quad \pi_0+\pi_1+\pi_2 = 1$$

这给出解

$$\pi_0 = \frac{2}{7}, \quad \pi_1 = \frac{3}{7}, \quad \pi_2 = \frac{2}{7}$$

38. (a) $0.4p + 0.6p^2$.

(b)$P^2_{2,1} + 2P^2_{2.2} = 0.32 + 1.36 = 1.68$.

(c)$\pi_1 p + \pi_2 p^2 = (1/3)p + (2/3)p^2$

39. (a) 得自对称性, 因为在任意状态有无穷多个比它小的状态, 也有无穷多个比它大的状态, 且在每一步等可能地向更大的相邻状态, 或向更小的相邻状态走一步.

(b) $\sum_i \pi_i = \sum_i \pi_1$. 若 $\pi_1 = 0$, 它是 0, 若 $\pi_1 > 0$, 它是 ∞.

(c) 因为 $\sum_i \pi_i = 1$ 无解, 我们可以得到结论 $\pi_i = \pi_1 = 0$, 因此这个链是零常返的.

40. 这个链是双随机的, 所以 $\pi_1 = 1/12$, 因此 $1/\pi_i = 12$.

41.

$$e_j = \sum_{i=0}^{j-1} \mathrm{P}(\text{从 } i \text{ 直接进入 } j) = \sum_{i=0}^{j-1} e_i P_{i,j}.$$

$$e_1 = 1/3$$

$$e_2 = 1/3 + 1/3(1/3) = 4/9$$

$$e_3 = 1/3 + 1/3(1/3) + 4/9(1/3) = 16/27$$

$$e_4 = 1/3(1/3) + 4/9(1/3) + 16/27(1/3) = 37/81$$

$$e_5 = 4/9(1/3) + 16/27(1/3) + 37/81(1/3) = 158/243$$

47. $\{Y_n, n \geqslant 1\}$ 是以 (i,j) 为状态的马尔可夫链.

$$P_{(i,j),(k,l)} = \begin{cases} 0, & \text{若 } j \neq k \\ P_{jl}, & \text{若 } j = k \end{cases}$$

其中 P_{jl} 是 $\{X_n\}$ 的转移概率.

$$\lim_{n\to\infty} \mathrm{P}\{Y_n = (i,j)\} = \lim_{n\to\infty} \mathrm{P}\{X_n = i, X_{n+1} = j\} = \lim_{n\to\infty} [\mathrm{P}\{X_n = i\}P_{ij}] = \pi_i P_{ij}$$

60. (a) 在给定初始状态 $i(i=1,2)$ 时, 状态 3 在状态 4 之前进入的概率记为 P_i. 然后, 取条件得出

$$P_1 = 0.4P_1 + 0.3P_2 + 0.2$$
$$P_2 = 0.2P_1 + 0.2P_2 + 0.2$$

由此推出 $P_1 = 11/21$.

(b) 将在状态 i 开始直至进入状态 3 或状态 4 时的平均转移次数记为 m_i. 那么

$$m_1 = 1 + 0.4m_1 + 0.3m_2$$
$$m_2 = 1 + 0.2m_1 + 0.2m_2$$

由它可得 $m_1 = 55/21$.

62. 容易验证平稳概率是 $\pi_i = \dfrac{1}{n+1}$. 因此返回到初始状态的平均时间是 $n+1$.

68. (a) $\sum_i \pi_i Q_{ij} = \sum_i \pi_j P_{ji} = \pi_j \sum_i P_{ji} = \pi_j$.

(b) 无论是跟踪时间向前方向的状态序列, 还是跟踪时间向后方向, 状态是 i 的时间比例是一样的.

第 5 章

5. $\mathrm{P}\{Y=n\} = \mathrm{P}\{n-1 < X < n\} = \mathrm{e}^{-\lambda(n-1)} - \mathrm{e}^{-\lambda n} = (\mathrm{e}^{-\lambda})^{n-1}(1-\mathrm{e}^{-\lambda})$

7.

$$\begin{aligned}
&\mathrm{P}\{X_1 < X_2 | \min(X_1, X_2) = t\} \\
&= \frac{\mathrm{P}\{X_1 < X_2, \min(X_1, X_2) = t\}}{\mathrm{P}\{\min(X_1, X_2) = t\}} \\
&= \frac{\mathrm{P}\{X_1 = t, X_2 > t\}}{\mathrm{P}\{X_1 = t, X_2 > t\} + \mathrm{P}\{X_2 = t, X_1 > t\}} \\
&= \frac{f_1(t)[1-F_2(t)]}{f_1(t)[1-F_2(t)] + f_2(t)[1-F_1(t)]}
\end{aligned}$$

分子分母同时除以 $[1-F_1(t)][1-F_2(t)]$ 就得到结果. (当然, f_i 和 F_i 是 X_i 的密度和分布函数, $i=1,2$). 为了使上面的推导严格, 应该在各处用 $\in (t, t+\varepsilon)$ 代替 "$=t$", 然后, 令 $\varepsilon \to 0$.

8. 速率 $\lambda + \mu$ 的指数随机变量.

10. (a) $\mathrm{E}[MX|M=X] = \mathrm{E}[M^2|M=X] = \mathrm{E}[M^2] = \dfrac{2}{(\lambda+\mu)^2}$

(b) 由指数随机变量的无记忆性, 给定 $M=Y$, X 与 $M+X'$ 一样地分布, 其中 X' 是独立于 M 的速率为 λ 的指数随机变量. 所以

$$\begin{aligned}
\mathrm{E}[MX|M=Y] &= \mathrm{E}[M(M+X')] = \mathrm{E}[M^2] + \mathrm{E}[M]\mathrm{E}[X'] \\
&= \frac{2}{(\lambda+\mu)^2} + \frac{1}{\lambda(\lambda+\mu)}
\end{aligned}$$

(c) $\mathrm{E}[MX] = \mathrm{E}[MX|M=X]\dfrac{\lambda}{\lambda+\mu} + \mathrm{E}[MX|M=Y]\dfrac{\mu}{\lambda+\mu} = \dfrac{2\lambda+\mu}{\lambda(\lambda+\mu)^2}$

所以

$$\mathrm{Cov}(X, M) = \frac{\lambda}{\lambda(\lambda+\mu)^2}$$

14. (a) $\frac{\lambda_a}{\lambda_a+\lambda_b} \cdot \frac{\lambda_b}{\mu_a+\lambda_b} \cdot \frac{\mu_b}{\mu_a+\mu_b}$

(b) 令 F 是首个离开的时刻, 记为 $F = T + A$, 其中 T 是首个到达的时刻, 而 A 是从它直至首个离开的时刻的附加时间. 先取期望, 然后取条件于首个到达者, 我们得到

$$\mathrm{E}[F] = \frac{1}{\lambda_a+\lambda_b} + \mathrm{E}[A|a]\frac{\lambda_a}{\lambda_a+\lambda_b} + \mathrm{E}[A|b]\frac{\lambda_b}{\lambda_a+\lambda_b}$$

现在利用

$$\mathrm{E}[A|a] = \frac{1}{\mu_a+\lambda_b} + \frac{\lambda_b}{\mu_a+\lambda_b}\frac{1}{\mu_a+\mu_b}$$

和

$$\mathrm{E}[A|b] = \frac{1}{\mu_b+\lambda_a} + \frac{\lambda_a}{\mu_b+\lambda_a}\frac{1}{\mu_a+\mu_b}$$

18. (a) $1/(2\mu)$.

(b) $1/(4\mu^2)$, 由于一个指数随机变量的方差是其均值的平方.

(c) 和 (d). 由指数随机变量的无记忆性质推出, $X_{(2)}$ 超出 $X_{(1)}$ 的量 A 是速率为 μ 的指数随机变量, 而且独立于 $X_{(1)}$. 所以

$$\mathrm{E}[X_{(2)}] = \mathrm{E}[X_{(1)} + A] = \frac{1}{2\mu} + \frac{1}{\mu}$$

$$\mathrm{Var}(X_{(2)}) = \mathrm{Var}(X_{(1)} + A) = \frac{1}{4\mu^2} + \frac{1}{\mu^2} = \frac{5}{4\mu^2}$$

19. 利用独立于得胜人的得胜时刻是速率为 $r = \lambda_a + \lambda_b$ 的指数随机变量, 它给出等于选手 A 赢得的总量 X 有

$$\mathrm{E}[X] = \frac{\lambda_a}{\lambda_a+\lambda_b} R \int \mathrm{e}^{-\alpha t} r \mathrm{e}^{-rt} \mathrm{d}t = R\frac{\lambda_a}{\lambda_a+\lambda_b}\frac{r}{r+\alpha}$$

23. (a) 1/2.

(b) $\left(\frac{1}{2}\right)^{n-1}$. 只要电池 1 在使用, 而失效发生且不是电池 1 失效的概率是 $\frac{1}{2}$.

(c) $\left(\frac{1}{2}\right)^{n-i+1}$, $i > 1$.

(d) T 是 $n-1$ 个独立的速率为 2μ 的指数随机变量 (由于每次一个失效发生直到下一次失效发生的时间是速率为 2μ 的指数随机变量) 之和.

(e) 参数 $n-1$ 和 2μ 的伽马分布.

34. (c) $\frac{\mu_A}{\lambda+\mu_A+\mu_B}\frac{\mu_B}{\lambda+\mu_B} + \frac{\mu_B}{\lambda+\mu_A+\mu_B}\frac{\mu_A}{\lambda+\mu_A}$

(d) $\frac{\lambda}{\lambda+\mu_A+\mu_B}\frac{\lambda}{\lambda+\mu_B}$

35. 这是显然的. 例如

$$\mathrm{P}\{N_s(t+h) - N_s(t) = 1\} = \mathrm{P}\{N(s+t+h) - N(s+t) = 1\} = \lambda h + o(h)$$

36.
$$E[S(t)|N(t)=n]=sE\left[\prod_{i=1}^{N(t)}X_i|N(t)=n\right]=sE\left[\prod_{i=1}^{n}X_i|N(t)=n\right]$$
$$=sE\left[\prod_{i=1}^{n}X_i\right]=s(E[X])^n=s(1/\mu)^n$$

于是
$$E[S(t)]=s\sum_n(1/\mu)^n e^{-\lambda t}(\lambda t)^n/n!$$
$$=se^{-\lambda t}\sum_n(\lambda t/\mu)^n/n!=se^{-\lambda t+\lambda t/\mu}$$

由同样的理由
$$E[S^2(t)|N(t)=n]=s^2(E[X^2])^n=s^2(2/\mu^2)^n$$

从而
$$E[S^2(t)]=s^2e^{-\lambda t+2\lambda t/\mu^2}$$

40. 最容易的方法是用定义 5.3. 容易看到 $\{N(t),t\geqslant 0\}$ 具有平稳的独立增量. 由于两个独立的泊松随机变量的和也是泊松随机变量, 由此推出 $N(t)$ 是均值为 $(\lambda_1+\lambda_2)t$ 的泊松随机变量.

57. (a) e^{-2}. (b) 下午 2 点. (c) $1-5e^{-4}$.

58. (a) 它和 $N(t)+1$ 有相同的分布, 其中 $\{N(t),t>0\}$ 是速率为 λ 的泊松过程. 因此它和 1 加上一个均值为 λt 的泊松随机变量有相同的分布.

(b) $E[p^N]=\sum_{n=0}^{\infty}p^{n+1}e^{-\lambda t}(\lambda t)^n/n!=pe^{-\lambda t(1-p)}$

(c) $t+\dfrac{1}{\lambda}$

(d) $pe^{-\lambda t(1-p)}(t+\dfrac{1}{\lambda})$

60. (a) $\dfrac{1}{9}$. (b) $\dfrac{5}{9}$.

64. (a) 由于给定 $N(t)$, 由每个到达者在 $(0,t)$ 均匀分布推出
$$E[X|N(t)]=N(t)\int_0^t(t-s)\frac{ds}{t}=N(t)\frac{t}{2}$$

(b) 令 $U_1,U_2,\cdots$ 是独立的 $(0,t)$ 均匀随机变量. 那么
$$\mathrm{Var}(X|N(t)=n)=\mathrm{Var}\left[\sum_{i=1}^{n}(t-U_i)\right]=n\,\mathrm{Var}(U_i)=n\frac{t^2}{12}$$

(c) 由 (a) 和 (b) 与条件方差公式
$$\mathrm{Var}(X)=\mathrm{Var}\left(\frac{N(t)t}{2}\right)+E\left[\frac{N(t)t^2}{12}\right]=\frac{\lambda tt^2}{4}+\frac{\lambda tt^2}{12}=\frac{\lambda t^3}{3}$$

69. 均值为 $\lambda\int_{t_0}^{t_0+s}\overline{F}(y)dy+\lambda\int_0^{t_0}F(y)dy$ 的泊松随机变量.

79. 这是强度函数为 $p(t)\lambda(t), t > 0$ 的非时齐泊松过程.

84. 如果首个大于 t 的 X 取值在 t 和 $t + \mathrm{d}t$ 之间, 那么就有一个记录, 其值在 t 和 $t + \mathrm{d}t$ 之间. 由此我们看到, 独立于所有小于 t 的记录值, 以概率 $\lambda(t)\mathrm{d}t$ 有一个记录值在 t 和 $t + \mathrm{d}t$ 之间, 其中 $\lambda(t)$ 是由

$$\lambda(t) = \frac{f(t)}{1 - F(t)}$$

给出的失败率函数. 由上面知, 记录值的计数过程有独立增量性, 我们可以得出结论 (由于不能有多重记录值, 因为 X_i 都是连续的), 它是一个强度函数为 $\lambda(t)$ 的非时齐泊松过程. 当 f 是指数密度时, 有 $\lambda(t) = \lambda$, 所以记录值的计数过程是速率为 λ 的通常的泊松过程.

91. 作为开始, 注意

$$\begin{aligned}\mathrm{P}\left\{X_1 > \sum_{i=2}^{n} X_i\right\} &= \mathrm{P}\{X_1 > X_2\}\mathrm{P}\{X_1 - X_2 > X_3 | X_1 > X_2\} \\ &\quad \times \mathrm{P}\{X_1 - X_2 - X_3 > X_4 | X_1 > X_2 + X_3\} \cdots \\ &\quad \times \mathrm{P}\{X_1 - X_2 - \cdots - X_{n-1} > X_n | X_1 > X_2 + \cdots + X_{n-1}\} \\ &= \left(\frac{1}{2}\right)^{n-1} \quad \text{由缺乏记忆性质}\end{aligned}$$

因此,

$$\mathrm{P}\left\{M > \sum_{i=1}^{n} X_i - M\right\} = \sum_{i=1}^{n} \mathrm{P}\left\{X_i > \sum_{j \neq i} X_j\right\} = \frac{n}{2^{n-1}}$$

98. (a) 我们有

$$D(t + h) = D(t) + D(t, t + h)$$

其中 $D(t, t + h)$ 是发生在 t 和 $t + h$ 之间的理赔折现值. 取期望, 然后取条件于在 t 和 $t + h$ 之间的理赔次数 X 得到

$$\begin{aligned}M(t + h) &= M(t) + \mathrm{E}[D(t, t + h) | X = 1]\lambda h + o(h) \\ &= M(t) + \mu \mathrm{e}^{-\alpha t}\lambda h + o(h)\end{aligned}$$

(b) $\dfrac{M(t + h) - M(t)}{h} = \mu \mathrm{e}^{-\alpha t}\lambda + \dfrac{o(h)}{h}$, 然后令 h 趋于 0.

(c) 由直接取积分得到.

99. $\mathrm{P}(X > t | M_1 = y) = \exp\left\{-\int_0^t (\lambda + y\mathrm{e}^{-\alpha s})\mathrm{d}s\right\} = \exp\left\{-\lambda t - \dfrac{y}{\alpha}(1 - \mathrm{e}^{-\alpha t})\right\}$

因此

$$\mathrm{P}(X > t) = \int_0^\infty \exp\{-\lambda t - \frac{y}{\alpha}(1 - \mathrm{e}^{-\alpha t})\} f(y)\mathrm{d}y$$

其中 f 是标志值的密度函数.

第 6 章

2. 令 $N_A(t)$ 是在状态 A 的有机体个数, 且 $N_B(t)$ 是在状态 B 的有机体个数. 那么 $\{N_A(t), N_B(t)\}$ 是连续时间的马尔可夫链, 具有

$$v_{\{n,m\}} = \alpha n + \beta m$$
$$P_{\{n,m\},\{n-1,m+1\}} = \frac{\alpha n}{\alpha n + \beta m}$$
$$P_{\{n,m\},\{n+2,m-1\}} = \frac{\beta m}{\alpha n + \beta m}$$

4. 以 $N(t)$ 记在时间 t 车站中的顾客数. 那么 $\{N(t)\}$ 是具有

$$\lambda_n = \lambda\alpha_n, \qquad \mu_n = \mu$$

的生灭过程.

7. (a) 是!

(b) 对于 $\boldsymbol{n} = (n_1, \cdots, n_i, n_{i+1}, \cdots, n_{k-1})$, 令

$$S_i(\boldsymbol{n}) = (n_1, \cdots, n_i - 1, n_{i+1} + 1, \cdots, n_{k-1}), \quad i = 1, \cdots, k-2$$
$$S_{k-1}(\boldsymbol{n}) = (n_1, \cdots, n_i, n_{i+1}, \cdots, n_{k-1} - 1),$$
$$S_0(\boldsymbol{n}) = (n_1 + 1, \cdots, n_i, n_{i+1}, \cdots, n_{k-1}).$$

那么

$$q_{\boldsymbol{n}, S_i(\boldsymbol{n})} = n_i\mu, \qquad i = 1, \cdots, k-1$$
$$q_{\boldsymbol{n}, S_0(\boldsymbol{n})} = \lambda$$

11. (b) 按提示利用缺乏记忆性和 $j-(i-1)$ 个速率为 λ 的指数随机变量的最小值 ε_i 是速率为 $(j-(i-1))\lambda$ 的指数随机变量这一事实.

(c) 由 (a) 和 (b) 知

$$\mathrm{P}\{T_1 + \cdots + T_j \leqslant t\} = \mathrm{P}\left\{\max_{1\leqslant i\leqslant j} X_i \leqslant t\right\} = (1 - \mathrm{e}^{-\lambda t})^j$$

(d) 以一切概率取条件于 $X(0) = 1$

$$\begin{aligned} P_{1j}(t) &= \mathrm{P}\{X(t) = j\} \\ &= \mathrm{P}\{X(t) \geqslant j\} - \mathrm{P}\{X(t) \geqslant j+1\} \\ &= \mathrm{P}\{T_1 + \cdots + T_j \leqslant t\} - \mathrm{P}\{T_1 + \cdots + T_{j+1} \leqslant t\} \end{aligned}$$

(e) 每个有参数 $p = \mathrm{e}^{-\lambda t}$ 的 i 个独立几何随机变量的和, 是一个参数为 (i, p) 的负二项随机变量. 这是由于从初始总体 i 开始等价于有 i 个独立的尤尔过程, 每个过程都从单个个体开始.

16. 令状态是

2: 接触到一个可接受的分子

0: 没有接触到分子

1: 接触到一个不可接受的分子

那么这是一个生灭过程, 具有平衡方程组

$$\mu_1 P_1 = \lambda(1-\alpha)P_0$$
$$\mu_2 P_2 = \lambda\alpha P_0$$

由于 $\sum_0^2 P_i = 1$, 所以

$$P_2 = \left[1 + \frac{\mu_2}{\lambda\alpha} + \frac{1-\alpha}{\alpha}\frac{\mu_2}{\mu_1}\right]^{-1} = \frac{\lambda\alpha\mu_1}{\lambda\alpha\mu_1 + \mu_1\mu_2 + \lambda(1-\alpha)\mu_2}$$

其中 P_2 是这个位置被一个可接受的分子占据的时间百分比. 这个位置被一个不可接受的分子占据的时间百分比是

$$P_1 = \frac{1-\alpha}{\alpha}\frac{\mu_2}{\mu_1}P_1 = \frac{\lambda(1-\alpha)\mu_2}{\lambda\alpha\mu_1 + \mu_1\mu_2 + \lambda(1-\alpha)\mu_2}$$

19. 有 4 个状态. 令状态 0 记没有机器失效, 状态 1 是机器 1 失效, 而机器 2 在运行, 状态 2 是机器 1 在运行, 而机器 2 失效, 而状态 3 是两个机器都失效. 平衡方程如下

$$\begin{aligned}
(\lambda_1 + \lambda_2)P_0 &= \mu_1 P_1 + \mu_2 P_2 \\
(\mu_1 + \lambda_2)P_1 &= \lambda_1 P_0 \\
(\lambda_1 + \mu_2)P_2 &= \lambda_2 P_0 + \mu_1 P_3 \\
\mu_1 P_3 &= \lambda_2 P_1 + \lambda_1 P_2 \\
P_0 + P_1 + P_2 + P_3 &= 1
\end{aligned}$$

这些方程很容易求解, 而机器 2 的失效时间比例是 $P_2 + P_3$.

24. 我们令状态为在等待的出租汽车的数量. 那么我们得到一个 $\lambda_n = 1, \mu_n = 2$ 的生灭过程. 这是 M/M/1. 所以

(a) 等待的出租汽车的平均数 $= \dfrac{1}{\mu - \lambda} = \dfrac{1}{2-1} = 1$;

(b) 到达的顾客搭到出租汽车的比例, 是到达的顾客至少找到一辆在等待的出租汽车的比例. 这样的顾客的到达率是 $2(1-P_0)$. 所以这种到达者的比例是

$$\frac{2(1-P_0)}{2} = 1 - P_0 = 1 - \left(1 - \frac{\lambda}{\mu}\right) = \frac{\lambda}{\mu} = \frac{1}{2}$$

28. 以 P_{ij}^x, v_i^x 记 $X(t)$ 的参数, 而 P_{ij}^y, v_i^y 记过程 $Y(t)$ 的参数; 而且令极限分布分别是 P_i^x, P_i^y. 由独立性我们有 $\{X(t), Y(t)\}$ 是马尔可夫链, 其参数

$$\begin{aligned}
v_{(i,l)} &= v_i^x + v_l^y \\
P_{(i,l)(j,l)} &= \frac{v_i^x}{v_i^x + v_l^y} P_{ij}^x \\
P_{(i,l)(i,k)} &= \frac{v_l^y}{v_i^x + v_l^y} P_{lk}^y
\end{aligned}$$

且

$$\lim_{t\to\infty} \mathrm{P}\{(X(t), Y(t)) = (i,j)\} = P_i^x P_j^y$$

因此, 我们需要证明

$$P_i^x P_l^y v_i^x P_{ij}^x = P_j^x P_l^y v_j^x P_{ji}^x$$

(即从 (i,l) 到 (j,l) 的速率等于从 (j,l) 到 (i,l) 的速率). 但这是由于在 $X(t)$ 中从 i 到 j 的速率等于从 j 到 i 的速率, 即

$$P_i^x v_i^x P_{ij}^x = P_j^x v_j^x P_{ji}^x$$

在看 (i,l) 和 (i,k) 时, 其分析是类似的.

33. 首先假设等待厅有无限容量. 以 $X_i(t)$ 记在服务线 i $(i=1,2)$ 的顾客数. 由于这个 M/M/1 的每个过程 $\{X_i(t)\}$ 是时间可逆的, 因此由习题 28 推出, 向量过程 $\{(X_1(t), X_2(t)),\ t \geqslant 0\}$ 是时间可逆的马尔可夫链. 我们感兴趣的过程正是这个向量过程在状态集合 A 上的截断, 其中

$$A = \{(0,m) : m \leqslant 4\} \cup \{(n,0) : n \leqslant 4\} \cup \{(n,m) : nm > 0, n+m \leqslant 5\}$$

因此, 服务线 1 有 n 人且服务线 2 有 m 人的概率是

$$\begin{aligned} P_{n,m} &= k\left(\frac{\lambda_1}{\mu_1}\right)^n \left(1-\frac{\lambda_1}{\mu_1}\right)\left(\frac{\lambda_2}{\mu_2}\right)^m \left(1-\frac{\lambda_2}{\mu_2}\right) \\ &= C\left(\frac{\lambda_1}{\mu_1}\right)^n \left(\frac{\lambda_2}{\mu_2}\right)^m, \qquad (n,m) \in A \end{aligned}$$

常数 C 由

$$\sum P_{n,m} = 1$$

确定, 其中的和求遍 A 中的 (n,m).

37. (a) 对一切 $i=1,\cdots,k$, 若在医院中有 n_i 个 i 型病人, 则状态是 $(n_1,\cdots,n_k)$.

(b) 这是一个 M/M/∞ 型生灭过程, 因而是时间可逆的.

(c) 因为对一切 $i=1,\cdots,k$, $\{N_i(t), t \geqslant 0\}$ 是独立的过程, 向量过程是时间可逆的连续时间的马尔可夫链.

(d) $\mathrm{P}(n_1,\cdots,n_k) = \prod_{i=1}^{k} \mathrm{e}^{-\lambda_i/\mu_i}(\lambda_i/\mu_i)^{n_i}/n_i!$

(e) 作为时间可逆的连续时间的马尔可夫链的截断过程, 有平稳概率

$$\mathrm{P}(n_1,\cdots,n_k) = K\prod_{i=1}^{k} \mathrm{e}^{-\lambda_i/\mu_i}(\lambda_i/\mu_i)^{n_i}/n_i!, \quad (n_1,\cdots,n_k) \in A$$

其中 $A = \{(n_1,\cdots,n_k) : \sum_{i=1}^{k} n_i w_i \leqslant C\}$, 而 K 满足方程

$$K \sum_{(n_1,\cdots n_k)\in A} \prod_{i=1}^{k} \mathrm{e}^{-\lambda_i/\mu_i}(\lambda_i/\mu_i)^{n_i}/n_i! = 1$$

(f) 令 r_i 等于 i 型病人准入的速率,

$$r_i = \sum_{(n1,\cdots,n_i+1,\cdots,n_k)\in A} \lambda_i \mathrm{P}(n_1,\cdots,n_k)$$

(g) $\sum_{i=1}^{k} r_i / \sum_{i=1}^{k} \lambda_i$

38. (a) 状态是闲着的服务线的集合.

(b) 和 (c) 对 $i \in S, j \notin S$ 链的无穷小速率是

$$q_{S,S-i} = \lambda/|S|, \ q_{S,S+j} = \mu_j$$

其中 $|S|$ 是 S 中元素的个数. 时间可逆性方程是

$$\mathrm{P}(S)\lambda/|S| = \mathrm{P}(S-i)\mu_i$$

它有解

$$\mathrm{P}(S) = P_0|S|!\prod_{k\in S}(\mu_k/\lambda)$$

其中 P_0 是没有服务线闲着的概率, 由

$$P_0[1+\sum_S |S|!\prod_{k\in S}(\mu_k/\lambda)] = 1$$

求得, 其中前一个和是求遍 $\{1,\cdots,n\}$ 的一切非空子集.

39. (a) 若 $\{i_1,\cdots,i_k\}$ 是空闲的服务线的集合, 且 i_1 的空闲时间最长, i_2 的空闲时间其次, 如此等等, 则状态是 $(i_1,\cdots,i_k)$.

(b) 和 (c) 对 $j \notin \{i_1,\cdots,i_k\}$, 链的无穷小速率是

$$q_{(i_1,\cdots,i_k),(i_1,\cdots,i_{k-1})} = \lambda, \quad q_{(i_1,\cdots,i_k),(i_1,\cdots,i_k,j)} = \mu_j$$

时间可逆性方程是

$$\mathrm{P}(i_1,\cdots,i_k)\lambda = \mathrm{P}(i_1,\cdots,i_{k-1})\mu_{i_k}$$

解得

$$\mathrm{P}(i_1,\cdots,i_k) = \frac{\mu_{i_1}\cdots\mu_{i_k}}{\lambda^k}\mathrm{P}(0)$$

其中 $\mathrm{P}(0)$ 是没有空闲服务线的概率.

40. 时间可逆性方程是

$$\mathrm{P}(i)\frac{v_i}{n-1} = \mathrm{P}(j)\frac{v_j}{n-1}$$

推出解

$$\mathrm{P}(j) = \frac{1/v_j}{\Sigma_{i=1}^n 1/v_i}$$

因此, 这个链是时间可逆的, 且具有上面给出的长程比例.

42. 因为 M/M/1 的平稳的离开过程是泊松过程, 由此可推出服务线 2 的顾客数是 M/M/1 系统的平稳概率.

43. 我们猜测除了泊松到达者以速率 λ 来到服务线 3, 然后去服务线 2, 再后去服务线 1, 最后离开系统外, 倒逆链是相同类型的系统. 令 $\boldsymbol{e}_k$ 为在位置 k 是 1, 而在其他位置是 0 的三元素向量. 在服务线 $j(j=1,2,3)$ 有 i_j 顾客记为状态 $\boldsymbol{i}=(i_1,i_2,i_3)$, 这个链的瞬时转移速率为

$$
\begin{aligned}
q_{(i,j,k),(i+1,j,k)} &= \lambda \\
q_{(i,j,k),(i-1,j+1,k)} &= \mu_1,\ i>0 \\
q_{(i,j,k),(i,j-1,k+1)} &= \mu_2,\ j>0 \\
q_{(i,j,k),(i,j,k-1)} &= \mu_3,\ k>0
\end{aligned}
$$

而我们猜测倒逆链的瞬时速率为

$$
\begin{aligned}
q^*_{(i,j,k),(i,j,k+1)} &= \lambda \\
q^*_{(i,j,k),(i,j+1,k-1)} &= \mu_3,\ k>0 \\
q^*_{(i,j,k),(i+1,j-1,k)} &= \mu_2,\ j>0 \\
q_{(i,j,k),(i-1,j,k)} &= \mu_1,\ i>0
\end{aligned}
$$

如在上式是倒逆链的瞬时速率时，我们能求得满足逆向时间方程的概率 $\mathrm{P}(i,j,k)$，则我们的猜测是正确的，而易验证

$$\mathrm{P}(i,j,k) = K\left(\frac{\lambda}{\mu_1}\right)^i\left(\frac{\lambda}{\mu_2}\right)^j\left(\frac{\lambda}{\mu_3}\right)^k$$

是成立的.

49. (a) 矩阵 $\boldsymbol{P}^*$ 可以写成

$$\boldsymbol{P}^* = \boldsymbol{I} + \boldsymbol{R}/v$$

所以 P_{ij}^{*n} 可取矩阵 $(\boldsymbol{I}+\boldsymbol{R}/v)^n$ 的 (i,j) 元素，在 $v=n/t$ 时它给出了结果.

(b) 均匀化显示了 $P_{ij}(t)=\mathrm{E}[P_{ij}^{*N}]$，其中 N 是一个独立于转移概率为 P_{ij}^* 的马尔可夫链的均值为 vt 的泊松随机变量. 因为均值为 vt 的泊松随机变量的标准差是 $\sqrt{vt}$，由此推出对于很大的值 vt，此随机变量必定在 vt 附近.（例如，因为均值为 10^6 的泊松随机变量的标准差是 10^3，所以随机变量以高概率在 10^6 的正负 3000 附近.）因此，对固定的 i,j，当 vt 很大时，对 m 的值在 vt 附近时，P_{ij}^{*m} 的变化不应很大，由此推出对很大的 vt 有

$$\mathrm{E}[P_{ij}^{*N}] \approx P_{ij}^{*n}，\text{其中 } n=vt$$

第 7 章

3. (a) $\mathrm{P}\{N(t)=n|S_n=y\} = \begin{cases} 1-F(t-y), & \text{若 } y\leqslant t \\ 0, & \text{若 } y>t \end{cases}$

(b)
$$
\begin{aligned}
\mathrm{P}\{N(t)=n\} &= \int_0^\infty \mathrm{P}\{N(t)=n|S_n=y\}f_{S_n}(y)\mathrm{d}y \\
&= \int_0^t \mathrm{e}^{-\lambda(t-y)}\lambda\mathrm{e}^{-\lambda y}(\lambda y)^{(n-1)}/(n-1)!\mathrm{d}y \\
&= \frac{\mathrm{e}^{-\lambda t}\lambda^n}{(n-1)!}\int_0^t y^{n-1}\mathrm{d}y \\
&= \frac{\mathrm{e}^{-\lambda t}(\lambda t)^n}{n!!}
\end{aligned}
$$

6. (a) 考虑一个速率为 λ 的泊松过程，并且只要这个泊松过程的编号 $r, 2r, 3r, \cdots$ 中的一个事件发生，就说更新过程的一个事件发生. 于是

$$\begin{aligned} \mathrm{P}\{N(t) \geqslant n\} &= \mathrm{P}\{\text{直到 } t \text{ 为止有 } nr \text{ 个或更多的事件}\} \\ &= \sum_{i=nr}^{\infty} \mathrm{e}^{-\lambda t}(\lambda t)^i / i! \end{aligned}$$

(b)

$$\begin{aligned} \mathrm{E}[N(t)] &= \sum_{n=1}^{\infty} \mathrm{P}\{N(t) \geqslant n\} = \sum_{n=1}^{\infty} \sum_{i=nr}^{\infty} \mathrm{e}^{-\lambda t}(\lambda t)^i / i! \\ &= \sum_{i=r}^{\infty} \sum_{n=1}^{[i/r]} \mathrm{e}^{-\lambda t}(\lambda t)^i / i! = \sum_{i=r}^{\infty} \left[\frac{i}{r}\right] \mathrm{e}^{-\lambda t}(\lambda t)^i / i! \end{aligned}$$

8. (a) 直到 t 为止被替换的机器的台数构成更新过程. 如果新机器的寿命 $\geqslant T$，则替换之间的时间等于 T；如果新机器的寿命是 x，$x < T$，则替换之间的时间等于 x. 因此，

$$\mathrm{E}[\text{替换之间的时间}] = \int_0^T x f(x) \mathrm{d}x + T[1 - F(T)]$$

从而结果得自命题 3.1.

(b) 直至 t 为止已经失效的机器台数构成更新过程. 在使用和失效之间的平均时间 $\mathrm{E}[F]$ 可以通过取条件于初始机器的寿命计算，因为 $\mathrm{E}[F] = \mathrm{E}[\mathrm{E}[F|\text{初始机器的寿命}]]$. 现在

$$\mathrm{E}[F|\text{初始机器的寿命是 } x] = \begin{cases} x, & \text{若 } x \leqslant T \\ T + \mathrm{E}[F], & \text{若 } x > T \end{cases}$$

因此

$$\mathrm{E}[F] = \int_0^T x f(x) \mathrm{d}x + (T + \mathrm{E}[F])[1 - F(T)]$$

也就是

$$\mathrm{E}[F] = \frac{\int_0^T x f(x) \mathrm{d}x + T[1 - F(T)]}{F(T)}$$

从而结果得自命题 3.1.

13. 设你在第 i 局赢得 $W_i, i \geqslant 1$，而 N 是进行的局数. 于是由瓦尔德方程推得

$$\mathrm{E}[X] = \mathrm{E}[N]\mathrm{E}[W] = 0$$

又有 $p_i = \mathrm{P}\{X = i\}$, $p_1 = 1/2 + 1/8 = 5/8$, $p_{-1} = 1/4$, $p_{-3} = 1/8$, 验证了 $\mathrm{E}[X] = 0$.

18. 我们可以想象一个更新对应于一个机器失效，且每次一个新的机器放上使用，它的寿命分布以概率 p 是速率为 μ_1 的指数分布，以概率 $1 - p$ 是速率为 μ_2 的指数分布. 因此，如果我们的状态是当前使用的机器的指数寿命分布的指标，那么这是一个两个状态的连续时间的马尔可夫链，具有强度速率

$$q_{1,2} = \mu_1(1 - p), \qquad q_{2,1} = \mu_2 p$$

因此

$$P_{11}(t)=\frac{\mu_1(1-p)}{\mu_1(1-p)+\mu_2 p}\exp\{-[\mu_1(1-p)+\mu_2 p]t\}+\frac{\mu_2 p}{\mu_1(1-p)+\mu_2 p}$$

对其他的转移概率也有类似的表达式 ($P_{12}(t)=1-P_{11}(t)$, 而 $P_{22}(t)$ 类似, 只不过 $\mu_2 p$ 和 $\mu_1(1-p)$ 互易位置). 现在取条件于初始机器, 得到

$$\begin{aligned}\mathrm{E}[Y(t)]&=p\mathrm{E}[Y(t)|X(0)=1]+(1-p)\mathrm{E}[Y(t)|X(0)=2]\\&=p\left[\frac{P_{11}(t)}{\mu_1}+\frac{P_{12}(t)}{\mu_2}\right]+(1-p)\left[\frac{P_{21}(t)}{\mu_1}+\frac{P_{22}(t)}{\mu_2}\right]\end{aligned}$$

最后, 我们可以从

$$\mu[m(t)+1]=t+E[Y(t)]$$

得到 $m(t)$, 其中

$$\mu=p/\mu_1+(1-p)/\mu_2$$

是平均到达间隔时间.

22. (a) 以 X 记 J 持有一辆车的时间长度. 若直至时刻 T 发生故障, 则记 I 为 1, 否则 I 为 0. 于是有

$$\begin{aligned}\mathrm{E}[X]&=\mathrm{E}[X|I=1](1-\mathrm{e}^{-\lambda T})+\mathrm{E}[X|I=0]\mathrm{e}^{-\lambda T}\\&=\left(T+\frac{1}{\mu}\right)(1-\mathrm{e}^{-\lambda T})+\left(T+\frac{1}{\lambda}\right)\mathrm{e}^{-\lambda T}\\&=T+\frac{1-\mathrm{e}^{-\lambda T}}{\mu}+\frac{\mathrm{e}^{-\lambda T}}{\lambda}\end{aligned}$$

$1/\mathrm{E}[X]$ 是 J 购买新车的速率.

(b) 令 W 是购买一辆新车包含的全部费用. 那么, 对等于首次故障的时刻 Y 有

$$\begin{aligned}\mathrm{E}[W]&=\int_0^\infty\mathrm{E}[W|Y=y]\lambda\mathrm{e}^{-\lambda y}\mathrm{d}y\\&=C+\int_0^T r(1+\mu(T-y)+1)\lambda\mathrm{e}^{-\lambda y}\mathrm{d}y+\int_T^\infty r\lambda\mathrm{e}^{-\lambda y}\mathrm{d}y\\&=C+r(r2-\mathrm{e}^{-\lambda T})+r\int_0^T\mu(T-y)\lambda\mathrm{e}^{-\lambda y}\mathrm{d}y\end{aligned}$$

J 的长程平均费用是 $\mathrm{E}[W]/\mathrm{E}[X]$.

23. (a) 在 A 每次赢得 1 点时, 称为开始一个循环. 以 N 记在一个循环中的点数,

$$\mathrm{E}[N]=1+q_a/p_b$$

其中在前面用了, 从 B 开始发球直至 A 赢得一个点时, B 的点数是参数为 p_b 的几何随机变量. 因此, 利用更新酬报, A 赢得点数的比例为 $1/\mathrm{E}[N]=\dfrac{p_b}{p_b+q_a}$.

(b) $\dfrac{p_a+p_b}{2}$.

(c) $\dfrac{p_b}{p_b+q_a}>\dfrac{p_a+p_b}{2}$ 等价于 $p_a q_a>p_b q_b$

30. $$\frac{A(t)}{t}=\frac{t-S_{N(t)}}{t}=1-\frac{S_{N(t)}}{t}=1-\frac{S_{N(t)}}{N(t)}\frac{N(t)}{t}$$

结果得自，由于 $S_{N(t)}/N(t)\to\mu$(由强大数定律) 和 $N(t)/t\to 1/\mu$.

35. (a) 我们可以将它看成一个 M/G/∞ 系统，其中卫星发射对应于到达，而 F 是服务分布. 因此

$$P\{X(t)=k\}=e^{-\lambda(t)}[\lambda(t)]^k/k!$$

其中 $\lambda(t)=\lambda\int_0^t(1-F(s))ds$.

(b) 将这个系统看成交替更新过程，它处在开，如果至少有一个卫星在轨道上，我们得到

$$\lim P\{X(t)=0\}=\frac{1/\lambda}{1/\lambda+E[T]}$$

其中在一个循环中开的时间 T 正是有兴趣的量. 从部分 (a) 得到

$$\lim P\{X(t)=0\}=e^{-\lambda\mu}$$

其中 $\mu=\int_0^\infty(1-F(s))ds$ 是一个卫星在轨道上的平均时间. 因此

$$e^{-\lambda\mu}=\frac{1/\lambda}{1/\lambda+E[T]}$$

所以

$$E[T]=\frac{1-e^{-\lambda\mu}}{\lambda e^{-\lambda\mu}}$$

42. (a) $F_e(x)=\frac{1}{\mu}\int_0^x e^{-y/\mu}dy=1-e^{-x/\mu}$.

(b) $F_e(x)=\frac{1}{c}\int_0^x dy=\frac{x}{c},\quad 0\leqslant x\leqslant c$.

(c) 如果从你停车开始，停车管理员在一小时内出现，你将收到一张罚单. 由例 7.27, 直到停车管理员出现的时间具有分布 F_e，由部分 (b)，它是 $(0,2)$ 上的均匀分布. 于是，这个概率是 1/2.

44. (a) 以 N_i 记上第 i 辆公交车的乘客数. 若将 X_i 解释成在时刻 i 引起的报酬，就有一个更新报酬过程，它的第 i 个循环的长度为 N_i，报酬为 $X_{N_1+\cdots+N_{i-1}+1}+\cdots+X_{N_1+\cdots+N_i}$. 因此 (a) 部分得自，$N$ 是首个循环的时刻，而 $X_1+\cdots+X_N$ 是首个循环的价格.

(b) 取条件于 $N(t)$，且利用在取条件于 $N(t)=n$ 时，n 个到达间隔时间在 $(0,t)$ 上独立均匀分布. $S\equiv X_1+\cdots+X_N$ 作为这 n 个顾客中等待时间小于 x 的人数，就有

$$E[S|T=t,N(t)=n]=\begin{cases}nx/t, & 若\ x<t\\ n, & 若\ x>t\end{cases}$$

这就是，$E[S|T=t,N(t)]=N(t)\min(x,t)/t$. 取期望得到 $E[S|T=t]=\lambda\min(x,t)$.

(c) 由 (b) 知 $E[S|T]=\lambda\min(x,T)$，取期望得到 (c).

(d) 它来自 (a) 和 (c)，通过利用

$$E[\min(x,T)]=\int_0^\infty P\{\min(x,T)>t\}dt=\int_0^x P\{T>t\}dt$$

并结合等式 $E[S]=\lambda E[T]$.

(e) 因为到达者的等待时间是直至下一辆公交车到达的时间, 前面的结果导致 PASTA 结果, 即看到公交车到达的更新过程的超额寿命小于 x 的到达者的比例, 等于小于 x 的时间比例.

49. 将每个到达间隔时间想成由 n 个独立的相位组成 (其中每一个是速率为 λ 的指数分布) 并且考虑半马尔可夫过程, 它在任意时间的状态是当前到达间隔时间的相位. 因此, 这个半马尔可夫过程转移从状态 1 到 2 到 $3\cdots$ 到 n 到 1, 如此等等. 同样, 呆在每个状态的时间有相同的分布. 于是, 这个半马尔可夫过程的极限分布是 $P_i = 1/n, i = 1, \cdots, n$. 为了计算 $\lim \mathrm{P}\{Y(t) < x\}$, 我们取条件于在时刻 t 的相位, 并且注意, 如果它是 $n-i+1$, 这具有概率 $1/n$, 那么直到更新发生的时间将是 i 个指数相位的和, 于是它将有参数 i 和 λ 的伽马分布.

52. (a) 若 T 是指数随机变量, 则 $\mathrm{E}[T^2]/\mathrm{E}[T] = 2\mathrm{E}[T]$. 因此

$$\lambda\mathrm{E}[T^2]/(2\mathrm{E}[T]) = \lambda\mathrm{E}[T] = \mathrm{E}[N].$$

(b) 因为对一切时间平均, 我们对长的循环 (公交车到达间的时间) 给了更多的权重.

(c) 因为公交车按泊松过程到达, 由 PASTA 原则, 被一辆公交车碰到的等待乘客平均数, 等于等待乘客数对所有时间的平均.

53. 若第 i 次抛出正面, 则令 $X_i = 1$, 否则令 $X_i = 0$, 我们想求 $\mathrm{E}\left[\sum_{i=1}^{N} X_i\right]$, 其中 N 是直至抛掷到模式出现的次数. 令 $q = 1-p$

$$\begin{aligned}\mathrm{E}[N] &= \frac{1}{p^4q^3} + \mathrm{E}[N_{HTH}] \\ &= \frac{1}{p^4q^3} + \frac{1}{p^2q} + \mathrm{E}[N_H] \\ &= \frac{1}{p^4q^3} + \frac{1}{p^2q} + \frac{1}{p}\end{aligned}$$

因为 N 是对序列 $\{X_i, i \geqslant 1\}$ 的停时, 由瓦尔德方程推出

$$\mathrm{E}\left[\sum_{i=1}^{N} X_i\right] = \mathrm{E}[N]p = \frac{1}{p^3q^3} + \frac{1}{pq} + 1$$

第 8 章

2. 这个问题可以用 M/M/1 排队建模, 其中 $\lambda = 6, \mu = 8$. 平均价格率将是

每个机器每小时 10 美元 × 失效的机器的平均台数

失效的机器的平均台数正是 L, 它可以由方程 (3.2) 计算:

$$L = \frac{\lambda}{\mu - \lambda} = \frac{6}{2} = 3$$

因此, 平均价格率 = 30 美元/小时.

6. 为了对 M/M/2 计算 W, 建立平衡方程组

$$\begin{aligned}\lambda P_0 &= \mu P_1 \qquad (\text{每个服务线具有速率 } \mu) \\ (\lambda+\mu)P_1 &= \lambda P_0 + 2\mu P_2 \\ (\lambda+2\mu)P_n &= \lambda P_{n-1} + 2\mu P_{n+1}, \quad n \geqslant 2\end{aligned}$$

这些方程有解 $P_n = (\rho^n/2^{n-1})P_0$，其中 $\rho = \lambda/\mu$. 由边界条件 $\sum_{n=0}^{\infty} P_n = 1$ 可得

$$P_0 = \frac{1-\rho/2}{1+\rho/2} = \frac{2-\rho}{2+\rho}$$

现在我们有了 P_n，所以可以计算 L，从而由 $L = \lambda W$ 计算 W，

$$\begin{aligned}L &= \sum_{n=0}^{\infty} nP_n = \rho P_0 \sum_{n=0}^{\infty} n\left(\frac{\rho}{2}\right)^{n-1} = 2P_0 \sum_{n=0}^{\infty} n\left(\frac{\rho}{2}\right)^n \\ &= 2\frac{(2-\rho)}{(2+\rho)}\frac{(\rho/2)}{(1-\rho/2)^2} \quad \text{[见方程 (8.7) 的推导]} \\ &= \frac{4\rho}{(2+\rho)(2-\rho)} = \frac{4\mu\lambda}{(2\mu+\lambda)(2\mu-\lambda)}\end{aligned}$$

由 $L = \lambda W$，我们有

$$W = W(\mathrm{M/M/2}) = \frac{4\mu}{(2\mu+\lambda)(2\mu-\lambda)}$$

由方程 (8.8)，具有服务速率 2μ 的 M/M/1 排队系统有

$$W(\mathrm{M/M/1}) = \frac{1}{2\mu-\lambda}$$

我们假定在这个 M/M/1 排队系统有 $2\mu > \lambda$，从而排队系统是稳定的. 但是这样 $4\mu > 2\mu+\lambda$，从而 $4\mu/(2\mu+\lambda) > 1$，它蕴涵着 $W(\mathrm{M/M/2}) > W(\mathrm{M/M/1})$. 直观解释为，如果有人发现在 M/M/2 的情形队列闲着，那么有两条服务线并不好，更好的办法是离开并且进入一条更快的服务线. 现在令 $W_Q^1 = W_Q(\mathrm{M/M/1})$ 且 $W_Q^2 = W_Q(\mathrm{M/M/2})$. 于是

$$W_Q^1 = W(\mathrm{M/M/1}) - 1/2\mu, \qquad W_Q^2 = W(\mathrm{M/M/2}) - 1/\mu$$

所以

$$W_Q^1 = \frac{\lambda}{2\mu(2\mu-\lambda)}, \quad \text{由方程 (8.8)}$$

以及

$$W_Q^2 = \frac{\lambda^2}{\mu(2\mu-\lambda)(2\mu+\lambda)}$$

于是

$$W_Q^1 > W_Q^2 \Leftrightarrow \frac{1}{2} > \frac{\lambda}{(2\mu+\lambda)} \Leftrightarrow \lambda < 2\mu$$

由于在 M/M/1 的稳定情形，我们假定 $\lambda < 2\mu$，只要是可能比较的，即只要 $\lambda < 2\mu$ 就有 $W_Q^2 < W_Q^1$.

7. (a) $\sum_n nP_n/\lambda$.

(b) $\mathrm{e}_0 = 1, \mathrm{e}_n = \prod_{i=0}^{n-1} \dfrac{\mu+i\alpha}{\mu+(i+1)\alpha}, n > 0$

(c) $\mathrm{P}\{n|$ 已接受服务的人$\} = \dfrac{\mathrm{e}_n\mathrm{P}_n}{\sum_n \mathrm{e}_n\mathrm{P}_n}$

(d) $\displaystyle\sum_{n=1}^{\infty} \mathrm{P}\{n|$ 已接受服务的人$\}\displaystyle\sum_{i=0}^{n-1} \frac{1}{\mu+(i+1)\alpha}$.

(e) 以 $W_Q(s)$ 和 $W_Q(n)$ 分别记队列中已服务的人和未服务的人的平均停留时间. 那么

$$\sum_{n>0}(n-1)P_n/\lambda = W_Q = \sum_n \mathrm{e}_n\mathrm{P}_n W_Q(s) + (1 - \sum_n \mathrm{e}_n\mathrm{P}_N)W_Q(n)$$

其中 $W_Q(s)$ 在 (d) 部分中求出, 取条件于一个等待者是否接受了服务, 得到右边的等式.

11. 若有 n 个家庭和 m 辆出租车在等待, $nm=0$ 则记为状态 (μ,m). 时间可逆性方程是

$$P_{n-1,0}\lambda = P_{n,0}\mu, \quad n=1,\cdots,N$$
$$P_{0,m-1}\mu = P_{0,m}\lambda, \quad m=1,\cdots,M$$

求解得到

$$P_{n,0} = (\lambda/\mu)^n P_{0,0}, \quad n=0.1,\cdots,N$$
$$P_{0,m} = (\mu/\lambda)^m P_{0,0}, \quad m=0.1,\cdots,M$$

其中

$$\frac{1}{P_{0,0}} = \sum_{n=0}^{N}(\lambda/\mu)^n + \sum_{m=1}^{M}(\mu/\lambda)^m$$

(a) $\sum_{m=0}^{M} P_{0,m}$

(b) $\sum_{n=0}^{N} P_{n,0}$

(c) $\dfrac{\sum_{n=0}^{N} nP_{n,0}}{\lambda(1-P_{N,0})}$

(d) $\dfrac{\sum_{m=0}^{M} mP_{0,m}}{\mu(1-P_{0,M})}$

(e) $1-P_{N,0}$.

当 $N=M=\infty$ 时, 时间可逆性方程变成

$$P_{n-1,0}\lambda = P_{n,0}(\mu+n\alpha), \quad n \geqslant 1$$
$$P_{0,m-1}\mu = P_{0,m}(\lambda+m\beta), \quad m \geqslant 1$$

由它们推得

$$P_{n,0} = P_{0,0}\prod_{i=1}^{n}\frac{\lambda}{\mu+i\alpha}, \quad n \geqslant 1$$
$$P_{0,m} = P_{0,0}\prod_{i=1}^{m}\frac{\mu}{\lambda+i\beta}, \quad m \geqslant 1$$

其余和以上过程类似.

12. (a)

$$\lambda P_0 = \mu P_1$$

$$(\lambda+\mu)P_1 = \lambda P_0 + 2\mu P_2$$
$$(\lambda+2\mu)P_n = \lambda P_{n-1} + 2\mu P_{n+1}, \quad n \geqslant 2$$

这些是与 M/M/2 排队系统相同的平衡方程, 并且有解

$$P_0 = \frac{2\mu-\lambda}{2\mu+\lambda}, \quad P_n = \frac{\lambda^n}{2^{n-1}\mu^n}P_0$$

(b) 这个系统从 0 以速率

$$\lambda P_0 = \frac{\lambda(2\mu-\lambda)}{2\mu+\lambda}$$

到 1. 这个系统从 2 以速率

$$2\mu P_2 = \frac{\lambda^2}{\mu}\frac{(2\mu-\lambda)}{(2\mu+\lambda)}$$

到 1.

(c) 引进一个新的状态 cl 表示存货管理员自己在收款. P_{cl} 的平衡方程是

$$(\lambda+\mu)P_{cl} = \mu P_2$$

因此

$$P_{cl} = \frac{\mu}{\lambda+\mu}P_2 = \frac{\lambda^2}{2\mu(\lambda+\mu)}\frac{(2\mu-\lambda)}{(2\mu+\lambda)}$$

最后, 存货管理员在收款的时间的比例是

$$P_{cl} + \sum_{n=2}^{\infty} P_n = P_{cl} + \frac{2\lambda^2}{\mu(2\mu-\lambda)}$$

21. (a) $\lambda_1 P_{10}$.

(b) $\lambda_2(P_0 + P_{10})$.

(c) $\lambda_1 P_{10}/[\lambda_1 P_{10} + \lambda_2(P_0 + P_{10})]$.

(d) 这等于服务线 2 的顾客是类型 1 的比例乘以服务线 2 在忙的时间比例. (这是正确的, 由于服务线 2 服务于一个顾客的时间数量并不依赖他是哪一类型的顾客.) 于是由 (c) 知, 答案是

$$\frac{(P_{01}+P_{11})\lambda_1 P_{10}}{\lambda_1 P_{10} + \lambda_2(P_0 + P_{10})}$$

24. 现在的状态是 $n(n \geqslant 0)$ 和 $n'(n' \geqslant 1)$, 其中当系统中有 n 人而没有损坏时, 状态是 n, 当在系统中有 n 人而处于有一个损坏时状态是 n'. 平衡方程组是

$$\begin{aligned}
\lambda P_0 &= \mu P_1 \\
(\lambda+\mu+\alpha)P_n &= \lambda P_{n-1} + \mu P_{n+1} + \beta P_{n'}, \quad n \geqslant 1 \\
(\beta+\lambda)P_{1'} &= \alpha P_1 \\
(\beta+\lambda)P_{n'} &= \alpha P_n + \lambda P_{(n-1)'}, \quad n \geqslant 2 \\
\sum_{n=0}^{\infty} P_n + \sum_{n=1}^{\infty} P_{n'} &= 1
\end{aligned}$$

利用上式的解,

$$L = \sum_{n=1}^{\infty} n(P_n + P_{n'})$$

从而

$$W = \frac{L}{\lambda_a} = \frac{L}{\lambda}$$

28. 如果在一个顾客离开时系统忙着，则直到下一个人离开的时间是一个服务的时间．如果在一个顾客离开时系统闲着，则直到下一个人离开的时间是直至下一个到达者的时间加上一个服务的时间．

用矩母函数，我们得到

$$\mathrm{E}[\mathrm{e}^{sD}] = \frac{\lambda}{\mu}\mathrm{E}[\mathrm{e}^{sD}|\text{系统忙}] + \left(1-\frac{\lambda}{\mu}\right)\mathrm{E}[\mathrm{e}^{sD}|\text{系统闲}]$$
$$= \left(\frac{\lambda}{\mu}\right)\left(\frac{\mu}{\mu-s}\right) + \left(1-\frac{\lambda}{\mu}\right)\mathrm{E}[\mathrm{e}^{s(X+Y)}]$$

其中 X 具有到达间隔时间的分布，Y 具有服务时间的分布，而且 X 和 Y 独立．于是

$$\mathrm{E}[\mathrm{e}^{s(X+Y)}] = \mathrm{E}[\mathrm{e}^{sX}\mathrm{e}^{sY}]$$
$$= \mathrm{E}[\mathrm{e}^{sX})]\mathrm{E}[\mathrm{e}^{sY}] \quad \text{由独立性}$$
$$= \left(\frac{\lambda}{\lambda-s}\right)\left(\frac{\mu}{\mu-s}\right)$$

所以

$$\mathrm{E}[\mathrm{e}^{sD}] = \left(\frac{\lambda}{\mu}\right)\left(\frac{\mu}{\mu-s}\right) + \left(1-\frac{\lambda}{\mu}\right)\left(\frac{\lambda}{\lambda-s}\right)\left(\frac{\mu}{\mu-s}\right) = \frac{\lambda}{\lambda-s}$$

由矩母函数的唯一性推出，D 具有参数为 λ 的指数分布．

36. 对于所有的 3 种规定，队列的长度与忙期的分布都是一样的，等待时间的分布是不同的．然而，均值是相同的．因为所有的 L 是相同的，所以这可由 $W = L/\lambda$ 看出．等待时间的最小方差发生在先来先服务，而最大方差发生在后来先服务．

39. (a) 由于泊松到达 $a_0 = \mathrm{P}_0$．假定在服务中的每一个顾客单位时间付出 1，方程 (8.1) 的价格恒等式说明

$$\text{平均在服务的人数} = \lambda\mathrm{E}[S]$$

所以

$$1 - \mathrm{P}_0 = \lambda\mathrm{E}[S]$$

(b) 由于 a_0 是具有分布 G_1 的到达者的比例，而 $1-a_0$ 是具有分布 G_2 的到达者的比例，随之导出结果．

(c) 我们有

$$\mathrm{P}_0 = \frac{\mathrm{E}[I]}{\mathrm{E}[I]+\mathrm{E}[B]}$$

和 $\mathrm{E}[I] = 1/\lambda$，于是

$$\mathrm{E}[B] = \frac{1-\mathrm{P}_0}{\lambda P_0} = \frac{\mathrm{E}[S]}{1-\lambda\mathrm{E}[S]}$$

现在从 (a) 和 (b) 可知，我们有

$$\mathrm{E}[S] = (1-\lambda\mathrm{E}[S])\mathrm{E}[S_1] + \lambda\mathrm{E}[S]\mathrm{E}[S_2]$$

从而

$$\mathrm{E}[S] = \frac{\mathrm{E}[S_1]}{1+\lambda\mathrm{E}[S_1]+\lambda\mathrm{E}[S_2]}$$

代入 $\mathrm{E}[B] = \mathrm{E}[S]/(1-\lambda\mathrm{E}[S])$，现在导出结果．

(d) $a_0 = 1/\mathrm{E}[C]$，蕴涵

$$\mathrm{E}[C] = \frac{\mathrm{E}[S_1]+1/\lambda-\mathrm{E}[S_2]}{1/\lambda-\mathrm{E}[S_2]}$$

45. 注意在一次服务期间任意的暂停都是这次服务的一部分，我们看到这是一个 M/G/1 模型. 我们需要计算服务时间的前两个矩. 现在，一次服务时间是 T 直至发生某事 (或者一个服务完成，或者暂停) 加上的任意附加时间 A. 于是

$$\mathrm{E}[S]=\mathrm{E}[T+A]=\mathrm{E}[T]+\mathrm{E}[A]$$

为了计算 $\mathrm{E}[A]$，我们取条件于发生的事件是一次服务，还是一次暂停. 它给出

$$\begin{aligned}\mathrm{E}[A]&=\mathrm{E}[A|\text{服务}]\frac{\mu}{\mu+\alpha}+\mathrm{E}[A|\text{暂停}]\frac{\alpha}{\mu+\alpha}\\&=\mathrm{E}[A|\text{暂停}]\frac{\alpha}{\mu+\alpha}=\left(\frac{1}{\beta}+\mathrm{E}[S]\right)\frac{\alpha}{\mu+\alpha}\end{aligned}$$

因为 $\mathrm{E}[T]=\dfrac{1}{\alpha+\mu}$，所以我们得到

$$\mathrm{E}[S]=\frac{1}{\alpha+\mu}+\left(\frac{1}{\beta}+\mathrm{E}[S]\right)\frac{\alpha}{\mu+\alpha}$$

从而

$$\mathrm{E}[S]=\frac{1}{\mu}+\frac{\alpha}{\mu\beta}$$

我们也需要 $\mathrm{E}[S^2]$，其如下得到：

$$\mathrm{E}[S^2]=\mathrm{E}[(T+A)^2]=\mathrm{E}[T^2]+2\mathrm{E}[AT]+\mathrm{E}[A^2]=\mathrm{E}[T^2]+2\mathrm{E}[A]\mathrm{E}[T]+\mathrm{E}[A^2]$$

A 和 T 的独立性是由于首次发生的事件的时间，独立于发生的是一次服务还是一次暂停. 现在

$$\begin{aligned}\mathrm{E}[A^2]&=\mathrm{E}[A^2|\text{暂停}]\frac{\alpha}{\mu+\alpha}=\frac{\alpha}{\mu+\alpha}\mathrm{E}[(\text{暂停时间}+S^*)^2]\\&=\frac{\alpha}{\mu+\alpha}\{\mathrm{E}[\text{暂停}^2]+2\mathrm{E}[\text{暂停}]\mathrm{E}[S]+\mathrm{E}[S^2]\}\\&=\frac{\alpha}{\mu+\alpha}\left\{\frac{2}{\beta^2}+\frac{2}{\beta}\left[\frac{1}{\mu}+\frac{\alpha}{\mu\beta}\right]+\mathrm{E}[S^2]\right\}\end{aligned}$$

因此

$$\begin{aligned}\mathrm{E}[S^2]=&\frac{2}{(\mu+\beta)^2}+2\left[\frac{\alpha}{\beta(\mu+\alpha)}+\frac{\alpha}{\mu+\alpha}\left(\frac{1}{\mu}+\frac{\alpha}{\mu\beta}\right)\right]\\&+\frac{\alpha}{\mu+\alpha}\left\{\frac{2}{\beta^2}+\frac{2}{\beta}\left[\frac{1}{\mu}+\frac{\alpha}{\mu\beta}\right]+\mathrm{E}[S^2]\right\}\end{aligned}$$

现在求解 $\mathrm{E}[S^2]$. 所要的解答是

$$W_Q=\frac{\lambda\mathrm{E}[S^2]}{2(1-\lambda\mathrm{E}[S])}$$

在上面，S^* 是在暂停结束后的附加服务，并且 S^* 与 S 有相同的分布. 上面也用了指数随机变量平方的期望是期望平方的两倍这个事实.

计算 S 的矩的另一种方法是用表示式

$$S=\sum_{i=1}^{N}(T_i+B_i)+T_{N+1}$$

其中 N 是一个顾客在服务中的暂停次数, T_i 是从当第 i 次服务开始时直到一个事件发生的时间, 而 B_i 是第 i 次暂停的长度. 现在我们用这个事实, 即对于给定 N, 在这个表示式中所有的随机变量都是独立的指数随机变量, T_i 具有速率 $\mu+\alpha$ 且 B_i 具有速率 β. 这就推出

$$\mathrm{E}[S|N]=\frac{N+1}{\mu+\alpha}+\frac{N}{\beta},\qquad \mathrm{Var}(S|N)=\frac{N+1}{(\mu+\alpha)^2}+\frac{N}{\beta^2}$$

所以, 由于 $1+N$ 是均值 $(\mu+\alpha)/\mu$ (和方差 $\alpha(\mu+\alpha)/\mu^2$) 的几何随机变量, 我们得到

$$\mathrm{E}[S]=\frac{1}{\mu}+\frac{\alpha}{\mu\beta}$$

而且, 用条件方差公式,

$$\mathrm{Var}(S)=\left[\frac{1}{\mu+\alpha}+\frac{1}{\beta}\right]^2\frac{\alpha(\alpha+\mu)}{\mu^2}+\frac{1}{\mu(\mu+\alpha)}+\frac{\alpha}{\mu\beta^2}$$

47. 由等式 $L=\lambda_a W$ 可得 $L=0.8\times 4=3.2$.

52. S_n 是第 n 个顾客的服务时间, T_n 是第 n 个顾客和是第 $n+1$ 个顾客到达之间的时间.

第 9 章

4. (a) $\phi(x)=x_1\max(x_2,x_3,x_4)x_5$.

(b) $\phi(x)=x_1\max(x_2x_4,x_3x_5)x_6$.

(c) $\phi(x)=\max(x_1,x_2x_3)x_4$.

6. 一个最小切割集必须至少包含每个最小道路集的一个分量. 有 6 个最小切割集: $\{1,5\}$, $\{1,6\}$, $\{2,5\}$, $\{2,3,6\}$, $\{3,4,6\}$, $\{4,5\}$.

12. 最小道路集是: $\{1,4\}$, $\{1,5\}$, $\{2,4\}$, $\{2,5\}$, $\{3,4\}$, $\{3,5\}$. 记 $q_i=1-p_i$, 可靠性函数是

$$r(\boldsymbol{p})=\mathrm{P}\{\text{或者 }1,\text{或者 }2,\text{或者 }3\text{ 运行}\}\mathrm{P}\{\text{或者 }4,\text{或者 }5\text{ 运行 }\}=(1-q_1q_2q_3)(1-q_4q_5)$$

17.
$$\begin{aligned}\mathrm{E}[N^2]&=\mathrm{E}[N^2|N>0]\mathrm{P}\{N>0\}\\&\geqslant(\mathrm{E}[N|N>0])^2\mathrm{P}\{N>0\}\qquad \text{由于}\mathrm{E}[X^2]\geqslant(\mathrm{E}[X])^2\end{aligned}$$

于是

$$\mathrm{E}[N^2]\mathrm{P}\{N>0\}\geqslant(\mathrm{E}[N|N>0]\mathrm{P}\{N>0\})^2=(\mathrm{E}[N])^2$$

以 N 记其所有的部件都运行的最小道路集的个数. 那么 $r(\boldsymbol{p})=\mathrm{P}\{N>0\}$. 类似地, 如果我们定义 N 为其所有部件都失效的最小切割集的个数, 那么 $1-r(\boldsymbol{p})=\mathrm{P}\{N>0\}$. 在两种情形, 我们可以通过将 N 表示为示性 (即伯努利) 随机变量的和来计算 $\mathrm{E}[N]$ 和 $\mathrm{E}[N^2]$ 的表达式. 然后我们可以用不等式导出 $r(\boldsymbol{p})$ 的界.

22. (a) $\overline{F}_t(a)=\mathrm{P}\{X>t+a|X>t\}=\dfrac{\mathrm{P}\{X>t+a\}}{\mathrm{P}\{X>t\}}=\dfrac{\overline{F}(t+a)}{\overline{F}(t)}$

(b) 假设 $\lambda(t)$ 递增, 回忆

$$\overline{F}(t) = \mathrm{e}^{-\int_0^t \lambda(s)\mathrm{d}s}$$

因此

$$\frac{\overline{F}(t+a)}{\overline{F}(t)} = \exp\left\{-\int_t^{t+a} \lambda(s)\mathrm{d}s\right\}$$

它关于 t 递减, 因为 $\lambda(t)$ 递增. 为了进行另一种方法, 假设 $\overline{F}(t+a)/\overline{F}(t)$ 对 t 递减. 现在当 a 很小时

$$\frac{\overline{F}(t+a)}{\overline{F}(t)} \approx \mathrm{e}^{-a\lambda(t)}$$

因此, $\mathrm{e}^{-a\lambda(t)}$ 必须对 t 递减, 从而 $\lambda(t)$ 递增.

25. 对于 $x \geqslant \xi$, 由于 IFRA, 所以

$$1-p = \overline{F}(\xi) = \overline{F}(x(\xi/x)) \geqslant [\overline{F}(x)]^{\xi/x}$$

因此 $\overline{F}(x) \leqslant (1-p)^{x/\xi} = \mathrm{e}^{-\theta x}$.

对于 $x \leqslant \xi$, 由于 IFRA, 所以

$$\overline{F}(x) = \overline{F}(\xi(x/\xi)) \geqslant [\overline{F}(\xi)]^{x/\xi}$$

因此 $\overline{F}(x) \geqslant (1-p)^{x/\xi} = \mathrm{e}^{-\theta x}$.

30. $r(\boldsymbol{p}) = p_1p_2p_3 + p_1p_2p_4 + p_1p_3p_4 + p_2p_3p_4 - 3p_1p_2p_3p_4$

$$r(\mathbf{1}-\boldsymbol{F}(t)) = \begin{cases} 2(1-t)^2(1-t/2) + 2(1-t)(1-t/2)^2 & \\ -3(1-t)^2(1-t/2)^2, & 0 \leqslant t \leqslant 1 \\ 0, & 1 \leqslant t \leqslant 2 \end{cases}$$

$$\mathrm{E}[\text{寿命}] = \int_0^1 \left[2(1-t)^2\left(1-\frac{t}{2}\right) + 2(1-t)\left(1-\frac{t}{2}\right)^2 - 3(1-t)^2\left(1-\frac{t}{2}\right)^2\right]\mathrm{d}t = \frac{31}{60}.$$

第 10 章

1. $B(s)+B(t) = 2B(s)+B(t)-B(s)$. 现在, $2B(s)$ 是均值为 0 且方差为 $4s$ 的正态随机变量, 而 $B(t)-B(s)$ 是均值为 0 且方差为 $t-s$ 的正态随机变量. 因为 $B(s)$ 和 $B(t)-B(s)$ 独立, 由此推出 $B(s)+B(t)$ 是均值为 0 和方差为 $4s+t-s=3s+t$ 的正态随机变量.

3.
$$\begin{aligned} \mathrm{E}[B(t_1)B(t_2)B(t_3)] &= \mathrm{E}[\mathrm{E}[B(t_1)B(t_2)B(t_3)|B(t_1),B(t_2)]] \\ &= \mathrm{E}[B(t_1)B(t_2)\mathrm{E}[B(t_3)|B(t_1),B(t_2)]] \\ &= \mathrm{E}[B(t_1)B(t_2)B(t_2)] \\ &= \mathrm{E}[\mathrm{E}[B(t_1)B^2(t_2)|B(t_1)]] \\ &= \mathrm{E}[B(t_1)\mathrm{E}[B^2(t_2)|B(t_1)]] \\ &= \mathrm{E}[B(t_1)\{(t_2-t_1)+B^2(t_1)\}] \ (*) \\ &= \mathrm{E}[B^3(t_1)] + (t_2-t_1)\mathrm{E}[B(t_1)] \\ &= 0 \end{aligned}$$

其中等式 (*) 得自, 由于对于给定的 $B(t_1)$, $B(t_2)$ 是均值为 $B(t_1)$ 且方差为 t_2-t_1 的正态随机变量. 同时 $\mathrm{E}[B^3(t)]=0$, 因为 $B(t)$ 的均值为 0.

5. $\mathrm{P}\{T_1 < T_{-1} < T_2\} = \mathrm{P}\{$在击中 2 前击中 -1, 在击中 -1前击中 1$\}$

$$=\mathrm{P}\{\text{击中 1 在 } -1\text{前}\} \times \mathrm{P}\{\text{击中 } -1 \text{ 在 2 前} \mid \text{击中 1 在 } -1 \text{ 前}\}$$
$$=\frac{1}{2}\mathrm{P}\{\text{在上升 1 前下降 2}\}$$
$$=\frac{1}{2}\times\frac{1}{3}=\frac{1}{6}$$

倒数第二个等式是由于看布朗运动何时首先击中 1.

10. (a) 写下 $X(t) = X(s) + X(t) - X(s)$, 并且利用独立增量性, 我们看到, 给定 $X(s) = c$, $X(t)$ 与 $c + X(t) - X(s)$ 一样地分布. 由平稳增量性, 它与 $c + X(t-s)$ 同分布, 从而是均值为 $c + \mu(t-s)$ 且方差为 $(t-s)\sigma^2$ 的正态随机变量.

(b) 用表示式 $X(t) = \sigma B(t) + \mu t$, 其中 $\{B(t)\}$ 是标准布朗运动. 利用方程 (10.4), 但是将 s 与 t 互换, 我们看到, 给定 $B(s) = (c-\mu s)/\sigma$ 时, $B(t)$ 的条件分布是均值为 $t(c-\mu s)/(\sigma s)$ 且方差为 $t(s-t)/s$ 的正态分布. 于是, 给定 $X(s) = c, s > t$ 时, $X(t)$ 的条件分布是均值为

$$\sigma\left[\frac{t(c-\mu s)}{\sigma s}\right] + \mu t = \frac{(c-\mu s)t}{s} + \mu t$$

且方差为

$$\frac{\sigma^2 t(s-t)}{s}$$

的正态分布.

19. 由于知道 $Y(t)$ 的值等价于知道 $B(t)$, 所以我们有

$$\mathrm{E}[Y(t)|Y(u), 0\leqslant u\leqslant s] = \mathrm{e}^{-c^2t/2}\mathrm{E}[\mathrm{e}^{cB(t)}|B(u), 0\leqslant u\leqslant s] = \mathrm{e}^{-c^2t/2}\mathrm{E}[\mathrm{e}^{cB(t)}|B(s)]$$

现在, 给定 $B(s)$, $B(t)$ 的条件分布是均值为 $B(s)$ 且方差为 $t-s$ 的正态分布. 利用正态随机变量的矩母函数公式, 我们看到

$$\mathrm{e}^{-c^2t/2}\mathrm{E}[\mathrm{e}^{cB(t)}|B(s)] = \mathrm{e}^{-c^2t/2}\mathrm{e}^{cB(s)+(t-s)c^2/2} = \mathrm{e}^{-c^2s/2}\mathrm{e}^{cB(s)} = Y(s)$$

于是 $\{Y(t)\}$ 是一个鞅

$$\mathrm{E}[Y(t)] = \mathrm{E}[Y(0)] = 1$$

20. 由鞅停止定理

$$\mathrm{E}[B(T)] = \mathrm{E}[B(0)] = 0$$

然而, $B(T) = 2 - 4T$, 所以 $2 - 4\mathrm{E}[T] = 0$, 从而 $\mathrm{E}[T] = \frac{1}{2}$.

24. 由鞅停止定理和习题 18 的结果推出

$$\mathrm{E}[B^2(T) - T] = 0$$

其中 T 是在这个问题中给出的停时, 且

$$B(t) = \frac{X(t) - \mu t}{\sigma}$$

所以

$$\mathrm{E}\left[\frac{(X(T)-\mu T)^2}{\sigma^2}-T\right]=0$$

然而, $X(T)=x$, 从而上式给出

$$\mathrm{E}[(x-\mu T)^2]=\sigma^2\mathrm{E}[T]$$

但是, 由习题 21, $\mathrm{E}[T]=x/\mu$, 从而上式等价于

$$\mathrm{Var}(\mu T)=\sigma^2\frac{x}{\mu}\quad 从而\quad \mathrm{Var}(T)=\sigma^2\frac{x}{\mu^3}$$

25. 将过程在时刻 t 的值记为 $X_\Delta(t)$. 若第 i 次改变是递增, 则令 $I_i=1$, 是递减则令 $I_i=-1$, 于是

$$X_\Delta(t)=\sigma\sqrt{\Delta}\sum_{i=1}^{[t/\Delta]}I_i$$

因为 I_i 是独立的, 显然此过程具有独立增量, 而且当 $\Delta\to 0$ 时极限过程具有平稳增量. 再则, 由中心极限定理可知, 显然 $X_\Delta(t)$ 的极限分布是正态分布. 现在, 结果得自

$$\begin{aligned}\mathrm{E}[X_\Delta(t)]&=\sigma\sqrt{\Delta}[t/\Delta](2p-1)\\&=\mu\Delta[t/\Delta]\to\mu t\end{aligned}$$

和

$$\begin{aligned}\mathrm{Var}(X_\Delta(t))&=\sigma^2\Delta[t/\Delta](1-(2p-1)^2)\\&\to\sigma^2 t\end{aligned}$$

其中前面的等号由当 $\Delta\to 0$ 时 $p\to 1/2$ 得来.

26. 对 $M(t)=\max_{0\leqslant y\leqslant t}X(y)$ 有

$$\mathrm{P}\{T_y<\infty\}=\lim_t\mathrm{P}\{M(t)\geqslant y\}$$

结果得自推论 10.1, 因为 $\lim_{s\to\infty}\bar{\Phi}(s)=0$ 和 $\lim_{s\to\infty}\bar{\Phi}(-s)=1$. 因此, 对 $\mu<0$ 有

$$\mathrm{P}\{M\geqslant y\}=\lim_t\mathrm{P}\{M(t)\geqslant y\}=\mathrm{e}^{2y\mu/\sigma^2}.$$

27. 利用 $\{-X(y),y\geqslant 0\}$ 是漂移参数为 $-\mu$ 和方差参数为 σ^2 的布朗运动, 对 $s<0$, 我们由推论 10.1 得到

$$\begin{aligned}\mathrm{P}\{\min_{0\leqslant y\leqslant t}X(y)\leqslant s\}&=\mathrm{P}\{\max_{0\leqslant y\leqslant t}-X(y)\geqslant -s\}\\&=\mathrm{e}^{2s\mu/\sigma^2}\bar{\Phi}\left(\frac{-\mu t-s}{\sigma\sqrt{t}}\right)+\bar{\Phi}\left(\frac{-s+\mu t}{\sigma\sqrt{t}}\right)\end{aligned}$$

30. $\mathrm{E}[X(a^2t)/a]=(1/a)\mathrm{E}[X(a^2t)]=0$. 对于 $s<t$,

$$\begin{aligned}\mathrm{Cov}(Y(s),Y(t))&=\frac{1}{a^2}\mathrm{Cov}(X(a^2s),X(a^2t))\\&=\frac{1}{a^2}a^2s=s\end{aligned}$$

因为 $\{Y(t)\}$ 显然是高斯过程, 所以结论得证.

33. (a) 泊松过程从任意时刻 t 开始仍旧保持为一个速率 λ 的泊松过程.

(b)
$$\begin{aligned}\mathrm{E}[Y(t)Y(t+s)] &= \int_0^\infty \mathrm{E}[Y(t)Y(t+s)|Y(t)=y]\lambda \mathrm{e}^{-\lambda y}\mathrm{d}y\\ &= \int_0^s y\mathrm{E}[Y(t+s)|Y(t)=y]\lambda \mathrm{e}^{-\lambda y}\mathrm{d}y + \int_s^\infty y(y-s)\lambda \mathrm{e}^{-\lambda y}\mathrm{d}y\\ &= \int_0^s y\frac{1}{\lambda}\lambda \mathrm{e}^{-\lambda y}\mathrm{d}y + \int_s^\infty y(y-s)\lambda \mathrm{e}^{-\lambda y}\mathrm{d}y\end{aligned}$$

其中前式用了

$$\mathrm{E}[Y(t)Y(t+s)|Y(t)=y] = \begin{cases} y\mathrm{E}[Y(t+s)] = \dfrac{y}{\lambda}, & 若\ y<s\\ y(y-s), & 若\ y>s\end{cases}.$$

因此

$$\mathrm{Cov}(Y(t),Y(t+s)) = \int_0^s y\mathrm{e}^{-\lambda y}\mathrm{d}y + \int_s^\infty y(y-s)\lambda \mathrm{e}^{-\lambda y}\mathrm{d}y - \frac{1}{\lambda^2}$$

第 11 章

1. (a) 令 U 是一个随机数. 若 $\sum_{j=1}^{i-1}P_j < U < \sum_{j=1}^{i}P_j$, 则从 F_i 模拟. (在上式中, 当 $i=1$ 时, $\sum_{j=1}^{i-1}P_j \equiv 0$.)

(b) 注意

$$F(x) = \frac{1}{3}F_1(x) + \frac{2}{3}F_2(x)$$

其中

$$F_1(x) = 1-\mathrm{e}^{2x}, \quad 0<x<\infty$$
$$F_2(x) = \begin{cases} x, & 0<x<1\\ 1, & 1<x\end{cases}$$

因此, 用 (a) 中结果, 令 U_1,U_2,U_3 是随机数, 并且置

$$X = \begin{cases} \dfrac{-\ln U_2}{2}, & 若\ U_1<\dfrac{1}{3}\\ U_3, & 若\ U_1>\dfrac{1}{3}\end{cases}$$

以上用了 $\dfrac{-\ln U_2}{2}$ 是速率为 2 的指数随机变量.

3. 如果从其中有 N 个可接受的 $N+M$ 个产品中, 选取了容量为 n 的随机样本, 那么在样本中的可接受的产品的个数 X 使得

$$\mathrm{P}\{X=k\} = \binom{N}{k}\binom{M}{n-k}\Bigg/\binom{N+M}{k}$$

为了模拟 X, 注意如果

$$I_j = \begin{cases} 1, & 如果第\ j\ 次选取的是可接受的\\ 0, & 其他情形\end{cases}$$

那么

$$\mathrm{P}\{I_j=1|I_1,\cdots,I_{j-1}\} = \frac{N-\sum_{i=1}^{j-1}I_i}{N+M-(j-1)}$$

因此, 我们可以通过生成随机数 $U_1,\cdots,U_n$ 来模拟 $I_1,\cdots,I_n$, 然后置

$$I_j=\begin{cases}1, & \text{如果 } U_j<\dfrac{N-\sum_{i=1}^{j-1}I_i}{N+M-(j-1)}\\ 0, & \text{其他情形}\end{cases}$$

则 $X=\sum_{j=1}^{n}I_j$ 具有要求的分布.

另一个方法是令

$$X_j=\begin{cases}1, & \text{如果第 } j \text{ 个可接受的产品在样本中}\\ 0, & \text{其他情形}\end{cases}$$

然后通过生成随机数 $U_1,\cdots,U_N$ 来模拟 $X_1,\cdots,X_N$, 然后置

$$X_j=\begin{cases}1, & \text{如果 } U_j<\dfrac{n-\sum_{i=1}^{j-1}X_i}{N+M-(j-1)}\\ 0, & \text{其他情形}\end{cases}$$

则 $X=\sum_{j=1}^{N}X_j$ 具有要求的分布.

当 $n\leqslant N$ 时前一个方法更可取, 而当 $N\leqslant n$ 时后一个方法更可取

6. 令

$$c(\lambda)=\max_x\left\{\frac{f(x)}{\lambda\mathrm{e}^{-\lambda x}}\right\}=\frac{2}{\lambda\sqrt{2\pi}}\max_x\left[\exp\left\{\frac{-x^2}{2}+\lambda x\right\}\right]=\frac{2}{\lambda\sqrt{2\pi}}\exp\left\{\frac{\lambda^2}{2}\right\}$$

因此

$$\frac{\mathrm{d}}{\mathrm{d}\lambda}c(\lambda)=\sqrt{2/\pi}\exp\left\{\frac{\lambda^2}{2}\right\}\left[1-\frac{1}{\lambda^2}\right]$$

因此, 当 $\lambda=1$ 时 $(\mathrm{d}/\mathrm{d}\lambda)c(\lambda)=0$, 而且容易验证它达到了 $c(\lambda)$ 的最小值.

16. (a) 可以以依次定义它们的方式同样地模拟它们. 就是说, 首先生成随机变量 I_1 使

$$\mathrm{P}\{I_1=i\}=\frac{w_i}{\sum_{j=1}^{n}w_j},\quad i=1,\cdots,n$$

然后, 如果 $I_1=k$, 则生成 I_2 的值, 其中

$$\mathrm{P}\{I_2=i\}=\frac{w_i}{\sum_{j\neq k}w_j},\quad i\neq k$$

如此等等. 然而, 在部分 (b) 给出的方法更为有效.

(b) 以 I_j 记第 j 个最小的 X_i 的下标.

23. 令 $m(t)=\int_0^t\lambda(s)\mathrm{d}s$, 并且令 $m^{-1}(t)$ 是它的反函数. 即 $m(m^{-1}(t))=t$.

(a)
$$\begin{aligned}\mathrm{P}\{m(X_1)>x\}&=\mathrm{P}\{X_1>m^{-1}(x)\}\\&=\mathrm{P}\{N(m^{-1}(x))=0\}\\&=\mathrm{e}^{-m(m^{-1}(x))}\\&=\mathrm{e}^{-x}\end{aligned}$$

(b) $\mathrm{P}\{m(X_i)-m(X_{i-1})>x|m(X_1),\cdots,m(X_{i-1})-m(X_{i-2})\}$

$$
\begin{aligned}
&=\mathrm{P}\{m(X_i)-m(X_{i-1})>x|X_1,\cdots,X_{i-1}\}\\
&=\mathrm{P}\{m(X_i)-m(X_{i-1})>x|X_{i-1}\}\\
&=\mathrm{P}\{m(X_i)-m(X_{i-1})>x|m(X_{i-1})\}
\end{aligned}
$$

现在

$$
\begin{aligned}
&\mathrm{P}\{m(X_i)-m(X_{i-1})>x|X_{i-1}=y\}\\
&=\mathrm{P}\left\{\int_y^{X_i}\lambda(t)\mathrm{d}t>x|X_{i-1}=y\right\}\\
&=\mathrm{P}\{X_i>c|X_{i-1}=y\} \qquad \text{其中 } \int_y^c\lambda(t)\mathrm{d}t=x\\
&=\mathrm{P}\{N(c)-N(y)=0|X_{i-1}=y\}\\
&=\mathrm{P}\{N(c)-N(y)=0\}\\
&=\exp\left\{-\int_y^c\lambda(t)\mathrm{d}t\right\}\\
&=\mathrm{e}^{-x}
\end{aligned}
$$

32. $\mathrm{Var}((X+Y)/2)=\dfrac{1}{4}[\mathrm{Var}(X)+\mathrm{Var}(Y)+2\mathrm{Cov}(X,Y)]=\dfrac{\mathrm{Var}(X)+\mathrm{Cov}(X,Y)}{2}$

现在

$$
\frac{\mathrm{Cov}(V,W)}{\sqrt{\mathrm{Var}(V)\mathrm{Var}(W)}}\leqslant 1
$$

总是正确的, 从而当 X 和 Y 有相同的分布时 $\mathrm{Cov}(X,Y)\leqslant\mathrm{Var}(X)$.

索　引

E

F

G

H

J

K

L

M

N

P

Q

R

S

T

W

X

Y

Z